Office 2013 办公应用案例课堂

唐　琳　李少勇　编　著

清华大学出版社

北　京

内 容 简 介

本书全面讲解了Office 2013在文秘和行政办公应用领域中各类典型案例的制作方法和处理技巧，内容涉及广泛，能使读者做到活学活用。

本书精心制作了90个实例，由浅入深，逐步讲解了Office 2013的应用方法和使用技巧。本书共9章，可分为三部分，分别为：Word 2013、Excel 2013、PowerPoint 2013。本书针对初学者的需求，采用丰富的插图和详细的操作过程，演示各实例的完成步骤。即使毫无经验的读者，只要按照书中的步骤逐步操作，也可以在较短的时间内轻松入门，迅速掌握并应用Office 2013。

学完本书后，能提高办公文档和表格的设计与操作水平，使读者掌握使用Office处理各种办公文档和表格过程中的各种技能。

本书是应用Office制作各种文档的办公必备工具书，适用于想提高Office应用水平的用户，可供读者自学使用，也可作为相关培训学校的教材。

图书在版编目(CIP)数据

Office 2013办公应用案例课堂/唐琳，李少勇编著. --北京：清华大学出版社，2015（2024.7重印）
ISBN 978-7-302-40393-7

Ⅰ.①O…　Ⅱ.①唐…　②李…　Ⅲ.①办公自动化—应用软件　Ⅳ.①TP317.1

中国版本图书馆CIP数据核字(2015)第123258号

责任编辑：张彦青
装帧设计：杨玉兰
责任校对：孙晓红
责任印制：杨　艳
出版发行：清华大学出版社
　　网　址：https://www.tup.com.cn, https://www.wqxuetang.com
　　地　址：北京清华大学学研大厦A座　　**邮　编**：100084
　　社 总 机：010-83470000　　**邮　购**：010-62786544
　　投稿与读者服务：010-62776969, c-service@tup.tsinghua.edu.cn
　　质量反馈：010-62772015, zhiliang@tup.tsinghua.edu.cn
印 装 者：涿州市般润文化传播有限公司
经　销：全国新华书店
开　本：190mm×260mm　　**印　张**：30.25　　**字　数**：733千字
(附DVD 1张)
版　次：2015年7月第1版　　**印　次**：2024年7月第8次印刷
定　价：59.00元

产品编号：063686-01

前言

Office 2013 是微软公司推出的一款非常优秀的办公处理软件，它几乎应用于所有的行业，得到众多文秘和行政职业者的青睐。Office 2013 的功能比其以前的版本更加强大。

本书以 90 个特别设计的实例向读者详细介绍了 Office 2013 的强大办公处理功能；注重理论与实践紧密结合，实用性和可操作性强，相对于同类 Office 实例书籍，本书具有以下特色。

- 信息量大：90 个实例为每一位读者架起一座快速掌握 Office 2013 使用与操作的“桥梁”；90 种设计理念令每一位从事行政办公的专业人士在工作中灵感迸发；90 种不同的案例和制作方法使每一位初学者融会贯通、举一反三。
- 实用性强：90 个实例经过精心设计、选择，不仅效果精美，而且非常实用。
- 注重方法的讲解与技巧的总结：本书特别注重对各实例制作方法的讲解与技巧总结，在介绍具体实例制作的详细操作步骤的同时，对于一些重要而常用的实例的制作方法和操作技巧做了较为精辟的总结。
- 操作步骤详细：本书中各实例的操作步骤介绍非常详细，即使是初级入门的读者，只需一步一步按照书中介绍的步骤进行操作，也一定能做出相同的效果。
- 适用广泛：本书实用性和可操作性强，适用于众多文秘和行政职员，也可供各类计算机培训班作为教材使用。

一本书的出版可以说凝结了许多人的心血、凝聚了许多人的汗水和思想。在这里衷心感谢在本书出版过程中付出辛勤劳动的编辑老师以及光盘测试老师，感谢你们！

本书主要由唐琳、李少勇、吕晓梦、孟智青、王雪影、朱晓会、宫如峰、刘志富、张朋、刁海龙、段晖、张建勇、韩宜波和于红梅编写，刘鹏磊、杨东岳、李鹏、王明浩录制多媒体教学视频，其他参与编写的还有刘进、王洪丰、赵锴、杨雪平、牟艳霞、张紫欣、李晓龙、张倩，以及德州职业技术学院的刘颖、闫鲁超和杨雁老师，谢谢你们在书稿前期材料的组织、版式设计、校对、编排以及大量图片的处理中所做的工作。

由于时间仓促，疏漏之处在所难免，敬请读者和专家指教。如果您对书中的某些技术问题持有不同的意见，欢迎与作者联系。E-mail：Tavili@tom.com。

编　者

目录

Contents

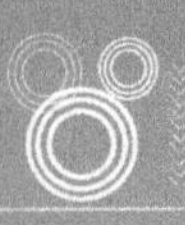

目录

Contents

第1章
基础入门

本章重点

- 安装 Office 2013
- 修复 Office 2013
- 启动 Word 2013
- 退出 Word 2013
- 为文档添加空白页
- 查找带格式的文本
- 替换带格式的文本
- 自定义快捷键
- 自定义功能区
- 手动保存文件
- 自动保存文档
- 设置密码

Microsoft Office 2013 是一套办公室套装软件，是继 Microsoft Office 2010 后的新一代套装软件。Word 2013 是其中最主要的部分，使用它，用户可以轻松、高效地完成文档工作。本章主要介绍了 Word 2013 的安装、启动、退出以及文件的保存等。

案例精讲 001　安装 Office 2013

案例文件：无

视频文件：视频教学\Cha01\安装 Office 2013.avi

学习目标

学习并掌握 Office 2013 的安装方法。

制作概述

在使用 Office 2013 简体中文版的各个组件之前，首先要先安装这个产品。下面将介绍如何安装 Office 2013，其具体操作步骤如下。

操作步骤

step 01 将 Office 2013 的安装光盘放入光驱中，在【我的电脑】窗口中单击光盘驱动器，双击 setup.exe 安装程序以启动安装程序，如图 1-1 所示。

step 02 当准备完成必要的文件后，将会弹出如图 1-2 所示的对话框。在该对话框中选中【我接受此协议的条款】复选框，如图 1-2 所示。

图 1-1　启动安装程序

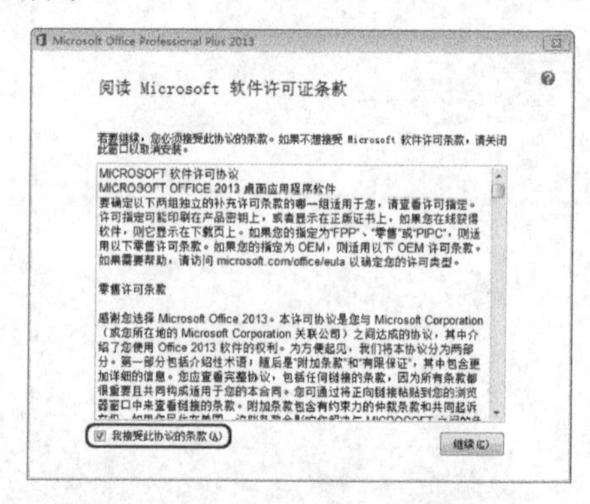

图 1-2　选中【我接受此协议的条款】复选框

step 03 选中该复选择框成后，单击【继续】按钮，在弹出的对话框中单击【自定义】按钮，如图 1-3 所示。

step 04 在弹出的对话框中切换到【文件位置】选项卡，用户可以在该选项卡中指定安装路径，如图 1-4 所示。

step 05 设置完成后，单击【立即安装】按钮，即可进行安装，如图 1-5 所示。

step 06 安装完成后，会弹出如图 1-6 所示的对话框，在该对话框中单击【关闭】按钮即可。

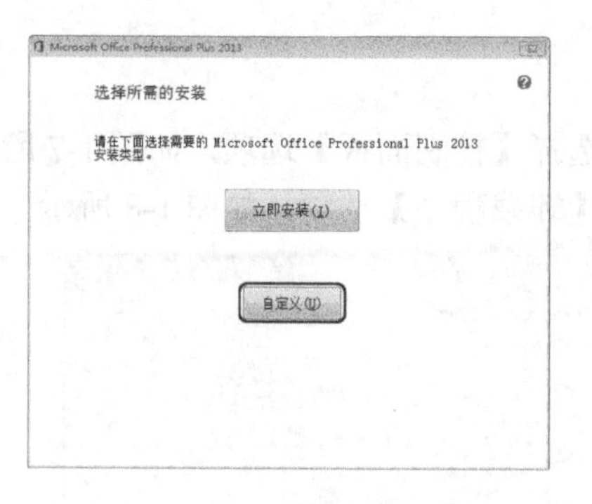

图 1-3 单击【自定义】按钮

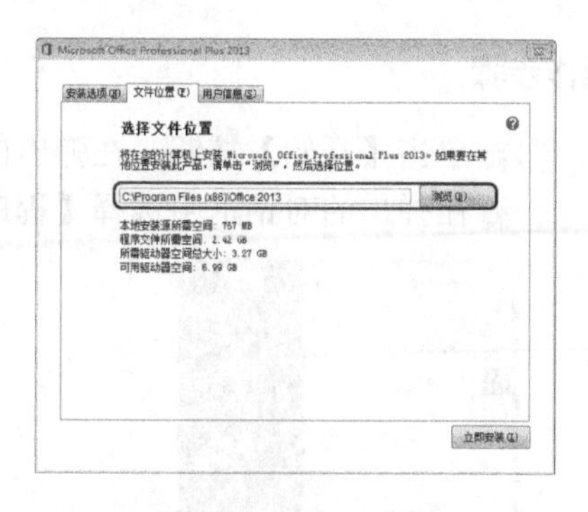

图 1-4 指定保存路径

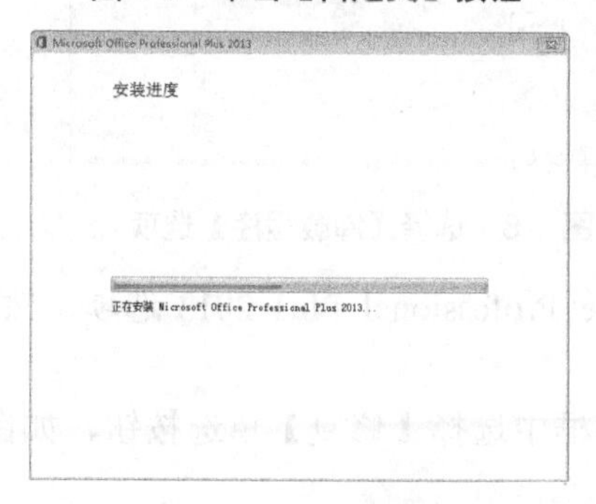

图 1-5 安装进度条

图 1-6 单击【关闭】按钮

知识链接

Microsoft Office 是一套由微软公司开发的办公软件，它为 Microsoft Windows 和 Apple Macintosh 操作系统而开发。与办公室应用程序一样，它包括联合的服务器和基于互联网的服务。Microsoft Office 2013(又称为 Office 2013 和 Office 15)是运用于 Microsoft Windows 视窗系统的一套办公室套装软件，是继 Microsoft Office 2010 后的新一代套装软件，且支持打开 pdf 文档。Office 2013 可实现云端服务、服务器、流动设备和 PC 客户端、Exchange、SharePoint、Lync、Project 以及 Visio 同步更新。

案例精讲 002 修复 Office 2013

案例文件：无

视频文件：视频教学\Cha01\修复 Office 2013.avi

学习目标

学习并掌握如何修复 Office 2013。

制作概述

在使用 Office 时，难免会因为某些不当的操作导致 Office 出现错误。在 Office 出现错误时，可以使用该软件自带的功能进行修复，从而使 Office 正常运行。

操作步骤

step 01 单击【开始】按钮，在弹出的列表中选择【控制面板】选项，如图 1-7 所示。

step 02 在弹出的对话框中选择【程序】下的【卸载程序】选项，如图 1-8 所示。

图 1-7 选择【控制面板】选项

图 1-8 选择【卸载程序】选项

step 03 在弹出的对话框中选择 Microsoft Office Professional Plus 2013 选项，然后单击【更改】按钮，如图 1-9 所示。

step 04 在弹出的 Microsoft Office 2013 对话框中选择【修复】单选按钮，如图 1-10 所示。

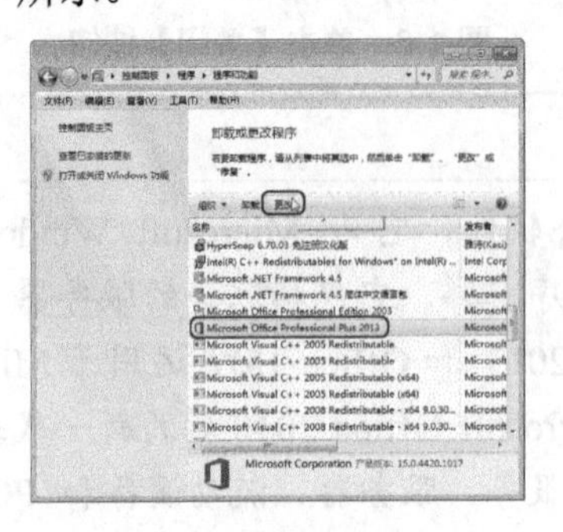

图 1-9 单击【更改】按钮

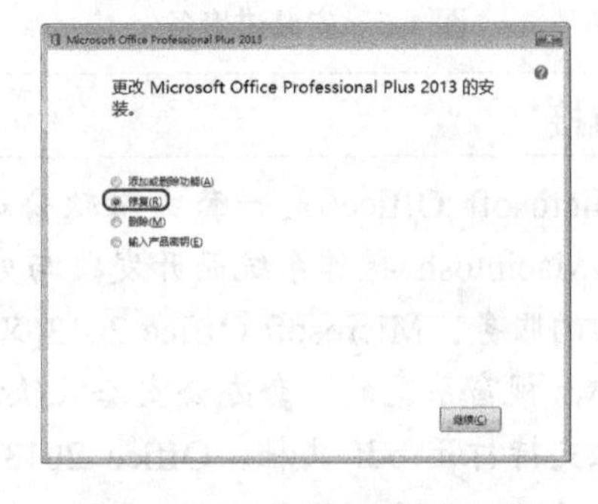

图 1-10 选择【修复】单选按钮

step 05 在该对话框中单击【继续】按钮，在弹出的【配置进度】界面中将会显示修复进度，效果如图 1-11 所示。

step 06 修复完成后，在弹出的界面中单击【关闭】按钮即可，如图 1-12 所示。

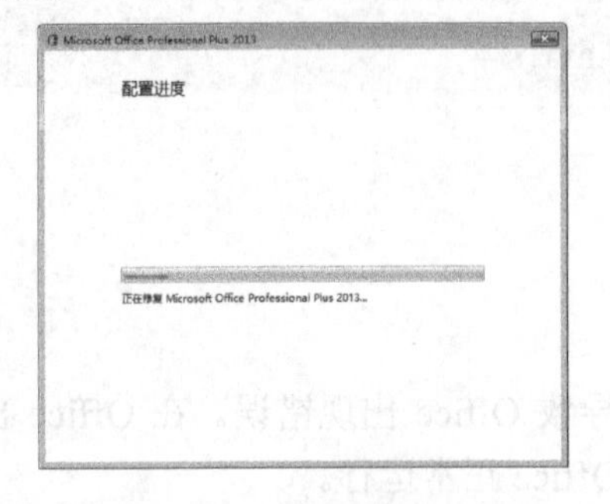

图 1-11 【配置进度】界面

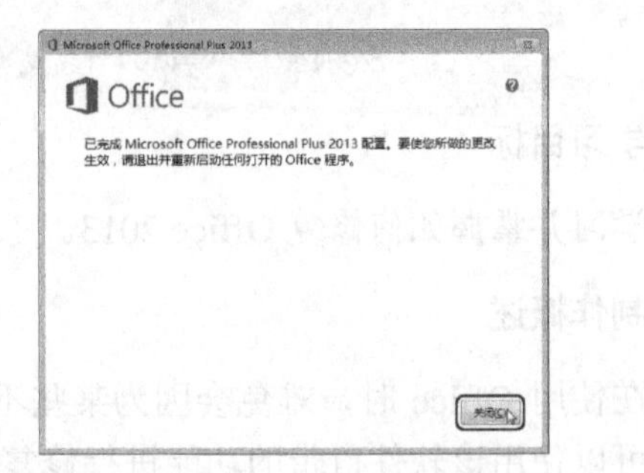

图 1-12 单击【关闭】按钮

案例精讲 003 启动 Word 2013

案例文件：无

视频文件：视频教学\Cha01\启动 Word 2013.avi

学习目标

掌握启动 Word 2013 的方法。

制作概述

在 Office 2013 中启动、关闭程序的方法是一样的。下面将介绍如何启动 Word 2013。

操作步骤

step 01 选择【开始】|【所有程序】| Microsoft Office 2013 命令，在弹出的下拉列表中选择 Word 2013 选项，如图 1-13 所示。

知识链接

除此之外，用户还可以双击桌面上的应用程序图标，或者在 Windows 资源管理器窗口中双击程序文档，则可以打开相应的应用程序，并将该文件也同时打开。

step 02 执行该操作后，即可启动 Word 2013，如图 1-14 所示。

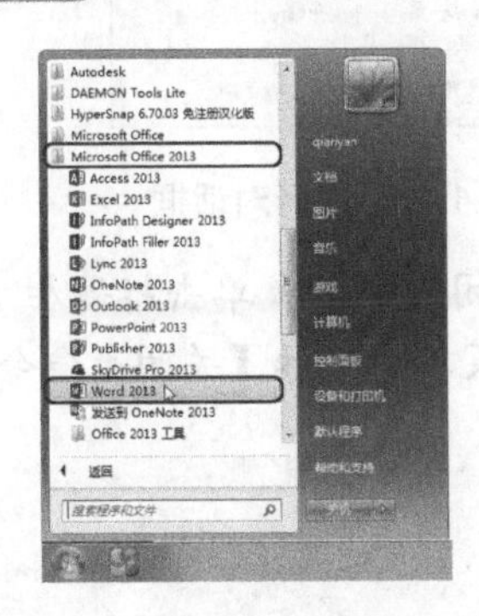

图 1-13 选择 Word 2013 选项

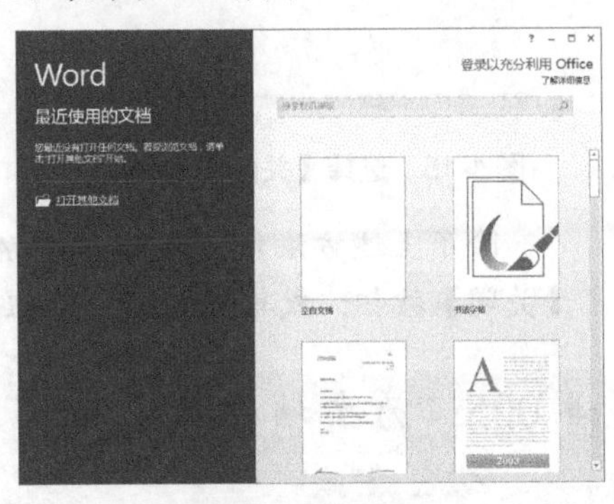

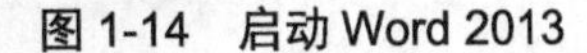
图 1-14 启动 Word 2013

Word 2013、Excel 2013 和 PowerPoint 2013 中文档的扩展名在原来版本(97 到 2003 版本)的基础上增加了一个字母 X，如原来为“.doc”，现在为“.docx”，Access 2013 文件扩展名由原来的“.mdb”变成“.accdb”。

案例精讲 004 退出 Word 2013

案例文件：无

视频文件：视频教学\Cha01\退出 Word 2013.avi

学习目标

学习并掌握退出 Word 2013 的方法。

制作概述

用户可以通过多种方法退出 Word 2013，下面将简单介绍如何退出 Word 2013，其具体操作步骤如下。

操作步骤

step 01 在 Word 2013 的标题栏上右击，在弹出的快捷菜单中选择【关闭】命令，如图 1-15 所示。

step 02 如果有未保存的文档，程序会提示用户保存文档，如图 1-16 所示，单击【保存】按钮将会弹出【另存为】对话框，用户可以在该对话框中指定路径、名称以及类型等；如果单击【不保存】按钮，将不会对当前文档保存，程序将直接关闭；如果单击【取消】按钮，将不执行关闭操作。

图 1-15　选择【关闭】命令

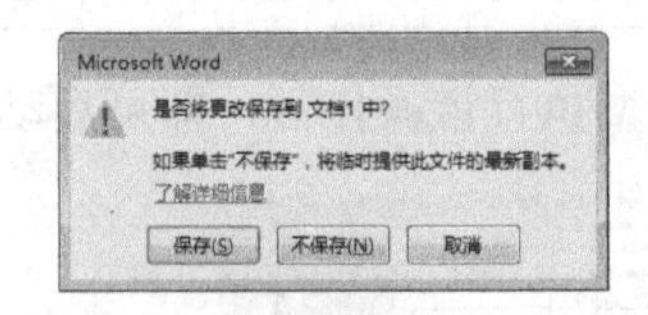

图 1-16　提示对话框

除了上述方法外，还可以按 Alt+F4 组合键关闭程序；或单击标题栏右端的【关闭】按钮；或单击 Office 按钮，在弹出的下拉菜单中选择【关闭】命令。

案例精讲 005　为文档添加空白页

案例文件：无

视频文件：视频教学\Cha01\为文档添加空白页.avi

学习目标

学习并掌握如何添加空白页。

制作概述

下面将介绍如何为文档添加空白页，其具体操作步骤如下。

操作步骤

step 01 启动 Word 2013 后，在打开的界面中单击【打开其他文档】选项，如图 1-17 所示。

step 02 在打开的界面中选择【计算机】选项，然后单击右侧的【浏览】按钮，如图 1-18 所示。

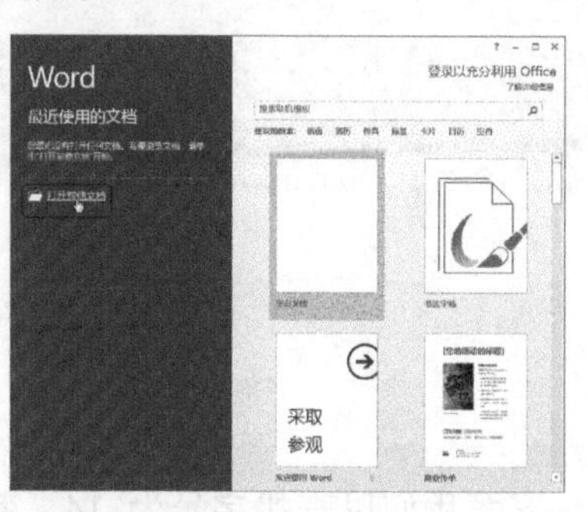

图 1-17 单击【打开其他文档】选项

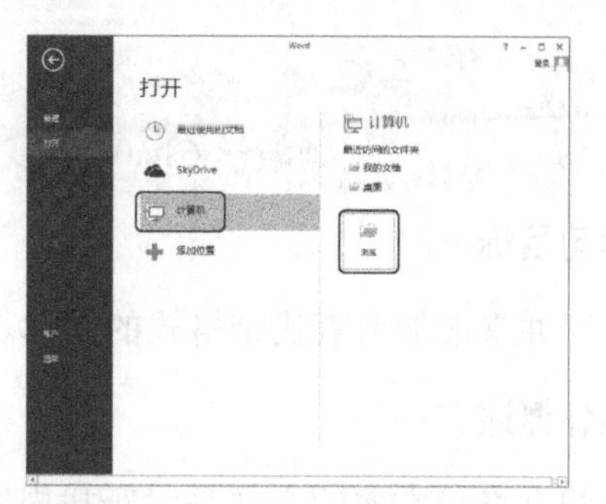

图 1-18 单击【浏览】按钮

step 03 弹出【打开】对话框，在该对话框中选择随书附带光盘中的“CDROM\素材\Cha01\意大利面.docx”素材文档，如图 1-19 所示。

step 04 单击【打开】按钮，即可打开选择的素材文档，将光标置于第三段段落标记前，效果如图 1-20 所示。

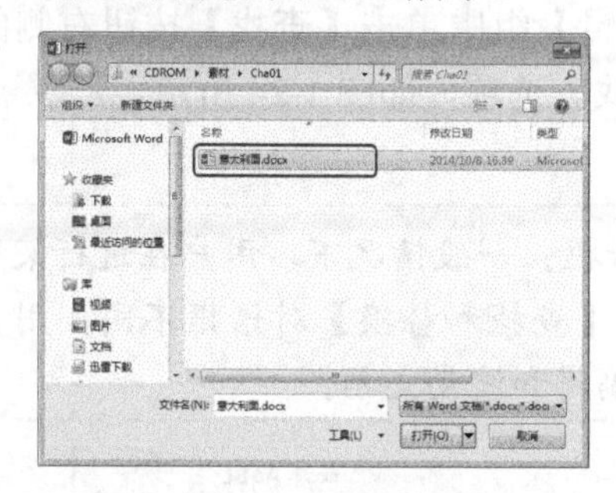

图 1-19 选择素材文档

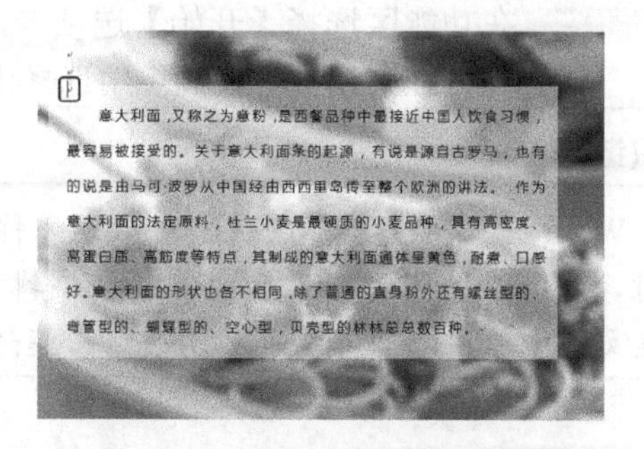

图 1-20 打开素材文档并插入光标

step 05 在功能区选择【插入】选项卡，在【页面】组中单击【空白页】按钮，如图 1-21 所示。

step 06 执行该操作后，即可插入一个空白页，效果如图 1-22 所示。

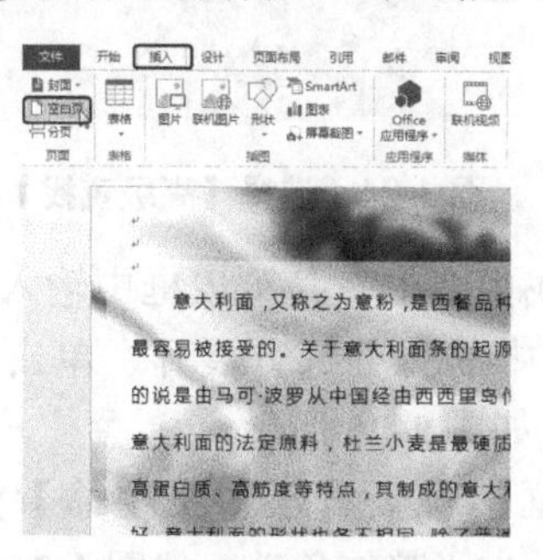

图 1-21 单击【空白页】按钮

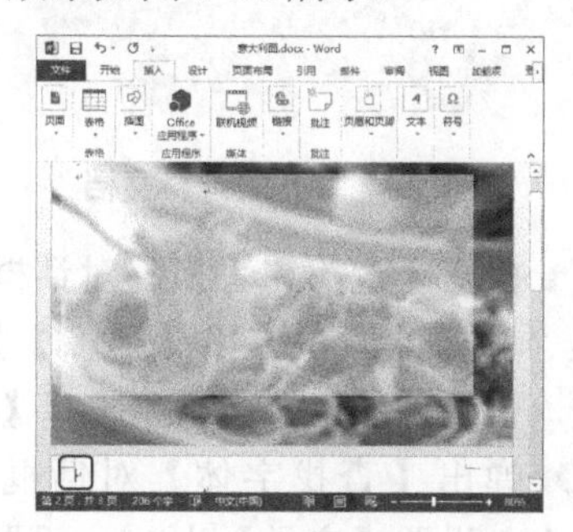

图 1-22 插入空白页后的效果

案例精讲 006　查找带格式的文本

案例文件：无
视频文件：视频教学\Cha01\查找带格式的文本.avi

学习目标

学习并掌握如何查找带格式的文本。

制作概述

查找有格式文本的方法是对查找内容格式的设置。下面我们以查找字号为 14、颜色为红色的文字为例，学习如何设置有特定格式的文本的搜索规则，具体操作步骤如下。

操作步骤

step 01 打开随书附带光盘中的“CDROM\素材\Cha01\柠檬.docx”素材文档，如图 1-23 所示。

step 02 在功能区选择【开始】选项卡，在【编辑】组中单击【查找】按钮右侧的下三角按钮，在弹出的下拉列表中选择【高级查找】选项，如图 1-24 所示。

知识链接

Word 中的【查找和替换】对话框又称伴随对话框。一般情况下，用户在进行某种设置时，只有在关闭对话框后才能继续编辑文本。但【查找和替换】对话框不同，用户只要在文档中单击，即可在不关闭该对话框的情况下编辑和滚动文档。

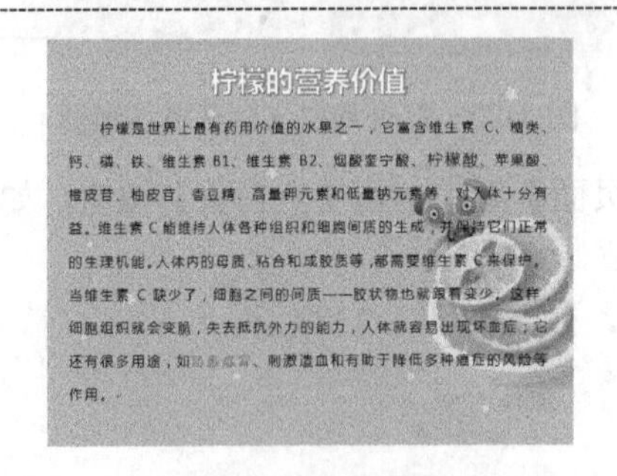

图 1-23　打开的素材文档

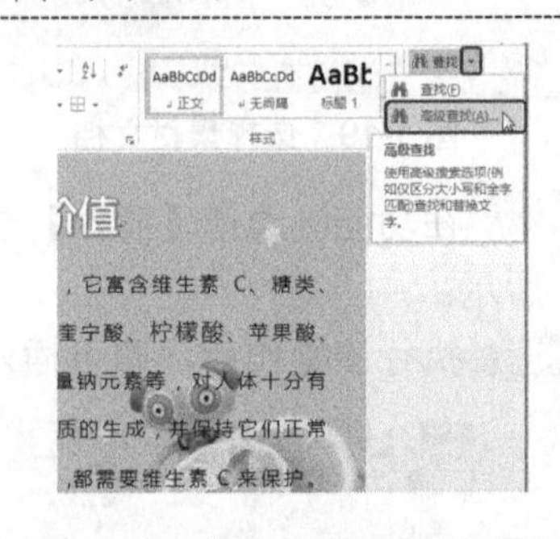

图 1-24　选择【高级查找】选项

step 03 打开【查找和替换】对话框，并在【查找内容】下拉列表框中输入要查找的内容“柠檬酸”，单击【更多】按钮将对话框中的折叠部分展开，单击【格式】按钮，在弹出的下拉列表中选择【字体】选项，如图 1-25 所示。

step 04 弹出【查找字体】对话框，在该对话框中，设置【中文字体】为“微软雅黑”，设置【字号】为 14，设置【字体颜色】为“暗红色”，如图 1-26 所示。

step 05 设置完成后单击【确定】按钮，返回到【查找和替换】对话框中，在【查找内容】下拉列表框的下方将会显示要查找的格式，如图 1-27 所示。

step 06 单击【查找下一处】按钮，即可进行查找。查找完成后，将该对话框关闭，查找后的效果如图 1-28 所示。

图 1-25 输入搜索内容并选择【字体】选项

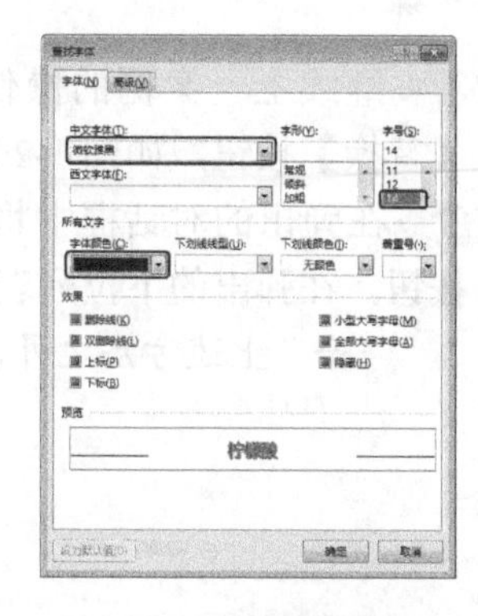

图 1-26 设置查找格式

图 1-27 显示要查找的格式

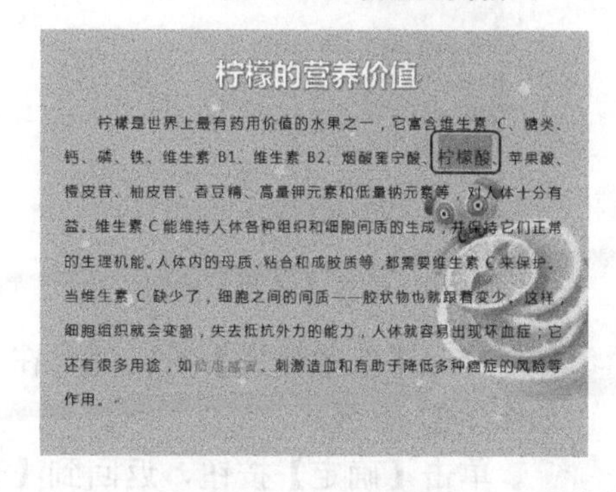

图 1-28 显示查找结果

提示

要取消格式设置，可单击【不限定格式】按钮。此外，如果设定了格式，用户可以不输入具体内容。例如，保持【查找内容】编辑框为空，且设定查找格式为样式【项目 1】，则可查找所有此样式标题。

案例精讲 007 替换带格式的文本

案例文件：无

视频文件：视频教学\Cha01\替换带格式的文本.avi

学习目标

- 学习如何打开【查找和替换】对话框。
- 掌握替换带格式的文本的方法。

制作概述

替换操作的思路是找到以前的内容删除它，输入想要的内容替代以前的内容。简单快捷的替换操作是选定需要修改的内容，然后直接输入新内容，不过这样操作一次只能替换一个对象。要是想一次替换更多相同的内容，就要使用 Word 的替换功能。下面将介绍如何替换带格式的文本，其具体操作步骤如下。

操作步骤

step 01 继续上一案例的操作，在功能区选择【开始】选项卡，在【编辑】组中单击【替换】按钮，如图 1-29 所示。

step 02 在弹出的对话框中将光标置于【查找内容】下拉列表框中，然后单击【格式】按钮，在弹出的下拉列表中选择【样式】选项，如图 1-30 所示。

提示

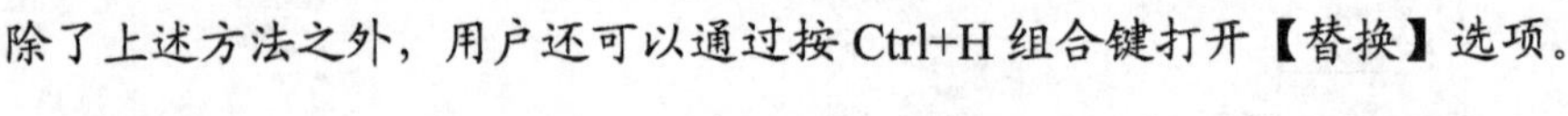

除了上述方法之外，用户还可以通过按 Ctrl+H 组合键打开【替换】选项。

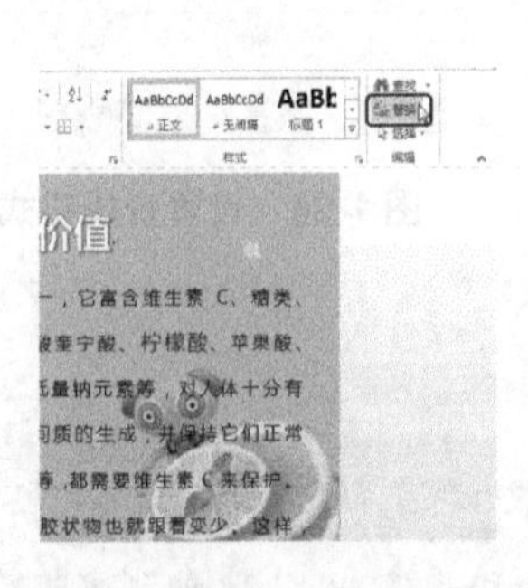

图 1-29　单击【替换】按钮

图 1-30　选择【样式】选项

step 03 打开【查找样式】对话框，在【查找样式】列表框中选择【明显参考】选项，如图 1-31 所示。

step 04 单击【确定】按钮，返回到【查找和替换】对话框中，将光标置于【替换为】下拉列表框中，然后单击【格式】按钮，在弹出的下拉列表中选择【字体】选项，如图 1-32 所示。

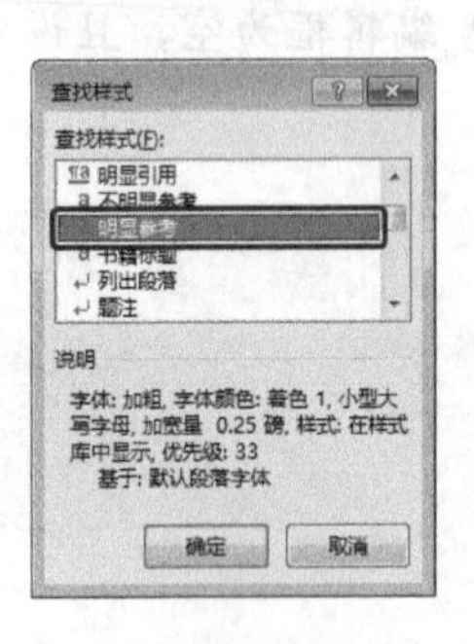

图 1-31　【查找样式】对话框

图 1-32　选择【字体】选项

step 05 弹出【替换字体】对话框，在该对话框的【中文字体】下拉列表中选择【微软雅黑】，将【字号】设置为 12.5，将【字体颜色】设置为“紫色”，如图 1-33 所示。

step 06 单击【确定】按钮，返回到【查找和替换】对话框中，在【替换为】文本框下方将显示替换的格式，在【替换为】下拉列表框中输入“预防感冒”，如图 1-34 所示。

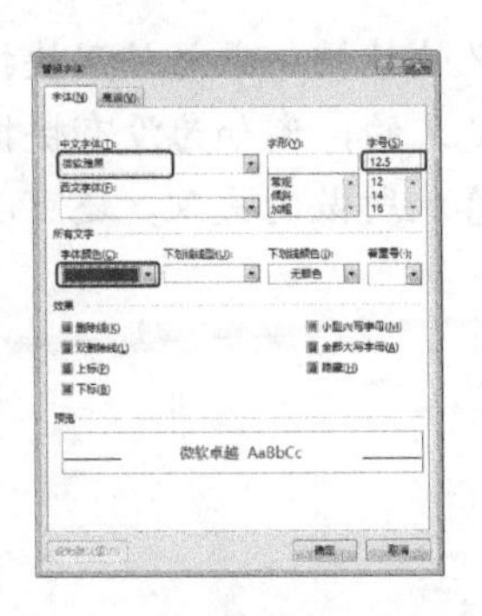

图 1-33 【替换字体】对话框

图 1-34 输入替换的文字

step 07 单击【全部替换】按钮，将会弹出替换提示对话框，在该对话框中提示共替换了几处内容，如图 1-35 所示。

step 08 单击【确定】按钮，即可完成替换操作，将该对话框关闭，替换后的效果如图 1-36 所示。

图 1-35 提示对话框

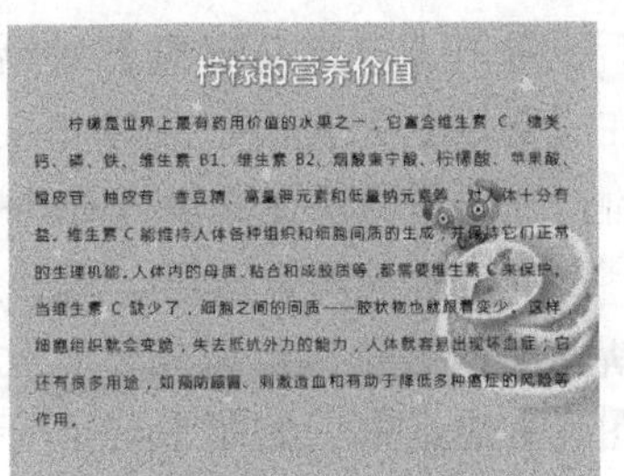

图 1-36 替换后的效果

案例精讲 008 自定义快捷键

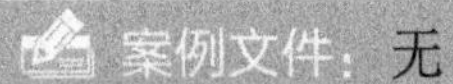

案例文件：无

视频文件：视频教学\Cha01\自定义快捷键.avi

学习目标

学习并掌握自定义快捷键的方法。

制作概述

Word 中的快捷键不仅可以代表一个命令和宏指令，还可以代表格式、自动文本、自动文集、字体和符号等，如果进行合理定义，可以大大提高工作效率，下面将介绍如何自定义快捷键。

操作步骤

step 01 在功能区中【开始】选项卡标签的左侧单击【文件】按钮，在打开的界面中选择【选项】命令，如图 1-37 所示。

step 02 弹出【Word 选项】对话框，在该对话框中切换到【自定义功能区】选项卡，然后单击【自定义】按钮，如图 1-38 所示。

如果用户经常使用某个命令，就可以为其定义快捷键。熟练使用快捷键是提高操作速度的捷径。Word 中的快捷键是可以自定义的，例如为没有快捷键的命令指定快捷键，或删除不需要的快捷键。如果不喜欢所做的更改，还可以随时返回默认的快捷键设置。

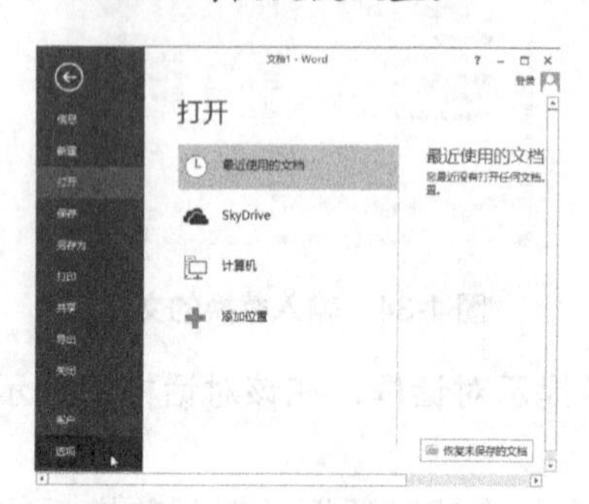

图 1-37 选择【选项】命令

图 1-38 【Word 选项】对话框

step 03 弹出【自定义键盘】对话框，在【类别】列表框中选择【“插入”选项卡】，在【命令】列表框中选择 InsertPicture，然后在【请按新快捷键】文本框中指定快捷键，在这里将快捷键设为 Ctrl+Q，最后单击【指定】按钮，如图 1-39 所示。

step 04 单击【关闭】按钮，返回到【Word 选项】对话框中，单击【确定】按钮，这样新的快捷键就指定完成了。此时，在文档窗口中按快捷键 Ctrl+Q，即可弹出【插入图片】对话框，如图 1-40 所示。

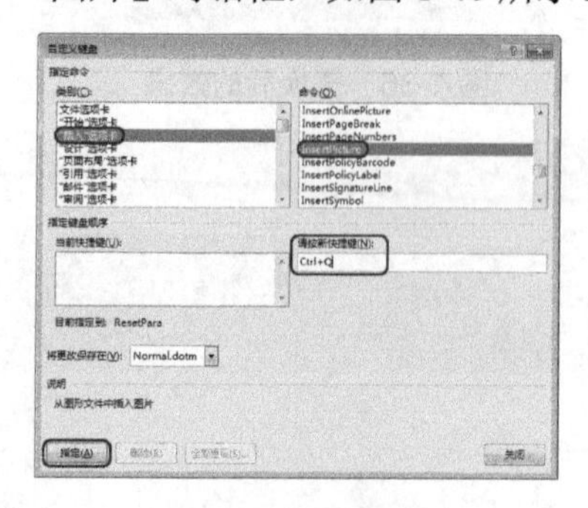

图 1-39 指定快捷键

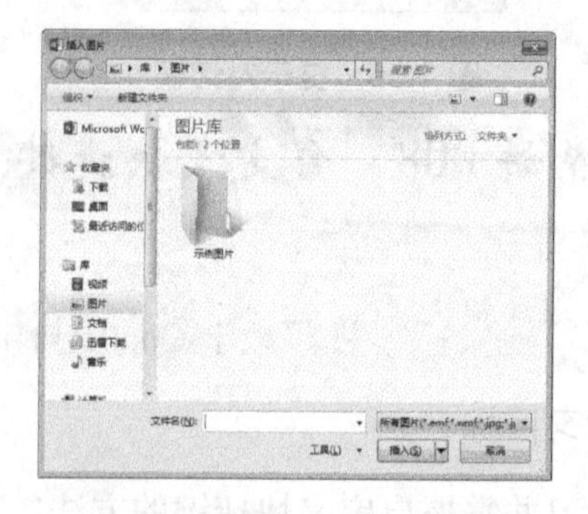

图 1-40 【插入图片】对话框

如果用户想将自定义的快捷键删除，可在【自定义键盘】对话框中选择需要删除快捷键的命令，在【当前快捷键】文本框中选择所设置的快捷键，然后单击【删除】按钮，即可将设置的快捷键删除。

案例精讲 009 自定义功能区

案例文件：无

视频文件：视频教学\Cha01\自定义功能区.avi

学习目标

学习并掌握如何自定义功能区。

制作概述

Word 中为用户提供了自定义功能区的功能，当用户想要使用自己所需的功能组时，就可以使用此功能。但是，用户无法更改 Word 中内置的默认选项卡和组，只能通过新建组来添加所需的功能，下面将介绍如何自定义功能区。

操作步骤

step 01 单击【文件】按钮，在打开的界面中单击【选项】，弹出【Word 选项】对话框，在该对话框中切换到【自定义功能区】选项卡，然后单击【新建选项卡】按钮，如图 1-41 所示。

step 02 在【从下列位置选择命令】下拉列表框中选择【不在功能区中的命令】选项，如图 1-42 所示。

图 1-41 单击【新建选项卡】按钮

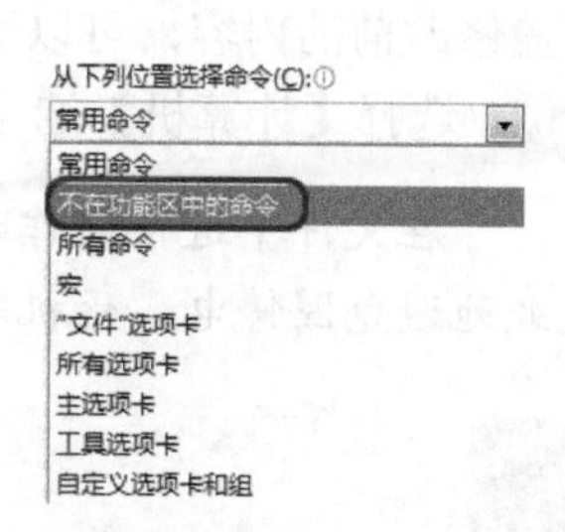

图 1-42 选择【不在功能区中的命令】选项

step 03 单击【添加】按钮，将 Microsoft Access、Microsoft Excel 和 Microsoft Outlook 添加到【新建组】中，然后单击【确定】按钮，如图 1-43 所示。

step 04 在 Word 界面中，切换到【新建】选项卡。用户可以在此选项卡中使用所添加的功能，如图 1-44 所示。

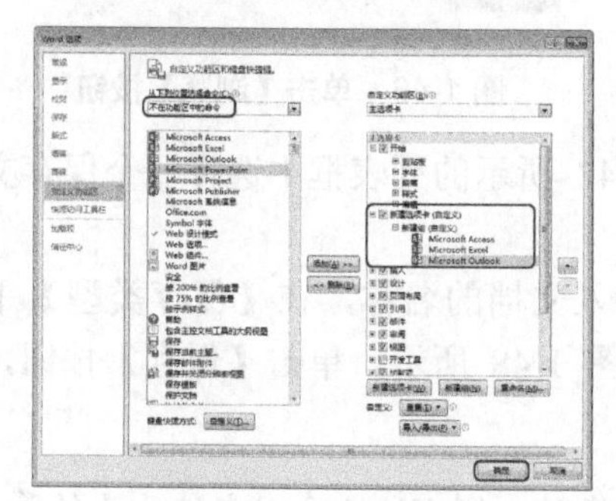

图 1-43 添加功能组

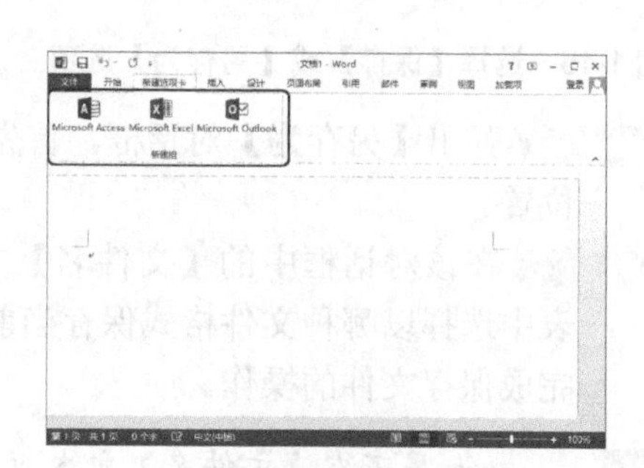

图 1-44 查看添加的自定义功能

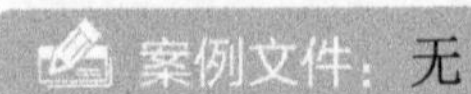

案例精讲 010　手动保存文件

案例文件：无

视频文件：视频教学\Cha01\手动保存文件.avi

学习目标

学习并掌握手动保存文件的方法。

制作概述

手动保存文件可以很方便地将文件保存在任何位置，以及设置文件的保存类型等，下面将介绍如何手动保存文件。

操作步骤

step 01 如果是第一次保存正在编辑的文件，可以单击【文件】按钮，在打开的界面中选择【保存】选项；如果正在编辑的文件之前保存过一次，在选择【保存】选项后，会直接用新文件覆盖掉上次保存的文件；如果想保存修改后的文件，又不想覆盖修改前的内容，可以选择【另存为】选项，如图 1-45 所示。

step 02 选择【计算机】选项，并单击【浏览】按钮，如图 1-46 所示。

注意　在文件中进行操作时，应该注意每隔一段时间就对文件保存一次，这样可以有效地避免因停电、死机等意外事故而使自己的劳动果实不翼而飞。

图 1-45　选择【保存】或【另存为】选项

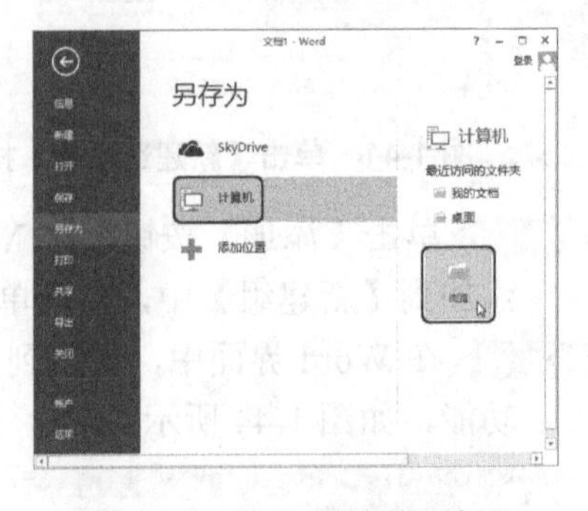

图 1-46　单击【浏览】按钮

step 03 弹出【另存为】对话框，首先在如图 1-47 所示的列表框中选择一个保存文件的位置。

step 04 在该对话框中的【文件名】文本框中输入文档的名称，在【保存类型】下拉列表中选择以哪种文件格式保存当前文件，如图 1-48 所示，单击【保存】按钮，即可完成保存文件的操作。

提示　如果不在【文件名】文本框中输入文件名称，则 Word 会以文件开头的第 1 句话作为文件名进行保存。

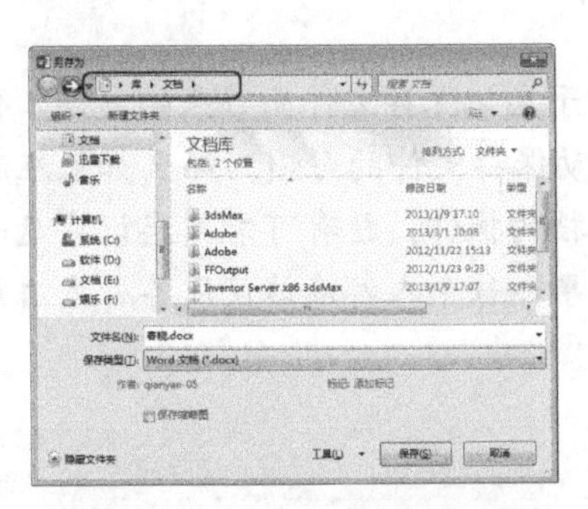

图 1-47 设置文档保存位置

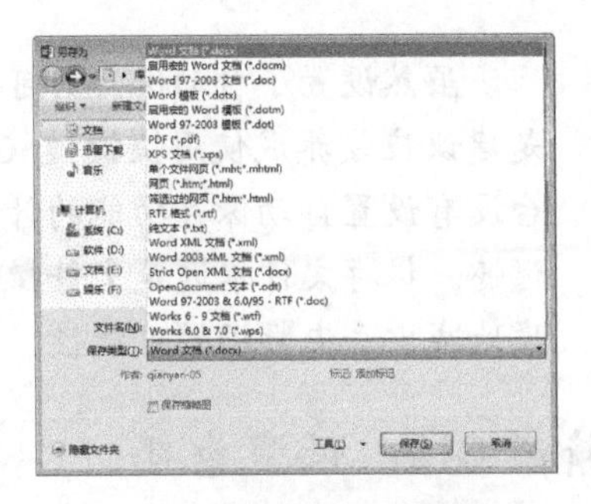

图 1-48 选择文档保存类型

案例精讲 011 自动保存文件

案例文件：无

视频文件：视频教学\Cha01\自动保存文件.avi

学习目标

学习并掌握设置自动保存文件的方法。

制作概述

除了使用手动保存文件外，Word 还提供了很重要的自动保存功能，即每隔一段时间 Word 2013 会自动保存文件一次。自动保存功能的保存时间间隔是可以根据自己的需要以【分钟】为单位随意设定的，其操作步骤如下。

操作步骤

step 01 单击【文件】按钮，在打开的界面中单击【选项】，如图 1-49 所示。

除了上述方法之外，用户还可以在【另存为】对话框中，单击【工具】按钮，在弹出的下拉列表中选择【保存选项】，也可以打开【Word 选项】对话框。

step 02 弹出【Word 选项】对话框，在该对话框中切换到【保存】选项卡，确定【保存自动恢复信息时间间隔】复选框处于选中状态，并在其后面的微调框中输入一个以分钟为单位的时间间隔。例如在该微调框中输入“10”，即表示设定系统每隔 10 分钟就自动地保存一次文件，如图 1-50 所示。设置完成后，单击【确定】按钮即可。

图 1-49 单击【选项】

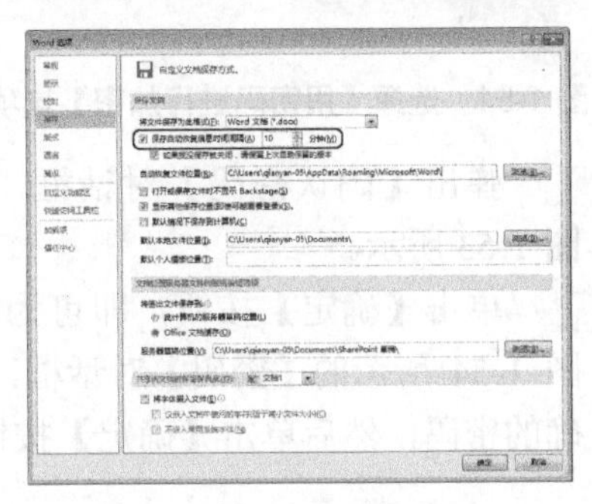

图 1-50 设置自动保存选项

注意

虽然设置了自动保存后可以免去许多由于忘记保存文件而带来的失误，但是还是建议应该养成使用快捷键 Ctrl+S 进行手动保存文件的习惯。那么如果在新的一台没有设置自动保存功能的计算机上进行文档的操作，就有可能因忘记存盘而带来遗憾。保存文件永远是文件操作中的头等大事，每个人都应该使用各种方法最大限度地减少丢失数据的可能性。

案例精讲 012 设置密码

案例文件：无

视频文件：视频教学\Cha01\设置密码.avi

学习目标

学习并掌握为文件设置密码的方法。

制作概述

如果希望自己创建的文件不被其他人查阅，可以为文件设置密码，以后只有输入正确的密码才可以打开该文件。为文件设置密码的操作步骤如下。

操作步骤

step 01 单击【文件】按钮，在打开的界面中单击【信息】选项，然后单击右侧的【保护文档】按钮，在弹出的下拉列表中选择【用密码进行加密】选项，如图 1-51 所示。

step 02 弹出【加密文档】对话框，在【密码】文本框中输入密码，单击【确定】按钮，如图 1-52 所示。

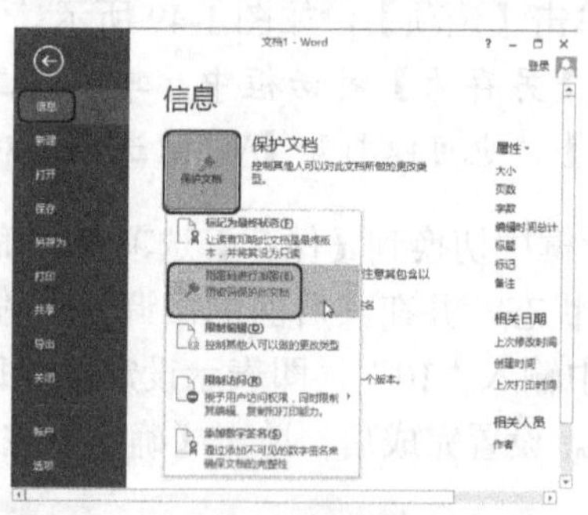

图 1-51　选择【用密码进行加密】选项

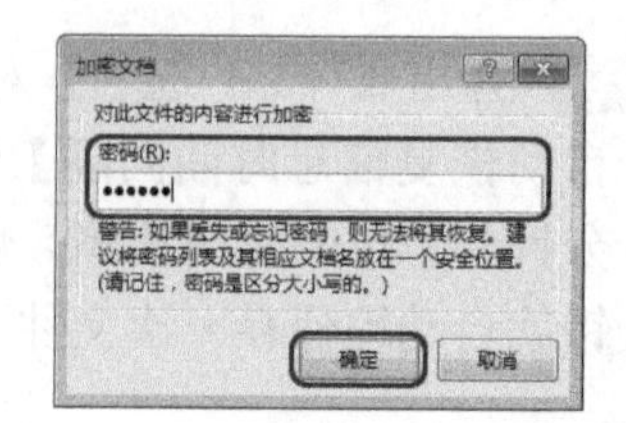

图 1-52　【加密文档】对话框

step 03 弹出【确认密码】对话框，在【重新输入密码】文本框中再次输入密码，如图 1-53 所示。

step 04 单击【确定】按钮，即可为该文档添加密码。以后打开该文档时，就会出现如图 1-54 所示的【密码】对话框，在【请键入打开文件所需的密码】文本框中输入正确的密码，然后单击【确定】按钮才能打开该文档。

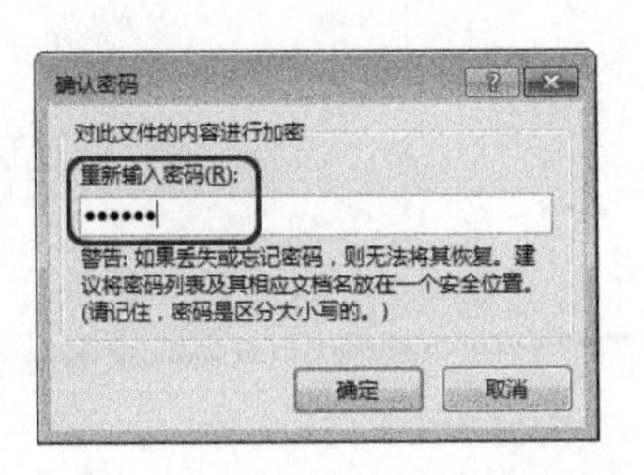

图 1-53 【确认密码】对话框

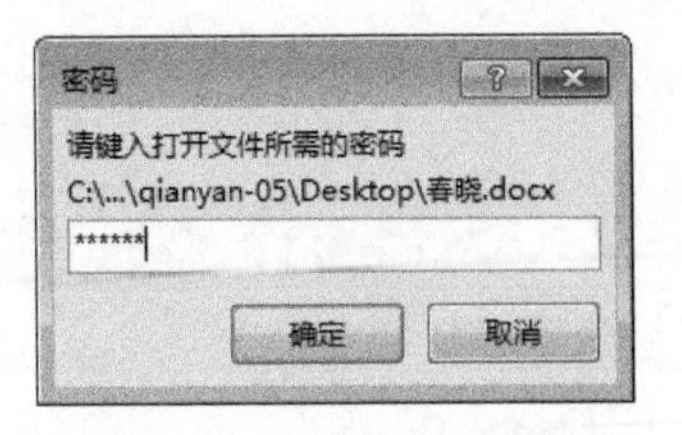

图 1-54 【密码】对话框

第 2 章 Word 办公技法与应用

本章重点

- 传真封面
- 个人简历
- 课程表
- 结婚请柬封面
- 公司信纸
- 娱乐游戏开发合作协议书
- 工作证
- 入场券
- 成绩单
- 活动传单

众所周知 Word 是最专业的办公软件，几乎所有的行业都在应用 Word。本章将通过 10 个典型案例讲解 Word 的办公作用，通过本章的学习读者可以对 Word 有一定的了解。

案例精讲 013　传真封面

案例文件：CDROM\场景\Cha02\传真封面. docx

视频文件：视频教学\Cha02\传真封面.avi

学习目标

- 学习插入符号的方法。
- 掌握设置段落缩进的方法。

制作概述

本例将介绍传真封面的制作。该例的制作比较简单，首选设置段落缩进，其次输入文字，并依次对输入的文字进行设置，然后绘制形状、插入符号。完成后的效果如图 2-1 所示。

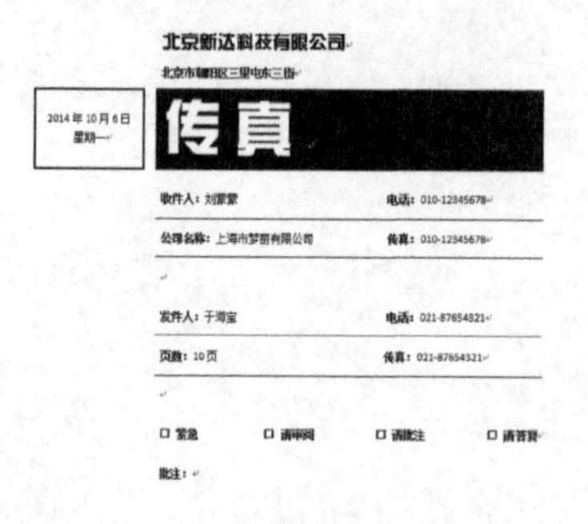

图 2-1　传真封面

操作步骤

step 01 按 Ctrl+N 组合键新建一个空白文档，在功能区的【开始】选项卡的【段落】组中单击 按钮，弹出【段落】对话框，在【缩进】选项组中将【左侧】设置为 10 字符，单击【确定】按钮，如图 2-2 所示。

step 02 在文档中输入文字，效果如图 2-3 所示。

图 2-2　设置缩进

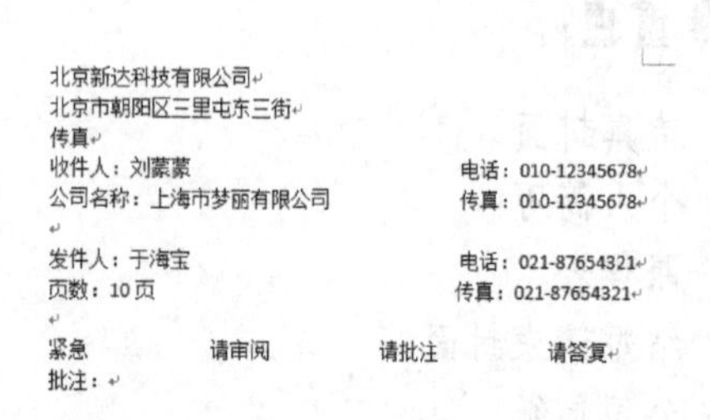

图 2-3　输入文字

知识链接

传真是近二十多年发展最快的非话电信业务。将文字、图表、相片等记录在纸面上的静止图像，通过扫描和光电变换，变成电信号，经各类信道传送到目的地，在接收端通过一系列逆变换过程，获得与发送原稿相似记录副本的通信方式，称为传真。

step 03 选择第一行中的文字，在【开始】选项卡的【字体】组中，将【字体】设置为“方正综艺简体”，将【字号】设置为“小三”，如图 2-4 所示。

step 04 在文档中选择如图 2-5 所示的文字。

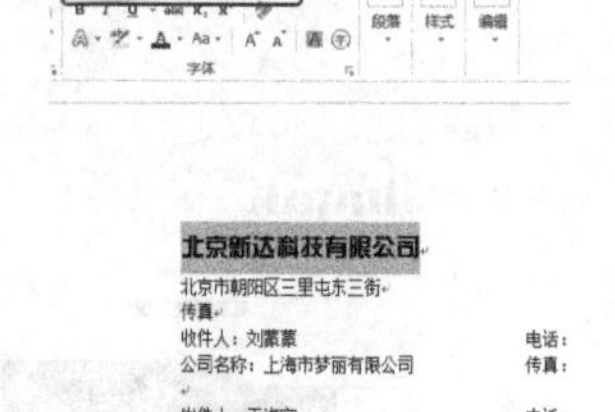

图 2-4　设置第一行文字

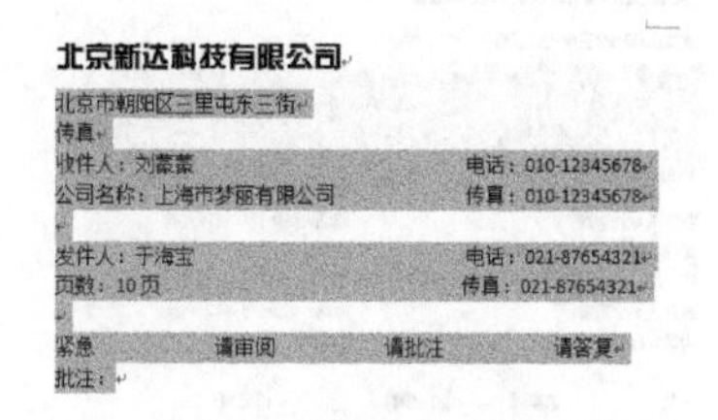

图 2-5　选择文字

step 05 在【字体】组中将【字号】设置为“小五”，效果如图 2-6 所示。

step 06 在文档中选择如图 2-7 所示的文字，在【字体】组中单击【加粗】按钮。

在选择文字时按住 Ctrl 键，可以选择多个非连续的文字。

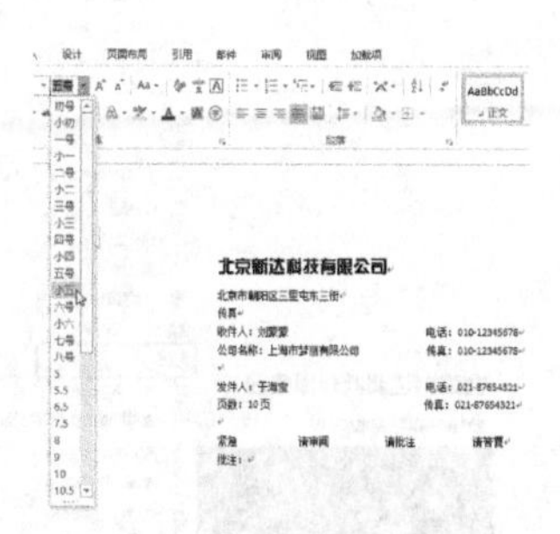

图 2-6　设置文字大小

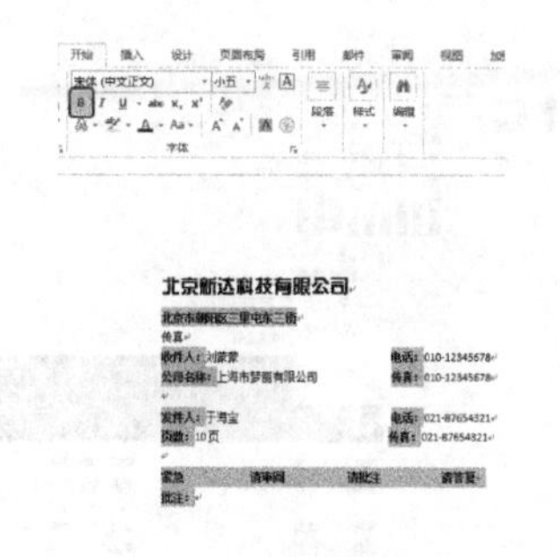

图 2-7　加粗文字

step 07 选择第三行中的文字【传真】，在【字体】组中将【字体】设置为“方正综艺简体”，将【字号】设置为 48，如图 2-8 所示。

step 08 在功能区选择【插入】选项卡，在【插图】组中单击【形状】按钮，在弹出的下拉列表中选择【矩形】选项，如图 2-9 所示。

step 09 在文档中绘制矩形，如图 2-10 所示。

step 10 在功能区选择【绘图工具】下的【格式】选项卡，在【形状样式】组中单击【形状填充】按钮，在弹出的下拉列表中选择【黑色，文字 1】选项，如图 2-11 所示。

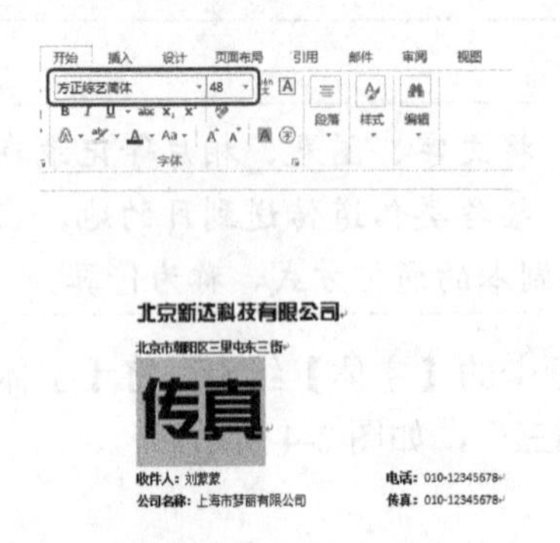

图 2-8　设置文字

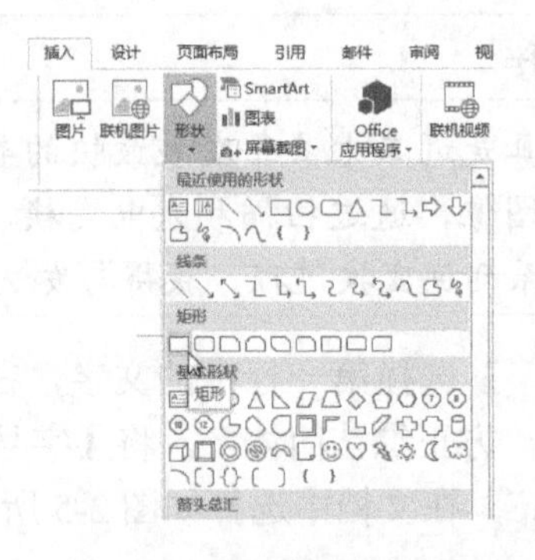

图 2-9　选择【矩形】选项

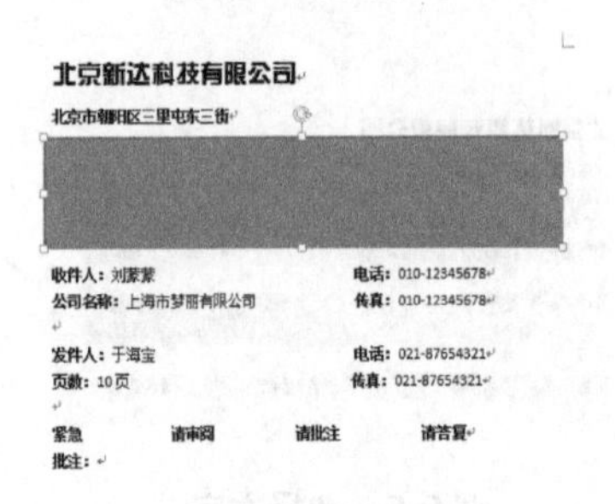

图 2-10　绘制矩形

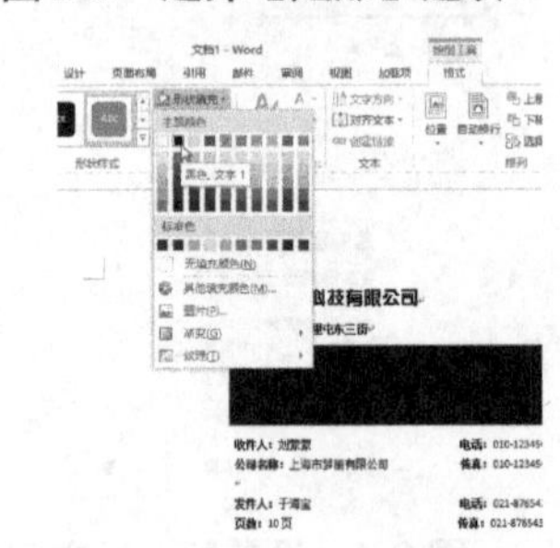

图 2-11　设置填充颜色

step 11 在【形状样式】组中单击【形状轮廓】按钮，在弹出的下拉列表中选择【无轮廓】选项，如图 2-12 所示。

step 12 在【排列】组中单击【自动换行】按钮，在弹出的下拉列表中选择【衬于文字下方】选项，如图 2-13 所示。

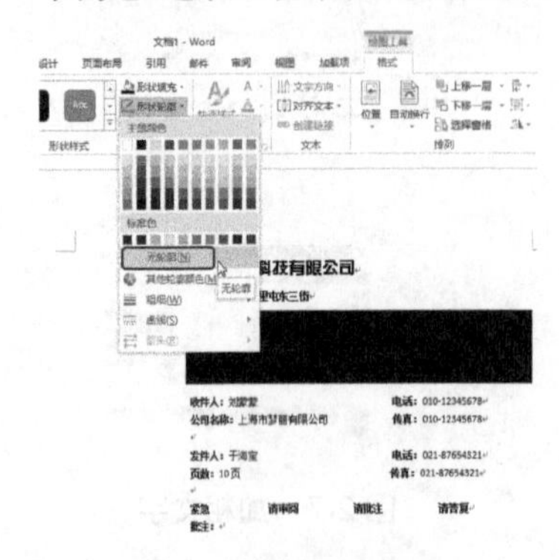

图 2-12　取消轮廓线填充

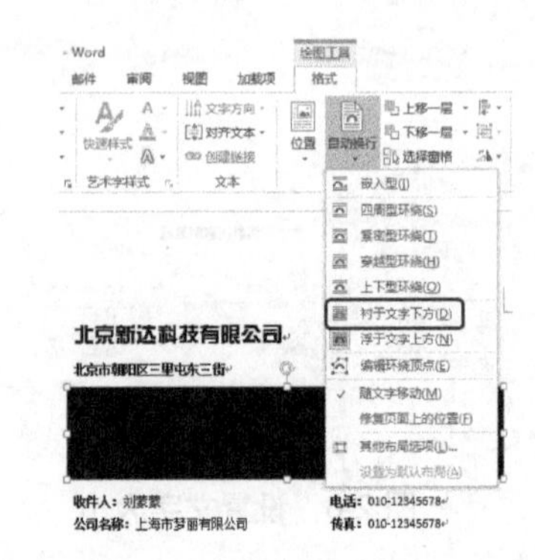

图 2-13　选择【衬于文字下方】选项

step 13 再次选择文字“传真”，在【开始】选项卡的【字体】组中，将【字体颜色】设置为“白色”，效果如图 2-14 所示。

step 14 在【字体】组中单击 (启动对话框)按钮，弹出【字体】对话框，切换到【高级】选项卡，在【字符间距】选项组中，将【间距】设置为“加宽”，将【磅值】设置为 6 磅，单击【确定】按钮，如图 2-15 所示。

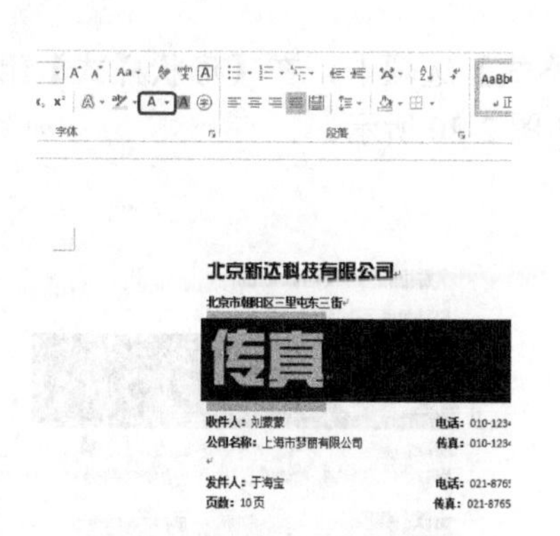

图 2-14　更改文字颜色

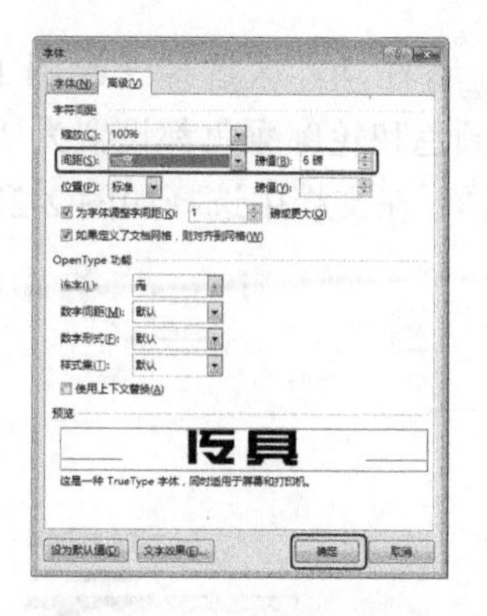

图 2-15　设置字符间距

step 15 在文档中绘制矩形，在功能区选择【绘图工具】下的【格式】选项卡，在【形状样式】组中将填充颜色设置为“无”，将轮廓颜色设置为“黑色”，效果如图 2-16 所示。

step 16 在【形状样式】组中单击【形状轮廓】按钮，在弹出的下拉列表中选择【粗细】|【1.5 磅】选项，如图 2-17 所示。

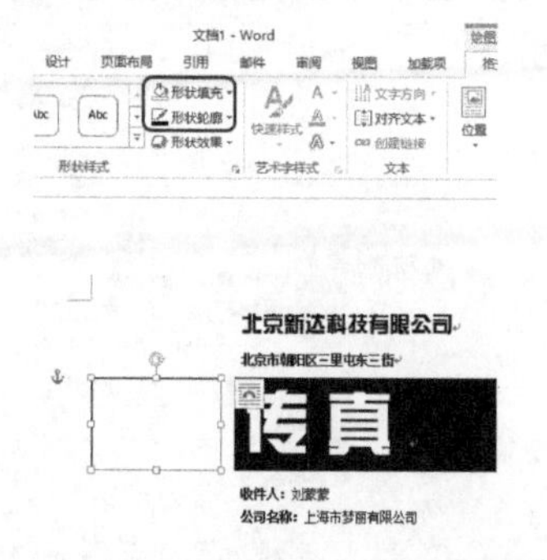

图 2-16　绘制矩形并设置颜色

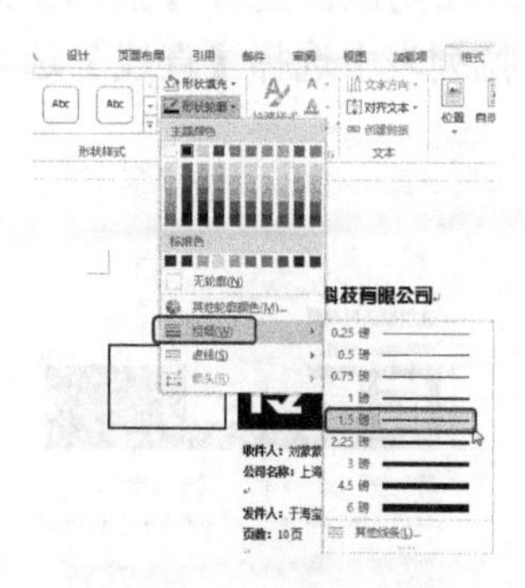

图 2-17　设置轮廓粗细

step 17 在功能区选择【插入】选项卡，在【文本】组中单击【文本框】按钮，在弹出的下拉列表中选择【绘制文本框】选项，如图 2-18 所示。

step 18 在文档中绘制文本框并输入文字，输入完成后选择文本框，在【开始】选项卡的【字体】组中将【字号】设置为“小五”，在【段落】组中单击【居中】按钮，如图 2-19 所示。

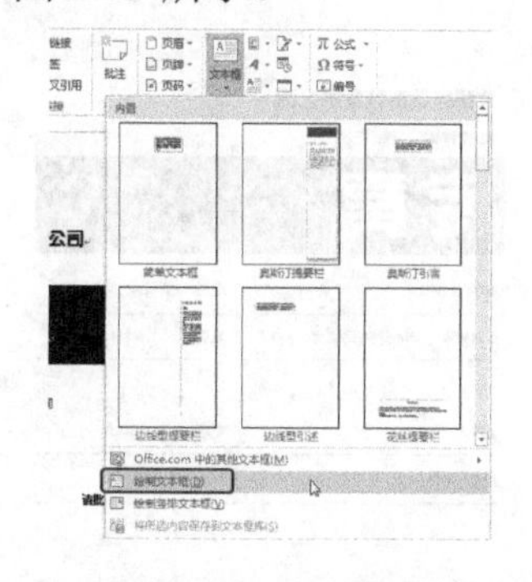

图 2-18　选择【绘制文本框】选项

图 2-19　输入并设置文字

step 19 在功能区选择【绘图工具】下的【格式】选项卡，在【形状样式】组中将填充颜色和轮廓颜色都设置为“无”，效果如图 2-20 所示。

step 20 在文档中选择如图 2-21 所示的文字。

图 2-20 取消填充颜色

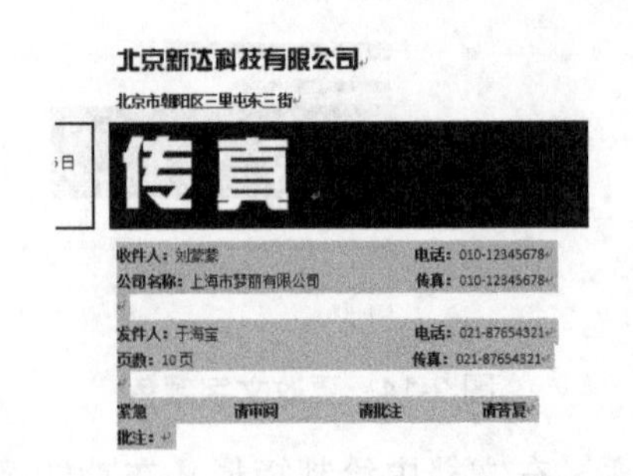

图 2-21 选择文字

step 21 在【开始】选项卡的【段落】组中单击【行和段落间距】按钮，在弹出的下拉列表中选择 2.0 选项，效果如图 2-22 所示。

step 22 在功能区选择【插入】选项卡，在【插图】组中单击【形状】按钮，在弹出的下拉列表中选择【直线】选项，如图 2-23 所示。

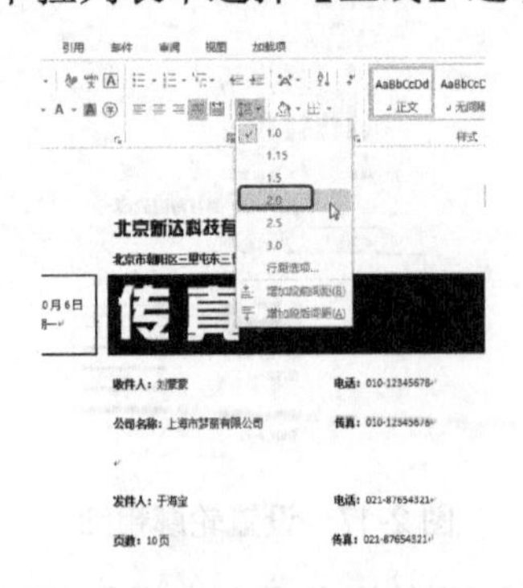

图 2-22 设置行间距

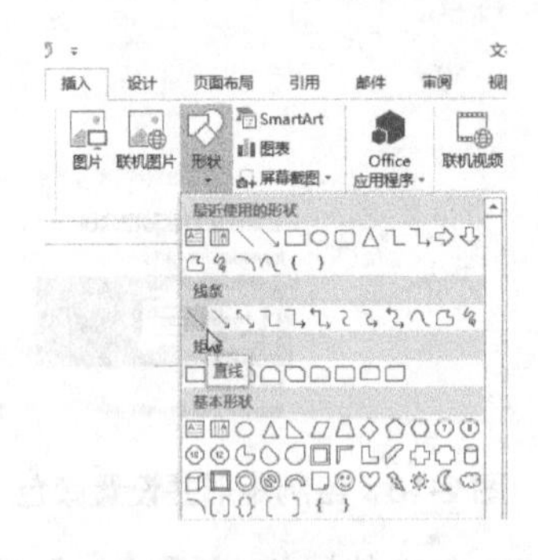

图 2-23 选择【直线】选项

step 23 在文档中绘制直线，在功能区选择【绘图工具】下的【格式】选项卡，在【形状样式】组中选择【细线-深色 1】选项，如图 2-24 所示。

step 24 使用同样的方法，继续在文档中绘制直线，并设置直线样式，效果如图 2-25 所示。

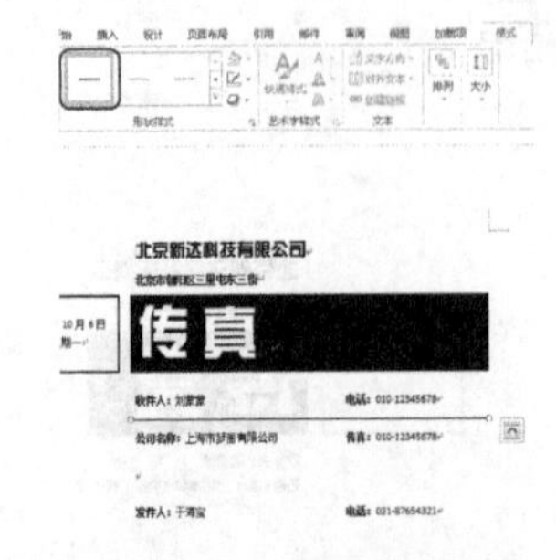

图 2-24 设置直线样式

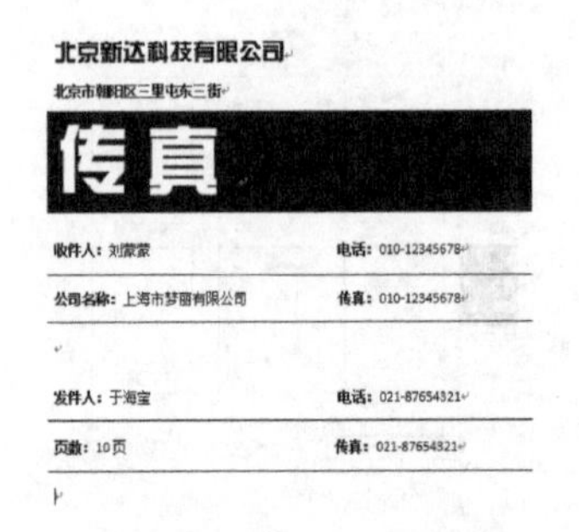

图 2-25 绘制并设置直线

step 25 将光标置入文字“紧急”的左侧，在功能区选择【插入】选项卡，在【符号】组中单击【符号】按钮，在弹出的下拉列表中选择【空心方形】选项，即可插入选择的符号，如图 2-26 所示。

step 26 使用同样的方法，在其他文字左侧插入符号，效果如图 2-27 所示。

符号和文字之间有一个空格。

图 2-26　插入符号

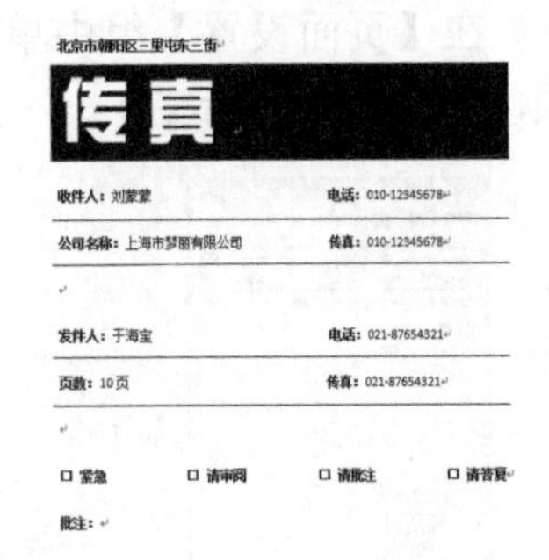

图 2-27　给其他文字插入符号

案例精讲 014　个人简历

案例文件：CDROM\场景\Cha02\个人简历. docx

视频文件：视频教学\Cha02\个人简历.avi

学习目标

- 学习设置页边距的方法。
- 掌握设置段落间距的方法。

制作概述

个人简历是求职者给招聘单位发的一份简要介绍，包含自己的基本信息、自我评价、工作经历、学习经历以及求职愿望等。一份良好的个人简历对于获得面试机会至关重要。本例就来介绍一下个人简历的制作，完成后的效果如图 2-28 所示。

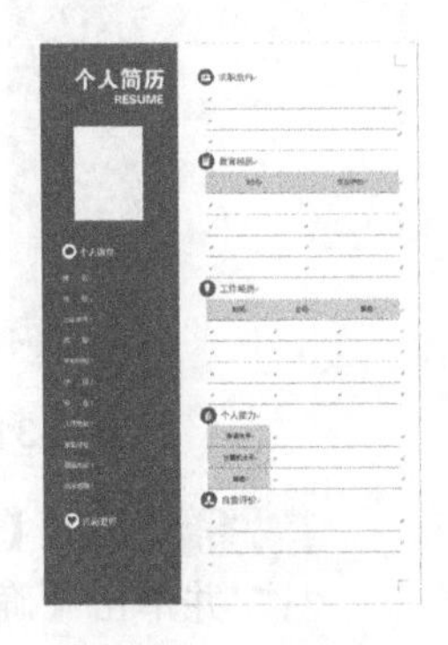

图 2-28　个人简历

操作步骤

step 01 按 Ctrl+N 组合键新建一个空白文档，在功能区选择【页面布局】选项卡，在【页面设置】组中单击 (启动对话框)按钮，弹出【页面设置】对话框，切换到【页边距】选项卡，在【页边距】选项组中，将【上】、【下】、【左】和【右】几个微调框都设置为 1.27 厘米，单击【确定】按钮，如图 2-29 所示。

知识链接

页边距是页面四周的空白区域，也就是正文与页边界的距离，一般可在页边距内部的可打印区域中插入文字和图形或页眉、页脚和页码等。

整个页面的大小在选择纸张后已经固定了，然后确定正文所占区域的大小。要确定正文区大小，就可以设置正文到四边页面边界间的区域大小。

step 02 在【页面设置】组中单击【分栏】按钮，在弹出的下拉列表中选择【偏左】选项，如图 2-30 所示。

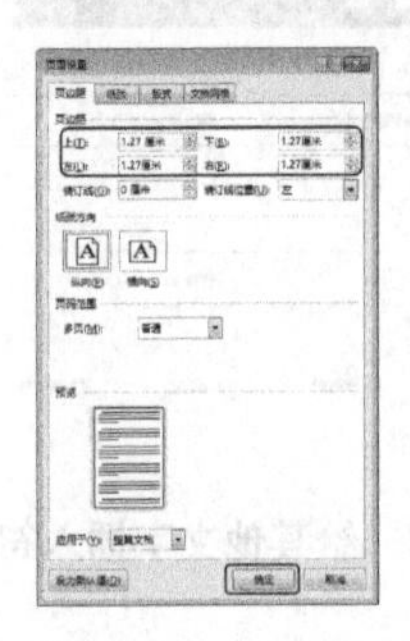

图 2-29　设置页边距

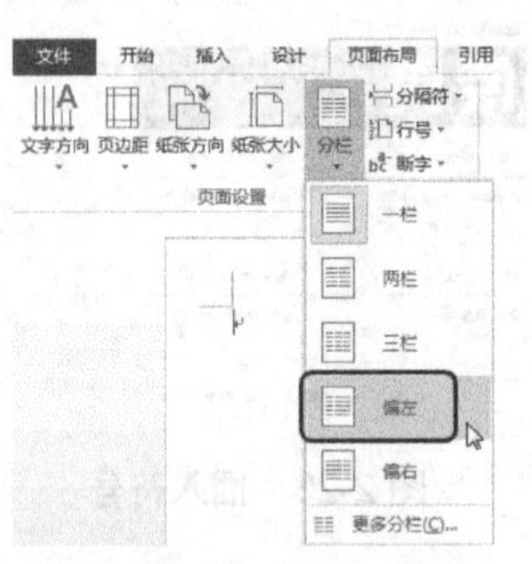

图 2-30　设置分栏

step 03 在功能区选择【插入】选项卡，在【插图】组中单击【形状】按钮，在弹出的下拉列表中选择【矩形】选项，然后在文档中绘制矩形，如图 2-31 所示。

step 04 在功能区选择【绘图工具】下的【格式】选项卡，在【形状样式】组中单击【形状填充】按钮，在弹出的下拉列表中选择【其他填充颜色】选项，如图 2-32 所示。

图 2-31　绘制矩形

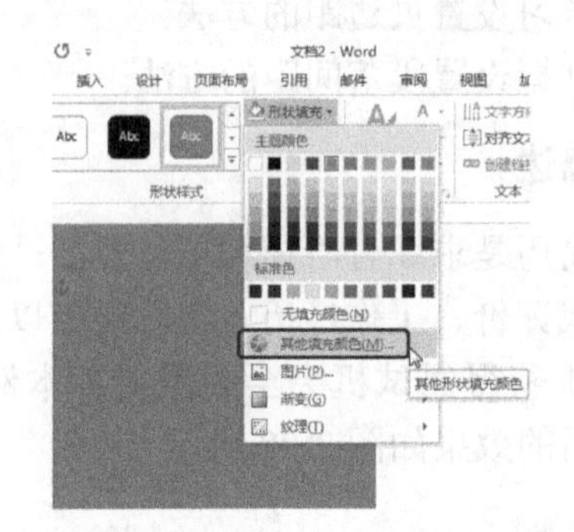

图 2-32　选择【其他填充颜色】选项

step 05 弹出【颜色】对话框，在【标准】选项卡中单击，选择如图 2-33 所示的颜色，并单击【确定】按钮，即可为绘制的矩形填充该颜色。

step 06 在功能区的【格式】选项卡的【形状样式】组中单击 (启动对话框)按钮，弹出【设置形状格式】任务窗格，在【填充】选项组中将【透明度】设置为 12%，在【线条】选项组中选择【无线条】单选按钮，如图 2-34 所示。

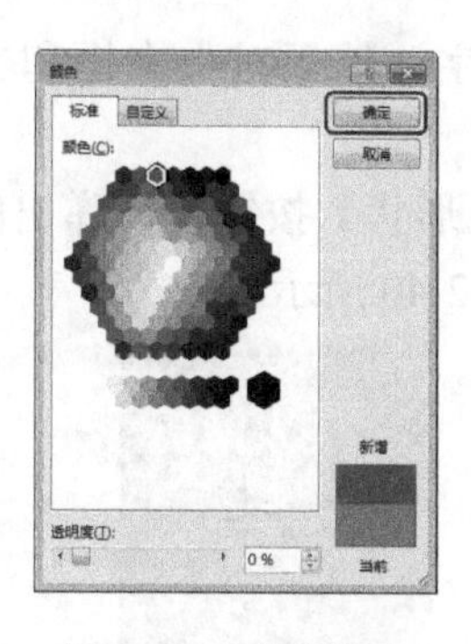

图 2-33 选择颜色

图 2-34 设置形状格式

step 07 在功能区的【格式】选项卡的【排列】组中单击【自动换行】按钮，在弹出的下拉列表中选择【衬于文字下方】选项，如图 2-35 所示。

step 08 选择【插入】选项卡，在【文本】组中单击【文本框】按钮，在弹出的下拉列表中选择【绘制文本框】选项，如图 2-36 所示。

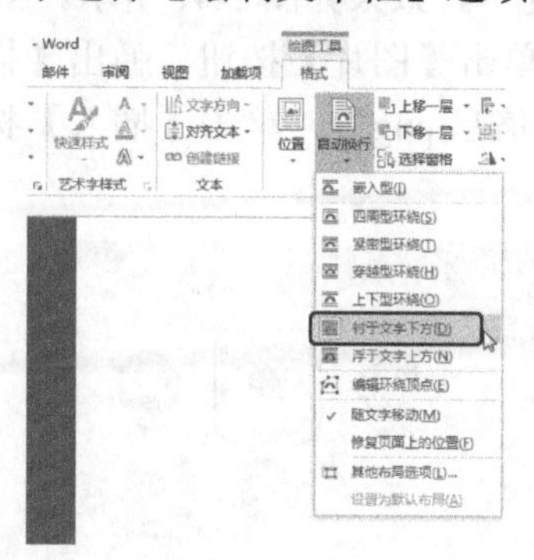

图 2-35 选择【衬于文字下方】选项

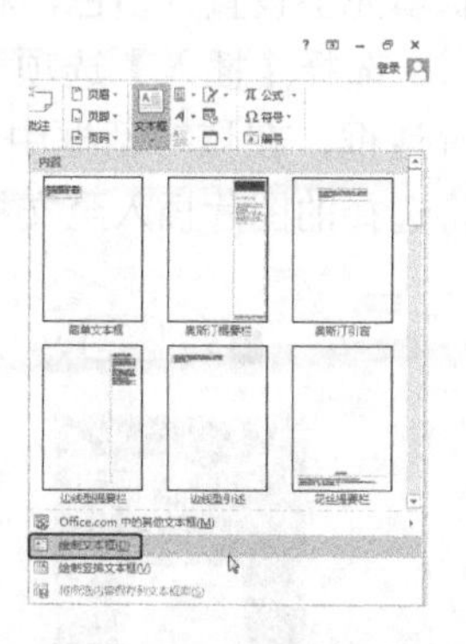

图 2-36 选择【绘制文本框】选项

step 09 在文档中绘制文本框并输入文字，输入完成后选择文本框，然后在功能区选择【绘图工具】下的【格式】选项卡，在【形状样式】组中将填充颜色和轮廓颜色都设置为“无”，效果如图 2-37 所示。

step 10 选择【开始】选项卡，在【字体】组中将【字体】设置为“方正大黑简体”，将【字号】设置为“小初”，将【字体颜色】设置为“白色”，如图 2-38 所示。

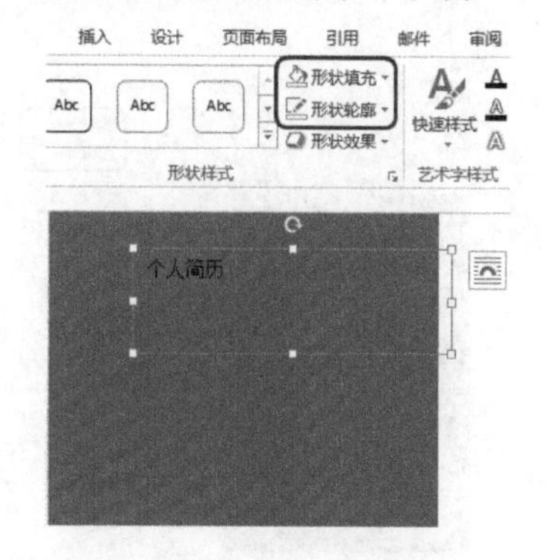

图 2-37 设置文本框颜色

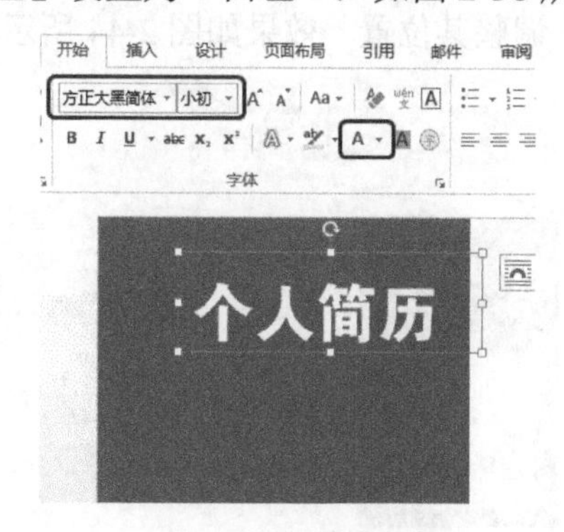

图 2-38 设置文字

step 11 使用同样的方法，继续绘制文本框并输入文字，然后对文本框和文字进行设置，效果如图 2-39 所示。

step 12 选择【插入】选项卡，在【插图】组中单击【形状】按钮，在弹出的下拉列表框中选择【矩形】选项，在文档中绘制矩形，如图 2-40 所示。

图 2-39 绘制文本框并输入文字

图 2-40 绘制矩形

step 13 在功能区选择【绘图工具】下的【格式】选项卡，在【形状样式】组中将【形状填充】设置为白色，将轮廓颜色设置为“无”，效果如图 2-41 所示。

step 14 选择【插入】选项卡，在【插图】组中单击【图片】按钮，弹出【插入图片】对话框，在该对话框中选择素材图片“个人信息.png”，单击【插入】按钮，即可将选择的图片插入至文档中，如图 2-42 所示。

图 2-41 设置矩形颜色

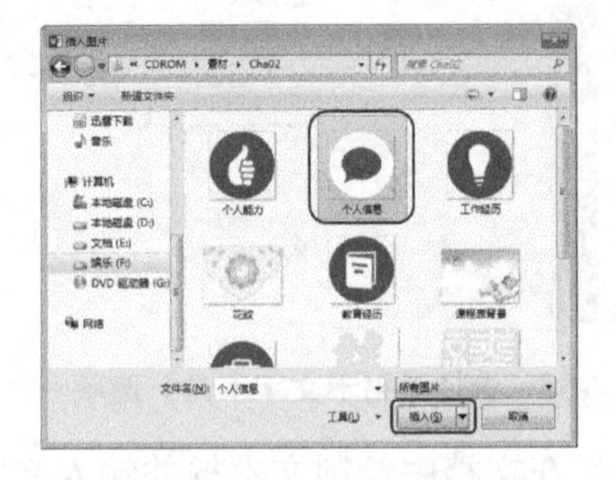

图 2-42 选择素材图片

step 15 在功能区选择【图片工具】下的【格式】选项卡，在【排列】组中单击【自动换行】按钮，在弹出的下拉列表中选择【浮于文字上方】选项，如图 2-43 所示。

step 16 在【大小】组中将【形状高度】和【形状宽度】设置为 0.8 厘米，然后在文档中调整其位置，效果如图 2-44 所示。

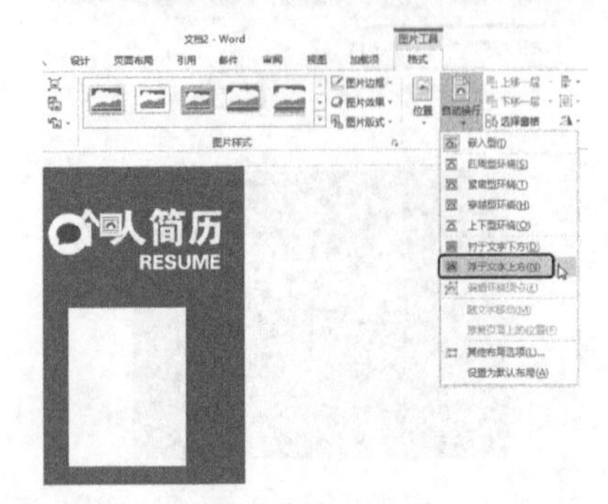

图 2-43 选择【浮于文字上方】选项

图 2-44 调整图片大小和位置

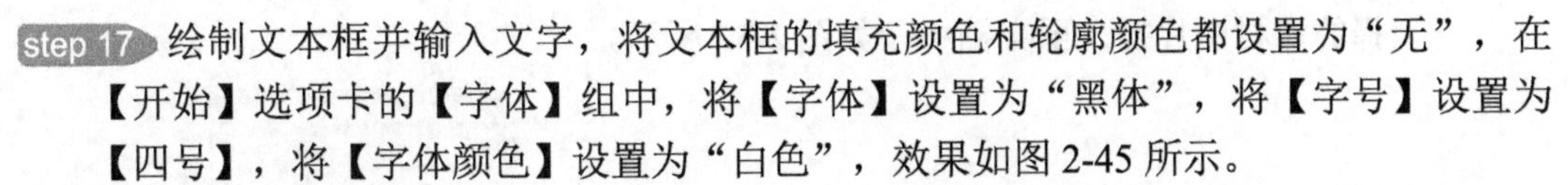

step 17 绘制文本框并输入文字，将文本框的填充颜色和轮廓颜色都设置为“无”，在【开始】选项卡的【字体】组中，将【字体】设置为“黑体”，将【字号】设置为【四号】，将【字体颜色】设置为“白色”，效果如图2-45所示。

step 18 结合前面介绍的方法，继续绘制文本框并输入文字，然后对文本框、字体、字号、字体颜色和段落间距进行设置，并插入素材图片，效果如图2-46所示。

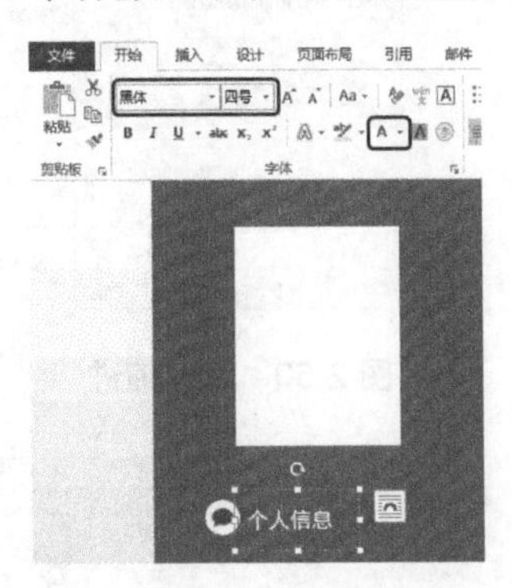

图2-45　输入并设置文字

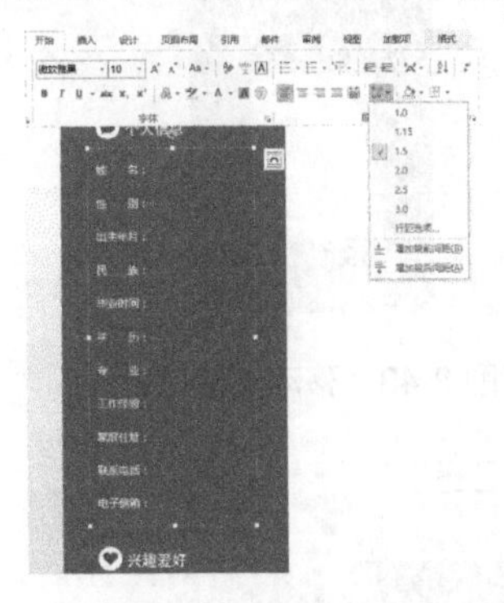

图2-46　制作其他内容

step 19 在文档中将光标置于如图2-47所示的位置。

step 20 在【开始】选项卡的【段落】组中单击(启动对话框)按钮，弹出【段落】对话框，切换到【缩进和间距】选项卡，在【间距】选项组中将【段后】设置为50行，单击【确定】按钮，如图2-48所示。

图2-47　指定光标位置

图2-48　设置段后间距

step 21 按一下空格键，再按Enter键，此时光标会移至如图2-49所示的位置。

step 22 在【开始】选项卡的【段落】组中单击(启动对话框)按钮，弹出【段落】对话框，在【缩进】选项组中将【左侧】设置为6字符，单击【确定】按钮，如图2-50所示。

step 23 在文档中输入文字，选择输入的文字，在【开始】选项卡的【字体】组中，将【字体】设置为“黑体”，将【字号】设置为“四号”，将【字体颜色】设置为如图2-51所示的颜色。

step 24 选择【插入】选项卡，在【插图】组中单击【图片】按钮，弹出【插图图片】对话框，在该对话框中选择素材图片“求职意向.png”，单击【插入】按钮，即可将选择的素材图片插入至文档中，如图 2-52 所示。

图 2-49　移动光标位置

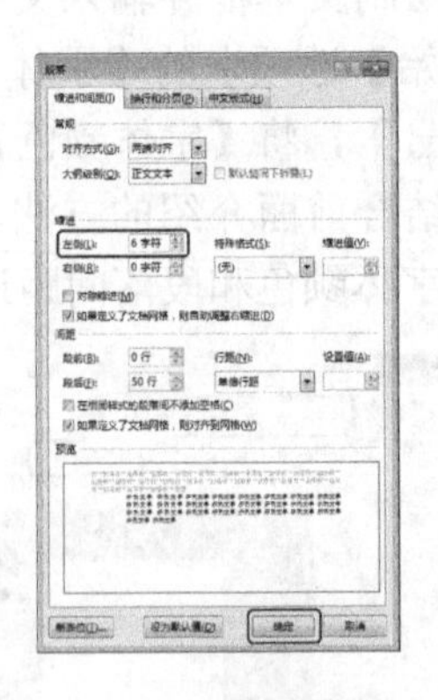

图 2-50　设置缩进

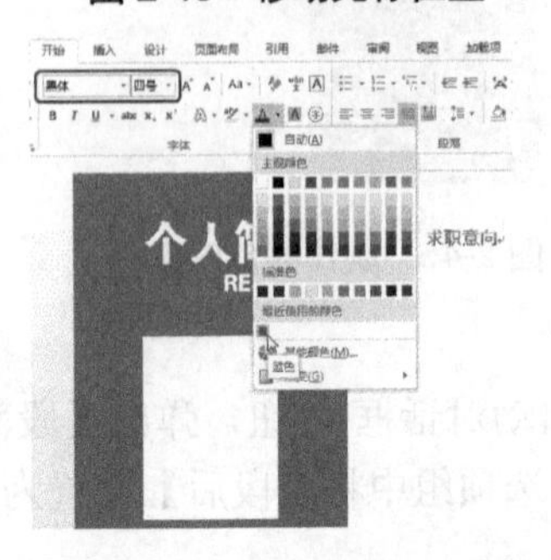

图 2-51　输入并设置文字

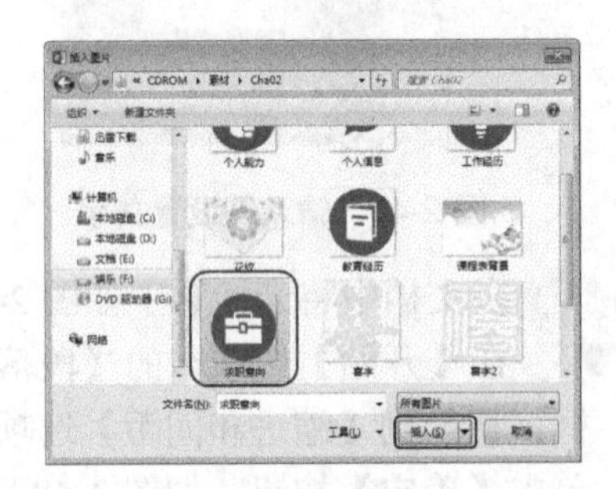

图 2-52　选择素材图片

step 25 在功能区选择【图片工具】下的【格式】选项卡，在【排列】组中单击【自动换行】按钮，在弹出的下拉列表中选择【浮于文字上方】选项，如图 2-53 所示。

step 26 在【大小】组中将【形状高度】和【形状宽度】设置为 0.9 厘米，并在文档中调整其位置，效果如图 2-54 所示。

图 2-53　选择【浮于文字上方】选项

图 2-54　调整素材图片

step 27 将光标置于文字【求职意向】的右侧，在【开始】选项卡的【段落】组中单击(启动对话框)按钮，弹出【段落】对话框，在【间距】选项组中将【段后】设置为 0 行，单击【确定】按钮，如图 2-55 所示。

step 28 按 Enter 键另起一行，在【开始】选项卡的【段落】组中单击(启动对话框)按钮，弹出【段落】对话框，在【缩进】选项组中将【左侧】设置为 4 字符，单击【确

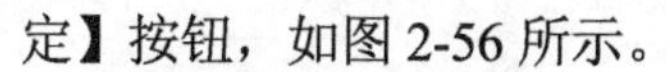

定】按钮，如图 2-56 所示。

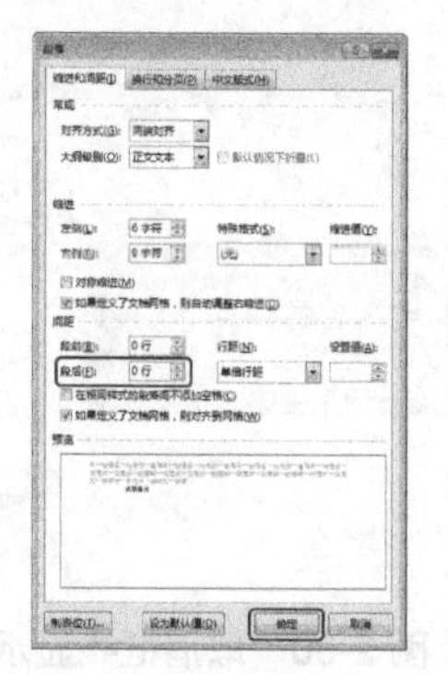

图 2-55 设置段落间距

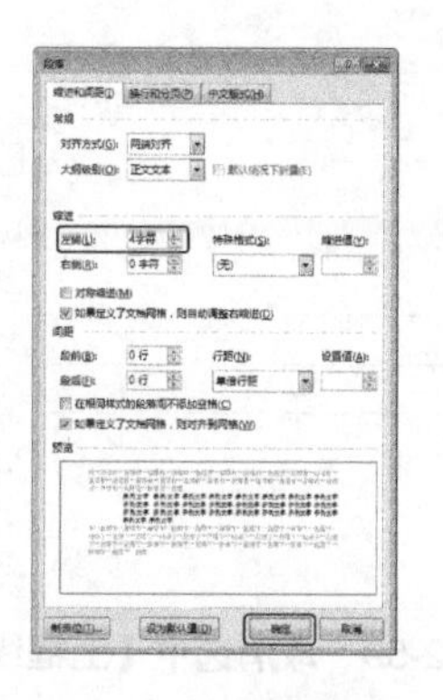

图 2-56 设置缩进

step 29 在功能区选择【插入】选项卡，在【表格】组中单击【表格】按钮，在弹出的下拉列表中选择【3 行网格】，即可在文档中插入一个 3 行 1 列的表格，如图 2-57 所示。

step 30 在功能区选择【表格工具】下的【布局】选项卡，在【单元格大小】组中将【表格列宽】设置为 10.7 厘米，如图 2-58 所示。

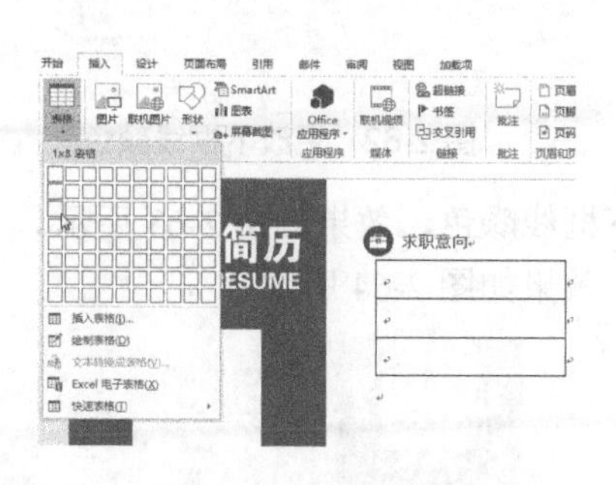

图 2-57 选择网格

图 2-58 设置表格列宽

除了上述方法外，用户还可以选择【插入表格】或【绘制表格】命令，这样也可以创建表格。

step 31 在文档中选择插入的表格，在功能区选择【表格工具】下的【设计】选项卡，在【边框】组中单击 (边框)按钮，在弹出的下拉列表中取消选中【上框线】选项，如图 2-59 所示。

step 32 单击【边框】按钮，在弹出的下拉列表中取消选中【左框线】和【右框线】选项，如图 2-60 所示。

step 33 将光标置于第一个单元格中，在【边框】组中单击【笔颜色】按钮，在弹出的下拉列表中选择颜色“白色，背景 1，深色 50%”，如图 2-61 所示。

step 34 在【边框】组中单击【边框】按钮，在弹出的下拉列表中取消选中【下框线】选项，即可为单元格的下框线填充该颜色，如图 2-62 所示。

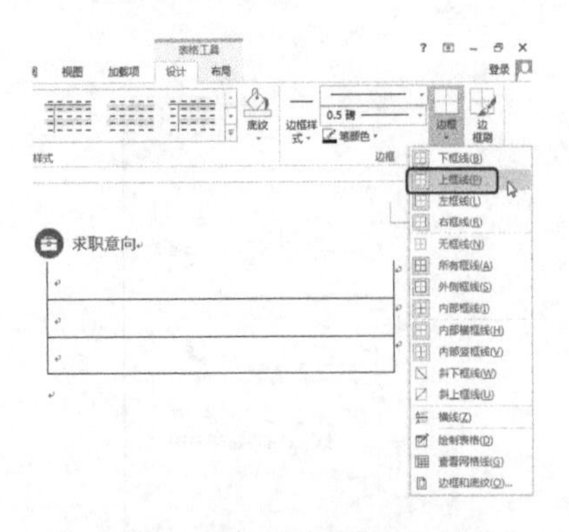

图 2-59　取消选中【上框线】选项

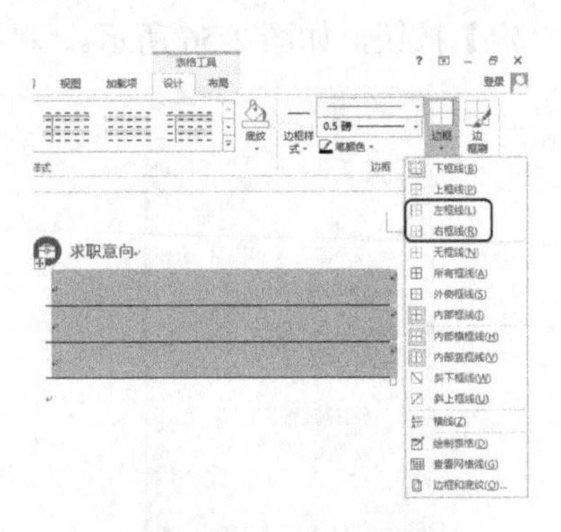

图 2-60　取消框线显示

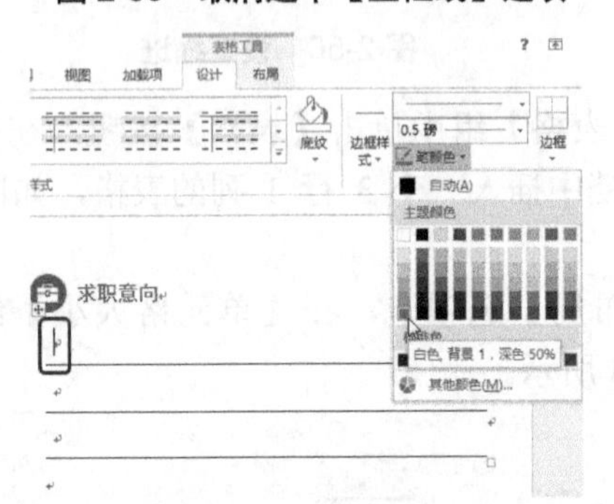

图 2-61　选择颜色

图 2-62　更改下框线颜色

step 35 使用同样的方法，更改其他单元格的下框线颜色，效果如图 2-63 所示。

step 36 结合前面介绍的方法，制作其他内容，效果如图 2-64 所示。

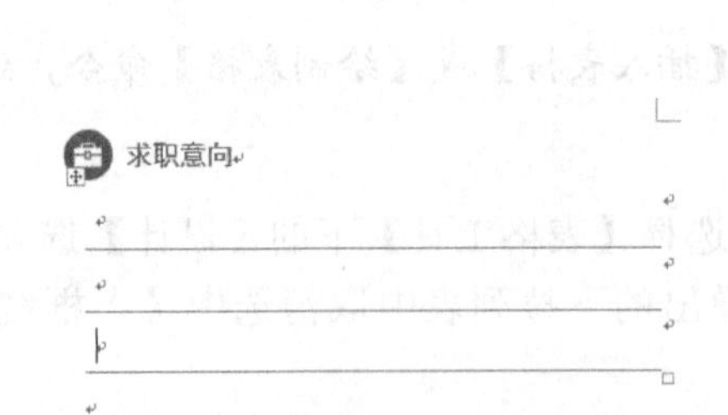

图 2-63　更改单元格下框线颜色

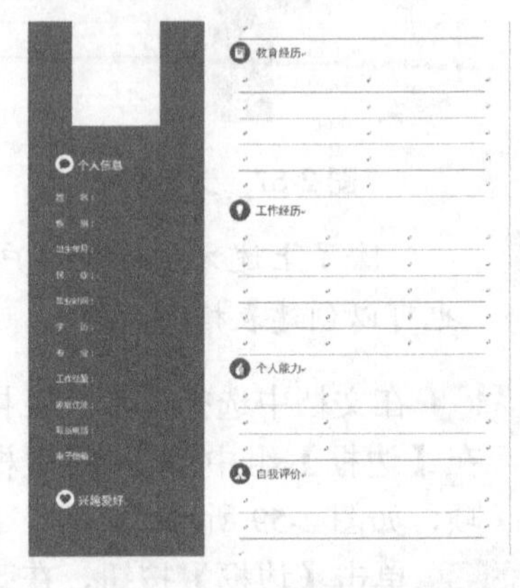

图 2-64　制作其他内容

step 37 在如图 2-65 所示的单元格中输入内容。

step 38 选择文字所在的单元格，然后选择【开始】选项卡，在【字体】组中将【字体】设置为“微软雅黑”，将【字号】设置为 10，将【字体颜色】设置为“灰色 25%，背景 2，深色 75%”，在【段落】组中单击【居中】按钮，如图 2-66 所示。

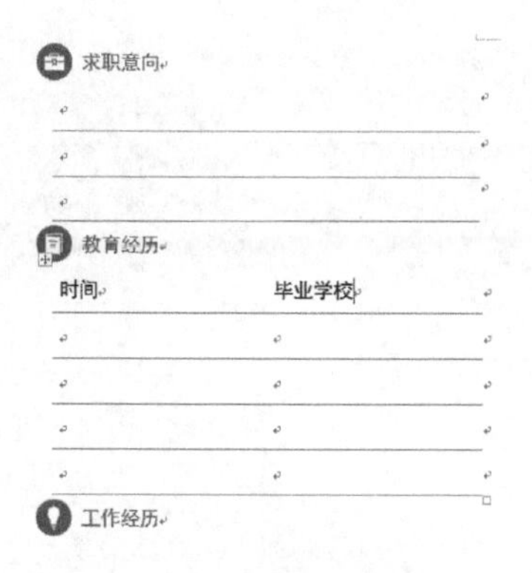

图 2-65　输入内容

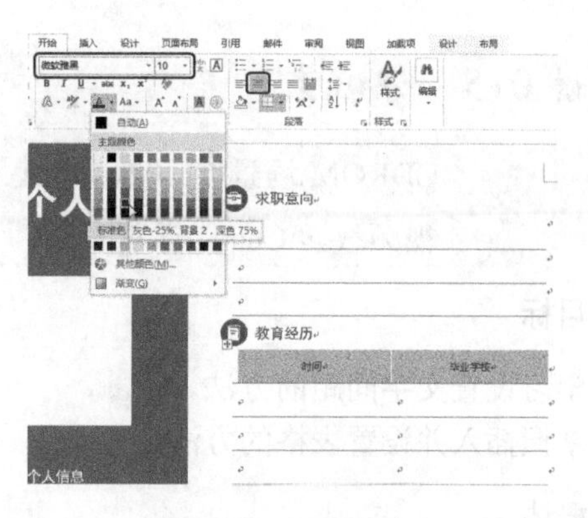

图 2-66　设置文字

知识链接

段落的水平对齐方式是指定段落中的文字在水平方向排列对齐的基准，包括文本左对齐、居中、文本右对齐、两端对齐和分散对齐五种。

两端对齐：指段落中除最后一行文本外，其他行文本的左右两端分别向左右边界靠齐。对于纯中文的文本来说，两端对齐方式与左对齐方式没有太大的差别。但如果文档中含有英文单词，左对齐方式可能会使文本的右边缘参差不齐。

右对齐：将选定的段落向文档的右边界对齐。

分散对齐：将段落所有行的文本(包括最后一行)字符等距离分布在左、右文本边界之间。

左对齐：将段落中每行文本都向文档的左边界对齐。

居中：将选定的段落放在页面的中间。

step 39 在功能区选择【表格工具】下的【设计】选项卡，在【表格样式】组中单击底纹按钮，在弹出的下拉列表中选择【蓝色，着色 5，淡色 80%】选项，即可为单元格填充选择的颜色，如图 2-67 所示。

step 40 使用同样的方法，在其他单元格中输入文字并设置填充颜色，如图 2-68 所示。

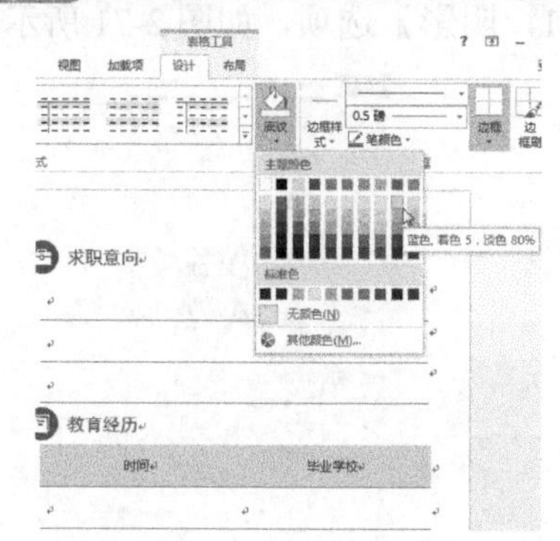

图 2-67　为单元格填充颜色

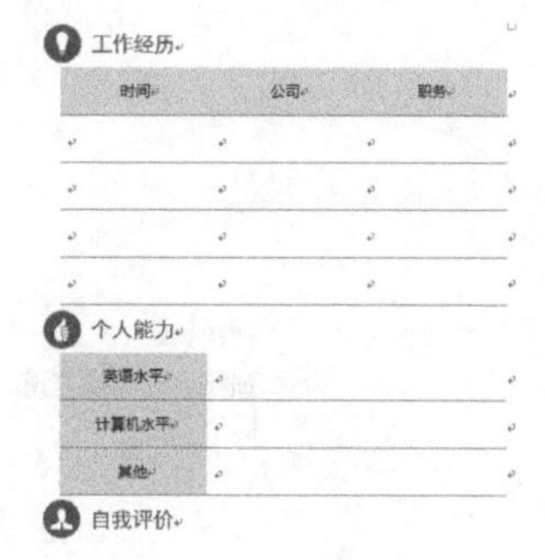

图 2-68　制作其他内容

案例课堂

案例精讲 015　课程表

案例文件：CDROM\场景\Cha02\课程表. docx

视频文件：视频教学\Cha02\课程表.avi

学习目标

- 学习设置文字间距的方法。
- 掌握插入并设置表格的方法。

制作概述

本例将介绍课程表的制作。首先输入并设置标题，然后插入表格，并对表格进行设置，包括设置单元格大小、对齐方式和合并单元格等，最后制作背景。完成后的效果如图 2-69 所示。

课程表

班级：五年级二班

学科 星期 节次	星期一	星期二	星期三	星期四	星期五
第一节	语文	数学	语文	数学	数学
第二节	数学	语文	数学	写字	美术
第三节	音乐	科学	美术	英语	英语
第四节	体育	音乐	体育	信息	英语
中午休息					
第五节	班会	英语	校本	作文	语文
第六节	英语	品德	品德	作文	体育
第七节	科学	活动	阅读	阅读	活动

图 2-69　课程表

操作步骤

step 01 按 Ctrl+N 组合键新建一个空白文档，然后在文档中输入文字，如图 2-70 所示。

step 02 选择文字【课程表】，在【开始】选项卡的【字体】组中，将【字体】设置为“方正隶书简体”，将【字号】设置为“一号”，单击【文本效果和版式】按钮，在弹出的下拉列表中选择【填充-蓝色，着色 1，阴影】选项，如图 2-71 所示。

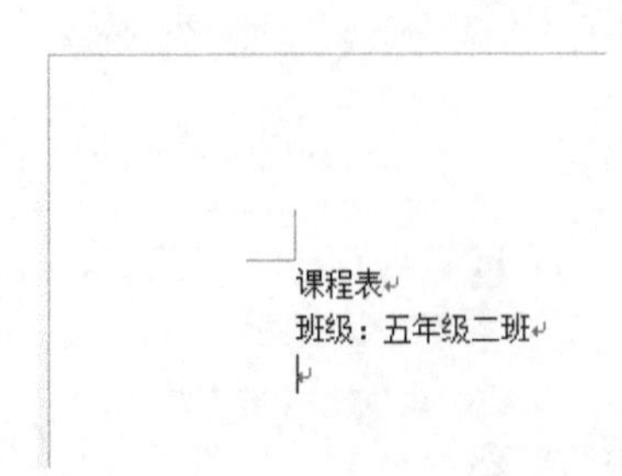

图 2-70　输入文字

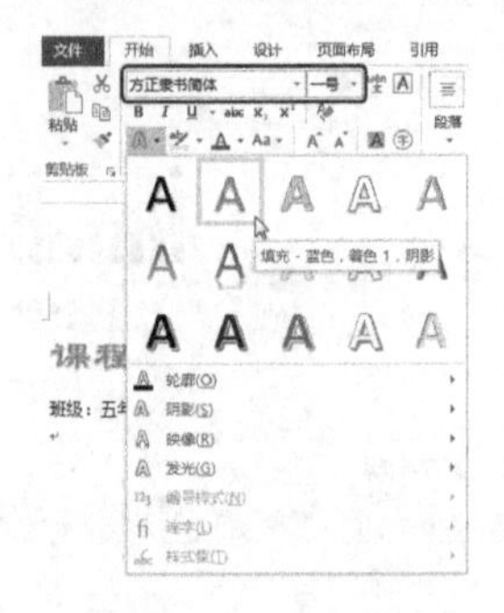

图 2-71　设置文字

step 03 在【字体】组中单击【字体颜色】按钮右侧的按钮，在弹出的下拉列表中选择【蓝色】，如图 2-72 所示。

step 04 在【字体】组中单击(启动对话框)按钮，弹出【字体】对话框，切换到【高级】选项卡，在【字符间距】选项组中将【间距】设置为“加宽”，将【磅值】设置为 1.4 磅，单击【确定】按钮，即可设置字符间距，如图 2-73 所示。

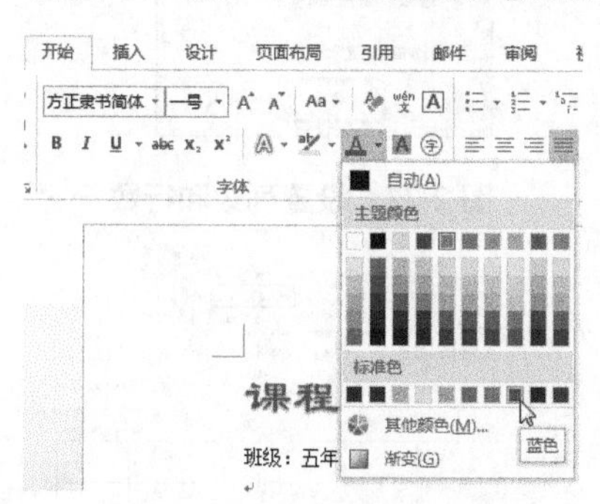

图 2-72　更改文字颜色

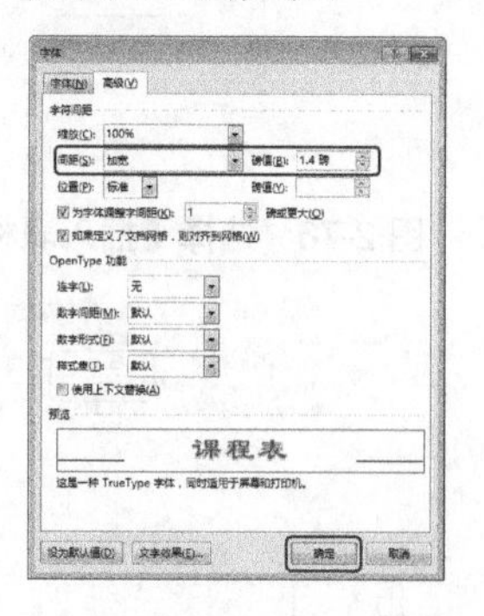

图 2-73　设置字符间距

step 05 在【开始】选项卡的【段落】组中单击【居中】按钮，如图 2-74 所示。

step 06 选择文字“班级：五年级二班”，在【字体】组中将【字号】设置为“小五”，将【字体颜色】设置为“蓝色”，在【段落】组中单击【右对齐】按钮，如图 2-75 所示。

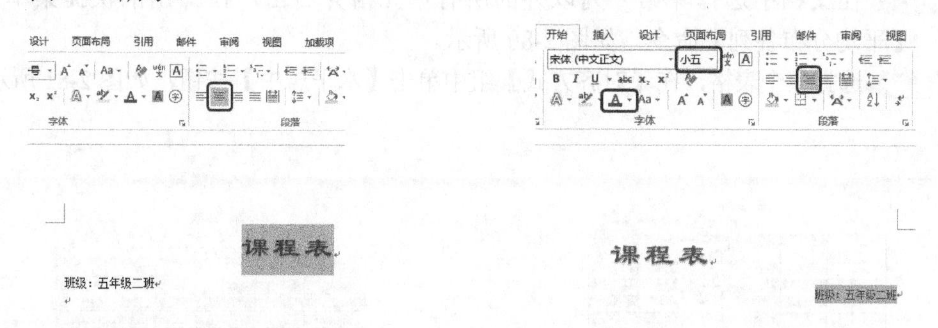

图 2-74　设置对齐方式

图 2-75　设置文字

step 07 将光标置于第三行中，在功能区选择【插入】选项卡，在【表格】组中单击【表格】按钮，在弹出的下拉列表中选择【插入表格】选项，如图 2-76 所示。

step 08 弹出【插入表格】对话框，将【列数】设置为 6，将【行数】设置为 9，单击【确定】按钮，即可在文档中插入表格，如图 2-77 所示。

step 09 将光标置于第一个单元格中，在功能区选择【表格工具】下的【布局】选项卡，在【单元格大小】组中将【表格行高】设置为 1.37 厘米，将【表格列宽】设置为 3 厘米，如图 2-78 所示。

step 10 在文档中选择如图 2-79 所示的单元格，在【单元格大小】组中将【表格行高】设置为 0.8 厘米。

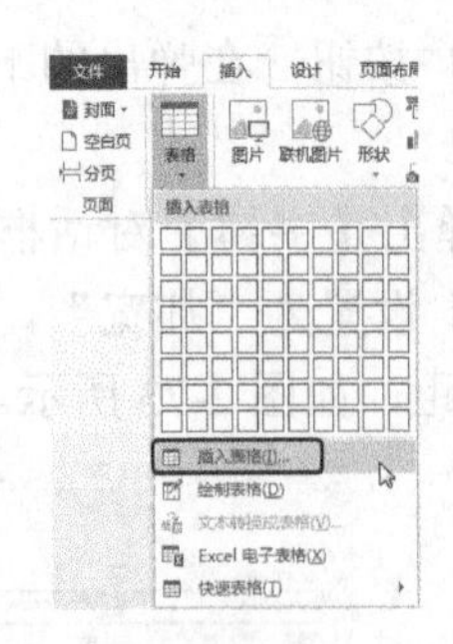

图 2-76　选择【插入表格】选项

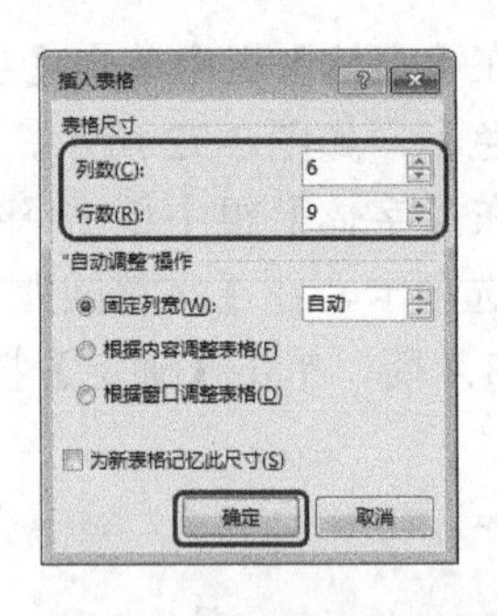

图 2-77　设置列数和行数

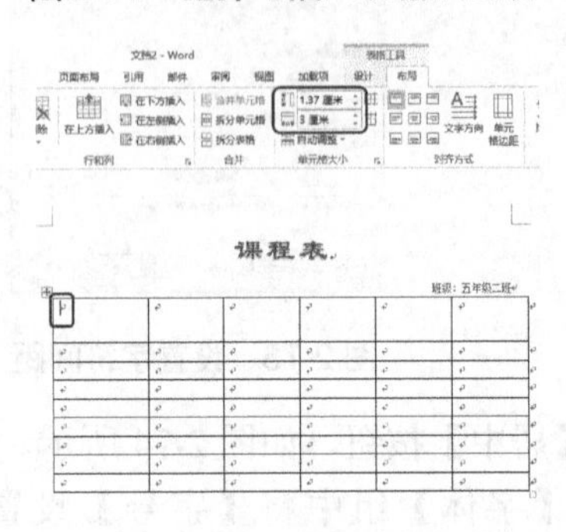

图 2-78　设置单元格大小

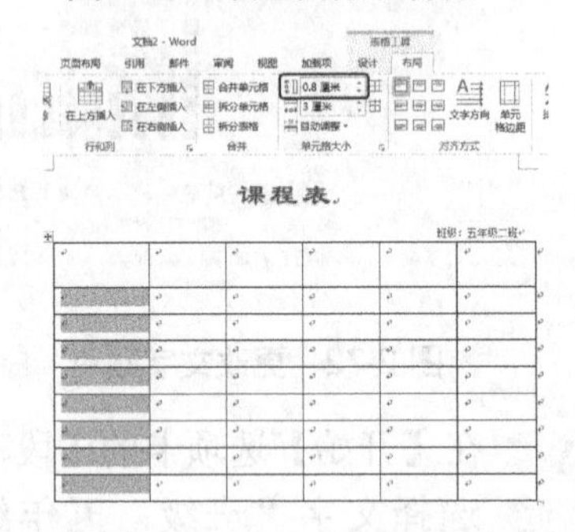

图 2-79　设置单元格行高

step 11 在文档中选择除第一列以外的所有单元格并右击，在弹出的快捷菜单中选择【平均分布各列】命令，如图 2-80 所示。

step 12 选择整个表格，在【对齐方式】组中单击【水平居中】按钮，如图 2-81 所示。

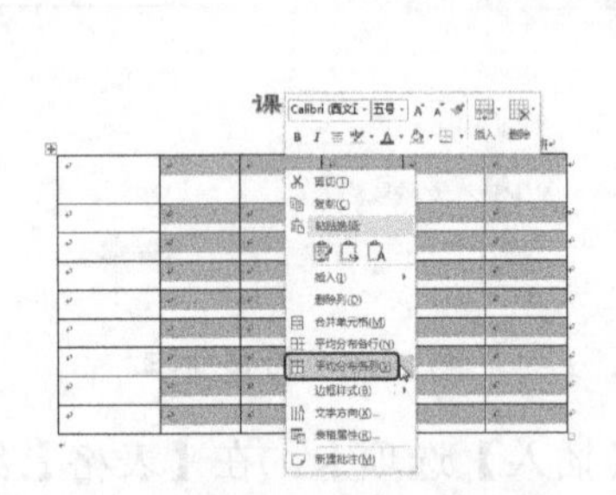

图 2-80　选择【平均分布各列】命令

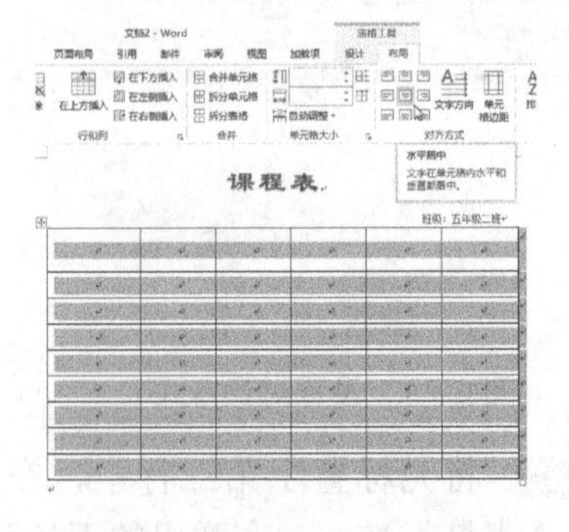

图 2-81　设置对齐方式

step 13 选择第六行中的所有单元格，在【合并】组中单击【合并单元格】按钮，即可将选择的单元格合并，如图 2-82 所示。

step 14 在表格中输入内容，效果如图 2-83 所示。

step 15 在功能区选择【插入】选项卡，在【插图】组中单击【形状】按钮，在弹出的下拉列表中选择【直线】选项，如图 2-84 所示。

step 16 在第一个单元格中绘制两条直线，效果如图 2-85 所示。

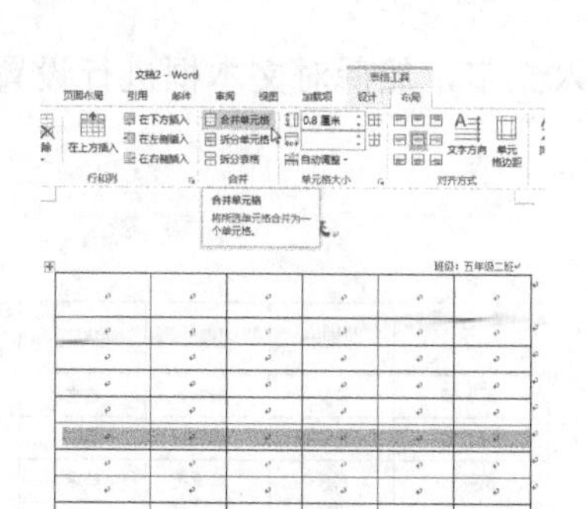

图 2-82　单击【合并单元格】按钮

课程表

班级：五年级二班

	星期一	星期二	星期三	星期四	星期五
第一节	语文	数学	语文	数学	数学
第二节	数学	语文	数学	写字	美术
第三节	音乐	科学	美术	英语	英语
第四节	体育	音乐	体育	信息	英语
中午休息					
第五节	班会	英语	校本	作文	语文
第六节	英语	品德	品德	作文	体育
第七节	科学	活动	阅读	阅读	活动

图 2-83　输入内容

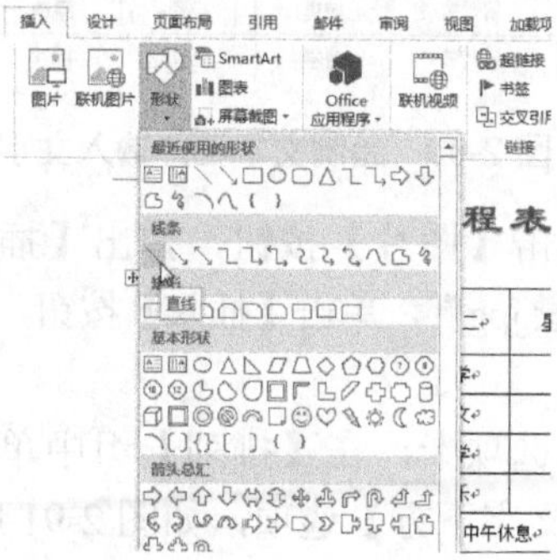

图 2-84　选择【直线】选项

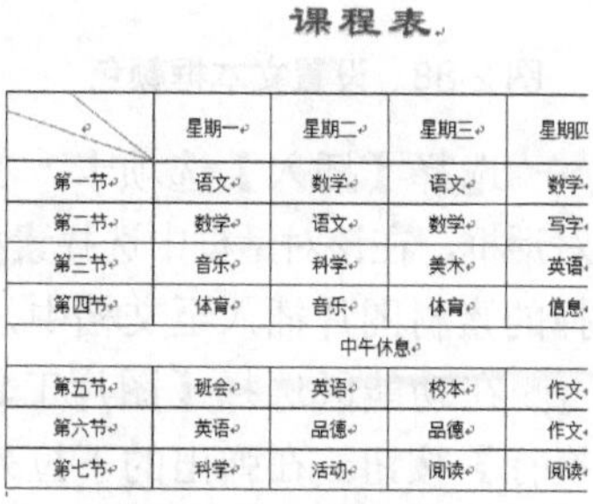

课程表

	星期一	星期二	星期三	星期四
第一节	语文	数学	语文	数学
第二节	数学	语文	数学	写字
第三节	音乐	科学	美术	英语
第四节	体育	音乐	体育	信息
中午休息				
第五节	班会	英语	校本	作文
第六节	英语	品德	品德	作文
第七节	科学	活动	阅读	阅读

图 2-85　绘制直线

step 17 选择新绘制的两条直线，然后在功能区选择【绘图工具】下的【格式】选项卡，在【形状样式】组中单击选择样式【细线-深色 1】，如图 2-86 所示。

step 18 在功能区选择【插入】选项卡，在【文本】组中单击【文本框】按钮，在弹出的下拉列表中选择【绘制文本框】选项，如图 2-87 所示。

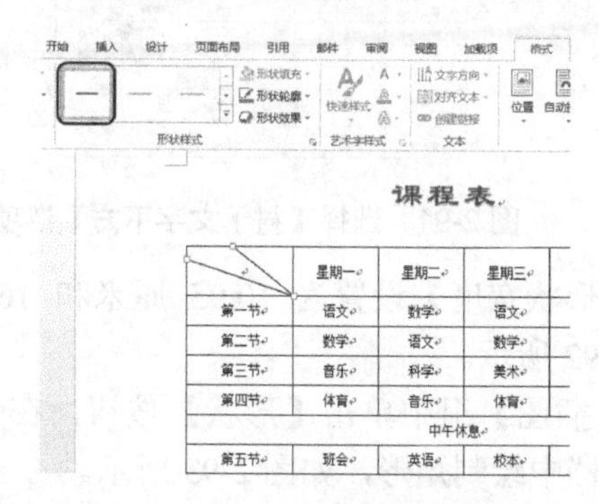

图 2-86　设置直线样式

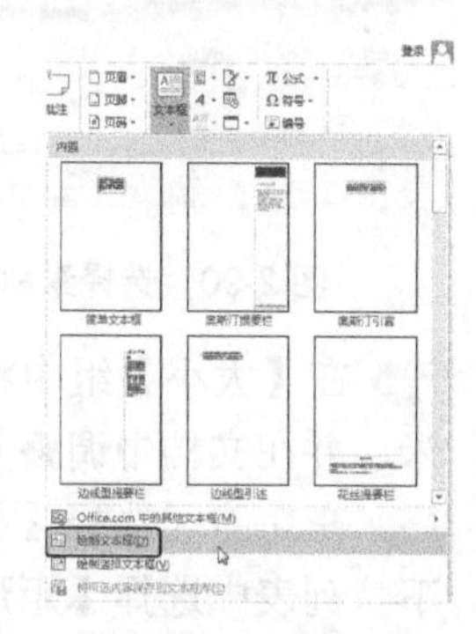

图 2-87　选择【绘制文本框】选项

提示　由于文本框有灵活、方便的作用，所以文本框在实际操作过程中经常会被用到。

step 19 在第一个单元格中绘制文本框并输入文字，输入完成后选择【绘图工具】下的【格式】选项卡，在【形状样式】组中将填充颜色和轮廓颜色都设置为“无”，如图 2-88 所示。

step 20 使用同样的方法，继续绘制文本框并输入文字，然后对文本框进行设置，效果如图 2-89 所示。

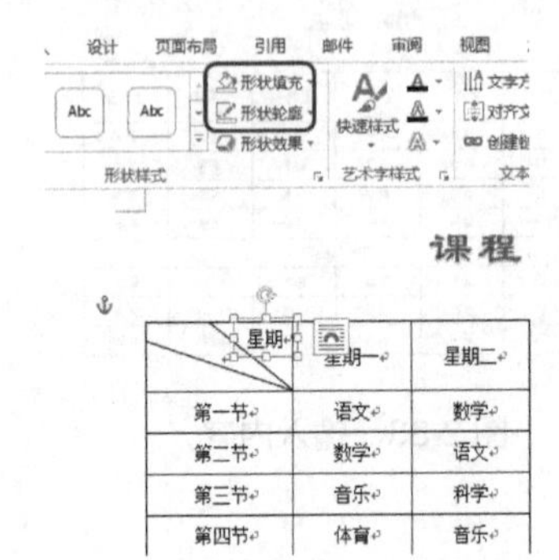

图 2-88　设置文本框颜色

课程表

学科 星期 节次	星期一	星期二	星期三
第一节	语文	数学	语文
第二节	数学	语文	数学
第三节	音乐	科学	美术
第四节	体育	音乐	体育
中午休息			
第五节	班会	英语	校本
第六节	英语	品德	品德
第七节	科学	活动	阅读

图 2-89　绘制文本框并输入文字

step 21 选择【插入】选项卡，在【插图】组中单击【图片】按钮，弹出【插入图片】对话框，在该对话框中选择素材图片“课程表背景.jpg”，单击【插入】按钮，即可将选择的素材图片插入至文档中，如图 2-90 所示。

step 22 在功能区选择【图片工具】下的【格式】选项卡，在【排列】组中单击【自动换行】按钮，在弹出的下拉列表中选择【衬于文字下方】选项，如图 2-91 所示。

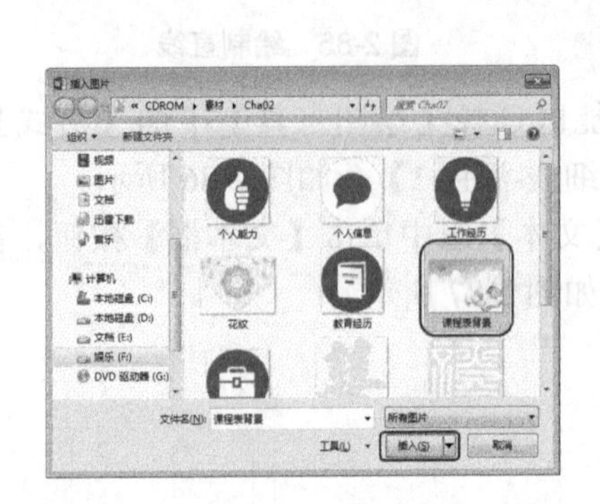

图 2-90　选择素材样式

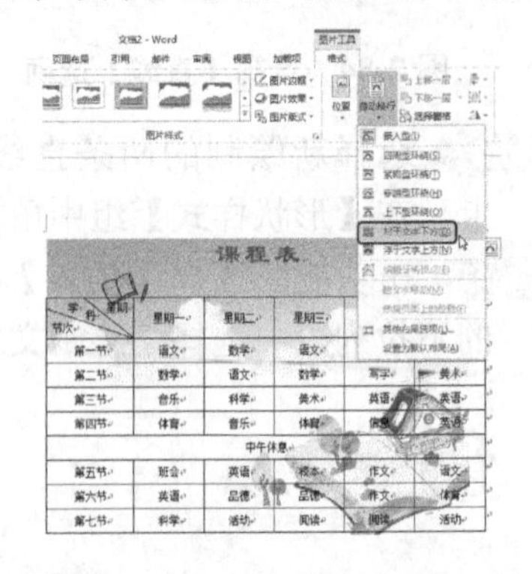

图 2-91　选择【衬于文字下方】选项

step 23 在【大小】组中将【形状高度】和【形状宽度】设置为 10.95 厘米和 16.06 厘米，并在文档中调整其位置，效果如图 2-92 所示。

step 24 在功能区选择【插入】选项卡，在【插图】组中单击【形状】按钮，在弹出的下拉列表中选择【矩形】选项，然后在文档中绘制矩形，如图 2-93 所示。

step 25 在功能区选择【绘图工具】下的【格式】选项卡，在【形状样式】组中单击 (启动对话框)按钮，弹出【设置形状格式】任务窗格，在【填充】选项组中将【颜色】设置为“白色”，将【透明度】设置为 19%，在【线条】选项组中选择【无线条】单选按钮，如图 2-94 所示。

step 26 在【格式】选项卡的【排列】组中单击【自动换行】按钮，在弹出的下拉列表中选择【衬于文字下方】选项，效果如图 2-95 所示。

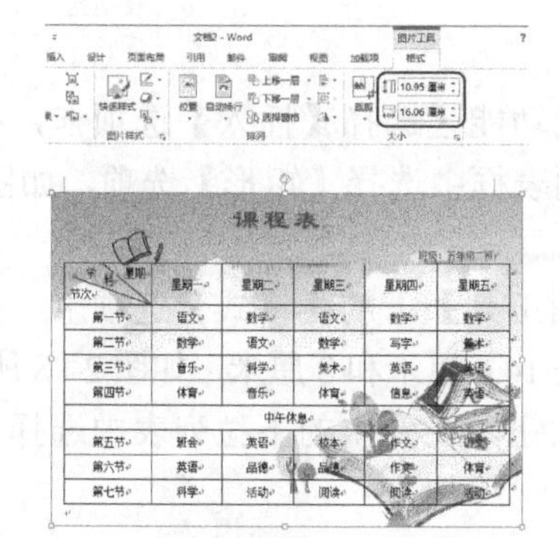

图 2-92　调整素材图片

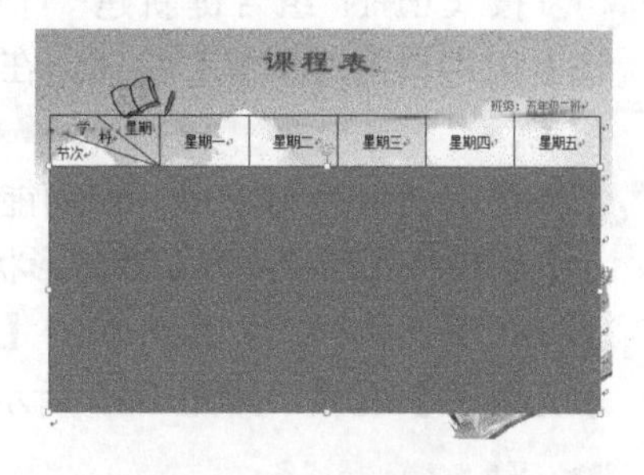

图 2-93　绘制矩形

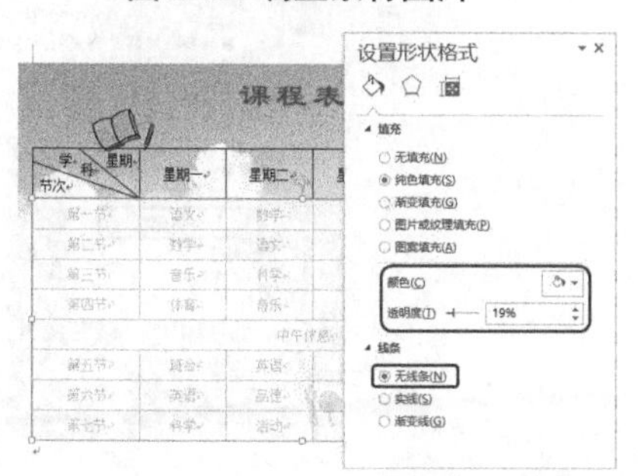

图 2-94　设置样式

图 2-95　调整矩形位置

案例精讲 016　结婚请柬封面

案例文件：CDROM\场景\Cha02\结婚请柬封面. docx

视频文件：视频教学\Cha02\结婚请柬封面.avi

学习目标

- 学习添加阴影效果的方法。
- 掌握输入并设置竖排文字的方法。

制作概述

本例将介绍结婚请柬封面的制作。该例的制作比较简单，首选绘制矩形并添加阴影效果，然后输入文字并插入素材图片。完成后的效果如图 2-96 所示。

图 2-96　结婚请柬封面

操作步骤

step 01 按 Ctrl+N 组合键新建一个空白文档，在功能区选择【插入】选项卡，在【插图】组中单击【形状】按钮，在弹出的下拉列表框中选择【矩形】选项，如图 2-97 所示。

step 02 在文档中绘制矩形，在功能区选择【绘图工具】下的【格式】选项卡，在【大小】组中将【形状高度】和【形状宽度】设置为 14.4 厘米和 8 厘米，如图 2-98 所示。

step 03 在【形状样式】组中单击【形状填充】按钮，在弹出的下拉列表中选择【其他填充颜色】选项，如图 2-99 所示。

图 2-97 选择【矩形】选项

图 2-98 绘制矩形并设置大小

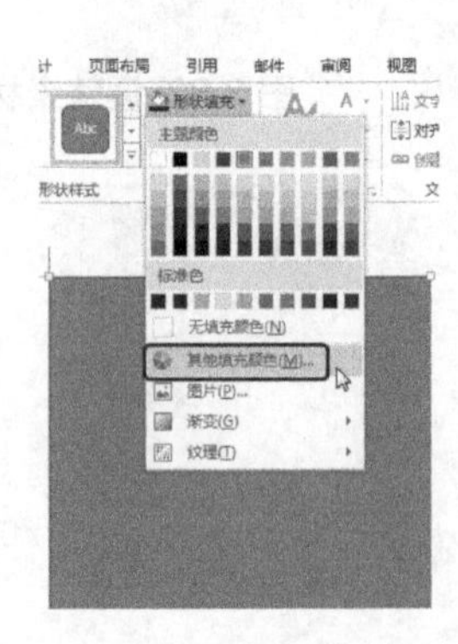

图 2-99 选择【其他填充颜色】选项

step 04 弹出【颜色】对话框，切换到【自定义】选项卡，将【红色】、【绿色】和【蓝色】分别设置为 240、37 和 33，单击【确定】按钮，即可为绘制的矩形填充颜色，如图 2-100 所示。

step 05 在【形状样式】组中单击【形状轮廓】按钮，在弹出的下拉列表中选择【无轮廓】选项，如图 2-101 所示。

知识链接

RGB 色彩模式使用 RGB 模型为图像中每一个像素的 RGB 分量分配一个 0~255 范围内的强度值。RGB 图像只使用三种颜色，就可以使它们按照不同的比例混合，在屏幕上重现 16 777 216(256×256×256)种颜色。目前的显示器大都是采用了 RGB 颜色标准，在显示器上，是通过电子枪打在屏幕的红、绿、蓝三色发光极上来产生色彩的，目前的计算机一般都能显示 32 位颜色，约有一百万种以上的颜色。

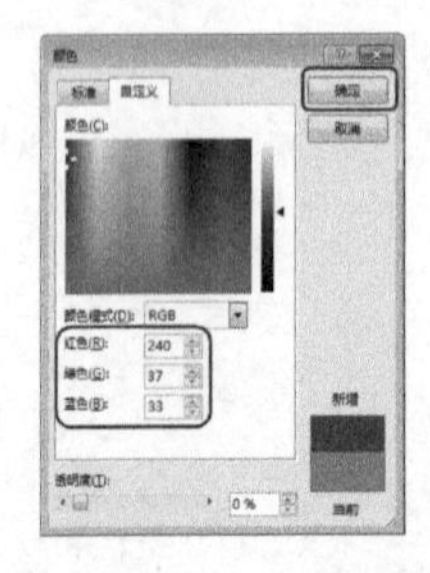

图 2-100 设置颜色

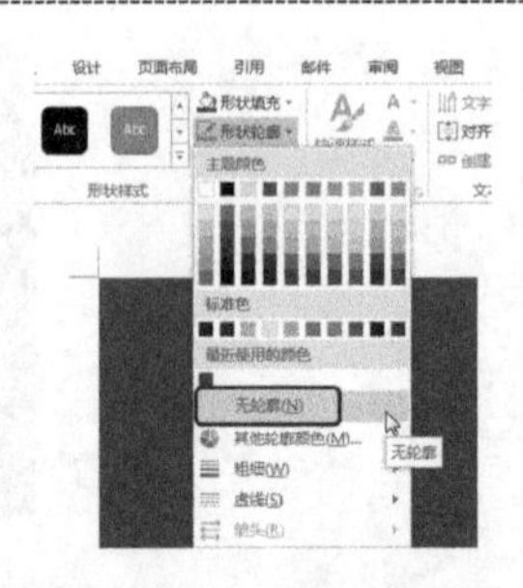

图 2-101 取消轮廓线填充

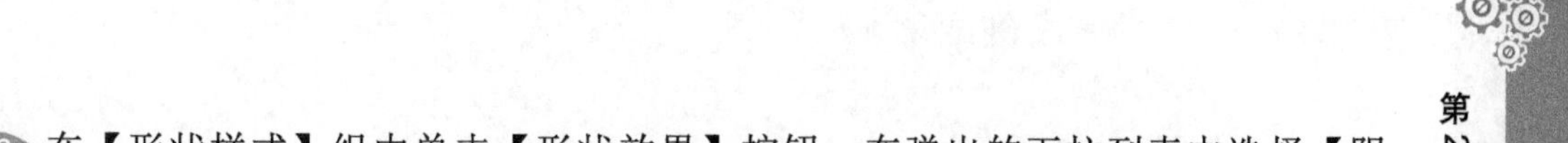

step 06 在【形状样式】组中单击【形状效果】按钮，在弹出的下拉列表中选择【阴影】|【右下斜偏移】选项，即可为绘制的矩形添加阴影，如图 2-102 所示。

step 07 在功能区选择【插入】选项卡，在功能区在【插图】组中单击【图片】按钮，弹出【插入图片】对话框，在该对话框中选择素材图片“花纹.png”，单击【插入】按钮，即可将选择的素材图片插入至文档中，如图 2-103 所示。

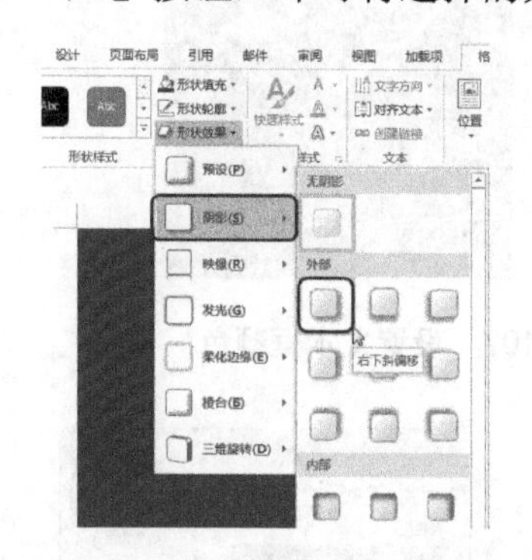

图 2-102　选择【右下斜偏移】选项

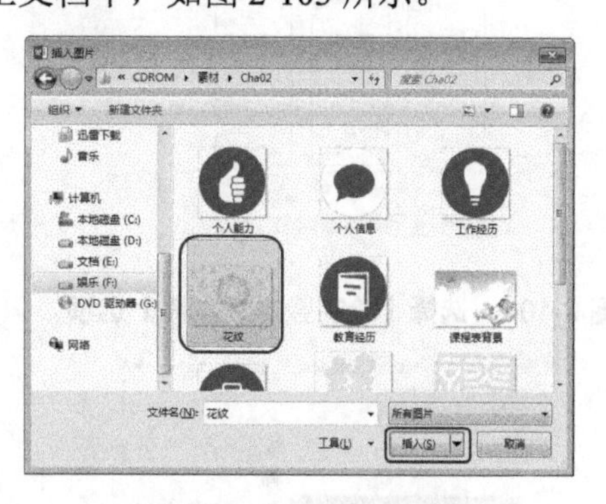

图 2-103　选择素材图片

step 08 在【排列】组中单击【自动换行】按钮，在弹出的下拉列表中选择【浮于文字上方】选项，如图 2-104 所示。

step 09 在【大小】组中将【形状高度】和【形状宽度】分别设置为 5.71 厘米和 8 厘米，并在文档中调整其位置，如图 2-105 所示。

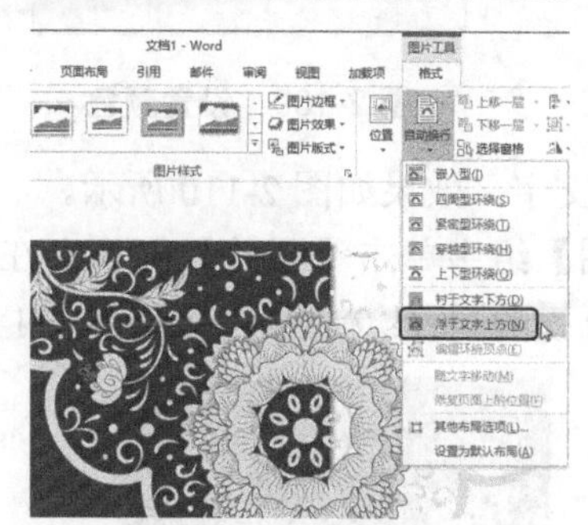

图 2-104　选择【浮于文字上方】选项

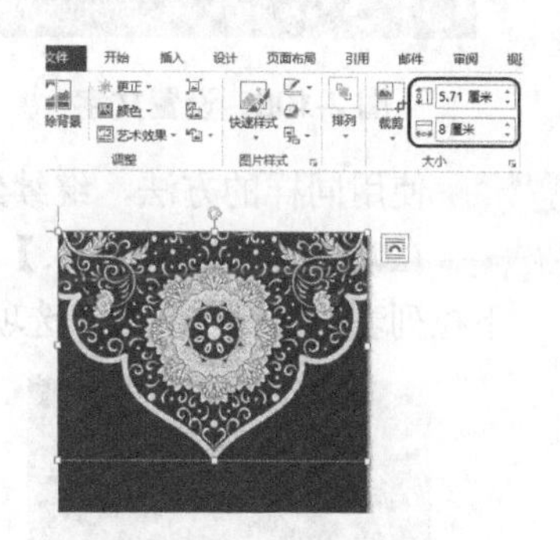

图 2-105　调整素材图片

step 10 选择【插入】选项卡，在【文本】组中单击【文本框】按钮，在弹出的下拉列表中选择【绘制竖排文本框】选项，如图 2-106 所示。

step 11 在文档中绘制竖排文本框并输入文字，输入完成后选择文本框，然后在功能区选择【绘图工具】下的【格式】选项卡，在【形状样式】组中将填充颜色和轮廓颜色都设置为“无”，如图 2-107 所示。

step 12 选择【开始】选项卡，在【字体】组中将【字体】设置为“方正大标宋简体”，将【字号】设置为 8，单击【字体颜色】按钮右侧的 按钮，在弹出的下拉列表中选择【其他颜色】选项，如图 2-108 所示。

step 13 弹出【颜色】对话框，切换到【自定义】选项卡，将【红色】、【绿色】和【蓝色】分别设置为 247、239 和 226，单击【确定】按钮，即可为文字填充颜色，如图 2-109 所示。

图 2-106　选择【绘制竖排文本框】选项

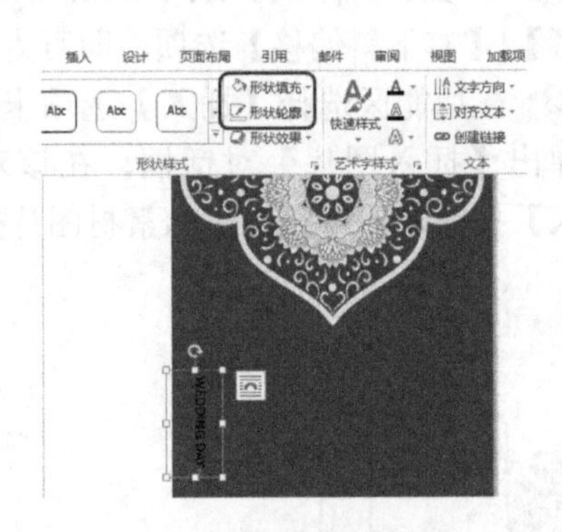

图 2-107　设置文本框颜色

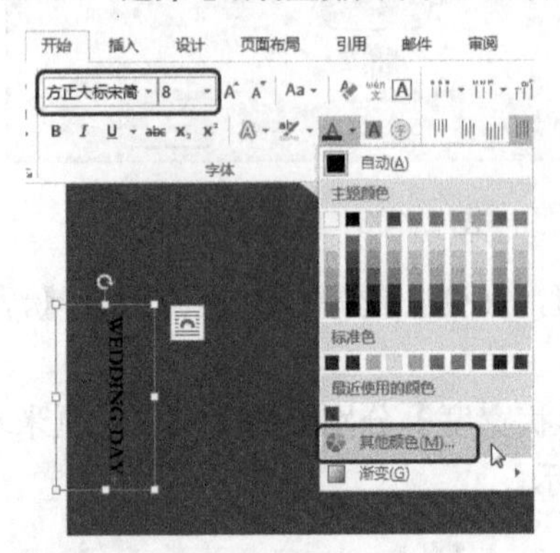

图 2-108　设置文字

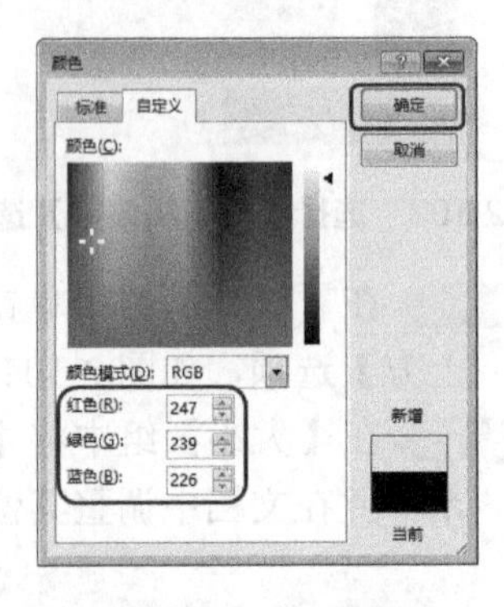

图 2-109　设置颜色

step 14 使用同样的方法，继续绘制文本框并输入文字，效果如图 2-110 所示。

step 15 在功能区选择【插入】选项卡，在【插图】组中单击【形状】按钮，在弹出的下拉列表中选择【椭圆】选项，然后在按住 Shift 键的同时绘制正圆，如图 2-111 所示。

图 2-110　绘制文本框并输入文字

图 2-111　绘制正圆

step 16 在功能区选择【绘图工具】下的【格式】选项卡，在【形状样式】组中将填充颜色设置为“无”，设置轮廓颜色与文字颜色相同，并在画板中复制正圆，然后调整正圆位置，效果如图 2-112 所示。

step 17 选择【插入】选项卡，在【插图】组中单击【图片】按钮，弹出【插入图片】对话框，在该对话框中选择素材图片“喜字.png”，单击【插入】按钮，即可将选择的素材图片插入至文档中，如图 2-113 所示。

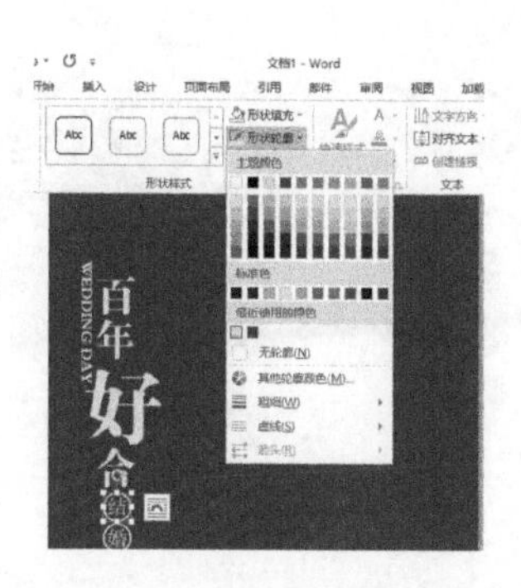

图 2-112　设置并复制正圆

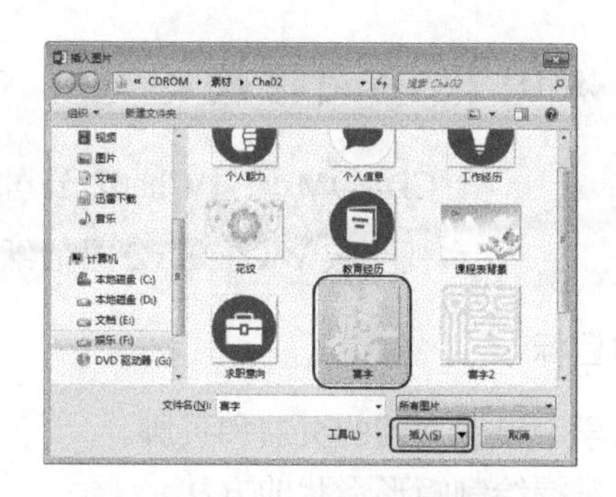

图 2-113　选择并插入素材图片

step 18 在功能区选择【图片工具】下的【格式】选项卡，在【排列】组中单击【自动换行】按钮，在弹出的下拉列表中选择【浮于文字上方】选项，如图 2-114 所示。

step 19 在【大小】组中将【形状高度】和【形状宽度】设置为 2.9 厘米和 2.81 厘米，并在文档中调整其位置，如图 2-115 所示。

图 2-114　选择【浮于文字上方】选项

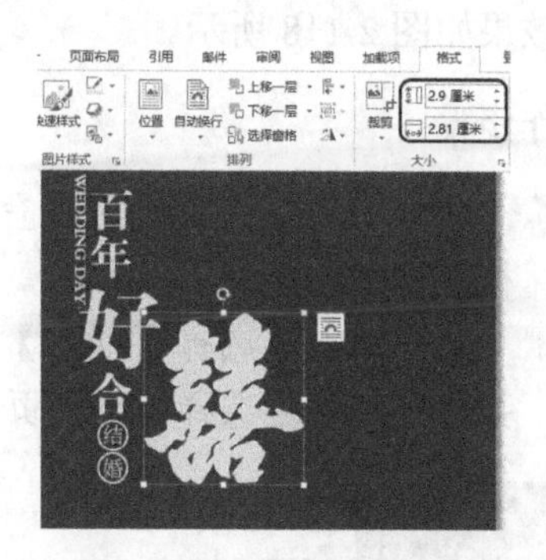

图 2-115　调整素材图片

step 20 选择红色矩形，按 Ctrl+D 组合键复制矩形，并在文档中调整其位置，如图 2-116 所示。

step 21 结合前面介绍的方法，在文档中插入素材图片“喜字 2.png”，并对素材图片进行设置，效果如图 2-117 所示。

图 2-116　复制矩形

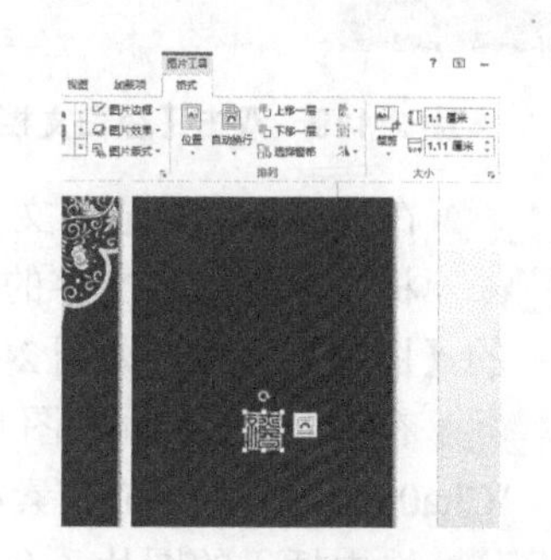

图 2-117　插入并调整素材图片

案例精讲 017 公司信纸

案例文件：CDROM\场景\Cha02\公司信纸.docx

视频文件：视频教学\Cha02\公司信纸.avi

学习目标

- 学习设置文档的页眉和页脚。
- 掌握绘制矩形形状的方法。

制作概述

本例将介绍公司信纸的制作。首先设置文档的页眉，输入文字并设置文字样式，然后插入素材图片，绘制矩形形状并设置矩形的填充颜色，最后使用相同的方法设置页脚。完成后的效果如图 2-118 所示。

图 2-118 公司信纸

操作步骤

step 01 启动 Word 2013，在登录界面中双击【空白文档】，如图 2-119 所示。

step 02 在功能区选择【插入】选项卡，在【页眉和页脚】组中单击【页眉】按钮，在弹出的列表中选择第一种页眉类型，如图 2-120 所示。

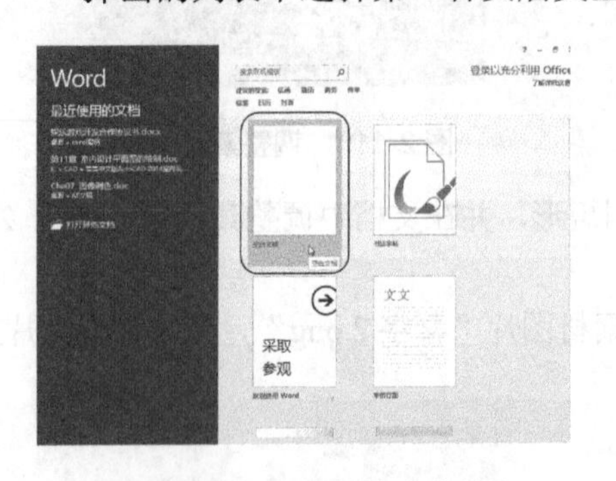

图 2-119 双击【空白文档】

图 2-120 选择页眉类型

step 03 在页眉位置处输入文字，如图 2-121 所示。

step 04 将光标插入到文字的左侧，在功能区选择【插入】选项卡，单击【插图】组中的【图片】按钮，如图 2-122 所示。

step 05 在弹出的【插入图片】对话框中，选择随书附带光盘中的“CDROM\素材\Cha02\公司图标.png”素材文档，然后单击【插入】按钮，如图 2-123 所示。

step 06 选中插入的图片，在【图片工具】下的【格式】选项卡中，将【大小】组中的【形状高度】设置为 0.59 厘米，【形状宽度】设置为 0.86 厘米，如图 2-124 所示。

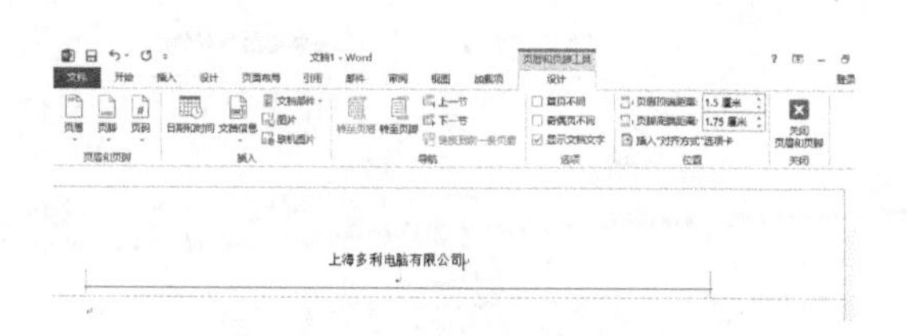

图 2-121 输入文字

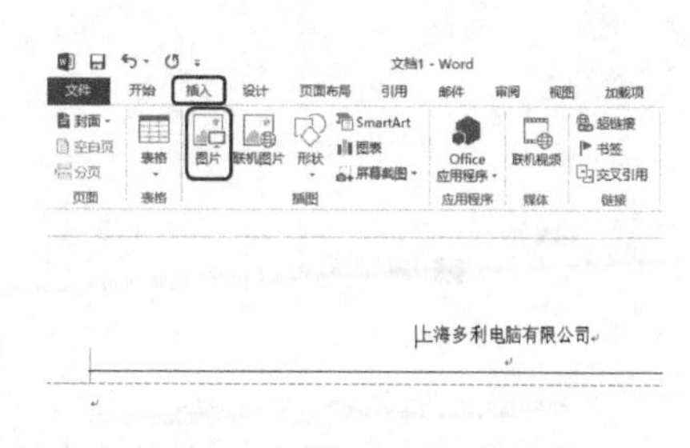

图 2-122 单击【图片】按钮

图 2-123 【插入图片】对话框

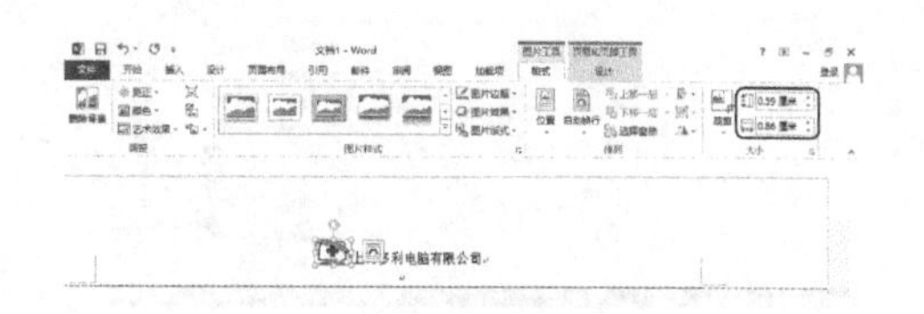

图 2-124 设置图片大小

step 07 选择输入的文字，将【字体】设置为“汉仪综艺体简”，【字号】设置为“小三”，然后设置字体颜色，如图 2-125 所示。

step 08 在功能区选择【插入】选项卡，在【插图】组中单击【形状】按钮，在弹出的列表中选择【矩形】，如图 2-126 所示。

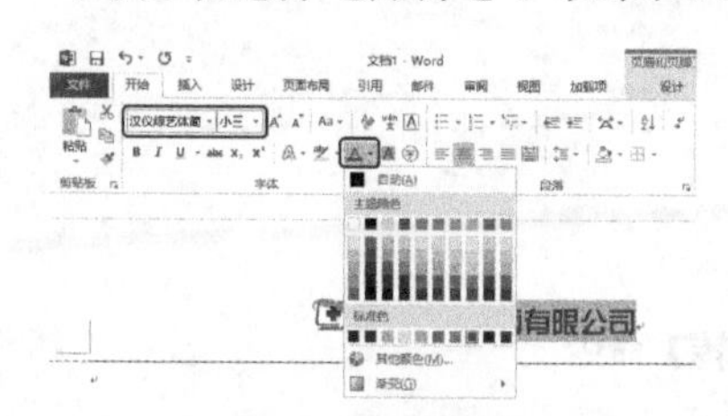

图 2-125 设置文字

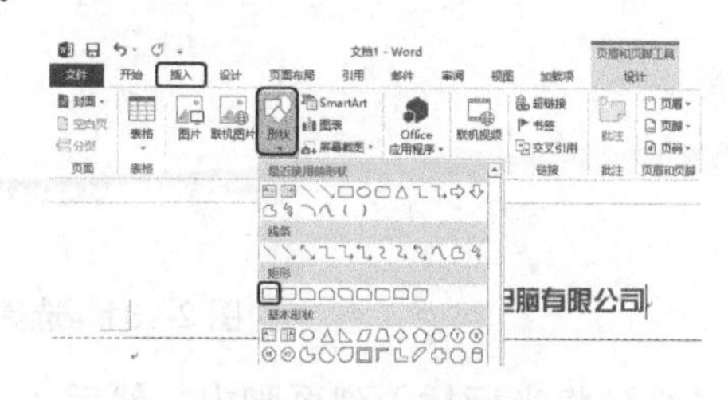

图 2-126 选择【矩形】

用户在绘制形状时，可以按住 Shift 键进行绘制，这样可以绘制等比例形状，如绘制矩形时，按住 Shift 键可以绘制成正方形。对于一些线类，用户在绘制过程中按住 Shift 键，可以绘制垂直或水平的线。

step 09 在适当位置绘制一个矩形，在【格式】选项卡中，将【大小】组中的【形状高度】设置为 0.13 厘米，【形状宽度】设置为 4.15 厘米，如图 2-127 所示。

step 10 在矩形上右击，在弹出的快捷菜单中选择【设置形状格式】命令，如图 2-128 所示。

step 11 在【设置形状格式】任务窗格的【填充】中选择【渐变填充】，然后设置渐变填充颜色，如图 2-129 所示。

step 12 将【线条】选择为【无线条】选项，如图 2-130 所示。

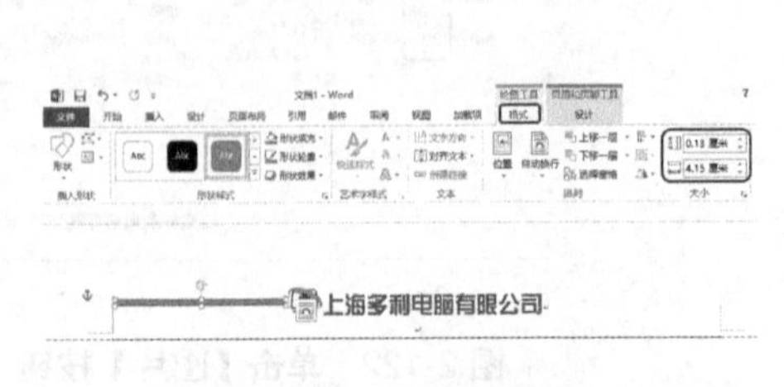

图 2-127 绘制矩形

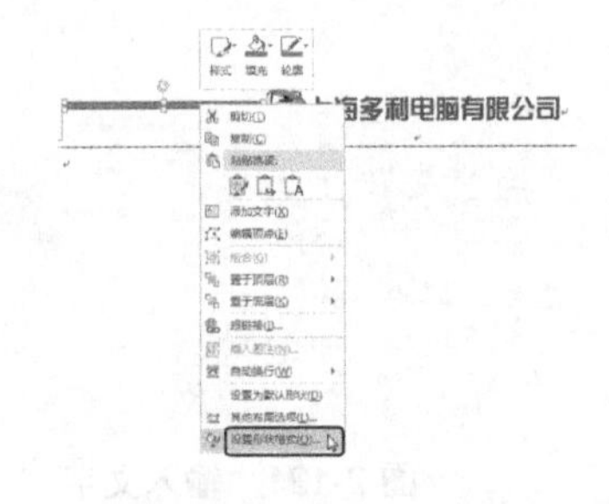

图 2-128 选择【设置形状格式】命令

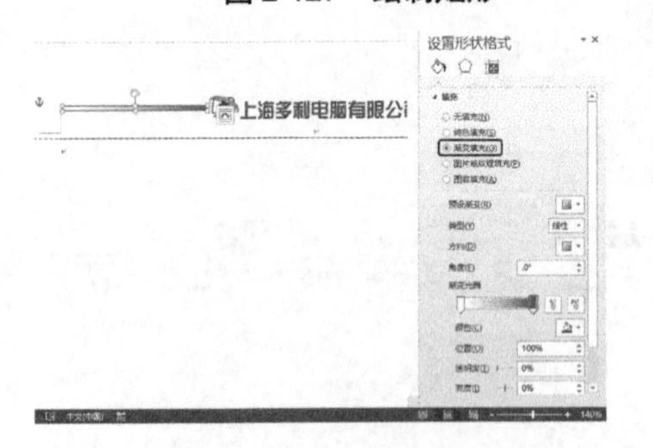

图 2-129 设置渐变填充颜色

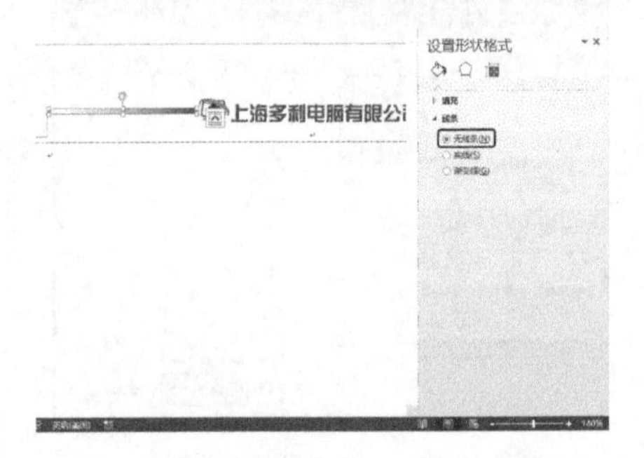

图 2-130 选择【无线条】选项

step 13 复制矩形，然后调整矩形的位置，在【格式】选项卡的【排列】组中，单击【旋转对象】按钮，在弹出的下拉菜单中选择【水平翻转】命令，如图 2-131 所示。

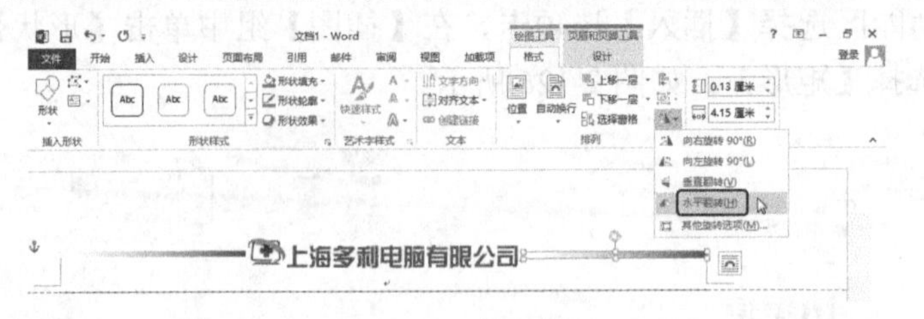

图 2-131 选择【水平翻转】命令

step 14 将光标插入到页脚中，然后在【开始】选项卡中单击【段落】组中的【居中】按钮，如图 2-132 所示。

step 15 将页眉中的素材图片和矩形形状复制到页脚处，并调整其位置，如图 2-133 所示。

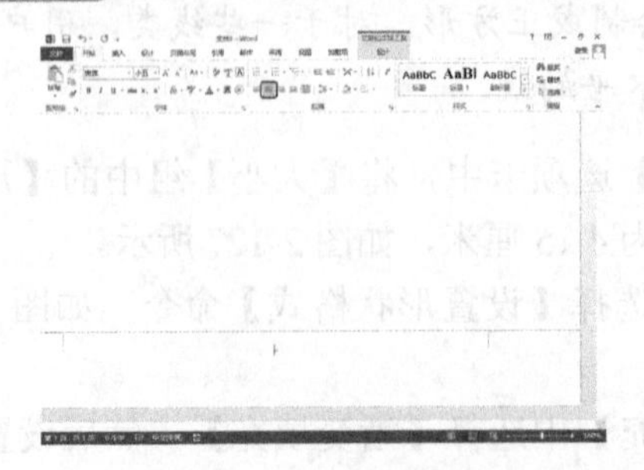

图 2-132 设置居中对齐

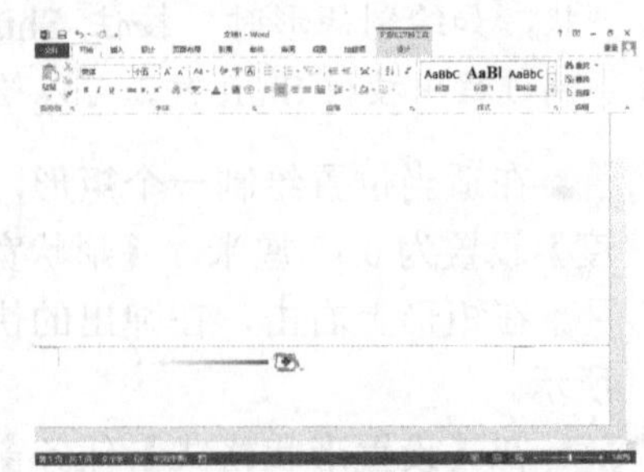

图 2-133 复制图片和形状

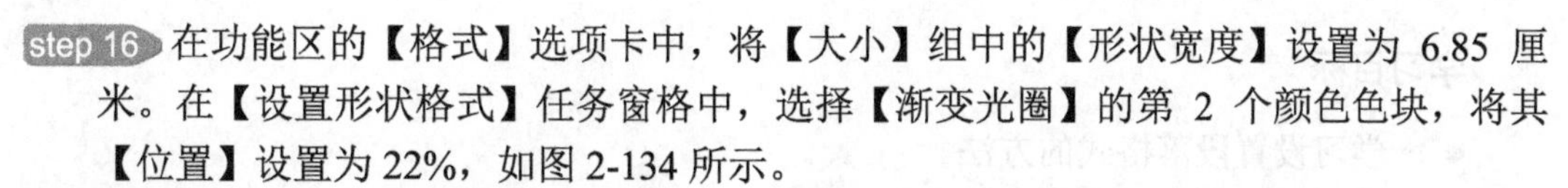

step 16 在功能区的【格式】选项卡中，将【大小】组中的【形状宽度】设置为 6.85 厘米。在【设置形状格式】任务窗格中，选择【渐变光圈】的第 2 个颜色色块，将其【位置】设置为 22%，如图 2-134 所示。

step 17 复制矩形，然后调整矩形的位置，对矩形执行【水平翻转】命令，如图 2-135 所示。

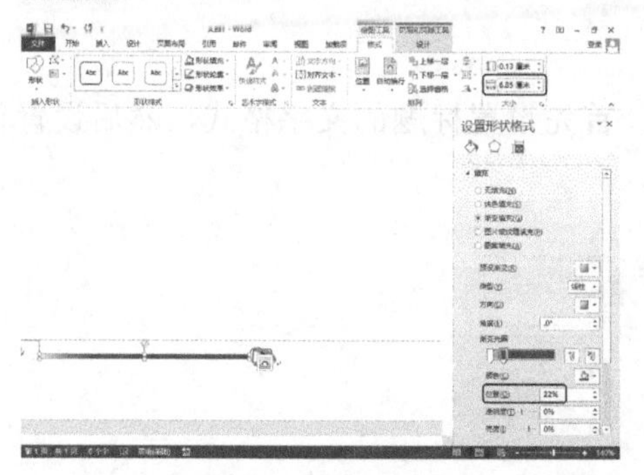

图 2-134 设置矩形

图 2-135 复制矩形并进行水平翻转

step 18 按 Enter 键进行换行，在下一行中输入文字，如图 2-136 所示。

step 19 选择输入的文字，在【开始】选项卡的【字体】组中将【字体】设置为“微软雅黑”，【字号】设置为“小五”，然后设置字体颜色，如图 2-137 所示。

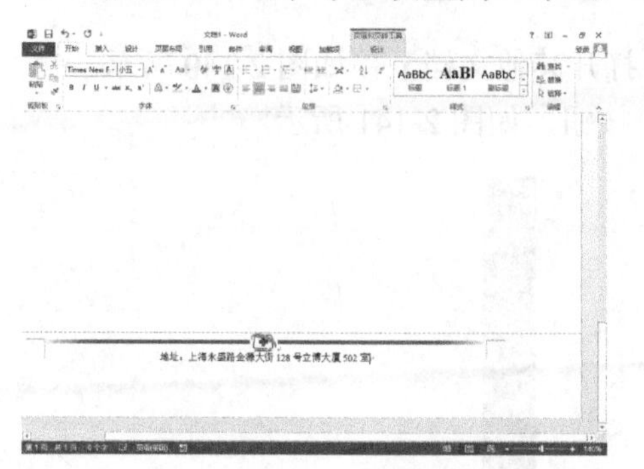

图 2-136 输入文字

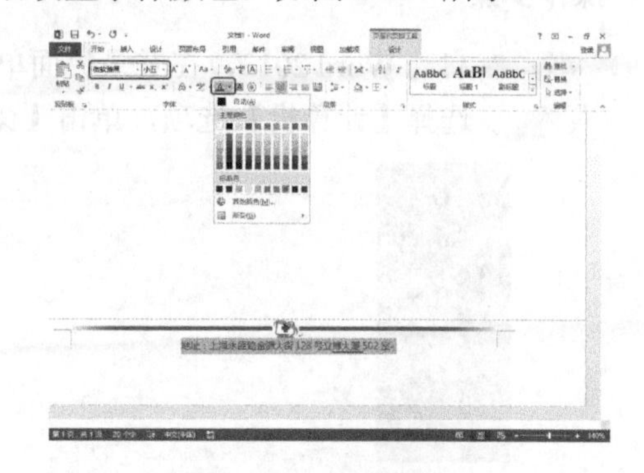

图 2-137 设置文字

step 20 在功能区的【设计】选项卡中，单击【关闭】组中的【关闭页眉和页脚】按钮，退出页眉、页脚的编辑模式，如图 2-138 所示。

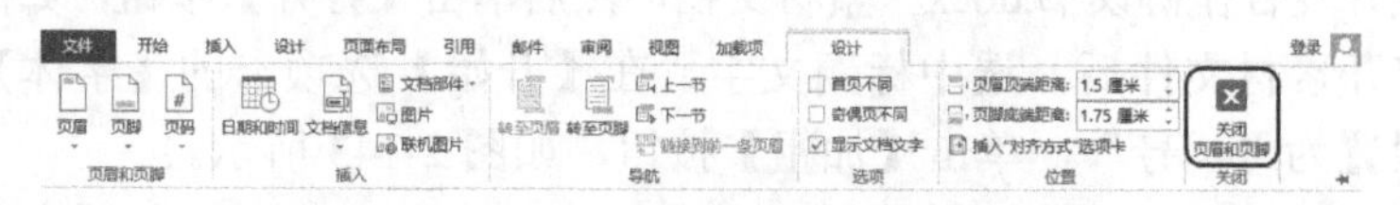

图 2-138 单击【关闭页眉和页脚】按钮

案例精讲 018 娱乐游戏开发合作协议书

案例文件：CDROM\场景\Cha02\娱乐游戏开发合作协议书.docx

视频文件：视频教学\Cha02\娱乐游戏开发合作协议书.avi

学习目标

- 学习设置段落格式的方法。
- 掌握设置段落编号的方法。

制作概述

本例将介绍娱乐游戏开发合作协议书的制作，首先设置标题的文字格式，然后设置正文的段落格式和编号。完成后的效果如图 2-139 所示。

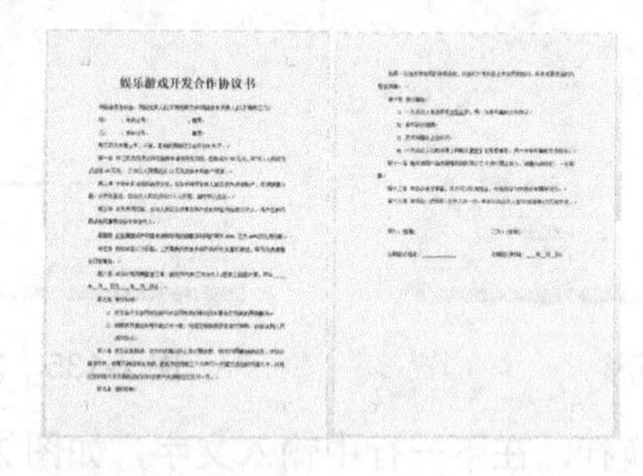

图 2-139　娱乐游戏开发合作协议书

操作步骤

step 01 启动 Word 2013，在登录界面单击【打开其他文档】，如图 2-140 所示。

step 02 选择【计算机】选项，单击【浏览】按钮，如图 2-141 所示。

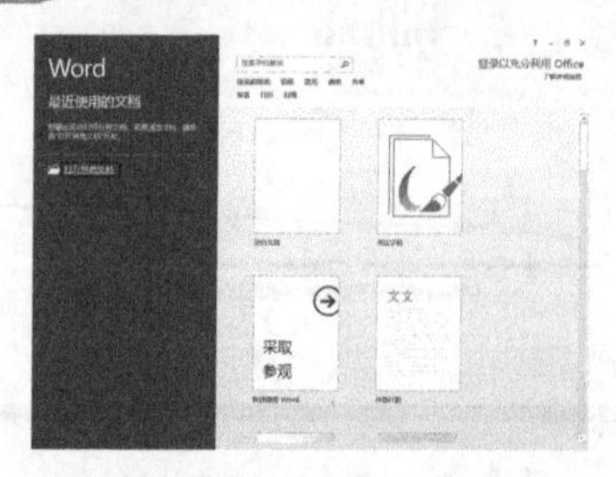

图 2-140　单击【打开其他文档】

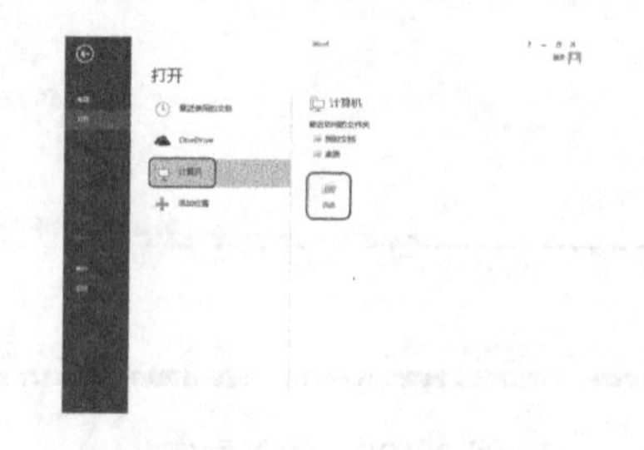

图 2-141　单击【浏览】按钮

step 03 在弹出的【打开】对话框中，选择随书附带光盘中的“CDROM\素材\Cha02\娱乐游戏开发合作协议书.docx”素材文档，然后单击【打开】按钮，如图 2-142 所示。

step 04 打开素材文件后，选中标题文字，在【开始】选项卡的【字体】组中，将【字号】设置为“一号”，单击【加粗】按钮，如图 2-143 所示。

step 05 在【开始】选项卡中单击【段落】组右下角的 (启动对话框)按钮，在弹出的【段落】对话框中，将【对齐方式】设置为“居中”，【行距】设置为“多倍行距”，【设置值】设置为 4.75，然后单击【确定】按钮，如图 2-144 所示。

step 06 将光标插入到第 2 行段落的前面，然后按住 Shift 键，单击倒数第 3 段的结尾处，选中文本段落，如图 2-145 所示。

用户在选择时，按着 Shift 键在文档的某一位置单击，在不松开 Shift 键时单击文档的另一位置，两个位置之间的区域将会被选中。如果选择全部内容则可以按住 Ctrl+A 组合键，将选择全部内容

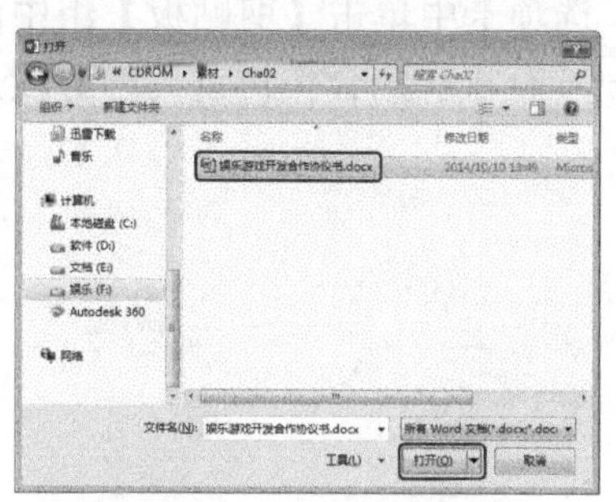

图 2-142　选择素材文件

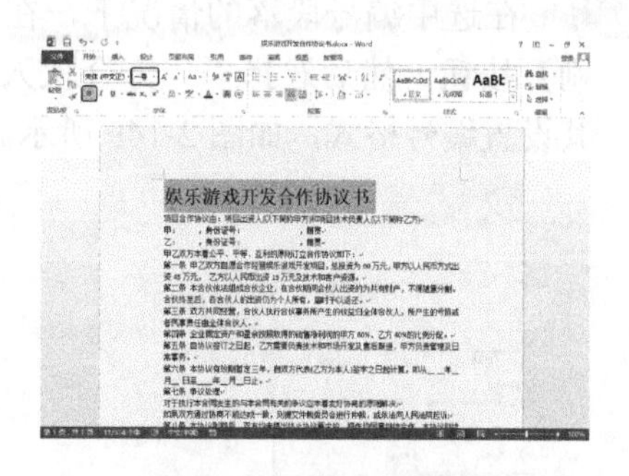

图 2-143　设置标题文字

图 2-144　【段落】对话框

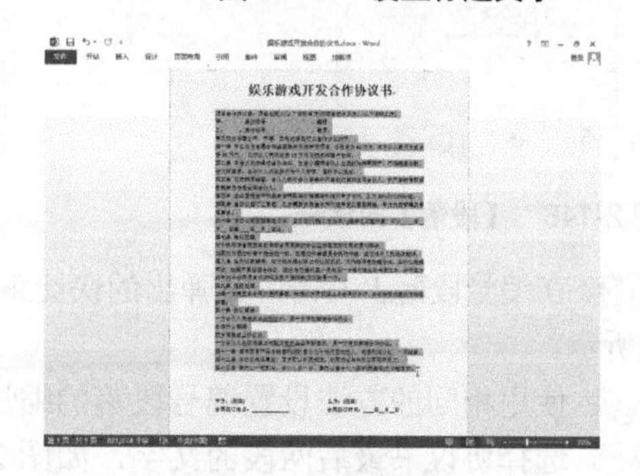

图 2-145　选择段落

step 07 在【开始】选项卡中单击【段落】组右下角的 (启动对话框)按钮，在弹出的【段落】对话框中，将【特殊格式】设置为“首行缩进”，【缩进值】设置为“2 字符”，【行距】设置为“多倍行距”，【设置值】设置为 1.7，然后单击【确定】按钮，如图 2-146 所示。

step 08 选择“对于执行本合同……或依法向人民法院起诉；”两段文字，单击【段落】组中的【编号】右侧的下拉箭头按钮，在弹出的列表中选择如图 2-147 所示的编号样式。

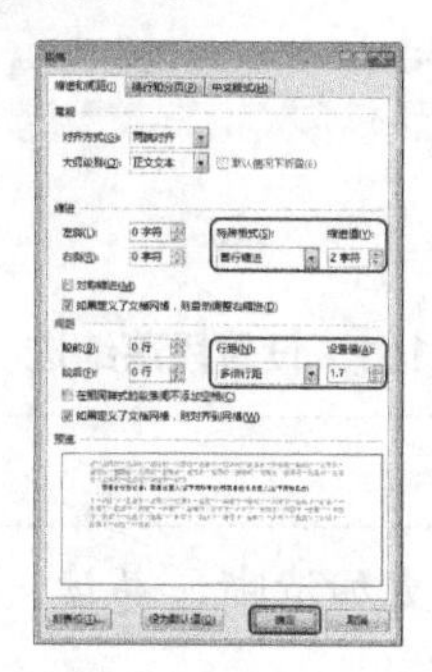

图 2-146　【段落】对话框

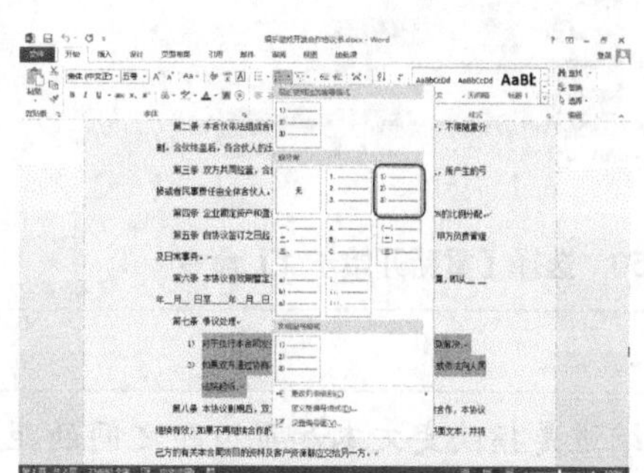

图 2-147　设置编号

step 09 在【开始】选项卡中单击【段落】组右下角的 (启动对话框)按钮，在弹出的【段落】对话框中，将【缩进】组中的【左侧】设置为 1.38 厘米，【缩进值】设置为 0.63 厘米，然后单击【确定】按钮，如图 2-148 所示。

step 10 在选中编号段落的情况下，在【开始】选项卡中单击【剪贴板】组中的【格式刷】按钮，然后选择“一方合伙人……另一方有权解除合作协议。”4 段文字，为其设置编号格式，如图 2-149 所示。

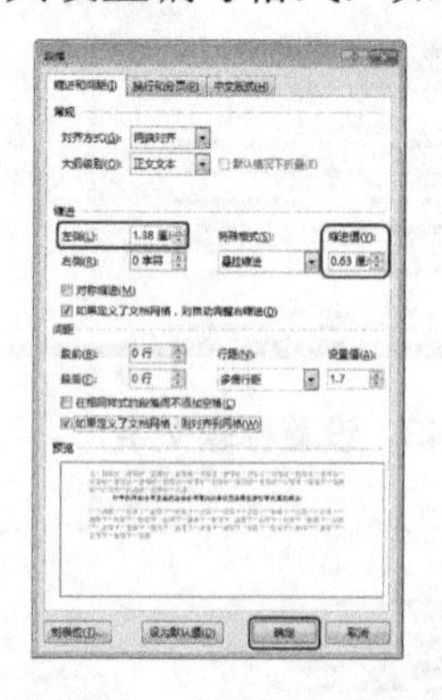

图 2-148 【段落】对话框

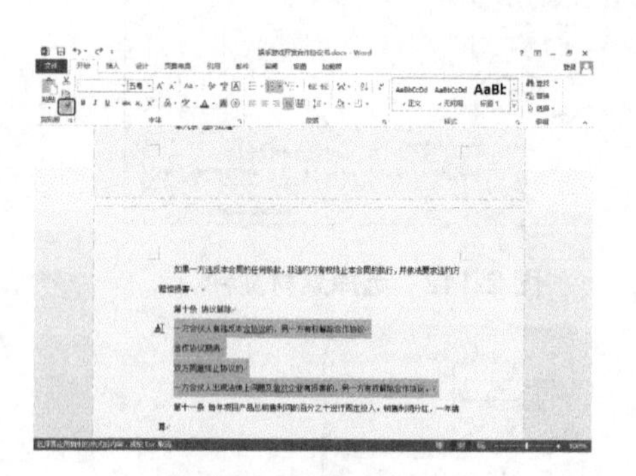

图 2-149 设置编号格式

step 11 在编号段落上右击，在弹出的快捷菜单中选择【重新开始于 1】命令，如图 2-150 所示。

step 12 使用相同的方法设置编号段落的缩进，如图 2-151 所示。

step 13 选择协议书最后两段的文字，如图 2-152 所示。

step 14 单击【段落】组右下角的 (启动对话框)按钮，在弹出的【段落】对话框中，将【特殊格式】设置为“首行缩进”，【缩进值】设置为“2 字符”，【行距】设置为“多倍行距”，【设置值】设置为 3，然后单击【确定】按钮，如图 2-153 所示。

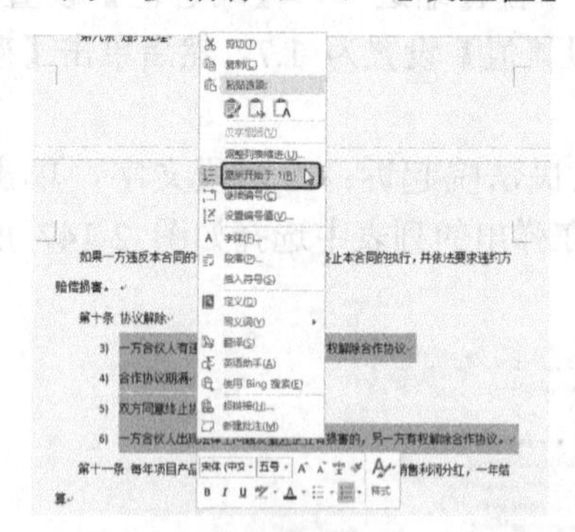

图 2-150 选择【重新开始于 1】命令

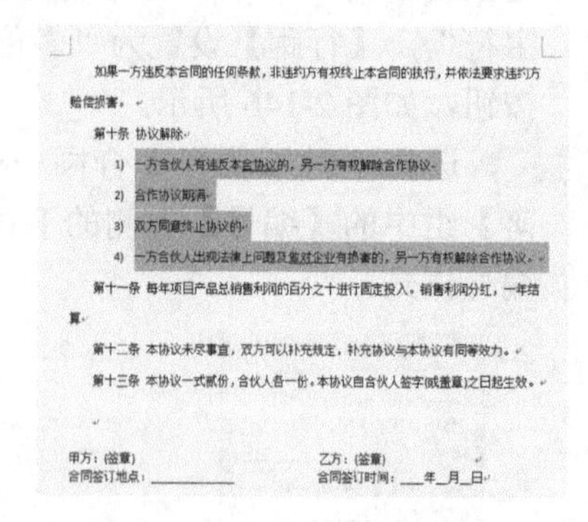

图 2-151 设置段落缩进

知识链接

段落缩进是指改变文本和页边距之间的距离，使文档段落更加清晰、易读。在 Word 中，段落缩进一般包括首行缩进、悬挂缩进、左缩进和右缩进。

首行缩进：控制段落的第一行第一个字的起始位置。

悬挂缩进：控制段落中第一行以外的其他行的起始位置。

左缩进：控制段落左边界的位置。

右缩进：控制段落右边界的位置。

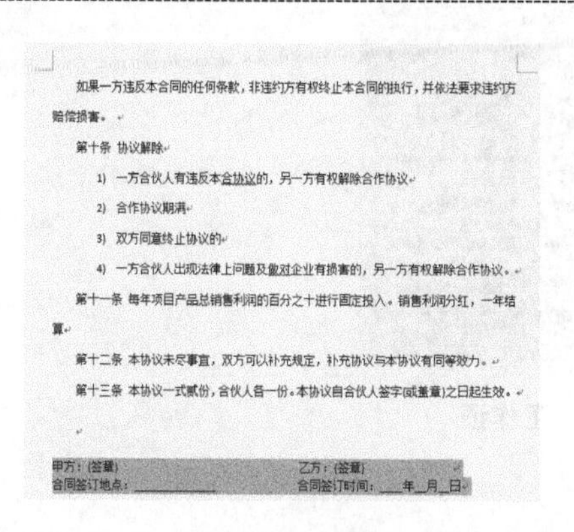

图 2-152　选择文字

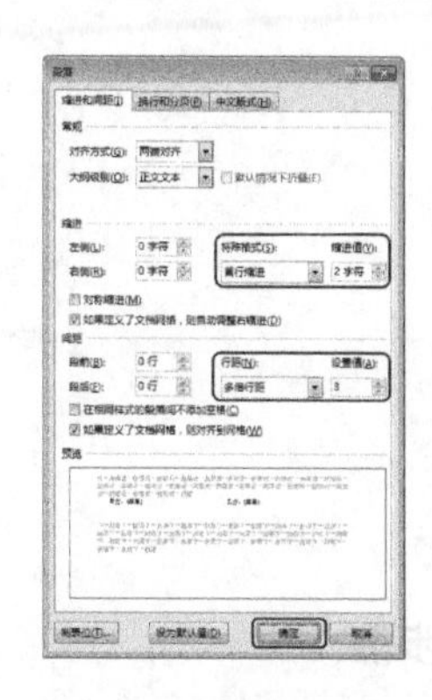

图 2-153　【段落】对话框

step 15 在功能区单击【文件】按钮，在弹出的界面中选择【另存为】|【计算机】，然后单击【浏览】按钮，如图 2-154 所示。

step 16 在弹出的【另存为】对话框中，选择文件的保存位置，然后单击【保存】按钮，如图 2-155 所示。

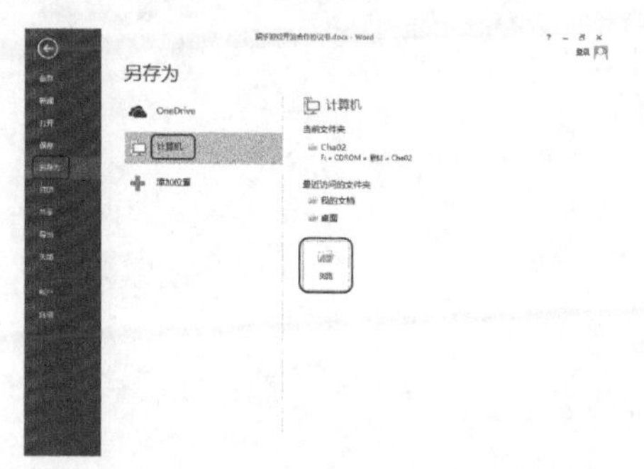

图 2-154　单击【浏览】按钮

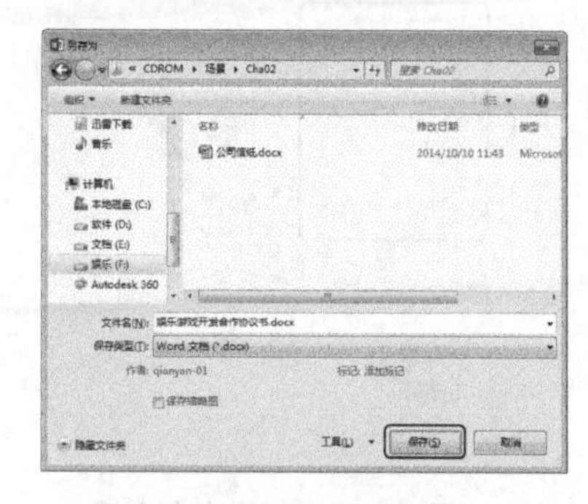

图 2-155　保存文件

案例精讲 019　工作证

案例文件：CDROM\场景\Cha02\工作证. docx

视频文件：视频教学\Cha02\工作证.avi

学习目标

- 学习调整素材图片的方法。
- 掌握插入项目符号的方法。

制作概述

工作证是公司或单位组织成员的证件，进入工作单位后才能申请发放。工作证是正式成员工作体现的象征证明，有了工作证就代表成为某个公司或单位组织的正式成员。下面我们以“吉祥雅苑房产有限公司工作证”为例，如“图 2-156 所示，介绍如何使用 Word 2013 制作工作证。

图 2-156　工作证

操作步骤

step 01 启动 Word 2013，在打开的界面中单击【空白文档】选项，新建空白文档，如图 2-157 所示。

step 02 在功能区选择【插入】选项卡，在【插图】组中单击【形状】按钮后弹出下拉列表，在下拉列表中选择【矩形】选项，如图 2-158 所示。

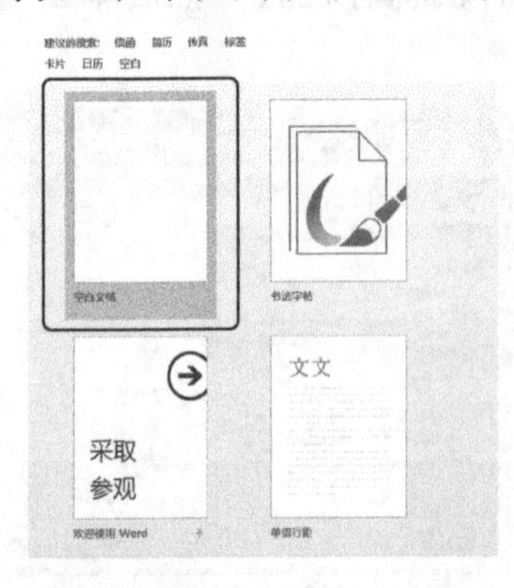

图 2-157　新建空白文档

图 2-158　选择【矩形】选项

step 03 在文档空白处拖动鼠标绘制如图 2-159 所示的矩形。

step 04 选中绘制的矩形，在功能区选择【绘图工具】下的【格式】选项卡，在【大小】组中将【形状高度】设置为 9.2 厘米，【形状宽度】设置为 11.6 厘米，如图 2-160 所示。

step 05 给矩形设置完大小后的效果如图 2-161 所示。

step 06 选中绘制的矩形，选择【绘图工具】下的【格式】选项卡，单击【形状样式】组右下角的【设置形状格式】按钮，此时会在文档的右侧弹出【设置形状格式】任务窗格，如图 2-162 所示。

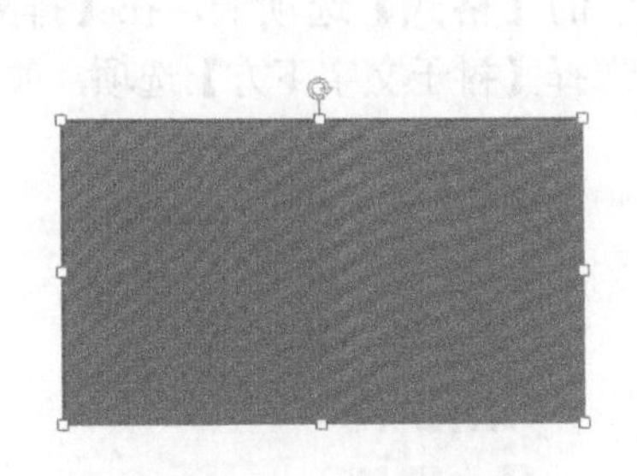

图 2-159　绘制矩形

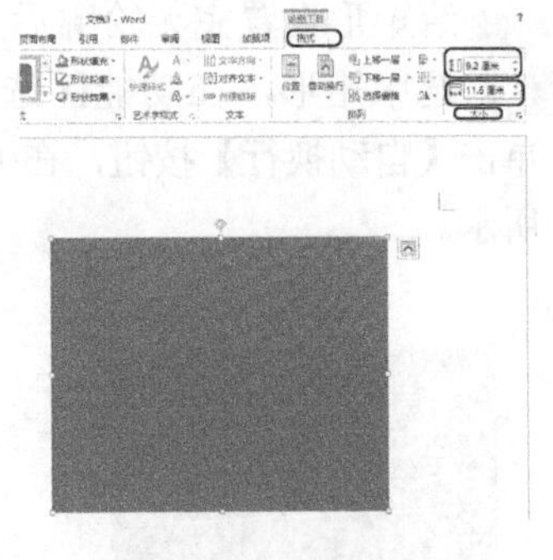

图 2-160　设置矩形大小

图 2-161　设置完大小的效果图

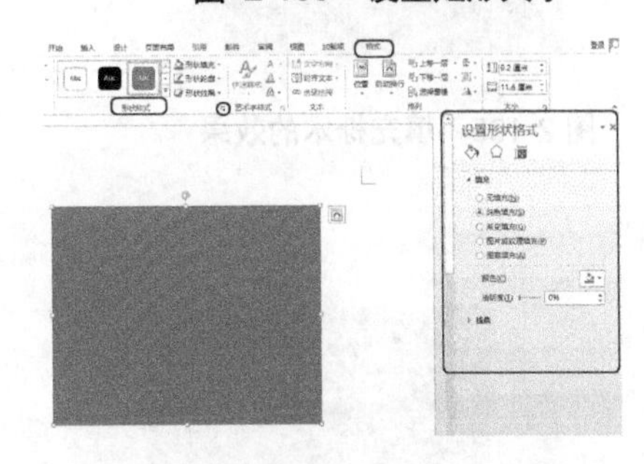

图 2-162　【设置形状格式】任务窗格

step 07 确定已选中矩形图形，在【设置形状样式】任务窗格中选择【填充】选项卡，单击【填充】按钮，在弹出的下拉列表中选择【图片或纹理填充】，在【纹理】组中单击【纹理】按钮，如图 2-163 所示。

step 08 在弹出的下拉列表中选择【栎木】选项，如图 2-164 所示。

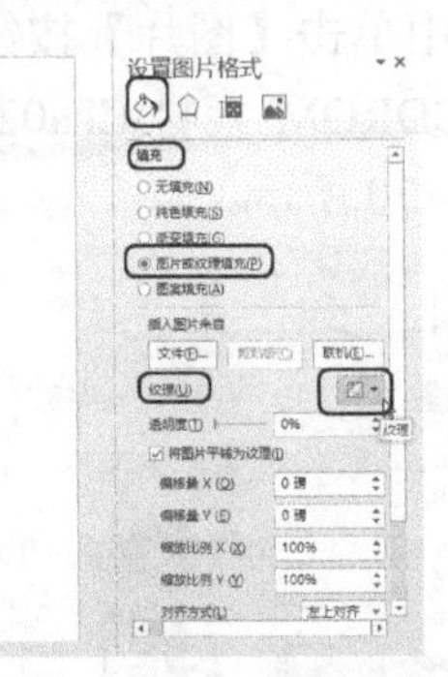

图 2-163　单击【纹理】按钮

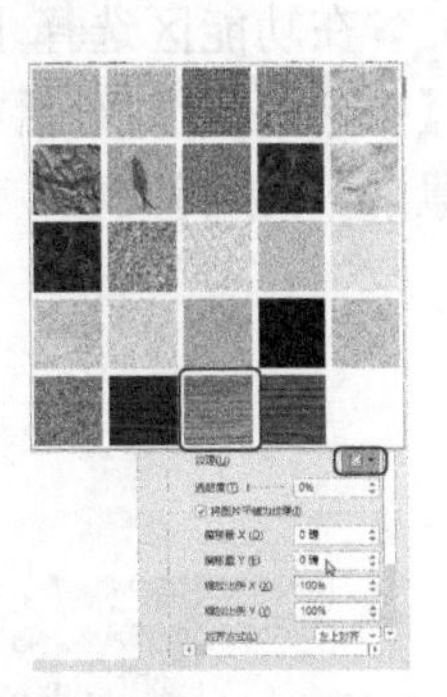

图 2-164　选择【栎木】选项

step 09 此时会在绘制的矩形图案中填充栎木纹理，其效果如图 2-165 所示。

step 10 选中填充栎木纹理的矩形，在功能区选择【绘图工具】下的【格式】选项卡，在【形状样式】组中单击【形状轮廓】按钮，在弹出的下拉列表中选择【无轮廓】选项，如图 2-166 所示。

step 11 给矩形设置完无轮廓后其效果如图 2-167 所示。

step 12 选中矩形，在功能区选择【图片工具】下的【格式】选项卡，在【排列】组中单击【自动换行】按钮，在弹出的下拉列表中选择【衬于文字下方】选项，如图 2-168 所示。

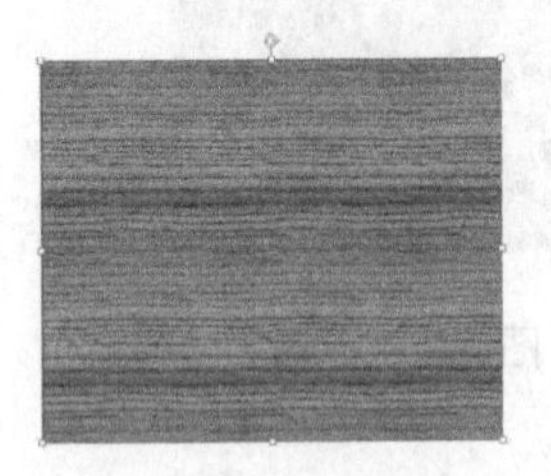

图 2-165 填充栎木的效果

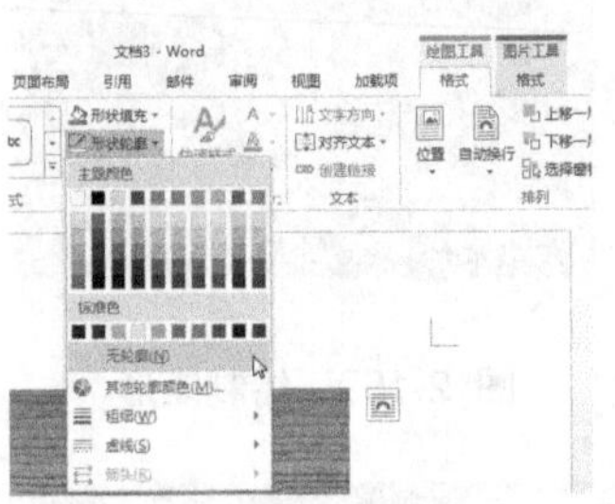

图 2-166 选择【无轮廓】选项

图 2-167 无轮廓的效果图

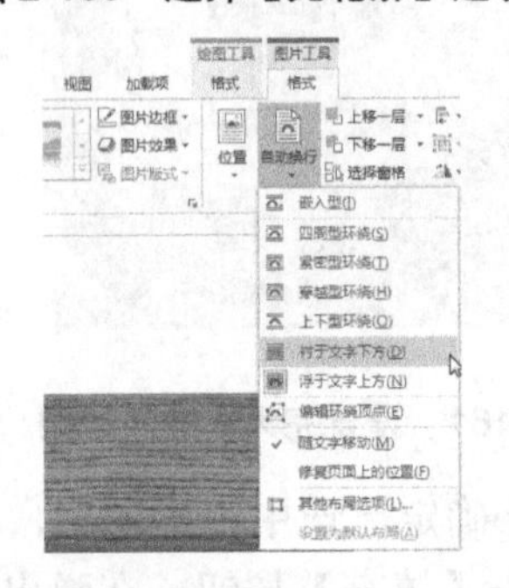

图 2-168 选择【衬于文字下方】选项

step 13 此时可以将矩形在文档空白处随意拖动，如图 2-169 所示。

step 14 在功能区选择【插入】选项卡，在【插图】组中单击【图片】按钮，在弹出的【插入图片】对话框中选择随书附带光盘中的“CDROM\素材\Cha02\红色花纹背景.jpg”素材文档，然后单击【插入】按钮，如图 2-170 所示。

图 2-169 随意拖动矩形

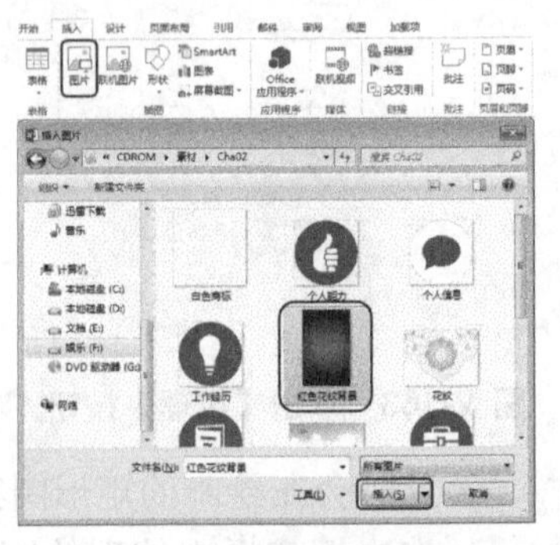

图 2-170 【插入图片】对话框

step 15 插入“红色花纹背景.jpg“素材图片的效果如图 2-171 所示。

step 16 选中“红色花纹背景.jpg“图片，在功能区选择【图片工具】下的【格式】选项卡，在排列组中单击【自动换行】按钮，在弹出的下拉列表中选择【衬于文字下方】选项，如图2-172所示。

图2-171　插入图片的效果

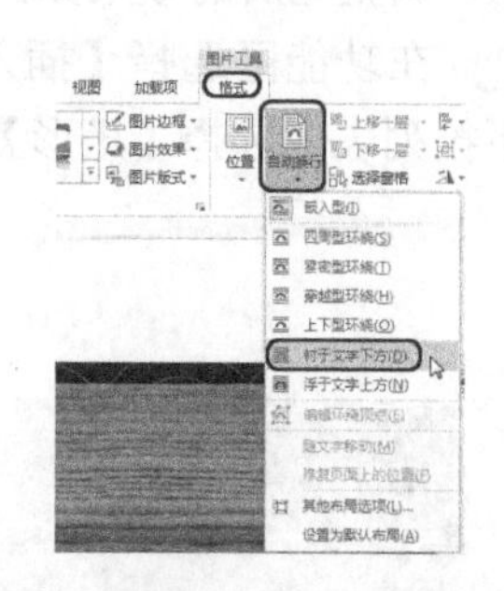

图2-172　选择【衬于文字下方】选项

step 17 确定选中“红色花纹背景.jpg”图片，选择【图片工具】下的【格式】选项卡，单击【大小】组中右下角的 (启动对话框)按钮，在弹出的【布局】对话框中切换到【大小】选项卡，设置【高度】|【绝对值】为8.55厘米，【宽度】|【绝对值】为5.4厘米，在【缩放】组中取消选中【锁定纵横比】复选框，设置完后单击【确定】按钮，如图2-173所示。

step 18 设置完后的效果如图2-174所示。

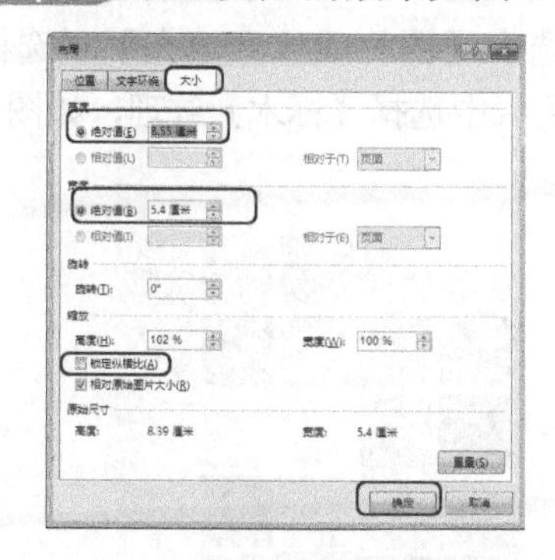

图2-173　【布局】对话框

图2-174　设置完后的效果

step 19 拖动“红色花纹背景.jpg”素材图片到合适的位置，其效果如图2-175所示。

step 20 选中“红色花纹背景.jpg”图片，选择【图片工具】下的【格式】选项卡，在【调整】组中单击【更正】按钮，在弹出的下拉列表中选择【亮度+40%，对比度+20%】选项，如图2-176所示。

图2-175　拖动图片后的效果

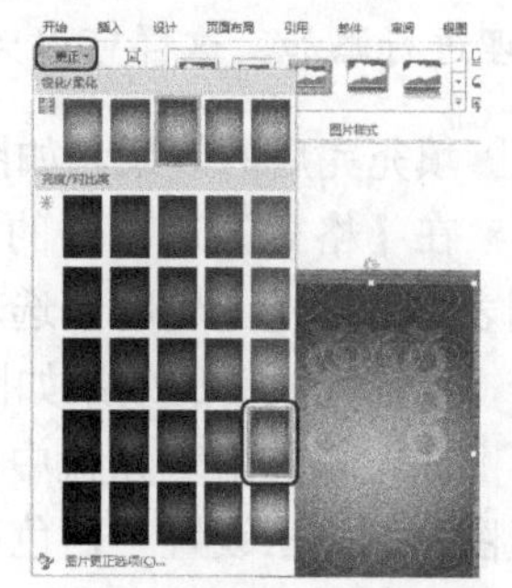

图2-176　调整图片对比度和亮度

step 21 调整完后的效果如图 2-177 所示。

step 22 在功能区选择【插入】选项卡，在【插图】组中单击【形状】按钮，在弹出的下拉列表中选择【矩形】组中的【圆角矩形】选项，如图 2-178 所示。

图 2-177　完成调整后的效果

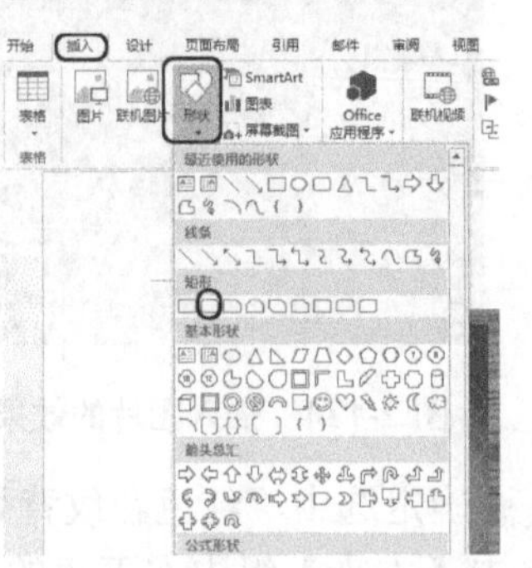

图 2-178　选择【圆角矩形】选项

step 23 在文档处绘制圆角矩形图案，如图 2-179 所示。

step 24 选中圆角矩形图案，在功能区选择【绘图工具】下的【格式】选项卡，单击【形状样式】组右下角的【设置形状格式】按钮，在弹出的对话框中选择【填充】选项卡，单击填充按钮，在弹出的下拉列表中选中【图片或纹理填充】复选框，在【纹理】组中单击【纹理】按钮，在弹出的下拉列表中选择【栎木】纹理，如图 2-180 所示。

图 2-179　绘制圆角矩形

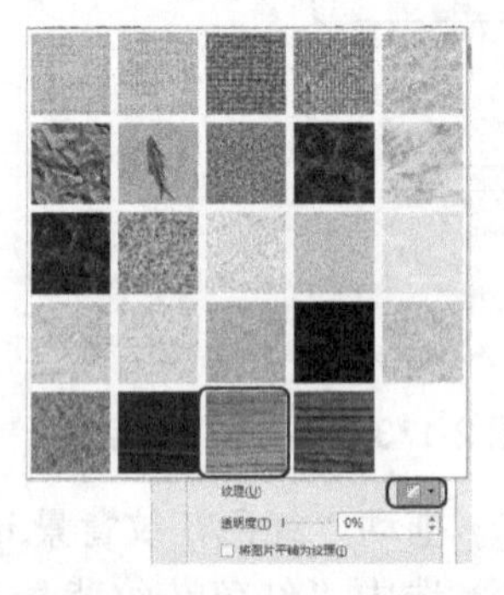

图 2-180　填充【栎木】纹理

Word 2013 为用户提供了许多常用的纹理效果，用户可以直接选择相应的纹理进行添加，这样可以大大节省时间。

step 25 填充完后的效果，如图 2-181 所示。

step 26 在【格式】选项卡的【形状样式】组中单击【形状轮廓】按钮，在弹出的下拉列表中选择【无轮廓】选项，如图 2-182 所示。

step 27 设置完成后的效果如图 2-183 所示。

step 28 插入随书附带光盘中的“CDROM\素材\Cha02\白色商标.tif”图片，根据前面设置图片的方法设置“白色商标.tif”图片，设置完成后的效果如图 2-184 所示。

图 2-181　设置完成后的效果

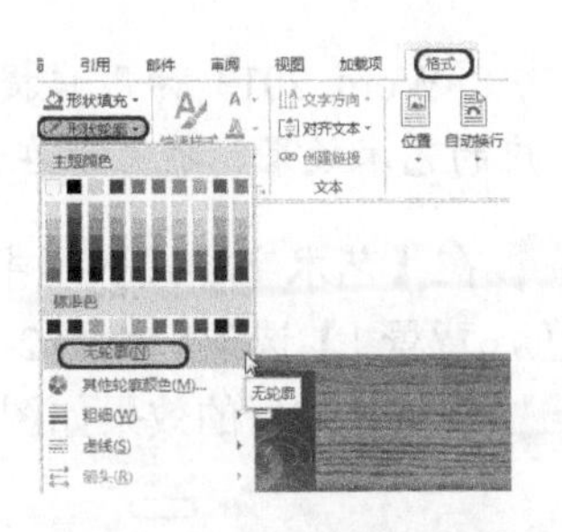

图 2-182　选择【无轮廓】选项

图 2-183　设置完成后的效果

图 2-184　设置完成后的效果

step 29 在功能区选择【插入】选项卡，在【文本】组中单击【插入艺术字】按钮，在弹出的下拉列表中选择【填充-灰色-25%，背景 2，内部阴影】选项，如图 2-185 所示。

step 30 在文本框中输入文本，选中文本，选择【开始】选项卡，在【字体】组中设置【字号】为“四号”，设置【字体】为“宋体(中文正文)”，如图 2-186 所示。

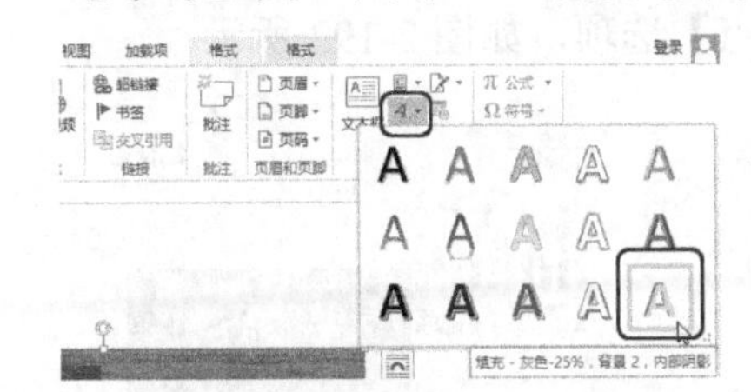

图 2-185　插入艺术字

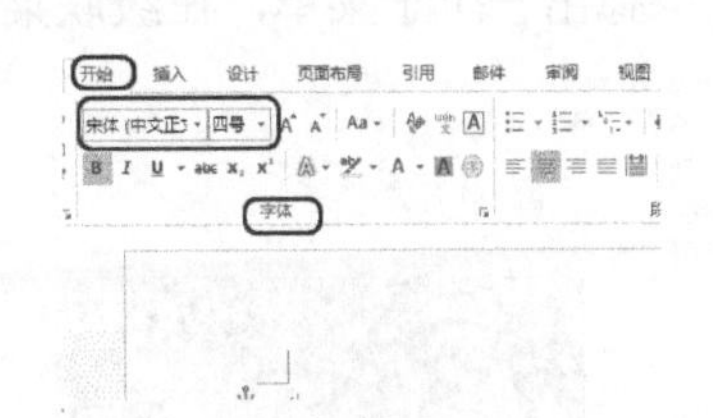

图 2-186　设置字体

step 31 设置完成后调整艺术字的位置，完成后的效果如图 2-187 所示。

step 32 选中艺术字，然后在功能区选择【绘图工具】下的【格式】选项卡，在【艺术字样式】组中单击【文本填充】按钮，在弹出的下拉列表中选择【白色，背景 1】选项，如图 2-188 所示。

图 2-187　设置完成后的效果

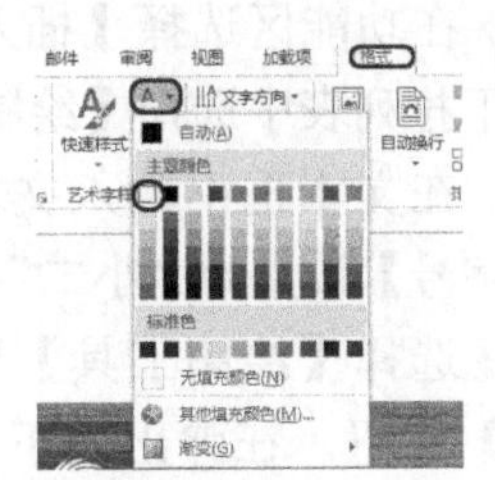

图 2-188　选择【白色，背景 1】选项

Word 2013 为用户提供了很多艺术效果字样，用户可以根据需要进行选择相应的艺术效果，也可以在该艺术效果的基础上进行更改，达到想要的效果。

step 33 在【艺术字样式】组中单击【文本轮廓】按钮，在弹出的下拉列表中选择【白色，背景 1】选项，如图 2-189 所示。

step 34 设置完成后的效果如图 2-190 所示。

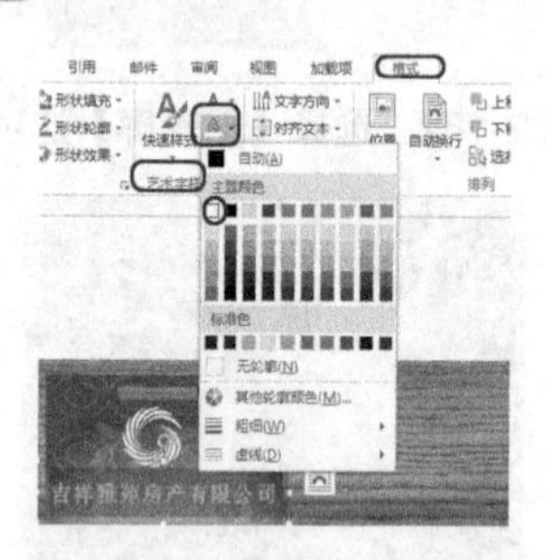

图 2-189　选择【白色，背景 1】选项

图 2-190　设置完成后的效果(1)

step 35 根据前面绘制矩形的方法绘制一个矩形，并且根据前面设置矩形的方法设置矩形为“衬于文字的下方”，【形状填充】设置为“橙色，着色 2，淡色 60%”，【形状轮廓】设置为“黑色”，设置完成后调整“矩形”的位置如图 2-191 所示。

step 36 选中矩形，然后在功能区选择【绘图工具】下的【格式】选项卡，在【形状样式】组中单击【形状轮廓】按钮，在弹出的下拉列表中选择【虚线】选项，此时会弹出一个子菜单，在级联菜单中选择【方点】选项，如图 2-192 所示。

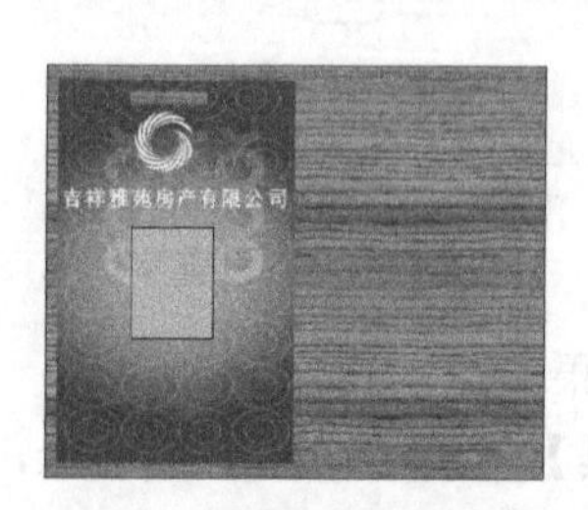

图 2-191　设置完成后的效果(2)

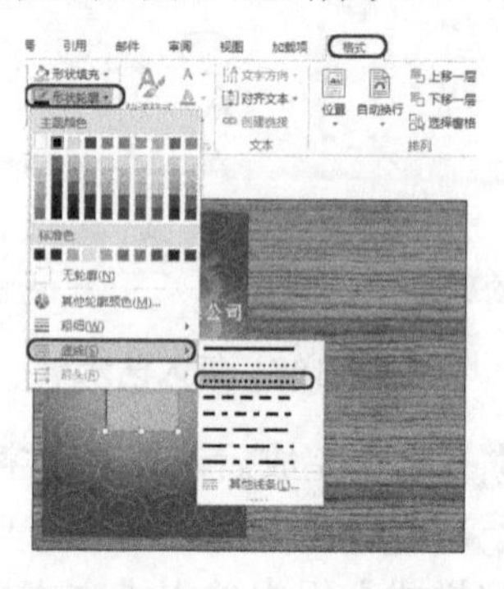

图 2-192　设置形状轮廓

step 37 在功能区选择【插入】选项卡，在【文本】组中单击【文本框】按钮，在弹出的下拉列表中选择【绘制竖排文本框】选项，如图 2-193 所示。

step 38 在文本框中输入文本，选中文本，选择【开始】选项卡，在【字体】组中将【字号】设置为“小二”，在【段落】组中单击【居中】按钮，如图 2-194 所示。

step 39 选择【绘图工具】下的【格式】选项卡，在【形状样式】组中单击【形状填充】按钮，在弹出的下拉列表中选择【无填充颜色】选项；单击【形状轮廓】按钮，在弹出的下拉列表中选择【无轮廓】选项，调整文本框的位置，设置完成后的效果如图 2-195 所示。

step 40 在功能区选择【插入】选项卡，在【文本】组中单击【文本框】按钮，在弹出的下拉列表中选择【绘制文本框】选项，用同样的设置方法设置文本框。在文本框中输入文本，设置【字体】为“宋体(中文正文)”，【字号】设置为“五号”，设置完成后调整文本框的位置，如图 2-196 所示。

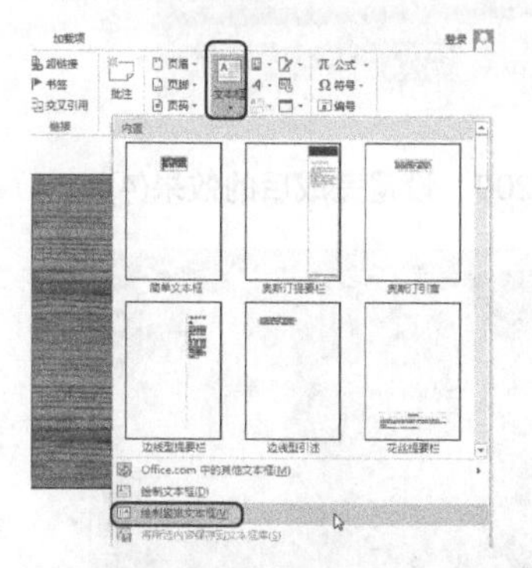

图 2-193 选择【绘制竖排文本框】选项

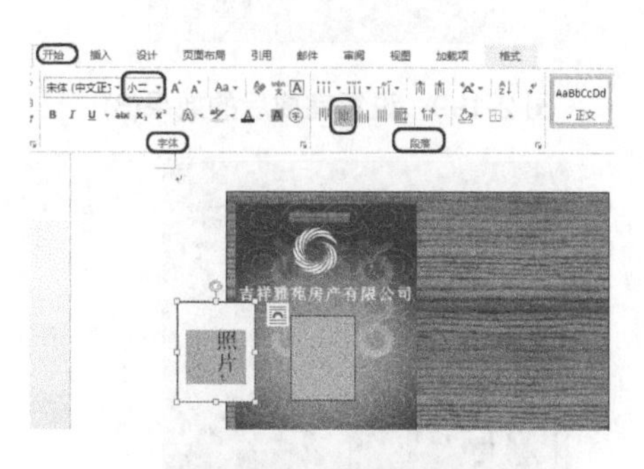

图 2-194 设置文字

图 2-195 设置完成后的效果(1)

图 2-196 设置完成后的效果(2)

step 41 在功能区选择【插入】选项卡，在【插图】组中单击【形状】按钮，在弹出的下拉列表中选择【直线】选项，如图 2-197 所示。

step 42 在文本中绘制直线，绘制完成后的效果如图 2-198 所示。

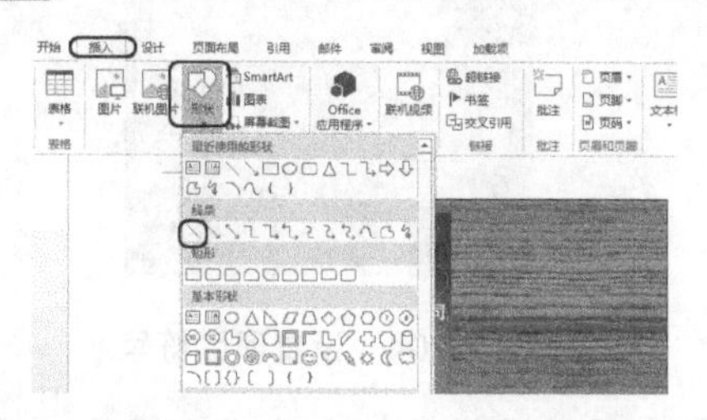

图 2-197 选择【直线】选项

图 2-198 绘制直线

step 43 选中直线，在功能区选择【绘图工具】下的【格式】选项卡，在【形状样式】组中选择【细线，深色 1】选项，设置完成后的效果如图 2-199 所示。

step 44 用相同的方法绘制其余三条直线，其效果如图 2-200 所示。

step 45 选中红色花纹背景图片，按住 Ctrl 键将图片移动到图 2-201 所示的位置。

step 46 复制白色商标和绘制的圆角矩形，将其移动到背面，如图 2-202 所示。

图 2-199　设置完成后的效果(3)

图 2-200　设置完成后的效果(4)

图 2-201　复制并移动图片

图 2-202　复制并移动后的效果

step 47 根据前面的操作步骤，在工作证背面输入文字并设置，完成后的效果如图 2-203 所示。

step 48 选中背面除“注意事项”以外的其他所有文字，在功能区选择【开始】选项卡，在【段落】组中单击【项目符号】右侧的下三角按钮，在弹出的下拉列表中选择●选项，如图 2-204 所示。

图 2-203　输入完文本后的效果

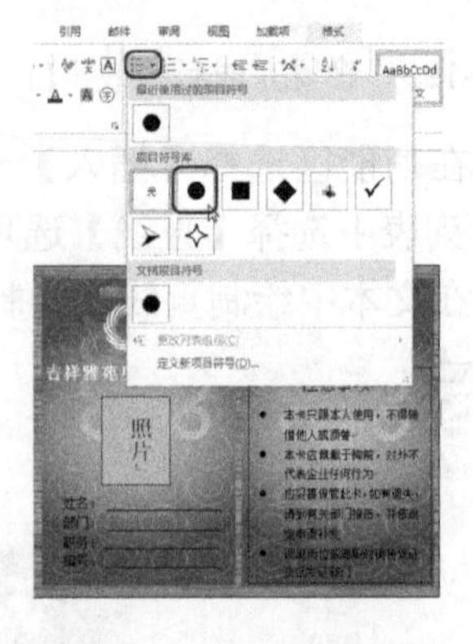

图 2-204　设置项目符号

对于项目符号的创建，Word 为用户提供了很多相应的项目符号，用户也可以载入相应的图片当作项目符号。

step 49 设置完成后的效果如图 2-205 所示。

step 50 至此，工作证已设置完成，其最终效果如图 2-206 所示，对完成后的场景进行保存。

图 2-205　设置完成后的效果

图 2-206　工作证的最终效果图

案例精讲 020　入场券

案例文件：CDROM\场景\Cha02\入场券. docx

视频文件：视频教学\Cha02\入场券.avi

学习目标

- 学习加粗文字的方法。
- 掌握调整素材图片大小的方法。

制作概述

本例将介绍入场券的制作。首先插入背景图片然后输入文字，最后通过绘制矩形图形来美化页面。完成后的效果如图 2-207 所示。

图 2-207　入场券

操作步骤

step 01 打开 Word 2013 软件，然后新建一个空白文档，在功能区选择【插入】选项卡，在【插图】组中单击【图片】按钮，如图 2-208 所示。

step 02 在弹出的对话框中选择随书附带光盘中的“CDROM\素材\Cha02\背景 01.jpg”素材文件，如图 2-209 所示。

step 03 执行该操作后即可插入“背景 01.jpg”文件，效果如图 2-210 所示。

step 04 在功能区选择【图片工具】下的【格式】选项卡，在【大小】组中将【形状高度】设置为 6.49 厘米，将【形状宽度】设置为 17.75 厘米，如图 2-211 所示。

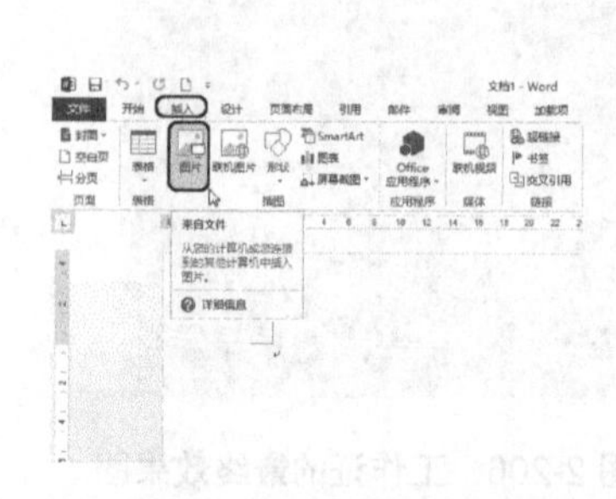

图 2-208　单击【图片】按钮

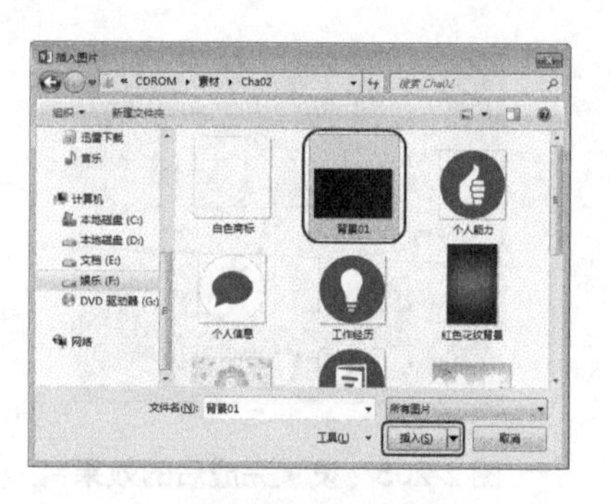

图 2-209　选择背景图片

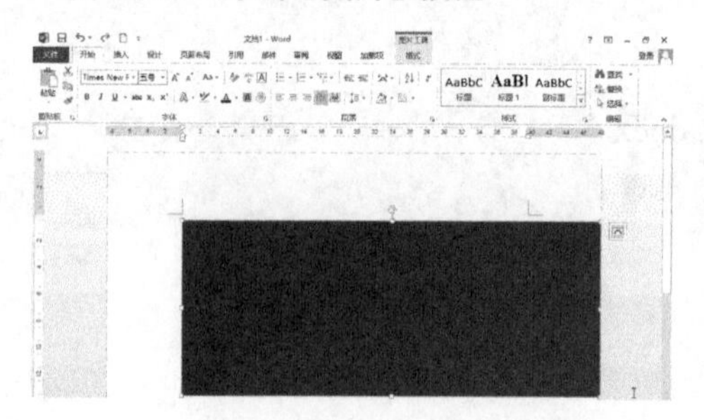

图 2-210　插入图片

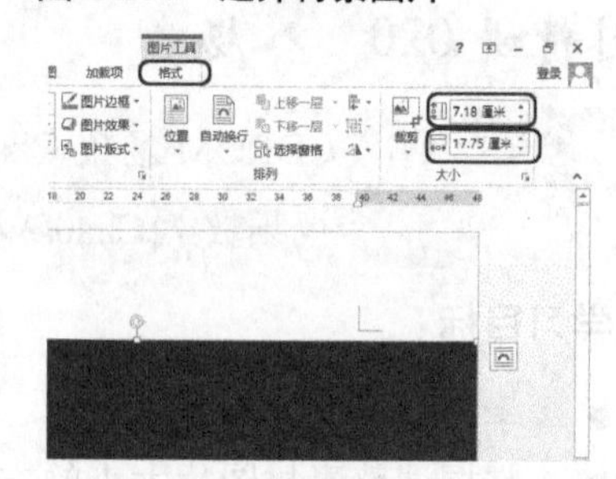

图 2-211　设置图片的大小

step 05 执行该操作后即可完成对图片的设置，效果如图 2-212 所示。

step 06 选择图片文件后右击，在弹出的快捷菜单中选择【自动换行】|【衬于文字下方】命令，如图 2-213 所示。

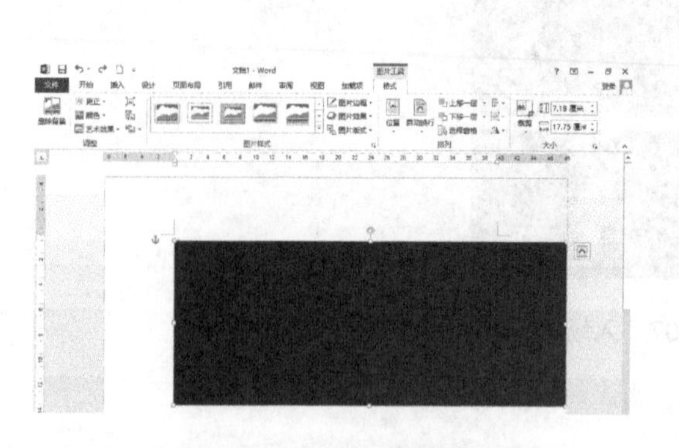

图 2-212　完成设置后的效果

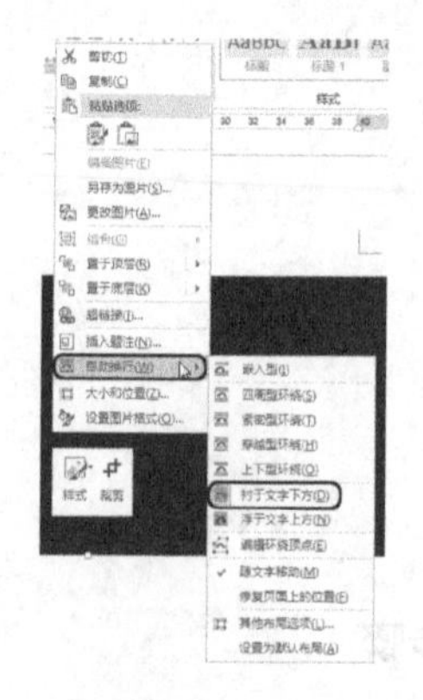

图 2-213　选择【衬于文字下方】命令

step 07 执行该操作后，即可随意拖动图片，如图 2-214 所示。

step 08 在功能区选择【插入】选项卡，在【文本】组中单击【文本框】按钮，在弹出的下拉列表中选择【绘制文本框】选项，如图 2-215 所示。

step 09 这时光标会变为“十”样式，然后再在图片上绘制一个文本框，效果如图 2-216 所示。

step 10 绘制完成后选择【绘图工具】下的【格式】选项卡，在【形状样式】组中单击【形状填充】按钮，在弹出的下拉列表中选择【无填充颜色】选项，如图 2-217 所示。

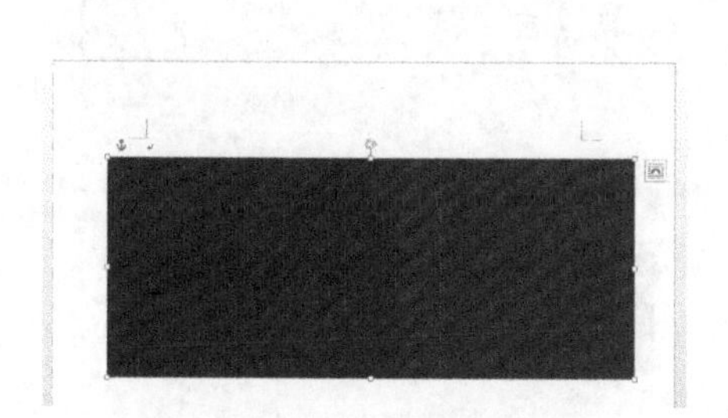

图 2-214　移动位置后的图片

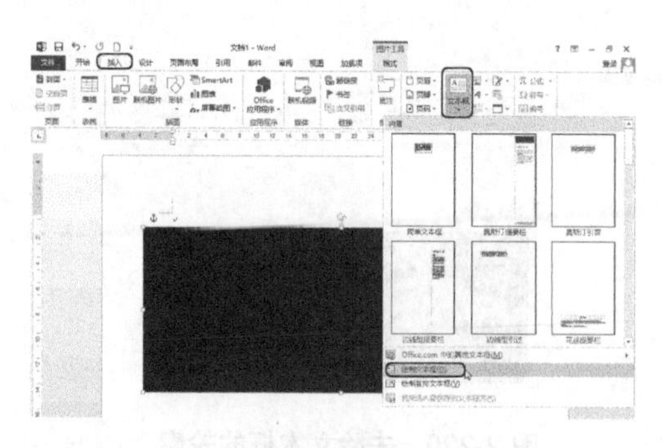

图 2-215　选择【绘制文本框】选项

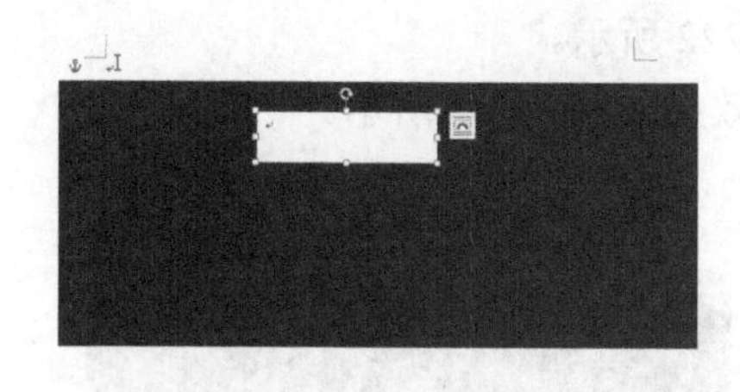

图 2-216　绘制文本框

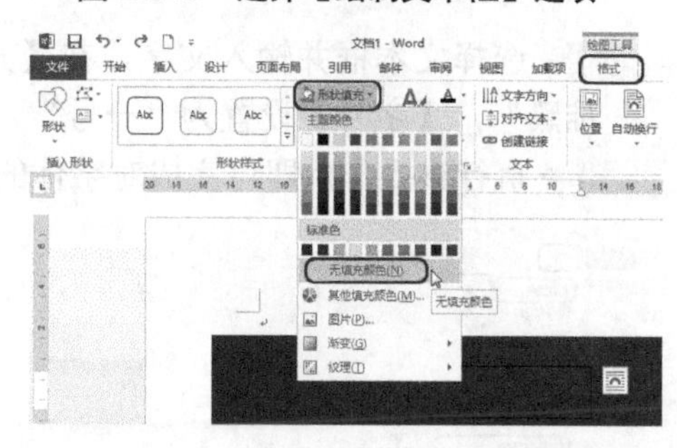

图 2-217　选择【无填充颜色】选项

step 11 执行该操作后即可完成对文本框去除填充色的设置，效果如图 2-218 所示。

step 12 在功能区选择【绘图工具】下的【格式】选项卡，在【形状样式】组中单击【形状轮廓】按钮，在弹出的下拉列表中选择【无形状轮廓】选项，如图 2-219 所示。

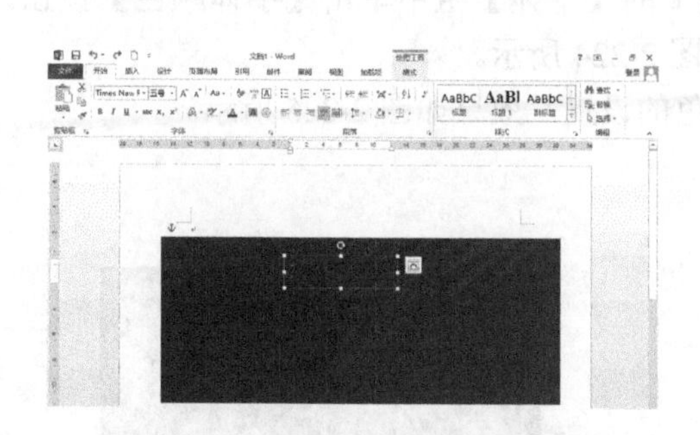

图 2-218　去除文本框的填充颜色

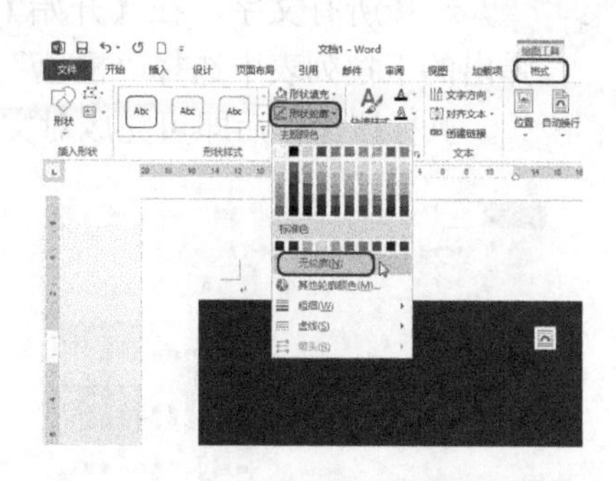

图 2-219　选择【无形状轮廓】选项

step 13 执行该操作后即可完成对文本框去除轮廓的设置，效果如图 2-220 所示。

step 14 选择文本框，在【绘图工具】下的【格式】选项卡中将【大小】组的【形状高度】设置为 1.64 厘米，将【形状宽度】设置为 7.99 厘米，执行该操作后即可完成对文本框的大小设置，效果如图 2-221 所示。

在实际操作过程中，用户可以调节文本框的各个顶点，调整其大小。

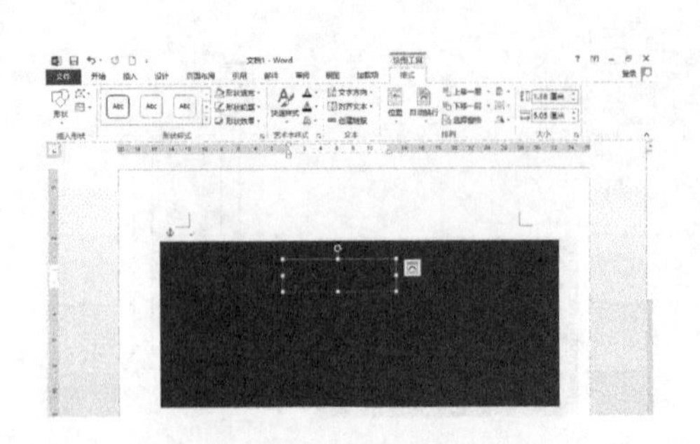

图 2-220　去除文本框的轮廓

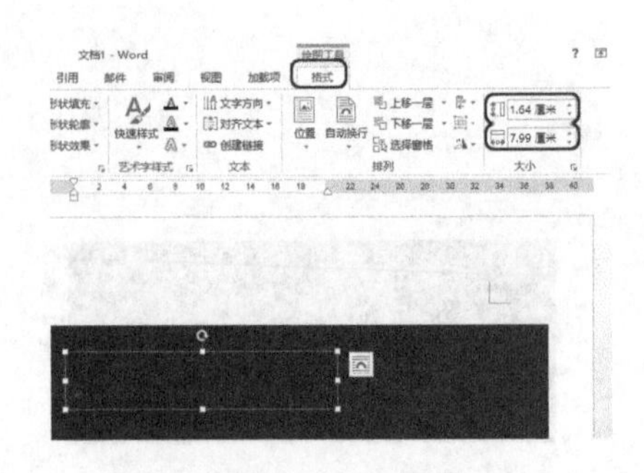

图 2-221　设置文本框的大小

step 15 选择文本框并输入文字，在【开始】选项卡的【字体】组中设置字体为“微软雅黑”，【字号】设置为“一号”，如图 2-222 所示。

step 16 执行该操作后即可完成对字体的设置，效果如图 2-223 所示。

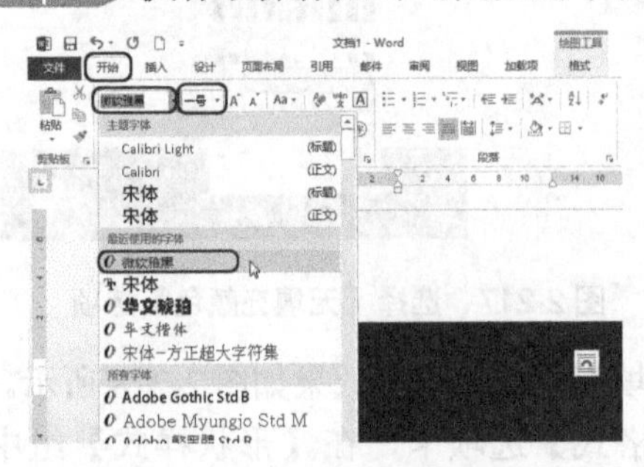

图 2-222　设置字体和字号

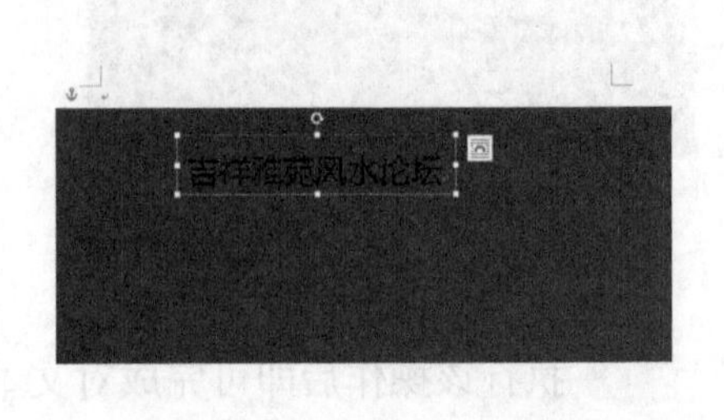

图 2-223　设置字体的效果

step 17 选择所有文字，在【开始】选项卡的【字体】组中单击【字体颜色】按钮，在弹出的下拉列表中选择“橙色”，如图 2-224 所示。

step 18 执行该操作后即可完成对文字颜色的设置，效果如图 2-225 所示。

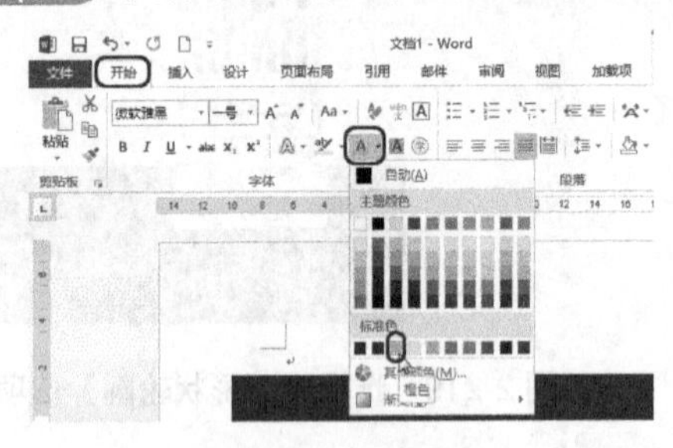

图 2-224　选择橙色

图 2-225　改变字体颜色

step 19 再插入一个形状高度为 1.72 厘米、形状宽度为 4.37 厘米的文本框，如图 2-226 所示。

step 20 在文本框中输入文字，选中输入的文字，将【字体】设置为“宋体”，【字号】设置为“小初”，效果如图 2-227 所示。

图 2-226　插入新文本框并设置大小

图 2-227　设置字体和字号

step 21 使用同样的方法输入其他文字，并调整其位置，如图 2-228 所示。

step 22 单击背景图片，在功能区选择【图片工具】下的【格式】选项卡，在【调整】组中单击【更正】按钮，在弹出的下拉列表中选择【亮度+20%、对比度+40%】选项，如图 2-229 所示。

step 23 执行该操作后即可完成对背景图片的调整，效果如图 2-230 所示。

step 24 在功能区选择【插入】选项卡，在【插图】组中单击【图片】按钮，如图 2-231 所示。

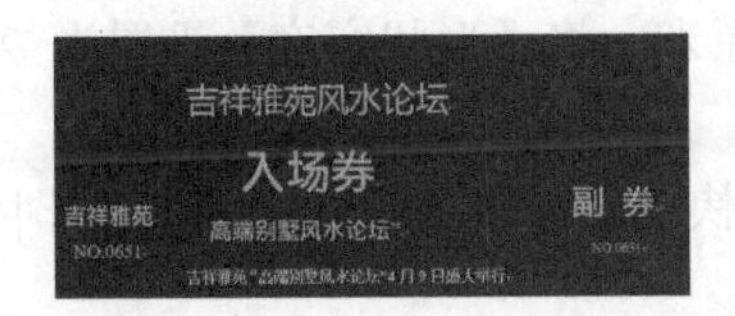

图 2-228　输入其他文字后的效果

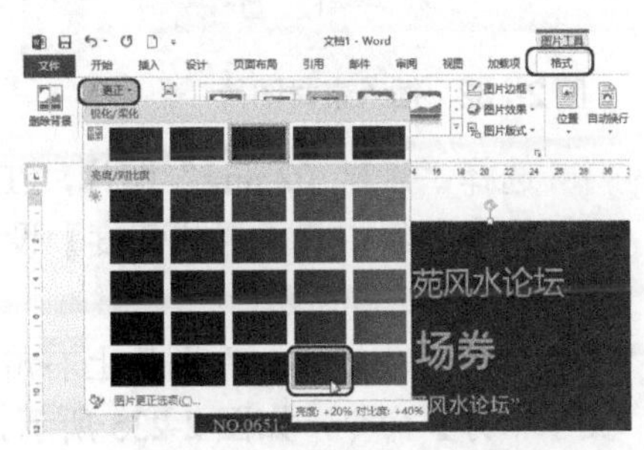

图 2-229　单击【更正】按钮

图 2-230　调整后的效果

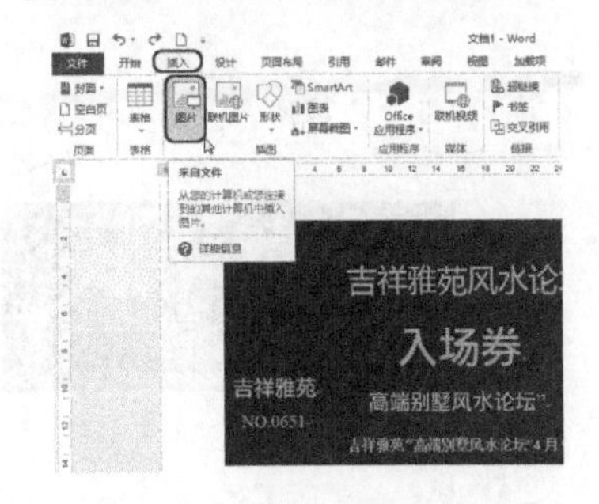

图 2-231　单击【图片】按钮

step 25 在弹出的对话框中选择随书附带光盘中的“CDROM\素材\Cha02\素材 02.png”素材文件，如图 2-232 所示。

知识链接

PNG 格式图片因其高保真性、透明性及文件体积较小等特性，被广泛应用于网页设计、平面设计中。网络通信中因受带宽制约，在保证图片清晰、逼真的前提下，网页中不可能大范围地使用文件较大的 BMP、JPG 格式文件。GIF 格式文件虽然文件较小，但其颜色失色严重，不尽如人意，所以 PNG 格式文件自诞生之日起就大受欢迎。

PNG 格式图片通常被我们当作素材来使用。在设计过程中，不可避免地要搜索相关文件，如果是 JPG 格式文件，抠图就在所难免，费时费力；GIF 格式文件虽然具有透明性，但只是对其中一种或几种颜色设置为完全透明，并没有考虑对周围颜色的影响，所以此时 PNG 格式文件就成了我们的不二之选。

step 26 单击【插入】按钮，即可在文档中插入“素材 02.png”图片，效果如图 2-233 所示。

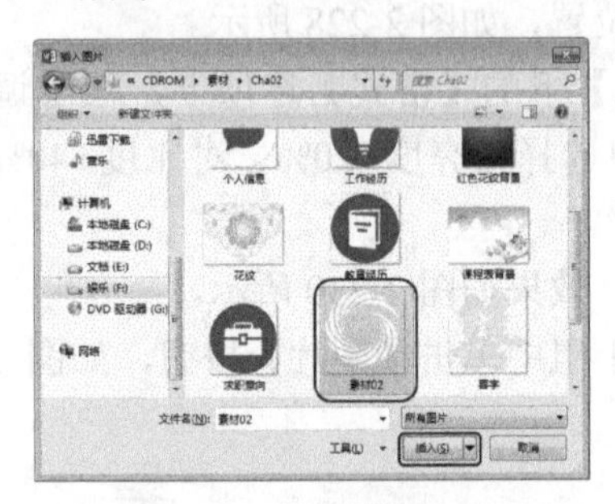

图 2-232　插入素材图片

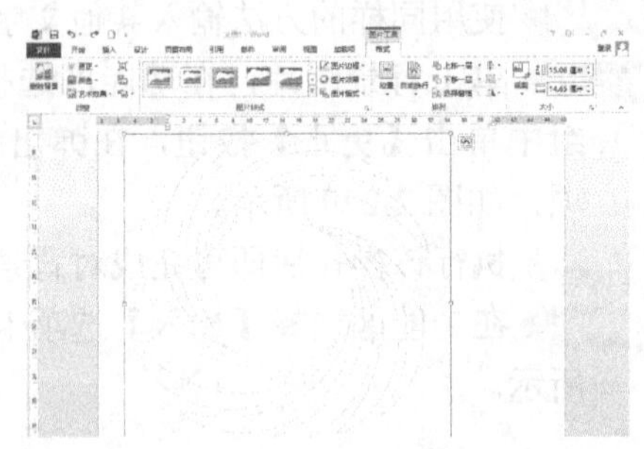

图 2-233　插入图片后的效果

step 27 选择“素材 02.png”图片，在功能区选择【图片工具】下的【格式】选项卡，在【大小】组中将【形状高度】设置为 2.81 厘米，将【形状宽度】设置为 2.73 厘米，如图 2-234 所示。

step 28 在“素材 02.png”图片上右击，在弹出的快捷菜单中选择【自动变换】|【衬于文字下方】命令，如图 2-235 所示。

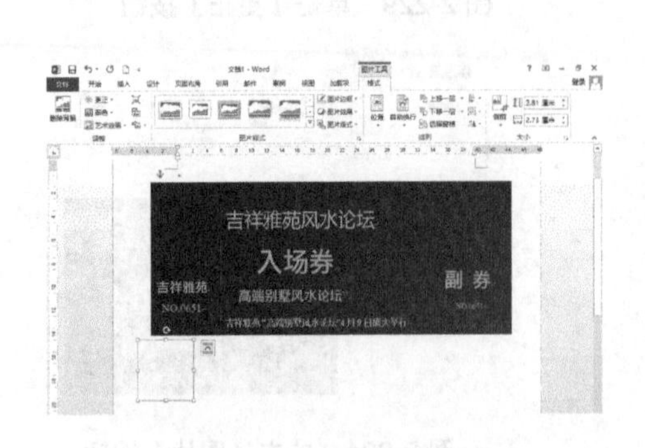

图 2-234　设置图片尺寸

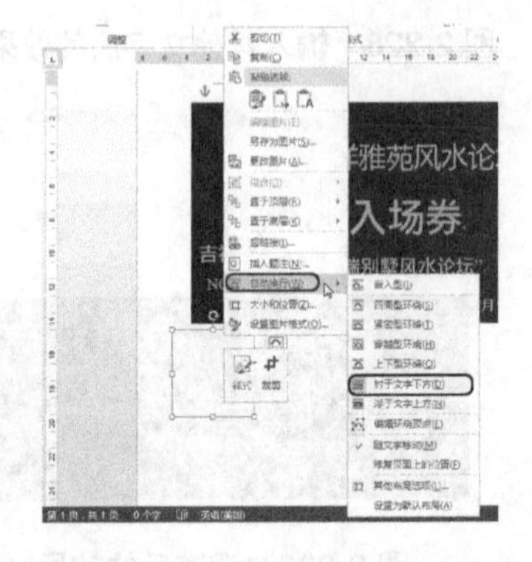

图 2-235　选择【衬于文字下方】命令

step 29 调整“素材 02.png”图片的位置，如图 2-236 所示。

step 30 选择“素材 02.png”图片，按 Ctrl+C 组合键进行复制，按 Ctrl+V 组合键进行粘贴，并调整其大小和位置，如图 2-237 所示。

提示　选择素材图片后按 Ctrl+D 组合键同样可复制图片。

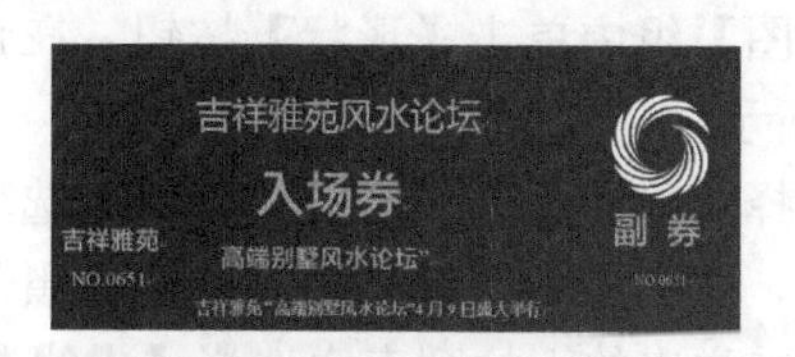

图 2-236　调整位置

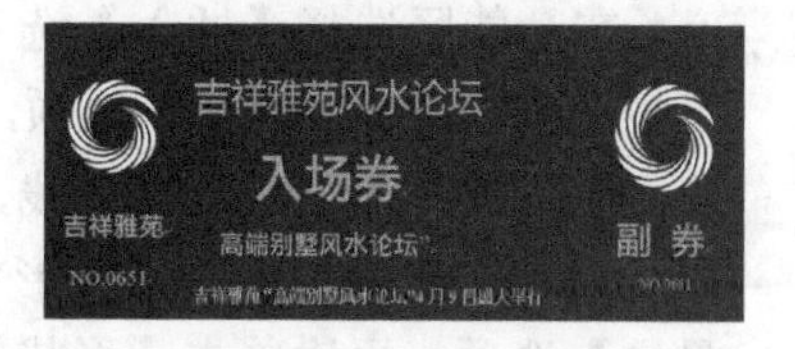

图 2-237　复制后调整位置和大小

step 31 在功能区选择【插入】选项卡，在【插图】组中单击【形状】按钮，在弹出的下拉列表中选择【矩形】选项，如图 2-238 所示。这时光标会变为“十”样式。

step 32 在背景图片上绘制一个矩形，如图 2-239 所示。

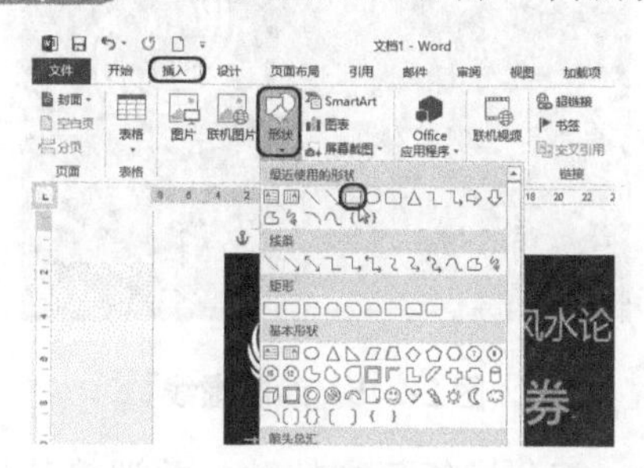

图 2-238　选择【矩形】选项

图 2-239　绘制矩形

step 33 在功能区选择【绘图工具】下的【格式】选项卡，在【形状样式】组中将【形状填充】设置为“无形状填充”，将【形状轮廓】设置为“白色，背景 1”，如图 2-240 所示。

step 34 选择【绘图工具】下的【格式】选项卡，在【形状样式】组中单击【形状轮廓】按钮，在弹出的下拉列表中选择【虚线】|【短划线】选项，如图 2-241 所示。

图 2-240　设置矩形

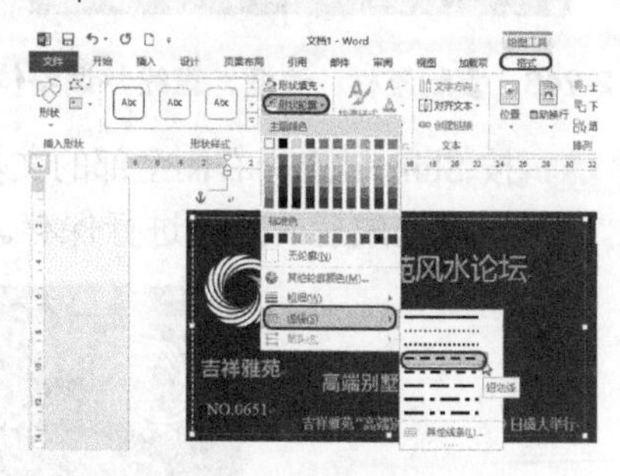

图 2-241　设置矩形轮廓

step 35 执行该操作后即可完成对矩形轮廓的设置，效果如图 2-242 所示。

step 36 使用同样的方法在该矩形右侧制作一个小矩形，效果如图 2-243 所示。

图 2-242　设置矩形轮廓后的效果

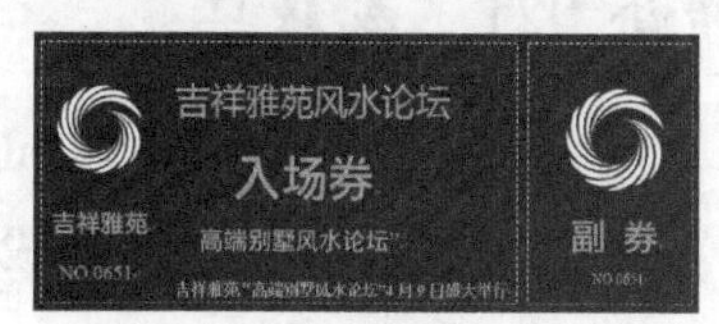

图 2-243　制作完成后的小矩形

step 37 在功能区选择【插入】选项卡，在【插图】组中单击【形状】按钮，在弹出的下拉列表中选择【直线】选项，如图 2-244 所示。

step 38 在背景图上绘制一条直线，在功能区选择【绘图工具】下的【格式】选项卡，在【形状样式】组中单击【形状轮廓】按钮，在弹出的下拉列表中选择【黑色，背景 1】选项，再次单击【形状轮廓】按钮，在弹出的下拉列表中选择【虚线】|【短划线】选项，完成后的效果如图 2-245 所示。

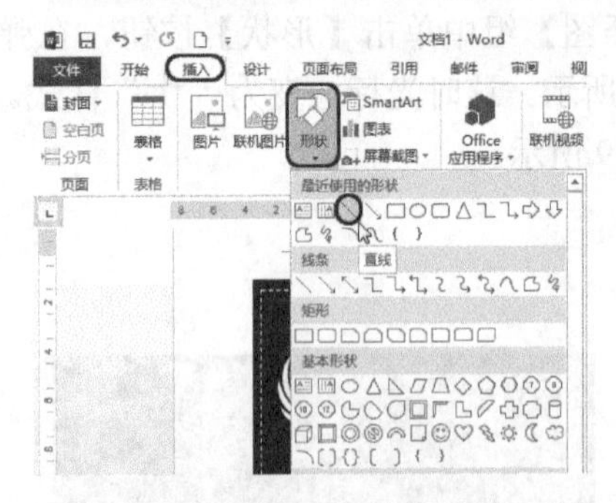

图 2-244 选择【直线】选项

图 2-245 绘制虚线

step 39 制作入场券的背面。选择入场券正面的一部分进行复制粘贴，并调整其位置，效果如图 2-246 所示。

step 40 根据上面的操作步骤，在入场券的背面输入其他文字，效果如图 2-247 所示。

图 2-246 复制素材、边框、直线并调整位置

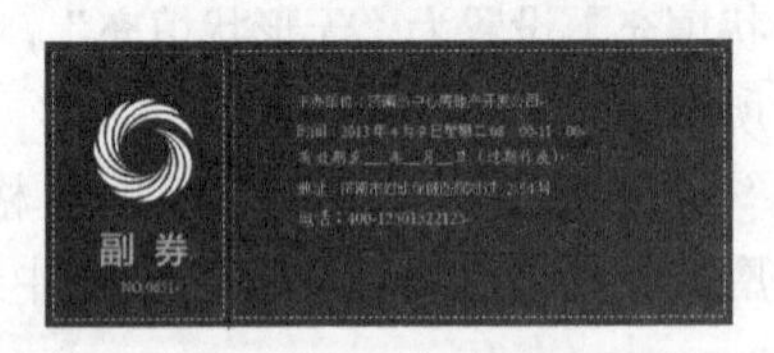

图 2-247 输入其他文字

step 41 按 Shift 键选择右侧全部的文本框，然后按 Ctrl+B 组合键将文字加粗，如图 2-248 所示，对完成后的效果进行保存。

图 2-248 将所选文字加粗

案例精讲 021 成绩单

案例文件：CDROM\场景\Cha02\成绩单. docx

视频文件：视频教学\Cha02\成绩单.avi

学习目标

- 学习成绩单的制作方法。
- 掌握成绩单的制作流程。

制作概述

本例将讲解成绩单的制作，具体操作方法如下。完成后的效果如图2-249所示。

图2-249　成绩单

操作步骤

step 01 启动 Word 2013 软件，在功能区选择【页面布局】选项卡，在【页面设置】组中单击【页面设置】按钮，在弹出的对话框中选择【页边距】选项卡，在【页边距】选项组中将【上】、【下】、【左】、【右】几个微调框都设置为1.5厘米，如图2-250所示。

step 02 再在该对话框中选择【纸张】选项卡，将【宽度】和【高度】分别设置为25.5厘米、21.3厘米，如图2-251所示。

创建文档时，Word 2013 预设纸型是标准的A4纸，其宽度是21厘米，高度是29.7厘米，页面方向为纵向。

step 03 设置完成后，单击【确定】按钮，即可完成设置。在功能区选择【设计】选项卡，在【页面背景】组中单击【页面颜色】按钮，在弹出的下拉列表中选择【填充效果】选项，如图2-252所示。

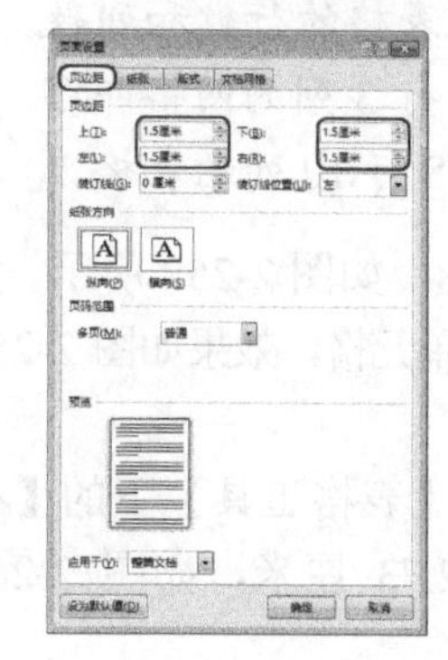

图2-250　设置页边距

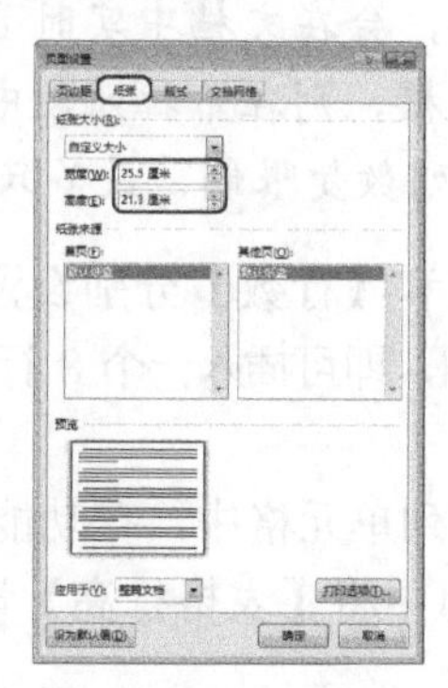

图2-251　设置纸张大小

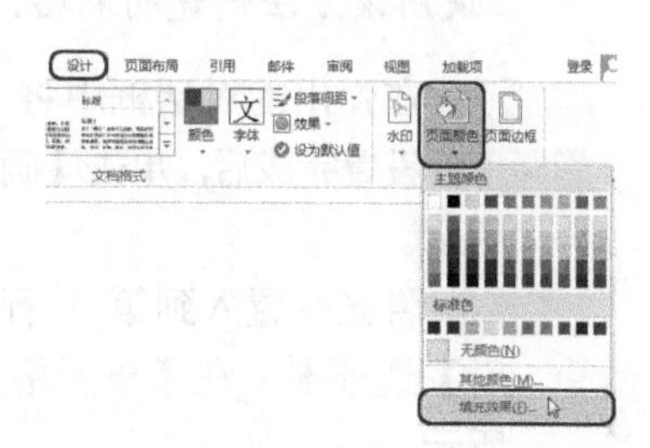

图2-252　选择【填充效果】选项

step 04 在弹出的对话框中切换到【图片】选项卡，单击【选择图片】按钮，如图 2-253 所示。

step 05 再在弹出的对话框中单击【浏览】按钮，如图 2-254 所示。

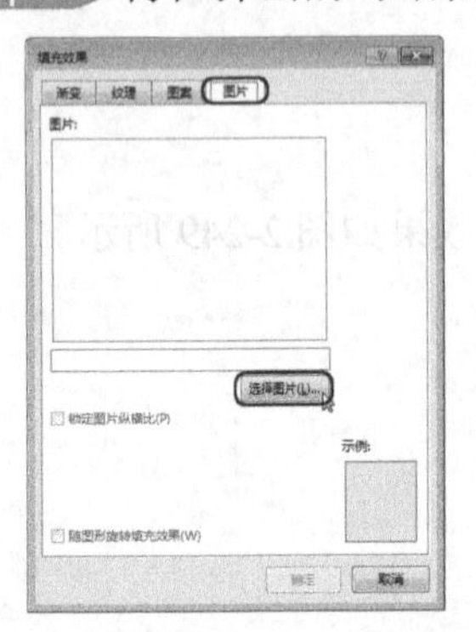

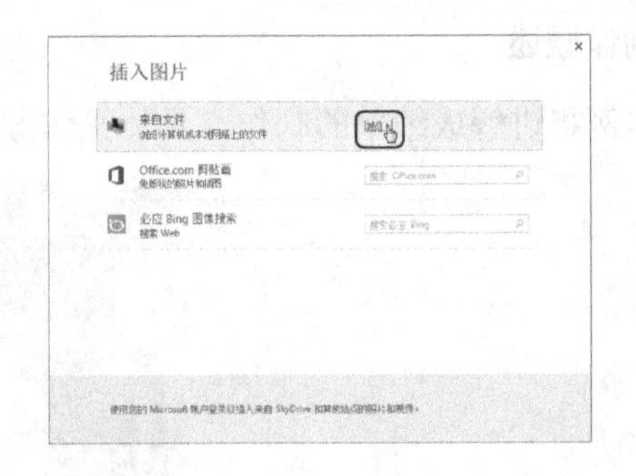

图 2-253　单击【选择图片】按钮

图 2-254　单击【浏览】按钮

step 06 在弹出的对话框中选择随书附带光盘中的“CDROM\素材\Cha02\成绩单背景.jpg”素材图片，如图 2-255 所示。

step 07 选择完成后，单击【插入】按钮，再在【填充效果】对话框中单击【确定】按钮，即可插入背景图片，效果如图 2-256 所示。

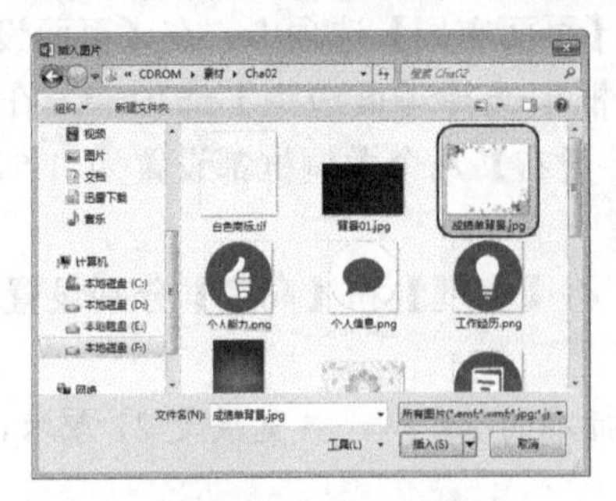

图 2-255　选择素材图片

图 2-256　插入背景图片

step 08 在功能区选择【插入】选项卡，在【表格】组中单击【表格】按钮，在弹出的下拉列表中选择【插入表格】选项，如图 2-257 所示。

在下拉列表中直接选择网格，会在文档中实时显示插入表格的行数和列数。如果需要插入一个 5 行 3 列的表格，则在下拉列表中选择 5 行 3 列的网格即可。使用该方法创建的表格，行数和列数受限制，最多只能创建 8 行 10 列的表格。

step 09 在弹出的对话框中将【列数】和【行数】分别设置为 5、8，如图 2-258 所示。

step 10 设置完成后，单击【确定】按钮，即可插入一个 8 行 5 列的单元格，效果如图 2-259 所示。

step 11 将光标置入到第 1 行的第 1 列单元格中，在功能区选择【表格工具】下的【布局】选项卡，在【单元格大小】组中将【表格行高】设置为 2.73 厘米，如图 2-260 所示。

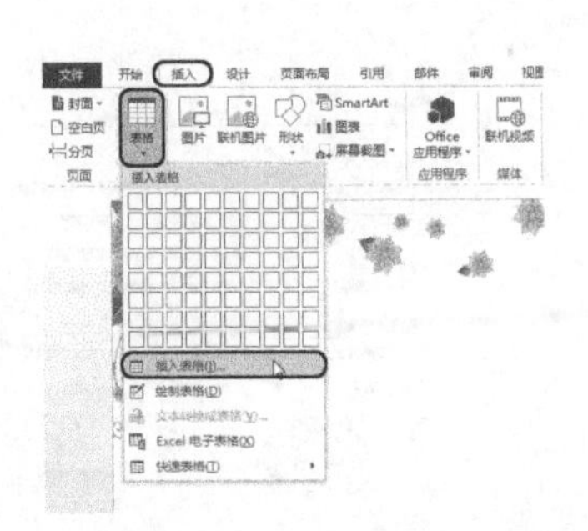

图 2-257　选择【插入表格】选项

图 2-258　设置行数和列数

图 2-259　插入表格

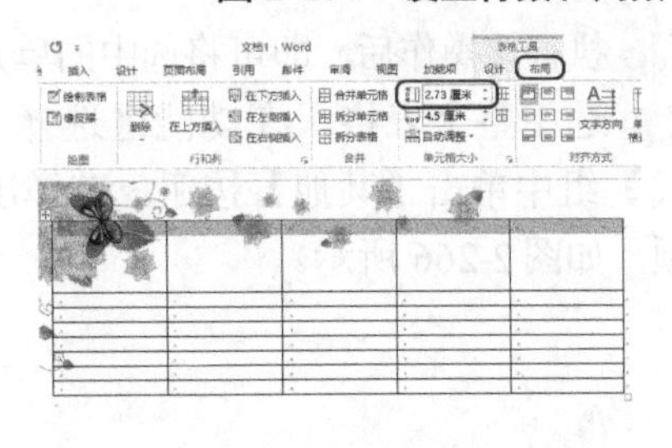

图 2-260　设置单元格高度

step 12 选择第 1 行单元格后右击，在弹出的快捷菜单中选择【合并单元格】命令，如图 2-261 所示。

选择需要合并的单元格，然后在功能区选择【表格工具】下的【布局】选项卡，在【合并】组中单击【合并单元格】按钮，同样可以将选择的单元格合并。

step 13 在文档窗口中对单元格进行调整，并调整其位置，效果如图 2-262 所示。

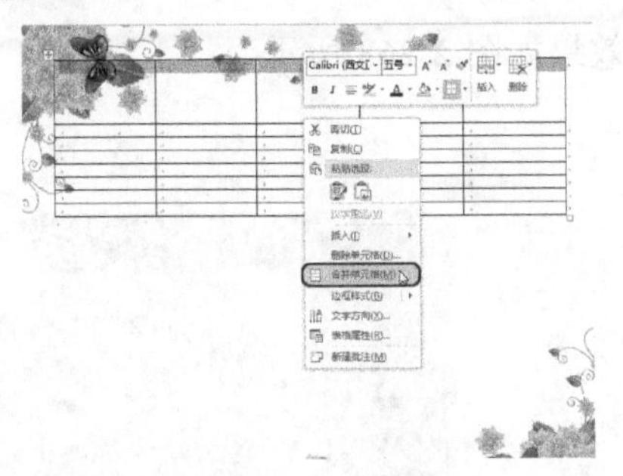

图 2-261　选择【合并单元格】命令

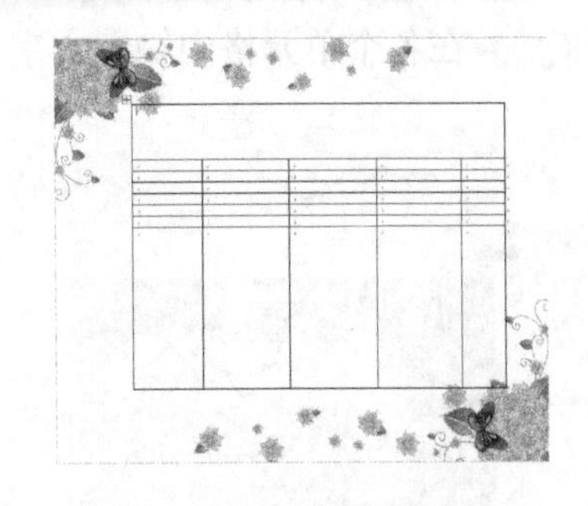

图 2-262　调整单元格

step 14 选择除第 1 行外的其他单元格并右击，在弹出的快捷菜单中选择【平均分布各行】命令，如图 2-263 所示。

step 15 再在选中的单元格上右击，在弹出的快捷菜单中选择【平均分布各列】命令，如图 2-264 所示。

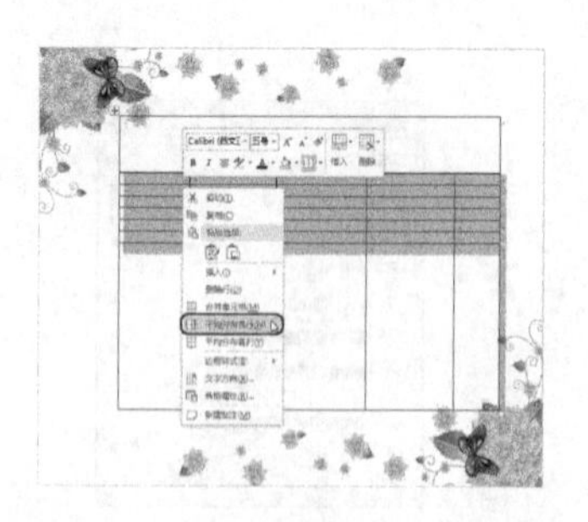

图 2-263　选择【平均分布各行】命令

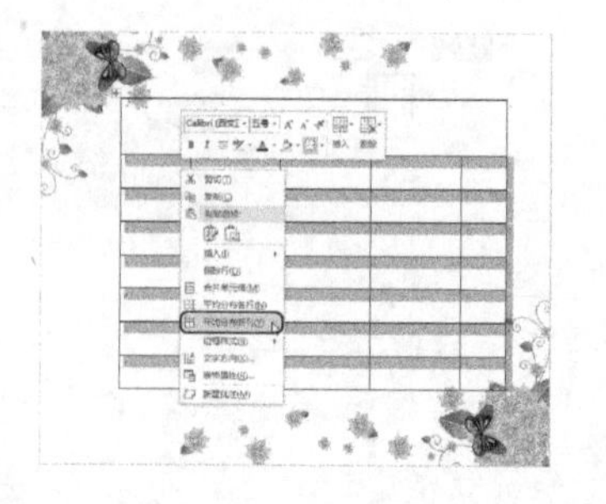

图 2-264　选择【平均分布各列】命令

step 16 执行该操作后，即可将选中的单元格平均分布各行、各列，效果如图 2-265 所示。

step 17 选中整个表格，在功能区选择【表格工具】下的【设计】选项卡，在【表格样式】组中单击【其他】按钮，在弹出的下拉列表中选择【网格表 5 深色-着色 2】选项，如图 2-266 所示。

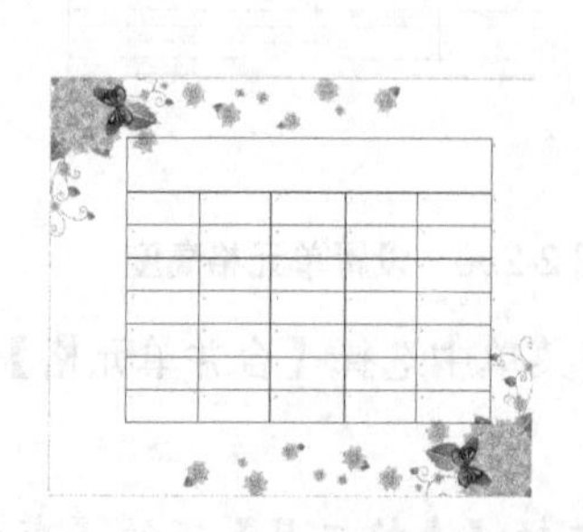

图 2-265　平均分布各行、各列

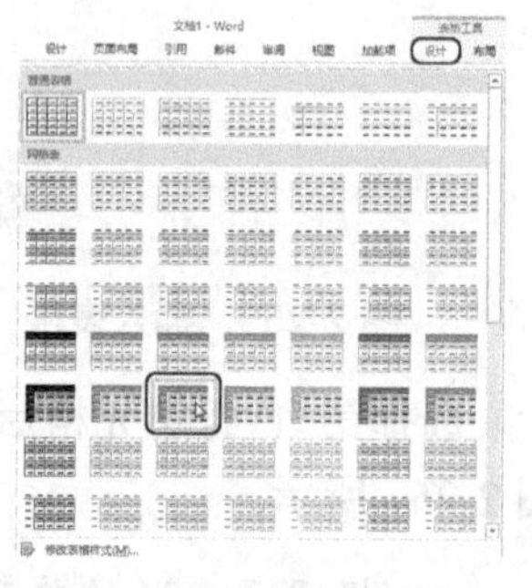

图 2-266　选择【网格表 5 深色-着色 2】选项

step 18 选择【表格工具】下的【布局】选项卡，在【对齐方式】组中单击【水平居中】按钮，效果如图 2-267 所示。

step 19 在各个单元格中输入文字，输入后的效果如图 2-268 所示。

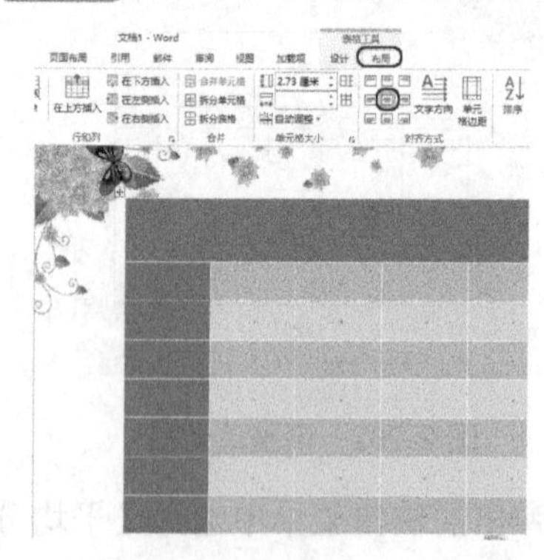

图 2-267　单击【水平居中】按钮

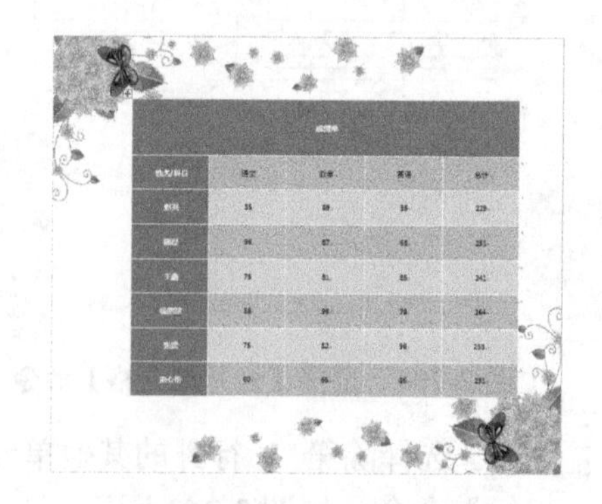

图 2-268　输入文字

step 20 选中“成绩单”文字，选择【开始】选项卡，在【字体】组中将【字号】设置为“初号”，并使用同样的方法设置其他文字，效果如图 2-269 所示。

step 21 在功能区选择【表格工具】下的【格式】选项卡，在【边框】组中单击【笔样

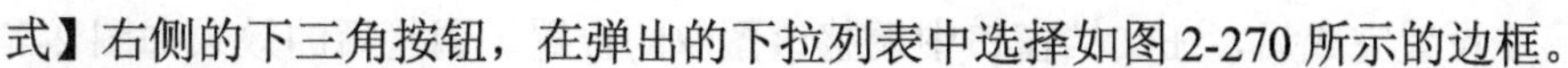

式】右侧的下三角按钮，在弹出的下拉列表中选择如图 2-270 所示的边框。

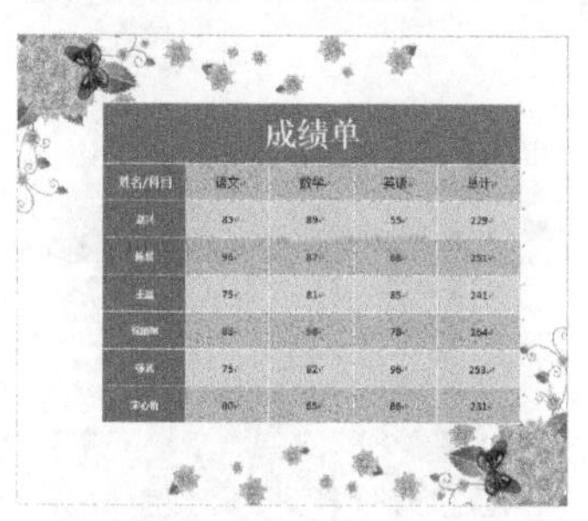

图 2-269　设置文字后的效果

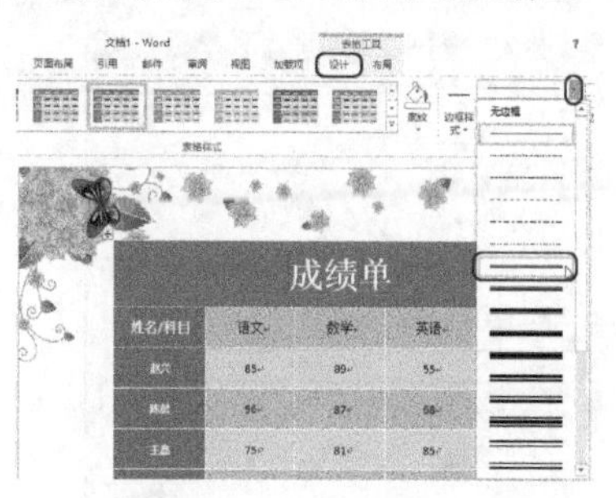

图 2-270　选择边框

step 22 将【笔颜色】设置为“白色”，在文档窗口中对表格进行描边，效果如图 2-271 所示。

step 23 按 Esc 键取消绘制，在功能区选择【插入】选项卡，在【插图】组中单击【联机图片】按钮，在弹出的对话框中输入查找内容，如图 2-272 所示。

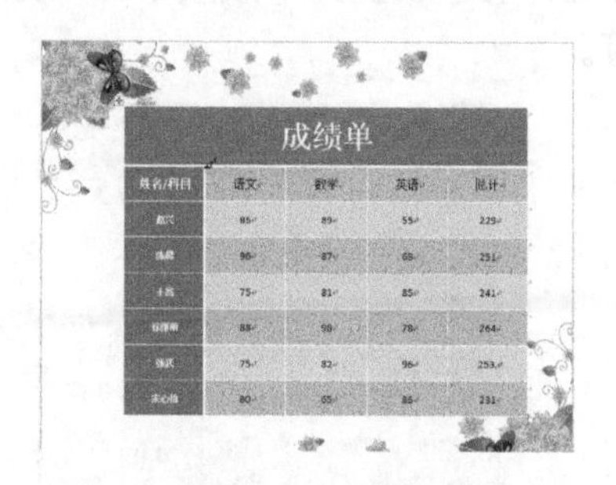

图 2-271　绘制边框

图 2-272　输入查找内容

step 24 单击【搜索】按钮进行搜索，在搜索结果中选择如图 2-273 所示的图像。

step 25 单击【插入】按钮，在插入的图像上右击，在弹出的快捷菜单中选择【自动换行】|【浮于文字上方】命令，如图 2-274 所示。

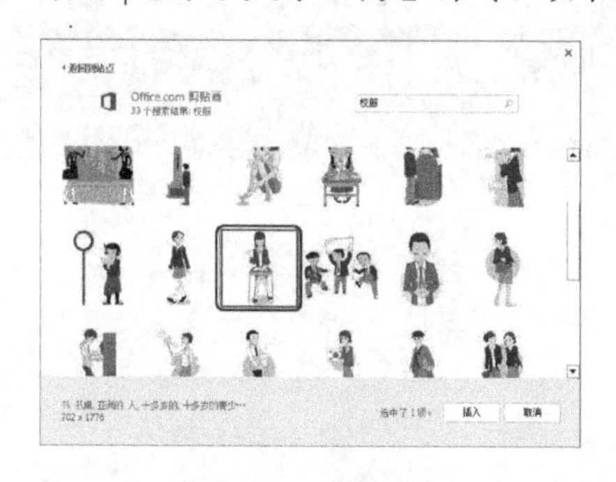

图 2-273　选择图像

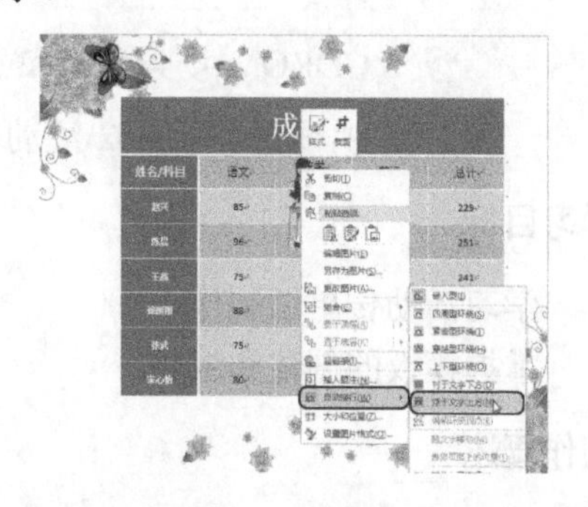

图 2-274　选择【浮于文字上方】命令

step 26 在功能区选择【图片工具】下的【格式】选项卡，在【大小】组中单击(启动对话框)按钮，在弹出的对话框中将【缩放】组中的【高度】和【宽度】都设置为 255，如图 2-275 所示。

step 27 设置完成后，在文档窗口中调整该图像的位置，调整后的效果如图 2-276 所示。

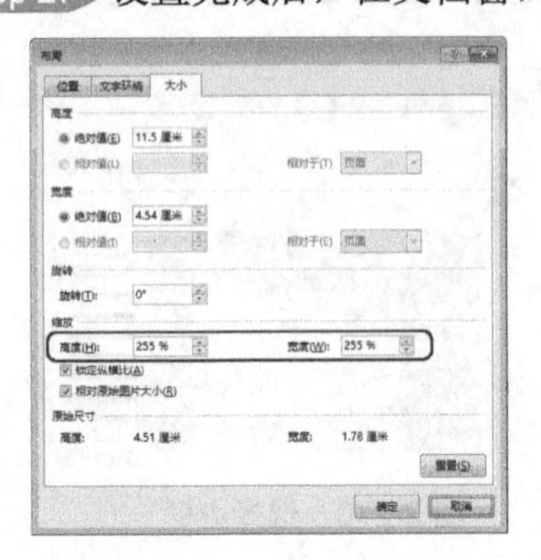

图 2-275　设置缩放比例

图 2-276　调整图片位置

step 28 单击【文件】按钮，在弹出的界面中单击【另存为】按钮，选择【计算机】选项，单击【浏览】按钮，如图 2-277 所示。

step 29 在弹出的对话框中选择保存路径，将【文件名】设置为“成绩单”，如图 2-278 所示。设置完成后，单击【保存】按钮即可。

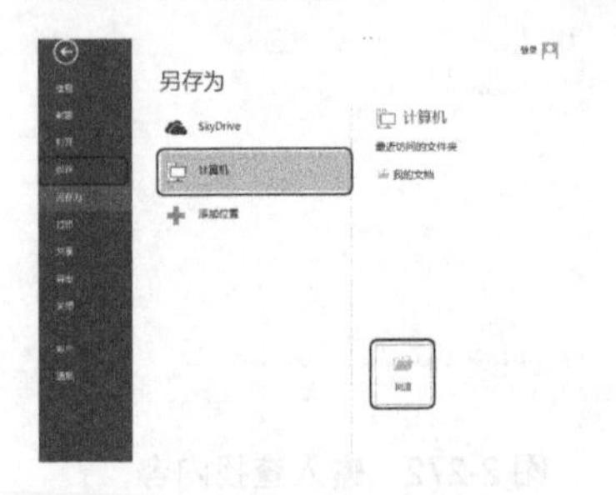

图 2-277　单击【浏览】按钮

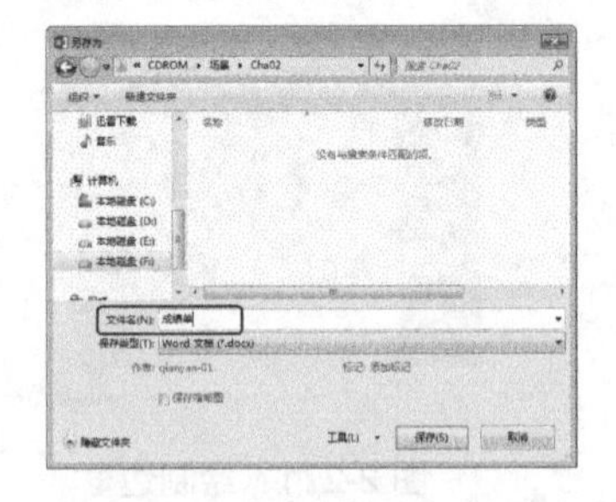

图 2-278　指定文件保存位置

案例精讲 022　活动传单

案例文件：CDROM\场景\Cha02\活动传单. docx

视频文件：视频教学\Cha02\活动传单.avi

学习目标

- 学习活动传单的制作。
- 掌握模板的创建和编辑。

制作概述

本例将讲解活动传单的制作。活动传单的制作是在模板的基础上进行操作的，具体操作方法如下。完成后的效果如图 2-279 所示。

图 2-279　活动传单

操作步骤

step 01 启动 Word 2013，将会弹出一个界面，在该界面右侧的文本框中输入要搜索的模板名称，如图 2-280 所示。

step 02 单击【开始搜索】按钮，在弹出的搜索结果中选择【季节性传单-秋季】选项，如图 2-281 所示。

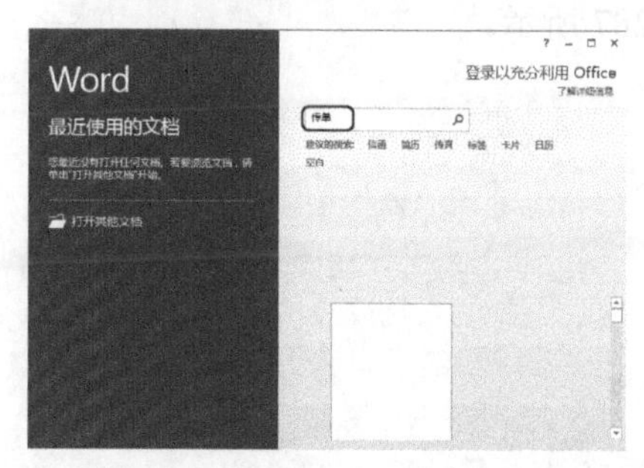

图 2-280　输入搜索内容

图 2-281　选择模板

step 03 单击该模板，在弹出的界面中单击【创建】按钮，如图 2-282 所示。

step 04 执行该操作后，即可使用该模板。创建后的效果如图 2-283 所示。

图 2-282　单击【创建】按钮

图 2-283　模板效果

step 05 在文档中选择背景图片，在功能区选择【图片工具】下的【格式】选项卡，在【大小】组中单击【高级版式：大小】按钮，在弹出的对话框中取消选中【锁定纵横比】复选框，将【高度】组中的【绝对值】设置为 22.54 厘米，如图 2-284 所示。

step 06 设置完成后，单击【确定】按钮，在其他空白处单击鼠标，在功能区选择【页面布局】选项卡。在【页面设置】组中单击【纸张大小】按钮，在弹出的下拉列表中选择【其他页面大小】选项，如图 2-285 所示。

图 2-284 设置图片大小

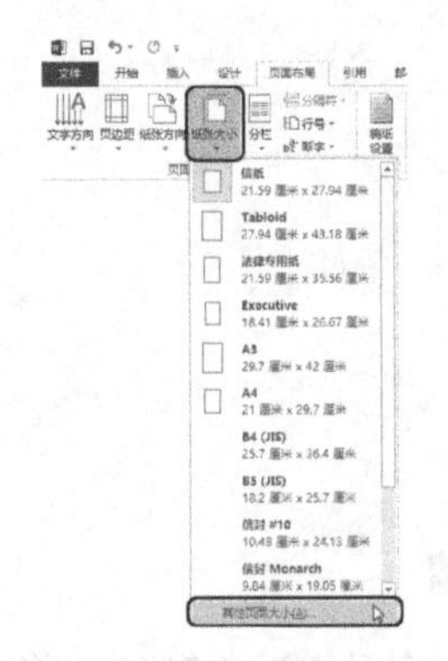

图 2-285 选择【其他页面大小】命令

step 07 在弹出的对话框中将【高度】设置为 25.09 厘米，如图 2-286 所示。

step 08 单击【确定】按钮，在文档中选择文字“敬请参加第 10 届年度”，将其更改为“2013 年移动互联网开发者论坛”，如图 2-287 所示。

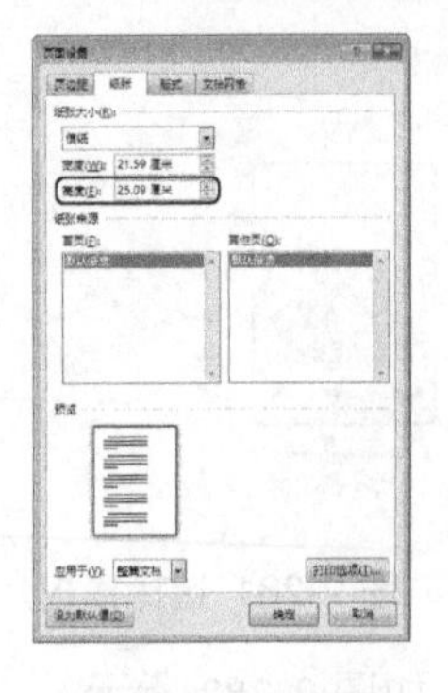

图 2-286 设置高度

图 2-287 输入文字

step 09 选中输入的文字，在功能区选择【开始】选项卡，在【字体】组中将字体设置为“华文隶书”，将字号设置为“小一”，将【字体颜色】设置为“紫色”，设置后的效果如图 2-288 所示。

step 10 选择文字“秋收”，将其更改为“诚邀”，如图 2-289 所示。

图 2-288 设置文字

图 2-289 修改后的效果

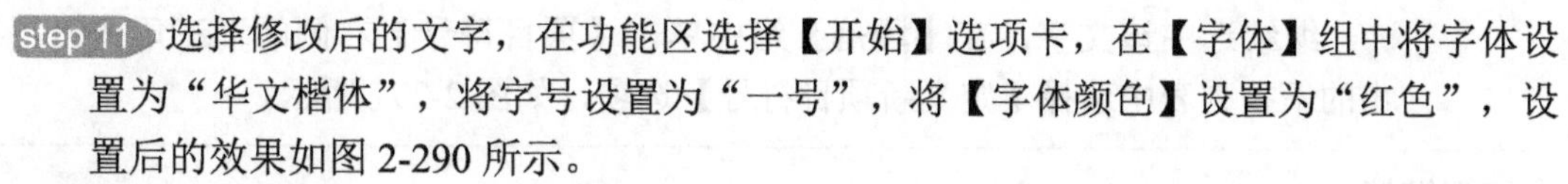

step 11 选择修改后的文字，在功能区选择【开始】选项卡，在【字体】组中将字体设置为“华文楷体”，将字号设置为“一号”，将【字体颜色】设置为“红色”，设置后的效果如图 2-290 所示。

step 12 设置完成后，对【活动位置】、【选择活动日期】进行更改，更改后的效果如图 2-291 所示。

图 2-290　设置字体颜色

图 2-291　修改效果

step 13 在文档中选择如图 2-292 所示的文本，按 Delete 键将其删除。

step 14 在文档中将文本“在此处添加关于活动的简要描述。要将任何占位符文本替换为您自己的，只需单击即可以开始键入。”替换为自己的文本，如图 2-293 所示。

图 2-292　选择要删除的文本

图 2-293　修改文本

step 15 选中输入的文字，在功能区选择【开始】选项卡，在【字体】组中将字体颜色设置为“深蓝”，如图 2-294 所示。

step 16 使用同样的方法再输入其他文字，效果如图 2-295 所示。

图 2-294　设置字体颜色

图 2-295　输入其他文字

step 17 选择所输入的文字，在功能区选择【开始】选项卡，在【字体】组中将字号设置为“小四”，如图 2-296 所示。

step 18 继续选中该文字，在【段落】组中单击【项目符号】右侧的下三角按钮，在弹出的下拉列表中选择【定义新项目符号】选项，如图 2-297 所示。

知识链接

Word 2013 可以在输入文本时自动创建项目符号，可在文档中输入一个星号(*)或者一个或两个连字符(-)，后跟一个空格或制表符，然后输入文字。当按 Enter 键结束该段时，Word 自动将该段转换为项目符号列表(如星号会自动转换成黑色的圆点)，同时在新的一段中也会自动添加该项目符号。

要结束列表时，按 Enter 键开始一个新段，然后按 Backspace 键即可删除为该段添加的项目符号。

图 2-296 设置文字大小

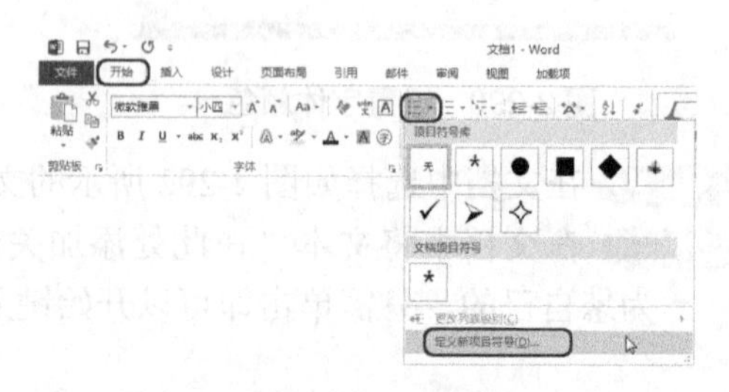

图 2-297 选择【定义新项目符号】选项

step 19 在弹出的对话框中单击【符号】按钮，如图 2-298 所示。

step 20 在弹出的对话框中将【字体】设置为“普通文本”，在该对话框中选择一种符号，如图 2-299 所示。

图 2-298 单击【符号】按钮

图 2-299 选择一种符合

step 21 单击【确定】按钮，再在【定义新项目符号】对话框中单击【确定】按钮，即可插入该符号，效果如图 2-300 所示。

step 22 在文档中选择文字“庆典”，将其改为“阁下”，如图 2-301 所示。设置完成后，对完成后的效果进行保存即可。

图 2-300　添加符号后的效果

图 2-301　修改文字

第3章
艺术设计应用技法

本章重点

- 制作售后服务保障卡正反面
- 制作售后服务保障卡内页
- 书签
- 自行车厂各个季度订单量
- 光盘封面
- 提示标志
- 房地产宣传页正面
- 房地产宣传页背面

Word 的使用不仅限于文档的编辑与排版，还可以应用于卡片、封面和宣传页等平面设计领域。本章将介绍如何通过使用 Word 中的设计工具，制作平面设计类作品。

案例精讲 023 售后服务保障卡正反面

案例文件：CDROM\场景\Cha03\售后服务保障卡正反面.docx

视频文件：视频教学\Cha03\售后服务保障卡正反面.avi

学习目标

- 学习制作售后服务保障卡的方法。
- 掌握如何为对象设置参数。

制作概述

本例将介绍制作售后服务保障卡正反面的方法，首选通过绘制【矩形】图形来绘制出整体背景，然后绘制出售后服务保障卡的大小，插入素材文件，使用文本框工具输入文字。完成后的效果如图 3-1 所示。

图 3-1 售后服务保障卡正反面

操作步骤

step 01 启动 Word 2013，新建一个空白文档，切换到【页面布局】选项卡。在【页面设置】组中单击【页面设置】按钮，在弹出的对话框中切换到【页边距】选项卡。在【页边距】选项组中将【上】、【下】、【左】、【右】都设置为 1.5 厘米，如图 3-2 所示。

step 02 切换到【纸张】选项卡，在【纸张大小】选项组中将【宽度】和【高度】分别设置为 23.2 厘米、21.2 厘米，如图 3-3 所示。

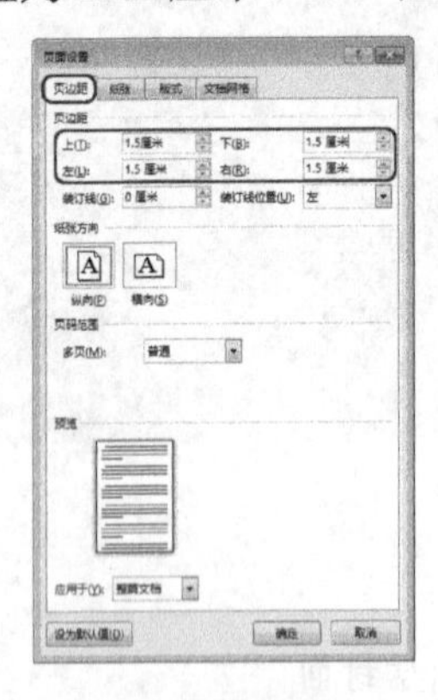

图 3-2 设置页边距

图 3-3 设置纸张大小

step 03 设置完成后，单击【确定】按钮，即可更改页面的布局，切换到【插入】选项卡，在【页面】组中单击【空白页】按钮，添加一页空白页，在【插图】组中单击【形状】按钮，在弹出的下拉列表中选择【矩形】选项，如图 3-4 所示。

step 04 按住鼠标，在文档的第一页中绘制一个与文档页面大小相同的矩形，绘制后的效果如图 3-5 所示。

在绘制矩形时，按住 Shift 键将会绘制一个正方形；按住 Ctrl 键进行绘制时，将会以起点为矩形的中心进行绘制。

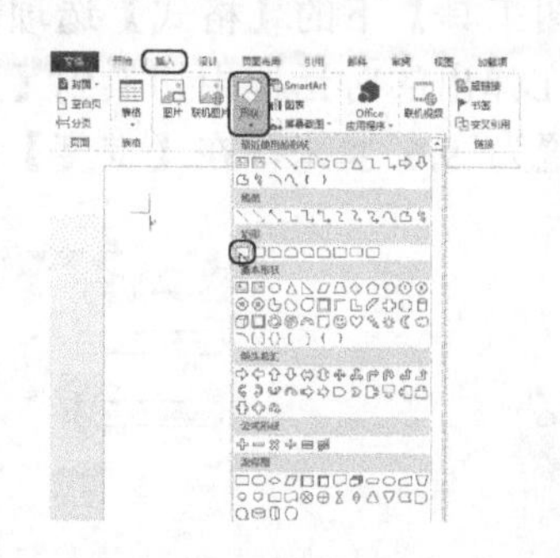

图 3-4 选择【矩形】选项

图 3-5 绘制矩形

step 05 选择【绘图工具】下的【格式】选项卡，在【形状样式】组中单击【形状填充】按钮，在弹出的下拉列表中选择【渐变】|【中心辐射】选项，如图 3-6 所示。

step 06 单击【形状填充】按钮，在弹出的下拉列表中选择【渐变】|【其他渐变】选项，如图 3-7 所示。

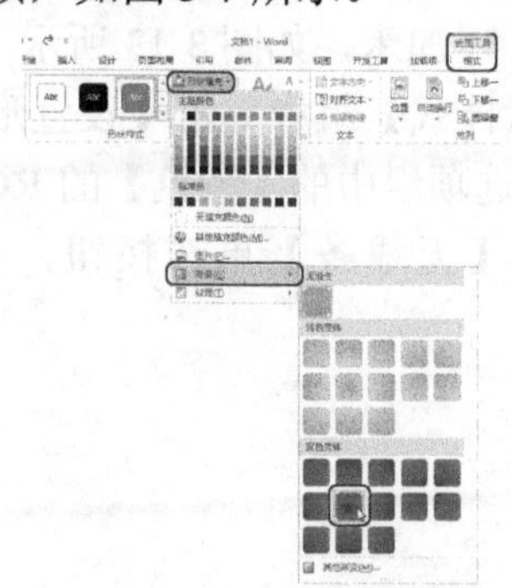

图 3-6 选择渐变样式

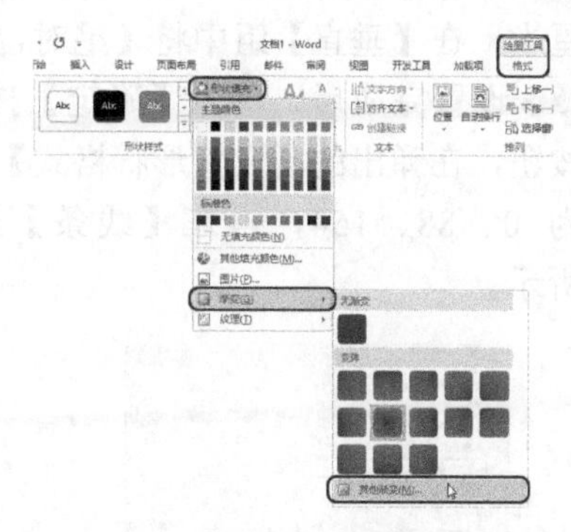

图 3-7 选择【其他渐变】选项

step 07 在弹出的任务窗格中将左侧光圈的 RGB 值设置为 217、217、217，将中间光圈的 RGB 值设置为 175、171、171，将右侧光圈的 RGB 值设置为 118、113、113，如图 3-8 所示。

step 08 在【线条】选项组中选择【无线条】单选按钮，如图 3-9 所示。

图 3-8 设置渐变光圈的 RGB 值

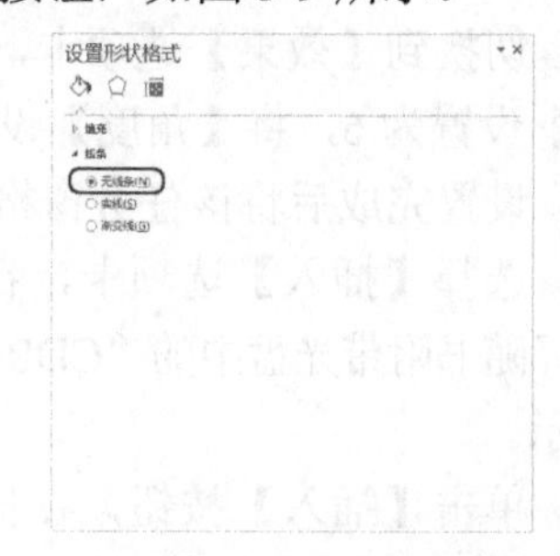

图 3-9 选择【无线条】单选按钮

step 09 设置完成后，将该任务窗格关闭，设置后的效果如图 3-10 所示。

step 10 在功能区选择【插入】选项卡，在【插图】组中单击【形状】按钮，在弹出的下拉列表中选择【矩形】选项，按住鼠标在文档中绘制一个矩形，如图 3-11 所示。

step 11 确认该对象处于选中状态，选择【绘图工具】下的【格式】选项卡，在【大小】组中单击【高级版式：大小】按钮，在弹出的对话框中切换到【大小】选项卡。在【高度】选项组中将【绝对值】设置为 9.6 厘米，在【宽度】选项组中将【绝对值】设置为 21.2 厘米，如图 3-12 所示。

图 3-10　添加渐变颜色后的效果

图 3-11　绘制矩形

图 3-12　设置大小参数

step 12 在该对话框中选择【位置】选项卡，在【水平】组中将【绝对位置】设置为-0.55 厘米，在【垂直】组中将【绝对位置】设置为-0.51 厘米，如图 3-13 所示。

step 13 设置完成后，单击【确定】按钮，在【形状样式】组中单击【设置形状格式】按钮，在弹出的【设置形状格式】中将【填充】选项组中的【颜色】的 RGB 值设置为 0、88、154，再在【线条】选项组中选择【无线条】单选按钮，如图 3-14 所示。

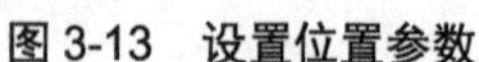

图 3-13　设置位置参数

图 3-14　设置填充及线条

step 14 切换到【效果】选项卡，在【阴影】选项组中将【透明度】设置为 60，将【模糊】设置为 6，将【角度】设置为 45，将【距离】设置为 3，如图 3-15 所示。

step 15 设置完成后将该任务窗格关闭，设置后的效果如图 3-16 所示。

step 16 选择【插入】选项卡，在【插图】组中单击【图像】按钮，在弹出的对话框中选择随书附带光盘中的“CDROM\素材\Cha03\飞扬服饰 logo.png”素材图片，如图 3-17 所示。

step 17 单击【插入】按钮，在插入的图像上右击，在弹出的快捷菜单中单击【自动换行】|【浮于文字上方】命令，如图 3-18 所示。

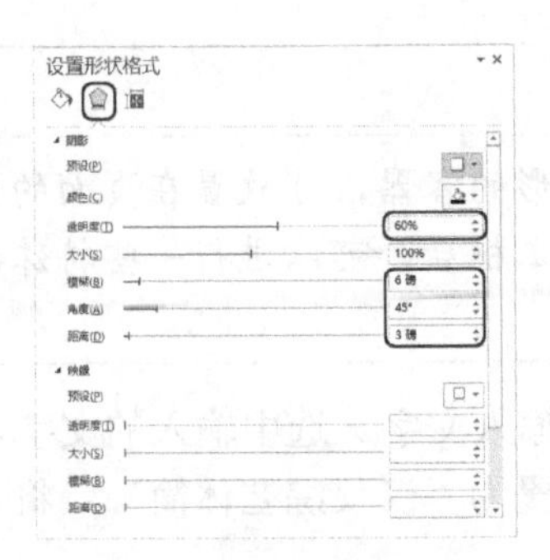

图 3-15 设置阴影参数

图 3-16 设置后的效果

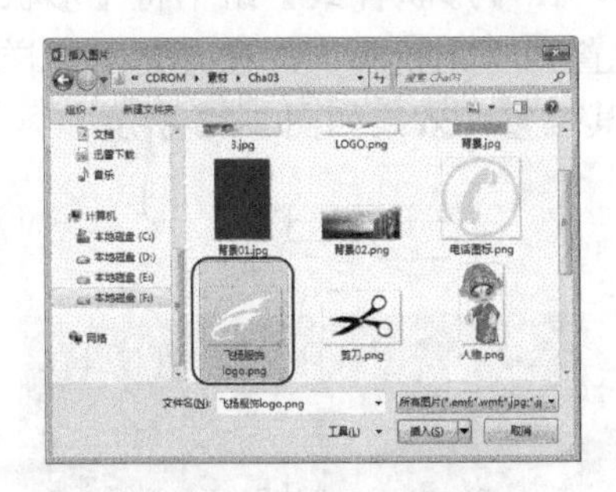

图 3-17 选择素材图片

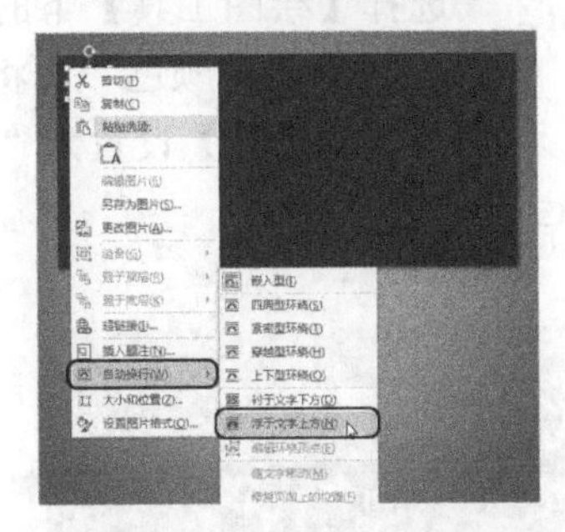

图 3-18 单击【浮于文字上方】命令

知识链接

有时，插入到文档中的图片会偏大或偏小，此时就需要我们对它的大小进行调整。可以在选中图片后，移动鼠标到所选图片的某个控制点上，当鼠标指针变成双向箭头时，拖动鼠标可以改变该图片的大小。在拖动尺寸控制点时，如果按住 Shift 键，可使图像等比例缩放。

step 18 在文档中调整该图像的位置，调整后的效果如图 3-19 所示。

step 19 按 Esc 键取消图像的选择，选择【插入】选项卡，在【文本】组中单击【文本框】按钮，在弹出的下拉列表中选择【绘制文本框】选项，如图 3-20 所示。

图 3-19 调整图像的位置

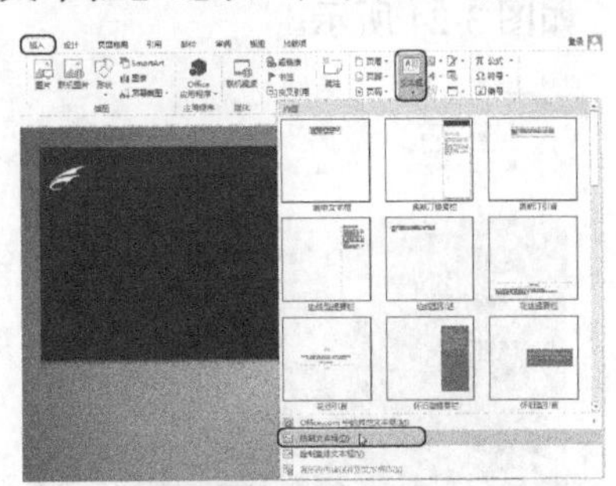

图 3-20 选择【绘制文本框】选项

知识链接

文本框是一种图形对象。它作为存放文本或图形的容器，可放置在页面的任何位置上，并可随意调整它的大小。将文字或图像放入文本框后，可以进行一些特殊的处理，如更改文字方向、设置文字环绕等。

step 20 按住鼠标在文档中绘制一个文本框，并输入文字。选中输入的文字，选择【开始】选项卡，在【字体】组中将【字体】设置为“汉仪综艺体简”，将【字号】设置为“小二”，如图 3-21 所示。

step 21 选择【绘图工具】下的【格式】选项卡，在【形状样式】组中将【形状填充】设置为“无填充颜色”，将【形状轮廓】设置为“无轮廓”，在【艺术字样式】组中将【文本填充】设置为“白色”，并调整其位置，效果如图 3-22 所示。

图 3-21　设置字体和字号

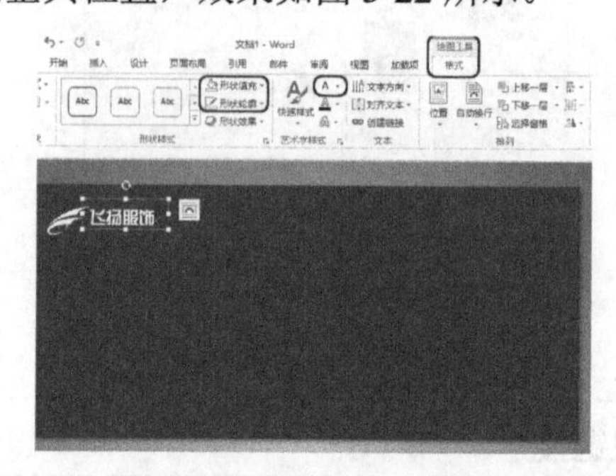

图 3-22　设置文字后的效果

step 22 选中该文本框，按 Ctrl+C 组合键进行复制，按 Ctrl+V 组合键进行粘贴，调整复制后的文本框的位置，并将该文本框中的文字修改为“Dusty clothes”，在【开始】选项卡中的【字体】组中将【字体】设置为“华文行楷”，将【字号】设置为“四号”，如图 3-23 所示。

step 23 选择【插入】选项卡，在【文本】组中单击【文本框】按钮，在弹出的下拉列表中选择【绘制文本框】选项，按住鼠标在文档中绘制一个文本框，并输入文字，如图 3-24 所示。

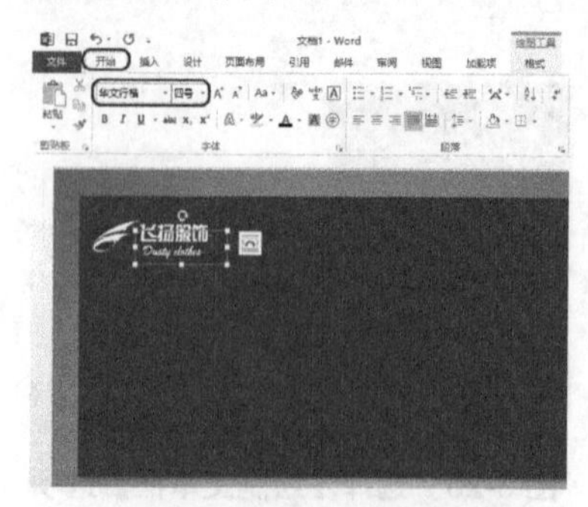

图 3-23　设置字体及字号

图 3-24　输入文字

step 24 选中输入的文字，选择【开始】选项卡，在【字体】组中将【字体】设置为

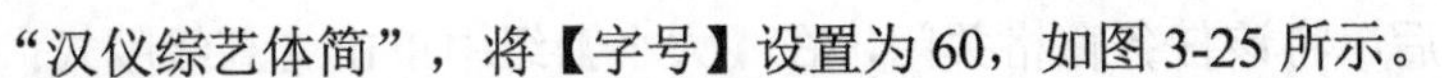

“汉仪综艺体简”，将【字号】设置为60，如图3-25所示。

step 25 选择【绘图工具】下的【格式】选项卡，在【形状样式】组中将【形状填充】设置为“无填充颜色”，将【形状轮廓】设置为“无轮廓”，在【艺术字样式】组中将【文本填充】设置为“白色”，并调整其位置，效果如图3-26所示。

图3-25　设置字体和字号

图3-26　设置文字样式

step 26 使用同样的方法再在该文本框下面输入其他文字，并进行设置，效果如图3-27所示。

step 27 在功能区选择【插入】选项卡，在【插图】组中单击【形状】按钮，在弹出的下拉列表中选择【矩形】选项，如图3-28所示。

图3-27　输入其他文字后的效果

图3-28　绘制矩形

step 28 选择【绘图工具】下的【格式】选项卡，在【形状样式】组中单击【设置形状格式】按钮，在弹出的任务窗格中将【填充】选项组中的【颜色】的RGB值设置为255、255、255，再在【线条】选项组中选择【无线条】单选按钮，如图3-29所示。

step 29 切换到【效果】选项卡，在【阴影】选项组中将【透明度】设置为60，将【模糊】设置为6，将【角度】设置为45，将【距离】设置为3，如图3-30所示。

图3-29　设置填充及描边

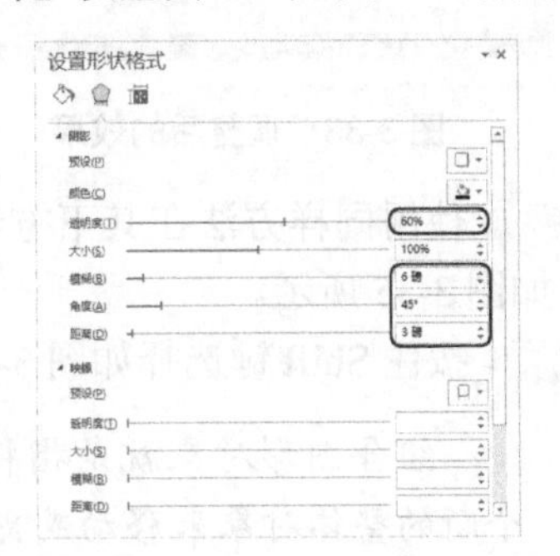

图3-30　设置阴影参数

step 30 设置完成后，将该任务窗格关闭，在【大小】组中单击【高级版式：大小】按钮，在弹出的对话框中切换到【大小】选项卡，在【高度】选项组中将【绝对值】设置为9.6厘米，在【宽度】选项组中将【绝对值】设置为21.2厘米，如图3-31所示。

step 31 切换到【位置】选项卡，在【水平】组中将【绝对位置】设置为-0.51 厘米，在【垂直】组中将【绝对位置】设置为9.06厘米，如图3-32所示。

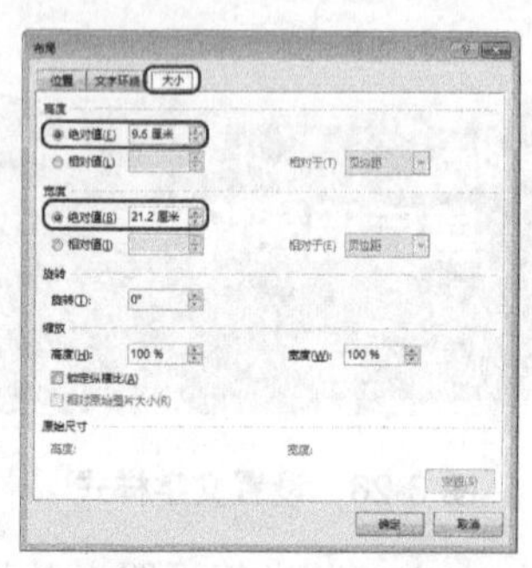

图 3-31 设置大小参数

图 3-32 设置位置参数

step 32 设置完成后，单击【确定】按钮，即可完成设置，效果如图3-33所示。

step 33 在功能区选择【插入】选项卡，在【文本】组中单击【文本框】按钮，在弹出的下拉列表中选择【绘制文本框】选项，在文档任务窗格中输入文字，并选中输入的文字，在【字体】组中将【字体】设置为“微软雅黑”，将【字号】设置为“小四”。切换到【绘图工具】下的【格式】选项卡，在【形状样式】组中将【形状填充】设置为“无填充颜色”，将【形状轮廓】设置为“无轮廓”，在【艺术字样式】组中单击【文本填充】右侧的下三角按钮，在弹出的下拉列表中选择如图 3-34所示的颜色。

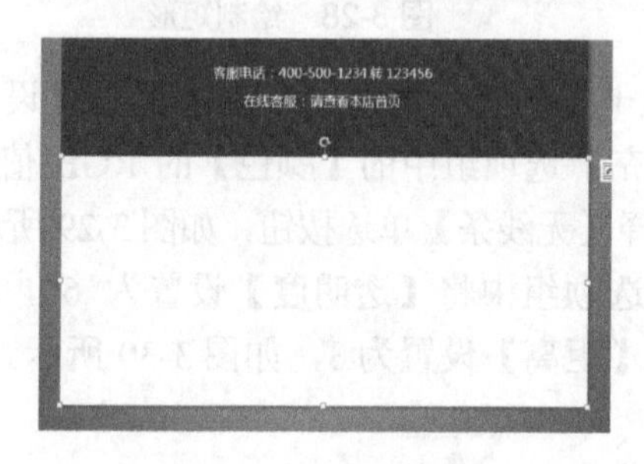

图 3-33 调整后的效果

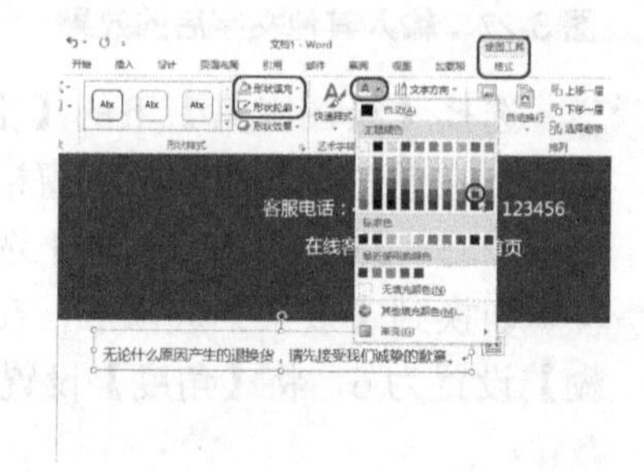

图 3-34 选择颜色

step 34 使用同样方法在其下方继续输入文字，并对其进行相同的设置，设置后的效果如图3-35所示。

step 35 按住Shift键选择如图3-36所示的三个文本框。

组合图形对象就是指将绘制的多个图形对象组合在一起，以便把它们作为一个新的整体对象来移动或更改。

图 3-35　输入其他文字

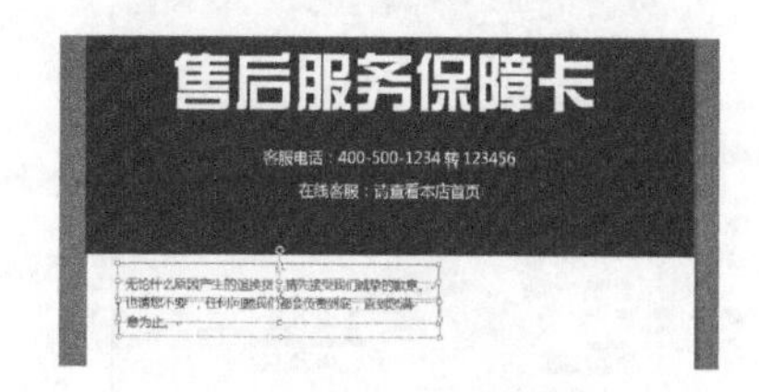

图 3-36　选择文本框

step 36 选择【绘图工具】下的【格式】选项卡，在【排列】组中单击【组合对象】按钮，在弹出的下拉列表中，选择【组合】命令，如图 3-37 所示。

step 37 执行该操作后，即可将选中的对象进行组合，选择【插入】选项卡，在【插图】组中单击【形状】按钮，在弹出的下拉列表中选择【矩形】选项，按住鼠标在文档中绘制一个矩形，如图 3-38 所示。

图 3-37　选择【组合】命令

图 3-38　绘制矩形

step 38 在该图形上右击，在弹出的快捷菜单中选择【编辑顶点】命令，如图 3-39 所示。

step 39 按住 Shift 键调整顶点的位置，调整后的效果如图 3-40 所示。

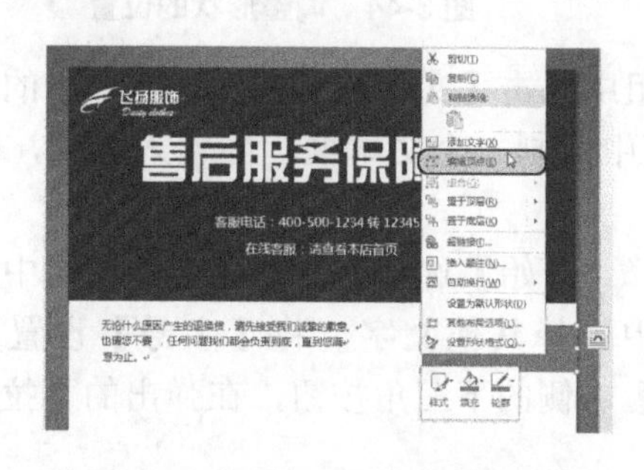

图 3-39　选择【编辑顶点】命令

图 3-40　调整顶点的位置

step 40 调整完成后，按 Esc 键取消编辑，选中该对象，选择【绘图工具】下的【格式】选项卡，在【大小】组中单击【高级版式：大小】按钮，在弹出的对话框中将【高度】选项组中的【绝对值】设置为 1.32 厘米，将【垂直】选项组中的【绝对值】设置为 7.19 厘米，如图 3-41 所示。

step 41 切换到【位置】选项卡，在【水平】选项组中将【绝对位置】设置为 13 厘米，在【垂直】选项组中将【绝对位置】设置为9.56厘米，如图3-42所示。

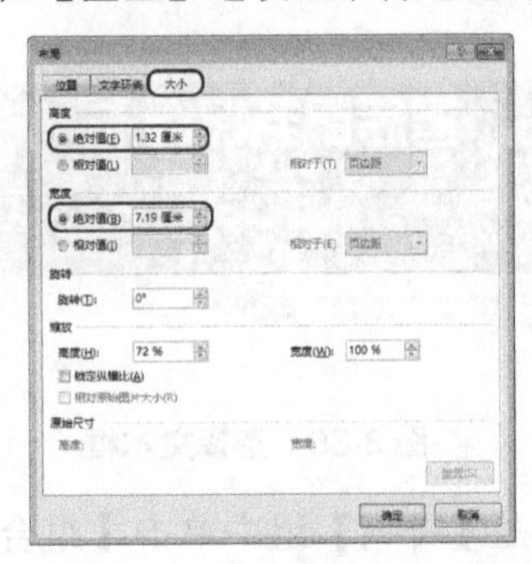

图3-41　设置大小参数值

图3-42　设置位置参数

step 42 设置完成后，单击【确定】按钮，在【形状样式】组中将【形状填充】的RGB值设置为43、110、171，将【形状轮廓】设置为“无轮廓”，效果如图3-43所示。

step 43 选中该对象，按Ctrl+C组合键对该对象进行复制，按Ctrl+V组合键进行粘贴。在【形状样式】组中将【形状填充】的RGB值设置为0、88、154，并在文档中调整其位置，如图3-44所示。

图3-43　设置形状样式

图3-44　调整形状的位置

step 44 选择【插入】选项卡，在【文本】组中单击【文本框】按钮，在弹出的下拉列表中选择【绘制文本框】选项，在文档中绘制一个文本框，并输入文字，效果如图3-45所示。

step 45 在该文本框中选择第一行文字，选择【开始】选项卡，在【字体】组中将【字号】设置为“四号”，再在该文本框中选择其他文字，将【字号】设置为“小四”，在【段落】组中单击【项目符号】右侧的下三角按钮，在弹出的下拉列表中选择如图3-46所示的项目符号。

添加项目符号后，如果将光标置于添加项目符号的文本后面，按Enter键转至下一行时，新建的一行将会自动添加项目符号。

step 46 选择【绘图工具】下的【格式】选项卡，在【形状样式】组中将【形状填充】设置为“无填充颜色”，将【形状轮廓】设置为“无轮廓”，效果如图3-47所示，并为第一段文字添加编号。

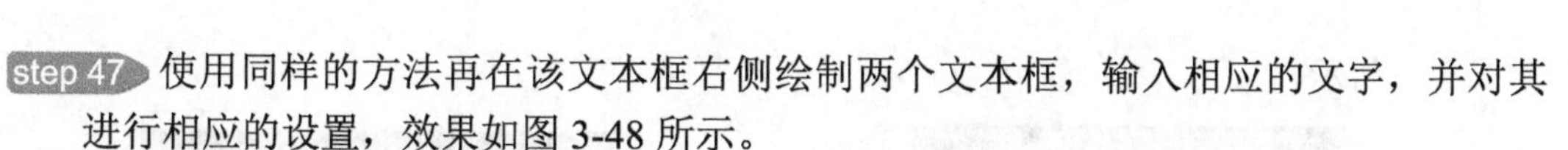

step 47 使用同样的方法再在该文本框右侧绘制两个文本框，输入相应的文字，并对其进行相应的设置，效果如图 3-48 所示。

图 3-45　输入文字

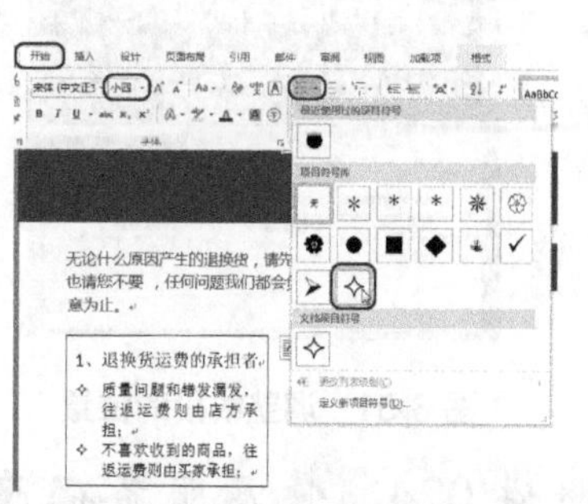

图 3-46　选择项目符号

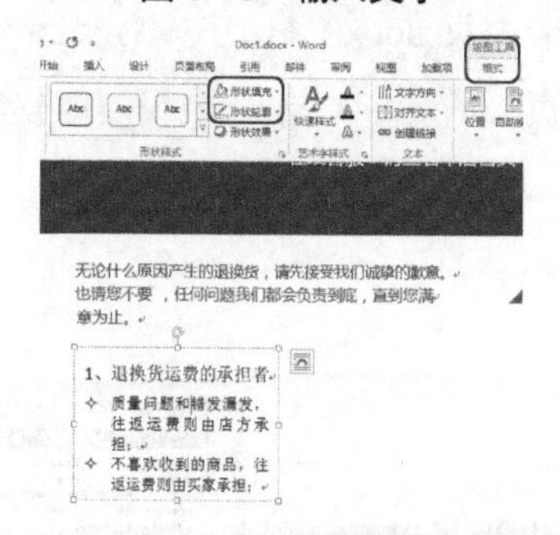

图 3-47　设置形状样式

图 3-48　绘制文本框并输入文字

step 48 在功能区选择【插入】选项卡，在【插图】组中单击【形状】按钮，在弹出的下拉列表中选择【直线】选项，按住 Shift 键在文档中绘制一条直线，如图 3-49 所示。

step 49 选择【绘图工具】下的【格式】选项卡，在【形状样式】组中单击【形状轮廓】按钮，在弹出的下拉列表中选择“黑色”，再次单击【形状轮廓】按钮，在弹出的下拉列表中选择【虚线】|【短划线】选项，如图 3-50 所示。

图 3-49　绘制直线

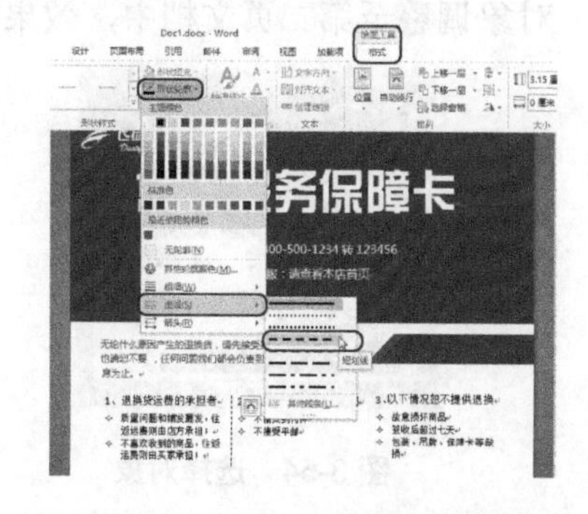

图 3-50　选择【短划线】选项

step 50 调整该线段的位置，对该线段进行复制，并调整其位置，调整后的效果如图 3-51 所示。

step 51 使用同样的方法添加其他对象，并对添加的对象进行相应的设置，效果如图 3-52

所示。

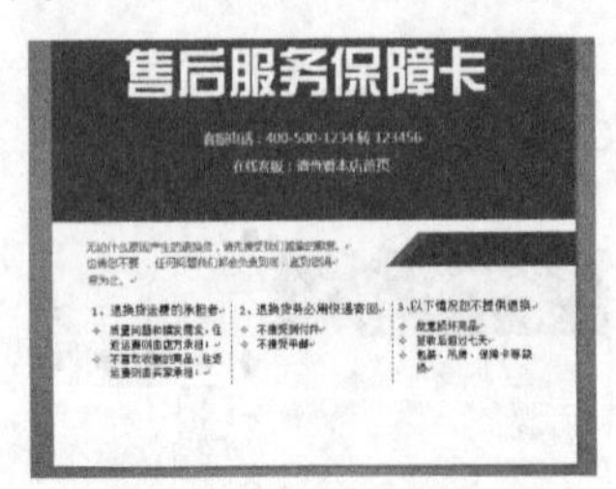

图 3-51　调整线段的位置

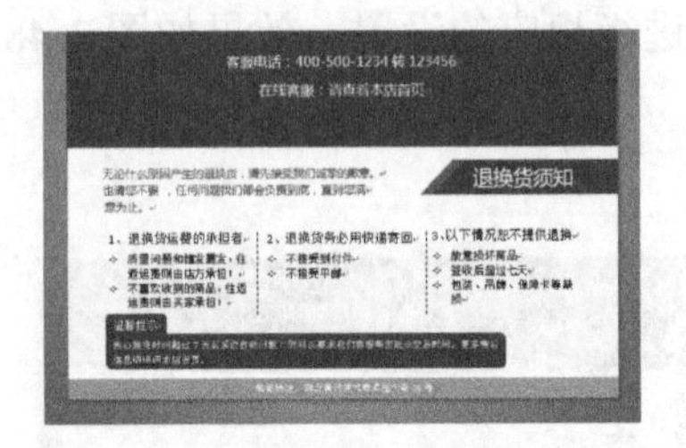

图 3-52　添加其他对象后的效果

案例精讲 024　售后服务保障卡内页

案例文件：CDROM\场景\Cha03\售后服务保障卡内页.docx

视频文件：视频教学\Cha03\售后服务保障卡内页.avi

学习目标

- 学习在工作的过程中节省时间。
- 掌握对文本框的设置。

制作概述

本例将介绍售后服务保障卡内页的制作方法。首先为了节省操作可以对之前已完工的售后服务保障卡正反面进行部分复制，然后绘制文本框并输入文字，并进行相应的设置。完成后的效果如图 3-53 所示。

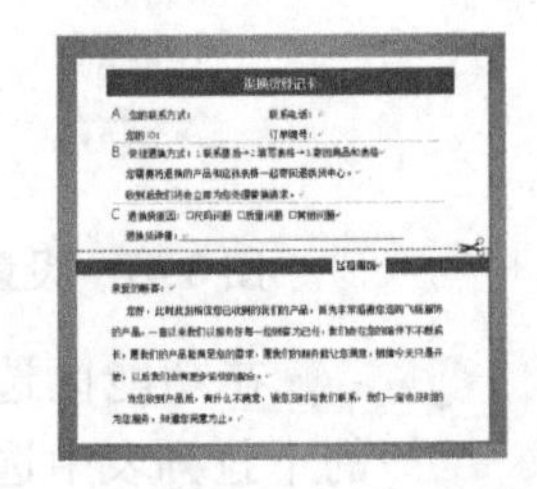

图 3-53　售后服务保障卡内页

操作步骤

step 01 在文档中选择如图 3-54 所示的对象。

step 02 按 Ctrl+C 组合键对其进行复制，按 Ctrl+V 组合键进行粘贴，在文档中将复制的对象调整至第二页文档中，效果如图 3-55 所示。

图 3-54　选择对象

图 3-55　复制对象并调整其位置

step 03 在文档中选择如图 3-56 所示的对象，将其填充颜色设置为“白色”。

step 04 在功能区选择【插入】选项卡，在【插图】组中单击【形状】按钮，在弹出的下拉列表中选择【直线】选项，在文档任务窗格中按住 Shift 键绘制一条直线，如图 3-57 所示。

step 05 选择【绘图工具】下的【格式】选项卡，在【形状样式】组中单击【设置形状格式】按钮，在弹出的任务窗格中将【颜色】设置为“黑色”，将【宽度】设置为1.5磅，将【短划线类型】设置为“短划线”，如图3-58所示。

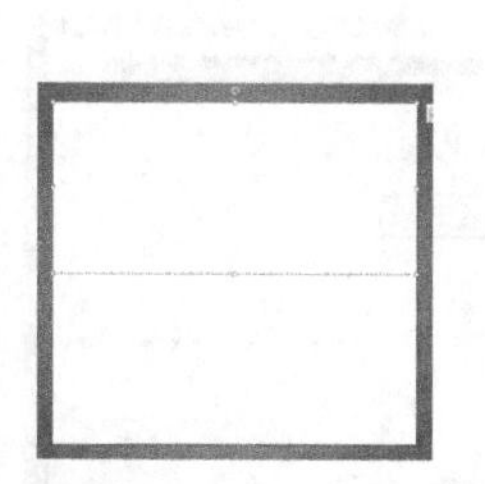

图3-56 选择对象并更改其填充颜色

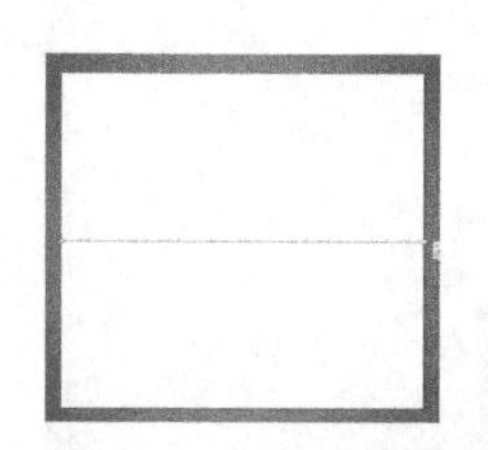

图3-57 绘制直线

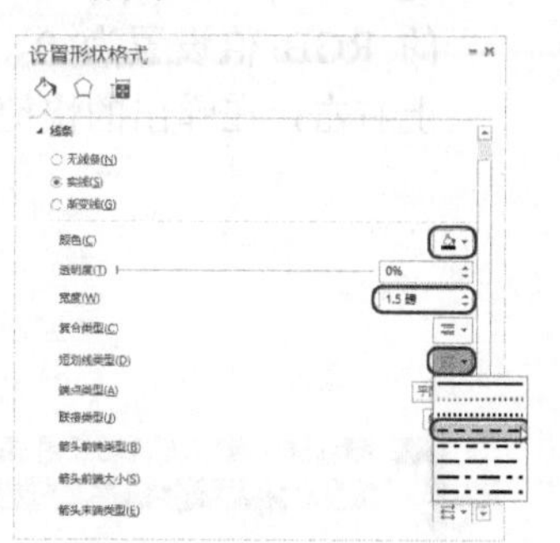

图3-58 设置形状格式

step 06 设置完成后，将该任务窗格关闭，设置完成后的效果如图3-59所示。

step 07 在功能区选择【插入】选项卡，在【插图】组中单击【图像】按钮，在弹出的对话框中选择随书附带光盘中的“CDROM\素材\Cha03\剪刀.png”素材图片，如图3-60所示。

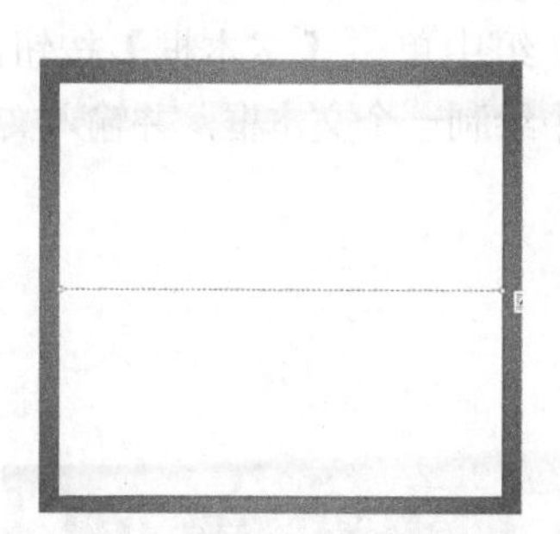

图3-59 设置形状样式后的效果

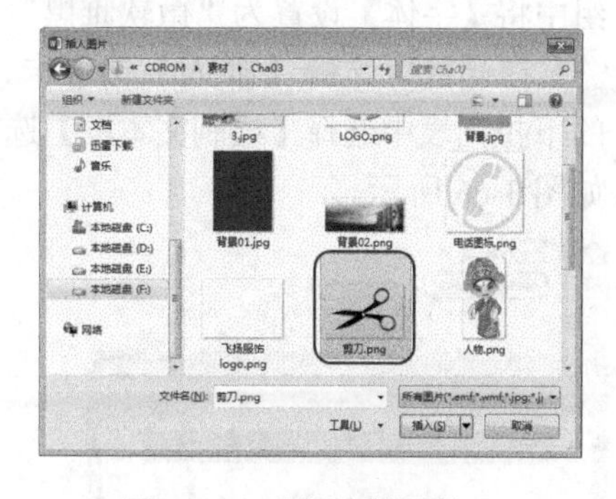

图3-60 选择素材图片

step 08 单击【插入】按钮，在插入的图像上右击，在弹出的快捷菜单中选择【自动换行】|【浮于文字上方】命令，如图3-61所示。

step 09 在文档中调整该图像的位置及大小，并旋转其角度，调整后的效果如图3-62所示。

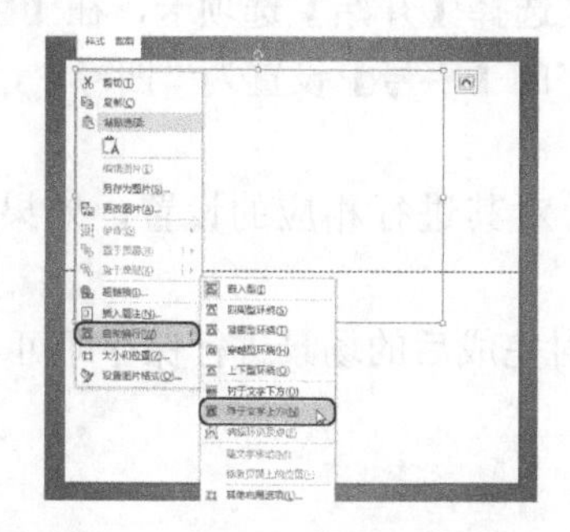

图3-61 选择【浮于文字上方】命令

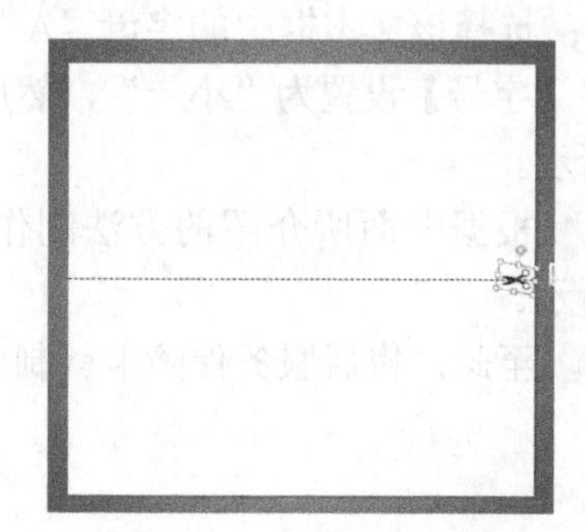

图3-62 调整后的效果

step 10 在功能区选择【插入】选项卡，在【插图】组中单击【形状】按钮，在弹出的下拉列表中选择【矩形】选项，按住鼠标在文档中绘制一个矩形，如图 3-63 所示。

step 11 选择【绘图工具】下的【格式】选项卡，在【形状样式】组中将【形状填充】的 RGB 值设置为 0、88、154，将【形状轮廓】设置为“无轮廓”，然后在该对象上右击，在弹出的快捷菜单中选择【添加文字】命令，如图 3-64 所示。

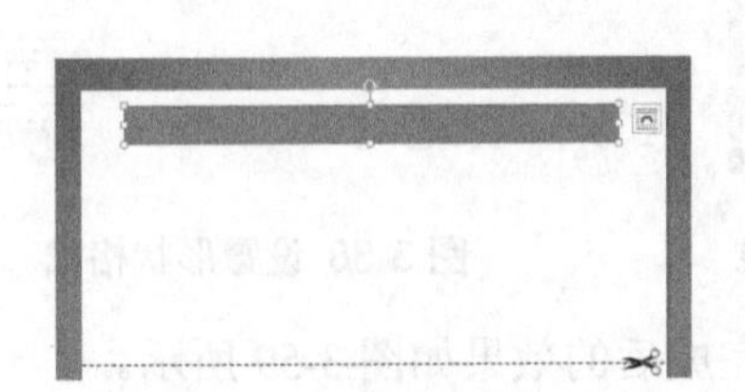

图 3-63　绘制矩形

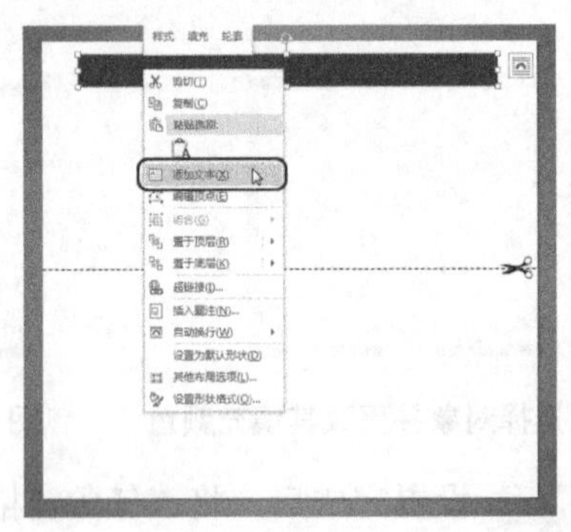

图 3-64　选择【添加文字】命令

step 12 在该图形中输入文字，并选中输入的文字，选择【开始】选项卡，在【字体】组中将【字体】设置为“微软雅黑”，将【字号】设置为“小二”，如图 3-65 所示。

step 13 在功能区选择【插入】选项卡，在【文本】组中单击【文本框】按钮，在弹出的下拉列表中选择【绘制文本框】选项，在文档中绘制一个文本框，并输入文字，效果如图 3-66 所示。

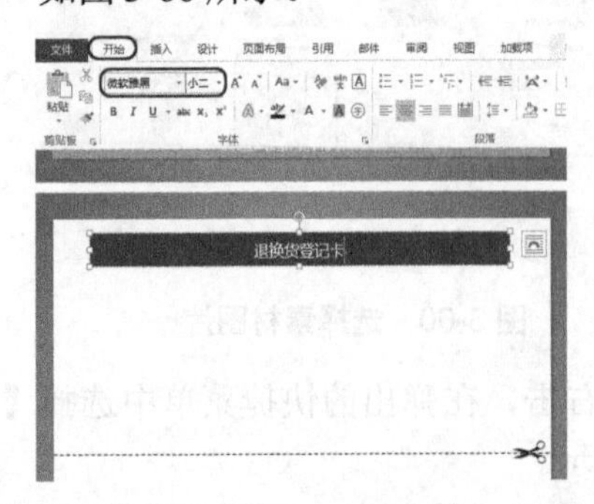

图 3-65　输入文字并进行设置

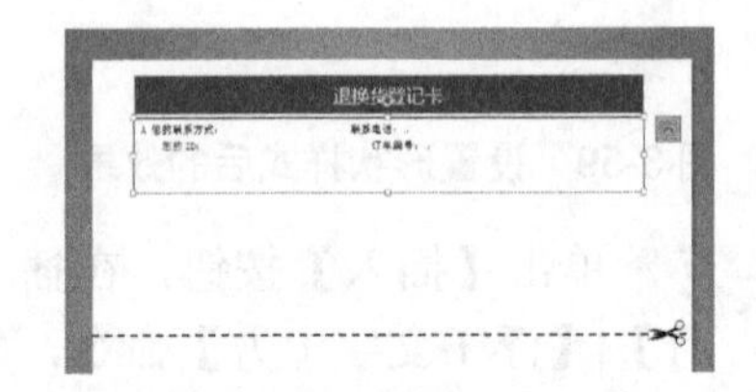

图 3-66　输入文字

step 14 选择该文本框中的字母“A”，在功能区选择【开始】选项卡，在【字体】组中将【字号】设置为“小一”，然后将其他文字的【字号】设置为“四号”，如图 3-67 所示。

step 15 根据上面所介绍的方法制作其他对象，对其进行相应的设置，效果如图 3-68 所示。

step 16 至此，售后服务保障卡就制作完成了，对完成后的场景进行保存即可。

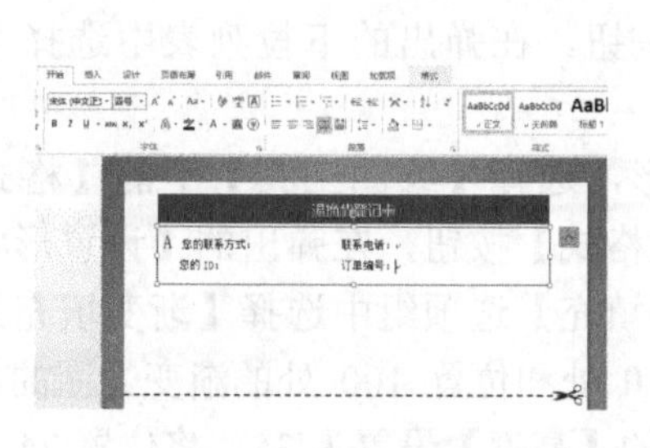
图 3-67　设置字号

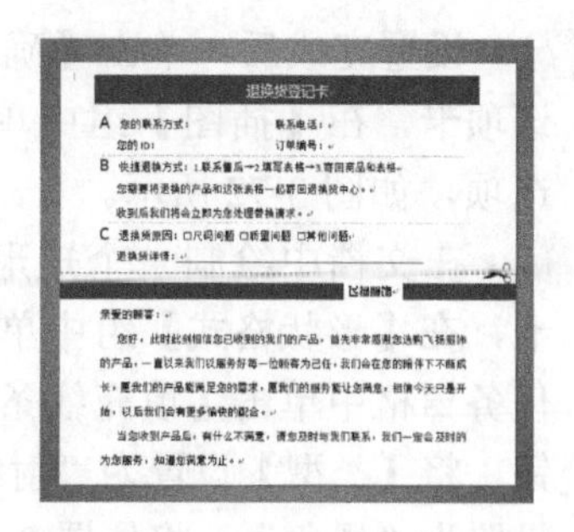
图 3-68　制作其他对象后的效果

案例精讲 025　书签

案例文件：CDROM\场景\Cha03\书签.docx

视频文件：视频教学\Cha03\书签.avi

学习目标

- 学习通过添加素材图片美化场景的方法。
- 掌握为场景添加点缀文字的方法。

制作概述

本例将介绍书签的制作方法，主要通过绘制矩形并设置其填充颜色，制作出背景效果，然后插入素材图片美化场景，添加文字并进行设置，加以装饰。完成后的效果如图 3-69 所示。

图 3-69　书签

操作步骤

step 01 新建一个空白文档，在功能区选择【页面布局】选项卡，在【页面设置】组中单击【页面布局】按钮，在弹出的对话框中切换到【页边距】选项卡，在【页边距】选项组中将【上】、【下】、【左】、【右】都设置为0.5 厘米，如图 3-70 所示。

step 02 在该对话框中切换到【纸张】选项卡，在【纸张大小】选项组中将【宽度】、【高度】分别设置为 6、11.5 厘米，如图 3-71 所示。

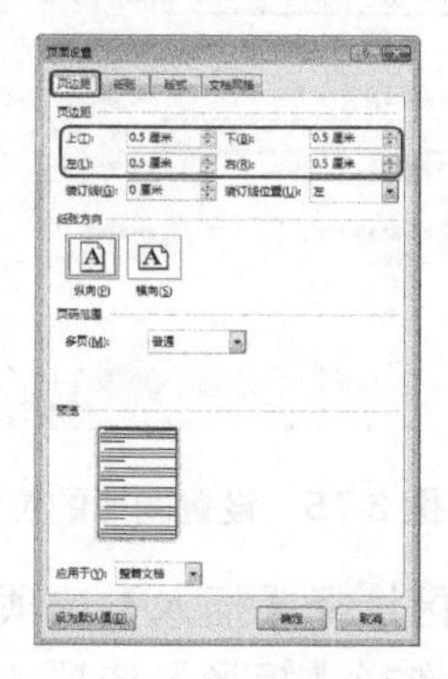
图 3-70　设置页边距

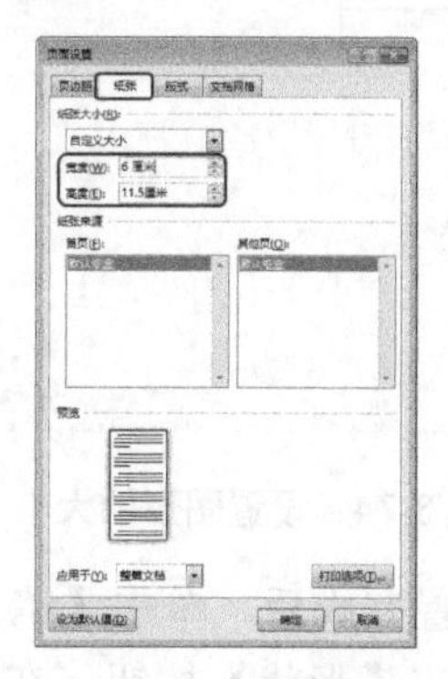
图 3-71　设置纸张大小

step 03 设置完成后，单击【确定】按钮，完成对页面的设置。在功能区选择【插入】选项卡，在【插图】组中单击【形状】按钮，在弹出的下拉列表中选择【矩形】选项，如图 3-72 所示。

step 04 在文档中绘制一个矩形，选中该矩形，选择【绘图工具】下的【格式】选项卡，在【形状格式】组中单击【设置形状格式】按钮，在弹出的【设置形状格式】任务窗格中单击【填充线条】按钮，在【填充】选项组中选择【渐变填充】单选按钮，将【类型】设置为“射线”，将位置 0 处和位置 100 处的渐变光圈的【颜色】设置为“黑色”，将位置 0 处的渐变光圈的【亮度】设置为 35，将位置 74、83 处的渐变光圈删除，在【线条】选项组中选择【无线条】单选按钮，如图 3-73 所示。

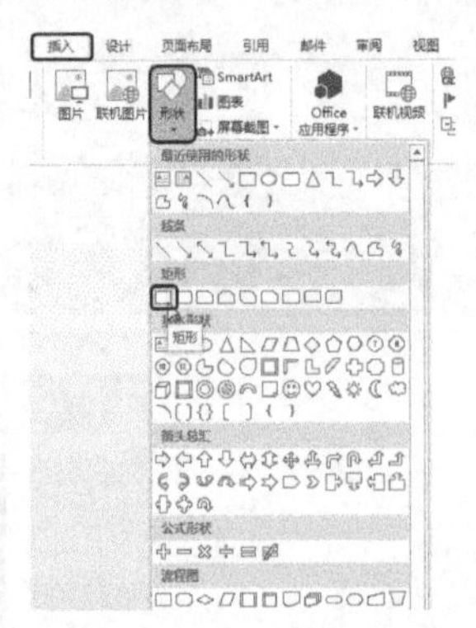

图 3-72　选择【矩形】选项

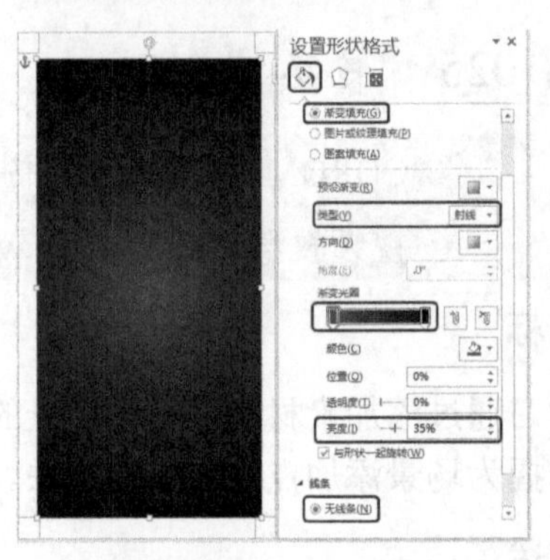

图 3-73　绘制矩形并设置填充和线条

step 05 继续选中该矩形，选择【绘图工具】下的【格式】选项卡，在【大小】组中单击【高级版式：大小】按钮，在弹出的对话框中切换到【大小】选项卡，将【高度】选项组中的【绝对值】和【宽度】选项组中的【绝对值】分别设置为 10.5 厘米、5 厘米，如图 3-74 所示。

step 06 在该对话框中选择【位置】选项卡，将【水平】选项组中的【绝对位置】和【垂直】选项组中的【绝对位置】都设置为 0，如图 3-75 所示。

图 3-74　设置图形的大小

图 3-75　设置图形的位置

step 07 设置完成后，单击【确定】按钮，在功能区选择【插入】选项卡，在【插图】组中单击【形状】按钮，在弹出的下拉列表中选择【矩形】选项，在文档中绘制一

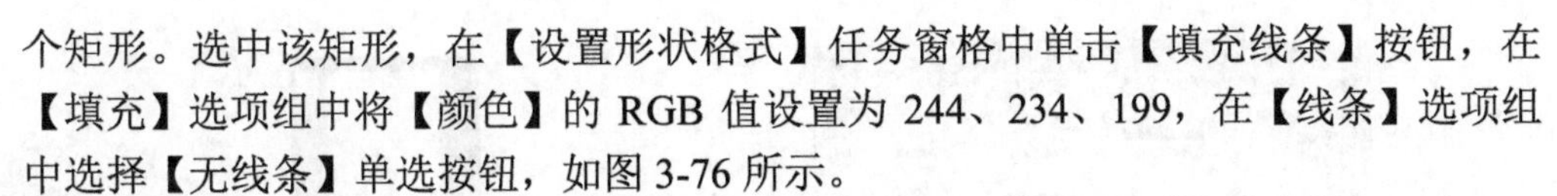

个矩形。选中该矩形，在【设置形状格式】任务窗格中单击【填充线条】按钮，在【填充】选项组中将【颜色】的 RGB 值设置为 244、234、199，在【线条】选项组中选择【无线条】单选按钮，如图 3-76 所示。

step 08 继续选中该矩形，选择【绘图工具】下的【格式】选项卡，在【大小】组中单击右下角的【高级版式：大小】按钮，在弹出的对话框中切换到【大小】选项卡，将【高度】选项组中的【绝对值】和【宽度】选项组中的【绝对值】分别设置为 8.81 厘米、2.92 厘米，如图 3-77 所示。

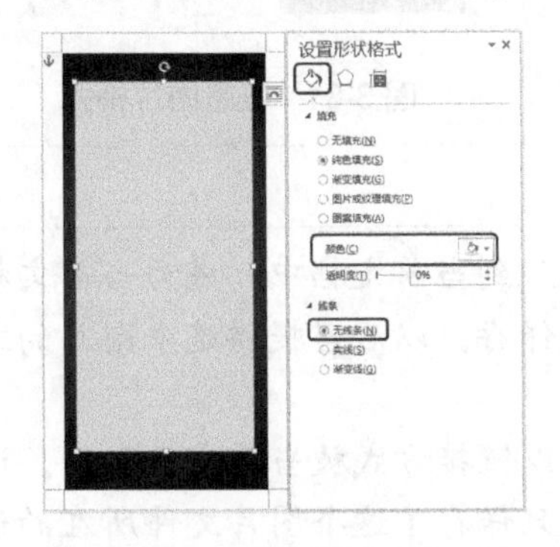

图 3-76　设置填充和线条

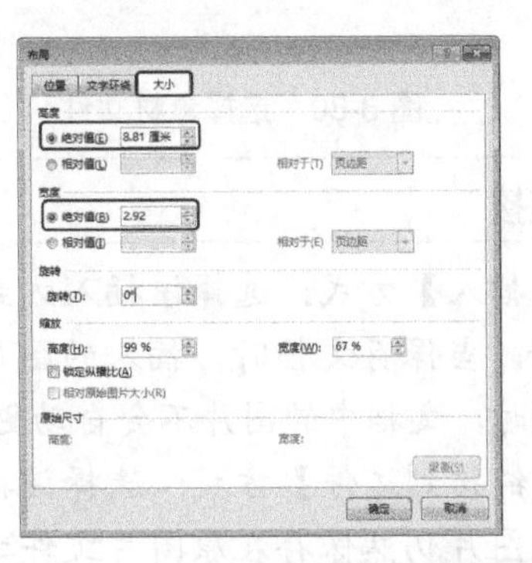

图 3-77　设置图形大小

step 09 在该对话框中选择【位置】选项卡，将【水平】选项组中的【绝对位置】和【垂直】选项组中的【绝对位置】分别设置为 1.08、0.41，如图 3-78 所示。

step 10 设置完成后，单击【确定】按钮，继续选中该图形，按 Ctrl+D 组合键对其进行复制，调整复制后的图形的位置。选中该图形，在【设置形状格式】任务窗格中单击【填充线条】按钮，在【填充】选项组中选择【图片或纹理填充】单选按钮，然后单击【文件】按钮，如图 3-79 所示。

图 3-78　设置图形的位置

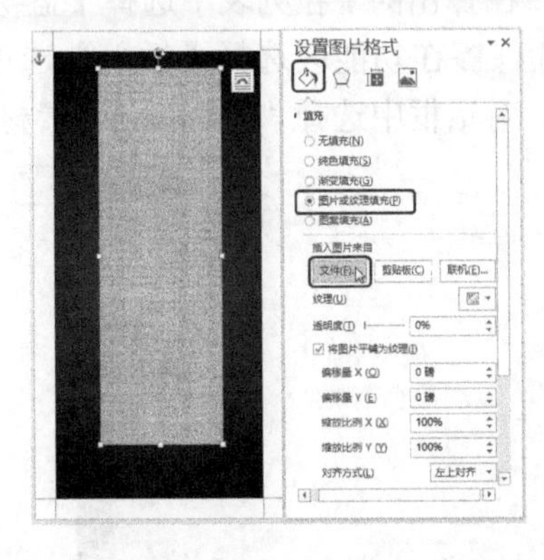

图 3-79　选择【图片或纹理填充】单选按钮

step 11 在弹出的对话框中选择随书附带光盘中的“CDROM\素材\Cha03\纹理.png”素材文件，如图 3-80 所示。

step 12 单击【插入】按钮，在【设置图片格式】任务窗格中将【透明度】设置为 65，勾选【将图片平铺为纹理】复选框，将【偏移量 X】设置为-25 磅，将【缩放比例 X】、【缩放比例 Y】都设置为 30，如图 3-81 所示。

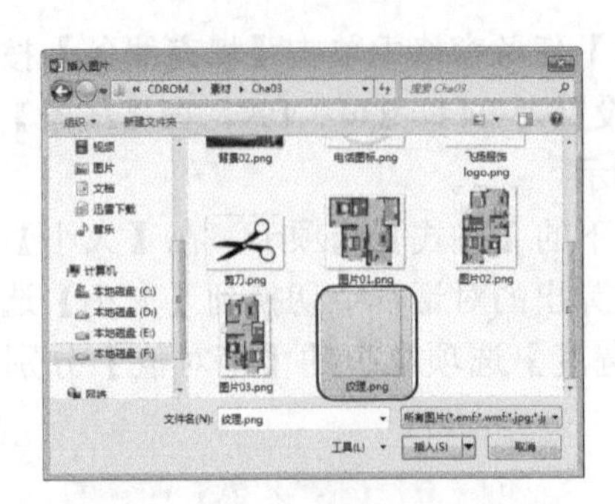

图 3-80　选择素材文件

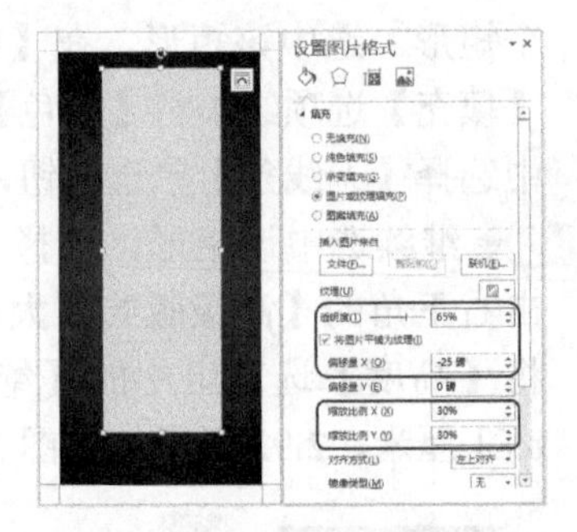

图 3-81　设置图片格式

知识链接

【插入】方式：选择该插入方式，图片将被插入到当前文档中，成为当前文档中的一部分。当保存文档时，插入的图片会随文档一起保存。以后当提供这个图片的文件发生变化时，文档中的图片不会自动更新。

【链接到文件】方式：选择该插入方式，图片以链接方式被当前文档引用。这时，插入的图片仍然保存在原图片文件之中，当前文档只保存了这个图片文件所在的位置信息。以链接方式插入的图片不会影响在文档中查看并打印该图片。当提供这个图片的文件被改变后，被引用到该文档中的图片也会自动更新。

【插入和链接】方式：选择该插入方式，图片被复制到当前文档的同时，还建立了和原图片文件的链接关系。当保存文档时，插入的图片会随文档一起保存；当提供这个图片的文件发生变化后，文档中的图片会自动更新。

step 13 选择【图片工具】下的【格式】选项卡，在【调整】组中单击【颜色】按钮，在弹出的下拉列表中选择【蓝-灰 文本颜色 2 深色】选项，如图 3-82 所示。

step 14 在功能区选择【插入】选项卡，在【插图】组中单击【图片】按钮，在弹出的对话框中选择“人物.png”素材文件，如图 3-83 所示。

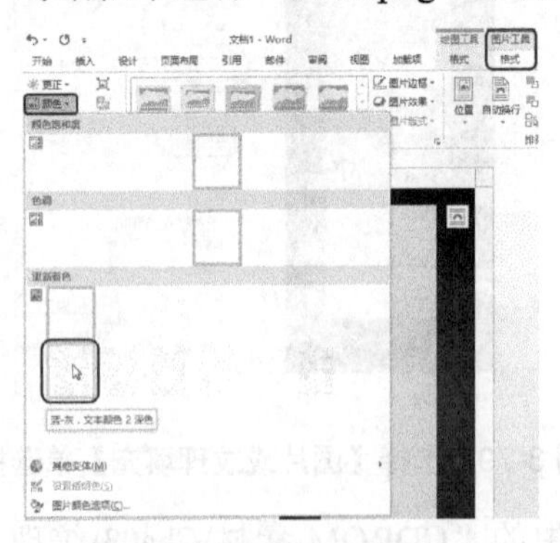

图 3-82　调整图片的颜色

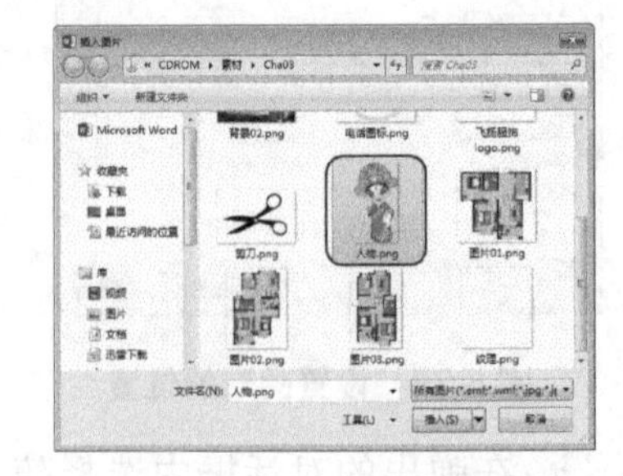

图 3-83　选择素材文件

step 15 单击【插入】按钮，确认该对象处于选中状态，选择【图片工具】下的【格式】选项卡，在【排列】组中单击【自动换行】按钮，在弹出的下拉列表中选择【浮于文字上方】选项，如图 3-84 所示。

step 16 在【大小】组中单击右下角的【高级版式：大小】按钮，在弹出的对话框中切换到【大小】选项卡，将【高度】选项组中的【绝对值】和【宽度】选项组中的【绝对值】分别设置为 4.05 厘米、2.25 厘米，如图 3-85 所示。

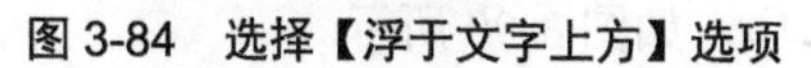

图 3-84　选择【浮于文字上方】选项

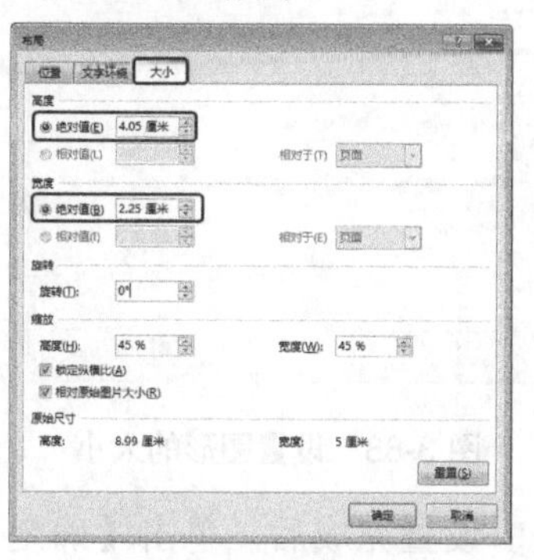

图 3-85　设置图像大小

step 17 切换到【位置】选项卡，将【水平】选项组中的【绝对位置】和【垂直】选项组中的【绝对位置】分别设置为 1.29 厘米、1 厘米，如图 3-86 所示。

step 18 设置完成后，单击【确定】按钮，在功能区选择【插入】选项卡，在【插图】组中单击【形状】按钮，在弹出的下拉列表中选择【椭圆】选项，在文档中绘制一个椭圆形，在【设置形状格式】任务窗格中单击【填充线条】按钮，在【填充】选项组中将【颜色】设置为“黑色”，将【透明度】设置为 66，在【线条】选项组中选择【无线条】单选按钮，如图 3-87 所示。

图 3-86　设置图像的位置

图 3-87　绘制椭圆形并设置填充和线条

step 19 选择【绘图工具】下的【格式】选项卡，在【大小】组中单击右下角的【高级版式：大小】按钮，在弹出的对话框中选择【大小】选项卡，将【高度】选项组中的【绝对值】和【宽度】选项组中的【绝对值】分别设置为 0.51 厘米、1.46 厘米，如图 3-88 所示。

step 20 切换到【位置】选项卡，将【水平】选项组中的【绝对位置】和【垂直】选项组中的【绝对位置】分别设置为 1.99 厘米、4.64 厘米，如图 3-89 所示。

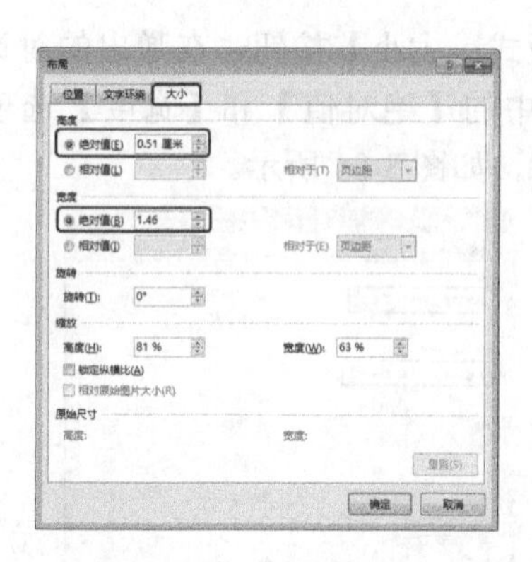

图 3-88　设置图形的大小

图 3-89　设置图形的位置

step 21 设置完成后，单击【确定】按钮，继续选中该椭圆图形，右击，在弹出的下拉列表中选择【置于底层】|【下移一层】选项，如图 3-90 所示。

step 22 按住 Ctrl 键选择人物图片，右击，在弹出的快捷菜单中单击【组合】|【组合】命令，如图 3-91 所示。

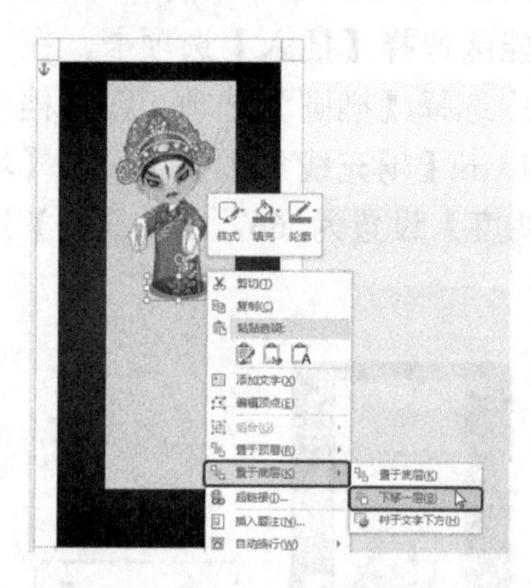

图 3-90　选择【下移一层】选项

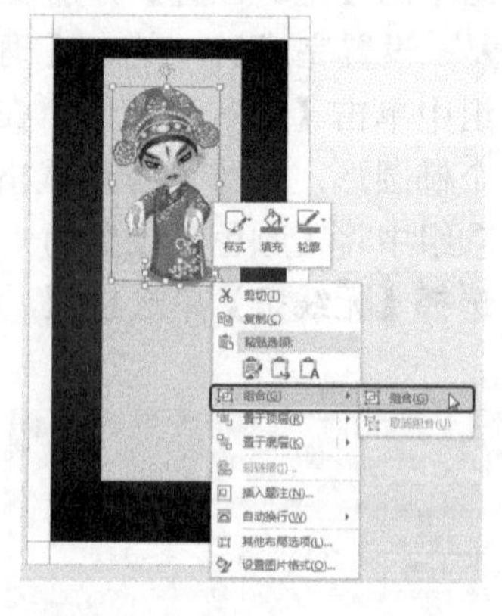

图 3-91　单击【组合】命令

如果用户想要取消组合，可右击组合图形对象，然后在弹出的快捷菜单中单击【组合】|【取消组合】命令，即可将组合的对象取消组合。

step 23 选择组合后的对象，在【设置图片格式】任务窗格中单击【效果】按钮，在【阴影】选项组中将【颜色】设置为“黑色”，将【透明度】、【大小】、【模糊】、【角度】、【距离】分别设置为 49、100、4、0、1，如图 3-92 所示。

step 24 在功能区选择【插入】选项卡，在【插图】组中单击【形状】按钮，在弹出的下拉列表中选择【椭圆】选项，在文档中绘制一个正圆。选中该图形，在【设置形状格式】任务窗格中单击【填充线条】按钮，在【填充】选项组中将【颜色】设置为“黑色”，在【线条】选项组中将【颜色】设置为“黑色”，将【宽度】设置为 1 磅，如图 3-93 所示。

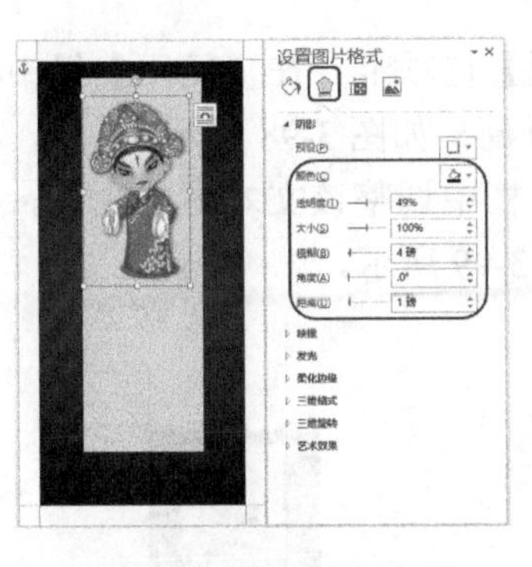

图 3-92 设置阴影参数

图 3-93 绘制图形并设置填充和线条

step 25 在功能区选择【插入】选项卡，在【文本】组中单击【文本框】按钮，在弹出的下拉列表中选择【绘制竖排文本框】选项，如图 3-94 所示。

step 26 在文档中绘制一个文本框，输入文字。选中输入的文字，选择【开始】选项卡，在【字体】组中将字体设置为“方正行楷简体”，将字体大小设置为“三号”，如图 3-95 所示。

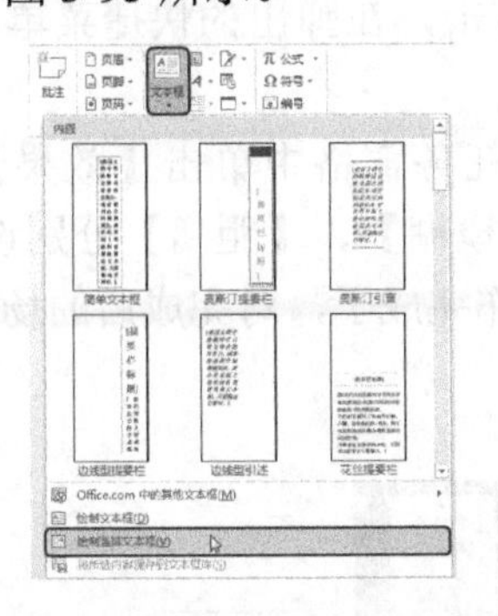

图 3-94 选择【绘制竖排文本框】选项

图 3-95 绘制文本框并输入文字

step 27 使用【绘制竖排文本框】选项绘制一个竖排文本框，输入文字。选中输入的文字，在【字体】组中将字体设置为“微软雅黑”，将字体大小设置为“小六”，如图 3-96 所示。

step 28 选中输入的文字并右击，在弹出的快捷菜单中选择【段落】命令，如图 3-97 所示。

图 3-96 绘制文本框并输入文字

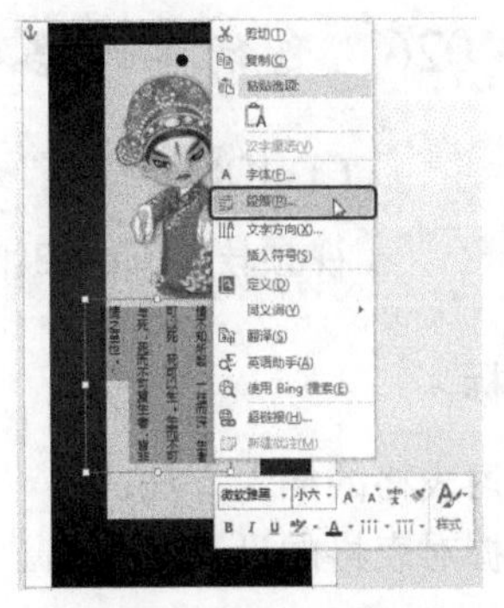

图 3-97 选择【段落】命令

step 29 在弹出的对话框中切换到【缩进和间距】选项卡，在【间距】组中将【行距】设置为“固定值”，将【设置值】设置为 10 磅，如图 3-98 所示。

step 30 设置完成后，单击【确定】按钮，在文档中调整该文本框的位置。根据前面所介绍的方法添加其他文字和图形，效果如图 3-99 所示。

图 3-98 设置行距

图 3-99 添加文字和图形

step 31 在文档中选择除黑色矩形外的其他对象，右击，在弹出的快捷菜单中选择【组合】|【组合】命令，如图 3-100 所示。

step 32 选中成组后的对象，在【设置图片格式】任务窗格中单击【效果】按钮，在【映像】选项组中将【透明度】、【大小】、【模糊】、【距离】分别设置为 50、12、0.5、1，如图 3-101 所示。至此，书签就制作完成了，对完成后的场景进行保存即可。

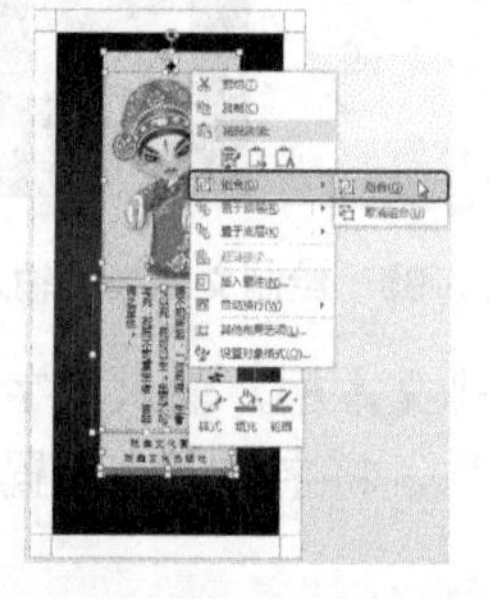

图 3-100 选择【组合】命令

图 3-101 添加映像效果

案例精讲 026 自行车厂各个季度订单量

案例文件：CDROM\场景\Cha03\自行车厂各个季度订单量.docx

视频文件：视频教学\Cha03\自行车厂各个季度订单量.avi

学习目标

- 学习表格的插入方法。
- 掌握对表格的设置和美化。

制作概述

本例将介绍自行车厂各个季度订单量的制作方法。该例的制作思路是利用程序的插入表格功能，分布文字的排列，然后对表格添加斜线表头，输入文字并设置字体，设置表格的底纹颜色加以美化、区分重点区域。完成后的效果如图 3-102 所示。

2014 年自行车厂各个季度的订单量					
订单量（辆）/品种	第一季度	第二季度	第三季度	第四季度	总计
公爵 350	183520	230540	248850	194500	857410
公爵 650	153680	176800	190000	152500	672980
勇士 350	10352	13205	14500	12750	50807
R-902	9087	10278	13050	10850	43265

图 3-102　自行车厂各个季度订单量

操作步骤

step 01 启动 Word 2013，在打开的界面中选择【空白文档】，如图 3-103 所示。

step 02 在新建的空白文档中，在功能区选择【插入】选项卡，在【表格】组中单击【表格】按钮，在弹出的下拉列表中选择【插入表格】选项，如图 3-104 所示。

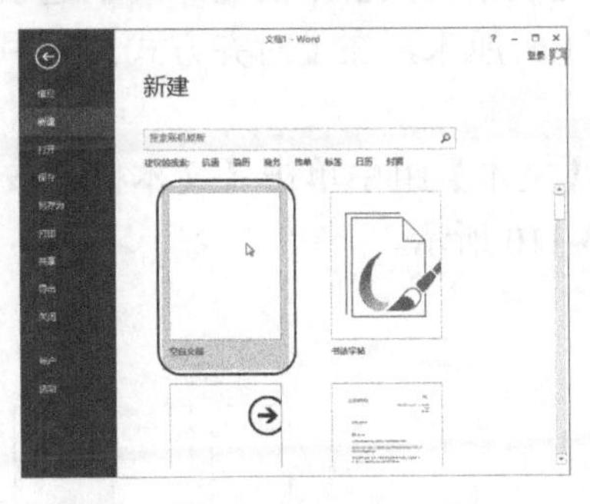

图 3-103　新建空白文档

图 3-104　选择【插入表格】选项

提示　除了上述方法之外，用户还可以在插入表格列表中选择要插入的行数和列数，直接插入表格。

step 03 在弹出的对话框中将【列数】、【行数】都设置为 6，如图 3-105 所示。

step 04 设置完成后，单击【确定】按钮，选择第 1 行的 6 列单元格，右击，在弹出的快捷菜单中选择【合并单元格】命令，如图 3-106 所示。

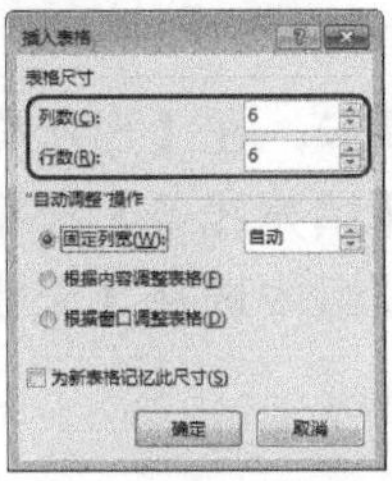

图 3-105　设置表格参数

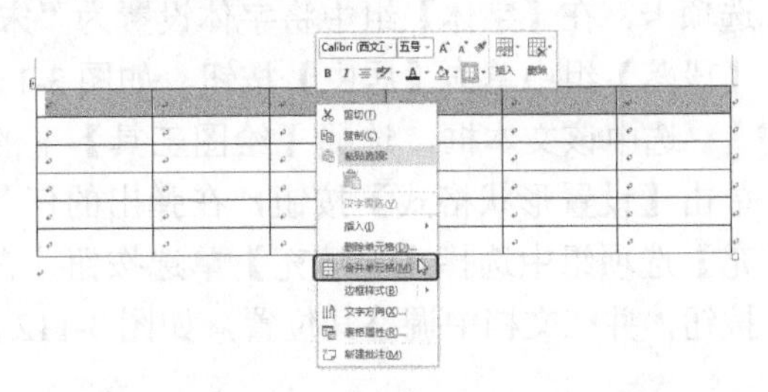

图 3-106　选择【合并单元格】命令

step 05 在第 1 行的单元格中输入文本“2014 年自行车厂各个季度的订单量”，然后选中输入的文本，选择【开始】选项卡，在【字体】组将字体设置为“仿宋”，将字体大小设置为 20，单击【加粗】按钮，在【段落】组中单击【居中】按钮，如图 3-107 所示。

step 06 将光标置于第 1 行单元格中，切换到【表格工具】下的【布局】选项卡，在【单元格大小】组中将【表格行高】设置为 1.5 厘米，在【对齐方式】组中单击【水平居中】按钮，效果如图 3-108 所示。

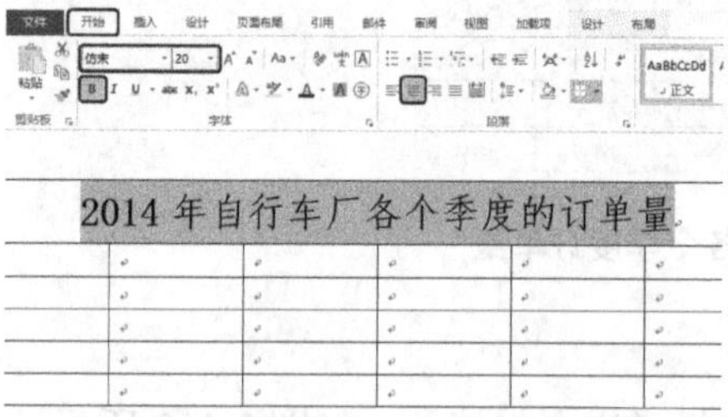

图 3-107　输入文字并进行设置

图 3-108　设置单元格行高和对齐方式

step 07 选择第 2 行的所有单元格，切换到【表格工具】下的【布局】选项卡，在【单元格大小】组中将【表格行高】设置为 1.6 厘米，在【对齐方式】组中单击【水平居中】按钮，效果如图 3-109 所示。

step 08 在功能区选择【插入】选项卡，在【文本】组中单击【文本框】按钮，在下拉列表中选择【绘制文本框】选项，如图 3-110 所示。

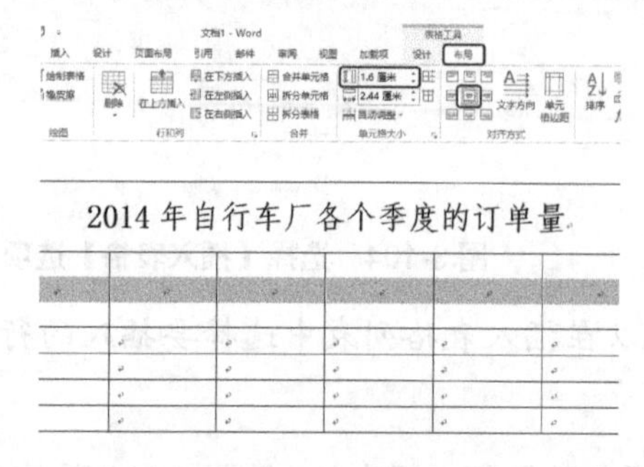

图 3-109　设置第 2 行单元格的行高和对齐方式

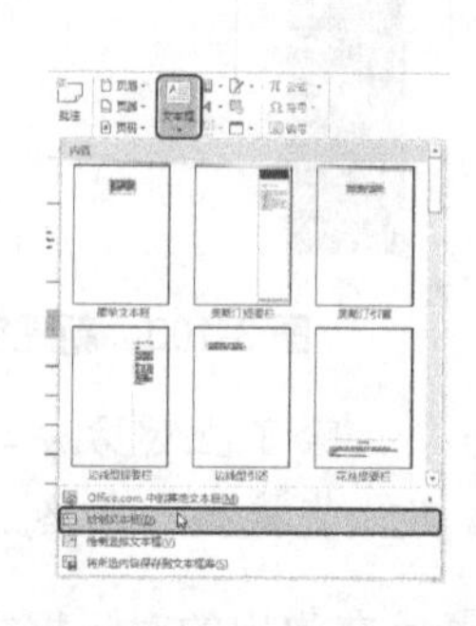

图 3-110　选择【绘制文本框】选项

step 09 在文档中绘制文本框，在文本框中输入相应的文本。选中文本，选择【开始】选项卡，在【字体】组中将字体设置为“宋体(正文)”，将字号设置为“小五”，在【段落】组中单击【居中】按钮，如图 3-111 所示。

step 10 选中该文本框，选择【绘图工具】下的【格式】选项卡，在【形状样式】组中单击【设置形状格式】按钮，在弹出的任务窗格中单击【填充线条】按钮，在【填充】选项组中选择【无填充】单选按钮，在【线条】选项组中选择【无线条】单选按钮，并在文档中调整其位置，如图 3-112 所示。

图 3-111　绘制文本框并输入文字

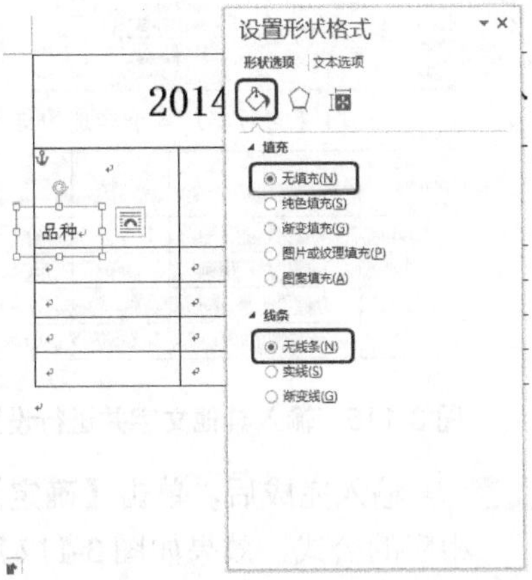

图 3-112　设置文本框填充和线条

step 11 使用相同的方法，在文档中再绘制一个文本框，并在文本框中输入文本“订单量(辆)”，设置完后的效果如图 3-113 所示。

step 12 将光标置于 A2 单元格中，然后选择【表格工具】下的【设计】选项卡，在【边框】组中单击【边框】下三角按钮，在弹出的下拉列表中选择【斜下框线】选项，如图 3-114 所示。

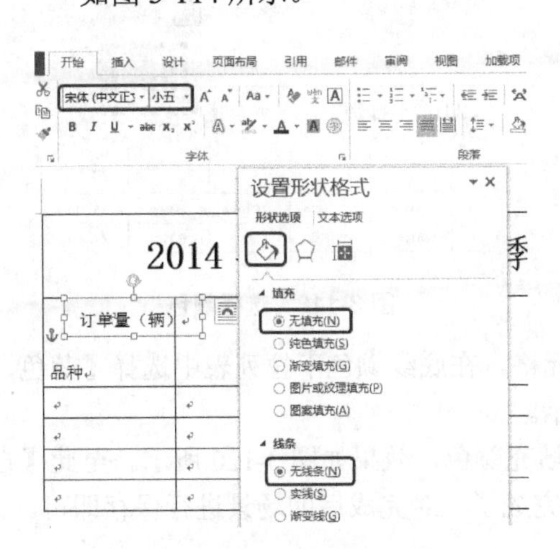

图 3-113　输入文字并进行设置

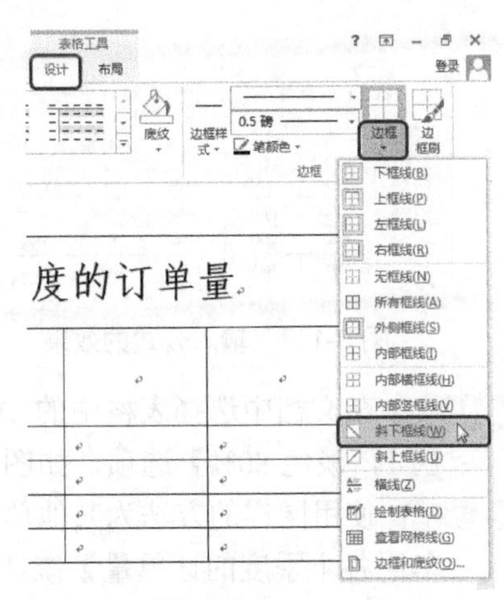

图 3-114　选择【斜下框线】选项

step 13 根据前面所介绍的方法输入其他文字，选中第 3~6 行单元格，选择【表格工具】下的【布局】选项卡，在【单元格大小】组中将【表格行高】设置为 0.86 厘米，在【对齐方式】组中单击【居中】按钮，如图 3-115 所示。

step 14 将光标置于 F3 单元格中，然后选择【表格工具】下的【布局】选项卡，在【数据】组中单击【公式】按钮，弹出【公式】对话框，在【公式】文本框中输入“=B3+C3+D3+E3”，如图 3-116 所示。

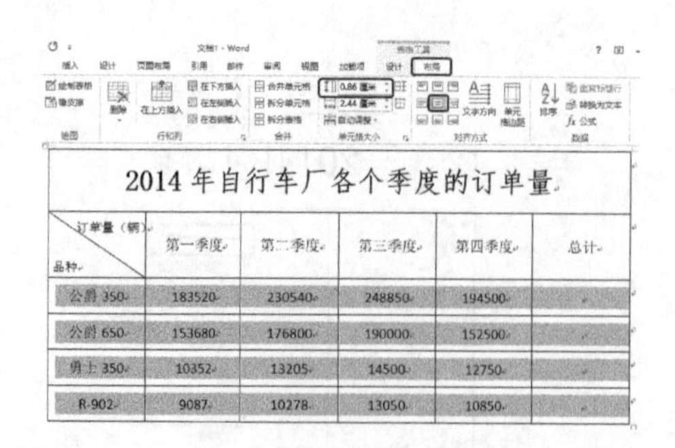

2014 年自行车厂各个季度的订单量					
订单量（辆）/ 品种	第一季度	第二季度	第三季度	第四季度	总计
公爵 350	183520	230540	248850	194500	
公爵 650	153680	176800	190000	152500	
勇士 350	10352	13205	14500	12750	
R-902	9087	10278	13050	10850	

图 3-115　输入其他文字并进行设置后的效果

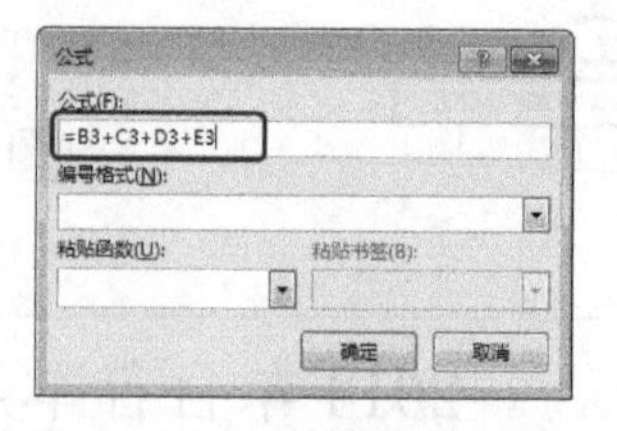

图 3-116　输入公式

step 15 输入完成后，单击【确定】按钮，使用同样的方法在 F4、F5、F6 单元格中输入相应的公式，效果如图 3-117 所示。

在输入前面的公式时，可以将公式复制一遍。在 F4、F5、F6 单元格中输入公式时，将输入的公式进行粘贴，然后修改单元格列数即可。

step 16 选中 A1 单元格，然后选择【表格工具】下的【设计】选项卡，在【表格样式】组中单击【底纹】下三角按钮，在弹出的下拉列表中选择【绿色，着色 6，淡色 80%】选项，如图 3-118 所示。

2014 年自行车厂各个季度的订单量					
订单量（辆）/ 品种	第一季度	第二季度	第三季度	第四季度	总计
公爵 350	183520	230540	248850	194500	857410
公爵 650	153680	176800	190000	152500	672980
勇士 350	10352	13205	14500	12750	50807
R-902	9087	10278	13050	10850	43265

图 3-117　输入公式的效果

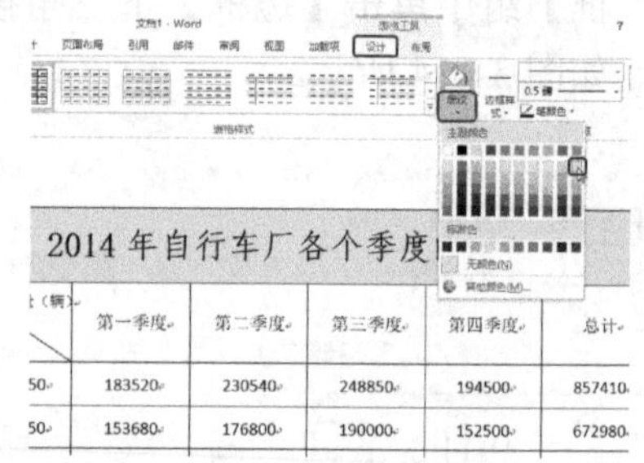

图 3-118　选择颜色

step 17 在文档中选择表格中的 A2:A6 单元格，在底纹颜色下拉列表中选择【蓝色，着色 1，淡色 80%】选项，如图 3-119 所示。

step 18 使用同样的方法为其他单元格区域填充颜色，效果如图 3-120 所示。至此【自行车厂各个季度的订单量】统计表就制作完成了，对完成后的场景进行保存即可。

图 3-119　选择颜色

2014 年自行车厂各个季度的订单量					
订单量（辆）/ 品种	第一季度	第二季度	第三季度	第四季度	总计
公爵 350	183520	230540	248850	194500	857410
公爵 650	153680	176800	190000	152500	672980
勇士 350	10352	13205	14500	12750	50807
R-902	9087	10278	13050	10850	43265

图 3-120　为其他单元格区域填充颜色后的效果

案例精讲 027 光盘封面

案例文件：CDROM\场景\Cha03\光盘封面.docx

视频文件：视频教学\Cha03\光盘封面.avi

学习目标

- 学习为形状填充图片素材的方法。
- 掌握运用形状的方法。

制作概述

本例将介绍光盘封面的制作方法。该例的制作思路是：绘制出同心圆，然后对其进行设置、调整，再次绘制同心圆，将其设置为光盘的轮廓效果，并使用同样的方法制作其他效果，使用文字添加说明，并设置参数。完成后的效果如图 3-121 所示。

图 3-121 光盘封面

操作步骤

step 01 新建一个空白文档，在功能区选择【页面布局】选项卡，在【页面设置】组中单击【页面设置】按钮。在弹出的对话框中切换到【页边距】选项卡，在【页边距】选项组中将【上】、【下】、【左】、【右】都设置为0.5 厘米，如图 3-122 所示。

step 02 在该对话框中选择【纸张】选项卡，将【宽度】、【高度】分别设置为 20.6 厘米、17.8 厘米，如图 3-123 所示。

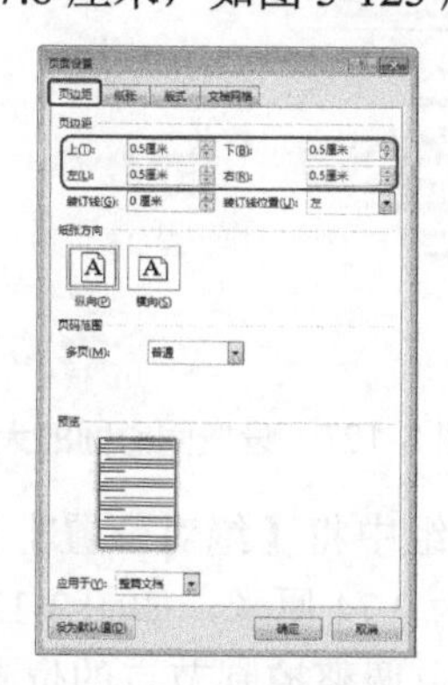

图 3-122 设置页边距

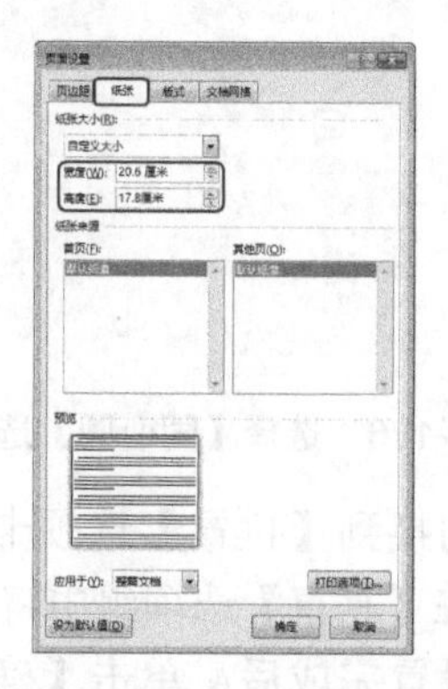

图 3-123 设置纸张大小

step 03 设置完成后，单击【确定】按钮，在功能区选择【插入】选项卡，在【插图】组中单击【形状】按钮，在弹出的下拉列表中选择【矩形】选项，在文档中绘制一个矩形。选中该矩形，在【设置形状格式】任务窗格中单击【填充线条】按钮，在【填充】选项组中选择【渐变填充】单选按钮，将【类型】设置为“射线”，将【方向】设置为“中心辐射”，将位置 0 处的渐变光圈设置为“白色”，将【亮度】设置为-5，将位置 100 处的渐变光圈设置为“黑色”，将【亮度】设置 50，将其他渐变光圈删除，在【线条】选项组中选择【无线条】单选按钮，如图 3-124 所示。

step 04 选中该矩形，在文档中调整其位置和大小，调整后的效果如图 3-125 所示。

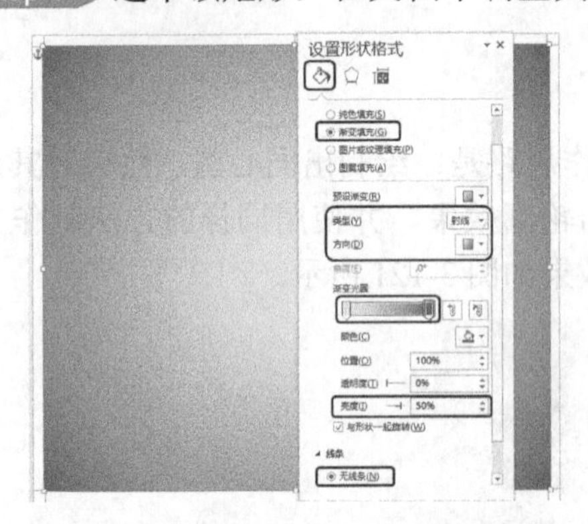

图 3-124　绘制矩形并设置填充和线条

图 3-125　调整矩形的位置和大小

step 05 在功能区选择【插入】选项卡，在【插图】组中单击【形状】按钮，在弹出的下拉列表中选择【同心圆】选项，如图 3-126 所示。

step 06 在文档中绘制一个同心圆，选中该图形，选择【绘图工具】下的【格式】选项卡，在【大小】组中单击右下角的【高级版式：大小】按钮，在弹出的对话框中将【高度】选项组中的【绝对值】和【宽度】选项组中的【绝对值】分别设置为 15.71 厘米、15.62 厘米，如图 3-127 所示。

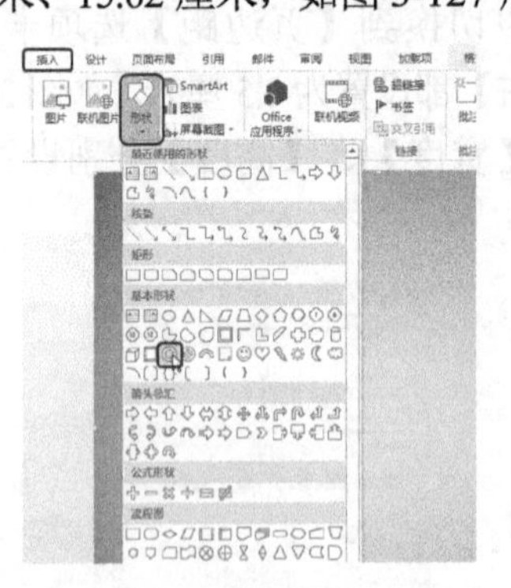

图 3-126　选择【同心圆】选项

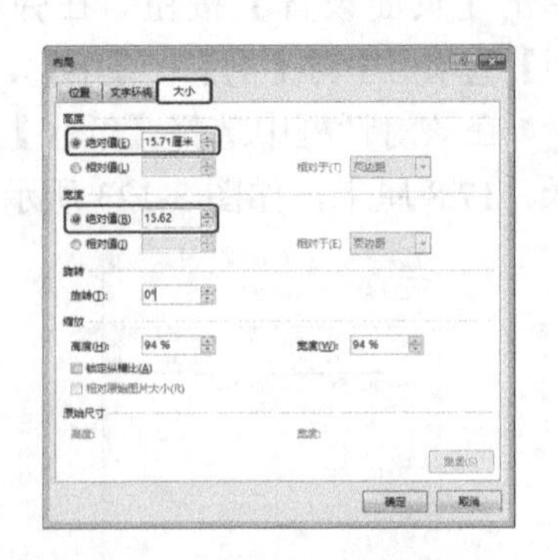

图 3-127　设置同心圆的大小

step 07 切换到【位置】选项卡，在【水平】选项组中将【绝对位置】设置为 1.72 厘米，在【垂直】选项组中将【绝对位置】设置为 0.74 厘米，如图 3-128 所示

step 08 设置完成后，单击【确定】按钮，在文档中调整控制节点的位置，调整后的效果如图 3-129 所示。

图 3-128 设置同心圆的位置

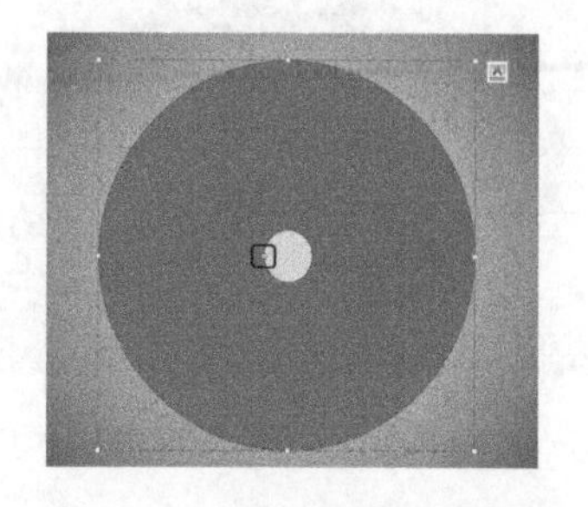

图 3-129 调整控制节点的位置

step 09 继续选中该图形，在【设置形状格式】任务窗格中选择【图片或纹理填充】单选按钮，在该任务窗格中单击【文件】按钮，如图 3-130 所示。

step 10 在弹出的对话框中选择素材文件“3.jpg”，单击【插入】按钮，在【设置图片格式】任务窗格中单击【效果】按钮，在【阴影】选项组中将【颜色】设置为“黑色”，将【透明度】、【大小】、【模糊】、【角度】、【距离】分别设置为 60、98、20、359、8，如图 3-131 所示。

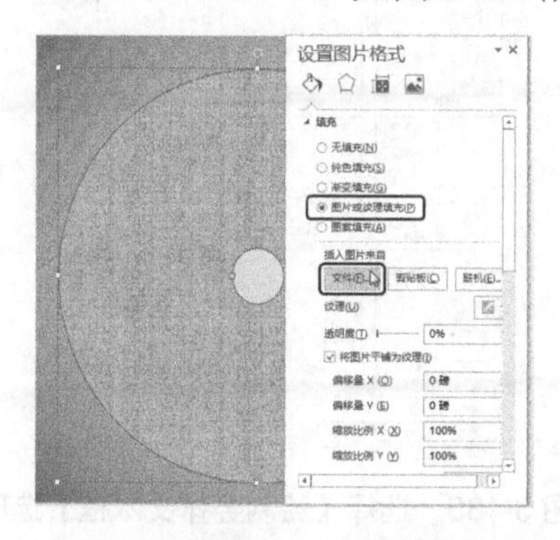

图 3-130 选择【图片或纹理填充】单选按钮

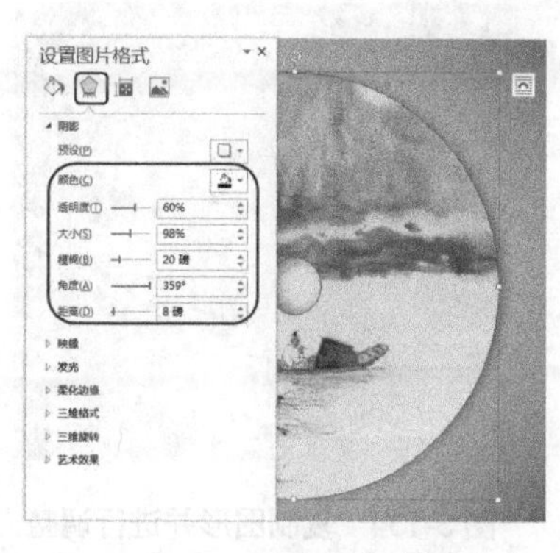

图 3-131 设置阴影参数

当在【设置形状格式】任务窗格中选择【图片或纹理填充】单选按钮后，该任务窗格将会变为【设置图片格式】任务窗格。

除此之外，在 Word 2013 中，还可以通过添加阴影、发光、映像、柔化边缘、棱台和三维 (3-D) 旋转等效果来增强图片的感染力。

step 11 在功能区选择【插入】选项卡，在【插图】组中单击【形状】按钮，在弹出的下拉列表中选择【同心圆】选项，在文档中绘制一个同心圆，调整控制节点的位置，然后调整其位置和大小，效果如图 3-132 所示。

step 12 继续选中该图形，在【设置形状格式】任务窗格中单击【填充线条】按钮，在【填充】选项组中将【颜色】设置为“白色”，在【线条】选项组中将【颜色】设置为“黑色”，将【宽度】设置为 0.75 磅，如图 3-133 所示。

图 3-132 绘制同心圆

图 3-133 设置同心圆填充和线条

step 13 继续选中该图形，按 Ctrl+C 组合键对其进行复制，按 Ctrl+V 组合键进行粘贴，在文档中调整其大小和位置，然后再调整控制节点的位置，调整后的效果如图 3-134 所示。

step 14 在功能区选择【插入】选项卡，在【文本】组中单击【文本框】按钮，在弹出的下拉列表中选择【绘制竖排文本框】选项，如图 3-135 所示。

图 3-134 复制图形并进行调整

图 3-135 选择【绘制竖排文本框】选项

知识链接

光盘在我国港、澳、台地区称作光碟，于 1965 年由美国发明，当时存储的格式仍以模拟(Analog)为主。它是用激光扫描的记录和读出方式保存信息的一种介质。大约在 1990 年左右时开始普及，具有存放大量数据的特性，1 片 12 厘米的 CD-R 约可存放 1 小时的 MPEG1 的影片，或 74 分钟的音乐，或 680MB 的数据。

step 15 在文档中绘制一个竖排文本框，输入文字。选中输入的文字，在功能区选择【开始】选项卡，在【字体】组中将字体设置为“华文行楷”，将字体大小设置为“初号”，单击【加粗】按钮，如图 3-136 所示。

step 16 在【设置形状格式】任务窗格中单击【填充线条】按钮，在【填充】选项组中选择【无填充】单选按钮，在【线条】选项组中选择【无线条】单选按钮，如图 3-137 所示。

图 3-136 输入文字并进行设置

图 3-137 设置文本框的填充和线条

step 17 再在该任务窗格中单击【文本选项】按钮，然后单击【文本填充轮廓】按钮，在【文本填充】选项组中将【颜色】设置为“白色”，在【文本边框】选项组中选择【实线】单选按钮，将【颜色】的 RGB 值设置为 192、80、77，将【宽度】设置为 0.52 磅，如图 3-138 所示。

step 18 再在该任务窗格中单击【文本效果】按钮，在【阴影】选项组中将【颜色】的 RGB 值设置为 192、80、77，将【透明度】、【大小】、【模糊】、【角度】、【距离】分别设置为 0、100、0、35、3，如图 3-139 所示。

图 3-138 设置文本的填充和轮廓

图 3-139 为文本添加阴影效果

知识链接

艺术字是指具有一定艺术效果的字体，Word 提供有专门制作艺术字的功能。通过使用这些功能，可以创建出各种文字的艺术效果，甚至可以把文字扭曲成各种各样的形状或设置为具有三维轮廓的形式。

step 19 调整该文字的位置，在功能区选择【插入】选项卡，在【文本】组中单击【文本框】按钮，在弹出的下拉列表中选择【绘制文本框】选项，如图 3-140 所示。

step 20 在文档中绘制一个文本框，输入文字。选中输入的文字，在功能区选择【开始】选项卡，在【字体】组中将字体大小设置为“一号”，单击【加粗】按钮，如图 3-141 所示。

图 3-140　选择【绘制文本框】选项

图 3-141　输入文字并进行设置

step 21 继续选中该文本框，在【设置形状格式】任务窗格中单击【填充线条】按钮，在【填充】选项组中选择【无填充】单选按钮，在【线条】选项组中选择【无线条】单选按钮，如图 3-142 所示。

step 22 再在该任务窗格中单击【文本选项】按钮，然后单击【文本填充轮廓】按钮，在【文本填充】选项组中将【颜色】设置为“黑色”，在【文本边框】选项组中选择【实线】单选按钮，将【颜色】设置为“白色”，将【宽度】设置为 0.75 磅，如图 3-143 所示。

图 3-142　设置文本框的填充和线条

图 3-143　设置文本填充和轮廓

知识链接

高密度光盘(Compact Disc)是近代发展起来不同于完全磁性载体的光学存储介质(例如，磁光盘)，用聚焦的氢离子激光束处理记录介质的方法存储和再生信息，又称激光光盘。

由于软盘的容量太小，软盘已经基本被淘汰，而光盘凭借大容量得以广泛使用。我们听的 CD 是一种光盘，看的 VCD、DVD 也是一种光盘。

现在一般的硬盘容量在 3GB 到 3TB 之间， CD 光盘的最大容量大约是 700MB。DVD 盘片单面 4.7GB，最多能刻录约 4.59G 的数据(因为 DVD 的 1GB=1000MB，而硬盘的 1GB=1024MB)；双面 8.5GB，最多约能刻 8.3GB 的数据。蓝光光碟(BD)的容量则比较

大，其中 HD DVD 单面单层 15GB、双层 30GB；BD 单面单层 25GB、双面 50GB、三层 75GB、四层 100GB。

step 23 在该任务窗格中单击【文本效果】按钮，在【阴影】选项组中将【颜色】的 RGB 值设置为 127、127、127，将【透明度】、【大小】、【模糊】、【角度】、【距离】分别设置为 0、100、1、35、3，如图 3-144 所示。

step 24 调整该文本框的位置，使用同样的方法输入其他文字，并对其进行相应的设置，效果如图 3-145 所示。至此，光盘封面就制作完成了，对完成后的场景进行保存即可。

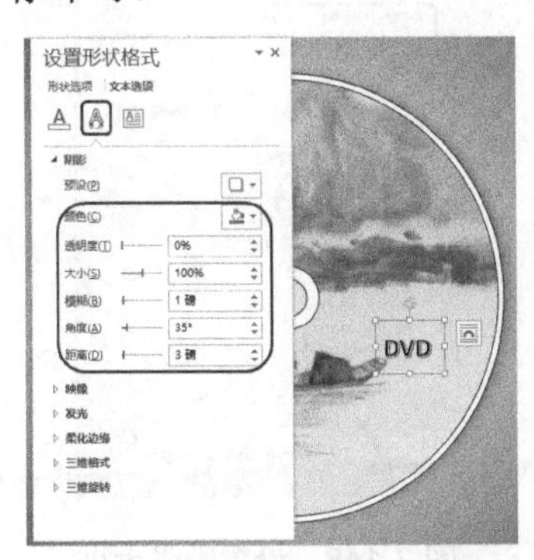

图 3-144　设置阴影参数

图 3-145　输入其他文字后的效果

案例精讲 028　提示标志

案例文件：CDROM\场景\Cha03\提示标志.docx

视频文件：视频教学\Cha03\提示标志.avi

学习目标

- 学习使用形状制作图形的方法。
- 掌握调整形状的方法。

制作概述

本例将介绍提示标志的制作方法。该例的制作思路是：使用形状制作背景及整个场景的主体，最后输入文字进行说明。完成后的效果如图 3-146 所示。

图 3-146　提示标志

案例课堂 ▶

操作步骤

step 01 新建一个空白文档，在功能区选择【页面布局】选项卡，在【页面设置】组中单击【页面设置】按钮，在弹出的对话框中切换到【页边距】选项卡，在【页边距】选项组中将【上】、【下】、【左】、【右】都设置为 0.5 厘米，如图 3-147 所示。

step 02 切换到【纸张】选项卡，将【宽度】、【高度】分别设置为 14.8 厘米、9.1 厘米，如图 3-148 所示。

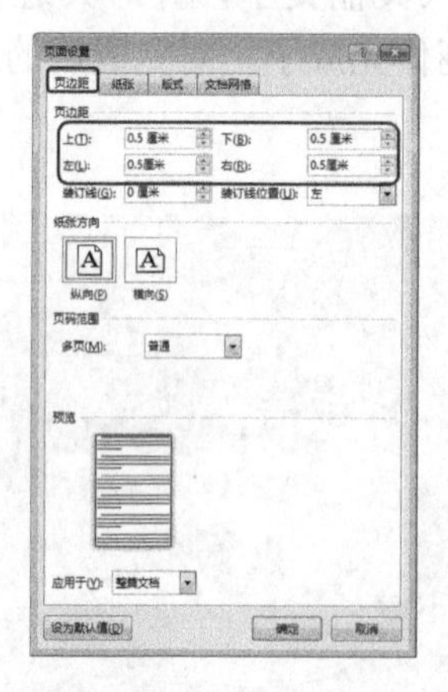

图 3-147　设置页边距

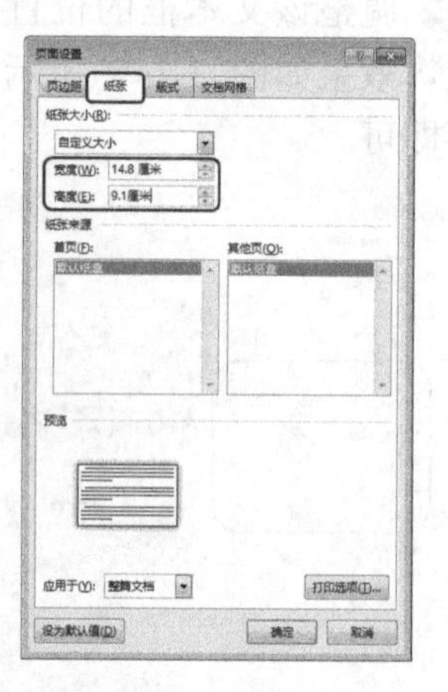

图 3-148　设置纸张大小

step 03 设置完成后，单击【确定】按钮，在功能区选择【插入】选项卡，在【插图】组中单击【形状】按钮，在弹出的下拉列表中选择【矩形】选项，如图 3-149 所示。

step 04 在文档中绘制一个矩形，选中该矩形，在【设置图形格式】任务窗格中单击【填充线条】按钮，在【填充】选项组中选择【渐变填充】单选按钮，将【类型】设置为“射线”，将【方向】设置为“中心辐射”，将位置 0 处的渐变光圈的 RGB 值设置为 38、57、53，将位置 100 处的渐变光圈的 RGB 值设置为 0、0、0，在【线条】选项组中选择【无线条】单选按钮，如图 3-150 所示。

图 3-149　选择【矩形】选项

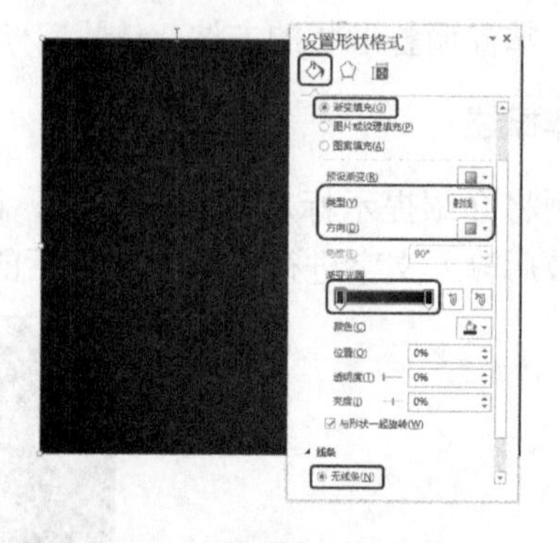

图 3-150　设置填充颜色和线条

step 05 在功能区选择【绘图工具】下的【格式】选项卡，在【大小】组中单击按钮，在弹出的对话框中切换到【大小】选项卡，将【高度】选项组中的【绝对值】和【宽度】选项组中的【绝对值】分别设置为 7.9 厘米、14.8 厘米，如图 3-151 所示。

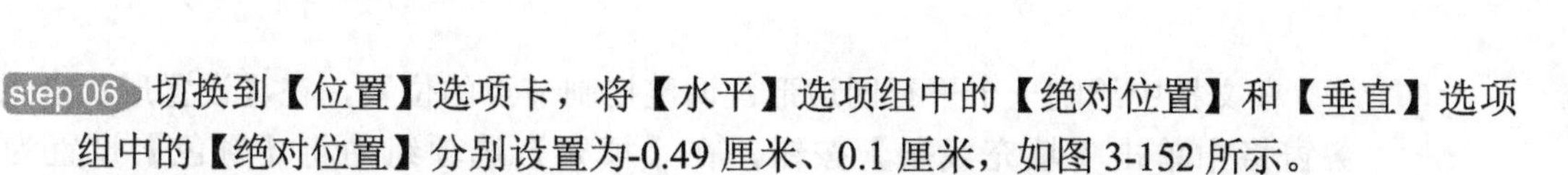

step 06 切换到【位置】选项卡，将【水平】选项组中的【绝对位置】和【垂直】选项组中的【绝对位置】分别设置为-0.49 厘米、0.1 厘米，如图 3-152 所示。

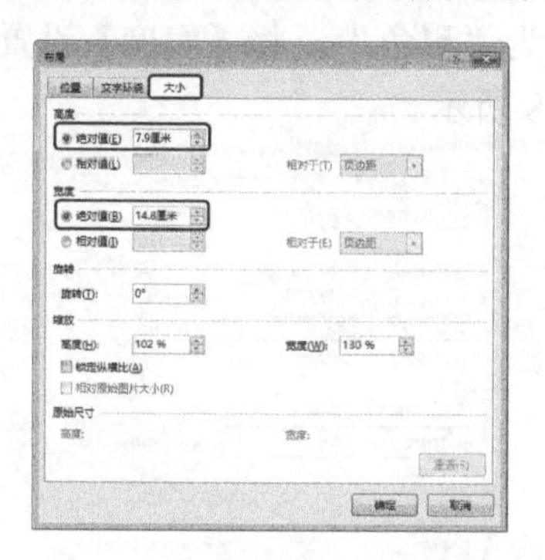

图 3-151 设置图形的大小

图 3-152 设置图形的位置

step 07 设置完成后，单击【确定】按钮，即可完成对选中矩形的调整，效果如图 3-153 所示。

step 08 在功能区选择【插入】选项卡，在【插图】组中单击【形状】按钮，在弹出的下拉列表中选择【矩形】选项，在文档中绘制一个矩形。选中该矩形，在【设置形状格式】任务窗格中单击【填充线条】按钮，在【填充】选项组中将【颜色】的 RGB 值设置为 255、229、0，在【线条】选项组中将【颜色】的 RGB 值设置为 255、229、0，将【宽度】设置为 1 磅，如图 3-154 所示。

图 3-153 调整矩形的大小和位置

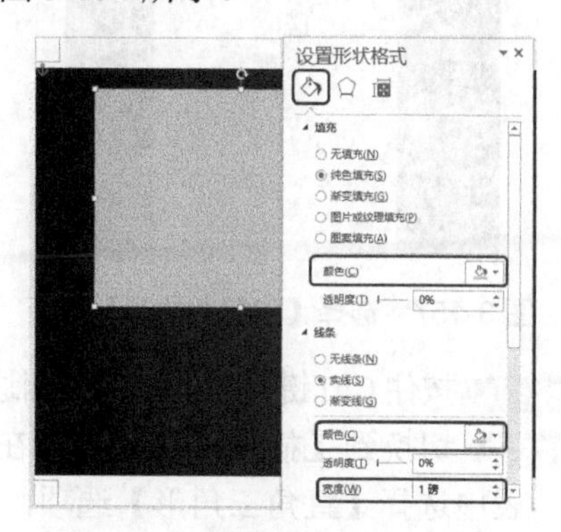

图 3-154 设置填充和线条颜色

step 09 在功能区选择【绘图工具】下的【格式】选项卡，在【大小】组中单击右下角的【高级版式：大小】按钮，在弹出的对话框中切换到【大小】选项卡，将【高度】选项组中的【绝对值】和【宽度】选项组中的【绝对值】分别设置为 0.55 厘米、14.8 厘米，如图 3-155 所示。

step 10 切换到【位置】选项卡，将【水平】选项组中的【绝对位置】和【垂直】选项组中的【绝对位置】分别设置为-0.5 厘米、-0.47 厘米，如图 3-156 所示。

step 11 设置完成后，单击【确定】按钮，在功能区选择【插入】选项卡，在【插图】组中单击【形状】按钮，在弹出的下拉列表中选择【平行四边形】选项，如图 3-157 所示。

step 12 在文档中绘制一个平行四边形，调整控制节点的位置，在【设置形状格式】任务窗格中单击【填充线条】按钮，在【填充】选项组中将【颜色】设置为“黑色”，在【线条】选项组中将【颜色】设置为“黑色”，将【宽度】设置为 1 磅，然后在文档中调整其大小和位置，如图 3-158 所示。

图 3-155　设置图形大小

图 3-156　设置图形的位置

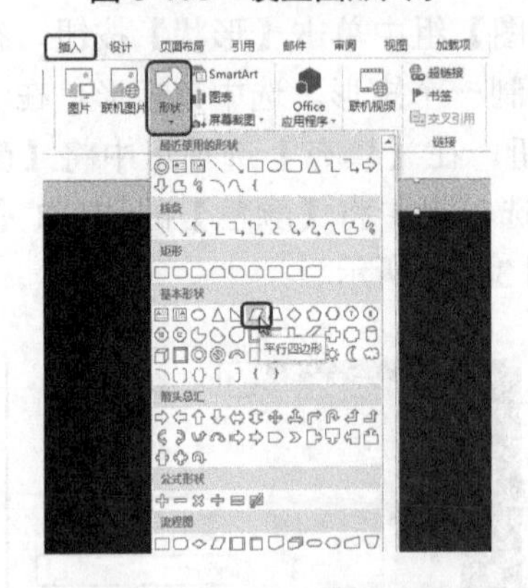

图 3-157　选择【平行四边形】选项

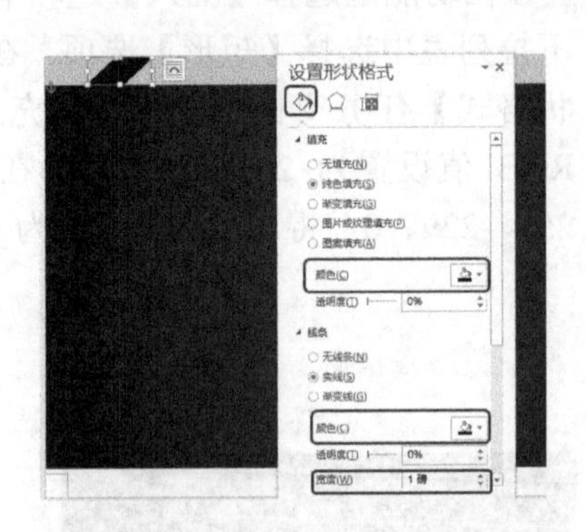

图 3-158　绘制并设置平行四边形

step 13 按住 Ctrl 键对绘制的平行四边形进行复制，并调整其位置，效果如图 3-159 所示。

step 14 切换到【插入】选项卡，在【插图】组中单击【形状】按钮，在弹出的下拉列表中选择【直角三角形】选项，如图 3-160 所示。

图 3-159　复制平行四边形并调整其位置

图 3-160　选择【直角三角形】选项

step 15 在文档中绘制一个直角三角形，并调整其位置和大小，在【设置形状格式】任务窗格中将其填充和线条颜色都设置为“黑色”，在功能区选择【绘图工具】下的【格式】选项卡，在【排列】组中单击【旋转对象】按钮，在弹出的下拉列表中选择【垂直翻转】选项，如图 3-161 所示。

step 16 在文档中选择除渐变矩形外的其他图形，右击，在弹出的快捷菜单中选择【组合】|【组合】命令，如图 3-162 所示。

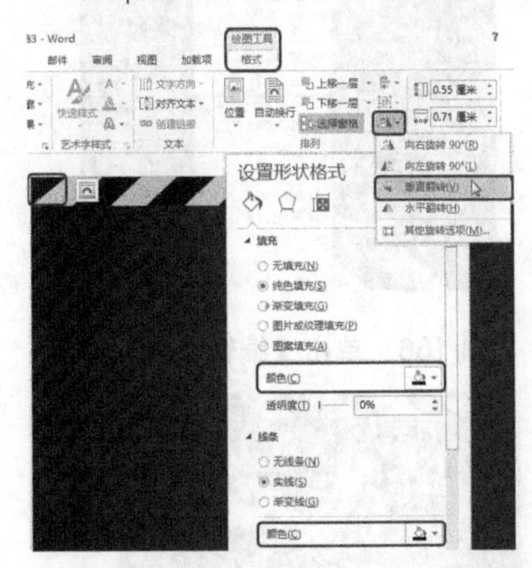

图 3-161　绘制直角三角形并进行调整

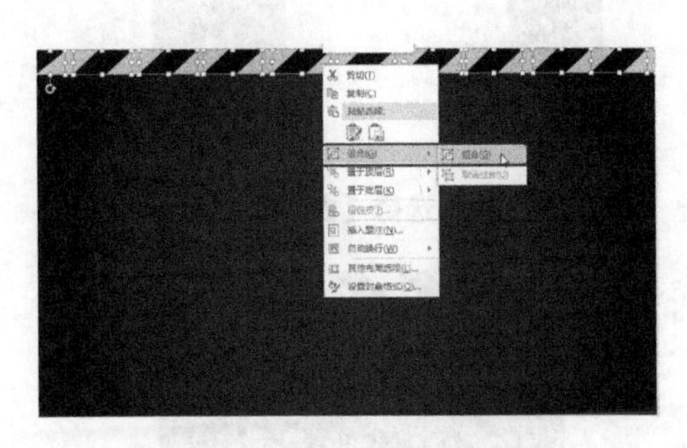

图 3-162　选择【组合】命令

step 17 选中成组后的对象，按住 Ctrl+C 组合键对其进行复制，按 Ctrl+V 组合键粘贴，并调整其位置，效果如图 3-163 所示。

step 18 在功能区选择【插入】选项卡，在【插图】组中单击【形状】按钮，在弹出的下拉列表中选择【椭圆】选项，在文档中绘制一个椭圆形，在【设置形状格式】任务窗格中单击【填充线条】按钮，在【填充】选项组中将【颜色】的 RGB 值设置为 255、229、0，在【线条】选项组中选择【无线条】单选按钮，并在文档中调整其位置和大小，效果如图 3-164 所示。

图 3-163　复制对象并调整其位置

图 3-164　绘制圆形并进行调整

step 19 在功能区选择【插入】选项卡，在【插图】组中单击【形状】按钮，在弹出的下拉列表中选择【曲线】选项，如图 3-165 所示。

step 20 给绘制的图形填充与前面圆形相同的颜色，并取消描边，在该对象上右击，在弹出的快捷菜单中单击【编辑顶点】命令，如图 3-166 所示。

step 21 执行该操作后，在文档中对图形进行调整，调整后的效果如图 3-167 所示。

step 22 使用同样的方法在文档中绘制其他图形，并对绘制的图形进行调整，效果如图 3-168 所示。

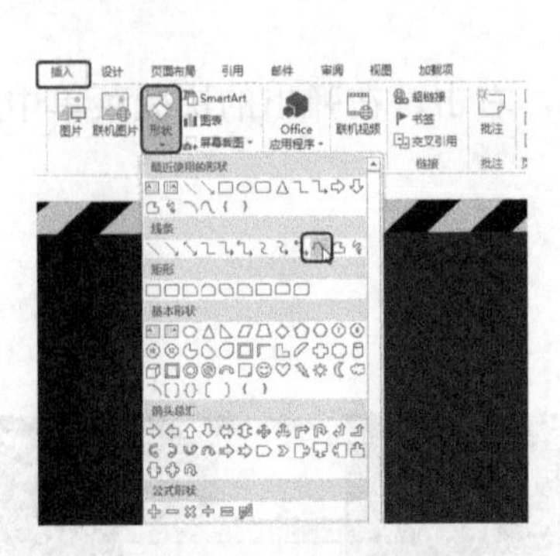

图 3-165 选择【曲线】选项

图 3-166 单击【编辑顶点】命令

图 3-167 调整图形的顶点

图 3-168 绘制其他图形后的效果

step 23 在功能区选择【插入】选项卡，在【文本】组中单击【文本框】按钮，在弹出的下拉列表中选择【绘制文本框】选项，在文档中绘制一个文本框，输入文字。选中输入的文字，右击，在弹出的快捷菜单中选择【字体】命令，如图 3-169 所示。

step 24 在弹出的对话框中切换到【字体】选项卡，将【中文字体】设置为“汉仪大黑简”，将【字号】设置为 45，将【字体颜色】的 RGB 值设置为 255、229、0，如图 3-170 所示。

图 3-169 选择【字体】命令

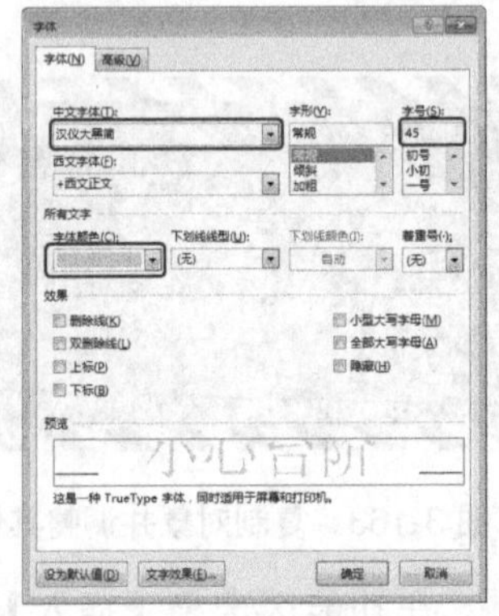

图 3-170 设置文字参数

step 25 切换到【高级】选项卡，在【字符间距】选项组中将【间距】设置为“加宽”，将【磅值】设置为 8 磅，如图 3-171 所示。

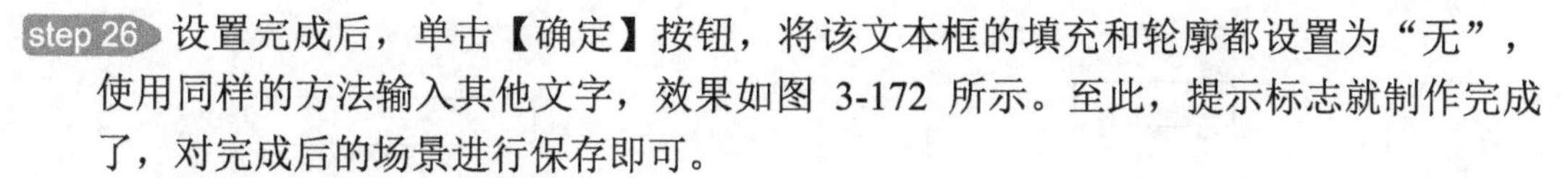

step 26 设置完成后，单击【确定】按钮，将该文本框的填充和轮廓都设置为“无”，使用同样的方法输入其他文字，效果如图 3-172 所示。至此，提示标志就制作完成了，对完成后的场景进行保存即可。

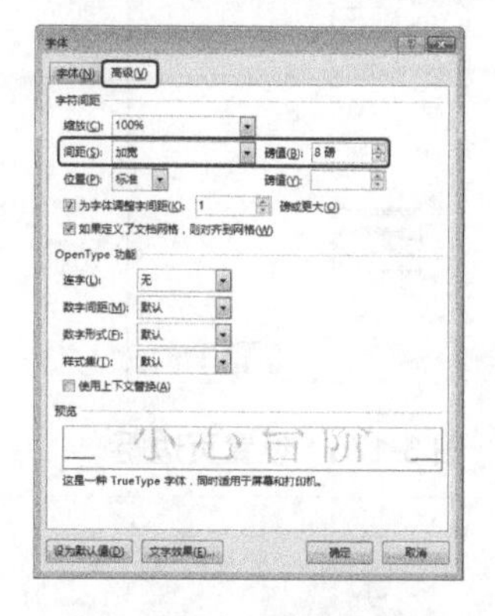

图 3-171　设置字符间距

图 3-172　输入其他文字后的效果

案例精讲 029　房地产宣传页正面

案例文件：CDROM\场景\Cha03\房地产宣传页正面.docx

视频文件：视频教学\Cha03\房地产宣传页正面.avi

学习目标

- 学习为文字设置三维效果的方法。
- 掌握调整三维效果的方法。

制作概述

本例将介绍房地产宣传页正面的制作方法。该例的制作思路是：绘制形状并为形状设置素材填充，将其当做背景使用，输入文字并进行设置，设置出三维效果，并通过插入素材展示房地产的效果。完成后的效果如图 3-173 所示。

图 3-173　房地产宣传页正面

操作步骤

step 01 运行 Word 2013 后，新建一个空白文档。

step 02 在功能区选择【页面布局】选项卡，在【页面设置】组中单击其右下角的按钮，弹出【页面设置】对话框，切换到【纸张】选项卡，设置【纸张大小】为 A3，如图 3-174 所示。

step 03 切换到【页边距】选项卡，在【页边距】选项组中，将【上】、【下】、【左】和【右】均设置为 1 厘米，在【纸张方向】选项组中，选择【横向】单选按钮，设置完成后单击【确定】按钮，如图 3-175 所示。

step 04 纸张设置完成后，效果如图 3-176 所示。

step 05 在功能区选择【插入】选项卡，在【插图】选项组中单击【形状】按钮，在弹出的下拉列表中选择【矩形】选项，如图 3-177 所示。

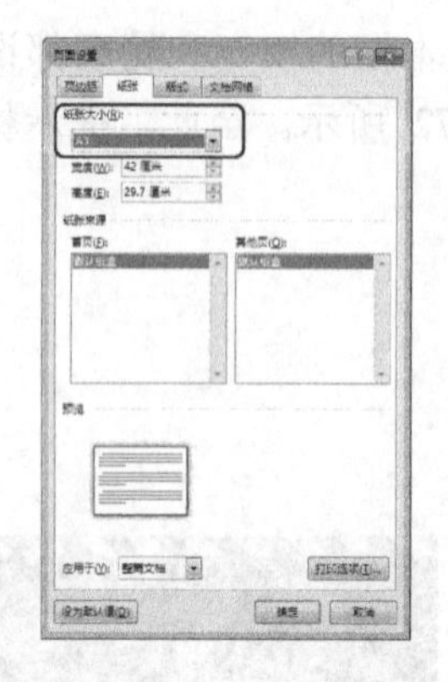

图 3-174　设置纸张大小

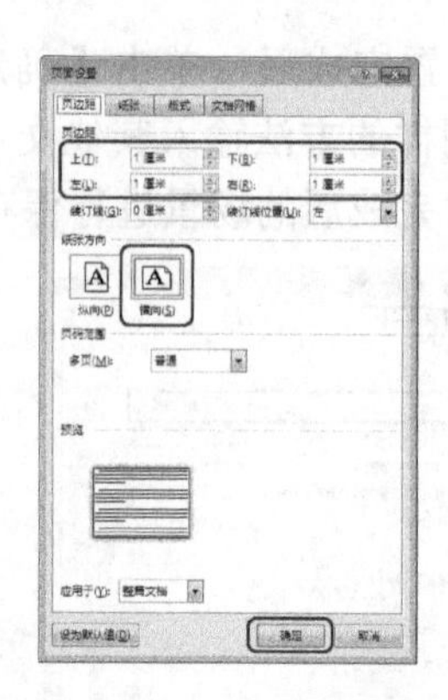

图 3-175　设置页边距

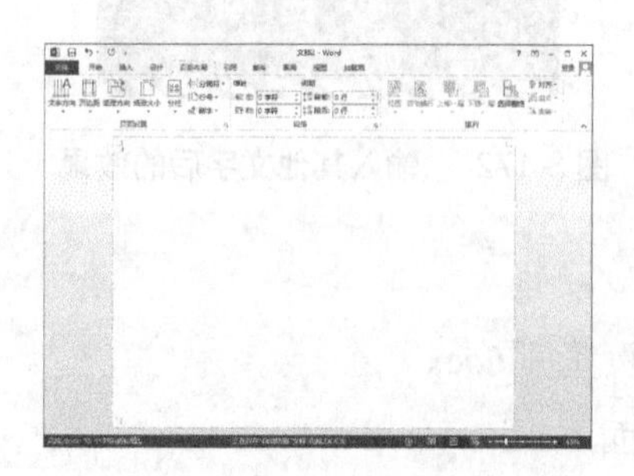

图 3-176　纸张效果

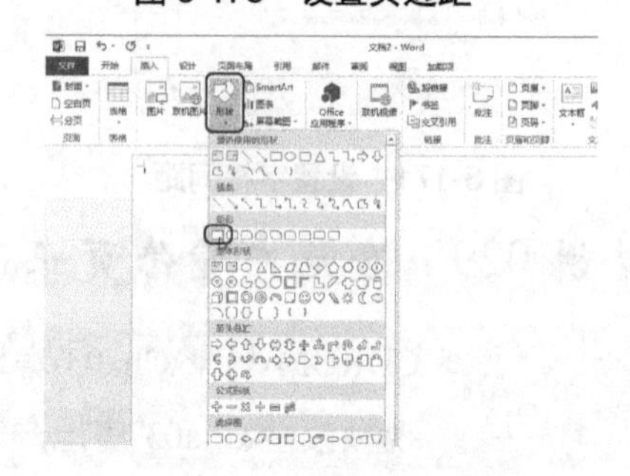

图 3-177　选择【矩形】选项

step 06 在页面中单击并进行拖拽，绘制一个矩形，在【格式】选项卡的【大小】选项组中，设置【形状高度】为 25.79 厘米，设置【形状宽度】为 17.5 厘米，如图 3-178 所示。

step 07 选择绘制的图形，在【形状样式】选项组中单击其右下角的按钮，打开【设置形状格式】任务窗格，如图 3-179 所示。

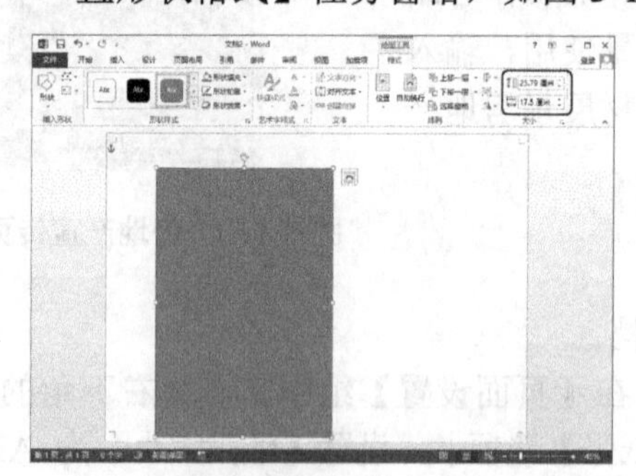

图 3-178　设置图形的宽度和高度

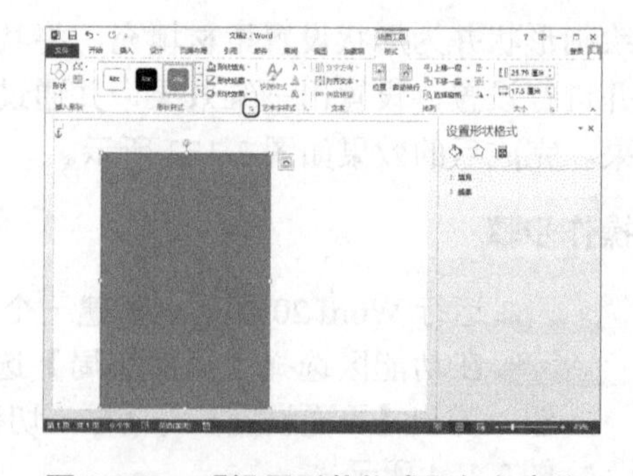

图 3-179　【设置形状格式】任务窗格

step 08 切换到【填充线条】选项卡，在【填充】选项组中，选择【图片或纹理填充】单选按钮，然后单击【插入图片来自】下的【文件】按钮，如图 3-180 所示。

step 09 弹出【插入图片】对话框，选择随书附带光盘中的“CDROM\素材\Cha03\背景.jpg”文件，如图 3-181 所示。

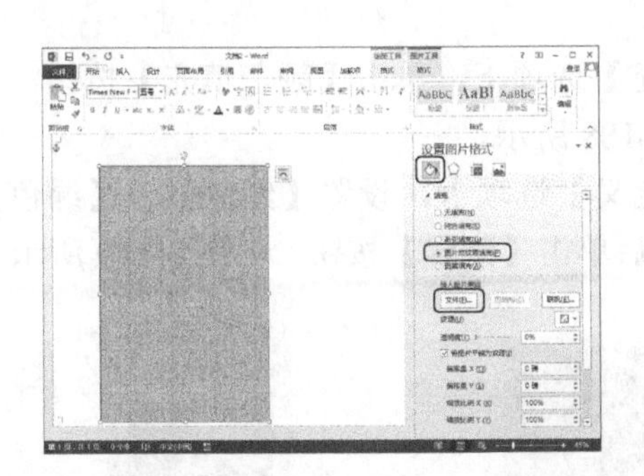

图 3-180 单击【文件】按钮

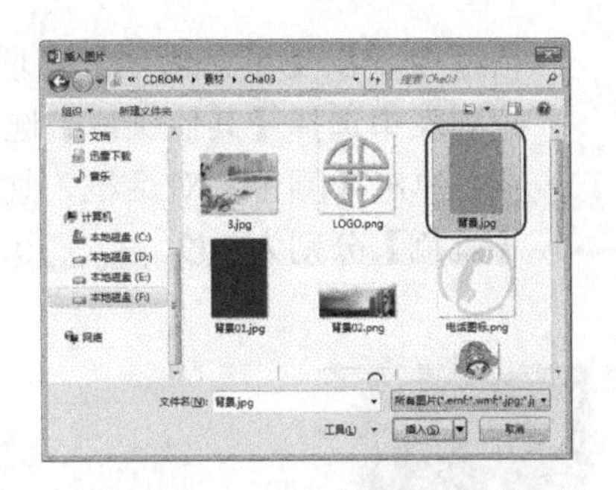

图 3-181 选择素材文件

step 10 单击【插入】按钮，为绘制的图形填充图案，并调整图形的位置，效果如图 3-182 所示。

step 11 再绘制一个高度为 22.12 厘米、宽度为 16.19 厘米的矩形，如图 3-183 所示。

step 12 按 Shift 选择绘制的全部图形，切换至【页面布局】选项卡，在【排列】选项组中单击【对齐】按钮，然后在下拉列表中选择【左右居中】选项，如图 3-184 所示。

图 3-182 插入素材效果

图 3-183 绘制矩形

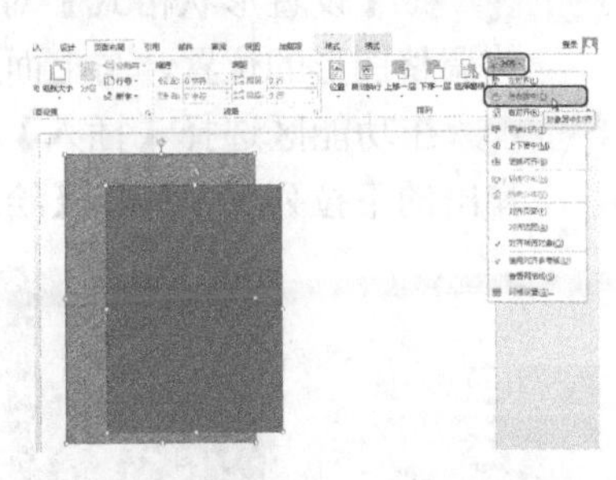

图 3-184 选择【左右居中】选项

step 13 调整图形的位置，效果如图 3-185 所示。

step 14 选择刚刚绘制的图形，使用相同的方法为其填充纹理，在【设置形状格式】任务窗格中，选择【图片或纹理填充】单选按钮，然后单击【插入图片来自】下的【文件】按钮，在弹出的【插入图片】对话框中，选择随书附带光盘中的“CDROM\素材\Cha03\背景 01.jpg”文件，如图 3-186 所示。

图 3-185 调整位置后的效果

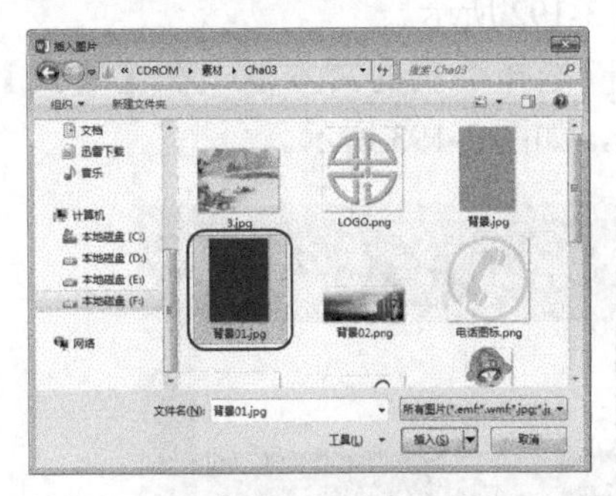

图 3-186 选择素材文件

step 15 单击【插入】按钮，填充效果如图 3-187 所示。

step 16 绘制一个高度为 2.08 厘米、宽度为 16.19 厘米的矩形，在【设置形状格式】对话框中，在【填充选项】选项卡的【填充】选项下，单击【颜色填充】按钮，在下拉列表中选择【其他颜色】选项，如图 3-188 所示。

step 17 弹出【颜色】对话框，切换到【自定义】选项卡，设置【红色】、【绿色】和【蓝色】分别为 149、37、30，设置完成后单击【确定】按钮，如图 3-189 所示。

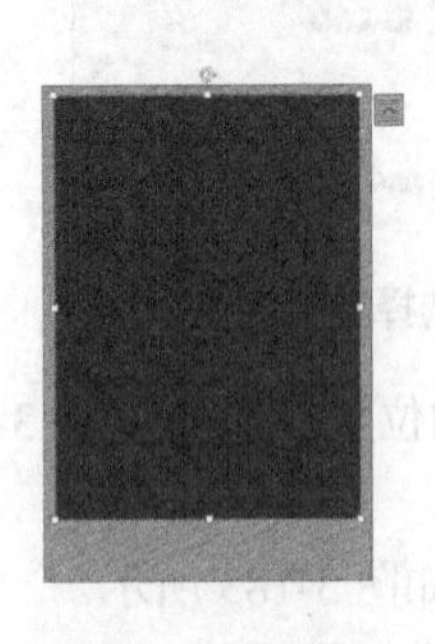

图 3-187 填充图形效果

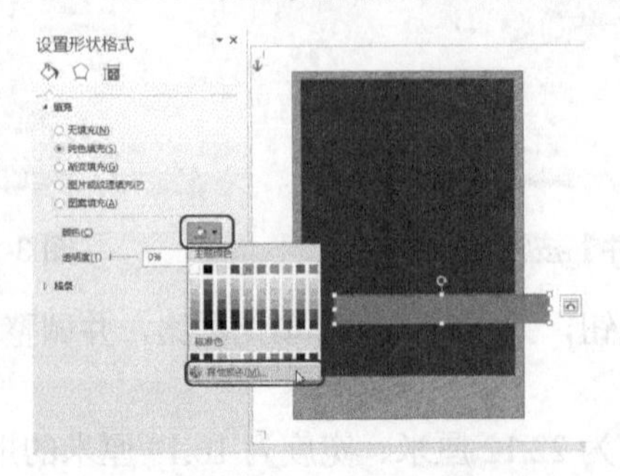

图 3-188 选择【其他颜色】选项

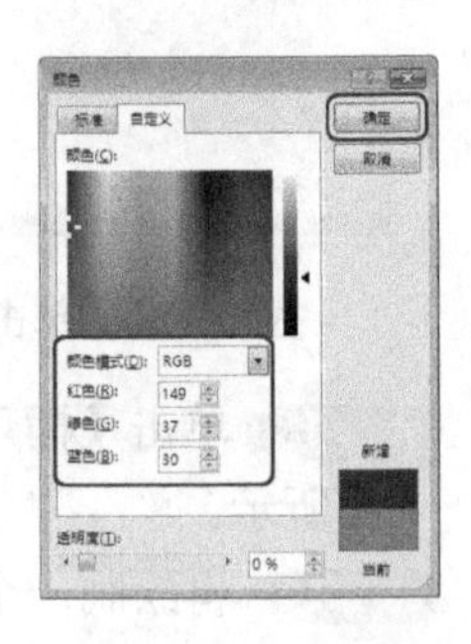

图 3-189 设置颜色

step 18 在【设置形状格式】对话框的【线条】选项组中，选择【无线条】单选按钮，并调整图形的位置，与上面的图形对齐，如图 3-190 所示。

step 19 在功能区选择【插入】选项卡，在【文本】选项组中单击【文本框】按钮，在弹出的下拉列表中选择【绘制文本框】选项，如图 3-191 所示。

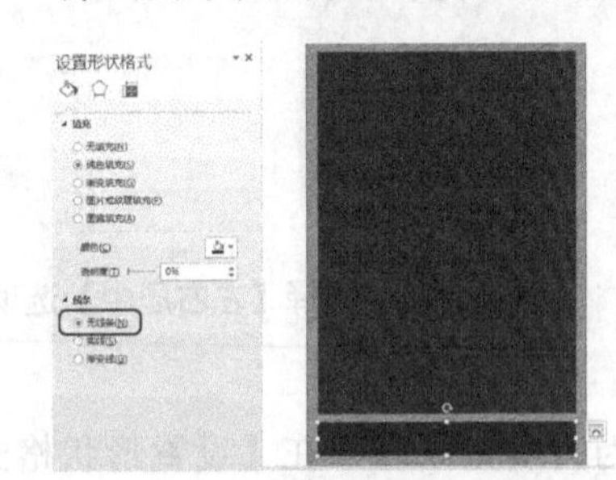

图 3-190 调整图形位置

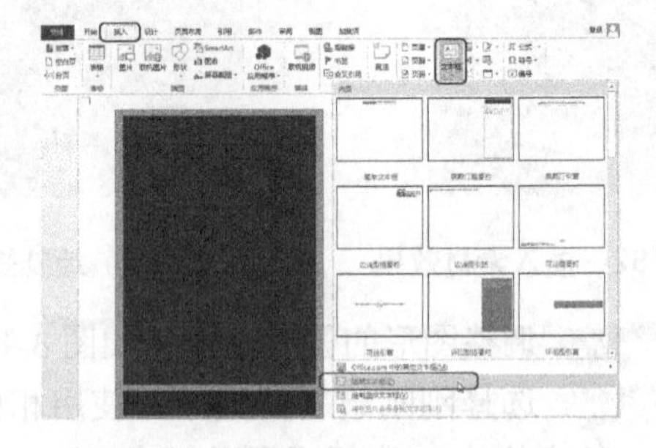

图 3-191 选择【绘制文本框】选项

step 20 按住鼠标左键进行拖拽，绘制一个文本框，然后输入文字“开盘震撼价”，如图 3-192 所示。

step 21 选择绘制的文本框，在【格式】选项卡中单击【形状样式】选项组中的 按钮，如图 3-193 所示。

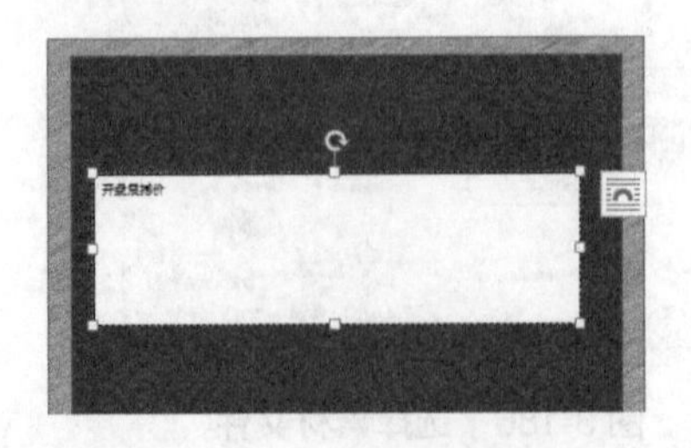

图 3-192 绘制文本框并输入文字

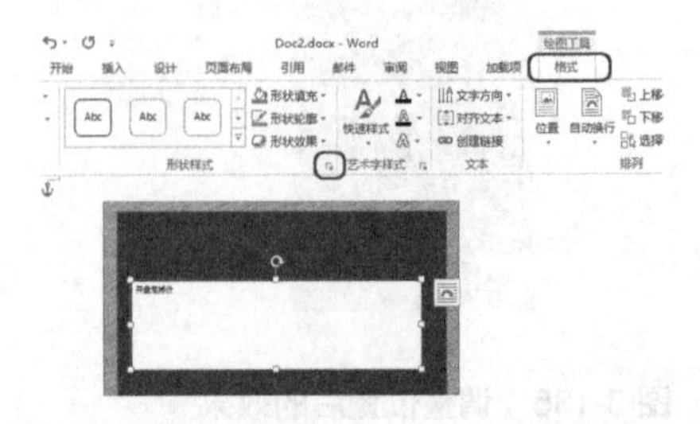

图 3-193 单击【形状样式】选项组

step 22 打开【设置形状格式】任务窗格，切换到【形状选项】下的【填充】选项卡，选择【无填充】单选按钮；在【线条】选项组中，选择【无线条】单选按钮，如图 3-194 所示。

step 23 在功能区选择【开始】选项卡，将文字字体设置为“汉仪粗黑简”，字号设置为 60，如图 3-195 所示。

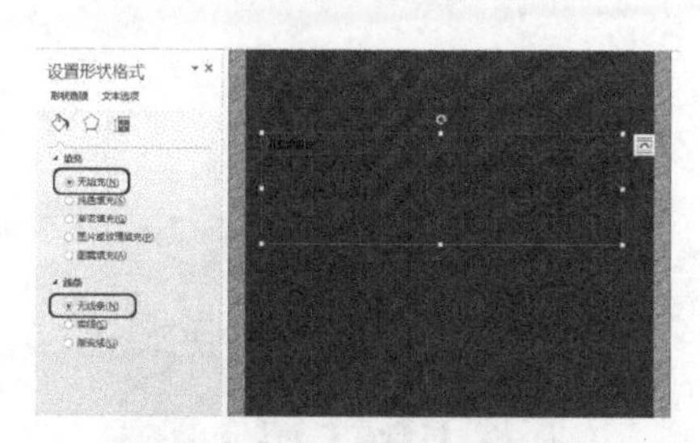

图 3-194 设置形状格式

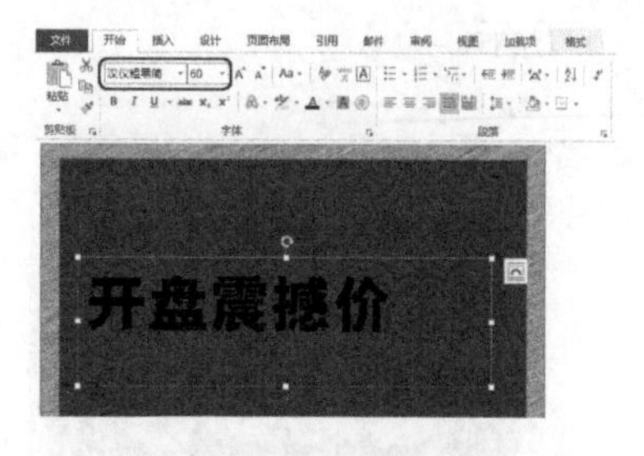

图 3-195 设置文字

step 24 打开【设置形状格式】任务窗格，切换到【文本选项】下的【文本填充】选项卡，将颜色设置为“金色，着色 4，淡色 40%”，如图 3-196 所示。

step 25 切换到【文本效果】选项卡，在【阴影】选项组中，将【颜色】设置为“黑色”，【透明度】设置为 45%，【大小】设置为 100%，【模糊】设置为 5 磅，【角度】设置为 359°，【距离】设置为 2 磅，如图 3-197 所示。

图 3-196 设置文字颜色

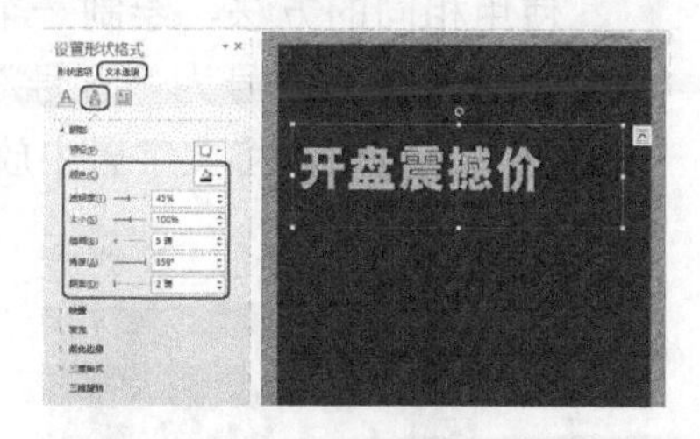

图 3-197 设置文字阴影

step 26 在【三维格式】选项组中，【顶部棱台】和【底部棱台】均设置为“角度”，【材料】设置为“硬边缘”，【照明】设置为“平衡”，【角度】设置为 270°，如图 3-198 所示。

在【三维格式】选项组中，不仅可以选择【顶部棱台】和【底部棱台】中的预设样式，也可以通过输入相应的【宽度】和【高度】参数来设置三维格式。

step 27 调整文本框的大小及位置，效果如图 3-199 所示。

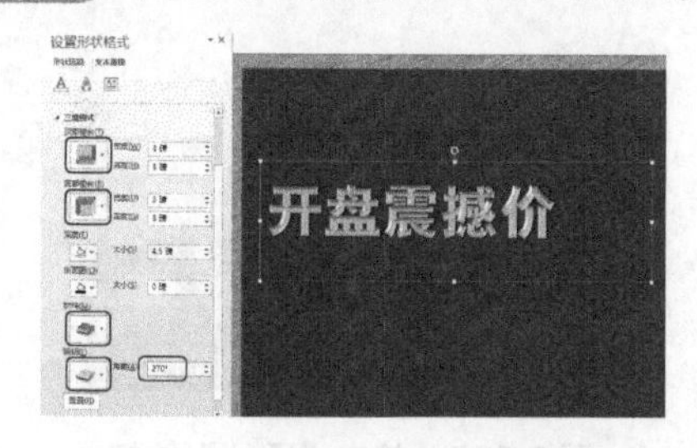

图 3-198 设置文字的三维格式

图 3-199 设置文本框大小及位置

step 28 选择制作的文本框，按 Ctrl+C 组合键进行复制，然后按 Ctrl+V 组合键进行粘贴，将文本框中文字更改为“3988”，并选择文本框；在【开始】选项卡中，设置字体为Impact，字号为150，调整文本框的大小及位置，如图3-200所示。

step 29 使用相同的方法制作文字，字体设为“汉仪粗黑简”，字号设为“小三”，如图3-201所示。

图3-200 设置文字

图3-201 文字效果

step 30 使用相同的方法，绘制一个文本框，输入文字“盛居·佳和广场 | 更多购房惊喜等待您的发现”，设置字体为“方正准圆简体”，字号为17，字体颜色为“白色”，调整文本框的位置及大小，效果如图3-202所示。

step 31 使用相同的方法，绘制一个文本框并输入文字，在【开始】选项卡中将字体设置为“默认”，字号为“五号”，字体颜色为“白色”，在【段落】选项组中，单击【居中】按钮，将文字居中放置，如图3-203所示。

图3-202 制作文字

图3-203 制作文字

step 32 继续选择刚刚制作的文本框，在【段落】选项组中，单击【行和段落间距】按钮，在弹出的下拉列表中选择1.15选项，效果如图3-204所示。

step 33 下面制作 LOGO，切换到【插入】选项卡，在【插图】选项组中单击【图片】按钮，如图3-205所示。

图3-204 设置行距

图3-205 单击【图片】按钮

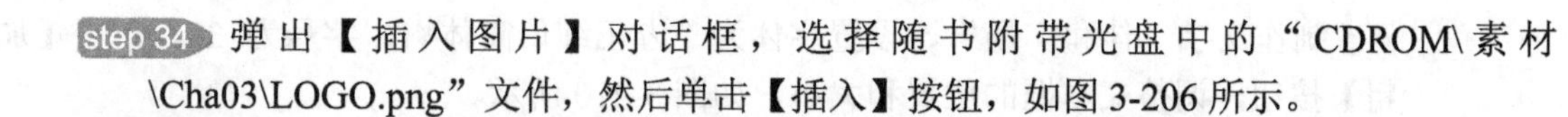

step 34 弹出【插入图片】对话框，选择随书附带光盘中的“CDROM\素材\Cha03\LOGO.png”文件，然后单击【插入】按钮，如图 3-206 所示。

step 35 选择插入的素材文件并右击，在弹出的快捷菜单中选择【自动换行】|【浮于文字上方】命令，如图 3-207 所示。

知识链接

PNG，图像文件存储格式，其目的是试图替代 GIF 和 TIFF 文件格式，同时增加一些 GIF 文件格式所不具备的特性。可移植网络图形格式(Portable Network Graphic Format，PNG)名称来源于非官方的“PNG's Not GIF”，是一种位图文件(bitmap file)存储格式。PNG 用来存储灰度图像时，灰度图像的深度可多到 16 位；存储彩色图像时，彩色图像的深度可多到 48 位，并且还可存储多到 16 位的α通道数据。PNG 使用从 LZ77 派生的无损数据压缩算法，一般应用于 JAVA 程序中，或网页或 S60 程序中，是因为它压缩比高，生成文件容量小。

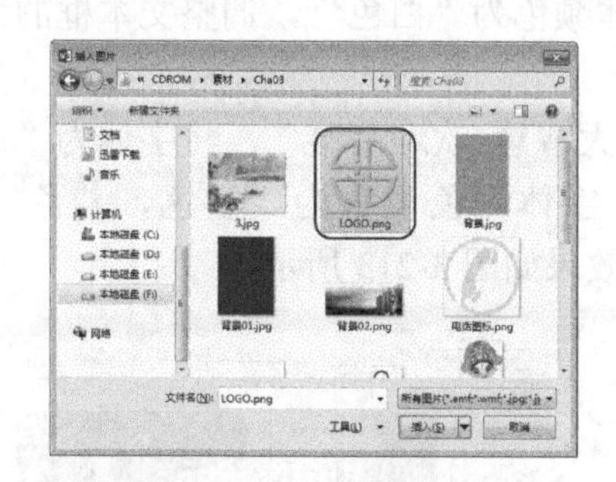

图 3-206 选择素材文件

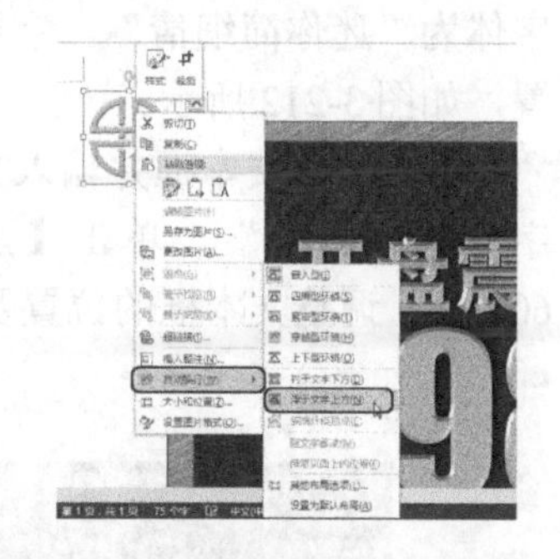

图 3-207 选择【浮于文字上方】命令

step 36 选择插入的 LOGO 并调整其大小和位置，如图 3-208 所示。

step 37 使用相同的方法绘制一个文本框，输入文字“JIAHE SQUARE”，在【开始】选项卡中，设置字体为“迷你简细倩”，字号为 13，文字颜色为白色，如图 3-209 所示。

图 3-208 调整素材的位置和大小

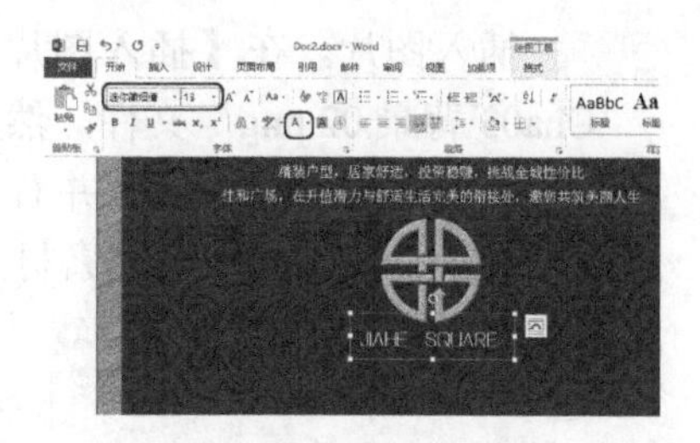

图 3-209 制作文字

提示

在调整图片时，只要改变了其中一个数值，那么另一个数值也会随之改变，因为图片是等比缩放的。如果只想改变一个数值，而不会影响另一个，那么在【大小】组中单击右下角的【高级版式：大小】按钮，打开【布局】对话框，在该对话框中取消【锁定纵横比】复选框的勾选，就不会等比缩放了。

step 38 制作文字“佳和广场”，设置字体为“方正细倩简体”，字号为 20，单击【加粗】按钮，调整文本框的位置和大小，如图 3-210 所示。

step 39 在功能区选择【插入】选项卡，在【文本】选项组中，单击【文本框】按钮，在下拉列表中选择【绘制竖排文本框】选项，如图 3-211 所示。

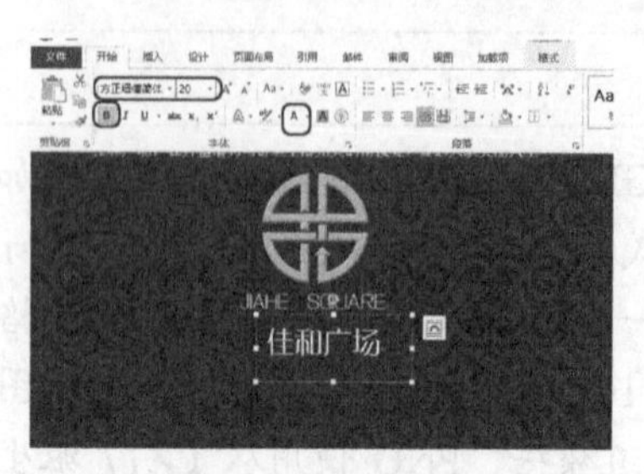

图 3-210 制作文字

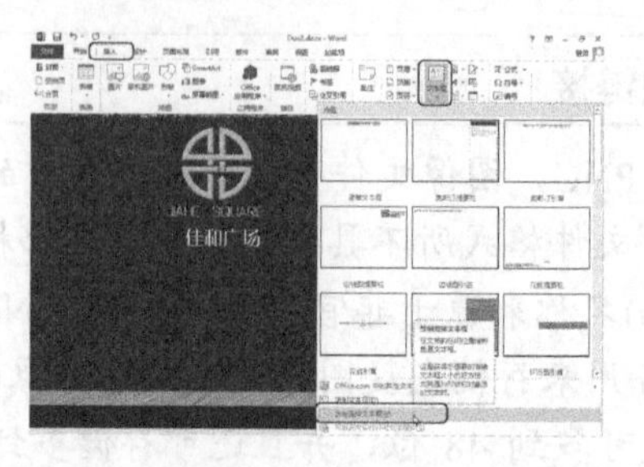

图 3-211 选择【绘制竖排文本框】选项

step 40 绘制一个文本框，使用前面相同的方法设置文本框并输入文字“盛居”，设置字体为“迷你简细倩”，字号为 10，字体颜色为“白色”，调整文本框的大小和位置，如图 3-212 所示。

step 41 绘制一个文本框并输入文字“小户型大智慧 欢迎品鉴”，将字体为“宋体”，字号为“四号”，单击【加粗】按钮，字体颜色设置为“金色，着色 4，淡色 60%”，调整文本框的位置及大小，文字效果如图 3-213 所示。

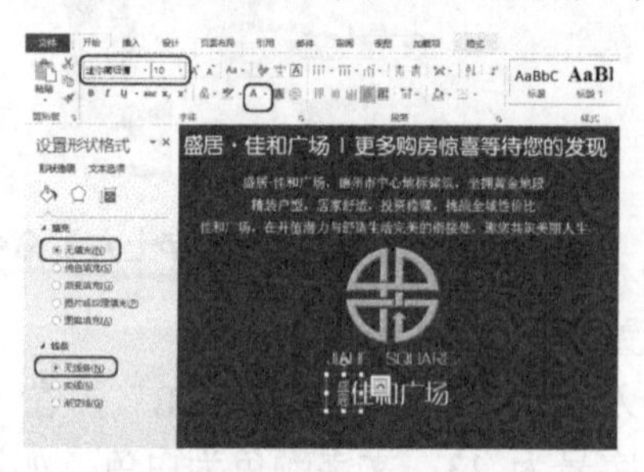

图 3-212 制作并设置文字

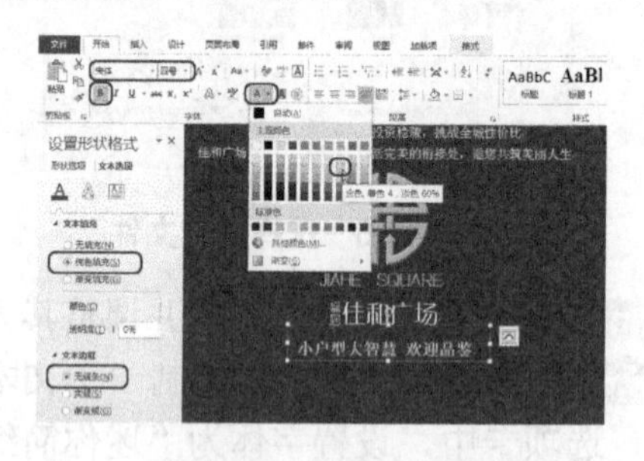

图 3-213 制作并设置文字

step 42 插入图片，在【插入图片】对话框中，选择随书附带光盘中的“CDROM\素材\Cha03\背景 02.png”文件，然后单击【插入】按钮，如图 3-214 所示。

step 43 选择插入的素材文件并右击，在弹出的快捷菜单中单击【自动换行】|【浮于文字上方】命令，然后调整素材文件的位置及大小，如图 3-215 所示。

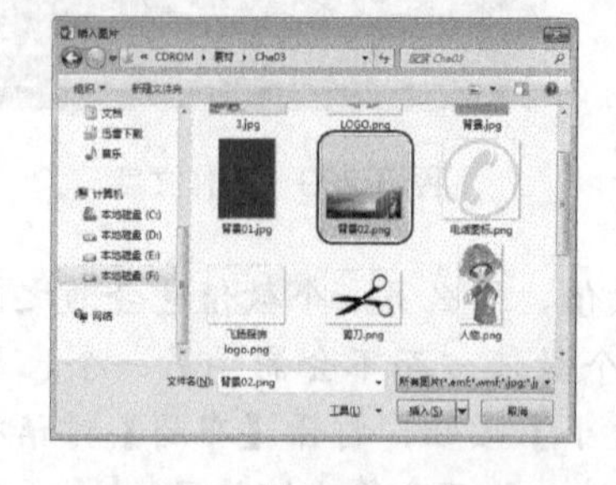

图 3-214 选择素材文件

图 3-215 图形效果

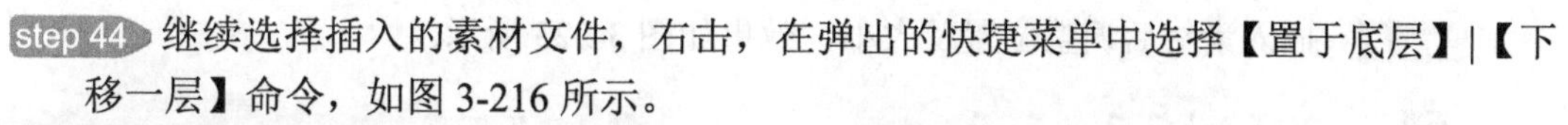

step 44 继续选择插入的素材文件，右击，在弹出的快捷菜单中选择【置于底层】|【下移一层】命令，如图 3-216 所示。

step 45 再将素材下移一层，调整完成后，效果如图 3-217 所示。

图 3-216　选择【下移一层】命令

图 3-217　素材效果

step 46 使用相同的方法，绘制一个文本框并输入文字“咨询热线”，选择绘制的文本框，在功能区选择【开始】选项卡，设置字体为“宋体”，字号为“五号”，单击【加粗】按钮，字体颜色为“金色，着色 4，淡色 60%”，调整文本框的位置，文字效果如图 3-218 所示。

step 47 在【设置形状格式】任务窗格中，切换到【文本选项】下的【布局属性】选项卡，然后将【文本框】选项组下的【左边距】、【右边距】、【上边距】和【下边距】均设置为 0 厘米，并调整文本框的大小及位置，如图 3-219 所示。

图 3-218　输入并设置文字

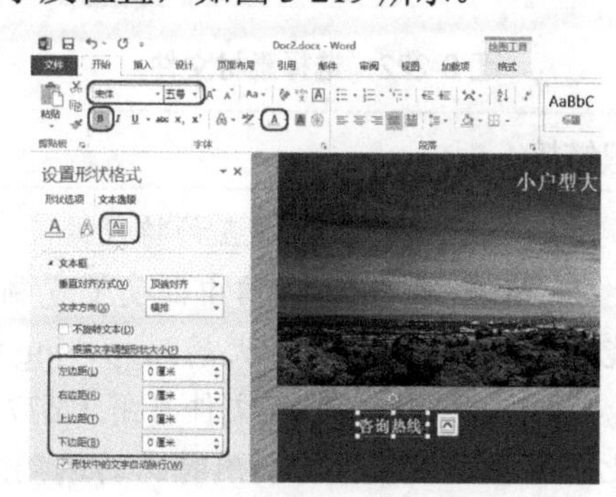

图 3-219　设置文字

step 48 选择刚刚制作的文字进行复制和粘贴，然后将复制的文本框内的文字更改为“0534”，设置字体为 Impact，字号为 20，单击【加粗】按钮，取消字体加粗，如图 3-220 所示。

step 49 复制刚刚制作的文字，将文本框中的文字更改为“6699887 6699886”，字号设为 33，在【设置形状格式】任务窗格中，切换到【文本选项】下的【文本效果】选项卡，【阴影】选项组下的【颜色】设置为“黑色”，【透明度】设为 70%，【大小】设为 100%，【模糊】设为 4 磅，【角度】设为 0°，【距离】设为 4 磅，调整文本框的位置和大小，如图 3-221 所示。

step 50 在功能区选择【插入】选项卡，单击【插图】选项组中的【图片】按钮，弹出【插入图片】对话框，选择随书附带光盘中的“CDROM\素材\Cha03\电话图标.png”文件，然后单击【插入】按钮，如图 3-222 所示。

step 51 插入素材后调整位置及大小，效果如图 3-223 所示。

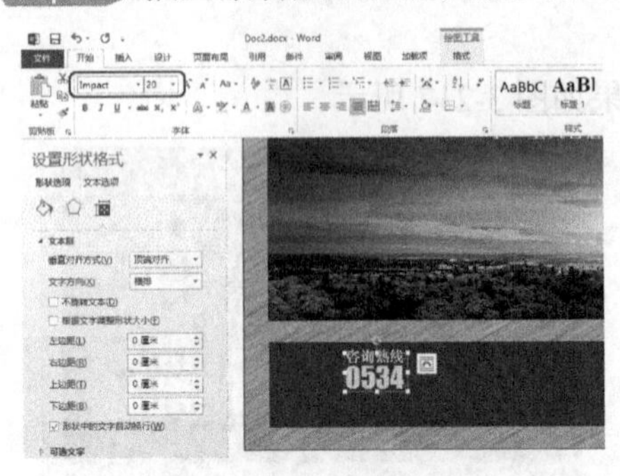

图 3-220　制作并设置文字

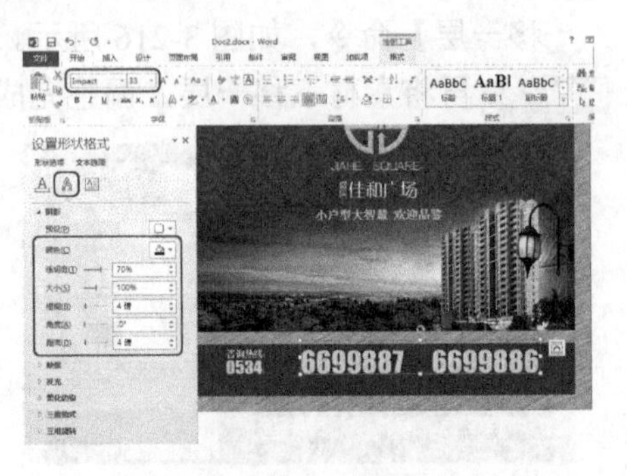

图 3-221　设置文字

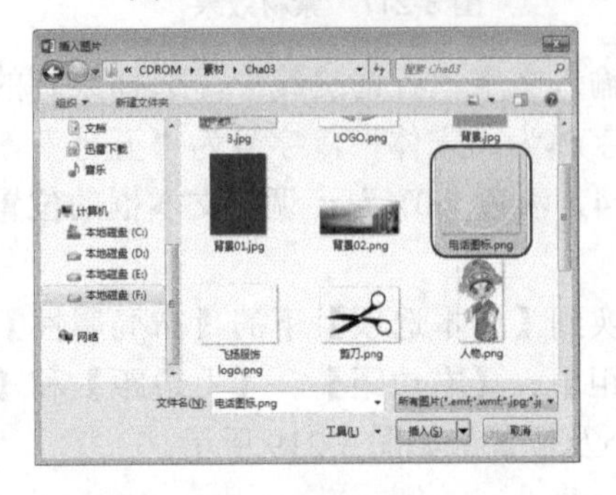

图 3-222　选择素材文件

图 3-223　素材效果

知识链接

PNG 图像文件有以下五种特性。

(1) 体积小：网络通信中因受带宽制约，在保证图片清晰、逼真的前提下，网页中不可能大范围地使用文件较大的 bmp、jpg 格式文件。

(2) 无损压缩：PNG 文件采用 LZ77 算法的派生算法进行压缩，其结果是获得高的压缩比，不损失数据。它利用特殊的编码方法标记重复出现的数据，因而对图像的颜色没有影响，也不可能产生颜色的损失，这样就可以重复保存而不降低图像质量。

(3) 索引彩色模式：PNG-8 格式与 GIF 图像类似，同样采用 8 位调色板将 RGB 彩色图像转换为索引彩色图像。图像中保存的不再是各个像素的彩色信息，而是从图像中挑选出来的具有代表性的颜色编号，每一个编号对应一种颜色，图像的数据量也因此减少，这对彩色图像的传播非常有利。

(4) 更优化的网络传输显示：PNG 图像在浏览器上采用流式浏览，即使经过交错处理的图像会在完全下载之前提供浏览者一个基本的图像内容，然后再逐渐清晰起来。它允许连续读出和写入图像数据，这个特性很适合于在通信过程中显示和生成图像。

(5) 支持透明效果：PNG 可以为原图像定义 256 个透明层次，使得彩色图像的边缘能与任何背景平滑地融合，从而彻底地消除锯齿边缘。这种功能是 GIF 和 JPEG 没有的。

PNG 同时还支持真彩和灰度级图像的 Alpha 通道透明度。

step 52 绘制文本框，输入文字并设置字体及大小，效果如图 3-224 所示。

step 53 在功能区选择【插入】选项卡，在【插图】选项组中，单击【形状】按钮，在弹出的下拉列表中选择【同心圆】选项，如图 3-225 所示。

图 3-224 制作文字

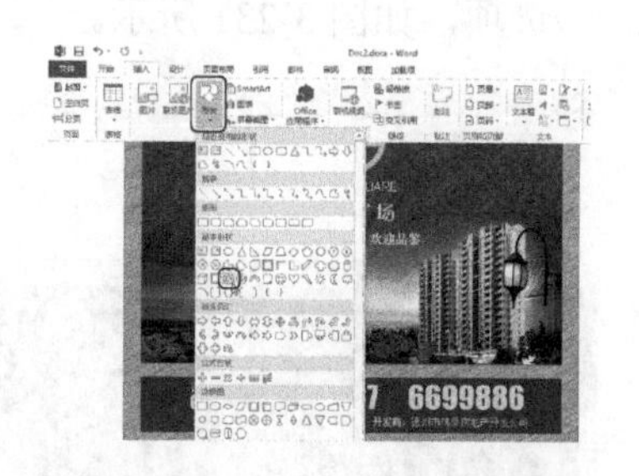

图 3-225 选择【同心圆】选项

step 54 绘制并选择绘制的两个同心圆，在【格式】选项卡中，将形状的高度和宽度均设置为 0.24 厘米，在【设置形状格式】任务窗格中，设置【颜色】为“金色，着色4，淡色 60%”，如图 3-226 所示。

step 55 将绘制的图形放置在合适的位置后，选择绘制的两个图形，切换到【页面布局】选项卡，在【排列】选项组中，单击【对齐】按钮，在下拉列表中选择【顶端对齐】选项，如图 3-227 所示。

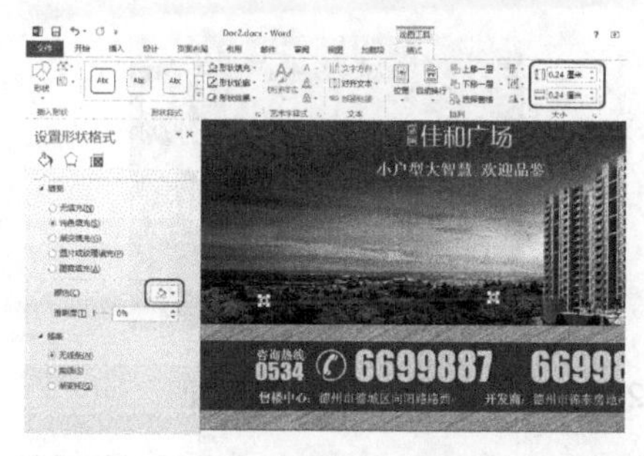

图 3-226 设置图形

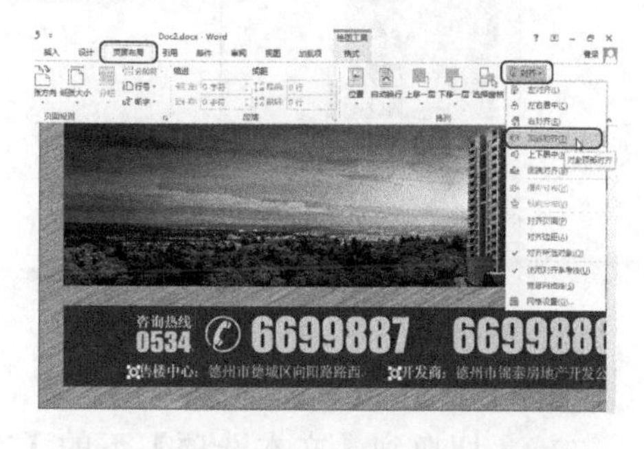

图 3-227 选择【顶端对齐】选项

step 56 在功能区选择【插入】选项卡，在【插图】选项组中，单击【形状】按钮，在弹出的下拉列表中选择【任意多边形】选项，如图 3-228 所示。

step 57 在页面中绘制图形并在其中输入文字“开盘在即”文字，如图 3-229 所示。

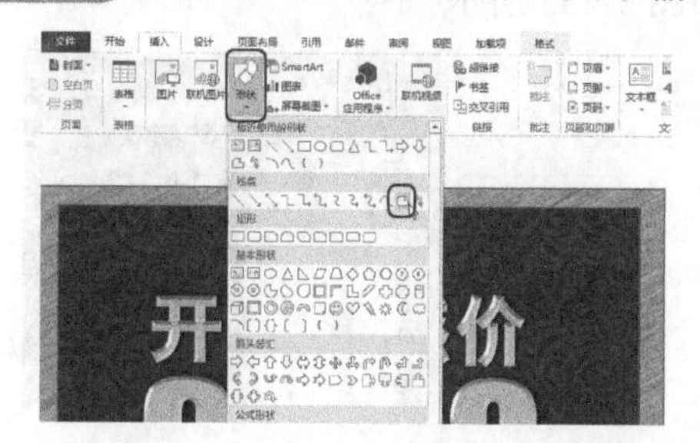

图 3-228 选择【任意多边形】选项

图 3-229 绘制图形

step 58 选择绘制的图形，在功能区选择【开始】选项卡，设置【字体】为“方正粗倩简体”，【字号】设为 20，如图 3-230 所示。

step 59 打开【设置形状格式】对话框，切换到【形状选项】下的【填充线条】选项卡，单击【颜色】选项右侧的【填充颜色】按钮，在下拉列表中选择【其他颜色】选项，如图 3-231 所示。

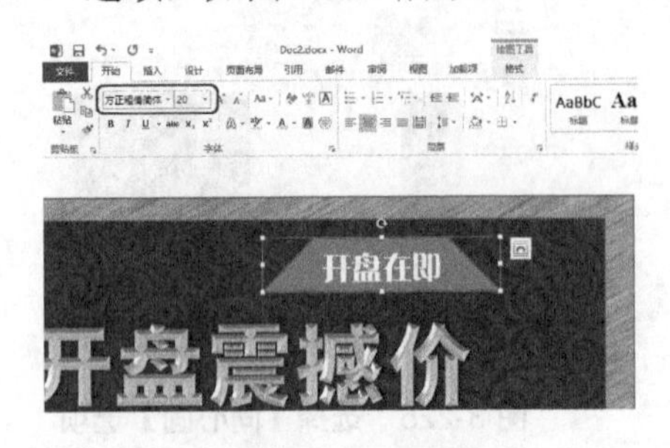

图 3-230　设置文字

图 3-231　选择【其他颜色】选项

step 60 弹出【颜色】对话框，设置【红色】、【绿色】和【蓝色】为 237、183、85，单击【确定】按钮，如图 3-232 所示。

step 61 选择【线条】选项组下的【无线条】单选按钮，效果如图 3-233 所示。

图 3-232　设置颜色

图 3-233　选择【无线条】单选按钮

step 62 切换到【文本选项】下的【布局属性】选项卡，设置【文本框】选项组下的【上边距】为 0.05 厘米，如图 3-234 所示。

step 63 切换到【形状选项】下的【效果】选项卡，展开【阴影】选项组，【颜色】设为“黑色”，【透明度】设为 70%，【大小】设为 100%，【模糊】设为 4 磅，【角度】设为 135°，【距离】设为 6 磅，如图 3-235 所示。

图 3-234　设置上边距

图 3-235　设置阴影

step 64 按住 Shift 键旋转该图形，并将其调整至合适的位置，如图 3-236 所示。

step 65 选择之前制作的红色背景，并对其进行调整，切换到【绘图工具】下的【格式】选项卡，单击【形状样式】选项组右下角的按钮，打开【设置图片格式】任务窗格，切换到【填充线条】选项卡下的【线条】选项，选择【无线条】单选按钮，如图 3-237 所示。

step 66 房地产宣传页的正面制作完成，效果如图 3-238 所示。

图 3-236 图形效果

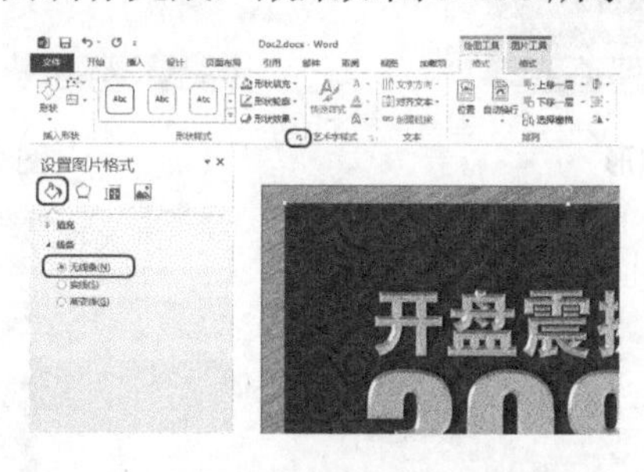

图 3-237 选择【无线条】单选按钮

图 3-238 正面效果

案例精讲 030 房地产宣传页背面

案例文件：CDROM\场景\Cha03\房地产宣传页背面.docx

视频文件：视频教学\Cha03\房地产宣传页背面.avi

学习目标

- 学习精简工作的思路方法。
- 掌握运用精简工作的思路方法。

制作概述

下面将介绍如何制作房地产宣传页的背面。相对于正面来将，背面的制作就简单很多，主要是进行复制和插入图片。效果如图 3-239 所示具体操作步骤如下。

图 3-239 房地产宣传页背面

操作步骤

step 01 选择正面的部分图形，然后按 Ctrl+C 组合键进行复制，按 Ctrl+V 组合键进行粘贴，调整图形的位置，如图 3-240 所示。

step 02 选择背面右侧上方的红色背景，打开【设置图片格式】任务窗格，选择【填充线条】选项卡下的【填充】选项组，选择【纯色填充】单选按钮，然后将【颜色】的 RGB 值设置为 253、237、175，如图 3-241 所示。

step 03 绘制一个高度为 0.15 厘米、宽度为 16.19 厘米的矩形，然后调整其位置，在【设置形状格式】任务窗格中，将填充的颜色设置为 149、37、30，选择【无线条】单选按钮，如图 3-242 所示。

step 04 继续选择绘制的矩形，右击，在弹出的快捷菜单中选择【置于底层】|【下移一

层】命令，将图形下移一层，如图 3-243 所示。

图 3-240　复制图形

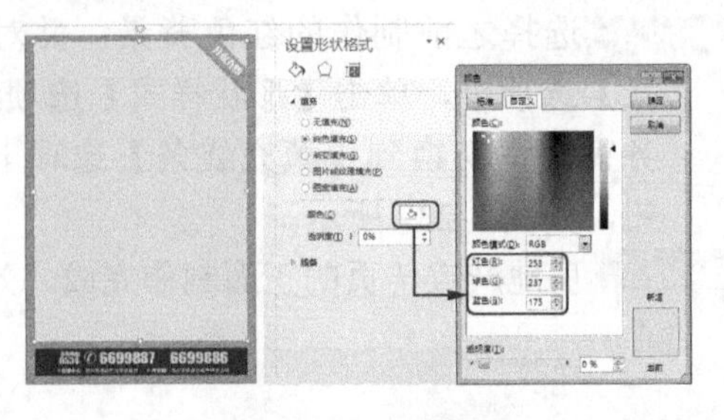

图 3-241　设置颜色

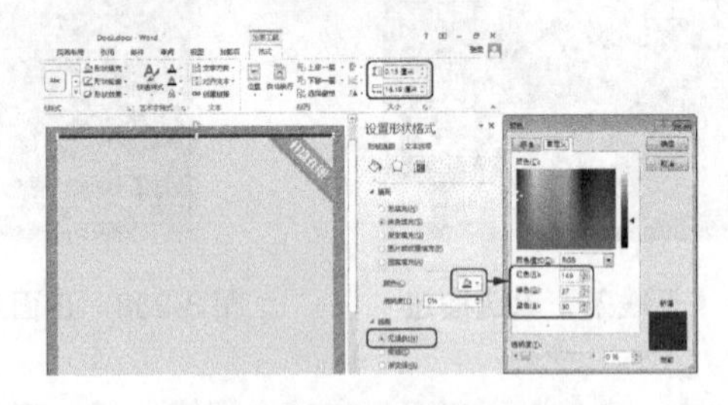

图 3-242　设置图形参数

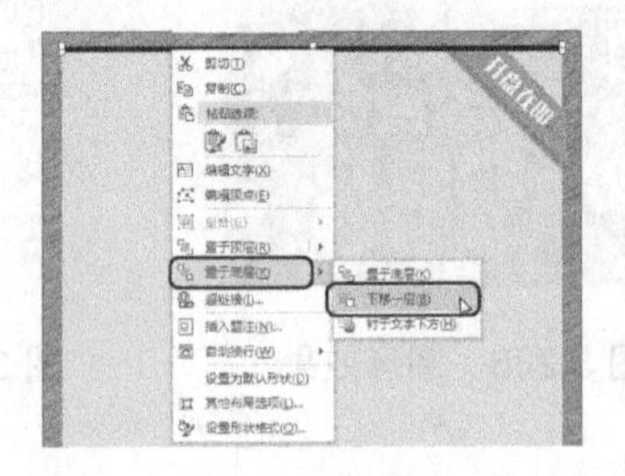

图 3-243　选择【下移一层】命令

step 05 使用相同的方法，绘制一个高度为 3 厘米、宽度为 2.8 厘米的矩形并设置形状格式，如图 3-244 所示。

step 06 选择制作的 LOGO 图形，按 Ctrl+C 组合键进行复制，按 Ctrl+V 组合键进行粘贴，然后调整位置及大小，效果如图 3-245 所示。

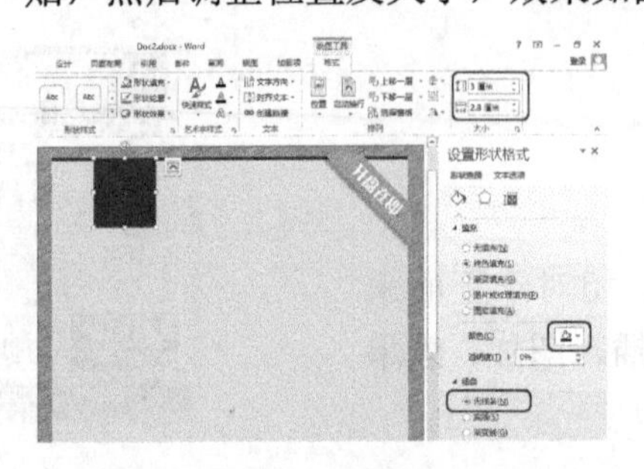

图 3-244　设置矩形形状格式

图 3-245　复制的图形

step 07 使用相同的方法复制其他图形，并调整大小及位置，如图 3-246 所示。

step 08 在功能区选择【插入】选项卡，在【文本】组中单击【文本框】按钮，在弹出的下拉列表中选择【绘制文本框】选项，如图 3-247 所示。

step 09 在文档中按住鼠标绘制一个文本框，在该文本框中输入文字，输入后的效果如图 3-248 所示。

step 10 选中该文本框，选择【绘图工具】下的【格式】选项卡，在【形状样式】组中将【形状填充】设置为“无填充颜色”，将【形状轮廓】设置为“无轮廓”，在【艺术字样式】组中将【文本填充】设置为“深红”，如图 3-249 所示。

图 3-246 复制的图形

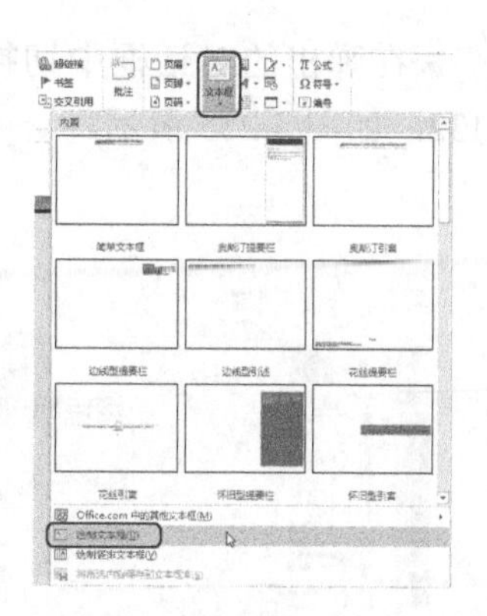

图 3-247 选择【绘制文本框】选项

图 3-248 输入文字

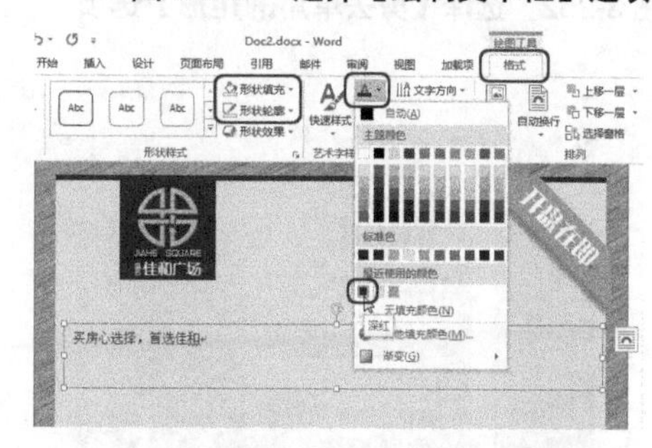

图 3-249 设置形状样式与艺术字样式

step 11 选中文本框中的文字，在功能区选择【开始】选项卡，在【字体】组中将字体设置为“方正综艺简体”，字号设置为 39，并调整文本框的位置及大小，如图 3-250 所示。

step 12 使用同样的方法输入其他文字，并对其进行相应的设置，效果如图 3-251 所示。

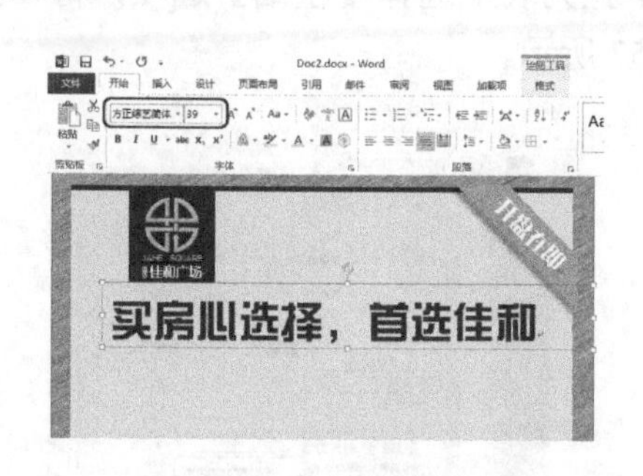

图 3-250 设置文字

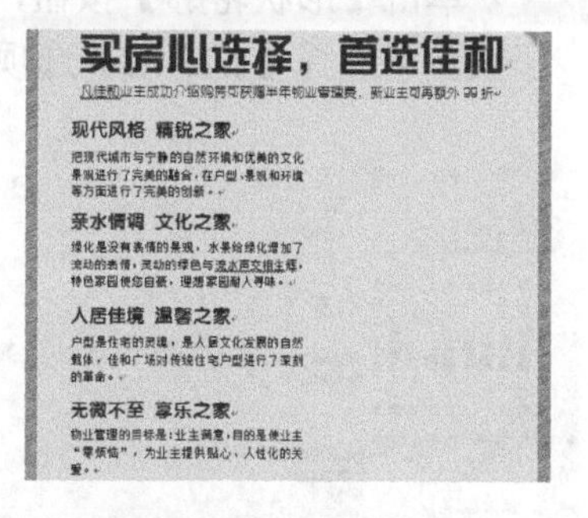

图 3-251 输入其他文字

step 13 在功能区选择【插入】选项卡，单击【插图】选项组中的【形状】按钮，在下拉列表中选择【剪去单角的矩形】选项，如图 3-252 所示。

step 14 绘制一个剪去单角的矩形，绘制完成后调整图形，在【格式】选项卡中，设置高度为 15.418 6 厘米、宽度为 6.27 厘米，调整图形至合适的位置，如图 3-253 所示。

step 15 确认该图形处于选中状态，选择【绘图工具】下的【格式】选项卡，在【形状样式】组中单击【形状填充】按钮，在弹出的下拉列表中选择【其他填充颜色】选项，如图 3-254 所示。

step 16 在弹出的对话框中切换到【自定义】选项卡，将 RGB 值设置为 248、207、132，如图 3-255 所示。

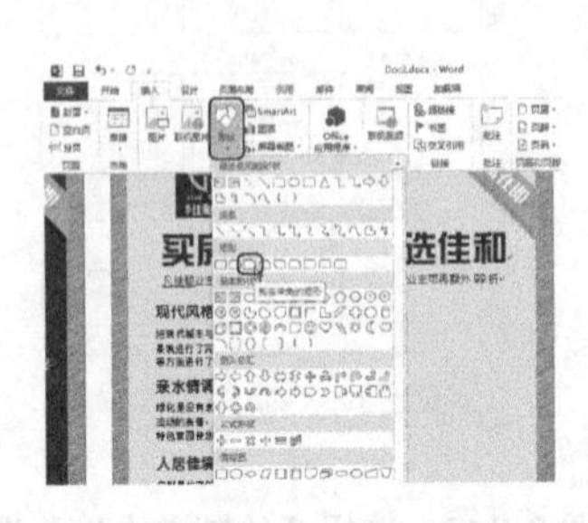

图 3-252 选择【剪去单角的矩形】选项

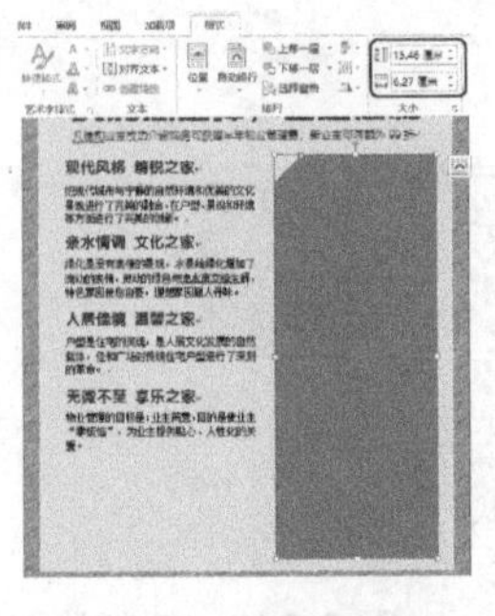

图 3-253 设置图形参数

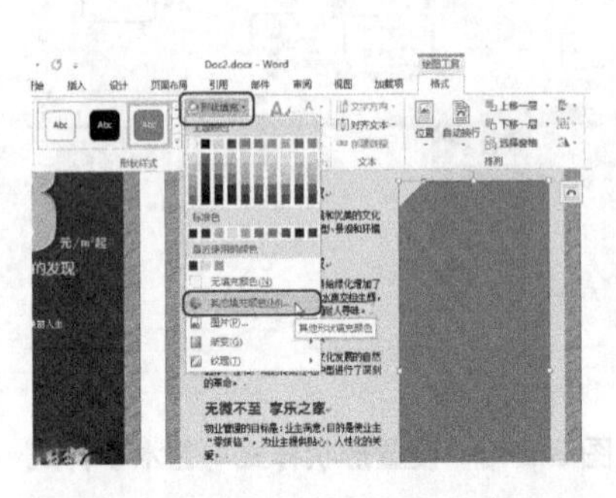

图 3-254 选择【其他填充颜色】选项

图 3-255 设置 RGB 值

step 17 在【形状样式】组中单击【形状轮廓】按钮，在弹出的下拉列表中选择【深红】选项，如图 3-256 所示。

step 18 单击【形状轮廓】按钮，在弹出的下拉列表中选择【粗细】选项，再在弹出的子菜单中选择【2.25 磅】选项，如图 3-257 所示。

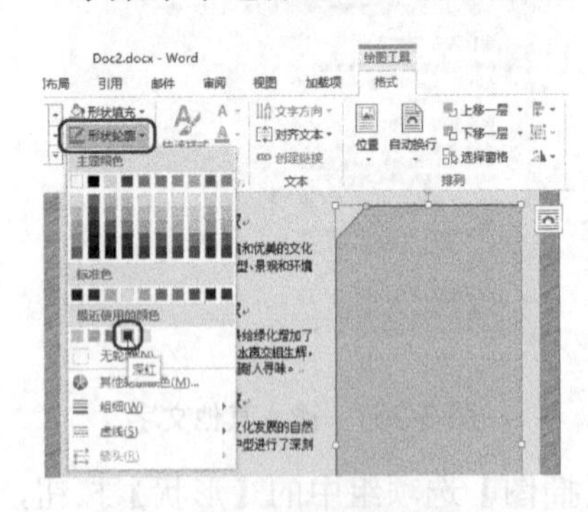

图 3-256 选择轮廓颜色

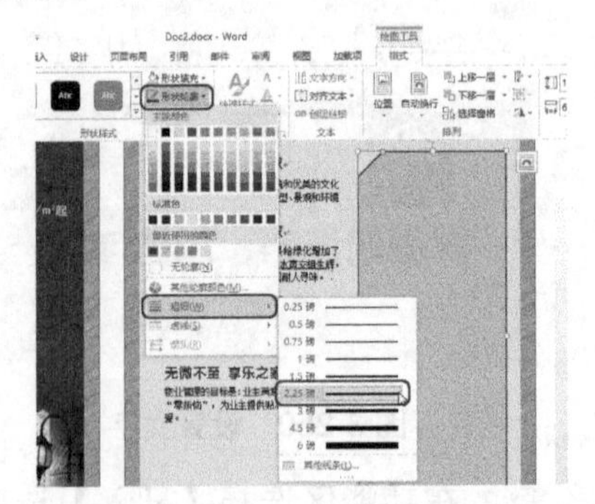

图 3-257 选择线段粗细

step 19 使用相同的方法绘制一个文本框，输入并设置文字，将字体设置为“华文楷体”，字号设为 13；单击【下划线】按钮，在下拉列表中选择【双下划线】选项，如图 3-258 所示。

step 20 在功能区选择【插入】选项卡，在【插图】组中单击【形状】按钮，在弹出的

下拉列表中选择【五角星】选项，如图 3-259 所示。

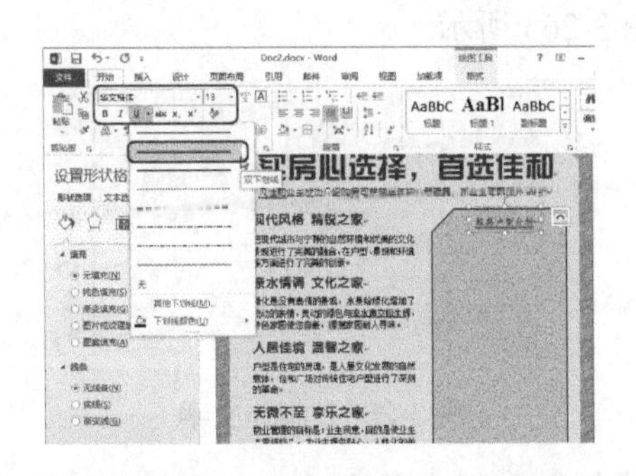

图 3-258　选择【双下划线】选项

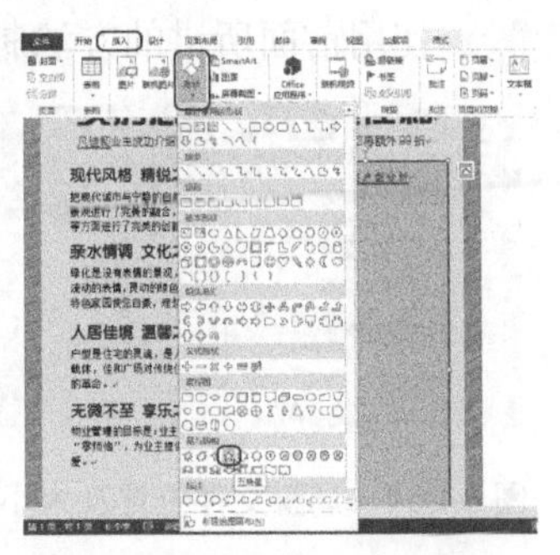

图 3-259　选择【五角星】选项

step 21　绘制一个高度和宽度均为 0.38 厘米的五角星，在【设置形状格式】任务窗格中切换到【填充】选项卡，在【填充】选项组下设置【颜色】为“深红”，在【线条】选项组中选择【无线条】单选按钮，如图 3-260 所示。

step 22　选择绘制的五角进行复制，并调整图形的位置，效果如图 3-261 所示。

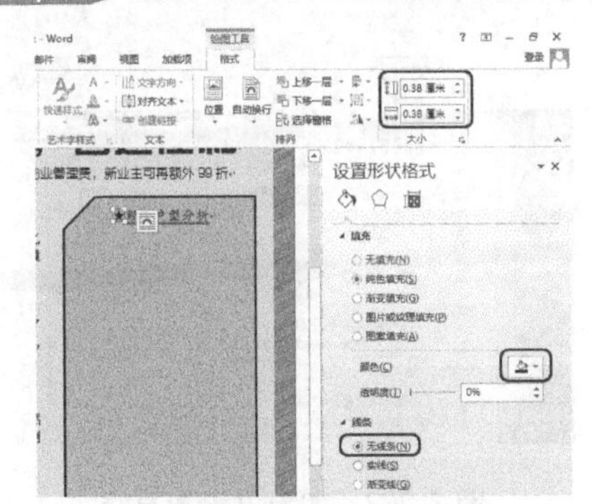

图 3-260　设置形状格式

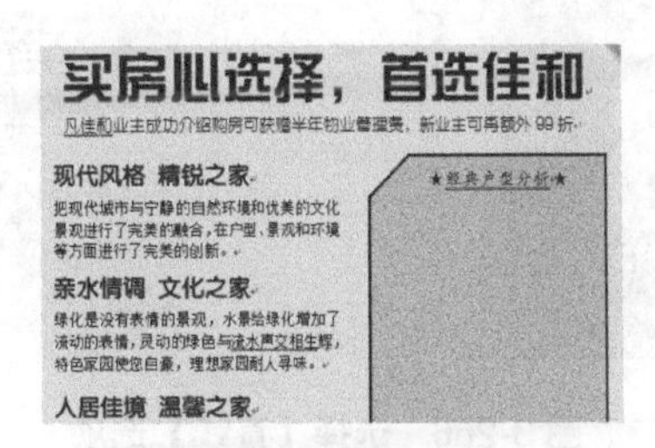

图 3-261　图形效果

step 23　在功能区选择【插入】选项卡，单击【插图】选项组中的【图片】按钮，弹出【插入图片】对话框，选择随书附带光盘中的“CDROM\素材\Cha03\图片 01.png”文件，单击【插入】按钮，如图 3-262 所示。

step 24　选择插入的素材文件，右击，在弹出的快捷菜单中选择【自动换行】|【浮于文字上方】命令，如图 3-263 所示。

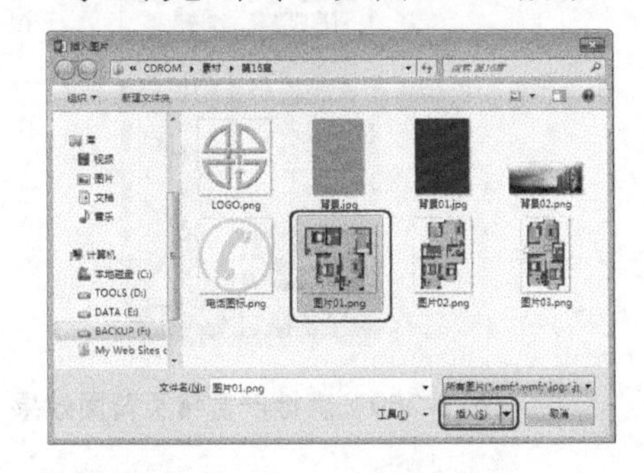

图 3-262　选择素材文件

图 3-263　选择【浮于文字上方】命令

step 25 调整素材文件的大小及位置，如图 3-264 所示。

step 26 使用前面所讲的方法制作文字，如图 3-265 所示。

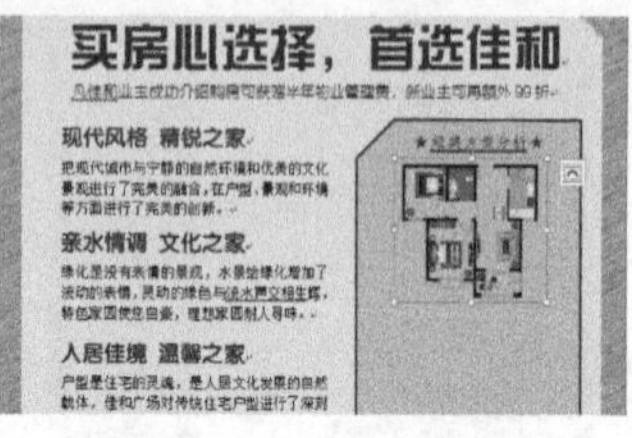

图 3-264　调整文件位置及大小

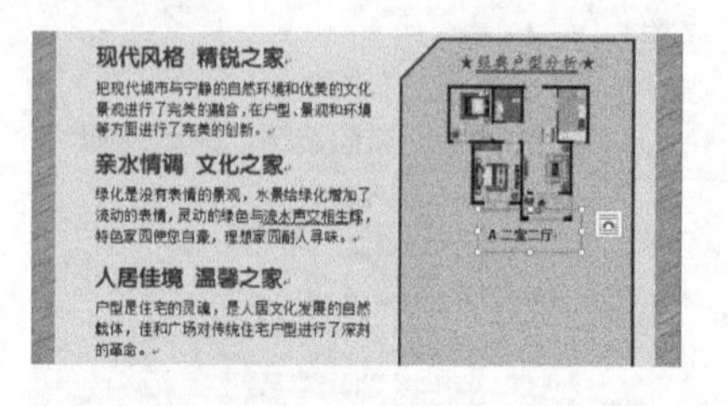

图 3-265　制作文字

step 27 在功能区选择【插入】选项卡，在【插图】组中单击【形状】按钮，在弹出的下拉列表中选择【直线】选项，如图 3-266 所示。

step 28 绘制一条长度为 4.87 厘米的直线，并调整直线的位置。在【形状样式】选项组中，单击【形状轮廓】按钮，在弹出的下拉列表中选择【深红】选项，如图 3-267 所示。

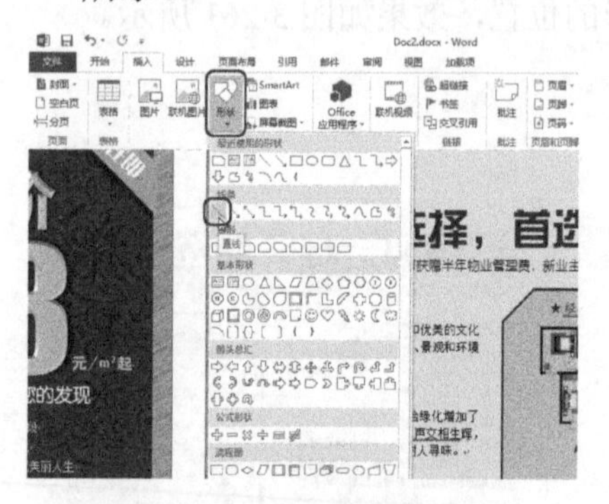

图 3-266　选择【直线】选项

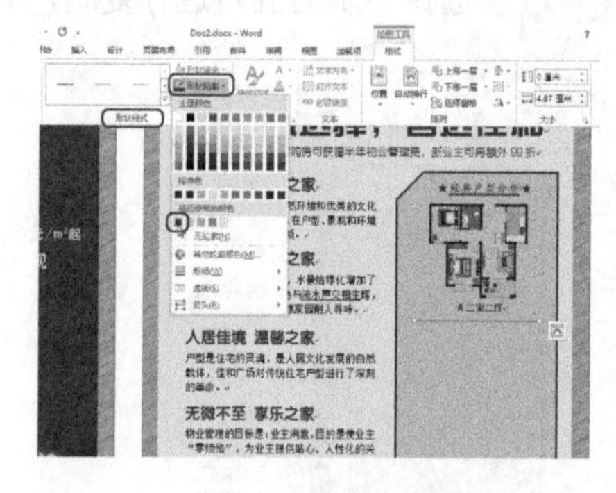

图 3-267　绘制并设置直线

step 29 单击【形状轮廓】按钮，在弹出的下拉列表中选择【粗细】选项下的 1 磅选项，如图 3-268 所示。

step 30 使用相同的方法插入图片和其他文字及图形，房地产宣传页的背面制作完成，效果如图 3-269 所示。

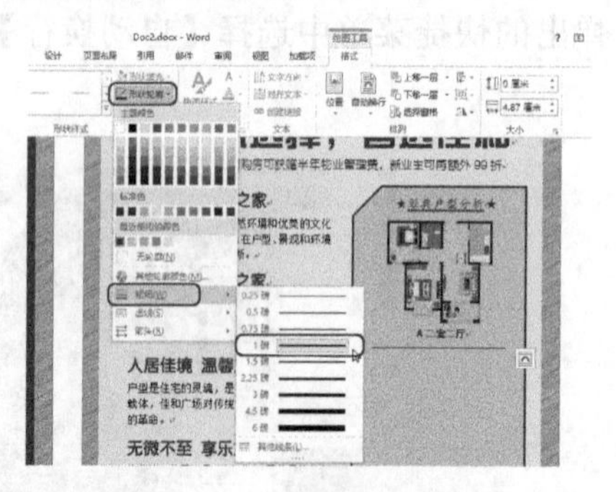

图 3-268　设置轮廓粗细

图 3-269　房地产宣传页背面效果

第 4 章

排版技法与应用

本章重点

- ◆ 研究报告
- ◆ 目录
- ◆ 租赁协议
- ◆ 自动添加全文档页眉、页码
- ◆ 图文混排
- ◆ 中英文对照

案例课堂

Word 是一种功能强大的文字处理软件，并已获得广泛的应用。通过在文字中插入图片、图表和艺术字等内容，可以制作出图文并茂、内容丰富的文件。本章将介绍在 Word 中文档排版的技巧和方法。

案例精讲 031　研究报告

案例文件：CDROM\场景\Cha04\研究报告. docx

视频文件：视频教学\Cha04\研究报告.avi

学习目标

- 学习设置文字的方法。
- 掌握插入尾注的方法。

制作概述

本例将介绍研究报告的制作。首先设置标题，然后编辑文本，主要包括分栏、设置文字样式和插入尾注等，最后插入素材图片，并对素材图片进行设置。完成后的效果如图 4-1 所示。

图 4-1　研究报告

操作步骤

step 01 启动 Word 2013，单击【空白文档】选项，新建文档，如图 4-2 所示。

首次启动 Word 时，会自动看到模板列表。可以在【搜索联机模板】搜索框中输入内容，搜索出更多模板。要快速访问常用模板，请单击搜索框下方的关键字。

单击选择一个模板后，在弹出的预览窗口中，双击缩略图或单击【创建】按钮以基于该模板启动新文档。

step 02 在空白文档中输入内容，如图 4-3 所示。

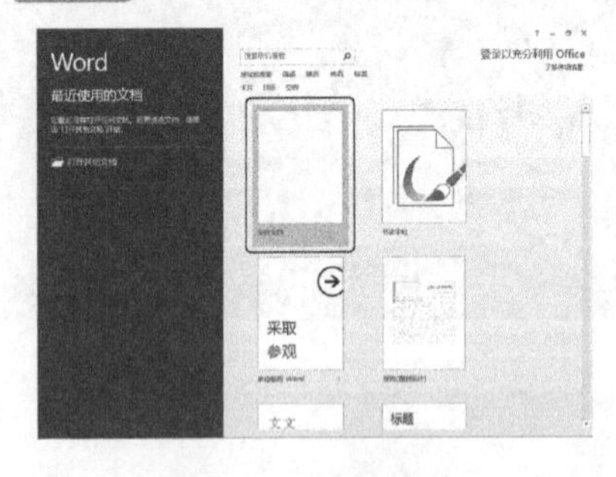

图 4-2　新建文档

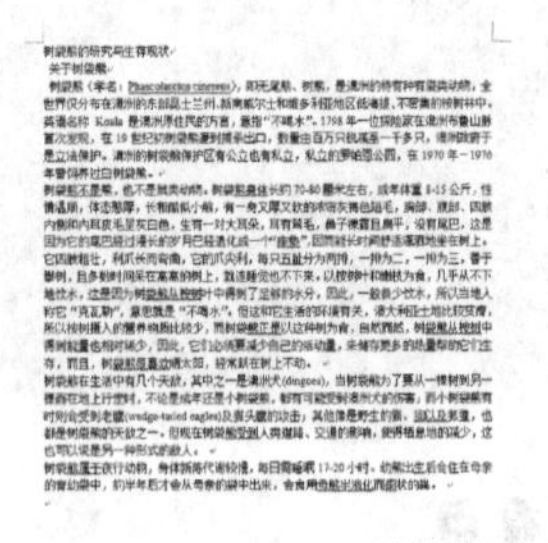

图 4-3　输入内容

step 03 选择如图 4-4 所示的文本，在功能区选择【开始】选项卡，在【字体】组中将字体设为“宋体”、字号设为“二号”、字体颜色设为“深蓝”，单击【加粗】按钮，在【段落】组中设置【居中】，如图 4-5 所示。

step 04 完成标题的设置，如图 4-6 所示。

step 05 选择如图 4-7 所示的文本。

树袋熊的研究与生存现状

关于树袋熊

树袋熊（学名：Phascolarctos cinereus），即无尾熊、树熊，是澳洲的特有种有袋类动物，全世界仅分布在澳洲的东部昆士兰州、新南威尔士和维多利亚地区低海拔、不密集的桉树林中。英语名称 Koala 是澳洲原住民的方言，意指“不喝水”。1798 年一位探险家在澳洲布鲁山脉首次发现，在 19 世纪初树袋熊遭到捕杀出口，数量由百万只锐减至一千多只，澳洲政府于是立法保护。澳洲的树袋熊保护区有公立也有私立，私立的罗帕恩公园，在 1970 年－1976 年曾饲养过白树袋熊。

树袋熊不是熊，也不是鼠类动物。树袋熊身体长约 70-80 厘米左右，成年体重 8-15 公斤，性情温顺，体态憨厚，长相酷似小熊，有一身又厚又软的浓密灰褐色短毛，胸部、腹部、四肢内侧和内耳皮毛呈灰白色，生有一对大耳朵，耳有茸毛，鼻子裸露且扁平，没有尾巴，这是因为它的尾巴经过漫长的岁月已经退化成一个“座垫”，因而能长时间舒适潇洒地坐在树上。它四肢粗壮，利爪长而弯曲，它的爪尖利，每只五趾分为两排，一排为二，一排为三，善于攀树，且多数时间呆在高高的树上，就连睡觉也不下来。以桉树叶和嫩枝为食，几乎从不下地饮水，这是因为树袋熊从桉树叶中得到了足够的水分，因此，一般很少饮水，所以当地人称它“克瓦勒”，意思就是“不喝水”。但这和它生活的环境有关，澳大利亚土地比较贫瘠，所以桉树摄入的营养物质比较少，而树袋熊正是以这种树为食，自然而然，树袋熊从桉树中得到能量也相对稀少，因此，它们必须要减少自己的活动量，来储存更多的热量帮助它们生

图 4-4 选择标题

图 4-5 设置标题

树袋熊的研究与生存现状

关于树袋熊

图 4-6 文章标题

树袋熊的研究与生存现状

关于树袋熊

树袋熊（学名：Phascolarctos cinereus），即无尾熊、树熊，是澳洲的特有种有袋类动物，全世界仅分布在澳洲的东部昆士兰州、新南威尔士和维多利亚地区低海拔、不密集的桉树林中。英语名称 Koala 是澳洲原住民的方言，意指“不喝水”。1798 年一位探险家在澳洲布鲁山脉首次发现，在 19 世纪初树袋熊遭到捕杀出口，数量由百万只锐减至一千多只，澳洲政府于是立法保护。澳洲的树袋熊保护区有公立也有私立，私立的罗帕恩公园，在 1970 年－1976 年曾饲养过白树袋熊。

树袋熊不是熊，也不是鼠类动物。树袋熊身体长约 70-80 厘米左右，成年体重 8-15 公斤，性情温顺，体态憨厚，长相酷似小熊，有一身又厚又软的浓密灰褐色短毛，胸部、腹部、四肢内侧和内耳皮毛呈灰白色，生有一对大耳朵，耳有茸毛，鼻子裸露且扁平，没有尾巴，这是因为它的尾巴经过漫长的岁月已经退化成一个“座垫”，因而能长时间舒适潇洒地坐在树上。它四肢粗壮，利爪长而弯曲，它的爪尖利，每只五趾分为两排，一排为二，一排为三，善于攀树，且多数时间呆在高高的树上，就连睡觉也不下来。以桉树叶和嫩枝为食，几乎从不下地饮水，这是因为树袋熊从桉树叶中得到了足够的水分，因此，一般很少饮水，所以当地人称它“克瓦勒”，意思就是“不喝水”。但这和它生活的环境有关，澳大利亚土地比较贫瘠，所以桉树摄入的营养物质比较少，而树袋熊正是以这种树为食，自然而然，树袋熊从桉树中得到能量也相对稀少，因此，它们必须要减少自己的活动量，来储存更多的热量帮助它们生存，而且，树袋熊很喜欢晒太阳，经常趴在树上不动。

图 4-7 选择文本

step 06 在功能区选择【开始】选项卡，在【样式】组中选择【副标题】选项，如图 4-8 所示。

step 07 完成副标题的设置，如图 4-9 所示。

图 4-8 设置副标题

树袋熊的研究与生存现状

关于树袋熊

树袋熊（学名：Phascolarctos cinereus），即无尾熊、树熊，是澳洲的特有种有袋类动物，全世界仅分布在澳洲的东部昆士兰州、新南威尔士和维多利亚地区低海拔、不密集的桉树林中。英语名称 Koala 是澳洲原住民的方言，意指“不喝水”。1798 年一位探险家在澳洲布鲁山脉首次发现，在 19 世纪初树袋熊遭到捕杀出口，数量由百万只锐减至一千多只，澳洲政府于是立法保护。澳洲的树袋熊保护区有公立也有私立，私立的罗帕恩公园，在 1970 年－1976 年曾饲养过白树袋熊。

树袋熊不是熊，也不是鼠类动物。树袋熊身体长约 70-80 厘米左右，成年体重 8-15 公斤，性情温顺，体态憨厚，长相酷似小熊，有一身又厚又软的浓密灰褐色短毛，胸部、腹部、四肢内侧和内耳皮毛呈灰白色，生有一对大耳朵，耳有茸毛，鼻子裸露且扁平，没有尾巴，这是因为它的尾巴经过漫长的岁月已经退化成一个“座垫”，因而能长时间舒适潇洒地坐在树上。它四肢粗壮，利爪长而弯曲，它的爪尖利，每只五趾分为两排，一排为二，一排为三，善于攀树，且多数时间呆在高高的树上，就连睡觉也不下来。以桉树叶和嫩枝为食，几乎从不下地饮水，这是因为树袋熊从桉树叶中得到了足够的水分，因此，一般很少饮水，所以当地人称它“克瓦勒”，意思就是“不喝水”。但这和它生活的环境有关，澳大利亚土地比较贫瘠，所以桉树摄入的营养物质比较少，而树袋熊正是以这种树为食，自然而然，树袋熊从桉树中得到能量也相对稀少，因此，它们必须要减少自己的活动量，来储存更多的热量帮助它们生

图 4-9 完成副标题设置

step 08 选择如图 4-10 所示的文本，在功能区选择【页面布局】选项卡，单击【页面设置】组的【分栏】按钮，在弹出的下拉列表中选择【两栏】选项，如图 4-11 所示。

图 4-10 选择文本

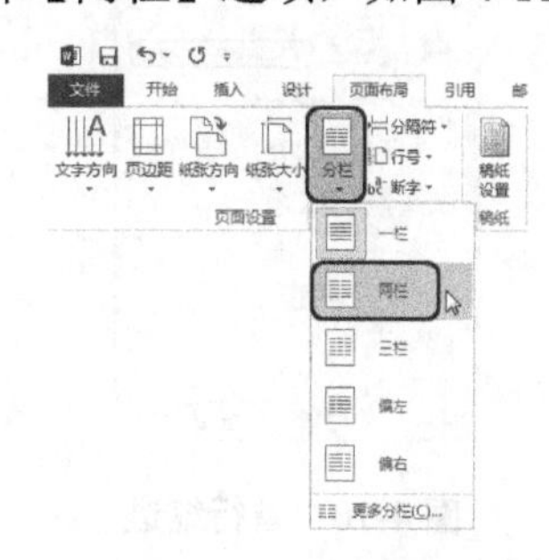

图 4-11 设置为两栏

step 09 设置两栏后的效果如图 4-12 所示。

step 10 选择如图 4-13 所示的文本，在功能区选择【开始】选项卡，将【字体】设为“华文楷体”、字号设为“五号”，如图 4-14 所示。

step 11 选择如图 4-13 所示的文本并右击，在弹出的快捷菜单中选择【段落】命令，如图 4-15 所示。

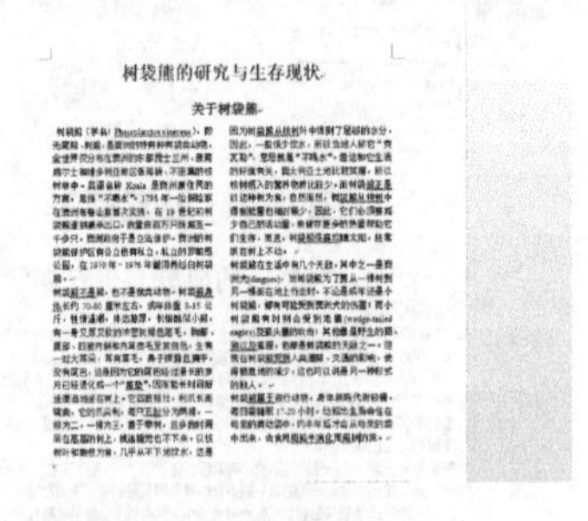

图 4-12　两栏效果

图 4-13　选择文本

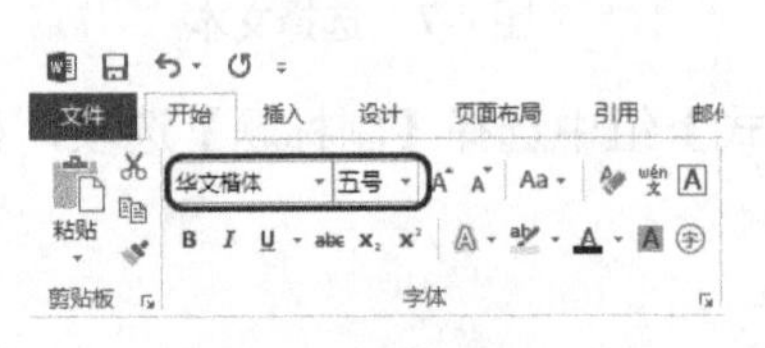

图 4-14　设置字体

图 4-15　段落设置

step 12 弹出【段落】对话框，在【缩进】选项组中，设置【特殊格式】为“首行缩进”，缩进值为 2 字符，单击【确定】按钮，如图 4-16 所示。

段落缩进有 4 种形式，即首行缩进、悬挂缩进、左缩进和右缩进。

step 13 完成段落设置，如图 4-17 所示。

图 4-16　首行缩进

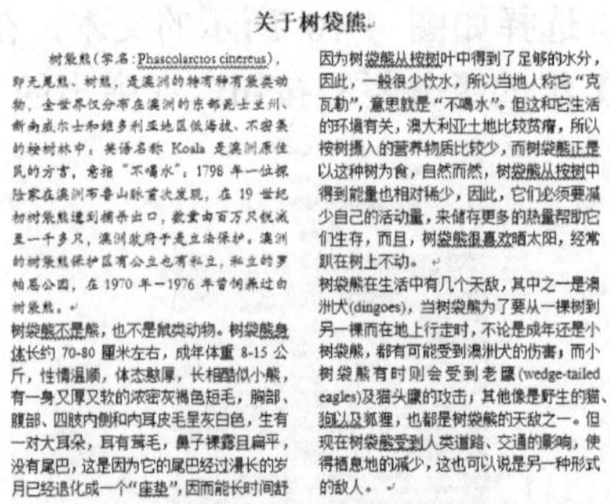

关于树袋熊

树袋熊(学名:Phascolarctos cinereus)，即无尾熊、树熊，是澳洲的特有种有袋类动物，全世界仅分布在澳洲的东部昆士兰州、新南威尔士和维多利亚地区低海拔、不密集的桉树林中，英语名称 Koala 是澳洲原住民的方言，意指“不喝水”，1798 年一位探险家在澳洲布鲁山脉首次发现，在 19 世纪初树袋熊遭到捕杀出口，数量由百万只锐减至一千多只，澳洲政府于是立法保护，澳洲的树袋熊保护区有公立也有私立，私立的罗帕恩公园，在 1970 年—1976 年曾饲养过白树袋熊。

树袋熊不是熊，也不是鼠类动物。树袋熊身体长约 70-80 厘米左右，成年体重 8-15 公斤，性情温顺，体态憨厚，长相酷似小熊，有一身又厚又软的浓密灰褐色短毛，胸部、腹部、四肢内侧和内耳皮毛呈灰白色，生有一对大耳朵，耳有茸毛，鼻子裸露且扁平，没有尾巴，这是因为它的尾巴经过漫长的岁月已经退化成一个“座垫”，因而能长时间舒因为树袋熊从桉树叶中得到了足够的水分，因此，一般很少饮水，所以当地人称它“克瓦勒”，意思就是“不喝水”。但这和它生活的环境有关，澳大利亚土地比较贫瘠，所以桉树摄入的营养物质比较少，而树袋熊正是以这种树为食，自然而然，树袋熊从桉树中得到能量也相对稀少，因此，它们必须要减少自己的活动量，来储存更多的热量帮助它们生存，而且，树袋熊很喜欢晒太阳，经常趴在树上不动。

树袋熊在生活中有几个天敌，其中之一是澳洲犬(dingoes)，当树袋熊为了要从一棵树到另一棵而在地上行走时，不论是成年还是小树袋熊，都有可能受到澳洲犬的伤害；而小树袋熊有时则会受到老鹰(wedge-tailed eagles)及猫头鹰的攻击；其他像是野生的猫、狗以及狐狸，也都是树袋熊的天敌之一。但现在树袋熊受到人类道路、交通的影响，使得栖息地的减少，这也可以说是另一种形式的敌人。

图 4-17　完成段落设置效果

step 14 选择如图 4-18 所示的段落，在功能区选择【开始】选项卡，在【样式】组中单击【其他】按钮，如图 4-19 所示。

图 4-18 选择段落

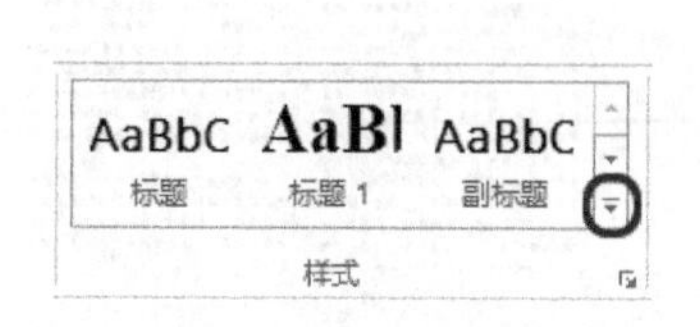

图 4-19 单击【其他】按钮

step 15 在展开的下拉列表中选择【创建样式】选项，如图 4-20 所示；在弹出的对话框中输入新样式名称“书面”，如图 4-21 所示。

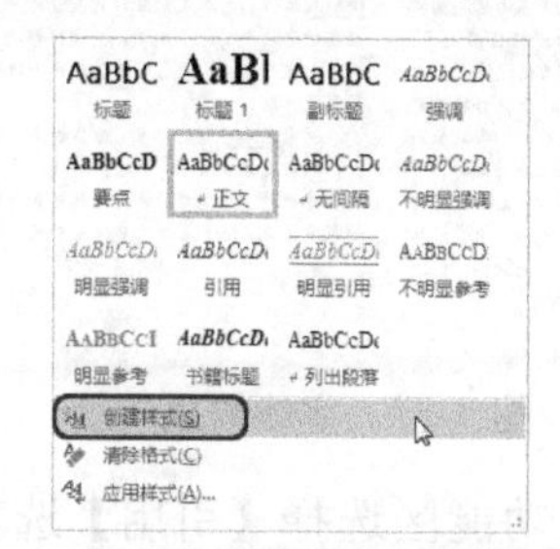

图 4-20 创建样式

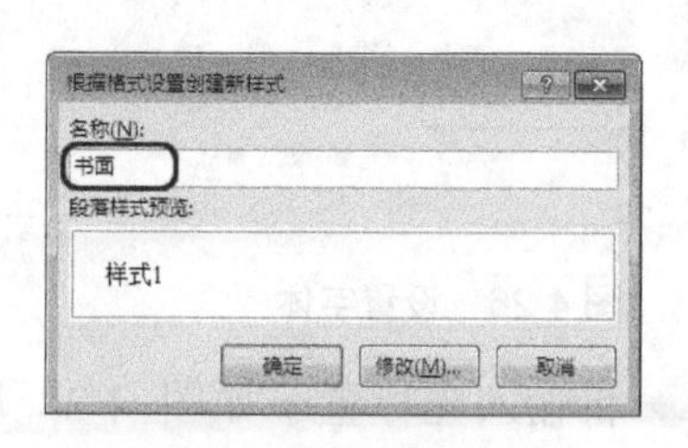

图 4-21 输入样式名

step 16 单击【确定】按钮，完成样式的创建。

step 17 选择如图 4-22 所示的文本，在功能区选择【开始】选项卡，在【样式】组中选择【书面】样式，如图 4-23 所示。

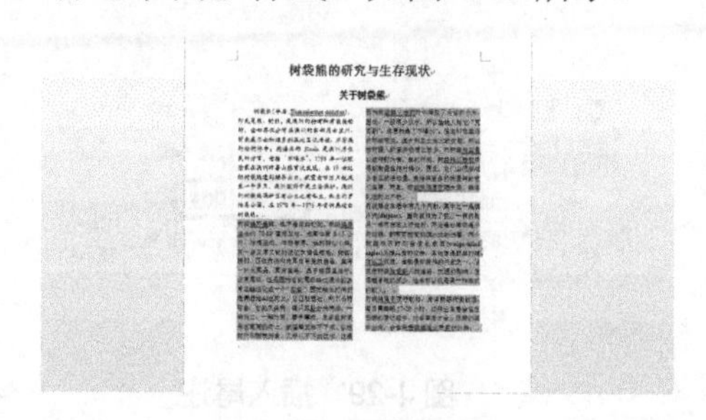

图 4-22 选择文本

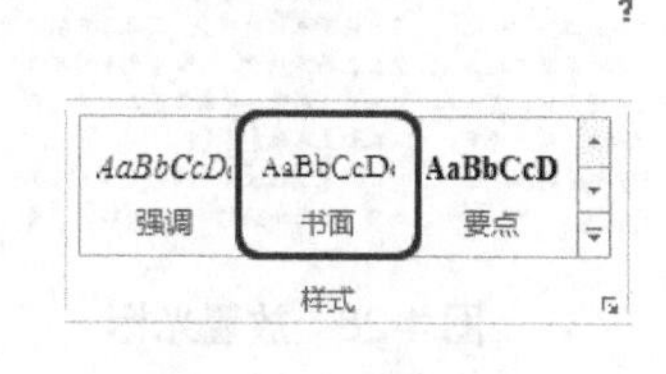

图 4-23 选择样式

step 18 应用样式后，如图 4-24 所示。

step 19 在文本的下方的新段落中，输入文本“关于这些选项的补充说明：”，如图 4-25 所示。

step 20 选择刚输入的文本，在【开始】选项卡的【字体】组中将【字体】设为“宋体”、【字号】设为“小四”，并单击【加粗】按钮，如图 4-26 所示；完成设置，如图 4-27 所示。

图 4-24 样式效果

树袋熊不是熊，也不是鼠类动物。树袋熊身体长约 70-80 厘米左右，成年体重 8-15 公斤，性情温顺，体态憨厚，长相酷似小熊，有一身又厚又软的浓密灰褐色短毛，胸部、腹部、四肢内侧和内耳皮毛呈灰白色，生有一对大耳朵，耳有茸毛，鼻子裸露且扁平，没有尾巴，这是因为它的尾巴经过漫长的岁月已经退化成一个“座垫”，因而能长时间舒适潇洒地坐在树上。它四肢粗壮，利爪长而弯曲，它的爪尖利，每只五趾分为两排，一排为二，一排为三，善于攀树，且多数时间呆在高高的树上，就连睡觉也不下来。以桉树叶和嫩枝为食，几乎从不下地饮水，这是树到另一棵而在地上行走时，不论是成年还是小树袋熊，都有可能受到澳洲犬的伤害；而小树袋熊有时则会受到老鹰(wedge-tailed eagles)及猫头鹰的攻击；其他像是野生的猫、狗以及狐狸，也都是树袋熊的天敌之一。但现在树袋熊受到人类道路、交通的影响，使得栖息地的减少，这也可以说是另一种形式的敌人。

树袋熊属于夜行动物，身体新陈代谢较慢，每日需睡眠 17-20 小时。幼熊出生后会住在母亲的育幼袋中，约半年后才会从母亲的袋中出来，会食用母熊半消化而成糊状的粪。

关于这些选项的补充说明：

图 4-25 输入文本

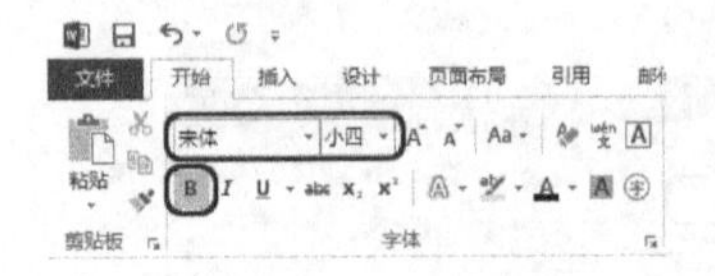

图 4-26 设置字体

树袋熊不是熊，也不是鼠类动物。树袋熊身体长约 70-80 厘米左右，成年体重 8-15 公斤，性情温顺，体态憨厚，长相酷似小熊，有一身又厚又软的浓密灰褐色短毛，胸部、腹部、四肢内侧和内耳皮毛呈灰白色，生有一对大耳朵，耳有茸毛，鼻子裸露且扁平，没有尾巴，这是因为它的尾巴经过漫长的岁月已经退化成一个“座垫”，因而能长时间舒适潇洒地坐在树上。它四肢粗壮，利爪长而弯曲，它的爪尖利，每只五趾分为两排，一排为二，一排为三，善于攀树，且多数时间呆在高高的树上，就连睡觉也不下来。以桉树叶和嫩枝为食，几乎从不下地饮水，这是树到另一棵而在地上行走时，不论是成年还是小树袋熊，都有可能受到澳洲犬的伤害；而小树袋熊有时则会受到老鹰(wedge-tailed eagles)及猫头鹰的攻击；其他像是野生的猫、狗以及狐狸，也都是树袋熊的天敌之一。但现在树袋熊受到人类道路、交通的影响，使得栖息地的减少，这也可以说是另一种形式的敌人。

树袋熊属于夜行动物，身体新陈代谢较慢，每日需睡眠 17-20 小时。幼熊出生后会住在母亲的育幼袋中，约半年后才会从母亲的袋中出来，会食用母熊半消化而成糊状的粪。

关于这些选项的补充说明：

图 4-27 字体效果

step 21 将输入光标置于如图 4-28 所示的位置，在功能区选择【引用】选项卡，单击【脚注】组中的【插入尾注】按钮，如图 4-29 所示；完成尾注的插入，如图 4-30 所示。

step 22 在下面两段的末尾也插入尾注，如图 4-31 所示。

关于树袋熊

arctos cinereus)，
特有种有袋类动
的东部昆士兰州、
低海拔、不密集
oala 是澳洲原住
。1798 年一位探
发现，在 19 世纪
量由百万只锐减
立法保护。澳洲
有私立，私立的罗
76 年曾饲养过白

因为树袋熊从桉树叶中得到了足够的水分，因此，一般很少饮水，所以当地人称它“克瓦勒”，意思就是“不喝水”。但这和它生活的环境有关，澳大利亚土地比较贫瘠，所以桉树摄入的营养物质比较少，而树袋熊正是以这种树为食，自然而然，树袋熊从桉树中得到能量也相对稀少，因此，它们必须要减少自己的活动量，来储存更多的热量帮助它们生存，而且，树袋熊很喜欢晒太阳，经常趴在树上不动。

树袋熊在生活中有几个天敌，其中之一是澳洲犬(dingoes)，当树袋熊为了要从一棵

图 4-28 放置光标

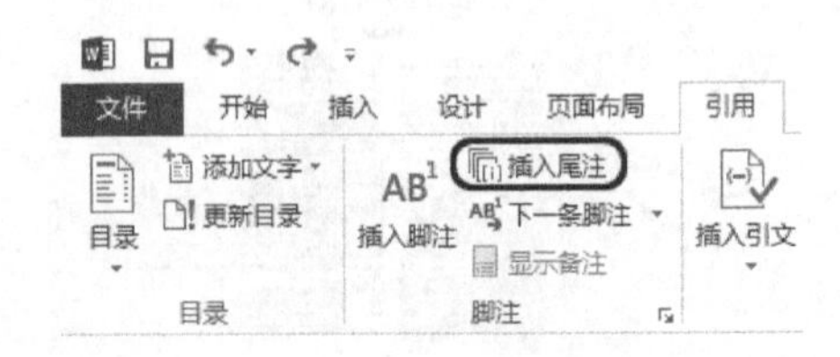

图 4-29 插入尾注

树袋熊

因为树袋熊从桉树叶中得到了足够的水分，因此，一般很少饮水，所以当地人称它“克瓦勒”，意思就是“不喝水”。但这和它生活的环境有关，澳大利亚土地比较贫瘠，所以桉树摄入的营养物质比较少，而树袋熊正是以这种树为食，自然而然，树袋熊从桉树中得到能量也相对稀少，因此，它们必须要减少自己的活动量，来储存更多的热量帮助它们生存，而且，树袋熊很喜欢晒太阳，经常趴在树上不动。i

图 4-30 插入的尾注

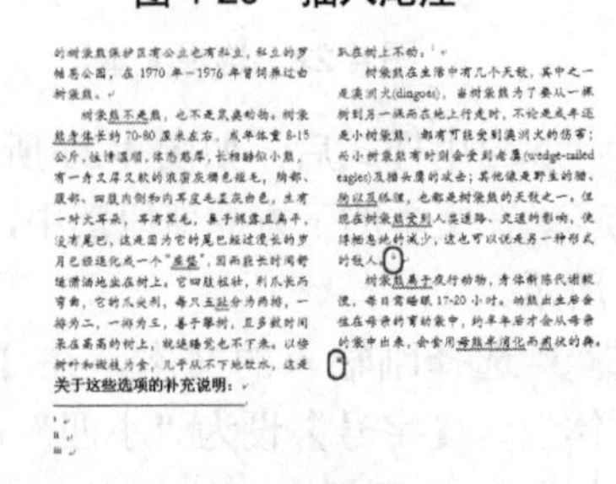

图 4-31 插入其他尾注

step 23 在文档中为尾注输入注释内容，如图 4-32 所示。

step 24 选择如图 4-33 所示的文本，设置所选文本的字体为“幼圆”、字号为“小五”，设置完成后的效果如图 4-34 所示。

step 25 选择如图 4-35 所示的文本并右击，在弹出的快捷菜单中选择【字体】命令。

育由，它的爪尖利，每只五趾分为两排，一排为二，一排为三，善于攀树，且多数时间呆在高高的树上，就连睡觉也不下来。以桉树叶和嫩枝为食，几乎从不下地饮水，这是慢，每日需睡眠 17-20 小时。幼熊出生后会住在母亲的育幼袋中，约半年后才会从母亲的袋中出来，会食用母熊半消化而成状的粪。

关于这些选项的补充说明：

[i]树袋熊容易感染到数种不同的疾病，常见的两种像是结膜炎、湿屁股，是种肾脏和泌尿系统的疾病，其他还有呼吸系统的感染、一种头骨的疾病以及寄生虫等等。

[ii]衣原体细菌常被认为是导致树袋熊生病的主要原因，专家们正持续地在研究它和树袋熊族群们的关系。而可以发现的是树袋熊在人群拥挤或是食物供给量不足的地方生活时，会比较容易感染疾病。而有关如何使树袋熊受到更好的照顾，或是减少他们受到疾病感染及受伤的相关研究，一直都在进行中。

[iii]树袋熊跟袋熊具有许多类似的特征，因此它们可能为近亲，但仍需进一步的分子生物学研究看看。

图 4-32 输入内容

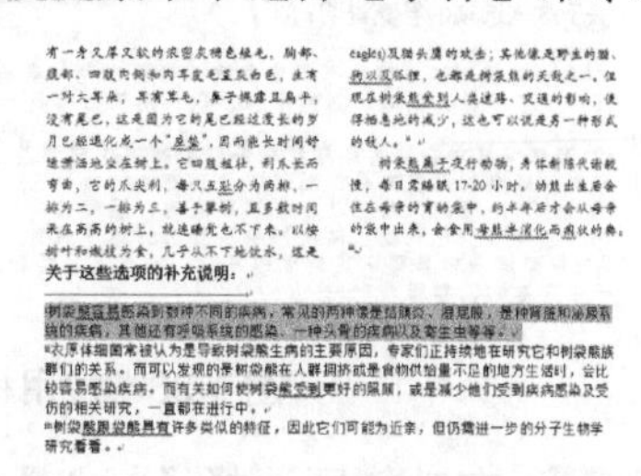

图 4-33 选择文本

关于这些选项的补充说明：

[i]树袋熊容易感染到数种不同的疾病，常见的两种像是结膜炎、湿屁股，是种肾脏和泌尿系统的疾病，其他还有呼吸系统的感染、一种头骨的疾病以及寄生虫等等。

[ii]衣原体细菌常被认为是导致树袋熊生病的主要原因，专家们正持续地在研究它和树袋熊族群们的关系。而可以发现的是树袋熊在人群拥挤或是食物供给量不足的地方生活时，会比较容易感染疾病。而有关如何使树袋熊受到更好的照顾，或是减少他们受到疾病感染及受伤的相关研究，一直都在进行中。

[iii]树袋熊跟袋熊具有许多类似的特征，因此它们可能为近亲，但仍需进一步的分子生物学研究看看。

图 4-34 设置字体

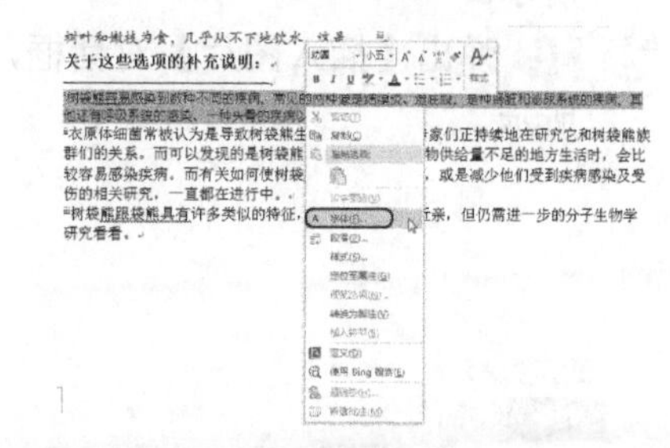

图 4-35 选择【字体】命令

step 26 弹出【字体】对话框，切换到【高级】选项卡。在【字符间距】组中，【间距】设为“加宽”、【磅值】设为“1.5 磅”，单击【确定】按钮，如图 4-36 所示。

step 27 选择刚设置完的文本，如图 4-37 所示；根据所选的文本的格式创建新样式，样式名为“尾注”。

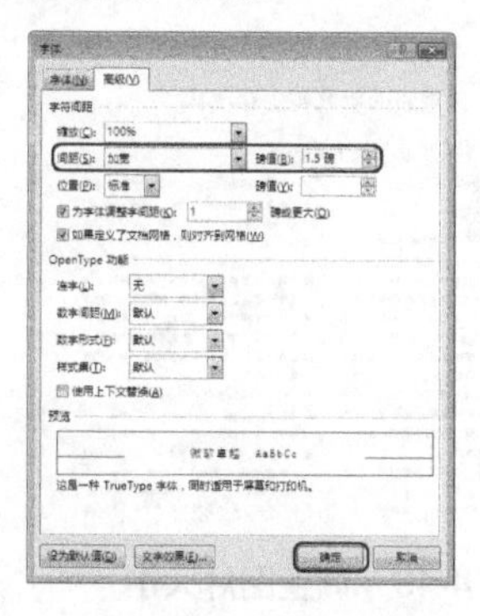

图 4-36 设置间距

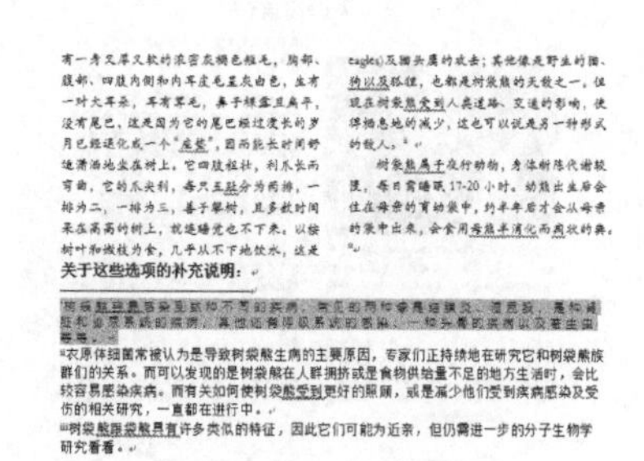

图 4-37 选择文本

step 28 对文档最下边的两段注释文本应用样式，样式选择刚创建的“尾注”，完成样式的应用，如图 4-38 所示。

step 29 将输入光标置于文档第一段的开始，如图 4-39 所示。

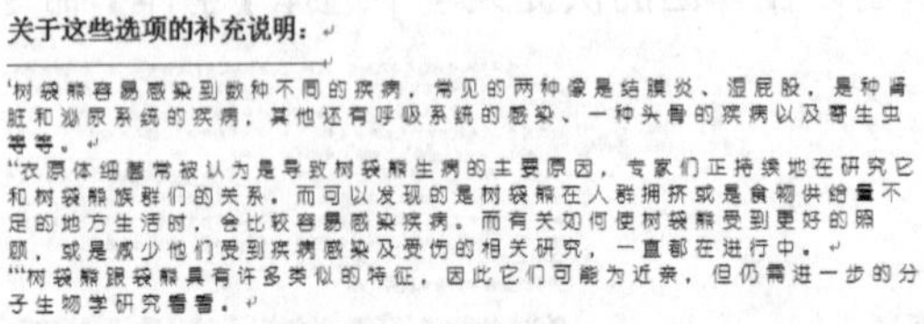

关于这些选项的补充说明：

'树袋熊容易感染到数种不同的疾病，常见的两种像是结膜炎、湿屁股，是种肾脏和泌尿系统的疾病，其他还有呼吸系统的感染、一种头骨的疾病以及寄生虫等等。

"衣原体细菌常被认为是导致树袋熊生病的主要原因，专家们正持续地在研究它和树袋熊族群们的关系。而可以发现的是树袋熊在人群拥挤或是食物供给量不足的地方生活时，会比较容易感染疾病。而有关如何使树袋熊受到更好的照顾，或是减少他们受到疾病感染及受伤的相关研究，一直都在进行中。

"'树袋熊跟袋熊具有许多类似的特征，因此它们可能为近亲，但仍需进一步的分子生物学研究看看。

图 4-38　应用样式

树袋熊的研究

关于树

树袋熊(学名：Phascolarctos cinereus)，即无尾熊、树熊，是澳洲的特有种有袋类动物，全世界仅分布在澳洲的东部昆士兰州、新南威尔士和维多利亚地区低海拔、不密集的桉树林中。英语名称 Koala 是澳洲原住民的方言，意指"不喝水"。1798 年一位探险家在澳洲布鲁山脉首次发现，在 19 世纪初树袋熊遭到捕杀出口，数量由百万只锐减至一千多只，澳洲政府于是立法保护。澳洲的树袋熊保护区有公立也有私立，私立的罗帕恩公园，在 1970 年—1976 年曾饲养过白树袋熊。

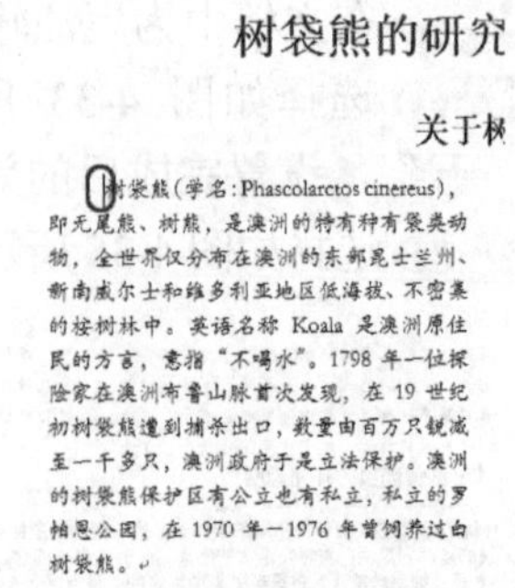

图 4-39　放置光标

step 30 在功能区选择【插入】选项卡，单击【插图】组中的【图片】按钮，如图 4-40 所示。

step 31 弹出【插入图片】对话框，在该对话框中选择"考拉.jpg"素材图片，如图 4-41 所示。

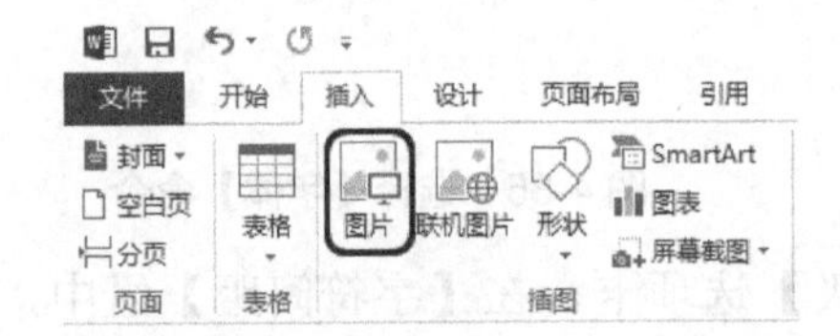

图 4-40　单击【图片】按钮

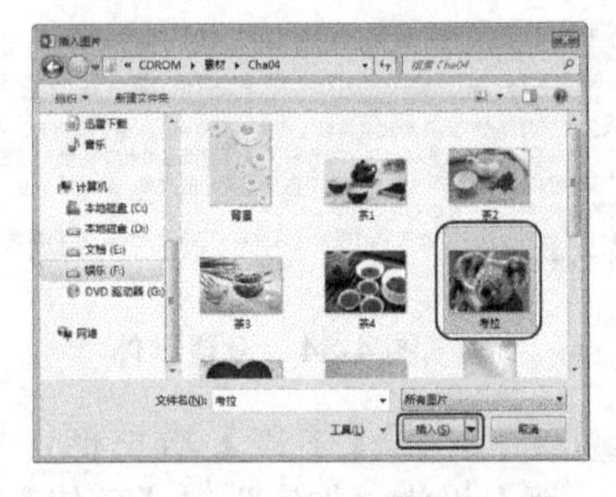

图 4-41　选择图片

step 32 单击【插入】按钮，完成图片的插入，如图 4-42 所示。

step 33 调整图片的大小，如图 4-43 所示。

图 4-42　插入效果

树袋熊的研究与生存现状

关于树袋熊

图 4-43　调整图片大小

step 34 右击插入的图片，在弹出的快捷菜单中依次选择【自动换行】、【四周型环绕】命令，如图 4-44 所示。

step 35 选择插入的图片，按键盘上的方向键微调图片的位置，如图 4-45 所示。

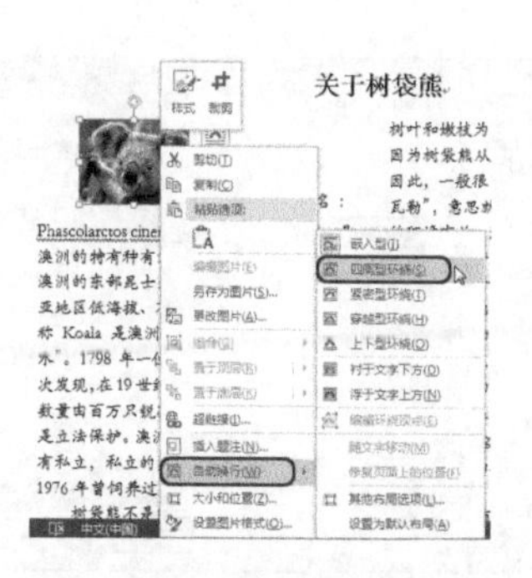

图 4-44 单击【四周型环绕】命令

图 4-45 调整图片位置

案例精讲 032 目录

案例文件：CDROM\场景\Cha04\目录. docx

视频文件：视频教学\Cha04\目录.avi

学习目标

- 学习插入背景图片的方法。
- 掌握修改目录样式的方法。

制作概述

本例将介绍目录的制作方法。首先创建目录，并修改目录样式，然后设置图片背景，美化目录。完成后的效果如图 4-46 所示。

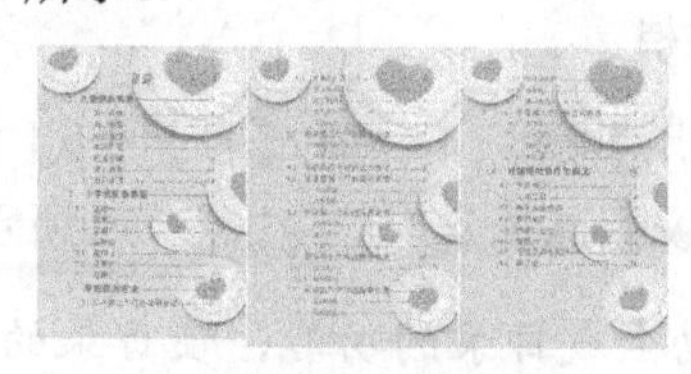

图 4-46 目录

操作步骤

step 01 按 Ctrl+O 组合键，在打开的界面中选择【计算机】选项，然后单击【浏览】按钮，如图 4-47 所示。

step 02 弹出【打开】对话框，在该对话框中选择随书附带光盘中的“CDROM\素材\Cha04\营养食谱.docx”素材文档，如图 4-48 所示。

知识链接

docx 是 Office 2007 之后版本使用的，是用新的基于 XML 的压缩文件格式取代了其以前专有的默认文件格式，在传统的文件扩展名后面添加了字母 x(即.docx 取代 doc、xlsx 取代 xls 等)。

docx 格式的文件本质上是一个 ZIP 文件。将一个 docx 文件的后缀改为 ZIP 后是可以用解压工具打开或是解压的。

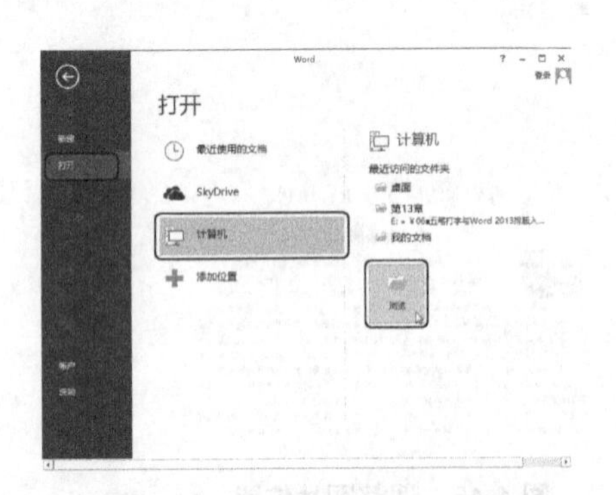

图 4-47　单击【浏览】按钮

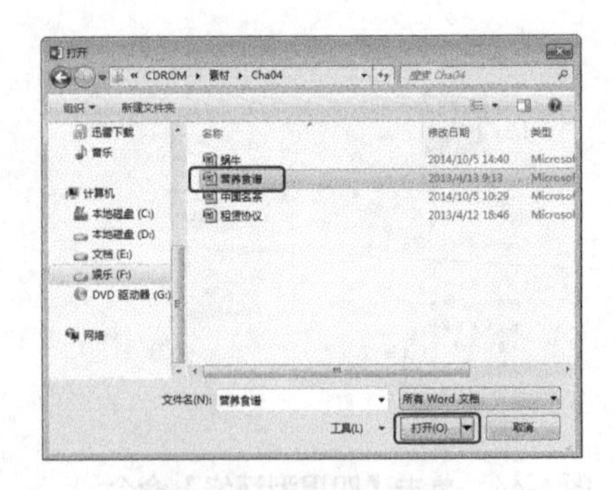

图 4-48　选择素材文档

step 03 单击【打开】按钮，打开的素材文档如图 4-49 所示。

step 04 在“1. 儿童营养食谱”文本前空两横格，如图 4-50 所示。

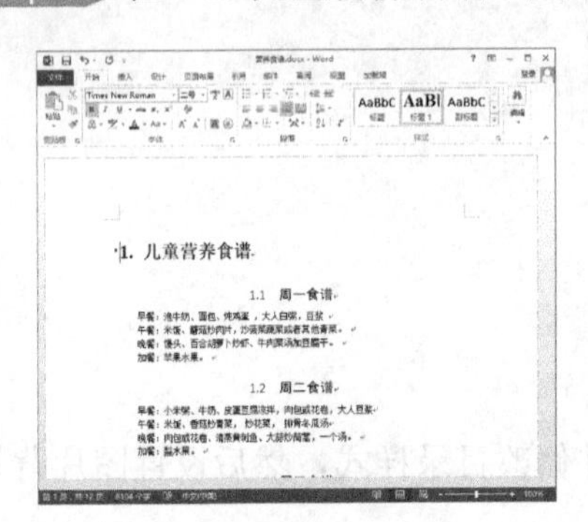

图 4-49　打开的素材文档

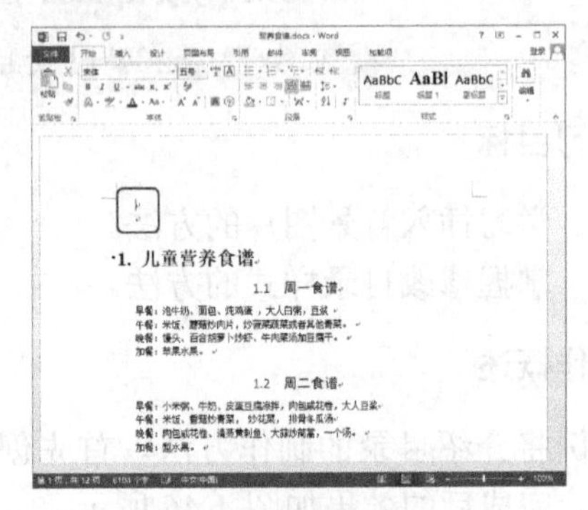

图 4-50　添加空格

step 05 在功能区选择【引用】选项卡，在【目录】组中单击【目录】按钮，在弹出的下拉列表中选择【自定义目录】选项，如图 4-51 所示。

Word 提供了自动生成目录的功能，使目录的制作变得非常简便，既不必费力地去手工制作目录、核对页码，也不必担心目录与正文不符。而且在文档发生改变以后，还可以利用更新目录的功能来适应文档的变化。除了可以创建一般的标题目录外，还可以根据需要创建图表目录以及引文目录等。

step 06 弹出【目录】对话框，在该对话框中取消选中【使用超链接而不使用页码】复选框，更改【制表符前导符】为第二个，其他均为默认设置，单击【修改】按钮，如图 4-52 所示。

知识链接

在【目录】对话框的【目录】选项卡中包括如下选项。

显示页码：选中该复选框，在目录中显示页码，否则不显示。

页码右对齐：选中该复选框，在目录中的页码右对齐。

制表符前导符：制表符前导符是目录内容与页码之间的符号，可在该下拉列表中选择符号形式。

使用超链接而不使用页码：选中该复选框，建立目录与正文之间的超链接，当按下Ctrl键并单击目录行时，将链接到正文中该目录的具体内容。

格式：目录的格式，Word已经建立了几种内置目录格式，如来自模板、古典、优雅、流行等。

显示级别：代表目录的级别，如该值为2，说明要显示2级目录；如果显示3，则显示3级目录。

打印预览：打印的实际样式。

Web预览：在Web网页中所看到的样子。

选项：关于目录的其他选项。多数时候，不用设置该选项，就已经满足创建目录的需要了。

修改：修改目录的内容，如果系统内置的目录与选项能满足要求，可不进行修改。

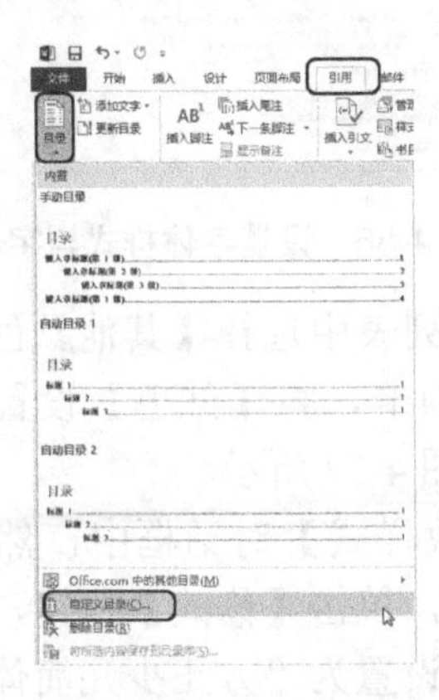

图4-51　选择【自定义目录】选项

图4-52　【目录】对话框

step 07 在【开始】选项卡的【样式】组右下方单击(启动对话框)按钮，打开【样式】对话框，在【样式】列表框中选择【目录1】，单击【修改】按钮，如图4-53所示。

step 08 打开【修改样式】对话框，在【格式】选项组中将字体设置为“方正少儿简体”，将字号设置为26，单击【字体颜色】下拉选项，在弹出的下拉列表中选择【其他颜色】选项，如图4-54所示。

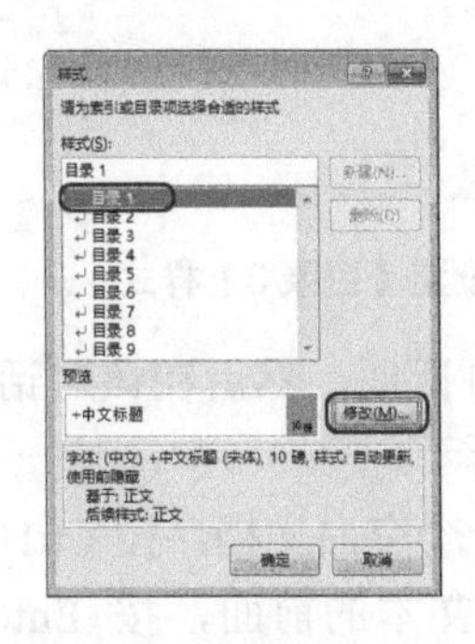

图4-53　【样式】对话框

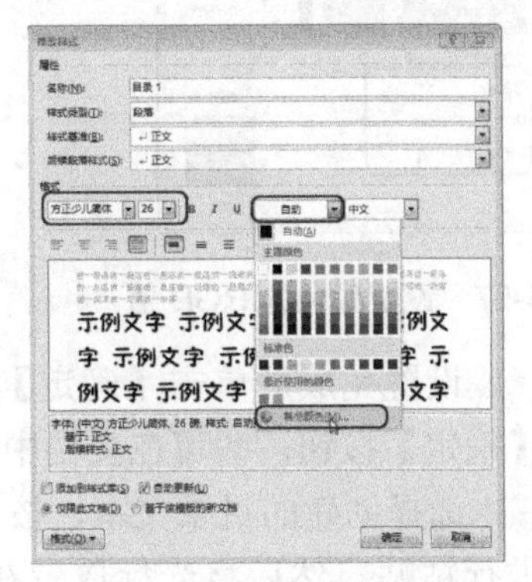

图4-54　选择【其他颜色】选项

step 09 打开【颜色】对话框，切换到【自定义】选项卡，将【红色】设置为 227，将【绿色】设置为 136，将【蓝色】设置为 3，如图 4-55 所示。

step 10 设置完成后单击【确定】按钮，回到【修改样式】对话框中，然后单击【确定】按钮；在【样式】选项组中选择【目录 2】选项，单击【修改】按钮，打开【修改样式】对话框；在【格式】选项组中将【字体】设置为“方正少儿简体”，将【字号】设置为 22，如图 4-56 所示。

图 4-55 【颜色】对话框

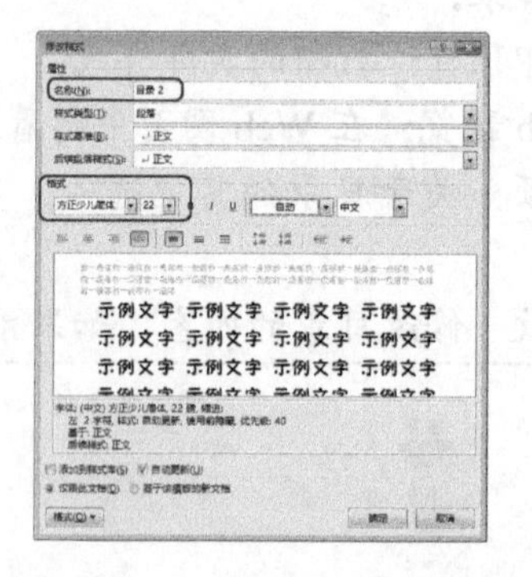

图 4-56 设置字体样式与字号

step 11 单击【字体颜色】下拉按钮，在弹出的下拉列表中选择【其他颜色】选项，打开【颜色】对话框，将其切换到【自定义】选项卡，将【红色】设置为 235，将【绿色】设置为 140，将【蓝色】设置为 50，如图 4-57 所示。

step 12 设置完成后单击【确定】按钮，回到【修改样式】对话框中，然后单击【确定】按钮。在【样式】选项组中选择【目录 3】，单击【修改】按钮，打开【修改样式】对话框；在【格式】选项组中将【字体】设置为“方正少儿简体”，将【字号】设置为 18，将【红色】设置为 238，将【绿色】设置为 186，将【蓝色】设置为 110，如图 4-58 所示。

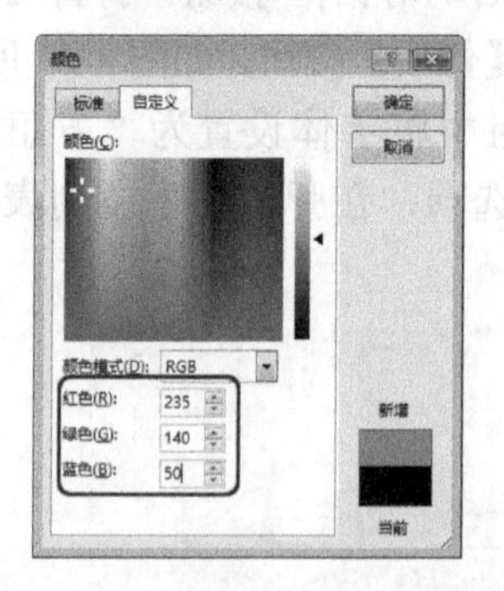

图 4-57 设置颜色的 RGB 值

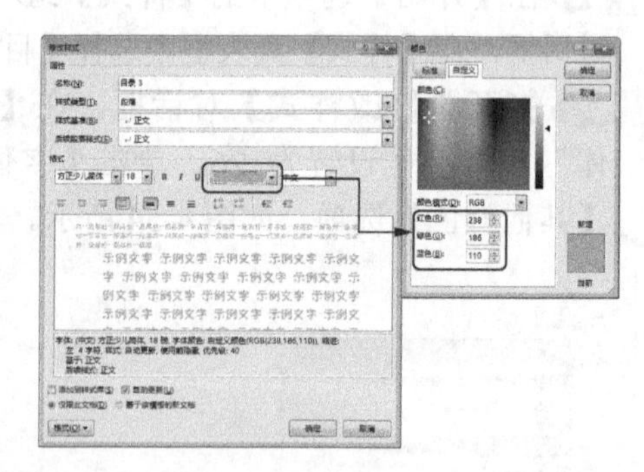

图 4-58 设置【目录 3】样式

step 13 设置完成后单击【确定】按钮，回到【目录】对话框，然后在该对话框中单击【确定】按钮，即可在文档中添加目录，如图 4-59 所示。

step 14 选择创建的目录文本，按 Ctrl+N 组合键，新建一个空白文档，按 Ctrl+V 组合键进行粘贴。然后将光标放置在“1. 儿童营养食谱”文本的前面，按 Enter 键，如图 4-60 所示。

图 4-59 目录效果

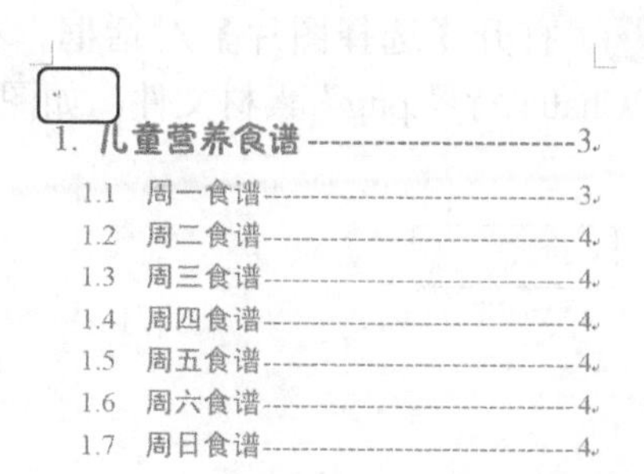

图 4-60 进行空格

step 15 将光标放置在新建的行前面，在功能区选择【开始】选项卡，在【样式】组中单击【标题】选项，并在行中输入“目录”文本，如图 4-61 所示。

step 16 选择输入的文本内容，将【字体】设置为“宋体”，将【字号】设置为 36，将【文本效果和板式】设置为“填充-白色、轮廓-着色 2、清晰阴影-着色 2”，如图 4-62 所示。

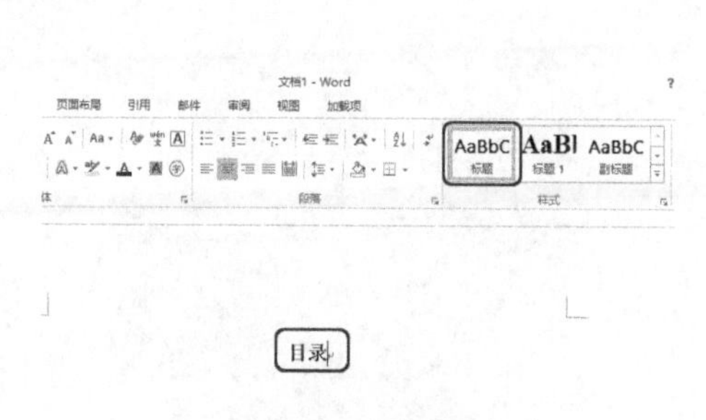

图 4-61 输入文字

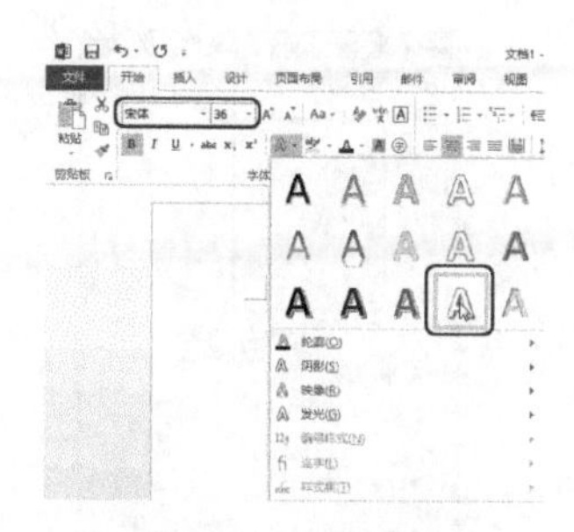

图 4-62 设置字体

step 17 设置完成后的效果如图 4-63 所示。

step 18 在功能区选择【设计】选项卡，单击【页面背景】组中的【页面颜色】下拉按钮，在弹出的下拉列表中选择【填充效果】选项，如图 4-64 所示。

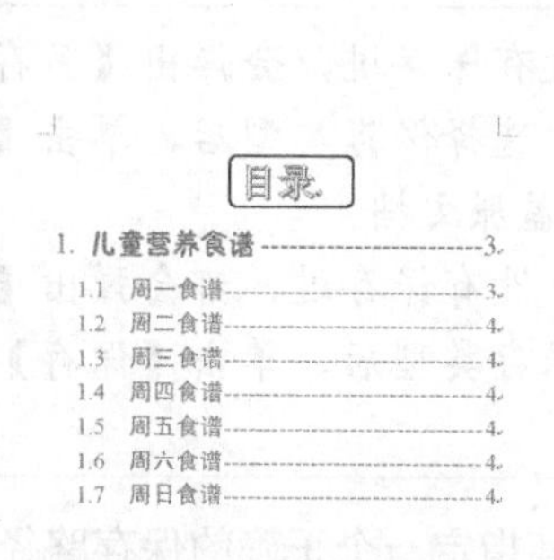

图 4-63 完成后的效果

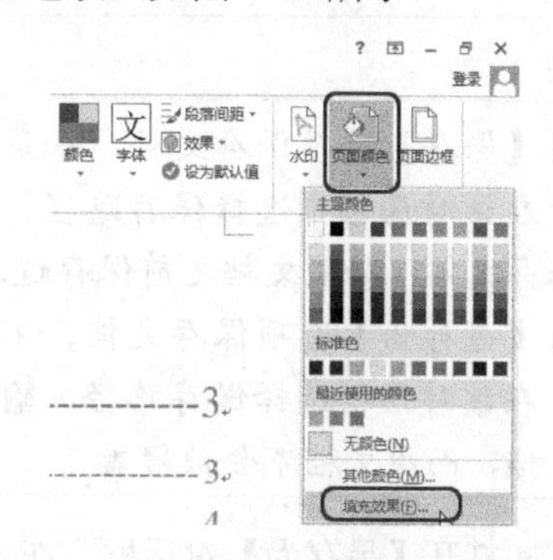

图 4-64 选择【填充效果】选项

step 19 弹出【填充效果】对话框，切换到【图片】选项卡，在【图片区域】中单击【选项图片】按钮，打开【插入图片】对话框，在该对话框中选择【来自文件】选项，如图 4-65 所示。

step 20 打开【选择图片】对话框，在该对话框中选择随书附带光盘“CDROM\素材\Cha04\背景.png”素材文件，如图 4-66 所示。

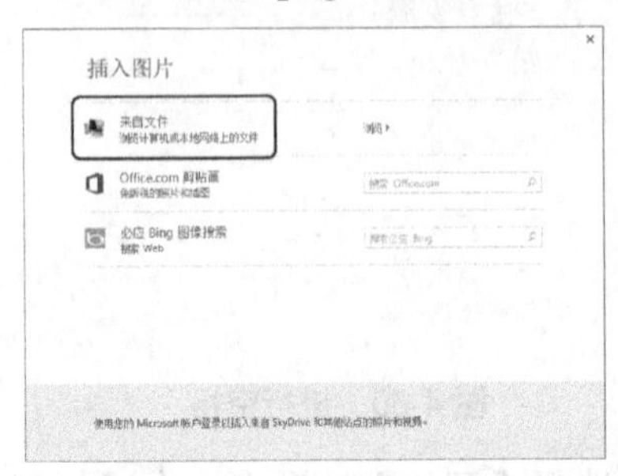

图 4-65　选择【来自文件】选项

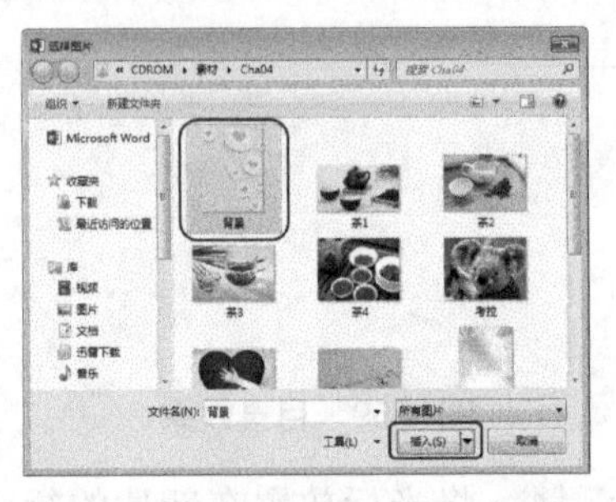

图 4-66　【选择图片】对话框

step 21 单击【插入】按钮，选择的素材文件即可被添加至【图片】区域中，如图 4-67 所示。

step 22 单击【确定】按钮，完成后的效果如图 4-68 所示。

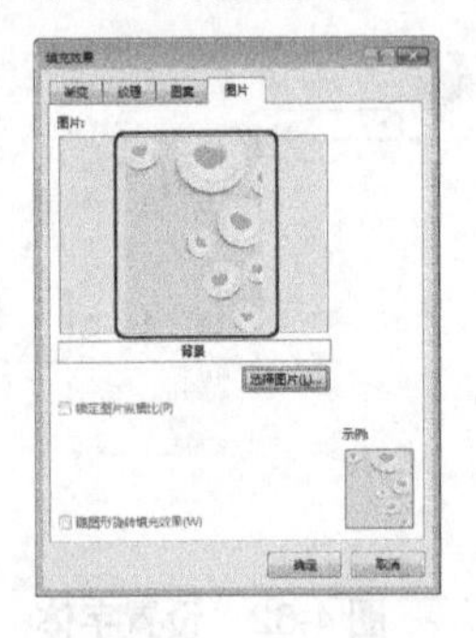

图 4-67　插入素材

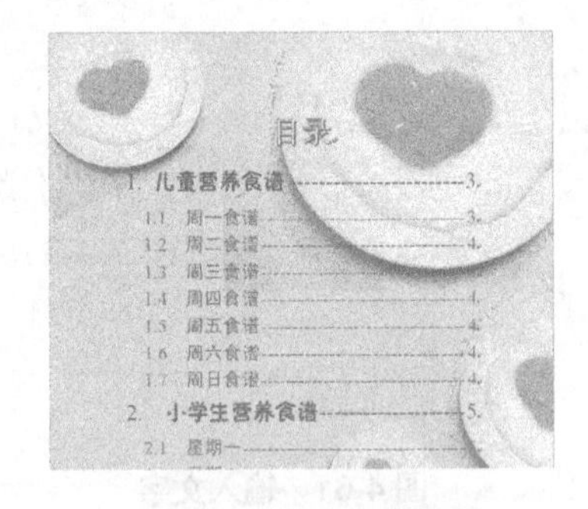

图 4-68　完成后的效果

step 23 在功能区单击【文件】按钮，在弹出的界面中选择【另存为】选项，然后单击【计算机】选项，并单击【浏览】按钮，如图 4-69 所示。

知识链接

使用【保存】选项保存文档，如果该文档之前没有保存过，会弹出【另存为】对话框，然后在该对话框中选择保存路径、输入文件名、选择保存类型后，单击【保存】按钮即可保存文档；如果文档之前保存过，则会直接覆盖原文档。

使用【另存为】选项保存文档，不管文档之前有没有保存过，都会弹出【另存为】对话框，在该对话框选择保存路径、输入文件名和保存类型后，单击【保存】按钮即可保存该文档，而原文档不会被覆盖。

step 24 打开【另存为】对话框，在该对话框中为其指定一个正确的保存路径，如图 4-70 所示，单击【保存】按钮，即可保存文档。

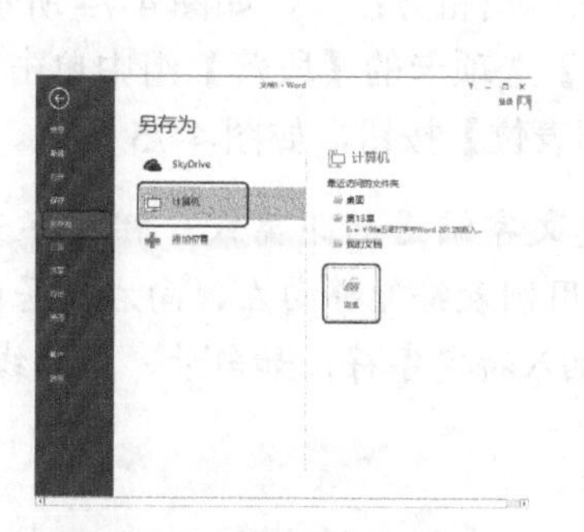

图 4-69　单击【浏览】按钮

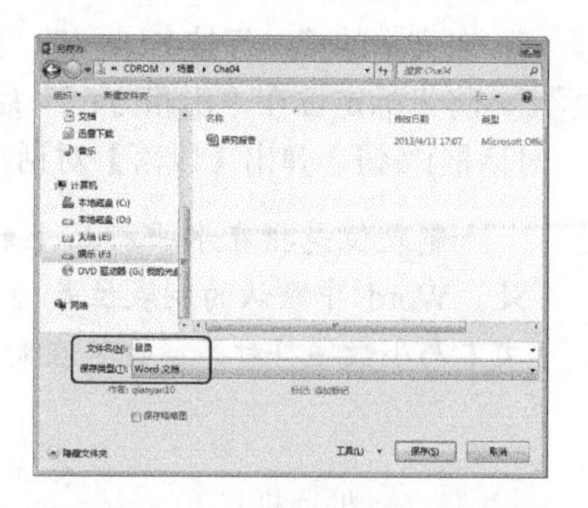

图 4-70　【另存为】对话框

案例精讲 033　租赁协议

案例文件：CDROM\场景\Cha04\租赁协议.docx

视频文件：视频教学\Cha04\租赁协议.avi

学习目标

- 学习【格式刷】的使用方法。
- 掌握插入制表位的方法。

制作概述

在日常生活中，用户有时需要编写一些文件协议。使用 Word 2013 可以方便用户编写各种格式的文件协议。本例就来介绍一下《租赁协议》的编写方法，完成后的效果如图 4-71 所示。

图 4-71　租赁协议

操作步骤

step 01 打开随书附带光盘中的“CDROM\素材\Cha04\租赁协议.docx”素材文档，打开的文档如图 4-72 所示。

step 02 选中文本中的第一行“租赁协议”，在【开始】选项卡的【字体】组中将【字体】设置为“宋体”、【字号】设置为“一号”，在【段落】组中单击【居中】按钮，如图 4-73 所示。

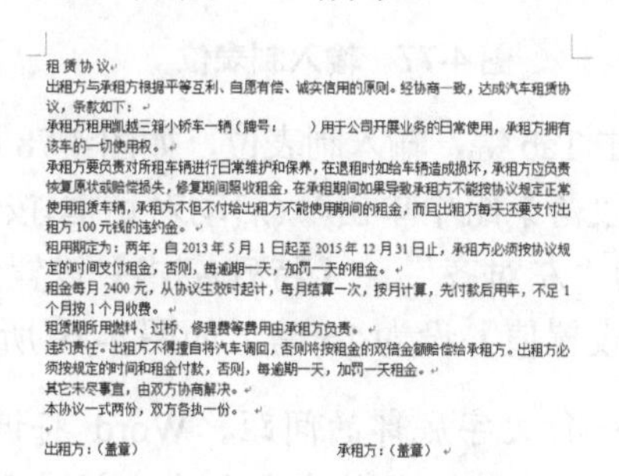

租赁协议

出租方与承租方根据平等互利、自愿有偿、诚实信用的原则。经协商一致，达成汽车租赁协议，条款如下：

承租方租用凯越三箱小轿车一辆（牌号：　　）用于公司开展业务的日常使用，承租方拥有该车的一切使用权。

承租方要负责对所租车辆进行日常维护和保养，在退租时如给车辆造成损坏，承租方应负责恢复原状或赔偿损失，修复期间照收租金，在承租期间如果导致承租方不能按协议规定正常使用租赁车辆，承租方不但不付给出租方不能使用期间的租金，而且出租方每天还要支付出租方 100 元钱的违约金。

租用期定为：两年，自 2013 年 5 月 1 日起至 2015 年 12 月 31 日止，承租方必须按协议规定的时间支付租金，否则，每逾期一天，加罚一天的租金。

租金每月 2400 元，从协议生效时起计，每月结算一次，按月计算，先付款后用车，不足 1 个月按 1 个月收费。

租赁期所用燃料、过桥、修理费等费用由承租方负责。

违约责任。出租方不得擅自将汽车调回，否则将按租金的双倍金额赔偿给承租方。出租方必须按规定的时间和租金付款，否则，每逾期一天，加罚一天租金。

其它未尽事宜，由双方协商解决。

本协议一式两份，双方各执一份。

出租方：（盖章）　　　　承租方：（盖章）

图 4-72　打开租赁协议

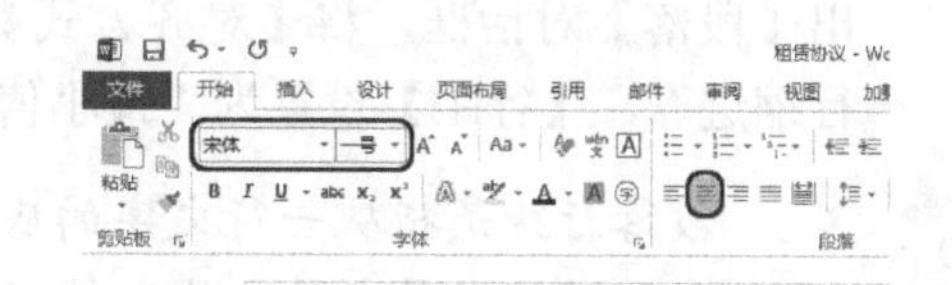

图 4-73　设置标题字体格式

step 03 在文本的第二行按 Enter 键，在第二行输入“出租方：”，如图 4-74 所示。

step 04 将光标定位在“出租方：”后，在【开始】选项卡的【段落】组中单击 (启动对话框)按钮，弹出【段落】对话框，单击【制表位】按钮，如图 4-75 所示。

制表位是指在水平标尺上的位置，指定文字缩进的距离或一栏文字开始之处。Word 中默认的制表位是 2 个字符。使用制表符能够向左、向右或居中对齐文本与小数字符对齐，也可在制表符前自动插入特定字符，如句号、下划线等。

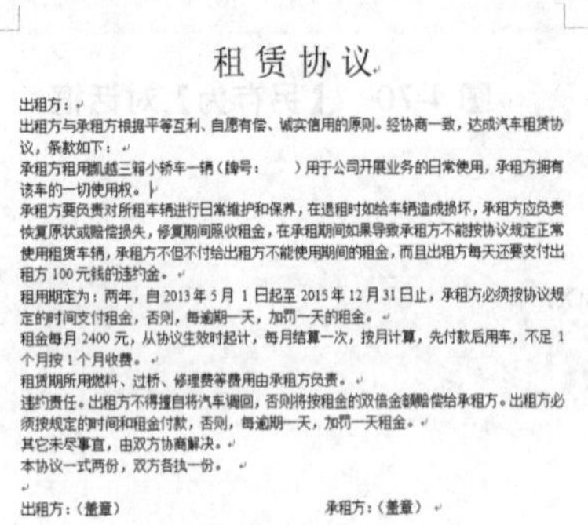

租赁协议

出租方：

出租方与承租方根据平等互利、自愿有偿、诚实信用的原则。经协商一致，达成汽车租赁协议，条款如下：

承租方租用凯越三箱小轿车一辆（牌号：　　）用于公司开展业务的日常使用，承租方拥有该车的一切使用权。

承租方要负责对所租车辆进行日常维护和保养，在退租时如给车辆造成损坏，承租方应负责恢复原状或赔偿损失，修复期间照收租金，在承租期间如果导致承租方不能按协议规定正常使用租赁车辆，承租方不但不付给出租方不能使用期间的租金，而且出租方每天还要支付出租方 100 元钱的违约金。

租用期定为：两年，自 2013 年 5 月 1 日起至 2015 年 12 月 31 日止，承租方必须按协议规定的时间支付租金，否则，每逾期一天，加罚一天的租金。

租金每月 2400 元，从协议生效时起计，每月结算一次，按月计算，先付款后用车，不足 1 个月按 1 个月收费。

租赁期所用燃料、过桥、修理费等费用由承租方负责。

违约责任。出租方不得擅自将汽车调回，否则将按租金的双倍金额赔偿给承租方。出租方必须按规定的时间和租金付款，否则，每逾期一天，加罚一天租金。

其它未尽事宜，由双方协商解决。

本协议一式两份，双方各执一份。

出租方：(盖章)　　　　承租方：(盖章)

图 4-74　输入“出租方：”

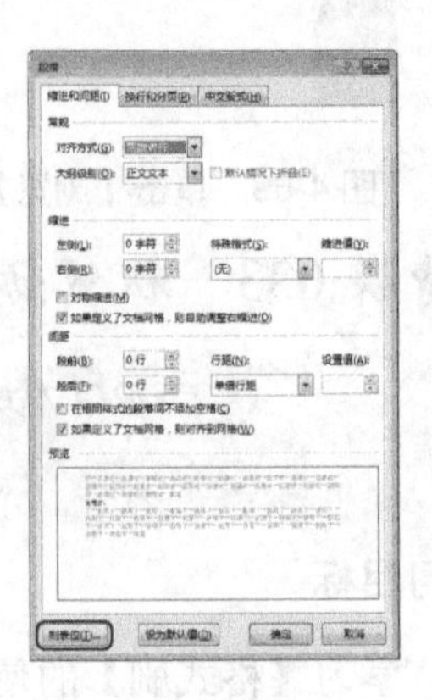

图 4-75　单击【制表位】按钮

step 05 在【制表位位置】栏输入 20，【前导符】选为【4__(4)】，单击【设置】按钮，然后单击【确定】按钮，如图 4-76 所示。

step 06 单击 Tab 键，输入制表位，如图 4-77 所示。

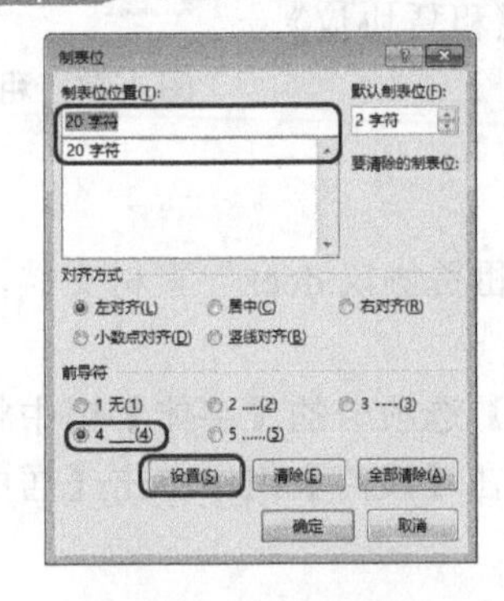

图 4-76　设置制表位

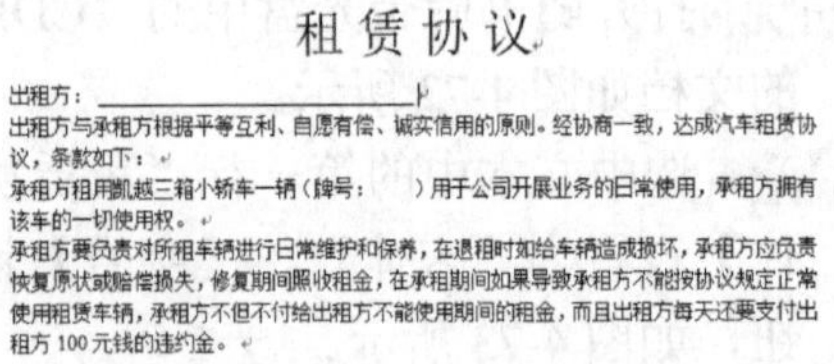

租赁协议

出租方：________________

出租方与承租方根据平等互利、自愿有偿、诚实信用的原则。经协商一致，达成汽车租赁协议，条款如下：

承租方租用凯越三箱小轿车一辆（牌号：　　）用于公司开展业务的日常使用，承租方拥有该车的一切使用权。

承租方要负责对所租车辆进行日常维护和保养，在退租时如给车辆造成损坏，承租方应负责恢复原状或赔偿损失，修复期间照收租金，在承租期间如果导致承租方不能按协议规定正常使用租赁车辆，承租方不但不付给出租方不能使用期间的租金，而且出租方每天还要支付出租方 100 元钱的违约金。

图 4-77　输入制表位

step 07 按 Enter 键，输入“承租方：”，然后单击 Tab 键，输入制表位，如图 4-78 所示。

step 08 选中第 3~4 行，在【开始】选项卡的【段落】组中单击 (启动对话框)按钮，弹出【段落】对话框，将【对齐方式】设置为“左对齐”，【特殊格式】设置为“首行缩进”，【行距】设置为“最小值”，【设置值】设为 15 磅，如图 4-79 所示。

段落行距是指从一行文字的底部到另一行文字底部的间距。Word 将调整行距以容纳该行中最大的文体和最高的图形。行距决定段落中各行文本间的垂直距离。其默认值是单倍行距，意味着间距可容纳所在行的最大字符并附少许额外间距。

租 赁 协 议

出租方：________________

承租方：________________

出租方与承租方根据平等互利、自愿有偿、诚实信用的原则。经协商一致，达成汽车租赁协议，条款如下：

承租方租用凯越三箱小轿车一辆（牌号：　　）用于公司开展业务的日常使用，承租方拥有该车的一切使用权。

承租方要负责对所租车辆进行日常维护和保养，在退租时如给车辆造成损坏，承租方应负责恢复原状或赔偿损失，修复期间照收租金，在承租期间如果导致承租方不能按协议规定正常使用租赁车辆，承租方不但不付给出租方不能使用期间的租金，而且出租方每天还要支付出租方 100 元钱的违约金。

图 4-78　输入制表位

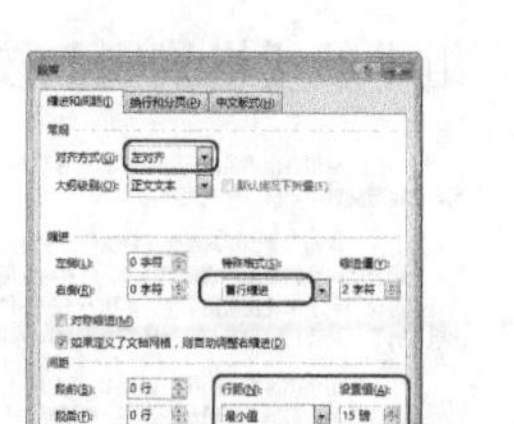

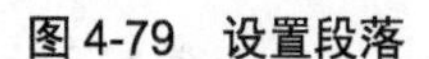

图 4-79　设置段落

step 09 单击【确定】按钮，设置段落格式效果如图 4-80 所示。

step 10 选中文本的 5~17 行，在【开始】选项卡中单击【段落】组中的【编号】右侧的按钮，在弹出的下拉列表中选择如图 4-81 所示的编号。

租 赁 协 议

出租方：________________

承租方：________________

出租方与承租方根据平等互利、自愿有偿、诚实信用的原则。经协商一致，达成汽车租赁协议，条款如下：

承租方租用凯越三箱小轿车一辆（牌号：　　）用于公司开展业务的日常使用，承租方拥有该车的一切使用权。

图 4-80　段落设置效果

图 4-81　选择编号

step 11 设置编号的效果如图 4-82 所示。

step 12 在【开始】选项卡中【段落】组中单击 (启动对话框)按钮，弹出【段落】对话框，将【对齐方式】设置为“左对齐”，【特殊格式】设置为“首行缩进”，【段前】设置为 0.5 行，如图 4-83 所示。

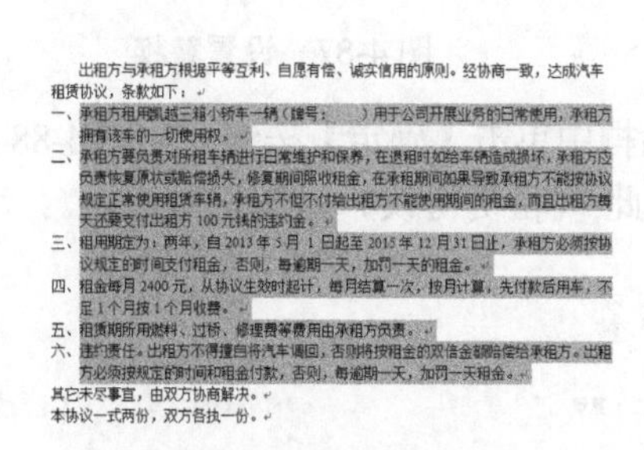

出租方与承租方根据平等互利、自愿有偿、诚实信用的原则。经协商一致，达成汽车租赁协议，条款如下：

一、承租方租用凯越三箱小轿车一辆（牌号：　　）用于公司开展业务的日常使用，承租方拥有该车的一切使用权。

二、承租方要负责对所租车辆进行日常维护和保养，在退租时如给车辆造成损坏，承租方应负责恢复原状或赔偿损失，修复期间照收租金，在承租期间如果导致承租方不能按协议规定正常使用租赁车辆，承租方不但不付给出租方不能使用期间的租金，而且出租方每天还要支付出租方 100 元钱的违约金。

三、租用期定为：两年，自 2013 年 5 月 1 日起至 2015 年 12 月 31 日止，承租方必须按协议规定的时间支付租金，否则，每逾期一天，加罚一天的租金。

四、租金每月 2400 元，从协议生效时起计，每月结算一次，按月计算，先付款后用车，不足 1 个月按 1 个月收费。

五、租赁期所用燃料、过桥、修理费等费用由承租方负责。

六、违约责任。出租方不得擅自将汽车调回，否则将按租金的双倍金额赔偿给承租方。出租方必须按规定的时间和租金付款，否则，每逾期一天，加罚一天租金。

其它未尽事宜，由双方协商解决。

本协议一式两份，双方各执一份。

图 4-82　设置完成编号

图 4-83　设置段落

step 13 段落设置完成的效果如图 4-84 所示。

step 14 将光标定位到文本 3~4 行的任意位置，然后单击【开始】选项卡的【剪贴板】

组中的【格式刷】按钮，如图 4-85 所示。

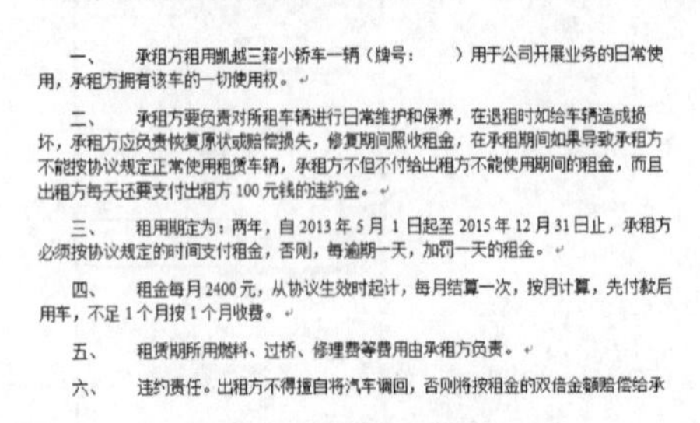

一、　承租方租用凯越三箱小轿车一辆（牌号：　）用于公司开展业务的日常使用，承租方拥有该车的一切使用权。

二、　承租方要负责对所租车辆进行日常维护和保养，在退租时如给车辆造成损坏，承租方应负责恢复原状或赔偿损失，修复期间照收租金，在承租期间如果导致承租方不能按协议规定正常使用租赁车辆，承租方不但不付给出租方不能使用期间的租金，而且出租方每天还要支付出租方 100 元钱的违约金。

三、　租用期定为：两年，自 2013 年 5 月 1 日起至 2015 年 12 月 31 日止，承租方必须按协议规定的时间支付租金，否则，每逾期一天，加罚一天的租金。

四、　租金每月 2400 元，从协议生效时起计，每月结算一次，按月计算，先付款后用车，不足 1 个月按 1 个月收费。

五、　租赁期所用燃料、过桥、修理费等费用由承租方负责。

六、　违约责任。出租方不得擅自将汽车调回，否则将按租金的双倍金额赔偿给承

图 4-84　段落设置效果

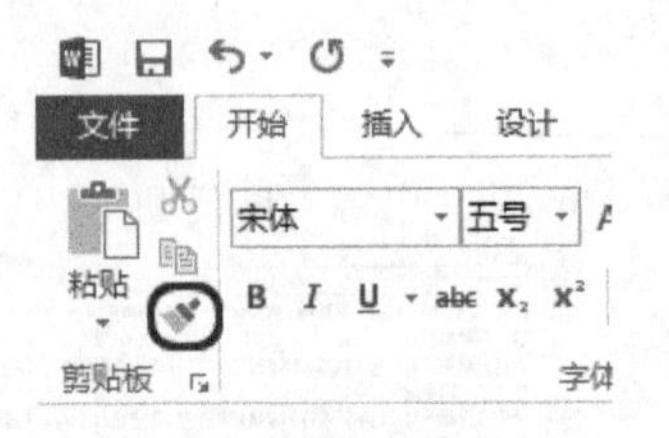

图 4-85　单击【格式刷】按钮

如果要复制文本格式，请选择段落的一部分。如果要复制文本和段落格式，请选择整个段落，包括段落标记。

step 15 此时鼠标指针会变成样式，将文本的 18~19 行选中，完成段落格式设置，如图 4-86 所示。

知识链接

如果想更改文档中的多个选定内容的格式，请双击【格式刷】按钮。要停止设置格式，按 Esc 键即可。

格式刷不能复制艺术字 (艺术字：使用现成效果创建的文本对象，并可以对其应用其他格式效果)文本的字体和字号。

step 16 在功能区选择【开始】选项卡，在【编辑】组中单击【替换】按钮，在弹出的【查找和替换】对话框中，将【查找内容】设置为“盖章”，【替换为】设置为“签字/盖章”，如图 4-87 所示。

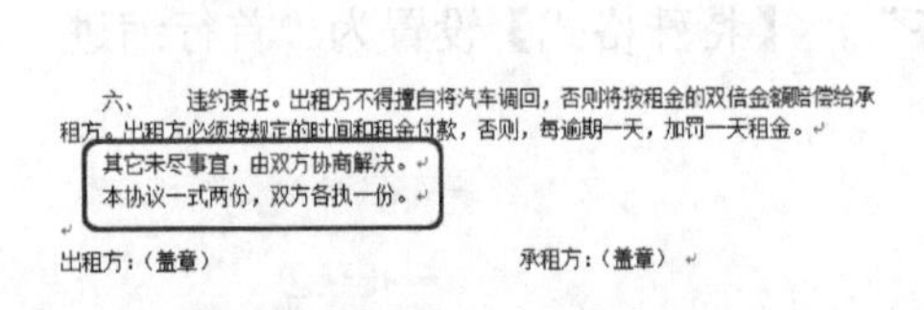

六、　违约责任。出租方不得擅自将汽车调回，否则将按租金的双倍金额赔偿给承租方。出租方必须按规定的时间和租金付款，否则，每逾期一天，加罚一天租金。

其它未尽事宜，由双方协商解决。

本协议一式两份，双方各执一份。

出租方：(盖章)　　　　承租方：(盖章)

图 4-86　使用【格式刷】完成段落设置

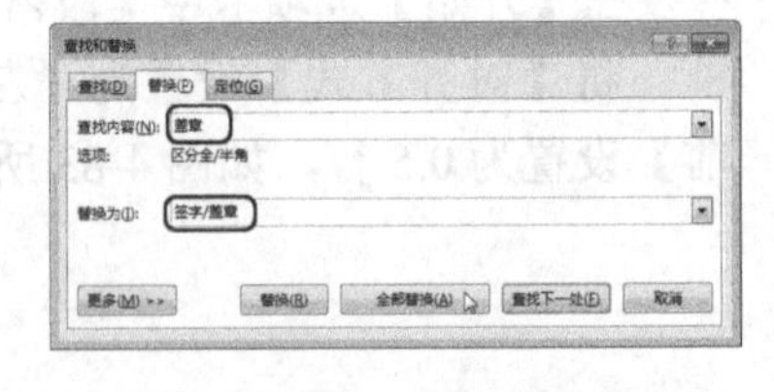

图 4-87　设置替换

step 17 单击【全部替换】按钮，在弹出的对话框中单击【确定】按钮，如图 4-88 所示。

step 18 完成替换后，效果如图 4-89 所示。至此,《租赁协议》就制作完成了。

图 4-88　单击【确定】按钮

出租方：(签字/盖章)　　　　承租方：(签字/盖章)

图 4-89　完成替换

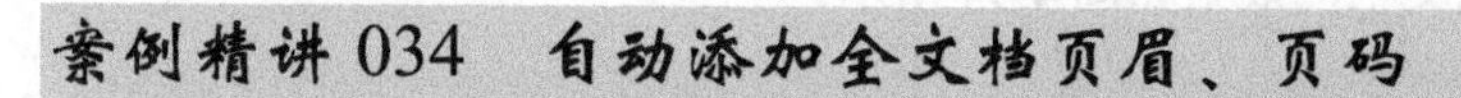

案例精讲034 自动添加全文档页眉、页码

案例文件：CDROM\场景\Cha04\自动添加全文档页眉、页码.docx

视频文件：视频教学\Cha04\自动添加全文档页眉、页码.avi

学习目标

- 学习插入页码的方法。
- 掌握添加和美化页眉的方法。

制作概述

本例将介绍自动添加全文档页眉和页码的方法。首先设置页码(奇偶页不同)，然后分别在奇数页和偶数页中输入内容，最后在奇数页和偶数页中分别插入页码，并对插入的页码进行设置。完成后的效果如图4-90所示。

图4-90 自动添加全文档页眉、页码

操作步骤

step 01 打开随书附带光盘中的“CDROM\素材\Cha04\中国名茶.docx”素材文档，打开的文档如图4-91所示。

step 02 在功能区选择【插入】选项卡，在【页眉和页脚】组中单击【页眉】按钮，在弹出的下拉列表中选择【编辑页眉】选项，如图4-92所示。

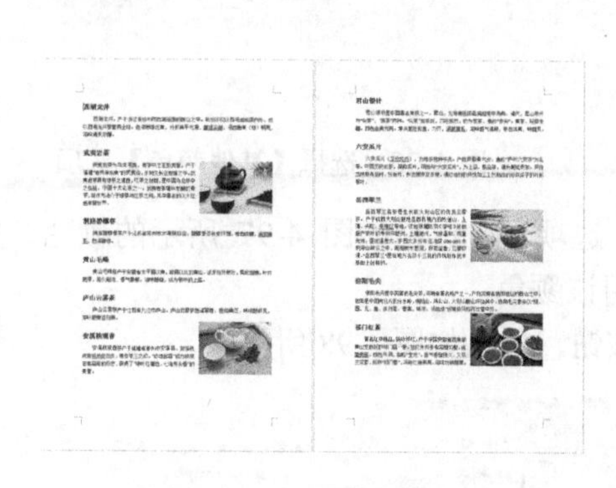

图4-91 打开的素材文档

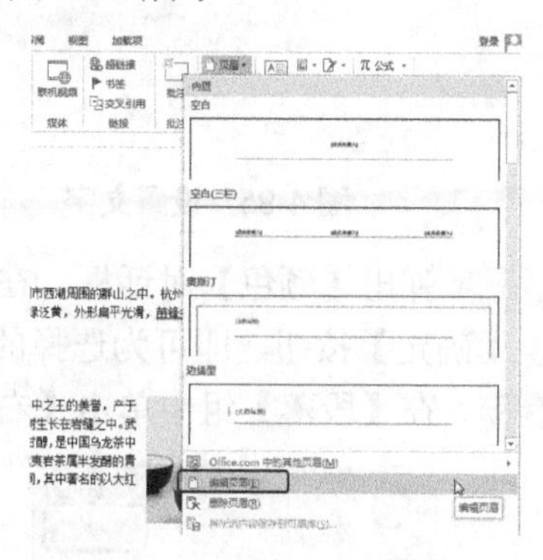

图4-92 选择【编辑页眉】选项

页眉是文档中每个页面的顶部区域。常用于显示文档的附加信息，可以插入时间、图形、公司徽标、文档标题、文件名或作者姓名等。

step 03 在打开的【页眉和页脚工具】下的【设计】选项卡中，选中【选项】组中的【奇偶页不同】复选框，如图4-93所示。

奇偶页不同一般是指在奇数页和偶数页使用不同的页眉或页脚，以体现不同页面的页眉或页脚特色。

step 04 在奇数页页眉中输入文字，效果如图 4-94 所示。

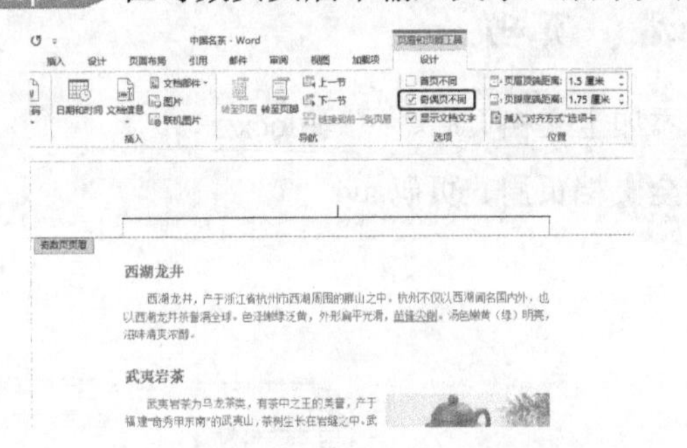

图 4-93 选中【奇偶页不同】复选框

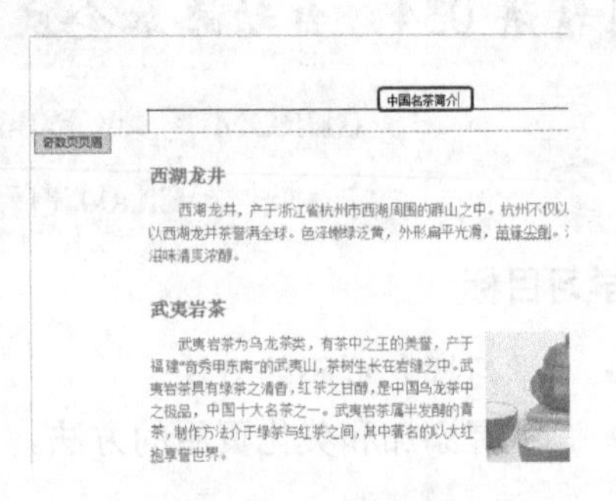

图 4-94 输入文字

step 05 选择输入的文字，然后在功能区选择【开始】选项卡，在【字体】组中将【字体】设置为“方正隶书简体”，将【字号】设置为“小三”，如图 4-95 所示。

step 06 单击【字体颜色】按钮右侧的 按钮，在弹出的下拉列表中选择【其他颜色】选项，如图 4-96 所示。

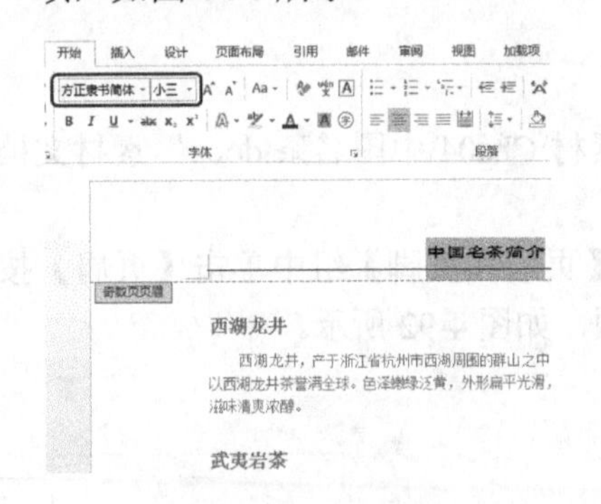

图 4-95 设置文字

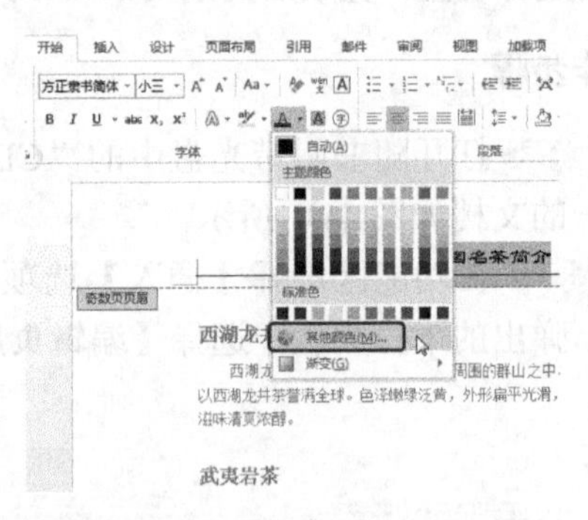

图 4-96 选择【其他颜色】选项

step 07 弹出【颜色】对话框，在【标准】选项卡中选择如图 4-97 所示的颜色，并单击【确定】按钮，即可为选择的文字应用该颜色。

step 08 在【段落】组中单击【右对齐】按钮，效果如图 4-98 所示。

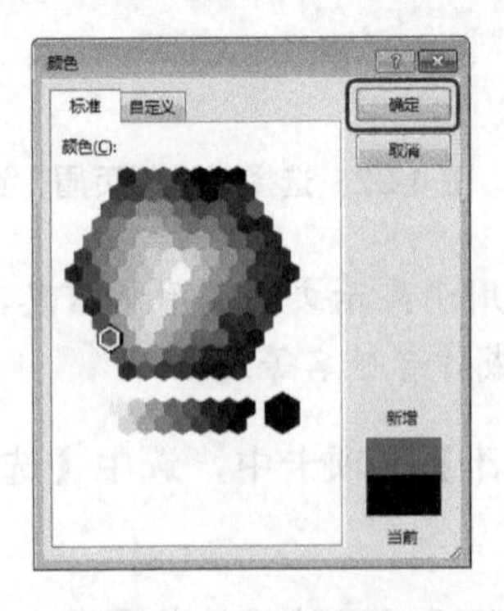

图 4-97 选择颜色

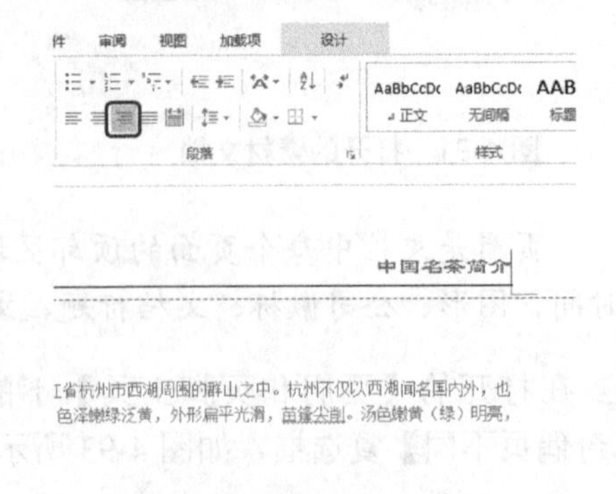

图 4-98 设置对齐方式

step 09 选择文字“名茶”，在【字体】组中将【字号】设置为“二号”，并单击【倾斜】按钮和【下划线】按钮，如图4-99所示。

单击【下划线】按钮右侧的按钮，在弹出的下拉列表中可以设置下划线样式和颜色。

step 10 将光标置于偶数页页眉中，然后在功能区选择【页眉和页脚工具】下的【设计】选项卡，在【插入】组中单击【联机图片】按钮，如图4-100所示。

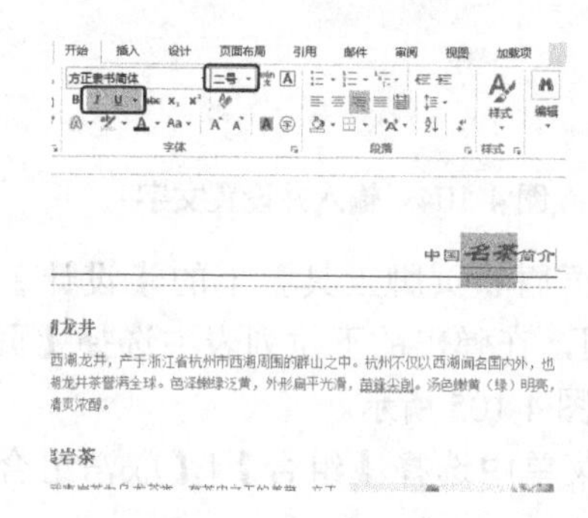

图4-99 设置文字

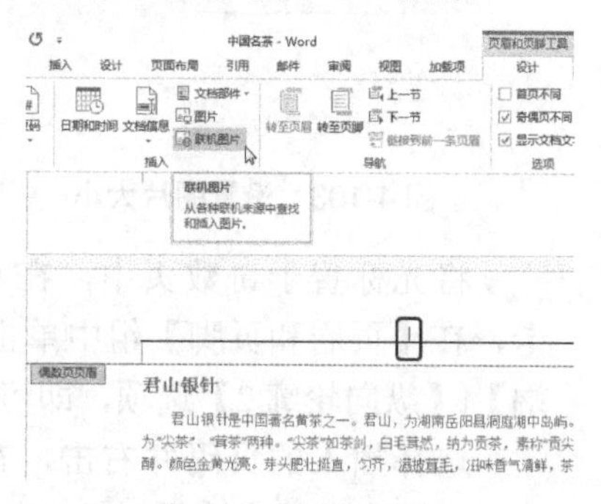

图4-100 单击【联机图片】按钮

step 11 在【Office.com剪贴画】右侧的搜索框中输入"茶"，如图4-101所示。

step 12 输入完成后按Enter键确认，即可搜索出与茶相关的剪贴画，在下拉列表框中选择如图4-102所示的剪贴画，单击【插入】按钮，即可插入选择的剪贴画。

将鼠标移至剪贴画上，绘制剪贴画的右下角显示图标，单击该图标可以放大显示该剪贴画。

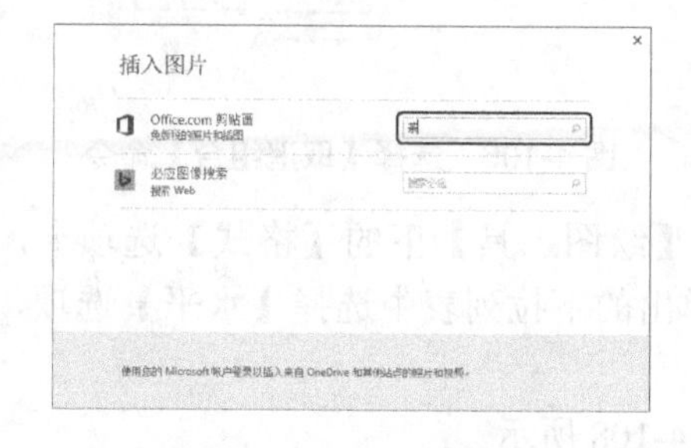

图4-101 输入搜索内容

图4-102 选择剪贴画

step 13 在【图片工具】下的【格式】选项卡的【大小】组中，将【形状高度】设置为1厘米，将【形状宽度】设置为1.36厘米，如图4-103所示。

step 14 将光标置于图片的右侧，并输入文字"茶文化"。选择输入的文字，然后在功能区选择【开始】选项卡，在【字体】组中将【字体】设置为"方正隶书简体"，将【字号】设置为"小三"，在【段落】组中单击【左对齐】按钮，如图4-104所示。

在图片和文字中间添加一个空格。

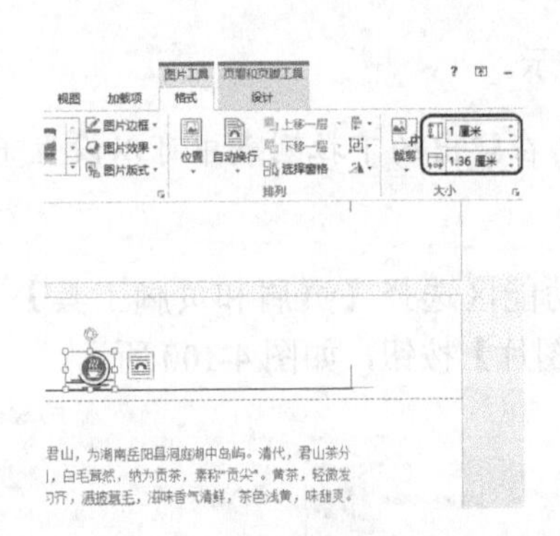

图 4-103　设置图片大小

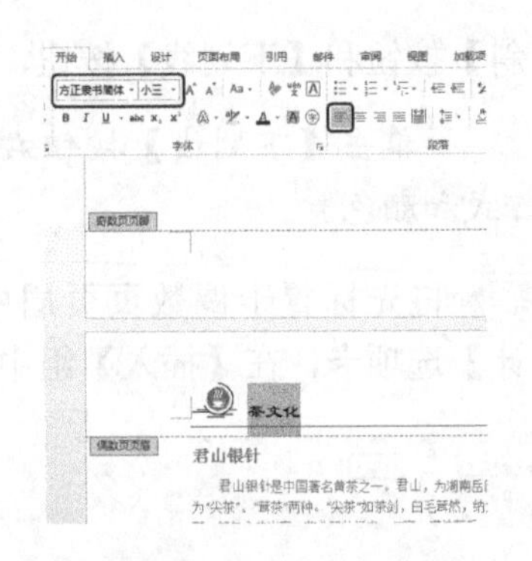

图 4-104　输入并设置文字

step 15 将光标置于奇数页中，在功能区选择【页眉和页脚工具】下的【设计】选项卡，在【页眉和页脚】组中单击【页码】按钮，在弹出的下拉列表中选择【页面底端】|【纵向轮廓 2】选项，即可插入页码，如图 4-105 所示。

step 16 选择插入的页码并右击，在弹出的快捷菜单中选择【组合】|【取消组合】命令，即可取消组合选择对象，如图 4-106 所示。

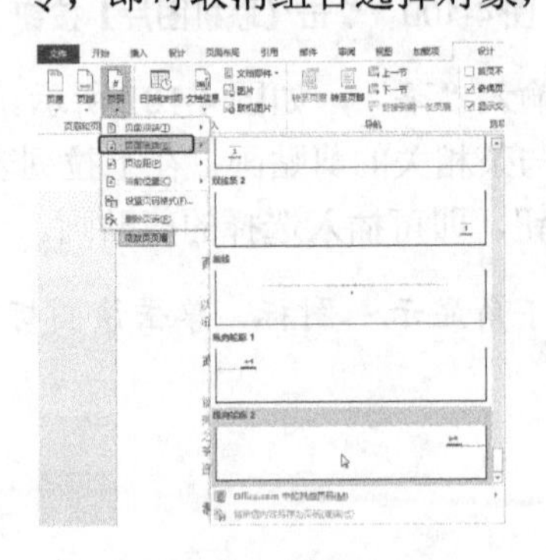

图 4-105　选择页码样式

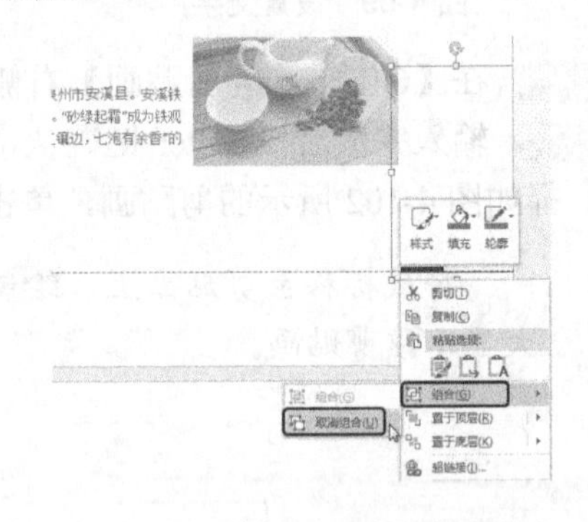

图 4-106　选择【取消组合】命令

step 17 选择数字 1 文本框，在功能区选择【绘图工具】下的【格式】选项卡，单击【文本】组中的【文字方向】按钮，在弹出的下拉列表中选择【水平】选项，即可更改文字方向，如图 4-107 所示。

step 18 在文档中调整文本框位置，效果如图 4-108 所示。

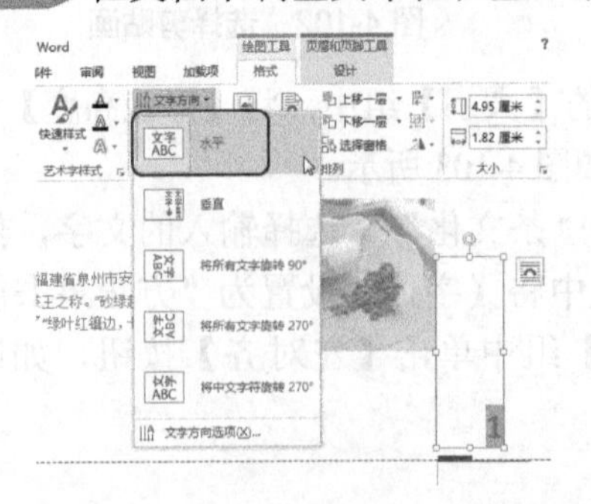

图 4-107　更改文字方向

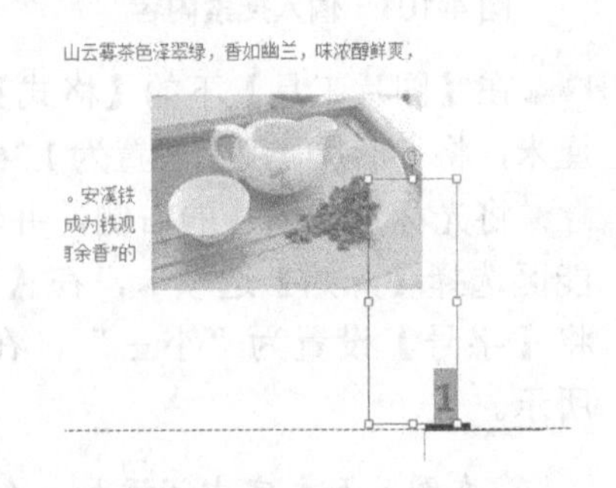

图 4-108　调整文字位置

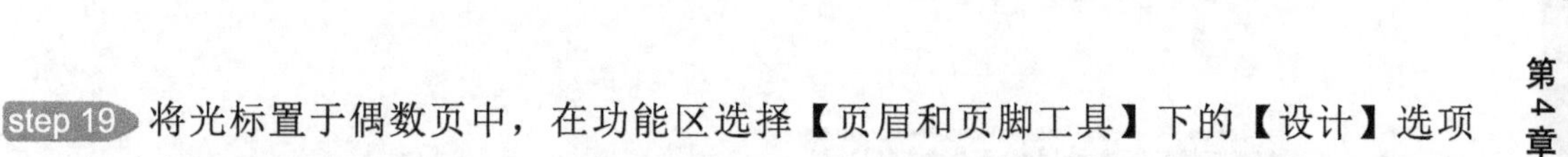

step 19 将光标置于偶数页中，在功能区选择【页眉和页脚工具】下的【设计】选项卡，在【页眉和页脚】组中单击【页码】按钮，在弹出的下拉列表中选择【页面底端】|【纵向轮廓 1】选项，如图 4-109 所示。

step 20 结合前面介绍的方法，对插入的页码进行设置，效果如图 4-110 所示。

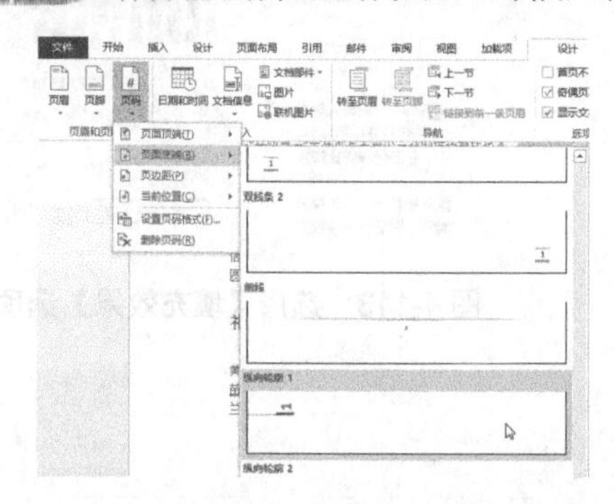

图 4-109 选择页码样式

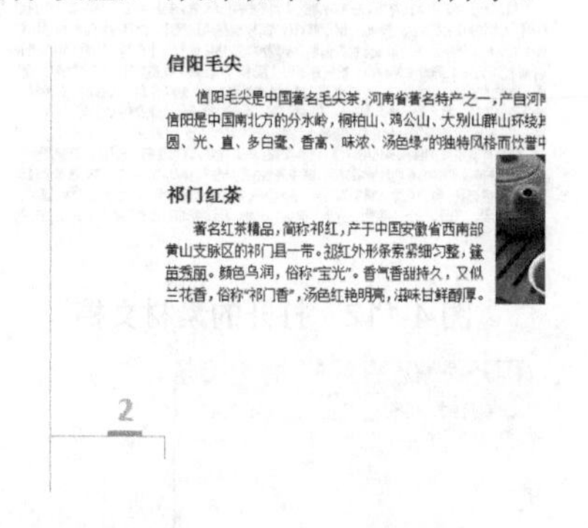

图 4-110 设置页码

案例精讲 035 图文混排

案例文件：CDROM\场景\Cha04\图文混排.docx

视频文件：视频教学\Cha04\图文混排.avi

学习目标

- 学习设置文字样式的方法。
- 掌握设置文字环绕图形的方式。

制作概述

图文混排，顾名思义就是将文字与图片混合排列，文字可在图片的四周、嵌入图片下面、浮于图片上方等。本例将介绍图文混排案例的制作，完成后的效果如图 4-111 所示。

图 4-111 图文混排

操作步骤

step 01 打开随书附带光盘中的“CDROM\素材\Cha04\蜗牛.docx”素材文档，打开的文档如图 4-112 所示。

step 02 在功能区选择【设计】选项卡，在【页面背景】组中单击【页面颜色】按钮，在弹出的下拉列表中选择【填充效果】选项，如图 4-113 所示。

step 03 弹出【填充效果】对话框，切换到【图片】选项卡，单击【选择图片】按钮，如图 4-114 所示。

step 04 在弹出的对话框中选择【来自文件】选项，如图 4-115 所示。

蜗牛

蜗牛并不是生物学上一个分类的名称，一般是指腹足纲的陆生所有种类。一般西方语言中不区分水生的螺类和陆生的蜗牛，汉语中蜗牛只指陆生种类。蜗牛是一种包括许多不同科、属的动物。蜗牛属于软体动物，腹足纲，取食腐烂植物质，产卵于土中。在热带岛屿比较常见，但有的也生存在寒冷地区。

蜗牛是世界上牙齿最多的动物。虽然它的嘴大小和针尖差不多，但是却有 26000 多颗牙齿。在蜗牛的小触角中间往下一点儿的地方有一个小洞，这就是它的嘴巴，里面有一条锯齿状的舌头。

蜗牛有一个比较脆弱的，低圆锥形的壳，不同种类的壳有左旋或右旋的，头部有两对触角，后一对较长的触角顶端有眼，腹面有扁平宽大的腹足，行动缓慢，足下分泌黏液，降低摩擦力以帮助行走，黏液还可以防止蚂蚁等一般昆虫的侵害。蜗牛一般生活在比较潮湿的地方，在植物丛中躲避太阳直晒。在寒冷地区生活的蜗牛会冬眠，在热带生活的种类旱季也会休眠，休眠时分泌出的黏液形成一层干膜封闭壳口，全身藏在壳中，当气温和湿度合适时就会出来活动。蜗牛几乎分布在全世界各地，不同种类的蜗牛体形大小各异，非洲大蜗牛可长达 30 厘米，在北方野生的种类一般只有不到 1 厘米。一般蜗牛以植物叶和嫩芽为食，因此是一种农业害虫。但也有肉食性蜗牛，以其他种类蜗牛为食。蜗牛是雌雄同体的，有的种类可以独立生殖，但大部分种类需要两个个体交配，互相交换精子。普通蜗牛将卵产在潮湿的泥土中，一般两到四周后小蜗牛就会破土而出。一次可产 100 个卵。

蜗牛具有很高的食用和药用价值。营养丰富，味道鲜美，属高蛋白，低脂肪，低胆固醇，富含 20 多种氨基酸的高档营养滋补品。蜗牛属腹足纲陆生软体动物，种类很多，遍布全球。据有关资料记载，世界各地有蜗牛四万种。在我国各省区都有蜗牛分布，生活在森林、灌木、果园、菜园、农田、公园、庭园、寺庙、高山、平地、丘陵等地。但有饲养和食用价值的种类却很少。

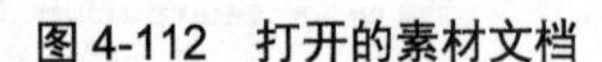

图 4-112　打开的素材文档

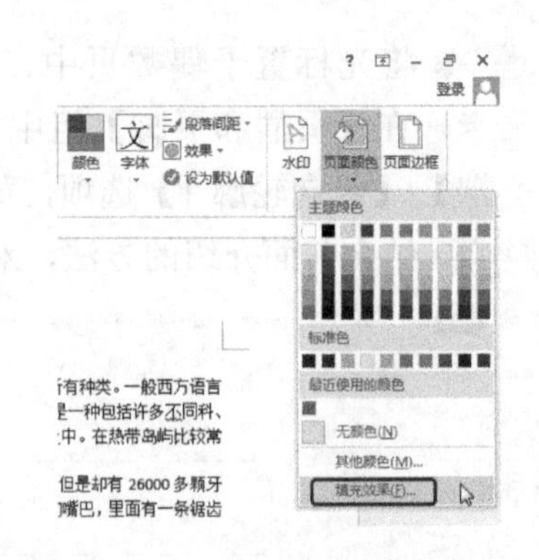

图 4-113　选择【填充效果】选项

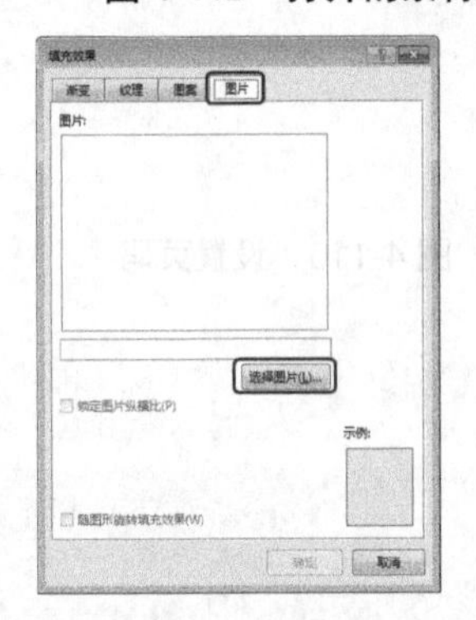

图 4-114　单击【选择图片】按钮

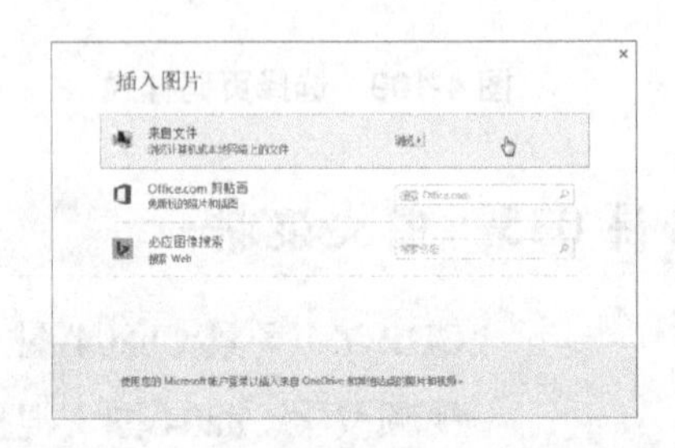

图 4-115　单击【来自文件】选项

step 05 弹出【选择图片】对话框，在该对话框中选择“图文混排背景.jpg”素材图片，单击【插入】按钮，如图 4-116 所示。

step 06 返回到【填充效果】对话框，单击【确定】按钮，即可插入背景图片，效果如图 4-117 所示。

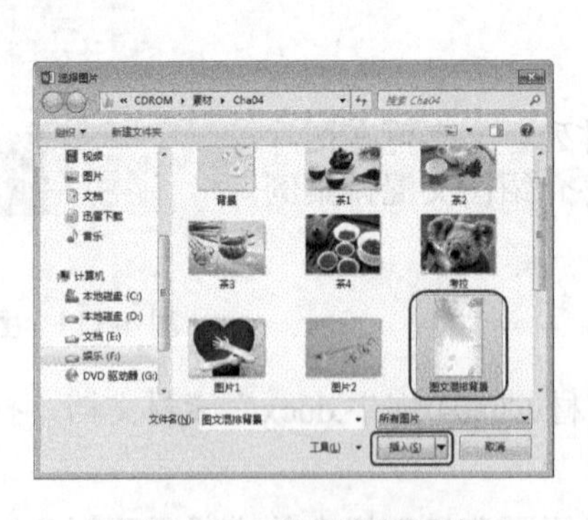

图 4-116　选择素材图片

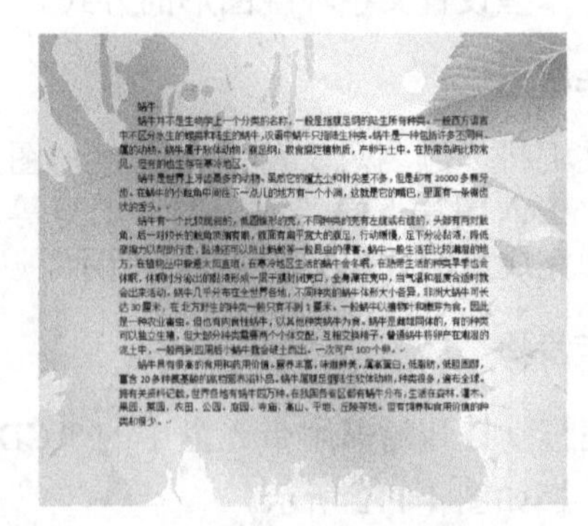

图 4-117　插入的图片

step 07 在【文档格式】组中单击【其他】按钮，在弹出的下拉列表中选择【极简】选项，如图 4-118 所示。

step 08 选择第一行中的文字“蜗牛”，然后在功能区选择【开始】选项卡，在【样式】组中选择【标题 1】选项，如图 4-119 所示。

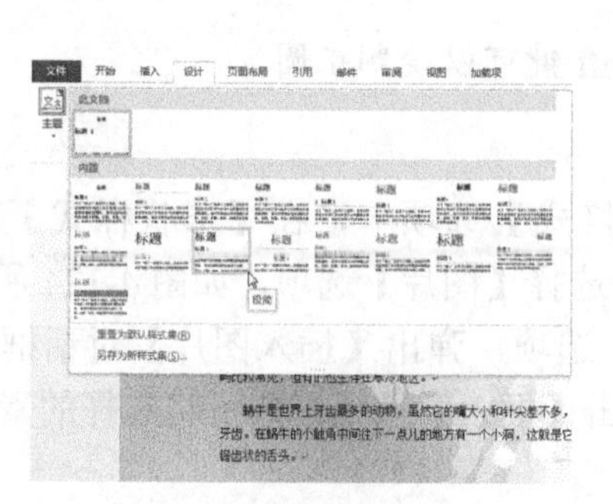

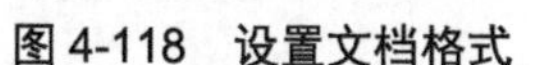

图 4-118　设置文档格式

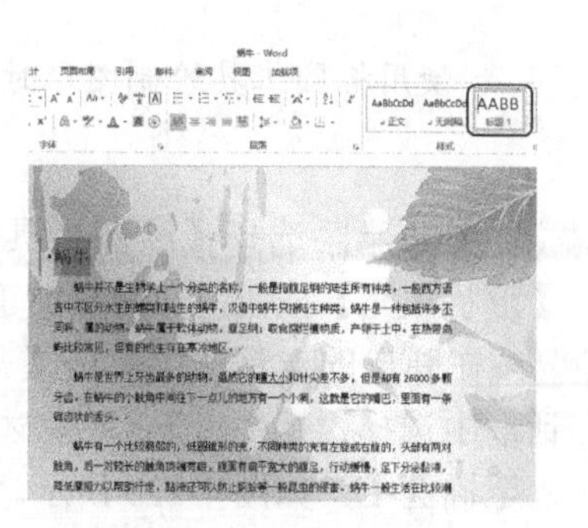

图 4-119　设置文字标题

step 09 在【字体】组中将【字体】设置为“方正粗倩简体”，将【字号】设置为“二号”，单击【文本效果和版式】按钮，在弹出的下拉列表中选择【填充-蓝色，着色1，阴影】选项，如图 4-120 所示。

step 10 单击【字体颜色】按钮右侧的▾按钮，在弹出的下拉列表中选择【绿色】选项，效果如图 4-121 所示。

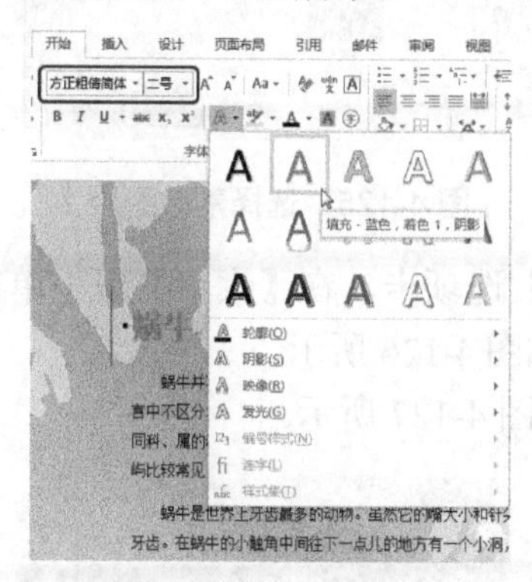

图 4-120　设置文字

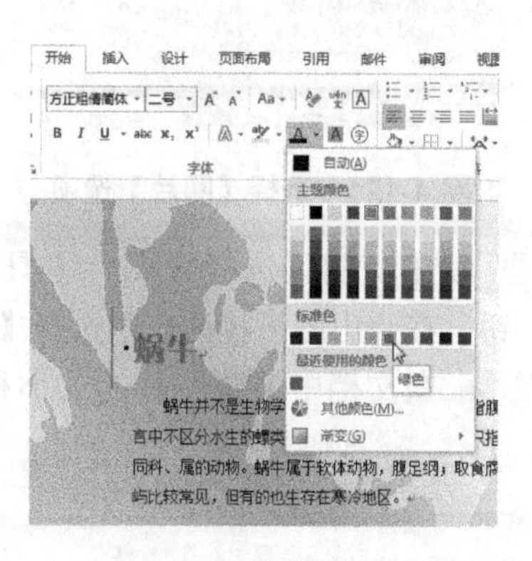

图 4-121　设置字体颜色

step 11 在功能区选择【插入】选项卡，在【插图】组中单击【形状】按钮，在弹出的下拉列表框中选择【椭圆】选项，如图 4-122 所示。

step 12 在文档中绘制椭圆，效果如图 4-123 所示。

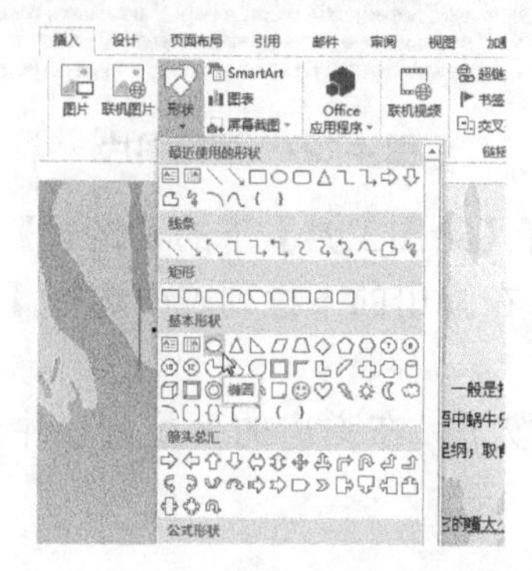

图 4-122　选择【椭圆】选项

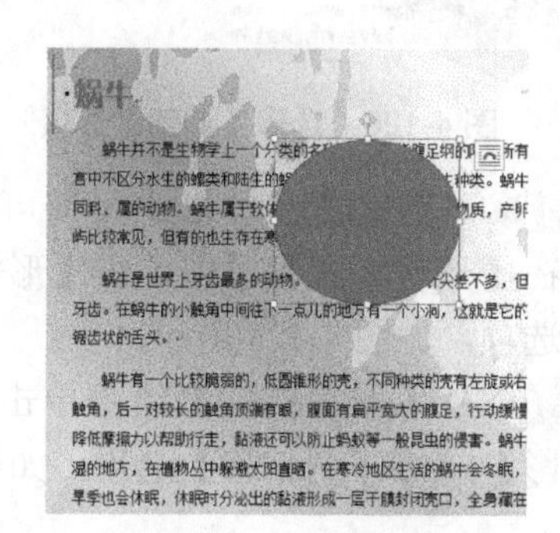

图 4-123　绘制椭圆

使用椭圆工具绘制图形时，按住 Shift 键可以绘制正圆。

step 13 在功能区选择【绘图工具】下的【格式】选项卡，在【形状样式】组中单击【形状填充】按钮，在弹出的下拉列表中选择【图片】选项，如图 4-124 所示。

step 14 在弹出的对话框中单击【来自文件】选项，弹出【插入图片】对话框，在该对话框中选择“蜗牛 1.jpg”素材图片，单击【插入】按钮，即可将选择的素材图片插入至椭圆中，如图 4-125 所示。

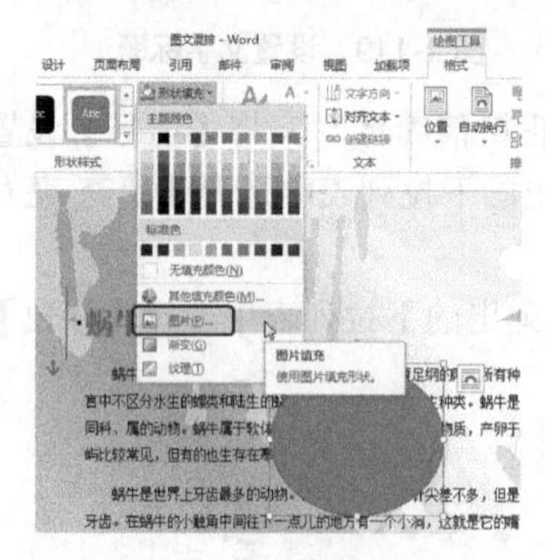

图 4-124 选择【图片】选项

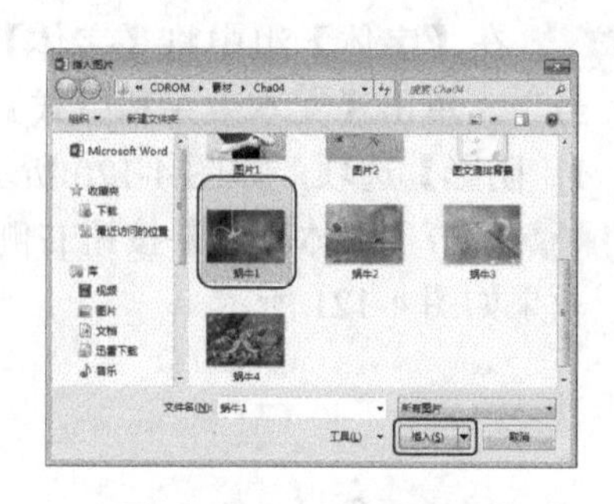

图 4-125 选择素材图片

step 15 在功能区选择【图片工具】下的【格式】选项卡，在【大小】组中单击裁剪按钮，在弹出的下拉列表中选择【调整】选项，如图 4-126 所示。

step 16 在文档中调整图片的大小和位置，效果如图 4-127 所示。

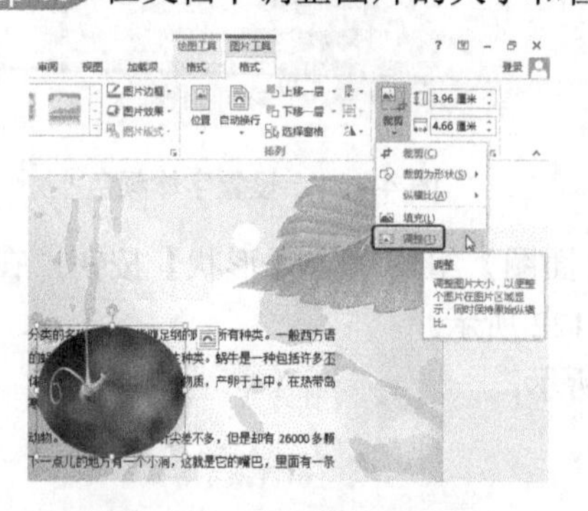

图 4-126 选择【调整】选项

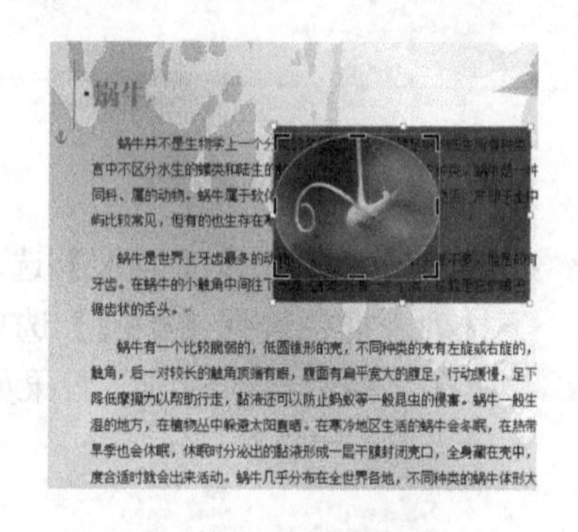

图 4-127 调整图片

step 17 调整完成后按 Esc 键即可。在功能区选择【绘图工具】下的【格式】选项卡，在【形状样式】组中单击【形状轮廓】按钮，在弹出的下拉列表中选择【无轮廓】选项，如图 4-128 所示。

step 18 在【形状样式】组中单击【形状效果】按钮，在弹出的下拉列表中选择【阴影】|【右下斜偏移】选项，如图 4-129 所示。

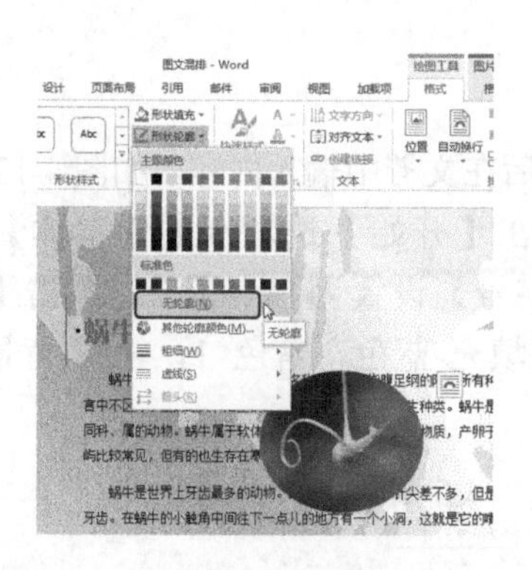

图 4-128　选择【无轮廓】选项

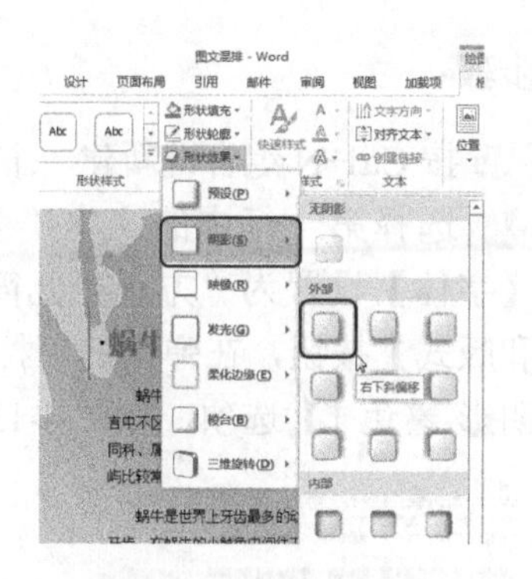

图 4-129　添加阴影

step 19 在【排列】组中单击【自动换行】按钮，在弹出的下拉列表中选择【紧密型环绕】选项，如图 4-130 所示。

step 20 使用同样的方法，继续绘制图形并填充图片，然后对文字环绕图形的方式进行设置，效果如图 4-131 所示。

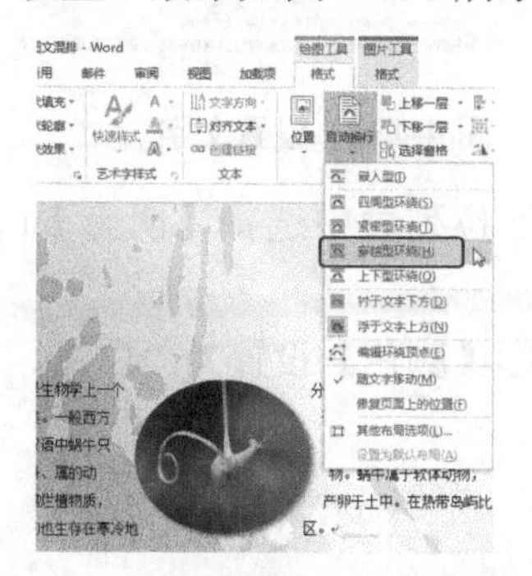

图 4-130　选择【紧密型环绕】选项

图 4-131　制作其他内容

案例精讲 036　中英文对照

案例文件：CDROM\场景\Cha04\中英文对照.docx

视频文件：视频教学\Cha04\中英文对照.avi

学习目标

- 学习添加图片效果的方法。
- 掌握页面分栏的方法。

制作概述

本例将介绍中英文对照的制作方法。首选输入并编辑文字，然后将文档分栏，最后插入素材图片美化页面。完成后的效果如图 4-132 所示。

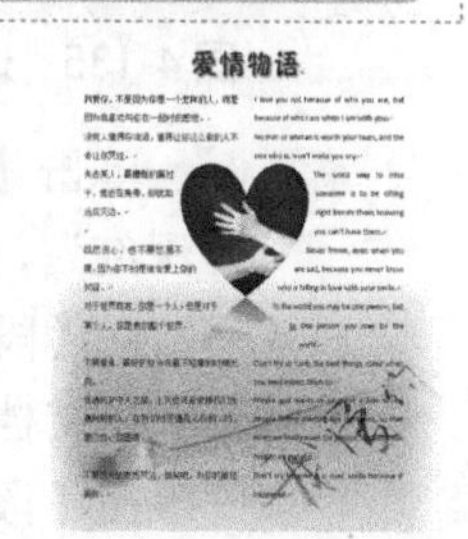

图 4-132　中英文对照

操作步骤

step 01 按 Ctrl+N 组合键新建一个空白文档，然后在文档中输入内容，如图 4-133 所示。

step 02 选择第一行中的文字“爱情物语”，在【开始】选项卡的【字体】组中，将【字体】设置为“方正少儿简体”，将【字号】设置为“小初”，单击【文本效果和版式】按钮，在弹出的下拉列表中选择【填充-蓝色，着色 1，轮廓-背景 1，清晰阴影-着色 1】选项，如图 4-134 所示。

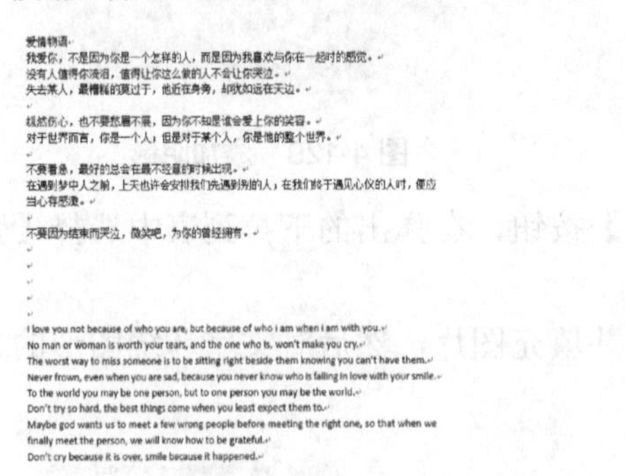

爱情物语

我爱你，不是因为你是一个怎样的人，而是因为我喜欢与你在一起时的感觉。

没有人值得你流泪，值得让你这么做的人不会让你哭泣。

失去某人，最糟糕的莫过于，他近在身旁，却犹如远在天边。

纵然伤心，也不要愁眉不展，因为你不知是谁会爱上你的笑容。

对于世界而言，你是一个人，但是对于某个人，你是他的整个世界。

不要着急，最好的总会在最不经意的时候出现。

在遇到梦中人之前，上天也许会安排我们先遇到别的人，在我们终于遇见心仪的人时，便应当心存感激。

不要因为结束而哭泣，微笑吧，为你的曾经拥有。

I love you not because of who you are, but because of who I am when I am with you.

No man or woman is worth your tears, and the one who is, won't make you cry.

The worst way to miss someone is to be sitting right beside them knowing you can't have them.

Never frown, even when you are sad, because you never know who is falling in love with your smile.

To the world you may be one person, but to one person you may be the world.

Don't try so hard, the best things come when you least expect them to.

Maybe god wants us to meet a few wrong people before meeting the right one, so that when we finally meet the person, we will know how to be grateful.

Don't cry because it is over, smile because it happened.

图 4-133　输入内容

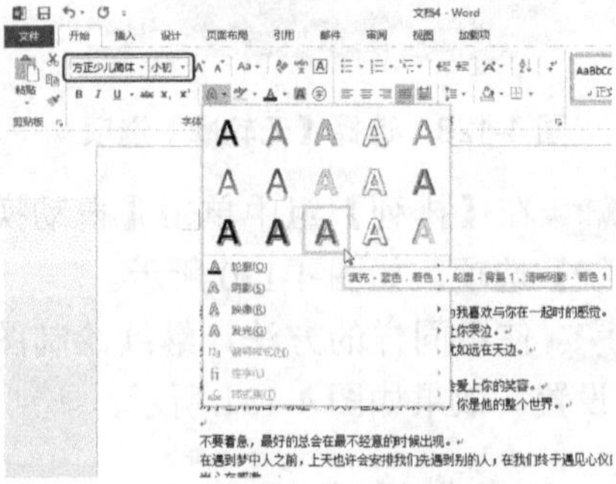

图 4-134　设置文字

step 03 单击【文本效果和版式】按钮，在弹出的下拉列表中选择【阴影】|【阴影选项】选项，如图 4-135 所示。

step 04 弹出【设置文本效果格式】任务窗格，将阴影【颜色】设置为“白色，背景 1，深色 35%”，如图 4-136 所示。

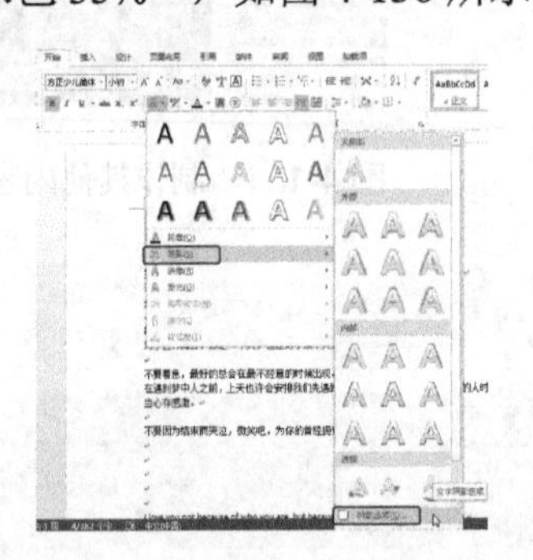

图 4-135　选择【阴影选项】选项

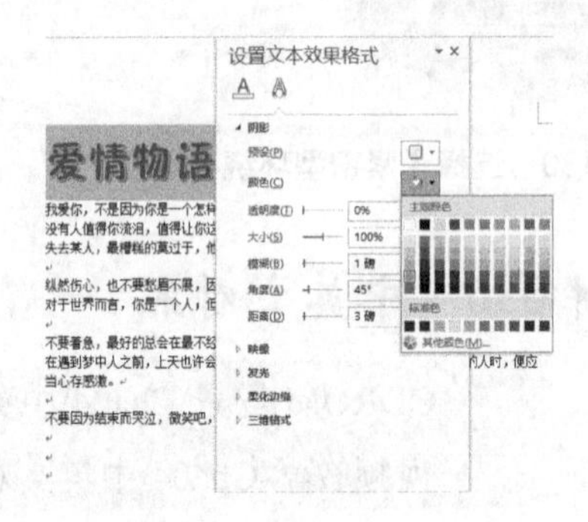

图 4-136　设置阴影颜色

step 05 单击【文本填充轮廓】按钮，在【文本填充】选项组中，将【颜色】设置为“深红”，如图 4-137 所示。

step 06 在【段落】组中单击【居中】按钮，如图 4-138 所示。

step 07 在文档中选择除第一行以外的所有文字，如图 4-139 所示。

step 08 在【段落】组中单击【行和段落间距】按钮，在弹出的下拉列表中选择【1.5】选项，如图 4-140 所示。

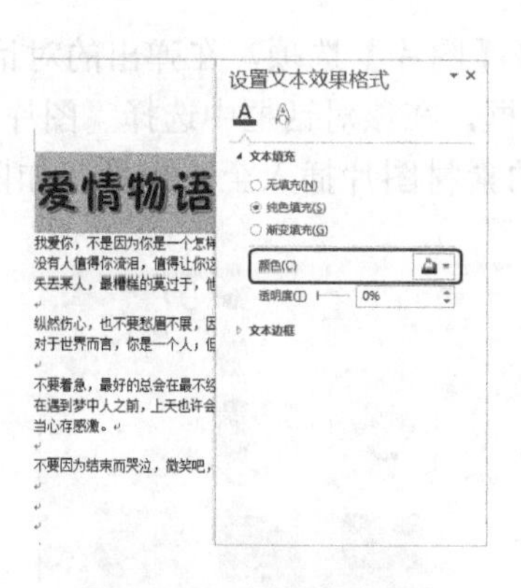

图 4-137　设置文字颜色

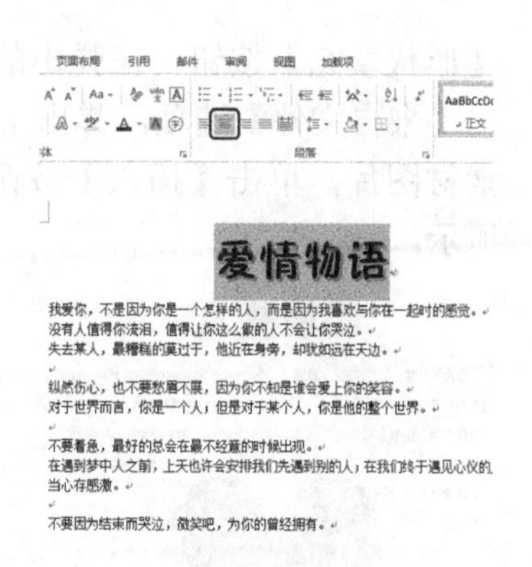

图 4-138　设置对齐方式

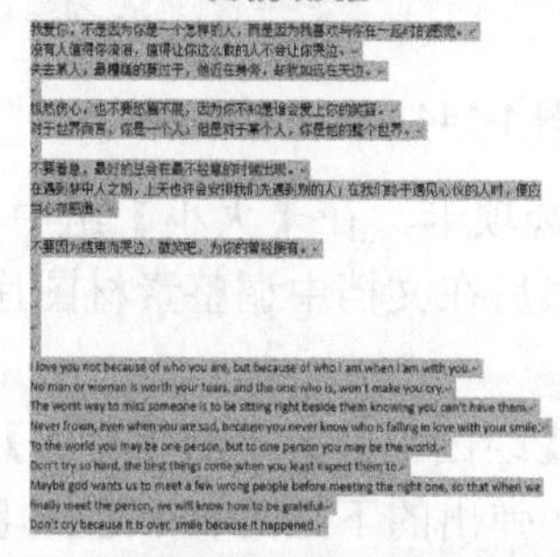

图 4-139　选择文字

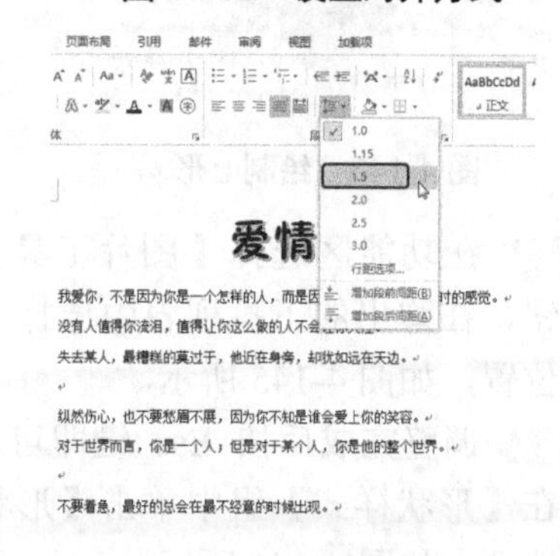

图 4-140　设置段落间距

step 09 在功能区选择【页面布局】选项卡，在【页面设置】组中单击【分栏】按钮，在弹出的下拉列表中选择【两栏】选项，如图 4-141 所示。

在分栏下拉列表中选择【更多分栏】选项，弹出【分栏】对话框，在该对话框中可以对栏数、栏的宽度、栏之间的间距以及分隔线进行设置。

step 10 在功能区选择【插入】选项卡，在【插图】组中单击【形状】按钮，在弹出的下拉列表框中选择【心形】选项，如图 4-142 所示。

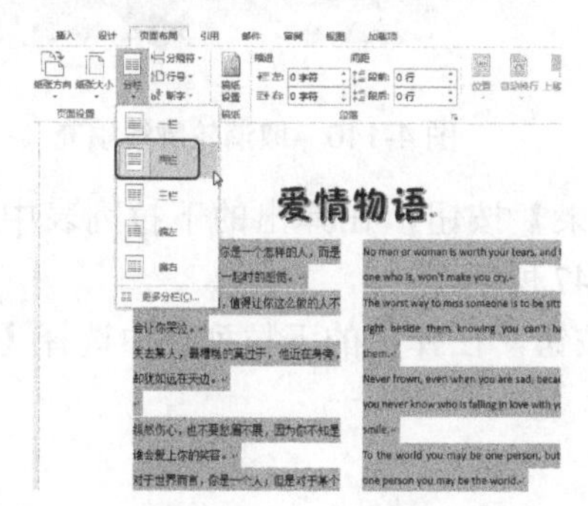

图 4-141　设置分栏

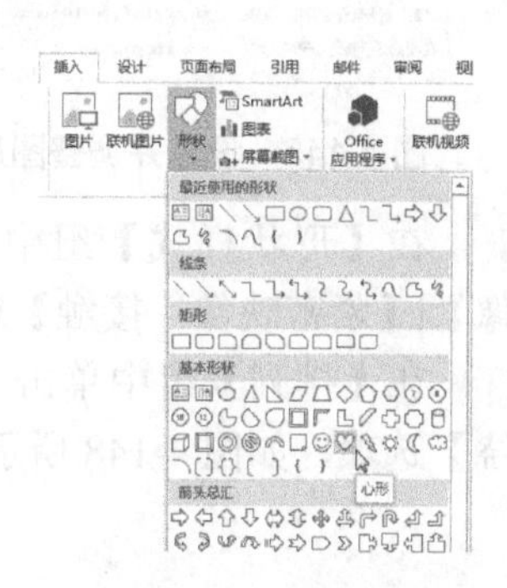

图 4-142　选择图形

step 11 在文档中绘制心形，效果如图 4-143 所示。

step 12 在功能区选择【绘图工具】下的【格式】选项卡，在【形状样式】组中单击

【形状填充】按钮，在弹出的下拉列表中选择【图片】选项，在弹出的对话框中单击【来自文件】选项，弹出【插入图片】对话框，在该对话框中选择“图片 1.jpg”素材图片，单击【插入】按钮，即可将选择的素材图片插入至心形中，如图 4-144 所示。

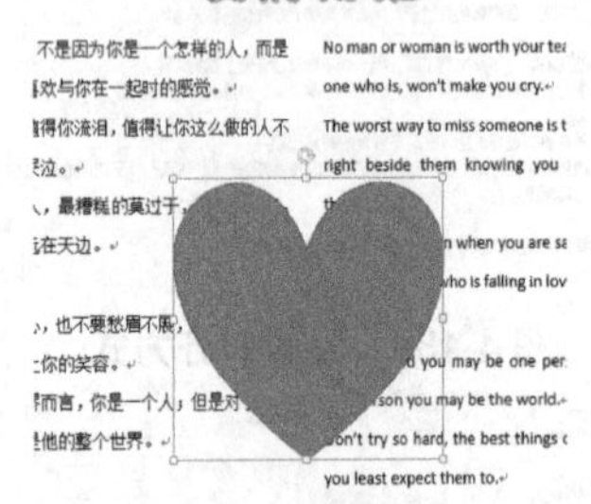

图 4-143　绘制心形

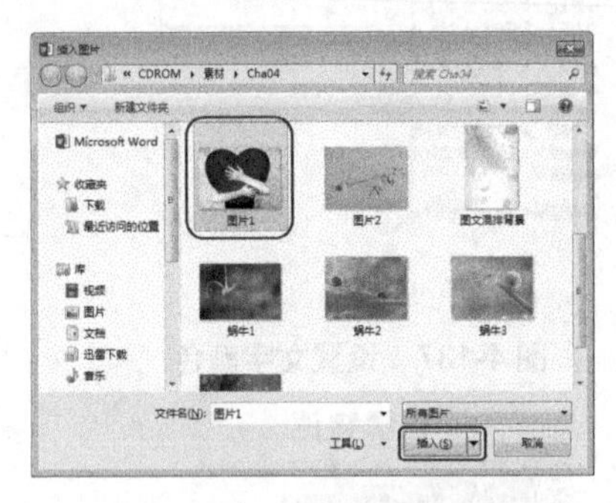

图 4-144　选择素材图片

step 13 在功能区选择【图片工具】下的【格式】选项卡，在【大小】组中单击 裁剪 按钮，在弹出的下拉列表中选择【调整】选项，然后在文档中调整素材图片的大小和位置，如图 4-145 所示。

step 14 调整完成后按 Esc 键即可。在功能区选择【绘图工具】下的【格式】选项卡，在【形状样式】组中单击【形状轮廓】按钮，在弹出的下拉列表中选择【无轮廓】选项，如图 4-146 所示。

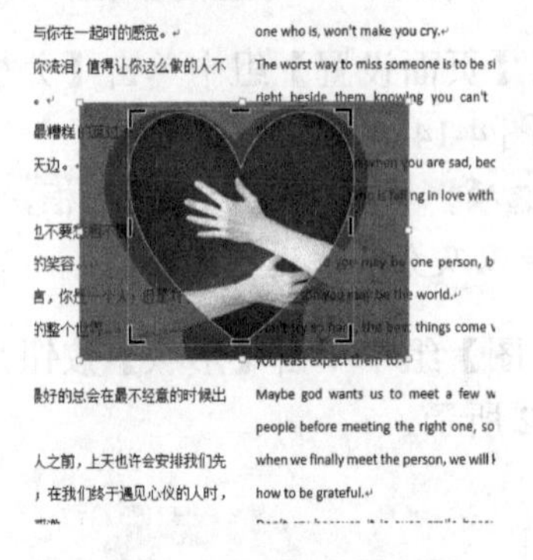

图 4-145　设置并调整图片

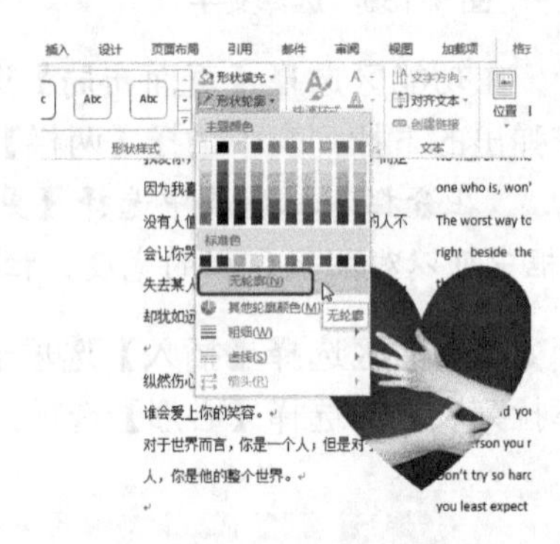

图 4-146　取消轮廓线填充

step 15 在【形状样式】组中单击【形状效果】按钮，在弹出的下拉列表中选择【映像】|【紧密映像，接触】选项，如图 4-147 所示。

step 16 在【排列】组中单击【自动换行】按钮，在弹出的下拉列表中选择【紧密型环绕】选项，如图 4-148 所示。

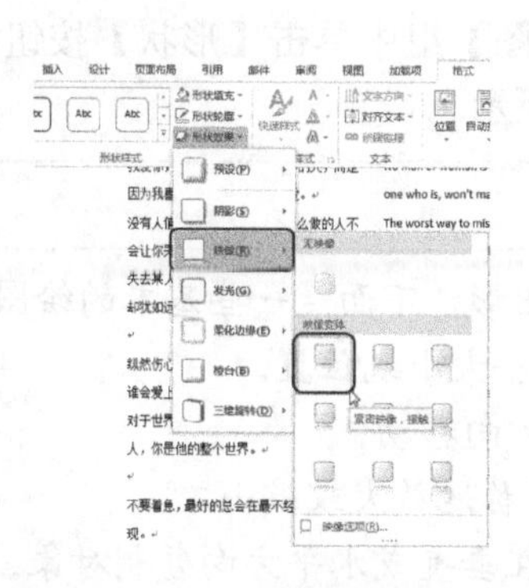

图 4-147　添加映像效果

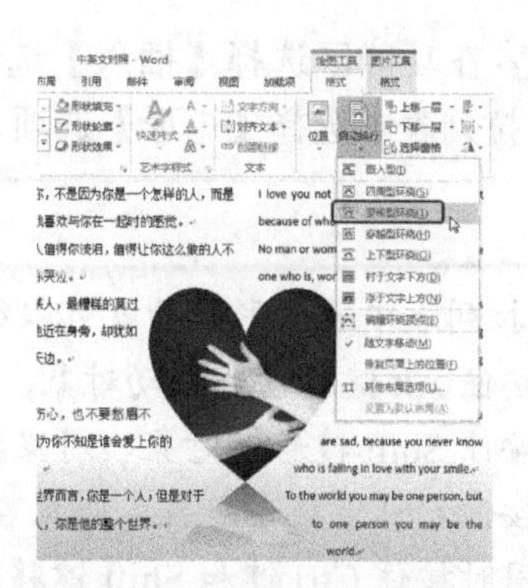

图 4-148　选择【紧密型环绕】选项

step 17 在功能区选择【插入】选项卡，在【插图】组中单击【图片】按钮，弹出【插入图片】对话框，在该对话框中选择“图片 2.jpg”素材图片，单击【插入】按钮，即可在文档中插入素材图片，如图 4-149 所示。

step 18 在功能区选择【图片工具】下的【格式】选项卡，在【排列】组中单击【自动换行】按钮，在弹出的下拉列表中选择【衬于文字下方】选项，如图 4-150 所示。

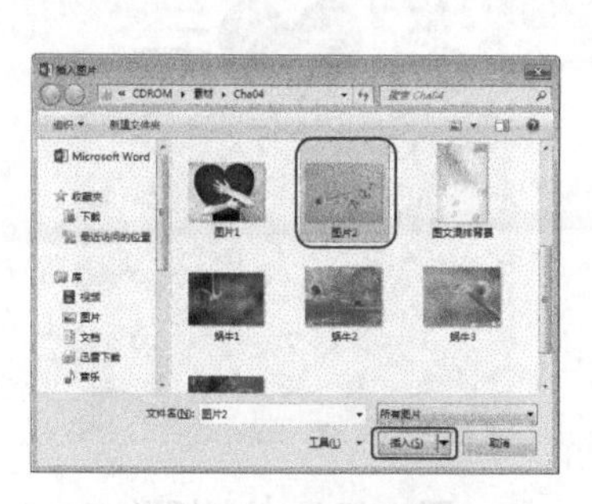

图 4-149　选择素材图片

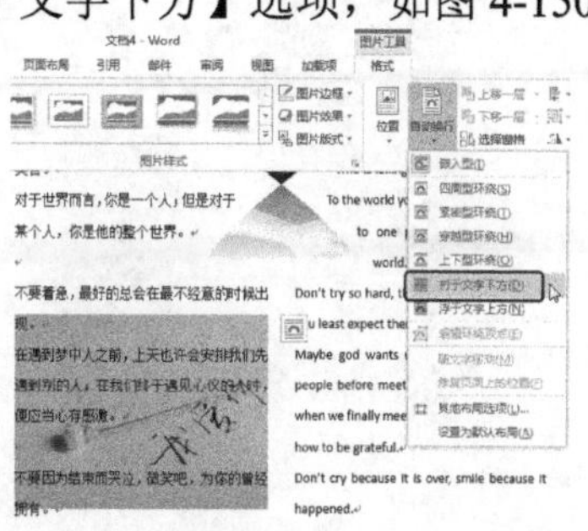

图 4-150　选择【衬于文字下方】选项

step 19 在【大小】组中将【形状高度】和【形状宽度】设置为 14.39 厘米和 19.19 厘米，并在文档中调整其位置，效果如图 4-151 所示。

step 20 在【图片样式】组中单击【图片效果】按钮，在弹出的下拉列表中选择【柔化边缘】|【50 磅】选项，如图 4-152 所示。

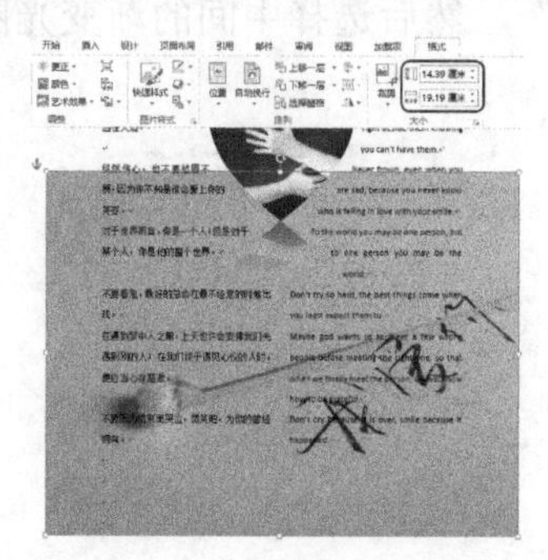

图 4-151　设置并调整图片

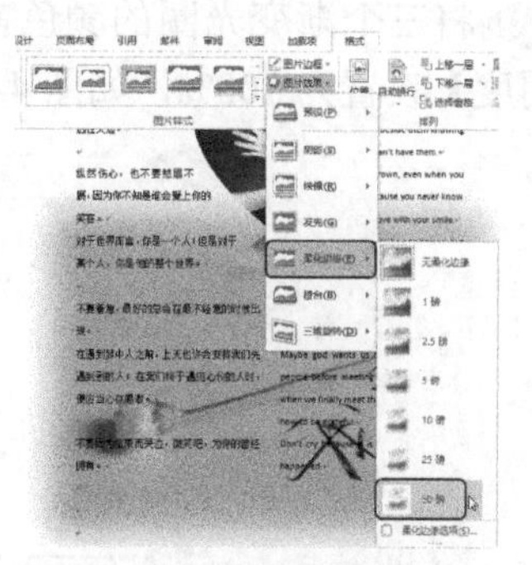

图 4-152　添加柔化边缘效果

step 21 在功能区选择【插入】选项卡，在【插图】组中单击【形状】按钮，在弹出的下拉列表中选择【矩形】选项，如图 4-153 所示。

知识链接

在下拉列表中选择形状后就可以绘制出相应的图形，下面是一些基本的绘图技巧。

(1) 按住 Alt 键移动或拖动对象，可以精确地调整大小或位置。

(2) 按住 Shift 键移动对象，对象按垂直或水平方向移动。

(3) 按住 Ctrl 键拖动对象，对象在两个方向上对称地放大或缩小。

(4) 同时按住 Ctrl 键和 Shift 键移动对象，可以在垂直或水平方向复制对象。

(5) 同时按住 Alt 键和 Shift 键移动对象，可以在垂直或水平方向精确调整大小或位置。

(6) 绘制完成一个图形后，该图形呈选定状态，其四周出现几个小圆形，称为顶点。在图形的内部出现一个黄色的小棱形，称为控制点。当鼠标移动到这个控制点上时，鼠标指针就会变成▷形状，拖动鼠标可以改变自选图形的形状。

step 22 在文档中绘制矩形，效果如图 4-154 所示。

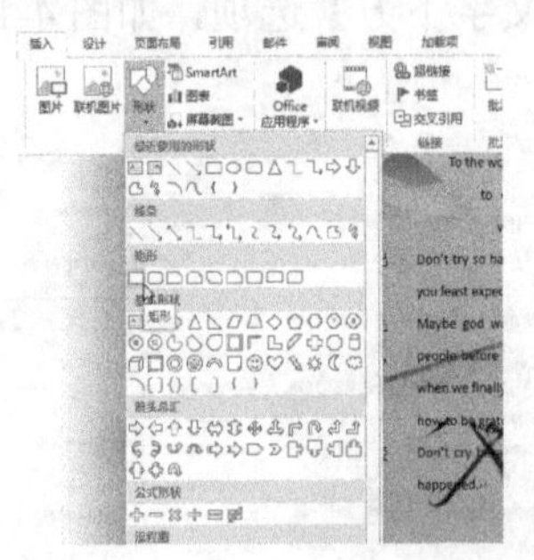

图 4-153 选择【矩形】选项

图 4-154 绘制矩形

step 23 在功能区选择【绘图工具】下的【格式】选项卡，在【形状样式】组中单击 (启动对话框)按钮，弹出【设置形状格式】任务窗格，在【填充】选项组中选择【渐变填充】单选按钮，将 74%位置处的渐变光圈删除，将 83%位置处的渐变光圈移至 50%位置处，效果如图 4-155 所示。

step 24 将三个渐变光圈的颜色都设置为“白色”，然后选择中间的渐变光圈，将【透明度】设置为 100%，如图 4-156 所示。

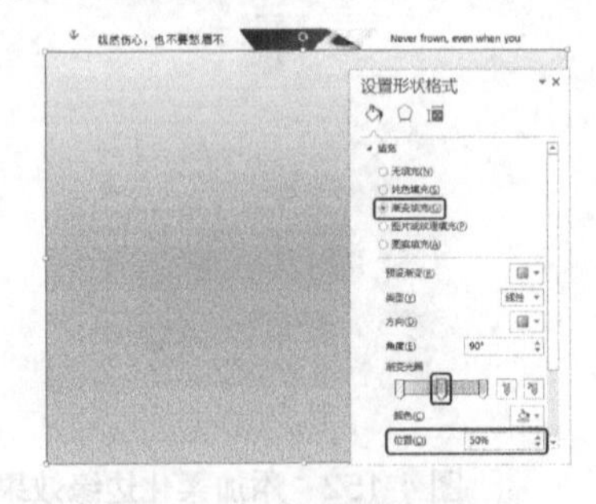

图 4-155 调整渐变光圈

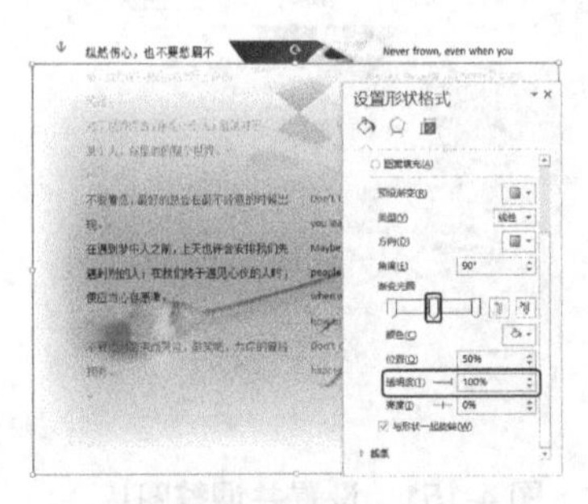

图 4-156 设置渐变颜色

step 25 在【线条】选项组中选择【无线条】单选按钮，如图 4-157 所示。

step 26 在【排列】组中单击【自动换行】按钮，在弹出的下拉列表中选择【衬于文字下方】选项，如图 4-158 所示。

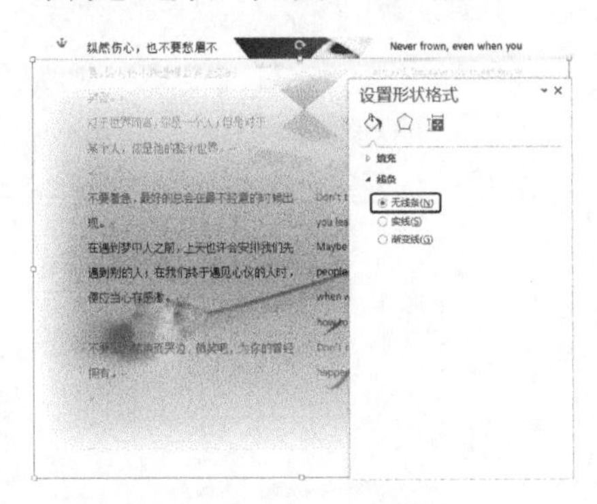

图 4-157 取消轮廓线填充

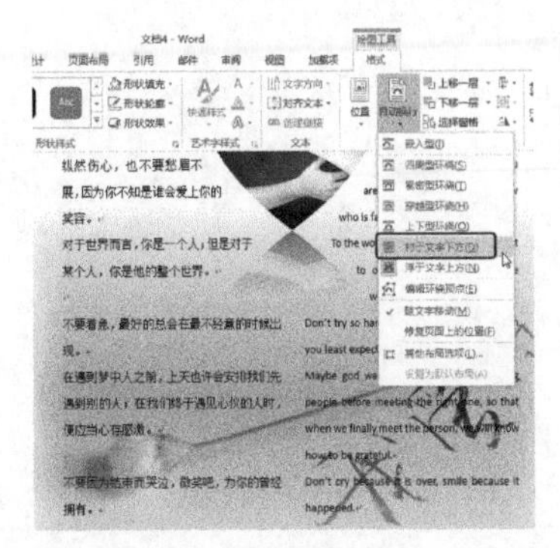

图 4-158 选择【衬于文字下方】选项

第 5 章

个人理财篇

本章重点

- 房屋还贷计算表
- 计算个人所得税
- 制定活动计划
- 计算固定收入证券
- 月存款信息
- 股票配置图表
- 食品营养成分表
- 股票 K 线图
- 个人工资收入表
- 家庭日常费用表

Excel 是一款强大的软件，本章将重点讲解 Excel 的个人应用，其中包括房屋还贷计算表、计算个人所得税、制定活动计划等。通过本章的学习，可以对 Excel 的应用有一定的了解。

案例精讲 037　房屋还贷计算表

案例文件：CDROM\场景\Cha05\房屋还贷计算表.xlsx

视频文件：视频教学\Cha05\房屋还贷计算表.avi

学习目标

- 学习设置单元格的数字格式。
- 掌握在单元格中输入函数的方法。

制作概述

本例将介绍房屋还贷计算表的制作。首先输入数据表的标题，然后输入表格的各个项目名称，在输入数字和函数的同时设置相应的数字格式。完成后的效果如图 5-1 所示。

房屋还贷计算表				
	总价	每平米价格	平米	购买时间
房子总额	¥ 1,536,000.00	¥ 12,000.00	128.00	2012年7月1日
商业贷款利率	6.22%			
公积金贷款利率	5.05%			
首付	¥ 460,800.00			
商业贷款支付	¥ 775,200.00			
公积金贷款支付	¥ 300,000.00			
还款年限	10			
每月公积金还款：	¥ 3,189.30			
每月商业贷款还款：	¥ 8,692.20			
每月贷款还款：	¥ 11,881.50			
公积金还款总额：	¥ 382,716.29			
商业贷款还款总额：	¥ 1,043,064.23			
还款总额：	¥ 1,425,780.52			

图 5-1　房屋还贷计算表

操作步骤

step 01 启动 Excel 2013，新建一个空白工作簿。选中工作表中的 A1∶E1 单元格区域，在【开始】选项卡的【对齐方式】组中选择【合并后居中】选项，如图 5-2 所示。

step 02 在合并后的单元格中输入文字，在【字体】组中将【字体】设置为“微软雅黑”，【字号】设为 18，如图 5-3 所示。

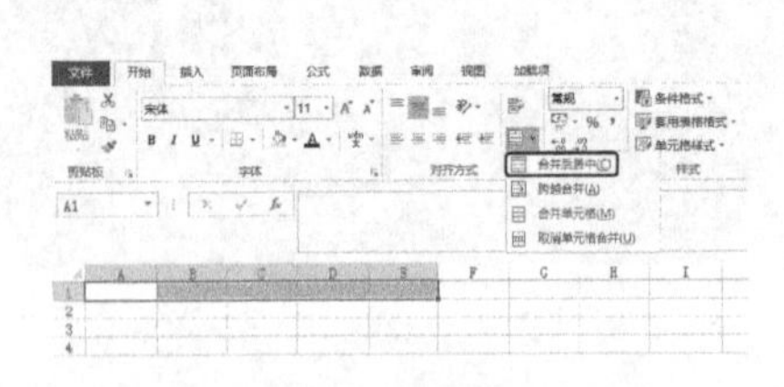

图 5-2　选择【合并后居中】选项

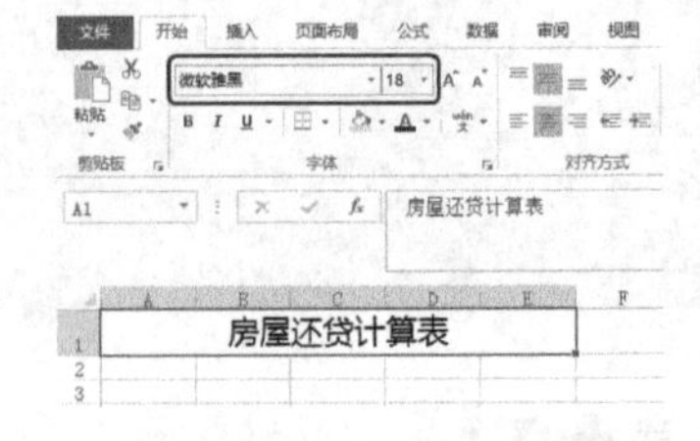

图 5-3　输入并设置文字

step 03 分别在 A3∶A15 和 B2∶E2 单元格中输入文字，将【字体】设置为“微软雅黑”，【字号】设为 12，如图 5-4 所示。

step 04 在 C3 单元格中，输入数字“12 000”，然后在【数字】组中将【数字格式】设置为“会计专用”，如图 5-5 所示。

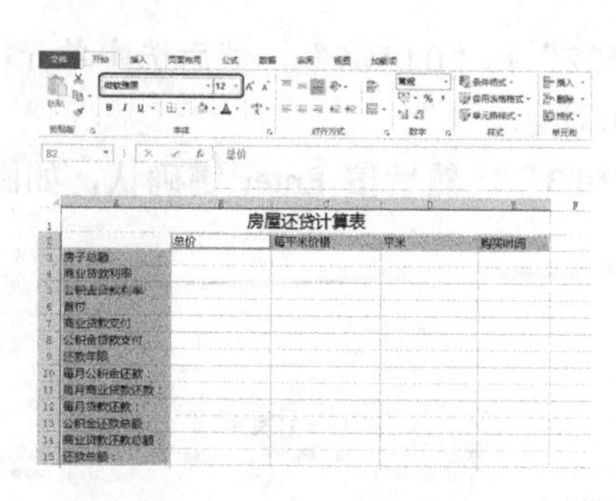

图 5-4　输入并设置文字

图 5-5　设置数字格式

根据单元格中的内容，适当调整单元格的列宽。

step 05 在 D3 单元格中，输入数字“128”，然后在【数字】组中将【数字格式】设置为“数值”，如图 5-6 所示。

step 06 在 E3 单元格中，输入数字“2012-7-1”作为日期，然后选中 E3 单元格，右击，在弹出的快捷菜单中选择【设置单元格格式】命令，如图 5-7 所示。

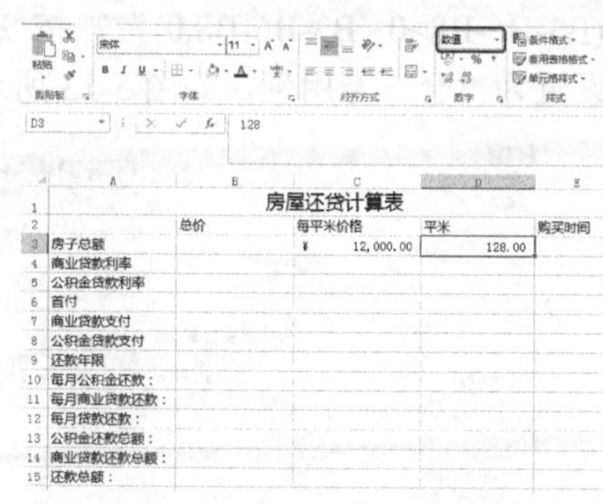

图 5-6　设置数字格式

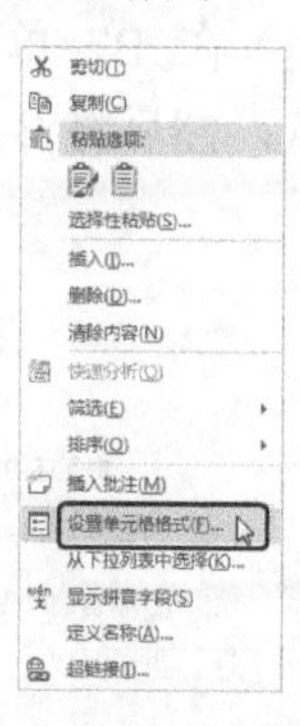

图 5-7　选择【设置单元格格式】命令

step 07 在弹出的【设置单元格格式】对话框中，将【分类】设置为“日期”，然后设置“类型”，并单击【确定】按钮，如图 5-8 所示。

step 08 在 B3 单元格中，输入函数公式“=C3*D3”，然后按 Enter 键确认，如图 5-9 所示。

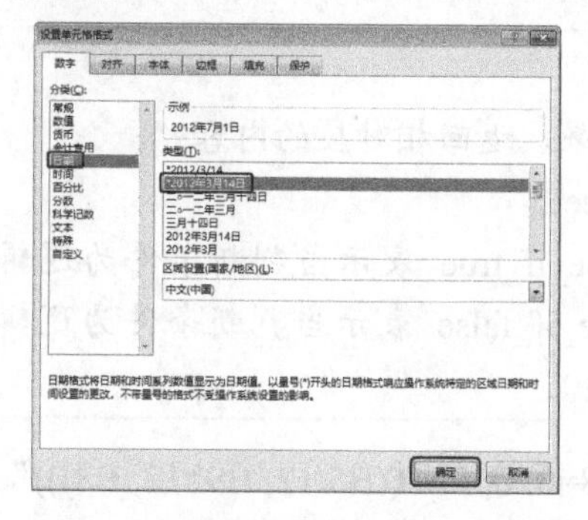

图 5-8　【设置单元格格式】对话框

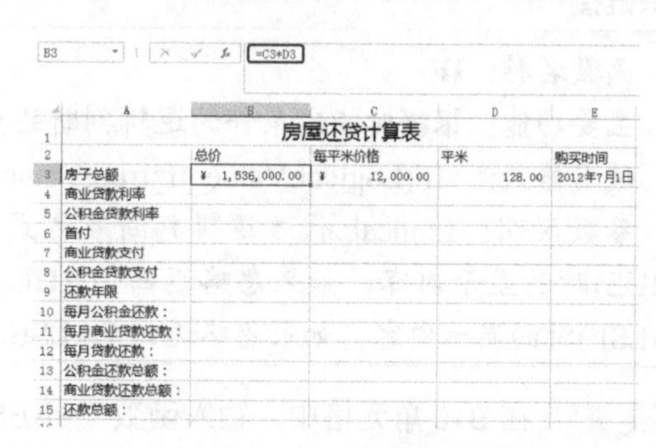

图 5-9　输入函数公式

step 09 在 B4 和 B5 单元格中分别输入“0.0622”和“0.0505”，然后选中单元格，将【数字格式】设置为“百分比”，如图 5-10 所示。

step 10 在 B6 单元格中，输入函数公式“=B3*0.3”，然后按 Enter 键确认，如图 5-11 所示。

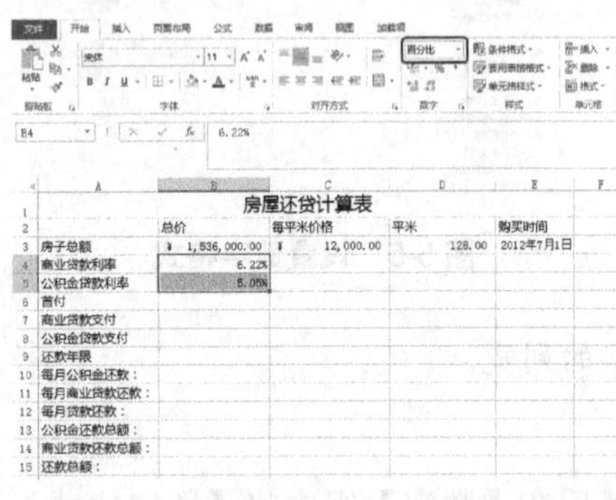

图 5-10　输入数字并设置数字格式

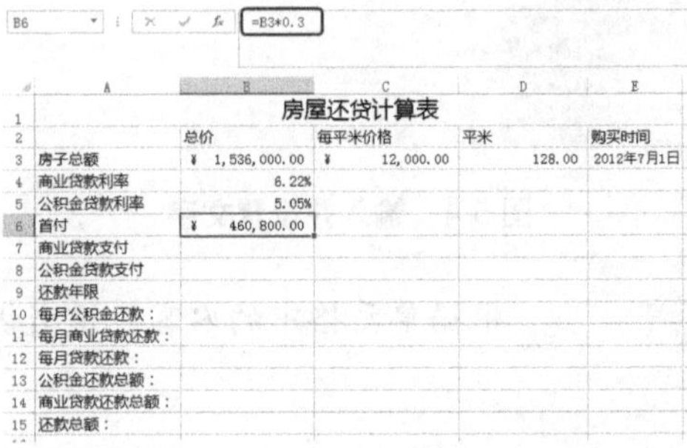

图 5-11　输入函数公式

step 11 在 B8 和 B9 单元格中分别输入数字，然后将 B8 单元格的【数字格式】设置为“会计专用”，如图 5-12 所示。

step 12 在 B7 单元格中，输入函数“=IF(B3-B6-B8>0, B3-B6-B8,0)”，按 Enter 键确认；然后将 B7 单元格的【数字格式】设置为“会计专用”，如图 5-13 所示。

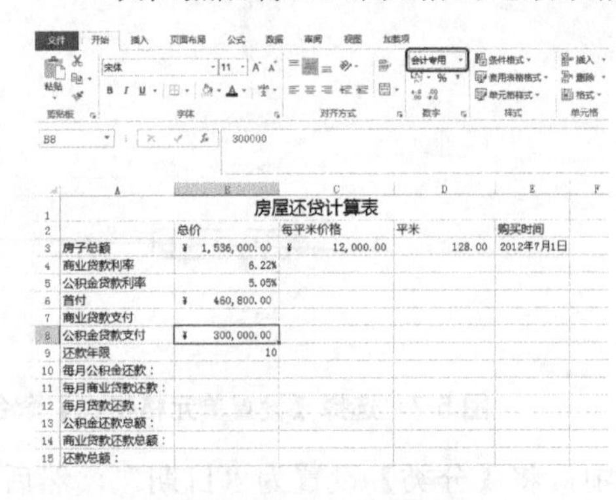

图 5-12　输入数字

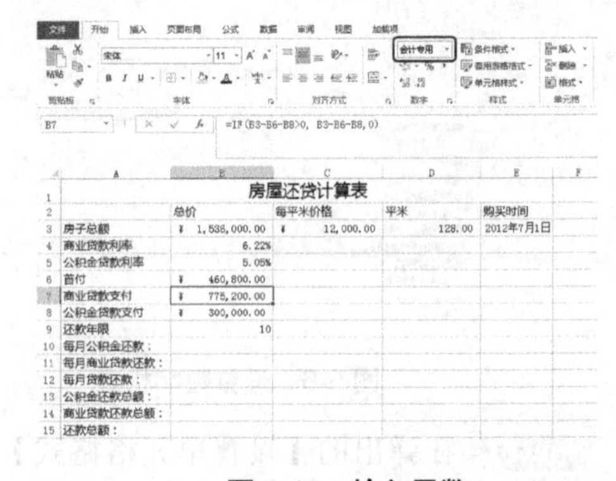

图 5-13　输入函数

知识链接

函数名称：IF

主要功能：根据对指定条件的逻辑判断的真假结果，返回相对应的内容。

使用格式：=IF(Logical,Value_if_true,Value_if_false)。

参数说明：Logical 代表逻辑判断表达式；Value_if_true 表示当判断条件为逻辑真(TRUE)时的显示内容，如果忽略返回 TRUE；Value_if_false 表示当判断条件为逻辑假(FALSE)时的显示内容，如果忽略返回 FALSE。

step 13 在 B10 单元格中，输入函数“=ABS(IF(B8=0, 0, PMT(B5/12, B9*12, B8)))”，然后按 Enter 键确认，计算每月公积金还款，如图 5-14 所示。

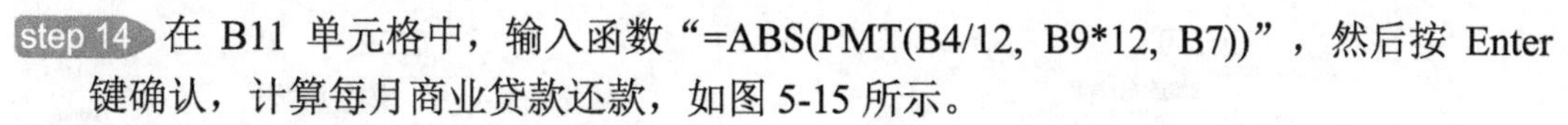

step 14 在 B11 单元格中，输入函数“=ABS(PMT(B4/12, B9*12, B7))”，然后按 Enter 键确认，计算每月商业贷款还款，如图 5-15 所示。

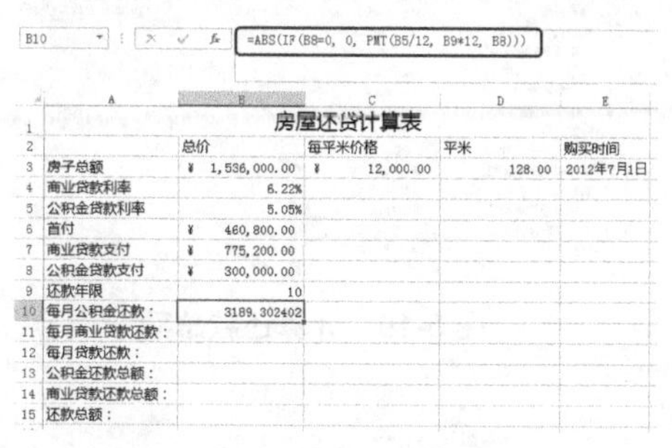

B10 =ABS(IF(B8=0, 0, PMT(B5/12, B9*12, B8)))

	A	B	C	D	E
1		房屋还贷计算表			
2		总价	每平米价格	平米	购买时间
3	房子总额	¥ 1,536,000.00	¥ 12,000.00	128.00	2012年7月1日
4	商业贷款利率	6.22%			
5	公积金贷款利率	5.05%			
6	首付	¥ 460,800.00			
7	商业贷款支付	¥ 775,200.00			
8	公积金贷款支付	¥ 300,000.00			
9	还款年限	10			
10	每月公积金还款：	3189.302402			
11	每月商业贷款还款：				
12	每月贷款还款：				
13	公积金还款总额：				
14	商业贷款还款总额：				
15	还款总额：				

图 5-14 计算每月公积金还款

B11 =ABS(PMT(B4/12, B9*12, B7))

	A	B	C	D	E
1		房屋还贷计算表			
2		总价	每平米价格	平米	购买时间
3	房子总额	¥ 1,536,000.00	¥ 12,000.00	128.00	2012年7月1日
4	商业贷款利率	6.22%			
5	公积金贷款利率	5.05%			
6	首付	¥ 460,800.00			
7	商业贷款支付	¥ 775,200.00			
8	公积金贷款支付	¥ 300,000.00			
9	还款年限	10			
10	每月公积金还款：	3189.302402			
11	每月商业贷款还款：	8692.201898			
12	每月贷款还款：				
13	公积金还款总额：				
14	商业贷款还款总额：				
15	还款总额：				

图 5-15 计算每月商业贷款还款

知识链接

函数名称：ABS

主要功能：求出相应数字的绝对值。

使用格式：ABS(number)。

参数说明：number 代表需要求绝对值的数值或引用的单元格。

step 15 在 B12 单元格中，输入函数公式“=B10+B11”，然后按 Enter 键确认，计算每月贷款还款，如图 5-16 所示。

step 16 在 B13 单元格中，输入函数公式“=B10*B9*12”，然后按 Enter 键确认，计算公积金还款总额，如图 5-17 所示。

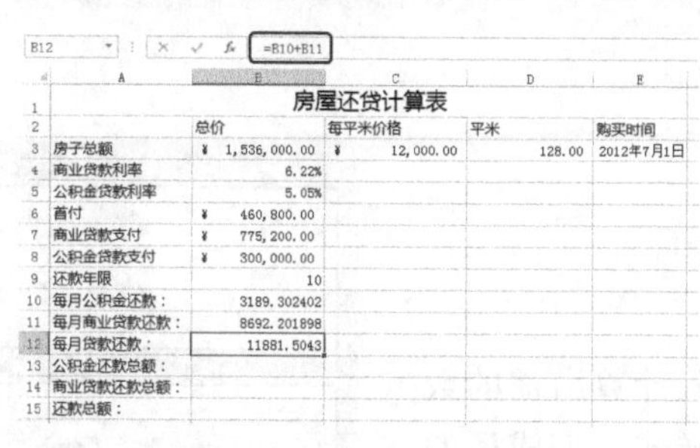

B12 =B10+B11

	A	B	C	D	E
1		房屋还贷计算表			
2		总价	每平米价格	平米	购买时间
3	房子总额	¥ 1,536,000.00	¥ 12,000.00	128.00	2012年7月1日
4	商业贷款利率	6.22%			
5	公积金贷款利率	5.05%			
6	首付	¥ 460,800.00			
7	商业贷款支付	¥ 775,200.00			
8	公积金贷款支付	¥ 300,000.00			
9	还款年限	10			
10	每月公积金还款：	3189.302402			
11	每月商业贷款还款：	8692.201898			
12	每月贷款还款：	11881.5043			
13	公积金还款总额：				
14	商业贷款还款总额：				
15	还款总额：				

图 5-16 计算每月贷款还款

B13 =B10*B9*12

	A	B	C	D	E
1		房屋还贷计算表			
2		总价	每平米价格	平米	购买时间
3	房子总额	¥ 1,536,000.00	¥ 12,000.00	128.00	2012年7月1日
4	商业贷款利率	6.22%			
5	公积金贷款利率	5.05%			
6	首付	¥ 460,800.00			
7	商业贷款支付	¥ 775,200.00			
8	公积金贷款支付	¥ 300,000.00			
9	还款年限	10			
10	每月公积金还款：	3189.302402			
11	每月商业贷款还款：	8692.201898			
12	每月贷款还款：	11881.5043			
13	公积金还款总额：	382716.2883			
14	商业贷款还款总额：				
15	还款总额：				

图 5-17 计算公积金还款总额

step 17 在 B14 单元格中，输入函数公式“=B11*B9*12”，然后按 Enter 键确认，计算商业贷款还款总额，如图 5-18 所示。

step 18 在 B15 单元格中，输入函数公式“=B13+B14”，然后按 Enter 键确认，计算还款总额，如图 5-19 所示。

step 19 选中 B10：B15 单元格区域，将【数字格式】设置为“会计专用”，如图 5-20 所示。

step 20 选中 A1：E15 单元格区域，在【字体】组中将【边框】设置为“粗匣框线”，如图 5-21 所示。

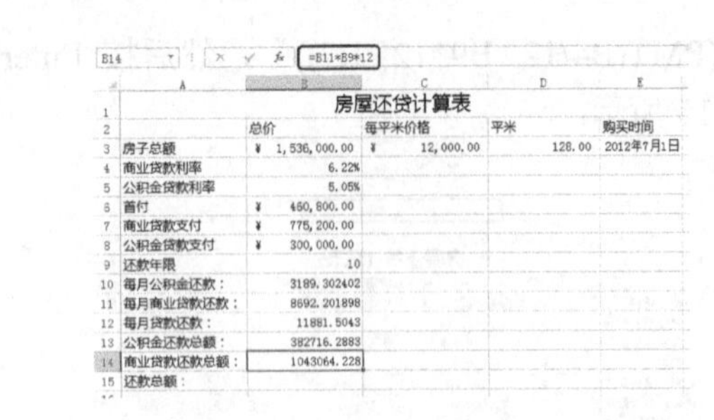

	A	B	C	D	E
1		房屋还贷计算表			
2		总价	每平米价格	平米	购买时间
3	房子总额	¥ 1,536,000.00	¥ 12,000.00	128.00	2012年7月1日
4	商业贷款利率	6.22%			
5	公积金贷款利率	5.05%			
6	首付	¥ 460,800.00			
7	商业贷款支付	¥ 775,200.00			
8	公积金贷款支付	¥ 300,000.00			
9	还款年限	10			
10	每月公积金还款：	3189.302402			
11	每月商业贷款还款：	8692.201898			
12	每月贷款还款：	11881.5043			
13	公积金还款总额：	382716.2883			
14	商业贷款还款总额：	1043064.228			
15	还款总额：				

图 5-18　计算商业贷款还款总额

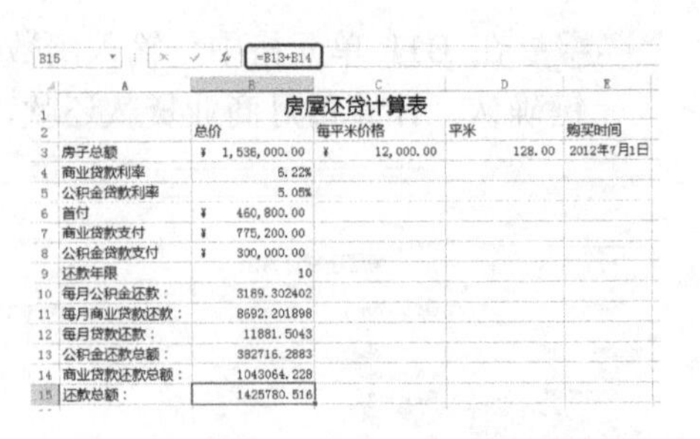

	A	B	C	D	E
1		房屋还贷计算表			
2		总价	每平米价格	平米	购买时间
3	房子总额	¥ 1,536,000.00	¥ 12,000.00	128.00	2012年7月1日
4	商业贷款利率	6.22%			
5	公积金贷款利率	5.05%			
6	首付	¥ 460,800.00			
7	商业贷款支付	¥ 775,200.00			
8	公积金贷款支付	¥ 300,000.00			
9	还款年限	10			
10	每月公积金还款：	3189.302402			
11	每月商业贷款还款：	8692.201898			
12	每月贷款还款：	11881.5043			
13	公积金还款总额：	382716.2883			
14	商业贷款还款总额：	1043064.228			
15	还款总额：	1425780.516			

图 5-19　计算还款总额

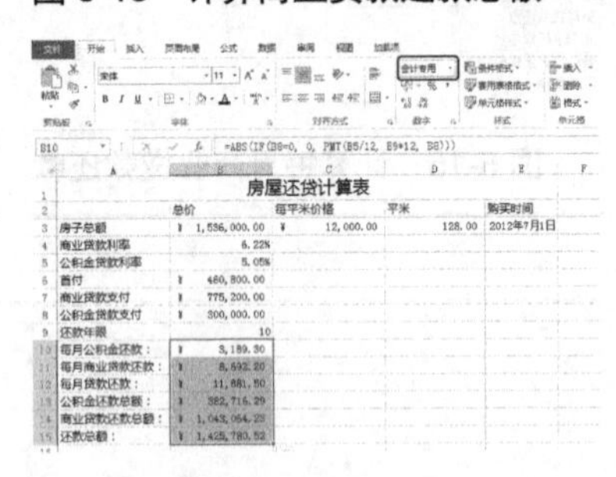

图 5-20　设置数字格式

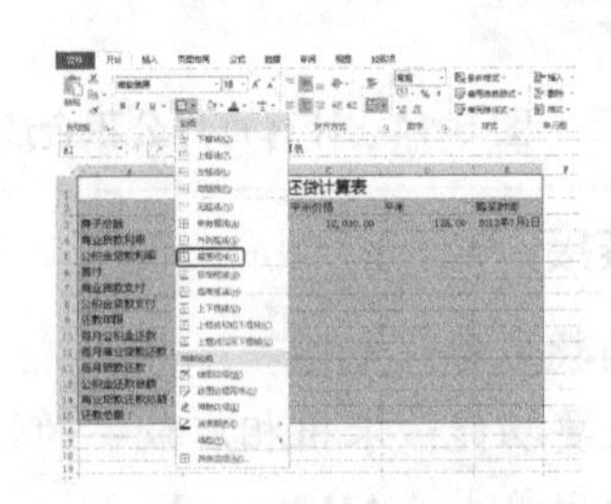

图 5-21　设置粗匣框线

案例精讲 038　计算个人所得税

案例文件：CDROM\场景\Cha05\计算个人所得税.xlsx

视频文件：视频教学\Cha05\计算个人所得税.avi

学习目标

- 学习使用 IF 函数。
- 掌握设置单元格的方法。

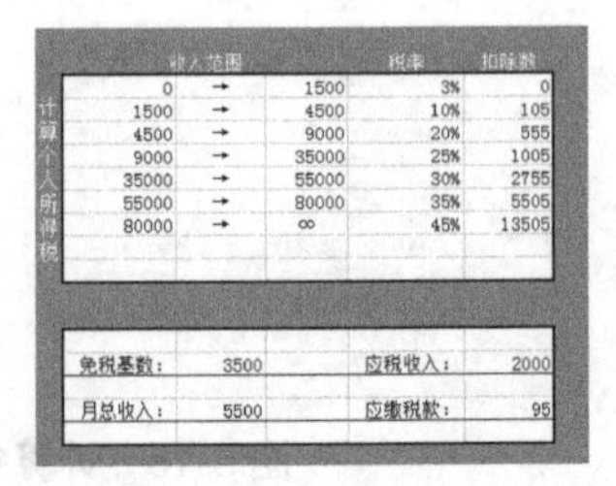

计算个人所得税	计入范围			税率	扣除数
	0	→	1500	3%	0
	1500	→	4500	10%	105
	4500	→	9000	20%	555
	9000	→	35000	25%	1005
	35000	→	55000	30%	2755
	55000	→	80000	35%	5505
	80000	→	∞	45%	13505

免税基数：	3500	应税收入：	2000
月总收入：	5500	应缴税款：	95

图 5-22　计算个人所得税

制作概述

本例将介绍计算个人所得税的制作。首先输入计算所需的数据，然后输入相应的计算函数，最后设置表格的样式。完成后的效果如图 5-22 所示。

操作步骤

step 01 启动 Excel 2013，新建一个空白工作簿。选中工作表中的 B4：B12 单元格区域，在【开始】选项卡中的【对齐方式】组中单击【合并后居中】按钮，如图 5-23 所示。

step 02 在合并后的单元格中，输入文字，将【字号】设置为 12，然后单击【对齐方式】组中的【自动换行】按钮，并调整单元格的宽度，如图 5-24 所示。

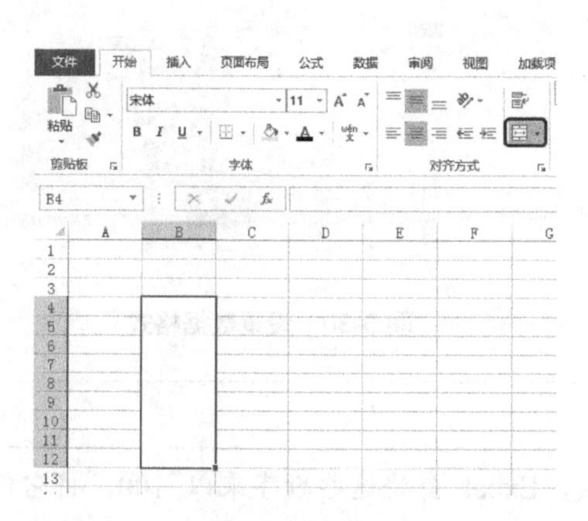

图 5-23 合并单元格

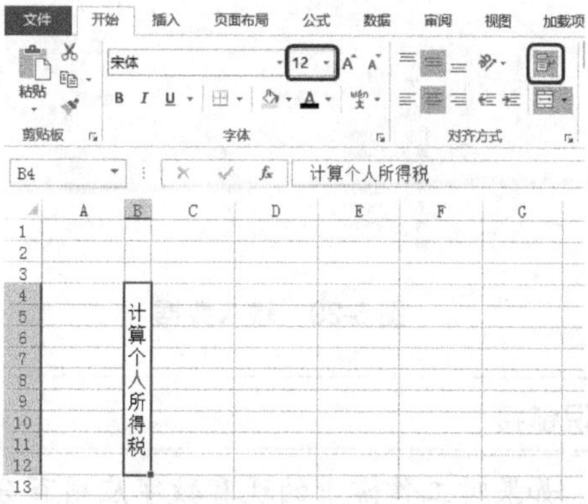

图 5-24 输入并设置文字

step 03 使用相同的方法，合并单元格，在单元格中输入文字，如图 5-25 所示。

step 04 选中 D4 单元格，在功能区选择【插入】选项卡，单击【符号】按钮，在弹出的列表中选择【符号】选项，如图 5-26 所示。

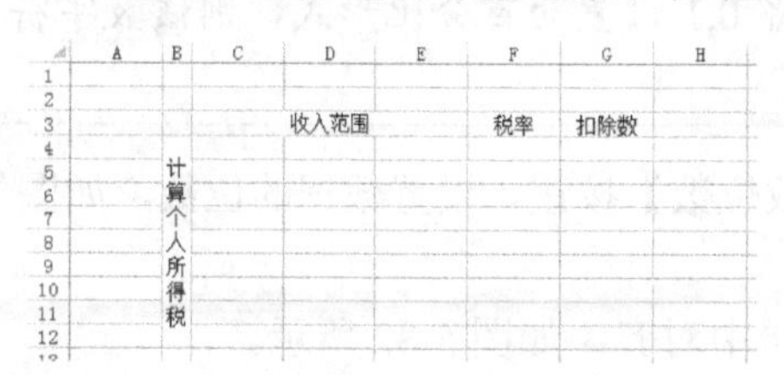

图 5-25 输入文字

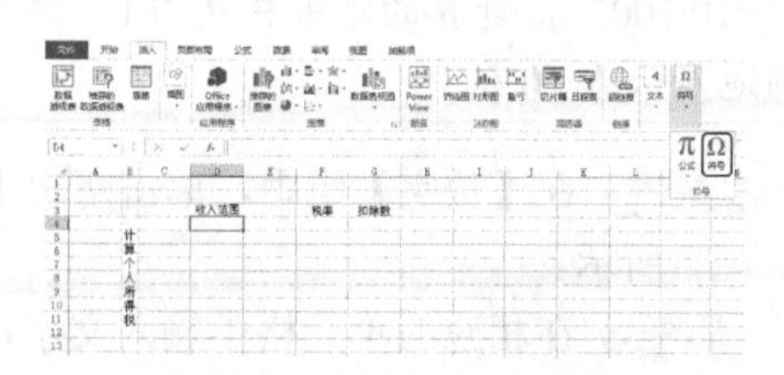

图 5-26 选择【符号】选项

step 05 在弹出的【符号】对话框中，将【子集】设置为“箭头”，然后选择要插入的箭头符号，单击【插入】按钮，如图 5-27 所示。

step 06 单击【关闭】按钮，将 D4 单元格设置为居中对齐，然后将鼠标放置到 D4 单元格的右下角，光标变为+，按住鼠标左键向下拖动到 D10 单元格，如图 5-28 所示。

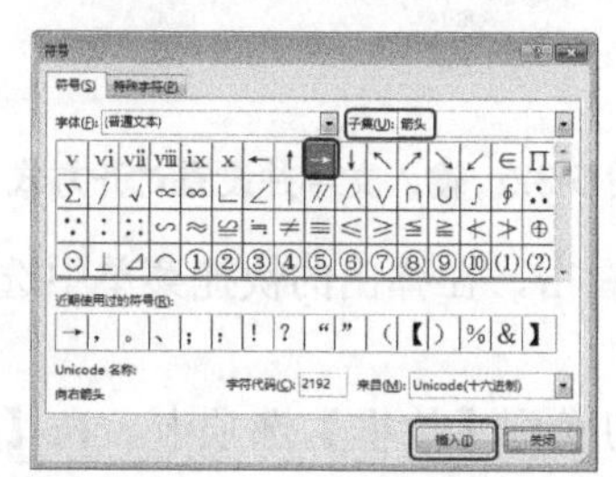

图 5-27 【符号】对话框

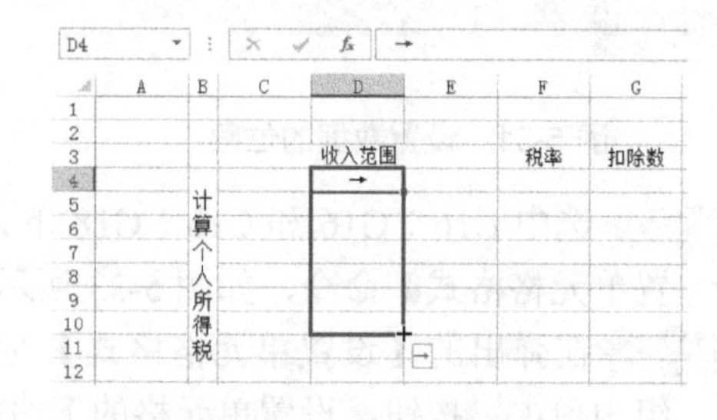

图 5-28 拖动鼠标

step 07 在其他单元格中输入数据，如图 5-29 所示。

step 08 选中 F4：F10 单元格区域，然后在【数字】组中将【数字格式】设置为“百分比”，如图 5-30 所示。

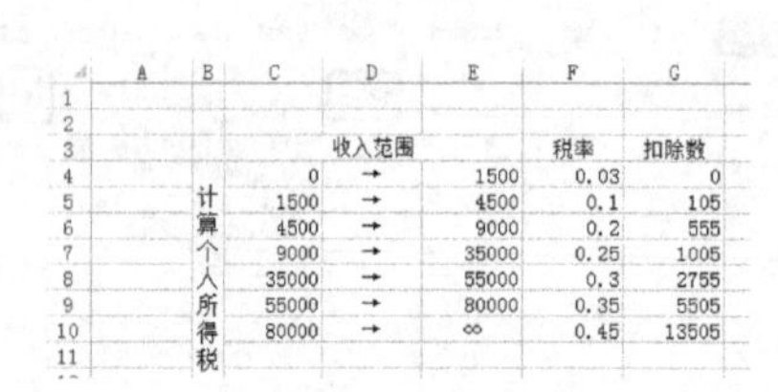

图 5-29 输入数据

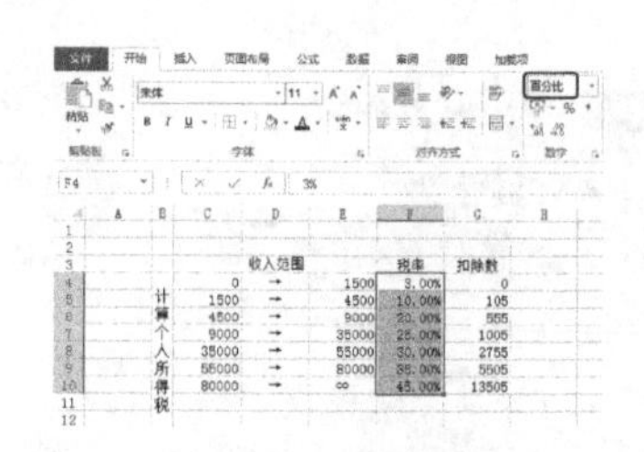

图 5-30 设置数据格式

知识链接

如果对工作簿中的现有数字应用百分比格式，Excel 会将这些数字乘以 100，将它们转换为百分比。例如，如果单元格包含数字 10，Excel 会将该数字乘以 100，这样您在应用百分比格式后会看到 1000.00%，这可能并不是您所需要的。若要准确地显示百分比，请在将数值设置为百分比格式前，确保它们已按百分比形式进行计算，并且以小数的形式显示。采用公式 amount / total = percentage 计算百分比。例如，如果单元格包含公式“=10/100”，计算的结果将是 0.1。然后，如果将 0.1 设置为百分比形式，则该数字将正确地显示为 10%。

step 09 在【数字】组中，单击两次【减少小数位数】按钮，设置数据的位数，如图 5-31 所示。

step 10 在相应的单元格中输入文字，并设置居中对齐，如图 5-32 所示。

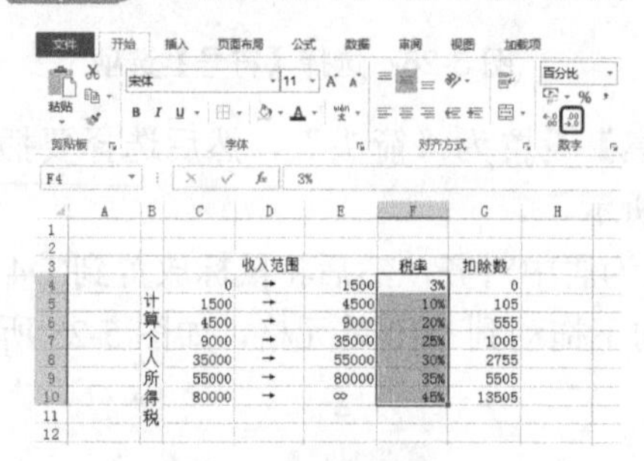

图 5-31 设置数据的位数

图 5-32 输入文字并设置对齐方式

step 11 选中 C16：G16 和 C18：G18 单元格区域，右击，在弹出的快捷菜单中选择【设置单元格格式】命令，如图 5-33 所示。

step 12 在弹出的【设置单元格格式】对话框中，切换到【边框】选项卡，在【边框】组中单击按钮，设置单元格的下边框，然后单击【确定】按钮，如图 5-34 所示。

step 13 选中 G16 单元格后，在【编辑栏】中单击，然后在其中输入计算函数“=IF(D18>D16,D18-D16,IF(D18=D16,0,IF(D18<D16,D18*0)))”，用于计算应税收入，如图 5-35 所示。

step 14 选中 G18 单元格后，在【编辑栏】中单击，然后在【编辑栏】中输入计算函数“=IF(G16>80000,G16*0.5-13505,IF(G16>55000,G16*0.35-5505,IF(G16>35000,G16*0.3-2755,IF(G16>9000,G16*0.25-1005,IF(G16>4500,G16*0.2-555,IF(G16>1500,G16*0.1-

105,G16*0.03))))))”，用于计算应缴税款，如图 5-36 所示。

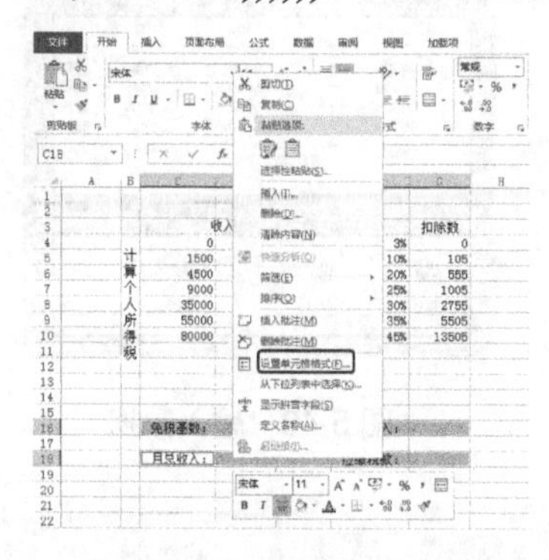
图 5-33　选择【设置单元格格式】命令

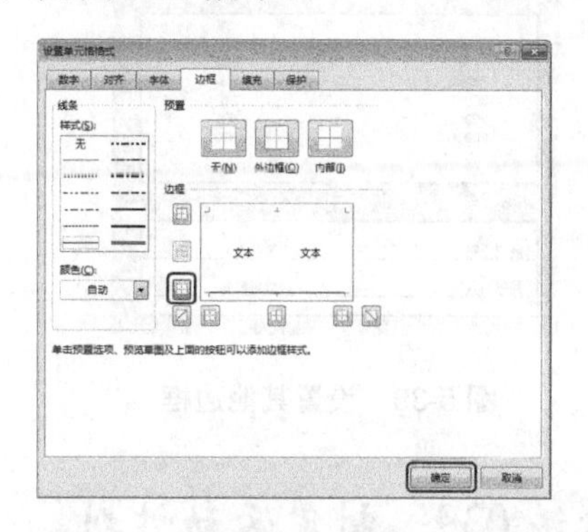
图 5-34　【设置单元格格式】对话框

通过 IF 函数，根据各个范围内的收入，计算出应缴税款。

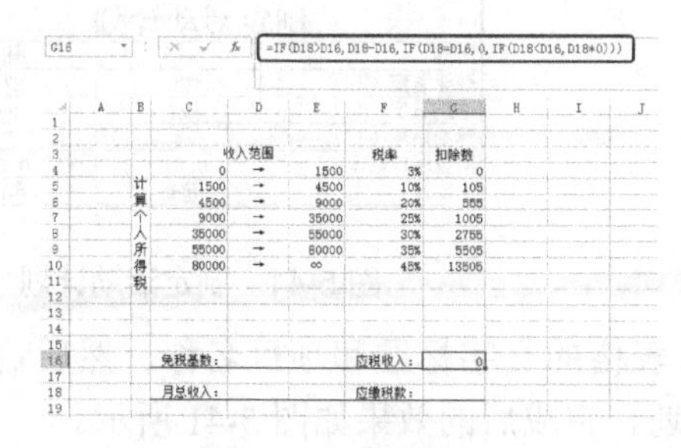
图 5-35　计算应税收入

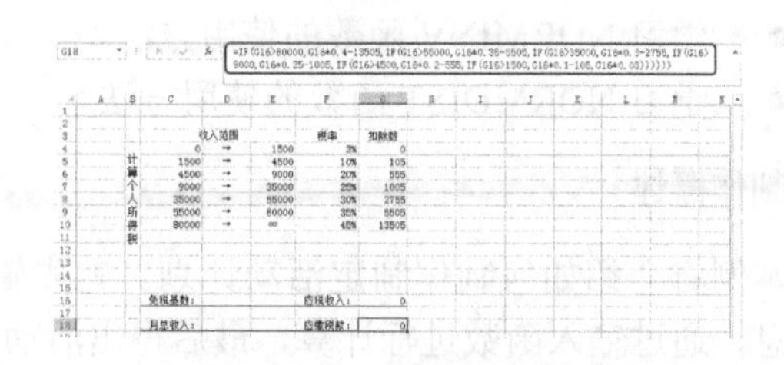
图 5-36　计算应缴税款

step 15 对单元格的【填充颜色】和文字的【字体颜色】进行设置，如图 5-37 所示。

step 16 选中 C5：G12 单元格区域，在【字体】组中将【边框】设置为“粗匣框线”，如图 5-38 所示。

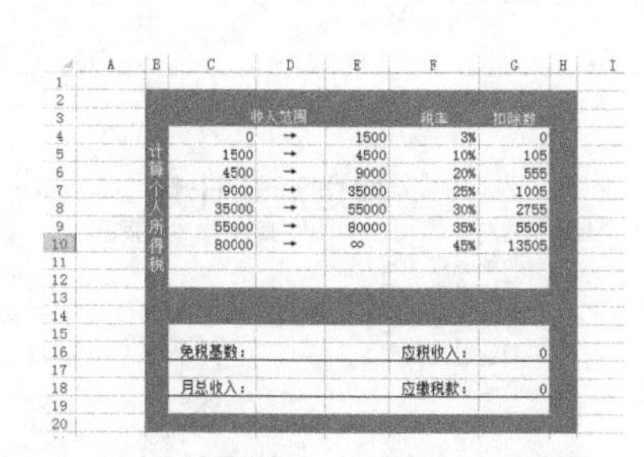
图 5-37　设置填充颜色和字体颜色

图 5-38　设置边框

step 17 使用相同的方法设置其他边框，如图 5-39 所示。

step 18 在 D16 和 D18 单元格中输入数字，G16 和 G18 单元格中将自动计算出应税收入和应缴税款的结果，如图 5-40 所示。

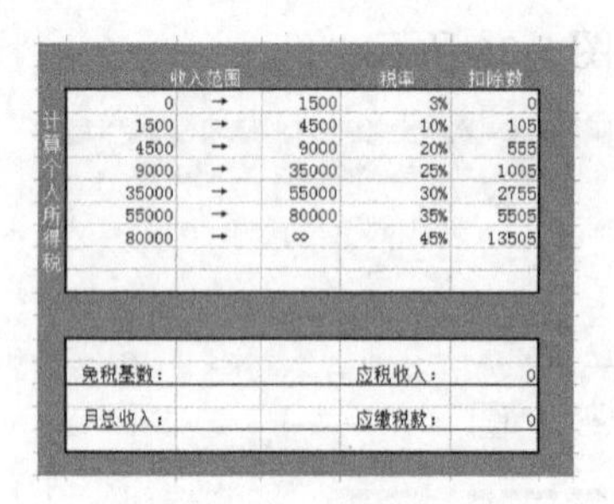

计算个人所得税

收入范围			税率	扣除数
0	→	1500	3%	0
1500	→	4500	10%	105
4500	→	9000	20%	555
9000	→	35000	25%	1005
35000	→	55000	30%	2755
55000	→	80000	35%	5505
80000	→	∞	45%	13505

免税基数：		应税收入：	0
月总收入：		应缴税款：	0

图 5-39　设置其他边框

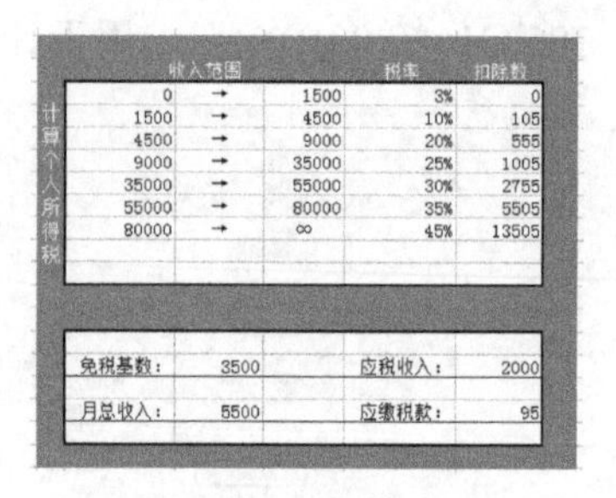

计算个人所得税

收入范围			税率	扣除数
0	→	1500	3%	0
1500	→	4500	10%	105
4500	→	9000	20%	555
9000	→	35000	25%	1005
35000	→	55000	30%	2755
55000	→	80000	35%	5505
80000	→	∞	45%	13505

免税基数：	3500	应税收入：	2000
月总收入：	5500	应缴税款：	95

图 5-40　输入数据

案例精讲 039　制定活动计划

案例文件：CDROM\场景\Cha05\制定活动计划.xlsx

视频文件：视频教学\Cha05\制定活动计划.avi

学习目标

- 学习 NORMINV 函数的使用方法。
- 学习 NORMDIST 函数的使用方法。

制定活动计划		
日期	周六	周日
期望温度（℃）	25	27
平均温度（℃）	27	28
标准偏差（℃）	4	3
期望温度概率	0.31	0.34
活动计划	足球	爬山

图 5-41　制定活动计划

制作概述

本例将介绍如何制作制定活动计划。首先输入表格的文字标题和项目名称，然后输入数据信息，通过输入函数进行计算，最后得出活动计划。完成后的效果如图 5-41 所示。

操作步骤

step 01 启动 Excel 2013，新建一个空白工作簿。选中工作表中的 B4：E4 单元格区域，在【开始】选项卡中的【对齐方式】组中单击【合并后居中】按钮，然后输入文字，将【字号】设置为 18，单击【加粗】按钮，如图 5-42 所示。

step 02 在其他单元格中输入文字，并调整列宽，如图 5-43 所示。

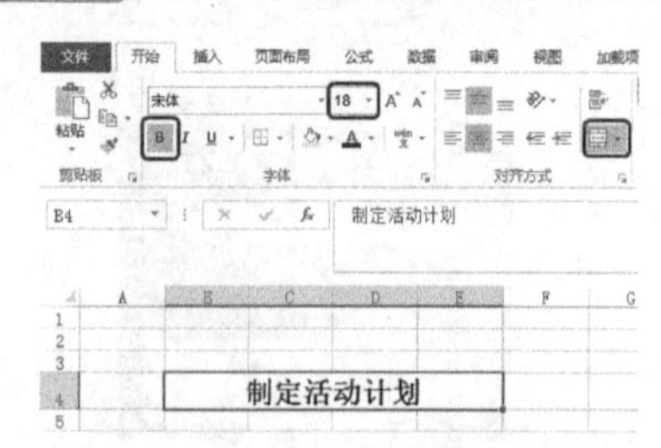

图 5-42　输入并设置文字

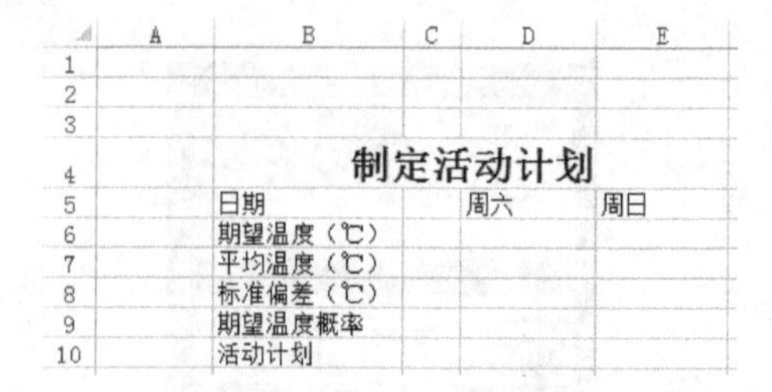

图 5-43　输入文字并调整列宽

step 03 在单元格中输入数字，如图 5-44 所示。

step 04 选中 D9 单元格后，在【编辑栏】中单击，然后在【编辑栏】中输入计算函数“=NORMDIST(D6,D7,D8,TRUE)”，用于计算期望温度概率，如图 5-45 所示。

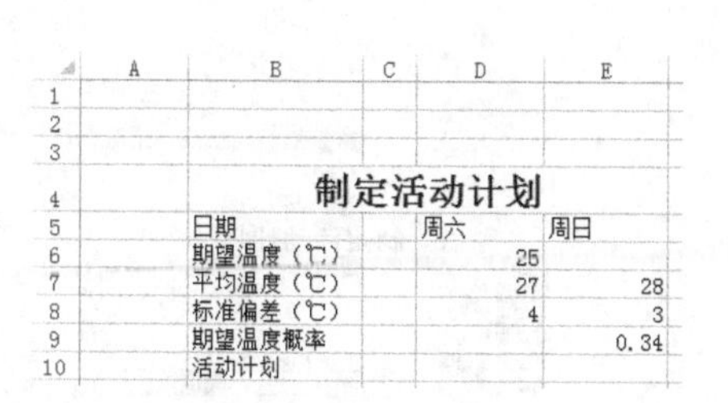

	A	B	C	D	E
1					
2					
3					
4		制定活动计划			
5		日期		周六	周日
6		期望温度（℃）		25	
7		平均温度（℃）		27	28
8		标准偏差（℃）		4	3
9		期望温度概率			0.34
10		活动计划			

图 5-44　输入数字

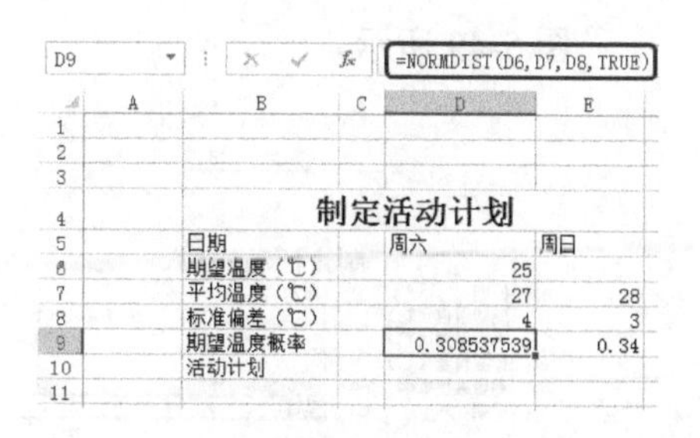

D9　=NORMDIST(D6,D7,D8,TRUE)

	A	B	C	D	E
1					
2					
3					
4		制定活动计划			
5		日期		周六	周日
6		期望温度（℃）		25	
7		平均温度（℃）		27	28
8		标准偏差（℃）		4	3
9		期望温度概率		0.308537539	0.34
10		活动计划			
11					

图 5-45　计算期望温度概率

知识链接

函数名称：NORMDIST

主要功能：返回指定平均值和标准偏差的正态分布函数。

使用格式：=NORMDIST(x,mean,standard_dev,cumulative)。

参数说明：X(必需)表示需要计算其分布的数值，Mean(必需)表示分布的算术平均值，standard_dev(必需)表示分布的标准偏差，Cumulative(必需)表示决定函数形式的逻辑值。如果 cumulative 为 TRUE，则 NORMDIST 返回累积分布函数；如果为 FALSE，则返回概率密度函数。

step 05 选中 E6 单元格后，在【编辑栏】中单击，然后在【编辑栏】中输入计算函数“=NORMINV(E9,E7,E8)”，用于计算期望温度，如图 5-46 所示。

step 06 选中 D10 单元格后，在【编辑栏】中单击，然后在【编辑栏】中输入计算函数“=IF(D9<0.32,"足球","爬山")”，用于判断出活动计划，如图 5-47 所示。

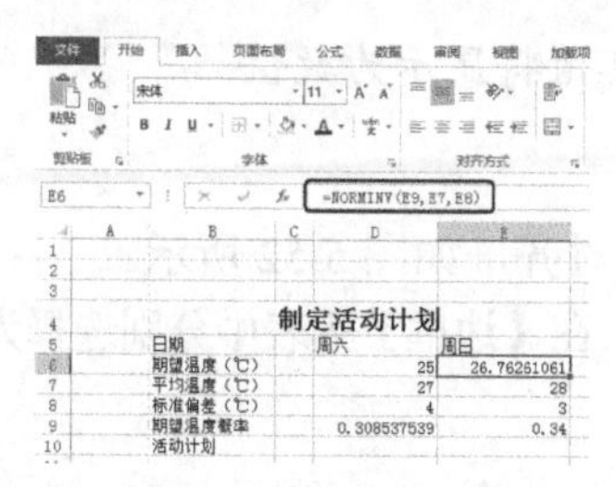

E6　=NORMINV(E9,E7,E8)

	A	B	C	D	E
1					
2					
3					
4		制定活动计划			
5		日期		周六	周日
6		期望温度（℃）		25	26.76261061
7		平均温度（℃）		27	28
8		标准偏差（℃）		4	3
9		期望温度概率		0.308537539	0.34
10		活动计划			

图 5-46　计算期望温度

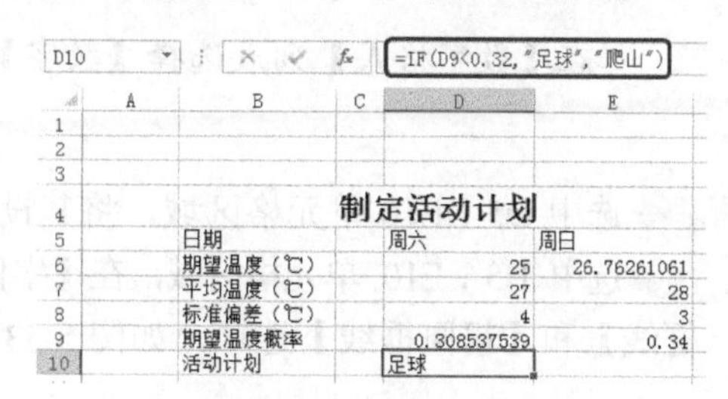

D10　=IF(D9<0.32,"足球","爬山")

	A	B	C	D	E
1					
2					
3					
4		制定活动计划			
5		日期		周六	周日
6		期望温度（℃）		25	26.76261061
7		平均温度（℃）		27	28
8		标准偏差（℃）		4	3
9		期望温度概率		0.308537539	0.34
10		活动计划		足球	

图 5-47　判断活动计划

知识链接

函数名称：NORMINV

主要功能：返回指定平均值和标准偏差的正态累积分布函数的反函数值。

使用格式：= NORMINV(probability,mean,standard_dev)。

参数说明：Probability 表示正态分布的概率值，Mean 表示分布的算术平均值，Standard_dev 表示分布的标准偏差。

step 07 鼠标放置到 D10 单元格的右下角，光标变为＋，按住鼠标左键向右拖动到 E10 单元格，如图 5-48 所示。松开鼠标后，E10 单元格中将自动显示判断后的结果，如

图 5-49 所示。

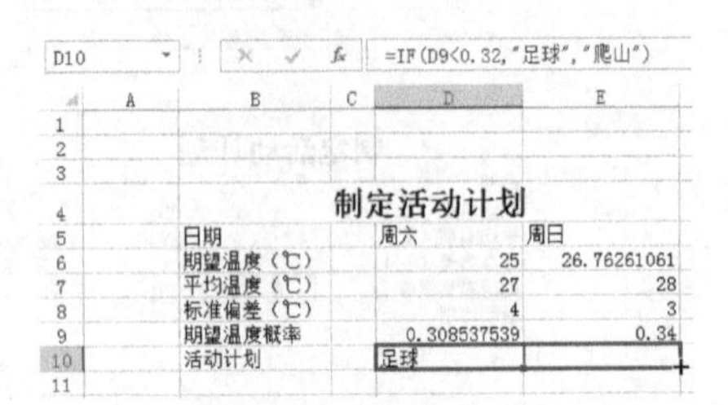

图 5-48　拖动鼠标

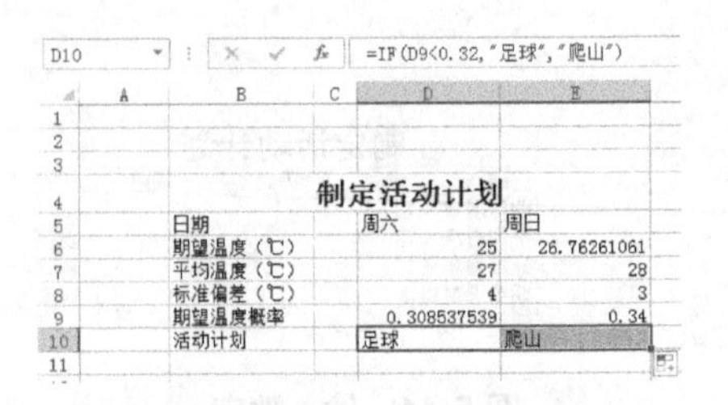

图 5-49　显示判断后的结果

step 08 选中 E6 单元格，在【数字】组中，将【数字格式】设置为“数值”，然后单击两次【减少小数位数】按钮，设置数据的位数，如图 5-50 所示。

step 09 选中 D9 单元格，在【数字】组中，将【数字格式】设置为“数值”，如图 5-51 所示。

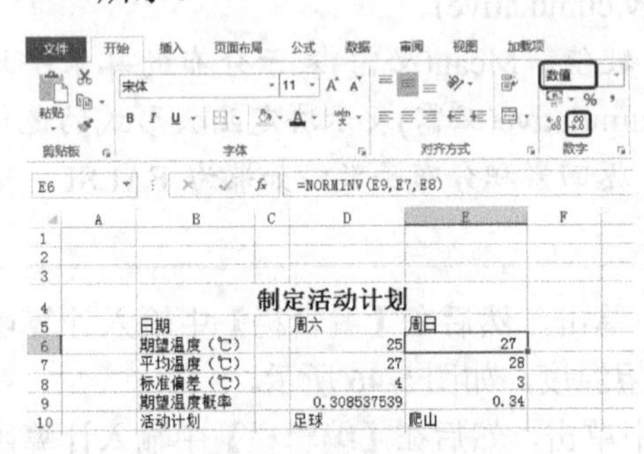

图 5-50　设置数字格式

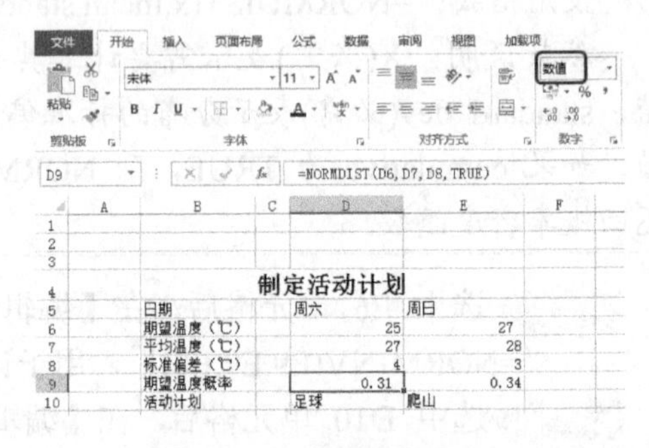

图 5-51　设置数字格式

在【数字格式】列表选择【数字】选项，其值将显示为数值。

step 10 选中 D5：E10 单元格区域，将其设置为居中对齐，如图 5-52 所示。

step 11 选中 B5：E10 单元格区域，在【字体】组中，在【边框】列表中分别选择为【所有框线】和【粗匣框线】选项，如图 5-53 所示。

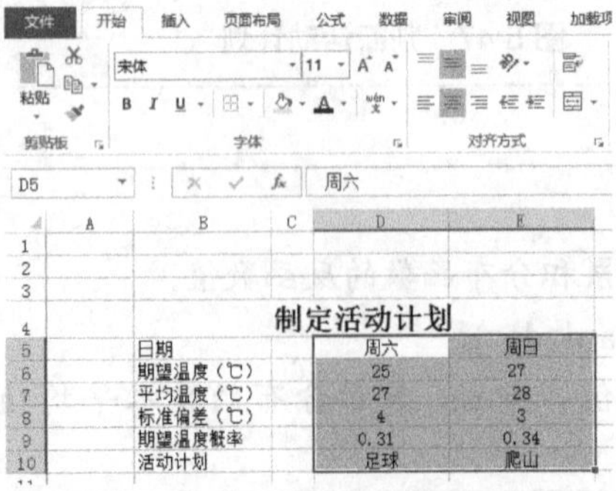

图 5-52　设置为居中对齐

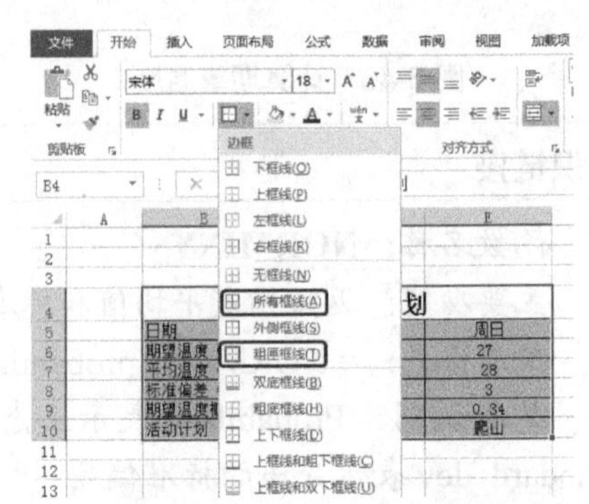

图 5-53　设置边框

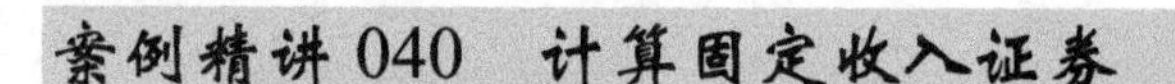

案例精讲040 计算固定收入证券

案例文件：CDROM\场景\Cha05\计算固定收入证券.xlsx

视频文件：视频教学\Cha05\计算固定收入证券.avi

学习目标

- 学习 COUPDAYS 函数的使用方法。
- 学习 YIELD 函数的使用方法。
- 学习 PRICE 函数的使用方法。

制作概述

本例将介绍计算固定收入证券的制作。首先输入表格的文字标题和项目名称，然后输入数据信息，通过输入函数进行计算，最后设置部分单元格的数字格式。完成后的效果如图 5-54 所示。

计算固定收入证券		
结算日		2012/7/25
发行日		2011/11/20
到期日		2015/3/11
利息		5.12%
价格		¥103.80
年收益		3.52%
上次付息日与结算日之间的天数		136
付息分期的天数		184
下次付息日与结算日之间的天数		48
下次付息日日期		2012/9/11
结算日之前的最后付息日日期		2012/3/11
带息收益		3.59%
带息证券价格		¥103.98
持续期		2.451363388

图 5-54　计算固定收入证券

操作步骤

step 01 启动 Excel 2013，新建一个空白工作簿。选中工作表中的 B2：D2 单元格区域，在【开始】选项卡的【对齐方式】组中，单击【合并后居中】按钮，然后输入文字，将【字号】设置为 18，如图 5-55 所示。

step 02 在 B3：B16 单元格区域中输入文字，并调整单元格的列宽，如图 5-56 所示。

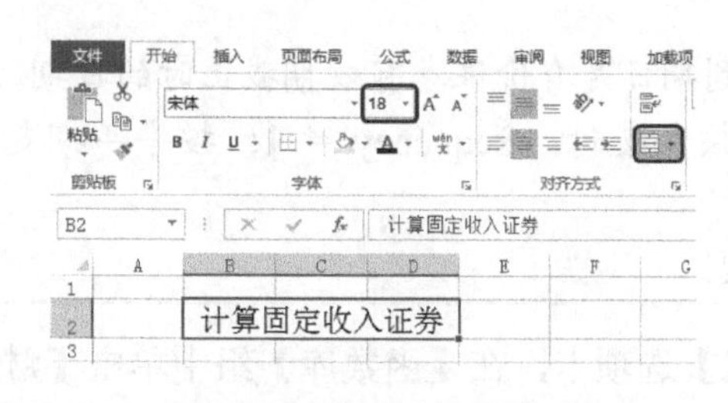

图 5-55　输入并设置文字

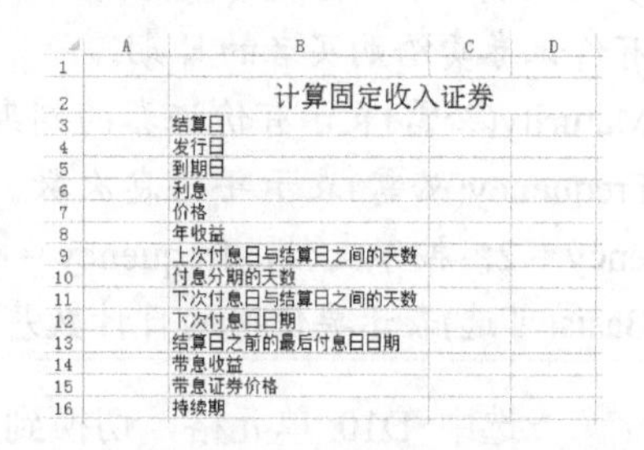

图 5-56　输入文字并调整列宽

step 03 在 D3 单元格中输入“2012-7-25”，按 Enter 键确认，如图 5-57 所示。

step 04 使用相同的方法输入其他日期，如图 5-58 所示。

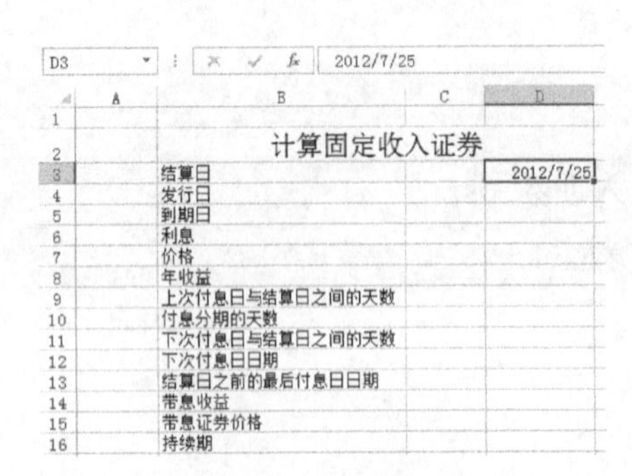

D3 =2012/7/25

	A	B	C	D
1				
2		计算固定收入证券		
3		结算日		2012/7/25
4		发行日		
5		到期日		
6		利息		
7		价格		
8		年收益		
9		上次付息日与结算日之间的天数		
10		付息分期的天数		
11		下次付息日与结算日之间的天数		
12		下次付息日日期		
13		结算日之前的最后付息日日期		
14		带息收益		
15		带息证券价格		
16		持续期		

图 5-57　输入日期

	A	B	C	D
1				
2		计算固定收入证券		
3		结算日		2012/7/25
4		发行日		2011/11/20
5		到期日		2015/3/11
6		利息		
7		价格		
8		年收益		
9		上次付息日与结算日之间的天数		
10		付息分期的天数		
11		下次付息日与结算日之间的天数		
12		下次付息日日期		
13		结算日之前的最后付息日日期		
14		带息收益		
15		带息证券价格		
16		持续期		

图 5-58　输入其他日期

step 05 在 D6：D8 单元格区域输入数据，如图 5-59 所示。

step 06 选中 D9 单元格后，在【编辑栏】中单击，然后在【编辑栏】中输入计算函数“=COUPDAYBS(D3,D5,2,1)”，按 Enter 键确认，如图 5-60 所示。

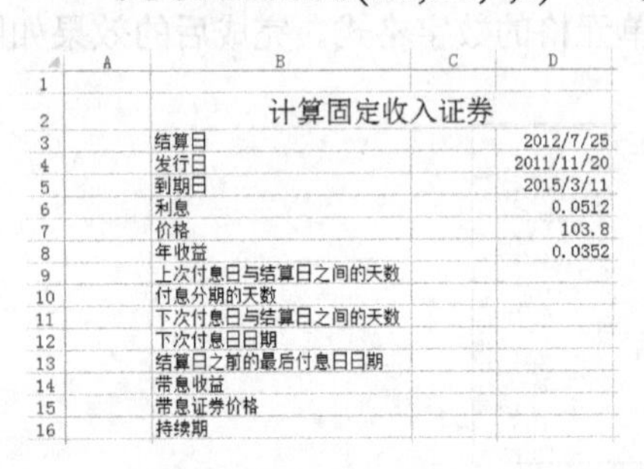

	A	B	C	D
1				
2		计算固定收入证券		
3		结算日		2012/7/25
4		发行日		2011/11/20
5		到期日		2015/3/11
6		利息		0.0512
7		价格		103.8
8		年收益		0.0352
9		上次付息日与结算日之间的天数		
10		付息分期的天数		
11		下次付息日与结算日之间的天数		
12		下次付息日日期		
13		结算日之前的最后付息日日期		
14		带息收益		
15		带息证券价格		
16		持续期		

图 5-59　输入数据

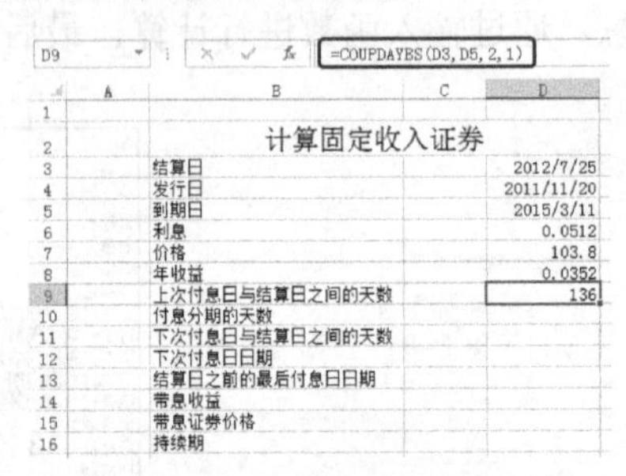

D9 =COUPDAYBS(D3,D5,2,1)

	A	B	C	D
1				
2		计算固定收入证券		
3		结算日		2012/7/25
4		发行日		2011/11/20
5		到期日		2015/3/11
6		利息		0.0512
7		价格		103.8
8		年收益		0.0352
9		上次付息日与结算日之间的天数		136
10		付息分期的天数		
11		下次付息日与结算日之间的天数		
12		下次付息日日期		
13		结算日之前的最后付息日日期		
14		带息收益		
15		带息证券价格		
16		持续期		

图 5-60　输入计算函数

知识链接

函数名称：**COUPDAYBS**

主要功能：返回从付息期开始到结算日的天数。

使用格式：= COUPDAYBS(settlement, maturity, frequency, [basis])。

参数说明：Settlement(必需)表示有价证券的结算日。有价证券结算日是在发行日之后，有价证券卖给购买者的日期。

Maturity(必需)表示有价证券的到期日。到期日是有价证券有效期截止时的日期。

Frequency(必需)表示年付息次数。如果按年支付，frequency = 1；按半年期支付，frequency = 2；按季支付，frequency = 4。

Basis(可选)表示要使用的日计数基准类型。

step 07 选中 D10 单元格，切换到【公式】选项卡，在【函数库】组中单击【财务】按钮，在弹出的下拉列表中选择 COUPDAYS 函数，如图 5-61 所示。

step 08 在弹出的【函数参数】对话框中，单击 Settlement 右侧的按钮，如图 5-62 所示。

图 5-61　选择 COUPDAYS 函数

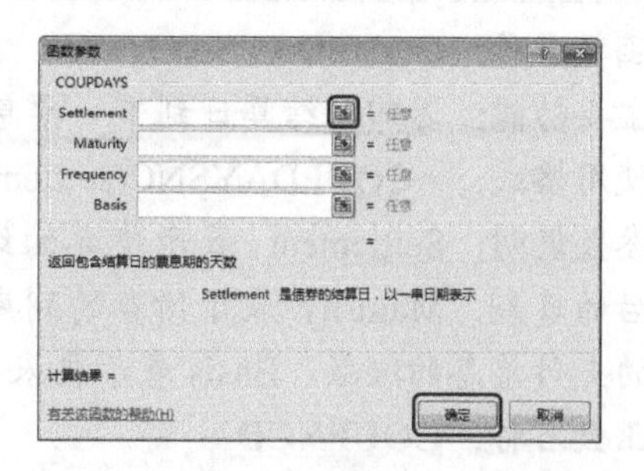

图 5-62　【函数参数】对话框

step 09 选中 D3 单元格，添加单元格位置，然后单击【函数参数】对话框的按钮，如图 5-63 所示。

step 10 在【函数参数】对话框中，参照前面的操作方法，将 Maturity 设置为 D5，然后将 Frequency 设置为 2，Basis 设置为 1，单击【确定】按钮，如图 5-64 所示。

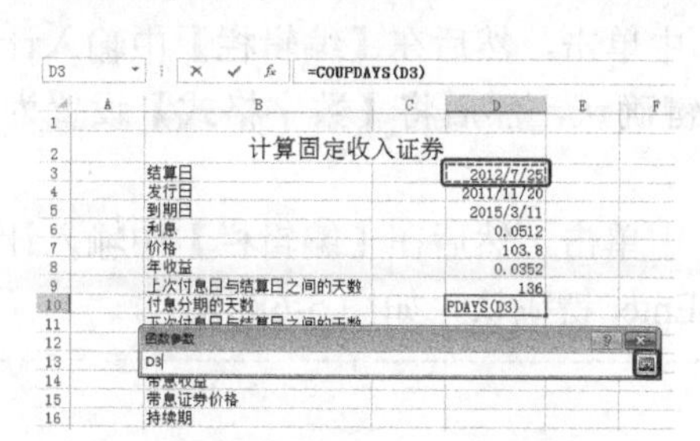

图 5-63　添加单元格位置

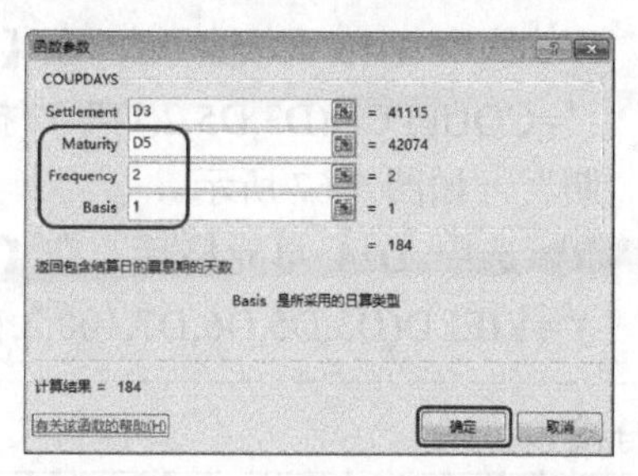

图 5-64　【函数参数】对话框

step 11 选中 D11 单元格后，在【编辑栏】中单击，然后在【编辑栏】中输入计算函数“=COUPDAYSNC(D3,D5,2,1)”，按 Enter 键确认，如图 5-65 所示。

step 12 选中 D12 单元格后，在【编辑栏】中单击，然后在【编辑栏】中输入计算函数“=COUPNCD(D3,D5,2,1)”，按 Enter 键确认，然后将【数字格式】设置为“短日期”，如图 5-66 所示。

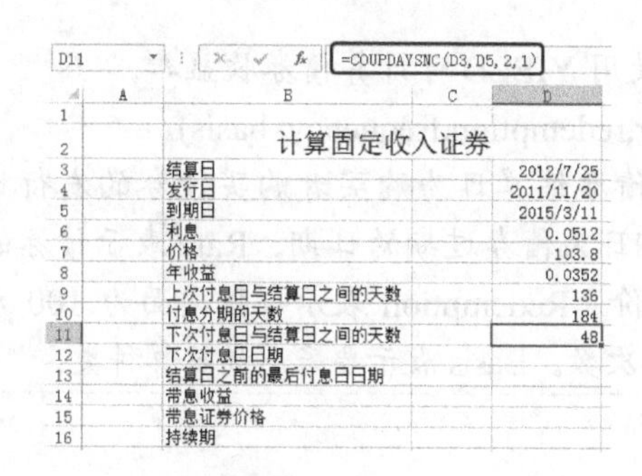

图 5-65　输入函数

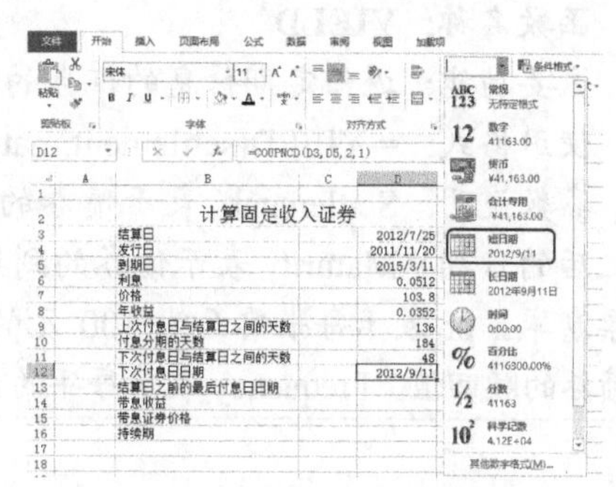

图 5-66　设置数字格式

知识链接

函数名称：COUPDAYSNC

主要功能：返回从结算日到下一票息支付日之间的天数。

使用格式：= COUPDAYSNC(settlement,maturity,frequency, basis)。

参数说明：Settlement 表示债券的结算日。债券结算日为购买者购买债券的发行日期之后的日期。Maturity 表示债券的到期日。到期日为债券过期的日期。Frequency 表示每年的支付票息的次数。Basis 表示要采用的日算种类。

函数名称：COUPNCD

主要功能：返回一个表示在成交日之后下一个付息日的数字。

使用格式：= COUPNCD(settlement,maturity,frequency, basis)。

参数说明：Settlement 表示债券的结算日。债券结算日为购买者购买债券的发行日期之后的日期。Maturity 表示债券的到期日。到期日为债券过期的日期。Frequency 表示每年的支付票息的次数。Basis 表示要采用的日算种类。

step 13 选中 D13 单元格后，在【编辑栏】中单击，然后在【编辑栏】中输入计算函数“=COUPPCD(D3,D5,2,1)”，按 Enter 键确认，然后将【数字格式】设置为“短日期”，如图 5-67 所示。

step 14 选中 D14 单元格后，在【编辑栏】中单击，然后在【编辑栏】中输入计算函数“=YIELD(D3,D5,D6,D7,100,2,1)”，按 Enter 键确认，如图 5-68 所示。

知识链接

函数名称：COUPPCD

主要功能：返回表示结算日之前的上一票息支付日的数字。

使用格式：= COUPPCD(settlement,maturity,frequency,basis)。

参数说明：Settlement 表示债券的结算日。债券结算日为购买者购买债券的发行日期之后的日期。Maturity 表示债券的到期日。到期日为债券过期的日期。Frequency 表示每年的支付票息的次数。Basis 表示要采用的日算种类。

函数名称：YIELD

主要功能：返回定期付息的证券的收益率。使用 YIELD 可计算债券收益率。

使用格式：= YIELD(settlement,maturity,rate,pr,redemption,frequency, basis)。

参数说明：Settlement 表示债券的结算日。债券结算日为购买者购买债券的发行日期之后的日期。Maturity 表示债券的到期日。到期日为债券过期的日期。Rate 表示债券的年票息率。pr 表示每张票面为 100 元的债券的现价。Redemption 表示每张票面为 100 元的债券的赎回值。Frequency 表示每年的支付票息的次数。Basis 表示要采用的日算种类。

图 5-67 设置数字格式

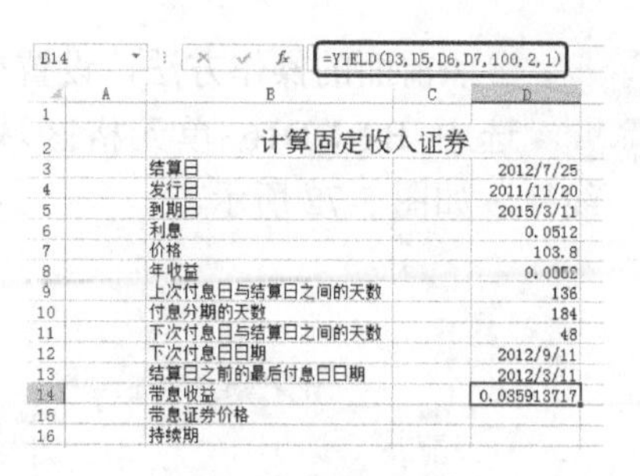

图 5-68 输入函数

step 15 选中 D15 单元格后，在【编辑栏】中单击，然后在【编辑栏】中输入计算函数“=PRICE(D3,D5,D6,D8,100,2,1)”，按 Enter 键确认，如图 5-69 所示。

step 16 选中 D16 单元格后，在【编辑栏】中单击，然后在【编辑栏】中输入计算函数“=DURATION(D3,D5,D6,D8,2)”，按 Enter 键确认，如图 5-70 所示。

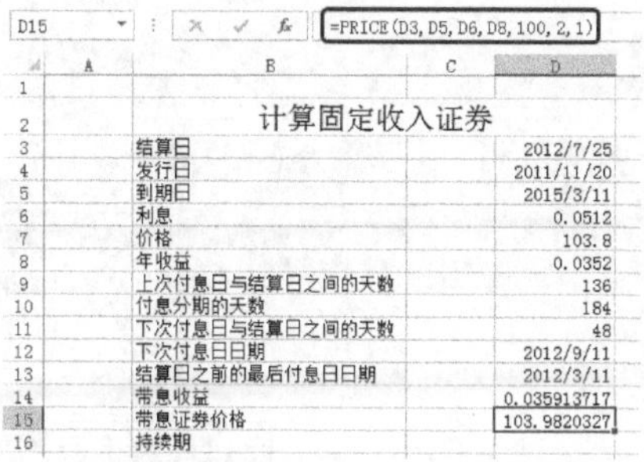

图 5-69 输入 PRICE 函数

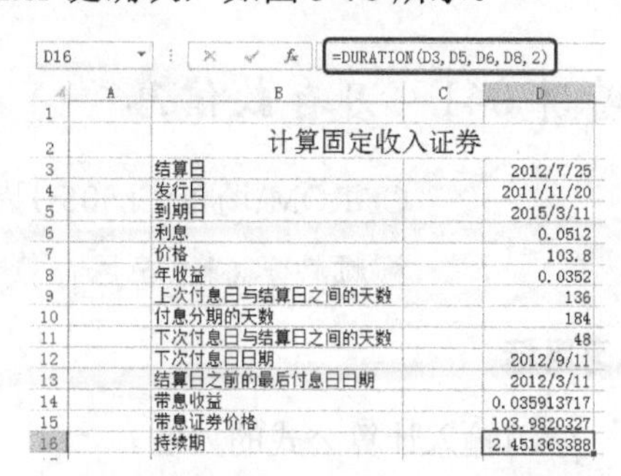

图 5-70 输入 DURATION 函数

知识链接

函数名称：PRICE

主要功能：返回定期付息的面值 100 元的证券的价格。

使用格式：= PRICE(settlement,maturity,rate,yld,redemption,frequency, basis)。

参数说明：Settlement 表示债券的结算日。债券结算日为购买者购买债券的发行日期之后的日期。Maturity 表示债券的到期日。到期日为债券过期的日期。Rate 表示债券的年票息率。Yld 表示债券的年收益。Redemption 表示每张票面为 100 元的债券的赎回值。Frequency 表示每年的支付票息的次数。Basis 表示要采用的日算种类。

函数名称：DURATION

主要功能：为假定票面值为 $100 的债券返回麦考利持续时间。持续时间定义为一系列现金流现值的加权平均值，用于计量债券价格对于收益率变化的敏感程度。

使用格式：= DURATION(settlement,maturity,coupon,yld,frequency, basis)。

参数说明：Settlement 表示债券的结算日。债券结算日为购买者购买债券的发行日期之后的日期。Maturity 表示债券的到期日。到期日为债券过期的日期。Coupon 表示债券的年票息率。Yld 表示债券的年收益。Frequency 表示每年的支付票息的次数。Basis 表示要采用的日算种类。

step 17 参照前面的操作方法，设置单元格的数字格式，如图 5-71 所示。

step 18 选中 B2：D16 单元格区域，在【字体】组中，将【边框】设置为“粗匣框线”，如图 5-72 所示。

	A	B	C	D
1				
2		计算固定收入证券		
3		结算日		2012/7/25
4		发行日		2011/11/20
5		到期日		2015/3/11
6		利息		5.12%
7		价格		¥103.80
8		年收益		3.52%
9		上次付息日与结算日之间的天数		136
10		付息分期的天数		184
11		下次付息日与结算日之间的天数		48
12		下次付息日日期		2012/9/11
13		结算日之前的最后付息日日期		2012/3/11
14		带息收益		3.59%
15		带息证券价格		¥103.98
16		持续期		2.451363388

图 5-71 设置单元格的数字格式

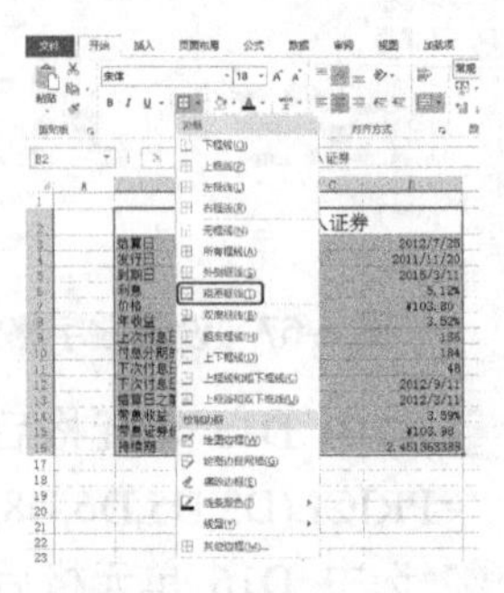

图 5-72 设置边框

案例精讲 041 月存款信息

案例文件：CDROM\场景\Cha05\月存款信息.xlsx

视频文件：视频教学\Cha05\月存款信息.avi

学习目标

- 学习输入计算公式的方法。
- 掌握插入条形图的方法。

制作概述

本例将介绍月存款信息的制作方法。首先制作信息表格，在表格中输入数据和计算公式，然后插入条形图并设置条形图。完成后的效果如图 5-73 所示。

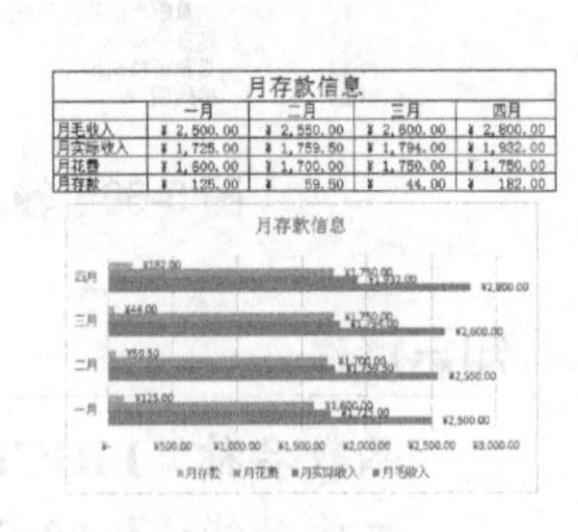

图 5-73 月存款信息

操作步骤

step 01 启动 Excel 2013，新建一个空白工作簿。选中工作表中的 B2：F2 单元格区域，在【开始】选项卡的【对齐方式】组中，单击【合并后居中】按钮，然后输入文字，将【字号】设置为 18，如图 5-74 所示。

step 02 在其他单元格中输入文字，如图 5-75 所示。

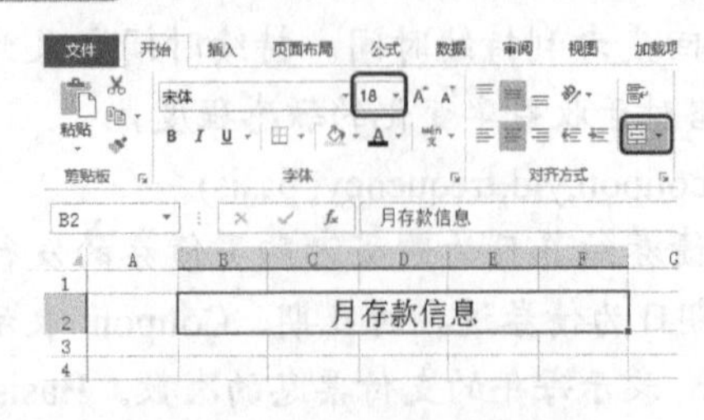

图 5-74 输入并设置文字

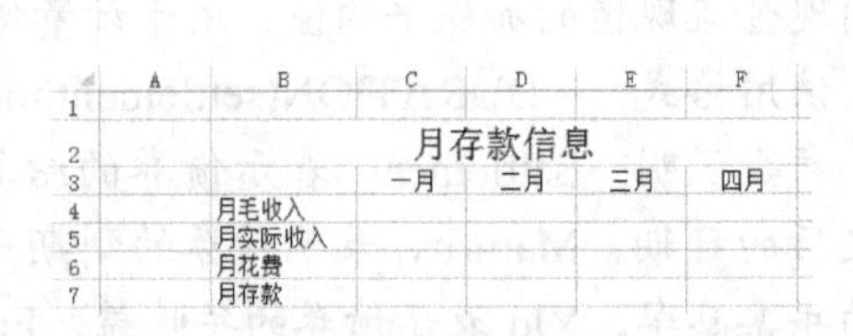

图 5-75 输入文字

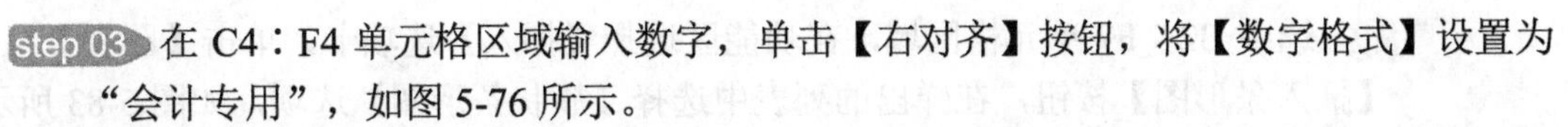

step 03 在 C4：F4 单元格区域输入数字，单击【右对齐】按钮，将【数字格式】设置为“会计专用”，如图 5-76 所示。

step 04 选中 C5 单元格后，在【编辑栏】中单击，然后在【编辑栏】中输入计算公式“=C4-C4*(806/2600)”，按 Enter 键确认，单击【右对齐】按钮，如图 5-77 所示。

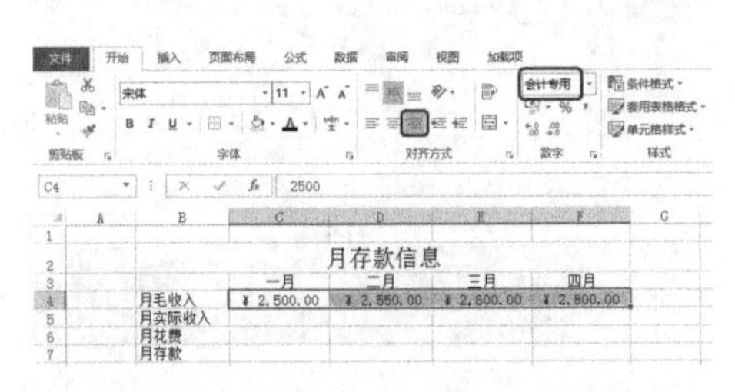

图 5-76 输入数字并设置数字格式

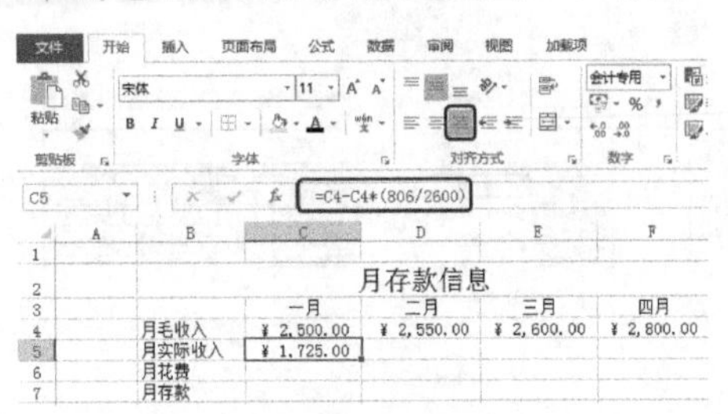

图 5-77 输入公式

step 05 鼠标放置到 C5 单元格的右下角，光标变为+，按住鼠标左键向右拖动到 F5 单元格，如图 5-78 所示。

step 06 在 C6：F6 单元格区域输入数字，单击【右对齐】按钮，将【数字格式】设置为“会计专用”，如图 5-79 所示。

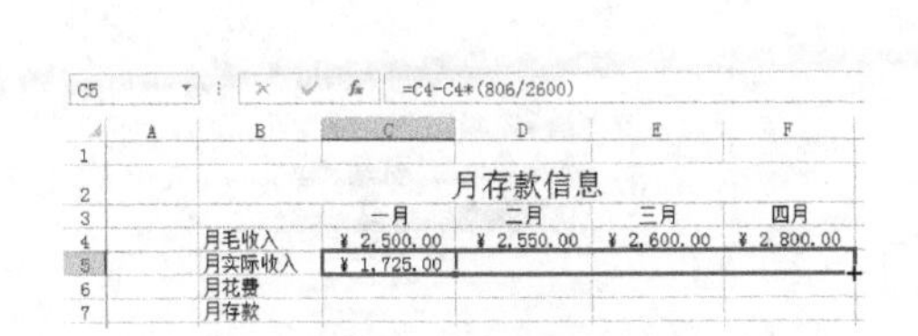

图 5-78 拖动鼠标

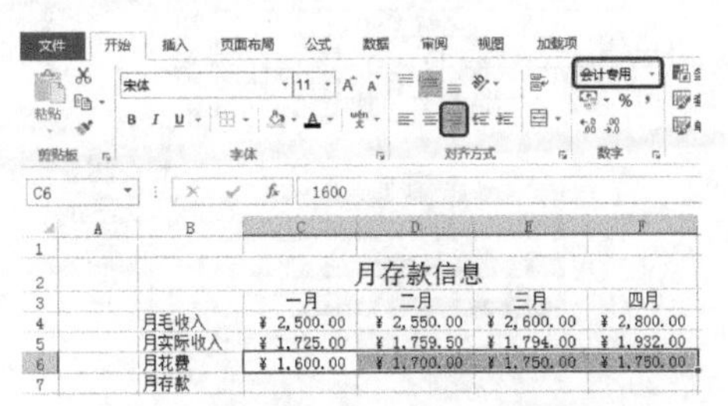

图 5-79 输入数字并设置数字格式

step 07 选中 C7 单元格后，在【编辑栏】中单击，然后在【编辑栏】中输入计算公式“=C5-C6”，按 Enter 键确认，单击【右对齐】按钮，如图 5-80 所示。

step 08 鼠标放置到 C7 单元格的右下角，光标变为+，按住鼠标左键向右拖动到 F7 单元格，填充数据，如图 5-81 所示。

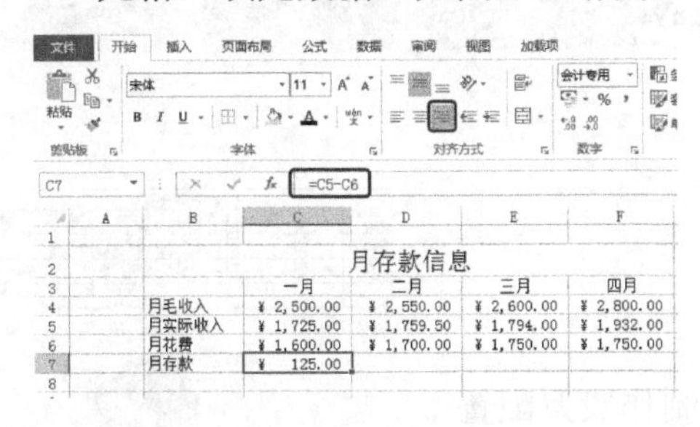

图 5-80 输入公式

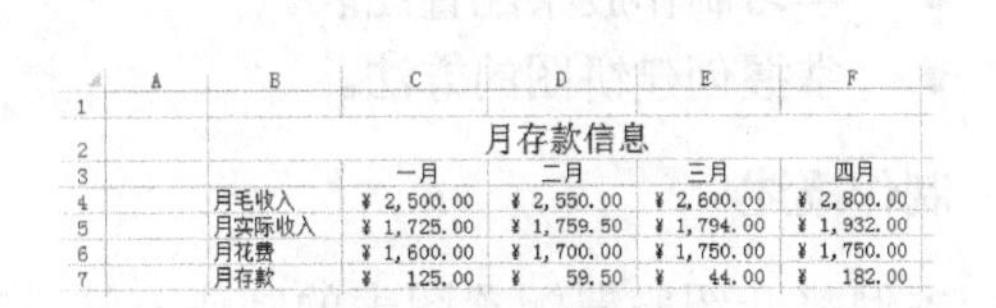

图 5-81 填充数据

step 09 选中 B2：F7 单元格区域，在【字体】组中，将【边框】设置为“所有框线”，如图 5-82 所示。

step 10 选中 B2：F7 单元格区域，在功能区选择【插入】选项卡，单击【图表】组中的【插入条形图】按钮，在弹出的列表中选择【簇状条形图】选项，如图 5-83 所示。

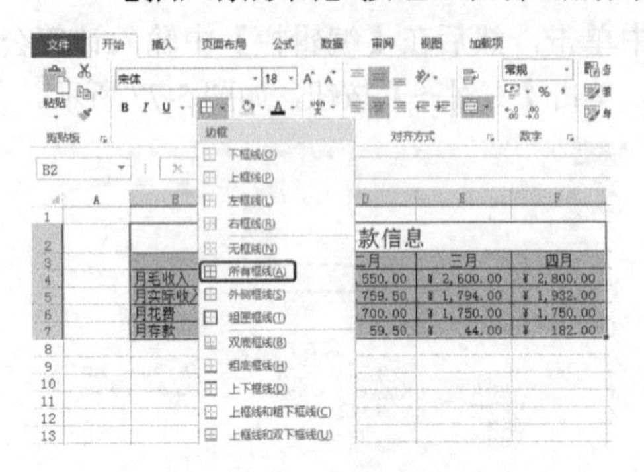

图 5-82 设置边框

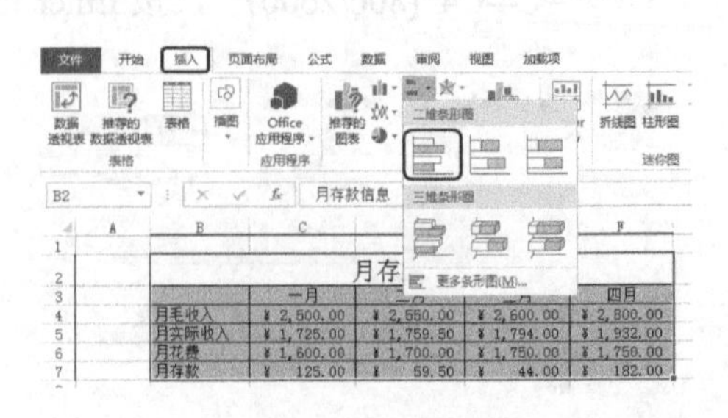

图 5-83 插入条形图

step 11 调整条形图的位置，然后单击【图表元素】按钮，在弹出的列表中勾选【数据标签】复选框，如图 5-84 所示。

step 12 将条形图中的图表标题更改为“月存款信息”，如图 5-85 所示。

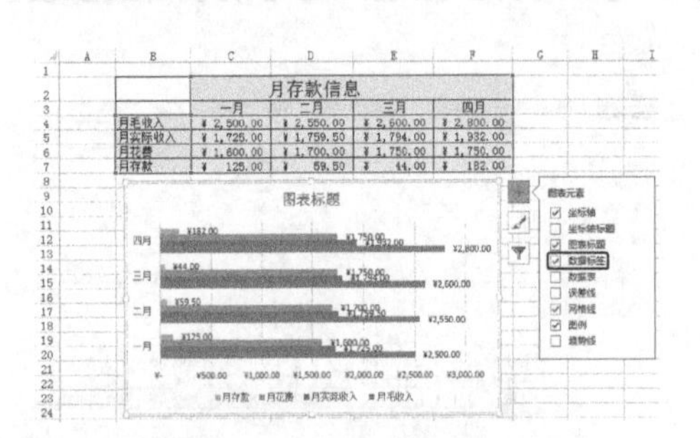

图 5-84 勾选【数据标签】复选框

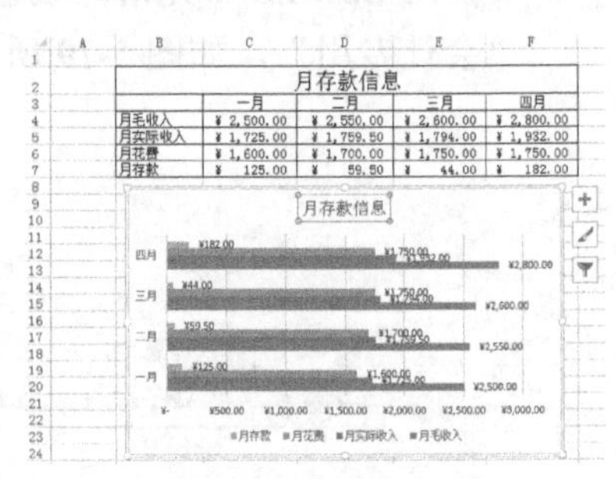

图 5-85 更改图表标题

案例精讲 042　股票配置图表

案例文件：CDROM\场景\Cha05\股票配置图表.xlsx

视频文件：视频教学\Cha05\股票配置图表.avi

学习目标

- 学习制作股票配置图表。
- 掌握创建饼图的方法。

制作概述

本例将介绍股票配置图表的制作方法。首先制作股票配置表，在制作股票配置表时，通过输入计算公式和函数得到计算结果，然后根据股票配置表创建饼图。完成后的效果如图 5-86 所示。

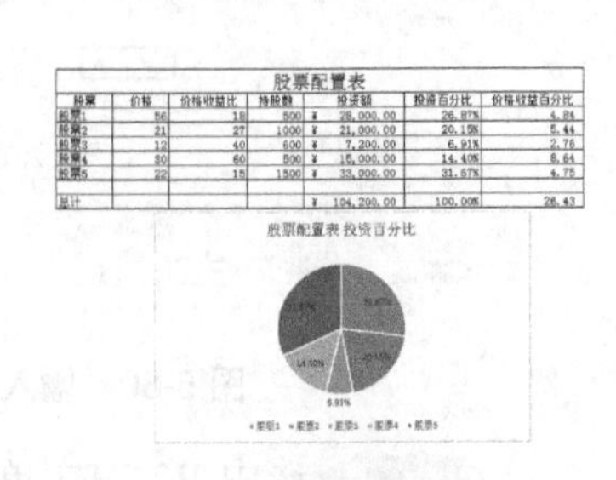

图 5-86 股票配置图表

操作步骤

step 01 启动 Excel 2013，新建一个空白工作簿。选中工作表中的 B2∶H2 单元格区域，在【开始】选项卡中的【对齐方式】组中，单击【合并后居中】按钮，然后输入文字，将【字号】设置为 18，如图 5-87 所示。

step 02 在单元格中输入图表信息，如图 5-88 所示。

股票配置表

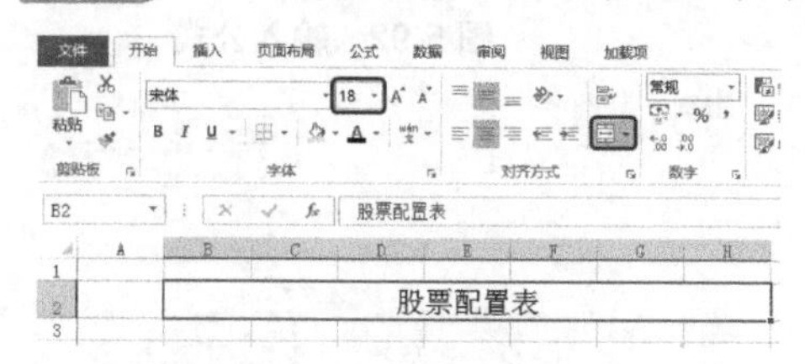

图 5-87　输入并设置文字

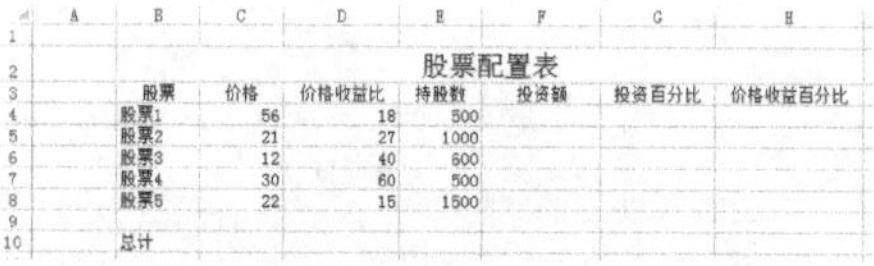

股票配置表
股票 价格 价格收益比 持股数 投资额 投资百分比 价格收益百分比
股票1 56 18 500
股票2 21 27 1000
股票3 12 40 600
股票4 30 60 500
股票5 22 15 1500
总计

图 5-88　输入图表信息

step 03 选中 F4 单元格后，在【编辑栏】中单击，然后在【编辑栏】中输入计算公式“=C4*E4”，按 Enter 键确认，将【数字格式】设置为“会计专用”，如图 5-89 所示。

step 04 鼠标放置到 F4 单元格的右下角，光标变为+，按住鼠标左键向下拖动到 F8 单元格，如图 5-90 所示。

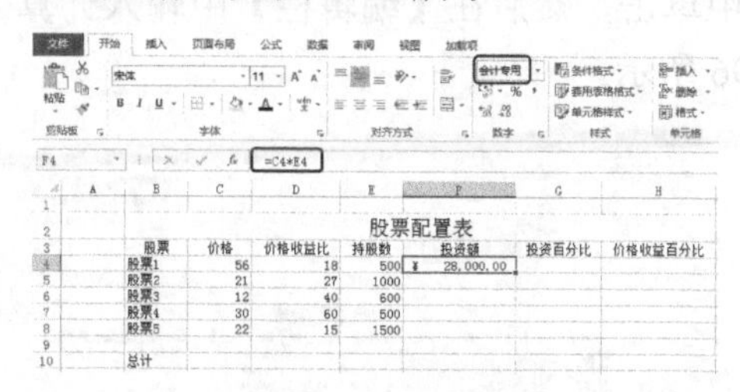

=C4*E4
股票配置表

图 5-89　输入计算公式

=C4*E4
股票配置表

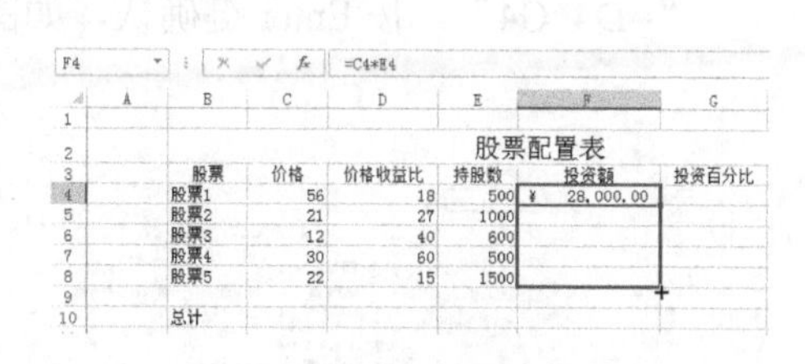

图 5-90　拖动鼠标

step 05 选中 F10 单元格后，在【编辑栏】中单击，然后在【编辑栏】中输入计算函数“=SUM(F4:F8)”，按 Enter 键确认，如图 5-91 所示。

知识链接

函数名称：SUM

主要功能：计算所有参数数值的和。

使用格式：SUM(Number1,Number2……)。

参数说明：Number1、Number2……代表需要计算的值，可以是具体的数值、引用的单元格(区域)、逻辑值等。

step 06 选中 G4 单元格后，在【编辑栏】中单击，然后在【编辑栏】中输入计算公式“=F4/$F$10”，按 Enter 键确认，如图 5-92 所示。

step 07 鼠标放置到 G4 单元格的右下角，光标变为+，按住鼠标左键向下拖动到 G8 单元格，如图 5-93 所示。

step 08 选中 G4∶G8 单元格区域，在【数字】组中将【数字格式】设置为“百分比”，如图 5-94 所示。

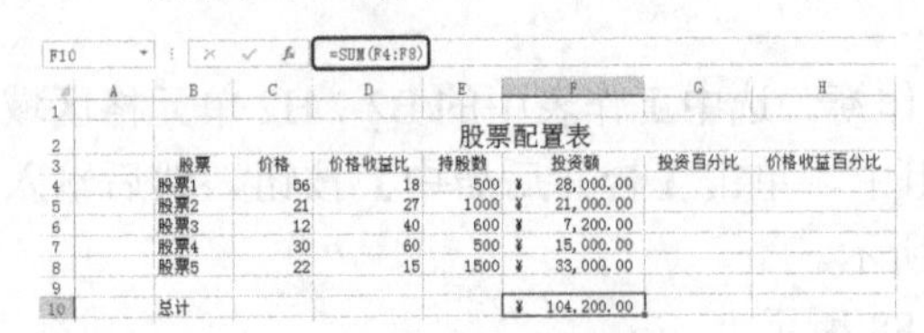

图 5-91　输入计算函数

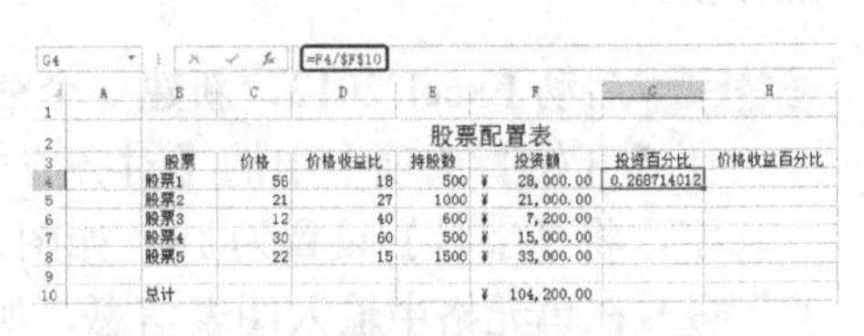

图 5-92　输入公式

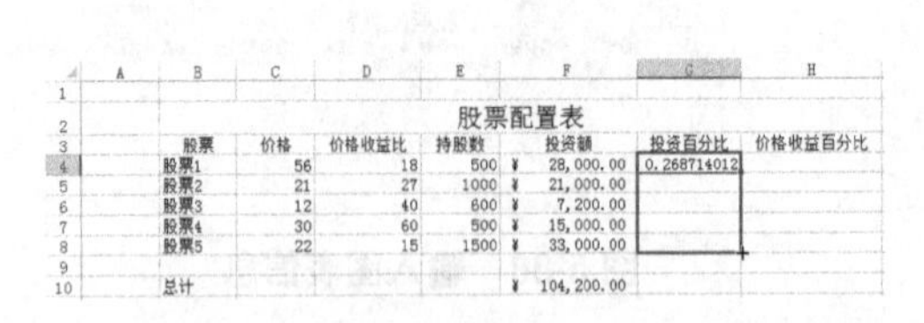

图 5-93　拖动鼠标

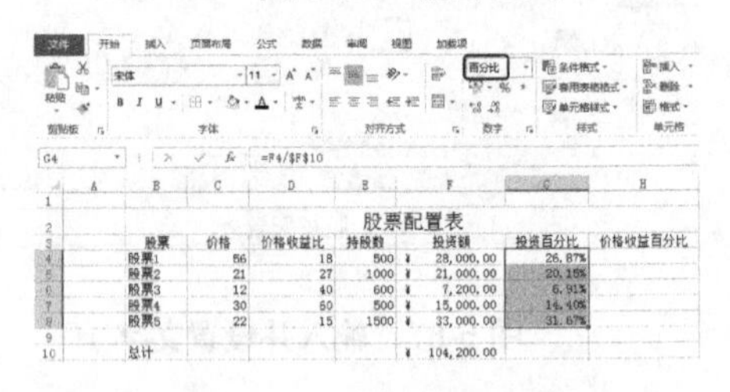

图 5-94　设置数字格式

step 09 选中 G10 单元格后，在【编辑栏】中单击，然后在【编辑栏】中输入计算函数“=SUM(G4:G8)”，按 Enter 键确认，如图 5-95 所示。

step 10 选中 H4 单元格后，在【编辑栏】中单击，然后在【编辑栏】中输入计算公式“=D4*G4”，按 Enter 键确认，如图 5-96 所示。

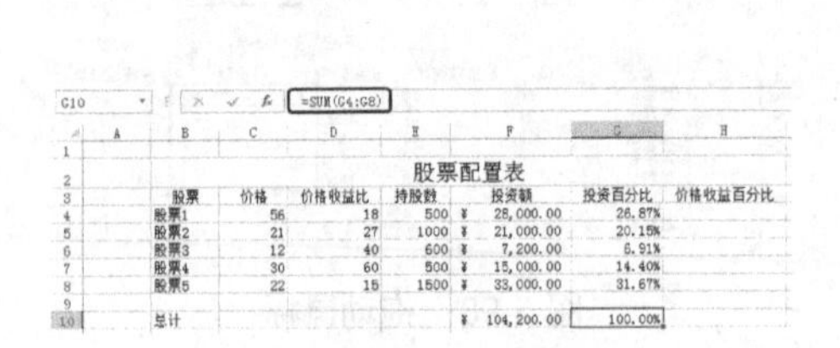

图 5-95　输入函数

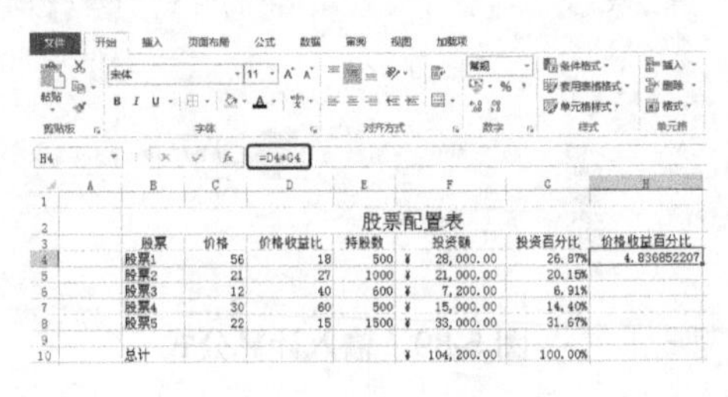

图 5-96　输入公式

step 11 鼠标放置到 H4 单元格的右下角，光标变为＋，按住鼠标左键向下拖动到 H8 单元格，如图 5-97 所示。

step 12 选中 H10 单元格后，在【编辑栏】中单击，然后在【编辑栏】中输入计算函数“=SUM(H4:H8)”，按 Enter 键确认，如图 5-98 所示。

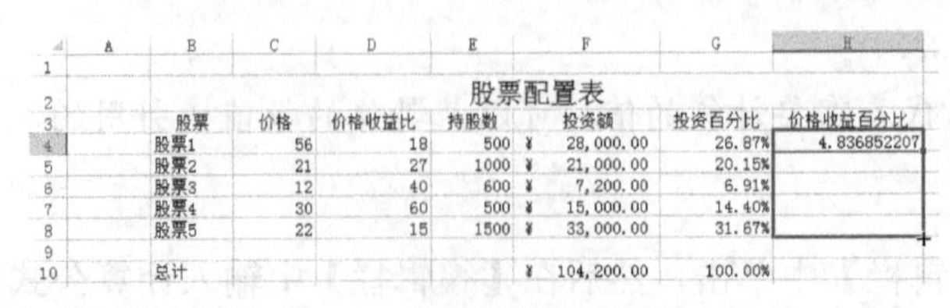

图 5-97　拖动鼠标

图 5-98　输入函数

step 13 选中 B2：H10 单元格区域，在功能区选择【插入】选项卡，单击【图表】组的【插入饼图或圆环图】按钮，在弹出的列表中选择【饼图】选项，如图 5-99 所示。

step 14 调整饼图的位置，然后在【设计】选项卡中，单击【数据】组中的【选择数据】按钮，如图 5-100 所示。

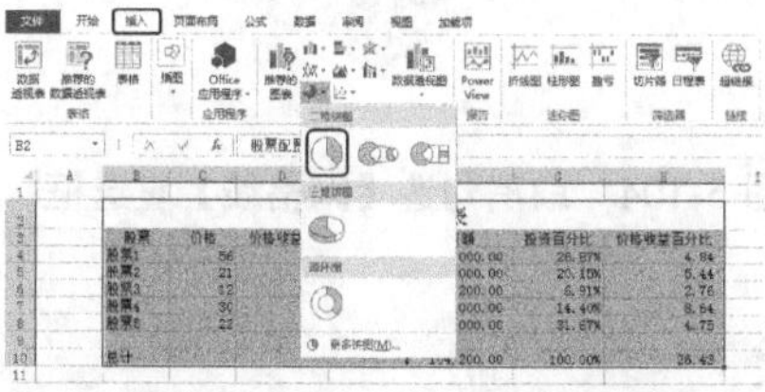

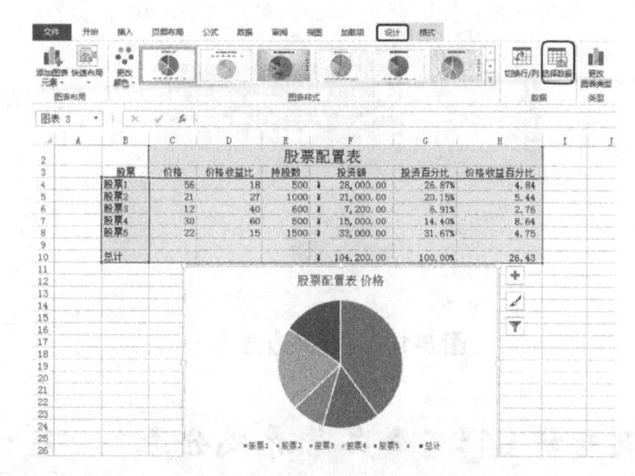

图 5-99　选择【饼图】选项

图 5-100　单击【选择数据】按钮

知识链接

饼图，或称饼状图，是一个划分为几个扇形的圆形统计图表，用于描述量、频率或百分比之间的相对关系。在饼图中，每个扇区的弧长(以及圆心角和面积)大小为其所表示的数量的比例。这些扇区合在一起刚好是一个完全的圆形。

step 15 在弹出的【选择数据源】对话框中，设置图例项(系列)和水平(分类)轴标签，然后单击【确定】按钮，如图 5-101 所示。

step 16 单击【图表元素】按钮，在弹出的列表中勾选【数据标签】复选框，如图 5-102 所示。

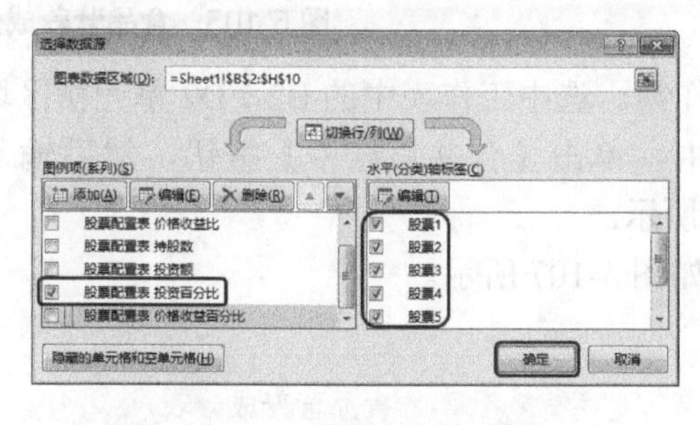

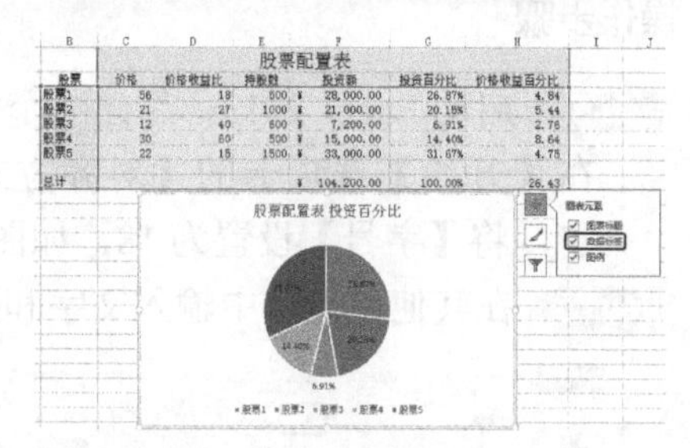

图 5-101　【选择数据源】对话框

图 5-102　勾选【数据标签】复选框

step 17 选中 B2:H10 单元格区域，在【字体】组中将【边框】设置为“所有框线”，如图 5-103 所示。

step 18 切换到【视图】选项卡，在【显示】组中，取消勾选【网格线】复选框，如图 5-104 所示。

图 5-103　设置边框

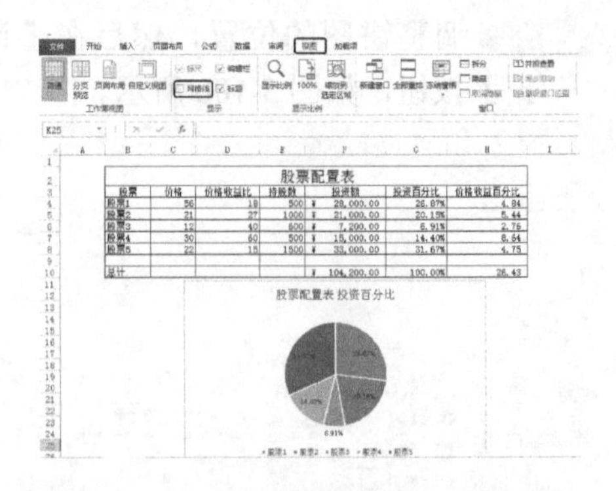

图 5-104　取消勾选【网格线】复选框

案例精讲 043　食品营养成分表

案例文件：CDROM\场景\Cha05\食品营养成分表.xlsx

视频文件：视频教学\Cha05\食品营养成分表.avi

学习目标

学习设置饼图的样式。

制作概述

本例将介绍食品营养成分表的制作方法。首先制作表格，然后根据表格中的数据创建饼图，并设置饼图的样式。完成后的效果如图 5-105 所示。

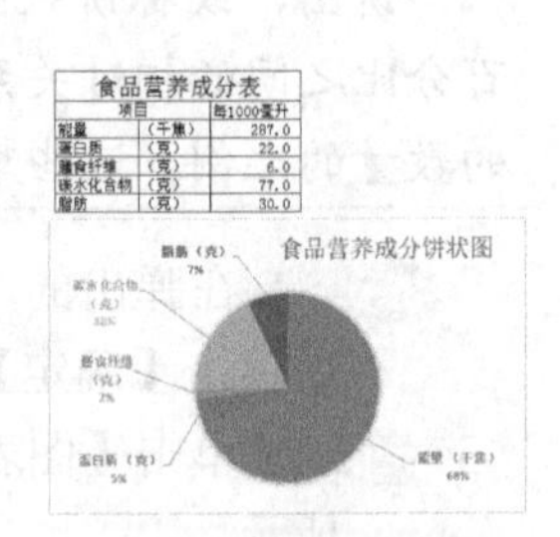

图 5-105　食品营养成分表

操作步骤

step 01 启动 Excel 2013，新建一个空白工作簿。选中工作表中的 B2∶D2 单元格区域，在【开始】选项卡的【对齐方式】组中，单击【合并后居中】按钮，然后输入文字，将【字号】设置为 18，如图 5-106 所示。

step 02 在其他单元格中输入文字和数据，如图 5-107 所示。

图 5-106　输入并设置文字

	A	B	C	D
1				
2		食品营养成分表		
3		项目		每1000毫升
4		能量	（千焦）	287.0
5		蛋白质	（克）	22.0
6		膳食纤维	（克）	6.0
7		碳水化合物	（克）	77.0
8		脂肪	（克）	30.0

图 5-107　输入文字和数据

step 03 选中 B4∶D8 单元格区域，在功能区选择【插入】选项卡，单击【图表】组中的【推荐的图表】按钮，如图 5-108 所示。

step 04 在弹出的【插入图表】对话框中，选择饼图然后单击【确定】按钮，如图 5-109 所示。

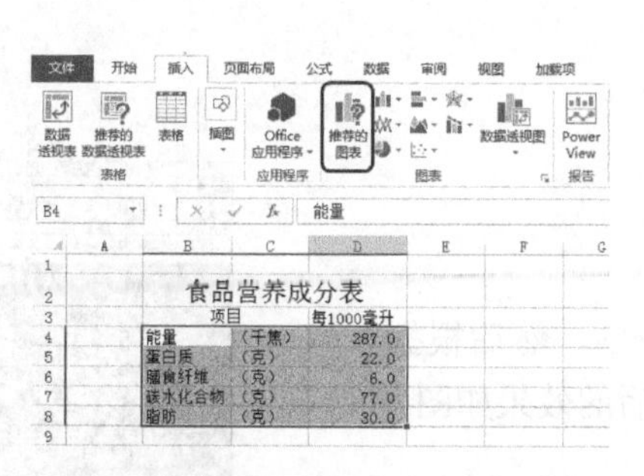

图 5-108　单击【推荐的图表】按钮

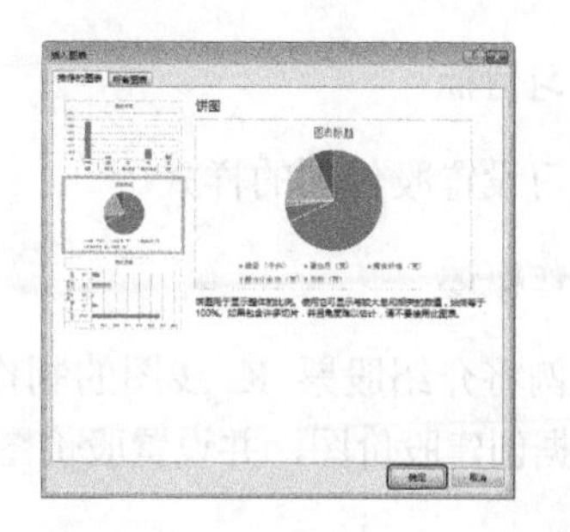

图 5-109　【插入图表】对话框

step 05 调整饼图的位置，然后在【图表样式】列表中选择【样式 9】选项，如图 5-110 所示。

step 06 更改饼图的标题，然后调整文本框的位置，如图 5-111 所示。

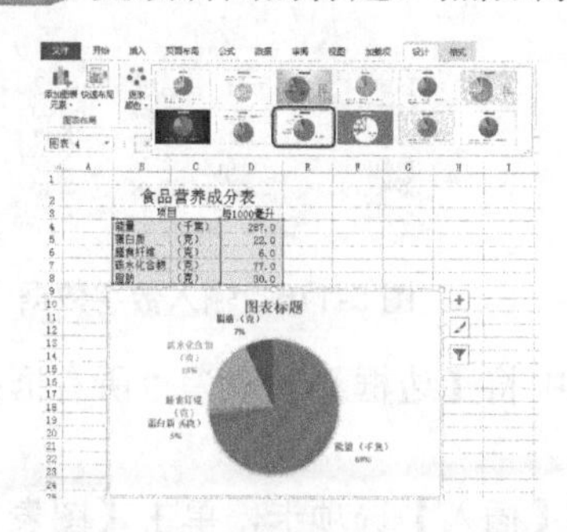

图 5-110　选择【样式 9】选项

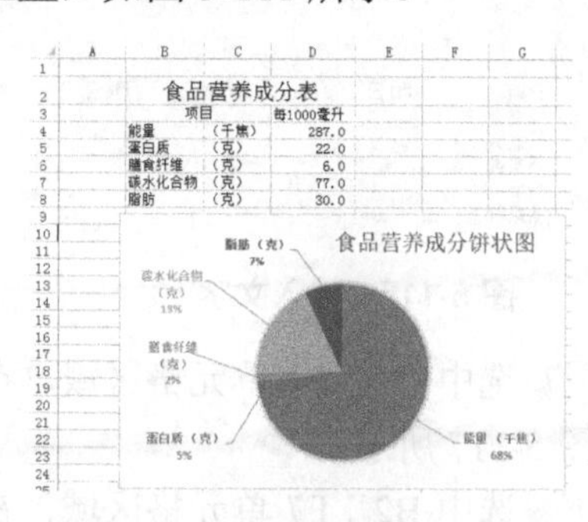

图 5-111　调整文本框的位置

step 07 选中 B2：D8 单元格区域，在【字体】组中将【边框】设置为“所有框线”，如图 5-112 所示。

step 08 切换到【页面布局】选项卡，在【工作表选项】组中，取消选择【网格线】中的【查看】选项，如图 5-113 所示。

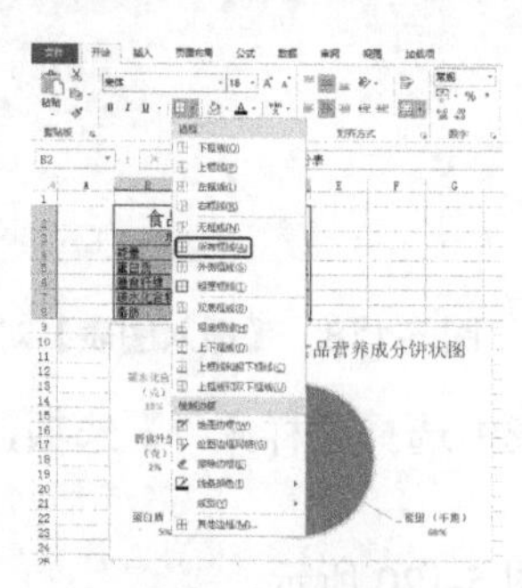

图 5-112　设置边框

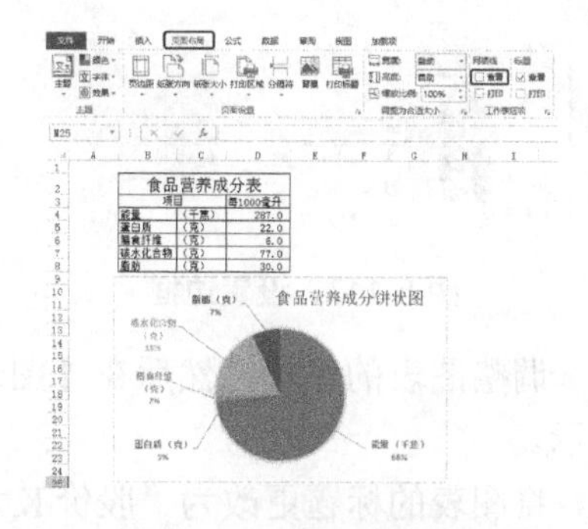

图 5-113　取消网格线

案例精讲 044　股票 K 线图

案例文件：CDROM\场景\Cha05\股票 K 线图.xlsx

视频文件：视频教学\Cha05\股票 K 线图.avi

学习目标

学习设置股价图的样式。

制作概述

本例将介绍股票 K 线图的制作。首先制作表格，然后根据表格中的数据创建股价图，并设置股价图的样式。完成后的效果如图 5-114 所示。

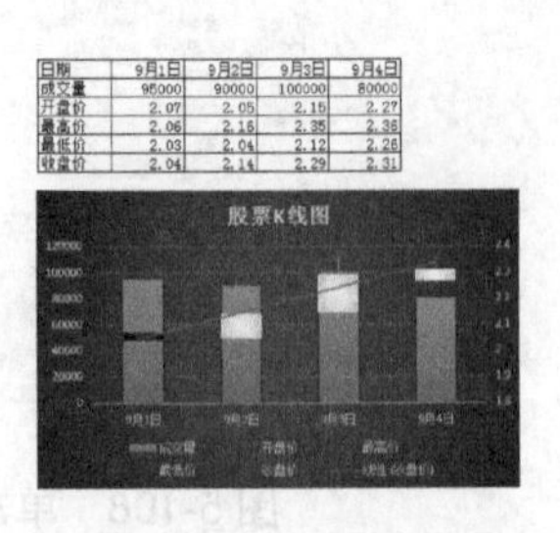

日期	9月1日	9月2日	9月3日	9月4日
成交量	95000	90000	100000	80000
开盘价	2.07	2.05	2.15	2.27
最高价	2.06	2.16	2.35	2.36
最低价	2.03	2.04	2.12	2.26
收盘价	2.04	2.14	2.29	2.31

图 5-114　股票 K 线图

操作步骤

step 01 启动 Excel 2013，新建一个空白工作簿。在表格中输入文字，如图 5-115 所示。

step 02 在表格的适当位置输入数字数据，如图 5-116 所示。

	A	B	C	D	E	F
1						
2		日期	9月1日	9月2日	9月3日	9月4日
3		成交量				
4		开盘价				
5		最高价				
6		最低价				
7		收盘价				

图 5-115　输入文字

	A	B	C	D	E	F
1						
2		日期	9月1日	9月2日	9月3日	9月4日
3		成交量	95000	90000	100000	80000
4		开盘价	2.07	2.05	2.15	2.27
5		最高价	2.06	2.16	2.35	2.36
6		最低价	2.03	2.04	2.12	2.26
7		收盘价	2.04	2.14	2.29	2.31

图 5-116　输入数字数据

step 03 选中 B2：F7 单元格区域，在【字体】组中将【边框】设置为“所有框线”，如图 5-117 所示。

step 04 选中 B2：F7 单元格区域，在功能区选择【插入】选项卡，单击【图表】组中的【推荐的图表】按钮。在弹出的【插入图表】对话框中，切换到【所有图表】选项卡，选择【股价图】中的一种类型，然后单击【确定】按钮，如图 5-118 所示。

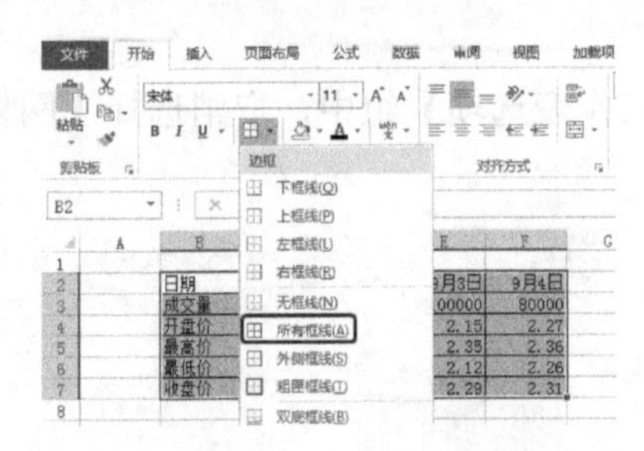

图 5-117　设置边框

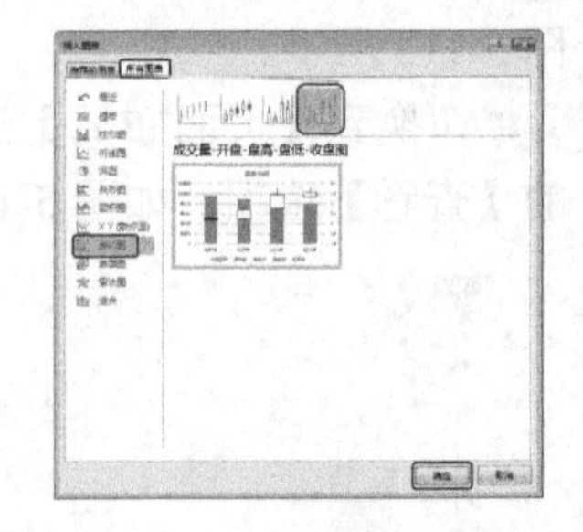

图 5-118　【插入图表】对话框

step 05 调整图表的位置，然后在【图表样式】列表中选择【样式 7】选项，如图 5-119 所示。

step 06 将图表的标题更改为“股价 K 线图”，如图 5-120 所示。

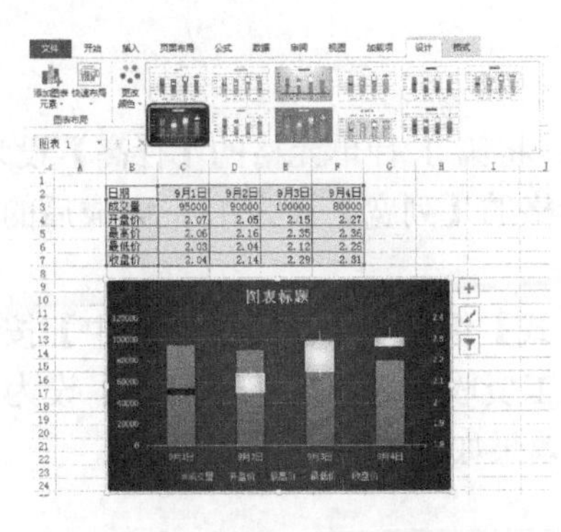

图 5-119　选择【样式 7】选项

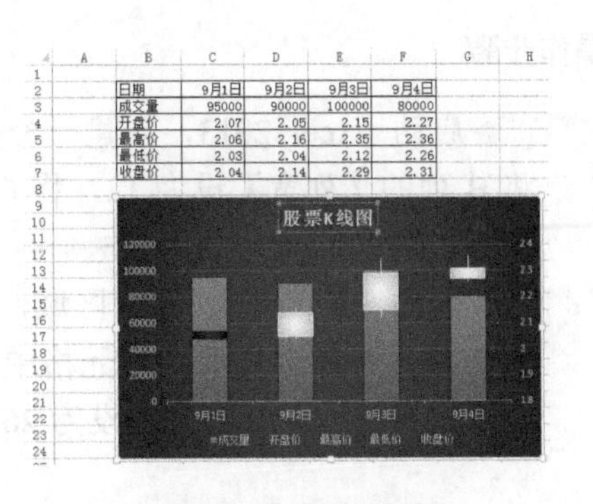

图 5-120　更改标题

step 07 选中图表，然后单击【图表元素】按钮，在弹出的列表中勾选【趋势线】复选框。在弹出的【添加趋势线】对话框中，选择【收盘价】选项，然后单击【确定】按钮，如图 5-121 所示。

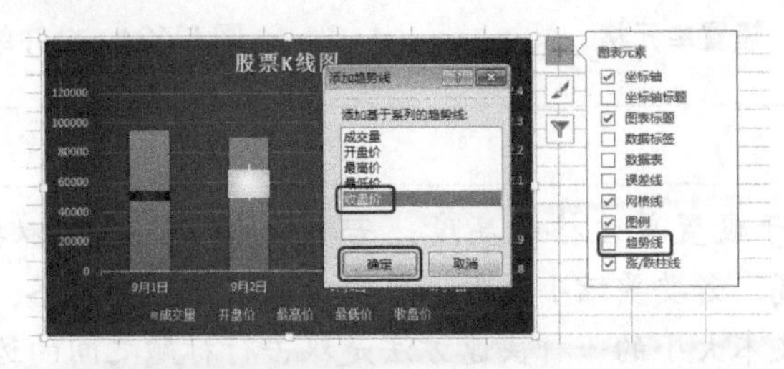

图 5-121　【添加趋势线】对话框

案例精讲 045　个人工资收入表

案例文件：CDROM\场景\Cha05\个人工资收入表.xlsx

视频文件：视频教学\Cha05\个人工资收入表.avi

学习目标

- 学习工资收入表的创建。
- 掌握收入表的创建流程。

制作概述

本例将讲解如何制作个人工资收入表。首先制作表格中的数据内容，然后设置边框。完成后的效果如图 5-122 所示。

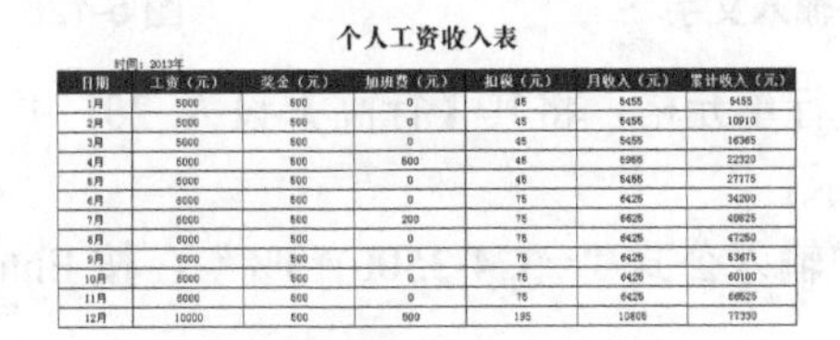

个人工资收入表

时间：2013年

日期	工资（元）	奖金（元）	加班费（元）	扣税（元）	月收入（元）	累计收入（元）
1月	5000	500	0	45	5455	5455
2月	5000	500	0	45	5455	10910
3月	5000	500	0	45	5455	16365
4月	5000	500	500	45	5955	22320
5月	5000	500	0	45	5455	27775
6月	6000	500	0	75	6425	34200
7月	6000	500	200	75	6625	40825
8月	6000	500	0	75	6425	47250
9月	6000	500	0	75	6425	53675
10月	6000	500	0	75	6425	60100
11月	6000	500	0	75	6425	66525
12月	10000	500	500	195	10805	77330

图 5-122　个人工资收入表

操作步骤

step 01 启动 Excel 2013，新建一个空白工作簿，将第 1 行单元格的【行高】设为 35，将 B 列的【列宽】设为 12，将 C：H 列单元格的【列宽】设为 18，完成后的效果如图 5-123 所示。

step 02 选择 B1：H1 单元格区域，在【对齐方式】组中单击【合并后居中】按钮，将其合并，并在合并后的单元格中输入“个人工资收入表”，将【字体】设为“方正大标宋简体”，【字号】设为 26，完成后的效果如图 5-124 所示。

图 5-123　设置单元格

图 5-124　合并单元格并输入文字

知识链接

【行高】选项用于设置单元格的高度。若要增加行高，可以拖动行标题下面的边界，直到达到所需行高。若要要缩小高度，可以向上拖动底部边界。

使行高适合行中文本大小的一种快速方法是双击行标题之间的边界。

step 03 将第 2 行单元格的【行高】设为 15，并合并 B2：B3 单元格，在其内输入“时间：2013 年”，将其【字号】设为 12，完成后的效果如图 5-125 所示。

step 04 将第 3 行单元格的【行高】设为 22，并在其内输入文字，将【字号】设为 14，单击【加粗】按钮，【填充颜色】设为“深红”，【字体颜色】设为“白色”，完成后的效果如图 5-126 所示。

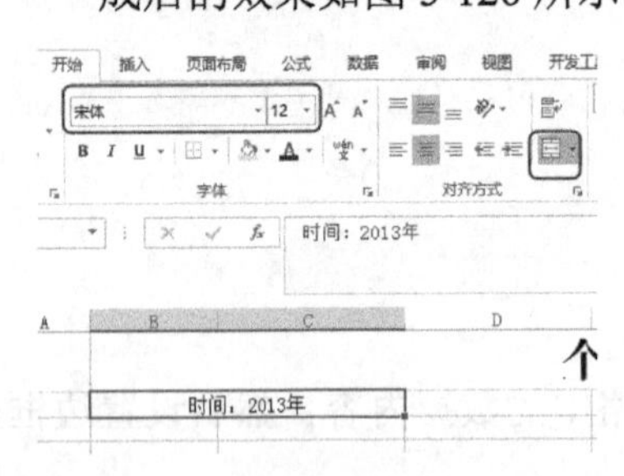

图 5-125　合并单元格并输入文字

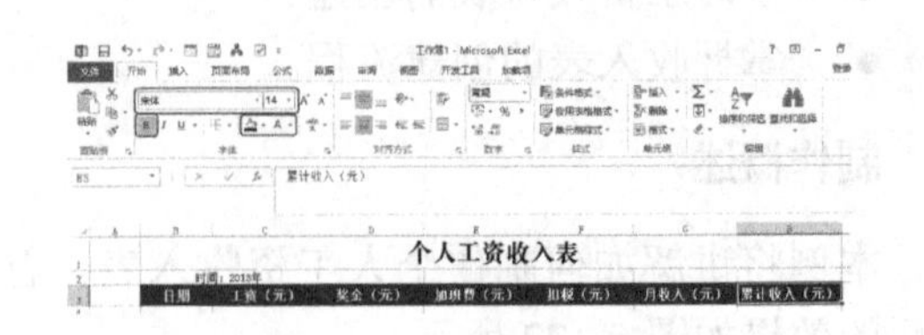

图 5-126　设置文字属性

step 05 选择第 4～15 行单元格，将其【行高】设为 20，并在其内输入文字，完成后的效果如图 5-127 所示。

step 06 在 F4 单元格中输入公式“=(C4-3500)*3%”，按 Enter 将，如图 5-128 所示。

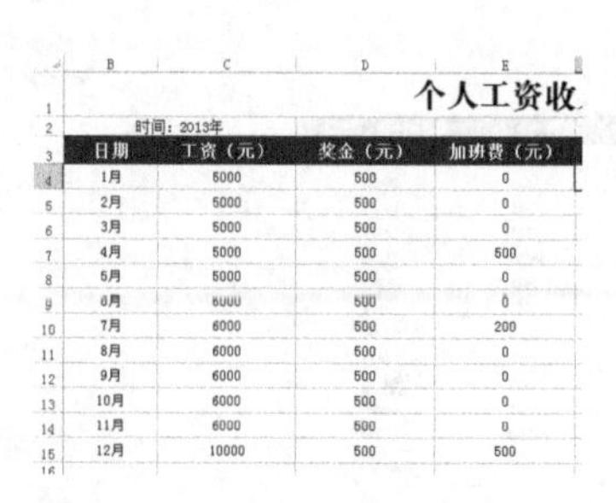

	个人工资收		
时间：2013年			
日期	工资（元）	奖金（元）	加班费（元）
1月	5000	500	0
2月	5000	500	0
3月	5000	500	0
4月	5000	500	500
5月	5000	500	0
6月	6000	500	0
7月	6000	500	200
8月	6000	500	0
9月	6000	500	0
10月	6000	500	0
11月	6000	500	0
12月	10000	500	500

图 5-127 输入文字

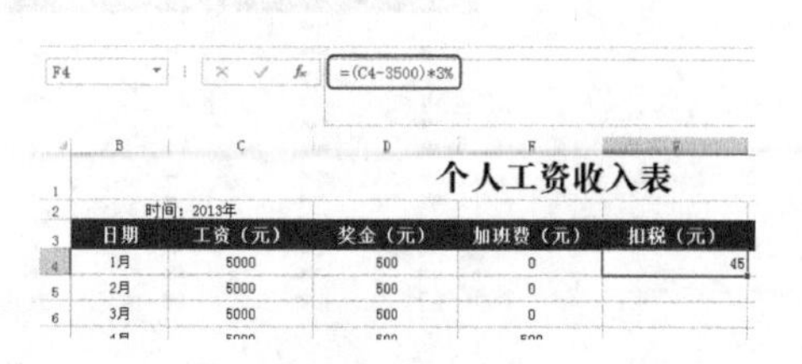

=(C4-3500)*3%

个人工资收入表				
时间：2013年				
日期	工资（元）	奖金（元）	加班费（元）	扣税（元）
1月	5000	500	0	45
2月	5000	500	0	
3月	5000	500	0	

图 5-128 输入公式

step 07 选择 F4 单元格，将鼠标置于单元格的右下角，当鼠标指针变为十字形时，按住鼠标左键向下拖动，拖动到 F15 单元格，完成的效果如图 5-129 所示。

step 08 使用同样的方法在 G4 单元格中输入公式“=C4+D4+E4-F4”，按 Enter 键，并对公式进行复制，完成后的效果如图 5-130 所示。

个人工资收入表

奖金（元）	加班费（元）	扣税（元）
500	0	45
500	0	45
500	0	45
500	500	45
500	0	45
500	0	75
500	200	75
500	0	75
500	0	75
500	0	75
500	0	75
500	500	195

图 5-129 复制公式

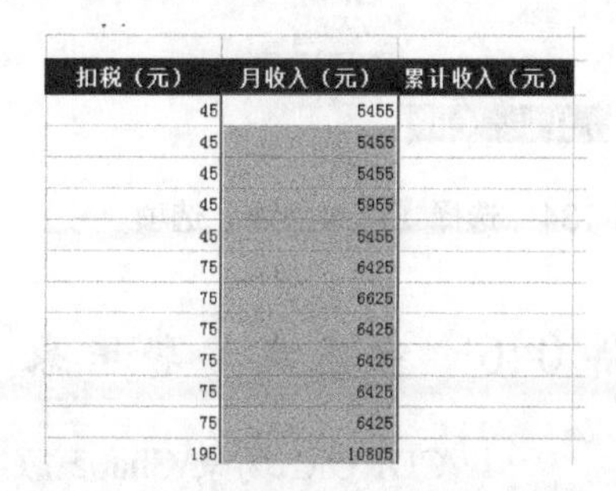

扣税（元）	月收入（元）	累计收入（元）
45	5455	
45	5455	
45	5455	
45	5955	
45	5455	
75	6425	
75	6625	
75	6425	
75	6425	
75	6425	
75	6425	
195	10805	

图 5-130 输入公式

step 09 在 H4 单元格中输入“=G4”，按 Enter 键，然后在 H5 单元格中输入公式“=H4+G5”，按 Enter 键，完成后的效果如图 5-131 所示。

step 10 将鼠标置于 H5 单元格的右下角，当鼠标变为十字形时，按住鼠标左键向下拖动到 H15 单元格，完成后的效果如图 5-132 所示。

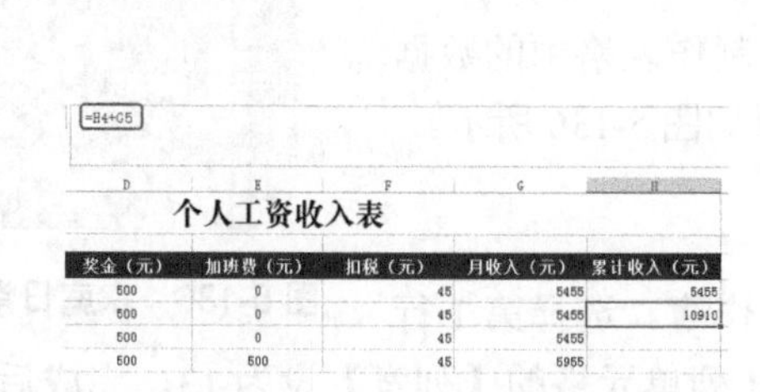

=H4+G5

个人工资收入表				
奖金（元）	加班费（元）	扣税（元）	月收入（元）	累计收入（元）
500	0	45	5455	5455
500	0	45	5455	10910
500	0	45	5455	
500	500	45	5955	

图 5-131 完成后的效果

扣税（元）	月收入（元）	累计收入（元）
45	5455	5455
45	5455	10910
45	5455	16365
45	5955	22320
45	5455	27775
75	6425	34200
75	6625	40825
75	6425	47250
75	6425	53675
75	6425	60100
75	6425	66525
195	10805	77330

图 5-132 完成后的效果

step 11 将单元格中所有数据进行居中对齐，完成后的效果如图 5-133 所示。

step 12 选择 B3∶H15 单元格区域，在【字体】组中单击【边框】按钮，在弹出的下拉列表中选择【所有框线】选项，完成后的效果如图 5-134 所示。

step 13 设置框线后的效果如图 5-135 所示。

个人工资收入表

时间：2013年

日期	工资（元）	奖金（元）	加班费（元）	扣税（元）	月收入（元）	累计收入（元）
1月	5000	500	0	45	5455	5455
2月	5000	500	0	45	5455	10910
3月	5000	500	0	45	5455	16365
4月	5000	500	500	45	5955	22320
5月	5000	500	0	45	5455	27775
6月	6000	500	0	75	6425	34200
7月	6000	500	200	75	6625	40825
8月	6000	500	0	75	6425	47250
9月	6000	500	0	75	6425	53675
10月	6000	500	0	75	6425	60100
11月	6000	500	0	75	6425	66525
12月	10000	500	500	195	10805	77330

图 5-133　数据居中对齐

图 5-134　选择【所有框线】选项

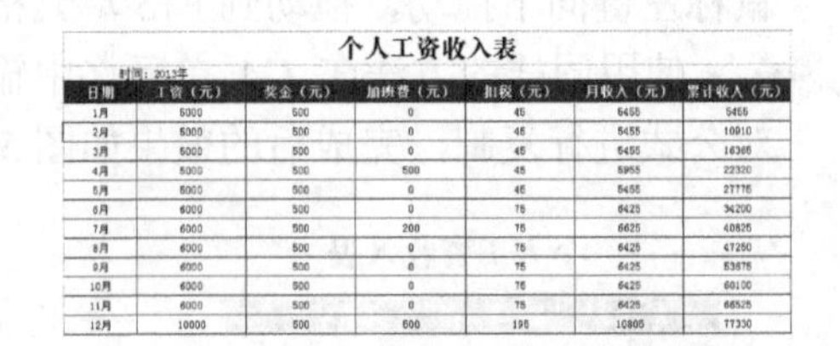

个人工资收入表

时间：2013年

日期	工资（元）	奖金（元）	加班费（元）	扣税（元）	月收入（元）	累计收入（元）
1月	5000	500	0	45	5455	5455
2月	5000	500	0	45	5455	10910
3月	5000	500	0	45	5455	16365
4月	5000	500	500	45	5955	22320
5月	5000	500	0	45	5455	27775
6月	6000	500	0	75	6425	34200
7月	6000	500	200	75	6625	40825
8月	6000	500	0	75	6425	47250
9月	6000	500	0	75	6425	53675
10月	6000	500	0	75	6425	60100
11月	6000	500	0	75	6425	66525
12月	10000	500	500	195	10805	77330

图 5-135　设置框线后的效果

案例精讲 046　家庭日常费用表

案例文件：CDROM\场景\Cha05\家庭日常费用表.xlsx

视频文件：视频教学\Cha05\家庭日常费用表.avi

学习目标

- 学习家庭日常费用表的制作。
- 掌握家庭日常表的制作流程。

制作概述

本例将讲解如何制作家庭日常费用表。首先制作表格中的数据内容，然后设置单元格的填充颜色。完成后的效果如图 5-136 所示。

图 5-136　家庭日常费用表

操作步骤

step 01 启动 Excel 2013，新建一个空白工作簿。选择第 1 行单元格，并将其【行高】设为 35，将 B 列单元格的【列宽】设为 13，完成后的效果如图 5-137 所示。

step 02 选择 B1：J1 单元格区域，并将其合并。在合并单元格中输入“家庭日常费用表”，将【字体】设为“方正大标宋简体”，【字号】设为 26，将【字体颜色】设为“蓝色，着色 1，深色 25%”，完成后的效果如图 5-138 所示。

step 03 将 B2：J2 单元格进行合并，并在其内输入“单位：元”，将【字体颜色】设为“蓝色，着色 1，深色 25%”，将其【对齐方式】设为“右对齐”，完成后的效果如图 5-139 所示。

图 5-137 设置单元格的属性

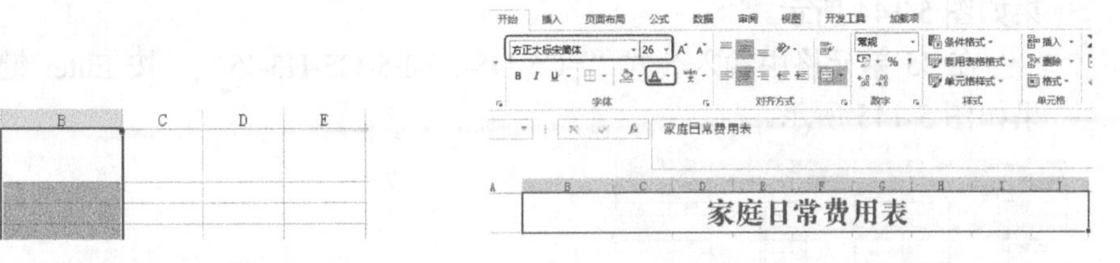

图 5-138 输入并设置文字

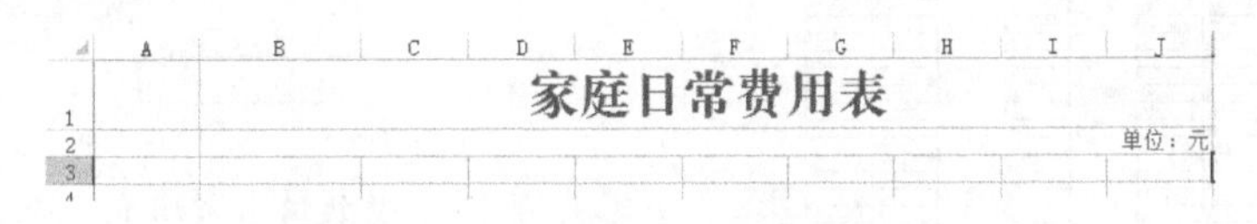

图 5-139 合并单元格并输入文字

step 04 选择 B3：J36 单元格区域，在【字体】组中单击【边框】按钮，在弹出的下拉列表中选择【所有框线】选项，如图 5-140 所示。

step 05 将第 3 行和第 4 行单元格的【行高】分别设为 14、21，使用前面讲过的方法，对单元格进行合并，完成后的效果如图 5-141 所示。

图 5-140 选择【所有框线】选项

图 5-141 合并单元格

step 06 选择 B3：B4 单元格区域，单击【边框】按钮，在弹出的下拉列表中选择【其他边框】选项，弹出【设置单元格格式】对话框，选择如图所示的线条样式，并单击【斜线】按钮，如图 5-142 所示。

step 07 在表格中输入文字，将【填充颜色】设为“蓝色，着色 5，淡色 4%”，完成后的效果如图 5-143 所示。

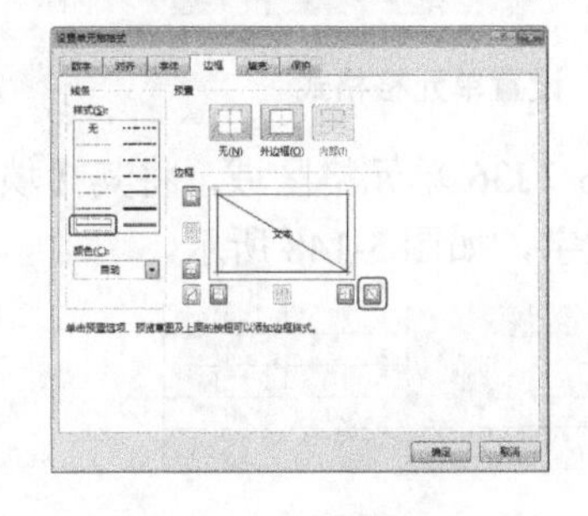

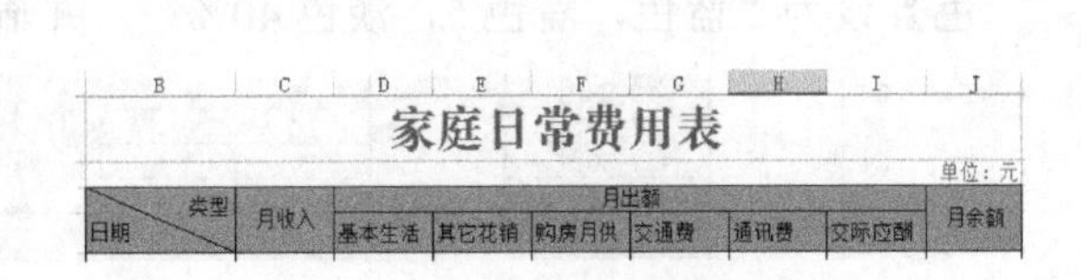

图 5-142 设置边框样式

图 5-143 设置完成后的效果

step 08 使用同样的方法，对其他的单元格进行合并，并输入相应的文字，完成后的效果如图 5-144 所示。

step 09 在 J5 单元格中输入公式“=C5-D5-E5-F5-G5-H5-I5”，按 Enter 键，完成后的效果如图 5-145 所示。

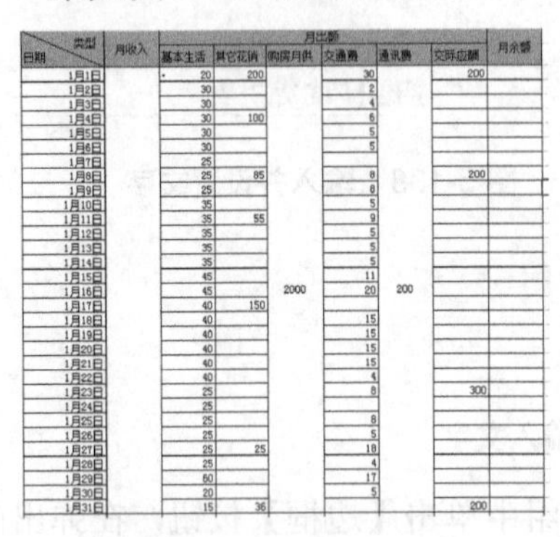

图 5-144　输入文字

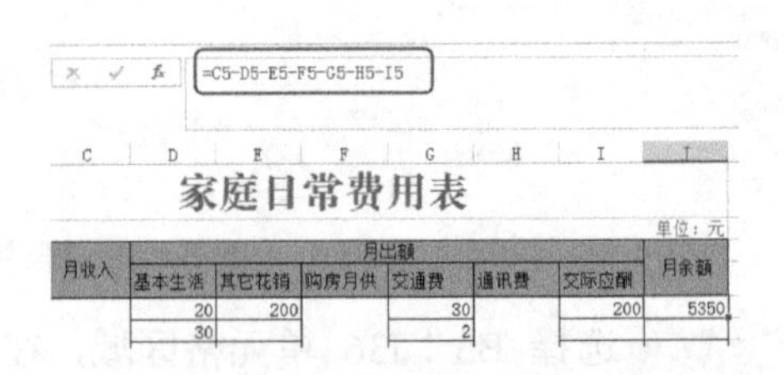

图 5-145　输入公式

step 10 在 J6 单元格中输入公式“=J5-D6-E6-G6-I6”，按 Enter 键，然后将鼠标置于该单元格的右下角，当鼠标指针变为十字形时，向下拖动鼠标完成后的效果如图 5-146 所示。

step 11 选择 B5：J35 单元格区域，在【字体】组中单击【填充颜色】按钮，在弹出的下拉列表中选择“蓝色，着色 1，淡色 40%”选项，在【对齐方式】组中组中单击【居中】按钮，将所有的文字进行居中，完成后的效果如图 5-147 所示。

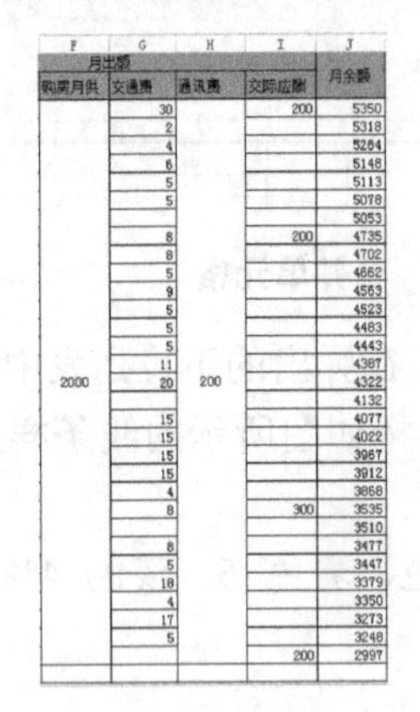

图 5-146　输入并复制公式

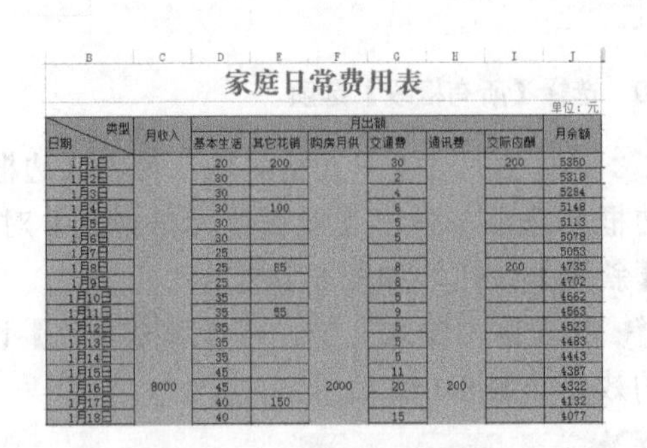

图 5-147　设置单元格格式

step 12 将 36 行单元格的【行高】设为 18，选择 B36：J36 单元格区域，将其【填充颜色】设为“蓝色，着色 5，淡色 40%”，并输入文字，如图 5-148 所示。

32	1月28日		25			4			3350
33	1月29日		60			17			3273
34	1月30日		20			5			3248
35	1月31日		15	36				200	2997
36	总计								

图 5-148　设置单元格

step 13 选择 C36 单元格，并在其内输入函数“=SUM(C5)”，在 D36 单元格中输入函数“=SUM(D5:D35)”，输入完成后按 Enter 键，完成后的效果如图 5-149 所示。

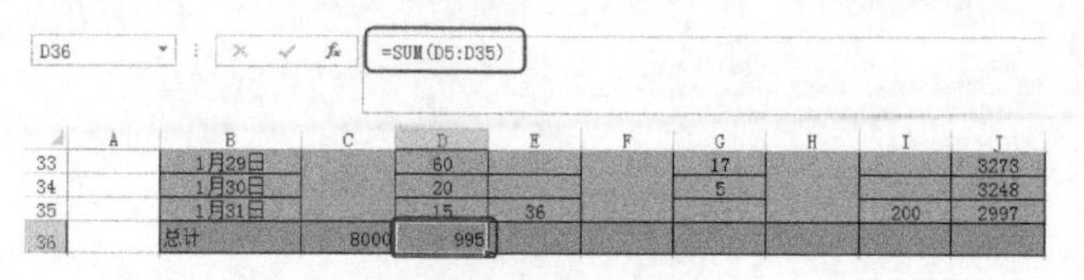

图 5-149　输入公式

step 14 使用同样的方法，在其他的单元格中输入公式，并将所有的结果对齐。完成后的效果如图 5-150 所示。

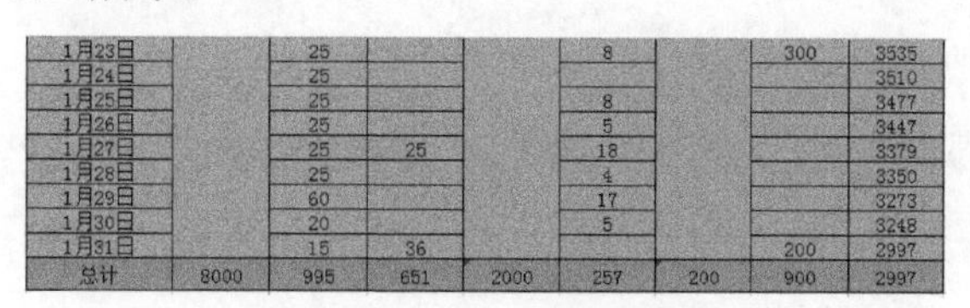

图 5-150　完成后的效果

第 6 章

教育应用篇

本章重点

- 分班系统表
- 利用条件格式创建成绩表
- 招生对比表
- 对文字进行注音
- 教师成绩考核
- 课程表
- 利用宏制作学生档案表
- 学生出勤记录表
- 考试成绩统计表
- 学生考试成绩表
- 成绩查询

案例课堂 ▶

Excel 不仅应用于日常数据的处理，也经常应用于教育教学方面。其数据统计、数据排序和数据函数计算等功能，可方便使用者对成绩表、出勤记录和成绩查询等数据进行处理。本章将介绍 Excel 在教育方面的应用。

案例精讲 047　分班系统表

案例文件：CDROM\场景\Cha06\分班系统表. xlsx

视频文件：视频教学\Cha06\分班系统表.avi

学习目标

- 学习如何制作简易的分班系统表。
- 掌握排序和筛选的方法。

制作概述

本例将讲解如何制作分班系统表，其中主要应用了【排序】和【筛选】功能，具体操作方法如下。完成后的效果如图 6-1 所示。

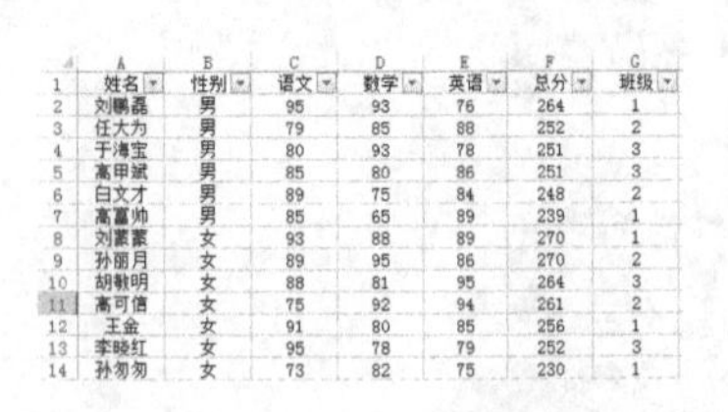

	A	B	C	D	E	F	G
1	姓名	性别	语文	数学	英语	总分	班级
2	刘鹏磊	男	95	93	76	264	1
3	任大为	男	79	85	88	252	2
4	于海宝	男	80	93	78	251	3
5	高甲斌	男	85	80	86	251	3
6	白文才	男	89	75	84	248	2
7	高富帅	男	85	65	89	239	1
8	刘蒙蒙	女	93	88	89	270	1
9	孙丽月	女	89	95	86	270	2
10	胡敏明	女	88	81	95	264	3
11	高可信	女	75	92	94	261	2
12	王金	女	91	80	85	256	1
13	李晓红	女	95	78	79	252	3
14	孙匆匆	女	73	82	75	230	1

图 6-1　分班系统表

操作步骤

step 01 启动 Excel 2013，在【新建】选项卡下单击【空白工作簿】按钮，如图 6-2 所示。

step 02 双击工作簿底部的名称，对工作簿的名称进行修改，将名称修改为“分班系统表”，如图 6-3 所示。

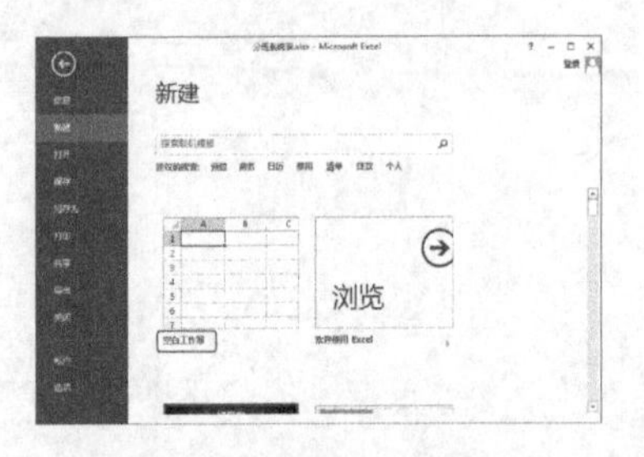

图 6-2　新建空白工作簿

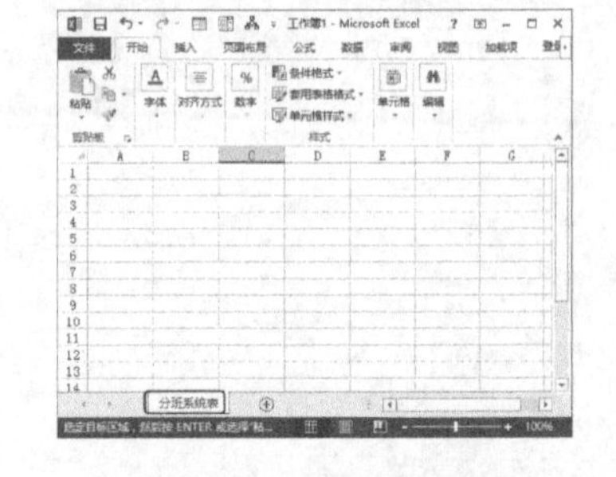

图 6-3　修改工作簿的名称

step 03 在表格中输入相应的内容，并将【对齐方式】设为“居中对齐”，如图 6-4 所示。

step 04 选择 F2 单元格，并在其内输入公式“=C2+D2+E2”，如图 6-5 所示。

	A	B	C	D	E	F	G
1	姓名	性别	语文	数学	英语	总分	班级
2	刘鹏磊	男	95	93	76		
3	任大为	男	79	85	88		
4	于海宝	男	80	93	78		
5	高甲斌	男	85	80	86		
6	白文才	男	89	75	84		
7	高富帅	男	85	65	89		
8	刘蒙蒙	女	93	88	89		
9	孙丽月	女	89	95	86		
10	胡敏明	女	88	81	95		
11	高可信	女	75	92	94		
12	王金	女	91	80	85		
13	李晓红	女	95	78	79		
14	孙匆匆	女	73	82	75		

图 6-4　输入内容

VLOOKUP　=C2+D2+E2

	A	B	C	D	E	F
1	姓名	性别	语文	数学	英语	总分
2	刘鹏磊	男	95	93		=C2+D2+E2
3	任大为	男	79	85	88	
4	于海宝	男	80	93	78	
5	高甲斌	男	85	80	86	
6	白文才	男	89	75	84	

图 6-5　输入公式

step 05 按 Enter 键，系统会根据输入的公式计算出数值，确定 F2 单元格处于选择状态，将鼠标置于单元格的右下角，鼠标指针变为如图 6-6 所示。

step 06 按住鼠标左键向下拖动，完成公式的复制，完成后的效果如图 6-7 所示。

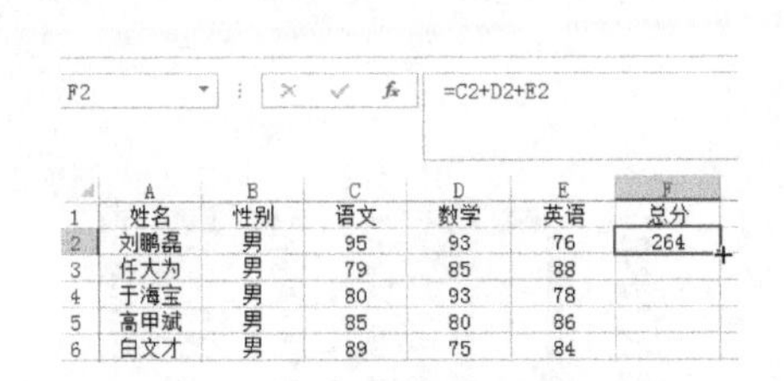

F2 =C2+D2+E2

	A	B	C	D	E	F
1	姓名	性别	语文	数学	英语	总分
2	刘鹏磊	男	95	93	76	264
3	任大为	男	79	85	88	
4	于海宝	男	80	93	78	
5	高甲斌	男	85	80	86	
6	白文才	男	89	75	84	

图 6-6　查看效果

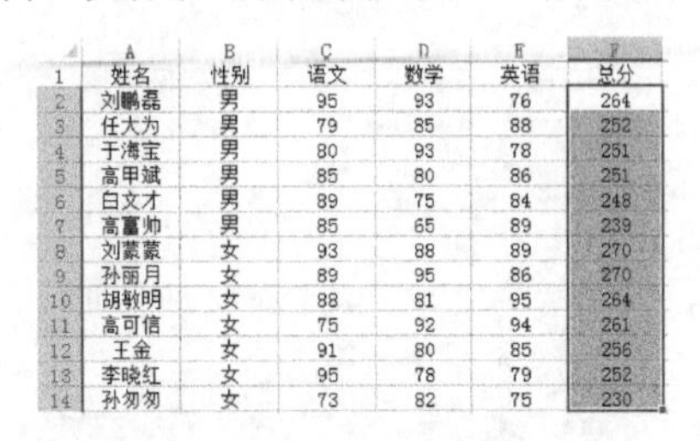

	A	B	C	D	E	F
1	姓名	性别	语文	数学	英语	总分
2	刘鹏磊	男	95	93	76	264
3	任大为	男	79	85	88	252
4	于海宝	男	80	93	78	251
5	高甲斌	男	85	80	86	251
6	白文才	男	89	75	84	248
7	高富帅	男	85	65	89	239
8	刘蒙蒙	女	93	88	89	270
9	孙丽月	女	89	95	86	270
10	胡敏明	女	88	81	95	264
11	高可信	女	75	92	94	261
12	王金	女	91	80	85	256
13	李晓红	女	95	78	79	252
14	孙勿匆	女	73	82	75	230

图 6-7　复制公式后的效果

step 07 选择 A2：F14 的单元格区域，在功能区选择【数据】选项卡，在【排序和筛选】组中单击【排序】按钮，如图 6-8 所示。

step 08 弹出【排序】对话框，单击【主要关键字】后面的下三角按钮，在弹出的下拉列表中选择【性别】选项，将【次序】设为“升序”，如图 6-9 所示。

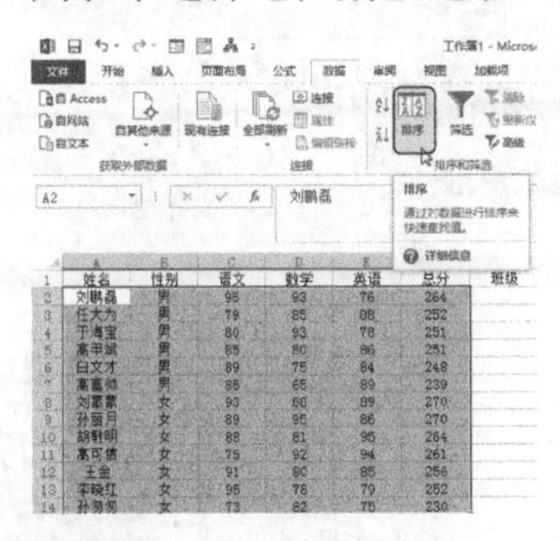

图 6-8　单击【排序】按钮

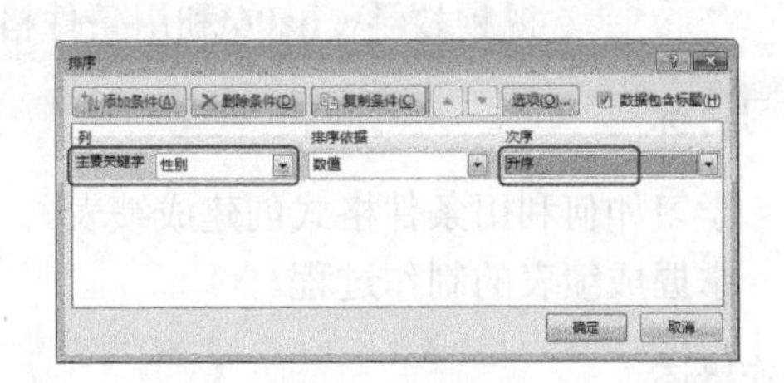

图 6-9　设置排序

知识链接

“主要关键字”为排序时的首要的排序对象，当“主要关键字”中的数据相同时，再比较“次要关键字”中的数据。

---

step 09 单击【添加条件】按钮，弹出【次要关键字】选项，并将其设为“总分”，【次序】设为“降序”，单击【确定】按钮，如图 6-10 所示。

step 10 完成后的效果如图 6-11 所示。

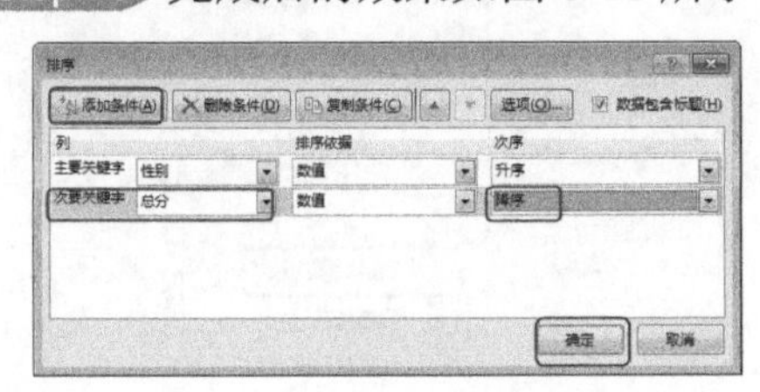

图 6-10　设置次要关键字

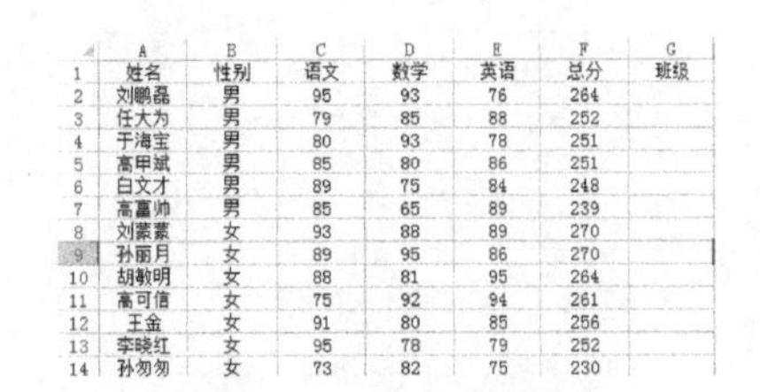

	A	B	C	D	E	F	G
1	姓名	性别	语文	数学	英语	总分	班级
2	刘鹏磊	男	95	93	76	264	
3	任大为	男	79	85	88	252	
4	于海宝	男	80	93	78	251	
5	高甲斌	男	85	80	86	251	
6	白文才	男	89	75	84	248	
7	高富帅	男	85	65	89	239	
8	刘蒙蒙	女	93	88	89	270	
9	孙丽月	女	89	95	86	270	
10	胡敏明	女	88	81	95	264	
11	高可信	女	75	92	94	261	
12	王金	女	91	80	85	256	
13	李晓红	女	95	78	79	252	
14	孙勿匆	女	73	82	75	230	

图 6-11　完成后的效果

step 11 继续在【排序和筛选】对话框中单击【筛选】按钮，效果如图 6-12 所示。

step 12 在 G 列中输入相应数字，完成后的效果如图 6-13 所示。最后对场景文件进行保存。

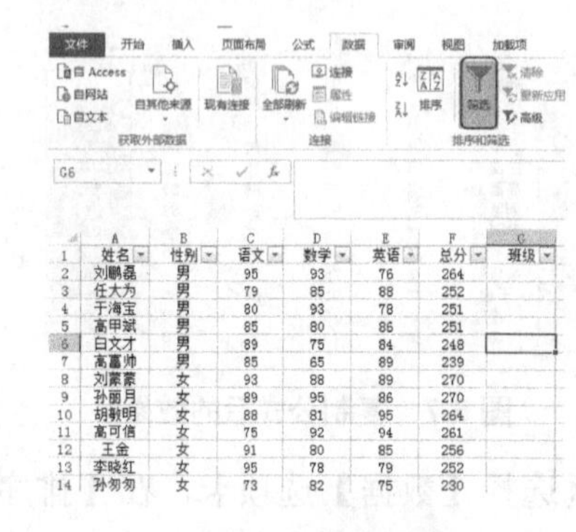

图 6-12 设置筛选

	A	B	C	D	E	F	G
1	姓名	性别	语文	数学	英语	总分	班级
2	刘鹏磊	男	95	93	76	264	1
3	任大为	男	79	85	88	252	2
4	于海宝	男	80	93	78	251	3
5	高甲斌	男	85	80	86	251	3
6	白文才	男	89	75	84	248	2
7	高富帅	男	85	65	89	239	1
8	刘蒙蒙	女	93	88	89	270	1
9	孙丽月	女	89	95	86	270	2
10	胡敏明	女	88	81	95	264	3
11	高可信	女	75	92	94	261	2
12	王金	女	91	80	85	256	1
13	李晓红	女	95	78	79	252	3
14	孙匆匆	女	73	82	75	230	1

图 6-13 输入数字

案例精讲 048 利用条件格式创建成绩表

案例文件：CDROM\场景\Cha06\利用条件格式创建成绩表. xlsx

视频文件：视频教学\Cha06\利用条件格式创建成绩表.avi

学习目标

- 学习如何利用条件格式创建成绩表。
- 掌握成绩表的制作过程。

制作概述

下面将讲解如何利用条件格式创建成绩表，具体操作方法如下。完成后的效果如图 6-14 所示。

学生成绩表				
姓名	性别	语文	数学	英语
刘鹏磊	男	65	65	76
任大为	男	79	85	88
于海宝	男	80	93	[illegible]
高甲斌	男	85	[illegible]	86
白文才	男	89	75	84
高富帅	男	[illegible]	65	78
刘蒙蒙	女	93	88	89
孙丽月	女	89	70	86
胡敏明	女	88	[illegible]	60

图 6-14 成绩表

操作步骤

step 01 启动 Excel 2013，创建一个空白工作簿。在工作簿底部的名称处双击，对工作簿的名称进行修改，将名称修改为“成绩表”，如图 6-15 所示。

step 02 选择 A1∶E1 单元格区域，在功能区选择【开始】选项卡，在【对齐方式】组中单击【合并】按钮，在弹出的下拉列表中选择【合并后居中】选项，如图 6-16 所示。

图 6-15 修改工作簿的名称

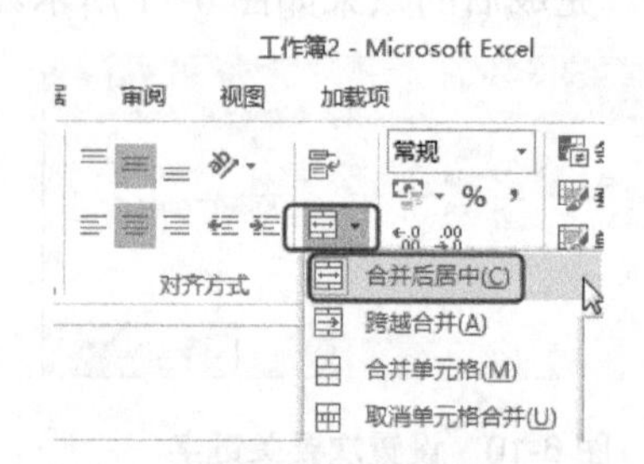

图 6-16 选择【合并后居中】选项

step 03 选择上一步合并的单元格，在【开始】下的【单元格】组中单击【格式】按钮，在弹出的下拉列表中选择【行高】选项，如图 6-17 所示。

step 04 弹出【行高】对话框，将【行高】设为 25，单击【确定】按钮，如图 6-18 所示。

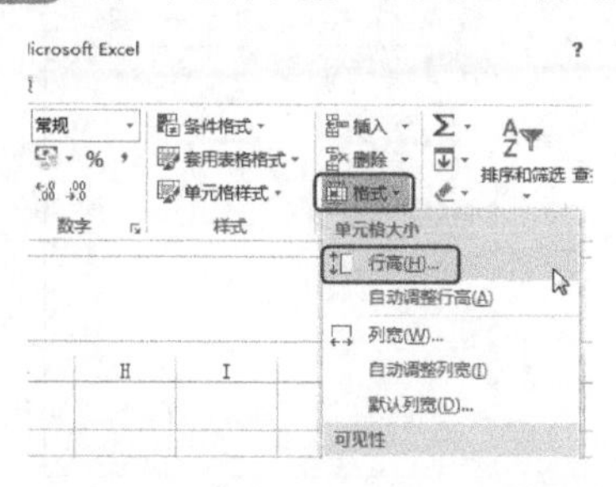

图 6-17 选择【行高】选项

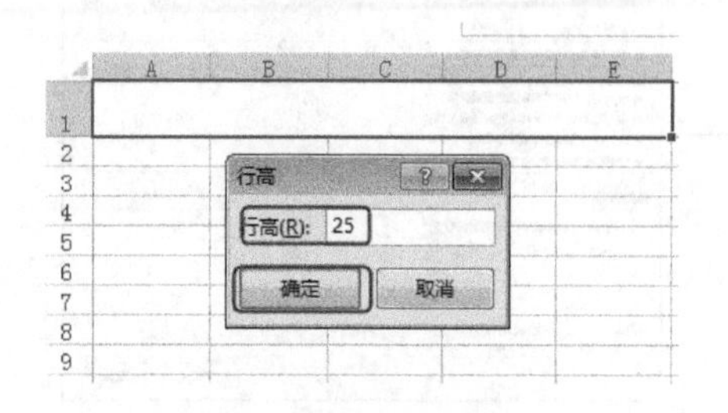

图 6-18 设置行高

step 05 在合并的单元格中输入文字“学生成绩表”，将【字体】设为“方正大标宋简体”，【字号】设为 18，如图 6-19 所示。

step 06 确认合并的单元格处于选择状态，将其【填充颜色】设为“橙色”，如图 6-20 所示。

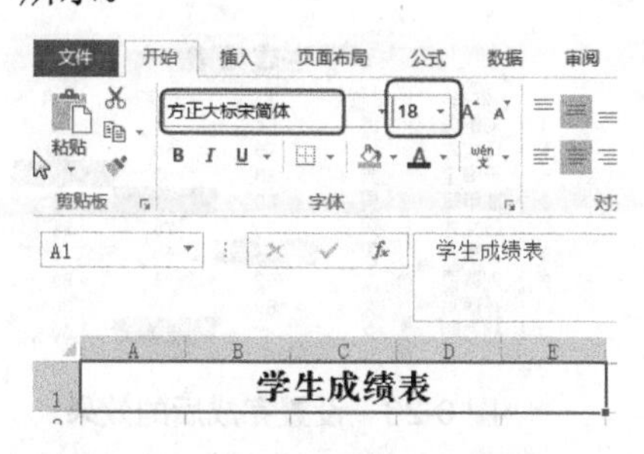

图 6-19 输入文字

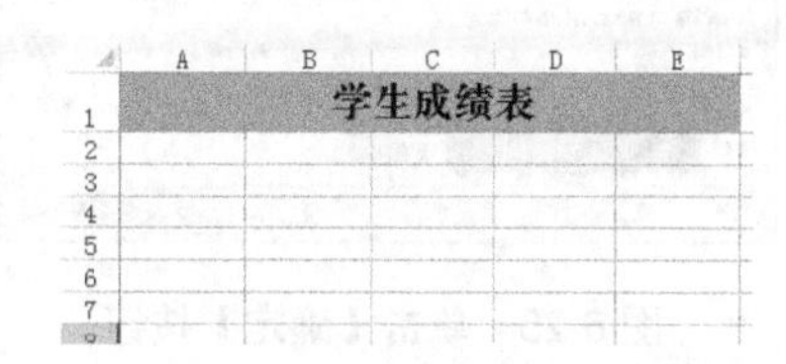

图 6-20 设置表格的填充颜色

step 07 在如图 6-21 所示的单元格中输入文字，并居中对齐。

step 08 选择 C3：E11 单元格区域，在功能区选择【开始】选项卡，在【样式】组中单击【条件格式】按钮，在弹出的下拉列表中选择【新建规则】选项，如图 6-22 所示。

在【条件格式】下拉列表中包含了多种命令，当选择一个条件时，会弹出一个对话框。各种对话框根据不同的条件，稍有差别，但设置思路与上面基本相同。

学生成绩表				
姓名	性别	语文	数学	英语
刘鹏磊	男	65	65	76
任大为	男	79	85	88
于海宝	男	80	93	59
高甲斌	男	85	55	86
白文才	男	89	75	84
高富帅	男	56	65	78
刘蒙蒙	女	93	88	89
孙丽月	女	89	70	86
胡敏明	女	88	55	60

图 6-21 输入文字

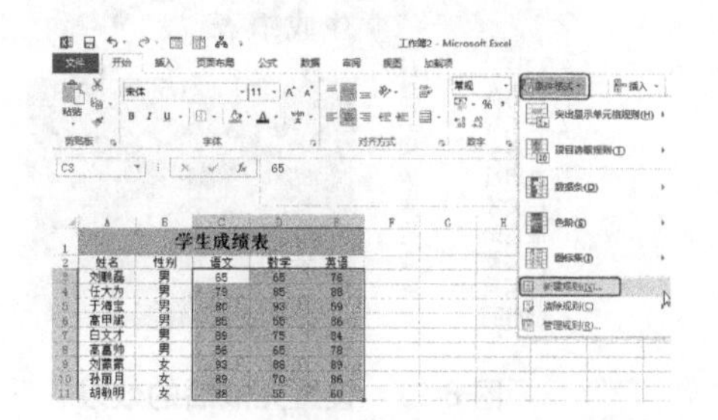

图 6-22 选择【新建规则】选项

step 09 弹出【新建格式规则】对话框，将【选择规则类型】设为“只为包含以下内容的单元格设置格式”，并将值设为 0～59，如图 6-23 所示。

step 10 单击【格式】按钮，在弹出的【设置单元格格式】对话框中选择【填充】选项，将【背景颜色】设为“红色”，单击【确定】按钮，如图 6-24 所示。

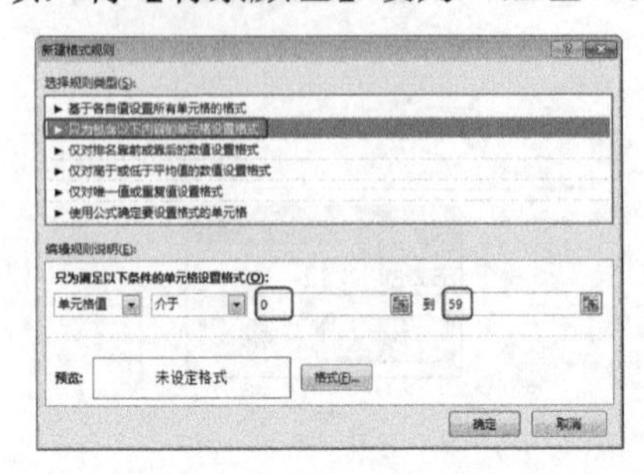

图 6-23 【新建格式规则】对话框

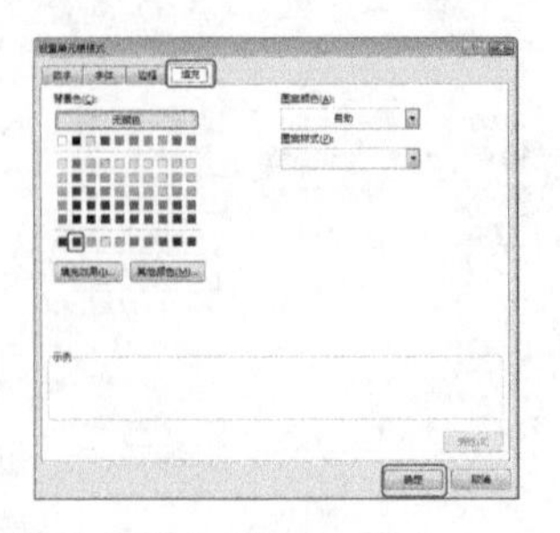

图 6-24 设置背景颜色

step 11 返回到【新建格式规则】对话框，单击【确定】按钮，如图 6-25 所示。

step 12 返回到场景中，查看设置的效果如图 6-26 所示。

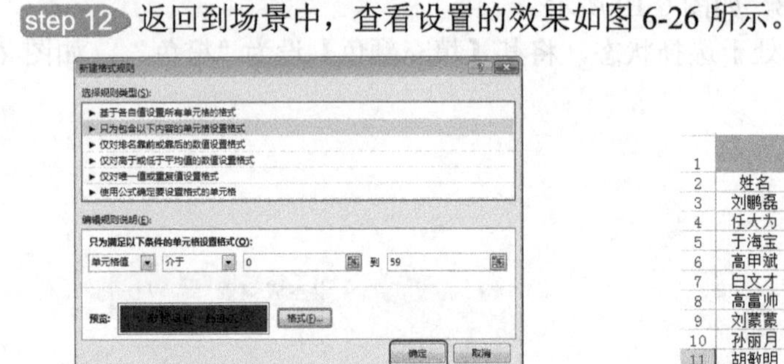

图 6-25 单击【确定】按钮

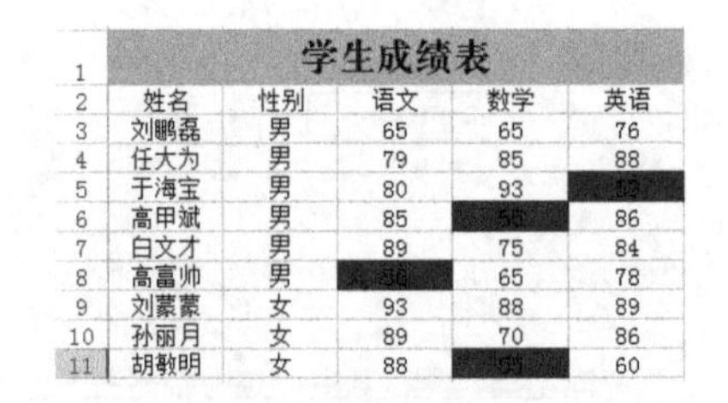

	学生成绩表				
2	姓名	性别	语文	数学	英语
3	刘鹏磊	男	65	65	76
4	任大为	男	79	85	88
5	于海宝	男	80	93	53
6	高甲斌	男	85	55	86
7	白文才	男	89	75	84
8	高富帅	男	56	65	78
9	刘蒙蒙	女	93	88	89
10	孙丽月	女	89	70	86
11	胡敏明	女	88	55	60

图 6-26 设置完成后的效果

step 13 使用同样的方法设置其他的内容，将数值 60～80 设为绿色，将数值 81～100 设为蓝色，如图 6-27 所示。

step 14 选择 A1：E11 单元格区域，在功能区选择【开始】选项卡，在【字体】组中单击【框线】按钮，在弹出的下拉列表中选择【其他边框】选项，如图 6-28 所示。

学生成绩表				
姓名	性别	语文	数学	英语
刘鹏磊	男	65	65	76
任大为	男	79	85	88
于海宝	男	80	93	53
高甲斌	男	85	55	86
白文才	男	89	75	84
高富帅	男	56	65	78
刘蒙蒙	女	93	88	89
孙丽月	女	89	70	86
胡敏明	女	88	55	60

图 6-27 设置完成后的效果

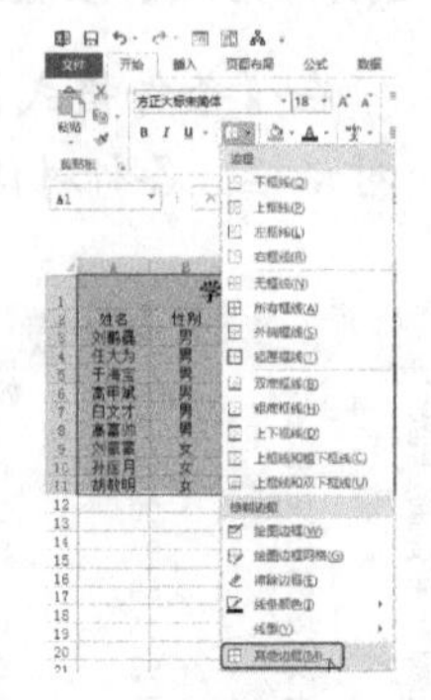

图 6-28 选择【其他边框】选项

step 15 弹出【设置单元格格式】对话框，选择如图所示的线条，将【颜色】设为“橙色”，并单击【外边框】和【内部】按钮，如图 6-29 所示。

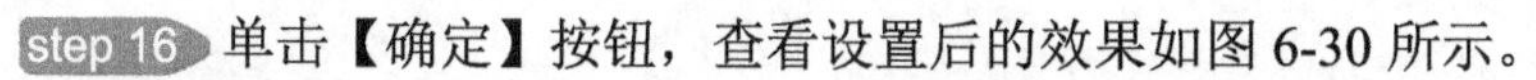

step 16 单击【确定】按钮，查看设置后的效果如图 6-30 所示。

step 17 切换到【视图】选项卡，在【显示】选项组中取消勾选【网格线】复选框，如图 6-31 所示。

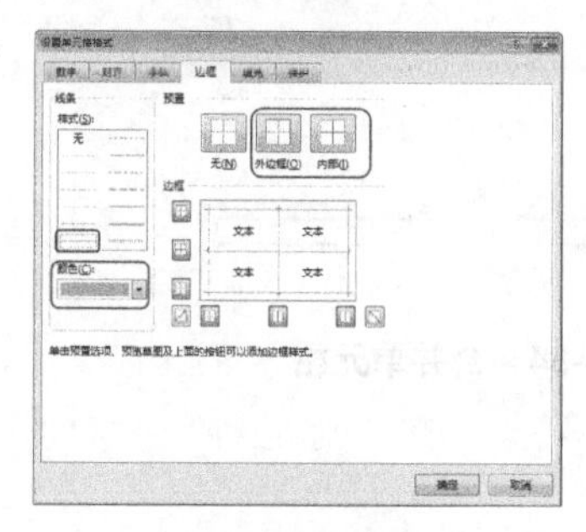

图 6-29　设置边框

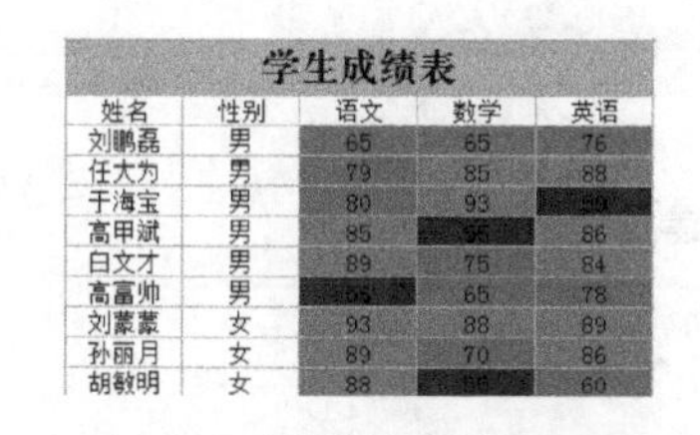

学生成绩表				
姓名	性别	语文	数学	英语
刘鹏磊	男	65	65	76
任大为	男	79	85	88
于海宝	男	80	93	[illegible]
高甲斌	男	85	[illegible]	86
白文才	男	89	75	84
高富帅	男	[illegible]	65	78
刘蒙蒙	女	93	88	89
孙丽月	女	89	70	86
胡敏明	女	88	[illegible]	60

图 6-30　设置完成后的效果

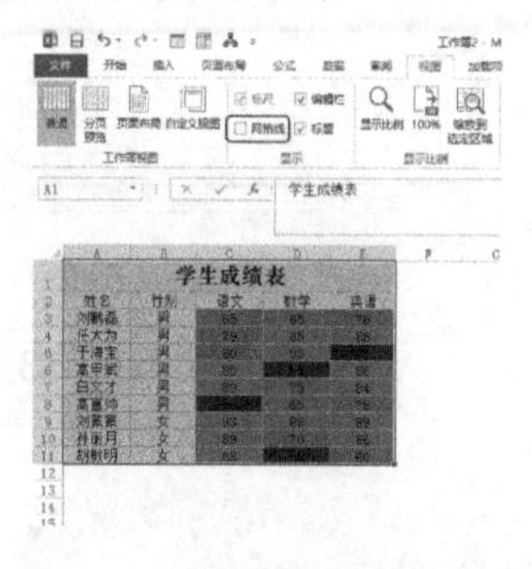

图 6-31　取消网格线的显示

step 18 最后对场景文件进行保存。

案例精讲 049　招生对比表

案例文件：CDROM\场景\Cha06\招生对比表. xlsx

视频文件：视频教学\Cha06\招生对比表.avi

学习目标

- 学习如何制作招生对比表。
- 掌握如何根据数据表制作出柱形图。

制作概述

本例将介绍如何制作某高校的招生对比表，其中重点讲解如何通过数据表格制作簇状柱形图，操作方法如下。完成后的效果如图 6-32 所示。

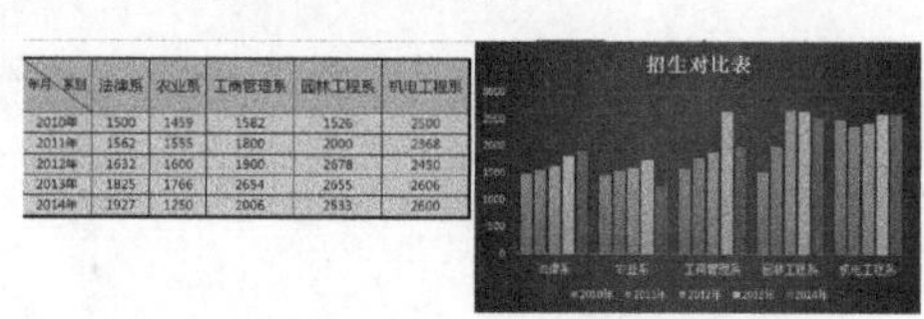

年月 \ 系别	法律系	农业系	工商管理系	园林工程系	机电工程系
2010年	1500	1459	1582	1526	2500
2011年	1562	1555	1800	2000	2368
2012年	1632	1600	1900	2678	2450
2013年	1825	1766	2654	2655	2606
2014年	1927	1250	2006	2533	2600

图 6-32　招生对比表

操作步骤

step 01 启动 Excel 2013，在【新建】选项卡下单击【空白工作簿】选项，选中 A1：F1 单元格区域，如图 6-33 所示。

step 02 在【开始】选项卡下的【对齐方式】组中单击【合并后居中】按钮，如图 6-34 所示。

step 03 选中 A2 单元格，在【开始】选项卡下的【单元格】组中单击【格式】按钮，在弹出的下拉列表中选择【行高】选项，如图 6-35 所示。

step 04 在弹出的【行高】对话框中将【行高】设置为 43，然后单击【确定】按钮，如图 6-36 所示。

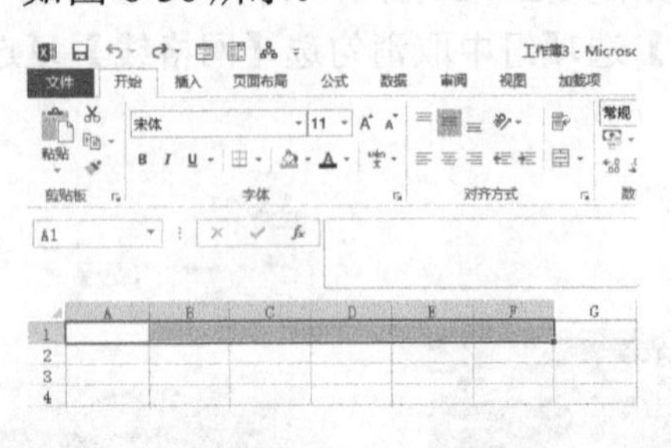

图 6-33　新建工作簿

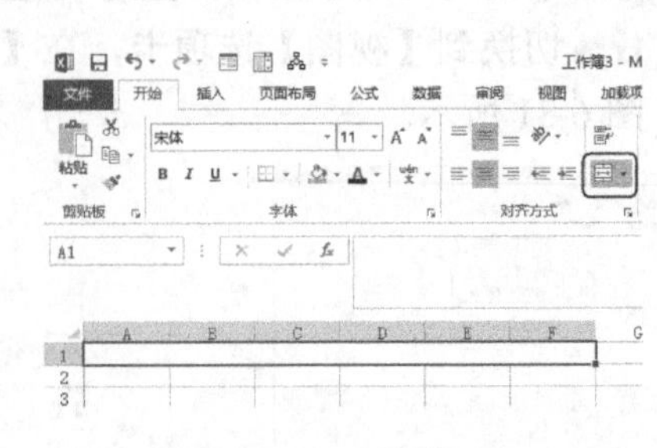

图 6-34　合并单元格

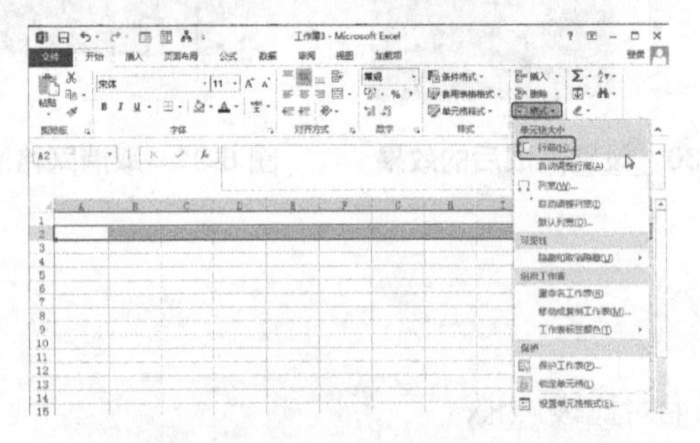

图 6-35　选择【行高】选项

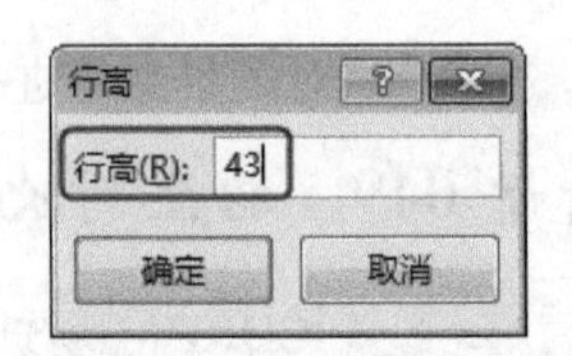

图 6-36　设置行高

step 05 执行该操作后即可完成对单元格行高的设置，效果如图 6-37 所示。

step 06 选择 A2 单元格，然后在功能区选择【开始】选项卡，在【字体】组中单击【其他边框】按钮右侧的下三角按钮，在弹出的下拉列表中选择【其他边框】选项，如图 6-38 所示。

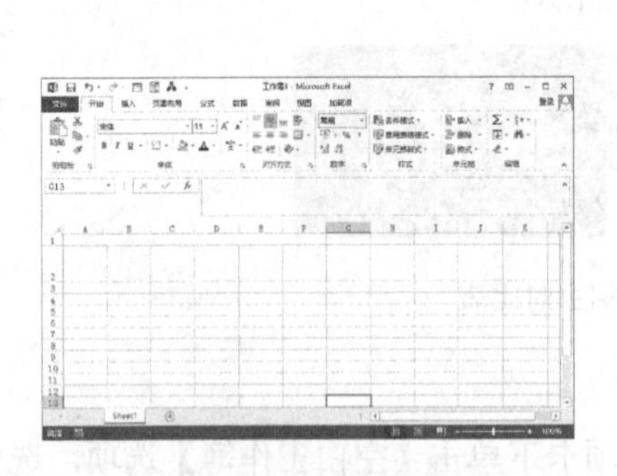

图 6-37　设置行高后效果

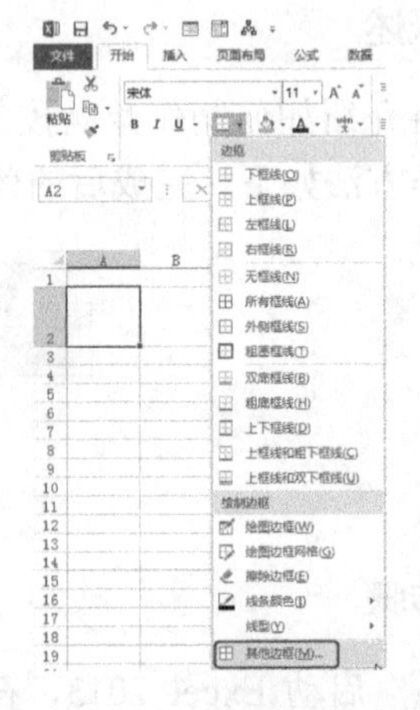

图 6-38　选择【其他边框】选项

step 07 弹出【设置单元格格式】对话框，在【边框】选项卡下的【边框组】中单击按钮，如图 6-39 所示。

step 08 执行该操作后即可在 A2 单元格中插入一条斜线，效果如图 6-40 所示。

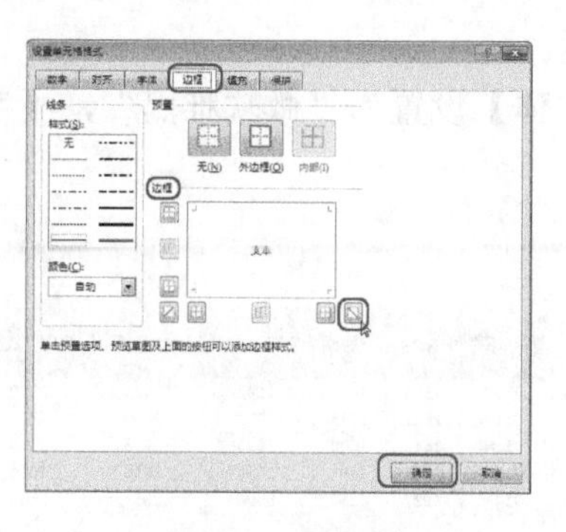

图 6-39 设置边框

图 6-40 插入斜线

step 09 在 A2 单元格中输入文字，并将【字体】设为“微软雅黑”，【字号】设为 10，如图 6-41 所示。

step 10 在 B2：F2 单元格中输入文字，将【字体】设为“微软雅黑”，将【字号】设为 12，如图 6-42 所示。

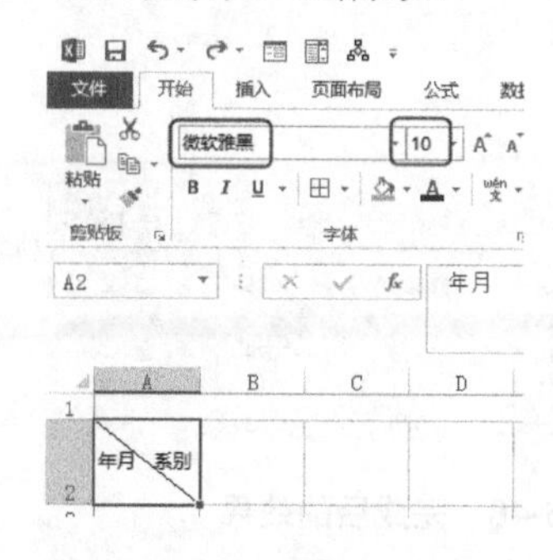

图 6-41 输入并设置文字

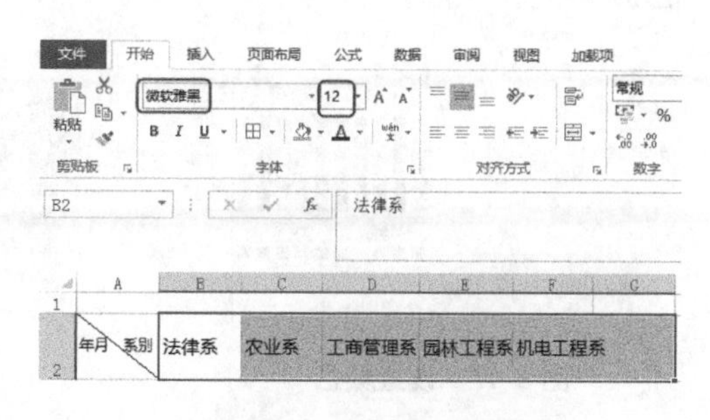

图 6-42 输入并设置文字

step 11 选择输入文字的单元格，在【对齐方式】组中单击【居中】按钮，在【单元格】组中单击【格式】按钮，在弹出的下拉列表中选择【自动列宽】选项，如图 6-43 所示。

提示 执行【自动列宽】命令后，根据单元格中的文字大小，自动调整单元格的列宽。

step 12 继续选择文字单元格，在【字体】组中单击【填充颜色】按钮，在弹出的下拉列表中选择【橙色】选项，如图 6-44 所示。

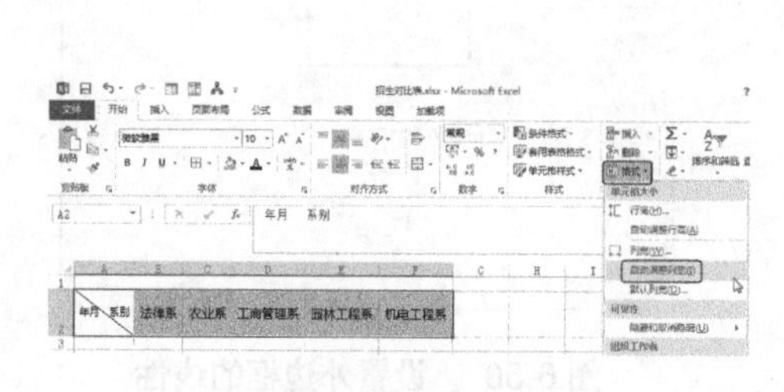

图 6-43 设置列宽

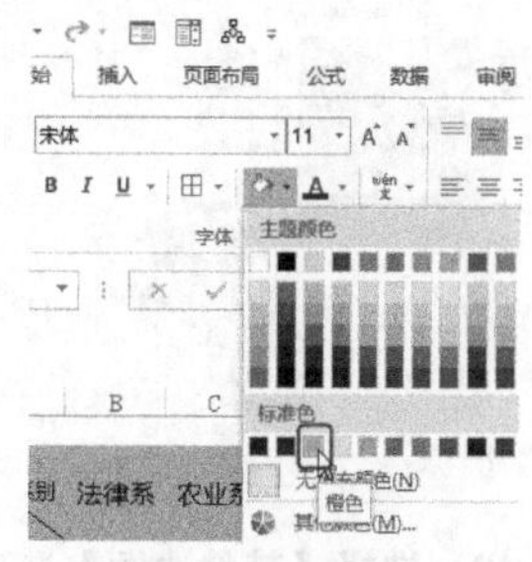

图 6-44 设置填充颜色

step 13 设置完填充颜色后的效果如图 6-45 所示。

step 14 在其他的单元格中输入文字，并将【字体】设置为“微软雅黑”，【字号】设为 10，文字居中对齐，如图 6-46 所示。

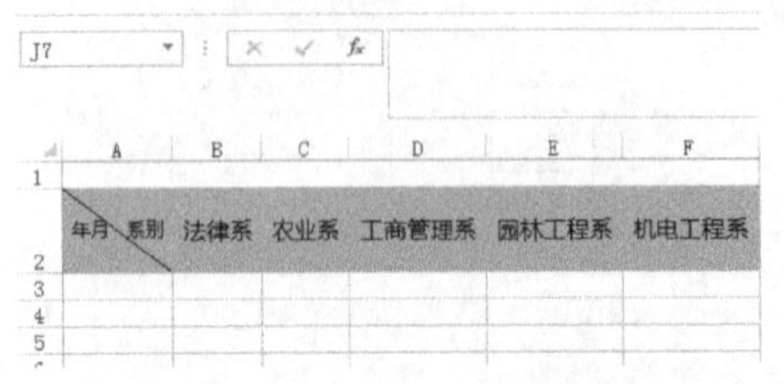

图 6-45　完成后的效果

年月\系别	法律系	农业系	工商管理系	园林工程系	机电工程系
2010年	1500	1459	1582	1526	2500
2011年	1562	1555	1800	2000	2368
2012年	1632	1600	1900	2678	2450
2013年	1825	1766	2654	2655	2606
2014年	1927	1250	2006	2533	2600

图 6-46　输入并设置文字

step 15 选择上一步创建文字的单元格，在【字体】组中单击【填充颜色】按钮，在弹出的下拉列表中选择如图 6-47 所示的颜色。

step 16 设置完成后的效果如图 6-48 所示。

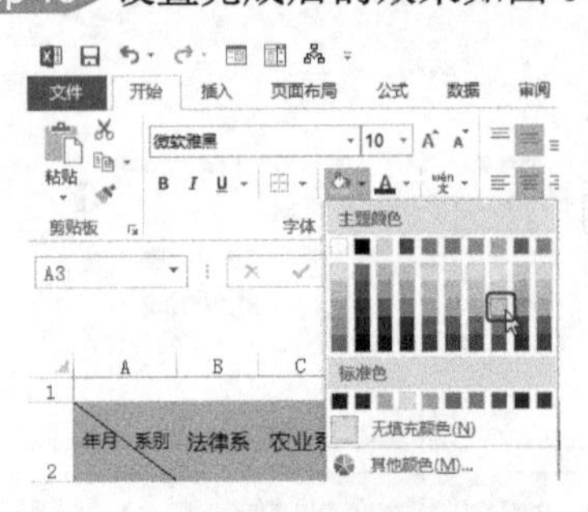

图 6-47　设置颜色

年月\系别	法律系	农业系	工商管理系	园林工程系	机电工程系
2010年	1500	1459	1582	1526	2500
2011年	1562	1555	1800	2000	2368
2012年	1632	1600	1900	2678	2450
2013年	1825	1766	2654	2655	2606
2014年	1927	1250	2006	2533	2600

图 6-48　完成后的效果

step 17 选择 A2：F7 单元格区域，在功能区选择【开始】选项卡，在【字体】组中单击【无框线】后面的下三角按钮，在弹出的下拉列表中选择【其他边框】命令，如图 6-49 所示。

step 18 弹出【设置单元格格式】对话框，在【线条样式】组中选择如图 6-50 所示的直线，并单击【外边框】按钮。

图 6-49　选择【其他边框】选项

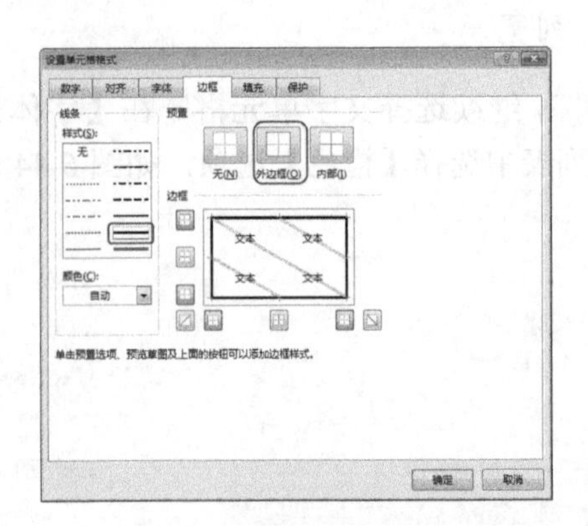

图 6-50　设置外边框的线性

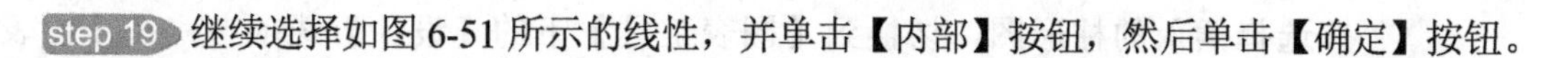

step 19 继续选择如图 6-51 所示的线性，并单击【内部】按钮，然后单击【确定】按钮。

知识链接

单击【外边框】按钮：将在所选单元格的外部添加横竖边框。

单击【内部】按钮：将在所选单元格的内部区域添加横竖边框。

step 20 设置完边框后的效果如图 6-52 所示。

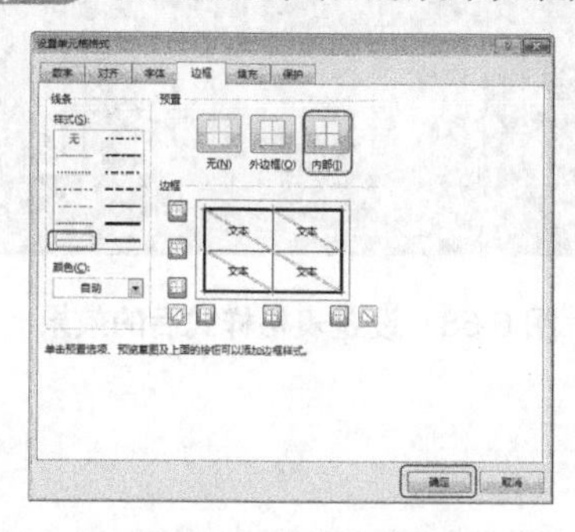

图 6-51　设置内部边框

年月 系别	法律系	农业系	工商管理系	园林工程系	机电工程系
2010年	1500	1459	1582	1526	2500
2011年	1562	1555	1800	2000	2368
2012年	1632	1600	1900	2678	2450
2013年	1825	1766	2654	2655	2606
2014年	1927	1250	2006	2533	2600

图 6-52　完成后的效果

step 21 在功能区选择【视图】选项卡，在【显示】组中取消选中【网格线】复选框，如图 6-53 所示。

step 22 选中 A2：F7 单元格区域，选择【插入】选项卡，在【图表】组中单击【插入柱形图】按钮，在弹出的下拉列表中选择【簇状柱形图】选项，如图 6-54 所示。

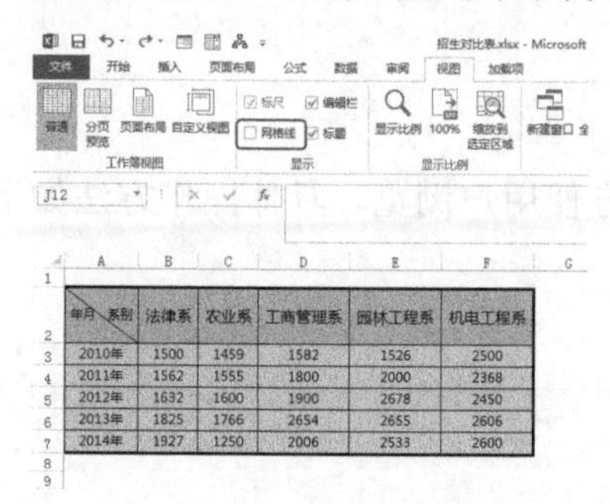

图 6-53　取消网格线的显示

图 6-54　插入柱形图

step 23 查看插入的簇状柱形图，如图 6-55 所示。

step 24 将图表标题更改为“招生对比表”，如图 6-56 所示。

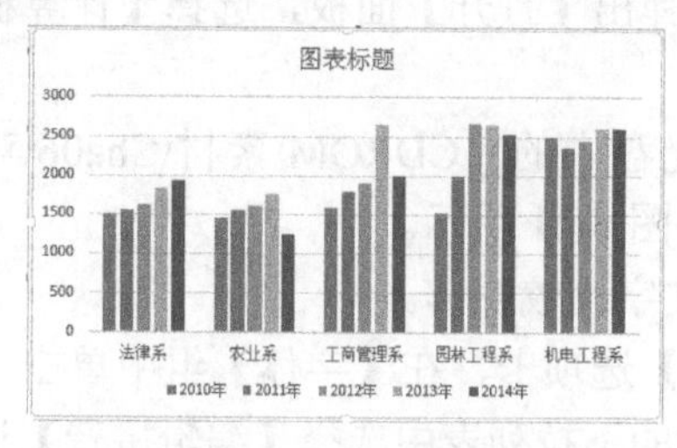

图 6-55　插入簇状柱形图

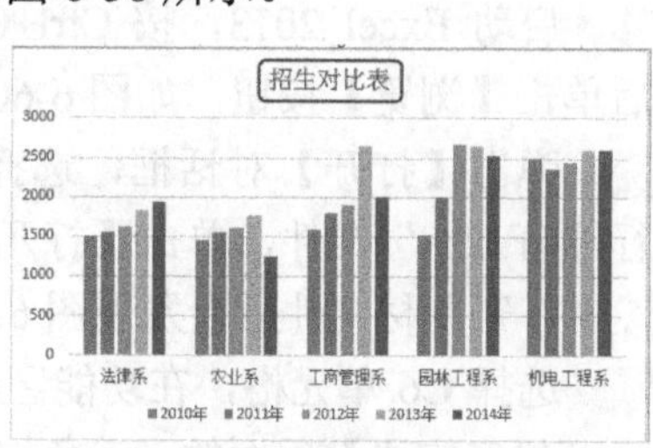

图 6-56　修改图表标题

step 25 选择插入的柱形图，切换到【图表工具】下的【设计】选项卡，在【图表样式】组中，单击【其他】按钮，在弹出的下拉列表中选择【样式 8】选项，如图 6-57 所示。

step 26 设置完样式后的效果如图 6-58 所示。

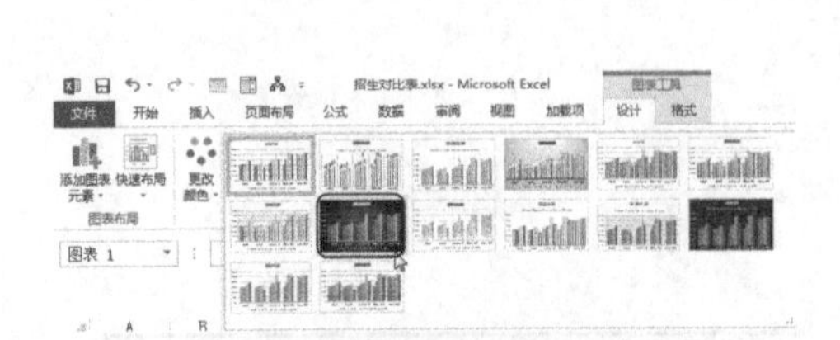

图 6-57　选择图表样式

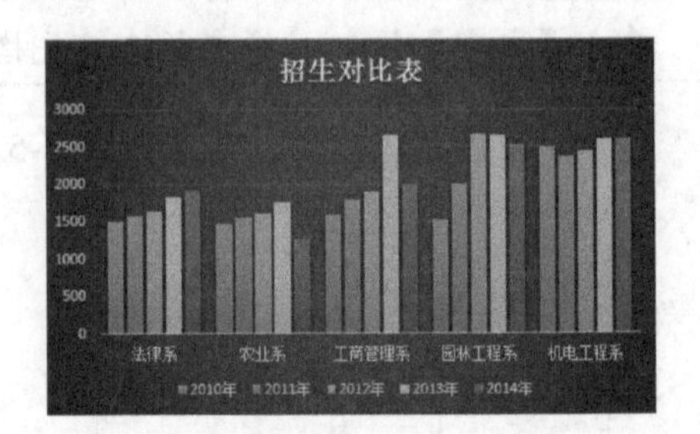

图 6-58　设置表格样式后的效果

案例精讲 050　对文字进行注音

案例文件：CDROM\场景\Cha06\对文字进行注音.xlsx

视频文件：视频教学\Cha06\对文字进行注音.avi

学习目标

- 学习对文字进行注音。
- 掌握对文字进行注音的方法。

制作概述

本例将讲解如何对生僻字进行注音，这样可以方便用户浏览，具体操作方法如下。完成后的效果如图 6-59 所示。

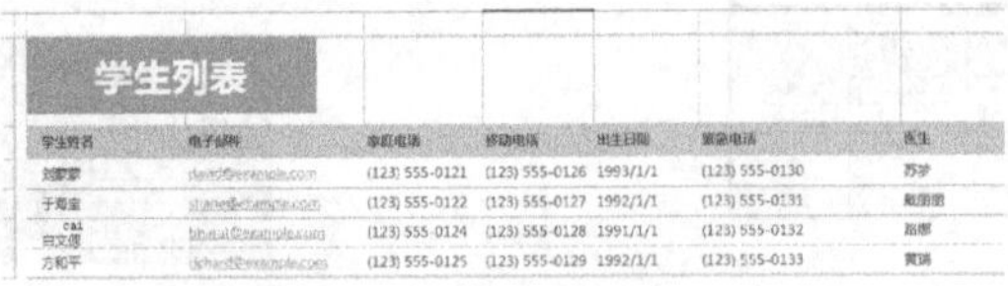

图 6-59　对文字进行注音

操作步骤

step 01 启动 Excel 2013，按 Ctrl+O 组合键，弹出【打开】面板，选择【计算机】选项后单击【浏览】按钮，如图 6-60 所示。

step 02 弹出【打开】对话框，选择随书附带光盘中的“CDROM\素材\Cha06\对文字进行注音.xlsx”文件，单击【打开】按钮，如图 6-61 所示。

step 03 打开素材文件后会发现图 6-62 所示的文字比较生僻。

step 04 选择 C6 单元格，在功能区选择【开始】选项卡，在【字体】组中单击【显示或隐藏拼音字段】后面的下三角按钮，在弹出的下拉列表中选择【编辑拼音】选项，如图 6-63 所示。

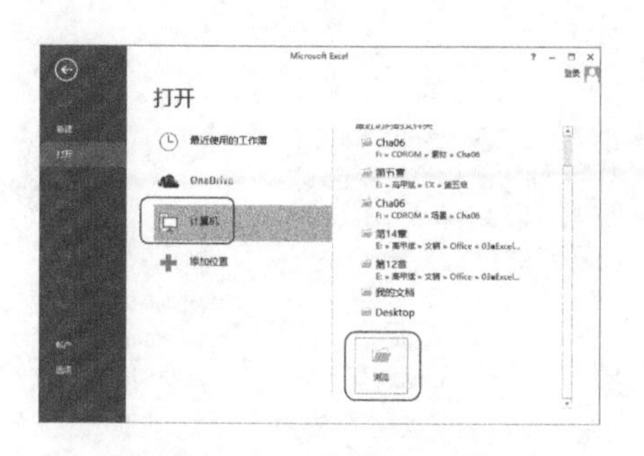

图 6-60　单击【浏览】按钮

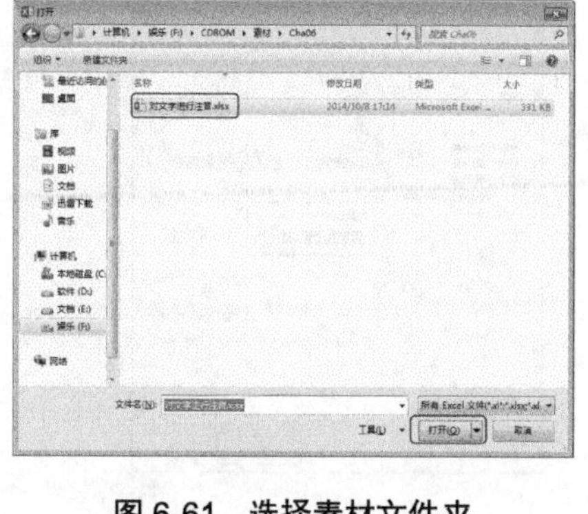

图 6-61　选择素材文件夹

图 6-62　新建空白工作簿

图 6-63　选择【编辑拼音】选项

step 05 在 C6 单元格中会出现一个文本框，可以输入拼音，结合空格键在其内输入“cai”，如图 6-64 所示。

step 06 确认 C6 单元格处于选择状态，继续单击【显示或隐藏拼音字段】后面的下三角按钮，在弹出的下拉列表中选择【拼音设置】选项，如图 6-65 所示。

图 6-64　输入拼音

图 6-65　选择【拼音设置】选项

step 07 弹出【拼音属性】对话框，切换到【字体】选项卡，将【字号】设为 10，将【颜色】设为“红色”，单击【确定】按钮，如图 6-66 所示。

step 08 设置完成后的效果如图 6-67 所示。

用户可以单击【单击或隐藏拼音字段】按钮，可以显示或隐藏标注的拼音。

图 6-66　设置拼音属性

学生列表		
学生姓名	电子邮件	家庭电话
刘蒙蒙	david@example.com	(123) 555-0121
于海宝	shane@example.com	(123) 555-0122
cai 白文偲	bharat@example.com	(123) 555-0124
方和平	richard@example.com	(123) 555-0125

图 6-67　设置完成后的效果

案例精讲 051　教师成绩考核

案例文件：CDROM\场景\Cha06\教师成绩考核. xlsx

视频文件：视频教学\Cha06\教师成绩考核.avi

学习目标

- 学习如何制作教师成绩考核表。
- 掌握表格合并及考核表的制作。

制作概述

本例将介绍如何制作教师成绩考核表，通过本例的练习可以对表格之间的操作有一定的了解，具体操作方法如下。完成后的效果如图 6-68 所示。

图 6-68　教师成绩考核

操作步骤

step 01 启动 Excel 2013，在【新建】选项卡下单击【空白工作簿】，如图 6-69 所示。

step 02 选择第 1 行单元格，右击，在弹出的快捷菜单中选择【行高】命令，如图 6-70 所示。

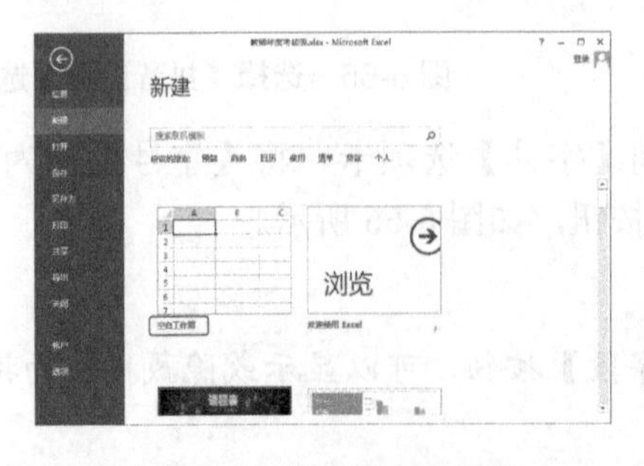

图 6-69　选择空白工作簿

图 6-70　选择【行高】命令

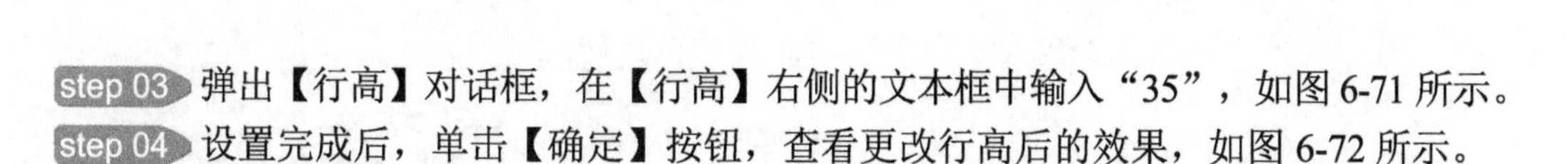

step 03 弹出【行高】对话框，在【行高】右侧的文本框中输入“35”，如图6-71所示。

step 04 设置完成后，单击【确定】按钮，查看更改行高后的效果，如图6-72所示。

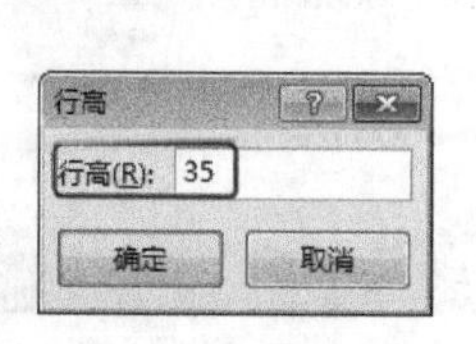

图6-71 设置行高

图6-72 更改行高

step 05 选择D1:M1单元格区域，在【开始】选项卡中单击【对齐方式】组中【合并后居中】右侧的下拉三角按钮，在弹出的下拉列表中选择【合并后居中】选项，如图6-73所示。

step 06 在合并的单元格中输入“教师教学考核”，在功能区选择【开始】选项卡，在【字体】组中将【字体】设为“方正大标宋简体”，【字号】设为26，如图6-74所示。

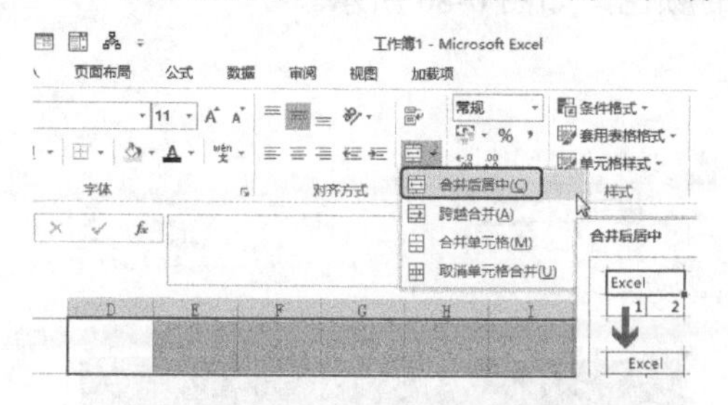

图6-73 选择【合并后居中】选项

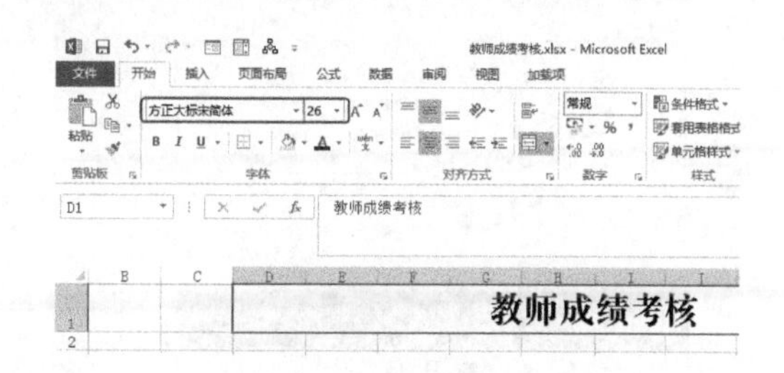

图6-74 设置属性

step 07 选择D1:M1单元格区域，在【字体】组中单击【填充颜色】按钮，在弹出的下拉列表中选择如图6-75所示的颜色，并将【字体颜色】设为“白色”。

step 08 选择第2行工作表，使用同样的方法打开【行高】对话框，在该对话框中将【行高】设置为25，如图6-76所示。

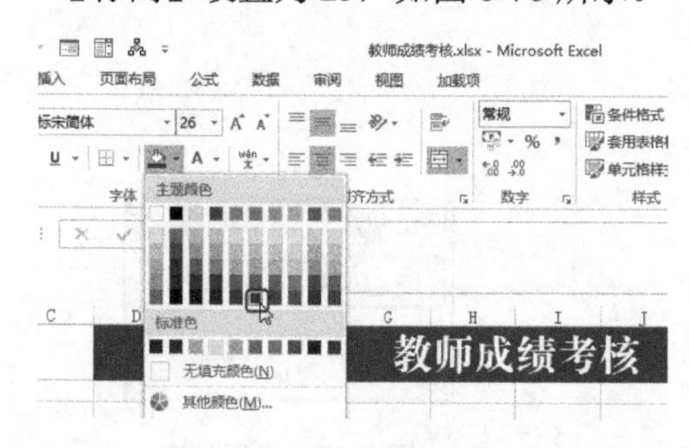

图6-75 设置颜色

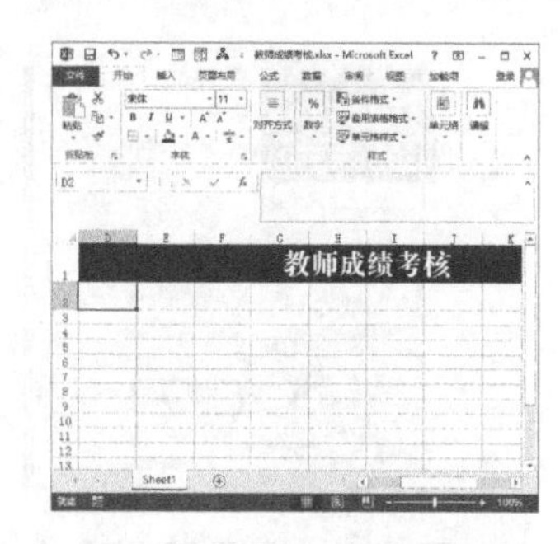

图6-76 设置单元格行高

step 09 分别在D2、F2单元格中输入相应的文本信息，如图6-77所示。

step 10 选择H2:M2单元格区域，使用前面讲过的方法对其进行合并居中设置，如图6-78所示。

图 6-77　输入文字

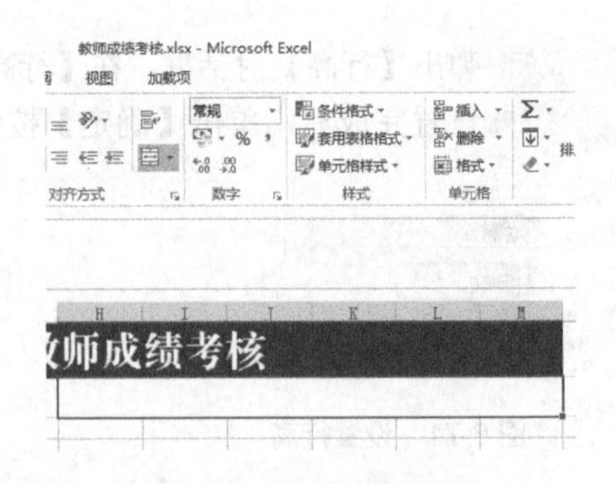

图 6-78　合并单元格

step 11 在上一步合并的单元格中配合空格键输入文字，如图 6-79 所示。

step 12 选择 D2∶M2 单元格区域，在功能区选择【开始】选项卡，在【字体】组中将【字体】设为“方正大标宋简体”，【字号】设为 14，【字体颜色】设为“白色”，【填充颜色】设为与主标题相同的颜色，如图 6-80 所示。

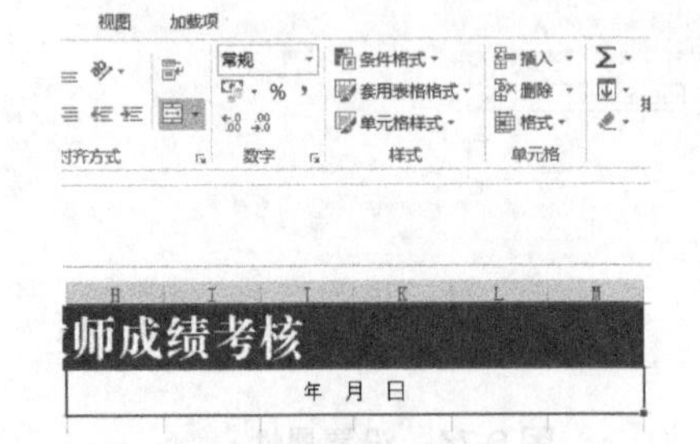

图 6-79　输入文字

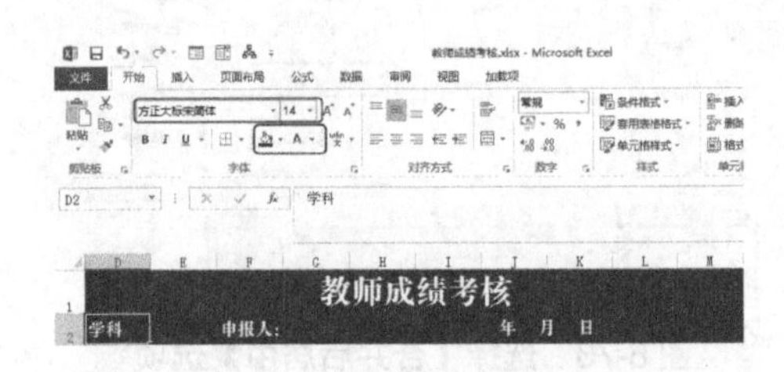

图 6-80　设置字体属性

step 13 依次选择 J、K、L、M 列单元格，右击，在弹出的快捷菜单中选择【列宽】命令，如图 6-81 所示。

step 14 弹出【列宽】对话框，将【列宽】设为 4，如图 6-82 所示。

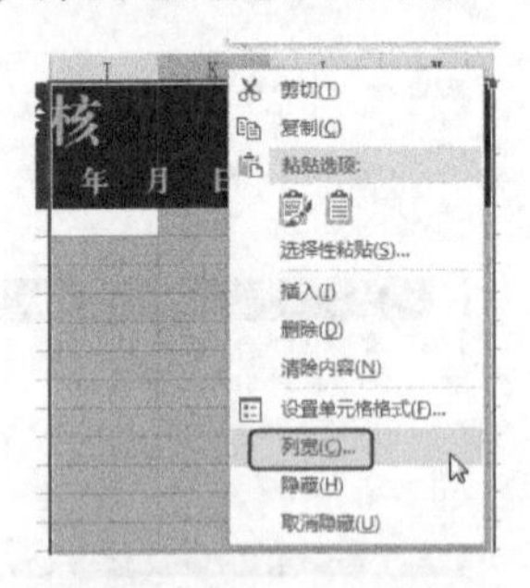

图 6-81　选择【列宽】命令

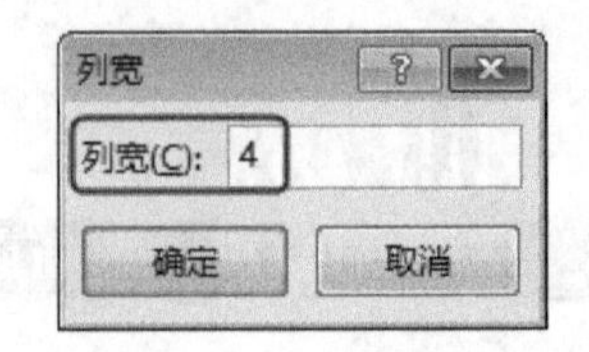

图 6-82　设置列宽

step 15 设置完成后，查看效果如图 6-83 所示。

step 16 选择第 3 行单元格，然后按住 Ctrl 键的同时选择第 6～16 行单元格，如图 6-84 所示。

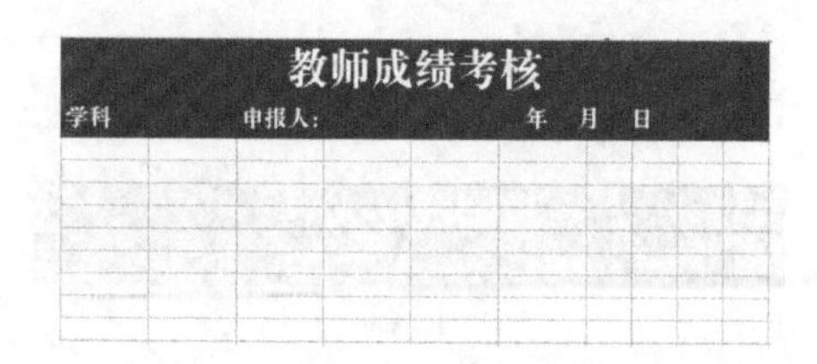

图 6-83 查看效果

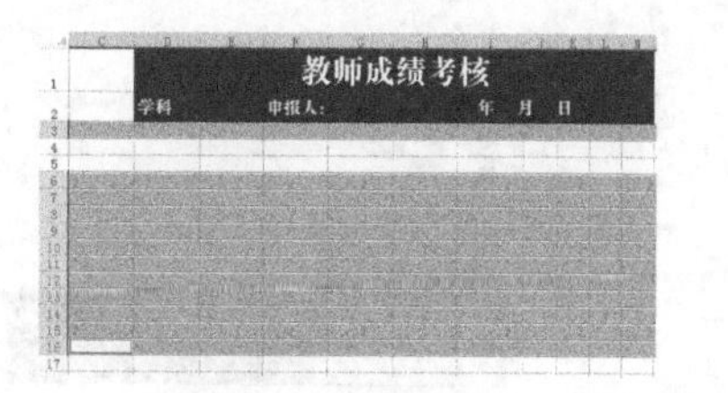

图 6-84 选择单元格

step 17 右击，在弹出的快捷菜单中选择【行高】命令，如图 6-85 所示。

step 18 在弹出的【行高】对话框中将【行高】设置为 35，设置完成后单击【确定】按钮，设置行高后的效果如图 6-86 所示。

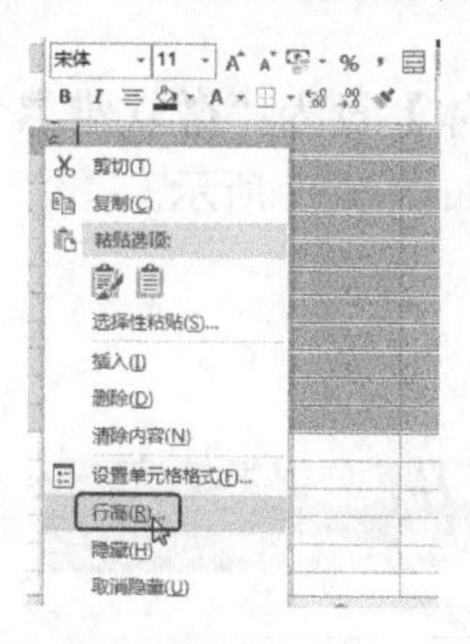

图 6-85 选择【行高】命令

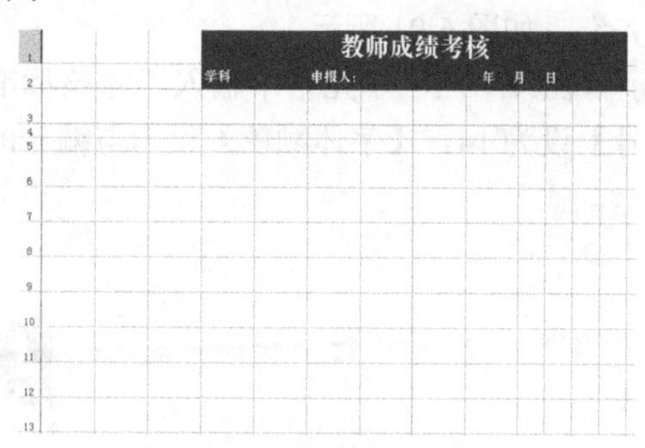

图 6-86 设置单元格行高

step 19 使用同样的方法选择第 4、5 行单元格，选择第 17 行单元格，并将其行高设置为 20，如图 6-87 所示。

step 20 选择 D3：M3 单元格区域，使用前面讲过的方法对其进行合并居中对齐设置，如图 6-88 所示。

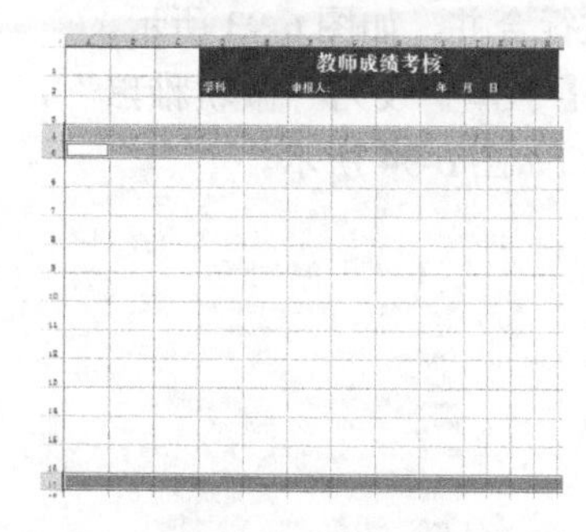

图 6-87 设置行高

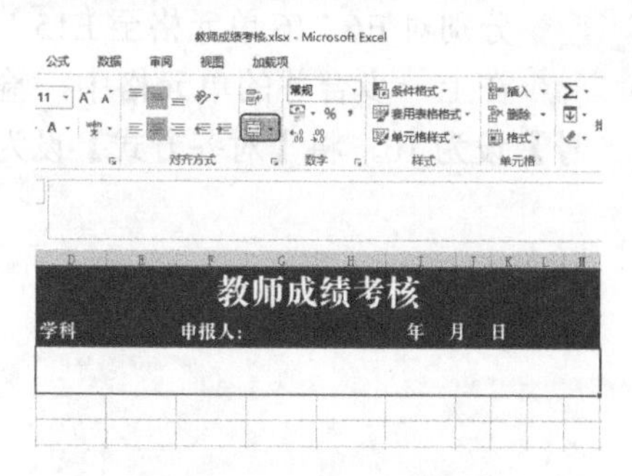

图 6-88 合并单元格

step 21 在合并的单元格内输入文字“内容”，将【字体】设为“方正大标宋简体”，【字号】设为 24，【字体颜色】设为图 6-89 所示的颜色。

step 22 选择 D4：D5 单元格区域、E4：I4 单元格区域、J4：M4 单元格区域，并进行合并，如图 6-90 所示。

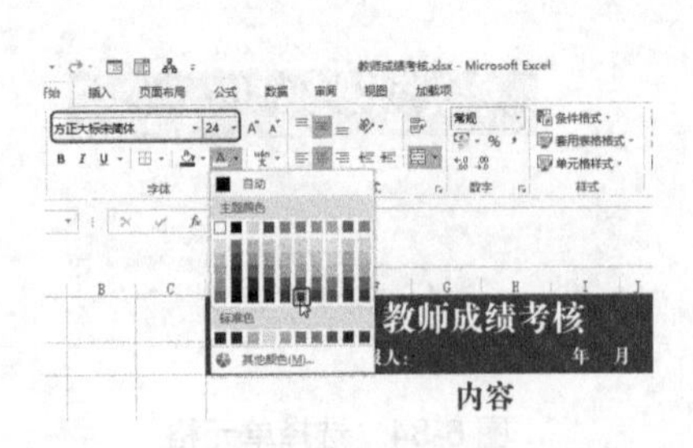

图 6-89　设置文字属性

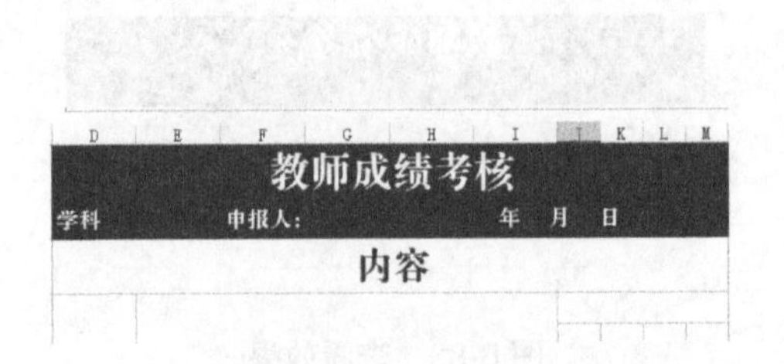

图 6-90　合并单元格

step 23 在 D4：D5 的合并单元格中输入文字，将【字体】设为“微软雅黑”，【字号】设为 11，【字体颜色】设为与“内容”字体相同的颜色，并将其设为“居中对齐”，如图 6-91 所示。

step 24 在 E4：I4 单元格中输入“考核标准”，将【字体】设为“微软雅黑”，【字号】设为 14，【字体颜色】设为与编号的颜色相同，如图 6-92 所示。

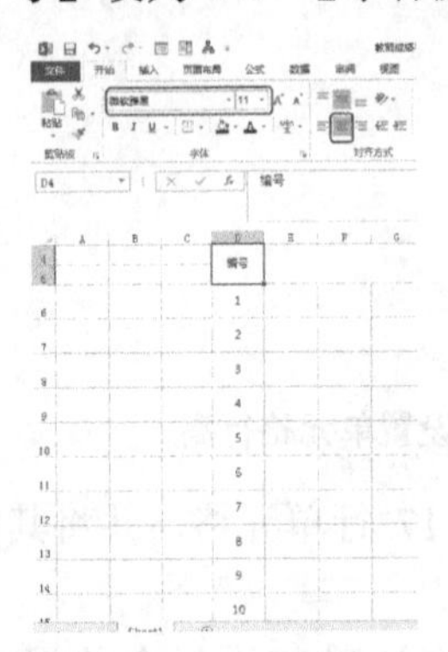

图 6-91　输入文字

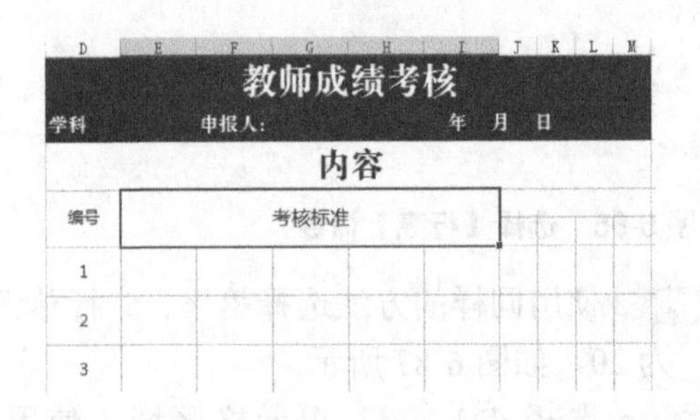

图 6-92　输入文字

step 25 分别对 E6：I6 单元格至 E15：I15 单元格进行合并，如图 6-93 所示。

step 26 在上一步合并的单元格中，输入文字，将【字体】设为“微软雅黑”，将【字号】设为 10，将【对齐方式】设为“左对齐”，如图 6-94 所示。

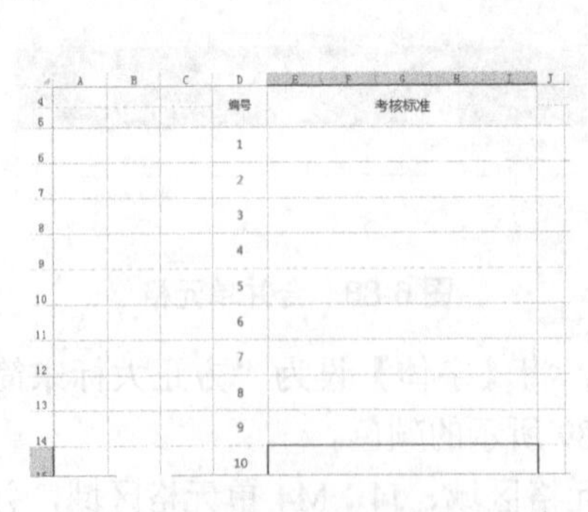

图 6-93　合并单元格

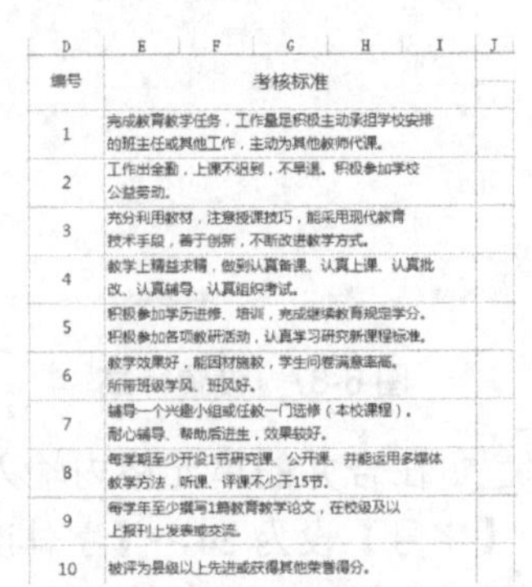

编号	考核标准
1	完成教育教学任务，工作量足积极主动承担学校安排的班主任或其他工作，主动为其他教师代课。
2	工作出全勤，上课不迟到，不早退。积极参加学校公益劳动。
3	充分利用教材，注意授课技巧，能采用现代教育技术手段，善于创新，不断改进教学方式。
4	教学上精益求精，做到认真备课、认真上课、认真批改、认真辅导、认真组织考试。
5	积极参加学历进修、培训，完成继续教育规定学分。积极参加各项教研活动，认真学习研究新课程标准。
6	教学效果好，能因材施教，学生问卷满意率高。所带班级学风、班风好。
7	辅导一个兴趣小组或任教一门选修（本校课程），耐心辅导、帮助后进生，效果较好。
8	每学期至少开设1节研究课、公开课、并能运用多媒体教学方法，听课、评课不少于15节。
9	每学年至少撰写1篇教育教学论文，在校级及以上报刊上发表或交流。
10	被评为县级以上先进或获得其他荣誉得分。

图 6-94　输入文字

step 27 继续在表格中输入文字，将【字体】设为“微软雅黑”，【字号】设为 10，设置与正文相同的字体颜色，并将【对齐方式】设为“居中”，如图 6-95 所示。

step 28 选择 D3∶M15 单元格区域，在功能区选择【开始】选项卡，在【字体】组中单击【填充颜色】按钮，在弹出的下拉列表中选择如图 6-96 所示的颜色。

图 6-95 输入文字

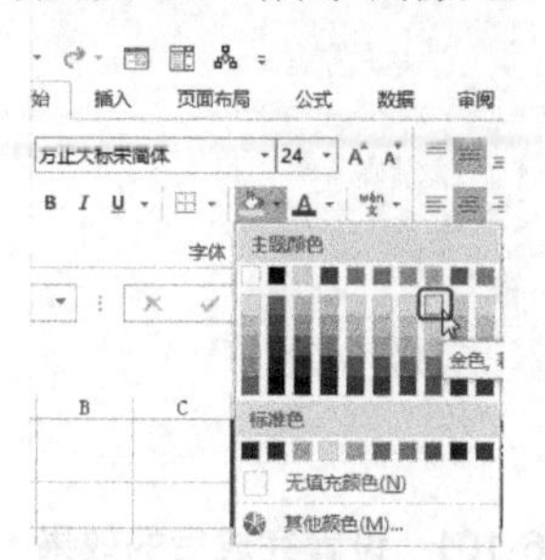

图 6-96 选择相应的颜色

step 29 设置完成后的效果，如图 6-97 所示。

step 30 选择 D3∶M15 单元格区域，在功能区选择【开始】选项卡，在【字体】组中单击【边框】按钮，在弹出的下拉列表中选择【其他边框】选项，如图 6-98 所示。

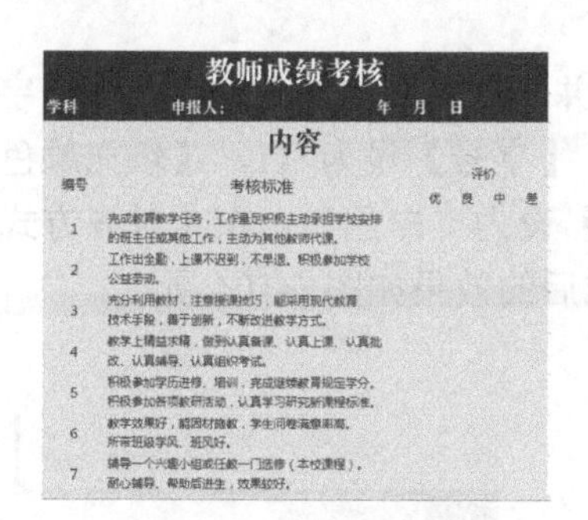

图 6-97 填充颜色

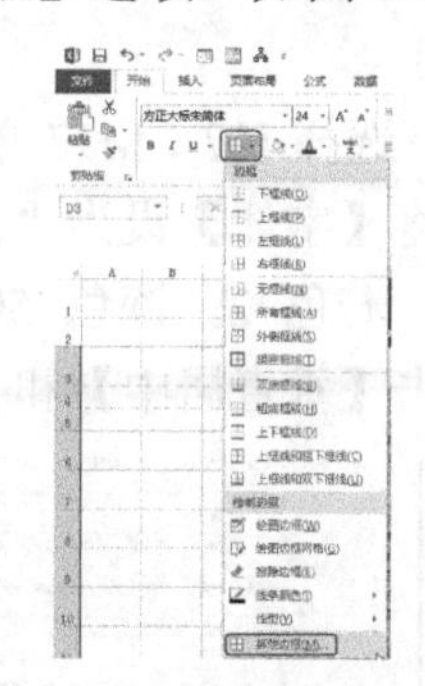

图 6-98 选择【其他边框】选项

step 31 弹出【设置单元格格式】对话框，切换到【边框】选项卡，在【线条】组中选择如图 6-99 所示的线条，然后单击【外边框】按钮。

step 32 选择【线条样式】选项，并设置颜色，然后单击【内部】按钮，设置完成后单击【确定】按钮，如图 6-100 所示。

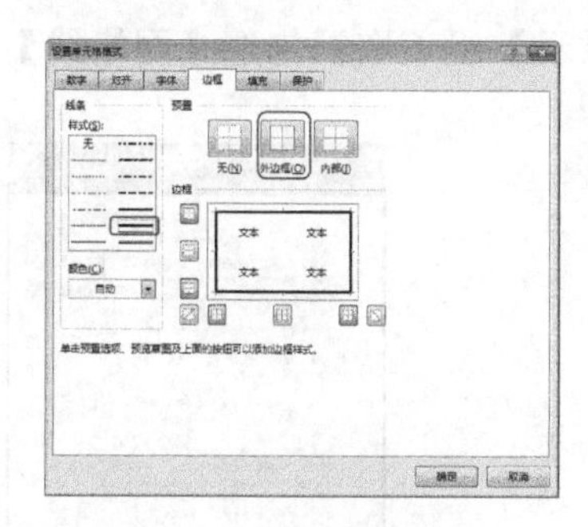

图 6-99 设置边框

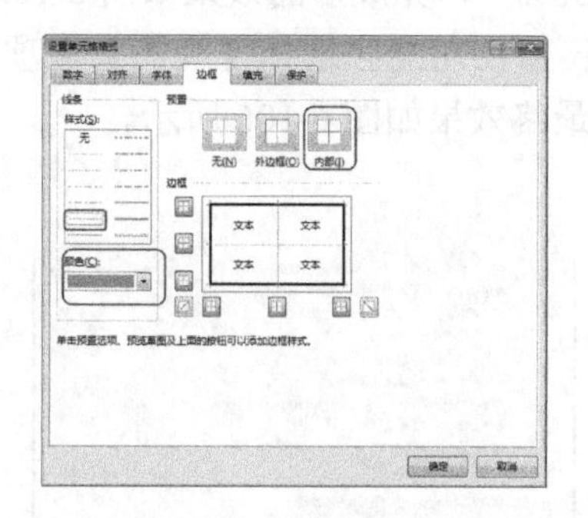

图 6-100 设置内部边框

step 33 设置完成后的效果如图 6-101 所示。

step 34 选择 D16∶H16 单元格区域，在功能区选择【开始】选项卡，在【对齐方式】

组中单击【合并后居中】按钮，将其合并，如图 6-102 所示。

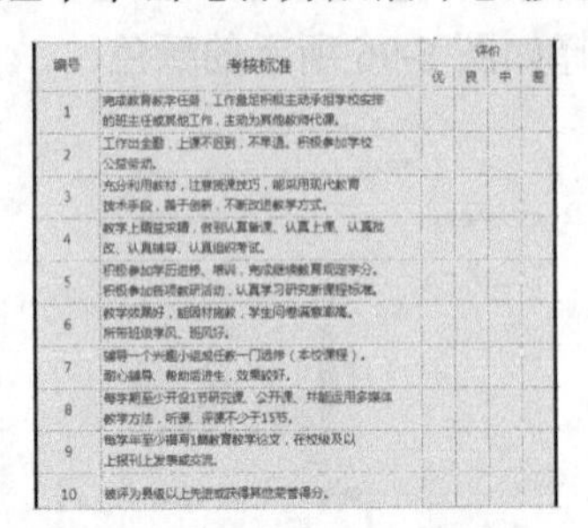

图 6-101　设置完成后的效果

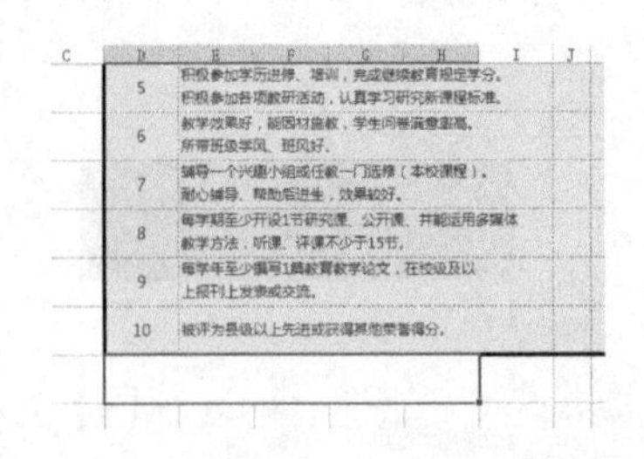

图 6-102　合并单元格

step 35 在合并的单元格中输入文字“考核人小组成员签名：____________________”，在【字体】选项组中将【字体】设为“方正大标宋简体”，【字号】设为 11，【填充颜色】设为“橙色，着色 2，深色 50%”，【字体颜色】设为“白色”，在【对齐方式】组中分别单击【低端对齐】和【左对齐】按钮，完成后的效果如图 6-103 所示。

step 36 选择 I17：M17 单元格区域，进行合并，并在其内输入文字，在【字体】选项组中将【字体】设为“方正大标宋简体”，【字号】设为 11，【填充颜色】设为“橙色，着色 2，深色 50%”，【字体颜色】设为“白色”，在【对齐方式】组中分别单击【垂直居中】和【居中】按钮，完成后的效果如图 6-104 所示。

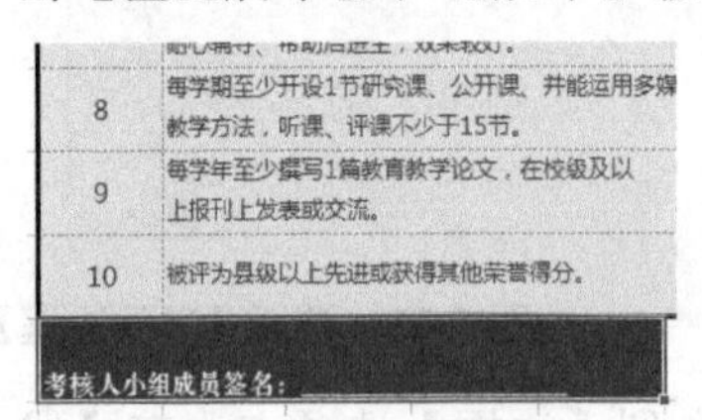

图 6-103　设置文字属性

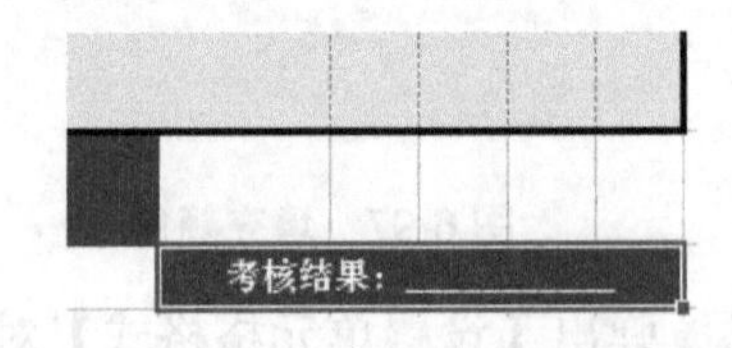

图 6-104　输入并设置文字

step 37 选择 D16：M17 单元格区域，将其【填充颜色】设为“橙色，着色 2，深色 50%”，完成后的效果如图 6-105 所示。

step 38 在功能区选择【视图】选项卡，在【显示】组下取消勾选【网格线】复选框，最终效果如图 6-106 所示。

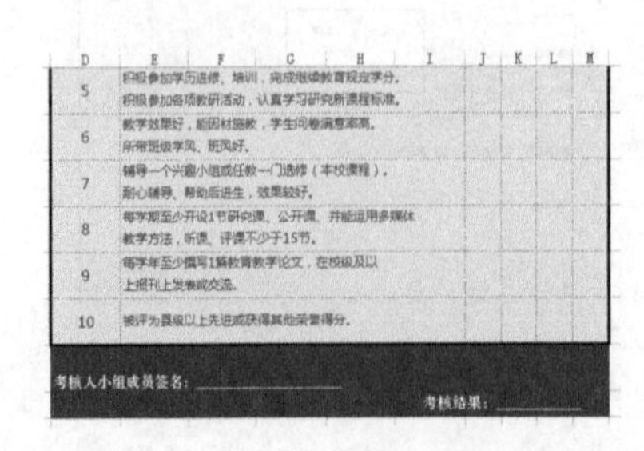

图 6-105　设置单元格的背景色

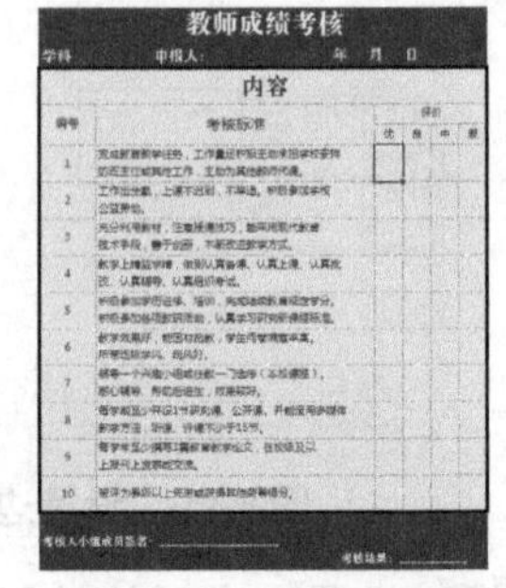

图 6-106　最终效果

案例精讲 052　课程表

案例文件：CDROM\场景\Cha06\课程表. xlsx

视频文件：视频教学\Cha06\课程表.avi

学习目标

- 学习如何制作课程表。
- 掌握课程表的制作流程。

制作概述

本例将讲解如何制作课程表，其中将主要讲解文字和单元格之间的配合使用，具体操作方法如下。完成后的效果如图 6-107 所示。

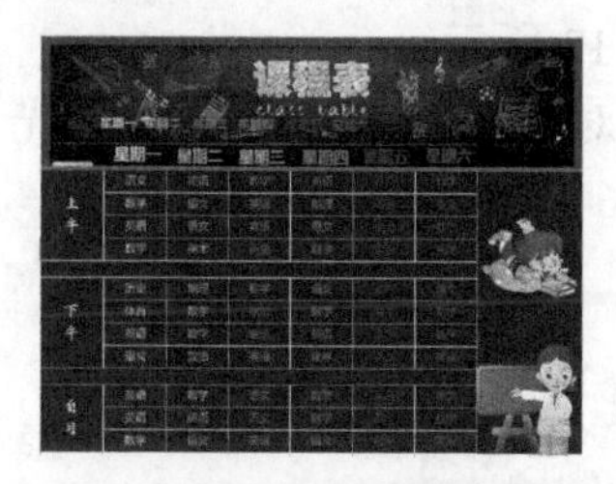

图 6-107　课程表

操作步骤

step 01 启动 Excel 2013，在【新建】选项卡下单击【空白工作簿】按钮，如图 6-108 所示。

step 02 选择 A1∶I1 单元格区域，在功能区选择【开始】选项卡，在【对齐方式】组中单击【合并后居中】按钮，将其合并，如图 6-109 所示。

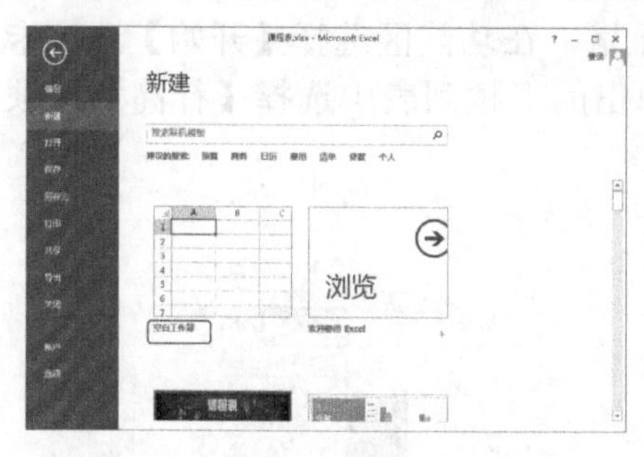

图 6-108　新建空白工作簿

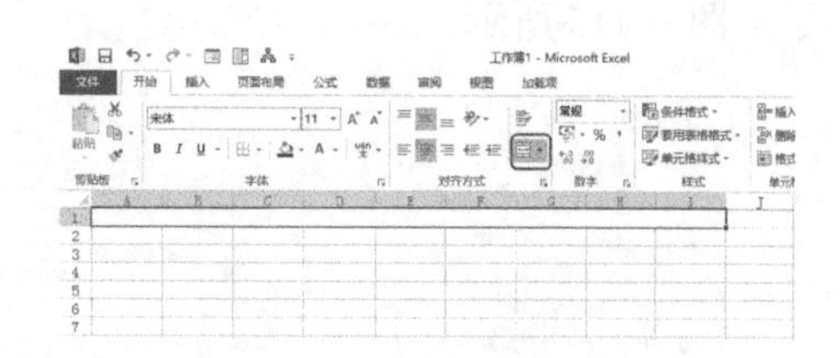

图 6-109　合并单元格

step 03 选择第 1 行单元格，右击，在弹出的快捷菜单中选择【行高】命令，如图 6-110 所示。

step 04 弹出【行高】对话框，将【行高】设为 135，如图 6-111 所示

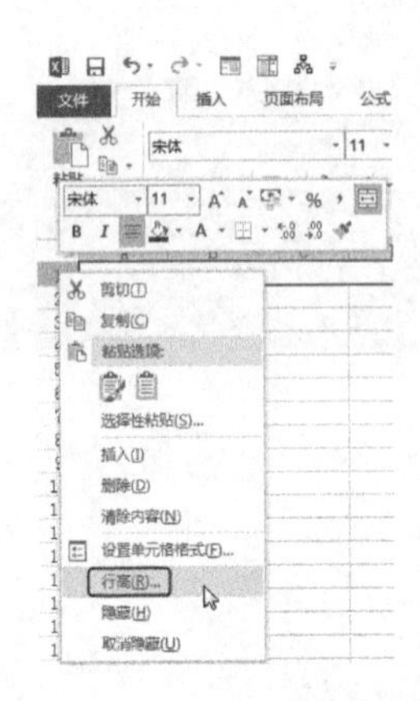

图 6-110　选择【行高】命令

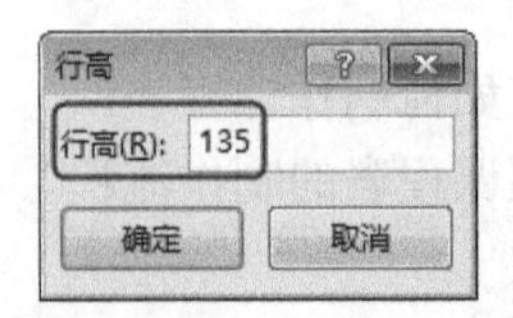

图 6-111　设置行高

step 05 在功能区选择【插入】选项卡，单击【插图】按钮，在弹出的下拉列表中选择【图片】选项，如图 6-112 所示。

step 06 弹出【插入图片】对话框，选择随书附带光盘中的“CDROM\素材\Cha06\黑板.tif”素材文件，如图 6-113 所示。

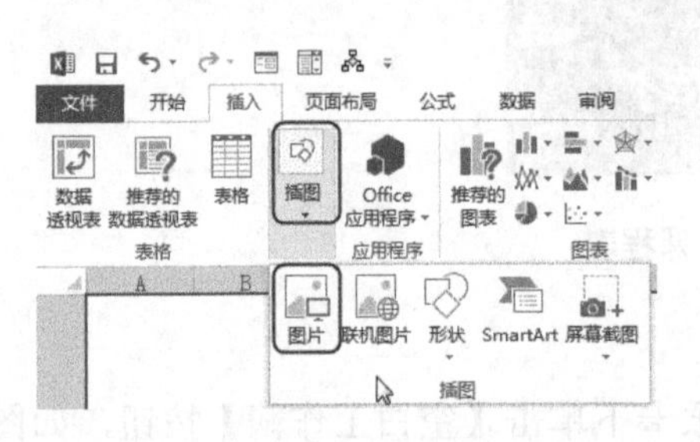

图 6-112　选择【图片】选项

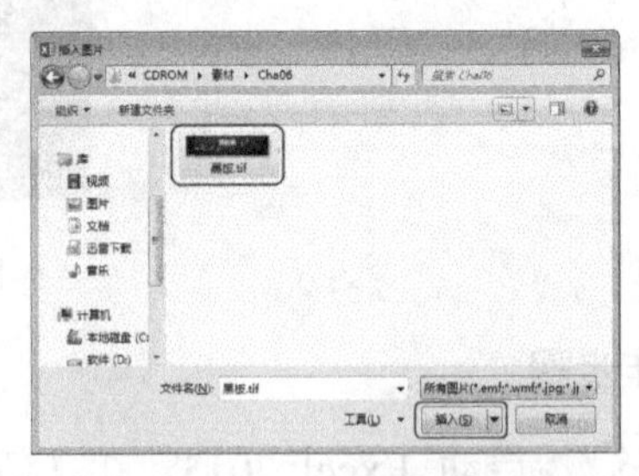

图 6-113　选择素材图片

step 07 选择插入的素材图片，切换到【图片工具】下的【格式】选项卡，对图片的大小进行适当调整，方便后面操作，如图 6-114 所示。

step 08 选择第 2～5、7～10、12～14 行单元格，在功能区选择【开始】选项卡，在【单元格】组中单击【格式】按钮，在弹出的下拉列表中选择【行高】选项，如图 6-115 所示。

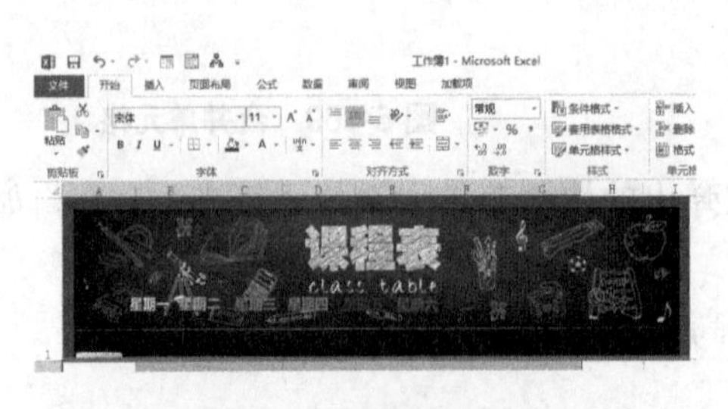

图 6-114　设置图片的大小

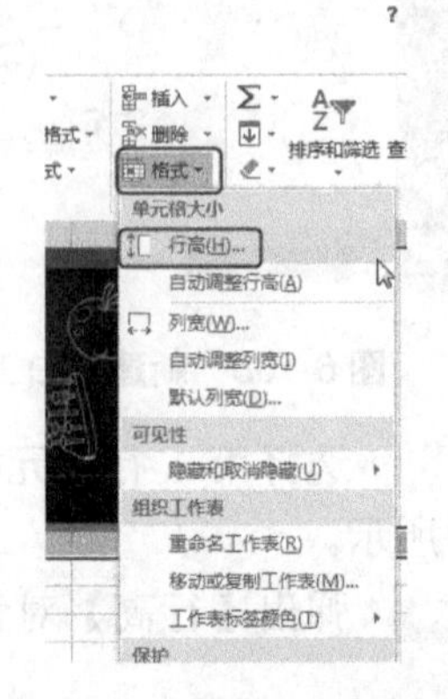

图 6-115　选择【行高】选项

step 09 在弹出的对话框中将【行高】设置为23，如图6-116所示。

step 10 设置完成后，单击【确定】按钮，选择 A2：G2 单元格区域，在【单元格】组中单击【格式】按钮，在弹出的下拉列表中选择【列宽】选项，如图6-117所示。

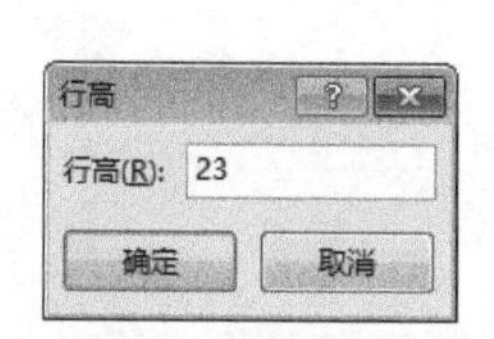

图6-116 设置行高

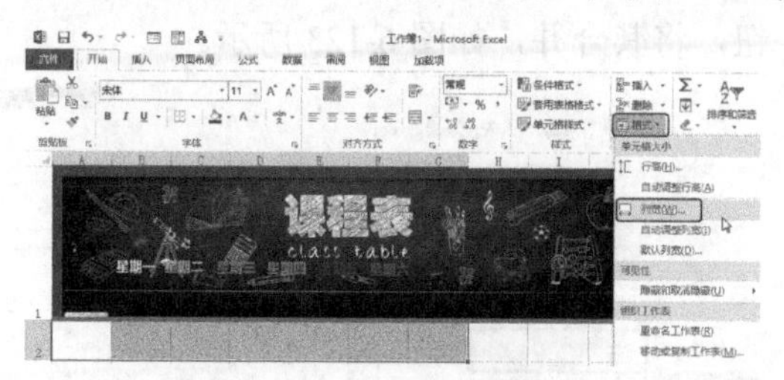

图6-117 选择【列宽】选项

step 11 在弹出的对话框中将【列宽】设置为 10，单击【确定】按钮，查看效果如图 6-118所示。

step 12 选择第 6、11 行单元格，右击，在弹出的快捷菜单中选择【行高】命令，在弹出的对话框中将【行高】设置为17，如图6-119所示。

图6-118 设置列宽后的效果

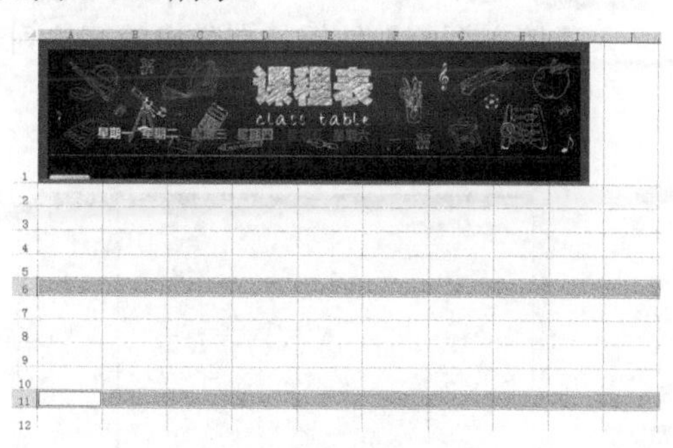

图6-119 设置行高

step 13 选择 A2：A5、A7：A10、A12：A14 单元格，在功能区选择【开始】选项卡，在【对齐方式】组中单击【合并后居中】按钮，进行合并，完成后的效果如图6-120所示。

step 14 在上一步合并的单元格中输入文字，将【字体】设为“方正魏碑简体”，【字号】设为18，【字体颜色】设为“黄色”，如图6-121所示。

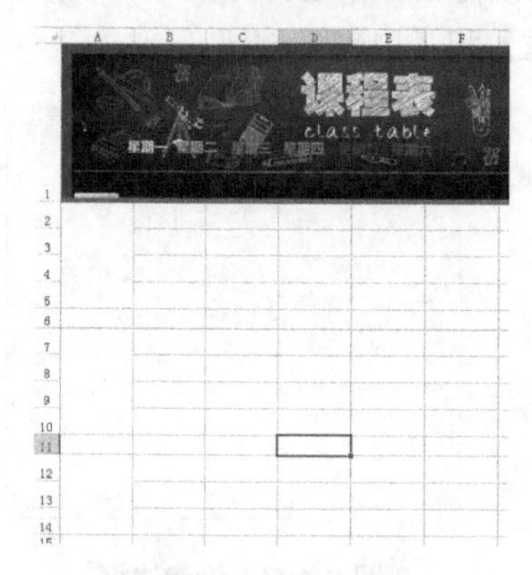

图6-120 合并单元格

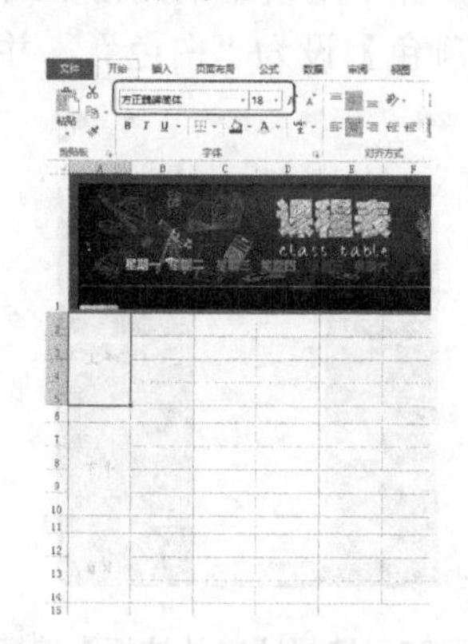

图6-121 输入并设置文字

step 15 确认上一步输入文字的单元格处于选中状态，在【对齐方式】组中单击【方向】按钮，在弹出的下拉列表中选择【竖排文字】选项，如图 6-122 所示。

step 16 选择 A6∶G6、A11∶G11 单元格，在【对齐方式】组中单击【合并后居中】按钮，将其合并，如图 6-123 所示。

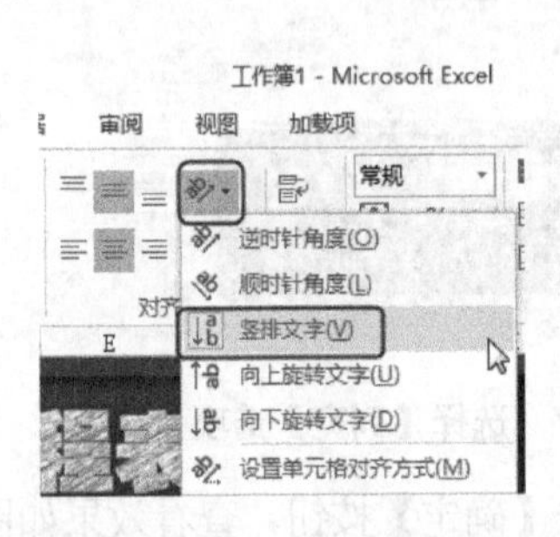

图 6-122　选择【竖排文字】选项

图 6-123　合并单元格

step 17 使用同样的方法对 H2∶I14 单元格进行合并，完成后的效果如图 6-124 所示。

step 18 选择 A1∶I14 单元格，在功能区选择【开始】选项卡，在【字体】组中单击【填充颜色】按钮，在弹出的下拉列表中选择如图 6-125 所示的颜色。

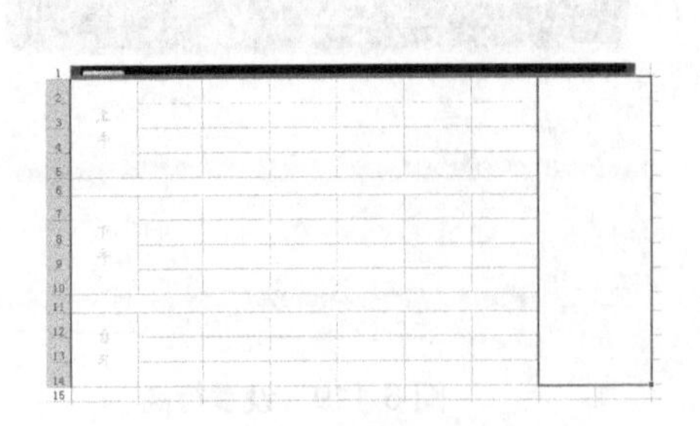

图 6-124　合并单元格

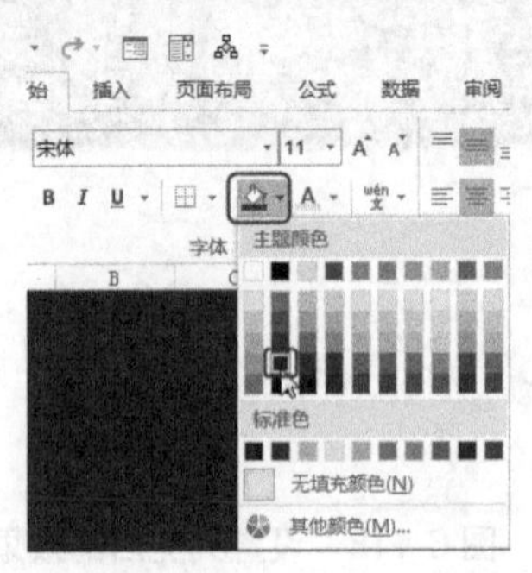

图 6-125　设置颜色选项

step 19 选择 A2∶G14 单元格，在功能区选择【开始】选项卡，在【字体】组中单击【边框】按钮，在弹出的下拉列表中选择【其他边框】选项，如图 6-126 所示。

step 20 弹出【设置单元格格式】对话框，在该对话框中选择如图 6-127 所示的线条，将【颜色】设为“白色”，并单击【外边框】和【内部】按钮。

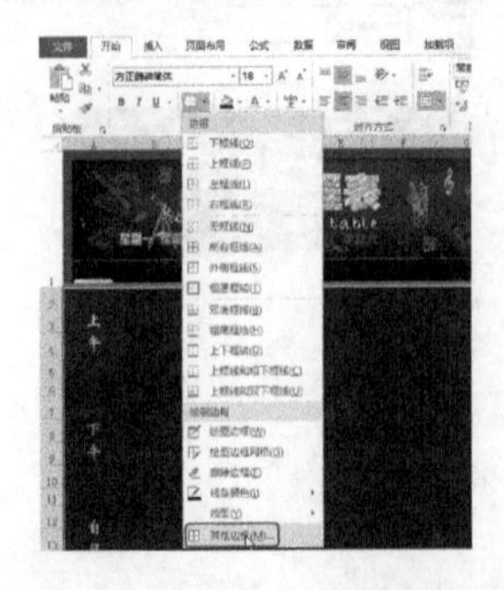

图 6-126　选择【其他边框】选项

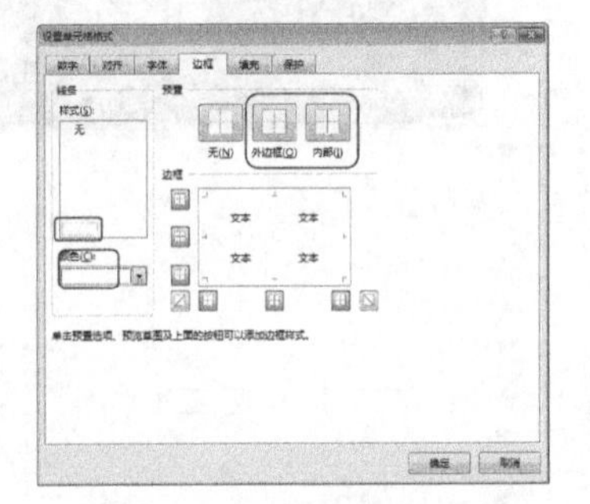

图 6-127　设置边框

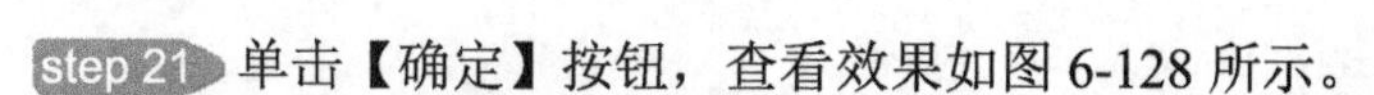

step 21 单击【确定】按钮，查看效果如图 6-128 所示。

step 22 在单元格中输入文字，将【字体】设为“微软雅黑”、【字号】设为 11，并设置相应的颜色，完成后的效果如图 6-129 所示。

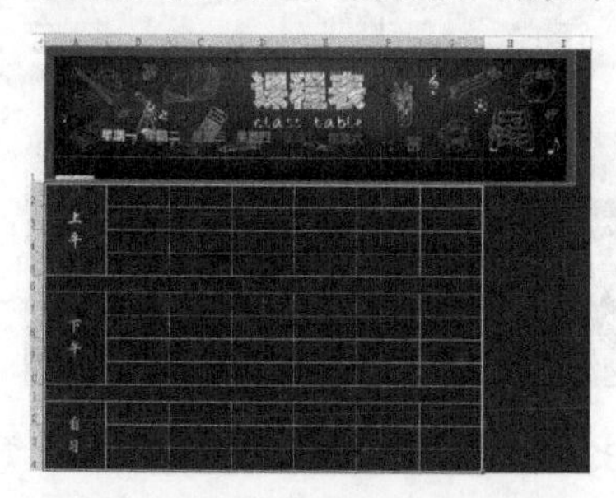

图 6-128　设置边框后的效果

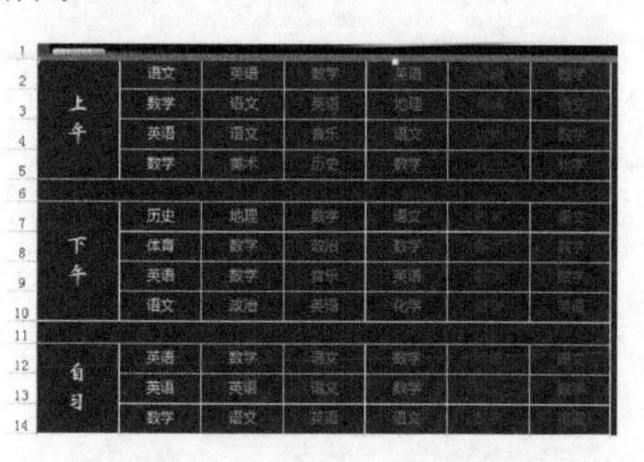

图 6-129　输入并设置文字

step 23 选择插入的“黑板.tif”素材图片，切换到【图片工具】下的【格式】选项卡，在【大小】组中将【形状高度】设为 4.79 厘米，将【形状宽度】设为 19.65 厘米，效果如图 6-130 所示。

step 24 在功能区选择【插入】选项卡，单击【文本】按钮，在弹出的下拉列表中选择【文本框】|【横排文本框】选项，如图 6-131 所示。

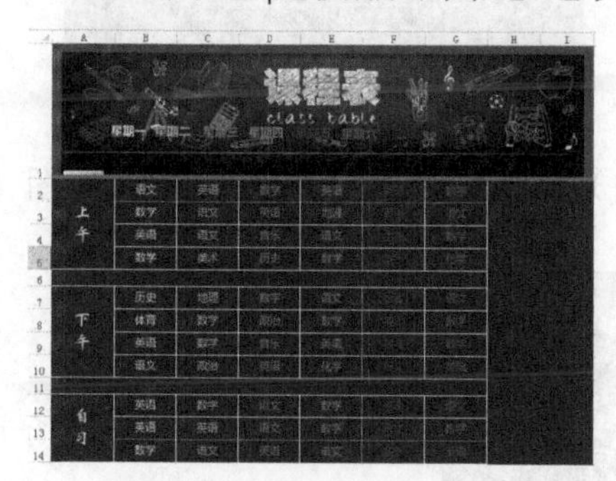

图 6-130　完成后的效果

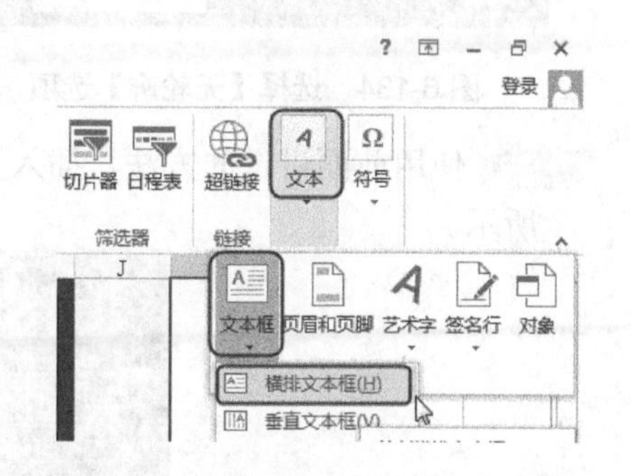

图 6-131　选择【横排文本框】选项

step 25 在文本框中输入“星期一”，切换到【开始】选项卡，在【字体】组中将【字体】设为“微软雅黑”，【字号】设为 16，并单击【加粗】按钮，并将【字体颜色】设为“黄色”，如图 6-132 所示。

step 26 确认文本框处于选中状态，切换到【绘图工具】下的【格式】选项卡，在【形状样式】组中单击【形状填充】按钮，在弹出的下拉列表中选择【无填充颜色】选项，如图 6-133 所示。

step 27 继续在【形状样式】组中单击【形状轮廓】按钮，在弹出的下拉列表中选择【无轮廓】选项，如图 6-134 所示。

step 28 对文本框进行复制，并修改文字内容和颜色，完成后的效果如图 6-135 所示。

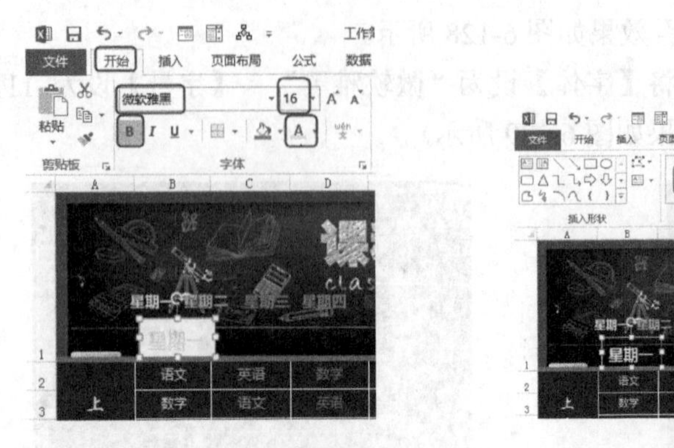

图 6-132　设置文字属性

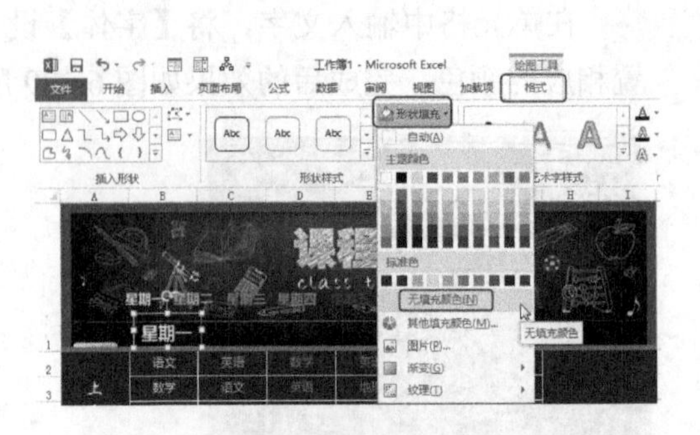

图 6-133　选择【无填充颜色】选项

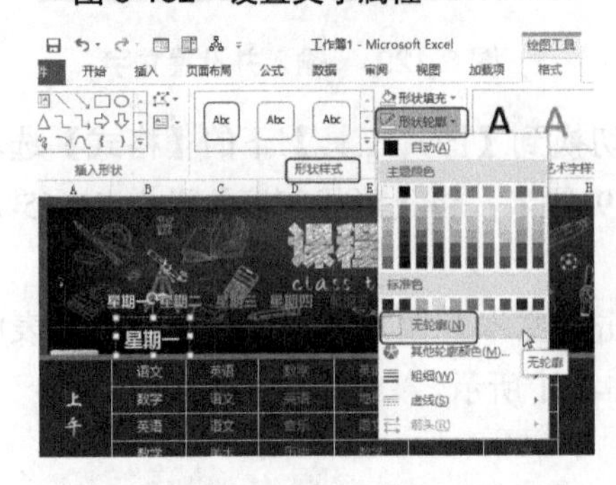

图 6-134　选择【无轮廓】选项

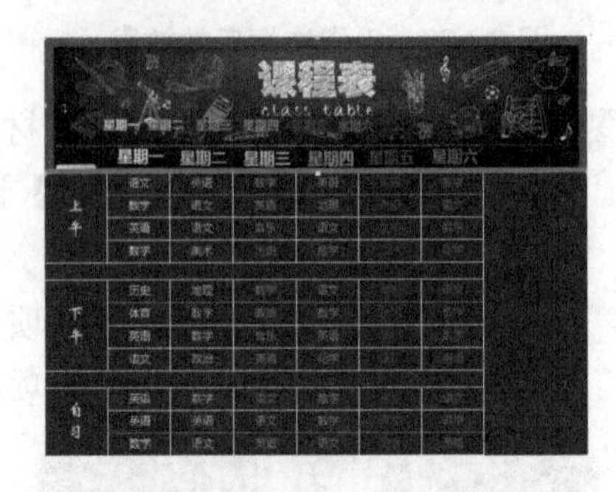

图 6-135　完成后的效果

step 29　使用前面讲过的方法，插入素材图片，适当调整大小，完成后的效果如图 6-136 所示。

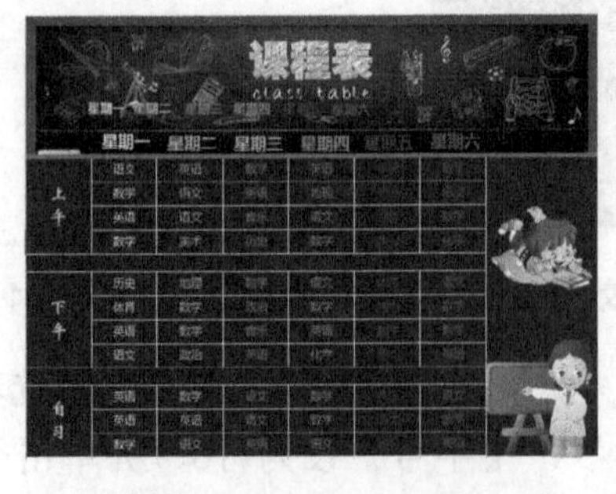

图 6-136　完成后的效果

案例精讲 053　利用宏制作学生档案表

案例文件：CDROM\场景\Cha06\学生档案表. xlsx

视频文件：视频教学\Cha06\利用宏制作学生档案表.avi

学习目标

- 学习如何录制宏。
- 掌握宏的应用。

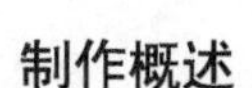

制作概述

本例将讲解如何利用宏制作学生档案表，通过创建宏可以大大节省操作的时间，提高工作效率，具体操作方法如下。完成后的效果如图 6-137 所示。

图 6-137　学生档案表

操作步骤

step 01 启动 Excel 2013，在【新建】选项卡下单击【空白工作簿】选项，如图 6-138 所示。

step 02 在功能区选择【视图】选项卡，在【宏】选项组中单击【宏】按钮，在弹出的下拉列表中选择【录制宏】选项，如图 6-139 所示。

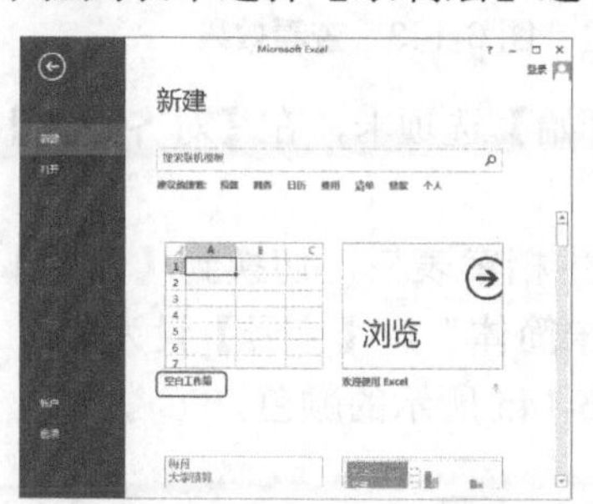

图 6-138　新建空白工作簿

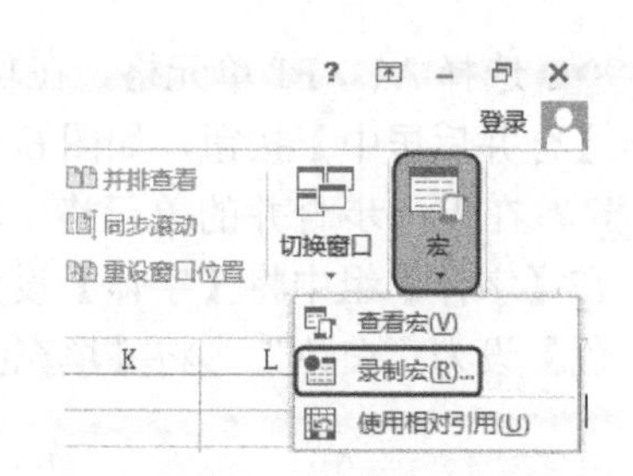

图 6-139　选择【录制宏】选项

知识链接

Office 中的宏，译自英文单词 Macro。宏是微软公司为其 Office 软件包设计的一个特殊功能，是软件设计者为了让人们在使用软件进行工作时，避免一再地重复相同的动作而设计出来的一种工具。它利用简单的语法，把常用的动作写成宏。当在工作时，就可以直接利用事先编好的宏自动运行，去完成某项特定的任务，而不必再重复相同的动作，目的是让用户文档中的一些任务自动化。

step 03 弹出【录制宏】对话框，将【宏名】设为“学生档案表”，其他保持默认值，单击【确定】按钮，如图 6-140 所示。

step 04 选择第 1 行单元格，右击，在弹出的快捷菜单中选择【行高】命令，如图 6-141 所示。

step 05 弹出【行高】对话框，将【行高】设为 35，如图 6-142 所示。

step 06 单击【确定】按钮，查看设置后的效果，如图 6-143 所示。

图 6-140 【录制宏】对话框

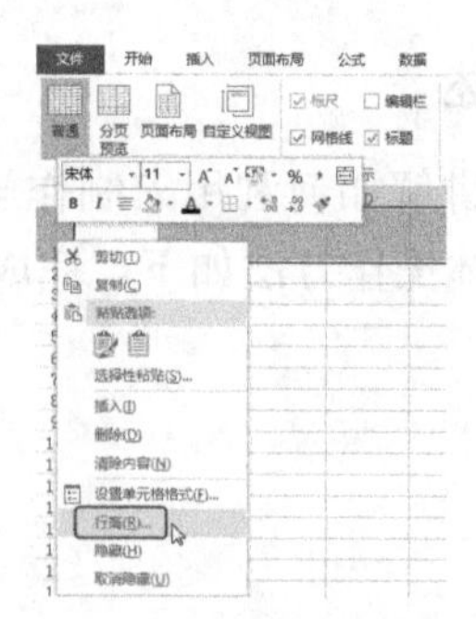

图 6-141 选择【行高】命令

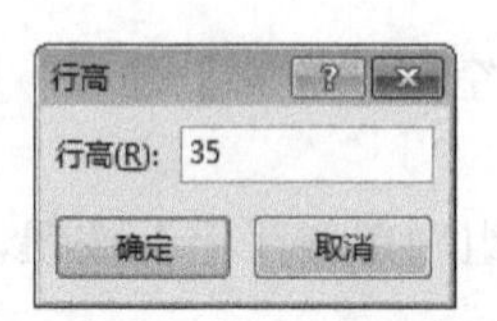

图 6-142 输入行高值

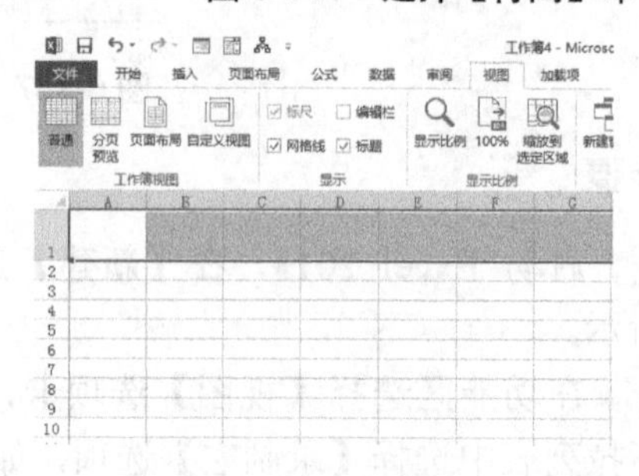

图 6-143 查看效果

step 07 选择 A1：F1 单元格，在功能区选择【开始】选项卡，在【对齐方式】组中单击【合并后居中】按钮，如图 6-144 所示。

step 08 在上一步合并的单元格中输入文字“学生档案表”，切换到【开始】选项卡，在【字体】组中将【字体】设为“方正大标宋简体”，【字号】设为 24，【字体颜色】设为“白色”，将【填充颜色】设为图 6-145 所示的颜色。

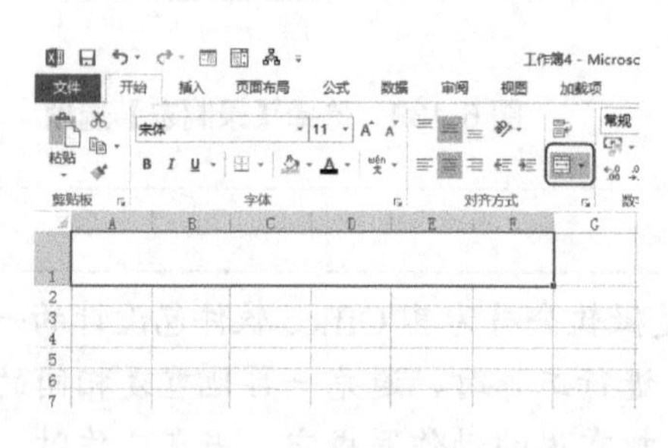

图 6-144 合并单元格

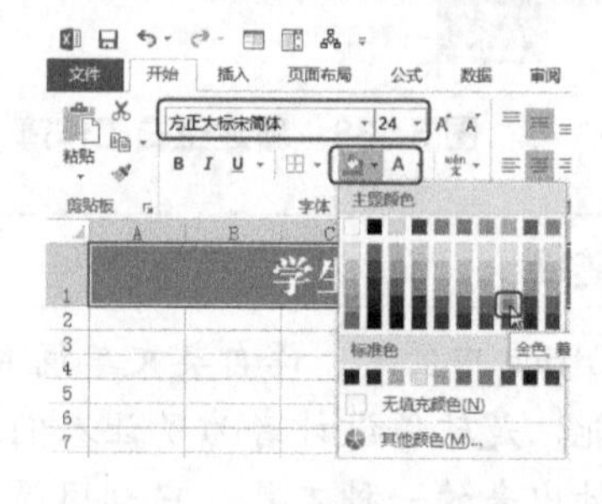

图 6-145 设置文字属性

step 09 设置完字体属性后的效果如图 6-146 所示。

step 10 选择第 2 行单元格，右击，在弹出的快捷菜单中选择【行高】命令，弹出【行高】对话框，将【行高】设为 20，如图 6-147 所示。

step 11 在第 2 行单元格中输入文字，将【字体】设为“宋体”，将【字号】设为 11，【字体颜色】设为“深蓝色”，【填充颜色】设为图 6-148 所示的颜色。

step 12 在【对齐方式】组中单击【居中】按钮，将文字居中对齐，如图 6-149 所示。

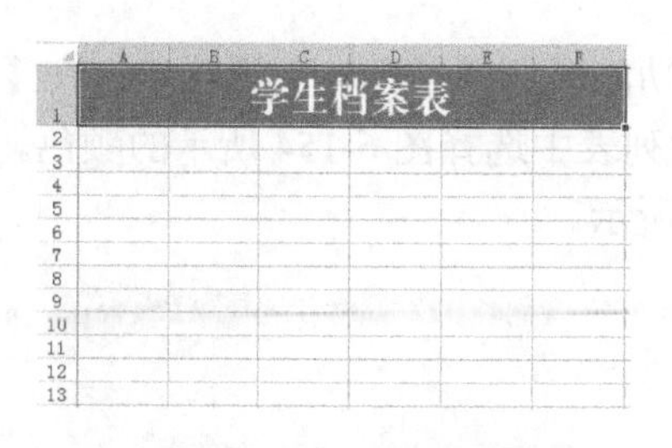

图 6-146 查看效果

图 6-147 设置行高

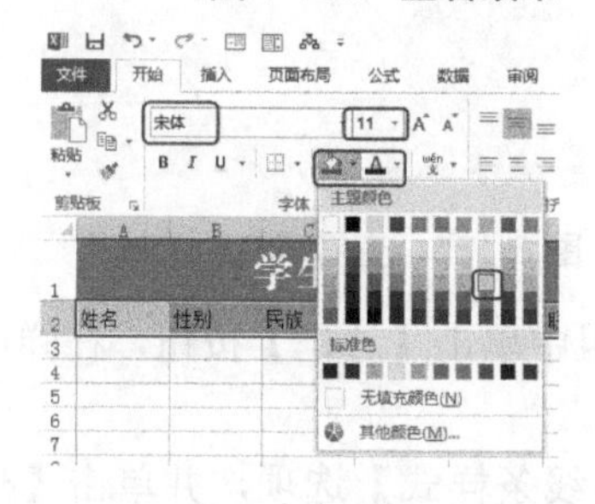

图 6-148 设置文字属性

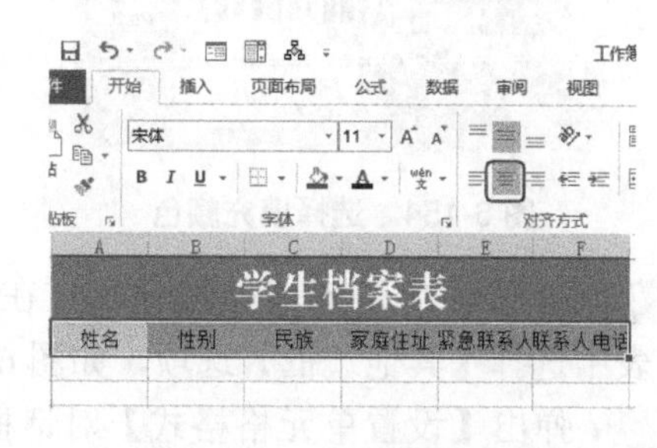

图 6-149 将文字居中对齐

step 13 选择 A：F 列单元格，右击，在弹出的快捷菜单中选择【列宽】命令，如图 6-150 所示。

step 14 弹出【列宽】对话框，将【列宽】设为 14，如图 6-151 所示。

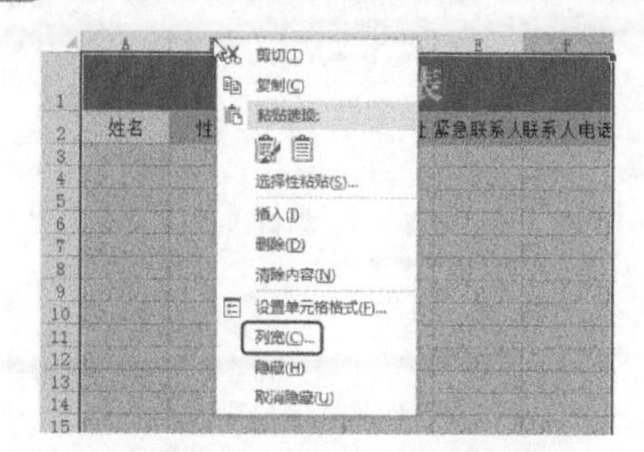

图 6-150 选择【列宽】命令

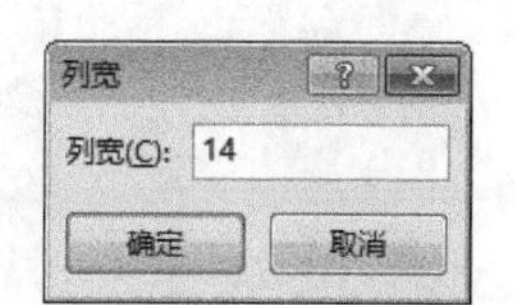

图 6-151 设置列宽

step 15 选择 A3：F26 单元格区域，在功能区选择【开始】选项卡，在【单元格】组中单击【格式】按钮，在弹出的下拉列表选择【行高】选项，如图 6-152 所示。

step 16 弹出【行高】对话框，将【行高】设为 16，单击【确定】按钮，如图 6-153 所示。

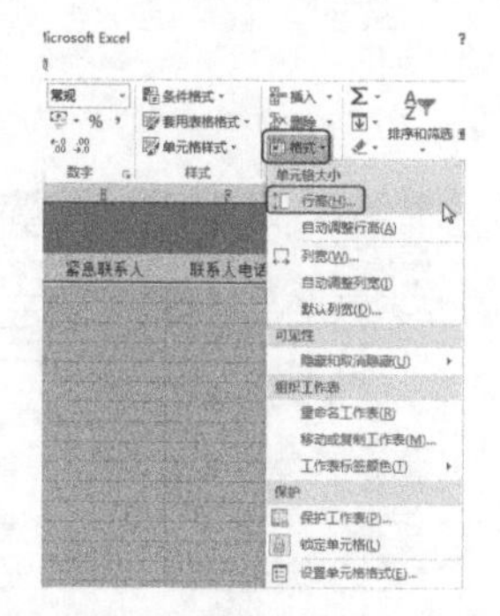

图 6-152 选择【行高】选项

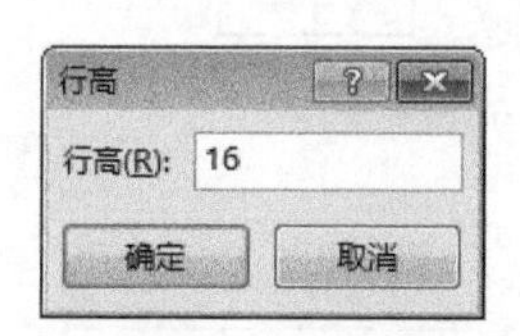

图 6-153 设置行高

step 17 继续选择 A3：F26 单元格区域，在功能区选择【开始】选项卡，在【字体】组中单击【填充颜色】按钮，在弹出的下拉列表中选择图 6-154 所示的颜色。

step 18 设置完填充颜色后的效果如图 6-155 所示。

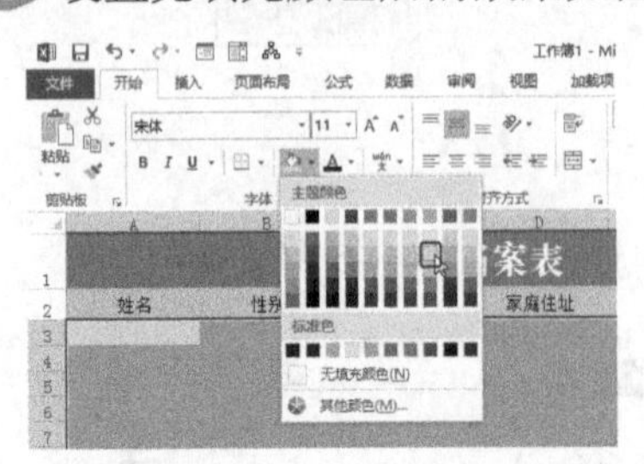

图 6-154　选择填充颜色

图 6-155　查看填充后的效果

step 19 选择 A2：F26 单元格区域，在【字体】组中单击【边框】按钮，在弹出下拉列表中选择【其他边框】选项，如图 6-156 所示。

step 20 弹出【设置单元格格式】对话框，选择【线条样式】选项，并单击【外边框】按钮，如图 6-157 所示。

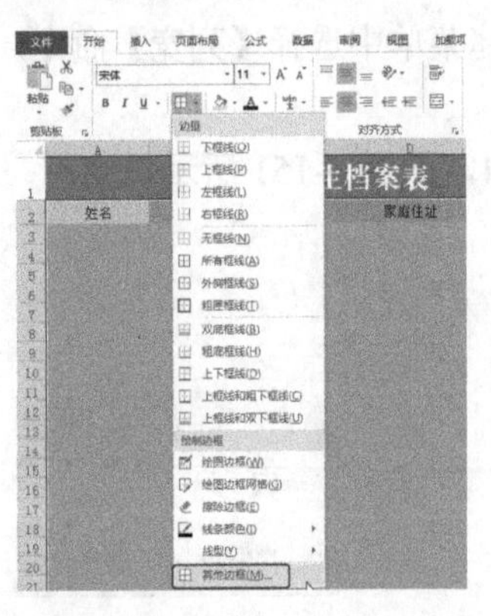

图 6-156　选择【其他边框】选项

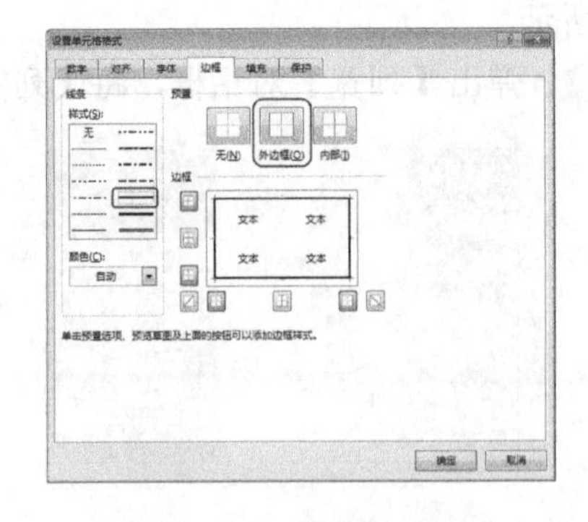

图 6-157　设置外边框

step 21 选择【线条样式】选项，然后单击【内部】按钮，设置完成后单击【确定】按钮，如图 6-158 所示。

step 22 设置完成边框后的效果如图 6-159 所示。

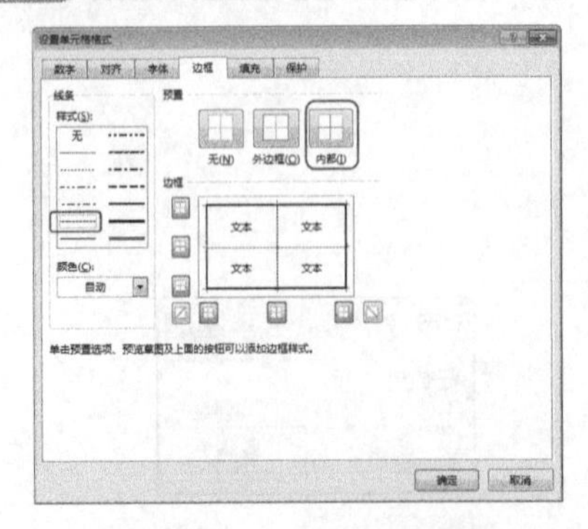

图 6-158　设置内部边框

图 6-159　边框设置完成后的效果

step 23 设置完成后，在工作簿的左下角位置单击【停止】按钮，完成【宏】的录制，如图 6-160 所示。

step 24 新建一个空白工作簿，在功能区选择【视图】选项卡，在【宏】组中单击【宏】按钮，在弹出的下拉列表中选择【查看宏】选项，如图 6-161 所示。

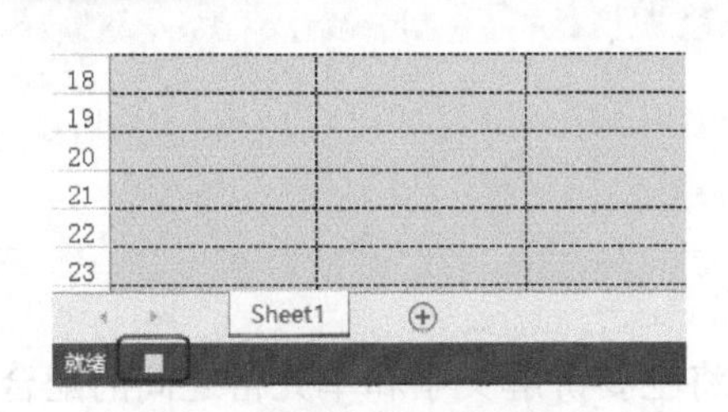

图 6-160 完成宏的录制

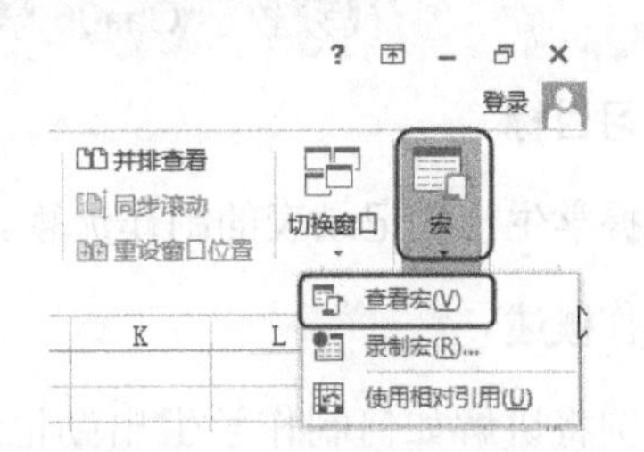

图 6-161 选择【查看宏】选项

step 25 弹出【宏】对话框，在该对话框中可以查看上一步创建的宏，单击【执行】按钮，如图 6-162 所示。

step 26 系统会自动创建一个学生档案表，如图 6-163 所示。

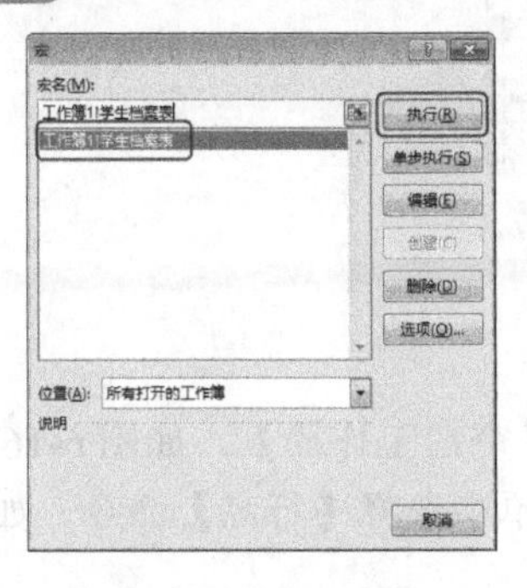

图 6-162 执行宏

图 6-163 执行宏后的效果

step 27 切换到【工作簿 1】，按 Ctrl+S 组合键，弹出【另存为】面板，选择【计算机】后单击【浏览】按钮，如图 6-164 所示。

step 28 弹出【另存为】对话框，选择一个合适的位置，设置【文件名】为“学生档案表”，将【保存类型】设为“Excel 启用宏的模版(*.xltm)”，然后单击【保存】按钮，如图 6-165 所示。

图 6-164 单击【浏览】按钮

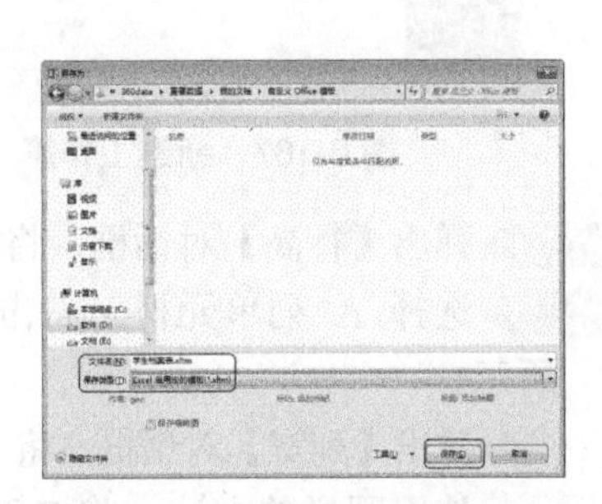

图 6-165 设置文件的保存类型

案例精讲 054 学生出勤记录表

案例文件：CDROM\场景\Cha06\学生出勤记录表. xlsx

视频文件：视频教学\Cha06\学生出勤记录表.avi

学习目标

掌握学生出勤记录表的制作流程。

制作概述

本例将讲解如何制作学生出勤记录表，其中将主要讲解文字和单元格之间的配合使用，具体操作方法如下。完成后的效果如图 6-166 所示。

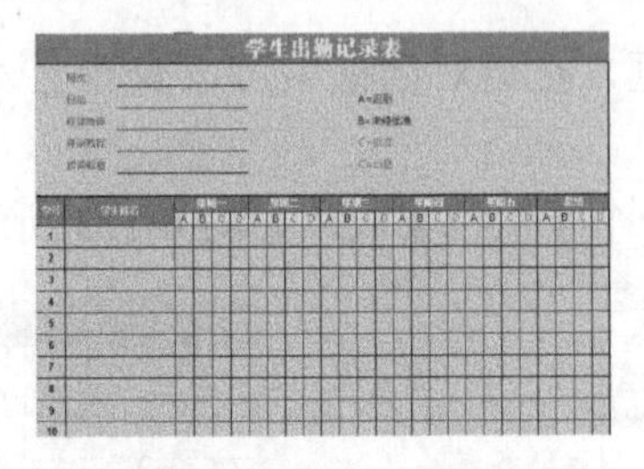

图 6-166 学生出勤记录表

操作步骤

step 01 启动 Excel 2013，在【新建】选项卡下单击【空白工作簿】，如图 6-167 所示。

step 02 选择第 1 行单元格，右击，在弹出的快捷菜单中选择【行高】命令，如图 6-168 所示。

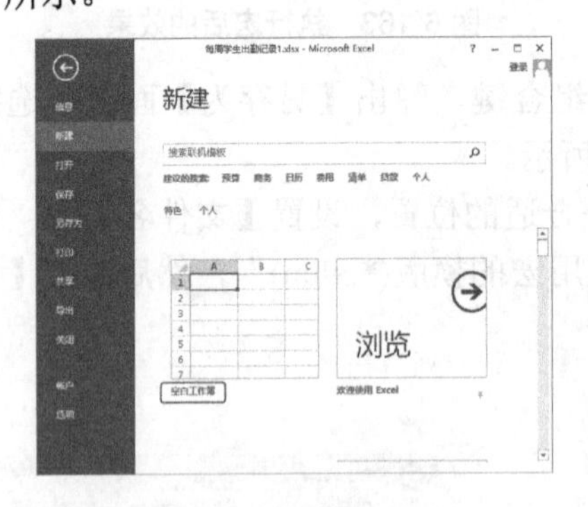

图 6-167 新建工作簿

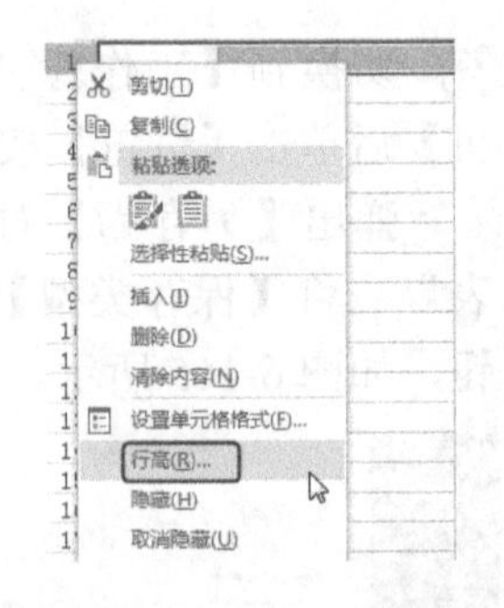

图 6-168 选择【行高】命令

step 03 弹出【行高】对话框，将【行高】设为 35，单击【确定】按钮，如图 6-169 所示。

step 04 选择 A 列单元格，右击，在弹出的快捷菜单中选择【列宽】命令，如图 6-170 所示。

step 05 弹出【列宽】对话框，将【列宽】设为 5，并单击【确定】按钮，如图 6-171 所示。

step 06 使用同样的方法，将 B 列的【列宽】设为 10，C 列的【列宽】设为 5.5，D 列的

【列宽】设为4.5，E：AB列的【列宽】设为3，效果如图6-172所示。

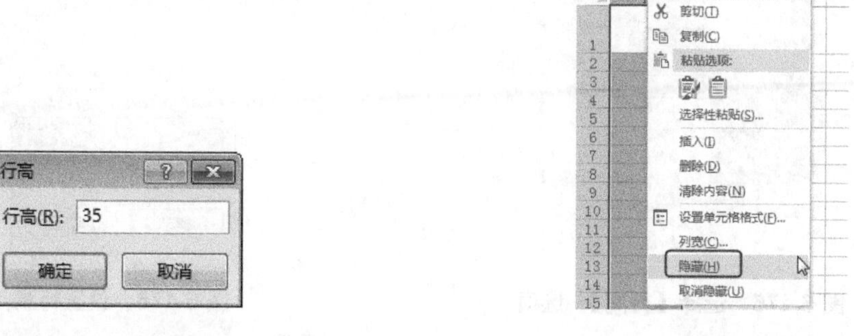

图6-169　设置行高

图6-170　选择【列宽】命令

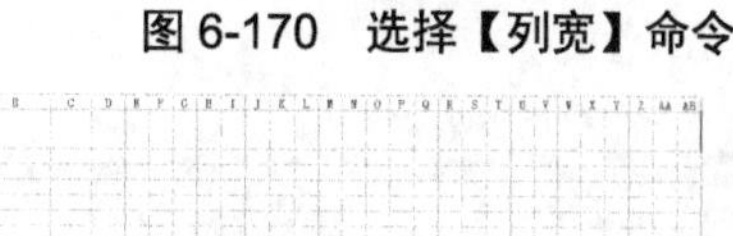

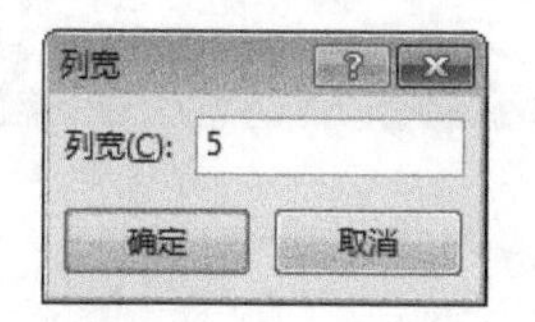

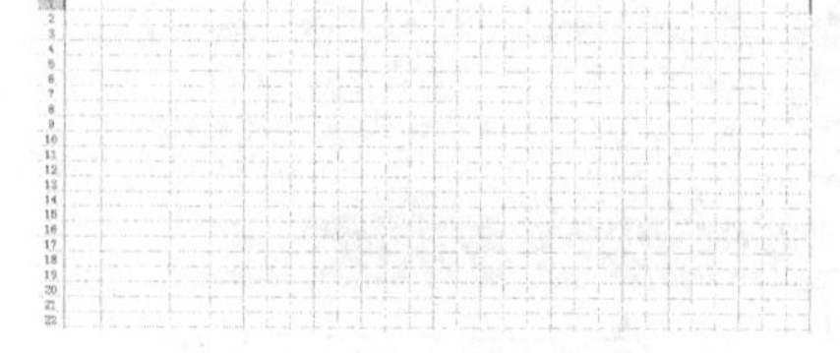

图6-171　设置列宽

图6-172　设置列宽后效果

step 07 选择A1：AB1单元格区域，在功能区选择【开始】选项卡，在【对齐方式】组中单击【合并后居中】按钮，将其合并，如图6-173所示。

step 08 在上一步合并的单元格中输入“学生出勤记录表”，在【字体】选项组中将【字体】设为“方正大标宋简体”，【字号】设为26，并单击【加粗】按钮，将【字体颜色】设为“黄色”，将【填充颜色】设为图6-174所示的颜色。

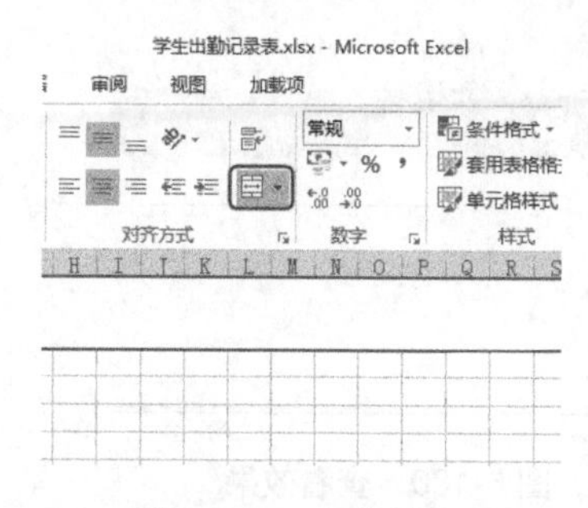

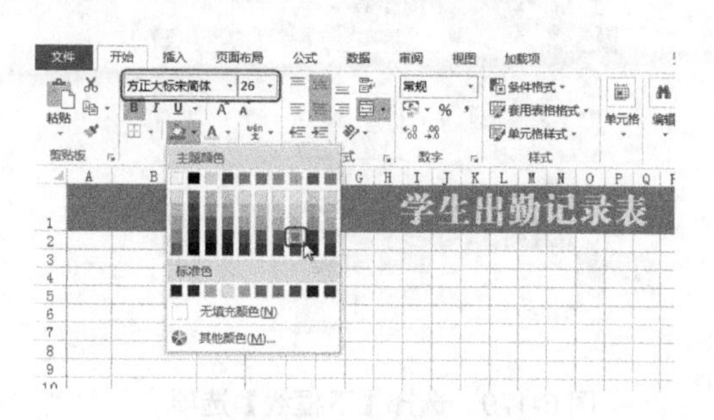

图6-173　合并单元格

图6-174　设置文字属性

step 09 选择A2：AB6单元格，在【单元格】选项组中单击【格式】按钮，在弹出的下拉列表中选择【行高】选项，如图6-175所示。

step 10 弹出【行高】对话框，将【行高】设为25，单击【确定】按钮，如图6-176所示。

step 11 选择C2：H2单元格，使用前面讲过的方法将其合并，如图6-177所示。

step 12 使用同样的方法将C4：H4列单元格进行合并，完成后的效果如图6-178所示。

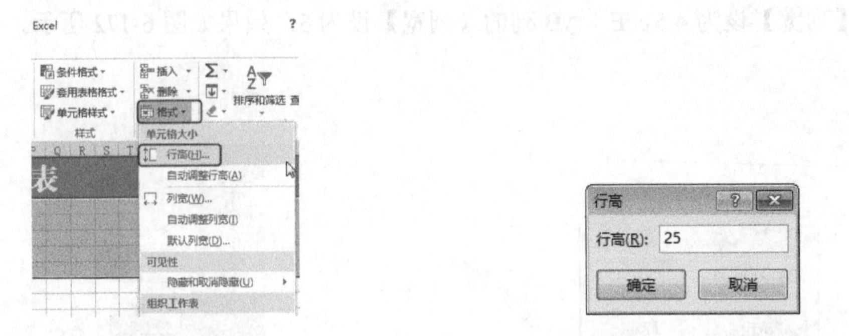

图 6-175　选择【行高】选项

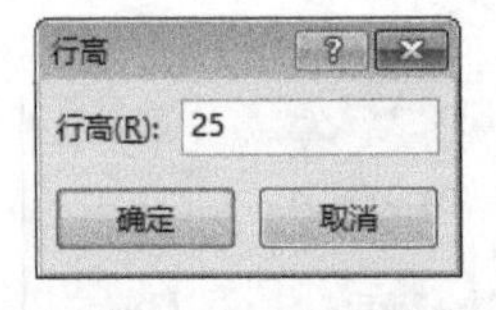

图 6-176　设置行高

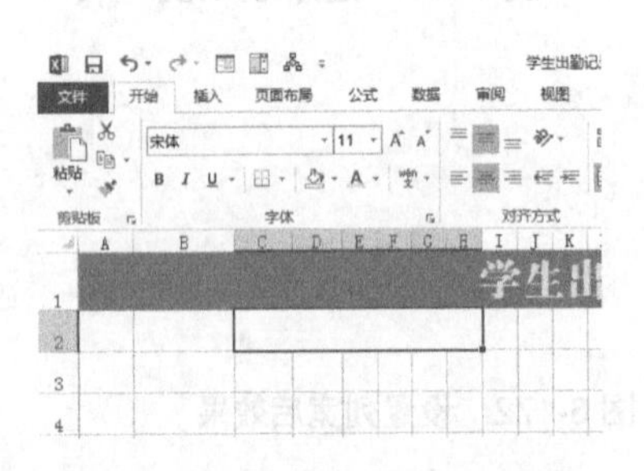

图 6-177　合并单元格

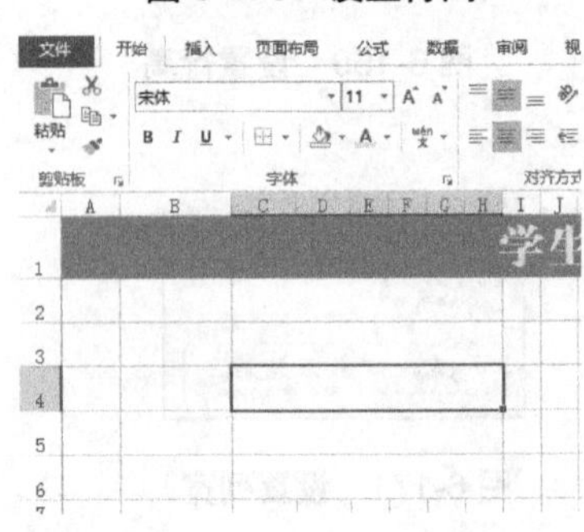

图 6-178　合并单元格后效果

step 13 选择 C2：H2 单元格，单击【边框】按钮，在弹出的下拉列表中选择【下框线】选项，如图 6-179 所示。

step 14 添加【下框线】后的效果如图 6-180 所示。

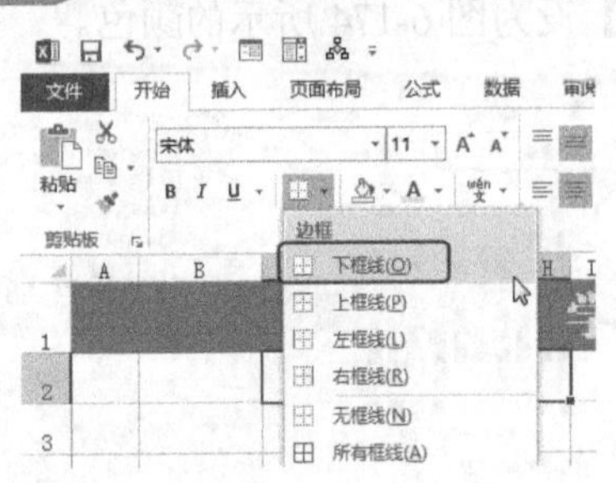

图 6-179　选择【下框线】选项

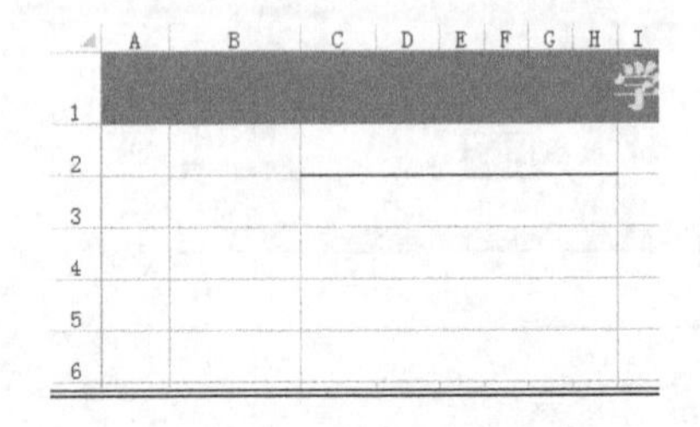

图 6-180　查看效果

step 15 使用同样的方法，在其他的合并单元格中插入下框线，效果如图 6-181 所示。

step 16 在如图所示的单元格中输入文字，将【字体】设为“微软雅黑”，【字号】设为 12，并单击【加粗】按钮，将【字体颜色】设为“绿色”，在【对齐方式】组中单击【低端对齐】按钮，如图 6-182 所示。

step 17 选择 O3：T3、O4：T4、O5：T5、O6：T6 单元格，并对其合并，完成后的效果如图 6-183 所示。

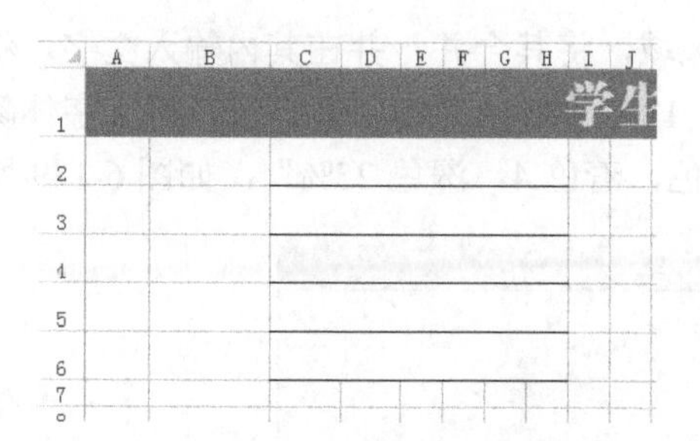

图 6-181　插入下框线

图 6-182　输入并设置文字

step 18 在上一步合并的单元格中输入文字将【字体】设为“微软雅黑”，【字号】设为 12，字体颜色分别设为“红、深蓝、浅蓝和绿色”，在【对齐方式】组中分别单击【低端对齐】和【左对齐】按钮，效果如图 6-184 所示。

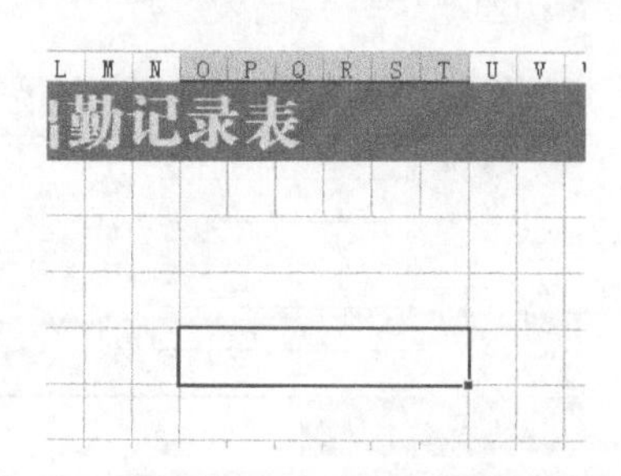

图 6-183　合并单元格

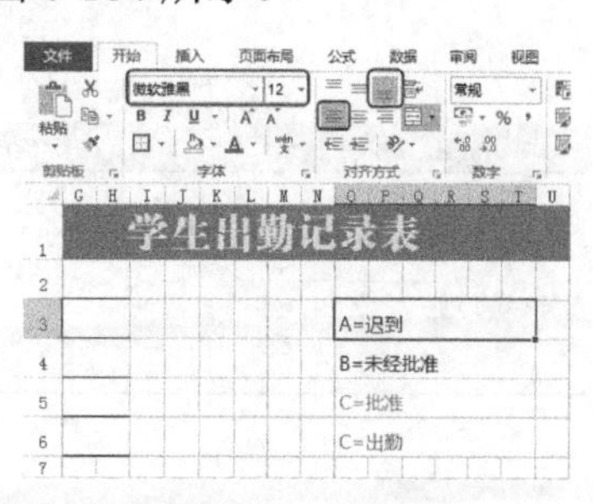

图 6-184　输入并设置文字

step 19 选择 A2：AB8 单元格，在【字体】组中单击【填充颜色】按钮，在弹出的下拉列表中选择如图 6-185 所示的颜色。

step 20 选择 A2：AB8 单元格，单击【边框】按钮，在弹出的下拉列表中选择【粗匣框线】选项，如图 6-186 所示。

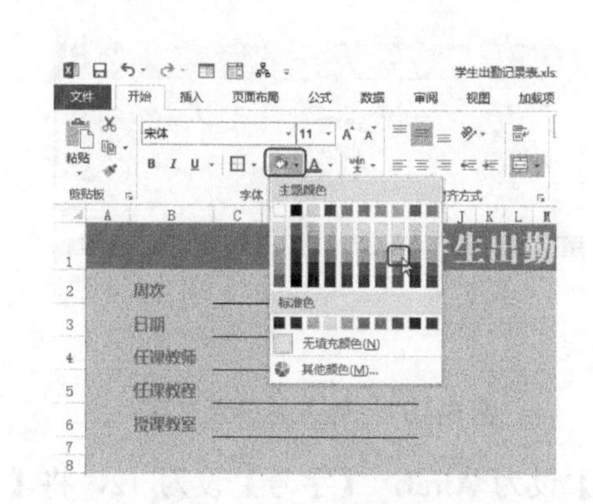

图 6-185　设置填充颜色

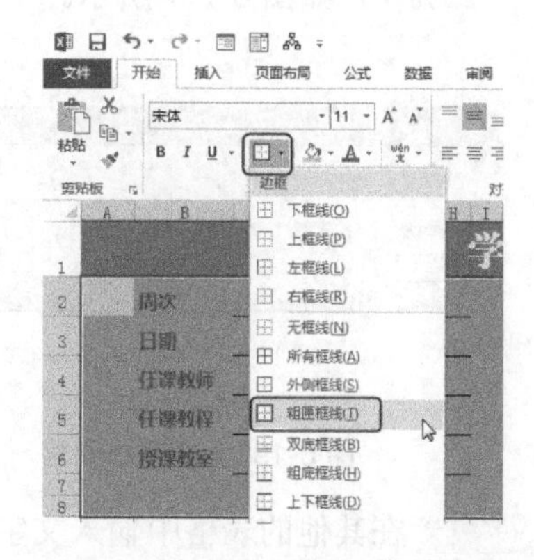

图 6-186　选择【粗匣框线】选项

step 21 设置完成后的效果如图 6-187 所示。

step 22 使用前面讲过的方法将第 9 行和第 10 行的单元格【行高】分别设为 18、15，完成后的效果如图 6-188 所示。

step 23 选择 A9：A10、B9：D10 单元格区域，将其合并，并在其内输入文字，将【字体】设为“微软雅黑”，【字号】设为 12，并单击【加粗】按钮，将【字体颜色】设为“黄色”，【填充颜色】设为“金色，着色 4，深色 25%”，如图 6-189 所示。

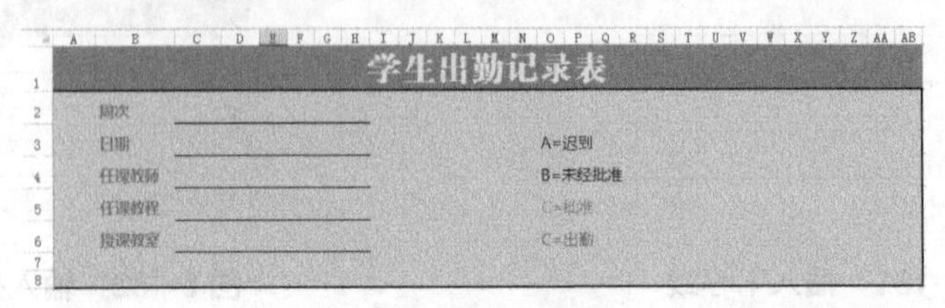

图 6-187　查看效果

图 6-188　设置行高

图 6-189　合并表格并输入文字

step 24 使用同样的方法将表格 E9：H9、I9：L9、M9：P9、Q9：T9、U9：X9、Y9：AB9，进行合并，如图 6-190 所示。

step 25 在上一步合并的单元格中输入文字，将【填充颜色】设为“金色，着色 4，深色 25%”，如图 6-191 所示。

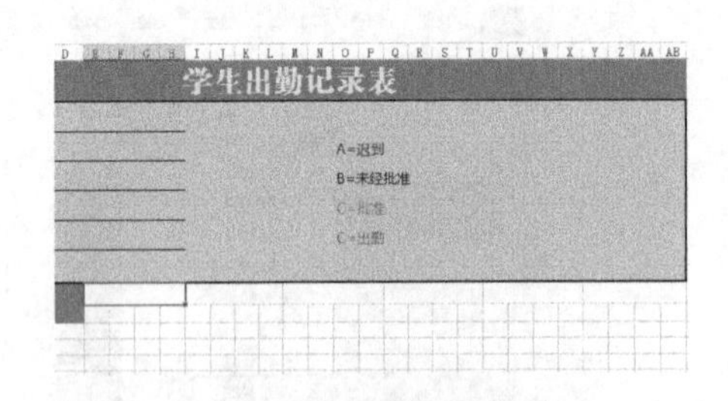

图 6-190　合并单元格

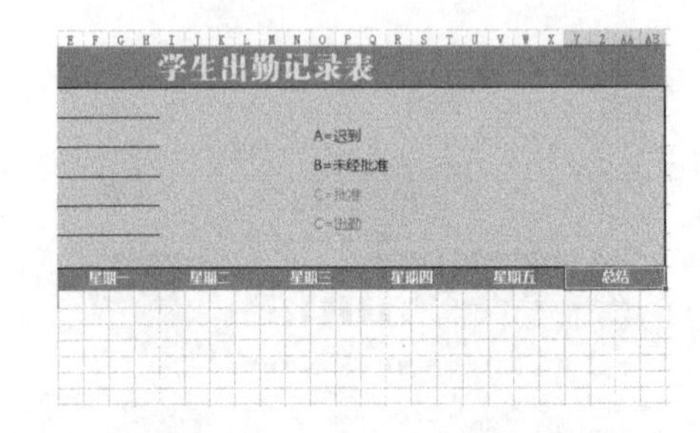

图 6-191　输入并设置文字

step 26 在其他的表格中输入文字，将【字体】设为 Airal，【字号】设为 12，将【字体颜色】设为图 6-192 所示的颜色，【填充颜色】设为“金色，着色 4，淡色 60%”。

step 27 选择第 11～50 行的表格，右击，在弹出的快捷菜单中选择【行高】命令，将【行高】设为 25，效果如图 6-193 所示。

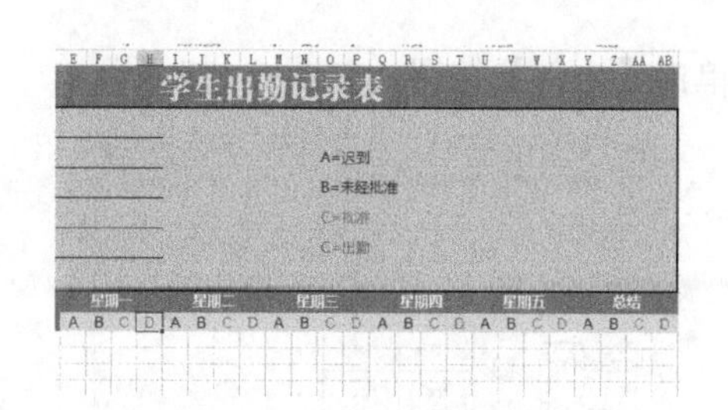

图 6-192 输入并设置文字

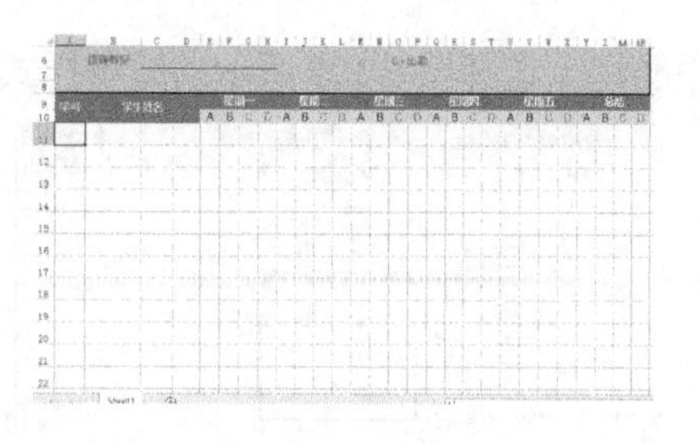

图 6-193 设置行高

step 28 在 A11 和 A12 单元格中输入文字，将【字体】设为 Airal，【字号】设为 12，并单击【加粗】按钮，在【对齐方式】组中单击【居中】按钮，如图 6-194 所示。

step 29 选择 A11：A12 单元格，将鼠标置于其右下角位置，当鼠标变为十字形时，按住鼠标左键向下拖动至 A50 单元格，效果如图 6-195 所示。

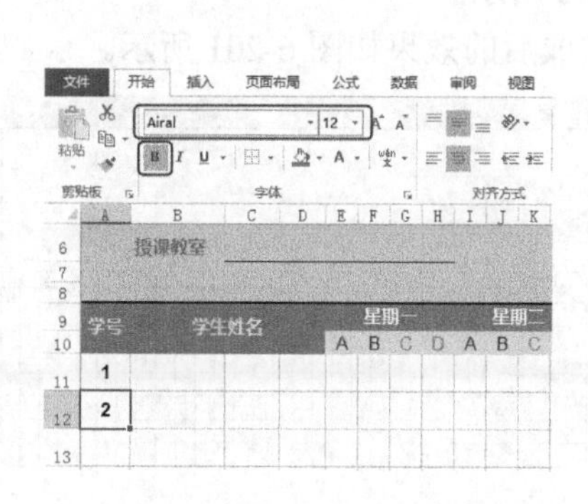

图 6-194 设置文字属性

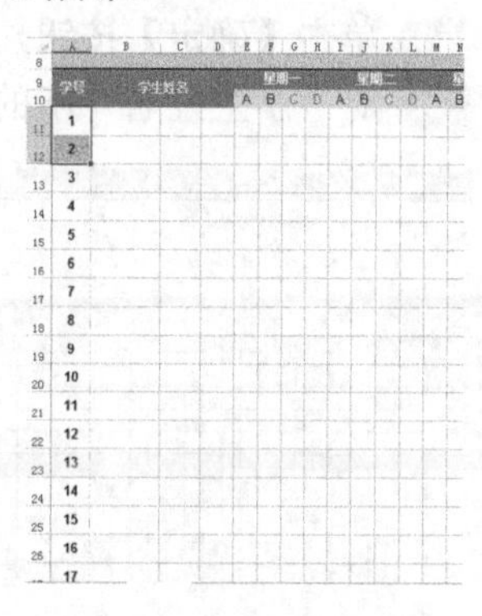

图 6-195 拖动鼠标

step 30 选择 A11：D50 单元格区域，在【字体】组中单击【填充颜色】按钮，在弹出的下拉列表中选择【金色，着色 4，淡色 40%】选项，如图 6-196 所示。

step 31 选择 A9：AB50 单元格区域，在【字体】组中单击【边框】按钮，在弹出的下拉列表中选择【其他边框】选项，如图 6-197 所示。

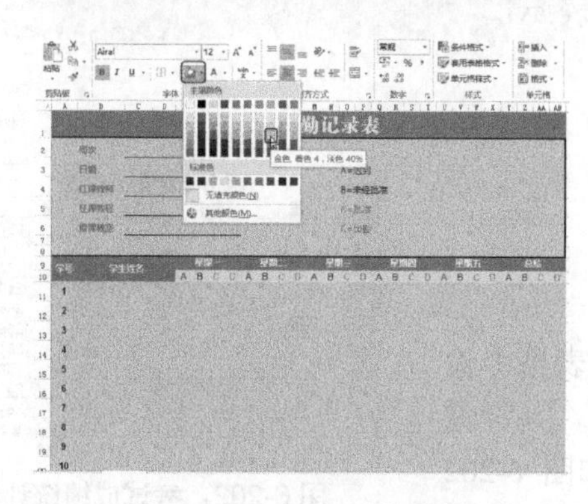

图 6-196 设置填充颜色

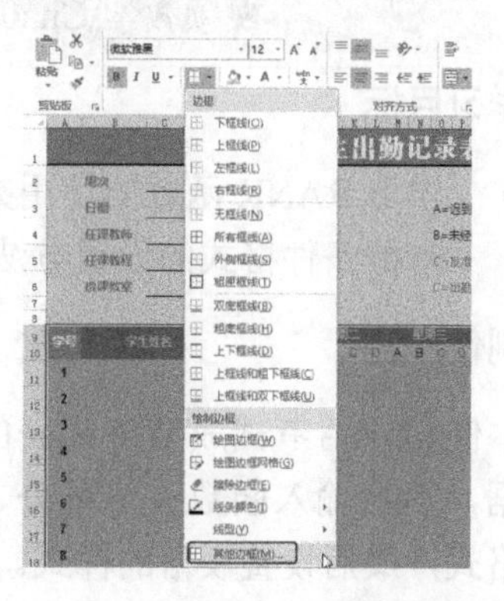

图 6-197 选择【其他边框】选项

step 32 弹出【设置单元格格式】对话框，选择图 6-198 所示的线条样式，然后单击【外边框】按钮，如图 6-198 所示。

step 33 选择图 6-199 所示的线条样式，然后单击【内部】按钮，如图 6-199 所示。

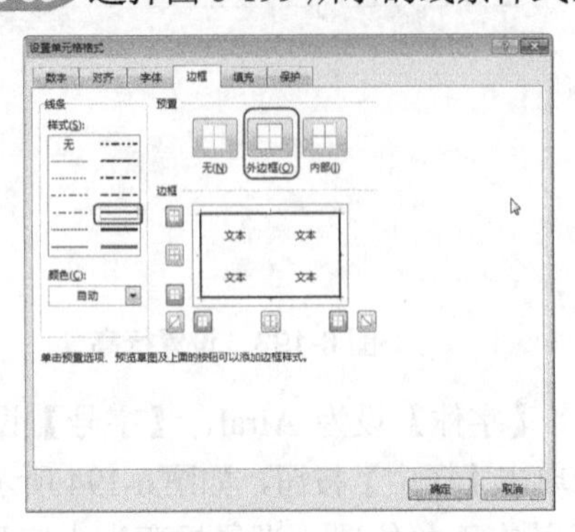

图 6-198　设置外部边框

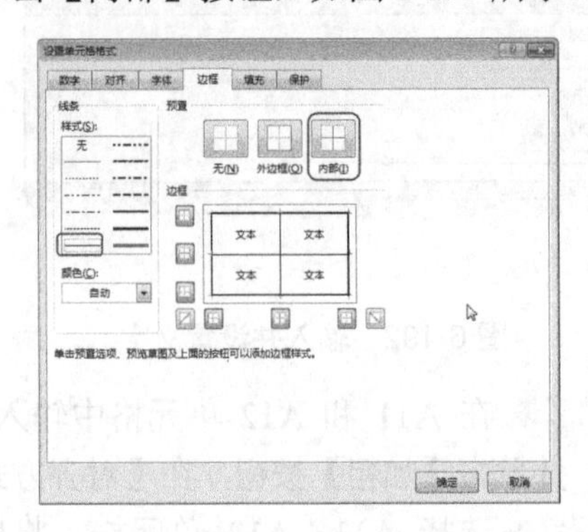

图 6-199　设置内部边框

step 34 单击【确定】按钮，查看效果如图 6-200 所示。

step 35 对“学生姓名”下的表格进行合并，完成后的效果如图 6-201 所示。

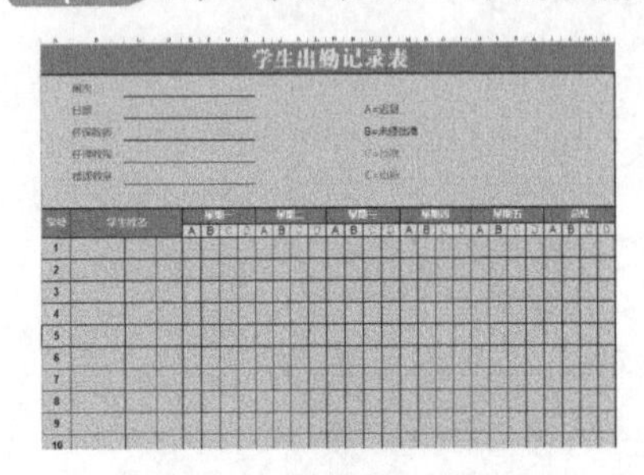

图 6-200　设置边框后的效果

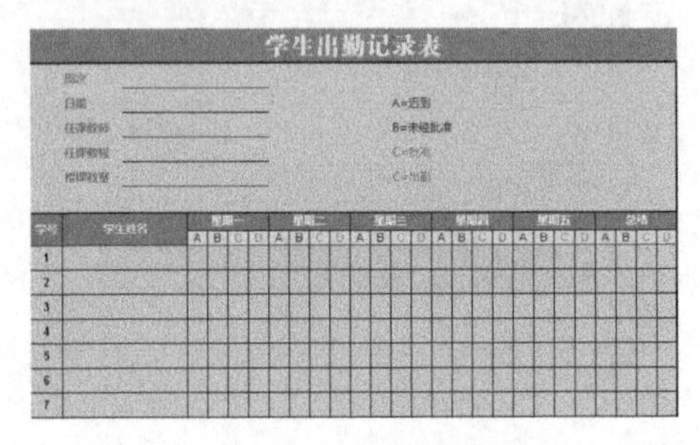

图 6-201　合并单元格

案例精讲 055　考试成绩统计表

案例文件：CDROM\场景\Cha06\考试成绩统计表.xlsx

视频文件：视频教学\Cha06\考试成绩统计表.avi

学习目标

- 学习 RANK 函数的使用方法。
- 掌握条件格式的设置方法。

制作概述

本例将介绍考试成绩统计表的制作，首先在表格中输入数据，然后输入函数计算总分、平均分和名次，并设置条件格式，最后设置表格的样式。完成后的效果如图 6-202 所示。

考试成绩统计表

姓名	语文	数学	英语	总分	名次
刘莉	95	77	85	257	9
张玉	90	88	92	270	1
孟强	80	93	89	262	5
胡青	91	80	78	249	10
王玉	88	81	95	264	3
冯琳	75	92	99	266	2
葛兵	85	80	96	261	6
董珠	79	85	95	259	8
王明	89	79	93	261	6
孙宏	83	82	99	264	3
平均分	85.5	83.7	92.1	261.3	

图 6-202　考试成绩统计表

操作步骤

step 01 启动 Excel 2013，新建一个空白工作簿。选中工作表中的 C2：H2 单元格区域，

在【开始】选项卡的【对齐方式】组中单击【合并后居中】按钮，然后输入文字，将【字号】设置为 18，单击【加粗】按钮，如图 6-203 所示。

step 02 在单元格中输入项目文字，然后输入成绩信息，如图 6-204 所示。

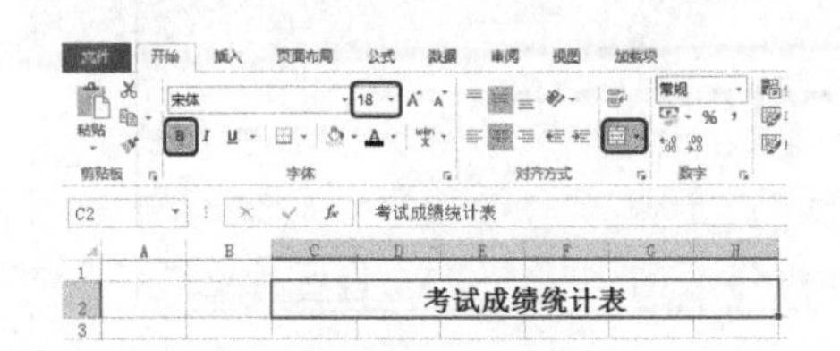

图 6-203　输入并设置文字

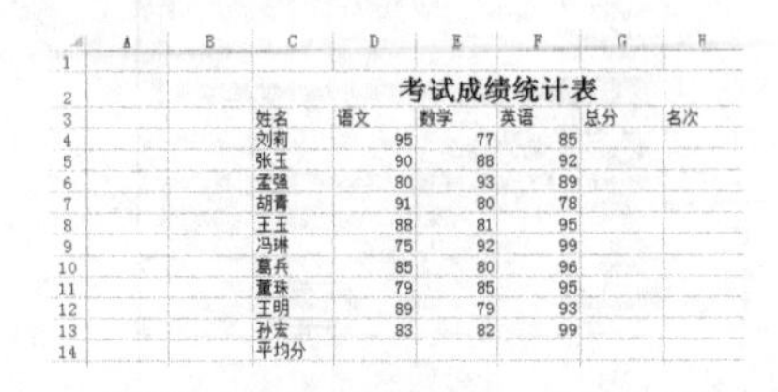

考试成绩统计表

姓名	语文	数学	英语	总分	名次
刘莉	95	77	85		
张玉	90	88	92		
孟强	80	93	89		
胡青	91	80	78		
王玉	88	81	95		
冯琳	75	92	99		
葛兵	85	80	96		
董珠	79	85	95		
王明	89	79	93		
孙宏	83	82	99		
平均分					

图 6-204　输入成绩信息

step 03 选中 G4 单元格，单击【编辑栏】左侧的【插入函数】按钮，如图 6-205 所示。

step 04 在弹出的【插入函数】对话框的【选择函数】列表中，选择 SUM 函数，然后单击【确定】按钮，如图 6-206 所示。

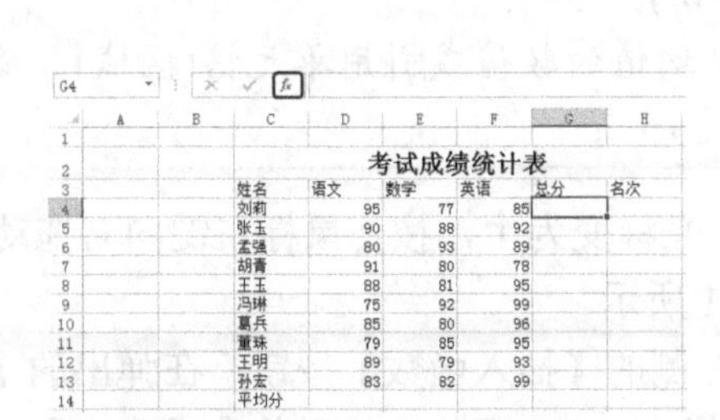

图 6-205　单击【插入函数】按钮

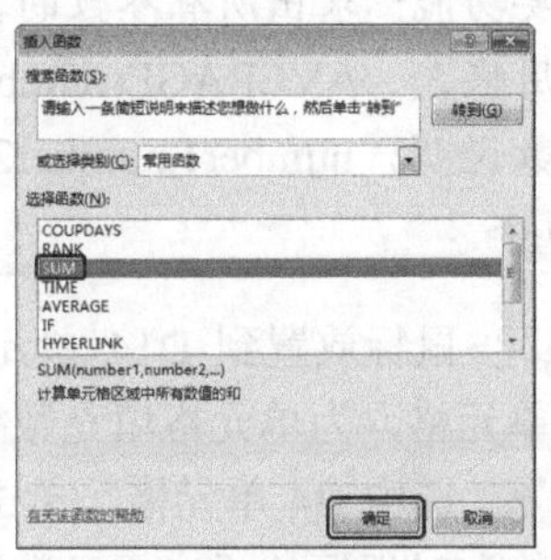

图 6-206　【插入函数】对话框

step 05 在弹出的【函数参数】对话框中，将 Number1 设置为“D4：F4”，然后单击【确定】按钮，如图 6-207 所示。

step 06 鼠标放置到 G4 单元格的右下角，光标变为+，按住鼠标左键向下拖动到 G13 单元格，为单元格填充数据，如图 6-208 所示。

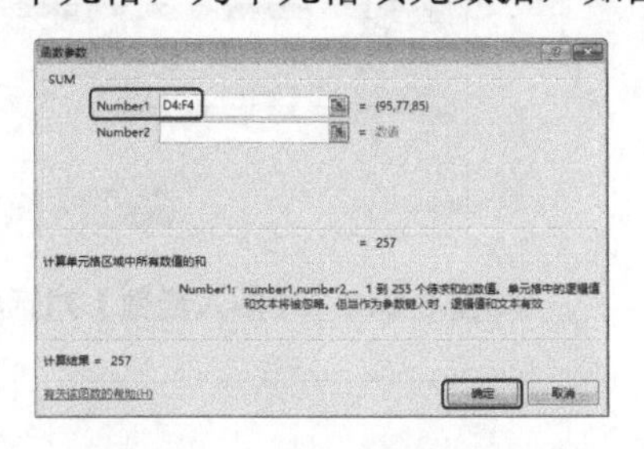

图 6-207　【函数参数】对话框

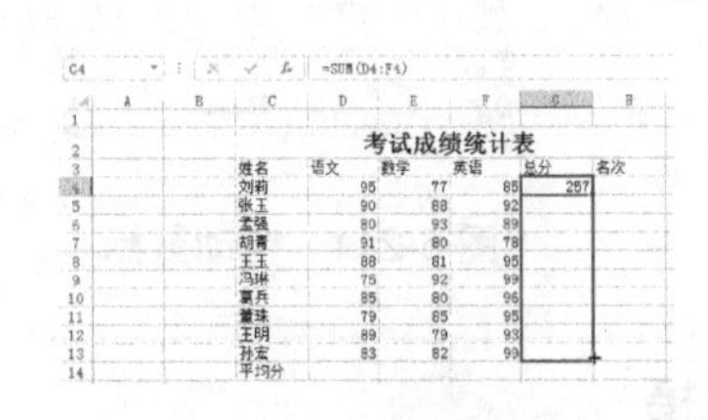

图 6-208　拖动鼠标

step 07 选中 D14 单元格，单击【编辑栏】左侧的【插入函数】按钮，在弹出的【插入函数】对话框的【选择函数】列表中选择 AVERAGE 函数，然后单击【确定】按钮，如图 6-209 所示。

step 08 在弹出的【函数参数】对话框中，将 Number1 设置为“D4：D13”，然后单击【确定】按钮，如图 6-210 所示。

图 6-209　【插入函数】对话框

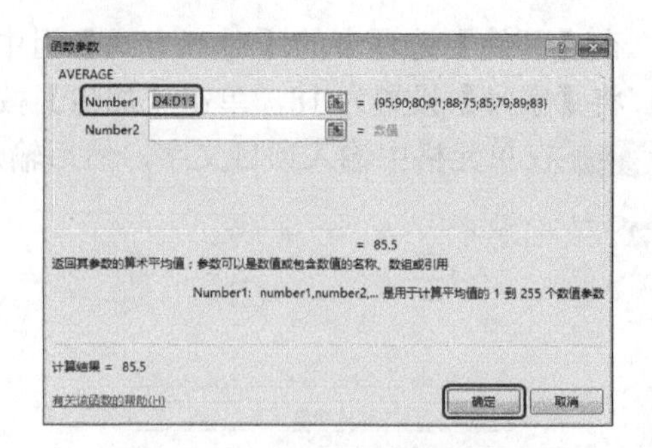

图 6-210　【函数参数】对话框

知识链接

函数名称：AVERAGE

主要功能：求出所有参数的算术平均值。

使用格式：AVERAGE(number1,number2……)。

参数说明：number1,number2……需要求平均值的数值或引用单元格(区域)，参数不超过 30 个。

step 09 鼠标放置到 D14 单元格的右下角，光标变为+，按住鼠标左键向右拖动到 G14 单元格，为单元格填充数据，如图 6-211 所示。

step 10 选中 H4 单元格，单击【编辑栏】左侧的【插入函数】按钮，在弹出的【插入函数】对话框的【选择函数】列表中，选择 RANK 函数，然后单击【确定】按钮，如图 6-212 所示。

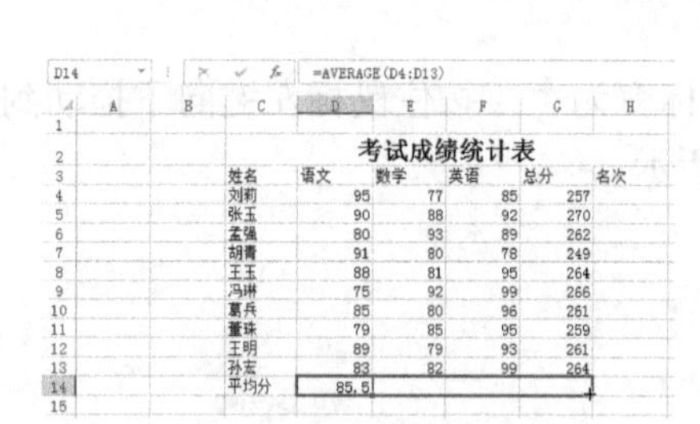

D14　=AVERAGE(D4:D13)

考试成绩统计表

姓名	语文	数学	英语	总分	名次
刘莉	95	77	85	257	
张玉	90	88	92	270	
孟强	80	93	89	262	
胡青	91	80	78	249	
王玉	88	81	95	264	
冯琳	75	92	99	266	
葛兵	85	80	96	261	
董珠	79	85	95	259	
王明	89	79	93	261	
孙宏	83	82	99	264	
平均分	85.5				

图 6-211　拖动鼠标

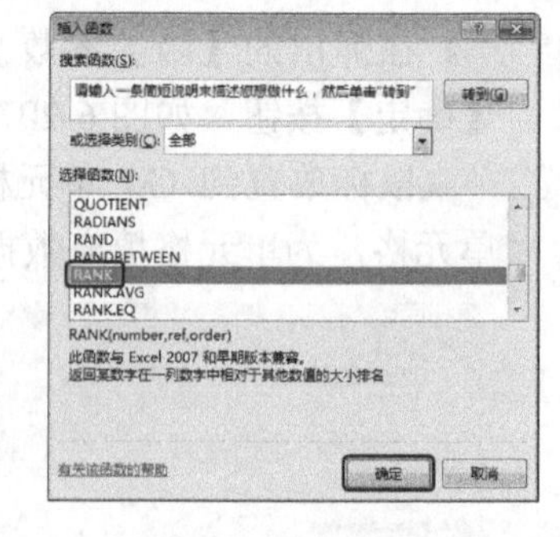

图 6-212　【插入函数】对话框

知识链接

函数名称：RANK

主要功能：返回某一数值在一列数值中的相对于其他数值的排位。

使用格式：RANK(Number,ref,order)。

参数说明：Number 代表需要排序的数值；Ref 代表排序数值所处的单元格区域；Order 代表排序方式参数(如果为“0”或者忽略，则按降序排名，即数值越大，排名结果数值越小；如果为非“0”值，则按升序排名，即数值越大，排名结果数值越大)。

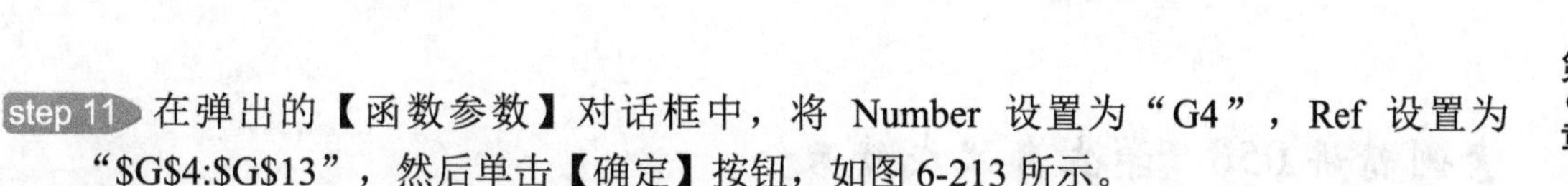

step 11 在弹出的【函数参数】对话框中，将 Number 设置为“G4”，Ref 设置为“$G$4:$G$13”，然后单击【确定】按钮，如图 6-213 所示。

step 12 鼠标放置到 H4 单元格的右下角，光标变为+，按住鼠标左键向下拖动到 H13 单元格，为单元格填充数据，如图 6-214 所示。

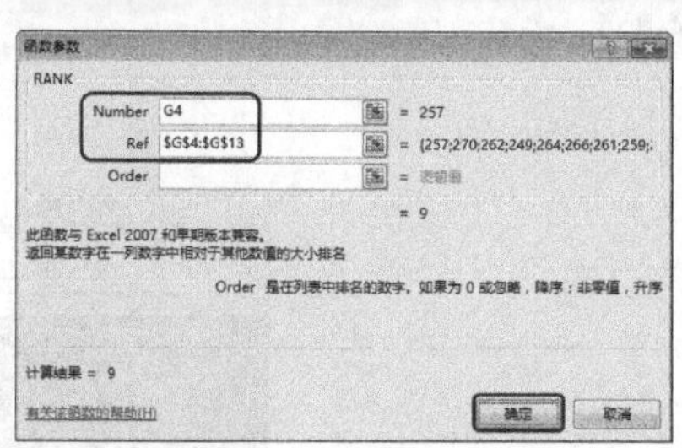

图 6-213 【函数参数】对话框

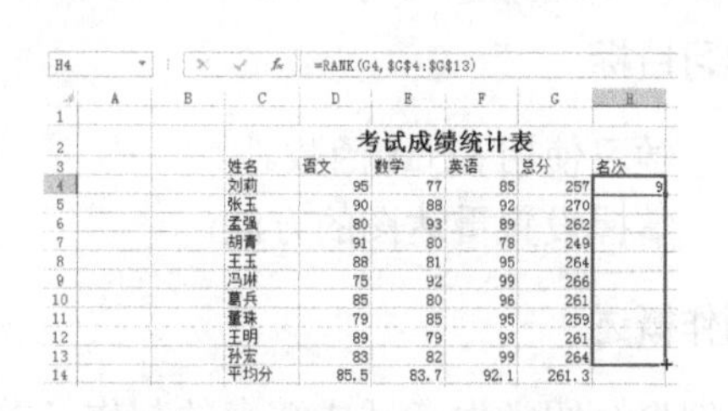

姓名	语文	数学	英语	总分	名次
刘莉	95	77	85	257	9
张玉	90	88	92	270	
孟强	80	93	89	262	
胡青	91	80	78	249	
王玉	88	81	95	264	
冯琳	75	92	99	266	
夏兵	85	80	96	261	
董珠	79	85	95	259	
王明	89	79	93	261	
孙宏	83	82	99	264	
平均分	85.5	83.7	92.1	261.3	

图 6-214 拖动鼠标

step 13 选择 D4：F13 单元格区域，在【开始】选项卡的【样式】组中选择【条件格式】|【突出显示单元格规则】|【小于】选项，如图 6-215 所示。

step 14 在弹出的【小于】对话框中输入“80”，然后单击【确定】按钮，如图 6-216 所示。

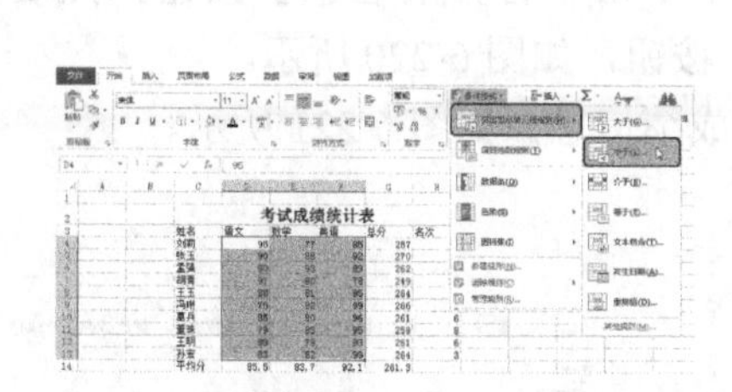

图 6-215 选择【小于】选项

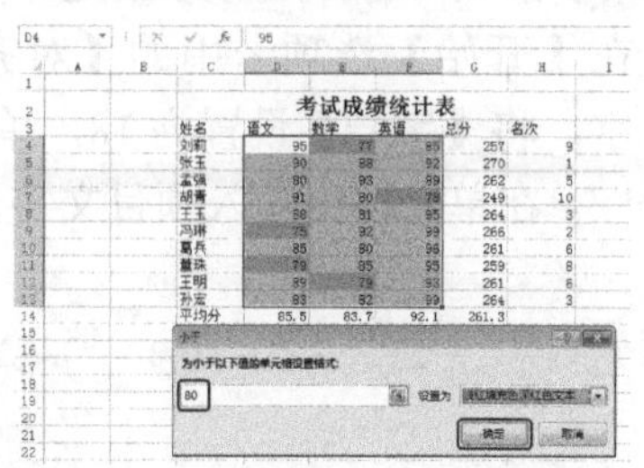

图 6-216 【小于】对话框

step 15 选中 C2：H14 单元格区域，单击【字体】组中右下角的【字体设置】按钮，如图 6-217 所示。

step 16 在弹出的【设置单元格格式】对话框中，选择【边框】选项卡，设置颜色，然后单击【外边框】和【内部】按钮，然后单击【确定】按钮，如图 6-218 所示。

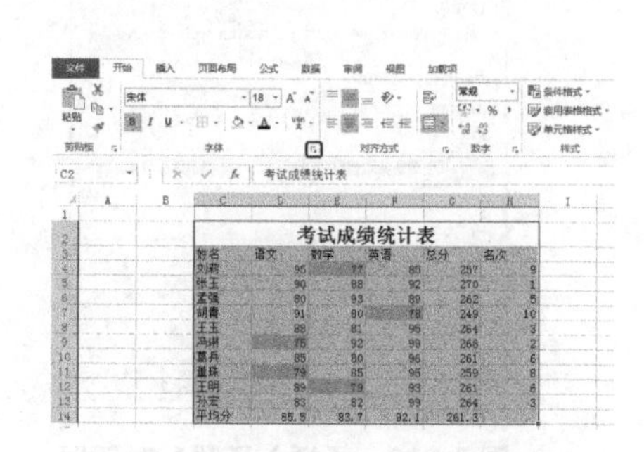

图 6-217 单击【字体设置】按钮

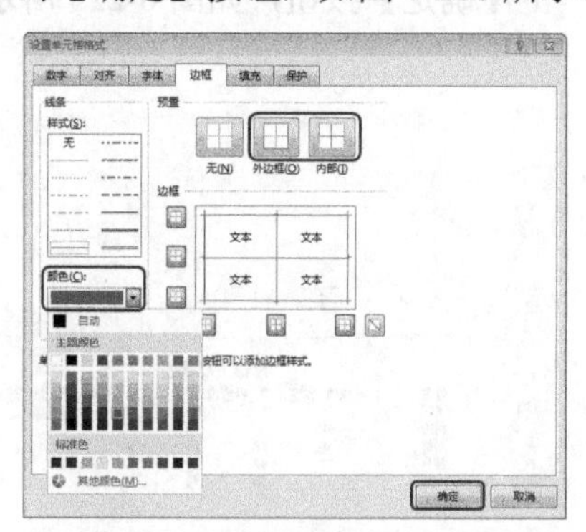

图 6-218 【设置单元格格式】对话框

案例精讲 056　学生考试成绩表

案例文件：CDROM\场景\Cha06\学生考试成绩表.xlsx

视频文件：视频教学\Cha06\学生考试成绩表.avi

学习目标

- 学习使用 SUM 函数。
- 掌握设置雷达图的方法。

制作概述

本例将介绍学生考试成绩表的制作。首先制作成绩表，然后通过输入函数计算总成绩，最后插入雷达图，并设置图表样式。完成后的效果如图 6-219 所示。

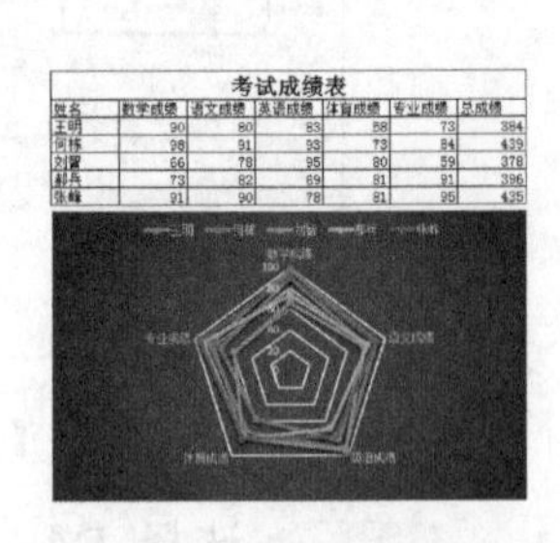

考试成绩表

姓名	数学成绩	语文成绩	英语成绩	体育成绩	专业成绩	总成绩
王明	90	80	83	58	73	384
何栋	98	91	93	73	84	439
刘智	66	78	95	80	59	378
郝兵	73	82	69	81	91	396
张峰	91	90	78	81	95	435

图 6-219　学生考试成绩表

操作步骤

step 01 启动 Excel 2013，新建一个空白工作簿。选中工作表中的 B2：H2 单元格区域，在【开始】选项卡中的【对齐方式】组中单击【合并后居中】按钮，然后输入文字，将【字号】设置为 18，单击【加粗】按钮，如图 6-220 所示。

step 02 在单元格中输入项目文字，然后输入成绩信息，如图 6-221 所示。

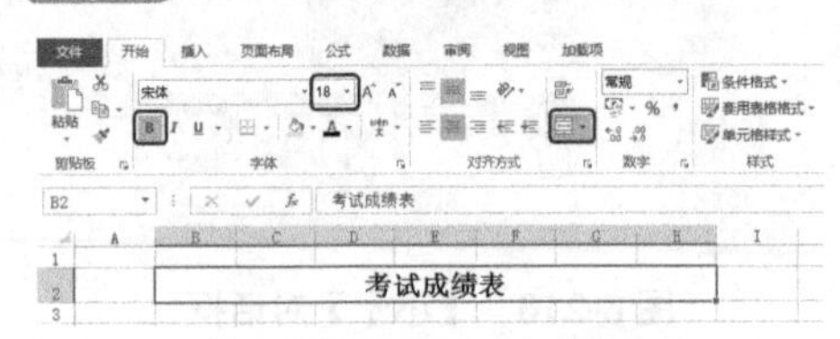

图 6-220　输入并设置文字

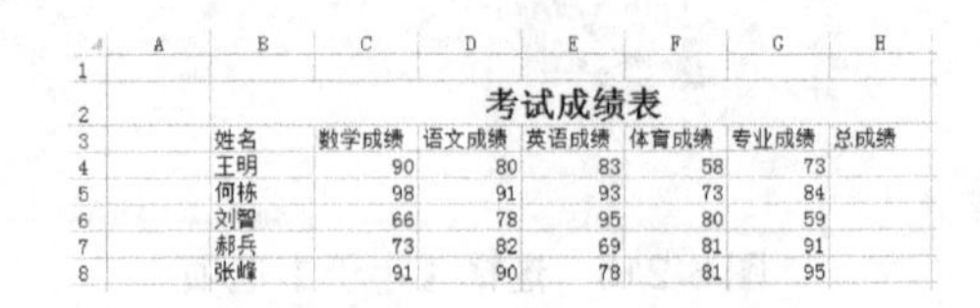

考试成绩表

姓名	数学成绩	语文成绩	英语成绩	体育成绩	专业成绩	总成绩
王明	90	80	83	58	73	
何栋	98	91	93	73	84	
刘智	66	78	95	80	59	
郝兵	73	82	69	81	91	
张峰	91	90	78	81	95	

图 6-221　输入成绩信息

step 03 选中 H4 单元格，单击【编辑栏】左侧的【插入函数】按钮，如图 6-222 所示。

step 04 在弹出的【插入函数】对话框的【选择函数】列表中，选择 SUM 函数，然后单击【确定】按钮，如图 6-223 所示。

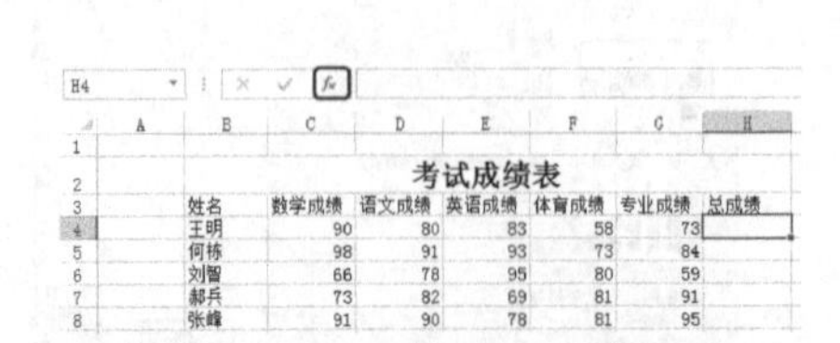

图 6-222　单击【插入函数】按钮

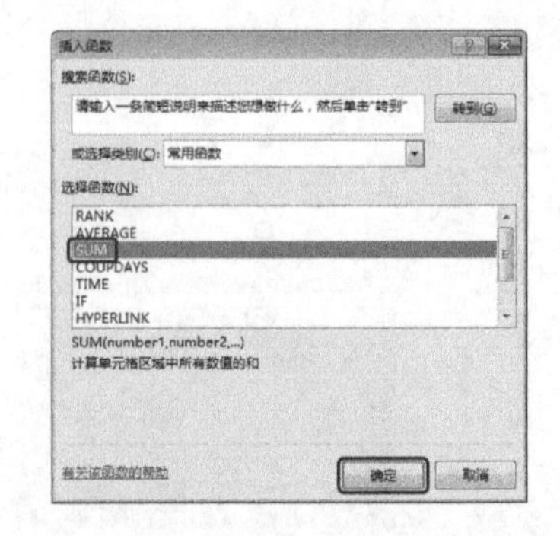

图 6-223　【插入函数】对话框

step 05 在弹出的【函数参数】对话框中，将 Number1 设置为“C4：G4”，然后单击

【确定】按钮，如图 6-224 所示。

step 06 鼠标放置到 H4 单元格的右下角，光标变为+，按住鼠标左键向下拖动到 H8 单元格，为单元格填充数据，如图 6-225 所示。

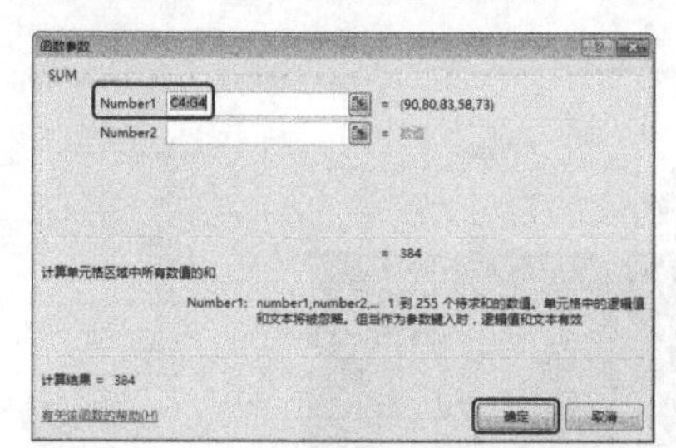

图 6-224 【函数参数】对话框

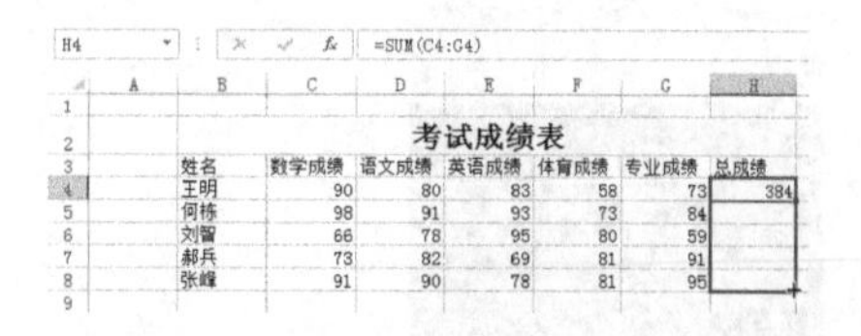

图 6-225 拖动鼠标

step 07 选中 B3：G8 单元格区域，在功能区选择【插入】选项卡，单击【图表】组中的【推荐的图表】按钮，如图 6-226 所示。

step 08 在弹出的【插入图表】对话框中，选择【所有图表】选项卡，选择【雷达图】中的【带数据标记的雷达图】选项，然后单击【确定】按钮，如图 6-227 所示。

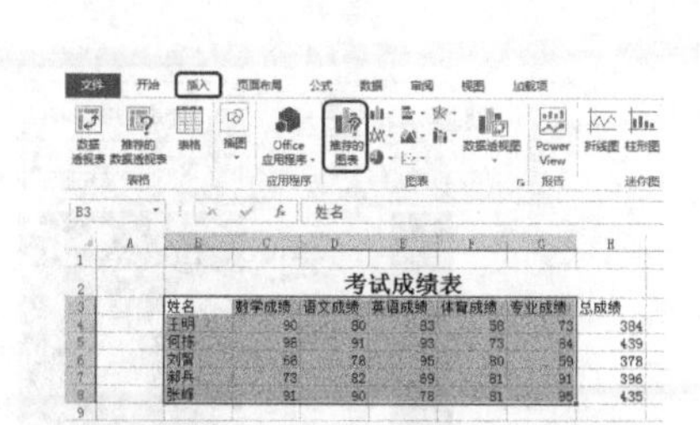

图 6-226 单击【推荐的图表】按钮

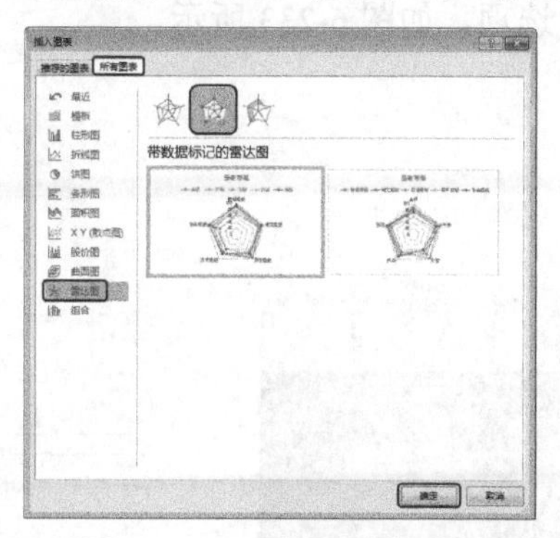

图 6-227 【插入图表】对话框

step 09 调整图表的位置，然后在【图表样式】列表中选择【样式 7】选项，如图 6-228 所示。

step 10 将图表中的标题删除，然后在图表中右击，在弹出的快捷菜单中选择【设置图表区域格式】命令，如图 6-229 所示。

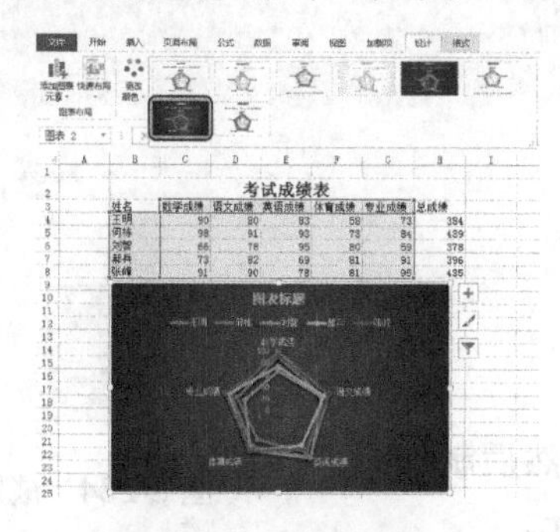

图 6-228 选择样式

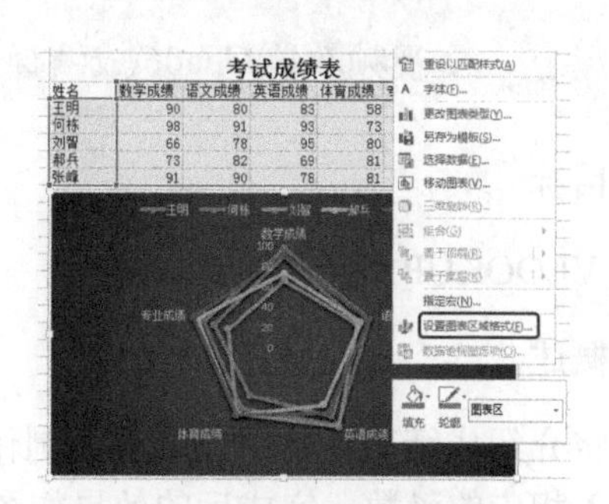

图 6-229 选择【设置图表区域格式】命令

step 11 在【设置图表区格式】对话框中，单击【图表选项】右侧的下拉箭头，在弹出的列表中选择【雷达轴(值)轴主要网格线】选项，如图 6-230 所示。

step 12 将【线条】设置为“实线”，【颜色】设置为“白色”，【宽度】设置为 1.5 磅，如图 6-231 所示。

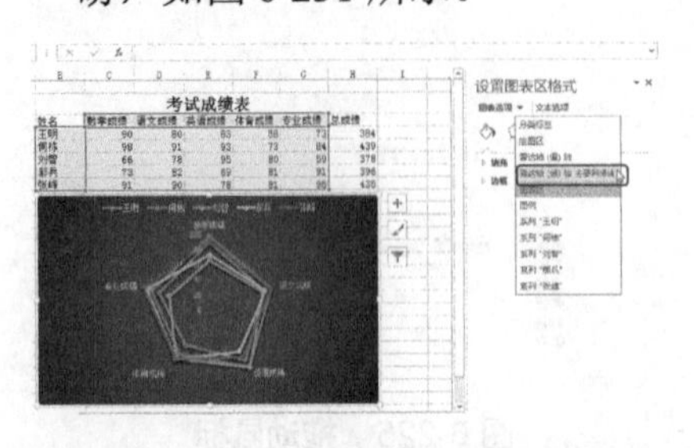

图 6-230 选择【雷达轴(值)轴主要网格线】选项

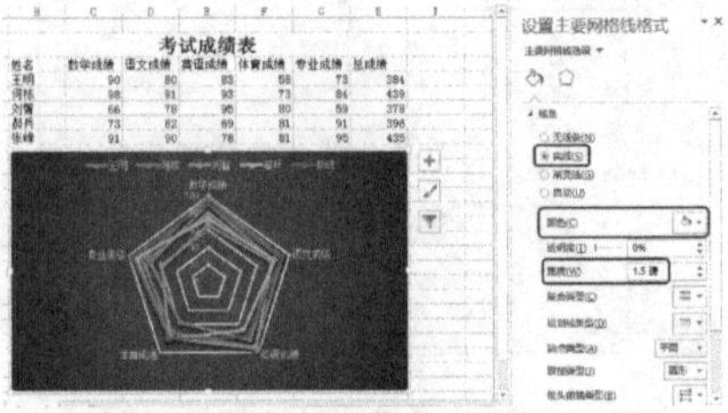

图 6-231 设置线条

step 13 选中图表中的坐标轴，在【设置图表区格式】对话框中，选择【文本选项】选项卡，将【文本填充】中的【颜色】设置为“白色”，如图 6-232 所示。

step 14 选中 B2：H8 单元格区域，在【字体】组的【边框】列表中选择【所有框线】选项，如图 6-233 所示。

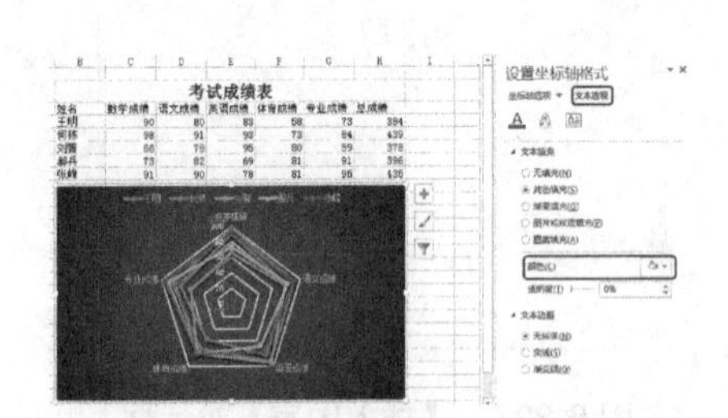

图 6-232 设置文本填充

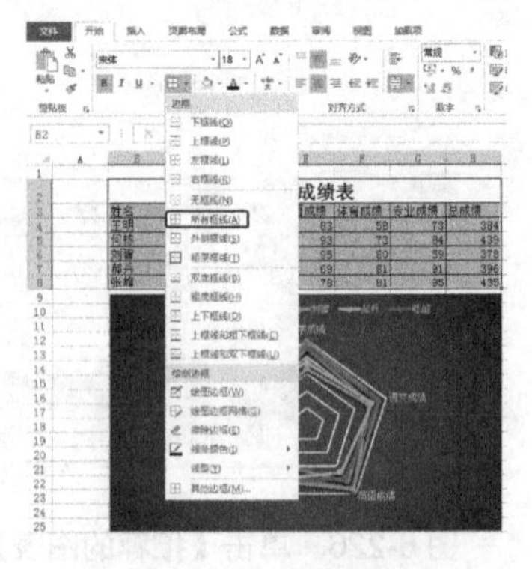

图 6-233 选择所有框线

案例精讲 057 成绩查询

案例文件：CDROM\场景\Cha06\成绩查询.xlsx

视频文件：视频教学\Cha06\成绩查询.avi

学习目标

掌握 VLOOKUP 函数的使用方法。

制作概述

本例将介绍成绩查询的制作。首先制作成绩表，然后制作查询表并输入相应的函数。完成后的效果如图 6-234 所示。

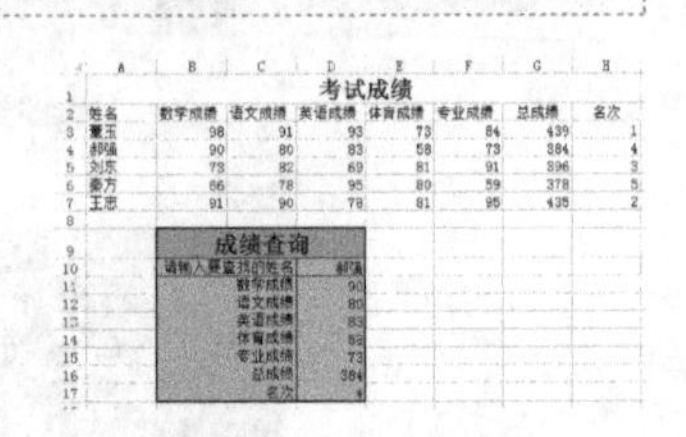

图 6-234 成绩查询

操作步骤

step 01 启动 Excel 2013，新建一个空白工作簿。选中工作表中的 A1：H1 单元格区域，在【开始】选项卡中的【对齐方式】组中单击【合并后居中】按钮，然后输入文字，将【字号】设置为 18，单击【加粗】按钮，如图 6-235 所示。

step 02 在单元格中输入项目文字，然后输入成绩信息，如图 6-236 所示。

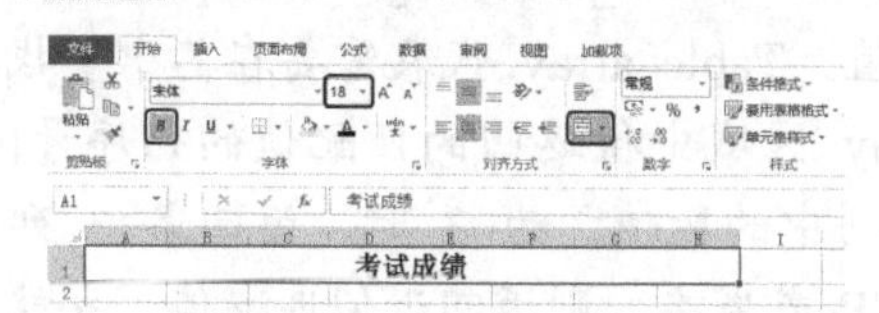

图 6-235 输入并设置文字

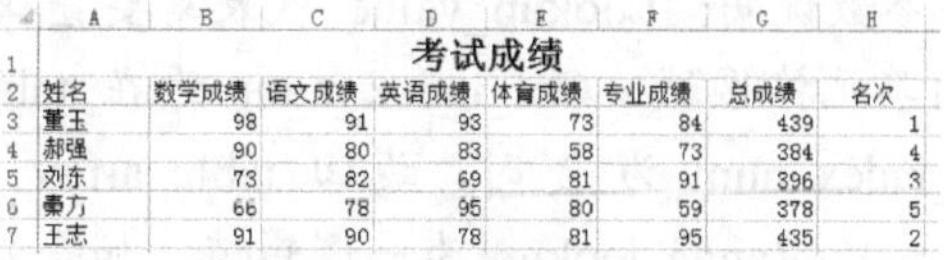

	A	B	C	D	E	F	G	H
1	考试成绩							
2	姓名	数学成绩	语文成绩	英语成绩	体育成绩	专业成绩	总成绩	名次
3	董玉	98	91	93	73	84	439	1
4	郝强	90	80	83	58	73	384	4
5	刘东	73	82	69	81	91	396	3
6	秦方	66	78	95	80	59	378	5
7	王志	91	90	78	81	95	435	2

图 6-236 输入成绩信息

step 03 选中工作表中的 B9：D9 单元格区域，在【开始】选项卡中的【对齐方式】组中单击【合并后居中】按钮，然后输入文字，将【字号】设置为 18，单击【加粗】按钮，如图 6-237 所示。

step 04 使用相同的方法合并单元格并输入文字，然后将其设置为“右对齐”，如图 6-238 所示。

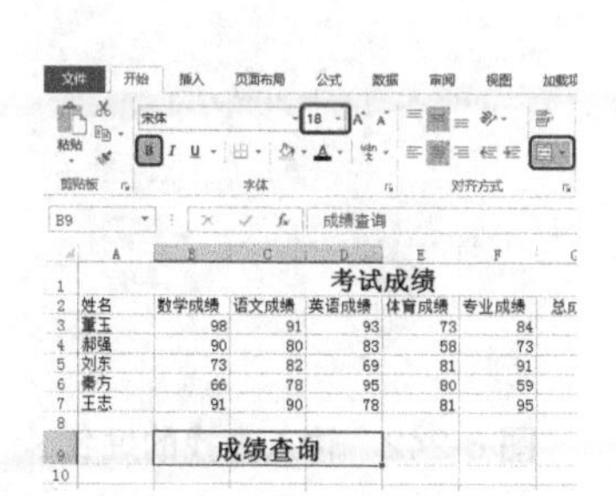

图 6-237 输入并设置文字

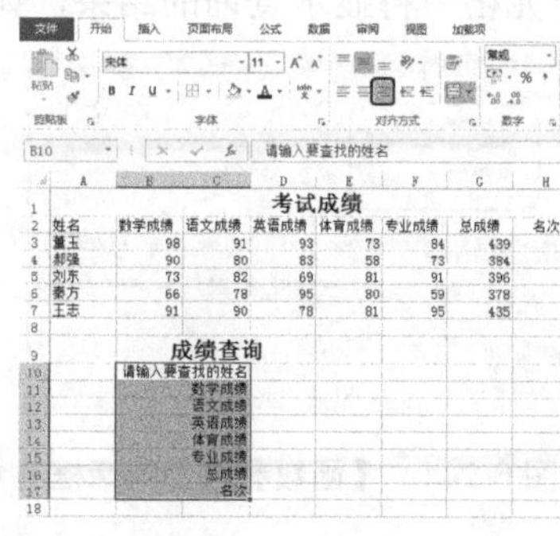

图 6-238 输入文字并对齐

step 05 选中 D11 单元格，单击【编辑栏】左侧的【插入函数】按钮，如图 6-239 所示。

step 06 在弹出的【插入函数】对话框的【或选择类别】中选择【查找与引用】选项。在【选择函数】列表中，选择 VLOOKUP 函数，然后单击【确定】按钮，如图 6-240 所示。

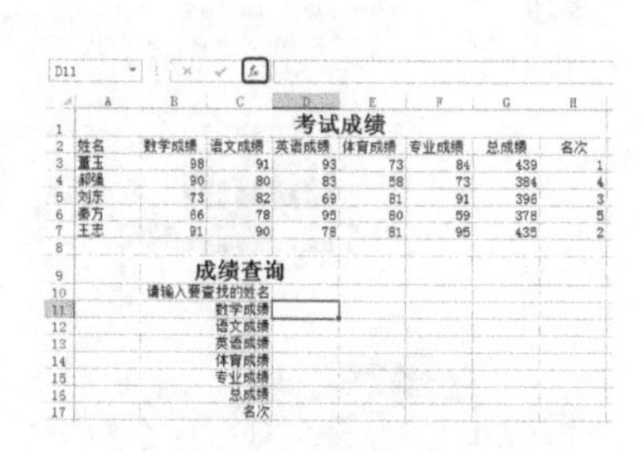

图 6-239 单击【插入函数】按钮

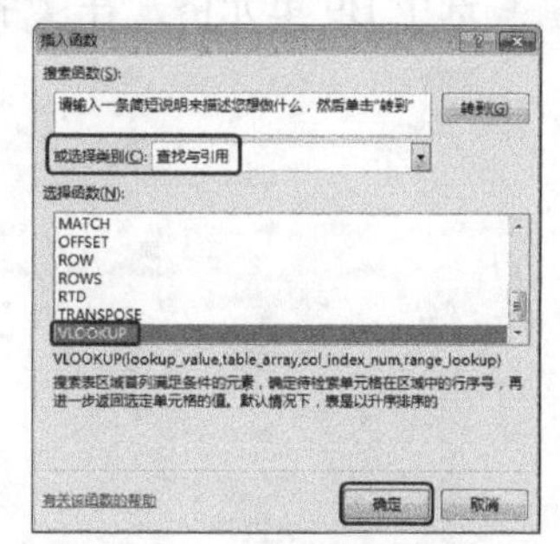

图 6-240 【插入函数】对话框

知识链接

函数名称：VLOOKUP

主要功能：在数据表的首列查找指定的数值，并由此返回数据表当前行中指定列的数值。

使用格式：VLOOKUP(lookup_value,table_array,col_index_num,range_lookup)。

参数说明：Lookup_value 代表需要查找的数值。Table_array 代表需要在其中查找数据的单元格区域。Col_index_num 为在 table_array 区域中待返回的匹配值的列序号(当 Col_index_num 为 2 时，返回 table_array 第 2 列中的数值；为 3 时，返回第 3 列的值……)。Range_lookup 为一逻辑值，如果为 TRUE 或省略，则返回近似匹配值，也就是说，如果找不到精确匹配值，则返回小于 lookup_value 的最大数值；如果为 FALSE，则返回精确匹配值，如果找不到，则返回错误值#N/A。

step 07 在弹出的【函数参数】对话框中，输入各个函数参数，然后单击【确定】按钮，如图 6-241 所示。

step 08 使用相同的方法设置其他函数，然后在 D10 单元格中输入姓名“郝强”，其他单元格中将显示查询的结果，如图 6-242 所示。

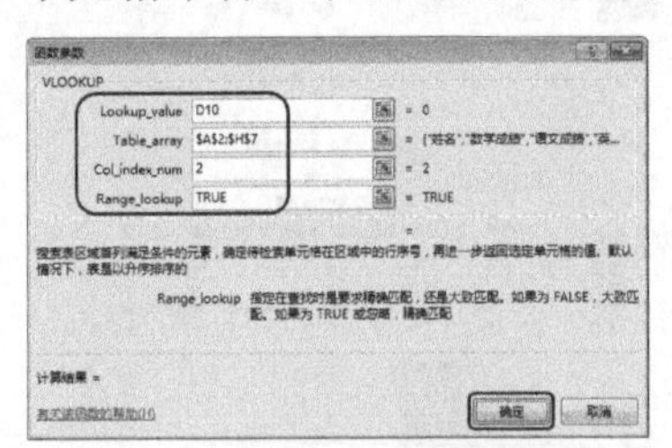

图 6-241 【函数参数】对话框

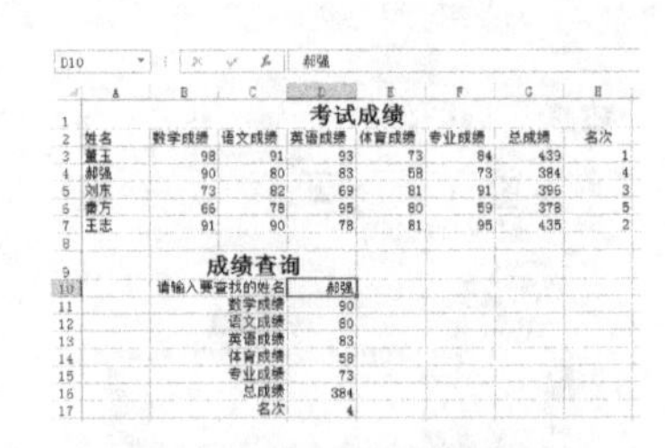

图 6-242 输入查找的姓名

将 D10 单元格设置为“右对齐”。

step 09 选中 B9：D17 单元格区域，在【字体】组中，将【边框】设置为“粗匣框线”，如图 6-243 所示。

step 10 选中 B9 单元格，在【字体】组中设置填充颜色，如图 6-244 所示。

图 6-243 设置边框

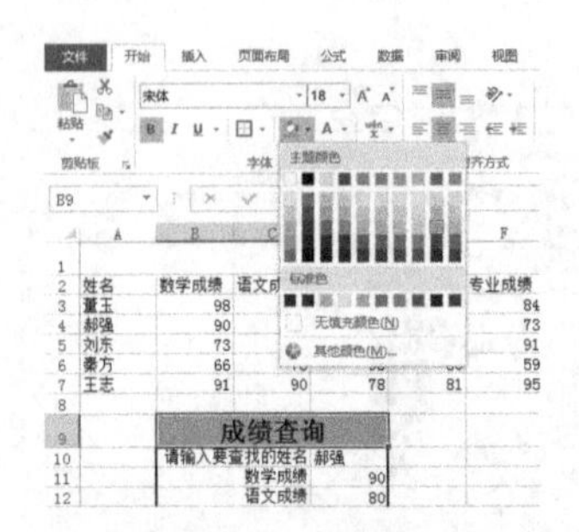

图 6-244 设置填充颜色

step 11 选中 B10：D17 单元格区域，在【字体】组中设置填充颜色，如图 6-245 所示。

step 12 参照前面的操作步骤，设置单元格的线框，如图 6-246 所示。

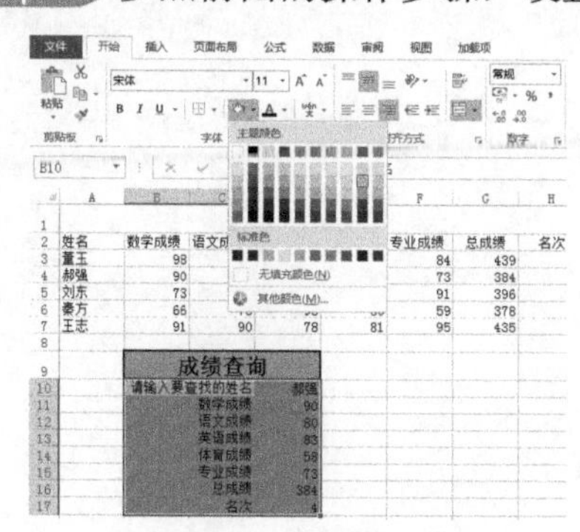

图 6-245 设置填充颜色

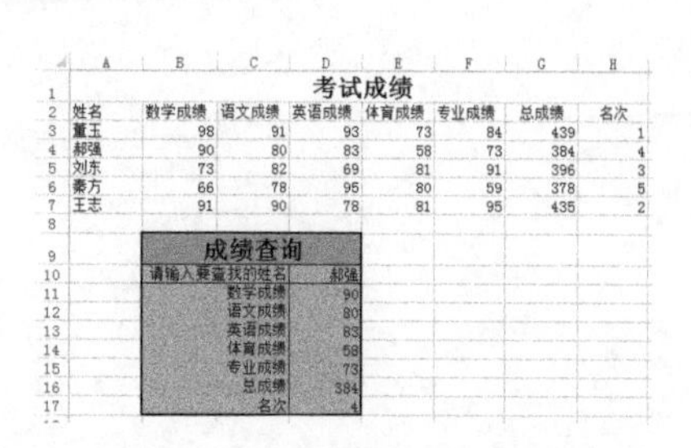

图 6-246 设置单元格的线框

第 7 章
企业应用篇

本章重点

- ◆ 利用排位和百分比分析季度产量
- ◆ 利用直方图分析季度业绩
- ◆ 损益表
- ◆ 总分类账
- ◆ 房地产项目开发计划表
- ◆ 广告设计预算审批表
- ◆ 电脑公司配置单
- ◆ 出差开支预算
- ◆ 费用报表
- ◆ 购物结算清单
- ◆ 企业固定资产直线折旧
- ◆ 银行传票表
- ◆ 活动安排表
- ◆ 机票价格表
- ◆ 客户信息记录表

案例课堂

随着企业的经营活动的不断发展，Excel 在企业数据管理中的作用越来越重要。Excel 在企业中经常应用于制作报表、统计和图表。熟练掌握 Excel 能够提高工作效率，轻松处理繁杂的工作数据。本章将介绍 Excel 在企业中的应用方法与技巧。

案例精讲 058　利用排位和百分比分析季度产量

案例文件：CDROM\场景\Cha07\利用排位和百分比分析季度产量. xlsx

视频文件：视频教学\Cha07\利用排位和百分比分析季度产量.avi

学习目标

- 学习如何制作分析表。
- 掌握利用排位和百分比制作分析表的方法。

制作概述

本例将讲解如何利用排位和百分比分析产量，具体操作方法如下。完成后的效果如图 7-1 所示。

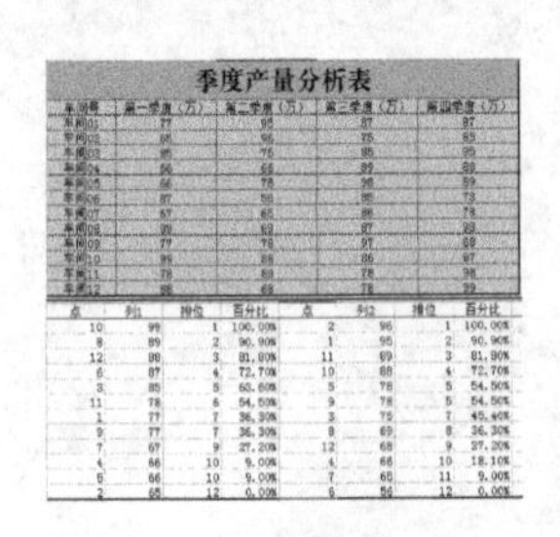

图 7-1　产量分析表

操作步骤

step 01 启动 Excel 2013，在【新建】选项卡下单击【空白工作簿】按钮，如图 7-2 所示。

step 02 选择第 1 行单元格并右击，在弹出的快捷菜单中选择【行高】命令，如图 7-3 所示。

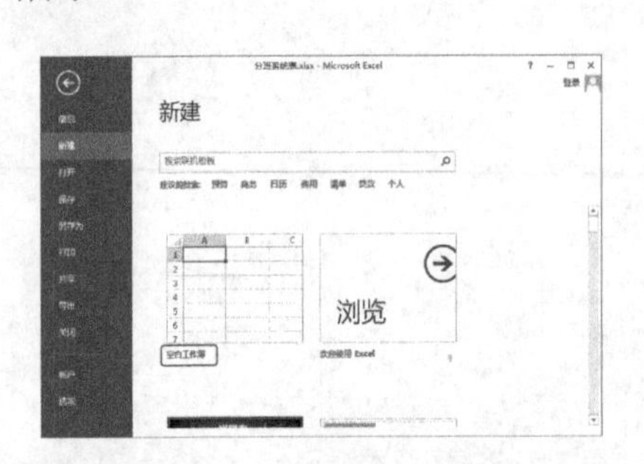

图 7-2　新建空白工作簿

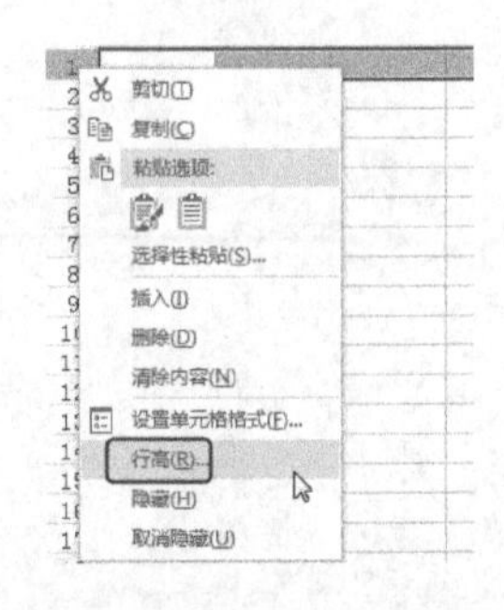

图 7-3　选择【行高】命令

step 03 弹出【行高】对话框，将【行高】设为 35，如图 7-4 所示。

step 04 选择 A1：E1 单元格区域，在功能区选择【开始】选项卡，在【对齐方式】组中单击【合并后居中】按钮，对该区域的单元格进行合并，如图 7-5 所示。

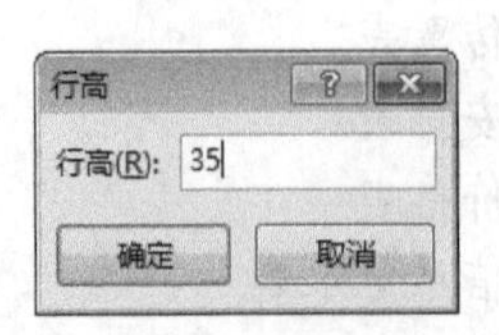

图 7-4　设置行高

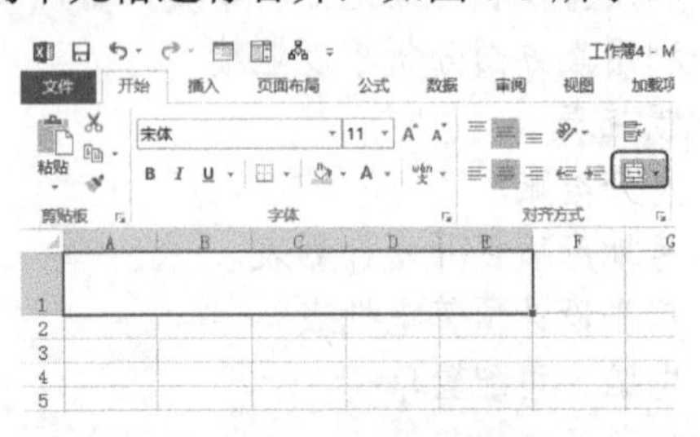

图 7-5　完成后的效果

step 05 选择 A 列单元格并右击，在弹出的快捷菜单中选择【列宽】命令，如图 7-6 所示。

step 06 弹出【列宽】对话框，将【列宽】设为 10，单击【确定】按钮，如图 7-7 所示。

图 7-6 选择【列宽】命令

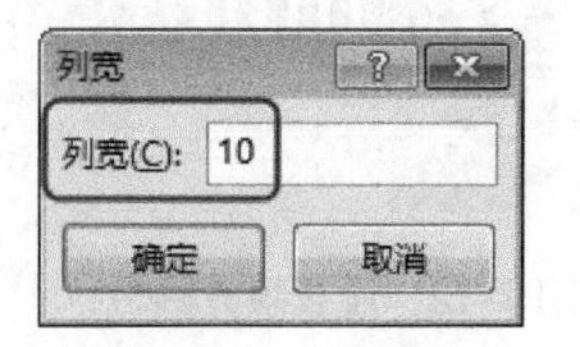

图 7-7 设置列宽

step 07 选择 B：E 列单元格，使用同样的方法将其【列宽】设为 15，完成后的效果，如图 7-8 所示。

step 08 在合并的单元格中输入“季度产量分析表”，选择该表格，在【开始】选项卡下的【字体】组中将【字体】设为“方正大标宋简体”，【字号】设为 24，如图 7-9 所示。

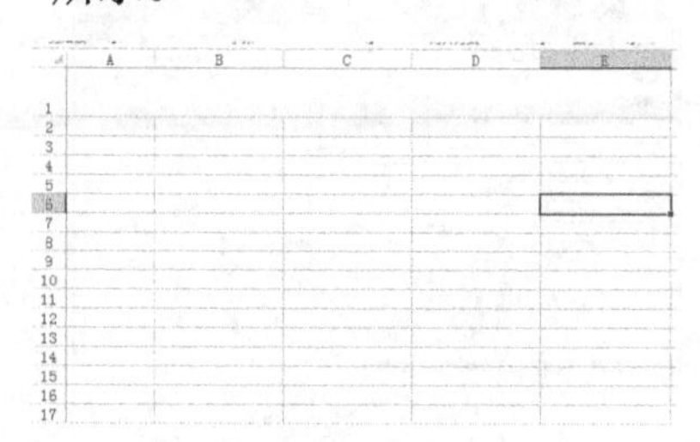

图 7-8 调整列宽

图 7-9 设置文字属性

step 09 选择合并的单元格，单击【填充颜色】按钮，将【填充颜色】设为如图 7-10 所示的颜色。

step 10 在 A2：E14 单元格中输入文字，并将【对齐方式】设为“居中”，如图 7-11 所示。

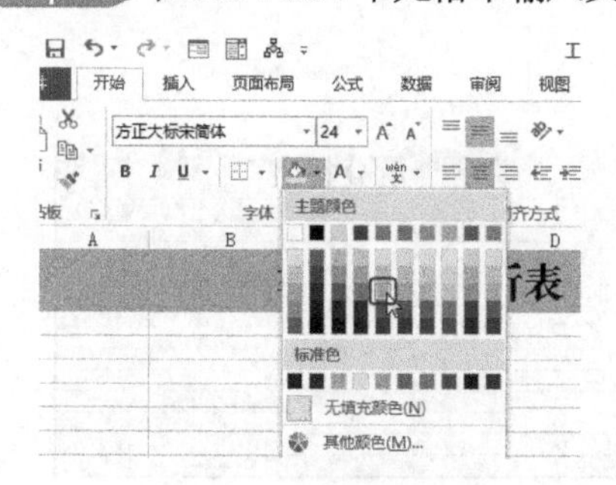

图 7-10 选择填充颜色

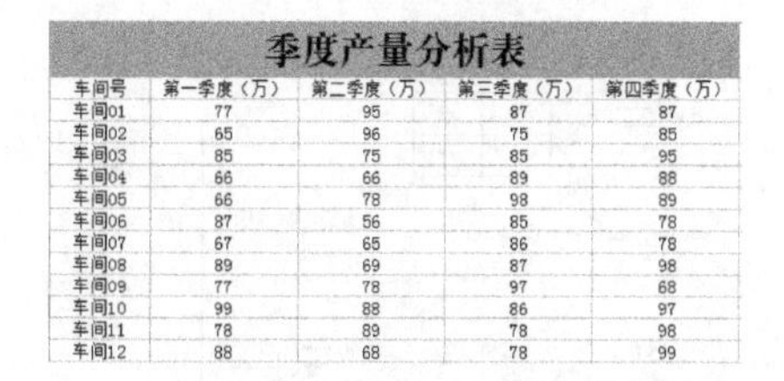

季度产量分析表

车间号	第一季度（万）	第二季度（万）	第三季度（万）	第四季度（万）
车间01	77	95	87	87
车间02	65	96	75	85
车间03	85	75	85	95
车间04	66	66	89	88
车间05	66	78	98	89
车间06	87	56	85	78
车间07	67	65	86	78
车间08	89	69	87	98
车间09	77	78	97	68
车间10	99	88	86	97
车间11	78	89	78	98
车间12	88	68	78	99

图 7-11 输入文字

step 11 选择 A2：E14 单元格区域，单击【填充颜色】按钮，在弹出的下拉列表中选择如图 7-12 所示的颜色。

step 12 查看设置填充颜色后的效果，如图 7-13 所示。

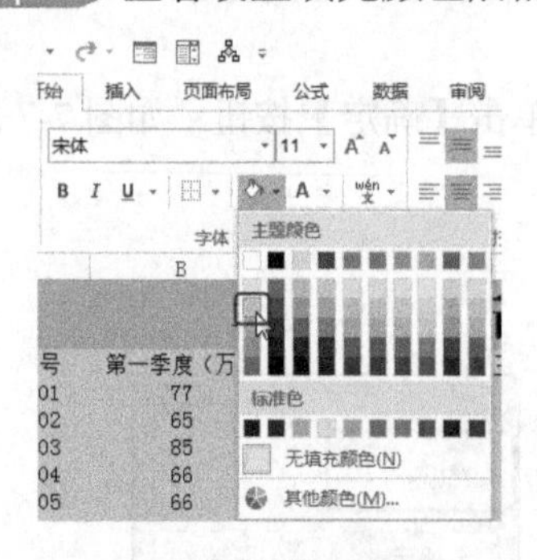

图 7-12　设置填充颜色

季度产量分析表				
车间号	第一季度（万）	第二季度（万）	第三季度（万）	第四季度（万）
车间01	77	95	87	87
车间02	65	96	75	85
车间03	85	75	85	95
车间04	66	66	89	88
车间05	66	78	98	89
车间06	87	56	85	78
车间07	67	65	86	78
车间08	89	69	87	98
车间09	77	78	97	68
车间10	99	88	86	97
车间11	78	89	78	98
车间12	88	68	78	99

图 7-13　完成后的效果

step 13 选择 A1：E14 单元格区域，单击【边框】按钮，在弹出的下拉列表中选择【其他边框】选项，如图 7-14 所示。

step 14 弹出【设置单元格格式】对话框，选择如图所示的线条样式，然后单击【外边框】按钮，如图 7-15 所示。

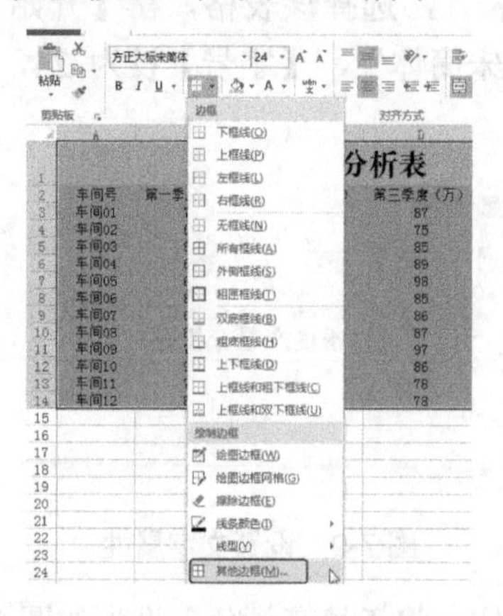

图 7-14　选择【其他边框】选项

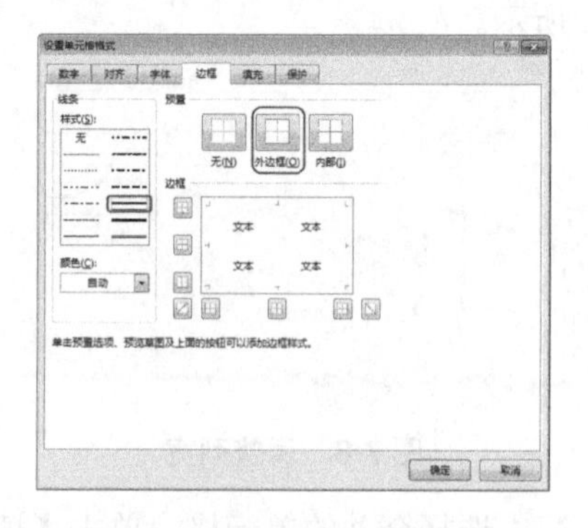

图 7-15　设置外边框

step 15 继续选择线条，然后单击【内部】按钮，单击【确定】按钮，如图 7-16 所示。

step 16 设置边框后的效果如图 7-17 所示。

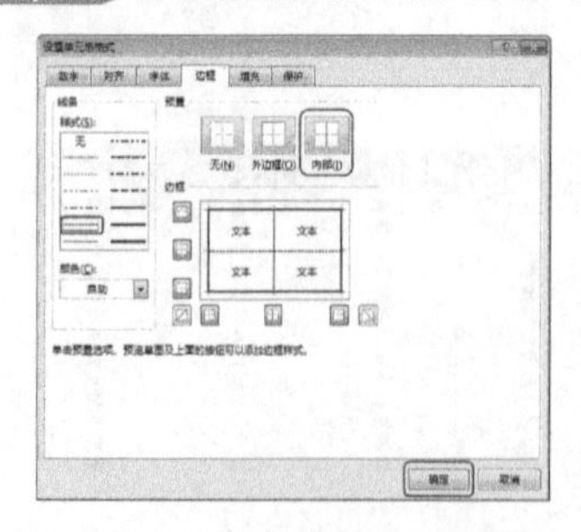

图 7-16　设置内部边框

季度产量分析表				
车间号	第一季度（万）	第二季度（万）	第三季度（万）	第四季度（万）
车间01	77	95	87	87
车间02	65	96	75	85
车间03	85	75	85	95
车间04	66	66	89	88
车间05	66	78	98	89
车间06	87	56	85	78
车间07	67	65	86	78
车间08	89	69	87	98
车间09	77	78	97	68
车间10	99	88	86	97
车间11	78	89	78	98
车间12	88	68	78	99

图 7-17　设置完成后的效果

step 17 在功能区单击【文件】按钮，在弹出的界面中单击【选项】按钮，弹出【Excel 选项】对话框，单击【加载项】按钮，然后单击【转到】按钮，如图 7-18 所示。

step 18 弹出【加载宏】对话框，选择所有的复选框，并单击【确定】按钮，如图 7-19 所示。

提示 对于已经添加了【分析】选项组的，上两步的操作可以省略。

图 7-18 单击【转到】按钮

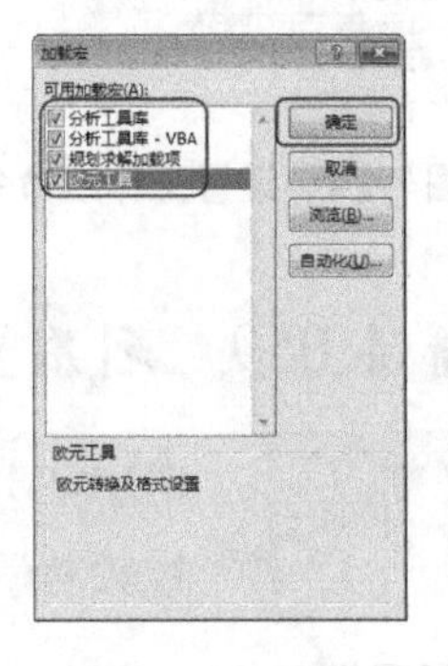

图 7-19 加载宏

step 19 切换到【数据】选项卡，在【分析】组中单击【数据分析】按钮，如图 7-20 所示。

step 20 弹出【数据分析】对话框，在【分析工具】列表框中选择【排位与百分比排位】选项，并单击【确定】按钮，如图 7-21 所示。

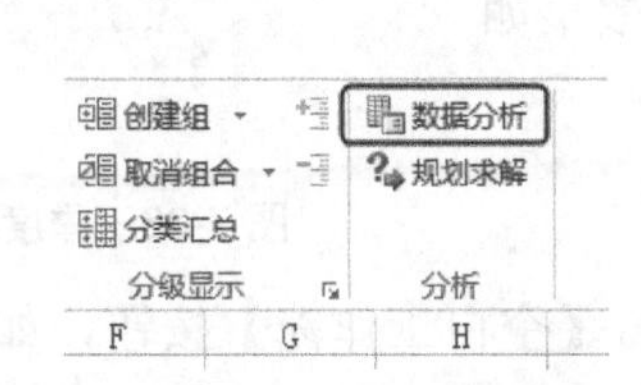

图 7-20 单击【数据分析】按钮

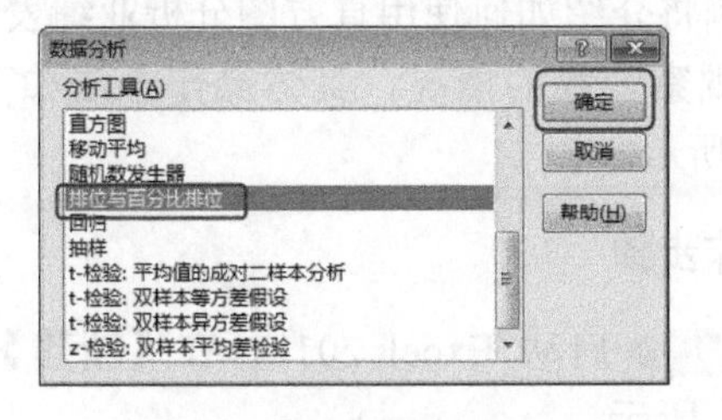

图 7-21 设置数据分析

step 21 弹出【排位与百分比排位】对话框，在该对话框中单击【输入区域】后面的按钮，如图 7-22 所示。

step 22 在弹出的对话框中选择 B3：E14 单元格区域，如图 7-23 所示。

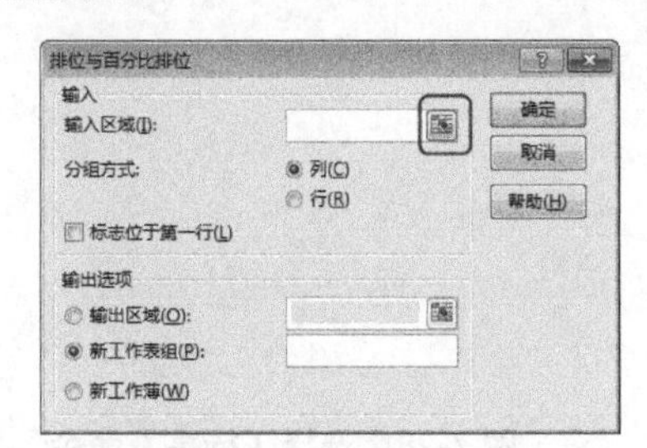

图 7-22 设置输入区域

图 7-23 选择区域

step 23 返回到【排位和百分比排位】对话框，选择【新工作表组】单选按钮，并在后面的文本框中输入“产量分析表”，单击【确定】按钮，如图 7-24 所示。

step 24 系统会创建一个名为【产量分析表】的工作簿，如图 7-25 所示。

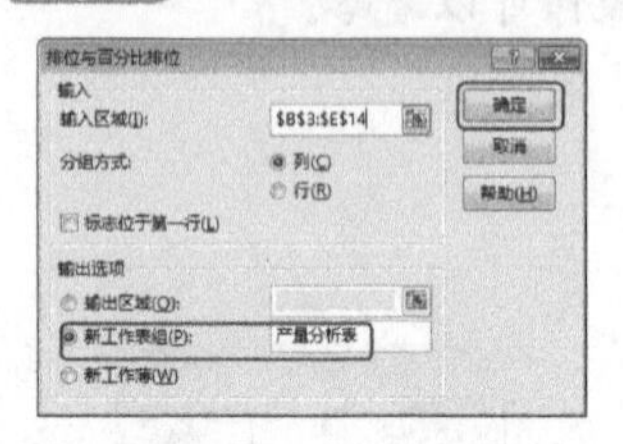

图 7-24 设置工作组命令

A	B	C	D	E	F	G	H	I	J	K	L	M
点	列1	排位	百分比	点	列2	排位	百分比	点	列3	排位	百分比	点
10	99	1	100.00%	2	96	1	100.00%	5	98	1	100.00%	12
8	89	2	90.90%	1	95	2	90.90%	9	97	2	90.90%	8
12	88	3	81.80%	11	89	3	81.80%	4	89	3	81.80%	11
6	87	4	72.70%	10	88	4	72.70%	1	87	4	63.60%	10
3	85	5	63.60%	5	78	5	54.50%	8	87	4	63.60%	3
11	78	6	54.50%	9	78	5	54.50%	7	86	6	45.40%	5
1	77	7	36.30%	3	75	7	45.40%	10	86	6	45.40%	4
9	77	7	36.30%	8	69	8	36.30%	3	85	8	27.20%	1
7	67	9	27.20%	12	68	9	27.20%	6	85	8	27.20%	2
4	66	10	9.00%	4	66	10	18.10%	11	78	10	9.00%	6
5	66	10	9.00%	7	65	11	9.00%	12	78	10	9.00%	7
2	65	12	0.00%	6	56	12	0.00%	2	75	12	0.00%	9

图 7-25 创建分析表

案例精讲 059 利用直方图分析季度业绩

案例文件：CDROM\场景\Cha07\利用直方图分析季度业绩. xlsx

视频文件：视频教学\Cha07\利用直方图分析季度业绩.avi

学习目标

- 学习如何创建表格。
- 掌握直方图分析表的制作方法。

制作概述

本例将介绍如何使用直方图分析业绩表，通过直方图可以很清楚地观察业绩的情况，具体操作方法如下。完成后的效果如图 7-26 所示。

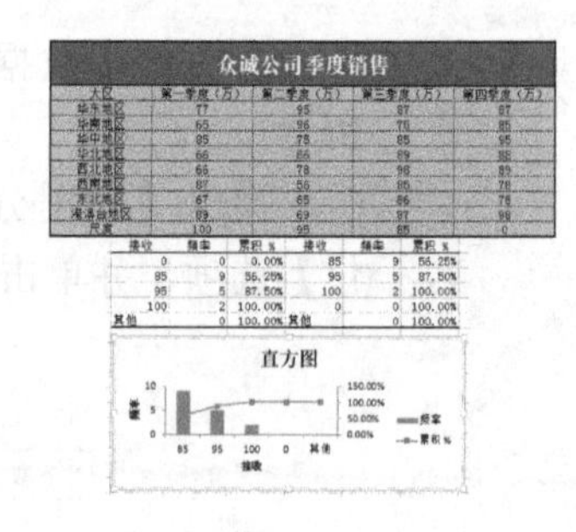

图 7-26 季度业绩

操作步骤

step 01 启动 Excel 2013，在【新建】选项卡下单击【空白工作簿】按钮，如图 7-27 所示。

step 02 选择第 2 行表格并右击，在弹出的快捷菜单中选择【行高】命令，如图 7-28 所示。

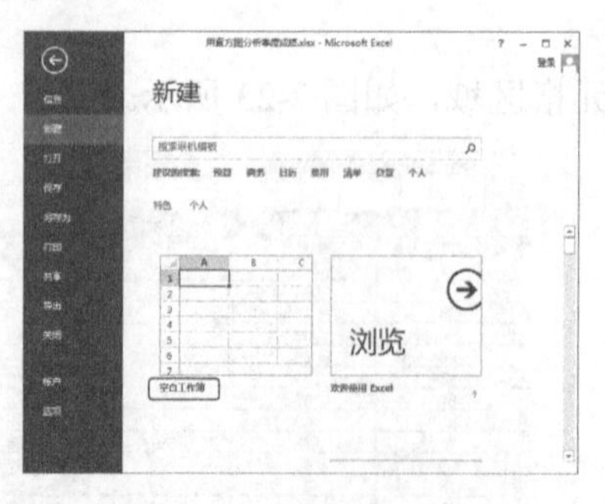

图 7-27 新建空白工作簿

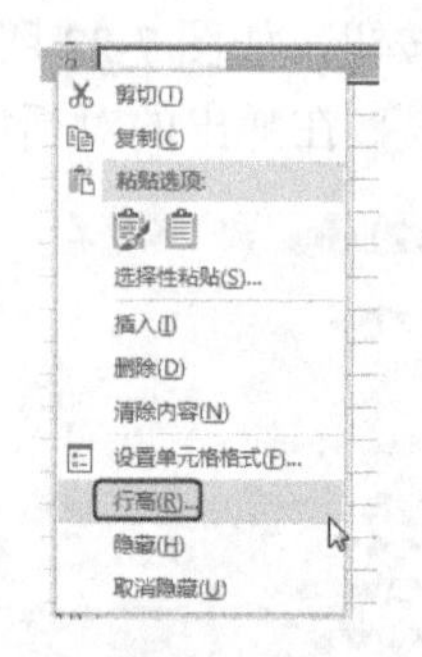

图 7-28 选择【行高】命令

step 03 弹出【行高】对话框，将【行高】设为40，如图7-29所示。

step 04 选择B∶F列单元格并右击，在弹出的快捷菜单中选择【列宽】命令，如图7-30所示。

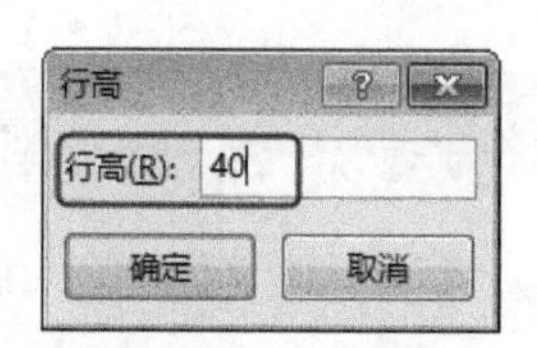

图7-29 设置行高

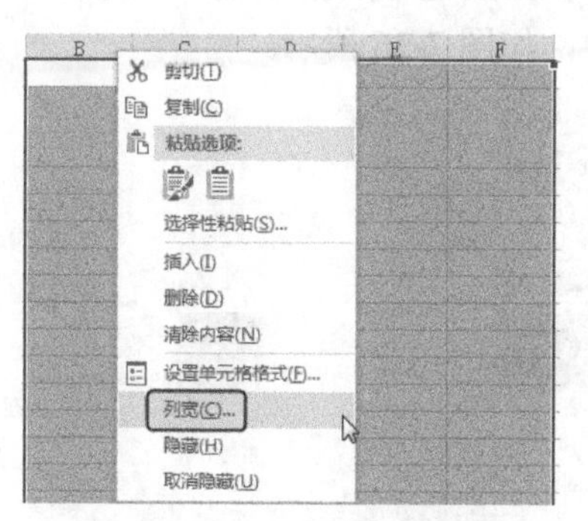

图7-30 选择【列宽】命令

在实际操作过程中用户可以将鼠标移动到第1行，当鼠标指针变为十字形双箭头时，用户可以按住鼠标左键进行拖动，调整行高。

step 05 弹出【列宽】选项，将【列宽】设为15，如图7-31所示。

step 06 选择B2∶F2单元格区域，在【开始】选项卡下的【对齐方式】组中单击【合并后居中】按钮，如图7-32所示。

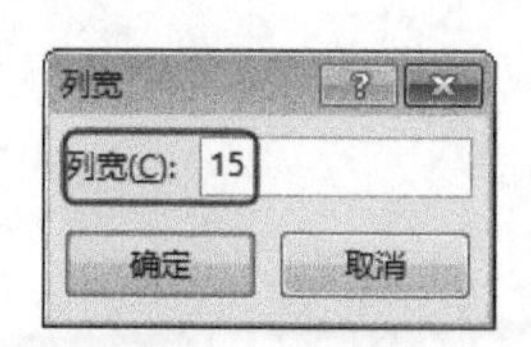

图7-31 设置列宽

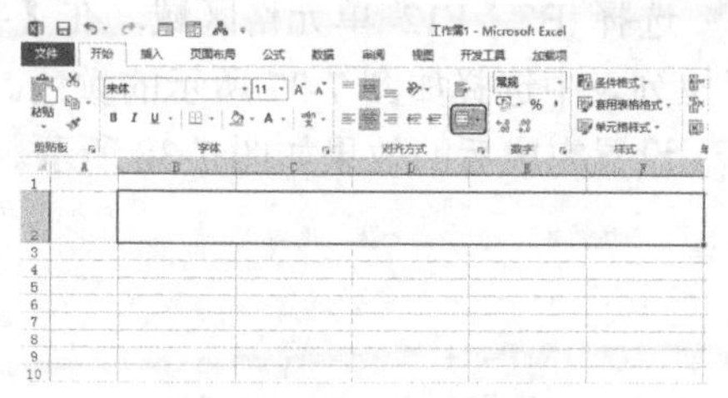

图7-32 合并单元格

step 07 在合并的单元格中输入“众诚公司季度销售”，在【字体】选项组中将【字体】设为“方正大标宋简体”，【字号】设为20，【字体颜色】设为“白色”，单击【填充颜色】按钮，在弹出的下拉列表中选择如图7-33所示的颜色。

step 08 设置完字体属性后的效果如图7-34所示。

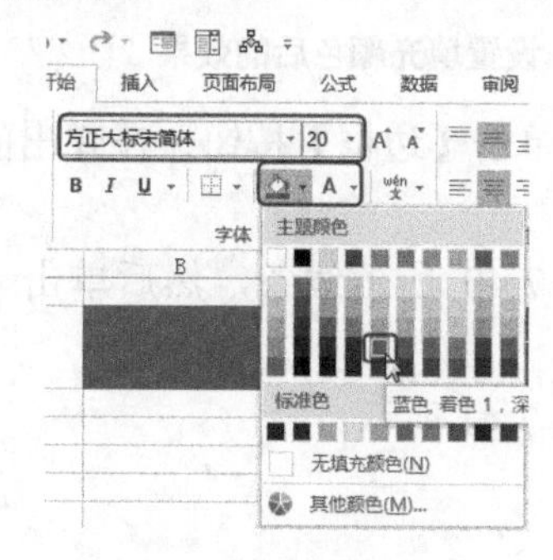

图7-33 设置字体属性

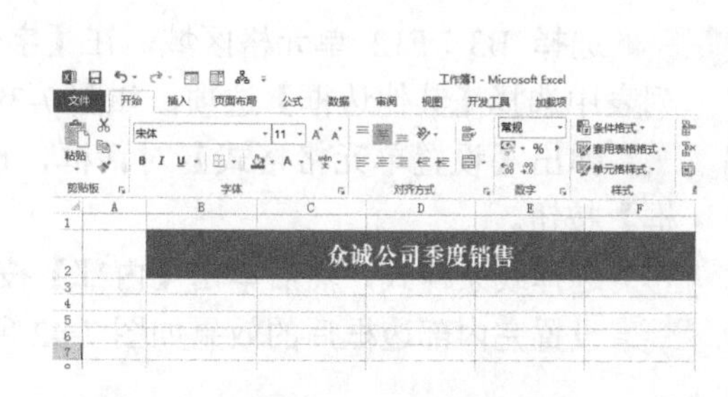

图7-34 完成后的效果

step 09 确认合并的单元格处于选择状态，单击【边框】按钮，在弹出的下拉列表中选择【粗匣框线】选项，如图 7-35 所示。

step 10 在其他单元格中输入文字，在【对齐方式】组中单击【居中】按钮，将文字居中，如图 7-36 所示。

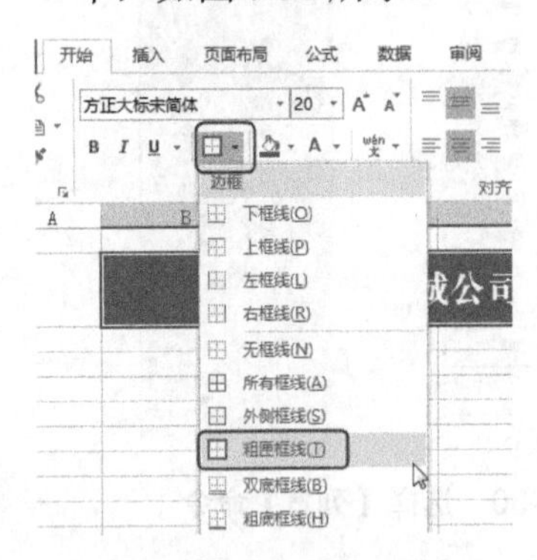

图 7-35 选择【粗匣框线】选项

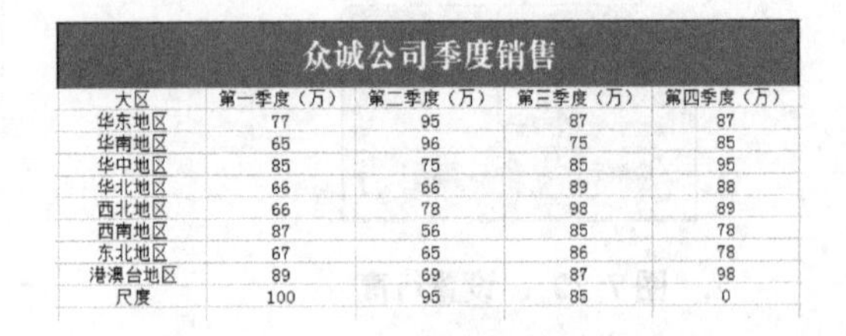

众诚公司季度销售				
大区	第一季度（万）	第二季度（万）	第三季度（万）	第四季度（万）
华东地区	77	95	87	87
华南地区	65	96	75	85
华中地区	85	75	85	95
华北地区	66	66	89	88
西北地区	66	78	98	89
西南地区	87	56	85	78
东北地区	67	65	86	78
港澳台地区	89	69	87	98
尺度	100	95	85	0

图 7-36 输入文字并设置对齐方式

提示

在设置边框时，用户可以在其下拉列表中选择【粗闸框】选项，当用户在为另一个单元格使用【粗闸框】时，用户就可以直接单击【粗闸框】按钮，而不用在其下拉列表中进行选择。

step 11 选择 B3∶F12 单元格区域，在【字体】组中单击【填充颜色】按钮，在弹出的下拉列表中选择如图 7-37 所示的颜色。

step 12 设置完成后的效果如图 7-38 所示。

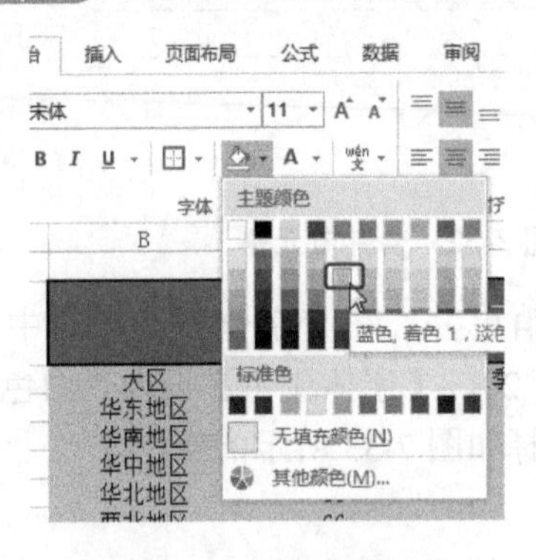

图 7-37 设置填充颜色

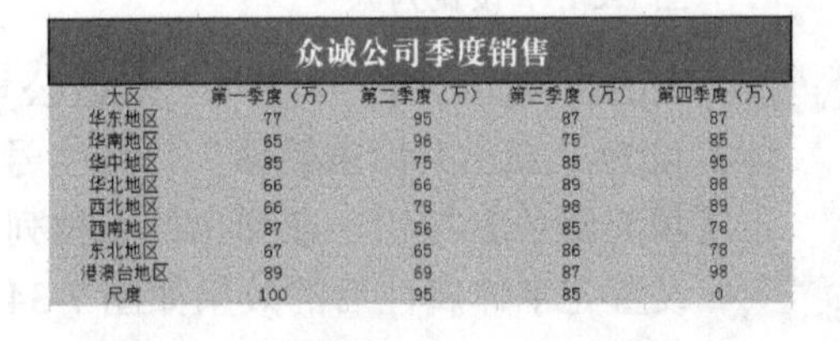

众诚公司季度销售				
大区	第一季度（万）	第二季度（万）	第三季度（万）	第四季度（万）
华东地区	77	95	87	87
华南地区	65	96	75	85
华中地区	85	75	85	95
华北地区	66	66	89	88
西北地区	66	78	98	89
西南地区	87	56	85	78
东北地区	67	65	86	78
港澳台地区	89	69	87	98
尺度	100	95	85	0

图 7-38 设置填充颜色后的效果

step 13 选择 B3∶F12 单元格区域，在【字体】组中单击【边框】按钮，在弹出的下拉列表中选择【其他边框】选项，如图 7-39 所示。

step 14 弹出【设置单元格格式】对话框，选择如图 7-40 所示线条，然后单击【外边框】按钮。

step 15 选择线条样式，然后单击【内部】按钮，如图 7-41 所示。

step 16 设置完内部边框后的效果如图 7-42 所示。

图 7-39　选择【其他边框】选项

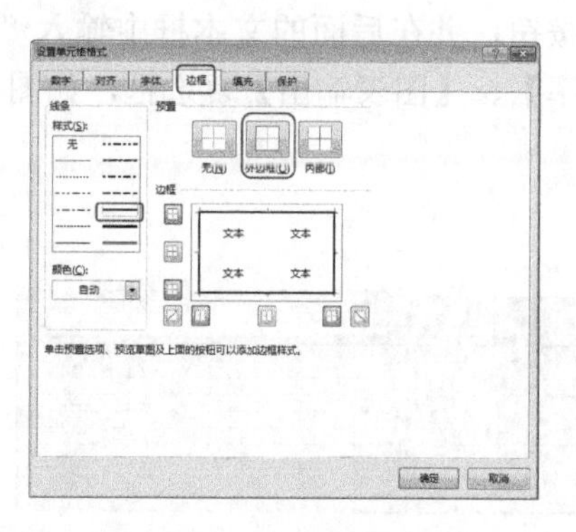

图 7-40　设置外部边框

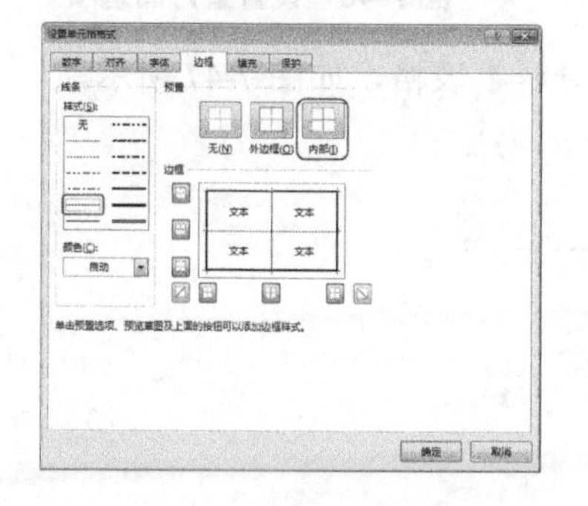

图 7-41　设置内部边框

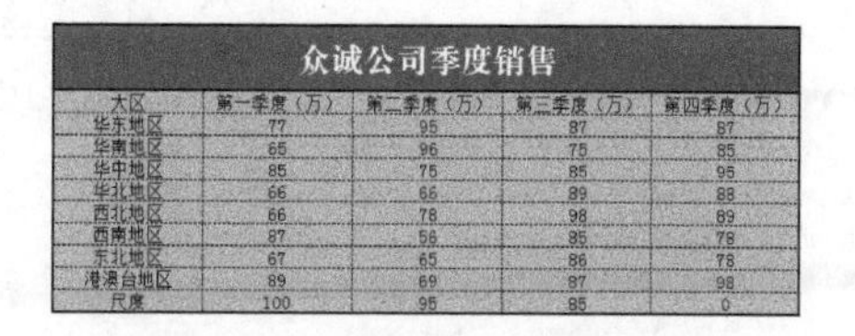

众诚公司季度销售				
大区	第一季度（万）	第二季度（万）	第三季度（万）	第四季度（万）
华东地区	77	95	87	87
华南地区	65	96	75	85
华中地区	85	75	85	95
华北地区	66	66	89	88
西北地区	66	78	98	89
西南地区	87	56	85	78
东北地区	67	65	86	78
港澳台地区	89	69	87	98
尺度	100	95	85	0

图 7-42　设置完边框后的效果

step 17 切换到【数据】选项卡，在【分析】组中单击【数据分析】按钮，在弹出的【数据分析】对话框中选择【直方图】选项，然后单击【确定】按钮，如图 7-43 所示。

step 18 弹出【直方图】对话框，单击【输入区域】后面的按钮，在弹出的对话框中选择 C8：F11 单元格区域，如图 7-44 所示。

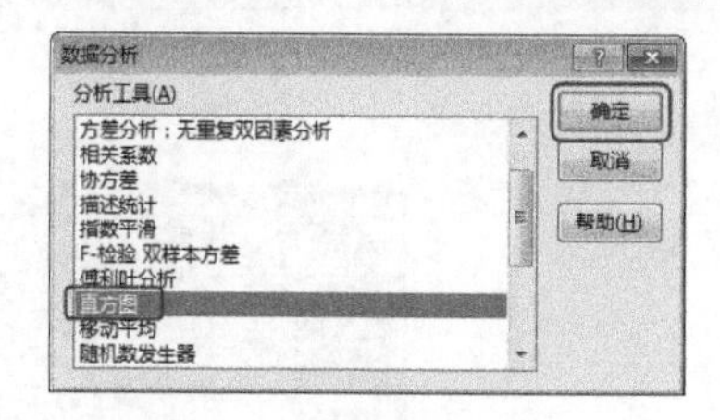

图 7-43　选择【直方图】选项

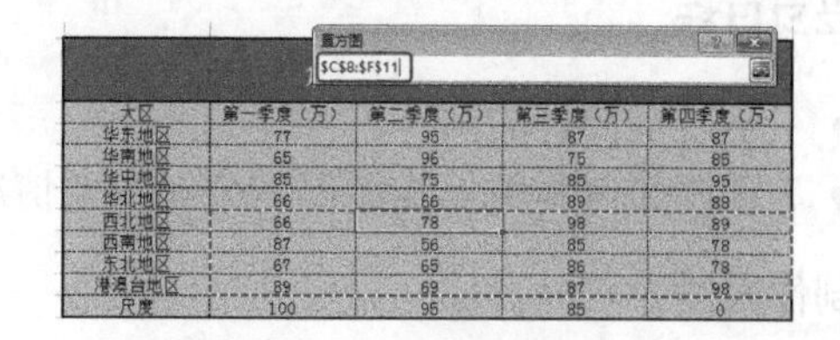

大区	第一季度（万）	第二季度（万）	第三季度（万）	第四季度（万）
华东地区	77	95	87	87
华南地区	65	96	75	85
华中地区	85	75	85	95
华北地区	66	66	89	88
西北地区	66	78	98	89
西南地区	87	56	85	78
东北地区	67	65	86	78
港澳台地区	89	69	87	98
尺度	100	95	85	0

图 7-44　选择区域

step 19 单击文本框后面的按钮，返回到【直方图】对话框，单击【接受区域】后面的按钮，在弹出的对话框中选择 C12：F12 单元格区域，如图 7-45 所示。

知识链接

直方图：是一种二维统计图表，它的两个坐标分别是统计样本和该样本对应的某个属性的度量。

step 20 单击文本框后面的按钮，返回到【直方图】对话框，选择【新工作表组】单选按钮，并在后面的文本框中输入“数据分析”，然后选中【柏拉图】、【累积百分率】、【图表输出】复选框，如图 7-46 所示。

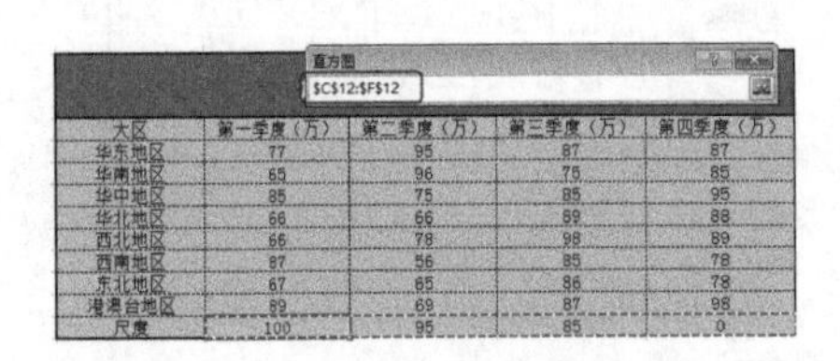

大区	第一季度（万）	第二季度（万）	第三季度（万）	第四季度（万）
华东地区	77	95	87	87
华南地区	65	96	75	85
华中地区	85	75	85	95
华北地区	66	66	89	88
西北地区	66	78	98	89
西南地区	87	56	85	78
东北地区	67	65	86	78
港澳台地区	89	69	87	98
尺度	100	95	85	0

图 7-45　选择区域

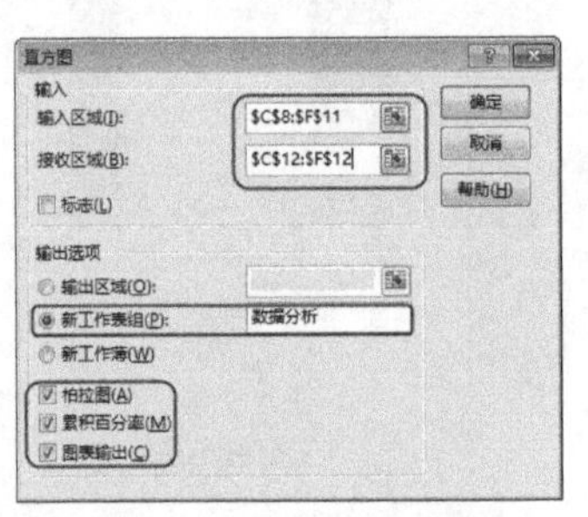

图 7-46　设置直方图选项

step 21 单击【确定】按钮，就可以创建【数据分析】表格，如图 7-47 所示。

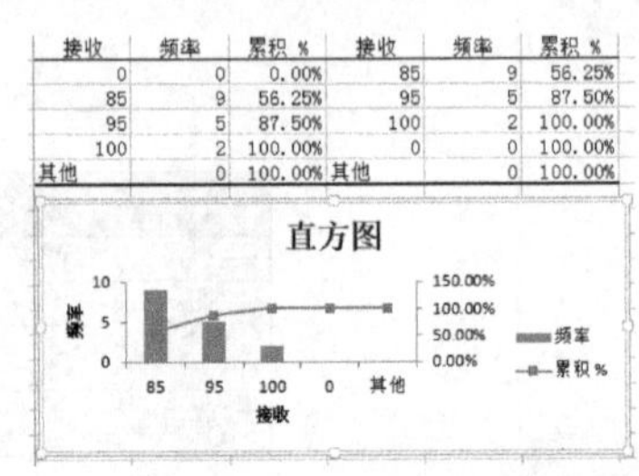

接收	频率	累积 %	接收	频率	累积 %
0	0	0.00%	85	9	56.25%
85	9	56.25%	95	5	87.50%
95	5	87.50%	100	2	100.00%
100	2	100.00%	0	0	100.00%
其他	0	100.00%	其他	0	100.00%

图 7-47　数据分析表

案例精讲 060　损益表

案例文件：CDROM\场景\Cha07\损益表. xlsx

视频文件：视频教学\Cha07\损益表.avi

学习目标

- 学习损益表的制作。
- 掌握如何利用折线图展示公司损益情况。

制作概述

本例将详细讲解如何制作某公司的损益表，通过折线图的展示，可以很清楚地了解公司损益情况，具体操作方法如下。完成后的效果如图 7-48 所示。

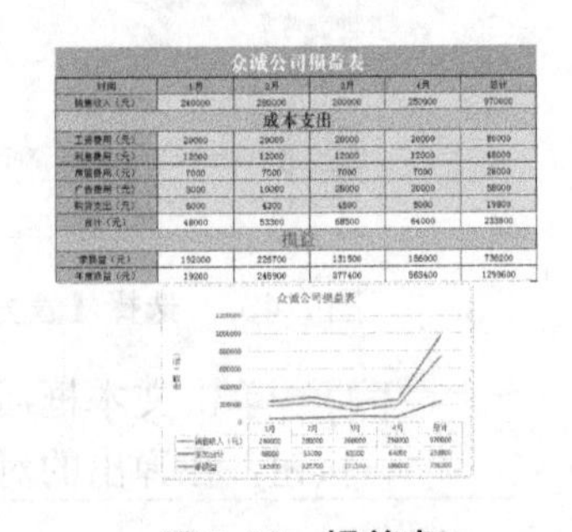

图 7-48　损益表

操作步骤

step 01 启动 Excel 2013，在【新建】选项卡下单击【空白工作簿】按钮，如图 7-49 所示。

step 02 选择第 1 行表格并右击，在弹出的快捷菜单中选择【行高】命令，如图 7-50 所示。

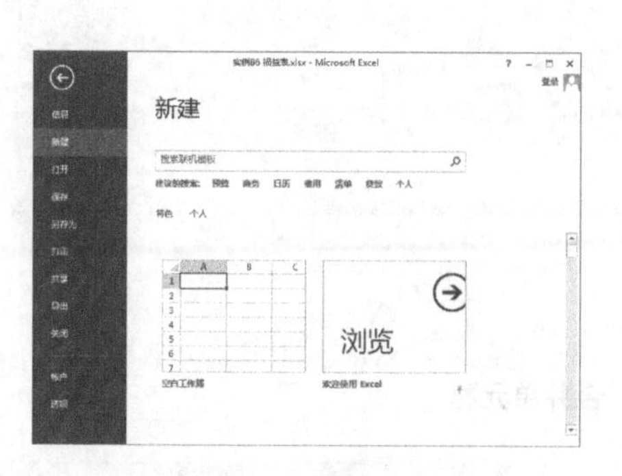

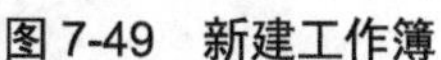
图 7-49 新建工作簿

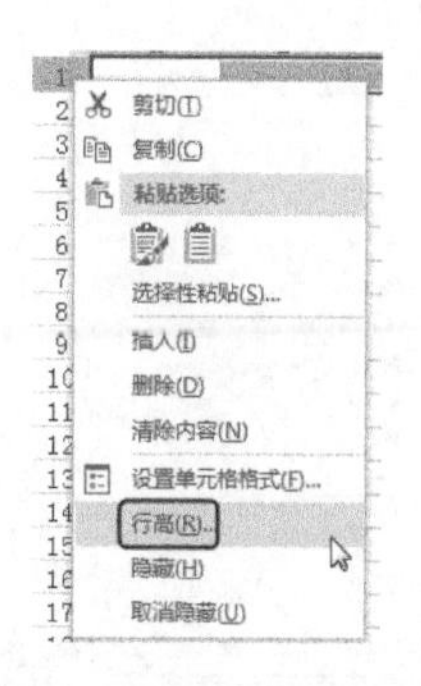

图 7-50 选择【行高】命令

step 03 弹出【行高】对话框，将【行高】设为 36，然后单击【确定】按钮，如图 7-51 所示。

step 04 右击 B 列单元格，在弹出的快捷菜单中选择【列宽】命令，如图 7-52 所示。

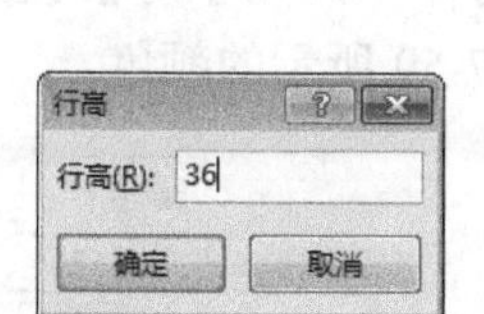

图 7-51 设置行高

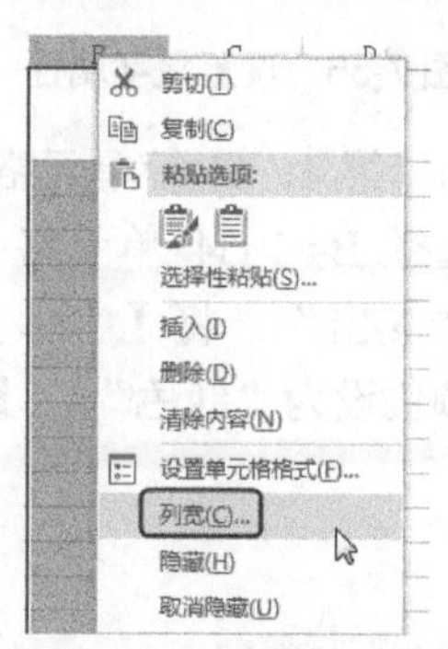

图 7-52 选择【列宽】命令

step 05 弹出【列宽】对话框，将【列宽】设为 20，如图 7-53 所示。

step 06 选择 C：G 列单元格区域，使用同样的方法将其列宽设为 15，完成后的效果如图 7-54 所示。

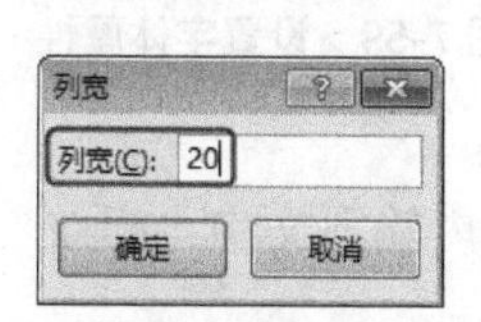

图 7-53 设置列宽

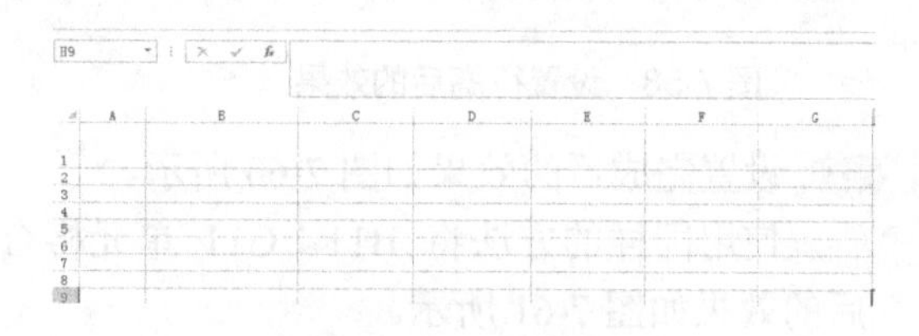

图 7-54 设置列宽

step 07 选择 B1：G1 单元格区域，在功能区选择【开始】选项卡，在【对齐方式】组中单击【合并后居中】按钮，将表格进行合并，如图 7-55 所示。

step 08 在上一步合并的单元格中输入“众诚公司损益表”，将【字体】设为“方正大标宋简体”，【字号】设为 24，【字体颜色】设为“白色”，【填充颜色】设为“浅绿色”，如图 7-56 所示。

step 09 选择第 2～3、5～10、12、13 行单元格并右击，在弹出的快捷菜单中选择【行高】命令，弹出【行高】对话框，将【行高】设为 20，完成后的效果如图 7-57 所示。

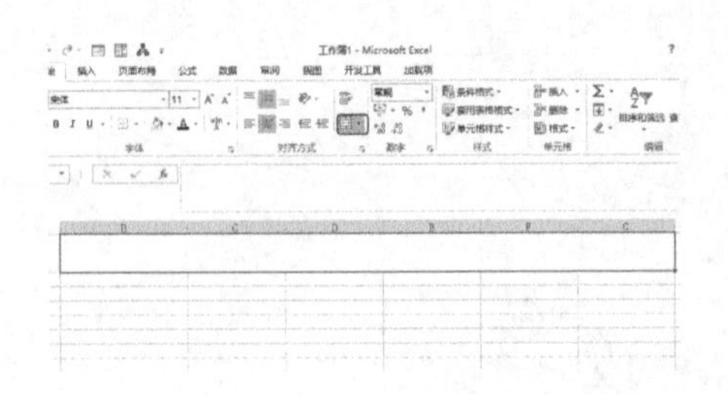

图 7-55　合并单元格

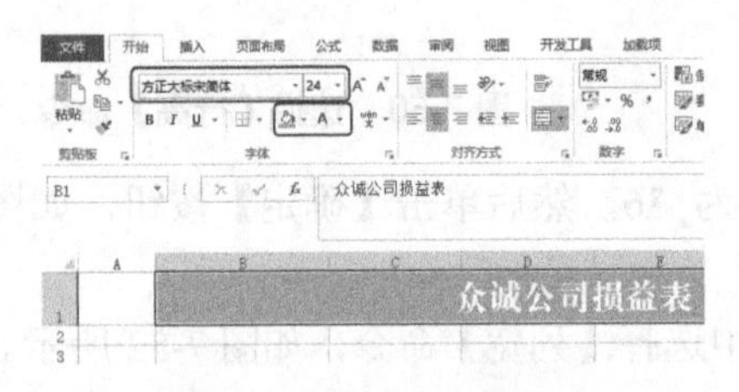

图 7-56　设置文字属性

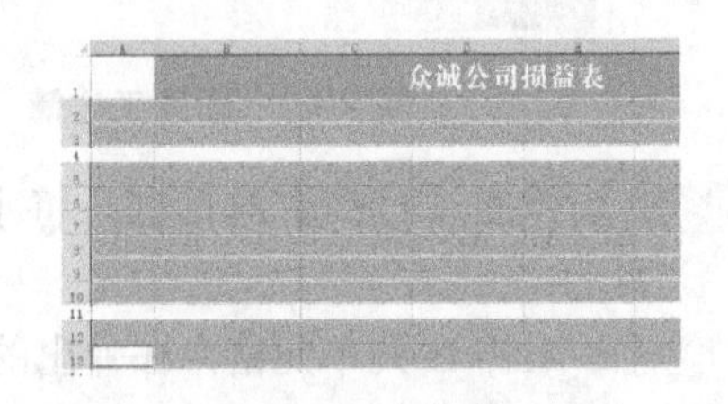

图 7-57　设置行高后的效果

step 10 选择第 4、11 行单元格，将其【行高】设为 25，完成后的效果如图 7-58 所示。

step 11 选择 B4：G4 单元格区域，使用前面讲过的方法将其合并，并在其内输入文字“成本支出”，将【字体】设为“方正大标宋简体”，【字号】设为 22，将【字体】颜色设为“红色”，【填充颜色】设为如图 7-59 所示的颜色。

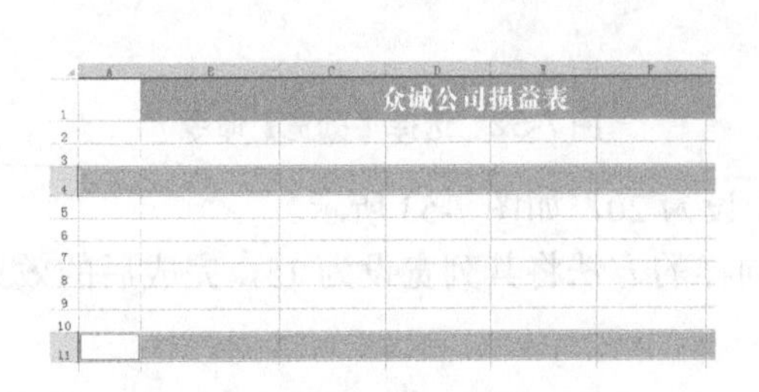

图 7-58　设置行高后的效果

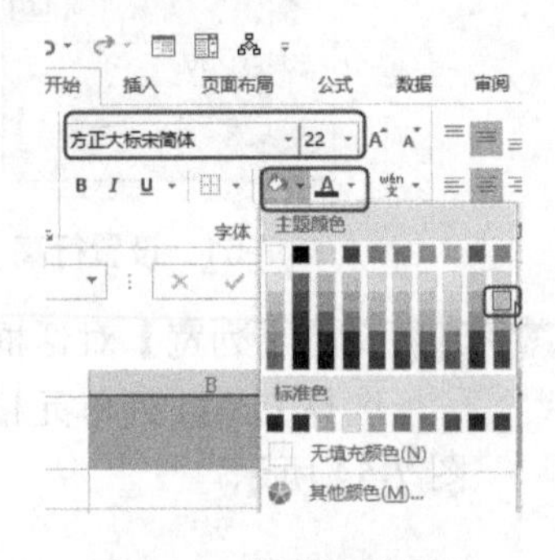

图 7-59　设置字体属性

step 12 设置完成后的效果如图 7-60 所示。

step 13 使用同样的方法将 B11：G11 单元格合并，并在其内输入文字“损益”，完成后的效果如图 7-61 所示。

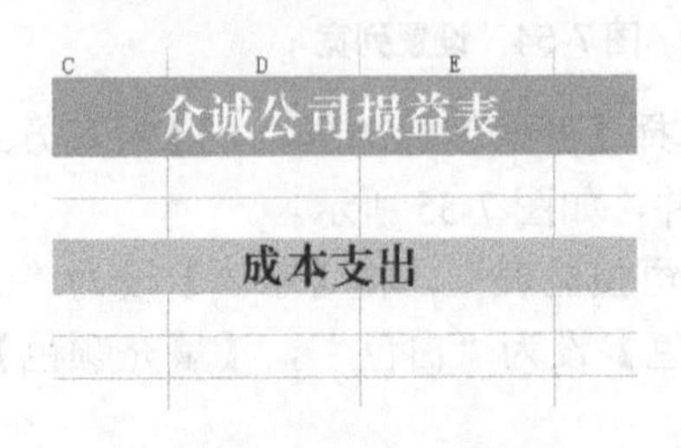

图 7-60　完成后的效果

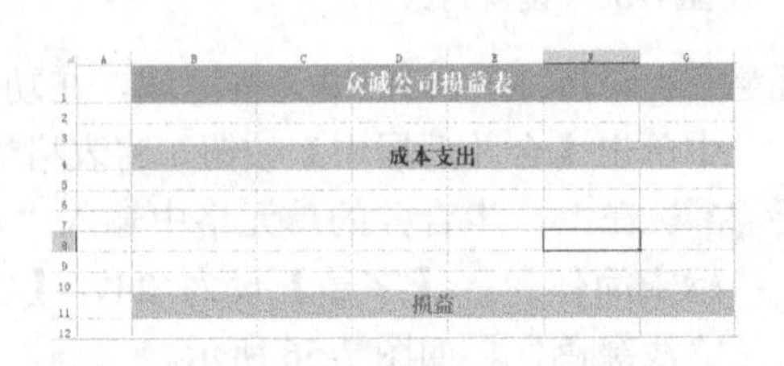

图 7-61　合并单元格并输入文字

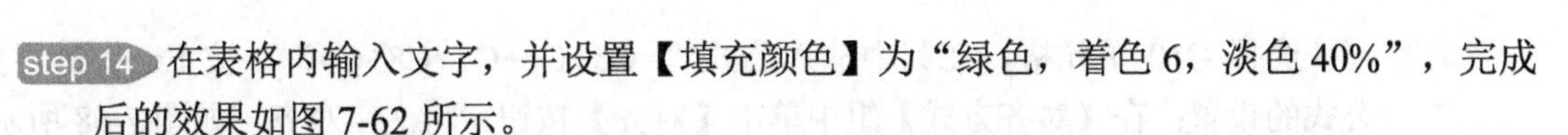

step 14 在表格内输入文字，并设置【填充颜色】为“绿色，着色 6，淡色 40%”，完成后的效果如图 7-62 所示。

step 15 在其他的表格中输入数值，并将【填充颜色】设为“绿色，着色 6，淡色 80%”，并居中对齐，如图 7-63 所示。

众诚公司损益表					
时间	1月	2月	3月	4月	总计
销售收入（元）					
成本支出					
工资费用（元）					
利息费用（元）					
房屋费用（元）					
广告费用（元）					
购货支出（元）					
合计（元）					
损益					
季损益（元）					
年度损益（元）					

图 7-62 输入文字

众诚公司损益表					
时间	1月	2月	3月	4月	总计
销售收入（元）	240000	280000	200000	250000	970000
成本支出					
工资费用（元）	20000	20000	20000	20000	80000
利息费用（元）	12000	12000	12000	12000	48000
房屋费用（元）	7000	7000	7000	7000	28000
广告费用（元）	3000	10000	25000	20000	58000
购货支出（元）	6000	4300	4500	5000	19800
合计（元）					
损益					
季损益（元）					
年度损益（元）					

图 7-63 输入文字

step 16 选择 B2：G13 单元格区域，在【开始】选项卡的【字体】组中单击【边框】按钮，在弹出的下拉列表中选择【其他边框】选项，如图 7-64 所示。

step 17 弹出【设置单元格格式】对话框，选择线条样式，并单击【外部边框】按钮，如图 7-65 所示。

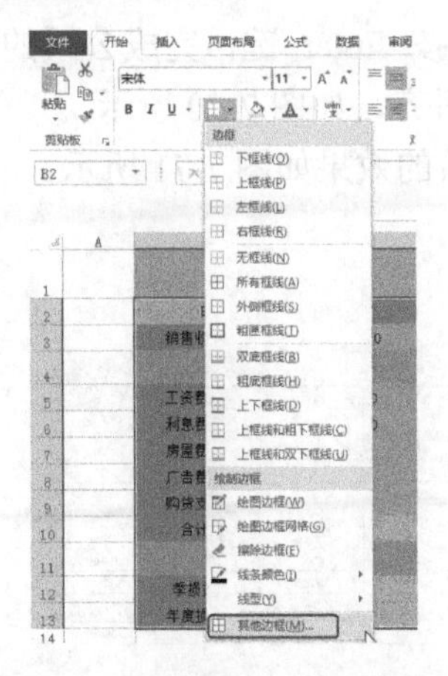

图 7-64 选择【其他边框】选项

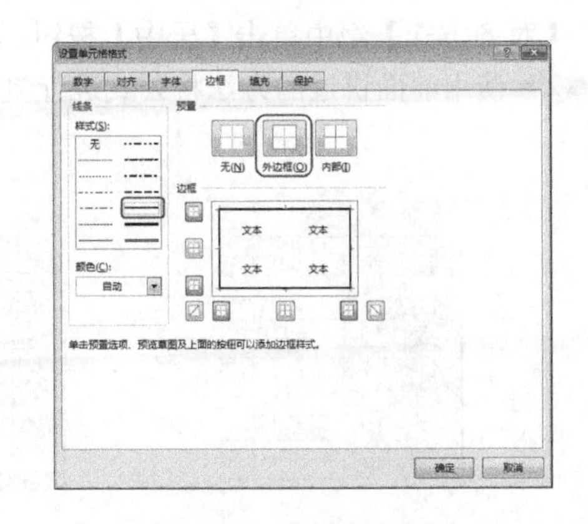

图 7-65 设置外部边框

step 18 选择线条样式，单击【内部】按钮，然后单击【确定】按钮，如图 7-66 所示。

step 19 设置完成后的效果如图 7-67 所示。

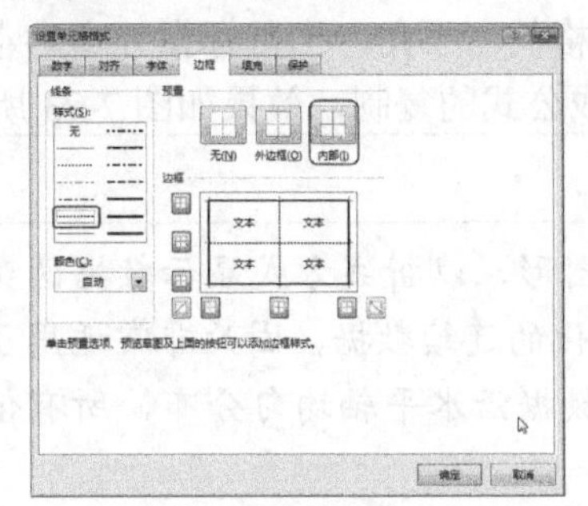

图 7-66 设置内部边框

众诚公司损益表					
时间	1月	2月	3月	4月	总计
销售收入（元）	240000	280000	200000	250000	970000
成本支出					
工资费用（元）	20000	20000	20000	20000	80000
利息费用（元）	12000	12000	12000	12000	48000
房屋费用（元）	7000	7000	7000	7000	28000
广告费用（元）	3000	10000	25000	20000	58000
购货支出（元）	6000	4300	4500	5000	19800
合计（元）					
损益					
季损益（元）					
年度损益（元）					

图 7-67 设置边框后的效果

step 20 选择 C10 单元格，在其中输入公式“=C5+C6+C7+C8+C9”，按 Enter 键，完成公式的设置；在【对齐方式】组中单击【对齐】按钮，将文字对齐，如图 7-68 所示。

step 21 选择 C10 单元格，将鼠标置于单元格的右下角，当鼠标指针变为十字形时，按住鼠标左键将其向右拖动到 G10 单元格，完成后的效果如图 7-69 所示。

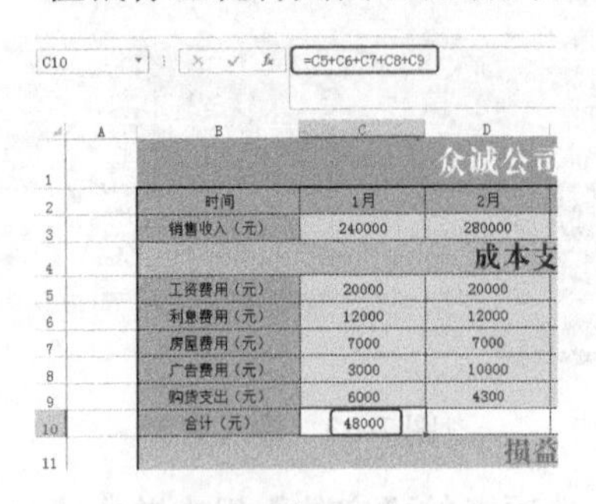
C10　=C5+C6+C7+C8+C9

众诚公司		
时间	1月	2月
销售收入（元）	240000	280000
成本支		
工资费用（元）	20000	20000
利息费用（元）	12000	12000
房屋费用（元）	7000	7000
广告费用（元）	3000	10000
购货支出（元）	6000	4300
合计（元）	48000	
损益		

图 7-68　输入公式

20000	20000	20000	20000	80000
12000	12000	12000	12000	48000
7000	7000	7000	7000	28000
3000	10000	25000	20000	58000
6000	4300	4500	5000	19800
48000	53300	68500	64000	233800
损益				

图 7-69　完成后的效果

提示

在输入上面步骤中的公式时，用户可以先输入“=”，然后选择 C5 单元格，输入“+”号，然后再次选择 C6 单元格，也可以直接输入字母。

step 22 选择 C12 单元格并输入公式“=C3-C10”，按 Enter 键，完成公式的设置；在【对齐方式】组中单击【居中】按钮，将其居中对齐，如图 7-70 所示。

step 23 使用前面讲过的方法将公式进行复制，完成后的效果如图 7-71 所示。

C12　=C3-C10

众诚	
时间	1月
销售收入（元）	240000
工资费用（元）	20000
利息费用（元）	12000
房屋费用（元）	7000
广告费用（元）	3000
购货支出（元）	6000
合计（元）	48000
季损益（元）	192000
年度损益（元）	

图 7-70　输入公式

众诚公司损益表					
时间	1月	2月	3月	4月	总计
销售收入（元）	240000	280000	200000	250000	970000
成本支出					
工资费用（元）	20000	20000	20000	20000	80000
利息费用（元）	12000	12000	12000	12000	48000
房屋费用（元）	7000	7000	7000	7000	28000
广告费用（元）	3000	10000	25000	20000	58000
购货支出（元）	6000	4300	4500	5000	19800
合计（元）	48000	53300	68500	64000	233800
损益					
季损益（元）	192000	226700	131500	186000	736200

图 7-71　复制公式

step 24 在 C13 单元格中输入“192 000”，在 D13 单元格中输入公式“=D12+C13”，按 Enter 键，完成效果如图 7-72 所示。

step 25 选择 D13 单元格，将鼠标指针置于该单元格的右下角，当鼠标指针变为十字形时，按住鼠标左键向右拖动到 G13 单元格，完成公式的复制，效果如图 7-73 所示。

知识链接

折线图是用直线段将各数据点连接起来而组成的图形，以折线方式显示数据的变化趋势。折线图可以显示随时间(根据常用比例设置)而变化的连续数据，因此非常适用于显示在相等时间间隔下数据的趋势。在折线图中，类别数据沿水平轴均匀分布，所有值数据沿垂直轴均匀分布。

图 7-72 输入公式

工资费用（元）	20000	20000	20000	20000	80000
利息费用（元）	12000	12000	12000	12000	48000
房屋费用（元）	7000	7000	7000	7000	28000
广告费用（元）	3000	10000	25000	20000	58000
购货支出（元）	6000	4300	4500	5000	19800
合计（元）	48000	53300	68500	64000	233800
损益					
季损益（元）	192000	226700	131500	186000	736200
年度损益（元）	19200	245900	377400	563400	1299600

图 7-73 复制公式

step 26 选择 B16 单元格，在功能区选择【插入】选项卡，在【图表】组中单击【插入折线】按钮，在弹出的下拉列表中选择【折线图】选项，如图 7-74 所示。

step 27 切换到【图表工具】下的【设计】选项卡，在【数据】组中单击【选择数据】按钮，如图 7-75 所示。

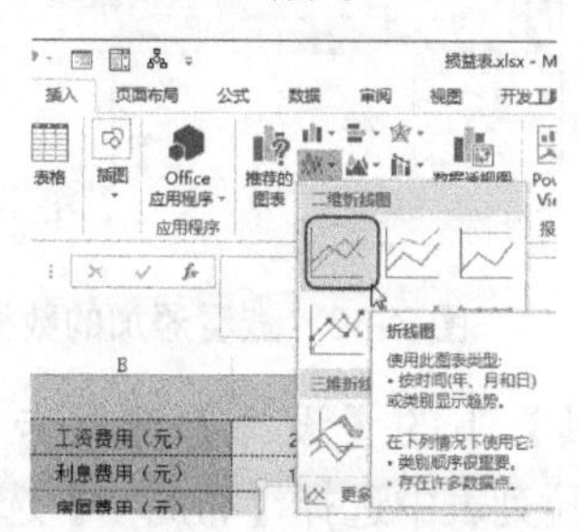

图 7-74 选择折线图

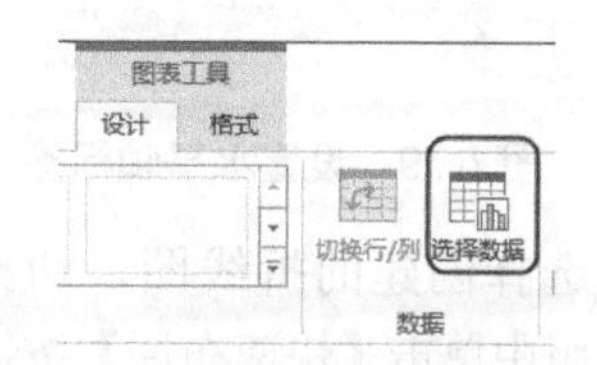

图 7-75 单击【选择数据】按钮

step 28 在弹出的【选择数据源】对话框中单击【图表数据区域】文本框后的按钮，选择 B3：G3 单元格中的内容，然后再次单击按钮。选择数据源后的对话框如图 7-76 所示。

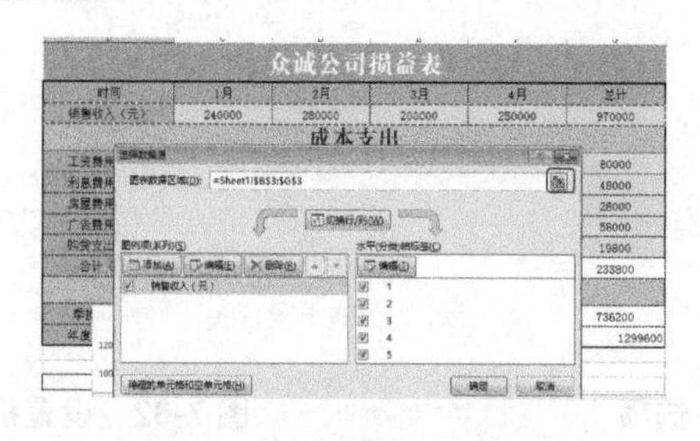

图 7-76 选择图标数据区域

step 29 单击【添加】按钮，在弹出的【编辑数据系列】对话框中将【系列名称】设置为“支出合计”，并设置系列值；然后再次单击按钮，并选择 C10：G10 单元格中数据。选择完成后的【编辑数据系列】对话框如图 7-77 所示。

step 30 单击【添加】按钮，在弹出的【编辑数据系列】对话框中设置【系列名称】为“季损益”，设置系列值；然后再次单击按钮，并选择 C12：G12 单元格中数据。选择完成后的【编辑数据系列】对话框如图 7-78 所示。

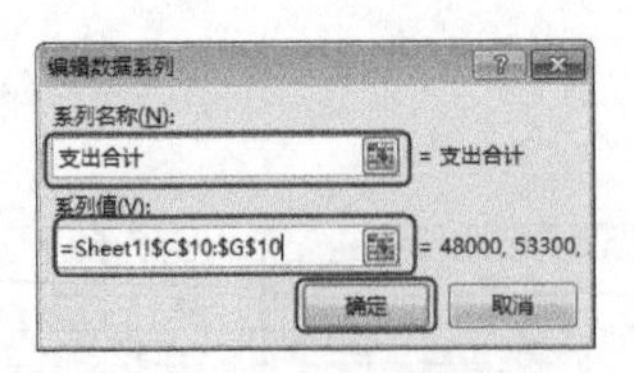

图 7-77 添加“支出合计”

图 7-78 添加“季损益”

step 31 选择【水平(分类)轴标签】选项，然后单击【编辑】按钮，在弹出的【轴标签】对话框中单击按钮，选择 C2：G2 单元格区域中的数据，如图 7-79 所示。

step 32 单击按钮，返回到【选择数据源】对话框中，单击【确定】按钮，如图 7-80 所示。

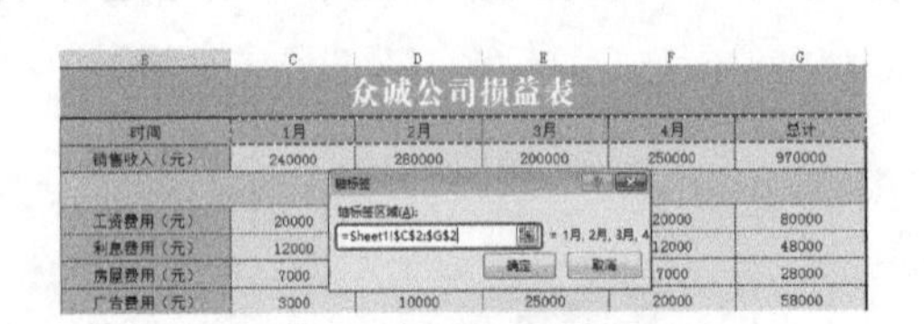

图 7-79 设置水平轴标签

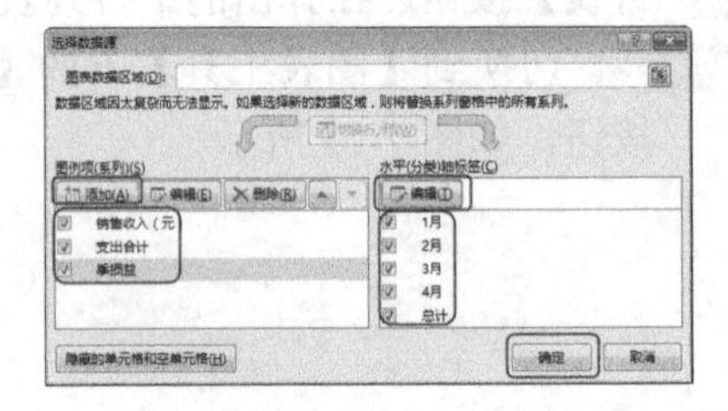

图 7-80 查看添加的数据源

step 33 选择创建的折线图，切换到【图表工具】下的【设计】选项卡，在【图表布局】组中单击【快速布局】按钮，在弹出的下拉列表中选择【布局 5】选项，如图 7-81 所示。

step 34 对折线图的【图表标题】和【坐标轴标题】进行更改，完成后的效果如图 7-82 所示。

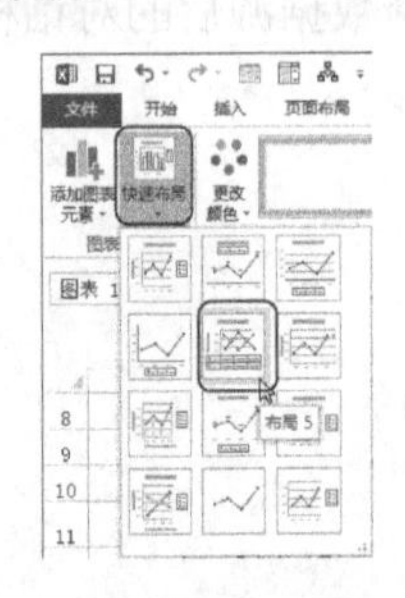

图 7-81 选择【布局 5】选项

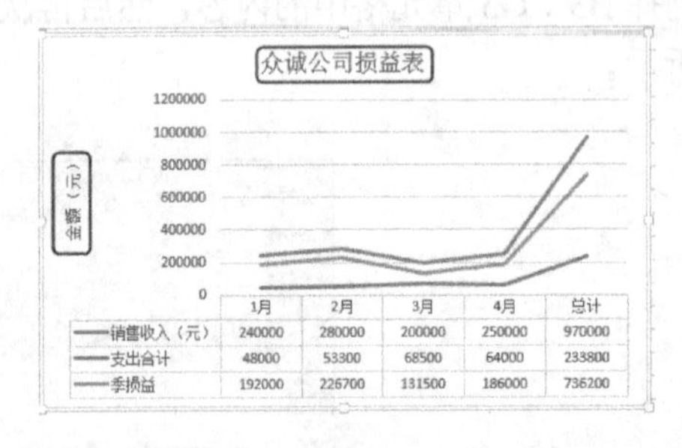

图 7-82 设置折线图的标题

案例精讲 061 总分类账

案例文件：CDROM\场景\Cha07\总分类账. xlsx

视频文件：视频教学\Cha07\总分类账.avi

学习目标

- 学习制作总分类账。

- 掌握总分类账的制作方法。

制作概述

本例将介绍如何制作总分类账，具体操作方法如下。完成后的效果如图 7-83 所示。

图 7-83　总分类账

操作步骤

step 01 启动 Excel 2013，在【新建】选项卡下单击【空白工作簿】按钮，如图 7-84 所示。

step 02 选择第 2 行表格并右击，在弹出的快捷菜单中选择【行高】命令，如图 7-85 所示。

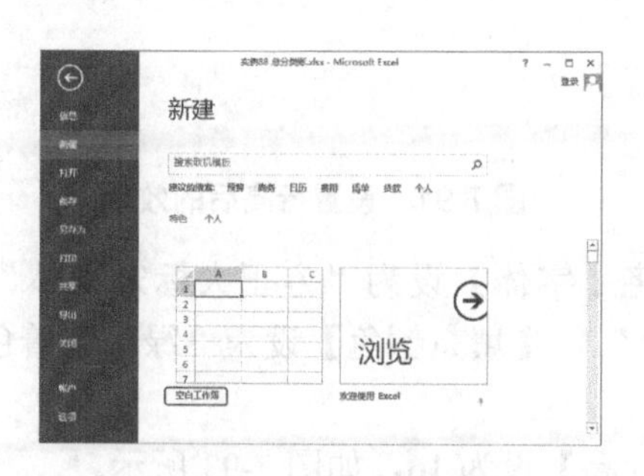

图 7-84　新建工作簿

图 7-85　选择【行高】命令

step 03 弹出【行高】对话框，将【行高】设为 35，单击【确定】按钮，如图 7-86 所示。

step 04 选择 B：G 列单元格并右击，在弹出的快捷菜单中选择【列宽】命令，如图 7-87 所示。

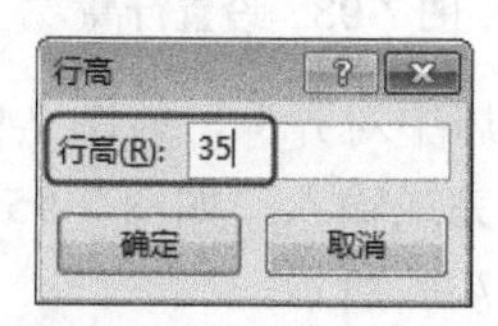

图 7-86　设置行高

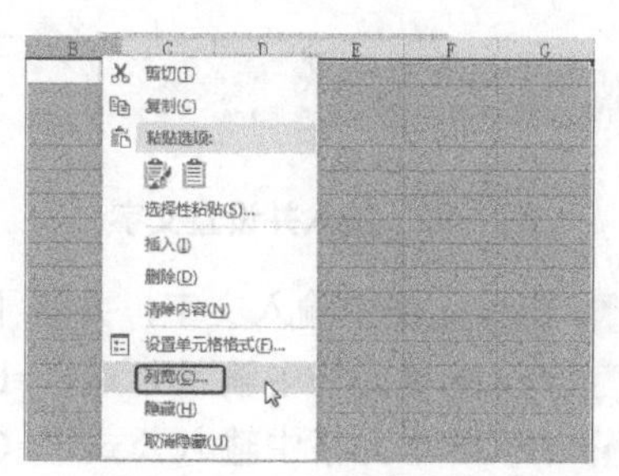

图 7-87　选择【列宽】命令

step 05 弹出【列宽】选项，将【列宽】设为 15，单击【确定】按钮，如图 7-88 所示。

step 06 选择 B2：G2 单元格区域，在【对齐方式】方式组中单击【合并后居中】按钮，将其合并，如图 7-89 所示。

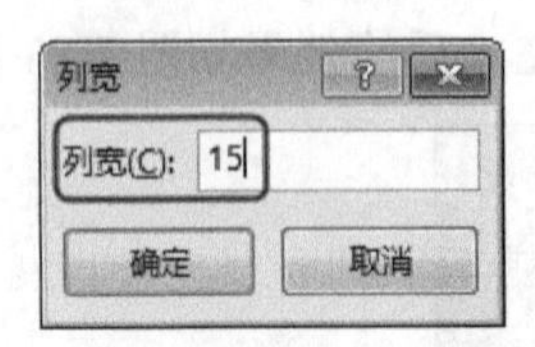

图 7-88 设置列宽

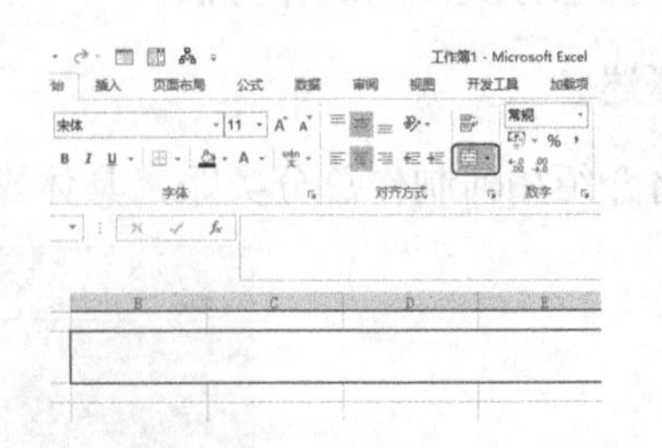

图 7-89 合并单元格

step 07 选择上一步合并的单元格，并在其内输入“总分类账”，将【字体】设为“方正大标宋简体”，【字号】设为 24，将【字体颜色】设为“白色”，【填充颜色】设为“浅绿色”，如图 7-90 所示。

step 08 选择第 3 行单元格，将其【行高】设为 25，完成后的效果如图 7-91 所示。

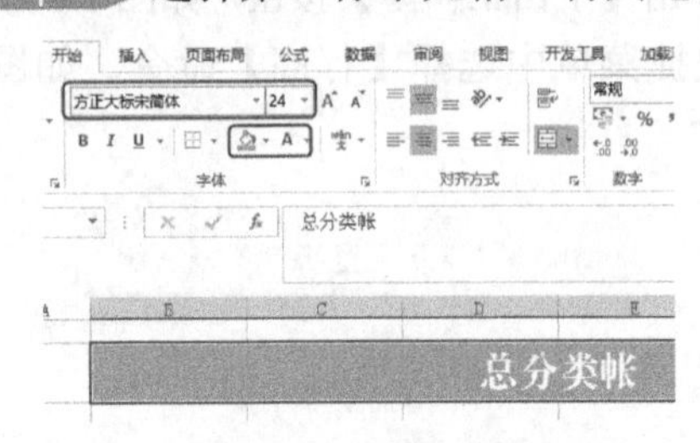

图 7-90 设置文字属性

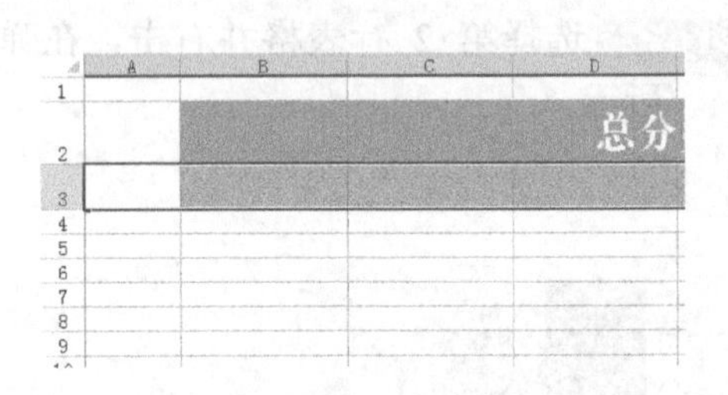

图 7-91 设置行高后的效果

step 09 在 B3：G3 单元格内输入文字，将【字体】设为“方正大标宋简体”，【字号】设为 16，【字体颜色】设为“黑色”，【填充颜色】设为“绿色，着色 6，淡色 60%”，完成后的效果如图 7-92 所示。

step 10 选择第 4～15 行单元格，并将其【行高】设为 16，如图 7-93 所示。

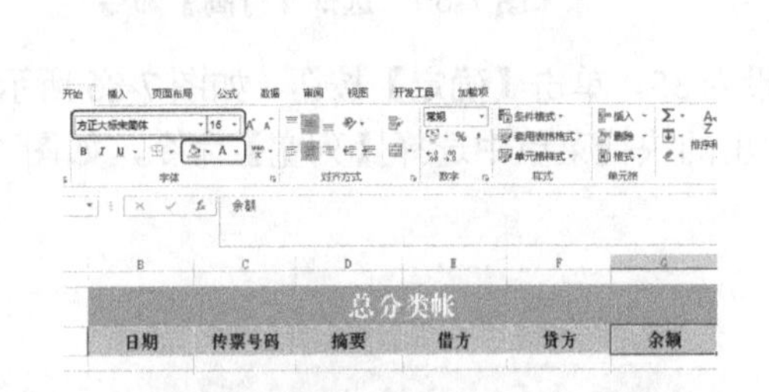

图 7-92 输入并设置文字

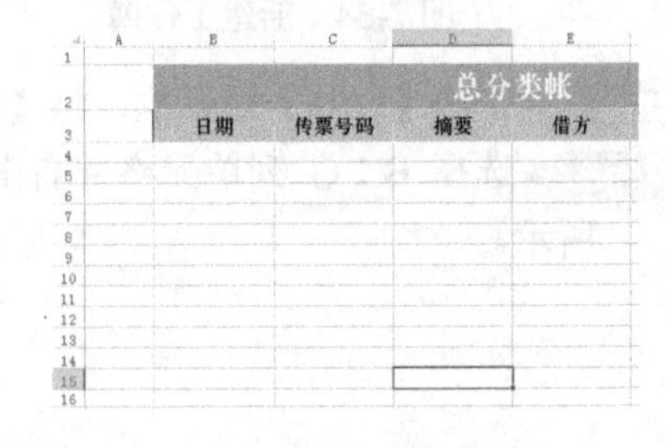

图 7-93 设置行高

step 11 在单元格中输入文字，并将【对齐方式】设为“居中对齐”，如图 7-94 所示。

step 12 在 G4 单元格中输入公式“=E4”，按 Enter 键，完成输入，如图 7-95 所示。

step 13 在 G5 单元格中输入公式“=G4+E5-F5”，如图 7-96 所示。

step 14 按 Enter 键，然后将鼠标指针置于 G5 单元格的右下角，当鼠标指针变为十字形时，按住鼠标左键向下拖动到 G14 单元格，完成公式的复制，如图 7-97 所示。

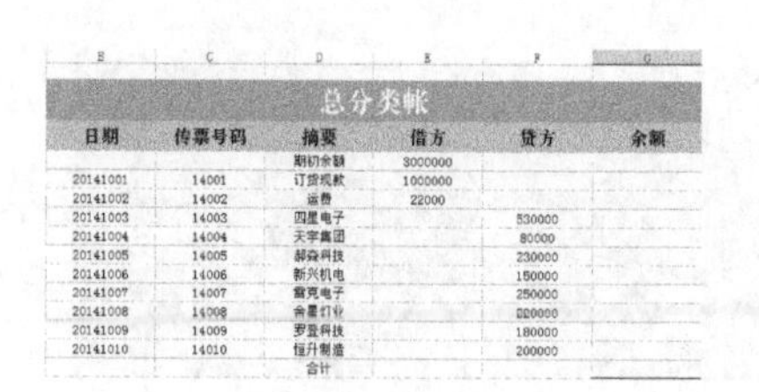

总分类帐					
日期	传票号码	摘要	借方	贷方	余额
		期初余额	3000000		
20141001	14001	订货现款	1000000		
20141002	14002	运费	22000		
20141003	14003	四星电子		530000	
20141004	14004	天宇集团		80000	
20141005	14005	郝森科技		230000	
20141006	14006	新兴机电		150000	
20141007	14007	雷克电子		250000	
20141008	14008	金星灯业		220000	
20141009	14009	罗登科技		180000	
20141010	14010	恒升制造		200000	
		合计			

图 7-94 输入文字并设置对齐方式

=E4

总分类帐					
日期	传票号码	摘要	借方	贷方	余额
		期初余额	3000000		3000000
20141001	14001	订货现款	1000000		
20141002	14002	运费	22000		
20141003	14003	四星电子		530000	

图 7-95 输入公式(1)

	B	C	D	E	F	G
1						
2	总分类帐					
3	日期	传票号码	摘要	借方	贷方	余额
4			期初余额	3000000		3000000
5	20141001	14001	订货现款	1000000		=G4+E5-F5
6	20141002	14002	运费	22000		
7	20141003	14003	四星电子		530000	
8	20141004	14004	天宇集团		80000	
9	20141005	14005	郝森科技		230000	
10	20141006	14006	新兴机电		150000	
11	20141007	14007	雷克电子		250000	
12	20141008	14008	金星灯业		220000	
13	20141009	14009	罗登科技		180000	
14	20141010	14010	恒升制造		200000	

图 7-96 输入公式(2)

贷方	余额
	3000000
	4000000
	4022000
530000	3492000
80000	3412000
230000	3182000
150000	3032000
250000	2782000
220000	2562000
180000	2382000
200000	2182000

图 7-97 复制公式

step 15 选择 E15 单元格，并在其内输入公式“=SUM(E4:E14)”，按 Enter 键，完成设置，效果如图 7-98 所示。

step 16 选择 F15 单元格，并在其内输入公式“=SUM(F7:F14)”，按 Enter 键，完成设置，效果如图 7-99 所示。

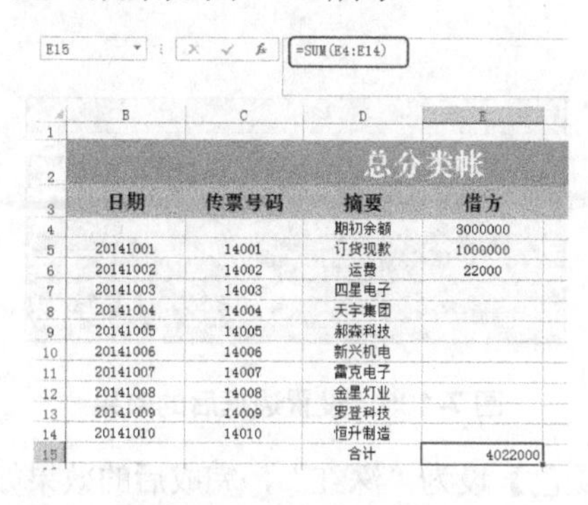

E15 =SUM(E4:E14)

	B	C	D	E
1				
2	总分类帐			
3	日期	传票号码	摘要	借方
4			期初余额	3000000
5	20141001	14001	订货现款	1000000
6	20141002	14002	运费	22000
7	20141003	14003	四星电子	
8	20141004	14004	天宇集团	
9	20141005	14005	郝森科技	
10	20141006	14006	新兴机电	
11	20141007	14007	雷克电子	
12	20141008	14008	金星灯业	
13	20141009	14009	罗登科技	
14	20141010	14010	恒升制造	
15			合计	4022000

图 7-98 输入公式(3)

=SUM(F7:F14)

总分类帐		
摘要	借方	贷方
期初余额	3000000	
订货现款	1000000	
运费	22000	
四星电子		530000
天宇集团		80000
郝森科技		230000
新兴机电		150000
雷克电子		250000
金星灯业		220000
罗登科技		180000
恒升制造		200000
合计	4022000	1840000

图 7-99 输入公式(4)

step 17 将所有文字的【对齐方式】设为【居中对齐】，效果如图 7-100 所示。

step 18 选择 B4：G15 单元格区域，在【字体】组中将【填充颜色】设为“绿色，着色 6，深色 25%，”，将【字体颜色】设为“白色”，完成后的效果如图 7-101 所示。

step 19 选择 B2：G15 单元格区域，在【字体】选项组中单击【边框】按钮，在弹出的下拉列表中选择【其他边框】选项，完成后的效果如图 7-102 所示。

step 20 弹出【设置单元格格式】对话框，选择线条样式，然后单击【外边框】按钮，如图 7-103 所示。

总分类帐					
日期	传票号码	摘要	借方	贷方	余额
		期初余额	3000000		3000000
20141001	14001	订货现款	1000000		4000000
20141002	14002	运费	22000		4022000
20141003	14003	四星电子		530000	3492000
20141004	14004	天宇集团		80000	3412000
20141005	14005	郝森科技		230000	3182000
20141006	14006	新兴机电		150000	3032000
20141007	14007	露克电子		250000	2782000
20141008	14008	金星灯业		220000	2562000
20141009	14009	罗普科技		180000	2382000
20141010	14010	恒升制造		200000	2182000
		合计	4022000	1840000	

图 7-100　设置对齐方式效果

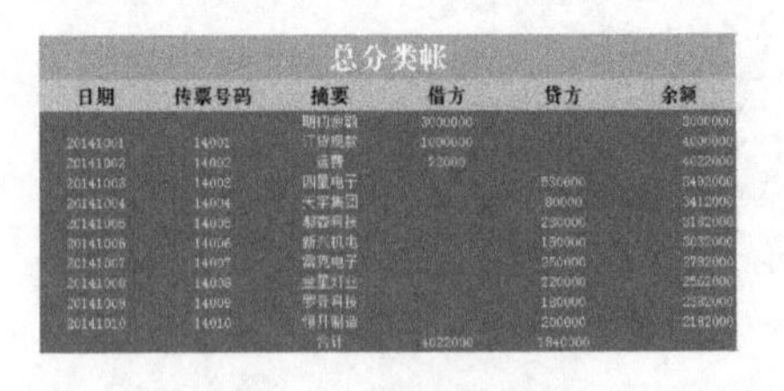

图 7-101　设置文字属性

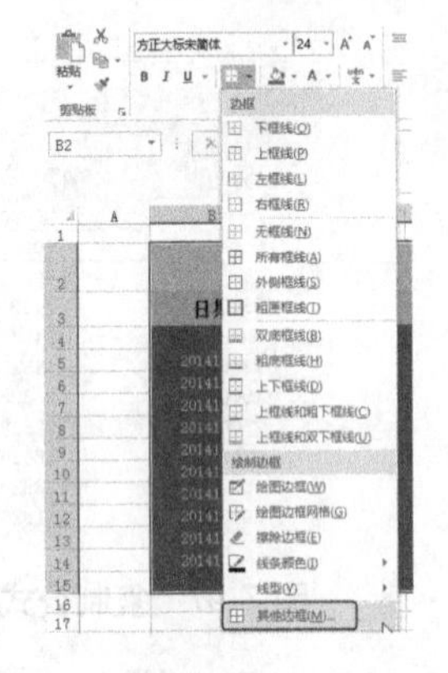

图 7-102　选择【其他边框】选项

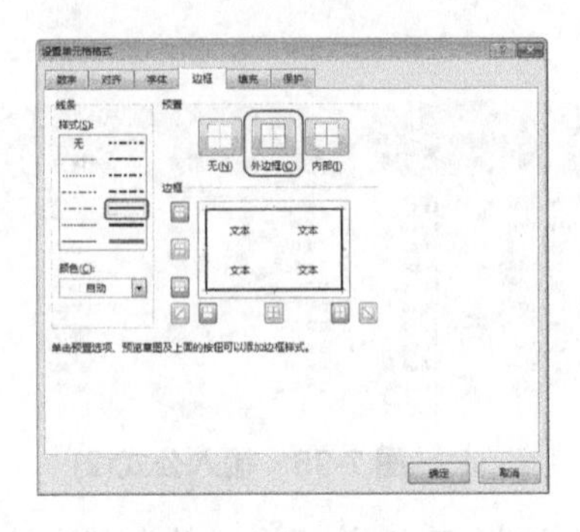

图 7-103　设置外部边框

step 21 选择线条样式，然后单击【内部】按钮，单击【确定】按钮，如图 7-104 所示。

step 22 设置边框后的效果如图 7-105 所示。

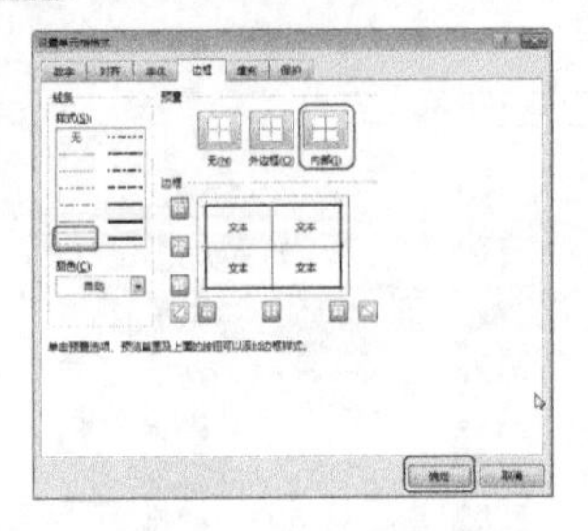

图 7-104　设置内部边框

图 7-105　设置边框后的效果

step 23 选择 D15：F15 单元格，将其【填充颜色】设为“深红”，完成后的效果如图 7-106 所示。

总分类帐					
日期	传票号码	摘要	借方	贷方	余额
		期初余额	3000000		3000000
20141001	14001	订货现款	1000000		4000000
20141002	14002	运费	22000		4022000
20141003	14003	四星电子		530000	3492000
20141004	14004	天宇集团		80000	3412000
20141005	14005	郝森科技		230000	3182000
20141006	14006	新兴机电		150000	3032000
20141007	14007	露克电子		250000	2782000
20141008	14008	金星灯业		220000	2562000
20141009	14009	罗普科技		180000	2382000
20141010	14010	恒升制造		200000	2182000
		合计	4022000	1840000	

图 7-106　完成后的效果

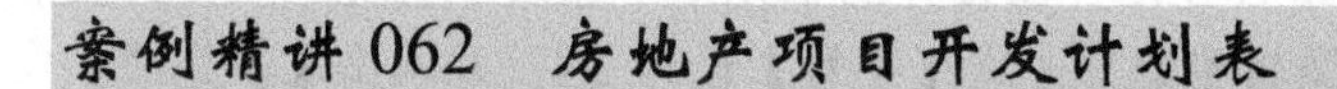

案例精讲 062 房地产项目开发计划表

案例文件：CDROM\场景\Cha07\房地产项目开发计划表. xlsx

视频文件：视频教学\Cha07\房地产项目开发计划表.avi

学习目标

- 学习项目开发计划表的制作方法。
- 掌握项目开发计划表的制作流程。

制作概述

本例将讲解如何制作房地产项目开发计划表，具体操作方法如下。完成后的效果如图 7-107 所示。

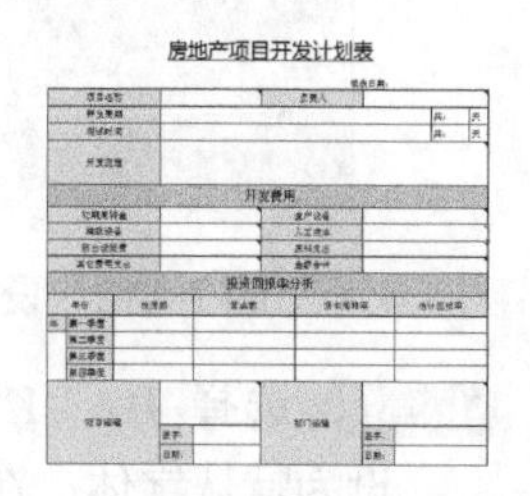

图 7-107 房地产项目开发计划表

操作步骤

step 01 启动 Excel 2013，在【新建】选项卡下单击【空白工作簿】按钮，如图 7-108 所示。

step 02 选择第 1 行单元格并右击，在弹出的快捷菜单中单击【行高】命令，如图 7-109 所示

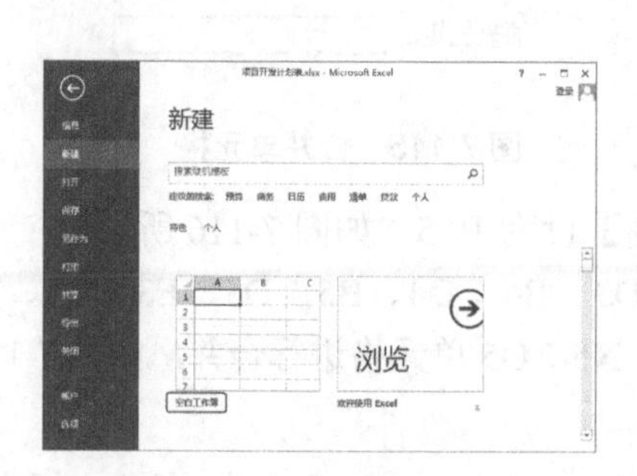

图 7-108 创建空白工作簿

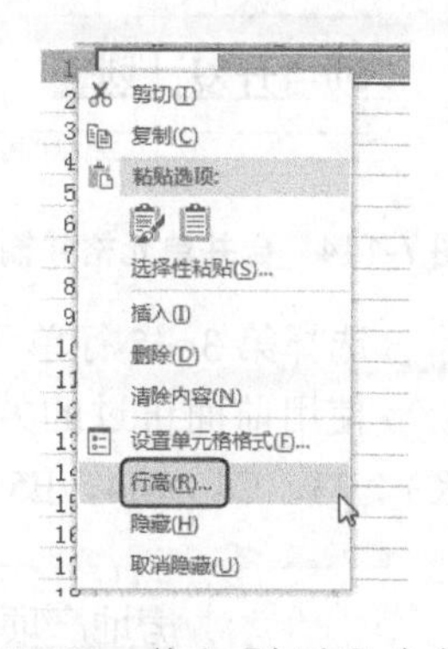

图 7-109 单击【行高】命令

step 03 弹出【行高】对话框，将【行高】设为 60，如图 7-110 所示。

step 04 选择 A：B、L：Q 列，将【列宽】设为 3，完成后的效果如图 7-111 所示。

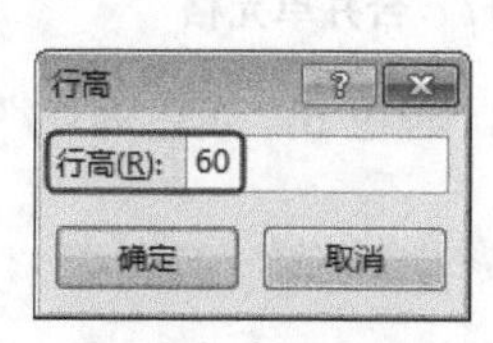

图 7-110 设置行高

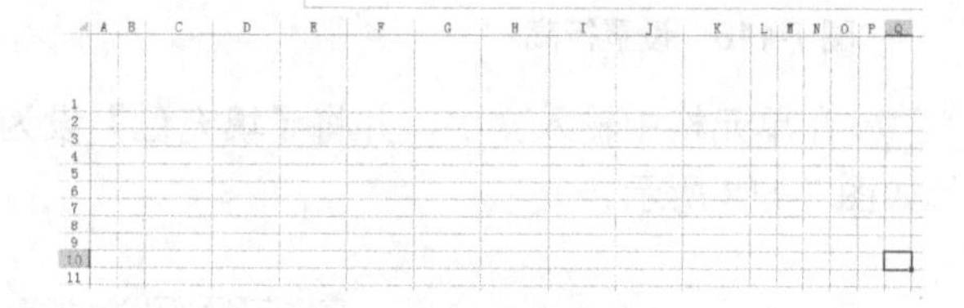

图 7-111 设置列宽

step 05 使用同样的方法，选择 E：K 列单元格，将其【列宽】设为 6，如图 7-112 所示。

step 06 选择 B1：P1 单元格，在功能区选择【开始】选项卡，在【对齐方式】组中单击

【合并后居中】按钮，将单元格合并，并在合并的单元格中输入“房地产项目开发计划表”，将【字体】设为“微软雅黑”，将【字号】设为 24，并单击【下划线】按钮，如图 7-113 所示。

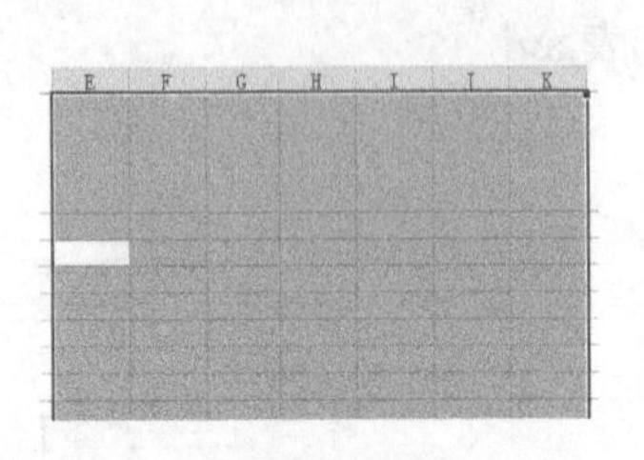

图 7-112　设置列宽

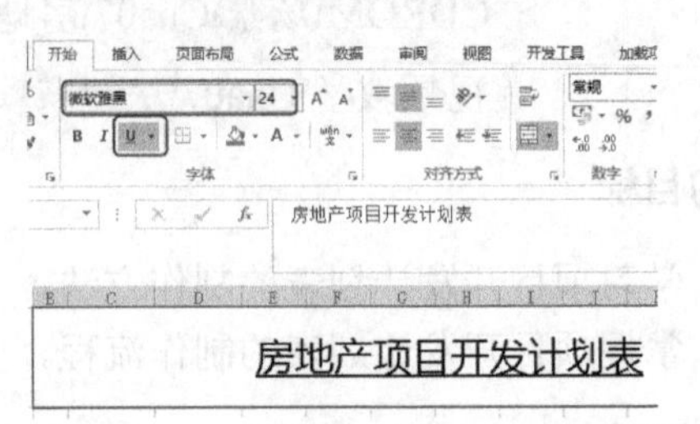

图 7-113　合并单元格并设置文字属性

step 07 选择 B2：K2 单元格，并将其合并，在其内输入“填表日期：”，将【字体】设为默认字体；在【对齐方式】组中，单击【右对齐】按钮，效果如图 7-114 所示。

step 08 选择 L2：P2 单元格，并将其合并，如图 7-115 所示。

图 7-114　合并单元格并输入文字

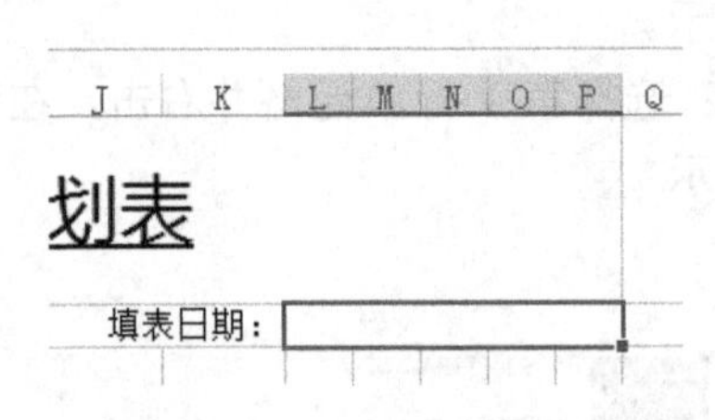

图 7-115　合并单元格

step 09 选择第 3～5 行单元格，将其【行高】设为 19.5，如图 7-116 所示。

step 10 使用前面讲过的方法分别将 B3：D3、B4：D4、B5：D5、E3：G3、H3：J3、K3：P3、E4：M4、E5：M5、N4：O4、N5：O5 单元格进行合并，如图 7-117 所示。

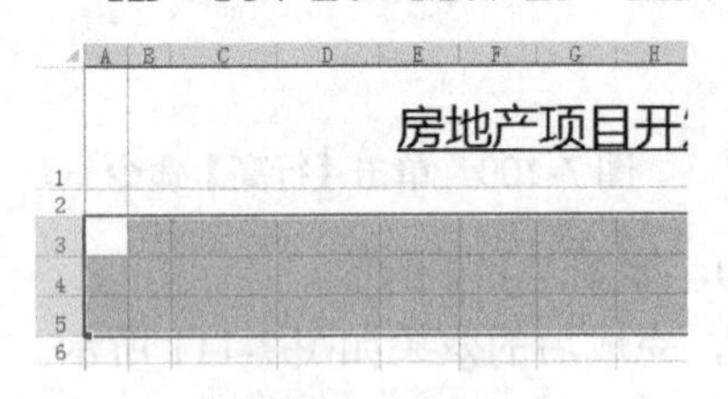

图 7-116　设置行高

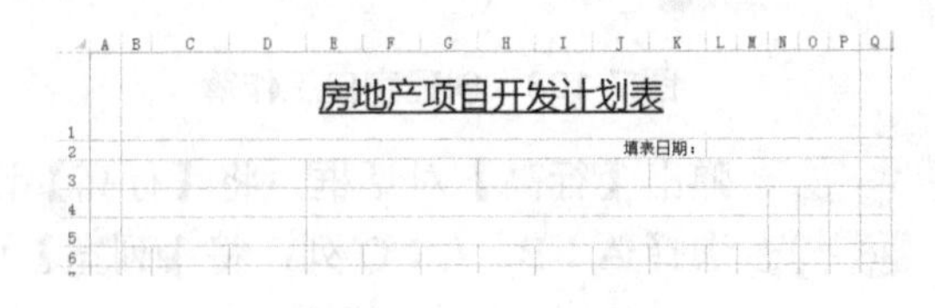

图 7-117　合并单元格

step 11 在单元格中输入文字，并将【填充色】设为“绿色，着色 6，淡色 80%”，效果如图 7-118 所示。

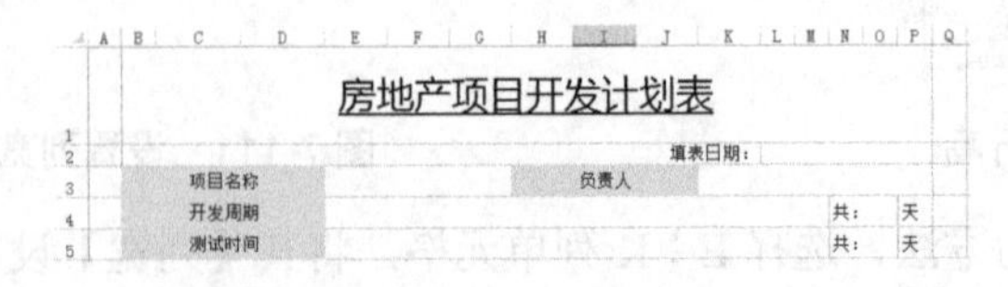

图 7-118　输入文字并设置填充色

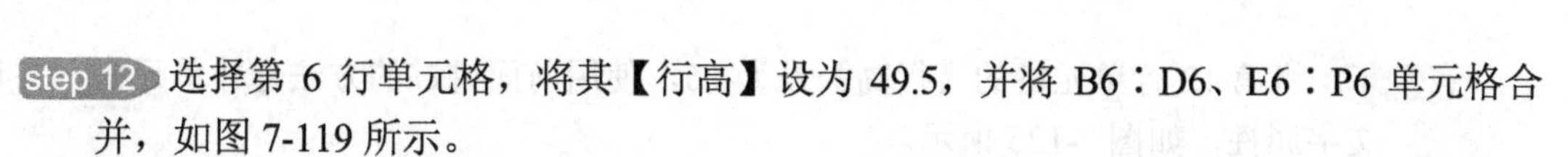

step 12 选择第 6 行单元格，将其【行高】设为 49.5，并将 B6∶D6、E6∶P6 单元格合并，如图 7-119 所示。

step 13 在上一步合并的单元格中输入文字“开发流程”，并设置与上面相同的填充色，效果如图 7-120 所示。

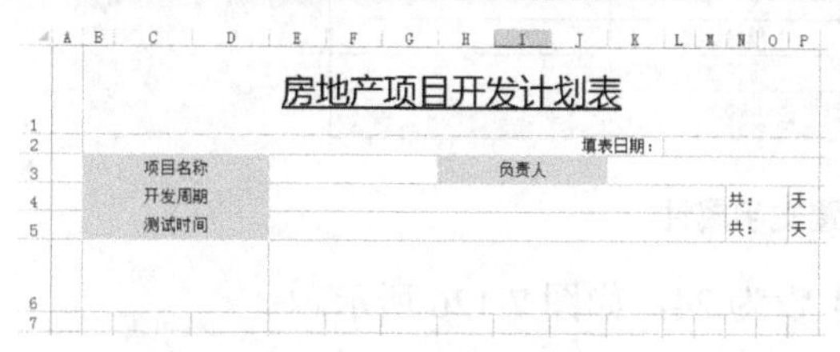

图 7-119 合并单元格

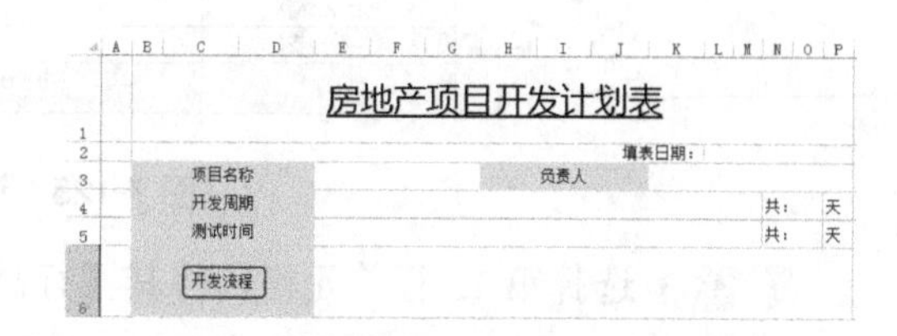

图 7-120 输入文字

step 14 选择 B3∶P20 单元格，在【字体】组中单击【边框】按钮，在弹出的下拉列表中选择【所有框线】选项，如图 7-121 所示。

step 15 设置完边框后的效果如图 7-122 所示。

图 7-121 选择【所有框线】选项

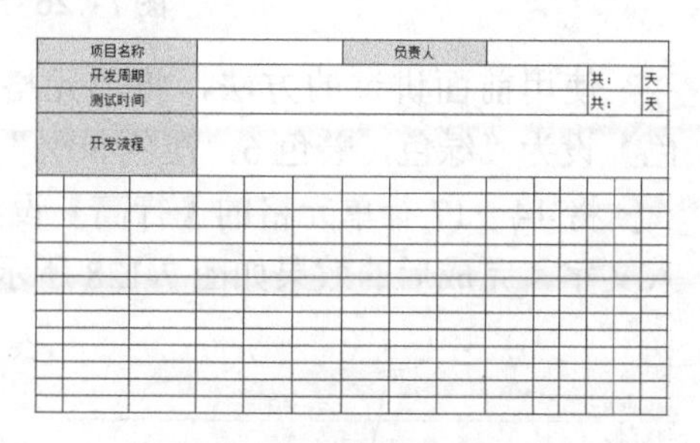

图 7-122 设置框线后的效果

step 16 将第 7 行单元格的【行高】设为 25，将 B7∶P7 单元格合并，并在其内输入“开发费用”，【字号】设为 14，【填充颜色】设为“绿色，着色 6，淡色 60%”，效果如图 7-123 所示。

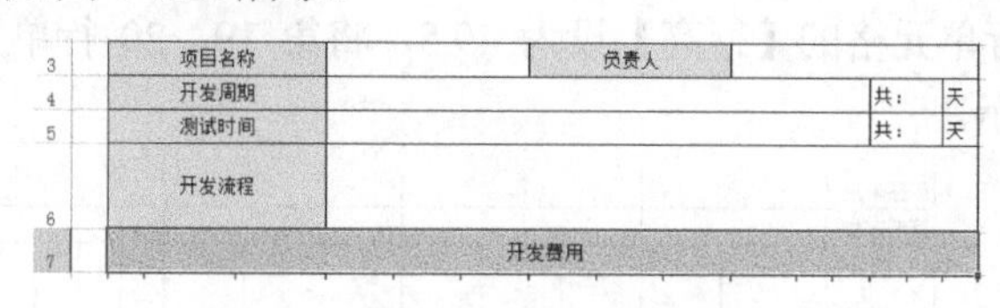

图 7-123 设置单元格属性

step 17 将第 8～11 行单元格的【行高】设为 18，使用前面相同的方法，对单元格进行合并，并在其内输入相应的文字，完成后的效果如图 7-124 所示。

4	开发周期		共：	天
5	测试时间		共：	天
6	开发流程			
7	开发费用			
8	初期周转金		生产设备	
9	辅助设备		人工成本	
10	挤出设施费		原料支出	
11	其它费用支出		金额合计	

图 7-124 合并单元格并输入文字

step 18 将第 12 行单元格的【行高】设为 25，使用前面讲过的方法合并单元格，并设置文字属性，如图 7-125 所示。

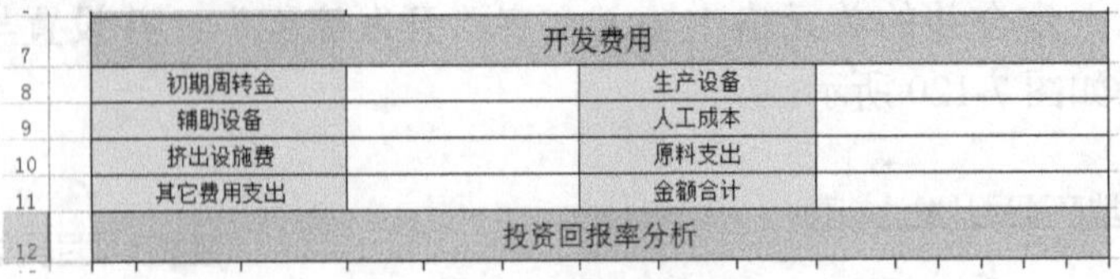

开发费用
初期周转金
生产设备
辅助设备
人工成本
挤出设施费
原料支出
其它费用支出
金额合计
投资回报率分析

图 7-125　设置文字属性

step 19 选择第 13 行单元格，将其【行高】设为 24，如图 7-126 所示。

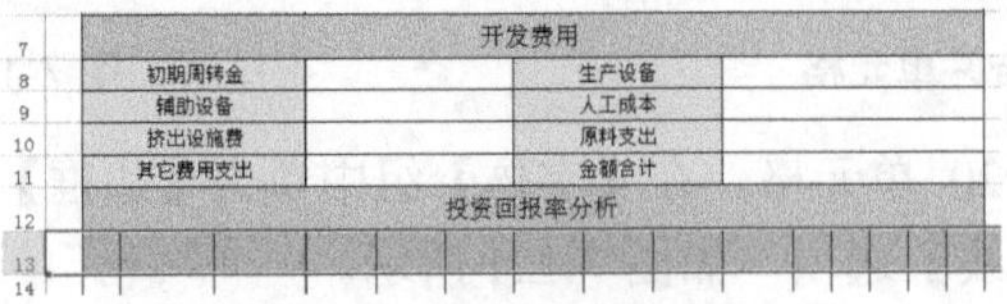

开发费用
初期周转金
生产设备
辅助设备
人工成本
挤出设施费
原料支出
其它费用支出
金额合计
投资回报率分析

图 7-126　设置行高

step 20 使用前面讲过的方法，将单元格进行合并，并在其内输入文字，将【填充颜色】设为“绿色，着色 6，淡色 80%”，完成后的效果如图 7-127 所示。

step 21 将 14～17 行单元格的【行高】设为 18，使用前面讲过的方法，合并单元格并输入文字，完成后的效果如图 7-128 所示。

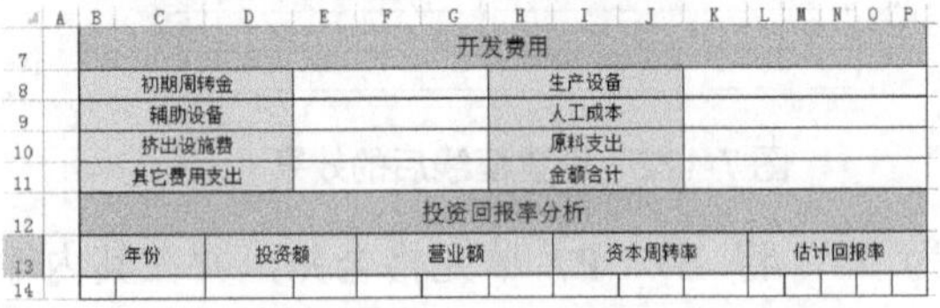

开发费用
初期周转金
生产设备
辅助设备
人工成本
挤出设施费
原料支出
其它费用支出
金额合计
投资回报率分析
年份
投资额
营业额
资本周转率
估计回报率

图 7-127　设置单元格并输入文字

开发费用
初期周转金
生产设备
辅助设备
人工成本
挤出设施费
原料支出
其它费用支出
金额合计
投资回报率分析
年份
投资额
营业额
资本周转率
估计回报率
第一季度
第二季度
第三季度
第四季度

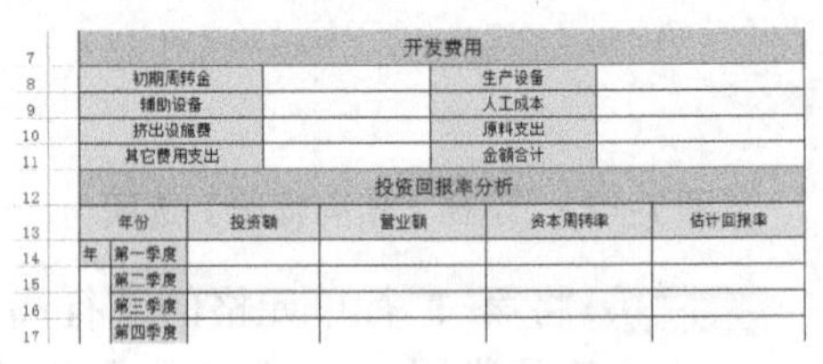

图 7-128　设置行高

step 22 将第 18 行单元格的【行高】设为 49.5，将第 19、20 行单元格【行高】设为 22，如图 7-129 所示。

第三季度
第四季度

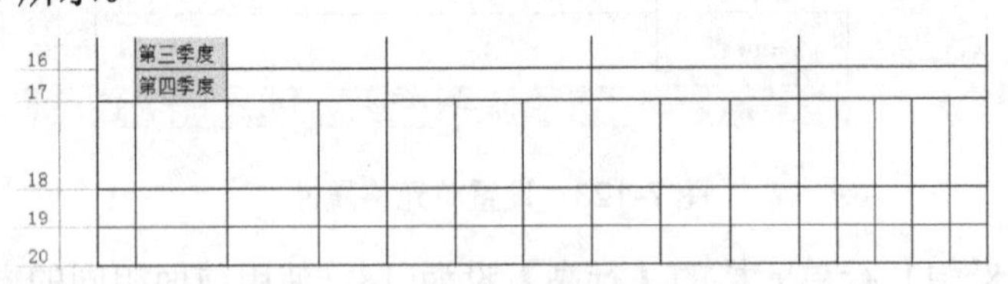

图 7-129　设置行高

step 23 对上一步设置的单元格进行合并，并输入文字，完成后的效果如图 7-130 所示。

step 24 选择 E3 单元格并右击，在弹出的快捷菜单中选择【插入批注】命令，如图 7-131 所示。

step 25 在弹出的文本框中输入“输入项目名称”，如图 7-132 所示。

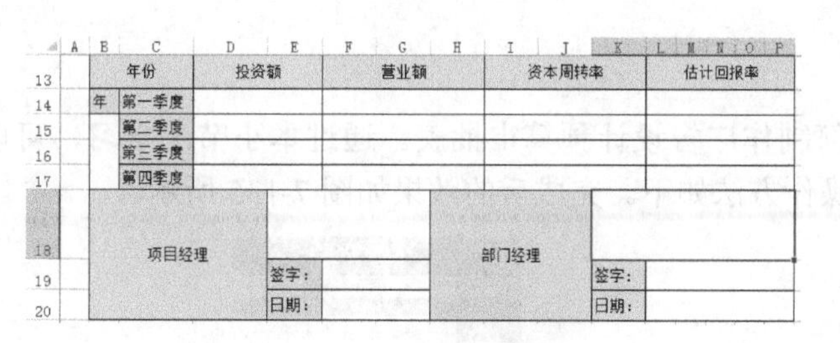

图 7-130　完成后的效果

图 7-131　选择【插入批注】命令

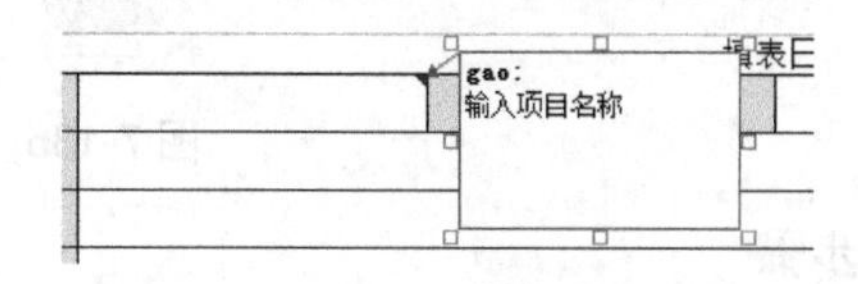

图 7-132　输入文字

step 26 使用同样的方法在其他的文本框中输入批注，完成后的效果如图 7-133 所示。

step 27 在功能区选择【视图】选项卡，在【显示】组中取消选中【网格线】复选框，效果如图 7-134 所示。

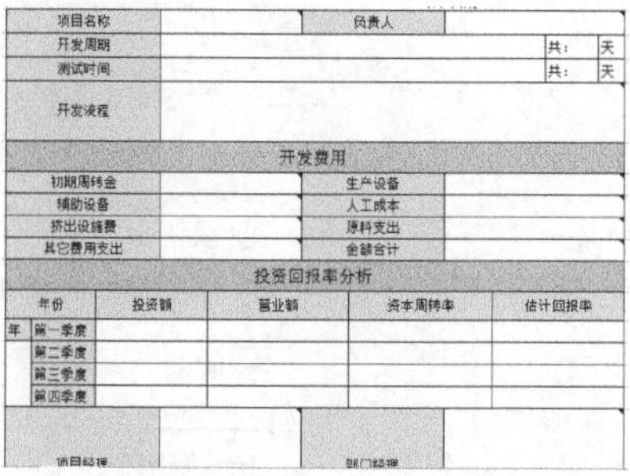

图 7-133　完成后的效果

图 7-134　完成后的效果

案例精讲 063　广告设计预算审批表

案例文件：CDROM\场景\Cha07\广告设计预算审批表. xlsx

视频文件：视频教学\Cha07\广告设计预算审批表.avi

学习目标

- 学习预算审批表的制作。
- 掌握公式的应用，掌握预算审批表的制作流程。

制作概述

本例将学习如何制作广告设计预算审批表。通过本小节的学习，可以对审批表的制作有一定的了解，具体操作方法如下。完成后的效果如图 7-135 所示。

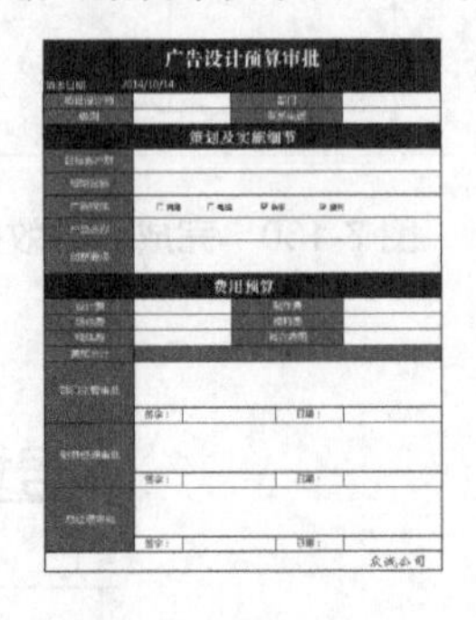

图 7-135 预算审批表

操作步骤

step 01 启动 Excel 2013，在【新建】选项卡下单击【空白工作簿】按钮，如图 7-136 所示。

step 02 选择第 2 行单元格并右击，在弹出的快捷菜单中选择【行高】命令，如图 7-137 所示。

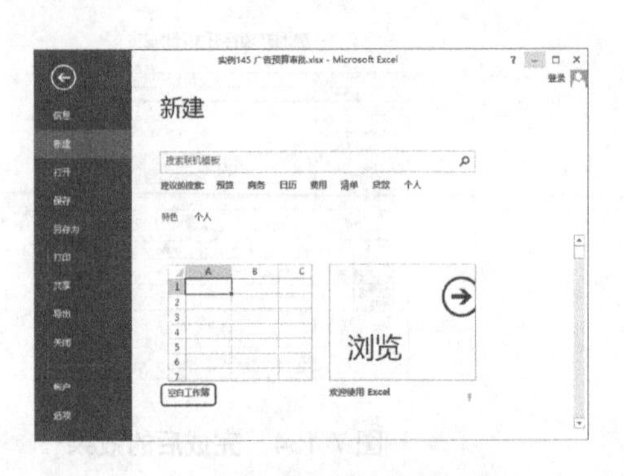

图 7-136 新建空白工作簿

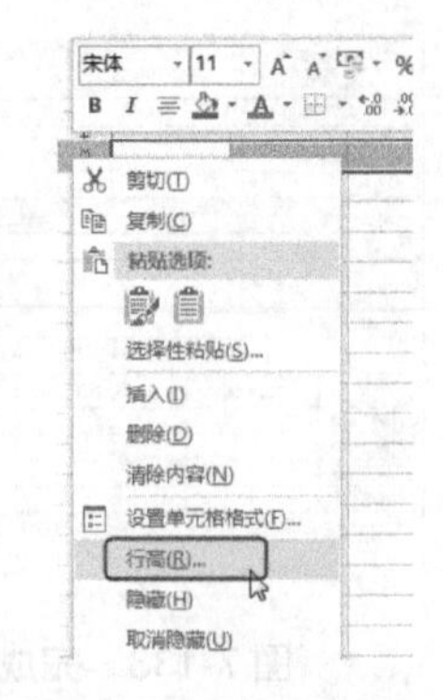

图 7-137 选择【行高】命令

step 03 弹出【行高】对话框，将【行高】设为 47，完成后单击【确定】按钮，如图 7-138 所示。

step 04 选择 B：C 列单元格并右击，在弹出的快捷菜单中选择【列宽】命令，如图 7-139 所示。

step 05 弹出【列宽】对话框，将【列宽】设为 8.5，单击【确定】按钮，如图 7-140 所示。

step 06 使用同样的方法，将 D：G 列、J：N 列的【列宽】设为 4.5，H：I 列设为 8.5，完成后的效果如图 7-141 所示。

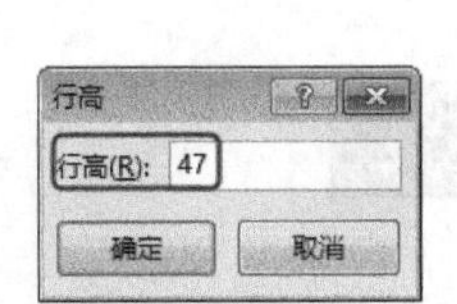

图 7-138 设置行高

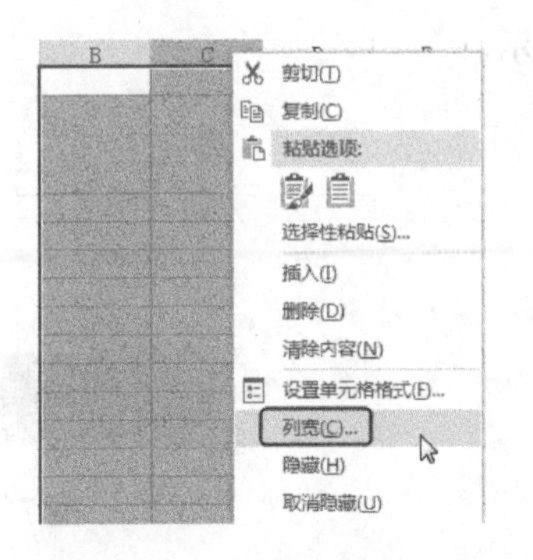

图 7-139 选项【列宽】命令

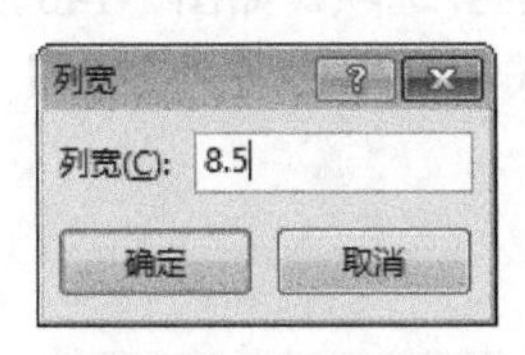

图 7-140 设置列宽

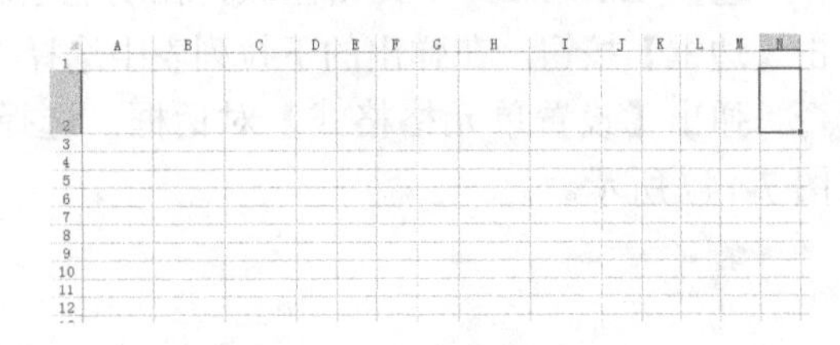

图 7-141 设置列宽后的效果

step 07 选择 B2：N2 单元格，在【开始】选项卡的【对齐方式】组中单击【合并后居中】按钮，将其合并居中，如图 7-142 所示。

step 08 在上一步合并的单元格中输入“广告设计预算审批”，将【字体】设为“方正大标宋简体”，【字号】设为 24，将【填充颜色】设为“深红色”，将【字体颜色】设为“白色”，完成后的效果如图 7-143 所示。

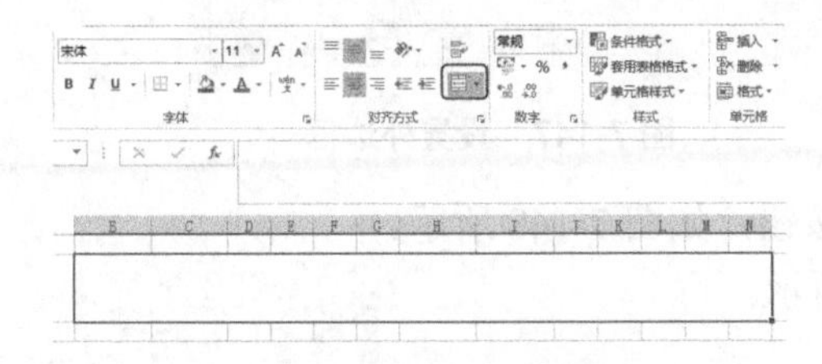

图 7-142 合并后居中

图 7-143 输入并设置文字

step 09 选择 C3：F3 单元格，使用前面的方法将其合并。选择 B3 单元格，在其中输入“填表日期”，然后在合并的单元格中输入“=TODAY( )”，按 Enter 键，如图 7-144 所示。

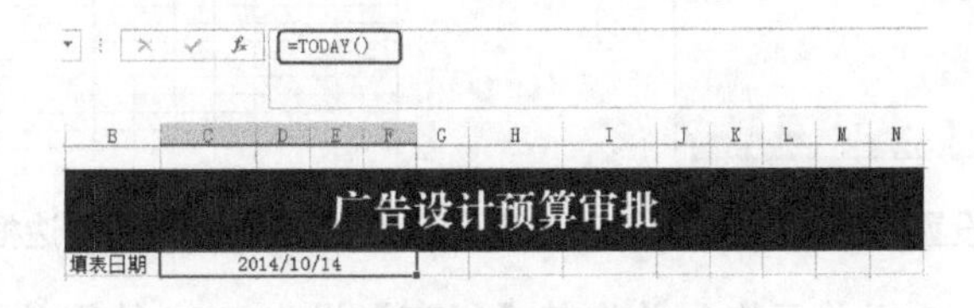

图 7-144 输入文字

step 10 选择 B3：N3 单元格，在【字体】组中将【字体】设为“微软雅黑”，将【字号】、【填充颜色】分别设为 12、“深红色”，【字体颜色】设为“白色”，如图 7-145

所示。

图 7-145　设置文字属性

step 11 选择 B4：N23 单元格区域，在功能区选择【开始】选项卡，在【字体】组中单击【边框】按钮，在弹出的下拉列表中选择【其他边框】选项，如图 7-146 所示。

step 12 弹出【设置单元格格式】对话框，选择线条样式，并单击【外边框】按钮，如图 7-147 所示。

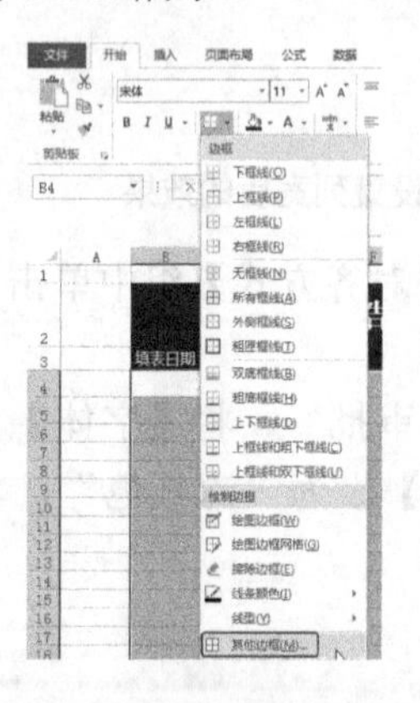

图 7-146　选择【其他边框】选项

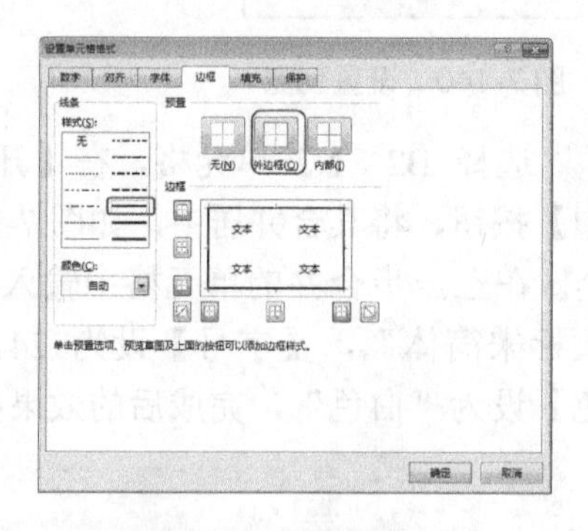

图 7-147　设置外边框

step 13 继续选择线条样式，单击【内部】按钮，如图 7-148 所示。

step 14 设置完成边框后的效果如图 7-149 所示。

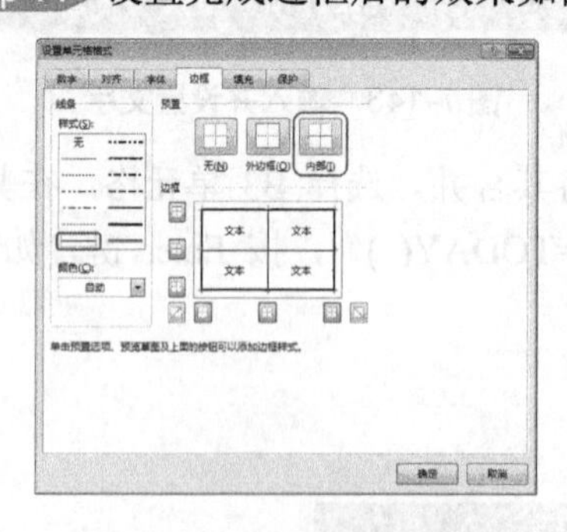

图 7-148　设置内部边框

图 7-149　设置边框后的效果

step 15 选择第 4、5 行单元格，并将其【行高】设为 20，使用前面讲过的方法对单元格进行合并，完成后的效果如图 7-150 所示。

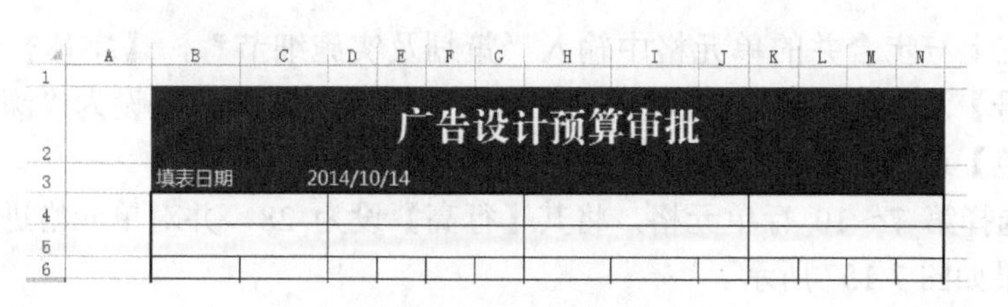

图 7-150 设置单元格的属性

step 16 在上一步合并的单元格中输入文字，将【字体】设为“微软雅黑”，【字号】设为 12，如图 7-151 所示。

step 17 选择上一步输入文字的单元格，在【字体】组中单击【填充颜色】按钮，在弹出的下拉列表中选择【其他颜色】选项，如图 7-152 所示。

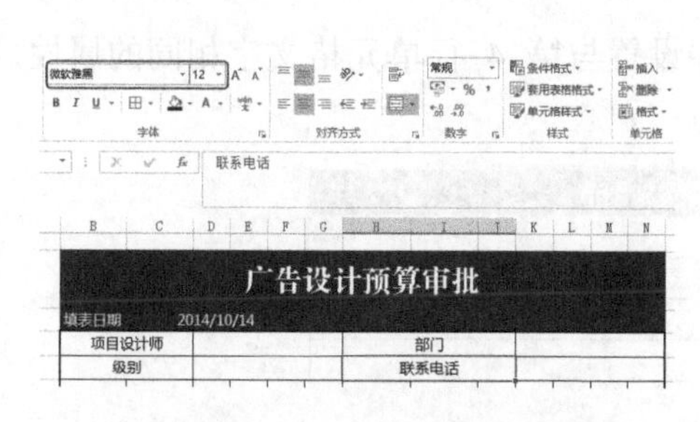

图 7-151 输入并设置文字

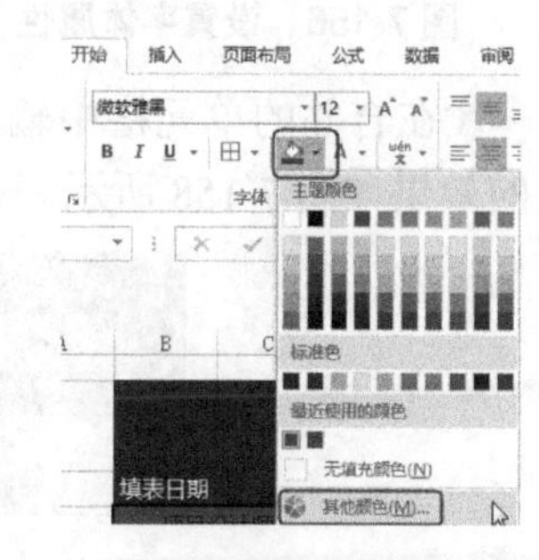

图 7-152 选择【其他颜色】选项

step 18 弹出【颜色】对话框，选择【自定义】选项卡，将【颜色模式】设为 RGB，将红色、绿色、蓝色分别设为 192、80、77，并单击【确定】按钮，如图 7-153 所示。

step 19 将上一步设置单元格样式的【字体颜色】设为“白色”，完成后的效果如图 7-154 所示。

图 7-153 设置自定义颜色

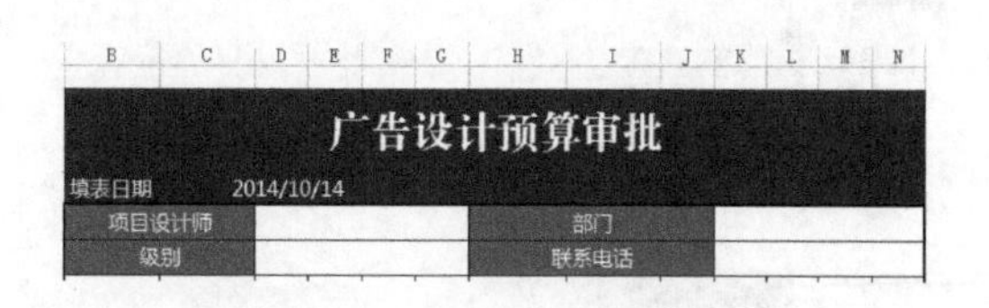

图 7-154 设置完成后的效果

step 20 将第 6 行单元格的【行高】设为 30，并将 B6：N6 单元格合并，如图 7-155 所示。

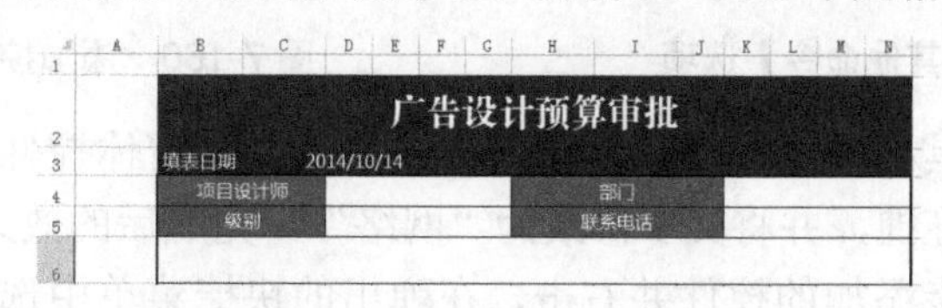

图 7-155 设置行高并合并单元格

step 21 在上一步合并的单元格中输入“策划及实施细节”，【字体】设为“宋体”，【字号】设为 18，并单击【加粗】按钮，将【填充颜色】设为“深红色”，将【字体颜色】设为“白色”，完成后的效果如图 7-156 所示。

step 22 选择第 7～10 行单元格，将其【行高】设为 28，并对单元格进行合并，完成后的效果如图 7-157 所示。

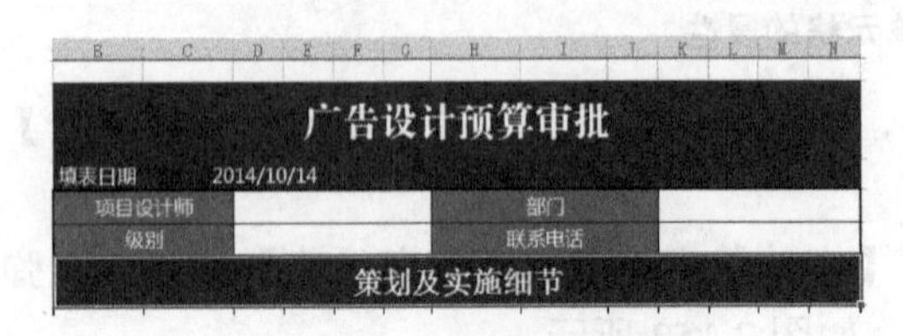

图 7-156 设置字体属性

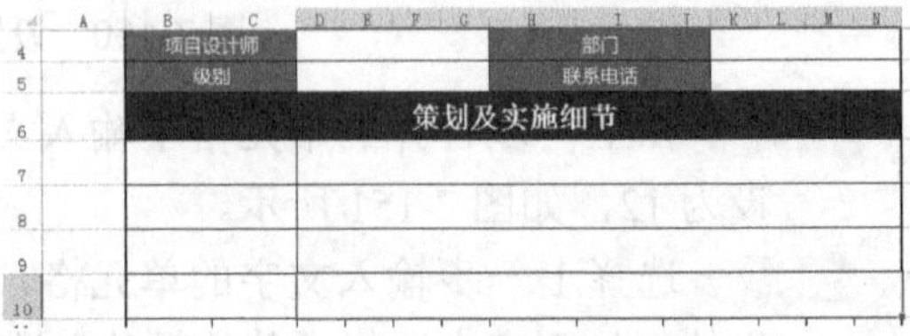

图 7-157 设置行高并合并单元格

step 23 在合并的单元格中输入文字，并设置与第 4 行单元格文字相同的属性，完成后的效果如图 7-158 所示。

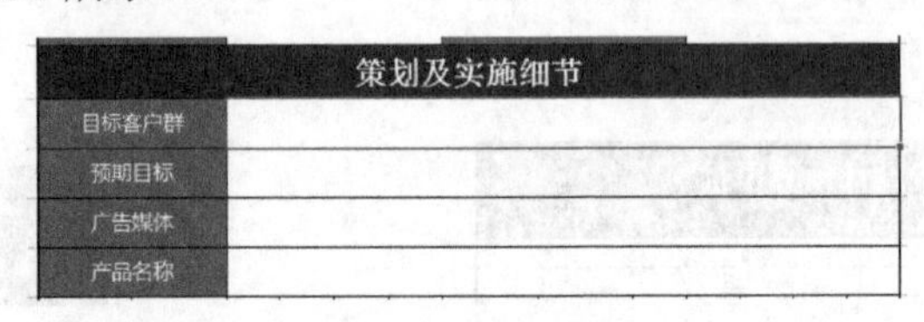

图 7-158 设置文字属性

step 24 在文档的最上侧单击【自定义快速访问工具栏】按钮，在弹出的下拉列表中选择【其他命令】选项，如图 7-159 所示。

step 25 弹出【Excel 选项】对话框，将【从下列位置选择命令】设为“所有命令”，在其下拉列表中选择【复选框(窗体控件)】选项，单击【添加】按钮，然后单击【确定】按钮，如图 7-160 所示。

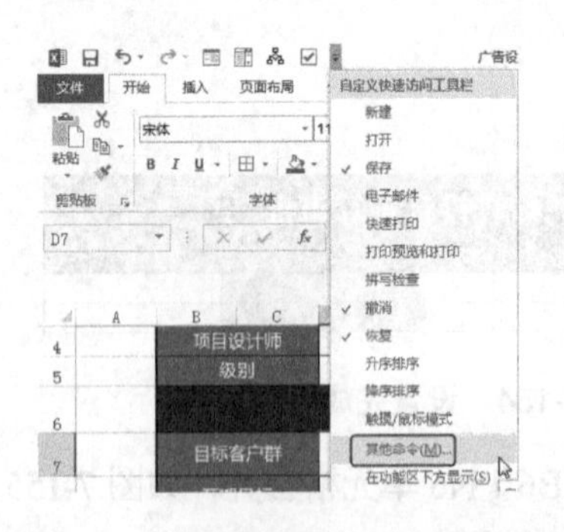

图 7-159 选择【其他命令】选项

图 7-160 添加控件到快速工具栏

step 26 在快速工具栏中选择上一步添加的【复选框】窗体控件，在【广告媒体】后面的表格中进行拖拽，并将文字修改为“网络”，完成后的效果如图 7-161 所示。

step 27 选择上一步添加的控件并右击，在弹出的快捷菜单中选择【设置控件格式】命令，如图 7-162 所示。

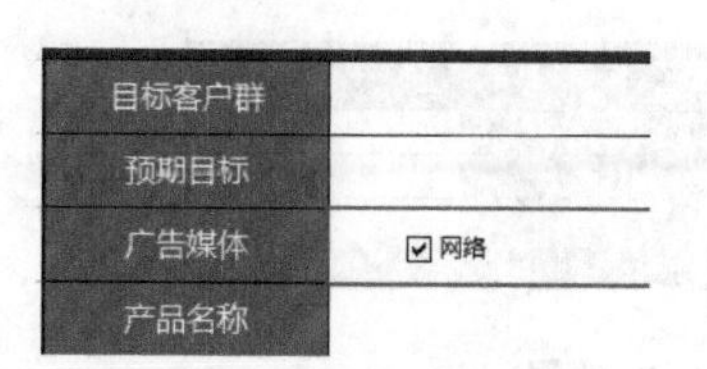

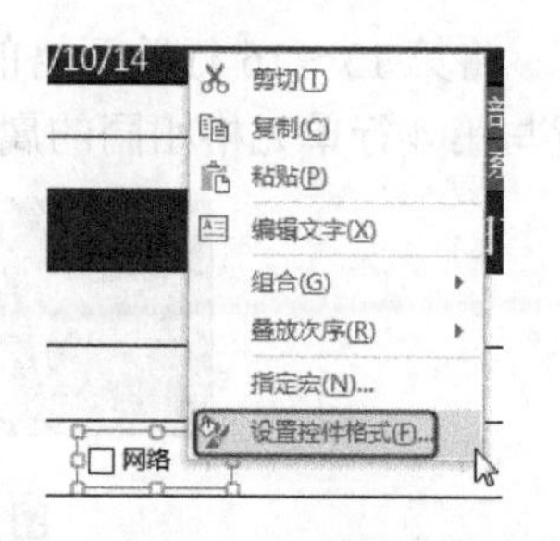

图 7-161　完成后的效果　　　　图 7-162　选择【设置控件格式】命令

step 28 弹出【设置控件格式】对话框，选择【控制】选项卡，并选中【三位阴影】复选框，单击【确定】按钮，如图 7-163 所示。

step 29 使用同样的方法，制作出其他的复选框控件，完成后的效果如图 7-164 所示。

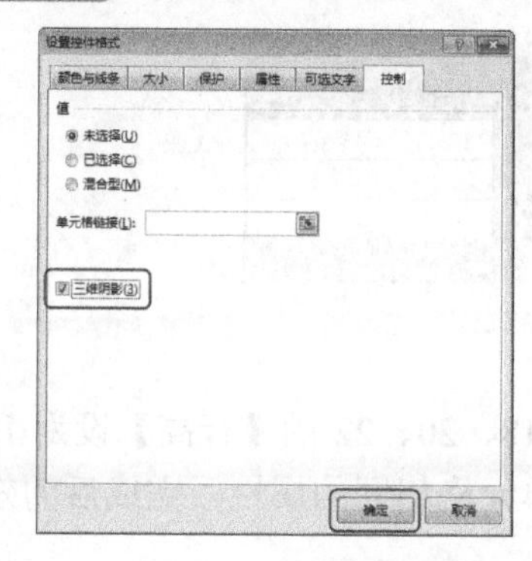

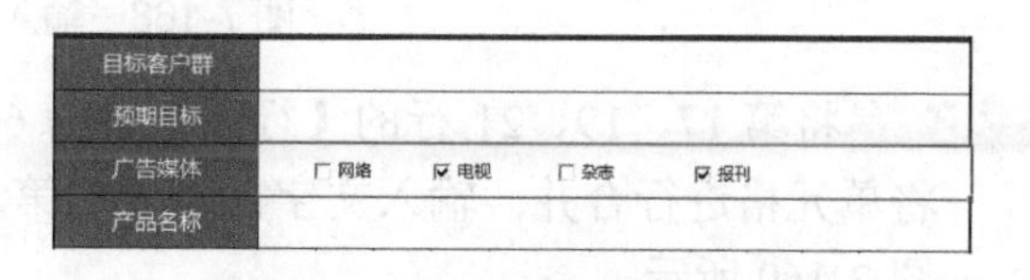

图 7-163　设置控件格式　　　　图 7-164　设置完成后的效果

在制作其他控件时，用户可以将第一个控件进行复制，然后对其文本进行更改。

step 30 选择第 11 行单元格，并将其【行高】设为 40；使用前面讲过的方法对单元格进行合并，并输入文字，完成后的效果如图 7-165 所示。

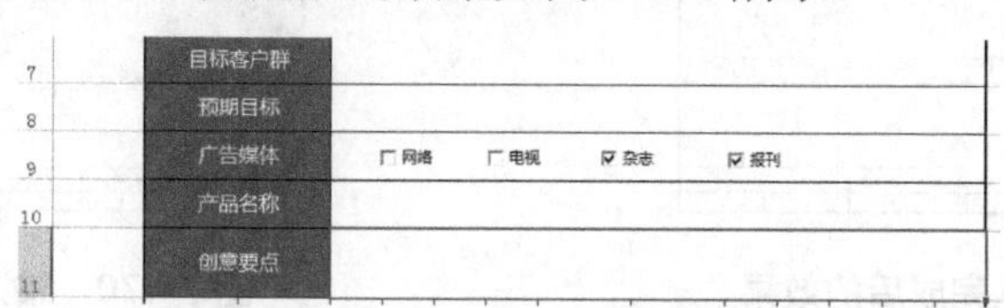

图 7-165　合并单元格并输入文字

step 31 将第 12 行单元格的【行高】设为 30，输入文字，并设置与第 6 行单元格相同的属性，完成后的效果如图 7-166 所示。

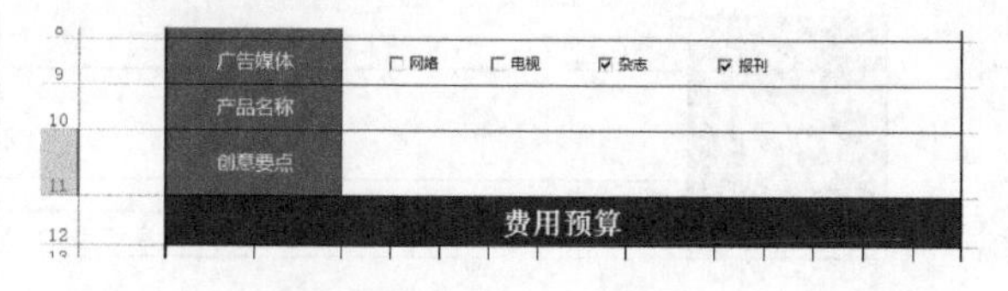

图 7-166　完成后的效果

step 32 将第 13～16 行单元格的【行高】设为 20，并对单元格进行合并，输入文字并设置与第 4 行单元格相同的属性，完成的效果如图 7-167 所示。

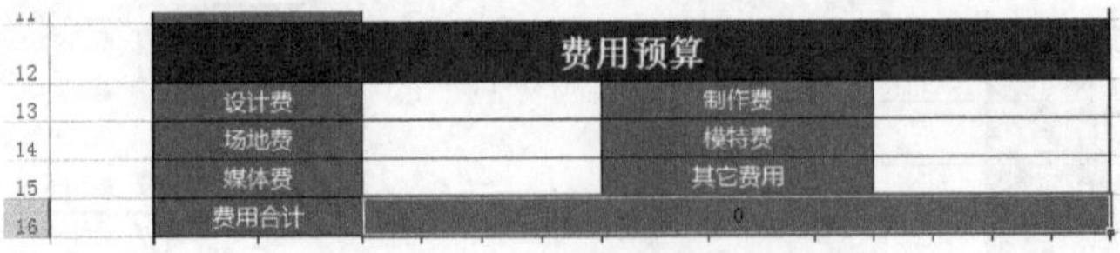

图 7-167　设置完成后的效果

step 33 选择【费用合计】后面的单元格，并在其内输入公式“=D13+D14+D15+K13+K14+K15”，按 Enter 键，如图 7-168 所示。

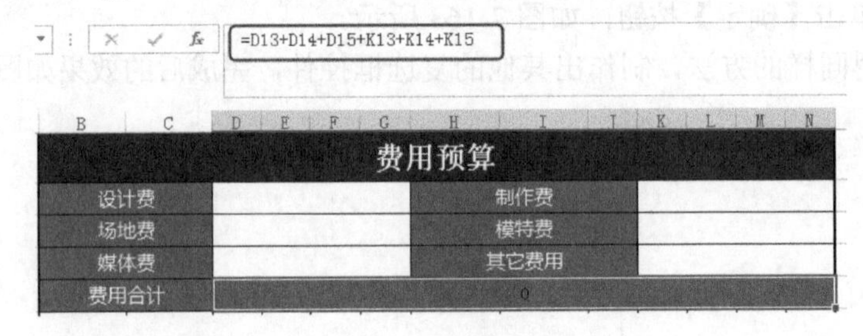

图 7-168　输入公式

step 34 将第 17、19、21 行的【行高】设为 60，将 18、20、22 的【行高】设为 18，并将单元格进行合并；输入文字，设置与第 4 行单元格相同的属性，完成后的效果如图 7-169 所示。

step 35 在其他的单元格中输入文字，将【字体】设为“微软雅黑”，将【字号】设为 11，并单击【加粗】按钮，将字体颜色设为与表格相同的颜色，完成后的效果如图 7-170 所示。

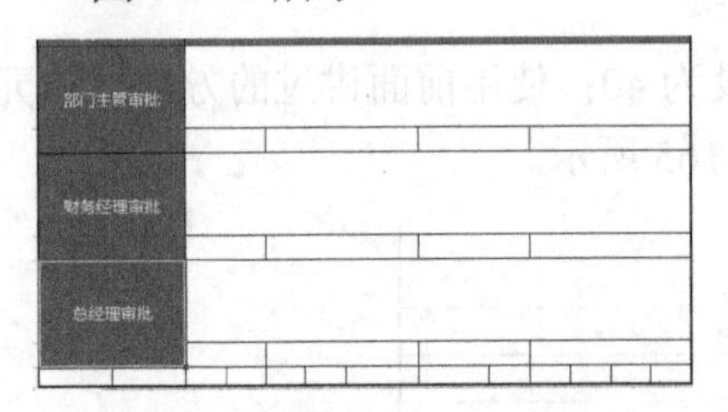

图 7-169　输入完成后的效果

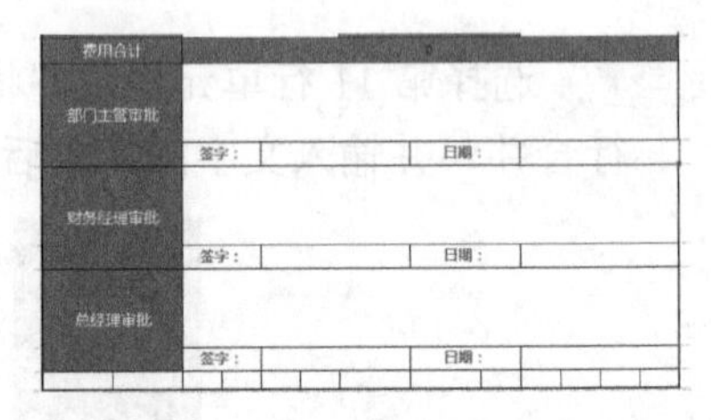

图 7-170　输入完成后的效果

step 36 选择第 23 行单元格，将【行高】设为 24，并将单元格合并；在单元格中输入文字，将【字体】设为“方正魏碑简体”，【字号】设为 18，字体颜色设为与上一步字体相同的颜色，完成后的效果如图 7-171 所示。

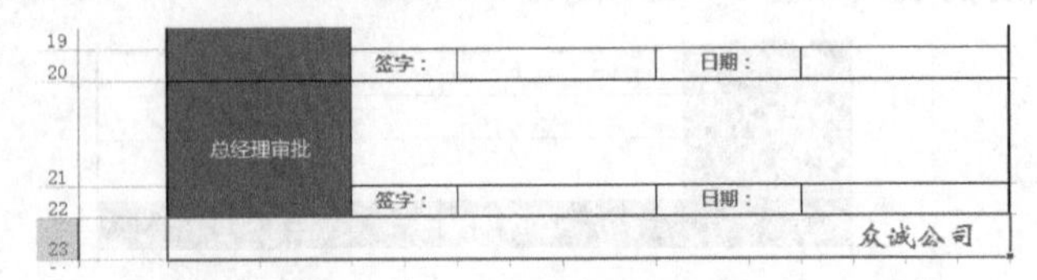

图 7-171　完成后的效果

案例精讲 064 电脑公司配置单

案例文件：CDROM\场景\Cha07\电脑公司配置单. xlsx

视频文件：视频教学\Cha07\电脑公司配置单.avi

学习目标

- 学习电脑公司配置单的创建。
- 掌握 Excel 表格基本操作。

制作概述

本例将讲解如何制作电脑公司配置单，主要应用了表格【行高】、【列宽】的设置。完成后的效果如图 7-172 所示。

图 7-172 电脑公司配置单

操作步骤

step 01 启动 Excel 2013，在【新建】选项卡中单击【空白工作簿】，新建空白工作簿如图 7-173 所示。

step 02 选择第 2 行单元格并右击，在弹出的快捷菜单中选择【行高】命令，如图 7-174 所示

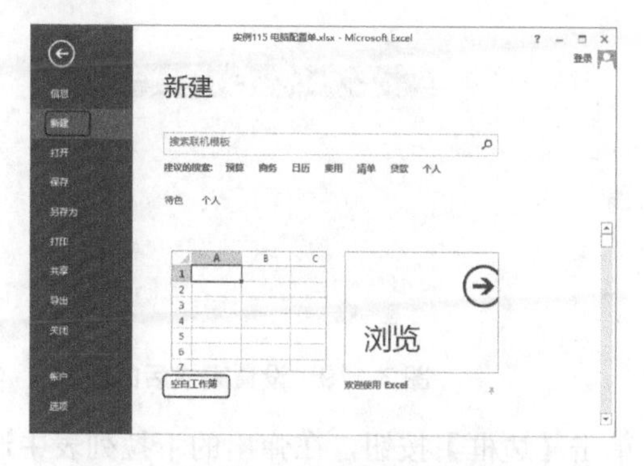

图 7-173 新建空白工作簿

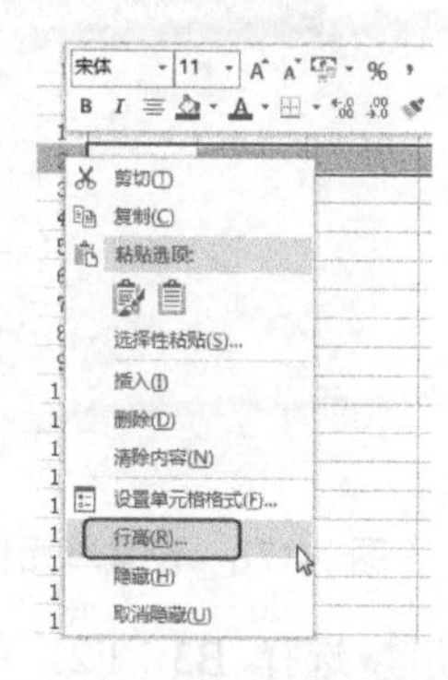

图 7-174 选择【行高】命令

step 03 弹出【行高】对话框，将【行高】设为 42，单击【确定】按钮，如图 7-175 所示。

step 04 使用同样的方法将 B、D、E 列单元格的【列宽】设为 12，将 C、F 列的【列宽】设为 20，完成后的效果如图 7-176 所示。

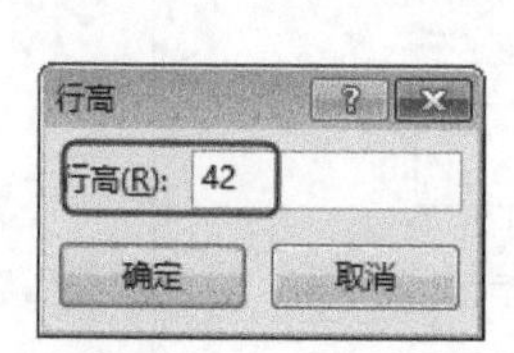

图 7-175 设置行高

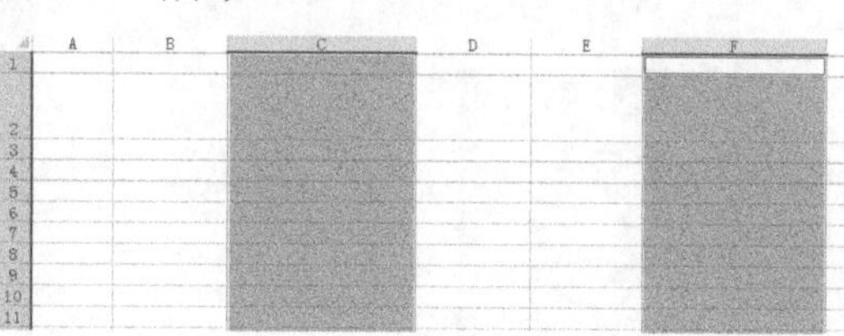

图 7-176 完成后的效果

设置【列宽】时用户可以选择当前列，右击，在弹出的下拉列表中选择【列宽】命令。

step 05 选择 B2：F2 单元格区域，在【开始】选项卡的【对齐方式】组中单击【合并后居中】按钮，将其合并，并在合并的单元格中输入“众诚电脑公司配置单”，将【字体】设为“方正大标宋简体”，【字号】设为 28，将【填充颜色】设为“蓝色，着色 5，深色 25%”，【字体颜色】设为“白色”，完成后的效果如图 7-177 所示。

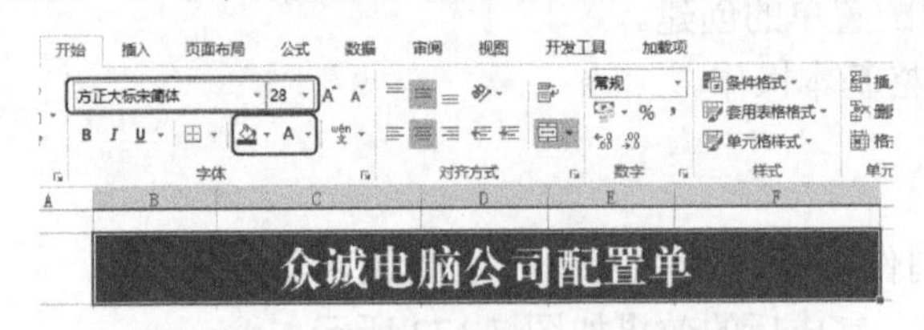

图 7-177　合并单元格并输入文字

step 06 选择第 3～21 行单元格，使用前面讲过的方法将其【行高】设为 25，完成后的效果如图 7-178 所示。

step 07 选择 B3：F21 单元格区域，单击【填充颜色】按钮，在弹出的下拉列表中选择【白色，背景 1，深色 15%】，完成后的效果如图 7-179 所示。

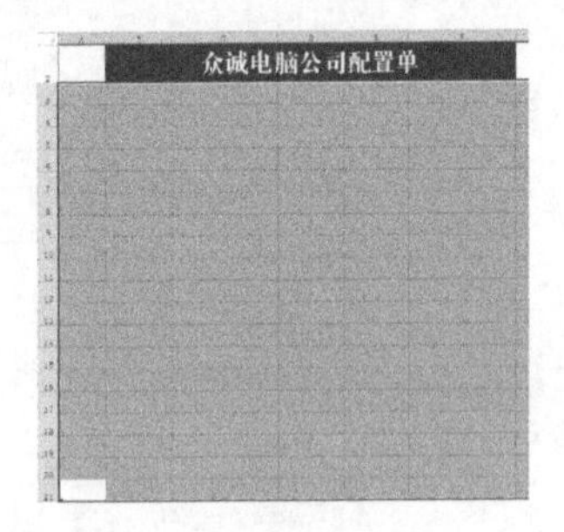

图 7-178　设置单元格行高

图 7-179　设置完成后的效果

step 08 选择 B3：F21 单元格区域，单击【边框】按钮，在弹出的下拉列表中选择【其他边框】按钮，如图 7-180 所示。

step 09 弹出【设置单元格格式】对话框，选择如图 7-181 所示的线条样式，并单击【外边框】按钮，如图 7-181 所示。

图 7-180　选择【其他边框】选项

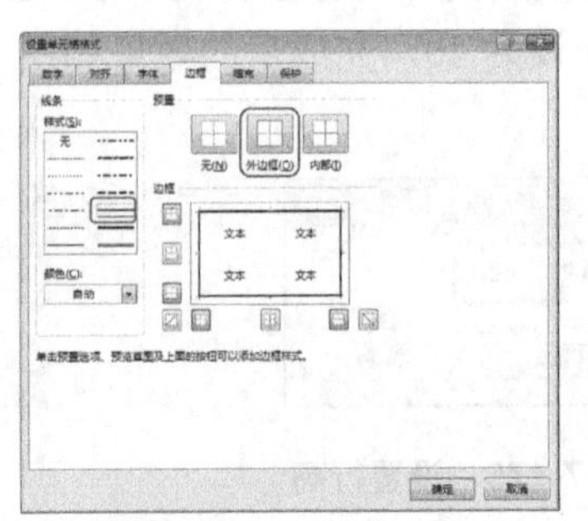

图 7-181　设置外边框

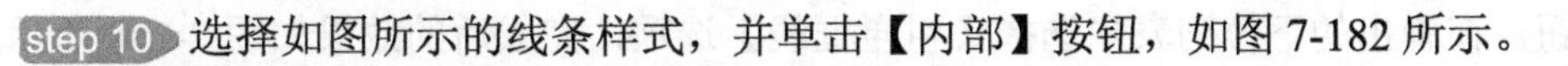

step 10 选择如图所示的线条样式，并单击【内部】按钮，如图 7-182 所示。

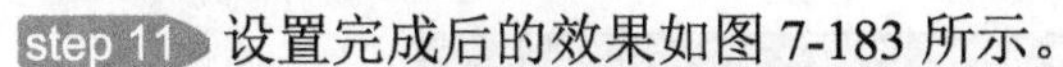

step 11 设置完成后的效果如图 7-183 所示。

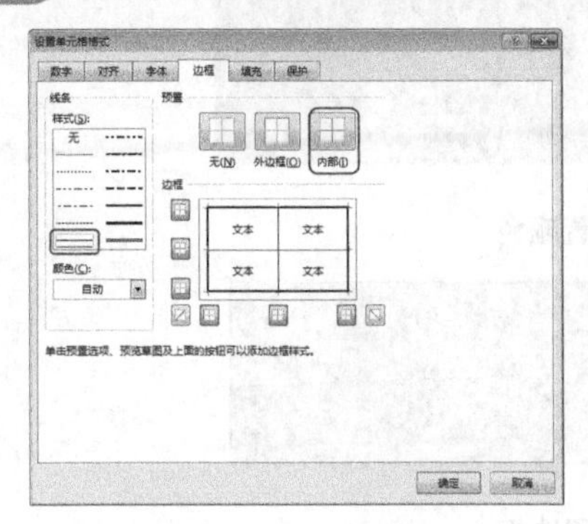

图 7-182　设置内部

图 7-183　设置完成后的效果

step 12 在第 3 行单元格中输入文字，并将【字号】设为 14，将【字体颜色】设为“深蓝色”，完成后的效果如图 7-184 所示。

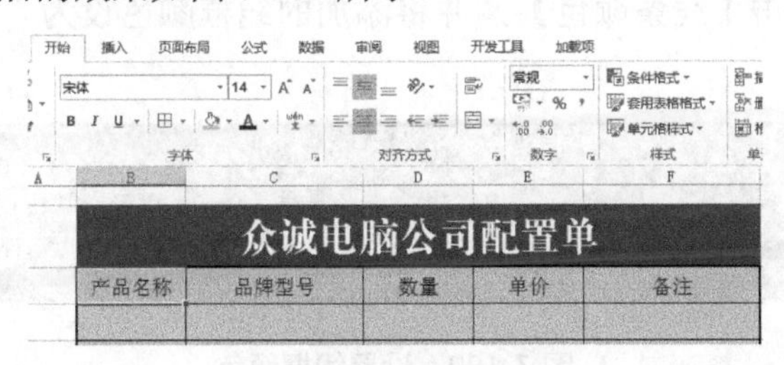

图 7-184　设置文字属性

step 13 在其他单元格中输入文字，并将【字体颜色】设为“深蓝色”，完成后的效果如图 7-185 所示。

step 14 将第 23～25 行单元格的【行高】设为 25，并在单元格中输入文字，将【字号】设为 14，在【开始】选项卡的【对齐方式】组中单击【底端对齐】和【右对齐】按钮，如图 7-186 所示。

图 7-185　输入文字并设置颜色

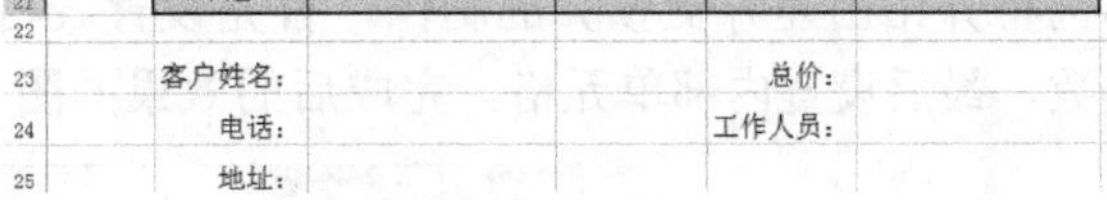

图 7-186　输入文字

step 15 选择 B22：F26 单元格区域，将其【填充颜色】设为“蓝色，着色 5，深色 25%”，并将【字体颜色】设为“白色”，完成后的效果如图 7-187 所示。

step 16 选择 B22：F26 单元格区域，在【开始】选项卡的【字体】组中单击【边框】按钮，在弹出的下拉列表中选择【粗匣框线】选项，完成后的效果如图 7-188 所示。

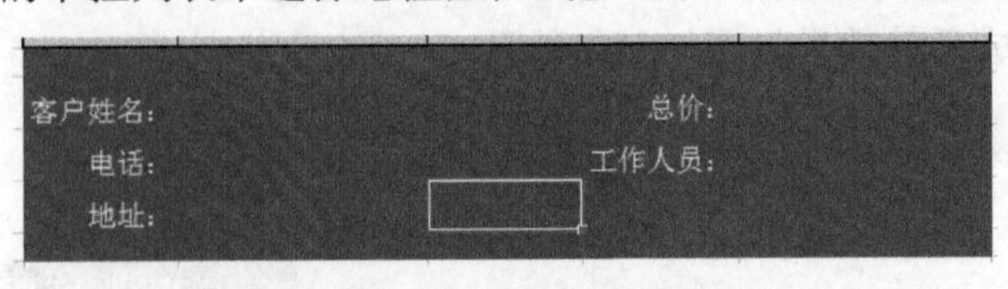

图 7-187　设置颜色

图 7-188　设置边框

step 17　选择文字后面的单元格，在【开始】选项卡的【字体】组中单击【边框】按钮，在弹出的下拉列表中单击【下框线】按钮，继续单击【线框】按钮，在弹出的下拉列表中单击【线条颜色】，并将添加的线框颜色设为“白色”，完成后效果如图 7-189 所示。

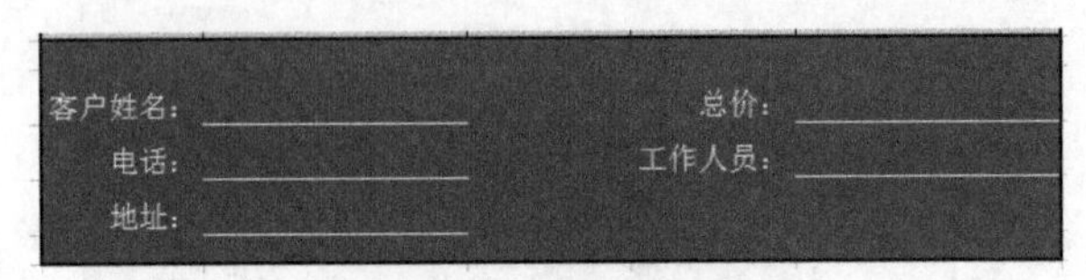

图 7-189　设置线框颜色

案例精讲 065　出差开支预算

案例文件：CDROM\场景\Cha07\出差开支预算.xlsx

视频文件：视频教学\Cha07\出差开支预算.avi

学习目标

- 学习设置表格的边框。
- 掌握自定义单元格格式的方法。

制作概述

本例将介绍出差开支预算的制作，首先设置表格的边框，然后输入文字，并输入计算公式和函数，最后设置内部单元格。完成后的效果如图 7-190 所示。

出差开支预算	¥3,200.00				
					总计
飞机票价	机票单价（往）	¥650.00	1	张	¥650.00
	机票单价（返）	¥550.00	1	张	¥550.00
	其他	¥100.00	0		¥0.00
酒店	每晚费用	¥175.00	2	晚	¥350.00
	其他	¥10.00	1	晚	¥10.00
餐饮	每天费用	¥80.00	4	天	¥320.00
交通费用	每天费用	¥50.00	4	天	¥200.00
休闲娱乐	总计	¥635.00			¥635.00
礼品	总计	¥350.00			¥350.00
其他费用	总计	¥230.00			¥230.00
出差开支预算			出差开支总费用		¥3,295.00
			超出预算		(¥95.00)

图 7-190　出差开支预算

操作步骤

step 01 启动 Excel 2013，新建一个空白工作簿。选中工作表中的 B4：H17 单元格区域，在【开始】选项卡的【字体】组中，单击右下角的【字体设置】按钮，如图 7-191 所示。

step 02 在弹出的【设置单元格格式】对话框中，选择【边框】选项卡，设置【线条】选项组中的【样式】和【颜色】，单击【预置】选项组中的【外边框】，然后单击【确定】按钮，如图 7-192 所示。

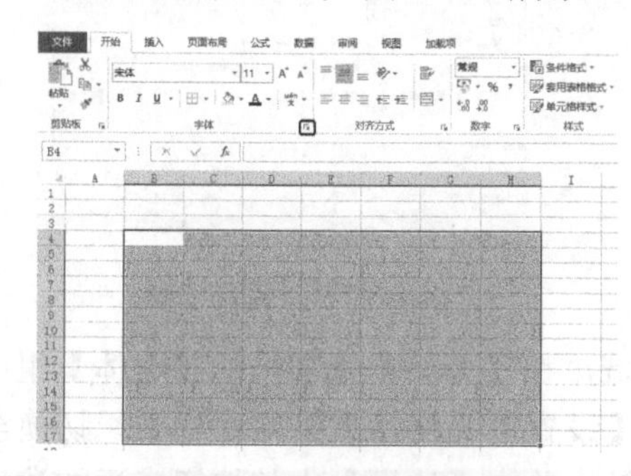

图 7-191 【字体设置】按钮

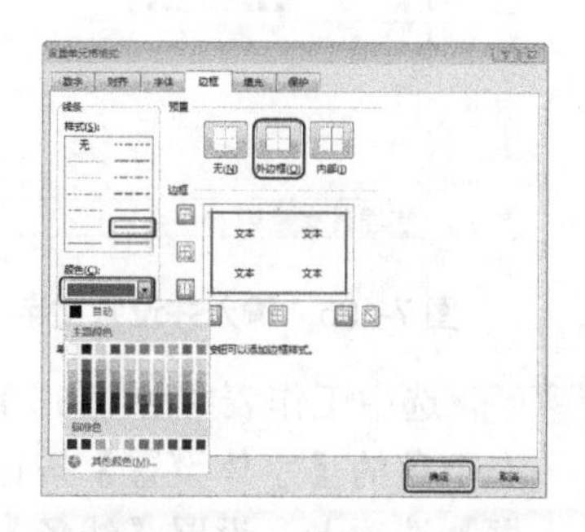

图 7-192 【边框】选项卡

step 03 选中工作表中的 B6：H15 单元格区域，在【开始】选项卡的【字体】组中单击右下角的【字体设置】按钮，在弹出的【设置单元格格式】对话框中，切换至【边框】选项卡，单击【边框】中的按钮，添加边框，然后单击【确定】按钮，如图 7-193 所示。

step 04 选中工作表中的 B16：D17 单元格区域，在【开始】选项卡的【对齐方式】组中，单击【合并后居中】按钮，如图 7-194 所示。

右击选择的单元格区域，在弹出的快捷菜单中选择【设置单元格格式】命令，也可以打开【设置单元格格式】对话框。

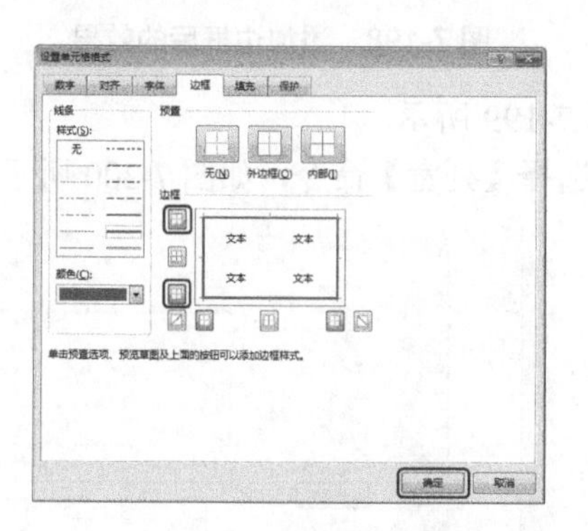

图 7-193 添加边框

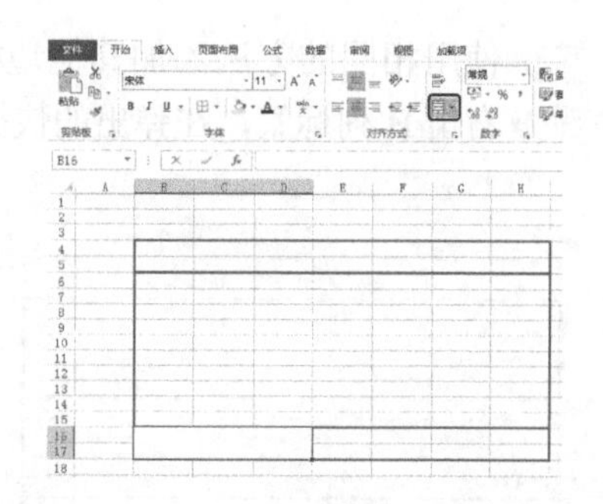

图 7-194 合并单元格

step 05 在合并后的单元格中输入文字，在【开始】选项卡的【字体】组中将【字体】设置为“微软雅黑”，【字号】设置为 24，单击【加粗】按钮，然后设置“字体颜色”，如图 7-195 所示。

step 06 在【字体】组中，单击右下角的【字体设置】按钮，在弹出的【设置单元格格式】对话框中，切换至【边框】选项卡，单击【边框】中的按钮，添加边框，然后单击【确定】按钮，如图 7-196 所示。

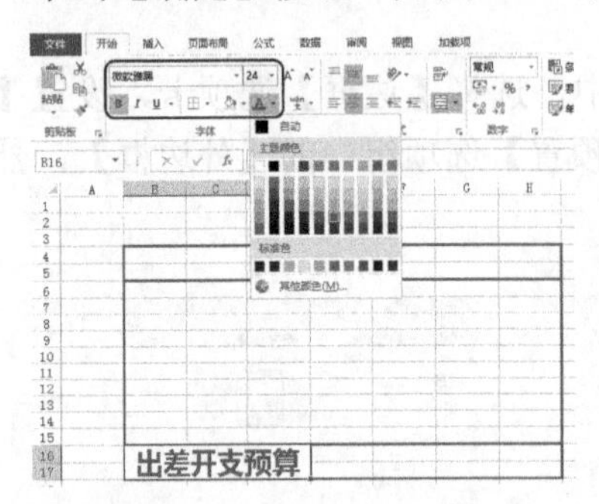

图 7-195 输入并设置文字

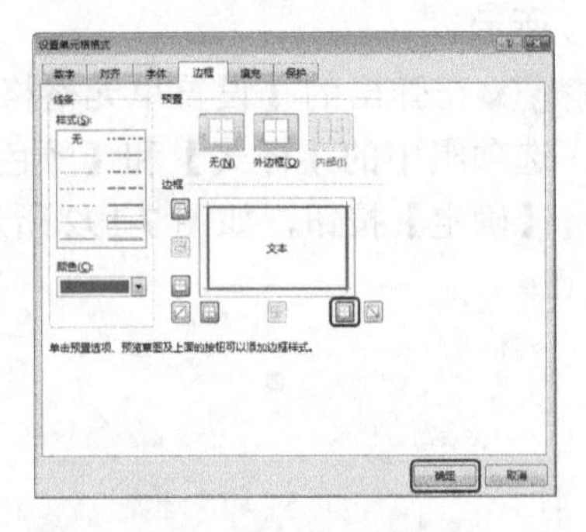

图 7-196 添加边框

step 07 选中工作表中的 B6：H8 单元格区域，在【开始】选项卡的【字体】组中单击右下角的【字体设置】按钮，在弹出的【设置单元格格式】对话框中，切换至【边框】选项卡，设置【线条】中的【样式】，单击【边框】中的按钮，添加边框，然后单击【确定】按钮，如图 7-197 所示。添加边框后的效果如图 7-198 所示。

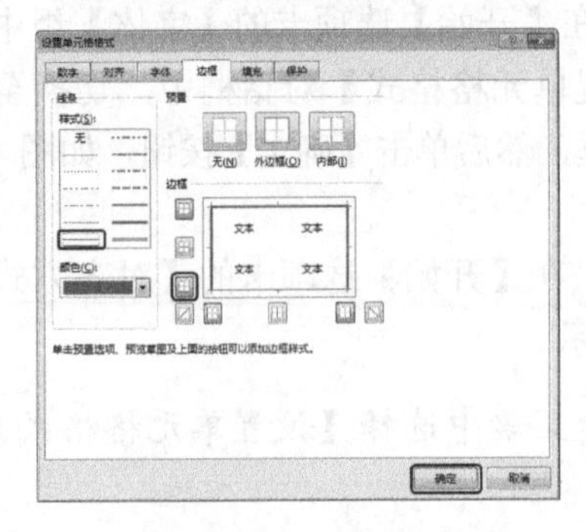

图 7-197 添加边框

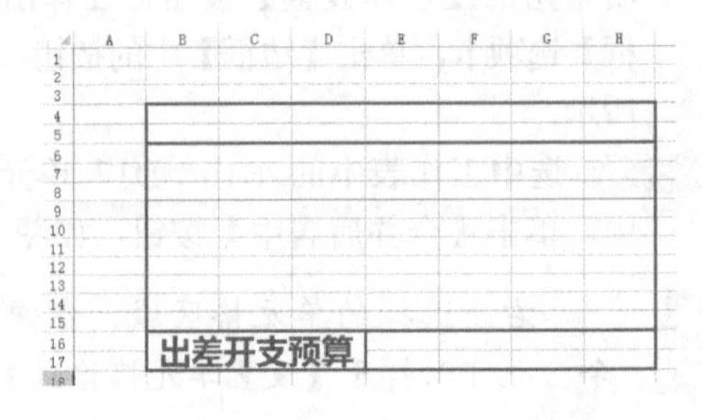

图 7-198 添加边框后的效果

step 08 使用相同的方法添加其他边框，如图 7-199 所示。

step 09 右击 B 列标签，在弹出的快捷菜单中选择【列宽】命令，如图 7-200 所示。

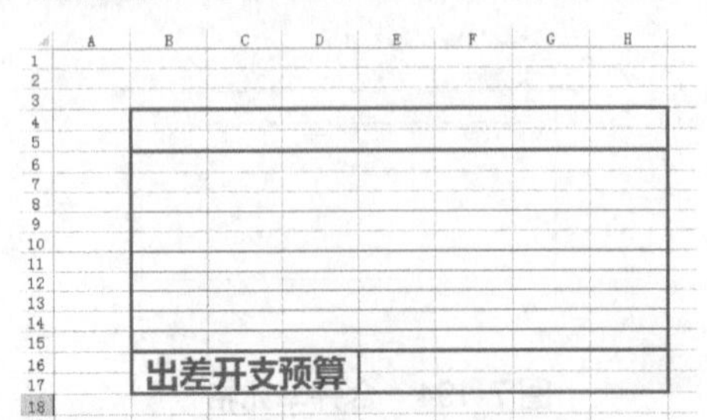

图 7-199 添加其他边框

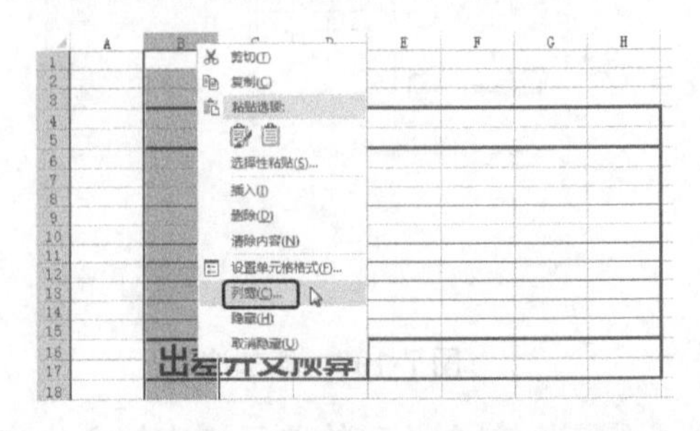

图 7-200 选择【列宽】命令

step 10 在弹出的【列宽】对话框中，将【列宽】设置为 20，然后单击【确定】按钮，如图 7-201 所示。

step 11 使用相同的方法设置其他列的列宽，如图 7-202 所示。

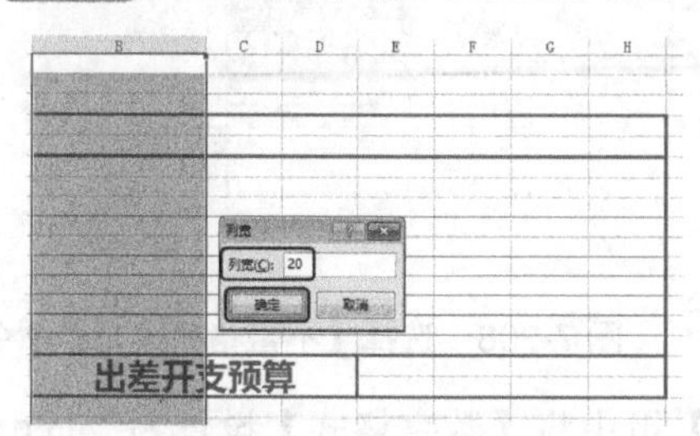

图 7-201 设置列宽

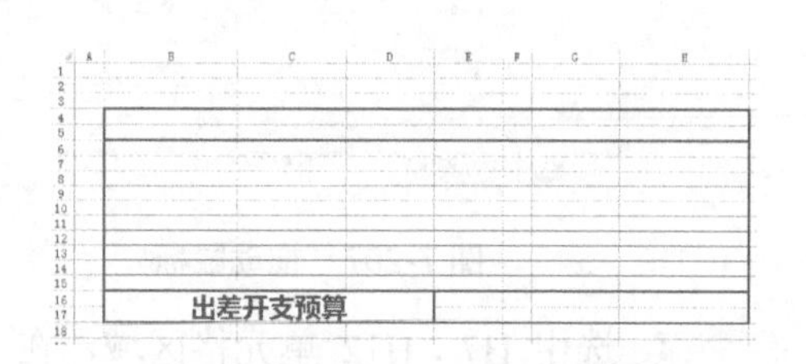

图 7-202 设置其他列宽

step 12 在表格中输入文字并设置文字，如图 7-203 所示。

step 13 选中 C4 单元格，单击【数字】组中的 按钮，在弹出的【设置单元格格式】对话框中，将【数字】选项卡的【分类】设置为“自定义”，在【类型】文本框中输入自定义类型“¥#,##0.00_);[红色](¥#,##0.00)”，单击【确定】按钮，如图 7-204 所示。

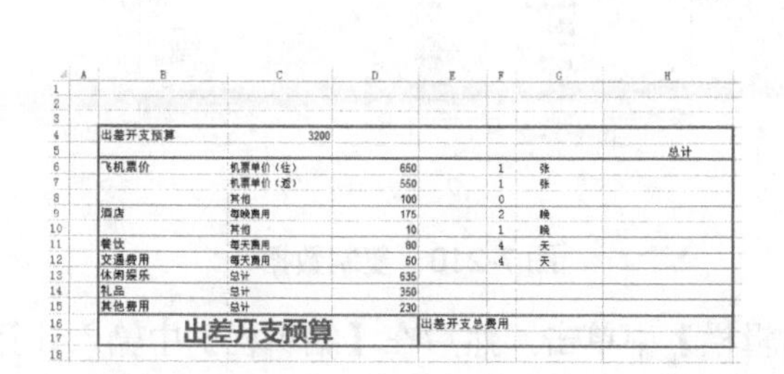

图 7-203 输入及设置文字

图 7-204 自定义类型

step 14 使用相同的方法设置其他单元格的格式，如图 7-205 所示。

step 15 在 H6 单元格中输入公式“=D6*F6”，按 Enter 键确认，如图 7-206 所示。

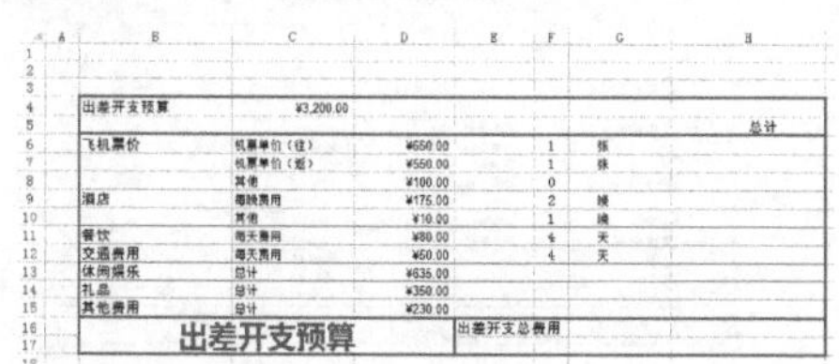

图 7-205 设置其他单元格的格式

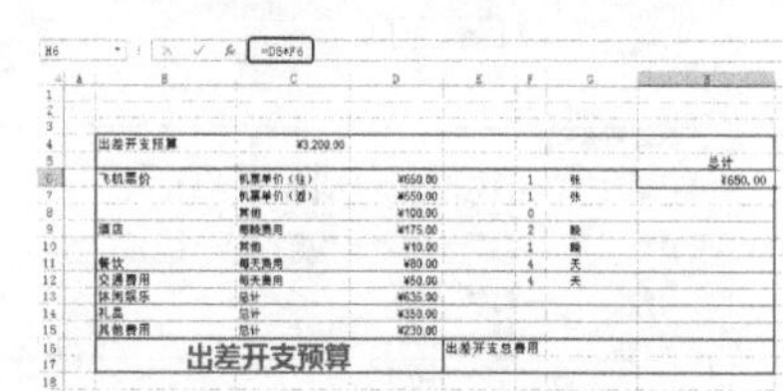

图 7-206 输入公式

step 16 鼠标指针放置到 H4 单元格的右下角，鼠标指针变为+，按住鼠标左键向下拖动到 H13 单元格，为单元格填充数据，如图 7-207 所示。

step 17 单击【自动填充选项】按钮，在弹出的下拉列表中选择【不带格式填充】选项，如图 7-208 所示。

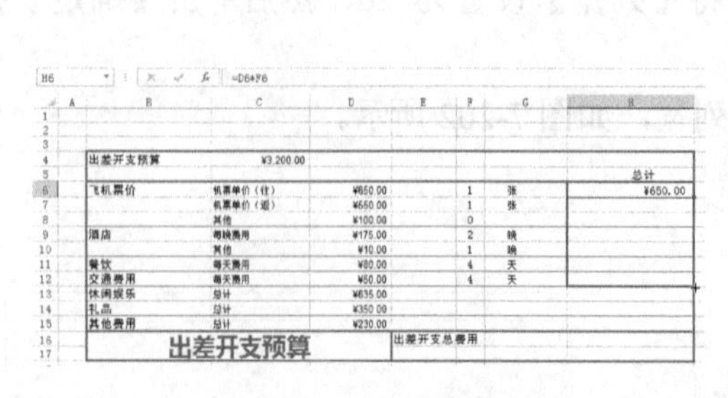

图 7-207 拖动鼠标

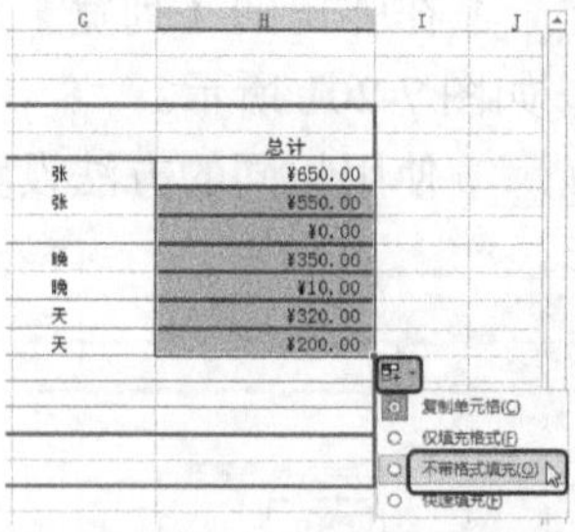

图 7-208 选择【不带格式填充】命令

step 18 选中 H7：H12 单元格区域，在【数字】组中将【数字格式】设置为“货币”，如图 7-209 所示。

step 19 选中 D13：D15 单元格区域，按 Ctrl+C 组合键进行复制，然后在 H13 单元格中单击，按 Ctrl+V 组合键进行粘贴，粘贴设置为“公式和数字格式”，如图 7-210 所示。

图 7-209 设置单元格格式

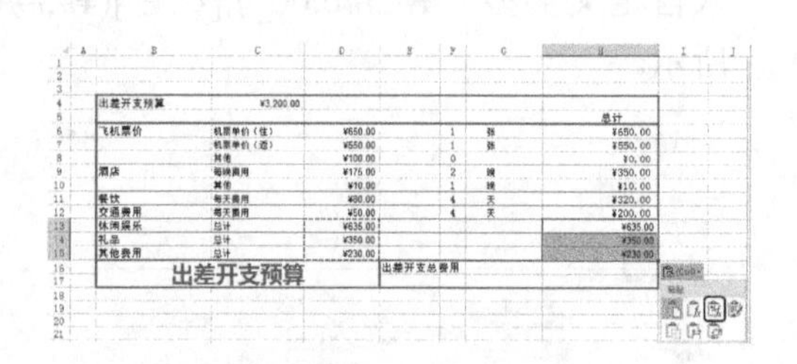

图 7-210 复制数据

step 20 选中 H16 单元格后，在【编辑栏】中单击，然后在【编辑栏】中输入计算函数“=SUM(H6:H15)”，按 Enter 键确认，如图 7-211 所示。

step 21 选中 E17 单元格后，在【编辑栏】中单击，然后在【编辑栏】中输入计算函数“=IF(C4>H16,"低于预算","超出预算")”，按 Enter 键确认，如图 7-212 所示。

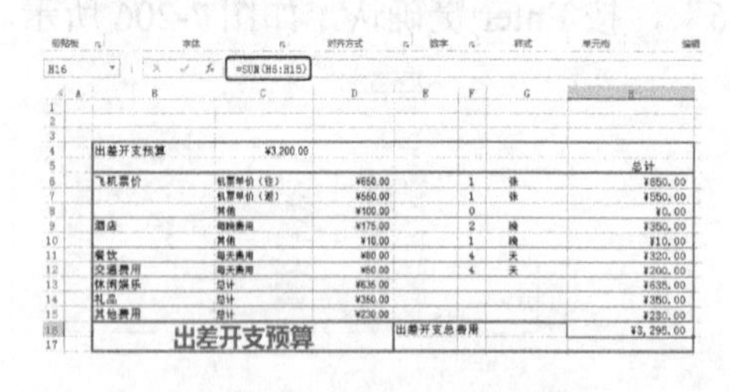

图 7-211 输入计算函数

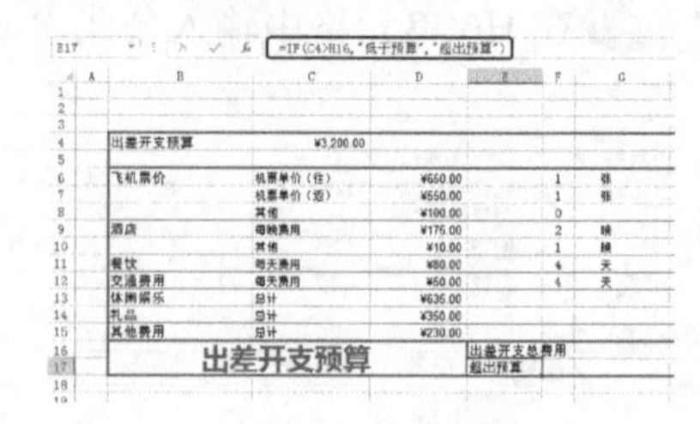

图 7-212 输入函数

step 22 选中 H17 单元格后，在【编辑栏】中单击，然后在【编辑栏】中输入计算公式“=C4-H16”，按 Enter 键确认，如图 7-213 所示。

step 23 选中 H16：H17 单元格区域，单击【加粗】按钮，然后设置填充颜色，如图 7-214 所示。

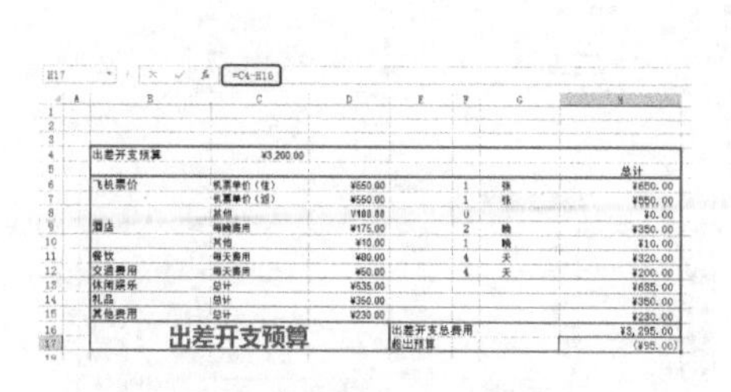

图 7-213 输入公式

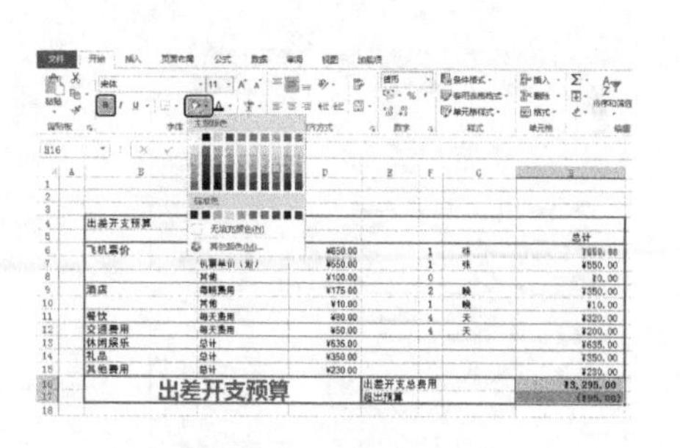

图 7-214 设置格式

step 24 使用相同的方法设置其他单元格的填充颜色，如图 7-215 所示。

出差开支预算	¥3 200.00					
						总计
飞机票价	机票单价（往）	¥650.00		1	张	¥650.00
	机票单价（返）	¥550.00		1	张	¥550.00
	其他	¥100.00		0		¥0.00
酒店	每晚费用	¥175.00		2	晚	¥350.00
	其他	¥10.00		1	晚	¥10.00
餐饮	每天费用	¥80.00		4	天	¥320.00
交通费用	每天费用	¥50.00		4	天	¥200.00
休闲娱乐	总计	¥635.00				¥635.00
礼品	总计	¥350.00				¥350.00
其他费用	总计	¥230.00				¥230.00
出差开支预算			出差开支总费用			¥3,295.00
			超出预算			(¥95.00)

图 7-215 设置填充颜色

step 25 选中 C6：H8 单元格区域，在【开始】选项卡的【字体】组中单击右下角的【字体设置】按钮，在弹出的【设置单元格格式】对话框中，切换至【边框】选项卡，设置【线条】选项组中的【样式】和【颜色】，单击【边框】选项组中的按钮，添加边框，然后单击【确定】按钮，如图 7-216 所示。

step 26 使用相同的方法添加其他边框，如图 7-217 所示。

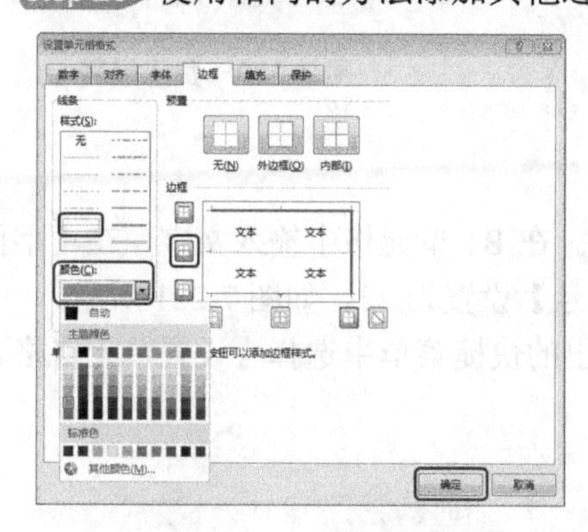

图 7-216 设置边框

图 7-217 添加其他边框

step 27 选中 D6：F15 单元格区域，在【开始】选项卡的【字体】组中，单击右下角的【字体设置】按钮，在弹出的【设置单元格格式】对话框中，选择【边框】选项卡，设置【线条】选项组中的样式和颜色，单击【边框】选项组中的按钮，添加边框，然后单击【确定】按钮，如图 7-218 所示。

step 28 切换至【视图】选项卡，在【显示】组中取消选中【网格线】复选框，如图 7-219 所示。

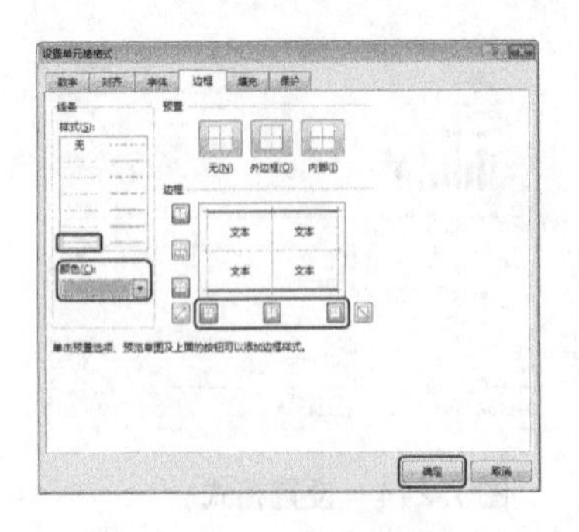

图 7-218 设置边框

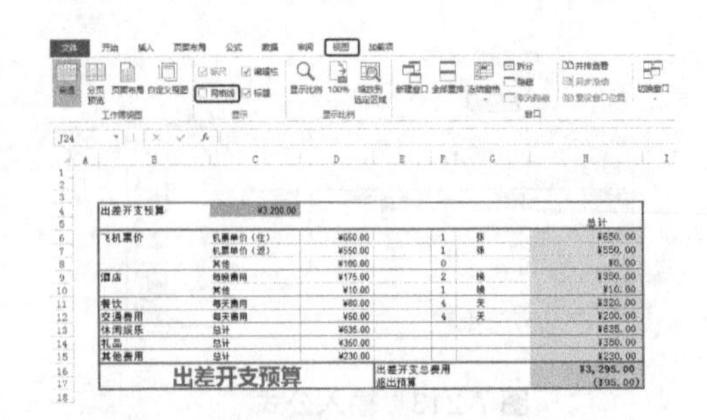

图 7-219 取消选中【网格线】复选框

案例精讲 066 费用报表

案例文件：CDROM\场景\Cha07\费用报表.xlsx

视频文件：视频教学\Cha07\费用报表.avi

学习目标

- 学习费用报表的制作方法。
- 掌握【对齐方式】的设置方法。

制作概述

本例将介绍费用报表的制作。首先制作表头信息，然后制作费用信息表并填充信息，最后插入计算函数。完成后的效果如图 7-220 所示。

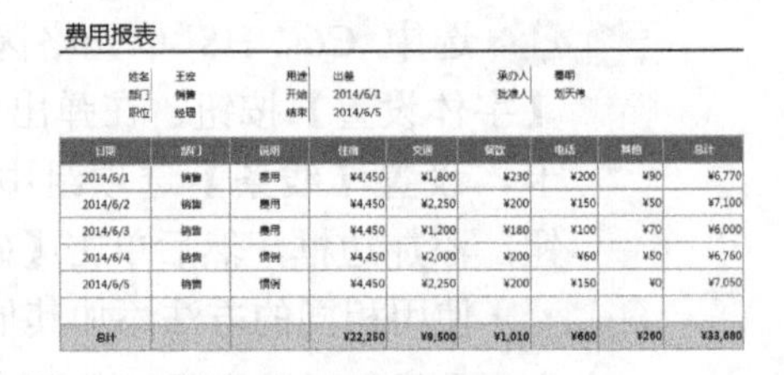

图 7-220 费用报表

操作步骤

step 01 启动 Excel 2013，新建一个空白工作簿。在 B1 单元格中输入文字，在【字体】组中将【字体】设置为“微软雅黑”，【字号】设置为 22，如图 7-221 所示。

step 02 选中 B1：J1 单元格区域并右击，在弹出的快捷菜单中选择【设置单元格格式】命令，如图 7-222 所示。

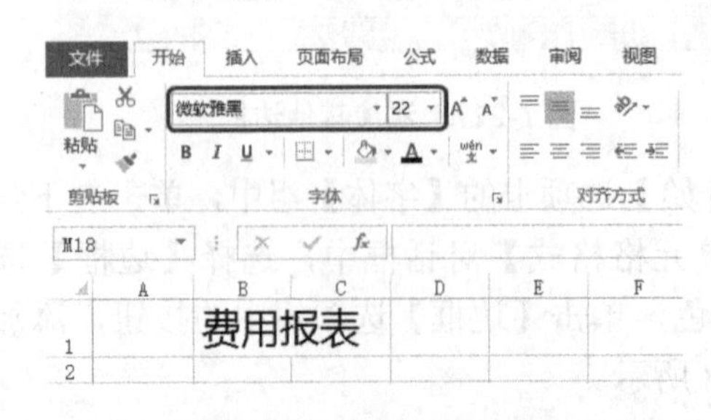

图 7-221 输入并设置文字

图 7-222 选择【设置单元格格式】命令

step 03 在弹出的【设置单元格格式】对话框中，选择【边框】选项卡，设置【线条】选项组中的【样式】列表框。在【边框】选项组中单击按钮，设置边框，然后单击

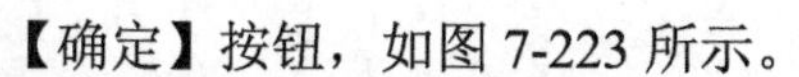

【确定】按钮，如图 7-223 所示。

step 04 在 B3：C5 单元格区域输入文字，将【字体】设置为“微软雅黑”，【字号】设置为 10，将文字分别设置为“右对齐”和“居中”，如图 7-224 所示。

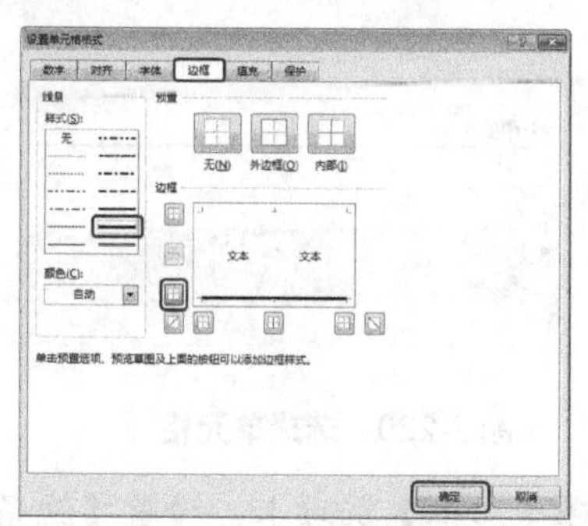

图 7-223 设置边框

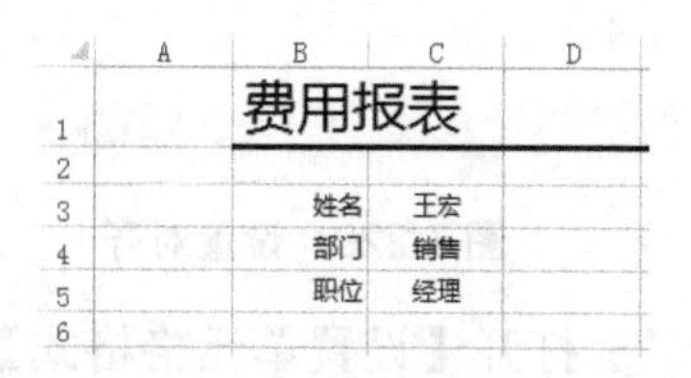

图 7-224 输入并设置文字

step 05 打开【设置单元格格式】对话框，切换至【边框】选项卡，设置【线条】选项组中的【样式】和【颜色】。在【边框】选项组中单击按钮，设置边框，然后单击【确定】按钮，如图 7-225 所示。

step 06 使用相同的方法，在其他单元格中输入文字并设置边框，如图 7-226 所示。

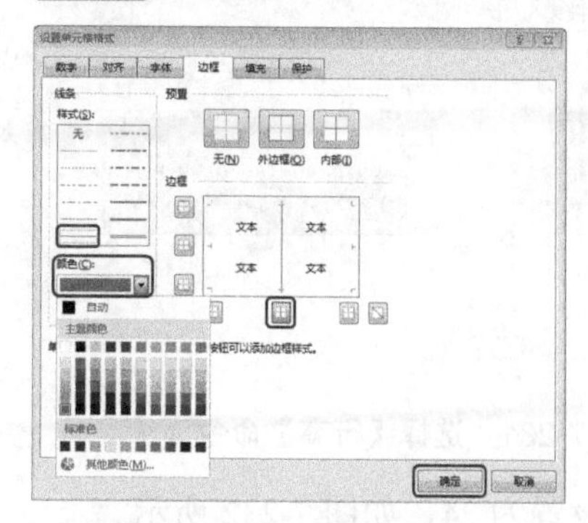

图 7-225 设置边框

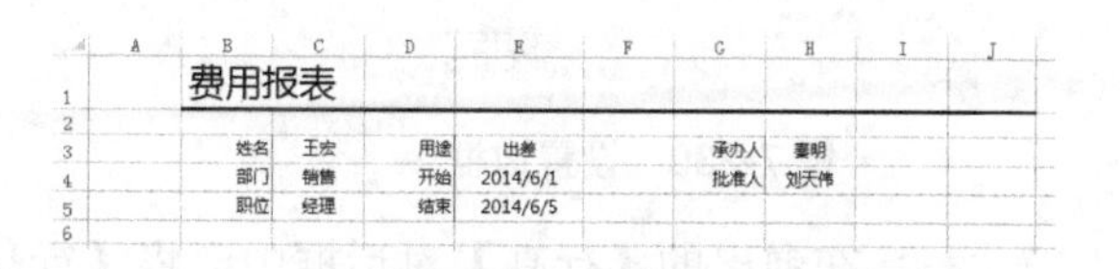

图 7-226 输入文本并设置边框

step 07 选择 C3：C5 单元格区域，然后按住 Ctrl 键，分别选择 E3：E5 和 H3：H4 单元格区域，如图 7-227 所示。

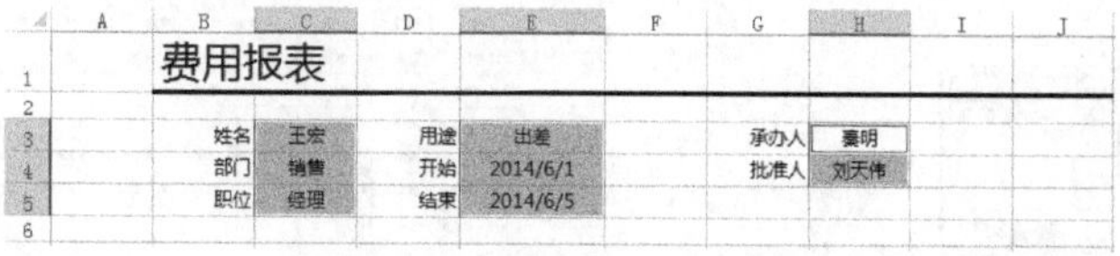

图 7-227 选择单元格

step 08 单击【对齐方式】组的【对齐设置】按钮，在弹出的【设置单元格格式】对话框中，将【水平对齐】设置为“靠左(缩进)”，【缩进】值设置为 1，然后单击【确定】按钮，如图 7-228 所示。

step 09 单击 B7 单元格，按住鼠标拖动至 J14 单元格，选中 B7：J14 单元格区域，如图 7-229 所示。

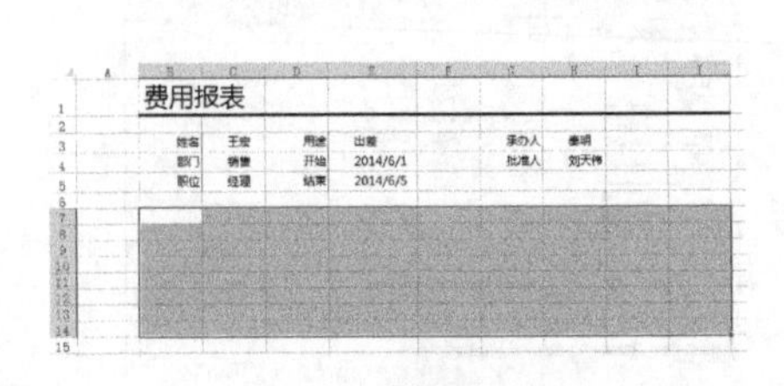

图 7-228　设置对齐　　　　图 7-229　选择单元格

step 10 打开【设置单元格格式】对话框，选择【边框】选项卡，设置【线条】选项组中的【样式】和【颜色】，在【预置】选项组中单击【外边框】和【内部】按钮，设置边框，然后单击【确定】按钮，如图 7-230 所示。

step 11 选中第 7～14 行单元格并右击，在弹出的快捷菜单中选择【行高】命令，如图 7-231 所示。

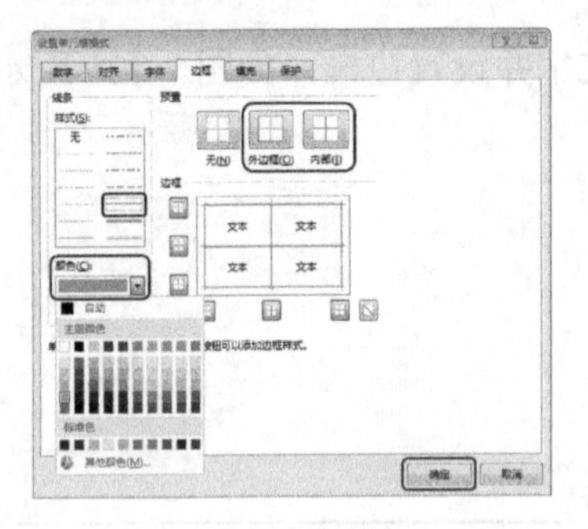

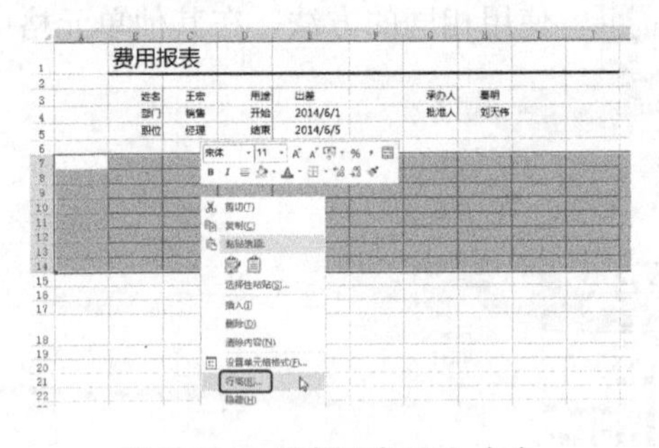

图 7-230　设置边框　　　　图 7-231　选择【行高】命令

step 12 在弹出的【行高】对话框中，将【行高】设置为 24，如图 7-232 所示。

step 13 单击【确定】按钮，然后在表格中输入数据信息，如图 7-233 所示。

图 7-232　设置行高　　　　图 7-233　输入信息数据

step 14 选中 J8 单元格，单击【编辑栏】左侧的【插入函数】按钮，如图 7-234 所示。

step 15 在弹出的【插入函数】对话框中，选择 SUM 函数，然后单击【确定】按钮，如图 7-235 所示。

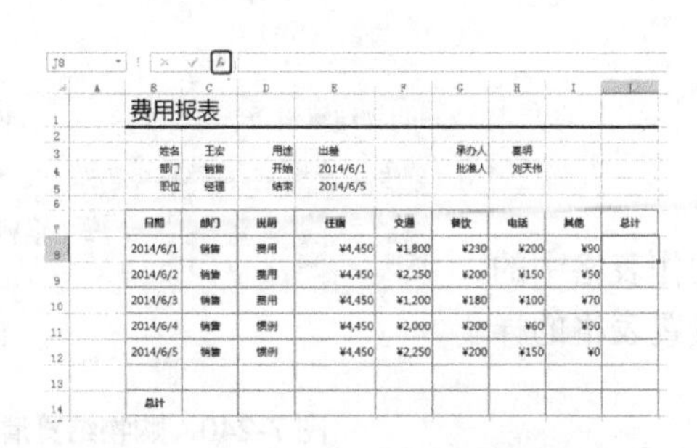

图 7-234　单击【插入函数】按钮

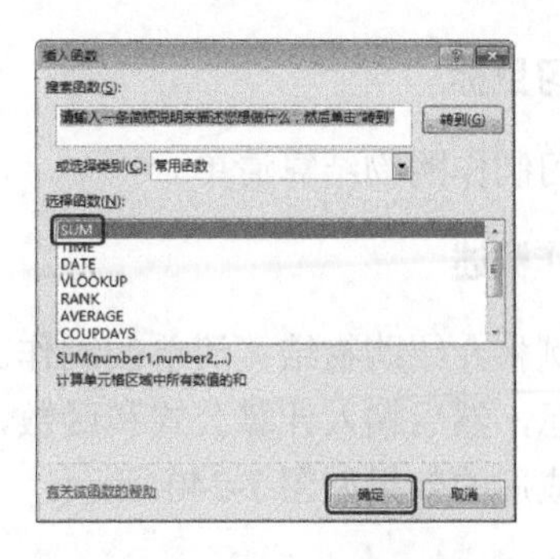

图 7-235　【插入函数】对话框

step 16 在弹出的【函数参数】对话框中，在 Number1 框中输入“E8：I8”，然后单击【确定】按钮，如图 7-236 所示。

step 17 将 J8 单元格的【字体】设置为“微软雅黑”，【字号】设置为 10，鼠标放置到 J8 单元格的右下角，光标变为+，按住鼠标左键向下拖动到 J12 单元格，为单元格填充数据，如图 7-237 所示。

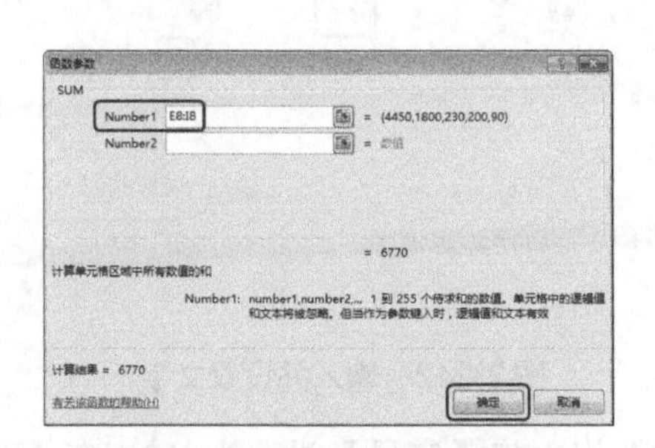

图 7-236　【函数参数】对话

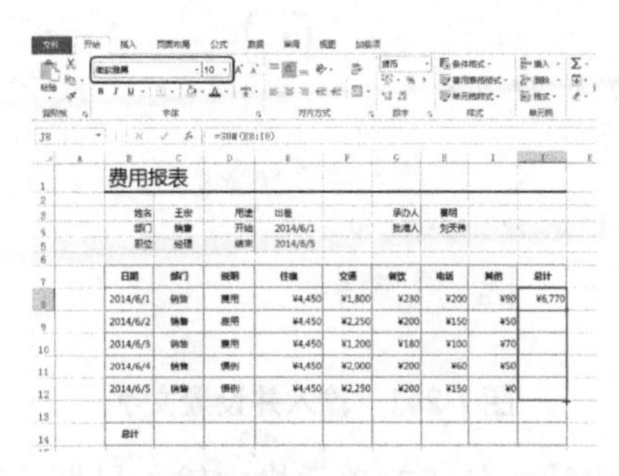

图 7-237　拖动鼠标

step 18 使用相同的方法在其他单元格中插入函数并设置文字格式，如图 7-238 所示。

step 19 为单元格填充颜色并设置字体颜色，如图 7-239 所示。

图 7-238　插入函数

图 7-239　设置单元格的样式

案例精讲 067　购物结算清单

 案例文件：CDROM\场景\Cha07\购物结算清单.xlsx

 视频文件：视频教学\Cha07\购物结算清单.avi

学习目标

学习制作购物结算清单。

制作概述

本例将介绍购物结算清单的制作。首先制作表格中的数据信息，然后输入计算公式和函数，最后设置表格的样式。完成后的效果如图 7-240 所示。

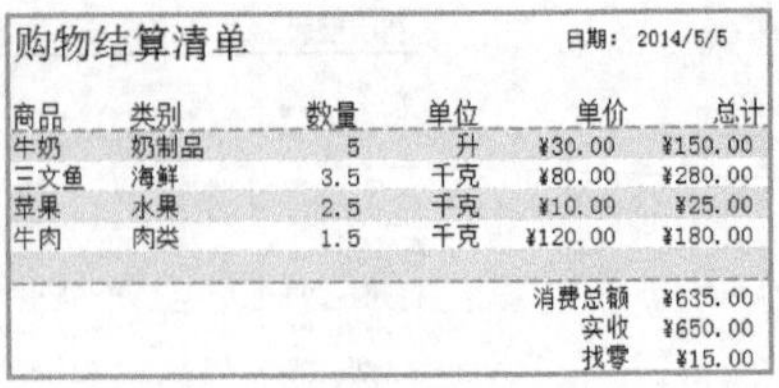

购物结算清单				日期:	2014/5/5
商品	类别	数量	单位	单价	总计
牛奶	奶制品	5	升	¥30.00	¥150.00
三文鱼	海鲜	3.5	千克	¥80.00	¥280.00
苹果	水果	2.5	千克	¥10.00	¥25.00
牛肉	肉类	1.5	千克	¥120.00	¥180.00
				消费总额	¥635.00
				实收	¥650.00
				找零	¥15.00

图 7-240　购物结算清单

操作步骤

step 01 启动 Excel 2013，新建一个空白工作簿。在 B2 单元格中输入文字，在【开始】选项卡的【字体】组中，将【字号】设置为 18，如图 7-241 所示。

step 02 在 F2 单元格中输入文字，在【字体】组中将【字号】设置为 10，在【开始】选项卡的【对齐方式】组中，单击【右对齐】按钮，如图 7-242 所示。

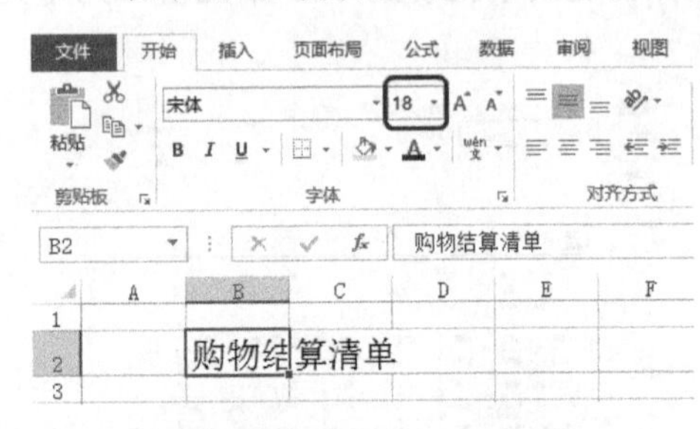

图 7-241　输入并设置文字

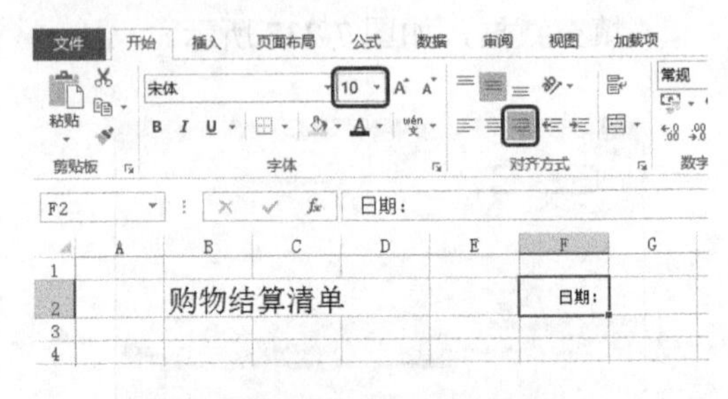

图 7-242　输入并设置文字

step 03 在 G2 单元格中输入日期，在【字体】组中将【字号】设置为 10，在【开始】选项卡的【对齐方式】组中，单击【左对齐】按钮，如图 7-243 所示。

step 04 参照前面的操作步骤，在其他单元格中输入购物信息，如图 7-244 所示。

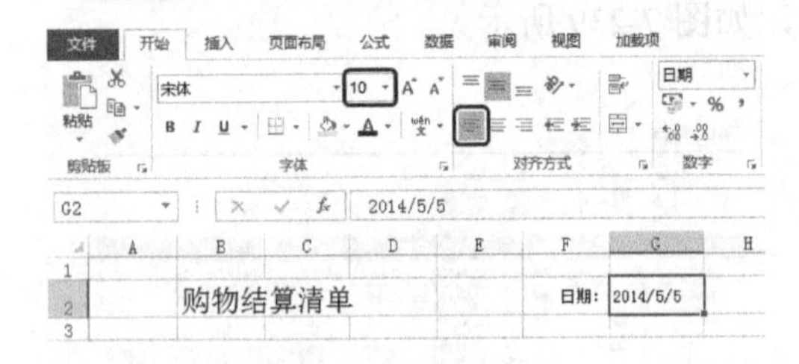

图 7-243　输入日期

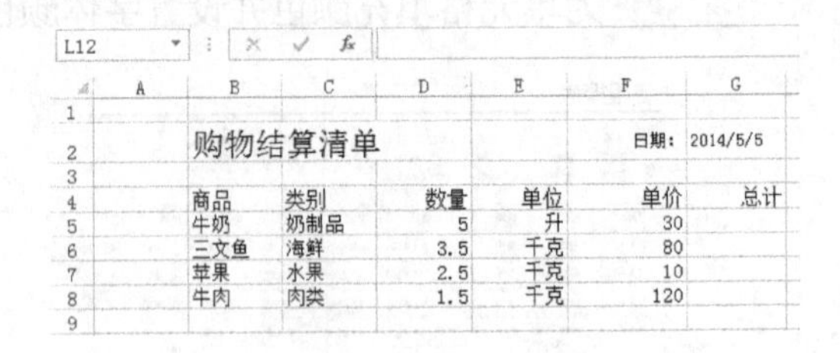

图 7-244　输入文字

在 G2 单元格中输入“2014/5/5”，按 Enter 键确认，即可输入日期。

step 05 选中 F5：F8 单元格区域，在【数字】组中单击【数字格式】的下拉箭头按钮，在弹出的列表中选择【货币】选项，如图 7-245 所示。

step 06 在 G5 单元格中输入计算公式“=D5*F5”，按 Enter 键确认，如图 7-246 所示。

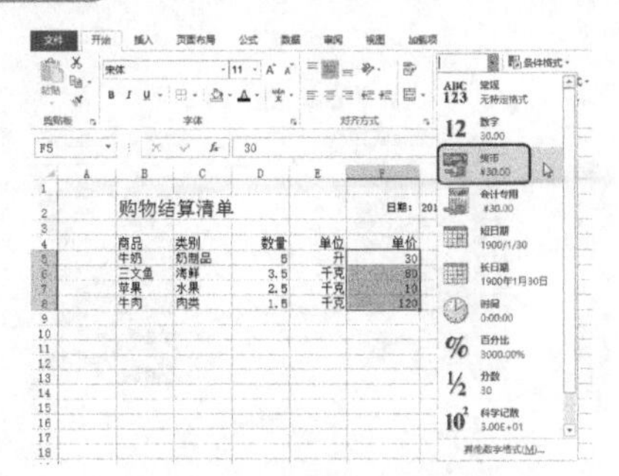

图 7-245 选择【货币】选项

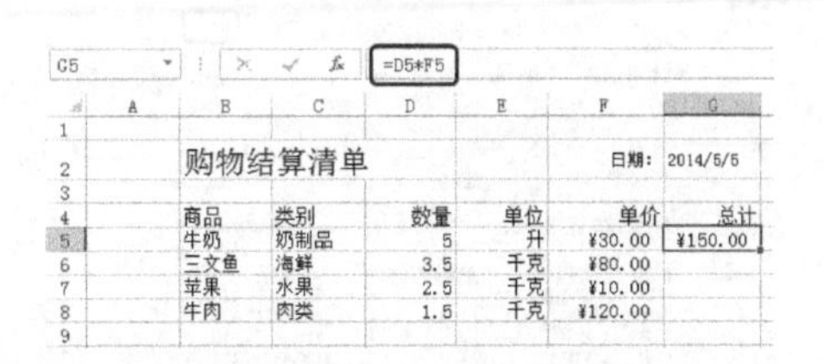

图 7-246 输入计算公式

step 07 鼠标放置到 G5 单元格的右下角，光标变为+，按住鼠标左键向下拖动到 G8 单元格，为单元格填充数据，如图 7-247 所示。

step 08 在 F10∶F12 单元格区域中输入文字，然后将其设置为“右对齐”，如图 7-248 所示。

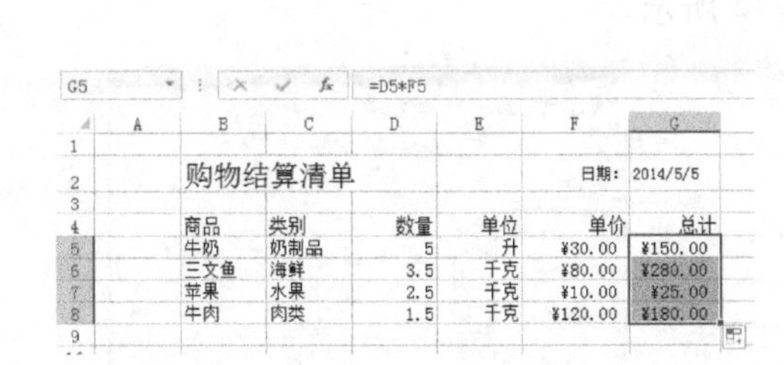

图 7-247 填充数据

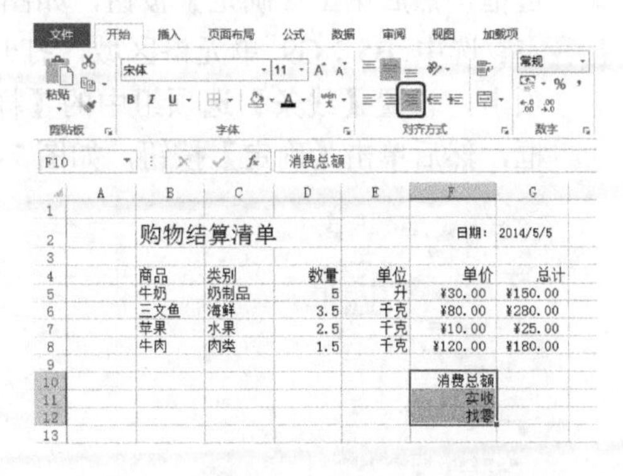

图 7-248 输入文字并设置对齐方式

step 09 在 G10 单元格中输入函数“=SUM(G5:G8)”，然后按 Enter 键确认，如图 7-249 所示。

step 10 在 G12 单元格中输入公式“=G11-G10”，按 Enter 键确认进行计算，如图 7-250 所示。

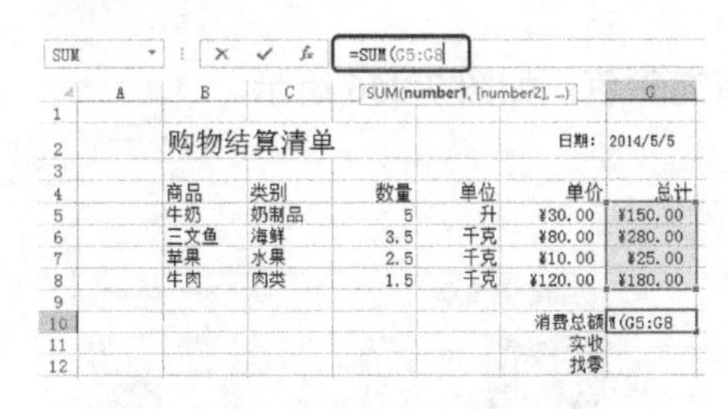

图 7-249 输入函数

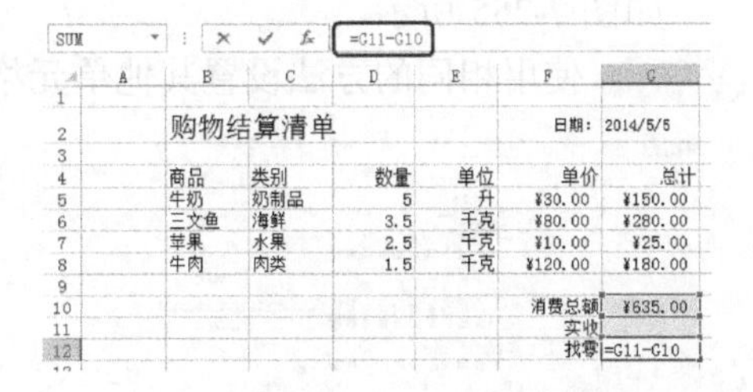

图 7-250 输入公式

step 11 在 G11 单元格中输入数值“650”，然后将其【数字格式】设置为“货币”，如图 7-251 所示。

step 12 选中 B2：G12 单元格区域并右击，在弹出的快捷菜单中选择【设置单元格格式】命令，如图 7-252 所示。

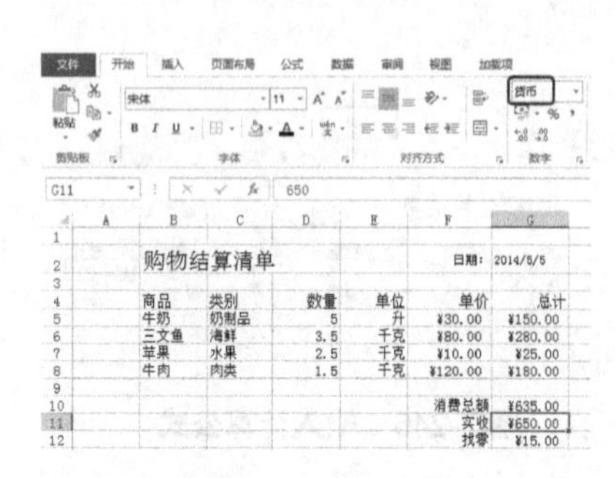

图 7-251 输入数值

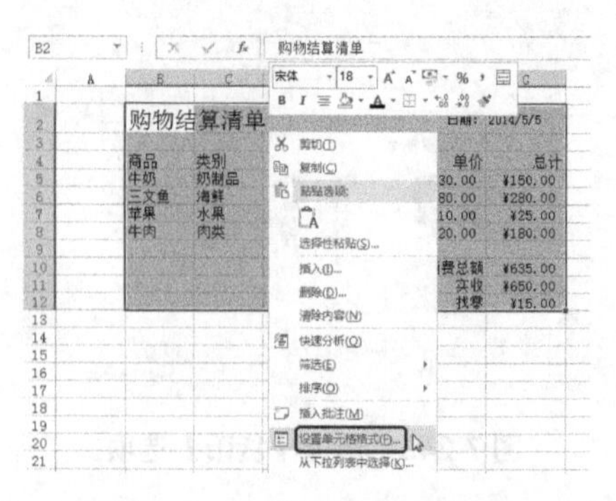

图 7-252 选择【设置单元格格式】命令

step 13 在弹出的【设置单元格格式】对话框中，选择【边框】选项卡，设置【线条】选项组中的【样式】和【颜色】，在【预置】选项组中单击【外边框】按钮，设置边框，然后单击【确定】按钮，如图 7-253 所示。

step 14 选中 B5：G9 单元格区域，打开【设置单元格格式】对话框，选择【边框】选项卡，设置【线条】选项组中的【样式】，在【边框】选项组中单击按钮，设置边框，然后单击【确定】按钮，如图 7-254 所示。

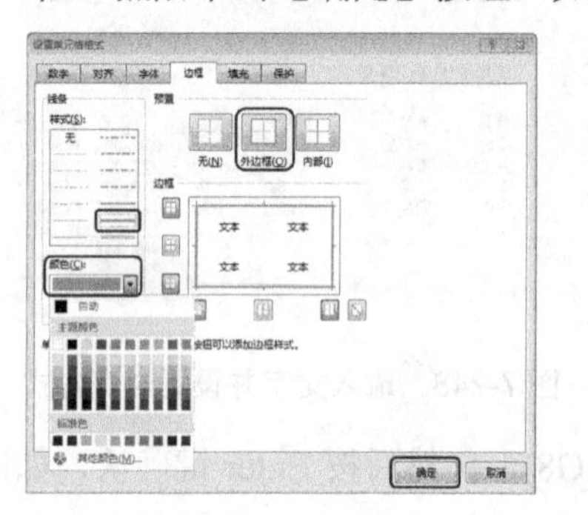

图 7-253 设置边框

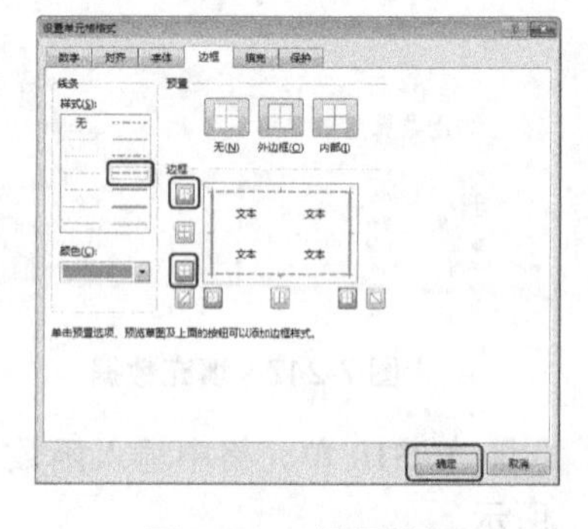

图 7-254 设置边框

step 15 选中 B5：G5 单元格区域，在【开始】选项卡的【字体】组中设置填充颜色，如图 7-255 所示。

step 16 使用相同的方法设置其他单元格的填充颜色，如图 7-256 所示。

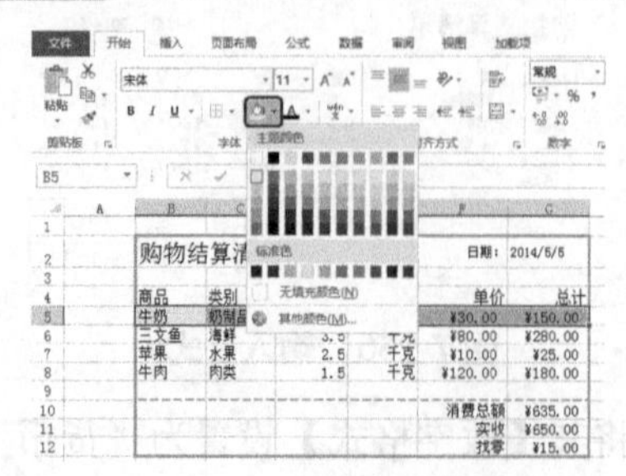

图 7-255 设置填充颜色

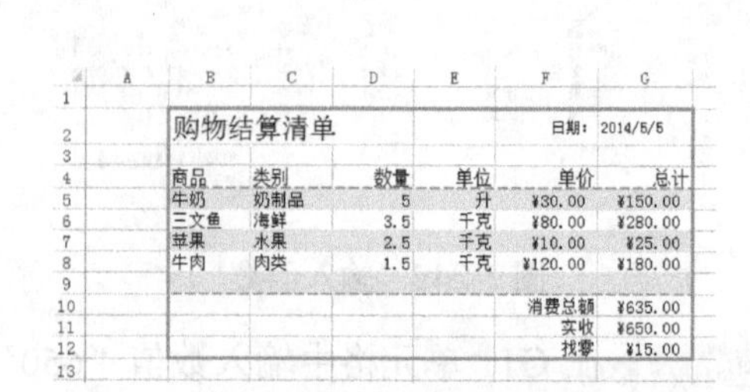

图 7-256 设置其他单元格的填充颜色

案例精讲 068 企业固定资产直线折旧

案例文件：CDROM\场景\Cha07\企业固定资产直线折旧.xlsx

视频文件：视频教学\Cha07\企业固定资产直线折旧.avi

学习目标

- 学习 SLN 函数的使用方法。
- 学习 DATEDIF 函数的使用方法。

制作概述

本例将介绍企业固定资产直线折旧表的制作。首先制作表格中的信息数据，然后输入计算公式和函数，最后设置表格的样式。完成后的效果如图 7-257 所示。

机械制造有限公司台账								
设备名称	型号	单价	购买台数	购买日期	停用日期	折旧年限	月折旧额	总折旧额
数控机床	DY-1	¥600,000.00	2	1999/6/14	2009/5/11	15	¥3,000.00	¥708,000.00
数控机床	DY-2	¥980,000.00	1	1998/7/15	2010/3/12	15	¥4,900.00	¥681,100.00
起重机	QZ-25	¥400,000.00	3	2002/7/15	2008/3/12	8	¥3,750.00	¥753,750.00
起重机	QZ-8	¥200,000.00	4	2004/6/12	2009/4/30	8	¥1,875.00	¥435,000.00
吊车	DC-25	¥250,000.00	2	2001/4/14	2011/3/23	10	¥1,875.00	¥446,250.00
吊车	DC-20	¥200,000.00	3	2001/9/12	2011/8/15	10	¥1,500.00	¥535,500.00
							合计	¥3,559,600.00

图 7-257 企业固定资产直线折旧

操作步骤

step 01 启动 Excel 2013，新建一个空白工作簿。选中工作表中的 A1：I1 单元格区域，在【开始】选项卡的【对齐方式】组中单击【合并后居中】按钮，然后输入文字，将【字体】设置为“方正魏碑简体”，【字号】设置为 22，如图 7-258 所示。

图 7-258 输入并设置文字

step 02 参照前面的操作步骤，在其他单元格中输入数据信息，如图 7-259 所示。

	A	B	C	D	E	F	G	H	I
1	机械制造有限公司台账								
2	设备名称	型号	单价	购买台数	购买日期	停用日期	折旧年限	月折旧额	总折旧额
3	数控机床	DY-1	¥600,000.00	2	1999/6/14	2009/5/11	15		
4	数控机床	DY-2	¥980,000.00	1	1998/7/15	2010/3/12	15		
5	起重机	QZ-25	¥400,000.00	3	2002/7/15	2008/3/12	8		
6	起重机	QZ-8	¥200,000.00	4	2004/6/12	2009/4/30	8		
7	吊车	DC-25	¥250,000.00	2	2001/4/14	2011/3/23	10		
8	吊车	DC-20	¥200,000.00	3	2001/9/12	2011/8/15	10		
9									

图 7-259 输入数据信息

step 03 选中 H3 单元格，单击编辑栏左侧的【插入函数】按钮，在弹出的【插入函数】对话框中，单击【财务】类别中的 SLN 函数，然后单击【确定】按钮，如图 7-260 所示。

step 04 在弹出的【函数参数】对话框中，设置函数参数，然后单击【确定】按钮，如图 7-261 所示。

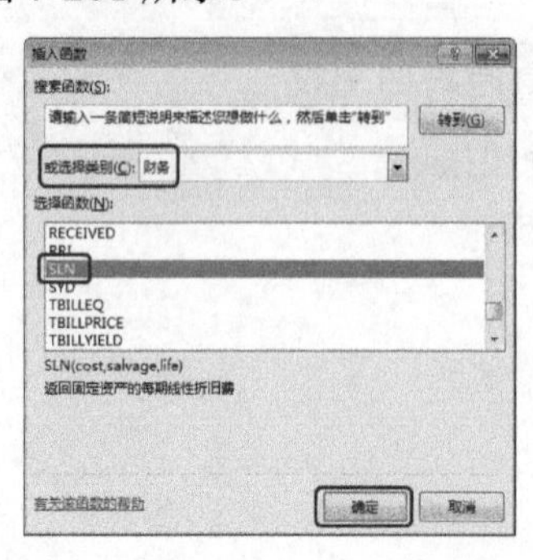

图 7-260 选择 SLN 函数

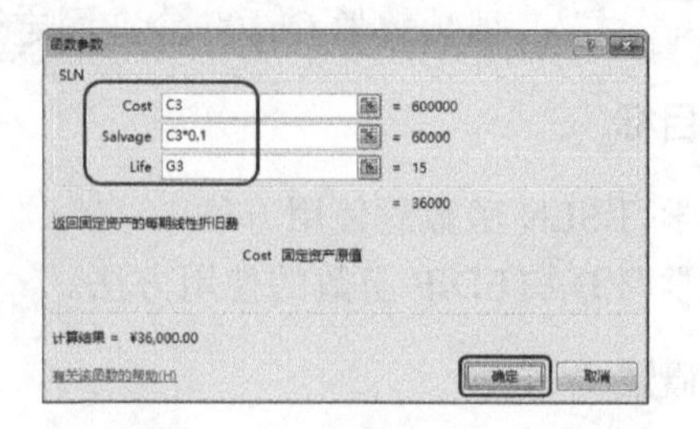

图 7-261 【函数参数】对话框

step 05 在【编辑栏】中的 SLN 函数后面继续输入"/12"，按 Enter 键确认，如图 7-262 所示。

H3 =SLN(C3,C3*0.1,G3)/12

机械制造有限公司台账

设备名称	型号	单价	购买台数	购买日期	停用日期	折旧年限	月折旧额
数控机床	DY-1	¥600,000.00	2	1999/6/14	2009/5/11	15	¥3,000.00
数控机床	DY-2	¥980,000.00	1	1998/7/15	2010/3/12	15	
起重机	QZ-25	¥400,000.00	3	2002/7/15	2008/3/12	8	
起重机	QZ-8	¥200,000.00	4	2004/6/12	2009/4/30	8	
吊车	DC-25	¥250,000.00	2	2001/4/14	2011/3/23	10	
吊车	DC-20	¥200,000.00	3	2001/9/12	2011/8/15	10	

图 7-262 输入公式

本例中的 SLN 函数计算出的是年折旧额，添加"/12"公式后，计算出月折旧额。

step 06 在其他单元格中填充计算结果，如图 7-263 所示。

H3 =SLN(C3,C3*0.1,G3)/12

机械制造有限公司台账

设备名称	型号	单价	购买台数	购买日期	停用日期	折旧年限	月折旧额	总折旧额
数控机床	DY-1	¥600,000.00	2	1999/6/14	2009/5/11	15	¥3,000.00	
数控机床	DY-2	¥980,000.00	1	1998/7/15	2010/3/12	15	¥4,900.00	
起重机	QZ-25	¥400,000.00	3	2002/7/15	2008/3/12	8	¥3,750.00	
起重机	QZ-8	¥200,000.00	4	2004/6/12	2009/4/30	8	¥1,875.00	
吊车	DC-25	¥250,000.00	2	2001/4/14	2011/3/23	10	¥1,875.00	
吊车	DC-20	¥200,000.00	3	2001/9/12	2011/8/15	10	¥1,500.00	

图 7-263 填充其他单元格

step 07 选中 I3 单元格后，在编辑栏中单击，然后在编辑栏中输入计算公式"=DATEDIF(E3,F3,"m")*H3*D3"，按 Enter 键确认，如图 7-264 所示。

I3 =DATEDIF(E3,F3,"m")*H3*D3

机械制造有限公司台账

型号	单价	购买台数	购买日期	停用日期	折旧年限	月折旧额	总折旧额
DY-1	¥600,000.00	2	1999/6/14	2009/5/11	15	¥3,000.00	¥708,000.00
DY-2	¥980,000.00	1	1998/7/15	2010/3/12	15	¥4,900.00	
QZ-25	¥400,000.00	3	2002/7/15	2008/3/12	8	¥3,750.00	
QZ-8	¥200,000.00	4	2004/6/12	2009/4/30	8	¥1,875.00	
DC-25	¥250,000.00	2	2001/4/14	2011/3/23	10	¥1,875.00	
DC-20	¥200,000.00	3	2001/9/12	2011/8/15	10	¥1,500.00	

图 7-264 输入函数公式

知识链接

函数名称：DATEDIF

主要功能：计算返回两个日期参数的差值。

使用格式：=DATEDIF(date1,date2,"y")、=DATEDIF(date1,date2,"m")、=DATEDIF(date1,date2,"d")

参数说明：date1 代表前面一个日期，date2 代表后面一个日期；y(m、d)要求返回两个日期相差的年(月、天)数。

step 08 在其他单元格中填充计算结果。在 H9 单元格中输入文字，将【字体】设置为“方正魏碑简体”，【字号】设置为14，然后单击【右对齐】按钮，如图7-265所示。

step 09 在I9单元格中输入计算函数“=SUM(I3:I8)”，按Enter键确认，如图7-266所示。

图 7-265 输入文字

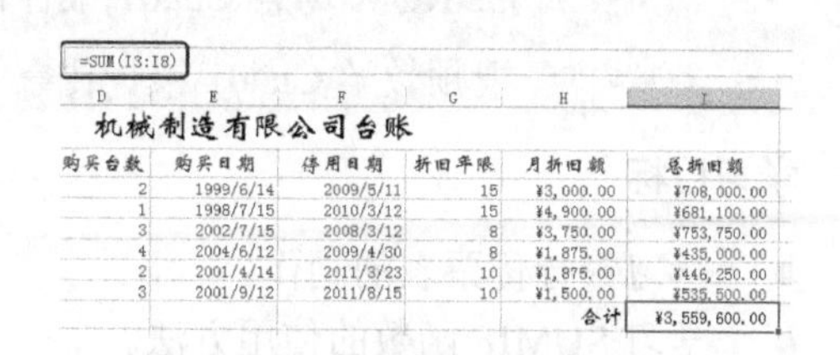

图 7-266 输入函数

step 10 选中 A1 单元格，设置其填充颜色，然后将【字体颜色】设置为“白色”，如图7-267所示。

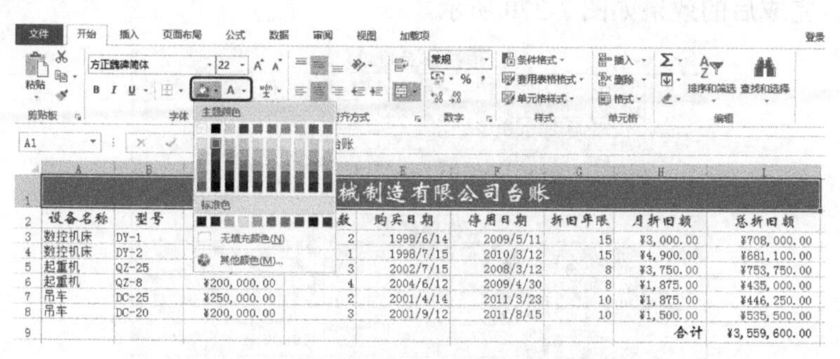

图 7-267 设置填充颜色和字体颜色

step 11 选中 A2：I2 单元格区域，打开【设置单元格格式】对话框，切换至【边框】选项卡，设置【线条】选项组中的【样式】和【颜色】，在【边框】选项组中单击按钮，设置边框，然后单击【确定】按钮，如图7-268所示。

step 12 参照前面的操作步骤，设置其他的边框，如图7-269所示。

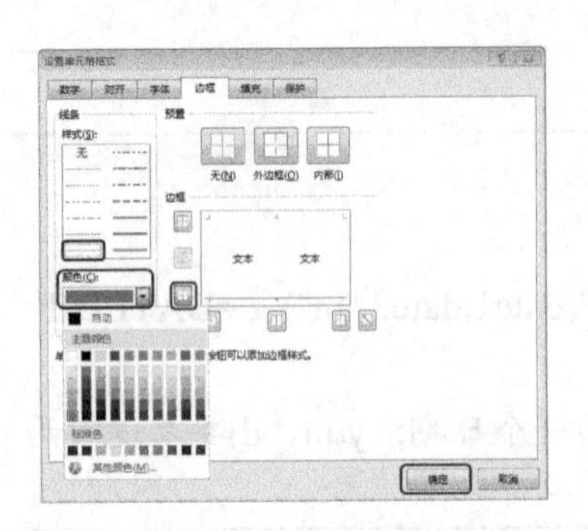

图 7-268　设置边框

	A	B	C	D	E	F	G	H	I
1	机械制造有限公司台账								
2	设备名称	型号	单价	购买台数	购买日期	停用日期	折旧年限	月折旧额	总折旧额
3	数控机床	DY-1	¥600,000.00	2	1999/6/14	2009/5/11	15	¥3,000.00	¥708,000.00
4	数控机床	DY-2	¥980,000.00	1	1998/7/15	2010/3/12	15	¥4,900.00	¥681,100.00
5	起重机	QZ-25	¥400,000.00	3	2002/7/15	2008/3/12	8	¥3,750.00	¥753,750.00
6	起重机	QZ-8	¥200,000.00	4	2004/6/12	2009/4/30	8	¥1,875.00	¥435,000.00
7	吊车	DC-25	¥250,000.00	2	2001/4/14	2011/3/23	10	¥1,875.00	¥446,250.00
8	吊车	DC-20	¥200,000.00	3	2001/9/12	2011/8/15	10	¥1,500.00	¥535,500.00
9								合计	¥3,559,600.00

图 7-269　设置其他边框

案例精讲 069　银行传票表

案例文件：CDROM\场景\Cha07\银行传票表.xlsx

视频文件：视频教学\Cha07\银行传票表.avi

学习目标

- 学习银行传票表的制作。
- 学习 SUMIF 函数的使用方法。

制作概述

本例将介绍银行传票表的制作。首先制作传票核对清单，然后制作传票套表，最后输入函数进行计算。完成后的效果如图 7-270 所示。

传票核对清单								
传票号码	传票日期	会计科目	借/贷	银行名称	支票号码	客户名称	金额	摘要
11001	20140506	银行存款	借	工行	WH12879		60000	订货现款
	20140506	应付票据	贷	工行	WH12983	星源电子	40000	
11002	20140506	银行存款	贷	工行			8000	服务器
	20140506	应收账款	贷	建行	WH13213		10000	
	20140506	运输费用	借			明宏科技	20000	
11003	20140506	应付票据	贷	建行	WH13762		22000	

传票套表								
传票号码	传票日期	会计科目	借/贷	银行名称	支票号码	客户名称	金额	摘要
201	20140506	银行存款	借	工行	WH12879		60000	订货现款
202	20140506	应付票据	贷	工行	WH12983	星源电子	40000	
203	20140506	银行存款	贷	工行			8000	服务器
204	20140506	应收账款	贷	建行	WH13213		10000	
205	20140506	运输费用	借			明宏科技	20000	
206	20140506	应付票据	贷	建行	WH13762		22000	
借方	80000		贷方	80000				

图 7-270　银行传票表

操作步骤

step 01 启动 Excel 2013，新建一个空白工作簿。选中工作表中的 A1：I1 单元格区域，在【开始】选项卡的【对齐方式】组中，单击【合并后居中】按钮，然后输入文字，将【字号】设置为 18，单击【加粗】按钮，如图 7-271 所示。

step 02 在 A2：I2 单元格区域，输入文字，如图 7-272 所示。

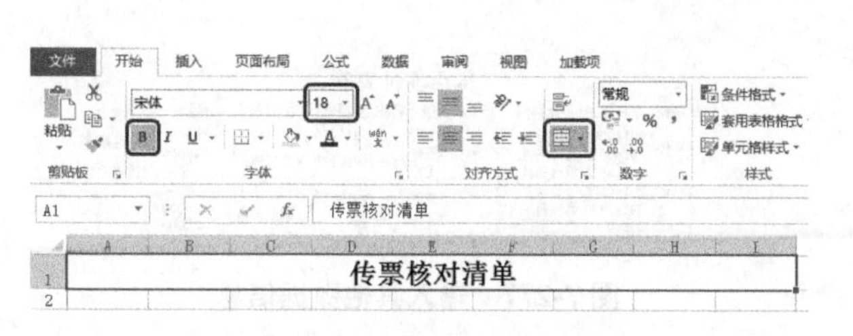

图 7-271 输入并设置文字

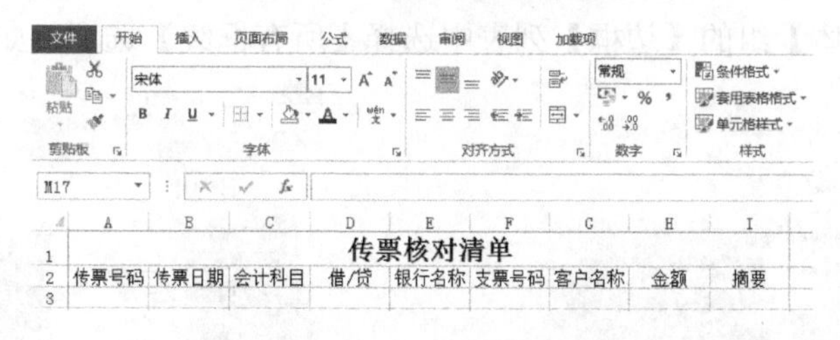

图 7-272 输入文字

step 03 单击第 2 行的行标签，选中第 2 行并右击，在弹出的快捷菜单中选择【行高】命令，如图 7-273 所示。

step 04 在弹出的【行高】对话框中，将【行高】设置为 23，然后单击【确定】按钮，如图 7-274 所示。

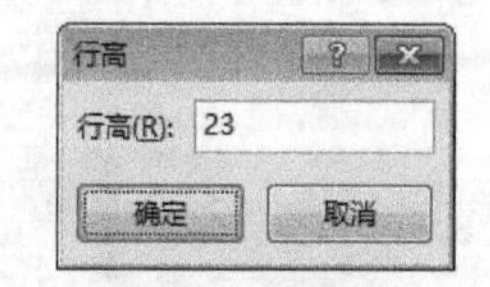

图 7-273 选择【行高】命令

图 7-274 设置行高

step 05 选中 A3∶A4 单元格区域，在【对齐方式】组中选择【合并单元格】选项，如图 7-275 所示。

step 06 在合并后的单元格中输入数据，如图 7-276 所示。

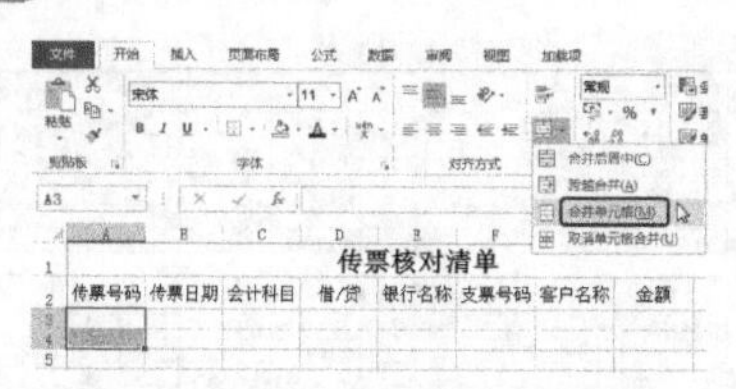

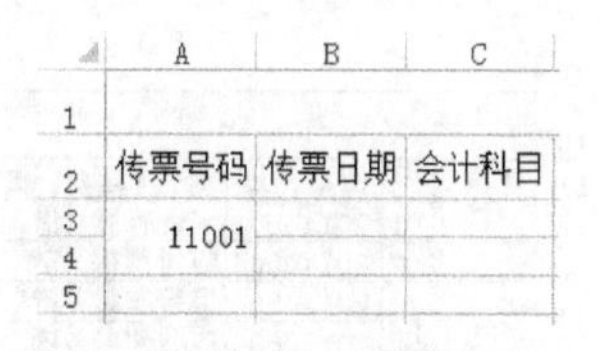

图 7-275 合并单元格

图 7-276 输入数据

step 07 使用相同的方法在其他单元格中输入数据信息，如图 7-277 所示。

传票核对清单								
传票号码	传票日期	会计科目	借/贷	银行名称	支票号码	客户名称	金额	摘要
11001	20140506	银行存款	借	工行	WH12879		60000	订货现款
	20140506	应付票据	贷	工行	WH12983	星源电子	40000	
11002	20140506	银行存款	贷	工行			8000	服务器
	20140506	应收账款	贷	建行	WH13213		10000	
	20140506	运输费用	借			明宏科技	20000	
11003	20140506	应付票据	贷	建行	WH13762		22000	

图 7-277　输入其他数据信息

step 08 选中 A1：I8 单元格区域，在【字体】组中设置填充颜色，如图 7-278 所示。

step 09 在【字体】组的【边框】列表中选择【所有框线】选项，如图 7-279 所示。

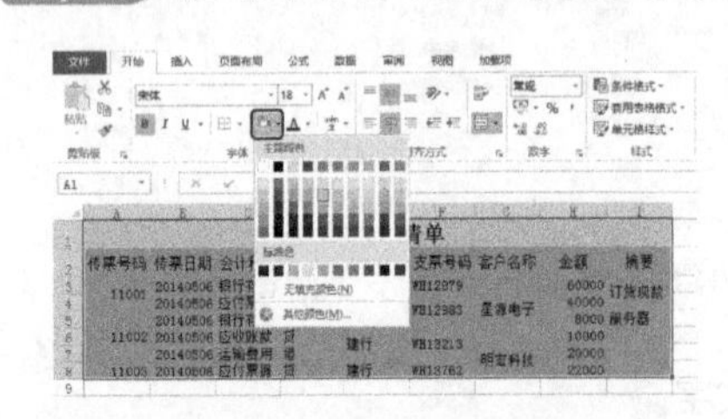

图 7-278　设置填充颜色

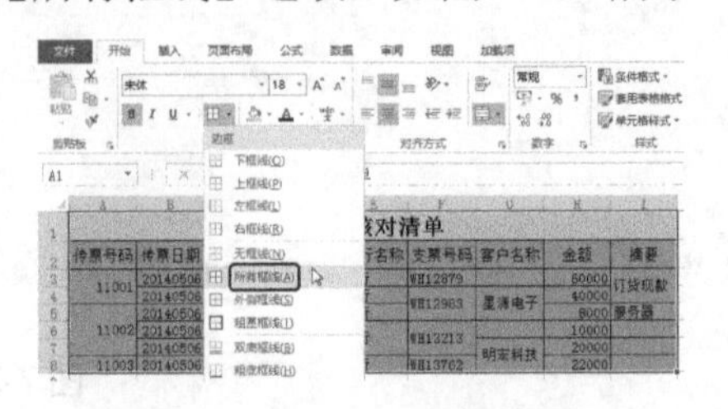

图 7-279　选择【所有框线】选项

step 10 按 Ctrl+C 组合键复制 A1：I8 单元格中的内容，然后选中 A10 单元格，按 Ctrl+V 组合键粘贴数据信息，如图 7-280 所示。

step 11 选中 A12 单元格，在【对齐方式】组中选择【跨越合并】选项，将单元格进行拆分，如图 7-281 所示。

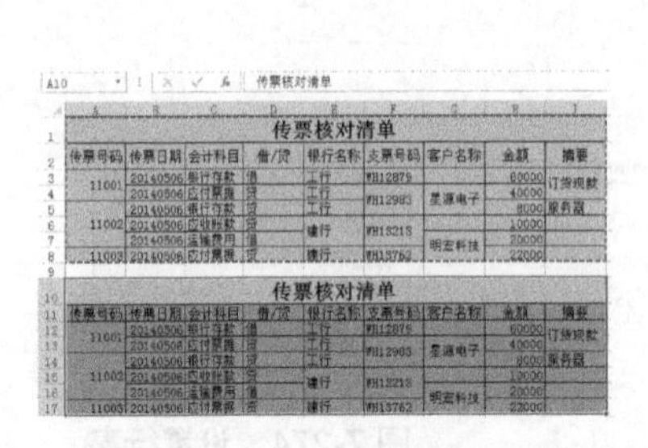

图 7-280　复制单元格中的内容

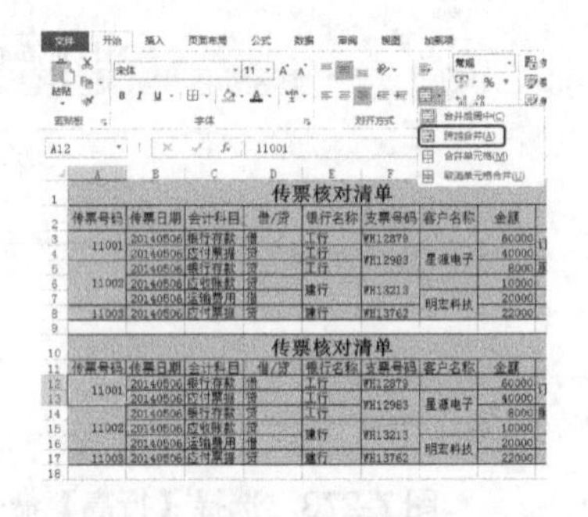

图 7-281　选择【跨越合并】选项

step 12 修改 A12 和 A13 单元格中的数据，并设置边框，如图 7-282 所示。

step 13 使用相同的方法拆分单元格并修改数据信息，如图 7-283 所示。

9				
10				
11	传票号码	传票日期	会计科目	借
12	201	20140506	银行存款	借
13	202	20140506	应付票据	贷
14		20140506	银行存款	贷
15	11002	20140506	应收账款	贷
16		20140506	运输费用	借
17	11003	20140506	应付票据	贷
18				

图 7-282　修改数据并设置边框

传票核对清单								
传票号码	传票日期	会计科目	借/贷	银行名称	支票号码	客户名称	金额	摘要
11001	20140506	银行存款	借	工行	WH12879		60000	订货现款
	20140506	应付票据	贷	工行	WH12983	星源电子	40000	
11002	20140506	银行存款	贷	工行			8000	服务器
	20140506	应收账款	贷	建行	WH13213		10000	
	20140506	运输费用	借			明宏科技	20000	
11003	20140506	应付票据	贷	建行	WH13762		22000	
传票套表								
传票号码	传票日期	会计科目	借/贷	银行名称	支票号码	客户名称	金额	摘要
201	20140506	银行存款	借	工行	WH12879		60000	订货现款
202	20140506	应付票据	贷	工行	WH12983	星源电子	40000	
203	20140506	银行存款	贷	工行			8000	服务器
204	20140506	应收账款	贷	建行	WH13213		10000	
205	20140506	运输费用	借			明宏科技	20000	
206	20140506	应付票据	贷	建行	WH13762		22000	
借方			贷方					

图 7-283　拆分单元格并修改数据

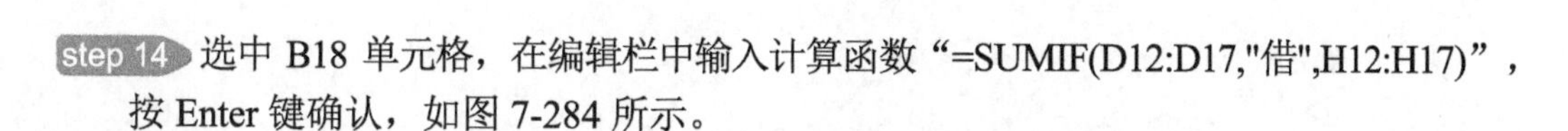

step 14 选中 B18 单元格，在编辑栏中输入计算函数“=SUMIF(D12:D17,"借",H12:H17)”，按 Enter 键确认，如图 7-284 所示。

知识链接

函数名称：SUMIF

主要功能：计算符合指定条件的单元格区域内的数值和。

使用格式：SUMIF(Range,Criteria,Sum_Range)。

参数说明：Range 代表条件判断的单元格区域；Criteria 为指定条件表达式；Sum_Range 代表需要计算的数值所在的单元格区域。

step 15 选中 F8 单元格，在编辑栏中输入计算函数“=SUMIF(D12:D17,"贷",H12:H17)”，按 Enter 键确认，如图 7-285 所示。

B18 =SUMIF(D12:D17,"借",H12:H17)

传票核对清单

传票号码	传票日期	会计科目	借/贷	银行名称	支票号码	客户名称	金额	摘要
11001	20140506	银行存款	借	工行	WH12879		60000	订货现款
	20140506	应付票据	贷	工行	WH12983	星源电子	40000	
11002	20140506	银行存款	贷	工行			8000	服务器
	20140506	应收账款	贷	建行	WH13213		10000	
	20140506	运输费用	借			明宏科技	20000	
11003	20140506	应付票据	贷	建行	WH13762		22000	

传票套表

传票号码	传票日期	会计科目	借/贷	银行名称	支票号码	客户名称	金额	摘要
201	20140506	银行存款	借	工行	WH12879		60000	订货现款
202	20140506	应付票据	贷	工行	WH12983	星源电子	40000	
203	20140506	银行存款	贷	工行			8000	服务器
204	20140506	应收账款	贷	建行	WH13213		10000	
205	20140506	运输费用	借			明宏科技	20000	
206	20140506	应付票据	贷	建行	WH13762		22000	
借方	80000		贷方					

图 7-284 输入函数

E18 =SUMIF(D12:D17,"贷",H12:H17)

传票核对清单

传票号码	传票日期	会计科目	借/贷	银行名称	支票号码	客户名称	金额	摘要
11001	20140506	银行存款	借	工行	WH12879		60000	订货现款
	20140506	应付票据	贷	工行	WH12983	星源电子	40000	
11002	20140506	银行存款	贷	工行			8000	服务器
	20140506	应收账款	贷	建行	WH13213		10000	
	20140506	运输费用	借			明宏科技	20000	
11003	20140506	应付票据	贷	建行	WH13762		22000	

传票套表

传票号码	传票日期	会计科目	借/贷	银行名称	支票号码	客户名称	金额	摘要
201	20140506	银行存款	借	工行	WH12879		60000	订货现款
202	20140506	应付票据	贷	工行	WH12983	星源电子	40000	
203	20140506	银行存款	贷	工行			8000	服务器
204	20140506	应收账款	贷	建行	WH13213		10000	
205	20140506	运输费用	借			明宏科技	20000	
206	20140506	应付票据	贷	建行	WH13762		22000	
借方	80000		贷方	80000				

图 7-285 输入函数

案例精讲 070 活动安排表

案例文件：CDROM\场景\Cha07\活动安排表.xlsx

视频文件：视频教学\Cha07\活动安排表.avi

学习目标

- 学习活动安排表的制作方法。
- 掌握【条件格式】的设置方法。

制作概述

本例将介绍活动安排表的制作。首先输入表格中数据内容，然后对表格的边框进行设置，最后填充单元格作为活动安排表的边框。完成后的效果如图 7-286 所示。

活动安排表　日期：2014/8/10

活动	时间	地点
早餐	7:00-8:00	宴会厅
召开会议	8:30-11:00	会议室
午餐	11:30-13:00	宴会厅
交流活动	14:00-17:00	会展中心
晚餐	17:30-18:30	宴会厅

图 7-286 活动安排表

操作步骤

step 01 启动 Excel 2013，新建一个空白工作簿。选中 B 列并右击，在弹出的快捷菜单中选择【列宽】命令，如图 7-287 所示。

step 02 在弹出的【列宽】对话框中，将【列宽】设置为 21，如图 7-288 所示。

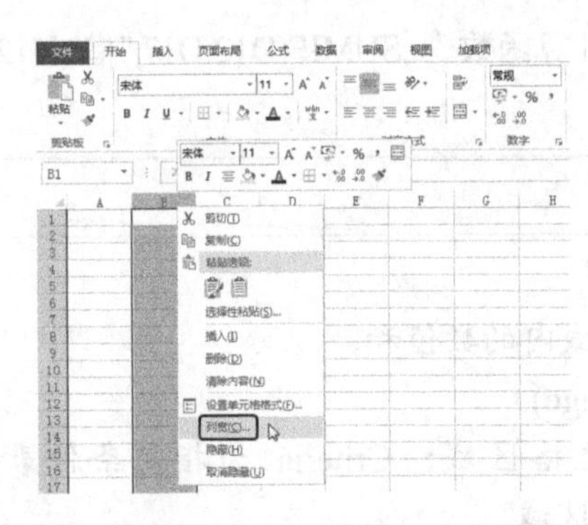

图 7-287　选择【列宽】命令

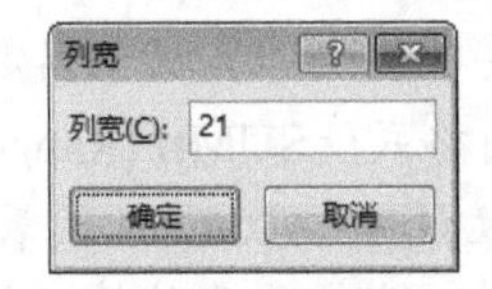

图 7-288　【列宽】对话框

step 03 单击【确定】按钮。然后使用相同的方法设置 C 列和 D 列的列宽，如图 7-289 所示。

step 04 在 B2 单元格中输入文字，在【开始】选项卡的【字体】组中将【字体】设置为“微软雅黑”，【字号】设置为 24，如图 7-290 所示。

图 7-289　设置列宽

图 7-290　输入文字

step 05 在 C2 单元格中输入文字，将【字体】设置为“微软雅黑”，在【开始】选项卡的【对齐方式】组中，单击【底端对齐】按钮和【右对齐】按钮，如图 7-291 所示。

step 06 在 D2 单元格中输入日期，将【字体】设置为“微软雅黑”，在【对齐方式】组中单击【底端对齐】按钮和【左对齐】按钮，如图 7-292 所示。

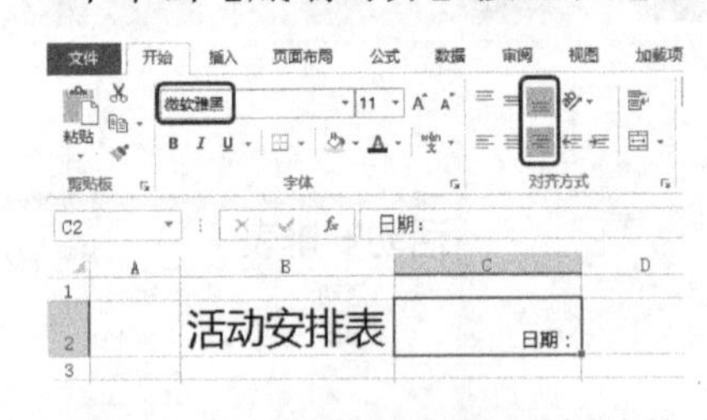

图 7-291　输入文字并设置对齐方式

图 7-292　输入日期并设置对齐方式

step 07 在 B3：E3 单元格区域输入文字，将【字体】设置为“微软雅黑”，【字号】设置为 14，在【对齐方式】组中单击【居中】按钮，如图 7-293 所示。

step 08 在 B4：D8 单元格区域输入文字，将【字体】设置为“微软雅黑”，【字号】设置为 10，在【对齐方式】组中单击【居中】按钮，如图 7-294 所示。

step 09 单击第 3 行的行标签，选中第 3 行并右击，在弹出的快捷菜单中选择【行高】命令，在弹出的【行高】对话框中，将【行高】设置为 30，然后单击【确定】按钮，如图 7-295 所示。

step 10 选中 B2：D2 单元格区域并右击，在弹出的快捷菜单中选择【设置单元格格式】命令。在弹出的【设置单元格格式】对话框中，选择【边框】选项卡，设置【线条】选项组中的【样式】和【颜色】，在【边框】选项组中单击按钮，设置边框，然后单击【确定】按钮，如图 7-296 所示。

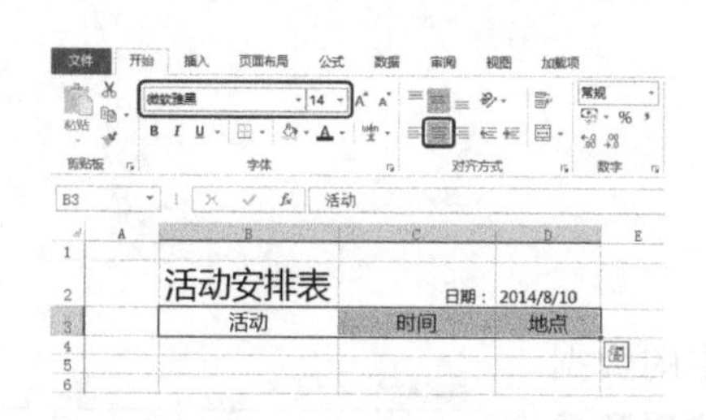

图 7-293　输入文字并设置对齐方式

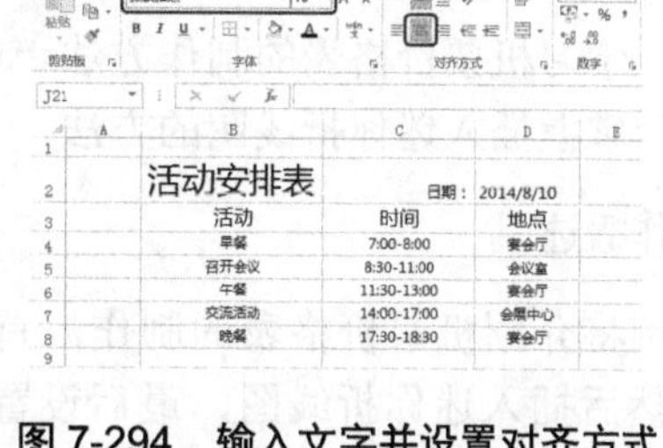

图 7-294　输入文字并设置对齐方式

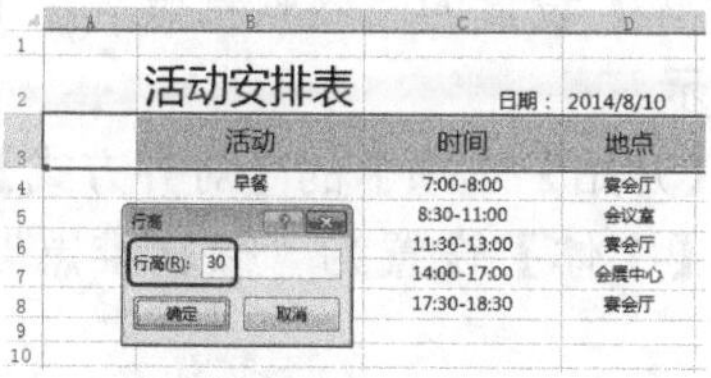

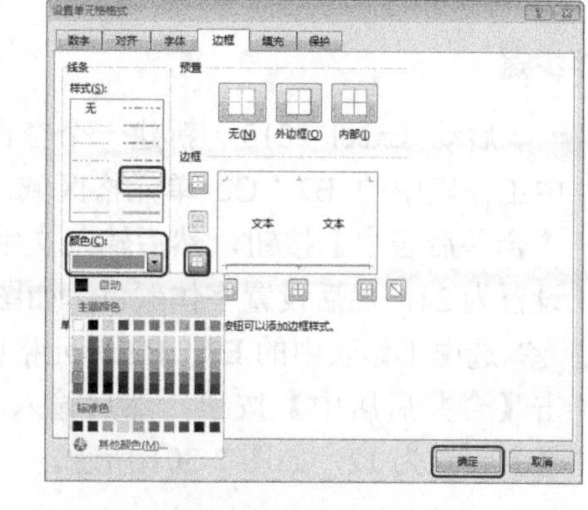

图 7-295　设置行高

图 7-296　设置边框

step 11 使用相同的方法设置 B3：D3 单元格的边框，如图 7-297 所示。

step 12 将第 1 行和第 10 行单元格的【行高】设置为 10，A 列和 E 列单元格的【列宽】设置为 1，然后为单元格填充颜色，如图 7-298 所示。

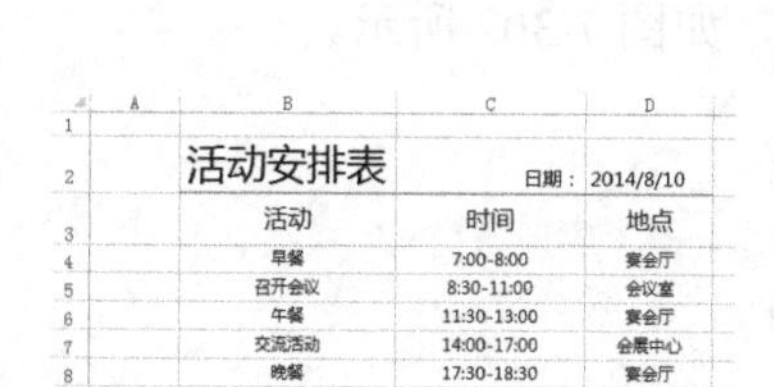

图 7-297　设置边框

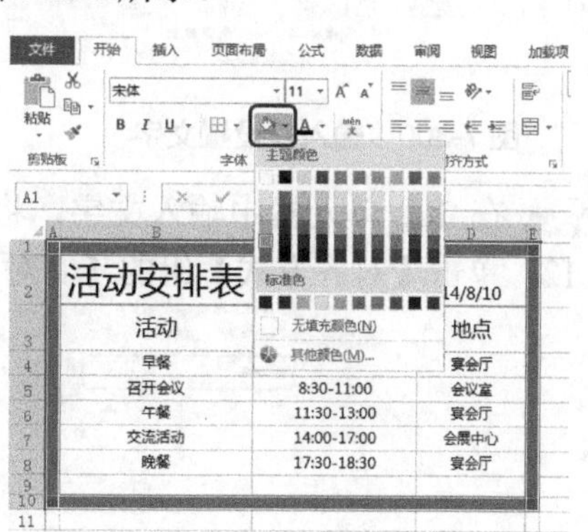

图 7-298　设置填充颜色

案例精讲 071　机票价格表

案例文件：CDROM\场景\Cha07\机票价格表.xlsx
视频文件：视频教学\Cha07\机票价格表.avi

学习目标

- 学习机票价格表的制作方法。
- 掌握插入迷你折线图的方法。

制作概述

本例将介绍机票价格表的制作。首先输入表中的数据信息，然后插入迷你折线图，最后设置单元格的边框和填充颜色。完成后的效果如图 7-299 所示。

图 7-299　机票价格表

操作步骤

step 01 启动 Excel 2013，新建一个空白工作簿。选中工作表中的 B2：C2 单元格区域，在【开始】选项卡中的【对齐方式】组中单击【合并后居中】按钮，然后输入文字，将【字体】设置为“微软雅黑”，【字号】设置为 24，然后设置字体颜色，如图 7-300 所示。

step 02 选中工作表中的 E2：H2 单元格区域，在【开始】选项卡的【对齐方式】组中单击【合并后居中】按钮，然后输入文字，将【字体】设置为“微软雅黑”，【字号】设置为 12，如图 7-301 所示。

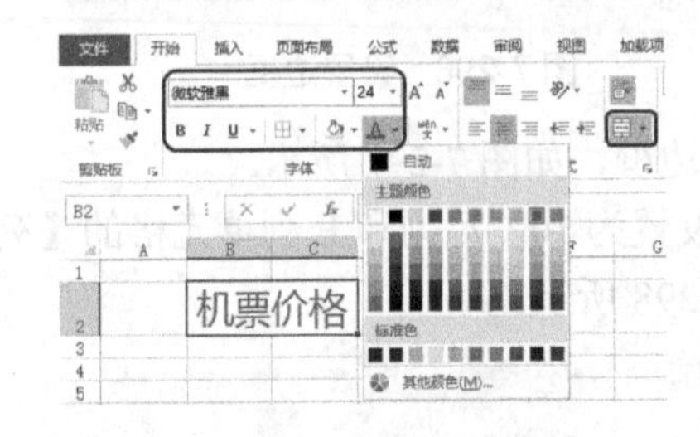

图 7-300　输入并设置文字

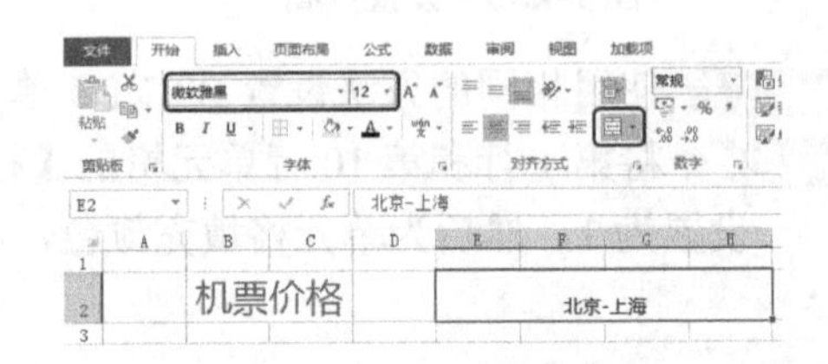

图 7-301　输入并设置文字

step 03 在 K2 单元格中输入文字，将【字体】设置为“微软雅黑”，【字号】设置为 12，单击【对齐方式】组的【右对齐】按钮，如图 7-302 所示。

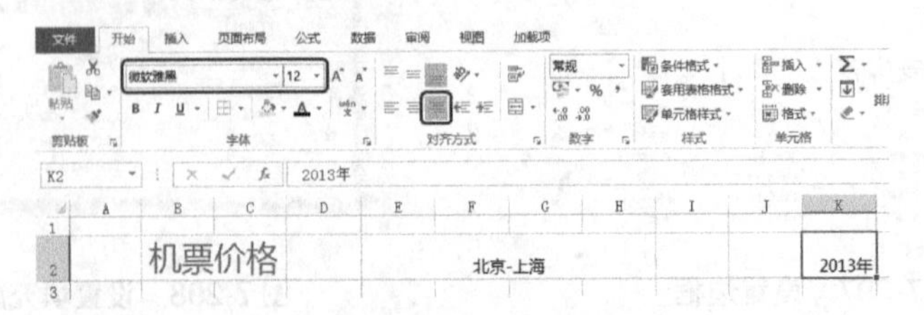

图 7-302　输入并设置文字

step 04 选择 D3∶J3 单元格区域，在【开始】选项卡的【对齐方式】组中单击【合并后居中】按钮，然后输入文字，将【字体】设置为“微软雅黑”，【字号】设置为12，单击【对齐方式】组中的【底端对齐】按钮，如图 7-303 所示。

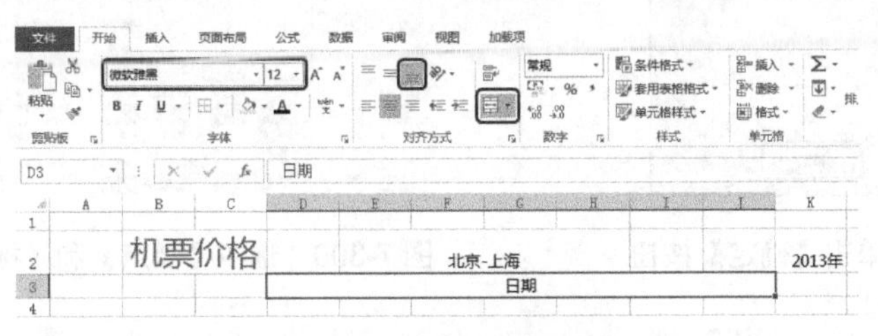

图 7-303　输入并设置文字

step 05 使用相同的方法输入其他数据信息并设置文字格式，如图 7-304 所示。

step 06 选中 D6∶J6 单元格区域，在功能区选择【插入】选项卡，在【迷你图】组中单击【折线图】按钮，如图 7-305 所示。

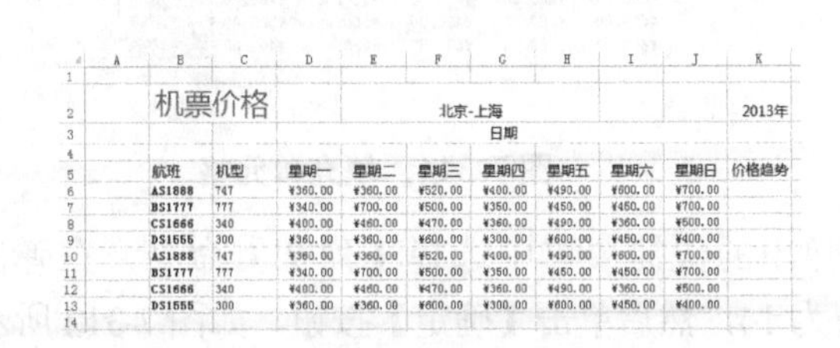

图 7-304　输入其他数据信息

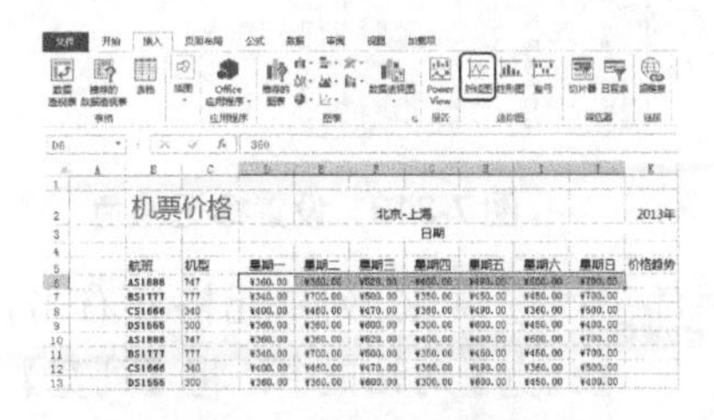

图 7-305　单击【折线图】按钮

step 07 在弹出的【创建迷你图】对话框中，单击【位置范围】右侧的按钮，如图 7-306 所示。

step 08 在工作表中选中 K6 单元格，然后单击按钮，如图 7-307 所示。

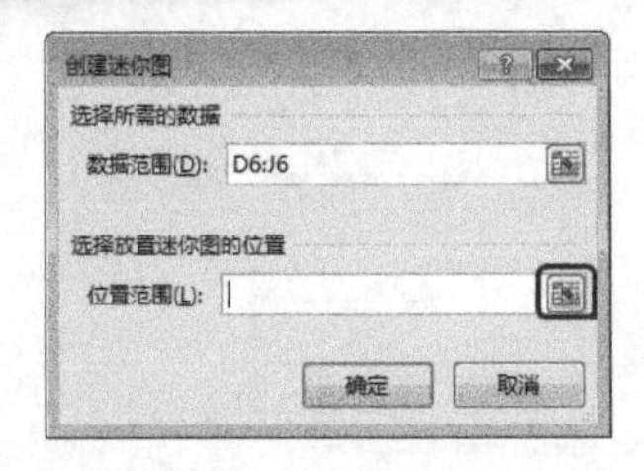

图 7-306　【创建迷你图】对话框

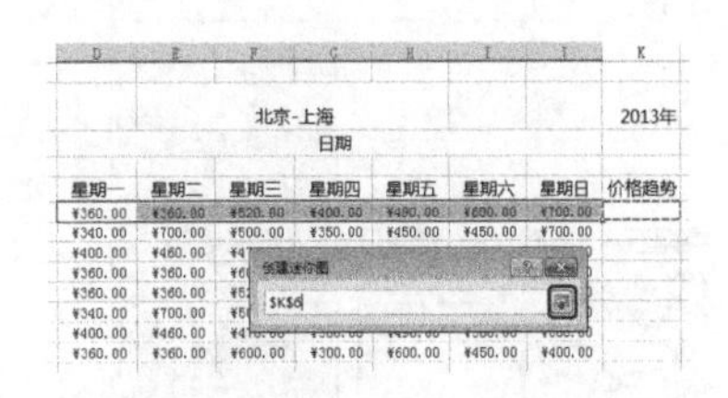

图 7-307　选中 K6 单元格

step 09 返回到【创建迷你图】对话框，然后单击【确定】按钮，如图 7-308 所示。

step 10 选中插入的迷你折线图，在【显示】组中选中【低点】和【标记】复选框，如图 7-309 所示。

step 11 在【样式】组中单击【标记颜色】，在弹出的列表中单击【低点】，并设置其颜色，如图 7-310 所示。

step 12 鼠标放置到 K6 单元格的右下角，光标变为+，按住鼠标左键向下拖动到 K13 单元格，为单元格填充数据，如图 7-311 所示。

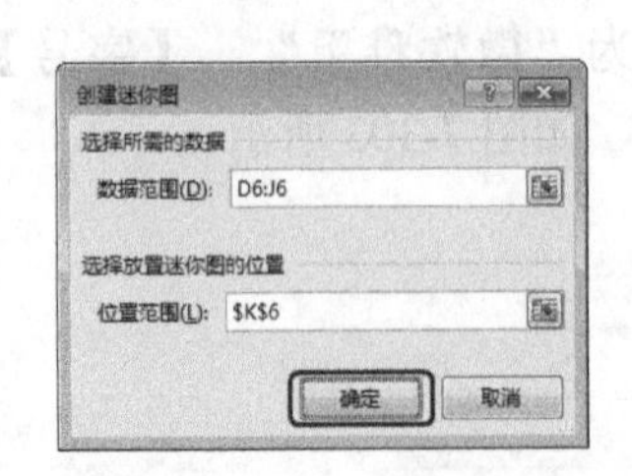

图 7-308　单击【确定】按钮

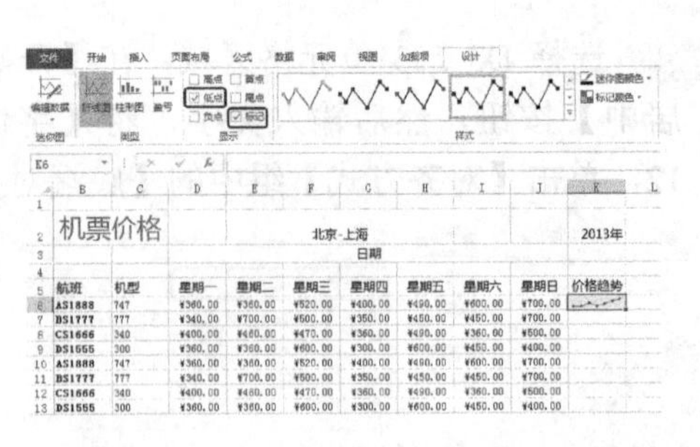

图 7-309　选中【低点】和【标记】复选框

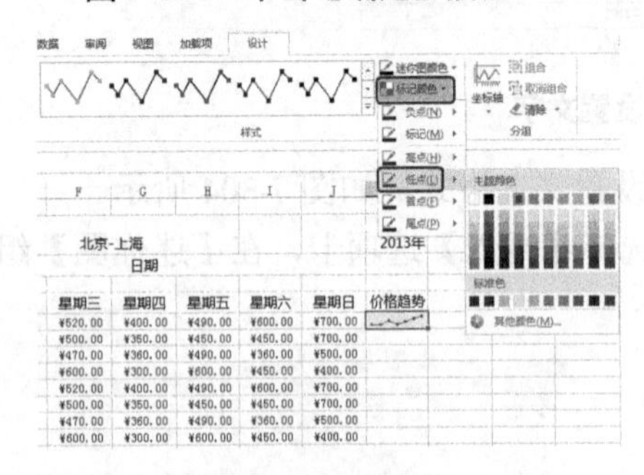

图 7-310　设置标记颜色

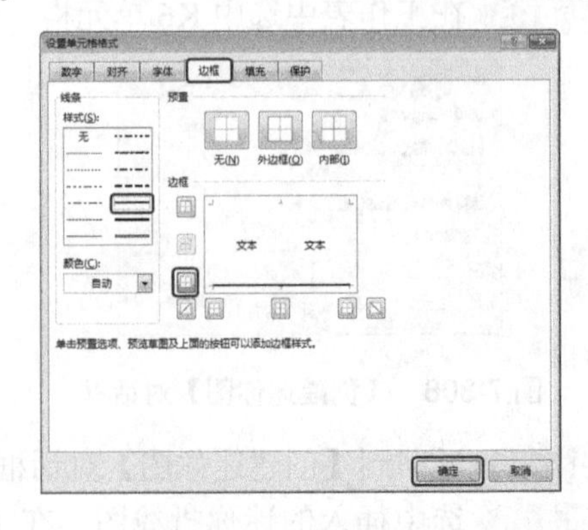

图 7-311　填充单元格

step 13 选中 K 列单元格并右击，在弹出的快捷菜单中选择【列宽】命令，在弹出的【列宽】对话框中，将【列宽】设置为 14，然后单击【确定】按钮，如图 7-312 所示。

step 14 选中 B2∶K2 单元格区域并右击，在弹出的快捷菜单中选择【设置单元格格式】命令。在弹出的【设置单元格格式】对话框中，选择【边框】选项卡，设置【线条】选项组中的【样式】列表框，在【边框】选项组中单击按钮，设置边框，然后单击【确定】按钮，如图 7-313 所示。

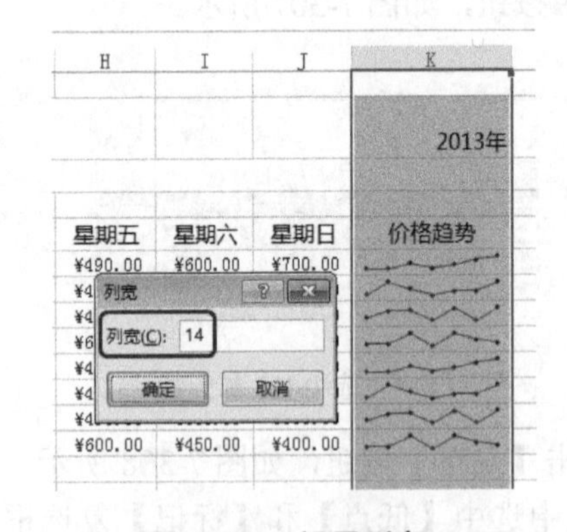

图 7-312　设置列宽

图 7-313　设置边框

step 15 选中 D4∶J4 单元格区域并右击，在弹出的快捷菜单中选择【设置单元格格式】命令。在弹出的【设置单元格格式】对话框中，选择【边框】选项卡，设置【线条】选项组中的【样式】列表框，在【边框】选项组中单击按钮，设置边框，然后单击【确定】按钮，如图 7-314 所示。

step 16 选中第 4 行单元格，右击，在弹出的快捷菜单中选择【行高】命令，在弹出的

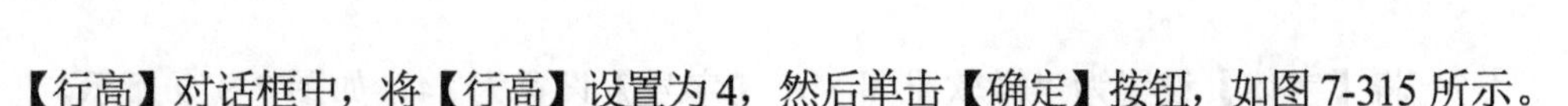

【行高】对话框中，将【行高】设置为4，然后单击【确定】按钮，如图7-315所示。

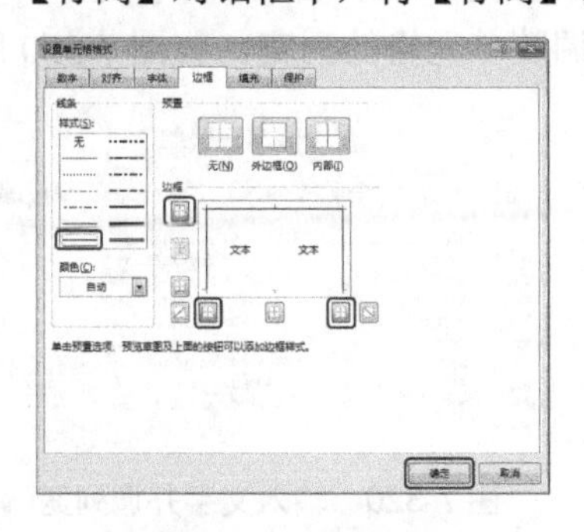

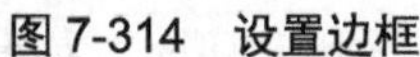

图7-314　设置边框

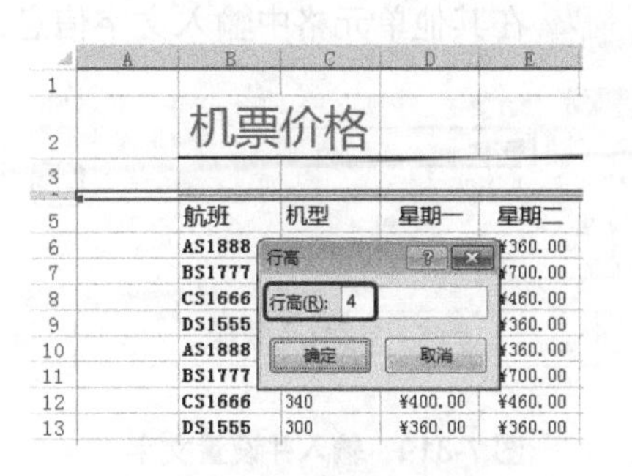

图7-315　设置行高

step 17 选中B5∶K5单元格区域，在【字体】组中设置填充颜色，将【字体颜色】设置为“白色”，如图7-316所示。

step 18 使用相同的方法设置其他单元格的填充颜色，如图7-317所示。

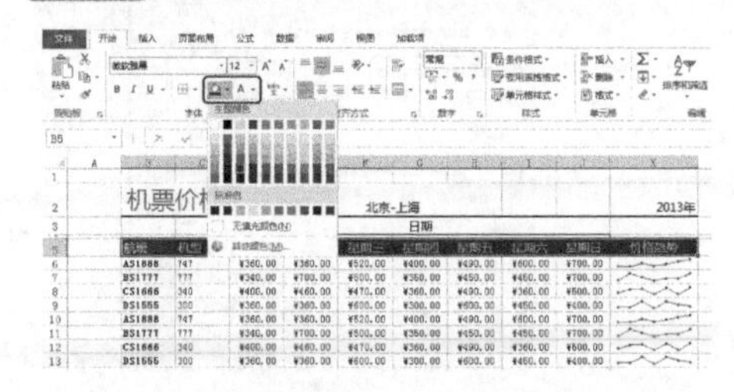

图7-316　设置填充颜色和字体颜色

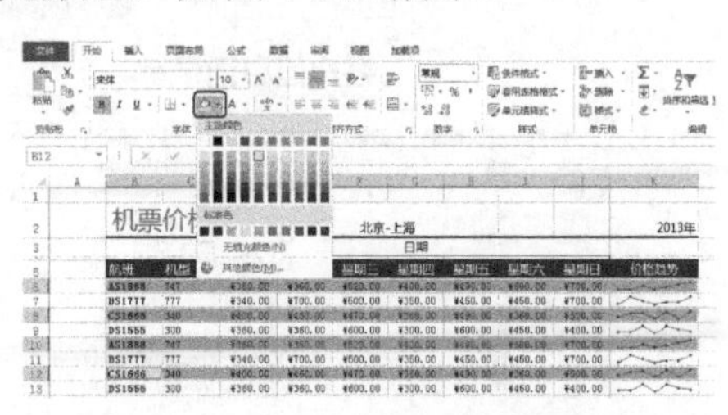

图7-317　设置填充颜色

案例精讲072　客户信息记录表

案例文件：CDROM\场景\Cha07\客户信息记录表.xlsx

视频文件：视频教学\Cha07\客户信息记录表.avi

学习目标

- 学习客户信息记录表的制作方法。
- 掌握【合并计算】的方法。
- 学习插入簇状柱形图。

制作概述

本例将介绍客户信息记录表的制作。首先制作客户信息记录单，然后对数据进行合并计算，最后插入簇状柱形图。完成后的效果如图7-318所示。

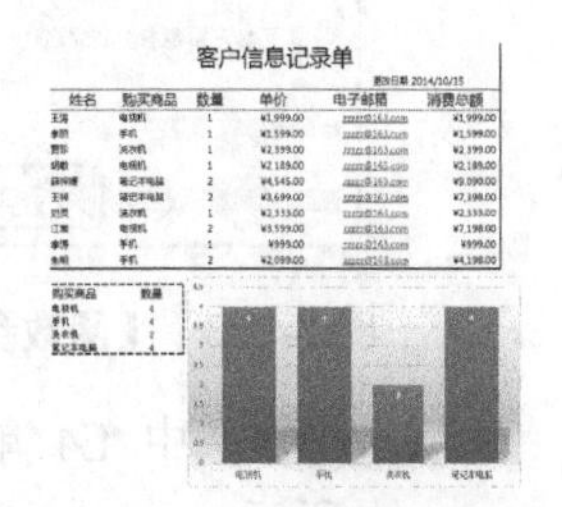

图7-318　客户信息记录表

操作步骤

step 01 启动Excel 2013，新建一个空白工作簿。选中工作表中的A1∶F1单元格区域，在【开始】选项卡的【对齐方式】组中单击【合并后居中】按钮，然后输入文字，将【字体】设置为“微软雅黑”，【字号】设置为 24，如图 7-319 所示。

step 02 在其他单元格中输入文字信息，并适当调整单元格的列宽，如图 7-320 所示。

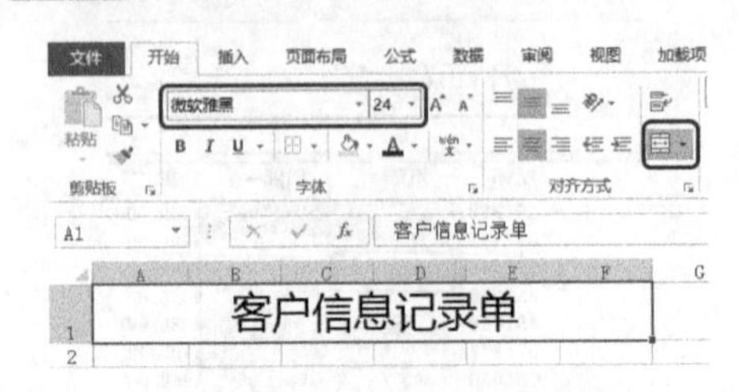

图 7-319　输入并设置文字

图 7-320　输入文字并调列宽

step 03 选中 F2 单元格，单击【编辑栏】左侧的【插入函数】按钮，如图 7-321 所示。

step 04 在弹出的【插入函数】对话框中，将类别选择为【日期与时间】，然后选择 TODAY 函数，如图 7-322 所示。

图 7-321　单击【插入函数】按钮

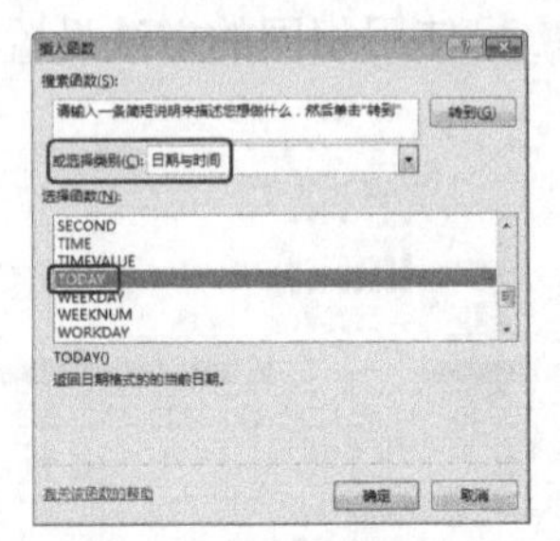

图 7-322　选择 TODAY 函数

step 05 单击【确定】按钮。然后在弹出的【函数参数】对话框中，继续单击【确定】按钮，如图 7-323 所示。

step 06 选中 F2 单元格，将【数字格式】设置为“日期”，将【字体】设置为“微软雅黑”，【字号】设置为 10，单击【左对齐】按钮，如图 7-324 所示。

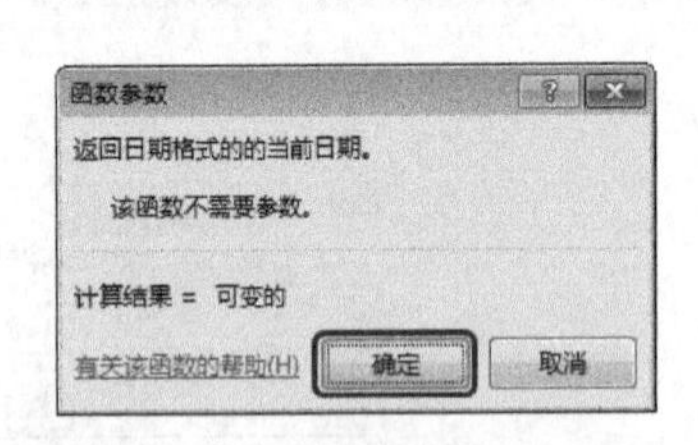

图 7-323　【函数参数】对话框

图 7-324　设置单元格的格式

step 07 选中 E4 单元格并右击，在弹出的快捷菜单中选择【超链接】命令，如图 7-325 所示。

step 08 在弹出的【插入超链接】对话框中选择【电子邮件地址】选项，然后在【电子邮件地址】中输入“mailto:zzzzz@163.com”，单击【确定】按钮，如图 7-326 所示。

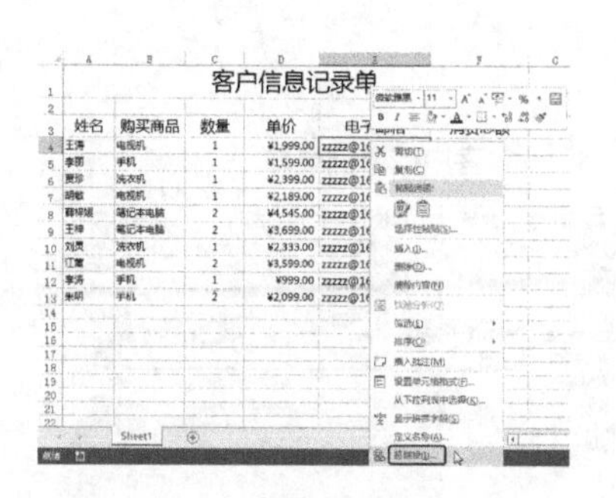

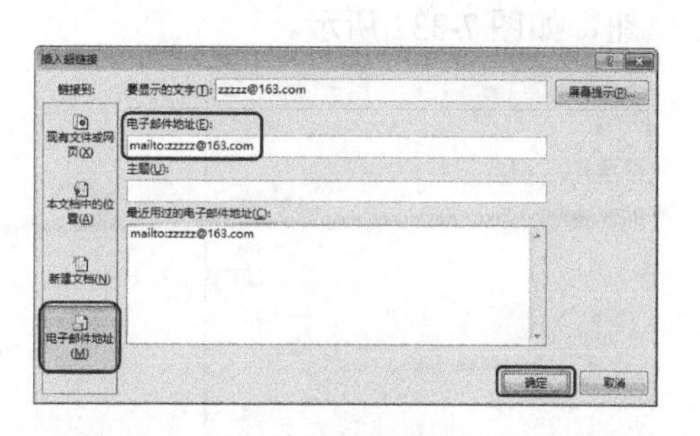

图 7-325 选择【超链接】命令　　　　图 7-326 【插入超链接】对话框

step 09 使用相同的方法设置其他电子邮箱的超链接。然后选中 E4：E13 单元格区域，将【字体】设置为“微软雅黑”，【字号】设置为 10，单击【右对齐】按钮，如图 7-327 所示。

step 10 选中 F4 单元格，在【编辑栏】中输入计算函数“=PRODUCT(C4:D4)”，将【字体】设置为“微软雅黑”，【字号】设置为 10，如图 7-328 所示。

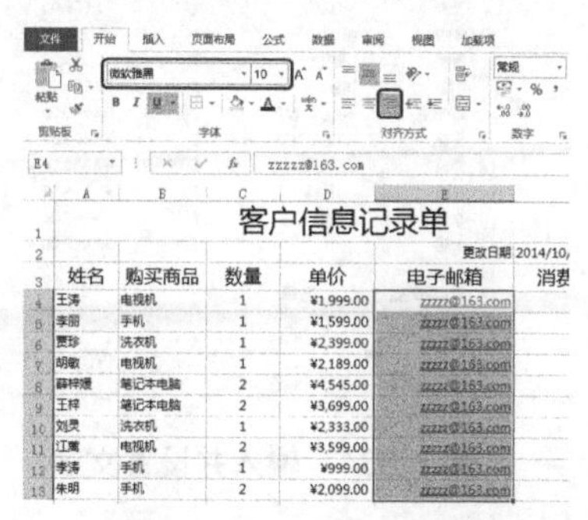

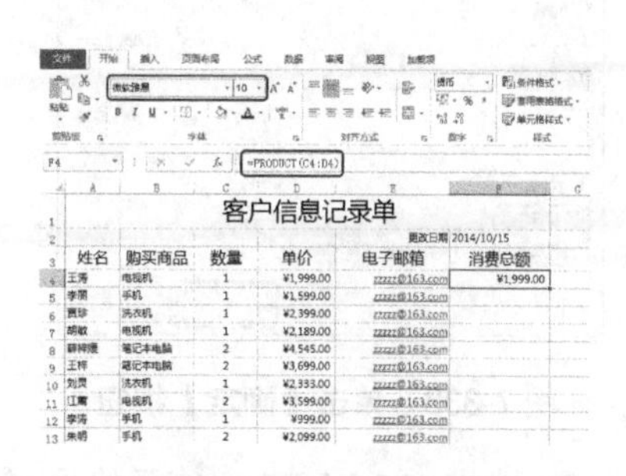

图 7-327 设置文字　　　　图 7-328 输入函数

step 11 在 F5：F13 单元格区域填充计算函数，如图 7-329 所示。

step 12 选中 A15 单元格，选择【数据】选项卡，单击【数据工具】组中的【合并计算】按钮，如图 7-330 所示。

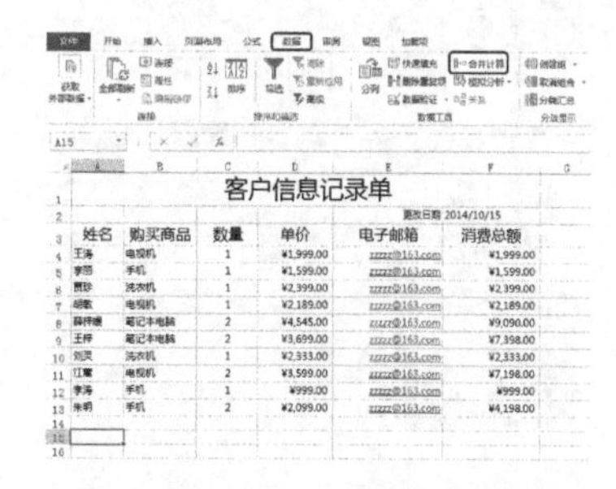

图 7-329 填充计算数据　　　　图 7-330 单击【合并计算】按钮

step 13 在弹出的【合并计算】对话框中，将【函数】设置为“求和”，然后单击按钮，如图 7-331 所示。

step 14 选择 B3：C13 单元格区域，然后单击【合并计算-引用位置】对话框中的按钮，如图 7-332 所示。

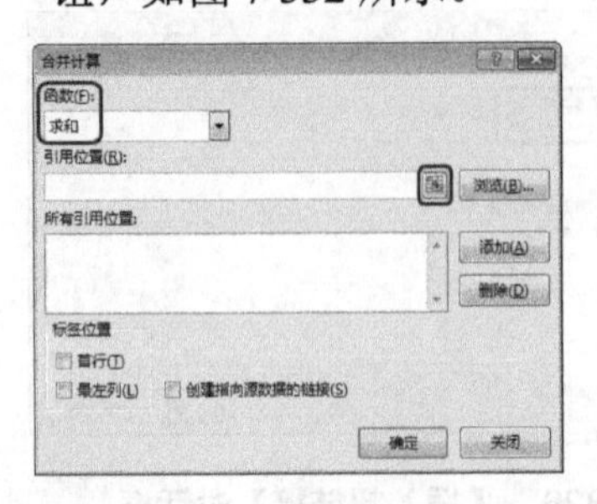

图 7-331 【合并计算】对话框

图 7-332 选择引用位置

step 15 返回到【合并计算】对话框，选中【标签位置】中的【首行】和【最左列】复选框，然后单击【确定】按钮，如图 7-333 所示。

step 16 在 A15 单元格中输入文字，并设置文字样式，如图 7-334 所示。

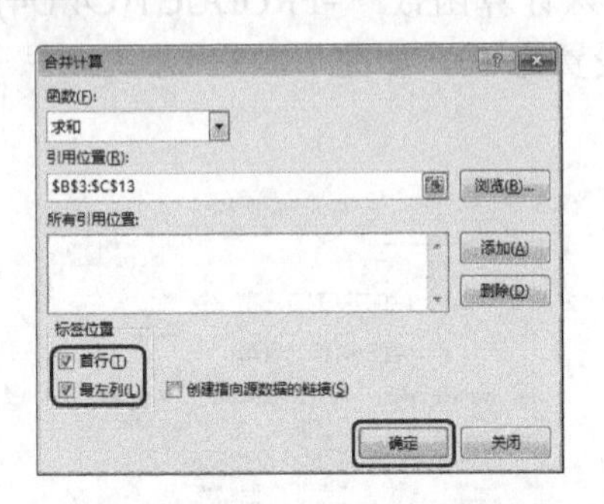

图 7-333 单击【确定】按钮

图 7-334 输入并设置文字

step 17 选中 A15：B19 单元格区域，在功能区选择【插入】选项卡，单击【图表】组中的【插入柱形图】，在弹出的列表中选择【簇状柱形图】选项，如图 7-335 所示。

step 18 调整图表的位置，然后在【图表样式】组中选择【样式 4】选项，如图 7-336 所示。

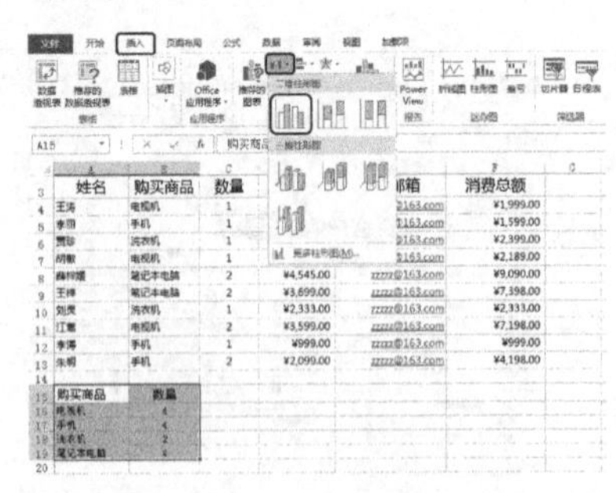

图 7-335 选择【簇状柱形图】选项

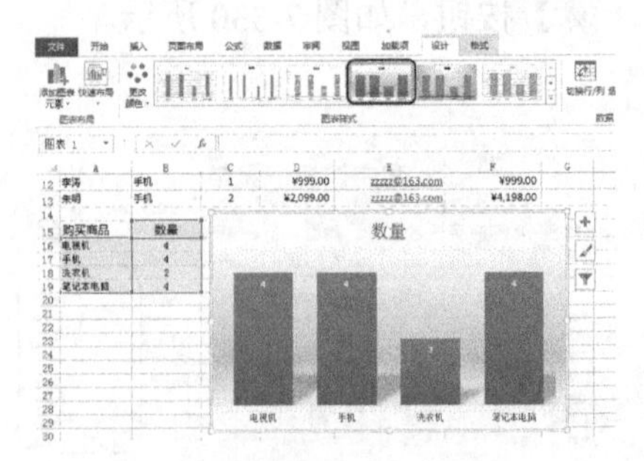

图 7-336 设置图表样式

step 19 单击图表右侧的【图表元素】按钮，在弹出的【图表元素】列表中取消选中【图表标题】复选框，选中【网格线】和【坐标轴】中的【主要纵坐标轴】复选框，如图 7-337 所示。

step 20 选中 A2：F2 单元格区域并右击，在弹出的快捷菜单中选择【设置单元格格式】命令。在弹出的【设置单元格格式】对话框中，选择【边框】选项卡，设置【线条】选项组中的【样式】列表框，在【边框】选项组中单击按钮，设置边框，然后单击【确定】按钮，如图 7-338 所示。

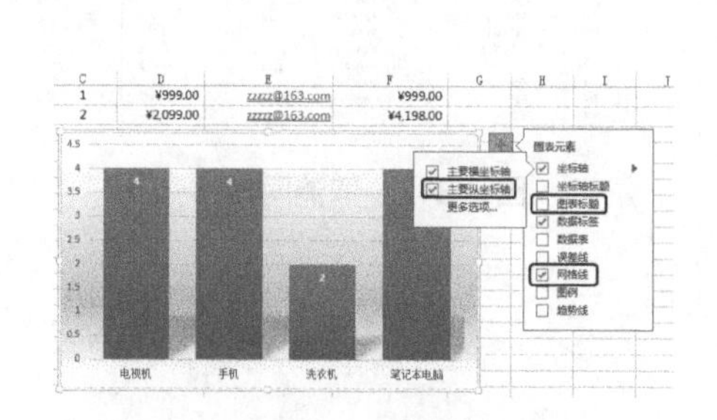

图 7-337　设置图表元素

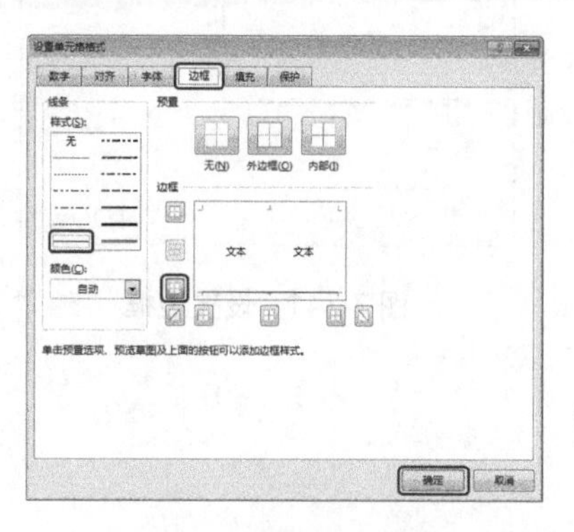

图 7-338　设置边框

step 21 选中 A3：F3 单元格区域，右击，在弹出的快捷菜单中选择【设置单元格格式】命令。在弹出的【设置单元格格式】对话框中，选择【边框】选项卡，设置【线条】选项组中的【样式】列表框，在【边框】选项组中单击按钮，设置边框，然后单击【确定】按钮，如图 7-339 所示。

step 22 选中 A1：F13 单元格区域并右击，在弹出的快捷菜单中选择【设置单元格格式】命令。在弹出的【设置单元格格式】对话框中，选择【边框】选项卡，设置【线条】选项组中的【样式】列表框，在【边框】选项组中单击按钮，设置边框，然后单击【确定】按钮，如图 7-340 所示。

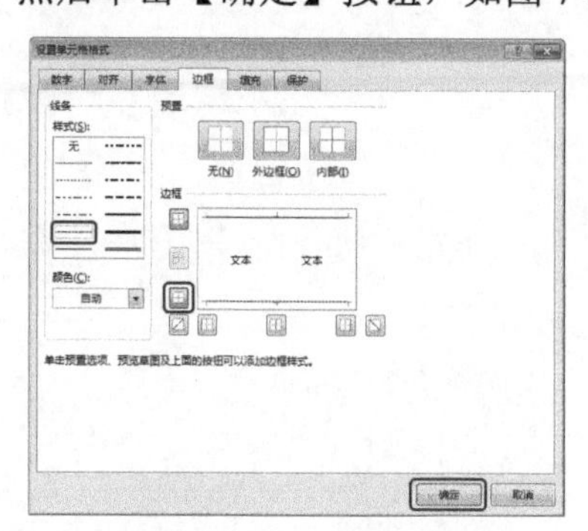

图 7-339　设置边框

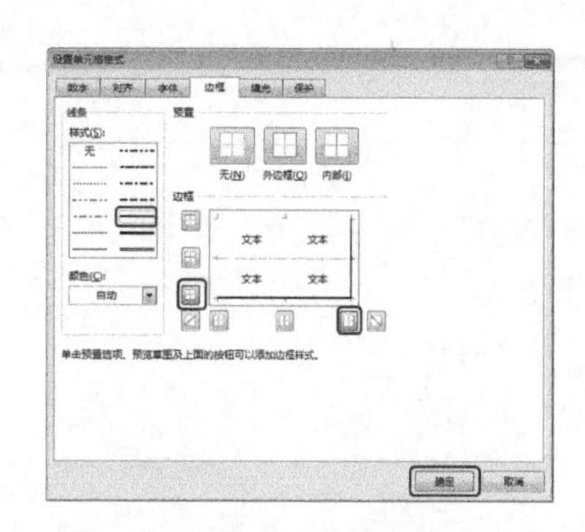

图 7-340　设置边框

step 23 选中 A15：B19 单元格区域并右击，在弹出的快捷菜单中选择【设置单元格格式】命令。在弹出的【设置单元格格式】对话框中，选择【边框】选项卡，设置【线条】选项组中的【样式】列表框，在【边框】选项组中单击按钮，设置边框，然后单击【确定】按钮，如图 7-341 所示。

step 24 切换至【页面布局】选项卡，在【工作表选项】组中取消选中【网格线】中的【查看】复选框，如图 7-342 所示。

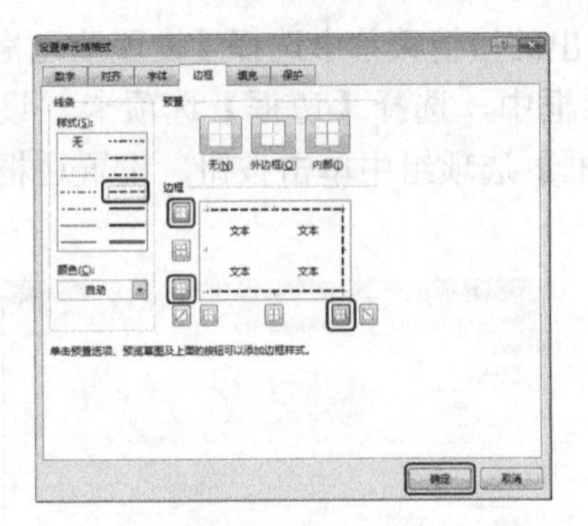

图 7-341 设置边框

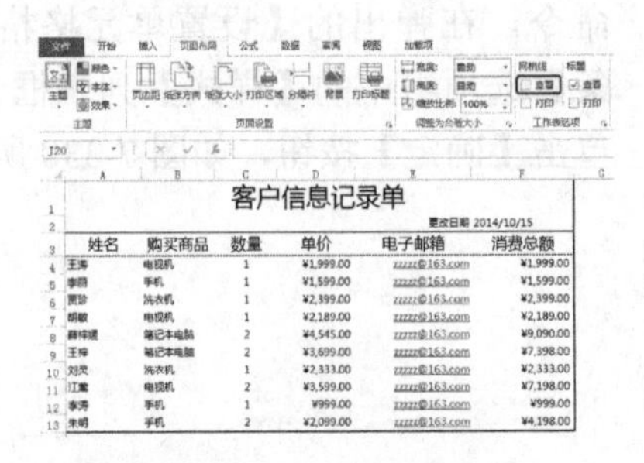

客户信息记录单

更改日期 2014/10/15

姓名	购买商品	数量	单价	电子邮箱	消费总额
王涛	电视机	1	¥1,999.00	zzzzz@163.com	¥1,999.00
李丽	手机	1	¥1,599.00	zzzzz@163.com	¥1,599.00
贾珍	洗衣机	1	¥2,399.00	zzzzz@163.com	¥2,399.00
胡敏	电视机	1	¥2,189.00	zzzzz@163.com	¥2,189.00
薛梓瑛	笔记本电脑	2	¥4,545.00	zzzzz@163.com	¥9,090.00
王梓	笔记本电脑	2	¥3,699.00	zzzzz@163.com	¥7,398.00
刘灵	洗衣机	1	¥2,333.00	zzzzz@163.com	¥2,333.00
江黛	电视机	2	¥3,599.00	zzzzz@163.com	¥7,198.00
李涛	手机	1	¥999.00	zzzzz@163.com	¥999.00
朱明	手机	2	¥2,099.00	zzzzz@163.com	¥4,198.00

图 7-342 取消网格线

第 8 章
文本幻灯片

本章重点

- 人物介绍
- 中秋贺卡
- 制作幻灯片纲要及流程
- 库存管理流程图
- 企业发展阶段幻灯片
- 嫦娥

文本幻灯片是最为常见的幻灯片，其主要以文本和图形进行表现。本章以人物介绍、中秋贺卡、纲要及流程幻灯片等重点讲解了文字的排版、样式及艺术效果。通过本章的学习可以对幻灯片的制作起到至关重要的作用。

案例精讲 073　人物介绍

案例文件：CDROM\场景\Cha08\人物介绍. pptx

视频文件：视频教学\Cha08\人物介绍.avi

学习目标

- 学习如何制作人物介绍幻灯片。
- 掌握文本属性的设置及幻灯片动画的设置。

制作概述

本例将介绍如何制作人物介绍幻灯片，具体操作方法如下。完成后的效果如图 8-1 所示。

图 8-1　人物介绍

操作步骤

step 01 新建一空白演示文稿，在功能区选择【开始】选项卡，在【幻灯片】组中单击【版式】按钮，在弹出的下拉列表中选择【空白】选项，完成后的效果如图 8-2 所示。

step 02 在功能区选择【插入】选项卡，在【图像】组中单击【图片】按钮，弹出【插入图片】对话框，选择随书附带光盘中的“CDROM\素材\素材\Cha08\人物介绍背景.jpg”素材文件，并单击【插入】按钮，如图 8-3 所示。

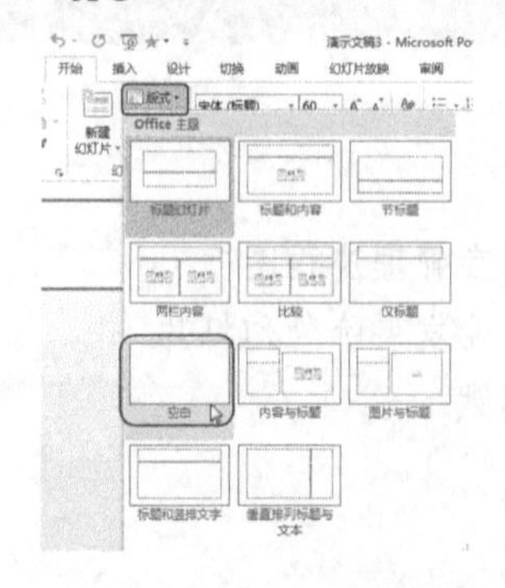

图 8-2　选择【空白】选项

图 8-3　选择素材图片

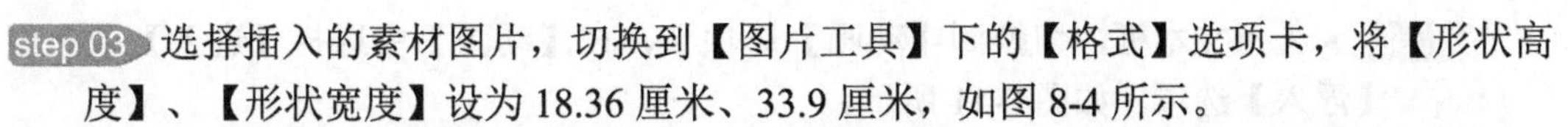

step 03 选择插入的素材图片，切换到【图片工具】下的【格式】选项卡，将【形状高度】、【形状宽度】设为18.36厘米、33.9厘米，如图8-4所示。

step 04 使用同样的方法插入“李时珍.png”素材文件，在【图片工具】下的【格式】选项卡，将【形状高度】和【形状宽度】设为6.36厘米，完成后的效果如图8-5所示。

用户在调整图片大小时除了运用上述方法外，用户还可以按着Shift键，对图片进行等比例缩放。

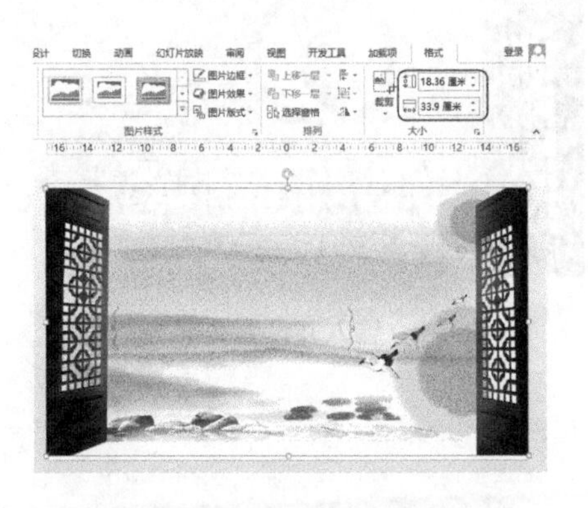

图8-4 设置图片的大小

图8-5 插入素材图片

step 05 选择上一步添加的素材图片，选择【动画】选项卡，在【动画】组中单击【其它】按钮，在弹出的下拉列表中选择【进入】选项组中的【轮子】选项，如图8-6所示。

step 06 确认图片处于选择状态，在【计时】组中将【开始】设为“上一动画之后”，如图8-7所示。

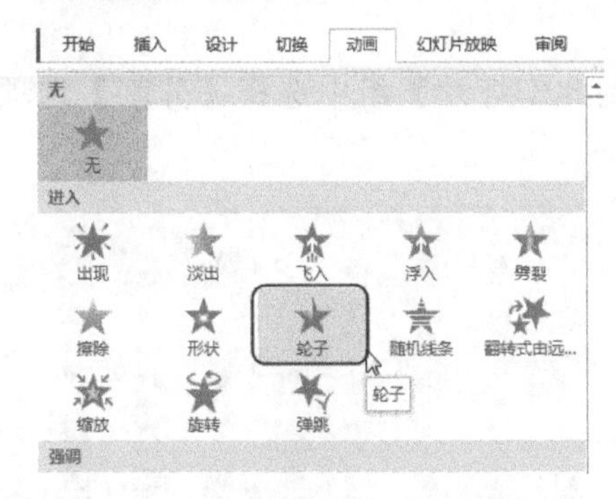

图8-6 选择【轮子】选项

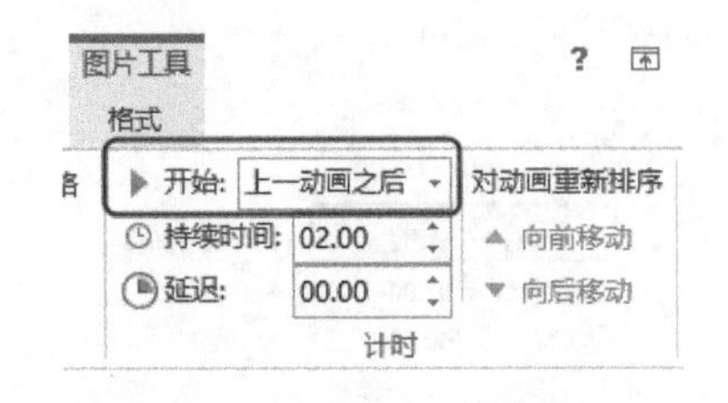

图8-7 设置【开始】选项

step 07 在功能区选择【插入】选项卡，在【文本】组中单击【文本框】按钮，在弹出的下拉列表中选择【横排文本框】选项，如图8-8所示。

step 08 拖出文本框并输入文字，切换到【开始】选项卡，在【字体】组中将【字体】设为“方正行楷简体”，【字号】设为18，如图8-9所示。

step 09 在文本框中选择文字“李时珍”，将其【字体颜色】设为“深红”，完成后的效果如图8-10所示。

step 10 选择文本框，切换到【动画】选项卡，在【动画】中选择【进入】效果组中的【浮入】选项，如图 8-11 所示。

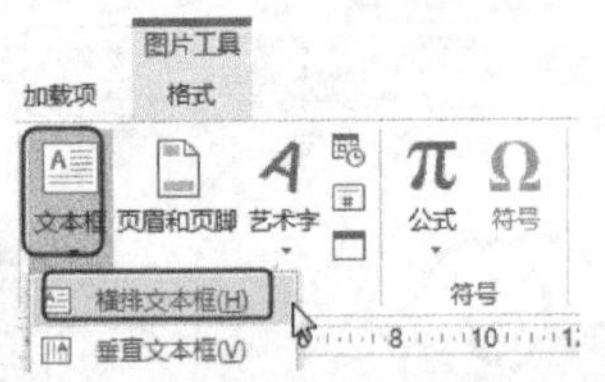

图 8-8　选择【横排文本框】选项

图 8-9　输入并设置文字

图 8-10　修改文字属性

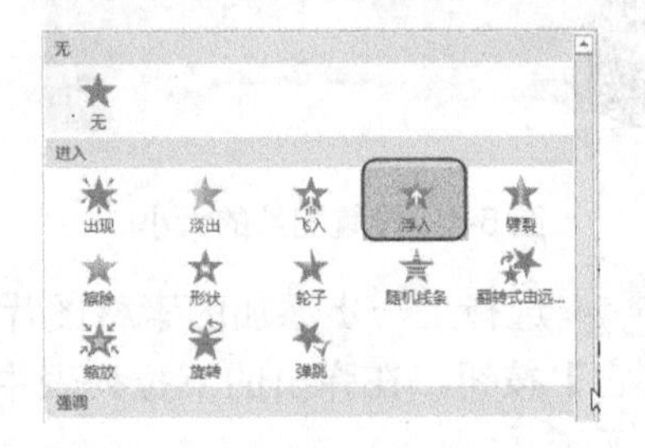

图 8-11　选择【浮入】选项

step 11 选择文本框，在【计时】组中将【开始】设为“上一动画之后”，如图 8-12 所示。

step 12 切换到【切换】选项卡，在【切换到此幻灯片】组中选择【分割】选项，如图 8-13 所示。

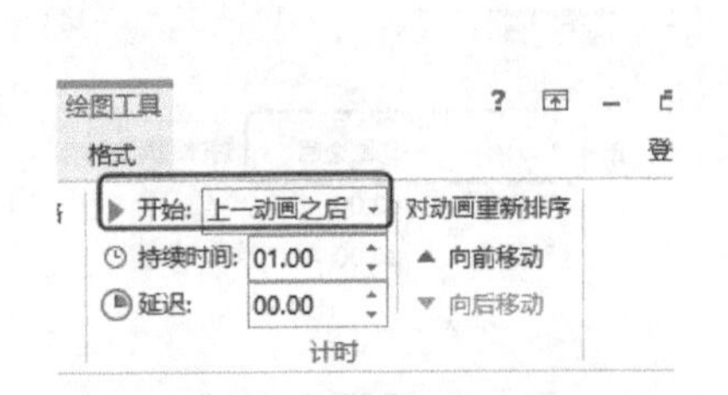

图 8-12　设置【开始】选项

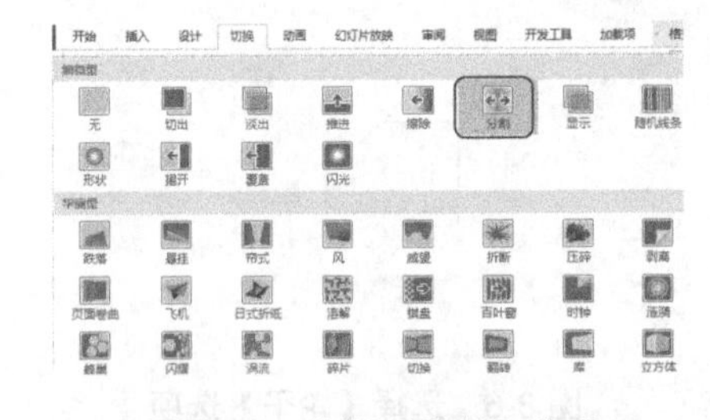

图 8-13　选择【分割】选项

案例精讲 074　中秋贺卡

案例文件：CDROM\场景\Cha08\中秋贺卡. pptx

视频文件：视频教学\Cha08\中秋贺卡.avi

学习目标

- 学习如何制作中秋贺卡幻灯片。
- 掌握文本属性的设置及幻灯片动画的设置。

制作概述

本例将介绍如何制作中秋贺卡幻灯片，具体操作方法如下。完成后的效果如图 8-14 所示。

图 8-14　中秋贺卡

操作步骤

step 01 新建一个空白演示文稿，在功能区选择【开始】选项卡，在【幻灯片】组中单击【版式】按钮，在弹出的下拉列表中选择【空白】选项。完成后的效果如图 8-15 所示。

step 02 在【设计】选项卡的【自定义】组中单击【设置背景格式】选项，弹出【设置背景格式】任务窗格，选择【图片或纹理填充】单选按钮，然后单击【文件】按钮，如图 8-16 所示。

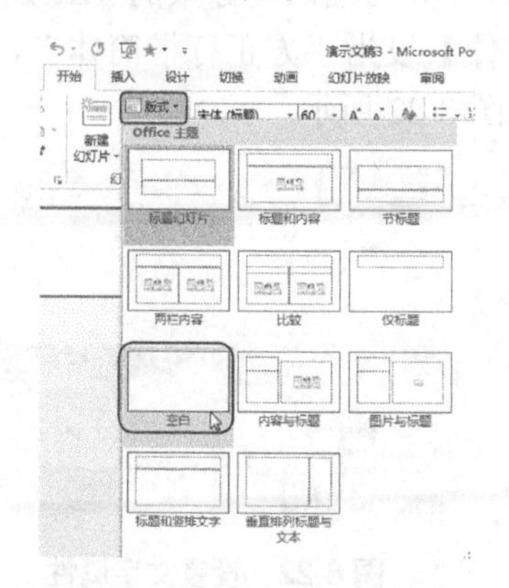

图 8-15　选择【空白】选项

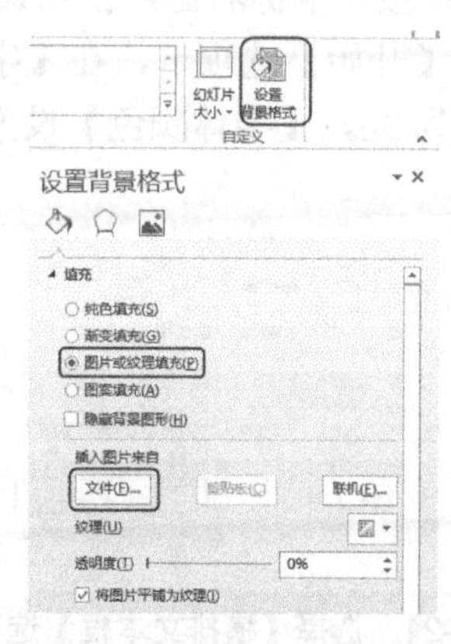

图 8-16　单击【文件】按钮

step 03 弹出【插入图片】对话框，选择随书附带光盘中的“CDROM\素材\Cha08\中秋祝福背景.png”素材文件，单击【插入】按钮，如图 8-17 所示。

step 04 插入背景图片后的效果如图 8-18 所示。

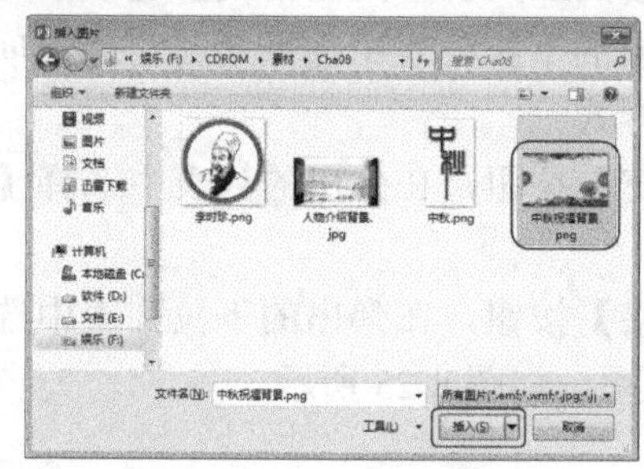

图 8-17　选择素材图片

图 8-18　设置背景后的效果

step 05 在功能区选择【插入】选项卡，在【图像】组中单击【图片】按钮，弹出【插入图片】对话框，选择随书附带光盘中的“CDROM\素材\Cha08\中秋.png”素材文件，单击【插入】按钮，如图 8-19 所示。

step 06 选择插入的素材图片，切换到【图片工具】下的【格式】选项卡，将【形状高度】和【形状宽度】分别设为 9.8 厘米、5.54 厘米，效果如图 8-20 所示。

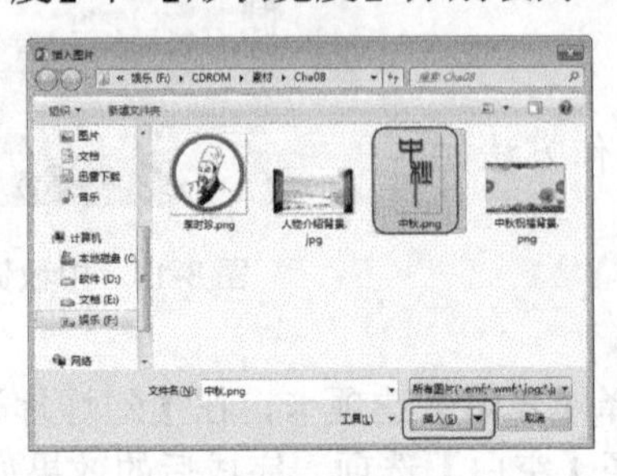

图 8-19 选择素材图片

图 8-20 调整图片后的效果

step 07 在功能区选择【插入】选项卡，在【文本】组中单击【文本框】按钮，在弹出的下拉列表中选择【横排文本框】选项，如图 8-21 所示。

step 08 按住鼠标右键，在场景中拖出文本框，并在其内输入“尊敬的 XXX：”，切换到【开始】选项卡，在【字体】组中将【字体】设为“方正行楷简体”，【字号】设为 36，【字体颜色】设为“深红色”，如图 8-22 所示。

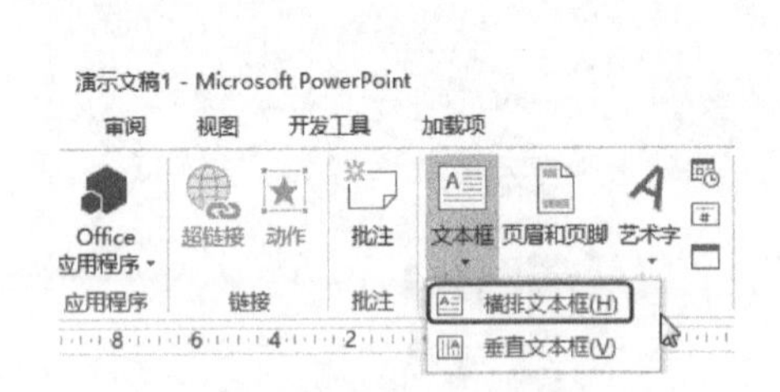

图 8-21 选择【横排文本框】选项

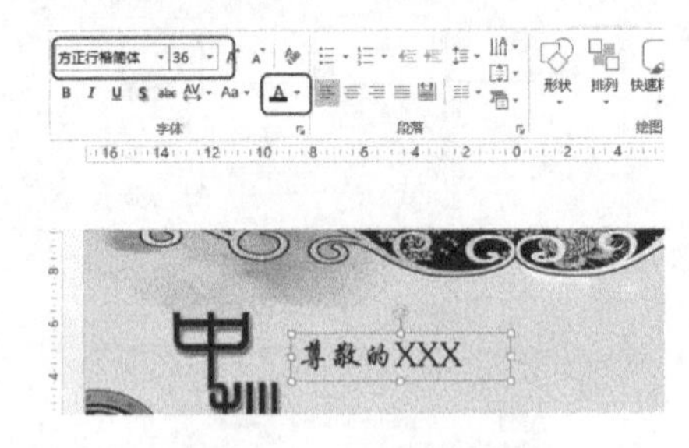

图 8-22 设置文字属性

在文本框中输入“尊敬的 XXX：”，其中用户可以将 XXX 更改为人名、尊称等。

step 09 确认文本框处于选择状态，切换到【绘图工具】下的【格式】选项卡，在【艺术字样式】组中单击【其它】按钮，在弹出的下拉列表中选择【其它】选项，在弹出的列表中须选择如图 8-23 所示的艺术字样式。

step 10 在【艺术字样式】组中单击【文本填充】按钮，在弹出的列表中选择【深红】选项，如图 8-24 所示。

step 11 在【艺术字样式】组中单击【文字效果】按钮，在弹出的下拉列表中选择【发光】组中的【金色，11pt 发光，着色 4】选项，如图 8-25 所示。

step 12 设置发光后的效果如图 8-26 所示。

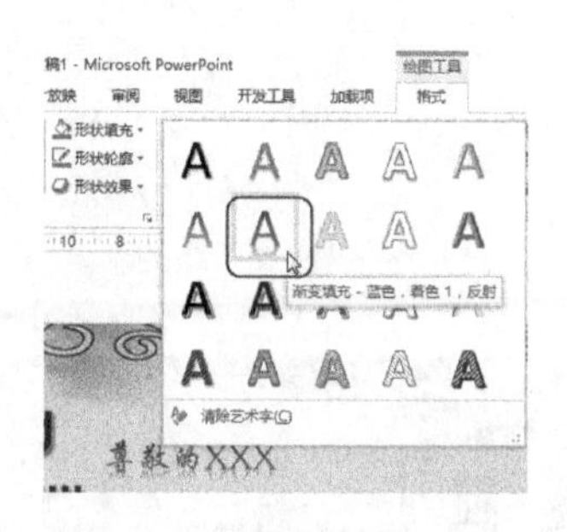

图 8-23　设置艺术字样式

图 8-24　设置文本填充颜色

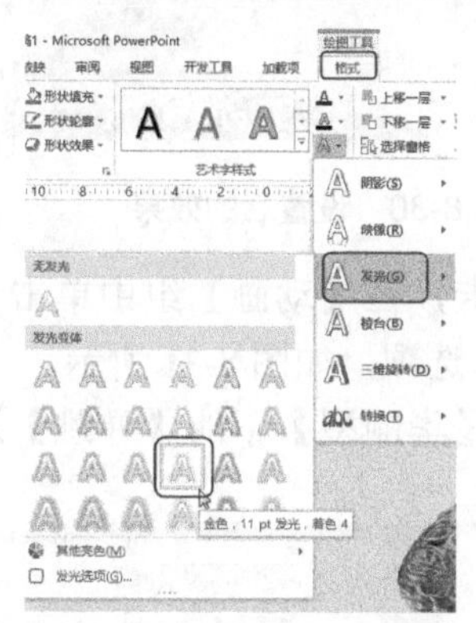

图 8-25　设置文字发光样式　　　　图 8-26　设置发光后的效果

step 13 添加文本框，并在其内输入文字，在功能区选择【开始】选项卡，在【字体】组中将【字体】设为“方正行楷简体”，【字号】设为 30，如图 8-27 所示。

step 14 选择正文文本框，切换到【绘图工具】下的【格式】选项卡，单击【文本填充】按钮，在弹出的下拉列表中选择【红色】选项，完成后效果如图 8-28 所示。

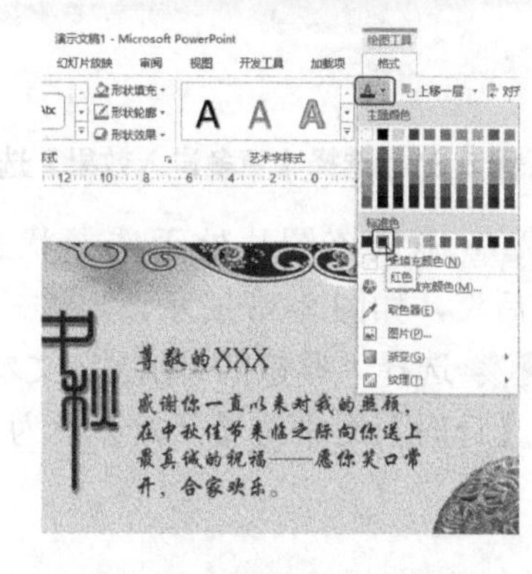

图 8-27　输入并设置文字　　　　图 8-28　设置文本填充颜色

step 15 在【艺术字样式】组中单击【文字效果】按钮，在弹出的下拉列表中选择【发光】|【金色，5pt 发光，着色 4】，如图 8-29 所示。

step 16 设置发光后的效果如图 8-30 所示。

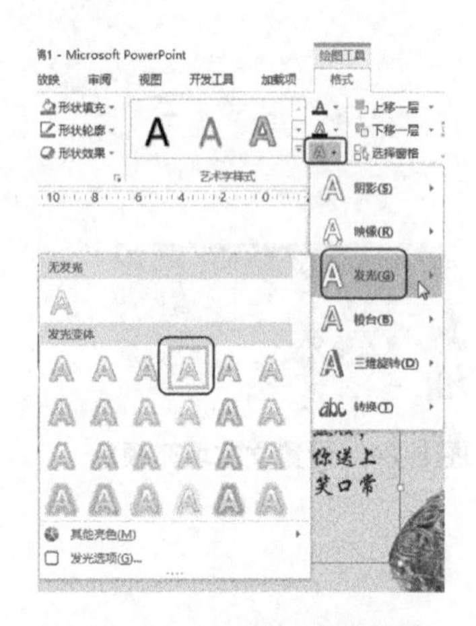

图 8-29　设置发光效果

图 8-30　设置后的效果

step 17 选择插入的素材图片，切换到【动画】选项卡，在【动画】组中单击【其它】按钮，在弹出的下拉列表中选择【更多进入效果】选项，如图 8-31 所示。

step 18 弹出【更改进入效果】对话框，在其内选择【华丽型】下的【弹跳】选项，如图 8-32 所示。

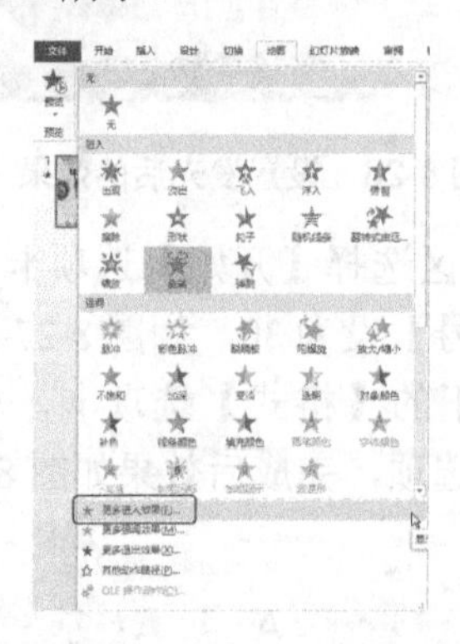

图 8-31　选择【更多进入效果】选项

图 8-32　选择【弹跳】选项

step 19 确认该图片处于选择状态，在【计时】组中将【开始】设为"上一动画之后"，如图 8-33 所示。

step 20 选择"尊敬的 XXX"文本，对其添加【进入】效果组中的【浮入】动画，并在【计时】组中将【开始】设为"上一动画之后"，如图 8-34 所示。

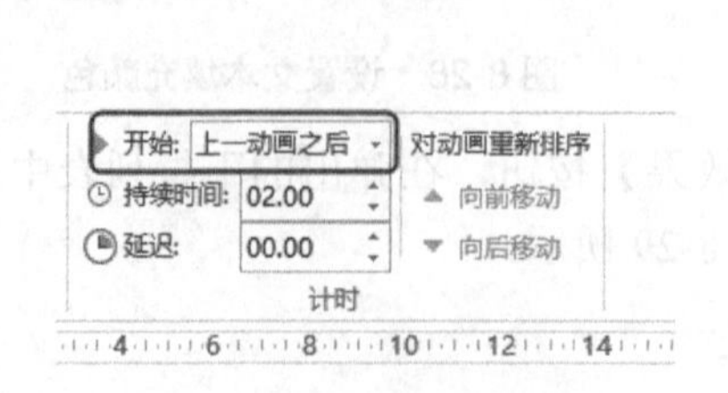

图 8-33　设置【开始】选项

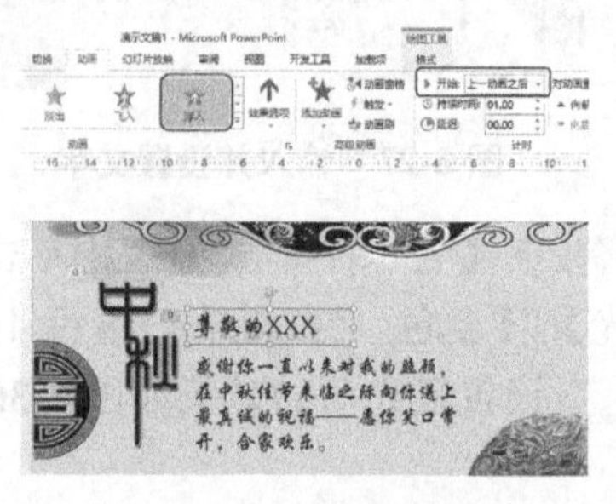

图 8-34　添加动画

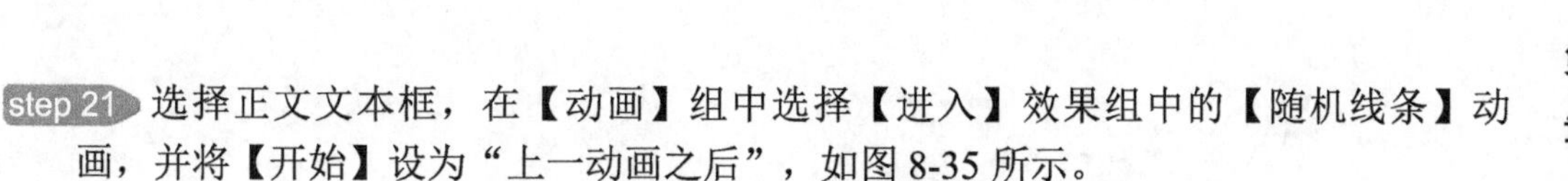

step 21 选择正文文本框，在【动画】组中选择【进入】效果组中的【随机线条】动画，并将【开始】设为“上一动画之后”，如图 8-35 所示。

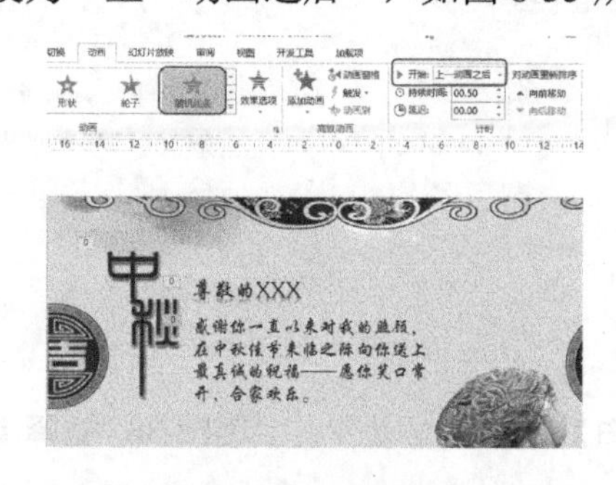

图 8-35　设置动画

案例精讲 075　制作幻灯片纲要及流程

案例文件：CDROM\场景\Cha08\制作幻灯片纲要及流程. pptx

视频文件：视频教学\Cha08\制作幻灯片纲要及流程.avi

学习目标

- 学习文本和形状工具的使用。
- 掌握幻灯片纲要及流程的制作流程。

制作概述

本例将讲解幻灯片中常见的纲要及流程的制作，具体操作方法如下。完成后的效果如图 8-36 所示。

图 8-36　幻灯片纲要及流程

操作步骤

step 01 新建一个空白演示文稿，在功能区选择【开始】选项卡，在【幻灯片】组中单击【版式】按钮，在弹出的下拉列表中选择【空白】选项，完成后的效果如图 8-37 所示。

step 02 在功能区选择【插入】选项卡，在【文本】组中单击【文本框】按钮，在弹出的下拉列表中选择【横排文本框】选项，如图 8-38 所示。

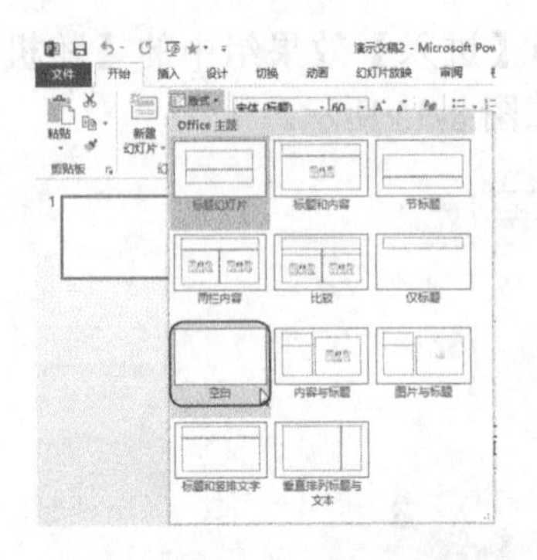

图 8-37　选择【空白】选项

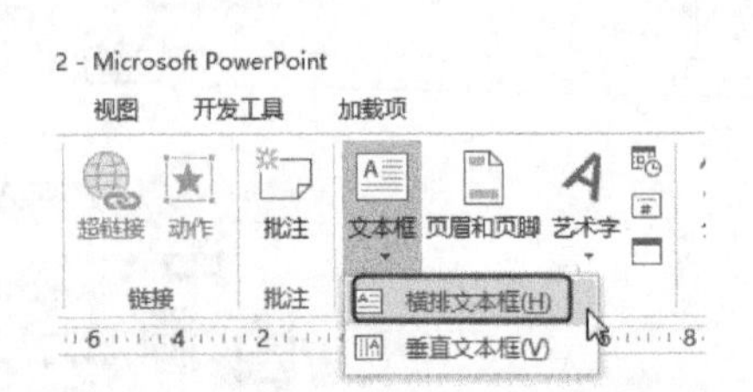

图 8-38　选择【横排文本框】选项

step 03 切换到【设计】选项卡，在【自定义】组中单击【幻灯片大小】按钮，在弹出的下拉列表中选择【自定义幻灯片大小】选项，弹出【幻灯片大小】对话框，将【幻灯片大小】设为“全屏显示(16∶9)”，然后单击【确定】按钮，如图 8-39 所示。

step 04 按着鼠标右键拖出横排文本框，并在其内输入“新科集团庆典活动策划”，在【开始】选项卡的【字体】组中将【字体】设为“微软雅黑”，【字号】设为 24，并单击【加粗】按钮，将【字符间距】设为“稀疏”，【字体颜色】设为“深蓝”，如图 8-40 所示。

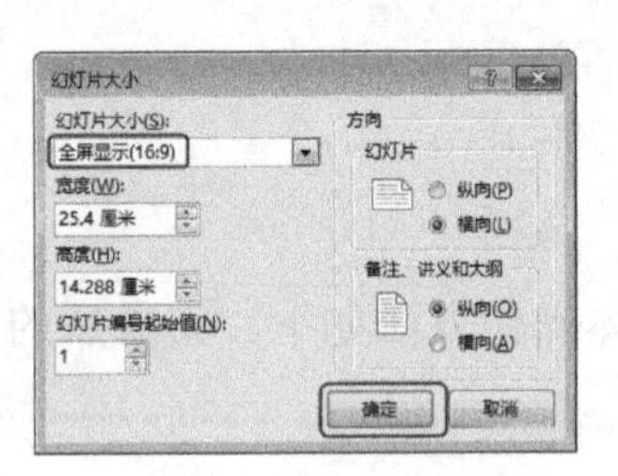

图 8-39　设置幻灯片大小

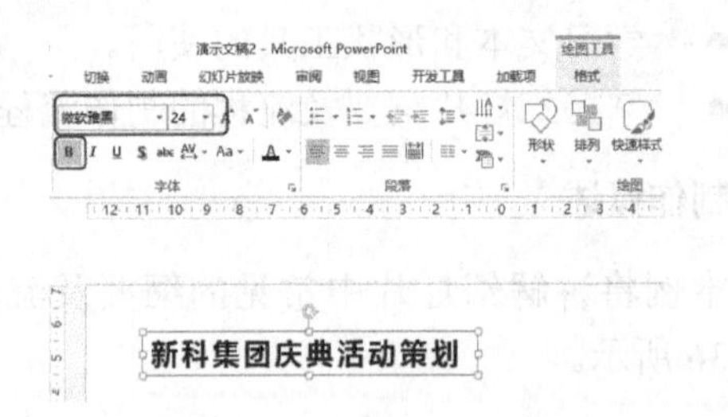

图 8-40　设置文本属性

step 05 使用同样的方法，再次添加一个文本框，并在其内输入“15 周年庆典策划纲要”，将【字体】设为“微软雅黑”，【字号】设为 36，将【字符间距】设为“稀疏”，如图 8-41 所示。

step 06 在文本框中选择文字“15”，将【字体】设为 Elephant，完成后的效果如图 8-42 所示。

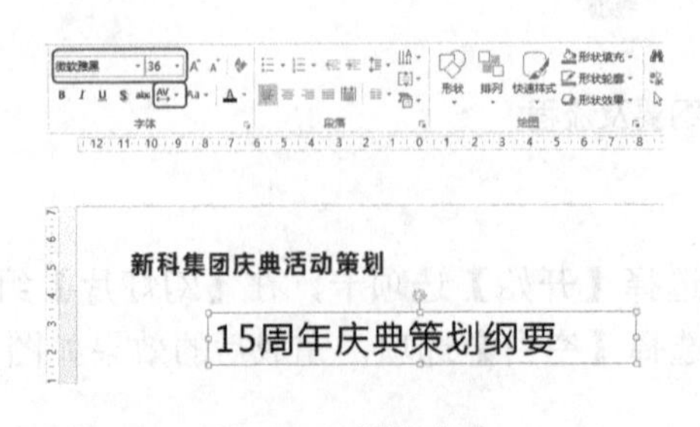

图 8-41　插入文本

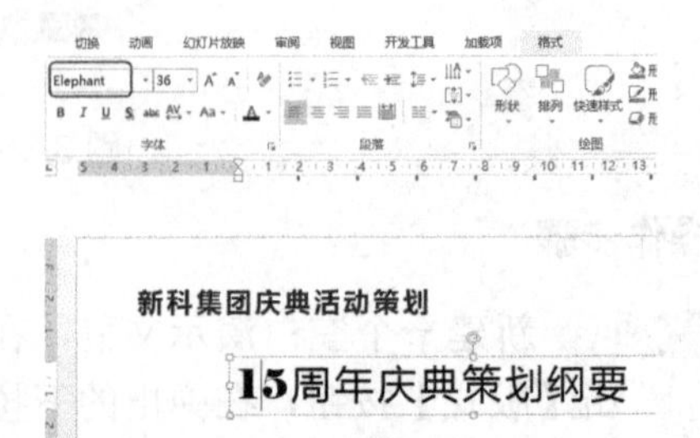

图 8-42　设置文字属性

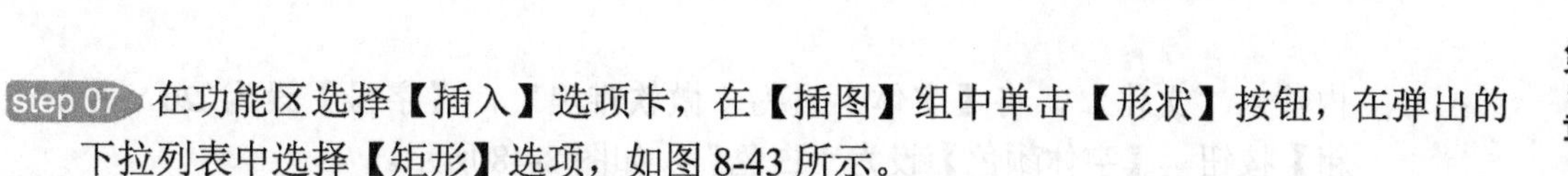

step 07 在功能区选择【插入】选项卡，在【插图】组中单击【形状】按钮，在弹出的下拉列表中选择【矩形】选项，如图 8-43 所示。

step 08 在场景中按着 Shift 键绘制正方形，切换到【绘图工具】下的【格式】选项卡，在【大小】组中将【形状高度】和【形状宽度】分别设为 3.1 厘米，如图 8-44 所示。

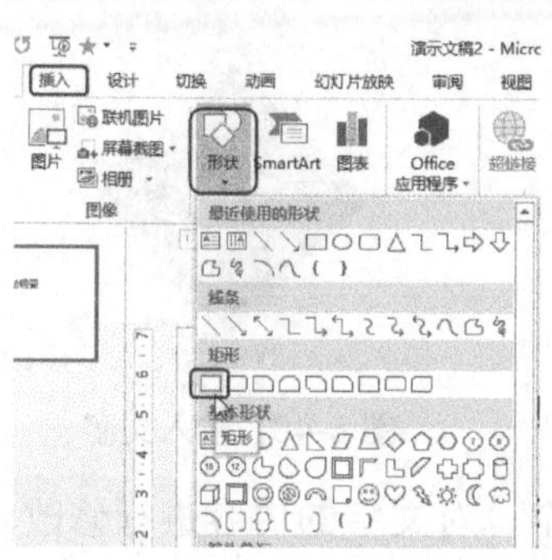

图 8-43 选择矩形

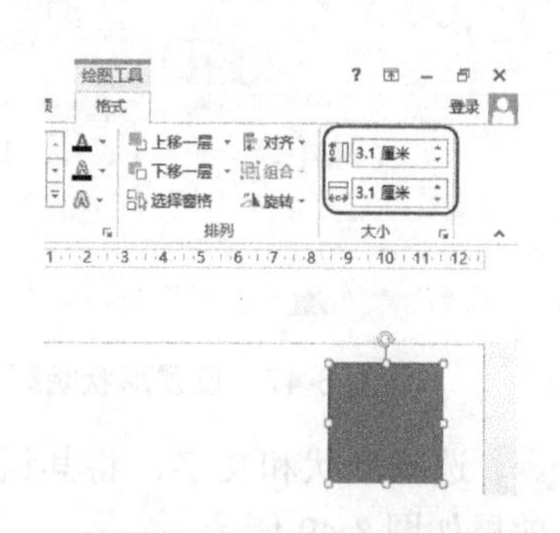

图 8-44 设置形状大小

在实际操作过程中，在绘制形状时，用户可以按着 Shift 键进行绘制，这样可以绘出等边形状。

step 09 选择上一步绘制的形状，在【形状样式】组中单击【形状填充】按钮，在弹出的下拉列表中选择【渐变】下的【其他渐变】选项，如图 8-45 所示。

step 10 弹出【设置形状格式】任务窗格，选择【渐变填充】选项，将【类型】设为“线性”，将【角度】设为 135°，将 33%位置的色标颜色设为“蓝色”，将 100%位置的色标颜色设为“深蓝色”，如图 8-46 所示。

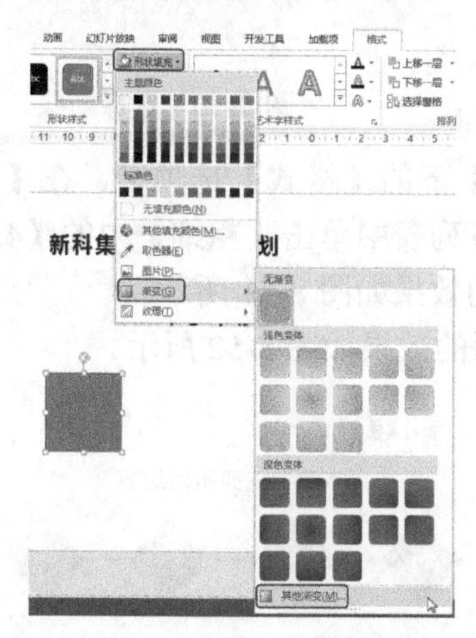

图 8-45 选择【其他渐变】选项

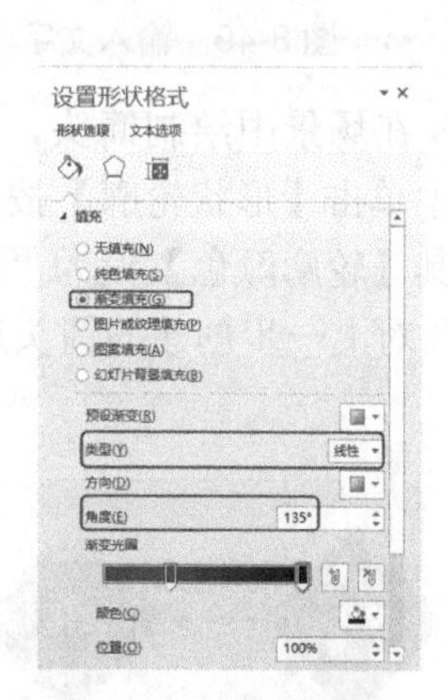

图 8-46 设置渐变色

step 11 确认形状处于选择状态，在【形状样式】组中单击【形状效果】按钮，在弹出的下拉列表中选择【阴影】选项，然后选择【外部】的【右下斜偏移】，如图 8-47 所示。

step 12 按着 Shift 键对创建的正方形进行旋转，并在其内插入“横排文本框”，并在其内输入“文化”，将【字体】设为“微软雅黑”，【字号】设为 20，并单击【加粗】按钮，【字体颜色】设为“白色”，如图 8-48 所示。

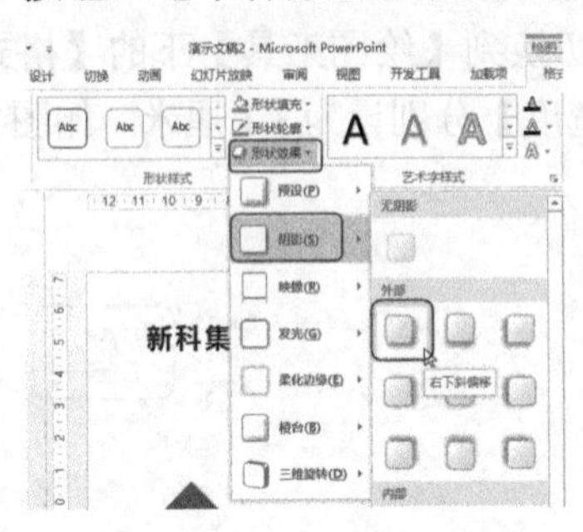

图 8-47　设置形状阴影

图 8-48　输入文字

step 13 选择形状和文字，将其组合，并复制三个，对文字的内容进行修改。完成后的效果如图 8-49 所示。

step 14 在功能区选择【插入】选项卡，在【插图】组中单击【形状】按钮，在弹出的下拉列表中选择【线条】组中的【箭头】选项，如图 8-50 所示。

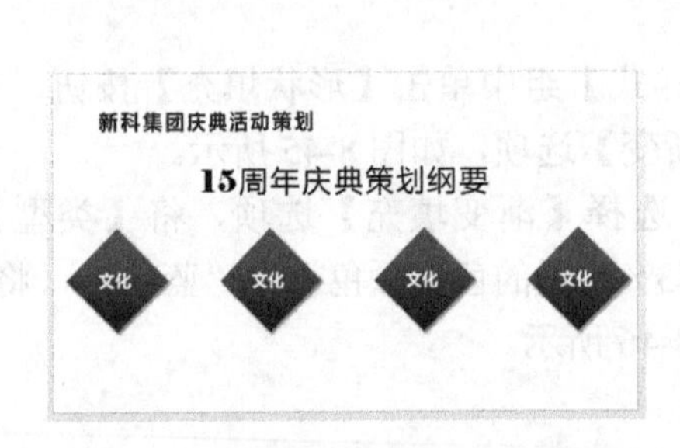

图 8-49　输入文字

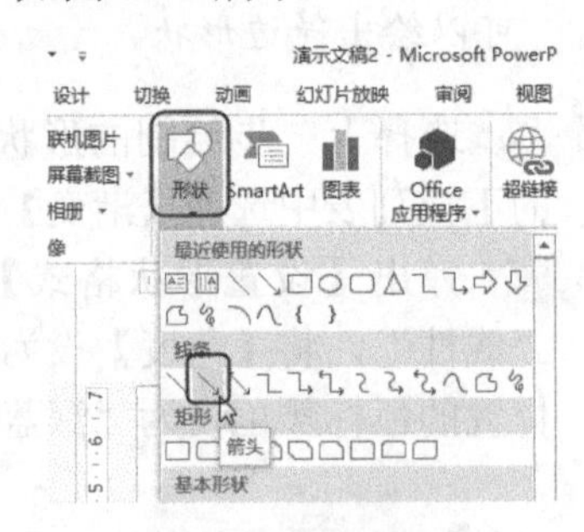

图 8-50　选择箭头

step 15 在场景中绘制箭头，选择【绘图工具】下的【格式】选项卡，在【形状样式】组中单击【形状轮廓】按钮，在弹出的下拉列表中单击【粗细】中的【4.5 磅】，并将其【轮廓颜色】设为“蓝色”。完成后的效果如图 8-51 所示。

step 16 对上一步创建的箭头进行复制，完成后的效果如图 8-52 所示。

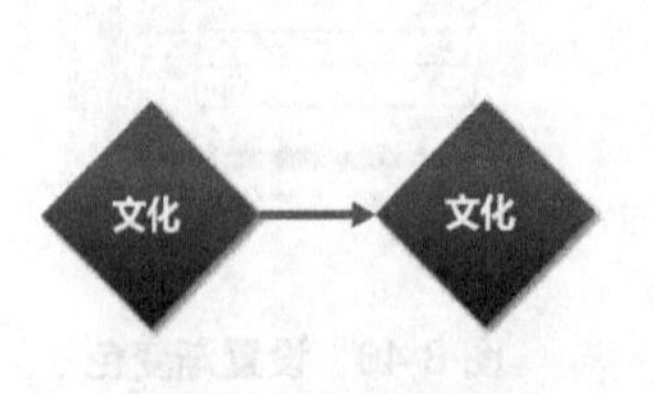

图 8-51　设置箭头属性

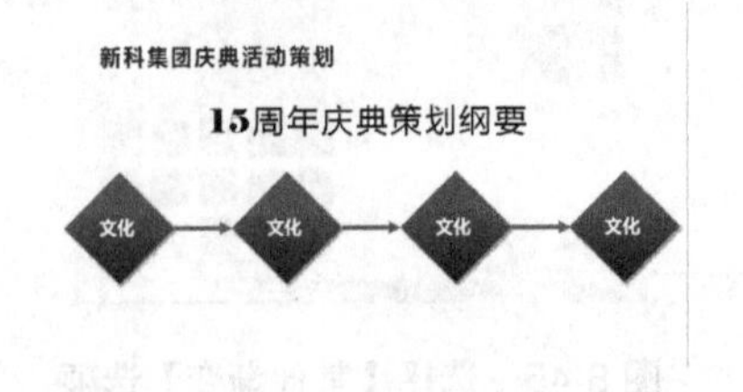

图 8-52　复制箭头

用户在复制形状时可以按着 Ctrl 键，选择形状按住鼠标左键进行拖动，这样就可以对对象进行复制。

step 17 插入“横排文本框”，并在其内输入文字，将【字体】设为“微软雅黑”，【字号】设为14。完成后的效果如图8-53所示。

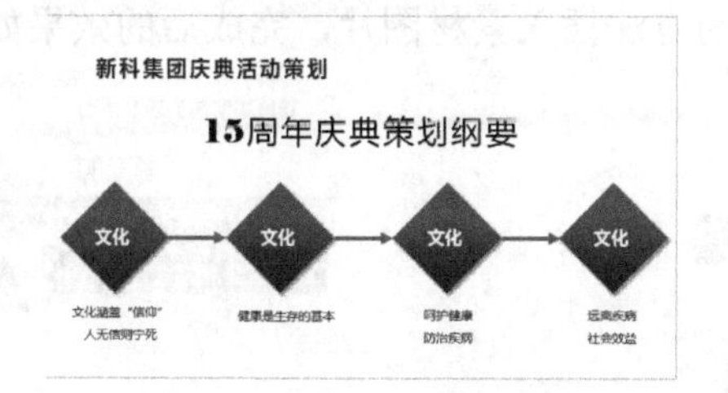

图8-53　添加并设置文字

step 18 选择第一张幻灯片，按Ctrl+C组合键进行复制，然后右击，在弹出的快捷菜单中选择【保留源格式】命令进行粘贴，并将多余的文字删除，将保留的文字的【字体颜色】设为“深红”，如图8-54所示。

step 19 在功能区选择【插入】选项卡，在【图像】组中单击【图片】按钮，弹出【插入图片】对话框，选择随书附带光盘中的“CDROM\素材\Cha08\花.jpg”素材文件，单击【插入】按钮，如图8-55所示。

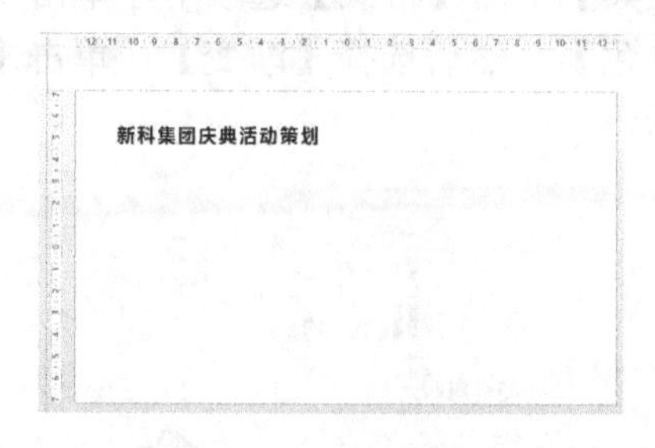

图8-54　复制幻灯片

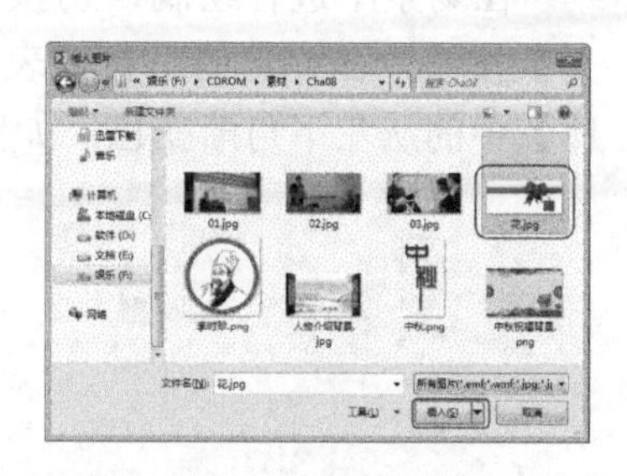

图8-55　选素材图片

step 20 在场景中将插入的素材图片置于最底层，如图8-56所示。

step 21 插入文本框，输入文字，将【字体】设为“微软雅黑”，【字号】设为24，并单击【加粗】按钮；将【字体颜色】设为“白色”。完成后的效果如图8-57所示。

图8-56　插入素材图片

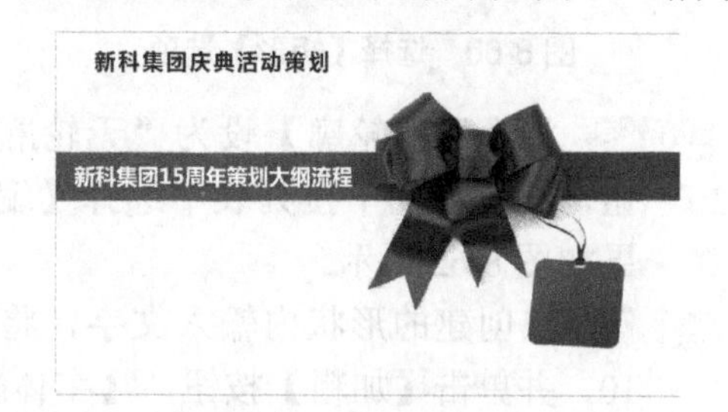

图8-57　输入文字

将图片素材置于最底层，是因为图片格式为JPG，而非PNG的透明素材，所以将其置于最底层，放置其遮住文本框中的文字。

step 22 插入文本框，并在其内输入“NEW”，将【字体】设为Impact，【字号】设为

28，并单击【加粗】和【文字阴影】按钮，【字体颜色】设为“白色”。完成后的效果如图 8-58 所示。

step 23 使用前面讲过的方法插入素材图片，完成后的效果如图 8-59 所示。

图 8-58 添加文字

图 8-59 插入素材图片

提示

上一步使用的字体，如果用户系统中没有安装，用户可以在保证美观效果的前提下自行进行设置。

step 24 在功能区选择【插入】选项卡，在【插图】组中单击【形状】按钮，在弹出的下拉列表中选择【基本形状】组中的【矩形】，如图 8-60 所示。

step 25 在场景中进行绘制，切换到【形状工具】下的【格式】选项卡，单击【形状填充】按钮，在弹出的下拉列表中选择【红色】，然后选择【渐变】，单击【深色变体】中的从左下角渐变色，如图 8-61 所示。

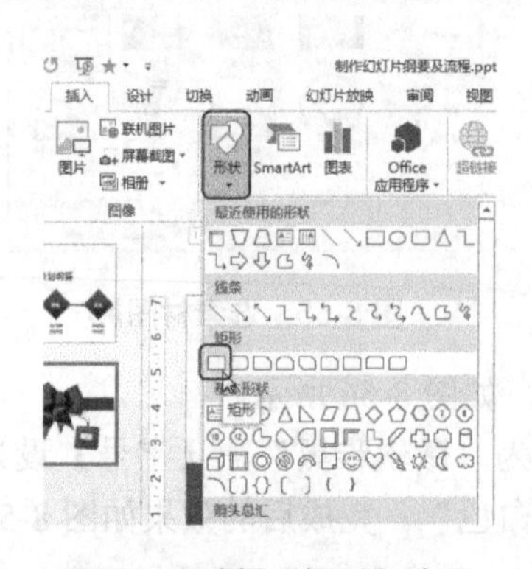

图 8-60 选择【矩形】选项

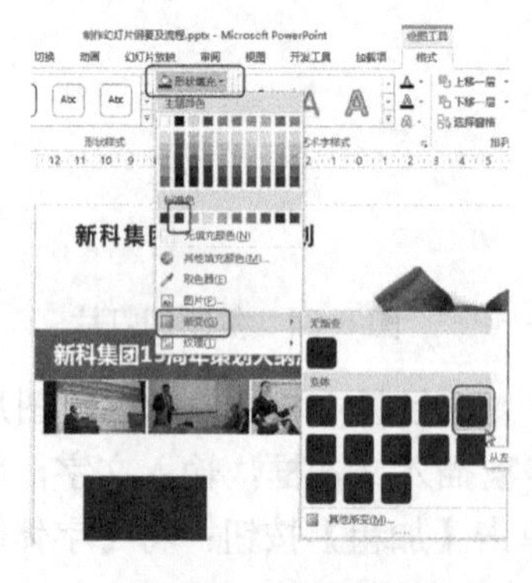

图 8-61 设置渐变色

step 26 将【形状轮廓】设为“无轮廓”，在【插入形状】组中单击【编辑形状】按钮，在弹出的下拉列表中选择【编辑顶点】选择，对顶点进行调整，完成后的效果如图 8-62 所示。

step 27 在创建的形状内输入文字，将【字体】设为“微软雅黑”，将【字号】设为 10，并单击【加粗】按钮，【字体颜色】设为“白色”，在【段落】组中单击【左对齐】按钮。完成后的效果如图 8-63 所示。

step 28 使用同样的方法绘制其他的矩形，并输入文字。完成后的效果如图 8-64 所示。

提示

用户除了绘制矩形外，也可以将上一步绘制的矩形进行复制，并对其形状进行更改，达到想要的效果即可。

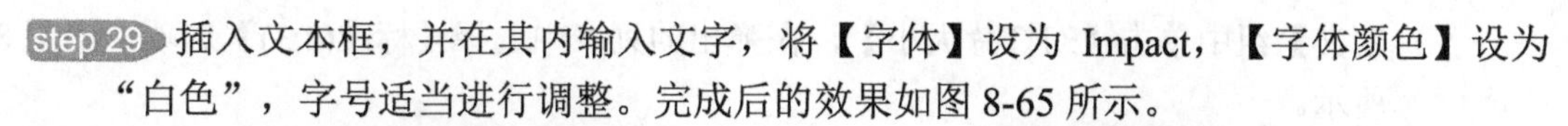

step 29 插入文本框，并在其内输入文字，将【字体】设为 Impact，【字体颜色】设为“白色”，字号适当进行调整。完成后的效果如图 8-65 所示。

图 8-62　调整顶点

图 8-63　输入并设置文字

图 8-64　完成后的效果

图 8-65　输入并设置文字

案例精讲 076　库存管理流程图

案例文件：CDROM\场景\Cha08\库存管理流程图.pptx

视频文件：视频教学\Cha08\库存管理流程图.avi

学习目标

- 学习设置形状文字的方法。
- 掌握设置形状格式的方法。

制作概述

本例将介绍库存管理流程图的制作。首先制作幻灯片的标题，然后创建流程图并设置文字格式，最后添加背景图片并设置切换动画。完成后的效果如图 8-66 所示。

图 8-66　库存管理流程图

操作步骤

step 01 启动 PowerPoint 2013，新建一个空白演示文稿。选择【设计】选项卡，在【自定义】组中单击【幻灯片大小】，在弹出的列表中选择【标准(4:3)】选项，如图 8-67 所示。

step 02 删除幻灯片中的文本框，在功能区选择【插入】选项卡，在【插图】组中单击【形状】，在弹出的列表中选择【矩形】选项，如图 8-68 所示。

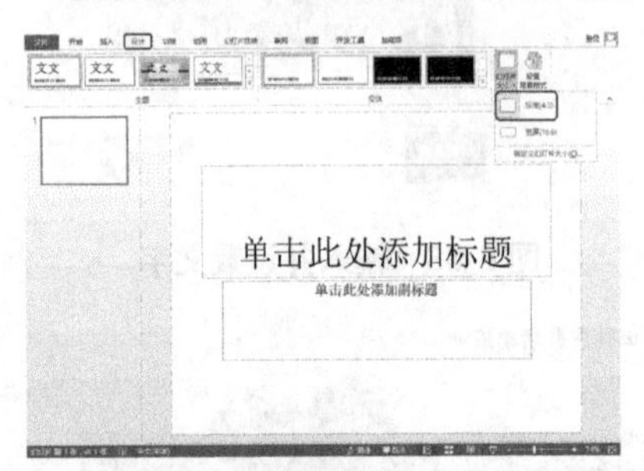

图 8-67　选择【标准(4:3)】选项

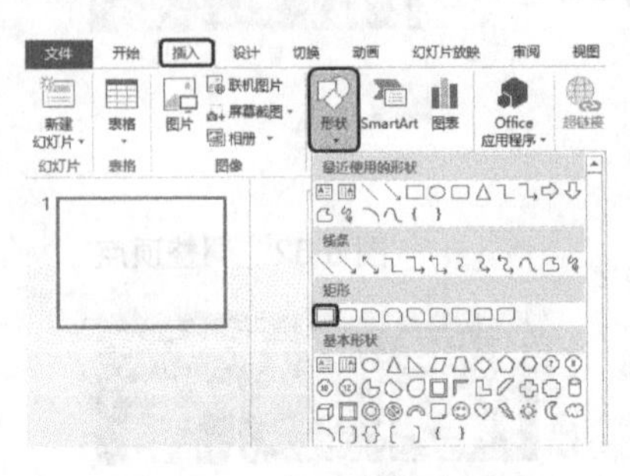

图 8-68　选择【矩形】选项

对于上述步骤中的文本框，作者采用了删除方法。有很多张幻灯片时，用户可以修改幻灯片的版式，将版式设为空白，此时幻灯片中没有任何文本框。用户如需要添加文本框，可以在【插入】选项卡下的【文本】组中单击【文本框】，插入文本框即可。

step 03 在适当位置绘制一个矩形，然后在矩形上右击，在弹出的快捷菜单中选择【大小和位置】命令，如图 8-69 所示。

step 04 在【设置形状格式】任务窗格中，将【大小】组中的【高度】设置为 19 厘米，【宽度】设置为 4.5 厘米，将【位置】中的【水平位置】设置为 1 厘米，【垂直位置】设置为 0.05 厘米，如图 8-70 所示。

图 8-69　选择【大小和位置】命令

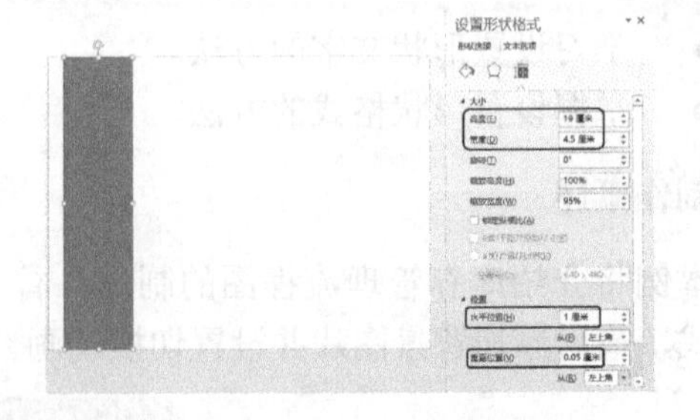

图 8-70　设置大小和位置

step 05 在【设置形状格式】任务窗格中，切换至【填充线条】，在【填充】中设置其【颜色】，然后将【透明度】设置为 60%，如图 8-71 所示。

step 06 将【线条】展开，设置其颜色，然后将【宽度】设置为 2 磅，如图 8-72 所示。

step 07 在矩形中输入文字，将【文字方向】设置为“竖排”，将【字体】设置为“微软雅黑”，【字号】设置为 48，然后单击【居中】按钮，如图 8-73 所示。

step 08 参照前面的操作方法，绘制一个矩形。在【设置形状格式】对话框中，设置填充颜色，如图 8-74 所示。

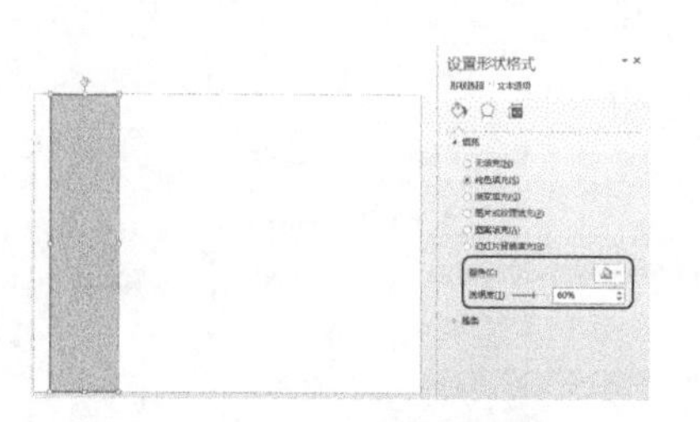

图 8-71 设置透明度

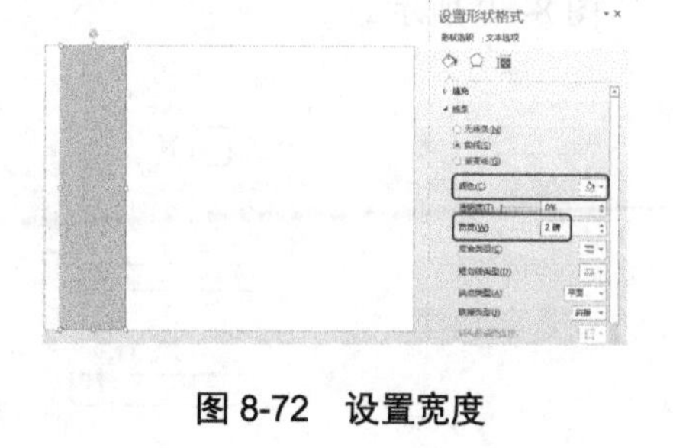

图 8-72 设置宽度

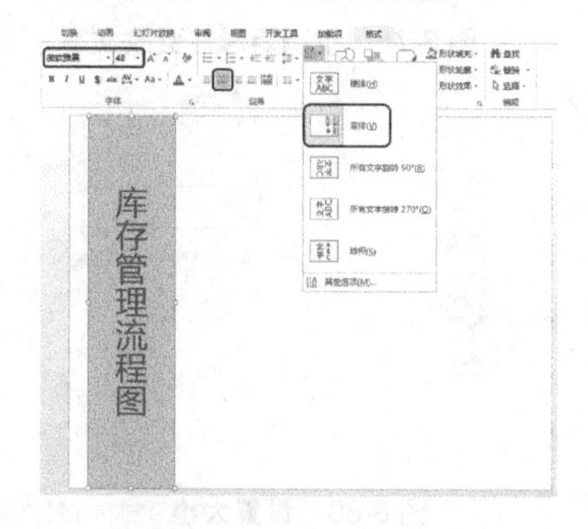

图 8-73 输入并设置文字

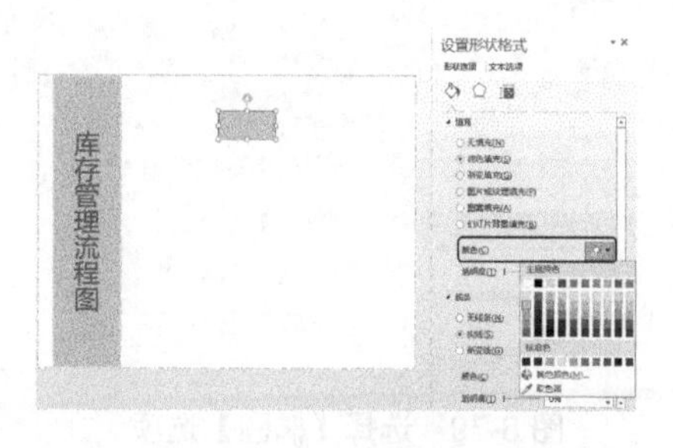

图 8-74 设置填充颜色

step 09 在矩形中输入文字，将【字体】设置为“微软雅黑”，【字号】设置为 14，然后单击【文字阴影】按钮，将【字体颜色】设置为“黑色”，如图 8-75 所示。

step 10 选中输入的文字，右击，在弹出的快捷菜单中选择【设置文字效果格式】命令，如图 8-76 所示。

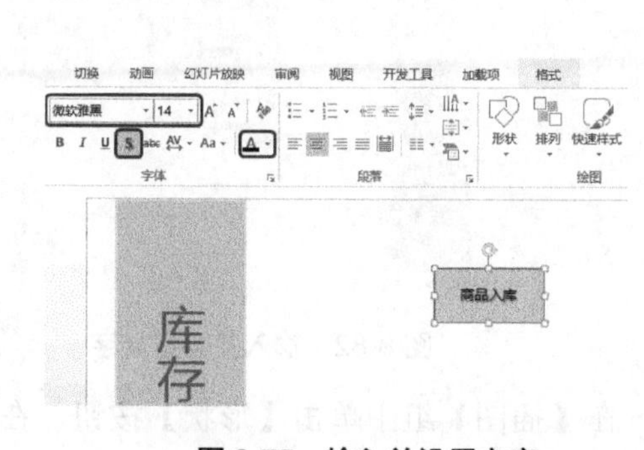

图 8-75 输入并设置文字

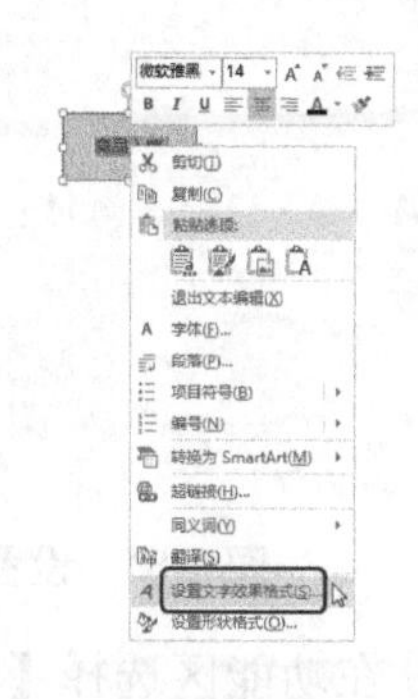

图 8-76 选择【设置文字效果格式】命令

step 11 在【设置形状格式】任务窗格中，选择【文本效果】选项卡，在【阴影】中将【透明度】设置为 60%，【距离】设置为 1.5 磅，如图 8-77 所示。

step 12 对矩形进行复制，然后更改矩形中的文字，如图 8-78 所示。

step 13 在功能区选择【插入】选项卡，在【插图】组中单击【形状】按钮，在弹出的列表中选择【椭圆】选项，如图 8-79 所示。

step 14 在适当位置，按住 Shift 绘制一个圆。在【设置形状格式】任务窗格中，将【大小】中的【高度】设置为 3.6 厘米，【宽度】设置为 3.6 厘米，然后调整其位置，如

图 8-80 所示。

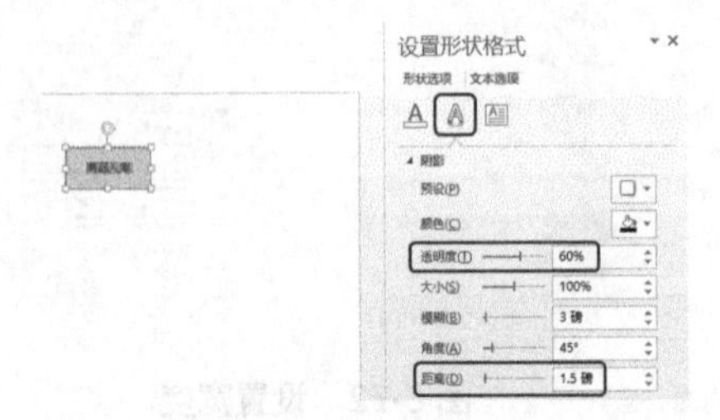

图 8-77　设置阴影

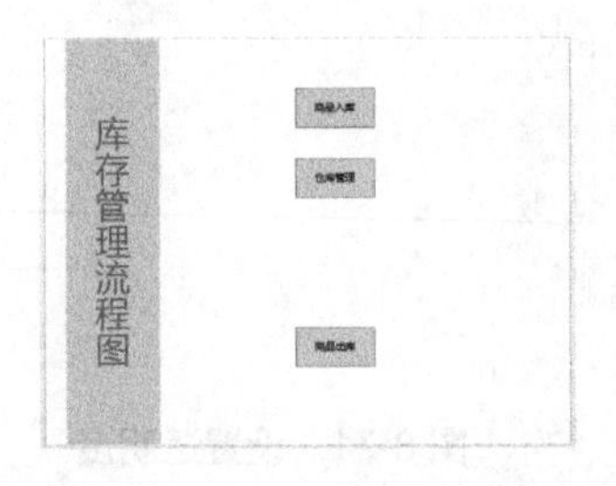

图 8-78　复制矩形并更改文字

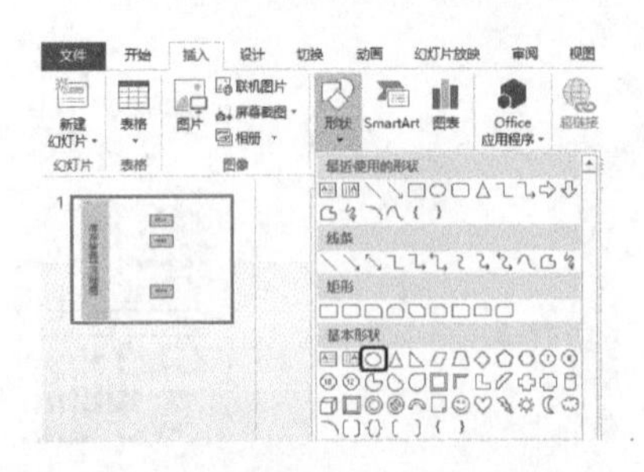

图 8-79　选择【椭圆】选项

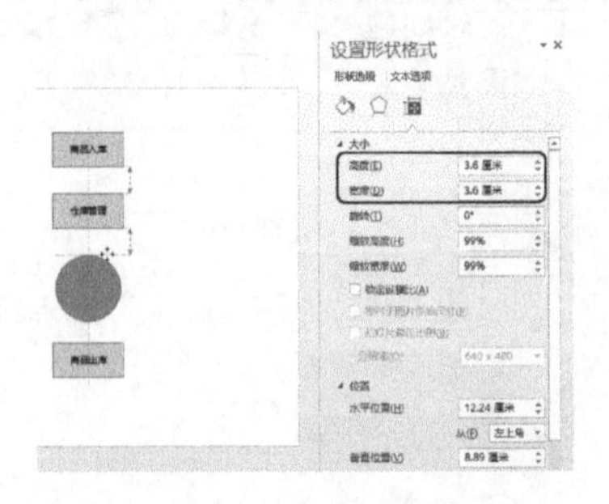

图 8-80　设置大小

step 15 切换至【填充线条】选项卡，设置【填充】中的【颜色】，如图 8-81 所示。

step 16 参照前面的操作步骤，在圆形中输入并设置文字，如图 8-82 所示。

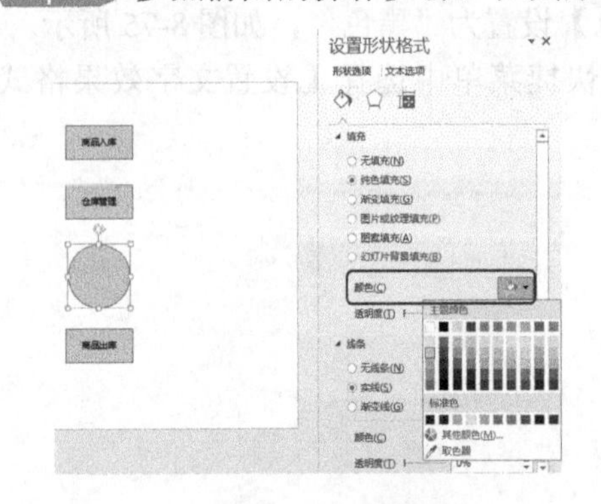

图 8-81　设置颜色

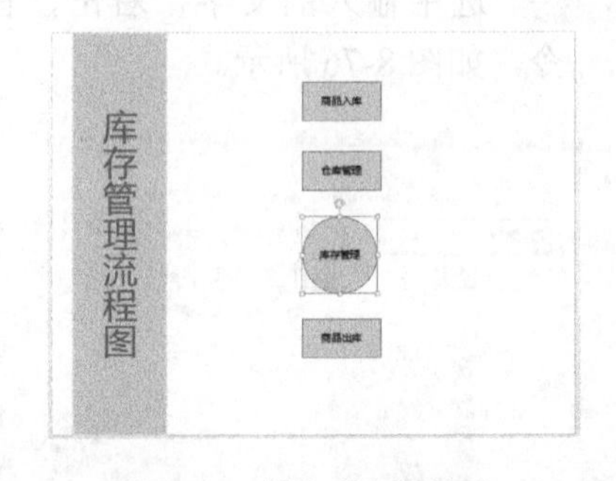

图 8-82　输入并设置文字

step 17 在功能区选择【插入】选项卡，在【插图】组中单击【形状】按钮，在弹出的列表中选择【流程图：文档】，如图 8-83 所示。

step 18 在适当位置绘制图形，在【设置形状格式】任务窗格中，将【大小】中的【高度】设置为 2 厘米，【宽度】设置为 4 厘米，然后调整其位置，如图 8-84 所示。

step 19 参照前面的操作方法，设置图形的填充并输入文字，如图 8-85 所示。

step 20 复制【流程图：文档】形状到适当位置，然后更改文字，如图 8-86 所示。

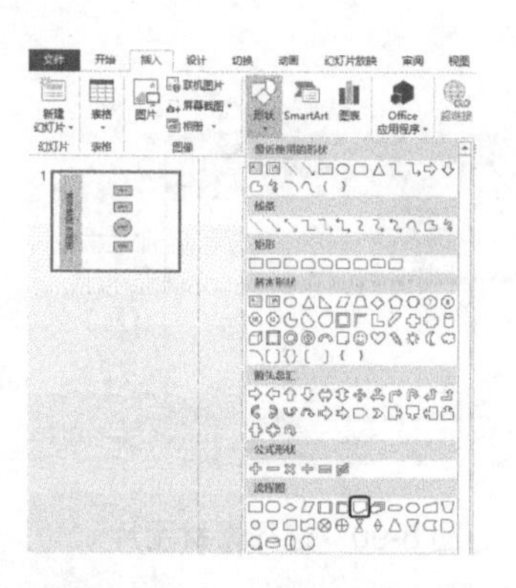

图 8-83 选择【流程图：文档】

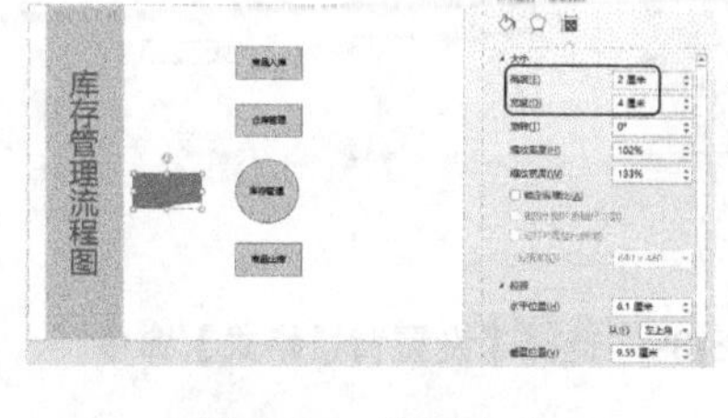

图 8-84 设置大小

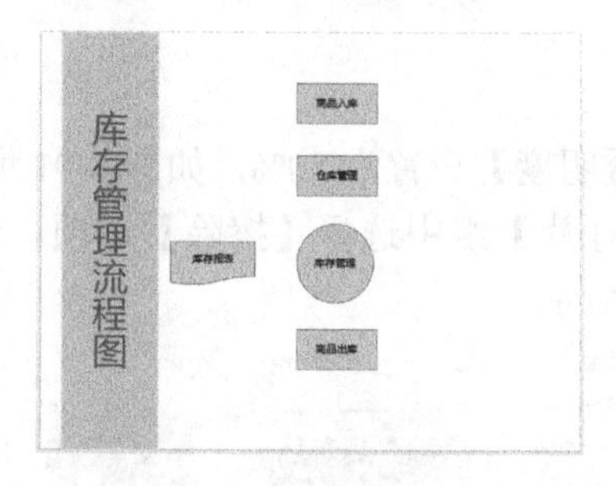

图 8-85 输入文字

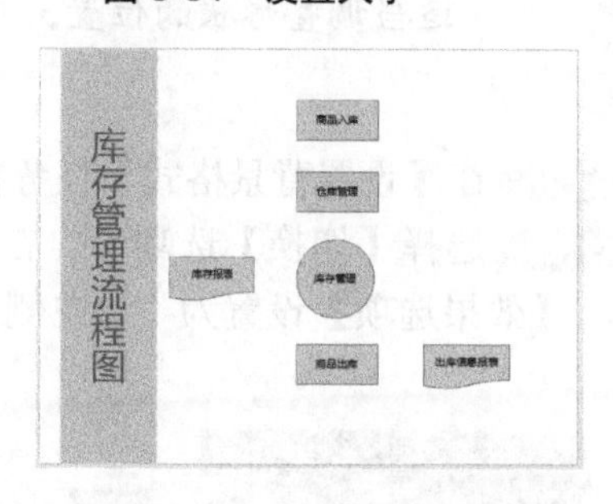

图 8-86 复制形状并更改文字

step 21 在【插入】选项卡中单击【插图】组中的【形状】按钮，在弹出的列表中选择【下箭头】，然后在幻灯片中创建下箭头，如图 8-87 所示。

step 22 使用相同的方法创建其他箭头形状并设置形状格式，如图 8-88 所示。

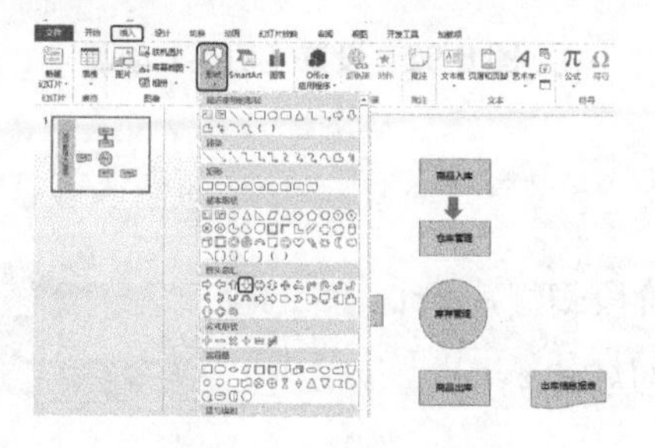

图 8-87 创建下箭头

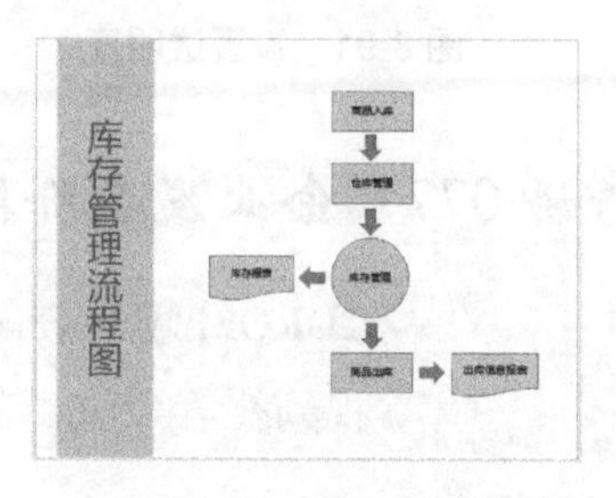

图 8-88 创建其他箭头

step 23 在幻灯片上右击，在弹出的快捷菜单中选择【设置背景格式】命令，如图 8-89 所示。

step 24 在【设置背景格式】任务窗格中，将【填充】选择为【图片或纹理填充】，然后单击【文件】，在弹出的【插入图片】对话框中，选择随书附带光盘中的“CDROM\素材\Cha08\库存管理流程图背景.jpg”素材文档，然后单击【插入】按钮，如图 8-90 所示。

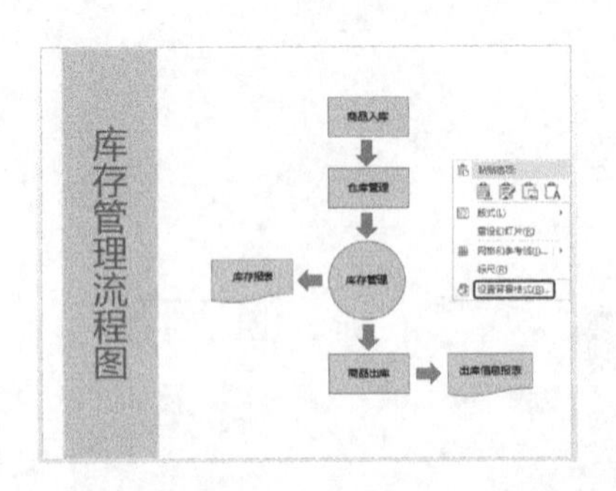

图 8-89　选择【设置背景格式】命令

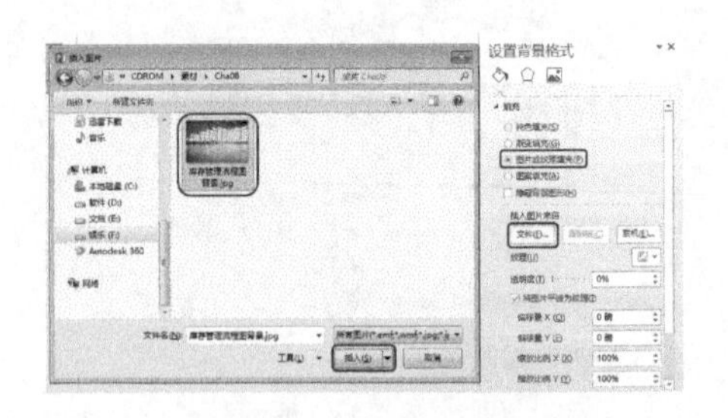

图 8-90　选择素材图片

适当调整形状的位置。

step 25 在【设置背景格式】任务窗格中，将【透明度】设置为 30%，如图 8-91 所示。

step 26 选择【切换】选项卡，在【切换到此幻灯片】组中选择【擦除】选项，然后将【效果选项】设置为“自左侧”，如图 8-92 所示。

图 8-91　设置透明度

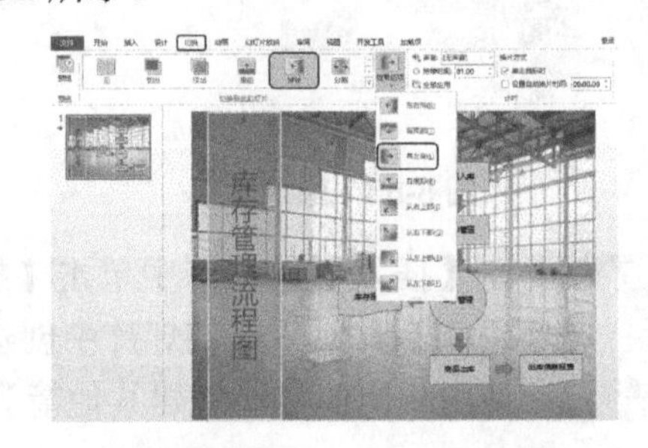

图 8-92　设置【切换】动画

案例精讲 077　企业发展阶段幻灯片

案例文件：CDROM\场景\Cha08\企业发展阶段幻灯片.pptx

视频文件：视频教学\Cha08\企业发展阶段幻灯片.avi

学习目标

学习【格式刷】的使用方法。

制作概述

本例将介绍企业发展阶段幻灯片的制作。首先打开素材文件，设置文字格式，然后使用【格式刷】设置文字。设置幻灯片的背景颜色后，设置幻灯片的动画效果。完成后的效果如图 8-93 所示。

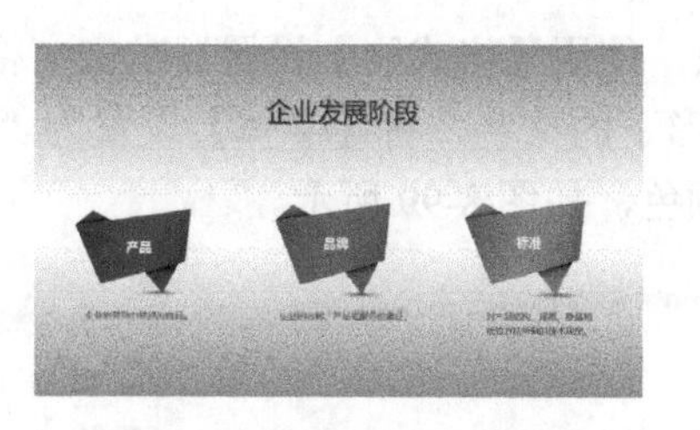

图 8-93　企业发展阶段幻灯片

操作步骤

step 01 打开随书附带光盘中的“CDROM\素材\Cha08\企业发展阶段幻灯片.pptx”素材文件，如图 8-94 所示。

step 02 选中标题文字，将【字体】设置为“微软雅黑”，【字号】设置为 40，然后单击【文字阴影】按钮，设置字体颜色，如图 8-95 所示。

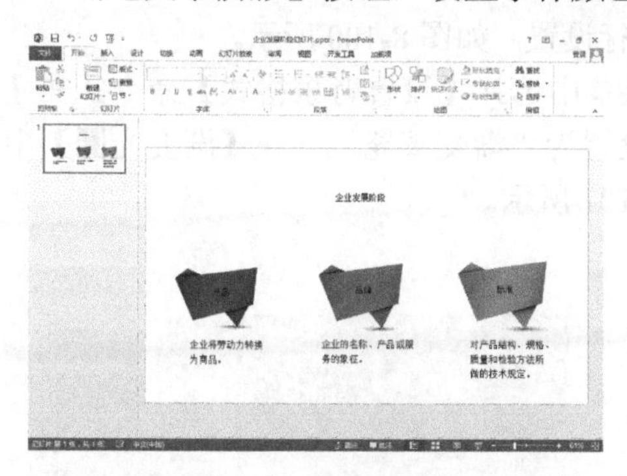

图 8-94　打开素材文件

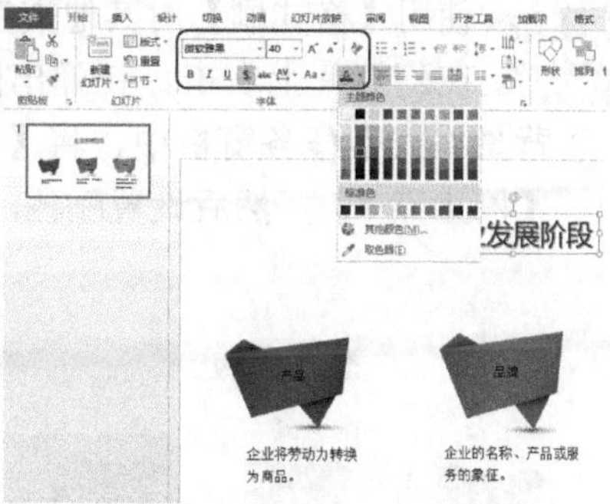

图 8-95　设置标题文字

step 03 选中第 1 个图形中的【产品】文字，将【字体】设置为“微软雅黑”，【字号】设置为 20，然后单击【加粗】按钮，设置【字体颜色】为“白色”，如图 8-96 所示。

step 04 在【剪切板】组中单击【格式刷】按钮，在第 2 个图形的文字【品牌】上单击，设置其格式，如图 8-97 所示。

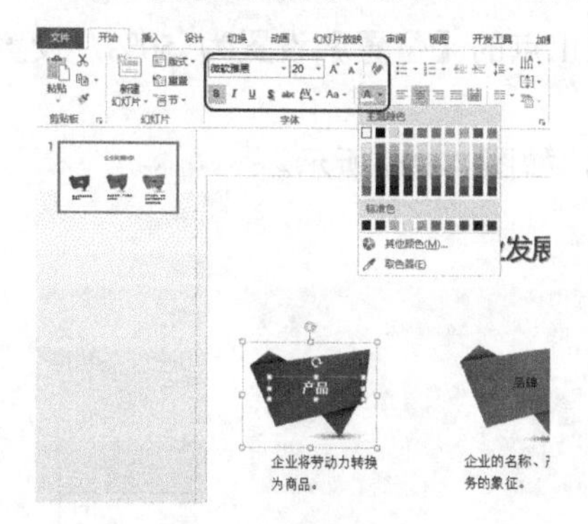

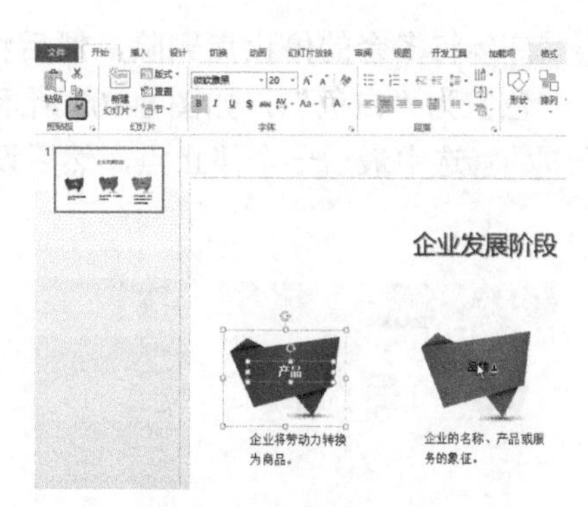

图 8-96　设置文字格式

图 8-97　使用格式刷

step 05 使用相同的方法，使用【格式刷】设置标准文字格式，如图 8-98 所示。

step 06 选中第 1 个图形下的文字，将【字体】设置为“微软雅黑”，【字号】设置为 14，然后设置字体颜色，如图 8-99 所示。

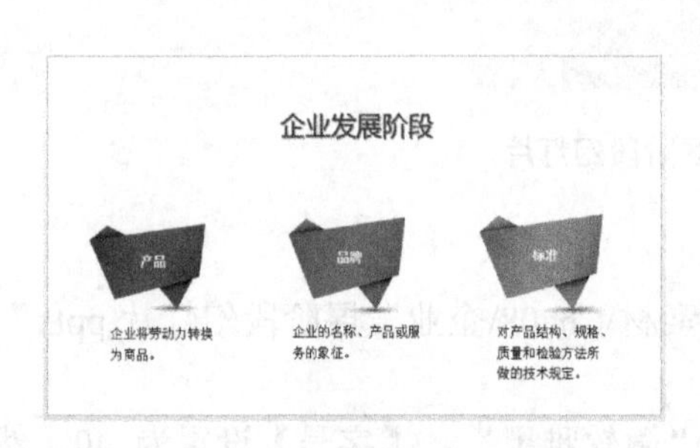

图 8-98 设置文字格式

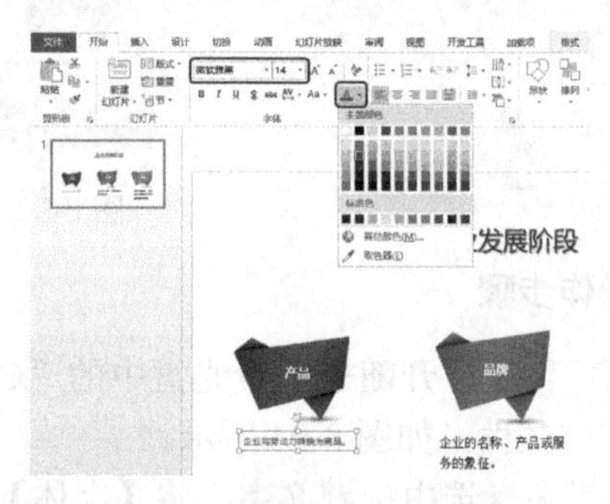

图 8-99 设置字体及字号

step 07 使用【格式刷】对其他文字格式进行设置，如图 8-100 所示。

step 08 在幻灯片上右击，在弹出的快捷菜单中选择【设置背景格式】命令。在【设置背景格式】任务窗格中，将【填充】设置为“渐变填充”，在【渐变光圈】中选中【停止点 1】，然后设置颜色，如图 8-101 所示。

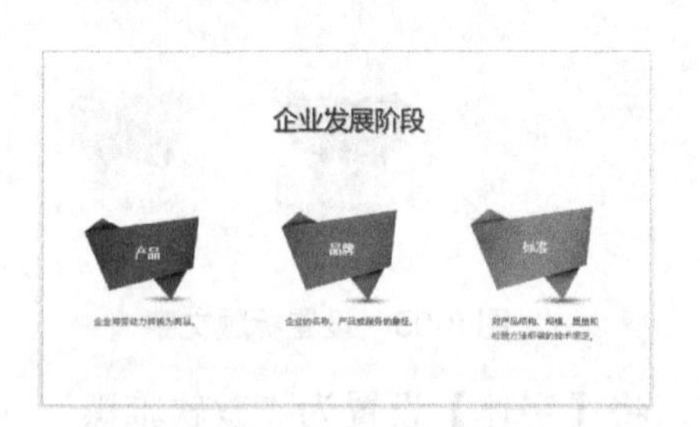

图 8-100 设置文字格式

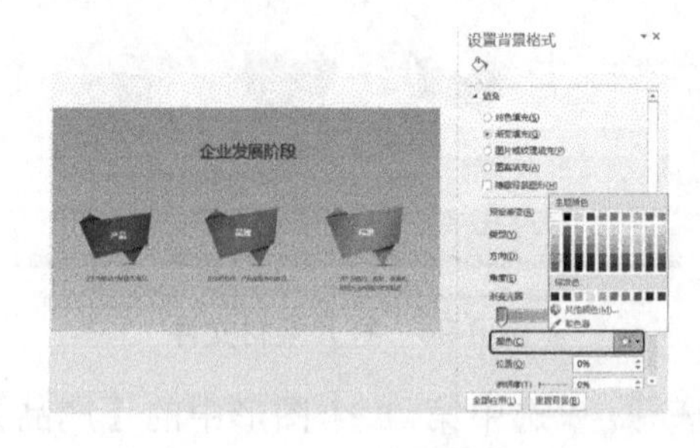

图 8-101 设置颜色

双击【格式刷】按钮，然后单击需要设置格式的多个文本框，可以为多个文本框设置文字格式。

step 09 将多余的停止点删除，然后将中间的停止点的【位置】设置为 50%，设置【颜色】为“白色”，如图 8-102 所示。

step 10 选中最后一个停止点，然后设置其颜色，如图 8-103 所示。

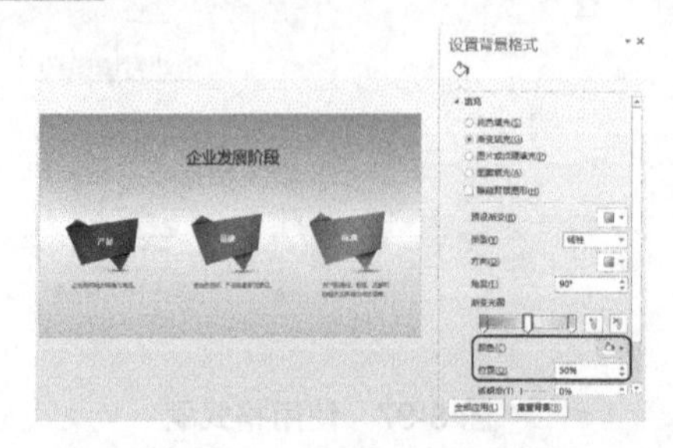

图 8-102 设置位置为 50%

图 8-103 设置位置为 100%

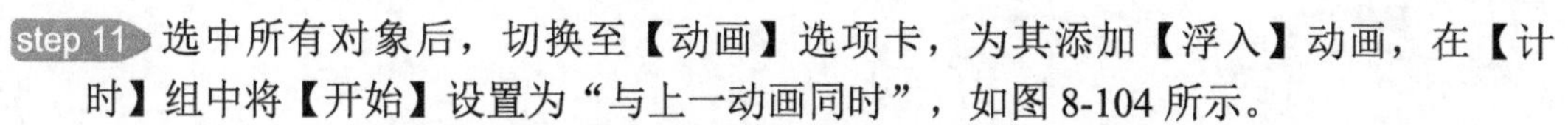

step 11 选中所有对象后，切换至【动画】选项卡，为其添加【浮入】动画，在【计时】组中将【开始】设置为“与上一动画同时”，如图 8-104 所示。

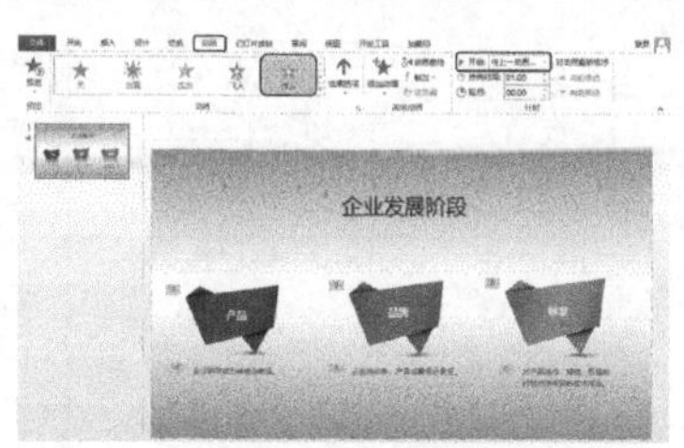

图 8-104　添加【浮入】动画

案例精讲 078　嫦娥

案例文件：CDROM\场景\Cha08\嫦娥. pptx

视频文件：视频教学\Cha08\嫦娥.avi

学习目标

- 学习设置文字透明度的方法。
- 掌握添加动画的方法。

制作概述

中国与月亮有关的神话中，嫦娥奔月的故事最为脍炙人口，且家喻户晓。中国文学作品里，也有很多文人以这个美丽动人的传说做为写作题材，其中尤以李商隐的《嫦娥》诗最具代表性。本例将制作一个与《嫦娥》有关的幻灯片。完成后的效果如图 8-105 所示。

图 8-105　嫦娥

操作步骤

step 01 按 Ctrl+N 组合键新建一个空白演示文稿，在【开始】选项卡的【幻灯片】组中单击【版式】按钮，在弹出的下拉列表中选择【空白】选项，如图 8-106 所示。

所谓版式就是幻灯片的内容框架，主要包括标题和各种内容的占位符。版式的选择应根据内容需要而定。

step 02 在功能区选择【设计】选项卡，在【自定义】组中单击【设置背景格式】按钮，弹出【设置背景格式】任务窗格，在【填充】选项组中选择【图片或纹理填充】单选按钮，然后单击【文件】按钮，弹出【插入图片】对话框，在该对话框中选择素材图片“嫦娥.jpg”，单击【插入】按钮，即可将素材图片设置为幻灯片背景，如图 8-107 所示。

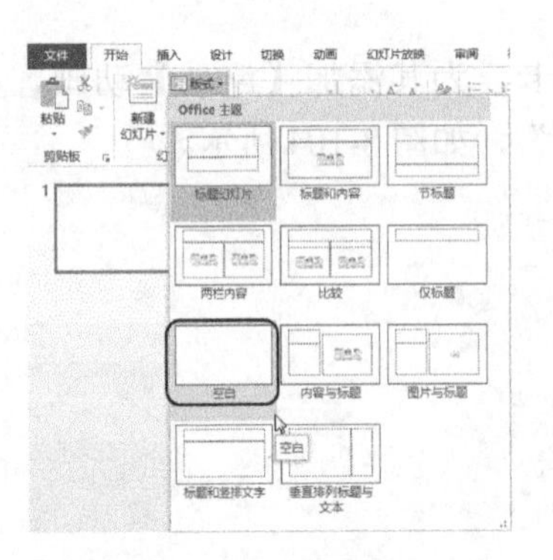

图 8-106　选择【空白】选项

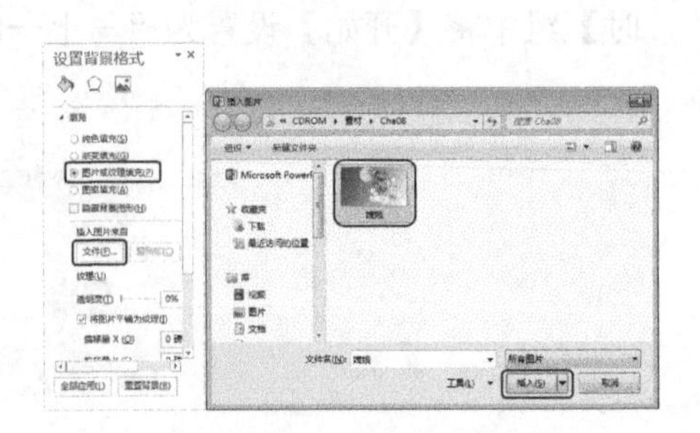

图 8-107　选择素材图片

step 03 在功能区选择【插入】选项卡，在【文本】组中单击【绘制横排文本框】按钮，在幻灯片中绘制文本框并输入文字。输入文字后选择文本框，在【开始】选项卡的【字体】组中将【字体】设置为“方正黄草简体”，将【字号】设置为 96，将【文字颜色】设置为“蓝色，着色 1，淡色 80%”，如图 8-108 所示。

step 04 选择文字“嫦”，在【字体】组中将【字号】设置为 150，如图 8-109 所示。

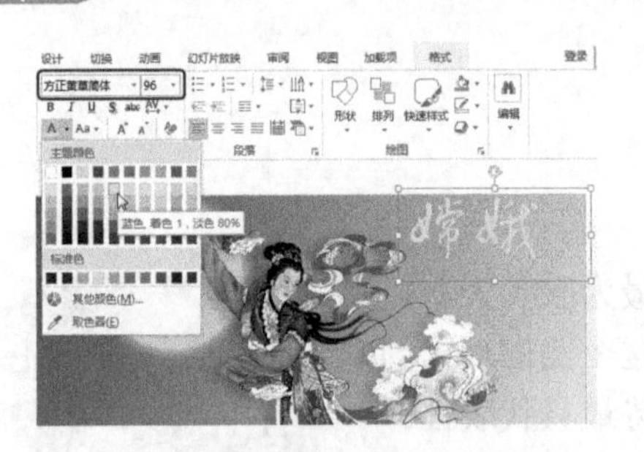

图 8-108　输入并设置文字

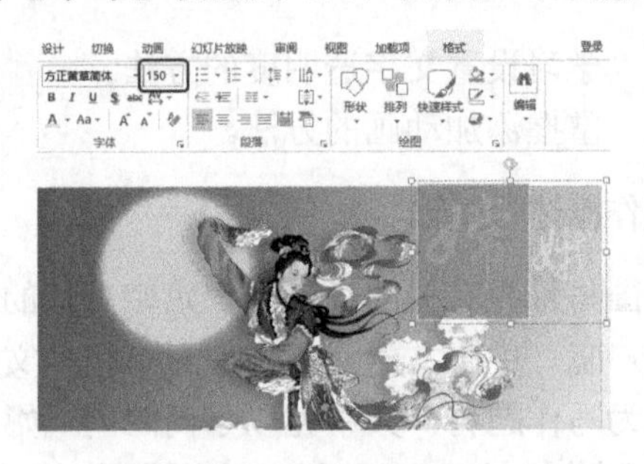

图 8-109　设置文字大小

step 05 选择文本框，在【字体】组中单击【字符间距】按钮，在弹出的下拉列表中选择【其他间距】选项，如图 8-110 所示。

step 06 弹出【字体】对话框，在【字符间距】选项卡中将【间距】设置为“紧缩”，将【度量值】设置为 20 磅，单击【确定】按钮，如图 8-111 所示。

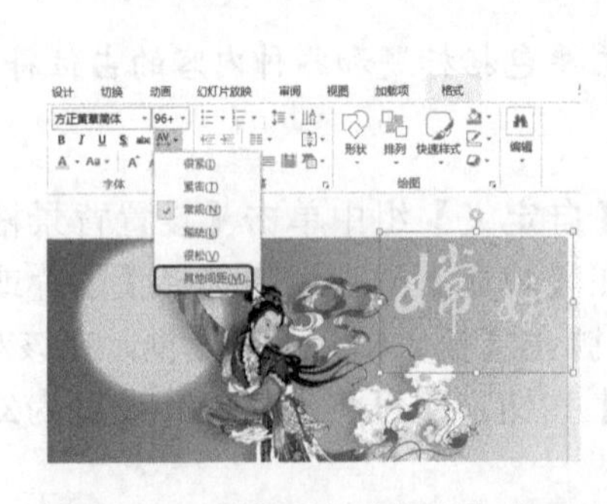

图 8-110　选择【其他间距】选项

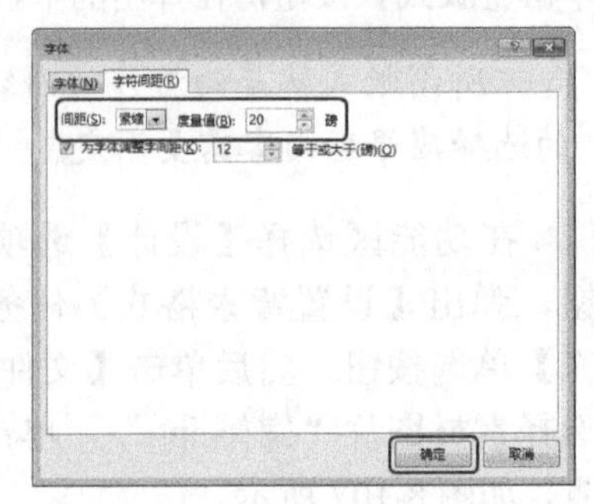

图 8-111　设置字符间距

step 07 切换到【绘图工具】下【格式】选项卡，在【艺术字样式】组中单击 按钮，弹出【设置形状格式】任务窗格，单击【文本填充轮廓】按钮，在【文本填充】选项组中将【透明度】设置为 55%，如图 8-112 所示。

step 08 切换到【插入】选项卡，在【文本】组中单击【绘制横排文本框】按钮，在幻灯片中绘制文本框并输入文字。输入文字后选择文本框，在【开始】选项卡的【字体】组中将【字体】设置为“汉仪行楷简”，将【字号】设置为 54，将【文字颜色】设置为“橙色”，并单击【文字阴影】按钮，如图 8-113 所示。

图 8-112 设置文字透明度

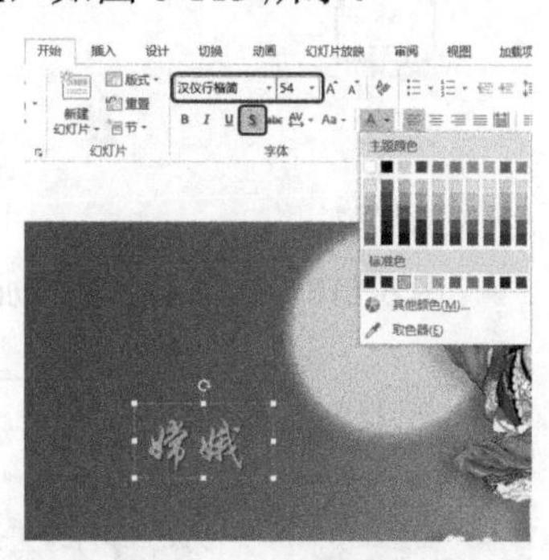

图 8-113 输入并设置文字

step 09 使用同样的方法，输入其他文字，如图 8-114 所示。

step 10 在幻灯片中选择如图 8-115 所示的文本框，然后在【段落】组中单击【行距】按钮，在弹出的下拉列表中选择 1.5 选项。

图 8-114 输入其他文字

图 8-115 设置行距

step 11 选择“嫦娥”文本框，然后切换到【动画】选项卡，在【动画】组中单击【其他】按钮，在弹出的下拉列表框中选择【缩放】动画，如图 8-116 所示。

step 12 在【计时】组中将【开始】设置为“与上一动画同时”，将【持续时间】设置为 01.00，如图 8-117 所示。

step 13 选择文本框，在【动画】组中为其添加【浮入】动画效果，在【计时】组中将【开始】设置为“上一动画之后”，将【持续时间】设置为 01.00，如图 8-118 所示。

step 14 使用同样的方法，为其他文字添加动画，效果如图 8-119 所示。

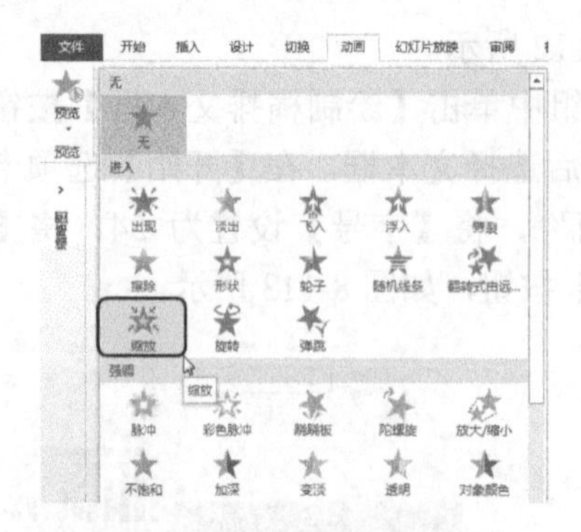

图 8-116　选择【缩放】动画

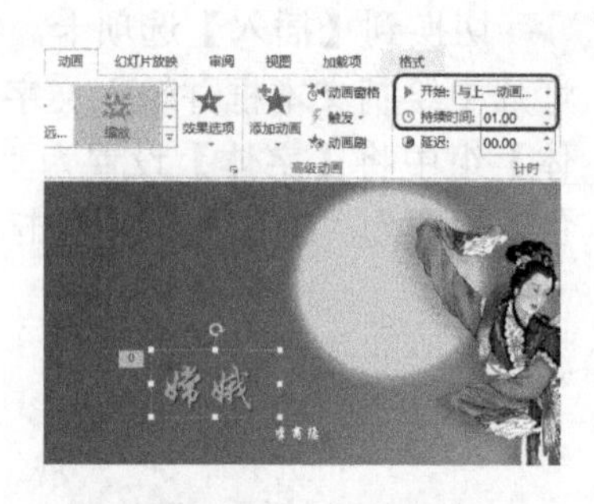

图 8-117　设置动画

图 8-118　添加并设置动画

图 8-119　为其他文字添加动画

第 9 章

图形幻灯片

本章重点

- 培训课程开发流程
- 橡胶循环图
- 公司组织结构图
- 玫瑰花语
- 提高工作效率
- 办公用品分类

案例课堂

在编辑幻灯片时，用户可以根据需要添加一些图形，其中包括线条、矩形、基本形状、箭头总汇、公式形状、流程图等。除此之外，在 PowerPoint 中还提供了 SmartArt 图形等。本章将介绍如何在 PowerPoint 中插入图形，从而使幻灯片更加生动、美观。

案例精讲 079　培训课程开发流程

案例文件：CDROM\场景\Cha09\培训课程开发流程. pptx

视频文件：视频教学\Cha09\培训课程开发流程.avi

学习目标

- 学习设置背景颜色的方法。
- 掌握插入和编辑【垂直 V 形列表】图形的方法。

制作概述

本例将介绍培训课程开发流程的制作，首先设置幻灯片背景颜色，然后插入 SmartArt 图形中的【垂直 V 形列表】，并对插入的图形进行设置，最后插入素材图片并输入文字。完成后的效果如图 9-1 所示。

图 9-1　培训课程开发流程

操作步骤

step 01 按 Ctrl+N 组合键新建一个空白演示文稿，在功能区选择【设计】选项卡，在【自定义】组中单击【幻灯片大小】按钮，在弹出的下拉列表中选择【标准(4:3)】选项，如图 9-2 所示。

step 02 在【自定义】组中单击【设置背景格式】按钮，弹出【设置背景格式】任务窗格，在【填充】选项组中将【颜色】设置为“白色，背景 1，深色 5%”，如图 9-3 所示。

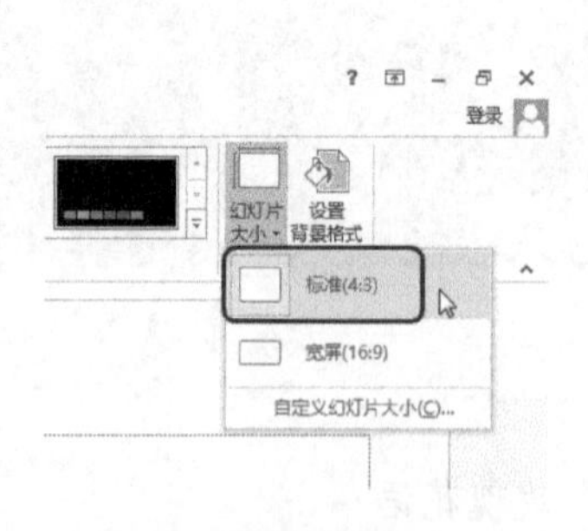

图 9-2　设置幻灯片大小

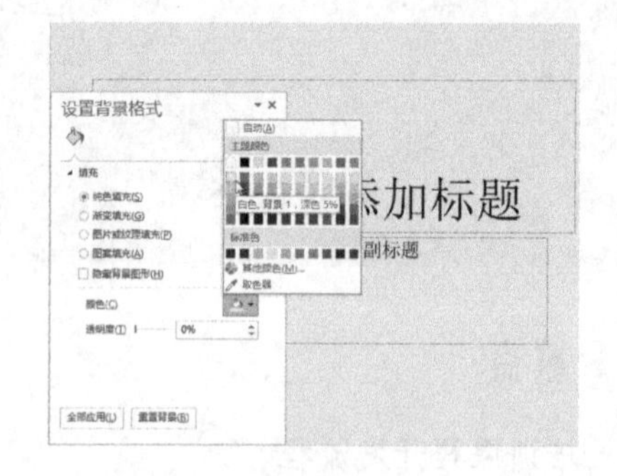

图 9-3　设置背景颜色

step 03 在功能区选择【开始】选项卡，在【幻灯片】组中单击【版式】按钮，在弹出的下拉列表中选择【空白】选项，如图 9-4 所示。

step 04 在功能区选择【插入】选项卡，在【插图】组中单击 SmartArt 按钮，弹出【选择 SmartArt 图形】对话框，在列表框中选择【垂直 V 形列表】选项，如图 9-5 所示。

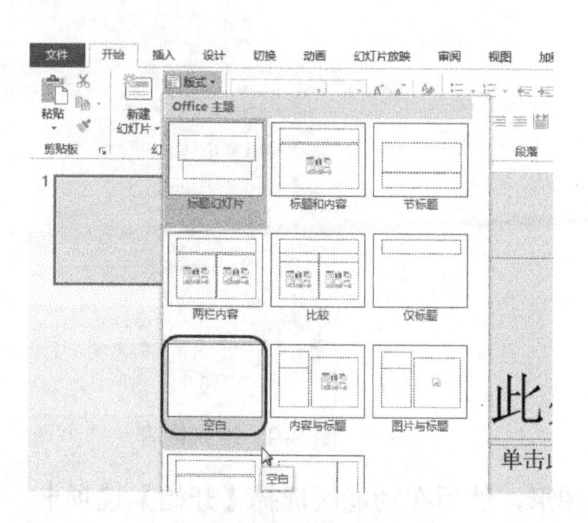

图 9-4 选择【空白】选项

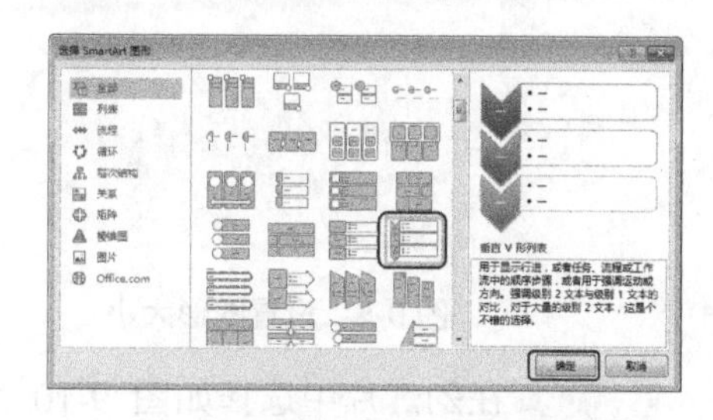

图 9-5 选择 SmartArt 图形

知识链接

SmartArt 图形是信息和观点的视觉表示形式。可以通过从多种不同布局中进行选择来创建 SmartArt 图形，从而快速、轻松、有效地传达信息。

step 05 单击【确定】按钮，即可在幻灯片中插入 SmartArt 图形，选择【SmartArt 工具】下的【设计】选项卡，在【创建图形】组中单击【添加形状】按钮，即可添加一个形状，如图 9-6 所示。

step 06 使用同样的方法，继续添加多个形状，效果如图 9-7 所示。

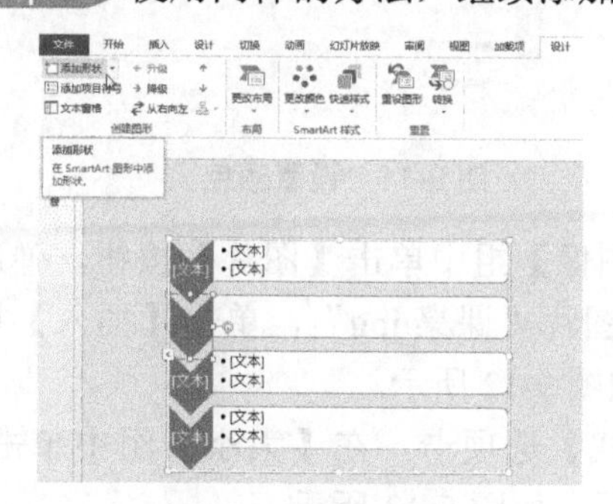

图 9-6 添加形状

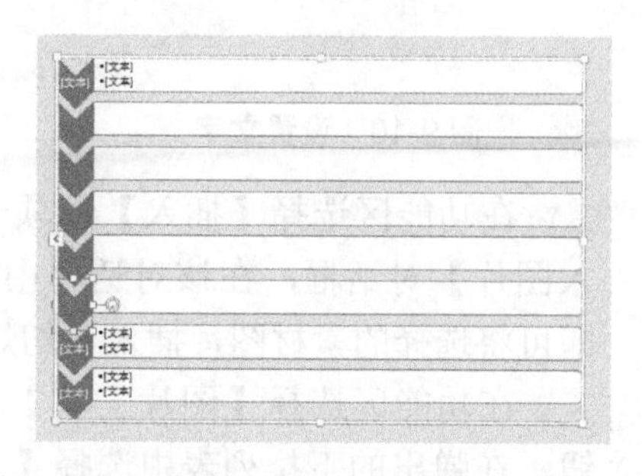

图 9-7 添加多个形状

step 07 选择整个 SmartArt 图形，然后在功能区选择【SmartArt 工具】下的【格式】选项卡，在【大小】组中将【高度】设置为 17.46 厘米，将【宽度】设置为 10.56 厘米，并在幻灯片中调整图形的位置，如图 9-8 所示。

step 08 在插入的 SmartArt 图形中输入内容，效果如图 9-9 所示。

在显示有【文本】文字的图形上单击，也可以直接输入内容，而在新添加的图形上没有显示【文本】文字，此时可以在图形上右击，在弹出的快捷菜单中单击【编辑文字】命令，就可以直接输入内容了。选择整个 SmartArt 图形后，单击图形左侧的图标，在弹出的窗口中也可以输入内容。

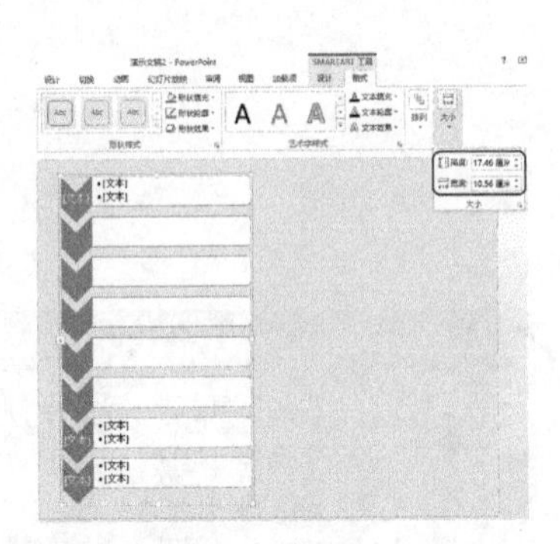

图 9-8　设置图形大小

图 9-9　输入内容

step 09 在幻灯片中选择如图 9-10 所示的图形，然后在功能区选择【开始】选项卡，在【字体】组中将【字体】设置为“微软雅黑”，将【字号】设置为 18。

step 10 选择整个 SmartArt 图形，然后在功能区选择【SmartArt 工具】下的【设计】选项卡，在【SmartArt 样式】组中单击【更改颜色】按钮，在弹出的下拉列表中选择【彩色-着色】选项，如图 9-11 所示。

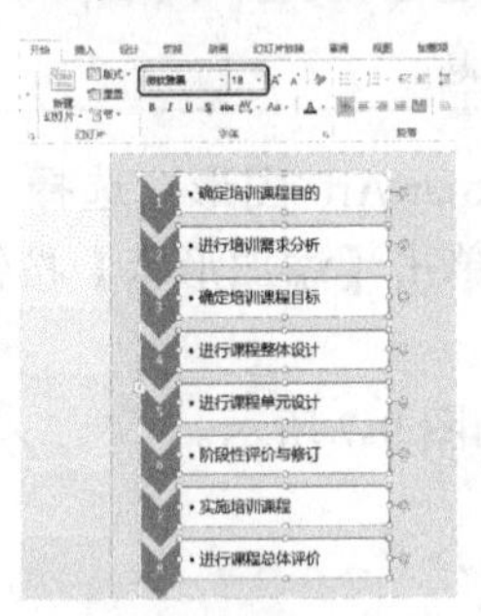

图 9-10　设置文字

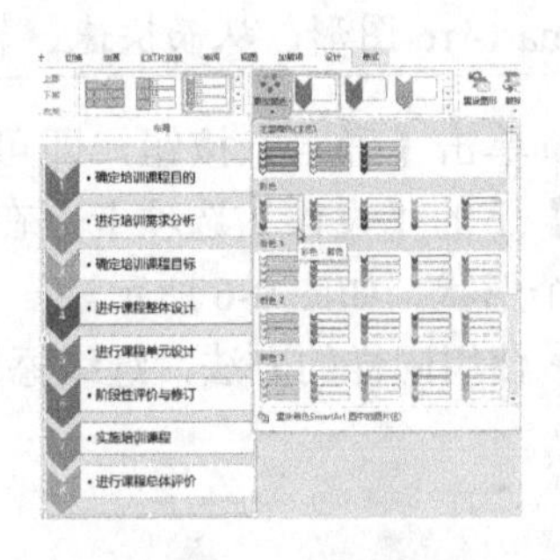

图 9-11　设置颜色

step 11 在功能区选择【插入】选项卡，在【图像】组中单击【图片】按钮，弹出【插入图片】对话框，在该对话框中选择素材图片“课桌.jpg”，单击【插入】按钮，即可将选择的素材图片插入至幻灯片中，如图 9-12 所示。

step 12 在功能区选择【图片工具】下的【格式】选项卡，在【大小】组中单击 裁剪 按钮，在弹出的下拉列表中选择【裁剪】选项，如图 9-13 所示。

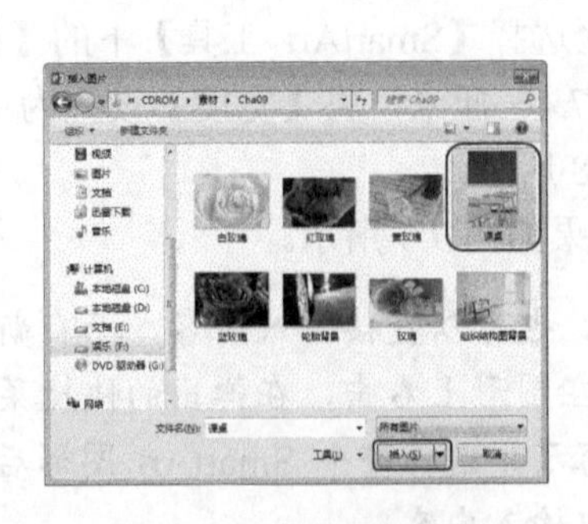

图 9-12　选择素材图片

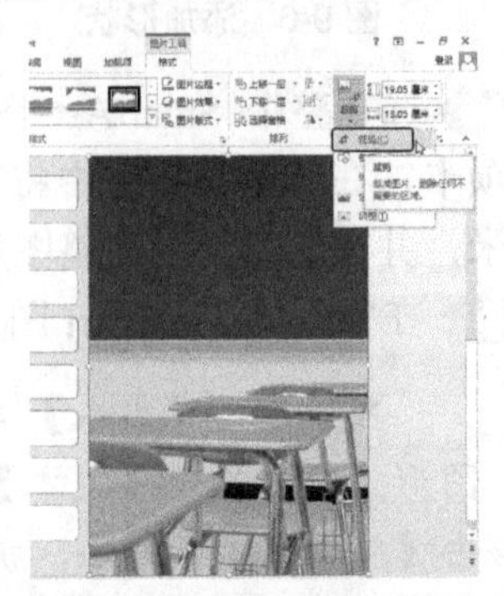

图 9-13　选择【裁剪】选项

step 13 此时，会在图片的周围出现裁剪控点，然后将左侧的中心裁剪控点向右拖动，效果如图 9-14 所示。

step 14 调整完成后按 Esc 键即可。在功能区选择【插入】选项卡，在【文本】组中单击【绘制横排文本框】按钮，在幻灯片中绘制文本框并输入文字。输入文字后选择文本框，在【开始】选项卡的【字体】组中，将【字体】设置为“微软雅黑”，将文字“培训课程”的【字号】设置为 54，将文字“开发流程”的【字号】设置为 32，并单击【加粗】按钮，如图 9-15 所示。

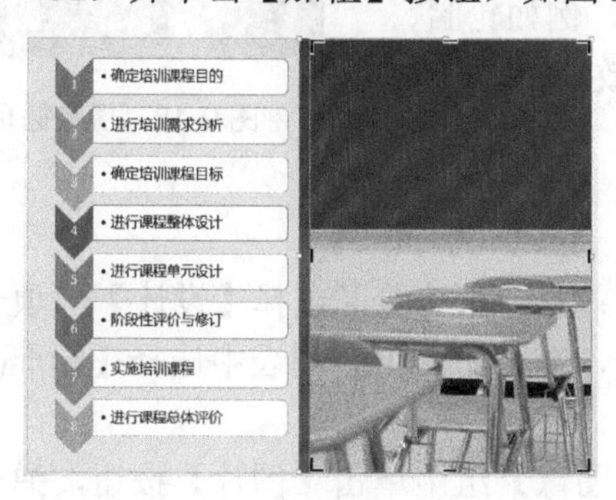

图 9-14　调整裁剪区域

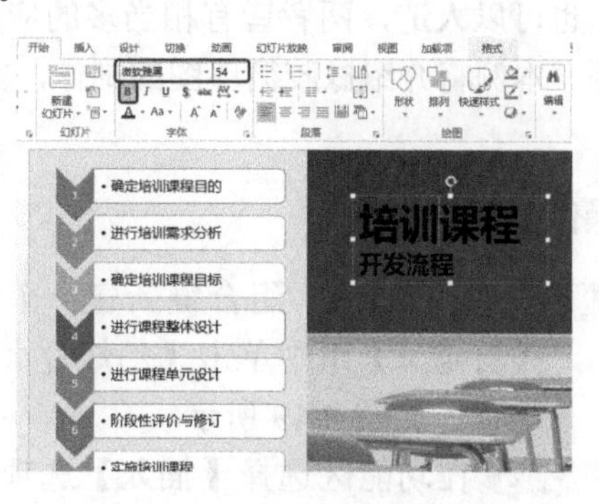

图 9-15　输入并设置文字

step 15 在【字体】组中单击【字体颜色】按钮右侧的 按钮，在弹出的下拉列表中选择【其他颜色】选项，弹出【颜色】对话框，切换到【自定义】选项卡，将【红色】、【绿色】和【蓝色】的值分别设置为 240、221、197，单击【确定】按钮，即可为输入的文字填充颜色，如图 9-16 所示。

step 16 在【段落】组中单击【右对齐】按钮，然后在幻灯片中调整文字位置，如图 9-17 所示。

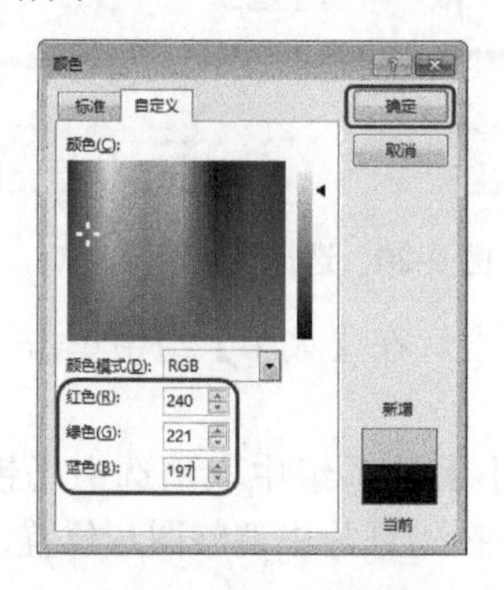

图 9-16　设置颜色

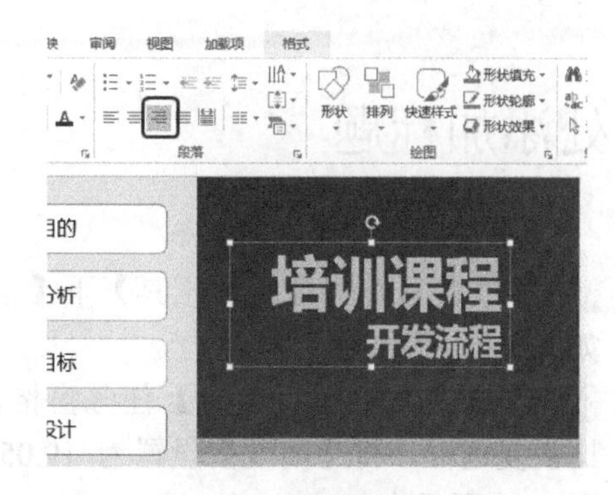

图 9-17　设置对齐方式

案例精讲 080　橡胶循环图

案例文件：CDROM\场景\Cha09\橡胶循环图. pptx

视频文件：视频教学\Cha09\橡胶循环图.avi

学习目标

- 学习插入循环流程图的方法。
- 掌握设置循环流程图颜色的方法。

制作概述

橡胶是一种有弹性的聚合物。橡胶可以从一些植物的树汁中提取，也可以人造，两者皆有相当多的应用及产品，例如轮胎、垫圈等。本例将介绍橡胶循环图的制作，完成后的效果如图 9-18 所示。

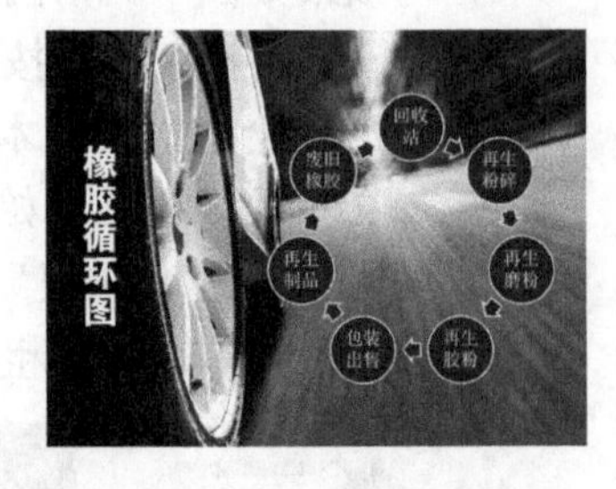

图 9-18　橡胶循环图

操作步骤

step 01 按 Ctrl+N 组合键新建一个空白演示文稿，在功能区选择【设计】选项卡，在【自定义】组中单击【幻灯片大小】按钮，在弹出的下拉列表中选择【标准(4:3)】选项，如图 9-19 所示。

step 02 在功能区选择【插入】选项卡，在【图像】组中单击【图片】按钮，弹出【插入图片】对话框，在该对话框中选择素材图片“轮胎背景.jpg”，单击【插入】按钮，即可将选择的素材图片插入至幻灯片中，如图 9-20 所示。

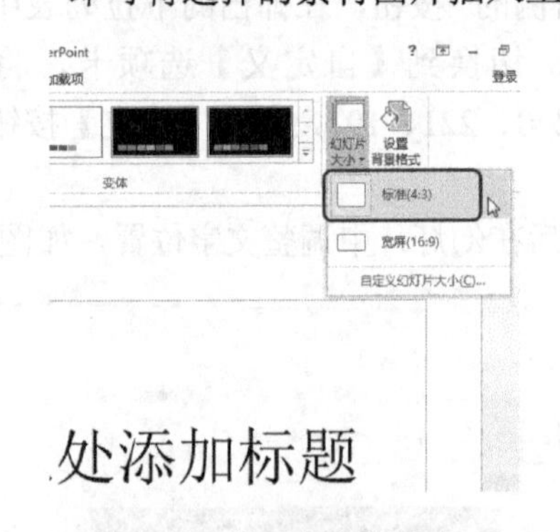

图 9-19　设置幻灯片大小

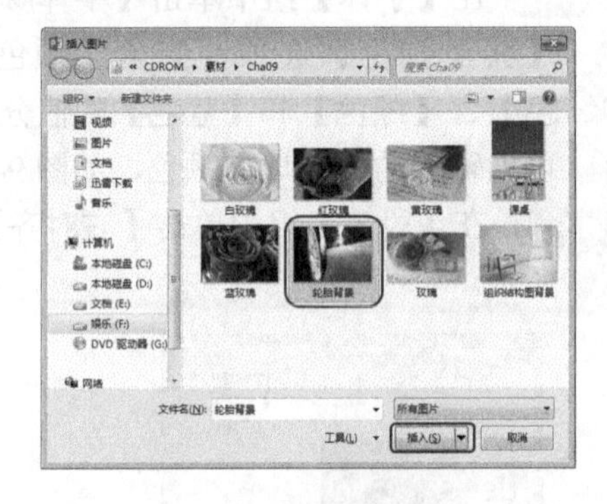

图 9-20　选择素材图片

step 03 在功能区选择【图片工具】下【格式】选项卡，在【大小】组中单击 按钮，如图 9-21 所示。

step 04 弹出【设置图片格式】任务窗格，在【大小】选项组中取消选中【锁定纵横比】复选框，将【高度】设置为 19.05 厘米，并在幻灯片中调整图片位置，效果如图 9-22 所示。

step 05 在功能区选择【插入】选项卡，在【插图】组中单击 SmartArt 按钮，弹出【选择 SmartArt 图形】对话框，在左侧列表中选择【循环】选项，然后在右侧的列表框中选择【基本循环】选项，单击【确定】按钮，即可在幻灯片中插入循环流程图，如图 9-23 和图 9-24 所示。

图 9-21 插入的图片

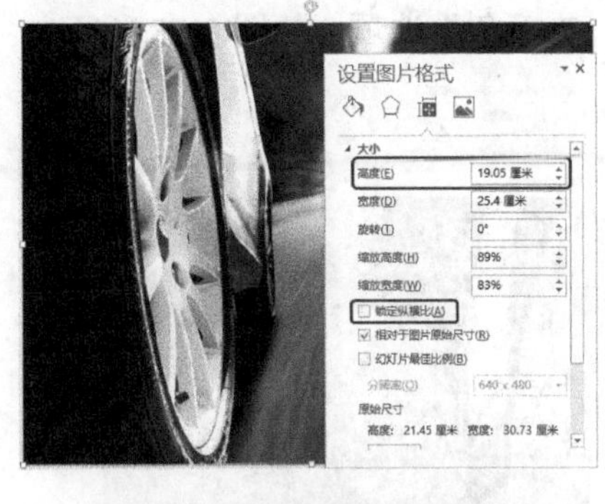

图 9-22 设置图片大小

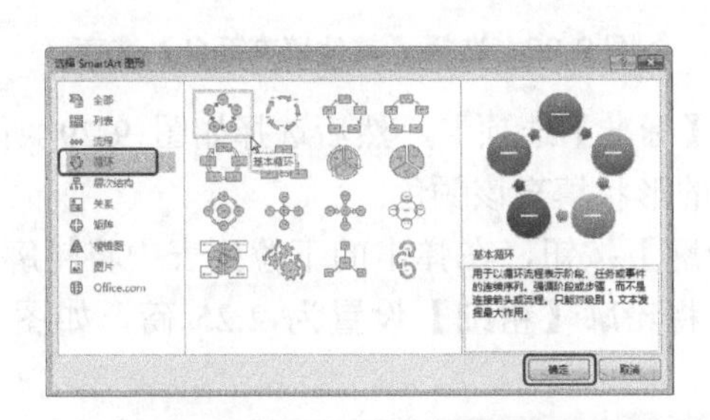

图 9-23 选择 SmartArt 图形

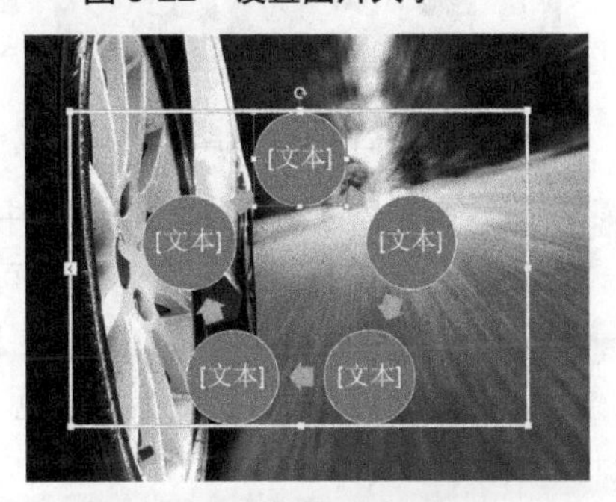

图 9-24 插入的循环流程图

step 06 在功能区选择【SmartArt 工具】下的【设计】选项卡，在【创建图形】组中单击两次【添加形状】按钮，即可添加两个形状，效果如图 9-25 所示。

step 07 选择整个循环流程图，然后单击左侧的图标，在弹出的窗口中输入内容，如图 9-26 所示。

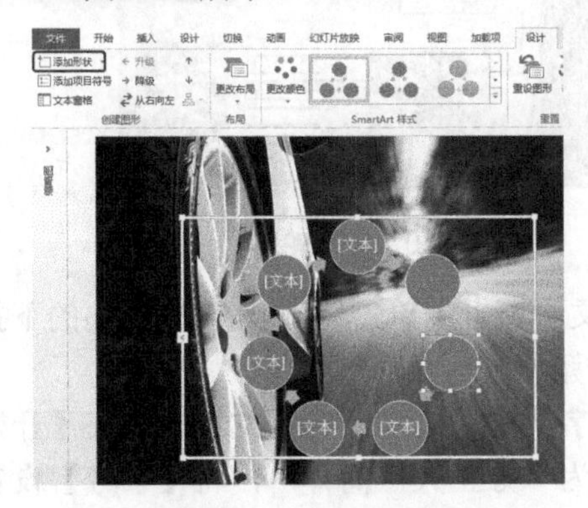

图 9-25 添加形状

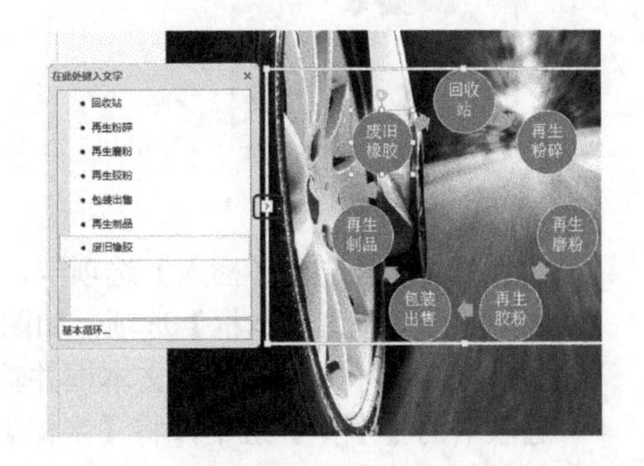

图 9-26 输入内容

step 08 在功能区选择【SmartArt 工具】下的【格式】选项卡，在【大小】组中将【高度】设置为 13.26 厘米，将【宽度】设置为 19.89 厘米，并在幻灯片中调整循环流程图的位置，如图 9-27 所示。

step 09 确认循环流程图处于选择状态，按 Ctrl+A 组合键选择流程图中的所有形状，然后在【形状样式】组中单击【形状填充】按钮，在弹出的下拉列表中选择【其他填充颜色】选项，如图 9-28 所示。

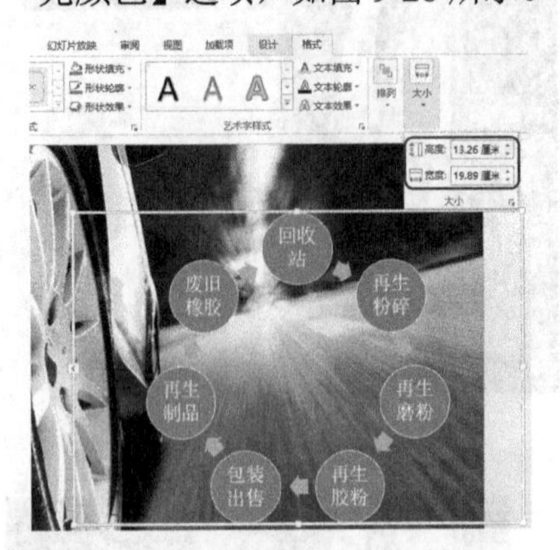

图 9-27　调整循环流程图大小和位置

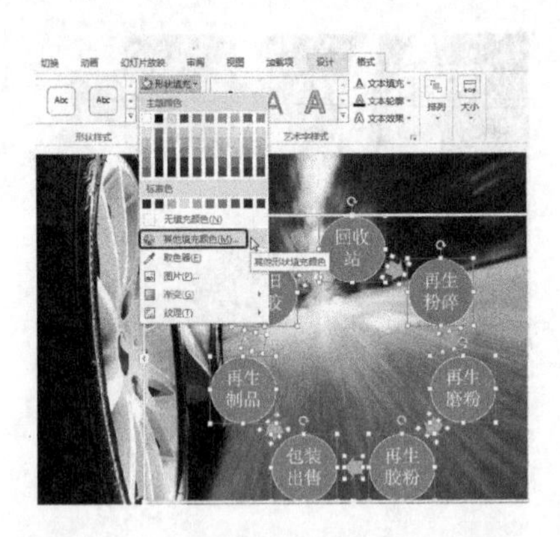

图 9-28　选择【其他填充颜色】选项

step 10 在弹出的【颜色】对话框中切换到【标准】选项卡，然后选择如图 9-29 所示的颜色，单击【确定】按钮，即可为选择的形状填充该颜色。

step 11 在【形状样式】组中单击【形状轮廓】按钮，在弹出的下拉列表中将轮廓颜色设置为"白色，背景 1，深色 5%"，将轮廓【粗细】设置为 2.25 磅，如图 9-30 所示。

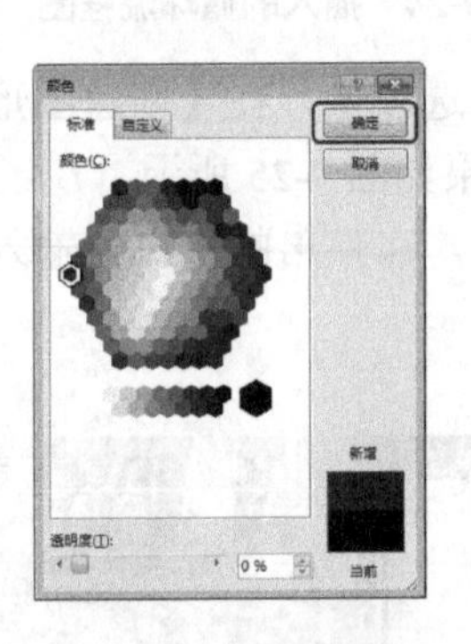

图 9-29　选择颜色

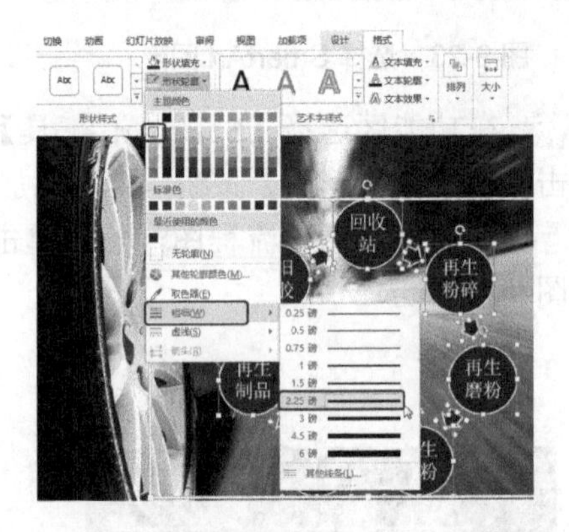

图 9-30　设置轮廓

step 12 在功能区选择【插入】选项卡，在【文本】组中单击 文本框 按钮，在弹出的下拉列表中选择【垂直文本框】选项，如图 9-31 所示。

step 13 在幻灯片中绘制垂直文本框并输入文字，输入文字后选择文本框，在【开始】选项卡的【字体】组中，将【字体】设置为"方正大黑简体"，将【字号】设置为 48，并单击【加粗】按钮，如图 9-32 所示。

step 14 在功能区选择【绘图工具】下的【格式】选项卡，在【艺术字样式】组中单击【其他】按钮，在弹出的下拉列表中选择如图 9-33 所示的艺术字样式，即可为文字应用艺术字样式。

step 15 单击【文本轮廓】按钮右侧的 按钮，在弹出的下拉列表中选择【深绿】选项，如图 9-34 所示。

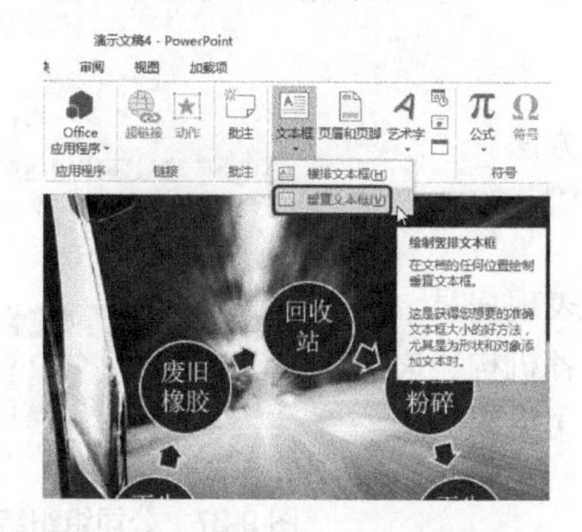

图 9-31 选择【垂直文本框】选项

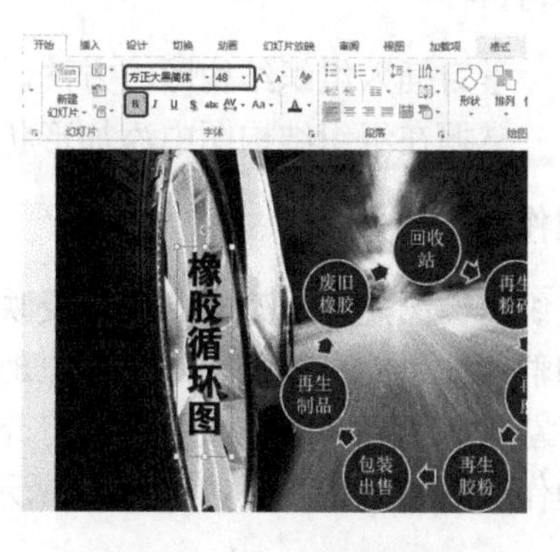

图 9-32 输入并设置文字

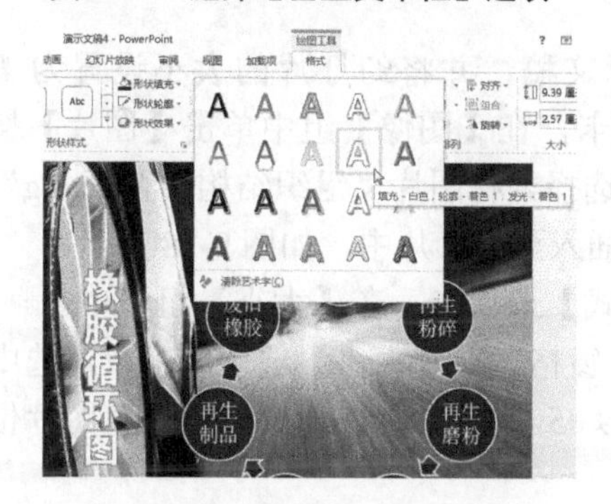

图 9-33 选择艺术字样式

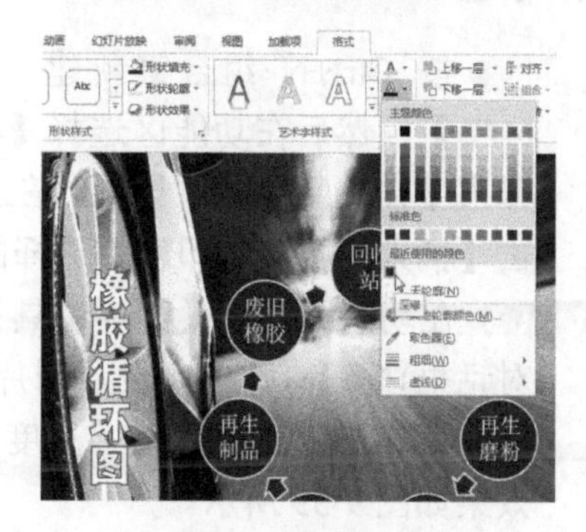

图 9-34 设置轮廓颜色

step 16 在【艺术字样式】组中单击 按钮，弹出【设置形状格式】任务窗格，在【发光】选项组中将【颜色】设置为“深绿”，并在幻灯片中调整文字位置，如图 9-35 所示。

step 17 至此，橡胶循环图就制作完成了，效果如图 9-36 所示。

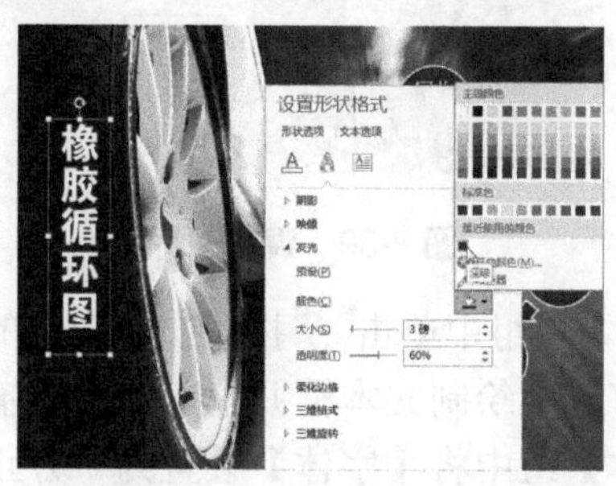

图 9-35 设置文字效果

图 9-36 橡胶循环图

案例精讲 081 公司组织结构图

案例文件：CDROM\场景\Cha09\公司组织结构图. pptx

视频文件：视频教学\Cha09\公司组织结构图.avi

学习目标

- 学习插入组织结构图的方法。
- 掌握在组织结构图中添加形状并更改布局的方法。

制作概述

组织结构图是组织架构的直观反映，是最常见的表现雇员、职称和群体关系的一种图表，它形象地反映了组织内各机构、岗位上下左右相互之间的关系。本例将介绍绿源广告公司组织结构图的制作，完成后的效果如图 9-37 所示。

图 9-37　公司组织结构图

操作步骤

step 01 按 Ctrl+N 组合键新建一个空白演示文稿，并将幻灯片的大小设置为【标准(4:3)】，然后在功能区选择【插入】选项卡，在【图像】组中单击【图片】按钮，弹出【插入图片】对话框。在该对话框中选择素材图片“组织结构图背景.jpg”，单击【插入】按钮，即可将选择的素材图片插入至幻灯片中，如图 9-38 所示。

step 02 在功能区选择【图片工具】下的【格式】选项卡，在【大小】组中单击 (启动对话框)按钮，弹出【设置图片格式】任务窗格，在【大小】选项组中取消选中【锁定纵横比】复选框，将【高度】设置为 19.05 厘米，并在幻灯片中调整图片位置，效果如图 9-39 所示。

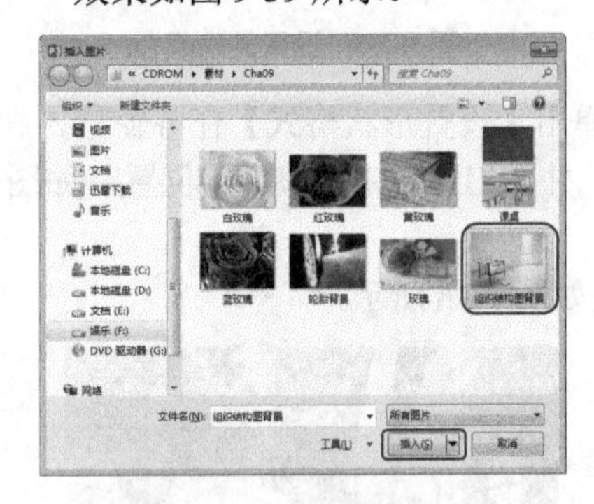

图 9-38　选择素材图片

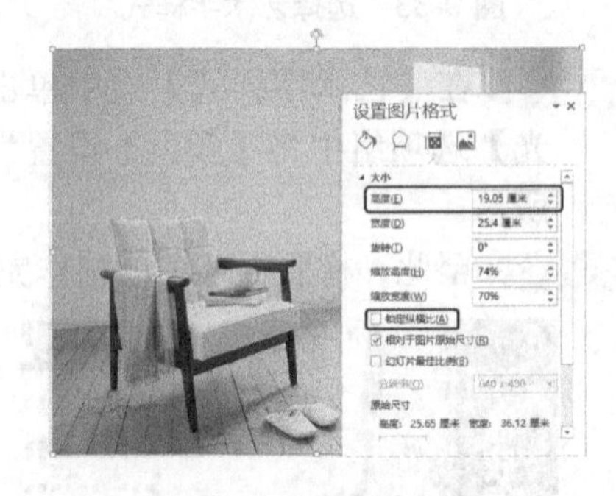

图 9-39　调整图片大小

step 03 在功能区选择【插入】选项卡，在【文本】组中单击 按钮，在弹出的下拉列表中选择【横排文本框】选项，然后在幻灯片中绘制文本框并输入文字。输入文字后选择文本框，在【开始】选项卡的【字体】组中将【字体】设置为“方正综艺简体”，将【字号】设置为 44，并单击【字符间距】按钮，在弹出的下拉列表中选择【稀疏】选项，如图 9-40 所示。

step 04 在功能区选择【绘图工具】下的【格式】选项卡，在【艺术字样式】组中单击【其他】按钮，在弹出的下拉列表中选择如图 9-41 所示的艺术字样式。

step 05 在【艺术字样式】组中单击【文本填充】按钮右侧的 按钮，在弹出的下拉列表中选择【深红】选项，如图 9-42 所示。

step 06 在【艺术字样式】组中单击 按钮，弹出【设置形状格式】任务窗格，在【阴影】选项组中将【颜色】设置为“白色”，如图 9-43 所示。

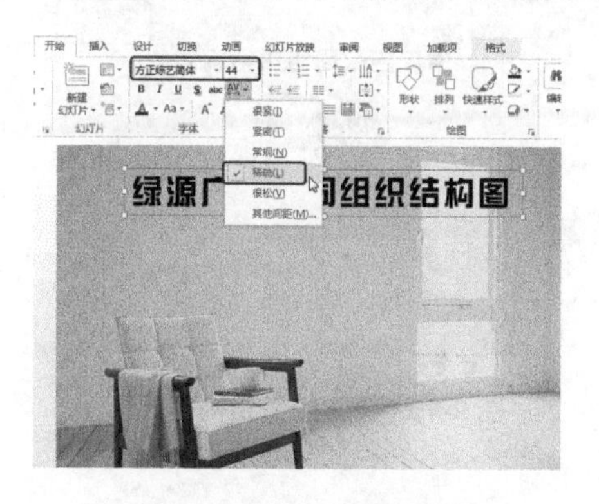

图 9-40　输入并设置文字

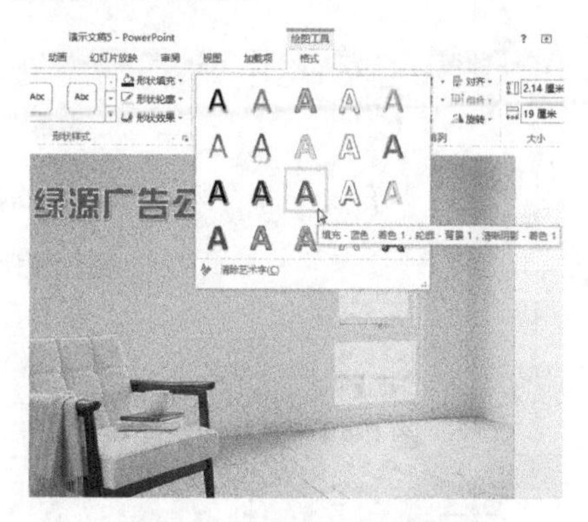

图 9-41　选择艺术字样式

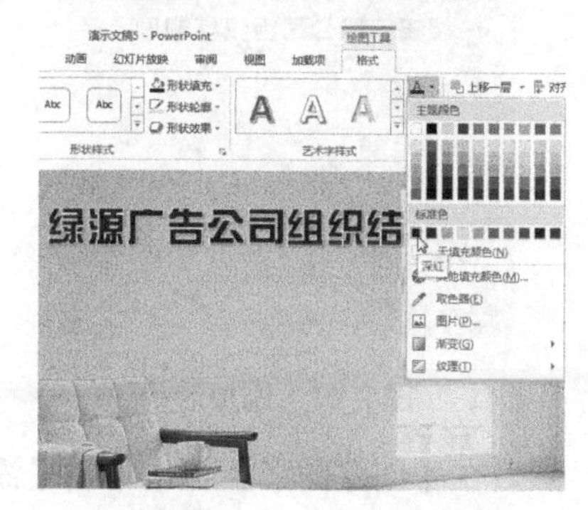

图 9-42　设置文字颜色

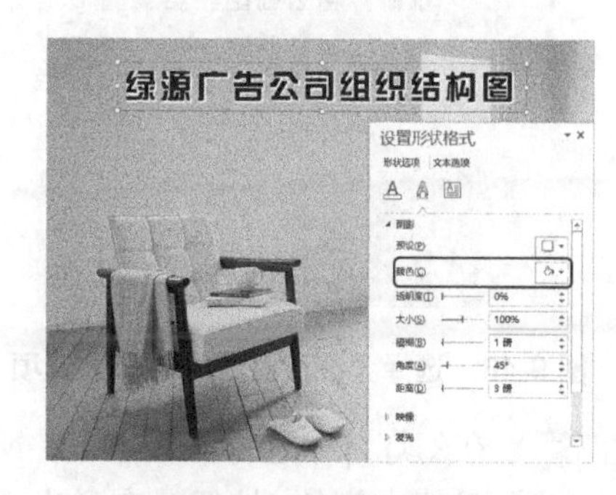

图 9-43　设置阴影颜色

step 07 在功能区选择【插入】选项卡，在【插图】组中单击 SmartArt 按钮，弹出【选择 SmartArt 图形】对话框，在左侧列表中选择【层次结构】选项，然后在右侧的列表框中选择【组织结构图】选项，单击【确定】按钮，即可在幻灯片中插入组织结构图，如图 9-44 所示。

step 08 选择组织结构图，然后选择【SmartArt 工具】下的【格式】选项卡，在【大小】组中将【高度】设置为 14.87 厘米，将【宽度】设置为 23.71 厘米，并在幻灯片中调整其位置，如图 9-45 所示。

在插入的组织结构图中可以看到，图形中包含一些占位符，这是为减少用户工作量而设计的，使得用户向组织结构图中输入信息的工作变得简单易行。

step 09 在幻灯片中选择如图 9-46 所示的图形，然后选择【SmartArt 工具】下的【设计】选项卡，在【创建图形】组中单击【添加形状】按钮右侧的 按钮，在弹出的下拉列表中选择【在后面添加形状】选项，即可在选择形状的后面添加一个新形状。

step 10 使用同样的方法，继续添加形状，效果如图 9-47 所示。

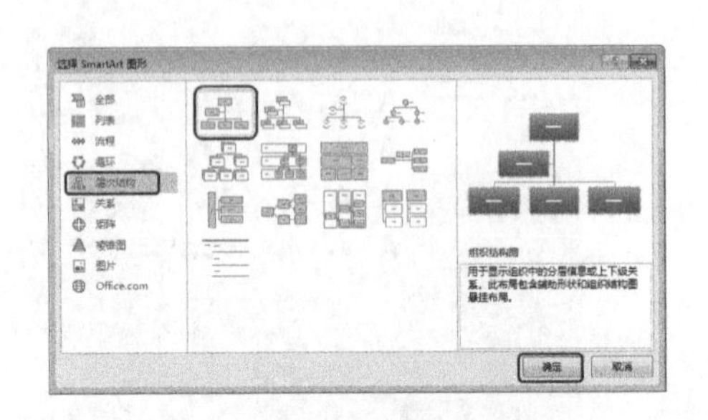

图 9-44　选择组织结构图

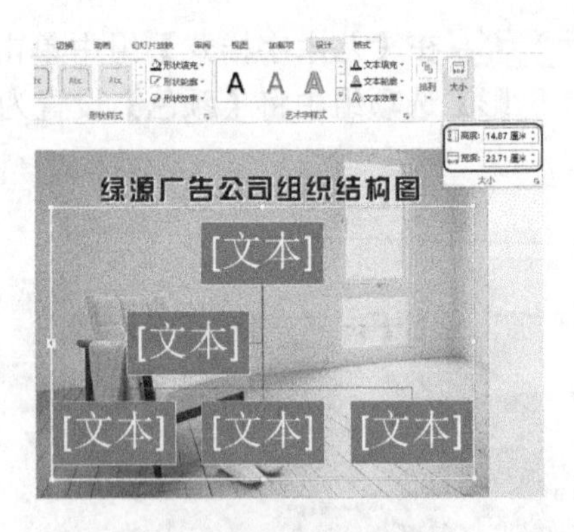

图 9-45　设置组织结构图大小

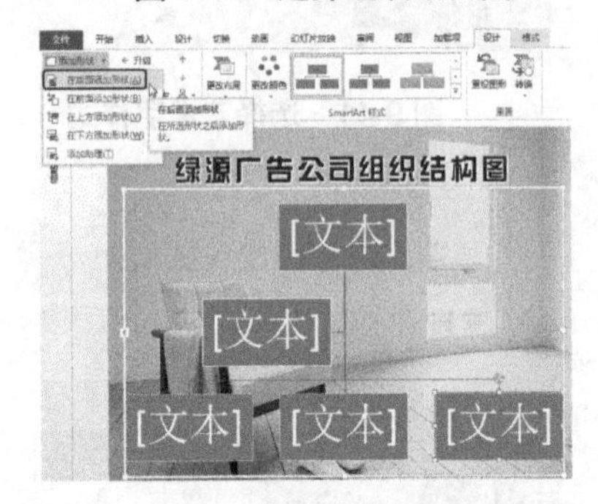

图 9-46　选择【在后面添加形状】选项

图 9-47　添加形状

step 11 在幻灯片中选择如图 9-48 所示的图形，然后在【创建图形】组中单击【添加形状】按钮右侧的 按钮，在弹出的下拉列表中选择【在下方添加形状】选项，即可在选择形状的下方添加一个新形状。

step 12 重复以上操作可在新添加的形状后面添加一个形状，如图 9-49 所示。

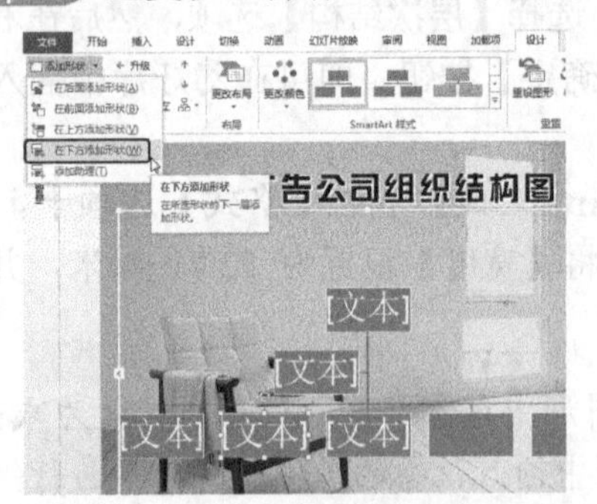

图 9-48　选择【在下方添加形状】选项

图 9-49　添加形状

step 13 在幻灯片中选择如图 9-50 所示的三个形状，然后在【创建图形】组中单击【布局】按钮，在弹出的下拉列表中选择【标准】选项，即可更改布局。

step 14 结合前面介绍的方法，继续添加形状并更改布局，效果如图 9-51 所示。

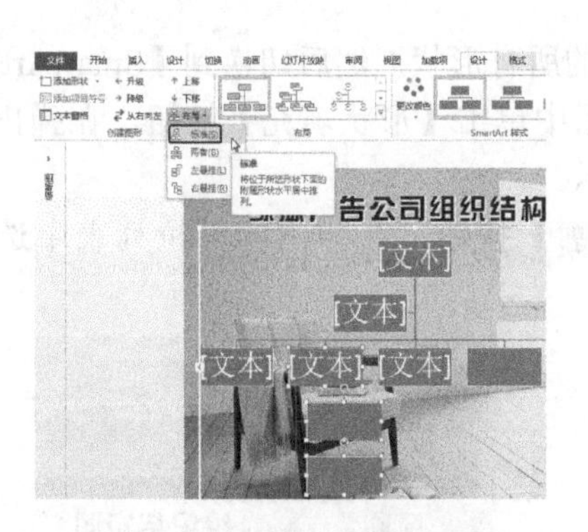

图 9-50　选择【标准】选项

图 9-51　添加形状并更改布局

step 15 在幻灯片中选择如图 9-52 所示的形状，然后选择【SmartArt 工具】下的【格式】选项卡，在【大小】组中将【高度】设置为 4.1 厘米，将【宽度】设置为 1.32 厘米。

step 16 在插入的组织结构图中输入内容，如图 9-53 所示。

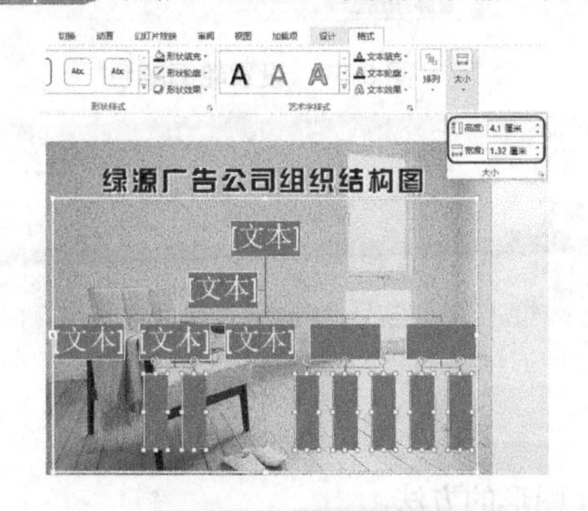

图 9-52　设置形状大小

图 9-53　输入内容

step 17 在幻灯片中选择如图 9-54 所示的图形，然后选择【开始】选项卡，在【字体】组中单击【加粗】按钮。

step 18 选择整个组织结构图，然后在【字体】组中将【字号】设置为 18，如图 9-55 所示。

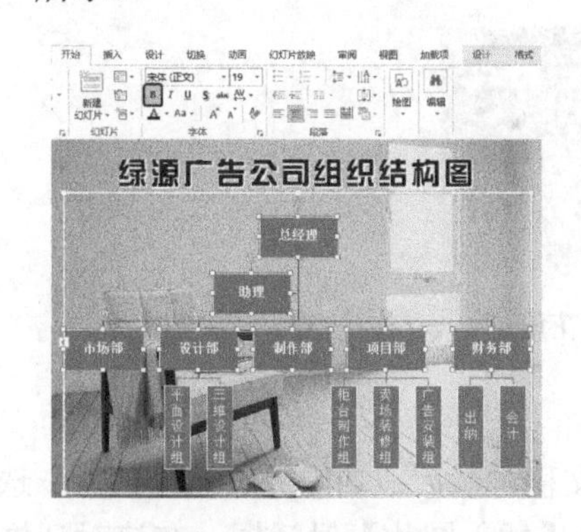

图 9-54　加粗文字

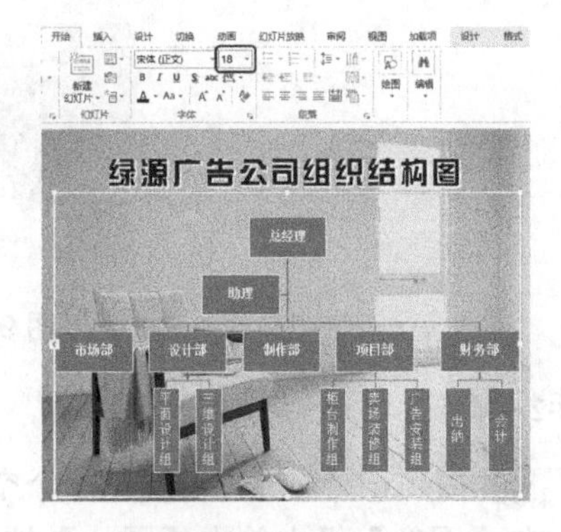

图 9-55　设置字体大小

step 19 按 Ctrl+A 组合键选择组织结构图中的所有形状，然后切换到【SmartArt 工具】下的【格式】选项卡。在【形状样式】组中单击【形状填充】按钮，在弹出的下拉列表中选择【深红】选项，如图 9-56 所示。

step 20 在【形状样式】组中单击【形状轮廓】按钮，在弹出的下拉列表中选择【深红】选项，效果如图 9-57 所示。

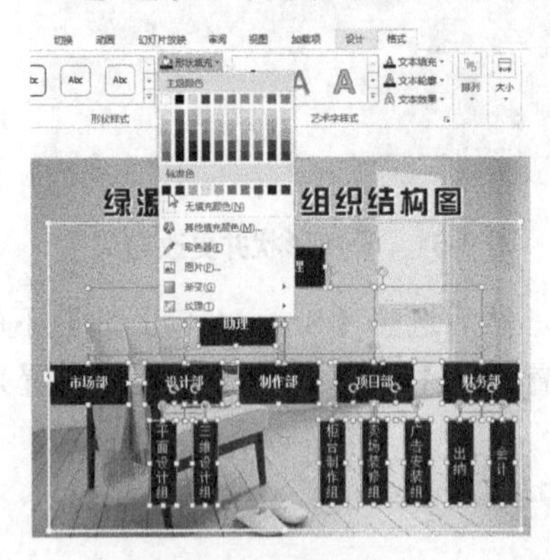

图 9-56 设置填充颜色

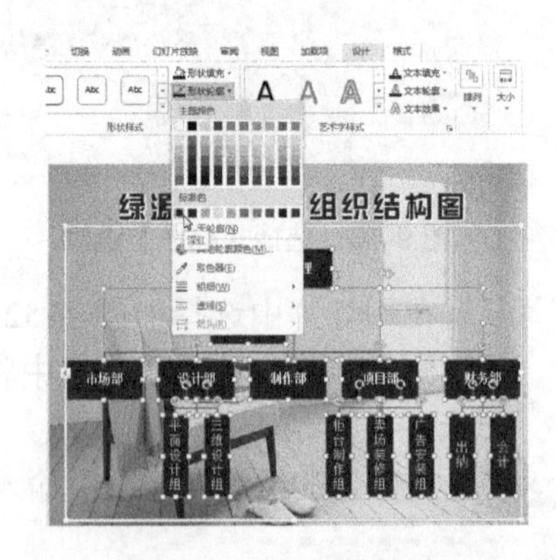

图 9-57 设置轮廓颜色

案例精讲 082 玫瑰花语

案例文件：CDROM\场景\Cha09\玫瑰花语. pptx

视频文件：视频教学\Cha09\玫瑰花语.avi

学习目标

- 学习设置文字描边的方法。
- 掌握插入和编辑【标题图片块】SmartArt 图形的方法。

制作概述

玫瑰又被称为刺玫花、徘徊花、刺客、穿心玫瑰，蔷薇科，蔷薇属灌木。作为农作物，其花朵主要用于食品及提炼香精玫瑰油，而每种颜色的玫瑰都有自己的花语。本例将介绍“玫瑰花语”幻灯片的制作方法。完成后的效果如图 9-58 所示。

图 9-58 玫瑰花语

操作步骤

step 01 按 Ctrl+N 组合键新建一个空白演示文稿，然后在功能区选择【插入】选项卡，在【图像】组中单击【图片】按钮，弹出【插入图片】对话框，在该对话框中选择

"玫瑰.jpg"素材图片，单击【插入】按钮，即可将选择的素材图片插入至幻灯片中，如图 9-59 所示。

step 02 在功能区选择【图片工具】下的【格式】选项卡，在【大小】组中将【形状高度】设置为 21.17 厘米，将【形状宽度】设置为 33.87 厘米，并在幻灯片中调整图片位置，效果如图 9-60 所示。

图 9-59 选择素材图片

图 9-60 设置图片大小

step 03 在功能区选择【图片工具】下的【格式】选项卡，在【大小】组中单击裁剪按钮，在弹出的下拉列表中选择【裁剪】选项。此时，会在图片的周围出现裁剪控点，然后将下方的中心裁剪控点向上拖动，拖动至幻灯片底侧边框上即可，效果如图 9-61 所示。

step 04 调整完成后按 Esc 键即可。在功能区选择【插入】选项卡，在【文本】组中单击【绘制横排文本框】按钮，在幻灯片中绘制文本框并输入文字。输入文字后选择文本框，然后在【开始】选项卡的【字体】组中，将【字体】设置为"方正少儿简体"，将【字号】设置为 96，如图 9-62 所示。

图 9-61 调整裁剪区域

图 9-62 输入并设置文字

step 05 选择文字"玫"，在【字体】组中单击【字体颜色】按钮右侧的按钮，在弹出的下拉列表中选择【其他颜色】选项，如图 9-63 所示。

step 06 弹出【颜色】对话框，切换到【自定义】选项卡，将【红色】、【绿色】和【蓝色】的值设置为 237、125、49，单击【确定】按钮，即可为选择的文字填充设置的颜色，如图 9-64 所示。

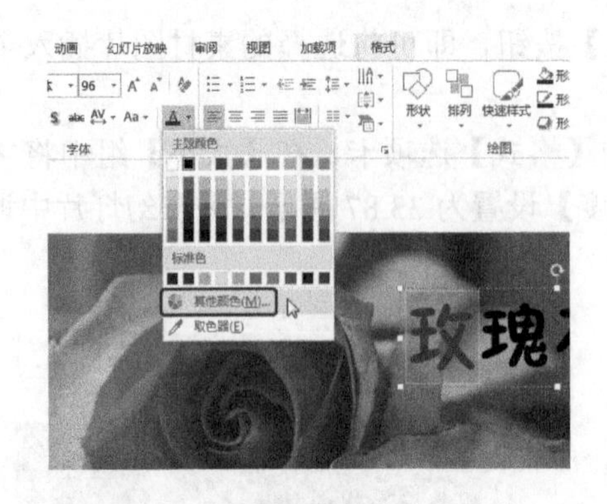

图 9-63　选择【其他颜色】选项

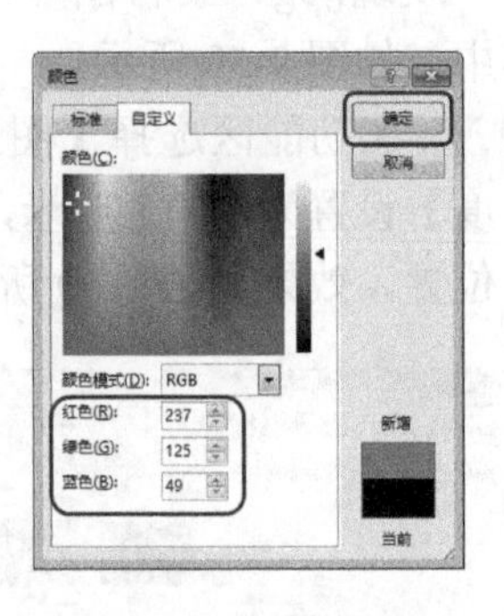

图 9-64　设置颜色

step 07 使用同样的方法，为其他文字设置颜色，效果如图 9-65 所示。

step 08 选择文本框，然后在功能区选择【绘图工具】下的【格式】选项卡。在【艺术字样式】组中单击【文本轮廓】按钮右侧的 按钮，在弹出的下拉列表中选择【粗细】|【其他线条】选项，如图 9-66 所示。

图 9-65　设置其他文字的颜色

图 9-66　选择【其他线条】选项

step 09 弹出【设置形状格式】任务窗格，在【文本边框】选项组中选择【实线】单选按钮，将【颜色】设置为“白色”，将【宽度】设置为 2 磅，如图 9-67 所示。

step 10 在功能区选择【插入】选项卡，在【插图】组中单击 SmartArt 按钮，弹出【选择 SmartArt 图形】对话框，在左侧列表中选择【图片】选项，在右侧的列表框中选择【标题图片块】选项，单击【确定】按钮，即可在幻灯片中插入 SmartArt 图形，如图 9-68 所示。

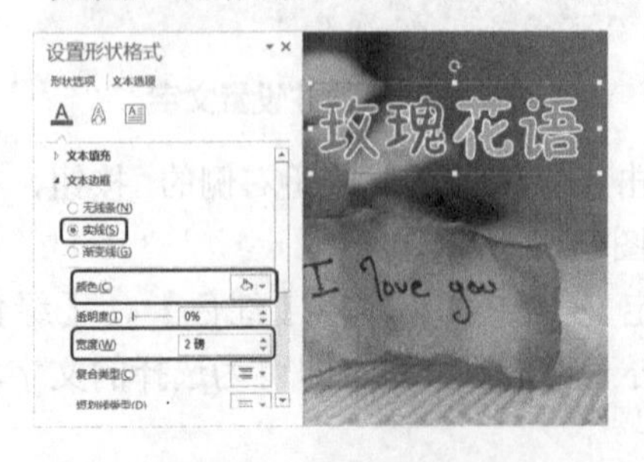

图 9-67　设置文字边框

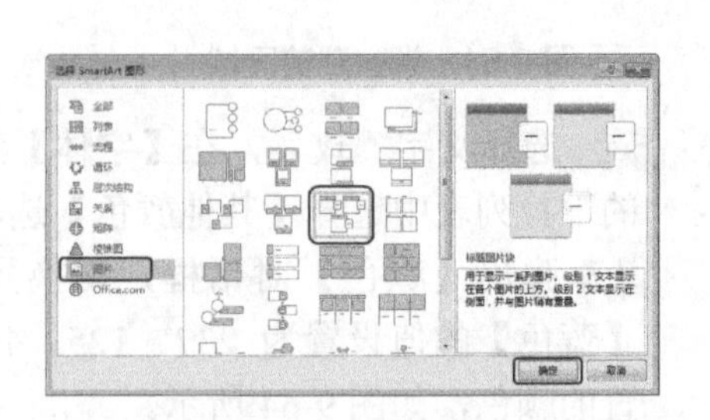

图 9-68　选择图形

step 11 选择如图 9-69 所示的形状。

step 12 按 Ctrl+C 组合键进行复制，然后按 Ctrl+V 组合键进行粘贴，如图 9-70 所示。

图 9-69　选择形状

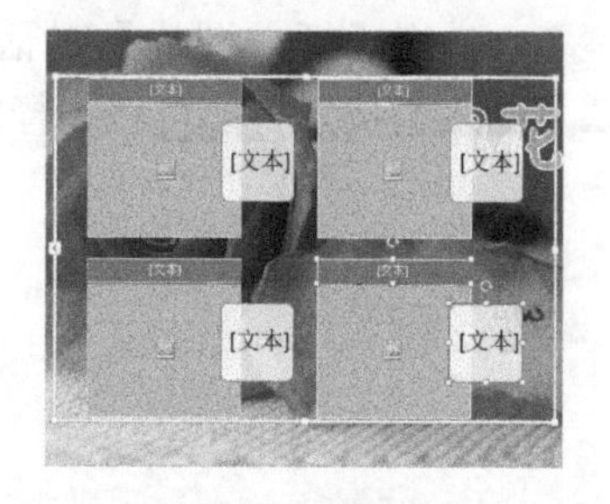

图 9-70　复制形状

step 13 选择整个 SmartArt 图形，然后在功能区选择【SmartArt 工具】下的【格式】选项卡，在【大小】组中将【高度】设置为 10.07 厘米，将【宽度】设置为 36.12 厘米，如图 9-71 所示。

step 14 在幻灯片中选择如图 9-72 所示的形状，然后向左调整其位置，效果如图 9-72 所示。

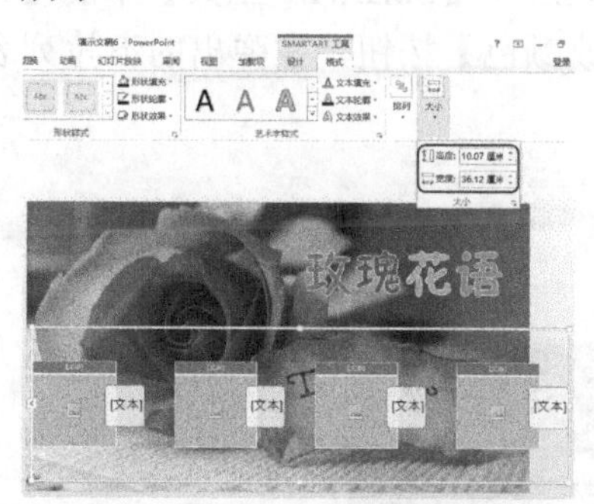

图 9-71　设置图形大小

图 9-72　调整形状位置

step 15 使用同样的方法，调整其他形状的位置，并在幻灯片中调整 SmartArt 图形的位置，效果如图 9-73 所示。

step 16 在幻灯片中选择如图 9-74 所示的形状，在【格式】选项卡的【大小】组中将【高度】设置为 1.1 厘米，并向上调整形状的位置。

图 9-73　调整形状的位置

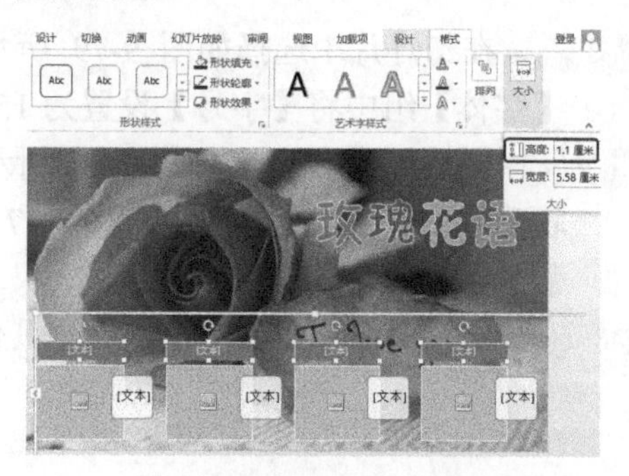

图 9-74　调整形状及位置

step 17 单击左侧形状上的图标，在弹出的对话框中单击【来自文件】选项，如图 9-75 所示。

step 18 弹出【插入图片】对话框，在该对话框中选择素材图片“红玫瑰.jpg”，单击【插入】按钮，即可将选择的素材图片插入至形状中，如图 9-76 所示。

图 9-75 单击【来自文件】选项

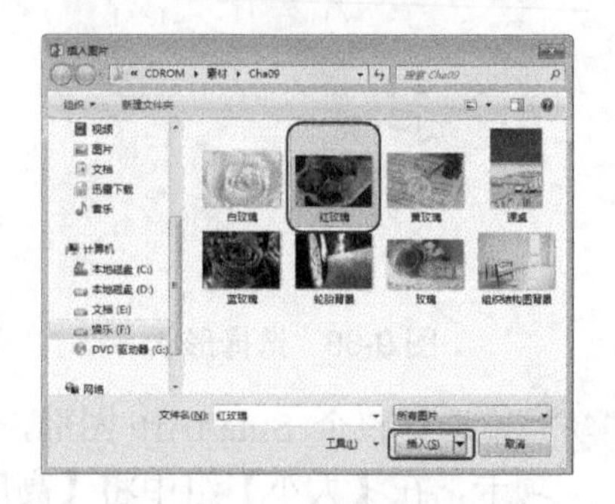

图 9-76 选择素材图片

step 19 使用同样的方法，在其他形状中插入图片并输入内容，效果如图 9-77 所示。

step 20 选择整个 SmartArt 图形，然后在功能区选择【SmartArt 工具】下的【设计】选项卡，在【SmartArt 样式】组中单击【更改颜色】按钮，在弹出的下拉列表框中选择【彩色-着色】选项，如图 9-78 所示。

图 9-77 插入图片并输入内容

图 9-78 选择颜色

step 21 在幻灯片中选择如图 9-79 所示的形状，然后在功能区选择【开始】选项卡，在【字体】组中将【字号】设置为 15。

step 22 在幻灯片中选择如图 9-80 所示的形状，在【字体】组中将【字体】设置为“微软雅黑”，将【字号】设置为 17，设置字体颜色与标题文字“玫”相同，在【段落】组中单击【居中】按钮。

step 23 结合前面介绍的方法，设置其他文字，效果如图 9-81 所示。

图 9-79 设置文字大小

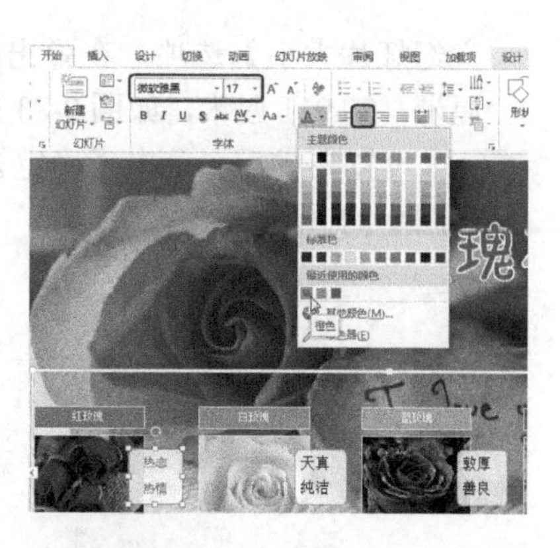

图 9-80 设置文字

图 9-81 设置其他文字

案例精讲 083 提高工作效率

案例文件：CDROM\场景\Cha09\提高工作效率.pptx

视频文件：视频教学\Cha09\提高工作效率.avi

学习目标

- 学习并掌握幻灯片大小的设置。
- 学习并掌握图像文件的添加及设置。
- 学习如何插入 SmartArt 图形。
- 掌握为 SmartArt 图形添加多个图形的方法。
- 掌握阴影及描边的设置。

制作概述

本案例将介绍如何制作提高工作效率幻灯片，该案例主要通过在幻灯片中添加 SmartArt 图形，然后对 SmartArt 图形进行设置及调整，从而完成最终效果。效果如图 9-82 所示。

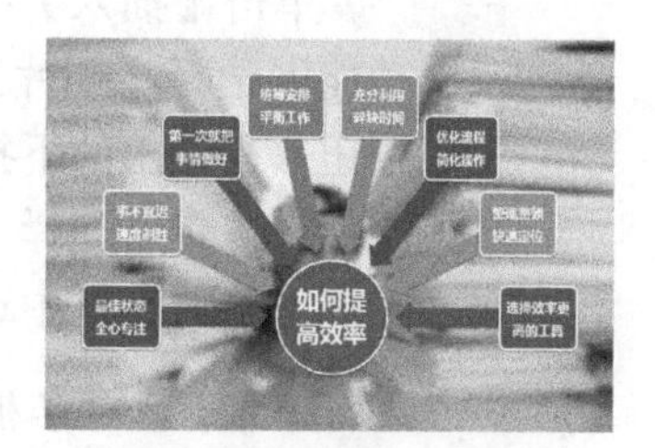

图 9-82 提高工作效率

操作步骤

step 01 启动 PowerPoint 2013，新建一个空白演示文稿。在功能区选择【设计】选项卡，在【自定义】组中单击【幻灯片大小】按钮，在弹出的下拉列表中选择【自定义幻灯片大小】选项，在弹出的对话框中将【宽度】、【高度】分别设置为 31.38 厘米、20.911 厘米，如图 9-83 所示。

step 02 设置完成后，单击【确定】按钮，在弹出的对话框中单击【确保合适】按钮，如图 9-84 所示。

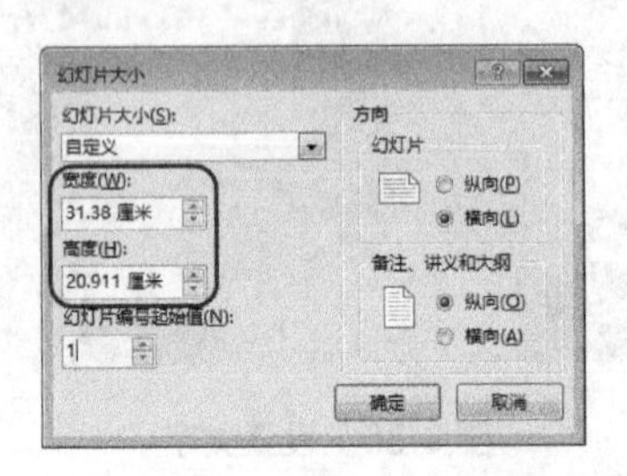

图 9-83　设置幻灯片大小

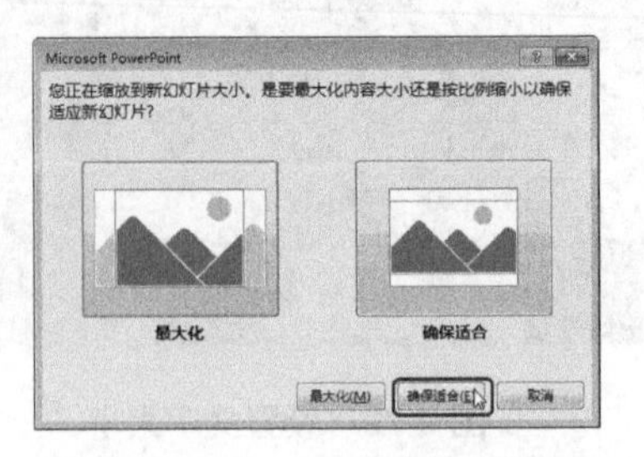

图 9-84　单击【确保合适】按钮

step 03 在功能区选择【开始】选项卡，在【幻灯片】组中单击【版式】按钮，在弹出的下拉列表中选择【空白】选项，如图 9-85 所示。

step 04 在功能区选择【插入】选项卡，在【图像】组中单击【联机图片】按钮，在弹出的对话框中输入要搜索的内容，如图 9-86 所示。

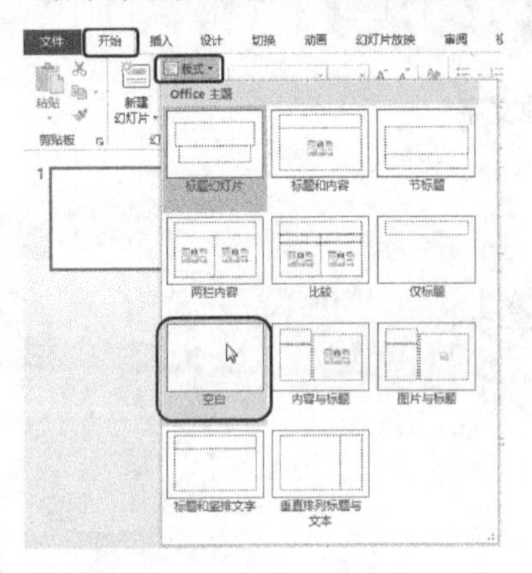

图 9-85　选择【空白】选项

图 9-86　输入搜索内容

step 05 单击【搜索】按钮，在搜索结果中选择要添加的素材图片，如图 9-87 所示。

step 06 单击【插入】按钮，选择插入的素材图片，将其调整至与幻灯片大小相同。在功能区选择【图片工具】下的【格式】选项卡，在【调整】组中单击【艺术效果】按钮，在弹出的下拉列表中选择【虚化】选项，如图 9-88 所示。

step 07 在功能区选择【插入】选项卡，在【插图】组中单击【SmartArt 图形】按钮，在弹出的对话框中选择【聚合射线】选项，如图 9-89 所示。

由于该对话框中的选项太多，要想找到【聚合射线】选项比较费劲。用户可以在该对话框中选择【关系】选项，然后再在其右侧的列表框中查找【聚合射线】选项，这样就比较容易了。

step 08 选择完成后，单击【确定】按钮，即可将选中的聚合射线图形插入至幻灯片中，如图 9-90 所示。

图 9-87 选择素材图片

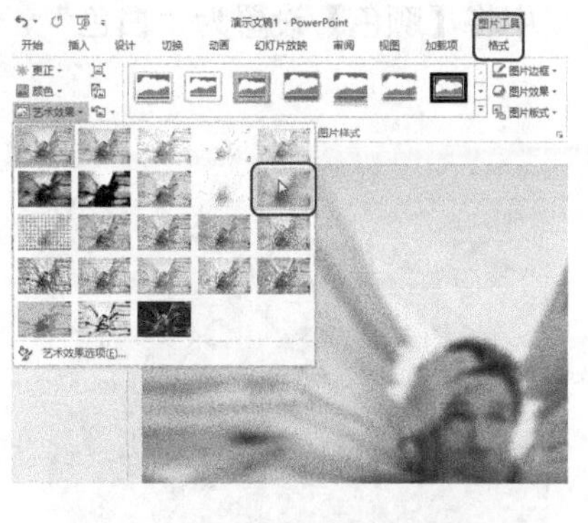

图 9-88 选择【虚化】选项

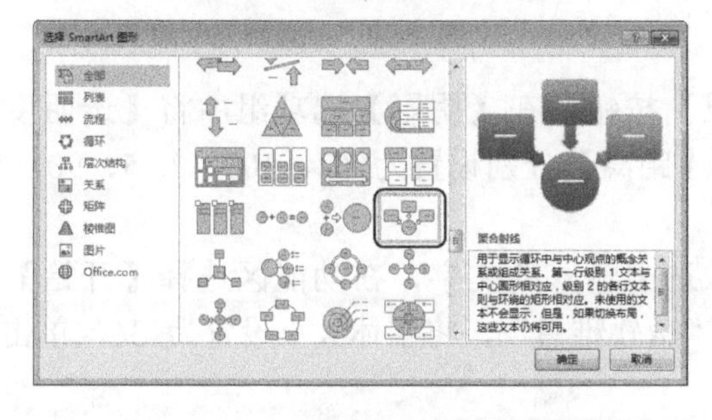

图 9-89 选择【聚合射线】选项

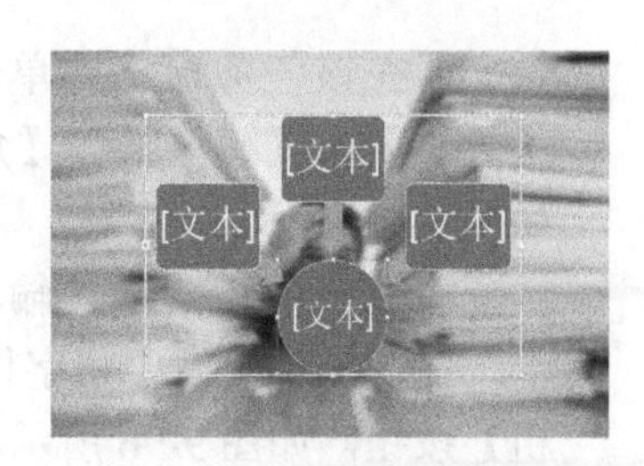

图 9-90 插入图形后的效果

step 09 在功能区选择【SmartArt 工具】下的【设计】选项卡，在【SmartArt 样式】组中单击【更改颜色】按钮，在弹出的下拉列表中选择【彩色-着色】选项，如图 9-91 所示。

step 10 在幻灯片中选择灰色图形，在【创建图形】组中单击【添加形状】右侧的下三角按钮，在弹出的下拉列表中选择【在后面添加形状】选项，如图 9-92 所示。

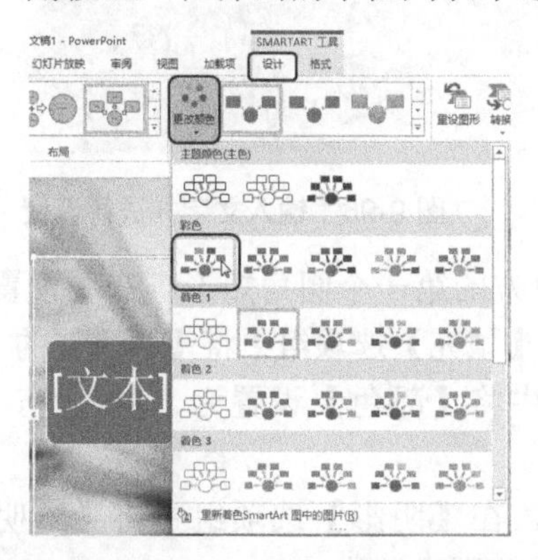

图 9-91 选择【彩色-着色】选项

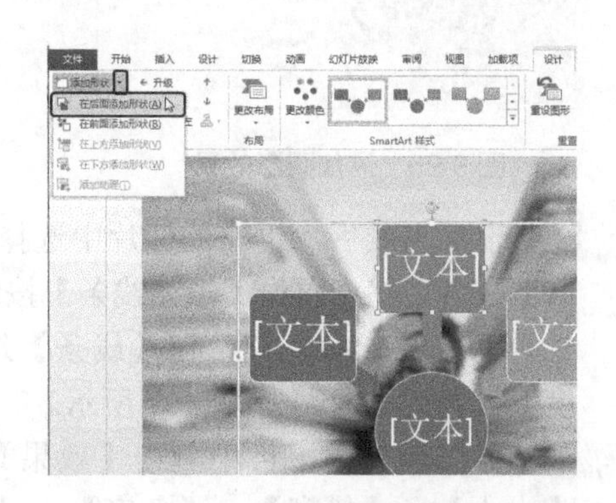

图 9-92 选择【在后面添加形状】选项

step 11 添加完成后，使用同样的方法再添加四个图形，并在幻灯片中调整该图形的大小和位置，效果如图 9-93 所示。

step 12 选中中间的圆形，在【设置形状格式】任务窗格中单击【填充线条】按钮，在

【填充】选项组中将【颜色】的 RGB 值设置为 79、129、189，在【线条】选项组中将【颜色】设置为“白色”，将【宽度】设置为 3 磅，如图 9-94 所示。

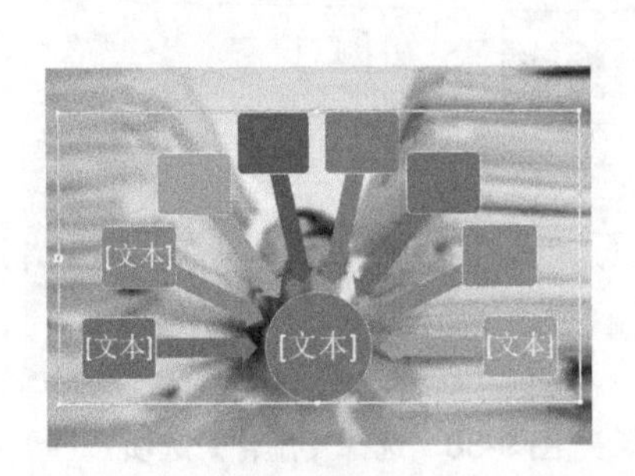

图 9-93　添加图形并调整其大小和位置

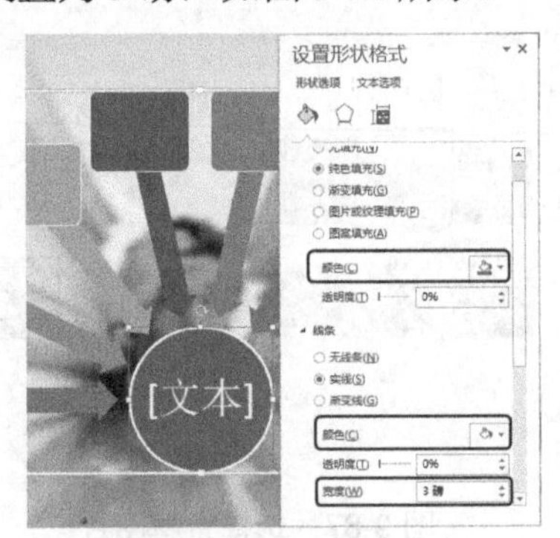

图 9-94　设置填充和线条

step 13 再在该任务窗格中单击【效果】按钮，在【阴影】选项组中将【透明度】、【大小】、【模糊】、【角度】、【距离】分别设置为 62、100、3.15、90、1.6，如图 9-95 所示。

step 14 继续选中该图形，输入文字。选中输入的文字，在功能区选择【开始】选项卡，在【字体】组中将字体设置为“微软雅黑”，将字体大小设置为 36，单击【加粗】按钮，如图 9-96 所示。

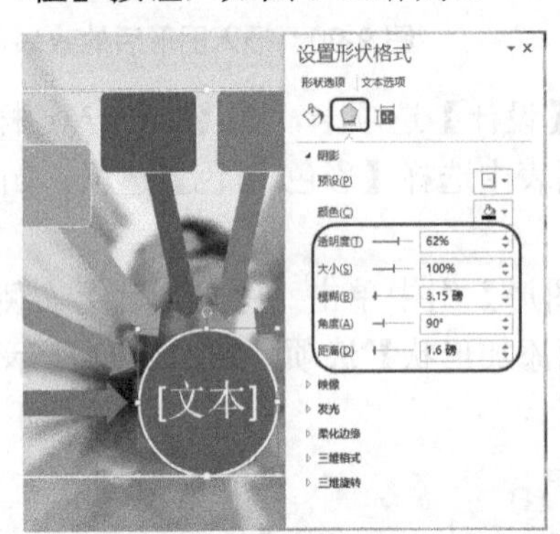

图 9-95　添加阴影效果

图 9-96　输入文字并进行设置

step 15 设置完成后，再在幻灯片中选择左侧下方的第一个圆角矩形，在【设置形状格式】任务窗格中单击【填充线条】按钮，在【填充】选项组中将【颜色】的 RGB 值设置为 192、80、77，在【线条】选项组中将【颜色】设置为“白色”，将【宽度】设置为 3 磅，如图 9-97 所示。

step 16 再在该任务窗格中单击【效果】按钮，在【阴影】选项组中将【透明度】、【大小】、【模糊】、【角度】、【距离】分别设置为 62、100、3.15、90、1.6，如图 9-98 所示。

step 17 设置完成后，继续选中该图形，输入文字。选中输入的文字，在功能区选择【开始】选项卡，在【字体】组中将字体设置为“微软雅黑”，将字体大小设置为

20，单击【加粗】按钮，如图 9-99 所示。

step 18 使用同样的方法设置其他图形，并输入相应的文字，效果如图 9-100 所示。

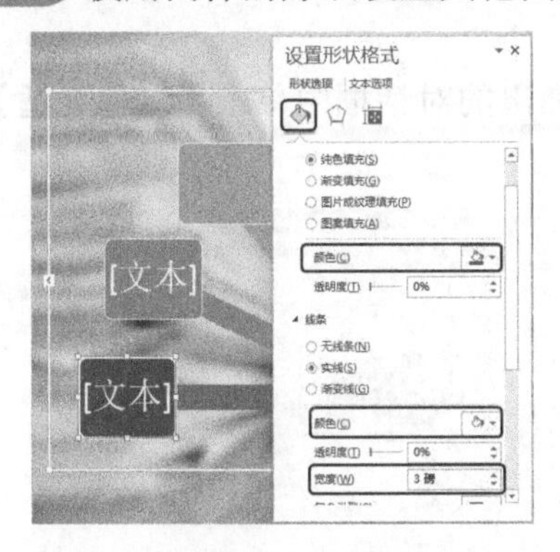

图 9-97　设置圆角矩形的填充和线条

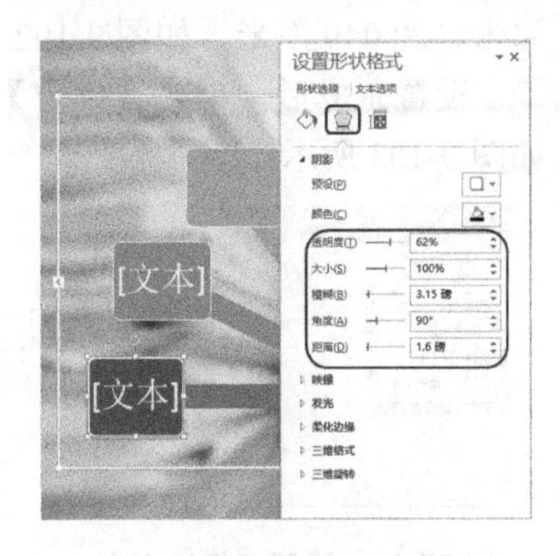

图 9-98　添加阴影效果

图 9-99　输入文字并进行设置

图 9-100　设置其他图形并输入文字后的效果

案例精讲 084　办公用品分类

案例文件：CDROM\场景\Cha09\办公用品分类.pptx

视频文件：视频教学\Cha09\办公用品分类.avi

学习目标

- 学习并掌握环形图的插入及设置。
- 学习并掌握基本射线图的插入及设置。

制作概述

下面将介绍办公用品分类幻灯片的制作。该案例主要通过添加环形图、基本射线图，然后再设置其填充、描边、阴影等参数，从而完成最终效果。办公用品幻灯片效果如图 9-101 所示。

图 9-101　办公用品分类

操作步骤

step 01 启动 PowerPoint 2013，新建一个空白演示文稿，在功能区选择【设计】选项卡，在【自定义】组中单击【幻灯片大小】按钮，在弹出的下拉列表中选择【自定义幻灯片大小】选项，在弹出的对话框中将【宽度】、【高度】分别设置为 28.399 厘米、22.049 厘米，如图 9-102 所示。

step 02 设置完成后，单击【确定】按钮，在弹出的对话框中单击【确保合适】按钮，如图 9-103 所示。

图 9-102 设置幻灯片大小

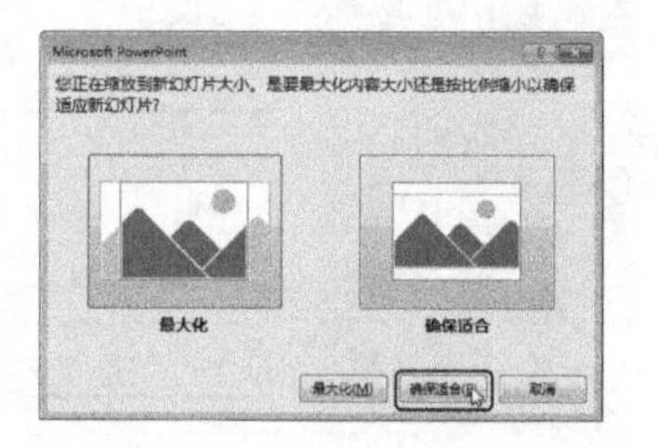

图 9-103 单击【确保合适】按钮

step 03 将幻灯片的版式设置为“空白”，在功能区选择【插入】选项卡，在【图像】组中单击【图片】按钮，在弹出的对话框中选择随书附带光盘中的“CDROM\素材\Cha09\m01.jpg”素材文件，如图 9-104 所示。

step 04 单击【插入】按钮，在幻灯片中调整该图像的大小，在功能区选择【图片工具】下的【格式】选项卡，在【大小】组中单击【裁剪】按钮，在幻灯片中对图像进行裁剪，效果如图 9-105 所示。

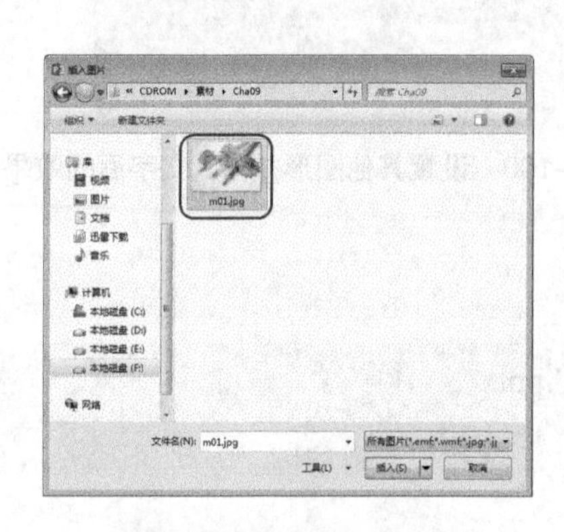

图 9-104 选择素材文件

图 9-105 裁剪图像

step 05 调整完成后，再次单击【裁剪】按钮，完成裁剪。继续选中该图像，在【调整】组中单击【艺术效果】按钮，在弹出的下拉列表中选择【艺术效果选项】，如图 9-106 所示。

step 06 在【设置图片格式】任务窗格中将【艺术效果】设置为“虚化”，将【半径】设置为 20，如图 9-107 所示。

step 07 在功能区选择【插入】选项卡，在【插图】组中单击【形状】按钮，在弹出的下拉列表中选择【矩形】选项。在幻灯片中绘制一个矩形，选中该矩形，在【设置形状格式】任务窗格中单击【填充线条】按钮，在【填充】选项组中将【颜色】的 RGB 值设置为 67、187、255，在【线条】选项组中单击【无线条】单选按钮，如

图 9-108 所示。

step 08 再在该任务窗格中单击【大小属性】按钮，在【大小】选项组中将【高度】、【宽度】分别设置为 1.12 厘米、20.44 厘米，在【位置】选项组中将【水平位置】、【垂直位置】分别设置为 0、20.93，如图 9-109 所示。

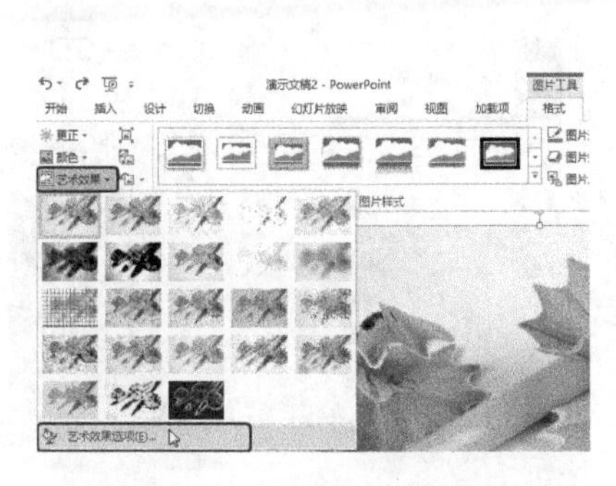

图 9-106　选择【艺术效果选项】

图 9-107　设置艺术效果及参数

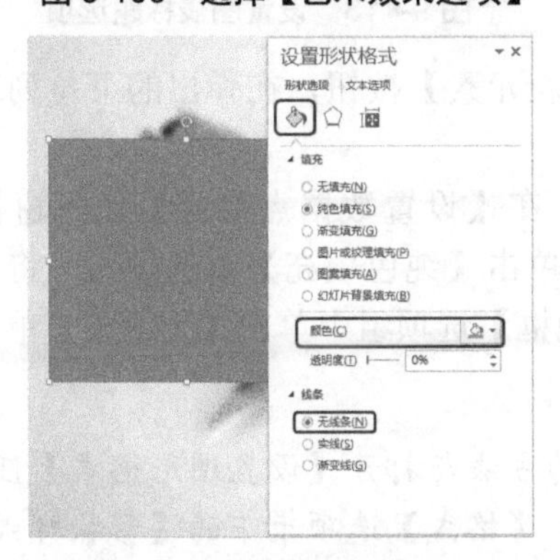

图 9-108　绘制图形并设置填充线条

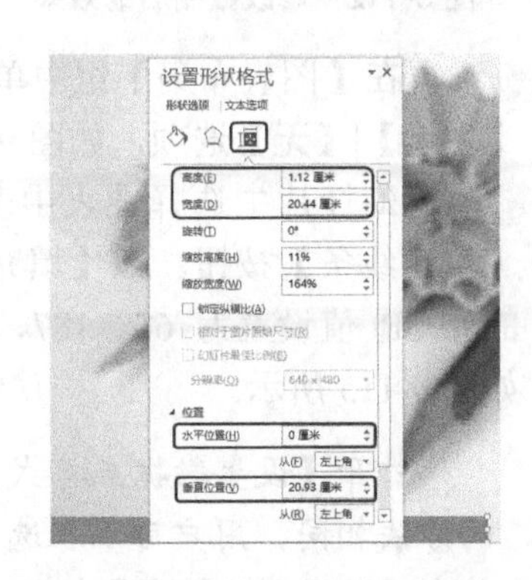

图 9-109　设置图形的大小和位置

step 09 选中矩形，按住 Ctrl 键对其进行复制，调整其位置和大小，将其填充颜色的 RGB 值设置为 255、204、0，如图 9-110 所示。

step 10 在功能区选择【插入】选项卡，在【插图】组中单击【图表】按钮，在弹出的对话框中选择【饼图】选项卡，再在其右侧选择【环形图】选项，如图 9-111 所示。

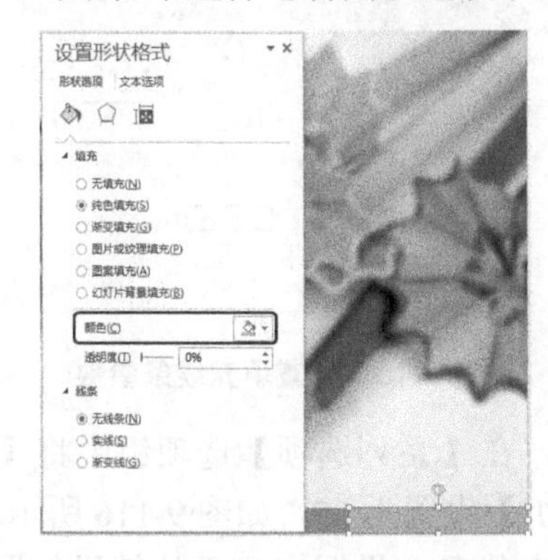

图 9-110　复制图形并进行调整

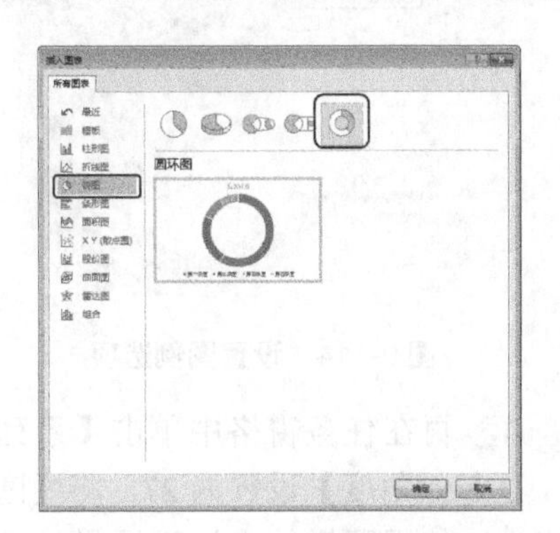

图 9-111　选择【环形图】选项

step 11 单击【确定】按钮，在弹出的数据表中修改环形图的数据，效果如图 9-112 所示。

step 12 将数据表关闭，选中该图表，在功能区选择【图表工具】下的【设计】选项卡，在【图表布局】组中单击【添加图表元素】按钮，在弹出的下拉列表中选择【图表标题】|【无】选项，如图 9-113 所示。

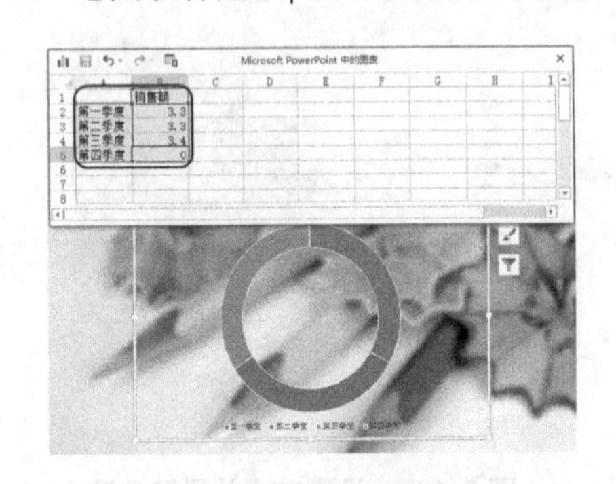

图 9-112 修改数据后的效果

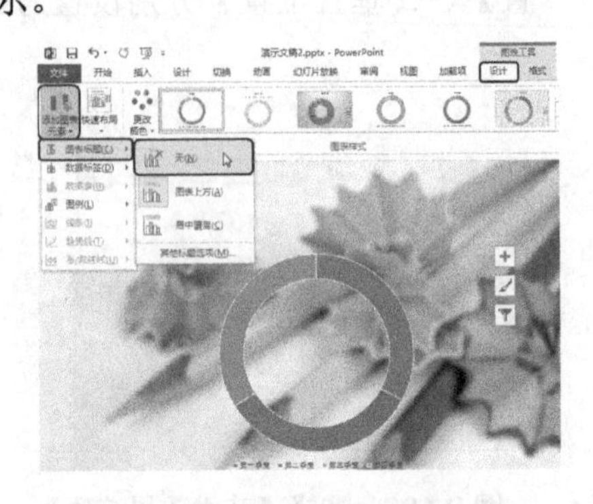

图 9-113 设置图表标题选项

step 13 再在【图表布局】组中单击【添加图表元素】按钮，在弹出的下拉列表中选择【图例】|【无】选项，如图 9-114 所示。

step 14 在幻灯片中选择图表中灰色的图形，在【设置数据点格式】任务窗格中单击【填充线条】按钮。在【填充】选项组中单击【纯色填充】单选按钮，将【颜色】的 RGB 值设置为 67、187、225，在【边框】选项组中单击【无线条】单选按钮，如图 9-115 所示。

打开【设置数据点格式】任务窗格的方法与打开【设置图形格式】任务窗格的方法相同，用户可以在选中图形后，在【格式】选项卡下的【形状样式】组中单击【设置形状格式】按钮，从而打开【设置数据点格式】任务窗格。

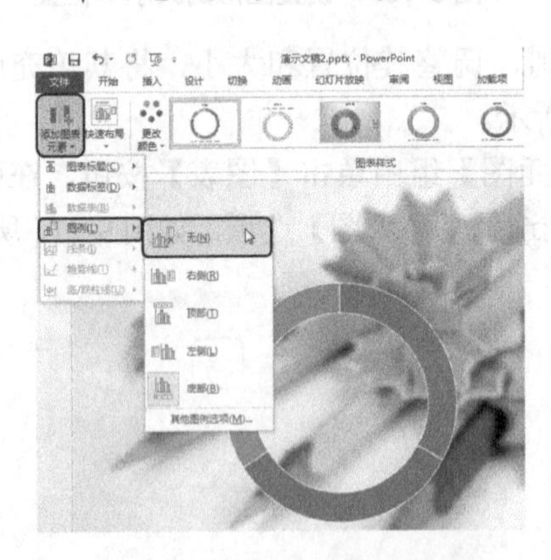

图 9-114 设置图例选项

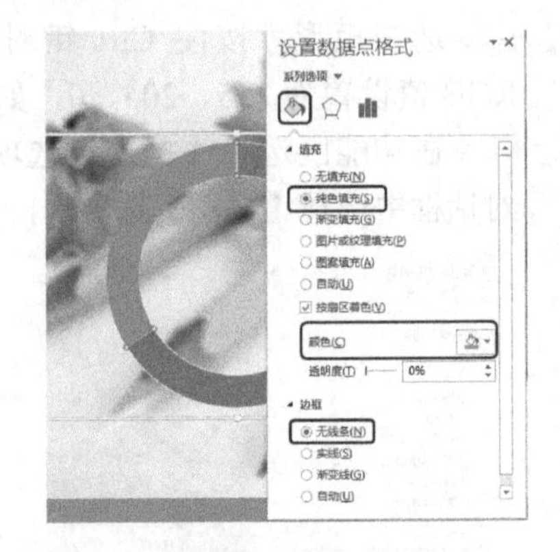

图 9-115 设置填充线条参数

step 15 再在任务窗格中单击【系列选项】按钮，在【系列选项】选项组中将【第一扇区起始角度】设置为 27，将【圆环图内径大小】设置为 85，如图 9-116 所示。

step 16 使用同样的方法设置另外两个图形的填充线条，设置完成后的效果如图 9-117 所示。

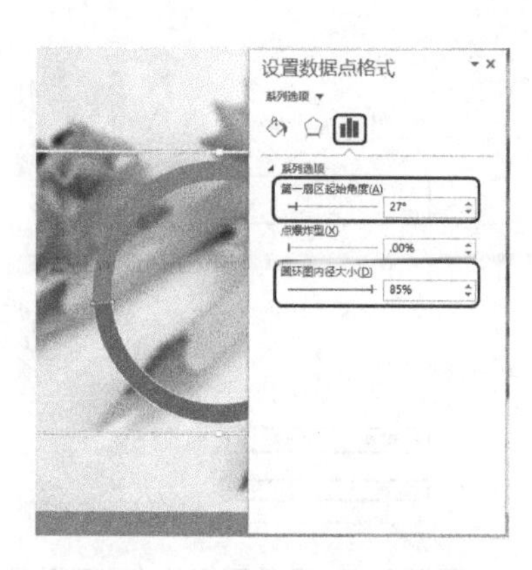

图 9-116 设置系列选项参数

图 9-117 设置其他图形后的效果

step 17 在功能区选择【插入】选项卡，在【插图】组中单击【形状】按钮，在弹出的下拉列表中选择【椭圆】选项，在幻灯片中按住 Shift 键绘制一个正圆。选中该圆形，在【设置图片格式】任务窗格中单击【填充线条】按钮，在【填充】选项组中单击【图片或纹理填充】单选按钮，单击【文件】按钮，如图 9-118 所示。

step 18 在弹出的对话框中选择“m02.jpg”素材文件，如图 9-119 所示。

图 9-118 绘制图形并单击【文件】按钮

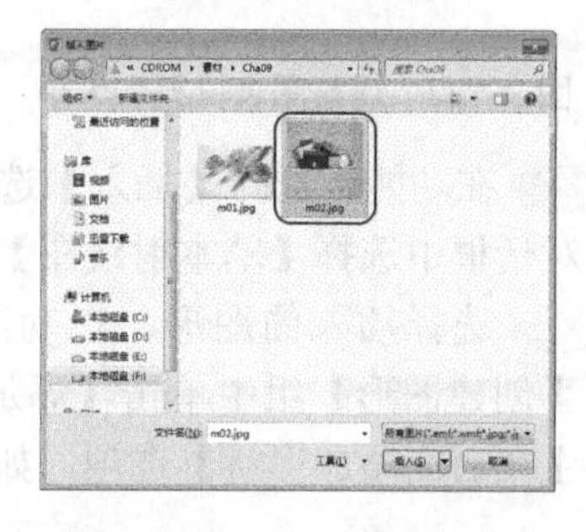

图 9-119 选择素材文件

step 19 单击【插入】按钮，选中【将图片平铺为纹理】复选框，将【偏移量 X】、【偏移量 Y】、【缩放比例 X】、【缩放比例 Y】分别设置为 5、6.5、17、17，将【对齐方式】设置为“居中”，在【线条】选项组中单击【无线条】单选按钮，如图 9-120 所示。

step 20 再在该任务窗格中单击【大小属性】按钮，在【大小】选项组中将【高度】、【宽度】都设置为 6.59 厘米。在【位置】选项组中将【水平位置】、【垂直位置】分别设置为 11.36 厘米、6.2 厘米，如图 9-121 所示。

step 21 在幻灯片中选中图表，调整其位置和大小，调整后的效果如图 9-122 所示。

step 22 继续选中该图表并右击，在弹出的快捷菜单中选择【置于顶层】命令，如图 9-123 所示。

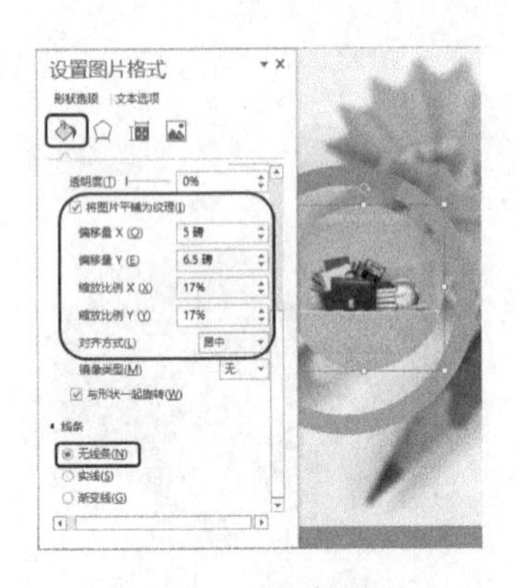

图 9-120　设置填充选项

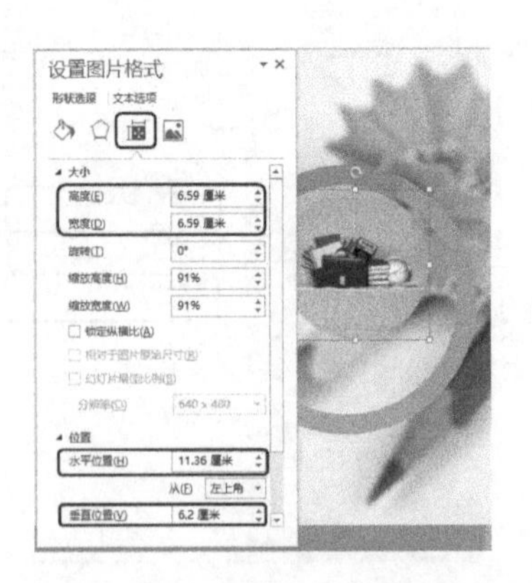

图 9-121　调整图形的大小和位置

图 9-122　调整图表位置和大小

图 9-123　选择【置于顶层】命令

step 23 在功能区选择【插入】选项卡，在【插图】组中单击 SmartArt 按钮，在弹出的对话框中选择【基本射线图】选项，如图 9-124 所示。

step 24 选择插入的图形，在功能区选择【SmartArt 工具】下的【设计】选项卡，在【创建图形】组中单击【添加形状】右侧的下三角按钮，在弹出的下拉列表中选择【在后面添加形状】选项，如图 9-125 所示。

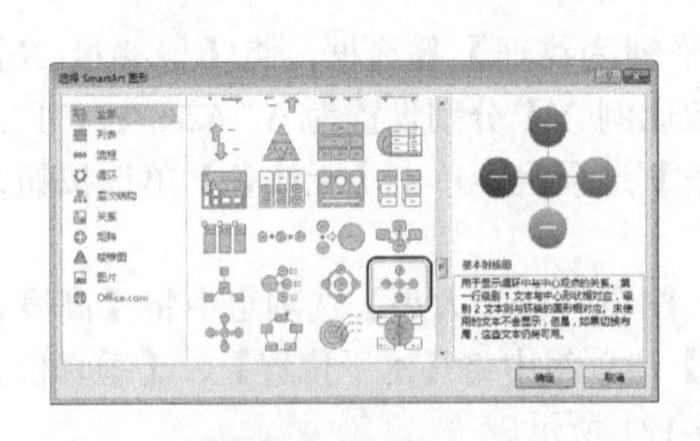

图 9-124　选择【基本射线图】选项

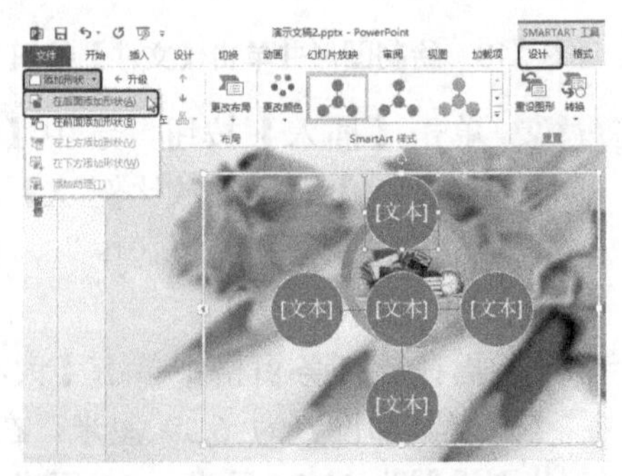

图 9-125　选择【在后面添加形状】选项

step 25 使用同样的方法再添加一个图形。在幻灯片中选择外圈的所有圆形，在【设置形状格式】任务窗格中单击【大小属性】按钮，在【大小】组中将【高度】、【宽度】都设置为 1.86 厘米，如图 9-126 所示。

step 26 继续选中该图形，在该任务窗格中单击【填充线条】按钮，在【填充】选项组中将【颜色】的 RGB 值设置为 255、192、0，在【线条】选项组中单击【无线条】单选按钮，如图 9-127 所示。

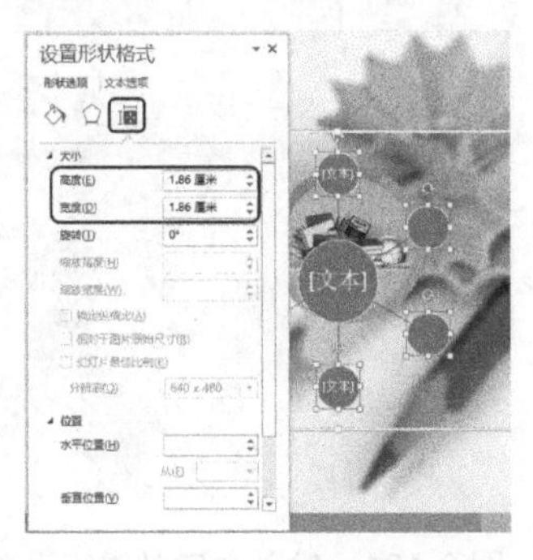

图 9-126　设置图形的大小

图 9-127　设置填充线条参数

step 27 使用同样的方法调整线条的颜色，然后在幻灯片中调整图形的位置，调整后的效果如图 9-128 所示。

step 28 再在幻灯片中选择 SmartArt 中间的圆形，在【设置形状格式】任务窗格中单击【填充线条】按钮，在【填充】选项组中将【颜色】的 RGB 设置为 255、192、0，如图 9-129 所示。

图 9-128　调整线条颜色和图形位置

图 9-129　设置图形的填充颜色

step 29 再在该任务窗格中单击【效果】按钮，在【阴影】选项组中将【透明度】、【大小】、【模糊】、【角度】、【距离】分别设置为 60、100、4、45、3，如图 9-130 所示。

step 30 继续选中该图形，输入文字。选中输入的文字，在功能区选择【开始】选项卡，在【字体】组中将字体大小设置为 24，单击【加粗】按钮，如图 9-131 所示。

step 31 使用同样的方法在其他圆形中输入文字，并对输入的文字进行调整，然后调整该图形的位置，效果如图 9-132 所示。

step 32 在功能区选择【插入】选项卡，在【插图】组中单击【形状】按钮，在弹出的下拉列表中选择【直线】选项。在幻灯片中绘制一条直线，选中该直线，在【设置形状格式】任务窗格中单击【填充线条】按钮，在【线条】选项组中将【颜色】的 RGB 值设置为 255、204、0，将【宽度】设置为 4.5 磅，如图 9-133 所示。

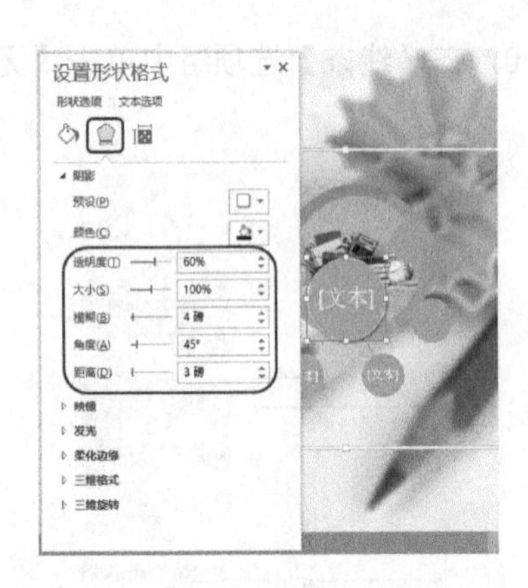

图 9-130 设置阴影参数

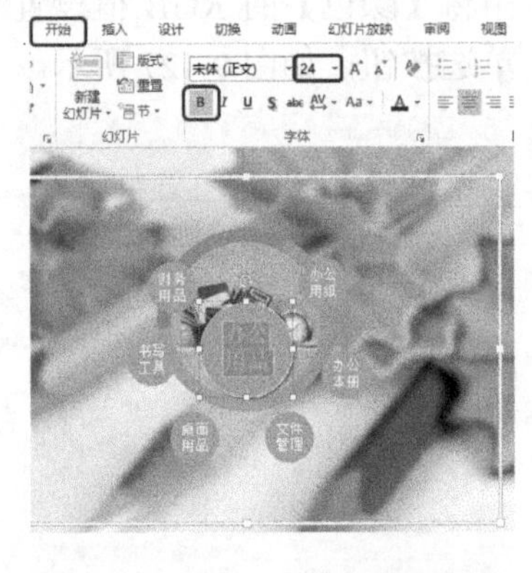

图 9-131 输入文字并进行设置

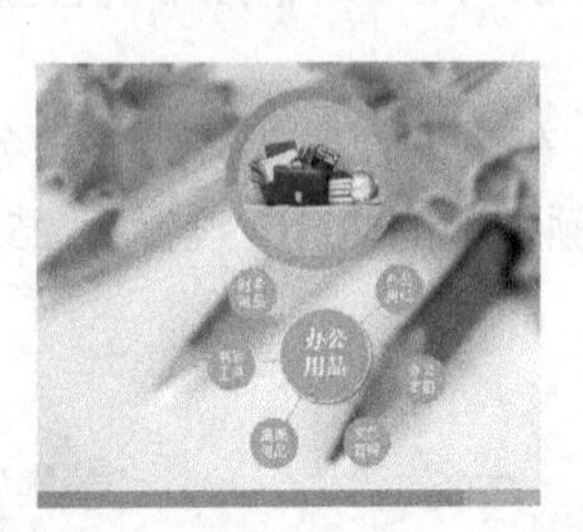

图 9-132 输入其他文字后的效果

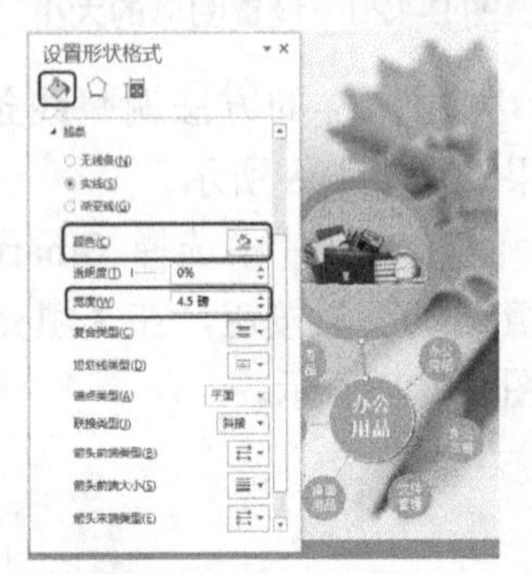

图 9-133 绘制直线并进行设置

step 33 使用同样的方法添加其他图形，输入文字并进行设置，效果如图 9-134 所示。

step 34 在功能区选择【插入】选项卡，在【文本】组中单击【文本框】按钮，在弹出的下拉列表中选择【横排文本框】选项。在幻灯片中绘制一个文本框，输入文字，选中输入的文字，在功能区选择【开始】选项卡，在【字体】组中将字体设置为"方正大黑简体"，将字体大小设置为 45，单击【加粗】按钮，如图 9-135 所示。

图 9-134 添加其他图形后的效果

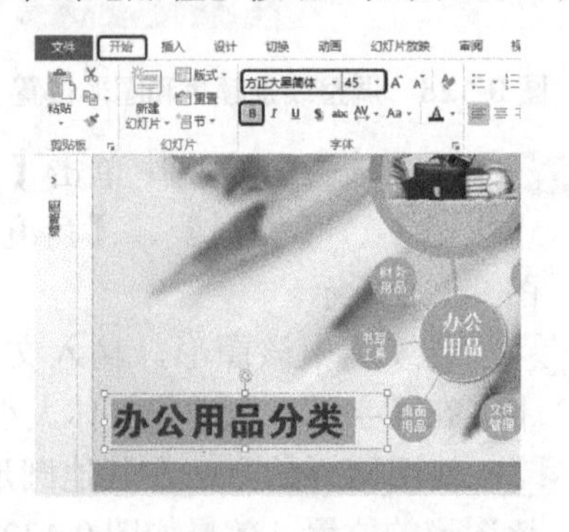

图 9-135 绘制文本框并输入文字

step 35 继续选中该文字，在功能区选择【绘图工具】下的【格式】选项卡，在【艺术字样式】组中单击【设置文本效果格式：文本框】按钮，在弹出的任务窗格中单击【文本填充轮廓】按钮，在【文本填充】选项组中将【颜色】设置为 68、114、

196，在【文本边框】选项组中单击【实线】单选按钮，将【颜色】设置为“白色”，将【宽度】设置为2磅，如图9-136所示。

step 36 再在该任务窗格中单击【文本效果】按钮，在【阴影】选项组中将【颜色】的RGB值设置为143、170、220，将【模糊】、【角度】、【距离】分别设置为1、45、3，在【映像】选项组中将【透明度】、【大小】、【模糊】、【距离】分别设置为45、35、0.5、2，如图9-137所示。至此，办公用品分类幻灯片就制作完成了，对完成后的场景进行保存即可。

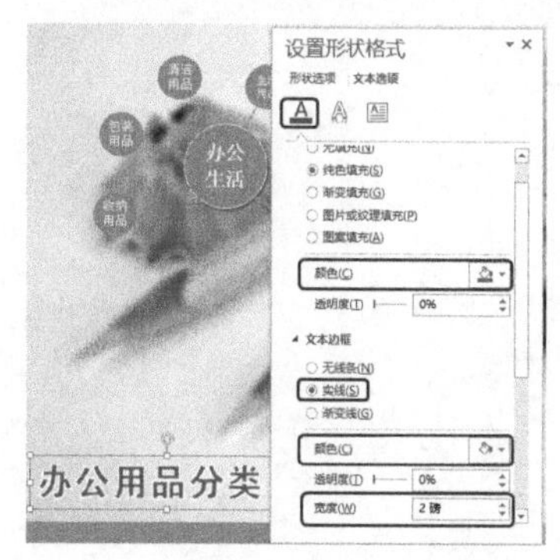

图9-136　设置文本填充轮廓参数

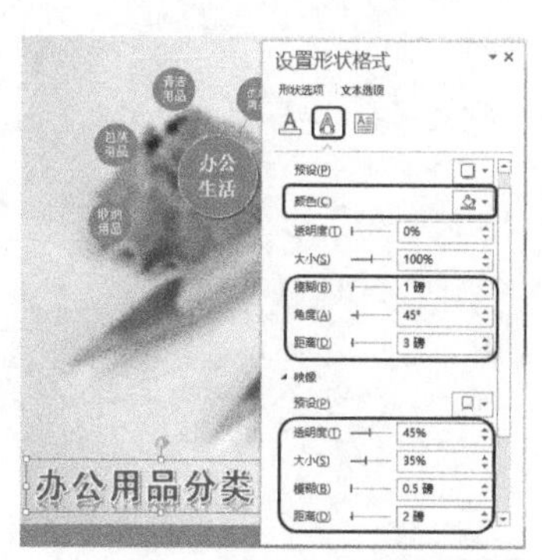

图9-137　设置阴影和映像参数

第 10 章

幻灯片动画

本章重点

- 心动 2014
- 时间管理
- 培训方案
- 个人简历编写技巧
- 装饰公司简介
- 团队精神

案例课堂 ▶

在使用 PowerPoint 演示的时候，经常会用到一些图片、文字以及图形等，直接在 PPT 中插入没有动画效果的图片、图形及文字时会显得太过单调、乏味。本章将介绍如何为 PowerPoint 中的图形、图像以及文字等对象添加动画效果，使幻灯片看起来更加生动，更加吸引人，让幻灯片更有活力。

案例精讲 085　心动 2014

案例文件：CDROM\场景\Cha10\心动 2014.pptx

视频文件：视频教学\Cha10\心动 2014.avi

学习目标

- 学习如何设置背景颜色。
- 学习并掌握动画的添加与应用。
- 学习并掌握图形的绘制及调整。

制作概述

本案例将介绍如何制作心动 2014 动画短片。该案例主要通过设置背景颜色、添加文字、图形，并为其添加动画效果来完成最终效果。心动 2014 动画效果如图 10-1 所示。

图 10-1　心动 2014

操作步骤

step 01 新建一个空白演示文稿，在功能区选择【设计】选项卡，在【自定义】组中单击【幻灯片大小】按钮，在弹出的下拉列表中选择【标准(4:3)】选项；切换到【开始】选项卡，在【幻灯片】组中单击【版式】按钮，在弹出的下拉列表中选择【空白】选项，如图 10-2 所示。

step 02 在功能区选择【设计】选项卡，在【自定义】组中单击【设置背景格式】按钮，在弹出【设置背景格式】任务窗格中选择【渐变填充】单选按钮，将【类型】设置为“射线”，将【方向】设置为“中心辐射”，将位置 0 处的渐变光圈的颜色设置为“蓝色，着色 1，淡色 80”，将位置 100 处的渐变光圈的颜色设置为“蓝色，着色 1，淡色 40”，将其他位置上的渐变光圈删除，单击【全部应用】按钮，如图 10-3 所示。

在该任务窗格中单击全部应用按钮后，即使在后面再新建幻灯片，也会应用该渐变颜色，这样既简便又节省时间。

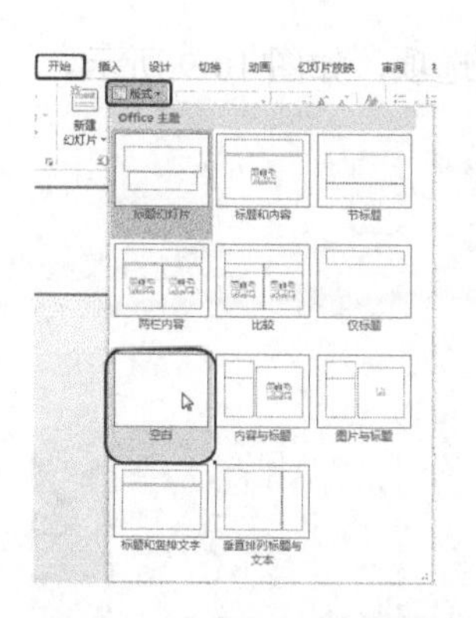

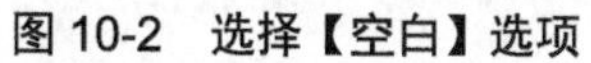
图 10-2 选择【空白】选项

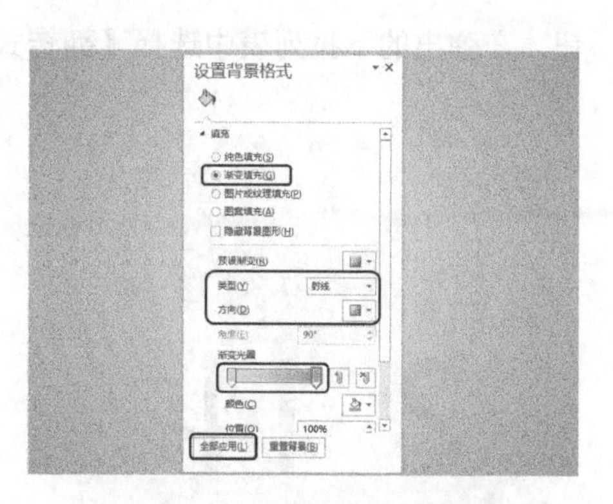

图 10-3 设置背景颜色后的效果

step 03 在功能区选择【插入】选项卡，在【文本】组中单击【文本框】按钮，在弹出的下拉列表中选择【横排文本框】选项，在幻灯片中绘制一个文本框，输入文字。选中输入的文字，切换到【开始】选项卡，在【字体】组中将字体设置为 Shruti，将字体大小设置为 270，将字体颜色的 RGB 值设置为 13、59、88。在幻灯片中调整其位置，效果如图 10-4 所示。

step 04 选中该文本框，在功能区选择【动画】选项卡，在【动画】组中单击【淡出】选项，在【计时】组中将【开始】设置为“上一动画之后”，将【持续时间】设置为 01.50，如图 10-5 所示。

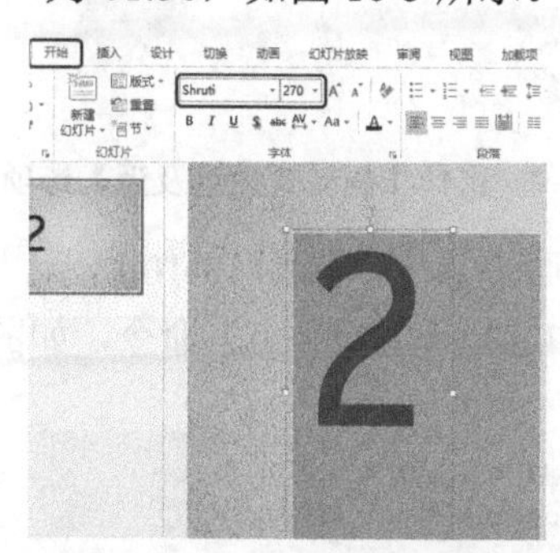

图 10-4 绘制文本框并输入文字

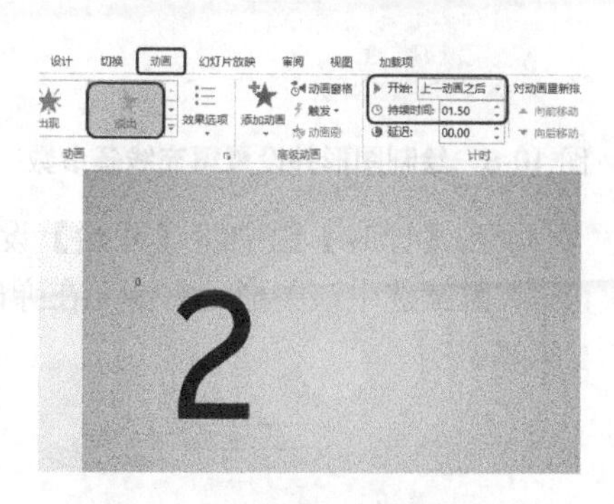

图 10-5 添加动画并进行设置

step 05 对该文本框进行两次复制，并调整其位置和内容，效果如图 10-6 所示。

注意：在对该文本框进行复制时，前面为其添加的动画也会随之复制。

step 06 在功能区选择【插入】选项卡，在【插图】组中单击【形状】按钮，在弹出的下拉列表中选择【心形】选项，如图 10-7 所示。

step 07 在幻灯片中绘制一个心形，选中该图形，在【设置形状格式】任务窗格中单击【填充线条】按钮，在【填充】选项组中将【颜色】的 RGB 值设置为 229、126、144，在【线条】选项组中选择【无线条】单选按钮，如图 10-8 所示。

step 08 继续选中该图形，切换到【动画】选项卡，在【动画】组中单击【其他】按钮，在弹出的下拉列表中选择【翻转式由远及近】选项，如图 10-9 所示。

图 10-6 复制并进行调整后的效果

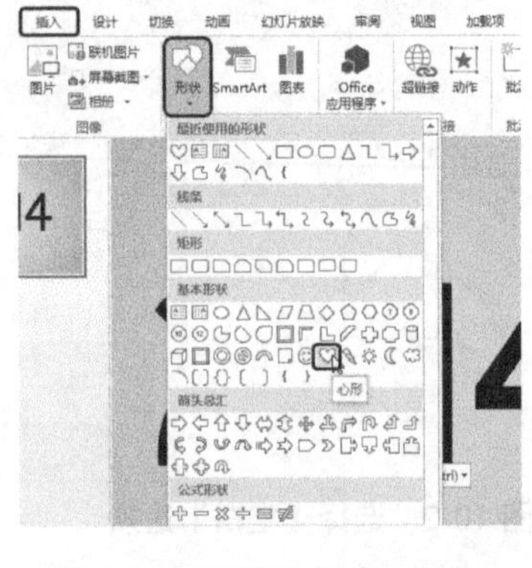
图 10-7 选择【心形】选项

图 10-8 绘制图形并设置填充线条参数

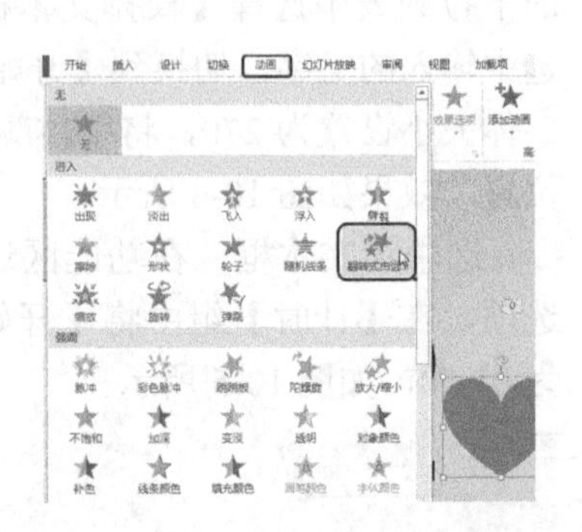
图 10-9 选择【翻转式由远及近】选项

step 09 在【计时】组中将【开始】设置为“上一动画之后”，如图 10-10 所示。

step 10 继续选中该图形，右击，在弹出的快捷菜单中选择【编辑顶点】命令，如图 10-11 所示。

图 10-10 设置开始选项

图 10-11 选择【编辑顶点】命令

step 11 在该图形上添加顶点，并调整该图形的形状，调整后的效果如图 10-12 所示。

提示

用户可以右击图形，在弹出的快捷菜单中选择【添加顶点】命令添加顶点。

step 12 在功能区选择【插入】选项卡，在【文本】组中单击【文本框】按钮，在弹出的下拉列表中选择【横排文本框】选项，在幻灯片中绘制一个文本框，输入文字。选中输入的文字，切换到【开始】选项卡，在【字体】组中将字体设置为 Microsoft JhengHei，将字体大小设置为32，将字体颜色设置为“白色”，如图10-13所示。

图 10-12 添加顶点并调整图形形状

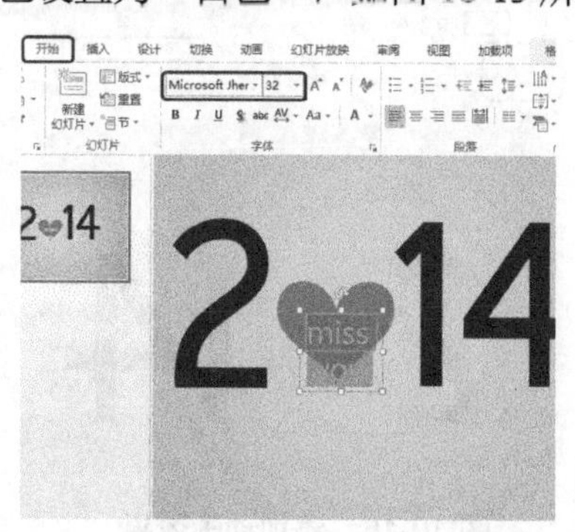

图 10-13 输入文字并进行设置

step 13 在该文字上右击，在弹出的快捷菜单中选择【段落】命令，如图10-14所示。

step 14 在弹出的对话框中切换到【缩进和间距】选项卡，在【间距】选项组中将【行距】设置为“固定值”，将【设置值】设置为24磅，如图10-15所示。

图 10-14 选择【段落】命令

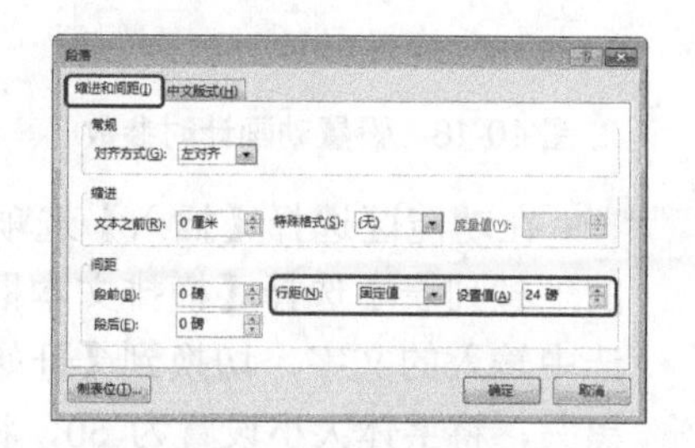

图 10-15 设置行距

step 15 选中该文本框，切换到【动画】选项卡，在【动画】组中单击【其他】按钮，在弹出的下拉列表中选择【翻转式由远及近】选项，在【计时】组中将【开始】设置为“与上一动画同时”，如图10-16所示。

step 16 在幻灯片中按住 Ctrl 键选择心形与其上方的文本框，在【高级动画】组中单击【添加动画】按钮，在弹出的下拉列表中选择【脉冲】选项，如图10-17所示。

step 17 确认【脉冲】动画效果处于选中状态，在【动画】组中单击【显示其他效果选项】按钮，在弹出的对话框中切换到【计时】选项卡，将【期间】设置为1.25秒，将【重复】设置为2，如图10-18所示。

提示

动画的数字标码为红色时为选中状态，灰色则为没有选中。

step 18 设置完成后，单击【确定】按钮，在动画窗格中选择心形的脉冲效果，单击其右侧的下三角按钮，在弹出的下拉列表中选择【从上一项之后开始】选项，如图 10-19 所示。

图 10-16　添加动画效果

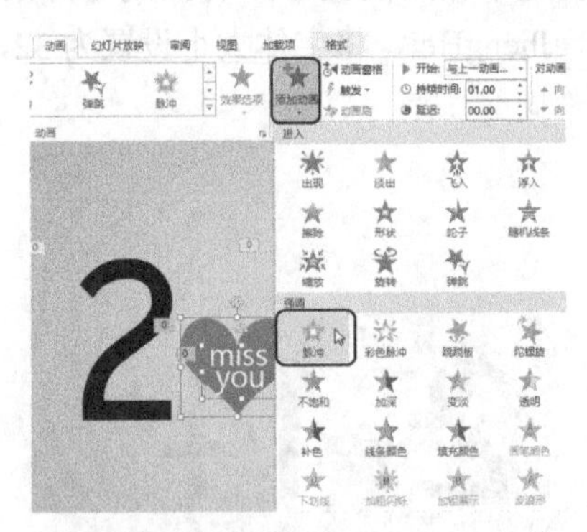

图 10-17　选择【脉冲】选项

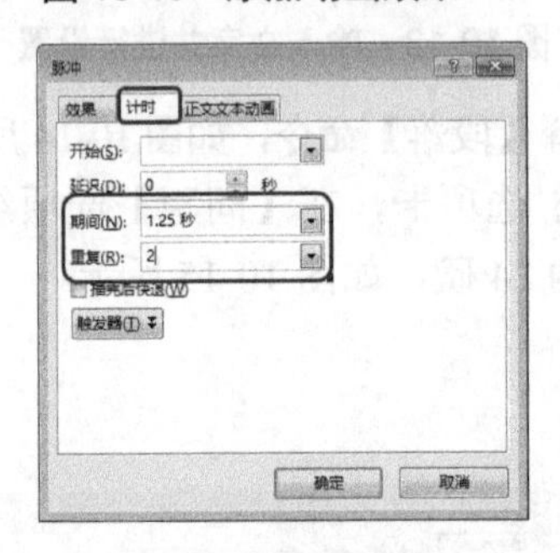

图 10-18　设置动画计时参数

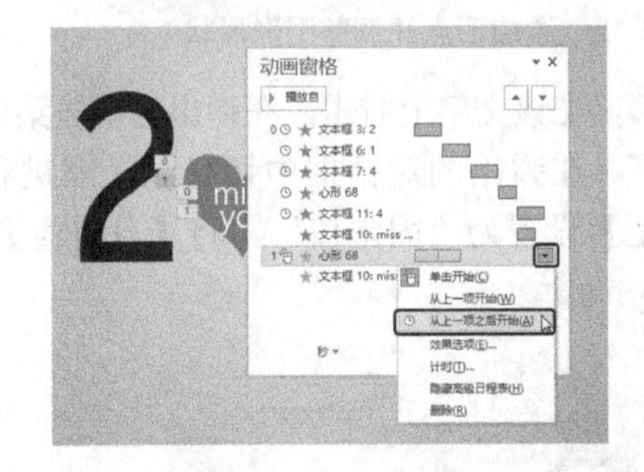

图 10-19　选择【从上一项之后开始】选项

step 19 在功能区选择【插入】选项卡，在【文本】组中单击【文本框】按钮，在弹出的下拉列表中选择【横排文本框】选项，在幻灯片中绘制一个文本框，输入文字。选中输入的文字，切换到【开始】选项卡，在【字体】组中将字体设置为“微软雅黑”，将字体大小设置为 60，将字体颜色的 RGB 值设置为 13、59、88，在幻灯片中调整其位置，效果如图 10-20 所示。

step 20 选中该文本框，切换到【动画】选项卡，在【动画】组中单击【其他】按钮，在弹出的下拉列表中选择【更多进入效果】选项，如图 10-21 所示。

图 10-20　输入文字并进行设置

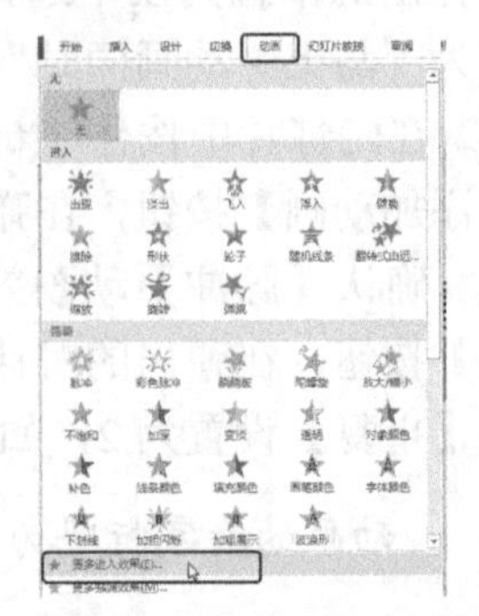

图 10-21　选择【更多进入效果】选项

step 21 在弹出的对话框中选择【华丽型】选项组中的【下拉】动画效果，如图 10-22 所示。

step 22 单击【确定】按钮，在【计时】组中将【开始】设置为“与上一动画同时”，将【延迟】设置为01.00，如图 10-23 所示。

图 10-22　选择【下拉】动画效果

图 10-23　设置计时参数

step 23 在功能区选择【插入】选项卡，在【插图】组中单击【形状】按钮，在弹出的下拉列表中选择【矩形】选项，在幻灯片中绘制一个矩形，在【设置形状格式】任务窗格中单击【填充线条】按钮，在【填充】选项组中将【颜色】的 RGB 值设置为 229、126、144，在【线条】选项组中选择【无线条】单选按钮，如图 10-24 所示。

因为该颜色在前面使用过，所以在【颜色】下拉列表中的【最近使用的颜色】选项组中会显示该颜色。用户可以在【最近使用的颜色】选项组中选择该颜色并应用该颜色，这样既简便又快捷。

step 24 在该任务窗格中单击【大小属性】按钮，在【大小】选项组中将【高度】、【宽度】分别设置为 0.78 厘米、16.2 厘米，在【位置】选项组中将【水平位置】、【垂直位置】分别设置为 4.72 厘米、12.65 厘米，如图 10-25 所示。

图 10-24　设置填充线条参数

图 10-25　设置图形的大小和位置

step 25 在功能区选择【插入】选项卡，在【文本】组中单击【文本框】按钮，在弹出的下拉列表中选择【横排文本框】选项，在幻灯片中绘制一个文本框，输入文字。选中输入的文字，切换到【开始】选项卡，在【字体】组中将字体设置为“微软雅黑”，将字体大小设置为 17，将字体颜色设置为“白色”，如图 10-26 所示。

step 26 选中该文本框与其下方的矩形，右击，在弹出的快捷菜单中单击【组合】|【组合】命令，如图 10-27 所示。

图 10-26 输入文字并进行设置

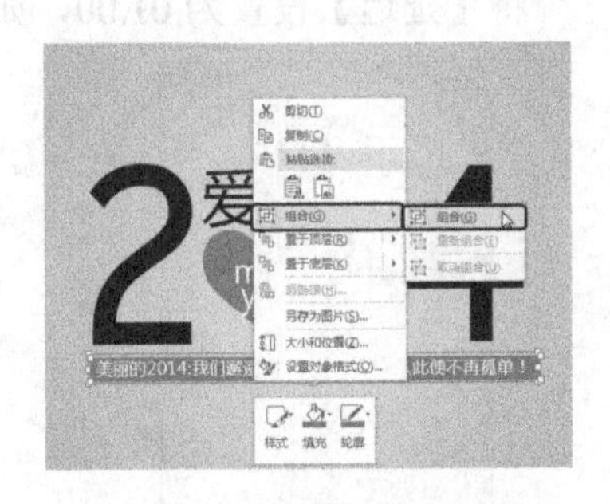

图 10-27 单击【组合】命令

step 27 选中组合后的对象，切换到【动画】选项卡，在【动画】组中单击【其他】按钮，在弹出的下拉列表中选择【擦除】选项，单击【效果选项】按钮，在弹出的下拉列表中选择【自左侧】，在【计时】组中将【开始】设置为“上一动画之后”，将【持续时间】设置为 01.50，如图 10-28 所示。

step 28 在幻灯片中选择“miss you”文本框，切换到【动画】选项卡，在【高级动画】组中单击【添加动画】按钮，在弹出的下拉列表中选择【退出】选项组中的【淡出】选项，如图 10-29 所示。

图 10-28 添加动画并设置计时参数

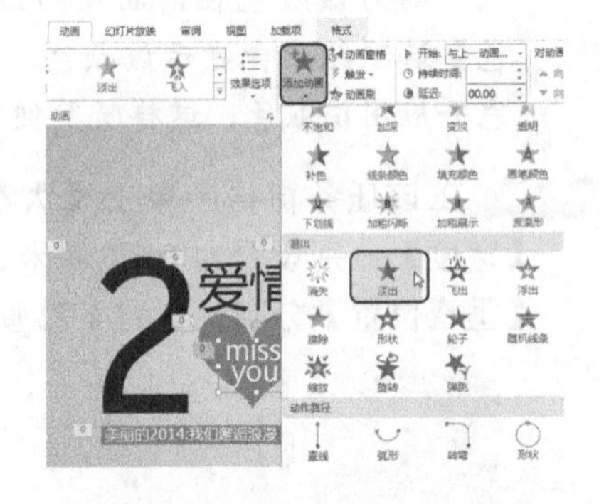

图 10-29 选择【淡出】选项

step 29 在【计时】组中将【开始】设置为“上一动画之后”，将【持续时间】设置为 00.75，如图 10-30 所示。

step 30 在幻灯片中选择心形，在【高级动画】组中单击【添加动画】按钮，在弹出的下拉列表中选择【强调】选项组中的【放大/缩小】选项，如图 10-31 所示。

step 31 在【计时】组将【开始】设置为“与上一动画同时”，将【持续时间】设置为 01.00；在【动画】组中单击【效果选项】按钮，在弹出的下拉列表中选择【巨大】选项，如图 10-32 所示。

step 32 使用同样的方法再为该图形添加两次【放大/缩小】动画效果，并对其进行相应的设置，效果如图 10-33 所示。

图 10-30　设置计时参数

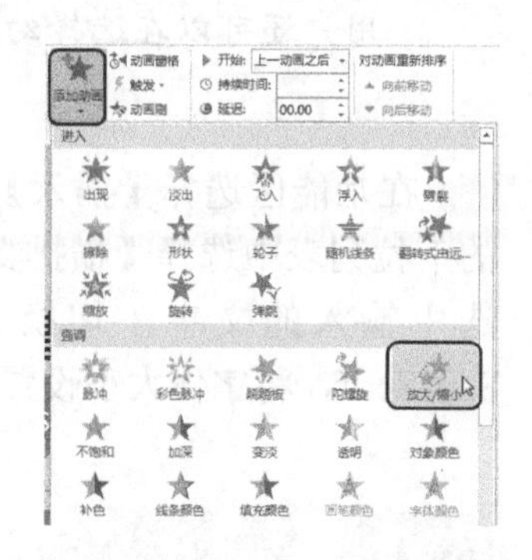

图 10-31　选择【放大/缩小】选项

图 10-32　设置计时参数

图 10-33　再次添加【放大/缩小】动画效果

step 33 在幻灯片中选择心形与其上方的文本框，右击，在弹出的快捷菜单中选择【置于顶层】|【置于顶层】命令，如图 10-34 所示。

step 34 切换到【切换】选项卡，在【计时】组中将【持续时间】设置为 00.01，勾选【设置自动换片时间】复选框，如图 10-35 所示。

图 10-34　选择【置于顶层】命令

图 10-35　设置切换计时参数

在设置自动换片时间时，需要先取消选中【单击鼠标时】复选框。

step 35 在幻灯片中选择第一张幻灯片，右击，在弹出的快捷菜单中选择【新建幻灯片】命令，如图 10-36 所示。

用户还可以在选择幻灯片后，按 Enter 键，同样也可以新建幻灯片。

step 36 在功能区选择【插入】选项卡，在【文本】组中单击【文本框】按钮，在弹出的下拉列表中选择【横排文本框】选项，在幻灯片中绘制一个文本框，输入文字。选中输入的文字，切换到【开始】选项卡，在【字体】组中将字体设置为 SansSerif，将字体大小设置为 250，单击【加粗】按钮，如图 10-37 所示。

图 10-36　选择【新建幻灯片】命令

图 10-37　输入文字并进行设置

step 37 选中该文本框，切换到【绘图工具】下的【格式】选项卡，在【艺术字样式】组中单击【设置文本效果格式：文本框】按钮，在弹出的任务窗格中单击【文本填充轮廓】按钮；在【文本填充】选项组中将【颜色】的 RGB 值设置为 91、155、213，在【文本边框】选项组中选择【实线】单选按钮，将【颜色】设置为“白色”，将【宽度】设置为 6 磅，如图 10-38 所示。

step 38 在该任务窗格中单击【文本效果】按钮，在【阴影】选项组中将【颜色】的 RGB 值设置为 143、170、220，将【模糊】、【角度】、【距离】分别设置为 1、45、3，如图 10-39 所示。

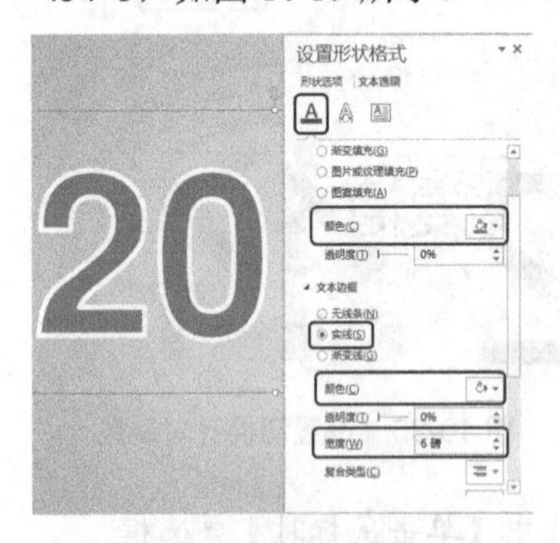

图 10-38　设置文本的填充轮廓

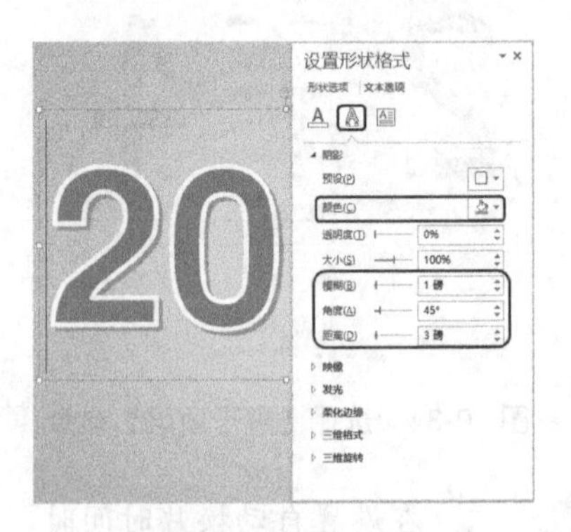

图 10-39　添加阴影效果

step 39 选中该文本框，切换到【动画】选项卡，在【动画】组中单击【其他】按钮，在弹出的下拉列表中选择【更多进入效果】选项，在弹出的对话框中选择【下拉】动画效果，单击【确定】按钮；在【计时】组中将【开始】设置为“上一动画之后”，如图 10-40 所示。

step 40 选中该文本框，在【高级动画】选项组中单击【添加动画】按钮，在弹出的下拉列表中选择【强调】选项组中的【补色】选项，如图 10-41 所示。

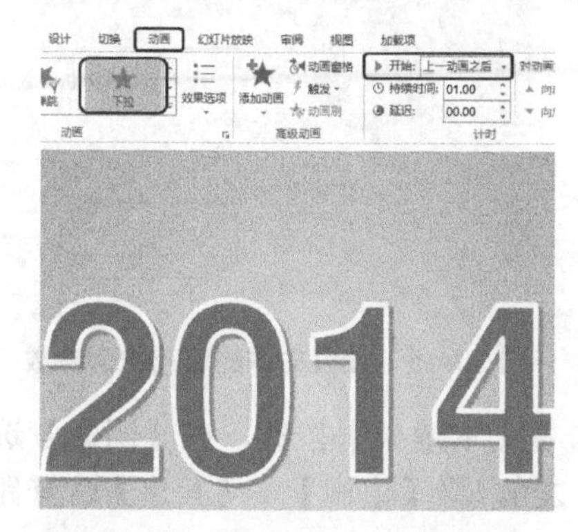

图 10-40 添加动画并进行设置

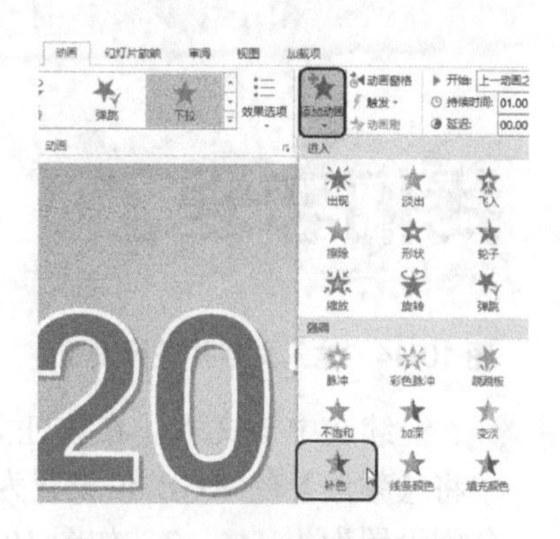

图 10-41 选择【补色】选项

step 41 在【计时】组中将【开始】设置为“上一动画之后”，再在【高级动画】组中单击【高级动画】按钮，在弹出的下拉列表中选择【退出】选项组中的【擦除】选项，如图 10-42 所示。

step 42 在【动画】组中单击【效果选项】按钮，在弹出的下拉列表中选择【自顶部】选项；在【计时】组中将【开始】设置为“上一动画之后”，将【延迟】设置为 00.70，如图 10-43 所示。

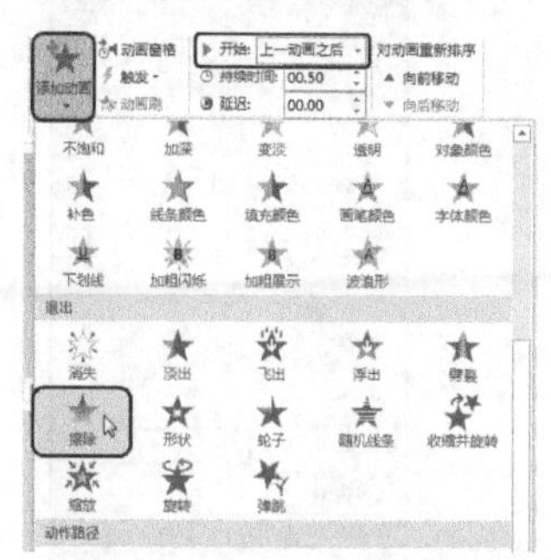

图 10-42 选择【擦除】选项

图 10-43 设置效果选项和计时参数

step 43 在功能区选择【插入】选项卡，在【文本】组中单击【文本框】按钮，在弹出的下拉列表中选择【横排文本框】选项，在幻灯片中绘制一个文本框，输入文字。选中输入的文字，切换到【开始】选项卡，在【字体】组中将字体设置为“微软雅黑”，将字体大小设置为 96，单击【加粗】按钮，如图 10-44 所示。

step 44 选中该文本框，在【设置形状格式】任务窗格中单击【文本选项】，然后单击【文本填充轮廓】按钮，在【文本填充】选项组中将【颜色】的 RGB 值设置为 146、208、80；在【文本边框】选项组中选择【实线】单选按钮，将【宽度】设置为 3 磅，如图 10-45 所示。

图 10-44　输入文字并进行设置

图 10-45　设置文本的填充轮廓参数

step 45 继续选中该文本，在该任务窗格中单击【文本效果】按钮，在【阴影】选项组中将【颜色】的 RGB 值设置为 143、170、220，将【模糊】、【角度】、【距离】分别设置为 1、45、3，如图 10-46 所示。

在为文本添加【阴影】效果时，需要选中文本才可以为文本添加阴影效果。如果选择文本框，则没有任何效果。

step 46 选中该文本框，切换到【动画】选项卡，在【动画】组中单击【其他】按钮，在弹出的下拉列表中选择【更多进入效果】选项，在弹出的对话框中选择【曲线向上】动画效果，如图 10-47 所示。

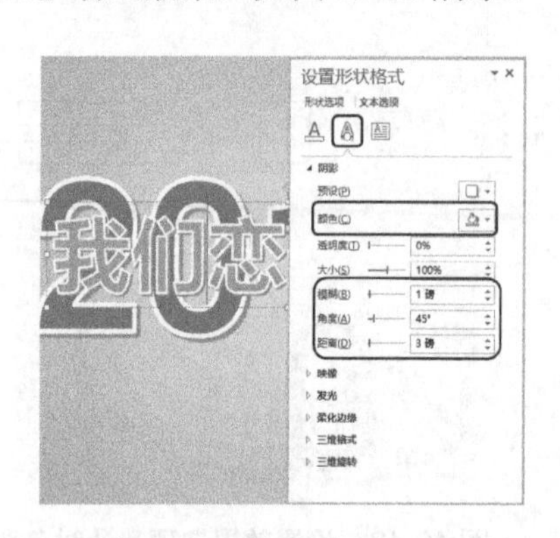

图 10-46　添加阴影效果

图 10-47　选择【曲线向上】动画效果

step 47 单击【确定】按钮，在【计时】组中将【开始】设置为“上一动画之后”，然后在【高级动画】组中单击【添加动画】按钮，在弹出的下拉列表中选择【波浪形】选项，如图 10-48 所示。

step 48 添加完成后，在【计时】组中将【开始】设置为“上一动画之后”，如图 10-49 所示。使用前面所介绍的方法为该幻灯片添加切换效果。至此，心动 2014 幻灯片就制作完成了。对完成后的场景进行保存即可。

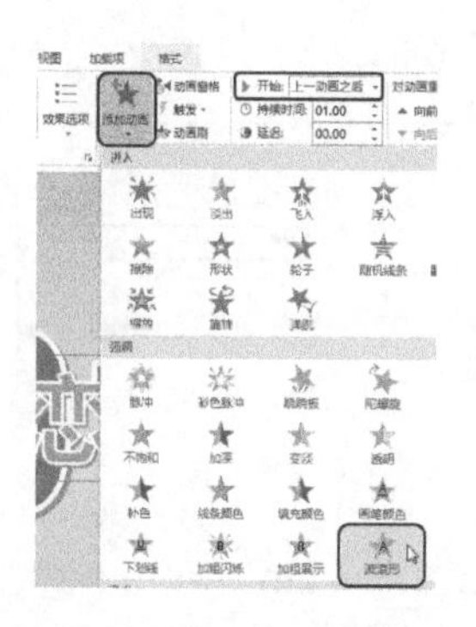

图 10-48 选择【波浪形】选项

图 10-49 设置开始选项

案例精讲 086 时间管理

案例文件：CDROM\场景\Cha10\时间管理.pptx

视频文件：视频教学\Cha10\时间管理.avi

学习目标

- 学习并掌握插入联机图片的方法。
- 掌握如何裁剪图片。
- 掌握为一个对象添加多个动画的方法。
- 掌握如何设置自动切换时间。

制作概述

本案例将介绍时间管理幻灯片的制作方法。该案例主要通过添加素材图片、图形、文字以及动画效果来达到最终效果。其效果如图 10-50 所示。

图 10-50 时间管理

操作步骤

step 01 新建一个空白演示文稿，在功能区选择【设计】选项卡，在【自定义】组中单击【幻灯片大小】按钮，在弹出的下拉列表中选择【标准(4:3)】选项；切换到【开始】选项卡，在【幻灯片】组中单击【版式】按钮，在弹出的下拉列表中选择【空白】选项，如图 10-51 所示。

step 02 在功能区选择【插入】选项卡，在【图像】组中单击【联机图片】按钮，在弹出的对话框中输入要查找的内容，如图 10-52 所示。

step 03 单击【搜索】按钮，在查找结果中选择要插入的素材文件，如图 10-53 所示。

step 04 单击【插入】按钮，在幻灯片中调整该图像文件的大小，切换到【图片工具】下的【格式】选项卡，在【大小】组中单击【裁剪】按钮，在幻灯片中对图像进行裁剪，如图 10-54 所示。

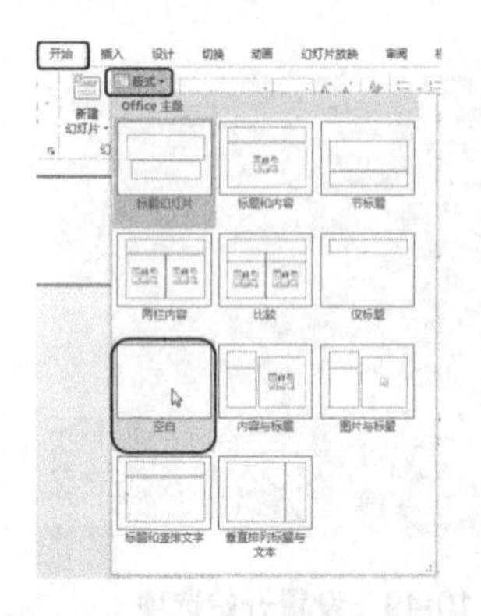

图 10-51　设置幻灯片版式

图 10-52　输入要查找的内容

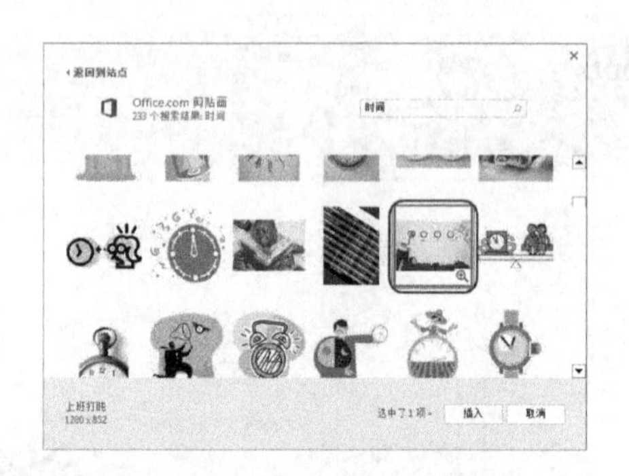

图 10-53　选择素材文件

图 10-54　调整图像的大小并对其进行裁剪

step 05 在【大小】组中单击【裁剪】按钮，完成对图像的裁剪。在功能区选择【插入】选项卡，在【文本】组中单击【文本框】按钮，在弹出的下拉列表中选择【横排文本框】选项，在幻灯片中绘制一个文本框，输入文字。选中输入的文字，切换到【开始】选项卡，在【字体】组中将字体设置为“微软雅黑”，将字体大小设置为 66，单击【加粗】按钮，如图 10-55 所示。

step 06 在【设置形状格式】任务窗格中单击【文本选项】，然后单击【文本填充轮廓】按钮，在【文本边框】选项组中选择【实线】单选按钮，将【颜色】设置为“白色”，如图 10-56 所示。

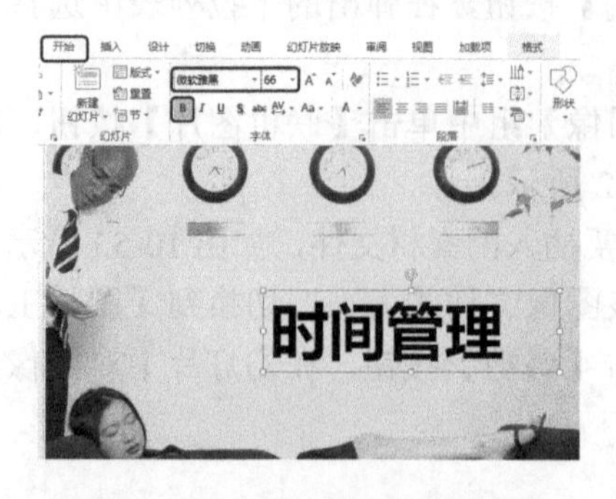

图 10-55　输入文字并进行设置

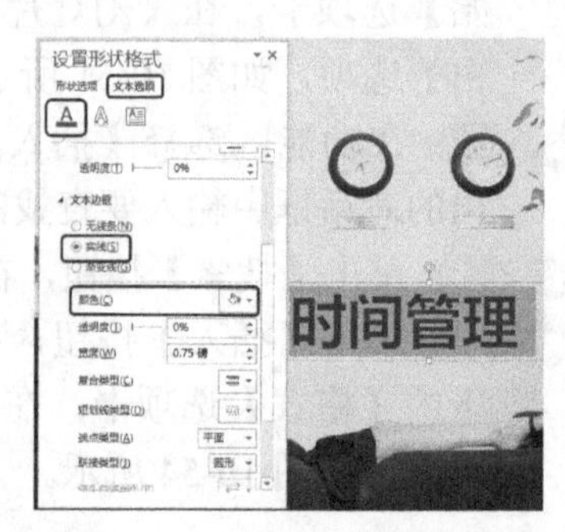

图 10-56　设置文本边框参数

step 07 在该任务窗格中单击【文本效果】按钮，在【阴影】选项组中将【颜色】的RGB 值设置为 127、127、127，将【模糊】、【角度】、【距离】分别设置为 1、45、3，如图 10-57 所示。

step 08 继续选中该文本框，切换到【动画】选项卡，在【动画】组中单击【飞入】选项；单击【效果选项】按钮，在弹出的下拉列表中选择【自左侧】选项，在【计时】组中将【开始】设置为“上一动画之后”，如图 10-58 所示。

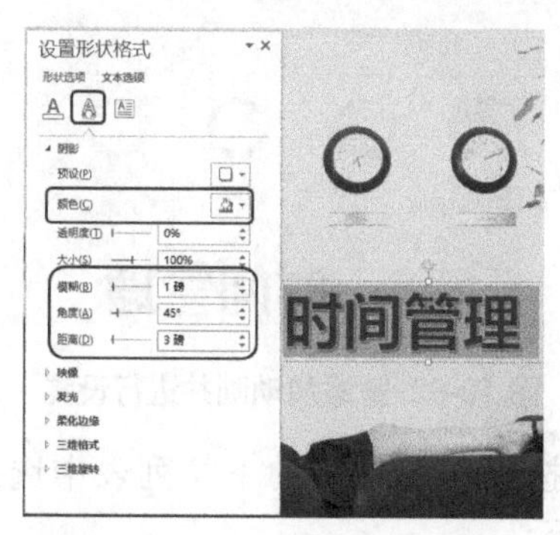

图 10-57　为文本添加阴影效果

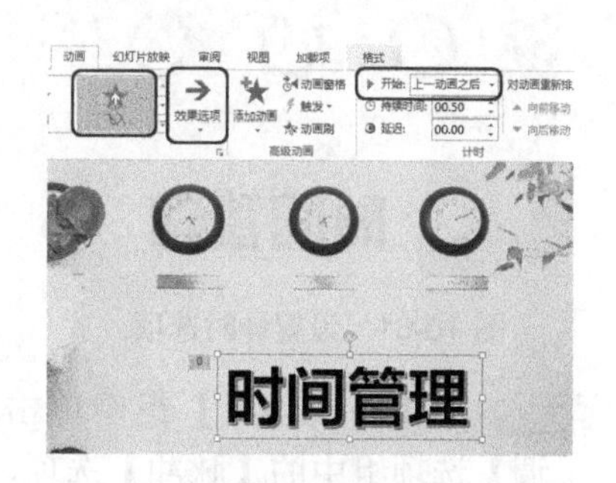

图 10-58　添加动画并进行设置

step 09 在【高级动画】组中单击【添加动画】按钮，在弹出的下拉列表中选择【更多退出效果】选项，如图 10-59 所示。

step 10 在弹出的对话框中选择【温和型】选项组中的【伸缩】动画效果，如图 10-60 所示。

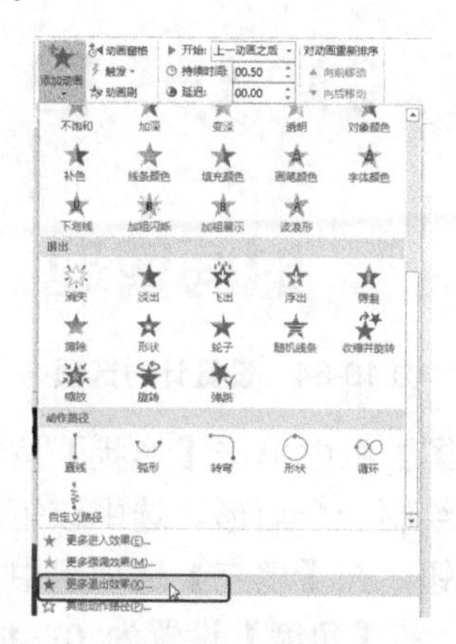

图 10-59　选择【更多退出效果】选项

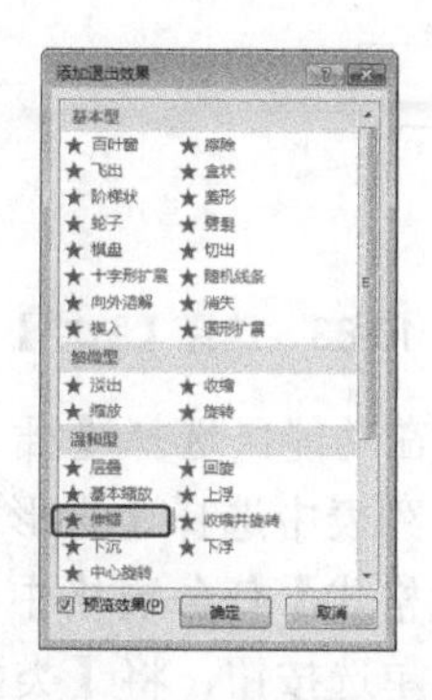

图 10-60　选择【伸缩】动画效果

step 11 单击【确定】按钮，在【计时】组中将【开始】设置为“上一动画之后”，将【持续时间】设置为 00.50，如图 10-61 所示。

step 12 继续选中该文本框，按 Ctrl+C、Ctrl+V 组合键对其进行复制、粘贴，并调整其位置。选择复制后的文本框，在【动画】组中单击【淡出】选项，在【计时】组中将【开始】设置为“与上一动画同时”，将【持续时间】设置为 01.00，如图 10-62 所示。

当对“时间管理”文本框进行复制后，前面所添加的动画也会随之复制，而当在【动画】组中单击【淡出】动画效果后，则前面所添加的动画将会自动删除。

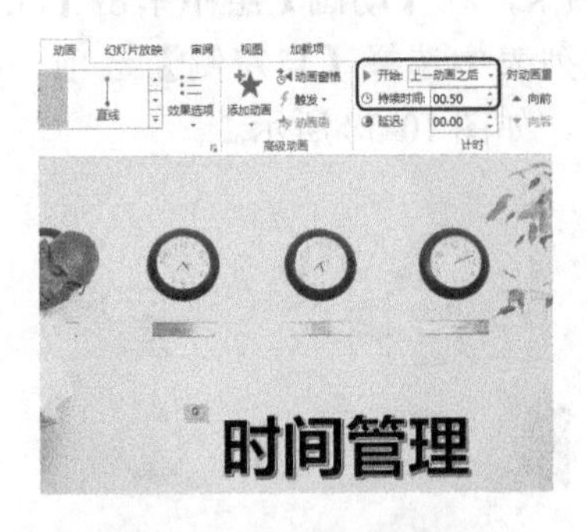

图 10-61　设置计时选项

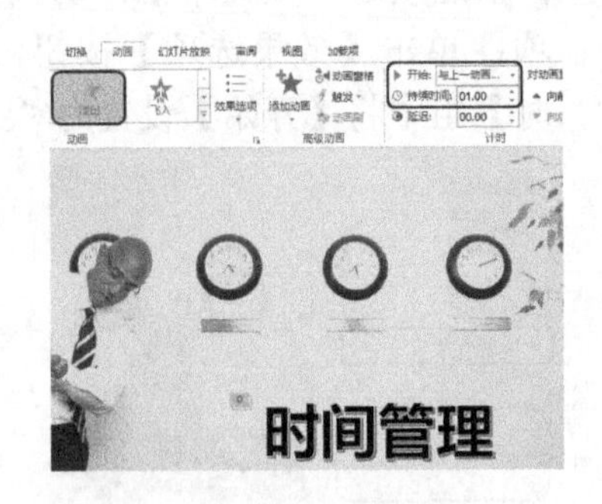

图 10-62 簿添加动画并进行设置

step 13 在【高级动画】组中单击【添加动画】按钮，在弹出的下拉列表中选择【强调】选项组中的【脉冲】选项，如图 10-63 所示。

step 14 在【计时】组中将【开始】设置为“与上一动画同时”，将【持续时间】设置为 01.00，如图 10-64 所示。

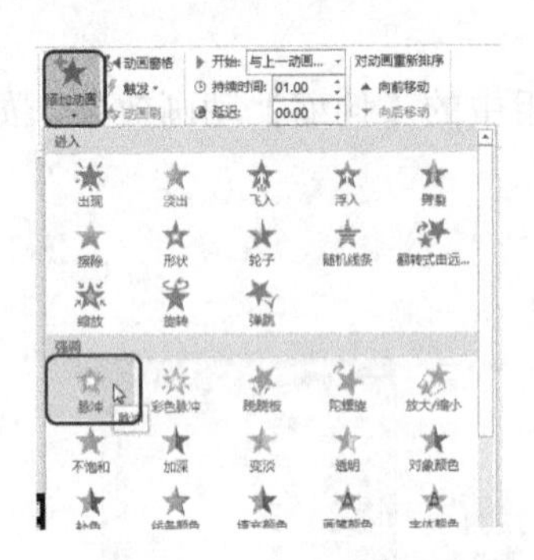

图 10-63　选择【脉冲】选项

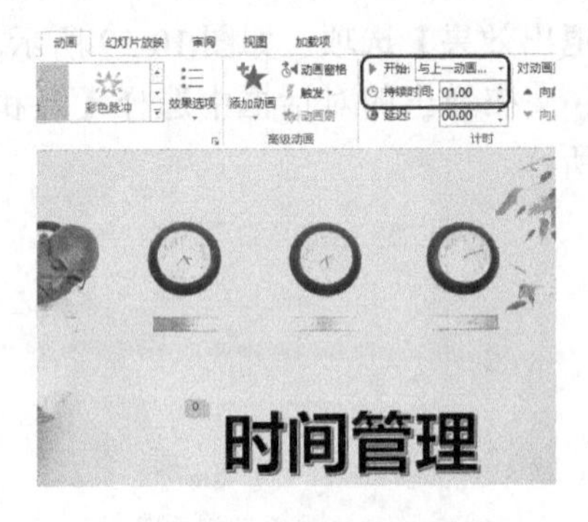

图 10-64　设置计时选项

step 15 在功能区选择【插入】选项卡，在【插图】组中单击【形状】按钮，在弹出的下拉列表中选择【矩形】选项，在幻灯片中绘制一个矩形。选中该矩形，在【设置形状格式】任务窗格中单击【填充线条】按钮，在【填充】选项组中单击【渐变填充】单选按钮，将【类型】设置为“线性”，将【角度】设置为 0；将位置 0 处和位置 100 处的渐变光圈的 RGB 值设置为 243、196、4；将位置 0 处的渐变光圈调整至 61 位置处，将位置 100 处的渐变光圈调整至 93 位置处，并将其【透明度】设置为 100，在【线条】选项组中选择【无线条】单选按钮，如图 10-65 所示。

step 16 在该任务窗格中单击【大小属性】按钮，在【大小】选项组中将【高度】、【宽度】分别设置为 0.02 厘米、12.38 厘米，在【位置】选项组中将【水平位置】、【垂直位置】分别设置为 12.4 厘米、13.24 厘米，如图 10-66 所示。

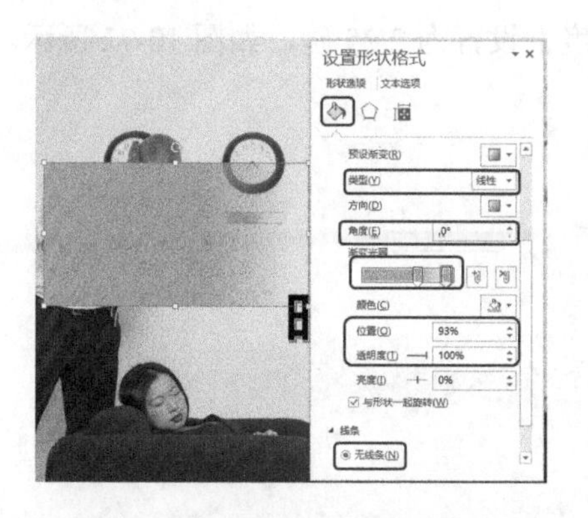

图 10-65　绘制矩形并设置填充线条参数

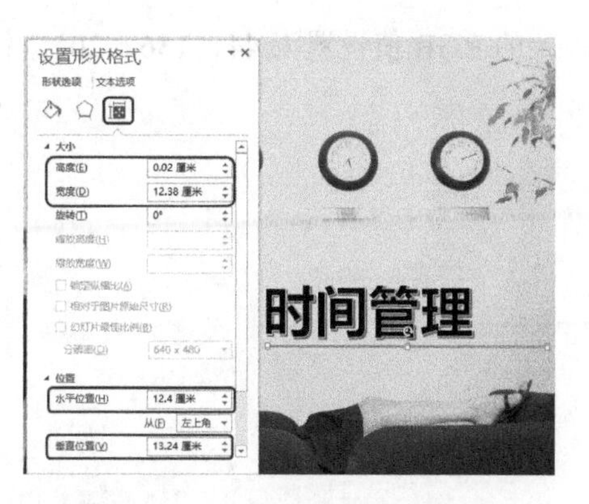

图 10-66　调整图形的大小和位置

step 17 继续选中该图形，切换到【动画】选项卡，在【动画】组中单击【淡出】选项，在【计时】组中将【开始】设置为“上一动画之后”，如图 10-67 所示。

step 18 切换到【切换】选项卡，在【计时】组中取消选中【单击鼠标时】复选框，勾选【设置自动换片时间】复选框，将时间设置为 00:05.00，如图 10-68 所示。

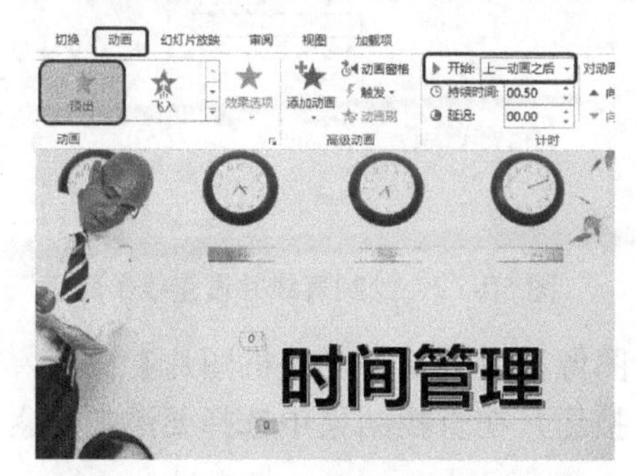

图 10-67　添加动画效果并进行设置

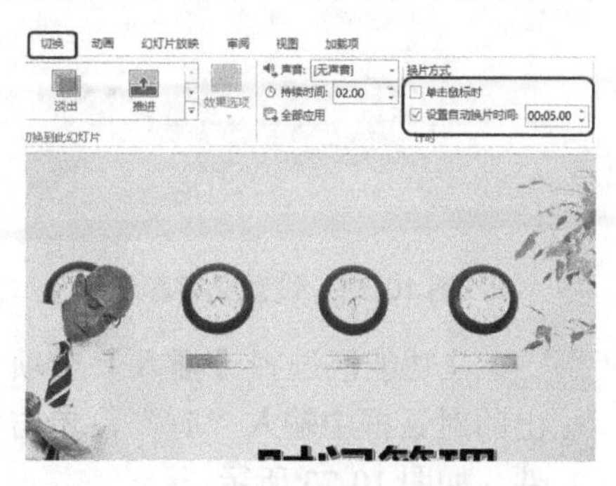

图 10-68　设置切换参数

step 19 在幻灯片中选中第一张幻灯片，按 Enter 键，新建一个幻灯片。右击，在弹出的快捷菜单中选择【设置背景格式】命令，在弹出的【设置背景格式】任务窗格中将【颜色】的 RGB 值设置为 246、246、246，单击【全部应用】按钮，如图 10-69 所示。

step 20 在功能区选择【插入】选项卡，在【文本】组中单击【文本框】按钮，在弹出的下拉列表中选择【横排文本框】选项，在幻灯片中绘制一个文本框，输入文字。选中输入的文字，切换到【开始】选项卡，在【字体】组中将字体设置为“方正综艺简体”，将字体大小设置为 48，将字体颜色的 RGB 值设置为 44、136、201，如图 10-70 所示。

step 21 设置完成后，选择“个人发条”文字，将其字体颜色的 RGB 值设置为 118、113、113，如图 10-71 所示。

step 22 在功能区选择【插入】选项卡，在【插图】组中单击【形状】按钮，在弹出的下拉列表中选择【直线】选项，在幻灯片中绘制一条直线，并调整其位置；在【设置形状格式】任务窗格中单击【填充线条】按钮，在【线条】选项组中将【颜色】

的 RGB 值设置为 44、136、201，将【宽度】设置为 2.25 磅，如图 10-72 所示。

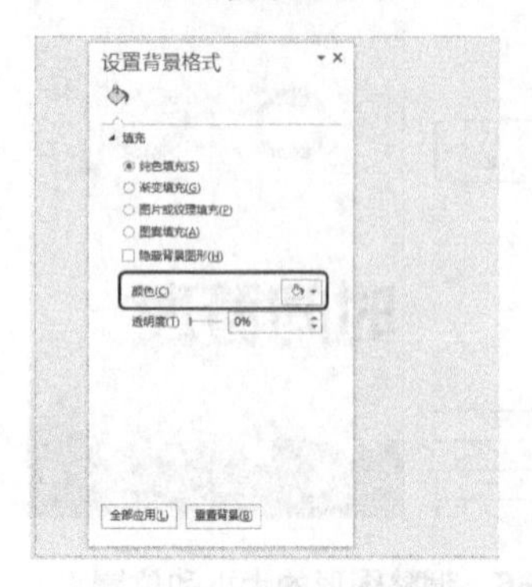

图 10-69　设置背景颜色

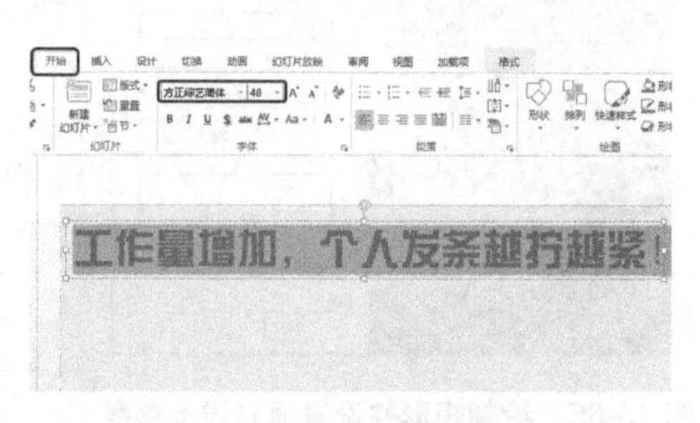

图 10-70　输入文字并进行设置

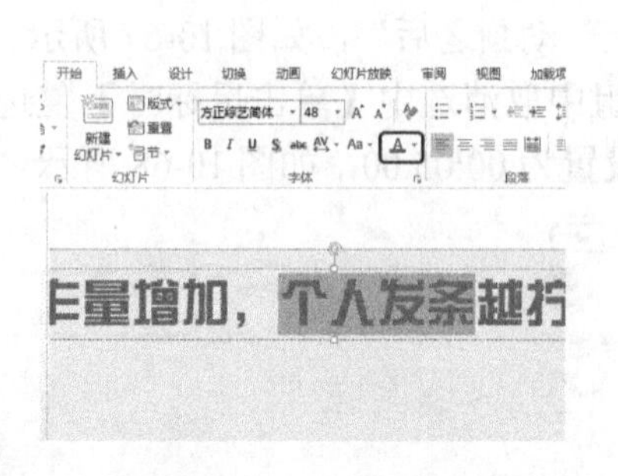

图 10-71　设置文字颜色

图 10-72　绘制直线并设置线条颜色

step 23 在功能区选择【插入】选项卡，在【图像】组中单击【联机图片】按钮，在弹出的对话框中输入“睡”，单击【搜索】按钮，在查找结果中选择要添加的素材文件，如图 10-73 所示。

step 24 单击【插入】按钮，选择图像文件。在【设置图像格式】任务窗格中单击【大小属性】按钮，在【大小】选项组中将【高度】、【宽度】分别设置为 8.36 厘米、12.49 厘米；在【位置】选项组中将【水平位置】、【垂直位置】分别设置为.033 厘米、4.88 厘米，如图 10-74 所示。

图 10-73　选择素材文件

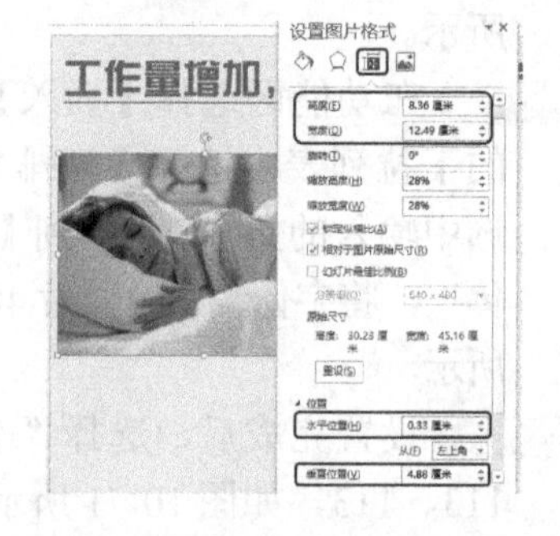

图 10-74　设置图像的大小和位置

step 25 使用裁剪工具对该图片进行裁剪，然后再选择另外一张图片，在幻灯片中调整其位置和大小。切换到【图片工具】下的【格式】选项卡，在【大小】组中单击

【裁剪】按钮，在幻灯片中对图片进行调整，效果如图10-75所示。

step 26 单击【裁剪】按钮，完成裁剪。在功能区选择【插入】选项卡，在【插图】组中单击【形状】按钮，在弹出的下拉列表中选择【矩形】选项，在幻灯片中绘制一个矩形，并调整其大小和位置。在【设置形状格式】任务窗格中单击【填充线条】按钮，在【填充】选项组中将【颜色】的RGB值设置为44、136、201，在【线条】选项组中选择【无线条】单选按钮，如图10-76所示。

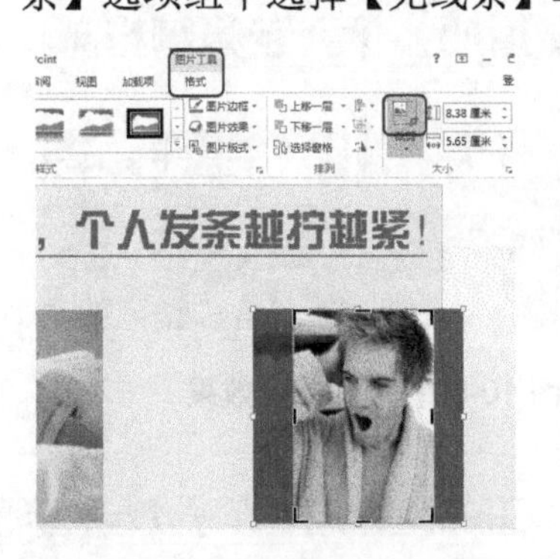

图10-75　调整图片的位置和大小并进行裁剪

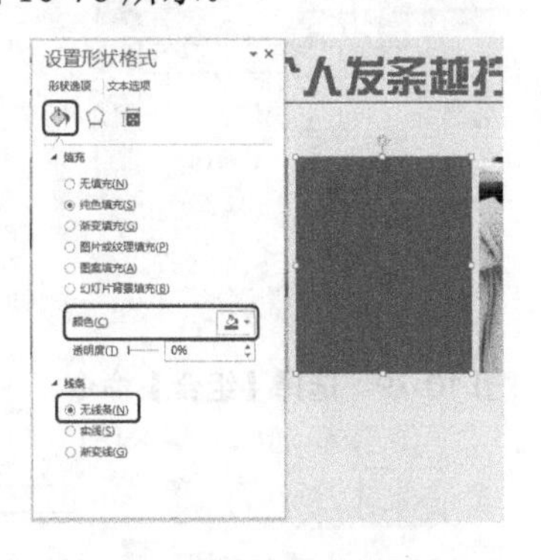

图10-76　绘制图形并进行设置

step 27 在功能区选择【插入】选项卡，在【文本】组中单击【文本框】按钮，在弹出的下拉列表中选择【横排文本框】选项，在幻灯片中绘制一个文本框，输入文字。选中输入的文字，切换到【开始】选项卡，在【字体】组中将字体设置为“方正综艺简体”，将字体大小设置为66，将字体颜色设置为“白色”，如图10-77所示。

step 28 使用同样的方法输入其他文字，并对其进行相应的设置，效果如图10-78所示。

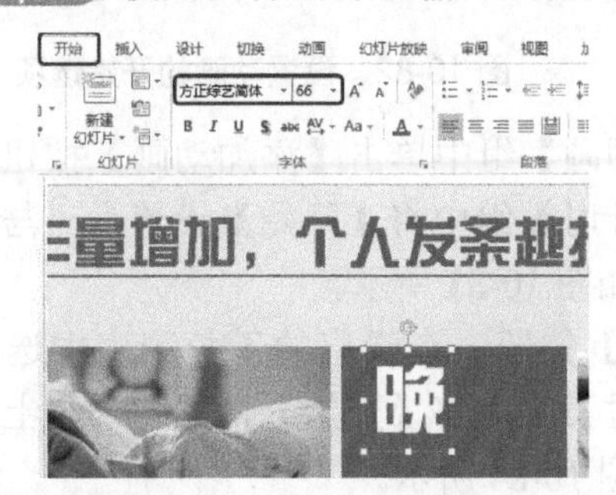

图10-77　输入文本并进行设置

图10-78　输入其他文字并进行设置

step 29 在幻灯片中选择前面绘制的矩形及其上方的文字，右击，在弹出的快捷菜单中选择【组合】|【组合】命令，如图10-79所示。

step 30 在幻灯片中选择两个图片对象，切换到【动画】选项卡，在【动画】组中单击【其他】按钮，在弹出的下拉列表中选择【擦除】选项，将【效果选项】设置为“自左侧”，如图10-80所示。

step 31 选中最上方的横排文本框，在【计时】组中将【开始】设置为“上一动画之后”，再在幻灯片中选择剩余的其他对象，在【动画】组中单击【淡出】选项，在【计时】组中将【持续时间】设置为01.50，如图10-81所示。

step 32 添加完成动画效果后，打开【动画窗格】任务窗格，在【动画窗格】中选择图10-82 所示的动画效果，单击其右侧的下三角按钮，在弹出的下拉列表中选择【从上一项之后开始】选项，如图 10-82 所示。

图 10-79　选择【组合】命令

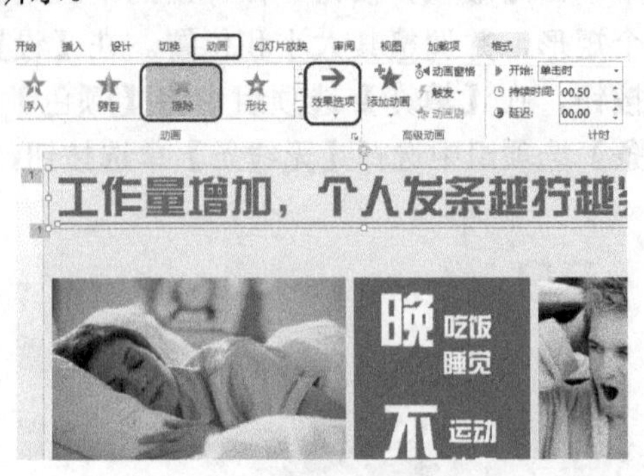

图 10-80　添加动画效果

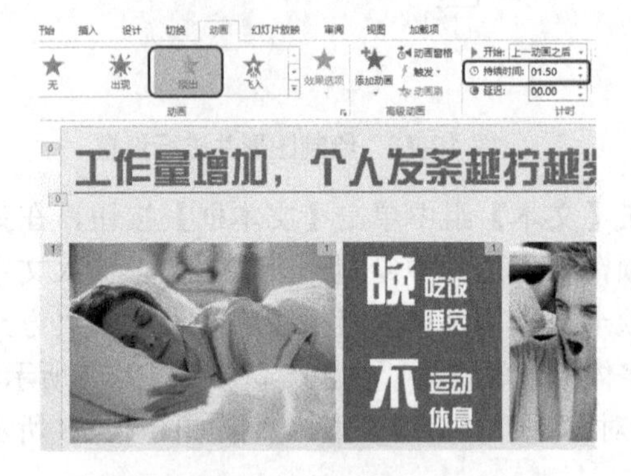

图 10-81　添加动画效果并进行设置

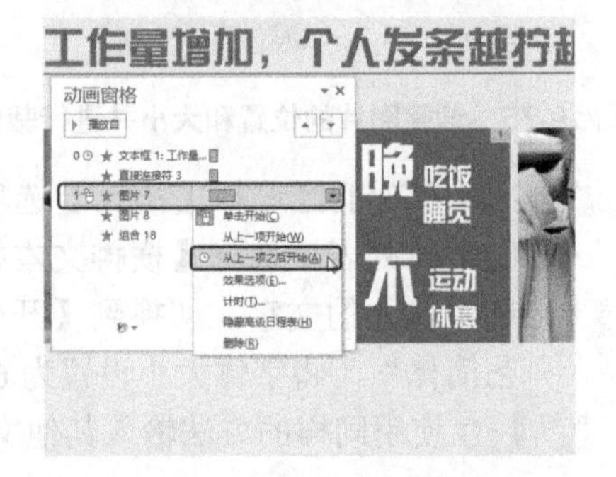

图 10-82　设置动画的开始选项

step 33 选中幻灯片中的三个对象，在【高级动画】组中单击【添加动画】按钮，在弹出的下拉列表中选择【飞入】选项；在【计时】组中将【开始】设置为“与上一动画同时”，将【持续时间】设置为 01.00，如图 10-83 所示。

step 34 在【高级动画】组中单击【添加动画】按钮，在弹出的下拉列表中选择【强调】选项组中的【陀螺旋】选项，在【计时】组中将【开始】设置为“与上一动画同时”，将【持续时间】设置为 01.00，如图 10-84 所示。

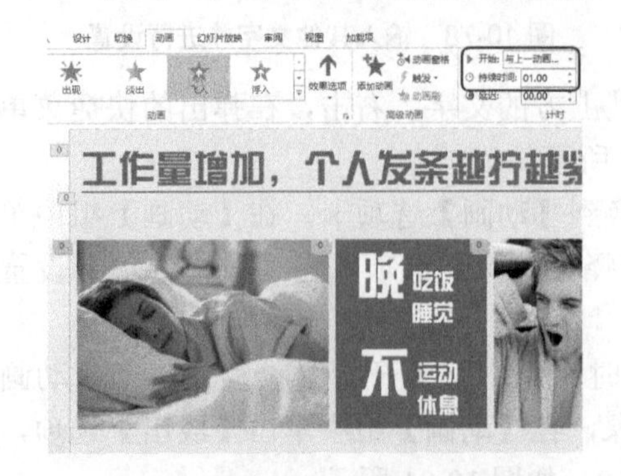

图 10-83　添加动画并设置计时参数

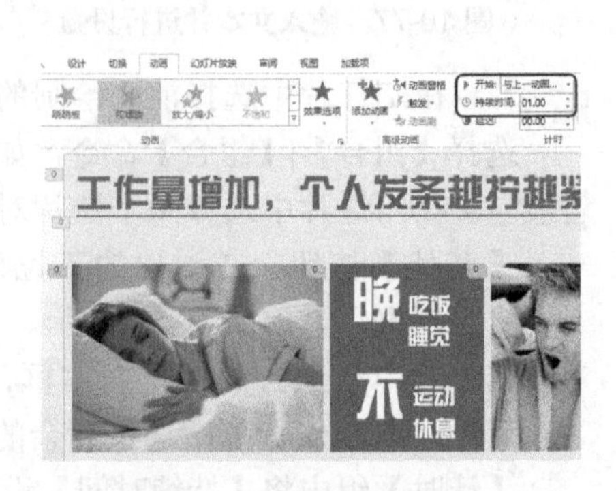

图 10-84　添加动画并进行设置

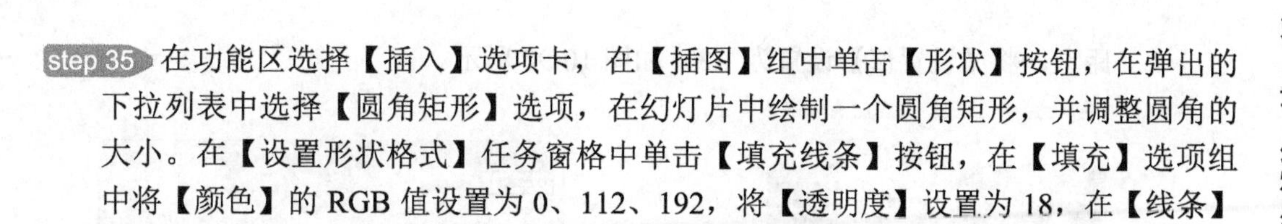

step 35 在功能区选择【插入】选项卡，在【插图】组中单击【形状】按钮，在弹出的下拉列表中选择【圆角矩形】选项，在幻灯片中绘制一个圆角矩形，并调整圆角的大小。在【设置形状格式】任务窗格中单击【填充线条】按钮，在【填充】选项组中将【颜色】的 RGB 值设置为 0、112、192，将【透明度】设置为 18，在【线条】选项组中选择【无线条】单选按钮，如图 10-85 所示。

step 36 在该任务窗格中单击【大小属性】按钮，在【大小】选项组中将【高度】、【宽度】分别设置为 3.07 厘米、24.65 厘米，在【位置】选项组中将【水平位置】、【垂直位置】分别设置为 0.28 厘米、14.65 厘米，如图 10-86 所示。

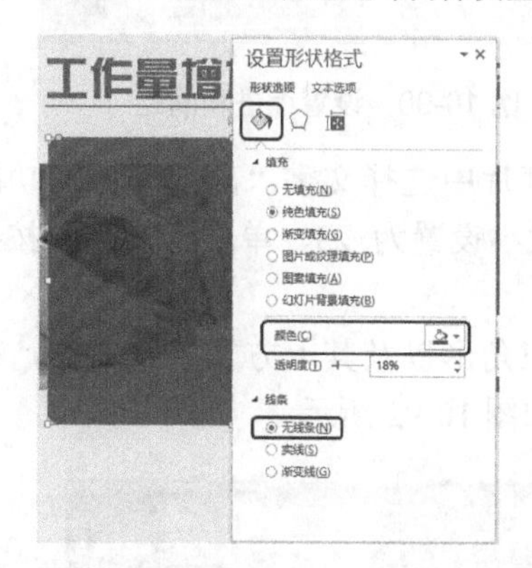

图 10-85 绘制圆角矩形并进行设置

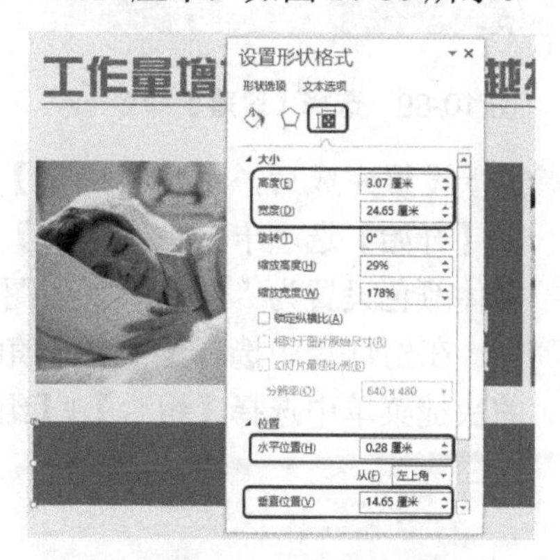

图 10-86 设置图形的大小和位置

step 37 使用同样的方法在幻灯片中绘制一个等腰三角形，并对其进行相应的设置，效果如图 10-87 所示。

step 38 在功能区选择【插入】选项卡，在【文本】组中单击【文本框】按钮，在弹出的下拉列表中选择【横排文本框】选项，在幻灯片中绘制一个文本框，输入文字。选中输入的文字，切换到【开始】选项卡，在【字体】组中将字体设置为“微软雅黑”，将字体大小设置为 20，将字体颜色设置为“白色”，如图 10-88 所示。

图 10-87 绘制等腰三角形

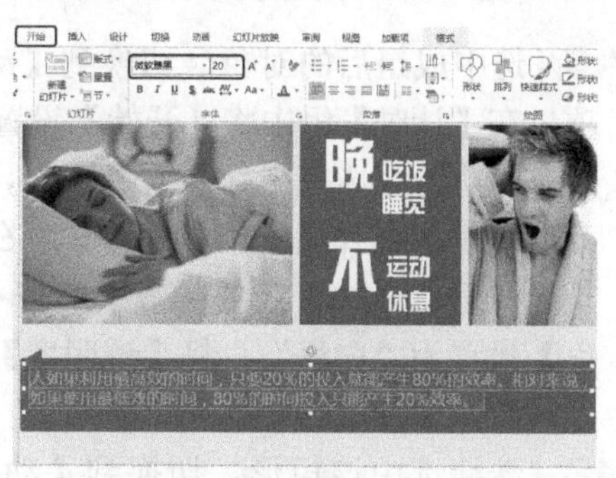

图 10-88 输入文字并进行设置

step 39 继续选中该文字，右击鼠标，在弹出的快捷菜单中选择【段落】命令，如图 10-89 所示。

step 40 在弹出的对话框中切换到【缩进和间距】选项卡，在【缩进】选项组中将【特殊格式】设置为“首行缩进”，在【间距】选项组中将【行距】设置为“多倍行距”，将【设置值】设置为 1.3，如图 10-90 所示。

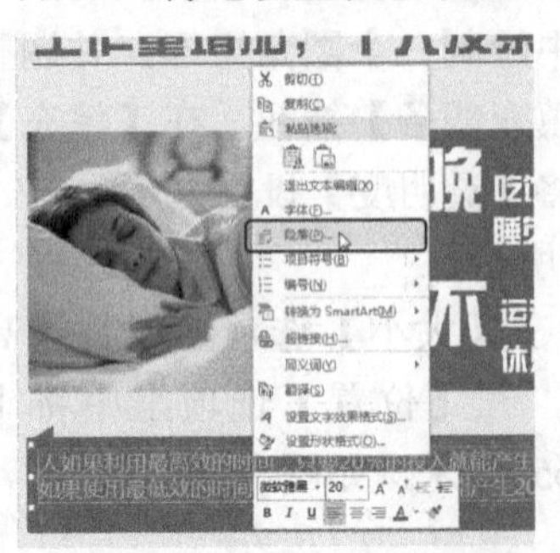

图 10-89　选择【段落】命令

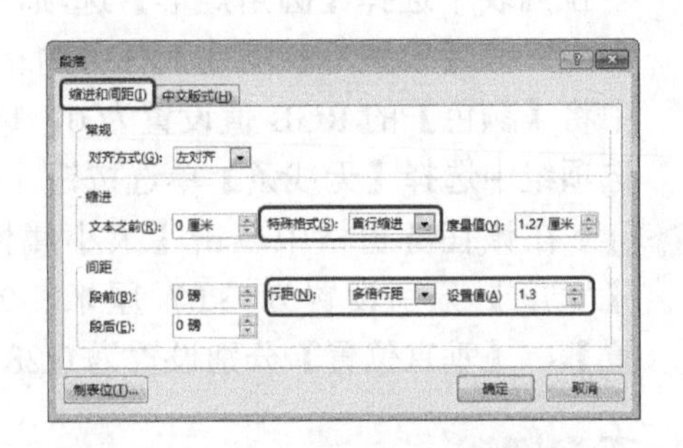

图 10-90　设置缩进和间距

step 41 设置完成后，单击【确定】按钮，在幻灯片中选择文字“高效”；在功能区选择【开始】选项卡，在【字体】组中将字体大小设置为 23，单击【加粗】按钮，将字体颜色设置为“橙色”，如图 10-91 所示。

step 42 在幻灯片中选择绘制的圆角矩形、等腰三角形以及其上方文字，右击，在弹出的快捷菜单中选择【组合】|【组合】命令，如图 10-92 所示。

图 10-91　设置文字参数

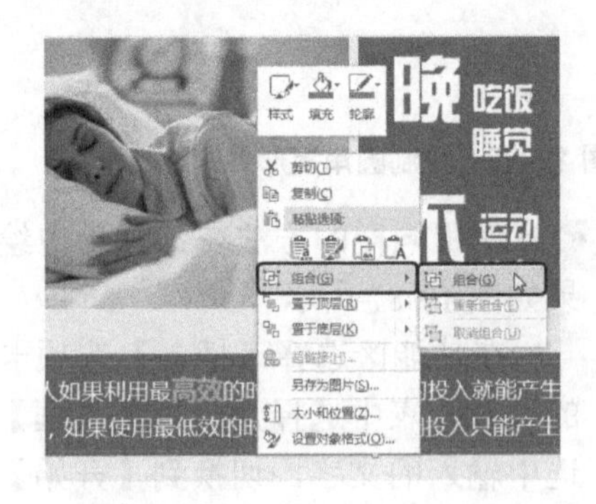

图 10-92　选择【组合】命令

step 43 选中成组后的对象，切换到【动画】选项卡，在【动画】组中单击【飞入】选项，在【计时】组中将【开始】设置为“上一动画之后”，如图 10-93 所示。

step 44 在功能区选择【插入】选项卡，在【插图】组中单击【形状】按钮，在弹出的下拉列表中选择【矩形】选项，在幻灯片中绘制一个与幻灯片大小相同的矩形。在【设置形状格式】任务窗格中单击【填充线条】按钮，在【填充】选项组中将【颜色】设置为“白色”，将【透明度】设置为 45，在【线条】组中选择【无线条】单选按钮，如图 10-94 所示。

step 45 继续选中该矩形，切换到【动画】选项卡，在【动画】组中单击【淡出】选项，在【计时】组中将【开始】设置为“上一动画之后”，将【延迟】设置为 01.00，如图 10-95 所示。

step 46 在功能区选择【插入】选项卡，在【文本】组中单击【文本框】按钮，在弹出的下拉列表中选择【横排文本框】选项，在幻灯片中绘制一个文本框，输入文字。选中输入的文字，切换到【开始】选项卡，在【字体】组中将字体设置为“微软雅黑”，将字体大小设置为 196，单击【加粗】按钮，将字体颜色设置为“深红”，如图 10-96 所示。

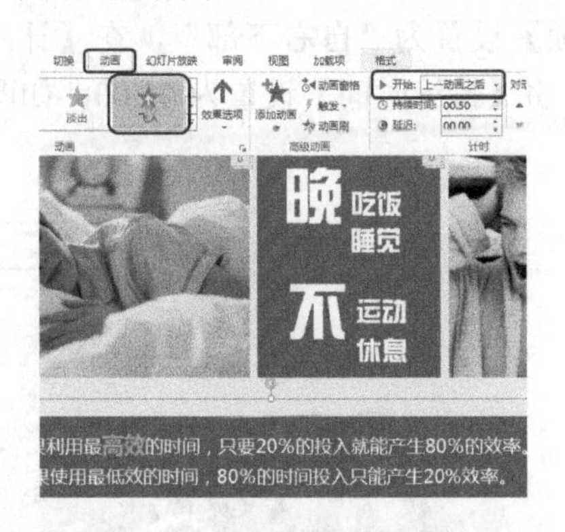

图 10-93　添加动画并设置开始选项

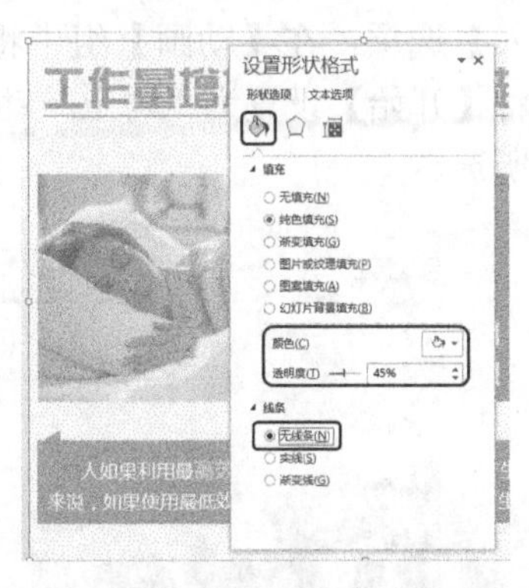

图 10-94　绘制矩形并进行设置

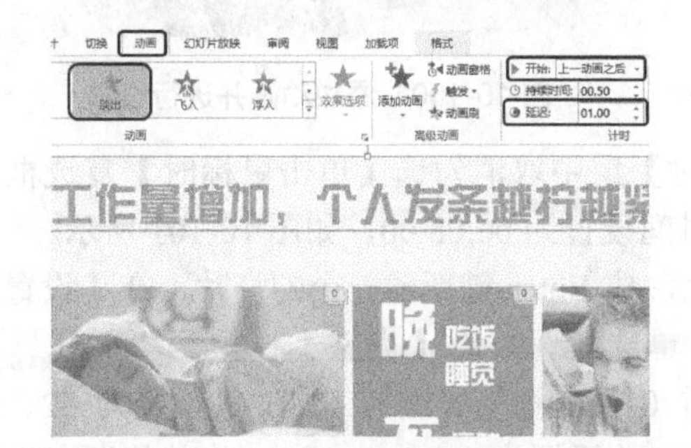

图 10-95　添加动画并进行设置

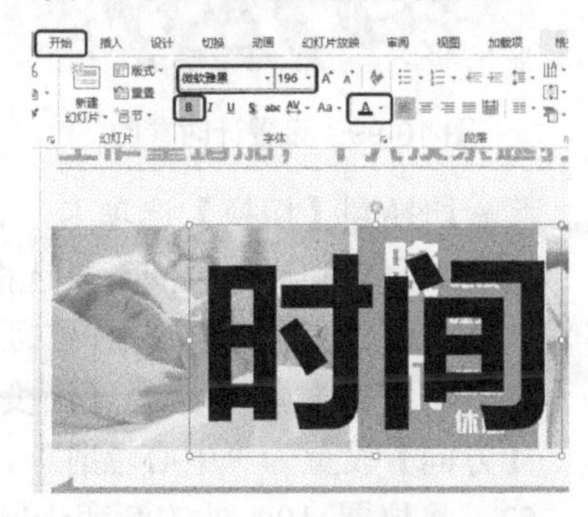

图 10-96　输入文本并进行设置

step 47 继续选中该文本框，在【设置形状格式】任务窗格中单击【大小属性】按钮，在【大小】选项组中将【旋转】设置为 23，如图 10-97 所示。

step 48 切换到【动画】选项卡，在【动画】组中单击【其他】按钮，在弹出的下拉列表中选择【更多进入效果】选项，在弹出的对话框中选择【玩具风车】动画效果，如图 10-98 所示。

图 10-97　设置文本框的旋转角度

图 10-98　选择【玩具风车】动画效果

step 49 单击【确定】按钮，在【计时】组中将【开始】设置为“上一动画之后”，将

【持续时间】设置为 01.00，如图 10-99 所示。

step 50 在【高级动画】组中单击【添加动画】按钮，在弹出的下拉列表中选择【飞入】选项；在【动画】组中将【效果选项】设置为“自右下部”，在【计时】组中将【开始】设置为“与上一动画同时”，将【持续时间】设置为 01.00，如图 10-100 所示。

图 10-99　设置计时参数

图 10-100　添加动画并进行设置

step 51 切换到【切换】选项卡，在【计时】组中取消勾选【单击鼠标时】复选框，勾选【设置自动换片时间】复选框，将时间设置为 00:08.00，如图 10-101 所示。

step 52 在幻灯片窗格中选中第二张幻灯片，按 Enter 键新建一个幻灯片，在【设置背景格式】任务窗格中选择【渐变填充】单选按钮，将【类型】设置为“射线”，将【方向】设置为“中心辐射”，将位置 0 处的渐变光圈的 RGB 值设置为 52、52、52，将位置 100 处的渐变光圈的 RGB 值设置为 31、31、31，将其他渐变光圈删除，如图 10-102 所示。

图 10-101　设置自动切换时间

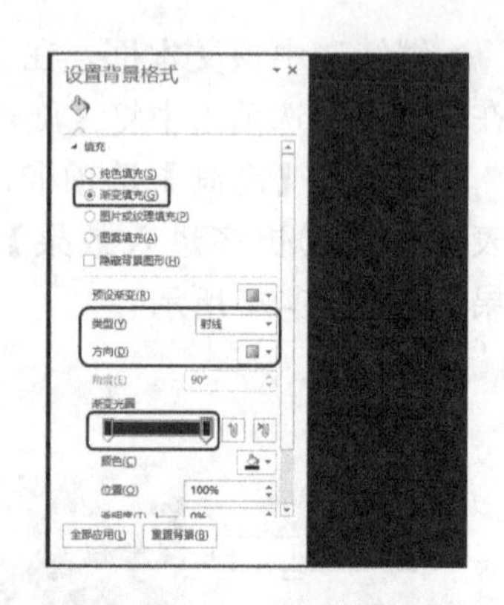

图 10-102　设置背景颜色

step 53 在功能区选择【插入】选项卡，在【插图】组中单击【形状】按钮，在弹出的下拉列表中选择【矩形】选项，在幻灯片中绘制一个矩形，并调整其大小和位置；选中该矩形，在【设置形状格式】任务窗格中单击【填充线条】按钮，在【填充】选项组中将颜色设置为“蓝色”，将【透明度】设置为 46，在【线条】选项组中选择【无线条】单选按钮，如图 10-103 所示。

step 54 在功能区选择【插入】选项卡，在【文本】组中单击【文本框】按钮，在弹出

的下拉列表中选择【横排文本框】选项，在幻灯片中绘制一个文本框，输入文字；选中输入的文字，切换到【开始】选项卡，在【字体】组中将字体设置为“微软雅黑”，将字体大小设置为24，将字体颜色设置为“白色”，如图10-104所示。

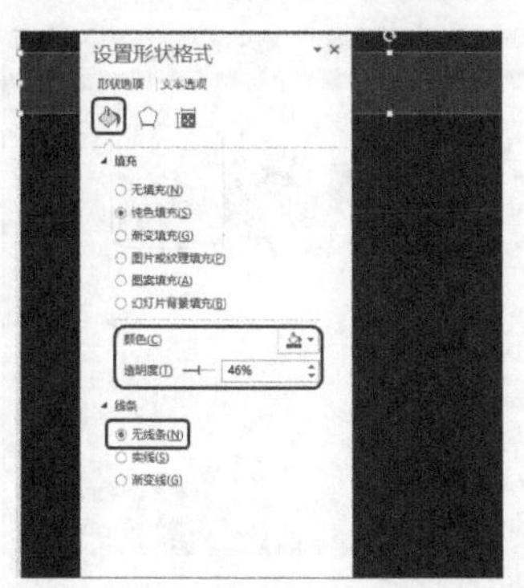

图10-103 绘制矩形并进行设置

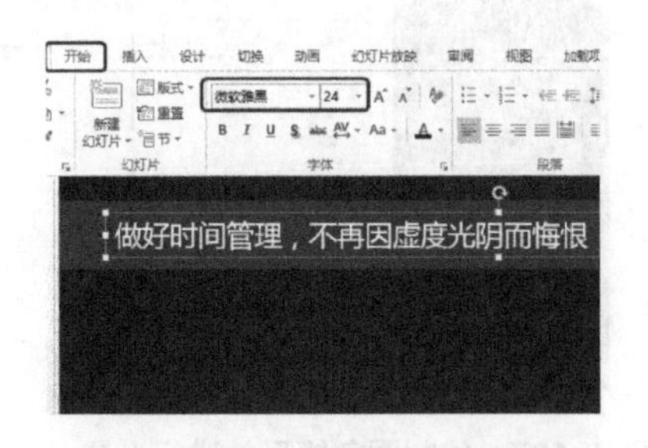

图10-104 输入文字并进行设置

step 55 在幻灯片中选择绘制的矩形和文本框，右击，在弹出的快捷菜单中选择【组合】|【组合】命令，如图10-105所示。

step 56 选中成组后的对象，切换到【动画】选项卡，在【动画】组中单击【其他】按钮，在弹出的下拉列表中选择【随机线条】选项，在【计时】组中将【开始】设置为“上一动画之后”，如图10-106所示。

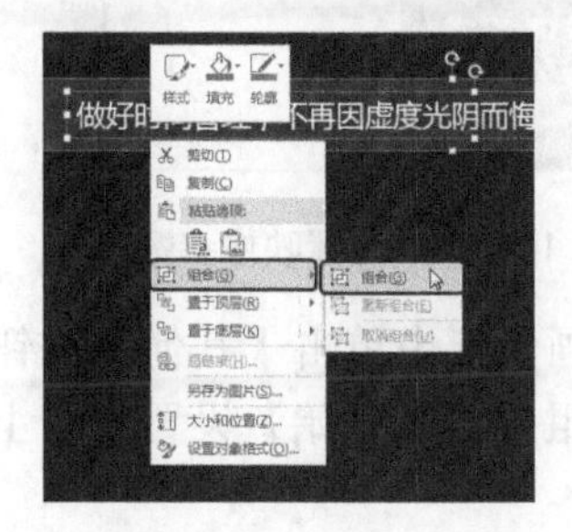

图10-105 选择【组合】命令

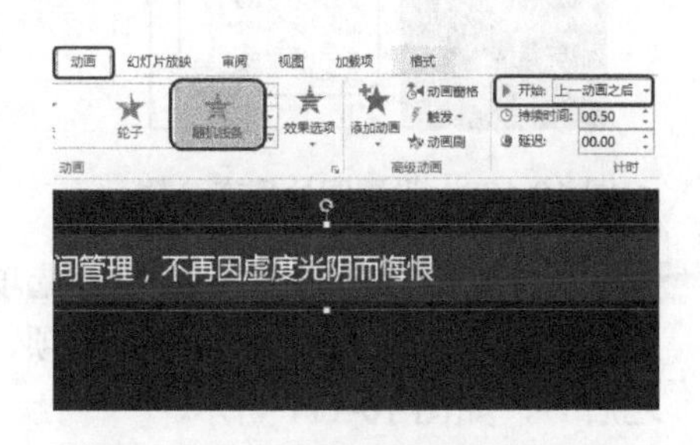

图10-106 添加动画并进行设置

step 57 在功能区选择【插入】选项卡，在【插图】组中单击【形状】按钮，在弹出的下拉列表中选择【圆角矩形】选项，在幻灯片中绘制一个圆角矩形，并调整其圆角的大小；在【设置形状格式】任务窗格中单击【大小属性】按钮，在【大小】选项组中将【高度】、【宽度】分别设置为6.63厘米、6.42厘米，在【位置】选项组中将【水平位置】、【垂直位置】分别设置为1.83厘米、6.34厘米，如图10-107所示。

step 58 在该任务窗格中单击【填充线条】按钮，在【填充】选项组中选择【图片或纹理填充】单选按钮，单击【文件】按钮，在弹出的对话框中选择“m03.jpg”素材文件，如图10-108所示。

step 59 单击【插入】按钮，勾选【将图片平铺为纹理】复选框，将【偏移量 X】、【偏移量 Y】、【缩放比例 X】、【缩放比例 Y】分别设置为0、4.5、35、35，将【对齐方式】设置为“居中”，如图10-109所示。

step 60 在【线条】选项组中选择【无线条】单选按钮，再在该任务窗格中单击【效果】按钮，在【映像】选项组中将【透明度】、【大小】、【模糊】、【距离】分别设置为 51、30、1、4，如图 10-110 所示。

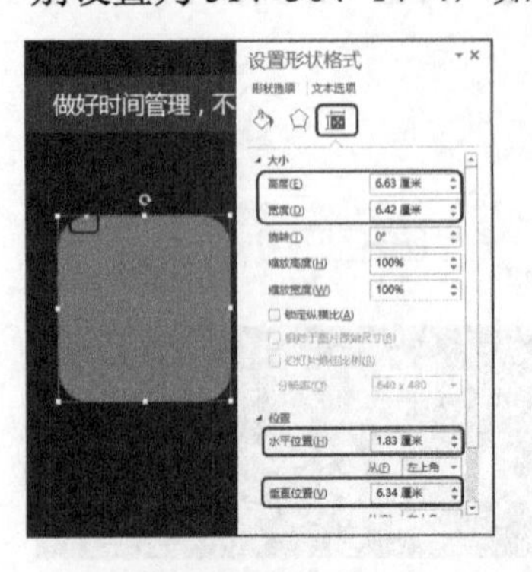

图 10-107　绘制圆角矩形并进行设置

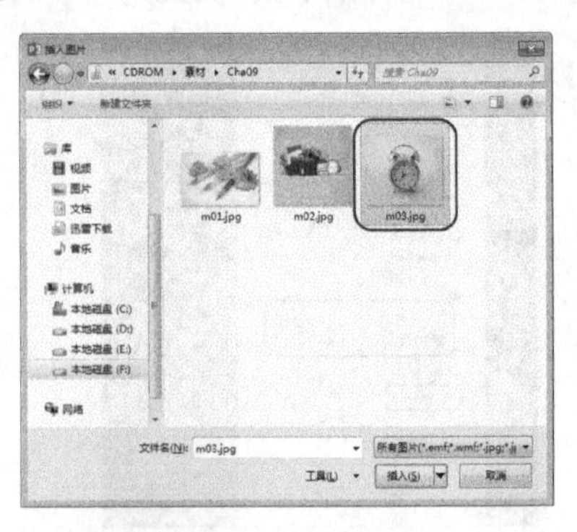

图 10-108　选择素材文件

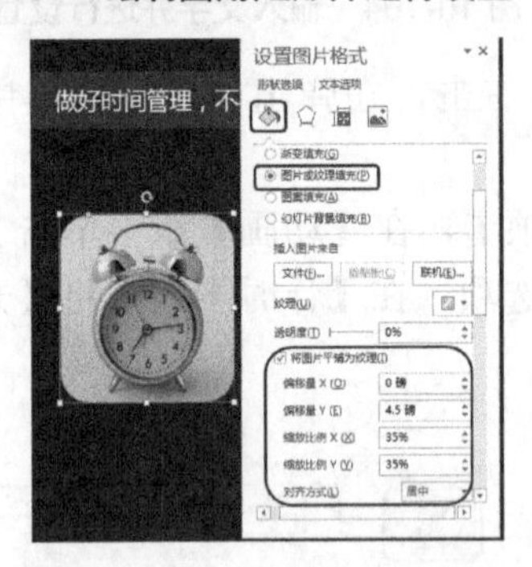

图 10-109　设置图片填充参数

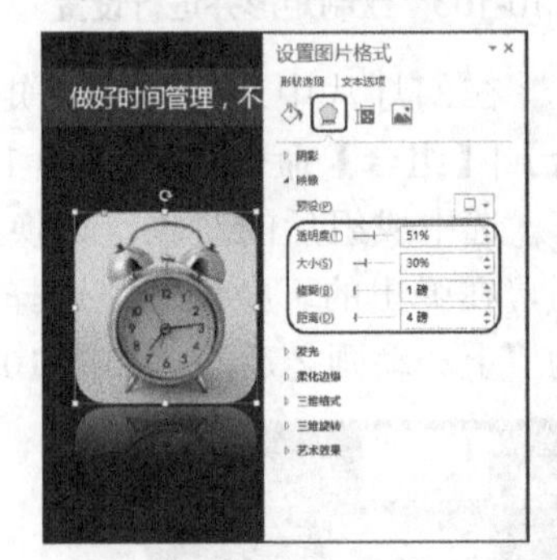

图 10-110　设置映像参数

step 61 选中该图像，选择【动画】选项卡，在【动画】组中单击【其他】按钮，在弹出的下拉列表中选择【弹跳】选项，在【计时】组中将【开始】设置为“上一动画之后”，如图 10-111 所示。

step 62 根据前面所介绍的方法输入其他文字，并为文字添加动画效果，效果如图 10-112 所示。

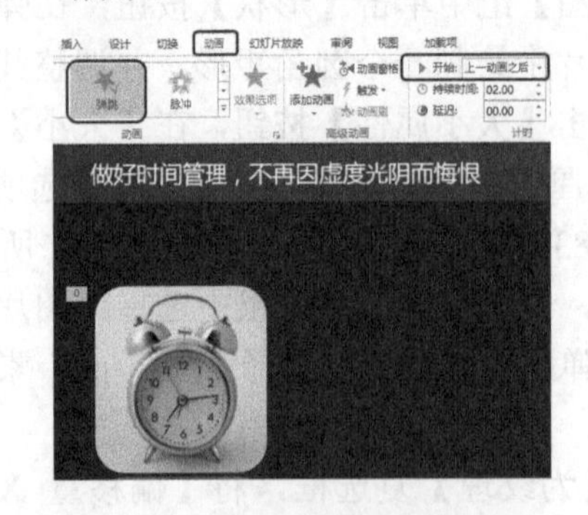

图 10-111　添加动画并进行设置

图 10-112　添加文字后的效果

step 63 选择【切换】选项卡，在【计时】组中将【持续时间】设置为 00.01，取消选中

【单击鼠标时】复选框，选中【设置自动换片时间】复选框，将时间设置为00:06.00，如图10-113所示。

step 64 新建一个空白幻灯片，将背景颜色的RGB值设置为246、246、246；选择【插入】选项卡，在【文本】组中单击【文本框】按钮，在弹出的下拉列表中选择【横排文本框】选项，在幻灯片中绘制一个文本框，输入文字。选中输入的文字，选择【开始】选项卡，在【字体】组中将字体设置为"微软雅黑"，将字体大小设置为40，将字体颜色的RGB值设置为95、94、92，如图10-114所示。

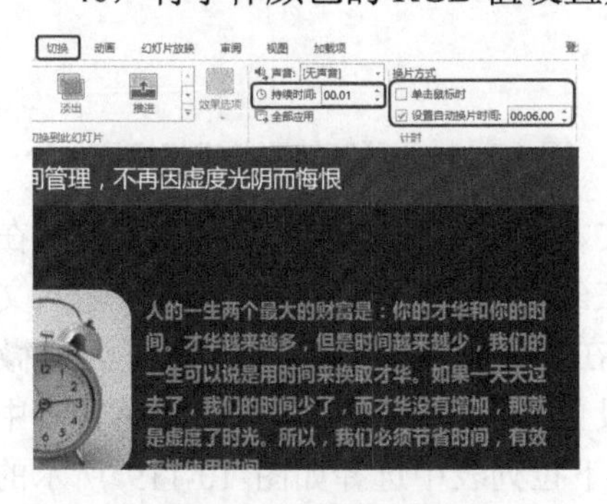

图10-113 设置换片时间

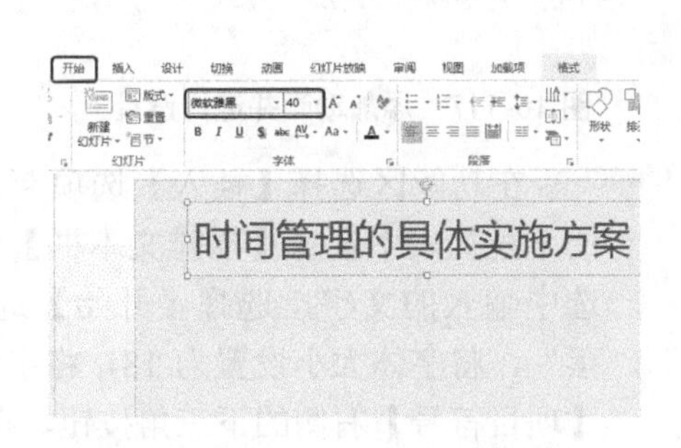

图10-114 输入文字并进行设置

step 65 在功能区选择【插入】选项卡，在【图像】组中单击【图片】按钮，在弹出的对话框中选择"m04.png"素材文件，如图10-115所示。

step 66 单击【插入】按钮，在幻灯片中调整该图像的位置，然后按住Ctrl键选择导入的图像与文本框，右击，在弹出的快捷菜单中选择【组合】|【组合】命令，如图10-116所示。

图10-115 选择素材文件

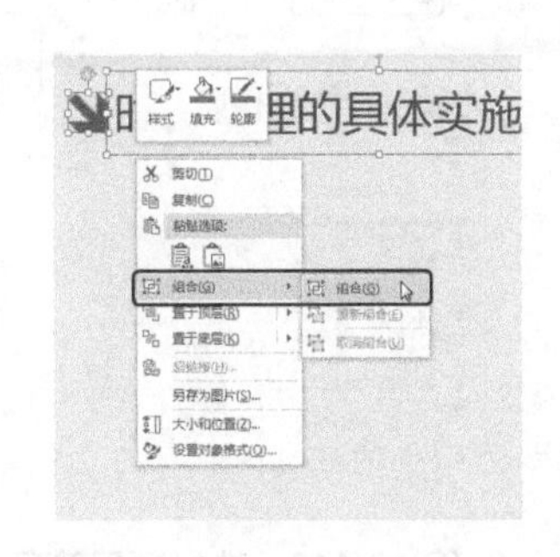

图10-116 选择【组合】命令

step 67 选中成组后的对象，选择【动画】选项卡，在【动画】组中单击【飞入】选项，将【效果选项】设置为"自顶部"，在【计时】组中将【开始】设置为"上一动画之后"，如图10-117所示。

step 68 在功能区选择【插入】选项卡，在【插图】组中单击【形状】按钮，在弹出的下拉列表中选择【矩形】选项，在幻灯片中绘制一个矩形，并调整其大小和位置；在【设置形状格式】任务窗格中单击【填充线条】按钮，在【填充】选项组中将【颜色】设置为"蓝色"，将【透明度】设置为18，在【线条】选项组中选择【无线条】单选按钮，如图 10-118 所示。

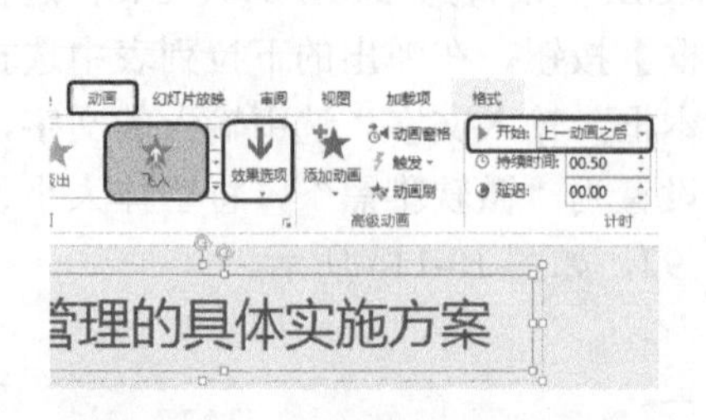

图 10-117 添加动画并进行设置

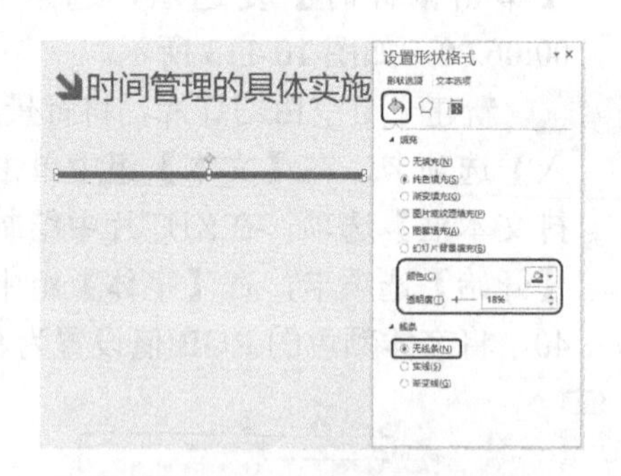

图 10-118 绘制矩形并进行设置

step 69 在功能区选择【插入】选项卡，在【文本】组中单击【文本框】按钮，在弹出的下拉列表中选择【横排文本框】选项，在幻灯片中绘制一个文本框，输入文字；选中输入的文字，选择【开始】选项卡，在【字体】组中将字体设置为“微软雅黑”，将字体大小设置为 18，将字体颜色设置为 95、94、92；在【段落】组中单击【项目符号】右侧的下三角按钮，在弹出的下拉列表中选择如图 10-119 所示的项目符号。

step 70 继续选中文本框中的文字，右击，在弹出的快捷菜单中选择【段落】命令，在弹出的对话框中选择【缩进和间距】选项卡，在【缩进】选项组中将【文本之前】设置为 0.95 厘米，将【特殊格式】设置为“悬挂缩进”，将【度量值】设置为 0.95 厘米；在【间距】选项组中将【段前】设置为 7 磅，将【行距】设置为“多倍行距”，将【设置值】设置为 1.05，如图 10-120 所示。

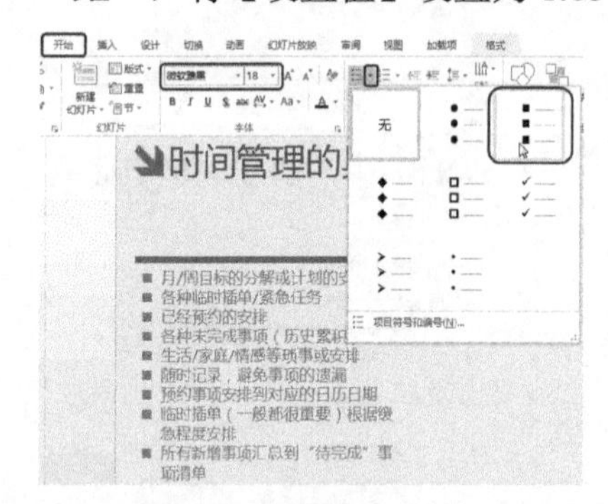

图 10-119 选择项目符号

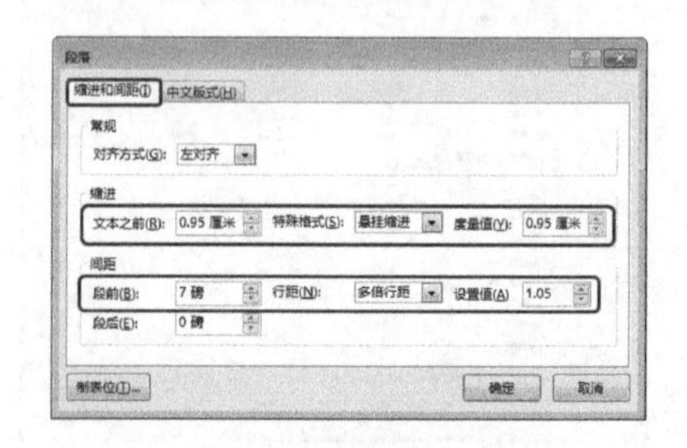

图 10-120 设置缩进与间距

step 71 设置完成后，单击【确定】按钮。继续选中该文本框，选择【动画】选项卡，在【动画】组中单击【飞入】按钮，将【效果选项】设置为“自顶部”；在【计时】组中将【开始】设置为“上一动画之后”，如图 10-121 所示。

step 72 在功能区选择【插入】选项卡，在【图像】组中单击【图片】按钮，在弹出的对话框中选择“m05.jpg”素材文件，单击【插入】按钮，在幻灯片中调整其大小和位置；选择【图片工具】下的【格式】选项卡，在【大小】组中单击【裁剪】按钮，对图像进行调整，如图 10-122 所示。

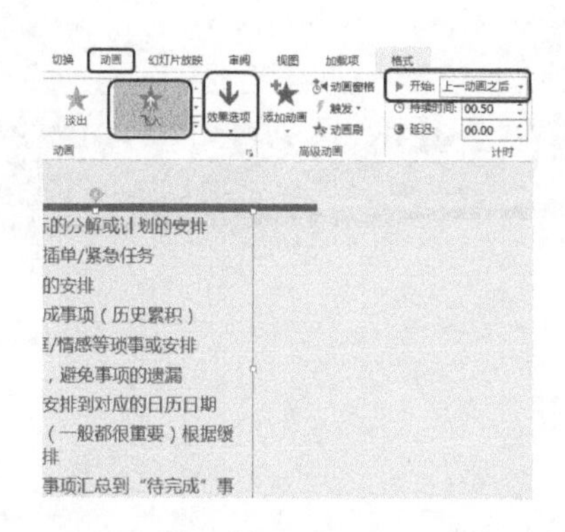

图 10-121　添加动画并进行设置

图 10-122　添加图像文件并进行调整

step 73 调整完成后，再次单击【裁剪】按钮，完成裁剪。在【设置图像格式】任务窗格中单击【填充线条】按钮，在【线条】选项组中选择【实线】单选按钮，将【宽度】设置为2.25磅，如图10-123所示。

step 74 在该任务窗格中单击【效果】按钮，在【阴影】选项组中将【透明度】、【大小】、【模糊】、【角度】、【距离】分别设置为60、100、5、0、0，如图10-124所示。

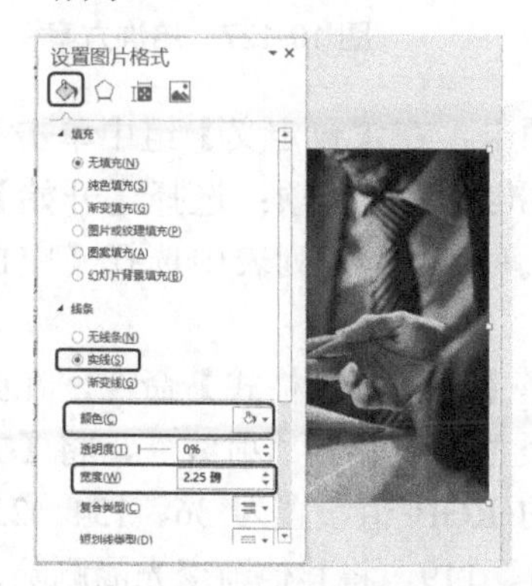

图 10-123　设置填充线条参数

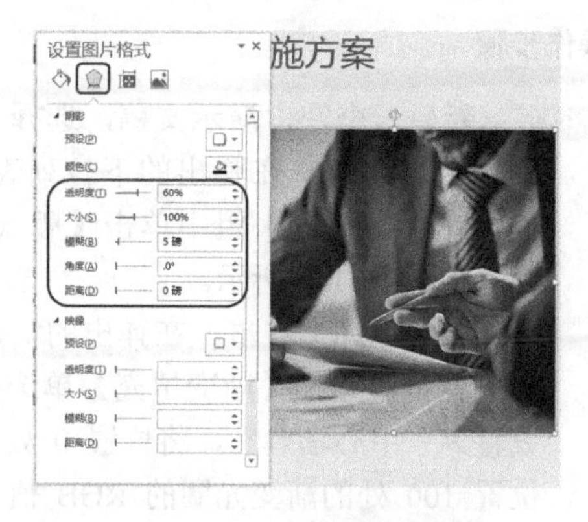

图 10-124　添加阴影效果

step 75 使用同样的方法在幻灯片中绘制一个矩形，并对其进行相应的设置，然后再输入文字，效果如图10-125所示。

step 76 根据前面所介绍的方法制作另外两张幻灯片，制作后的效果如图10-126所示。

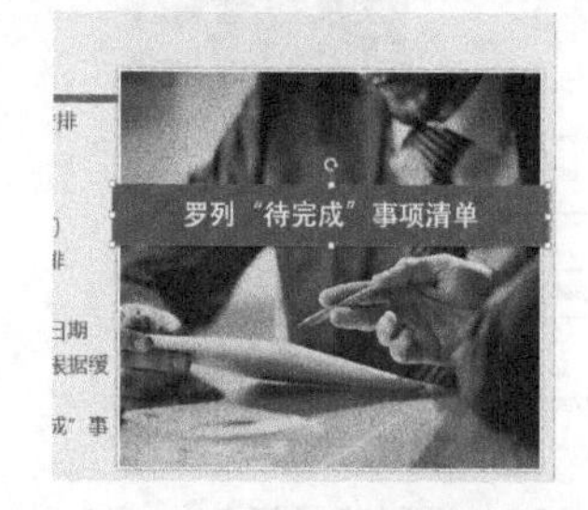

图 10-125　绘制矩形并输入文字

图 10-126　制作其他幻灯片后的效果

案例课堂

案例精讲 087　培训方案

案例文件：CDROM\场景\Cha10\培训方案.pptx

视频文件：视频教学\Cha10\培训方案.avi

学习目标

- 学习矩形展开动画的添加。
- 掌握退出动画的添加与应用。
- 掌握图形的绘制。
- 学习并掌握超链接的添加。

制作概述

本案例将介绍如何制作培训方案幻灯片。案例主要通过为幻灯片添加素材图像、图形及文字并为其添加动画效果，最后为输入的文字添加超链接，从而完成最终效果。效果如图 10-127 所示。

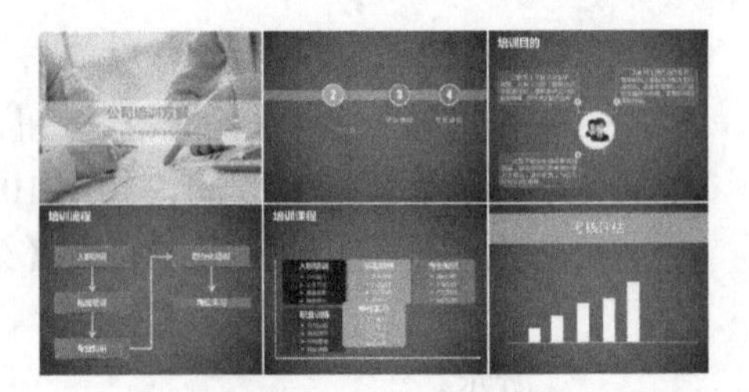

图 10-127　培训方案

操作步骤

step 01 新建一个空白演示文稿，选择【设计】选项卡，在【自定义】组中单击【幻灯片大小】按钮，在弹出的下拉列表中选择【标准(4:3)】选项；选择【开始】选项卡，在【幻灯片】组中单击【版式】按钮，在弹出的下拉列表中选择【空白】选项，如图 10-128 所示。

step 02 在幻灯片中右击，在弹出的快捷菜单中选择【设置背景格式】命令，在弹出的任务窗格中选择【渐变填充】单选按钮，将【类型】设置为“射线”，将【方向】设置为“中心辐射”，将位置 0 处的渐变光圈的 RGB 值设置为 36、154、220，将位置 100 处的渐变光圈的 RGB 值设置为 3、61、119，将其他渐变光圈删除，单击【全部应用】按钮，如图 10-129 所示。

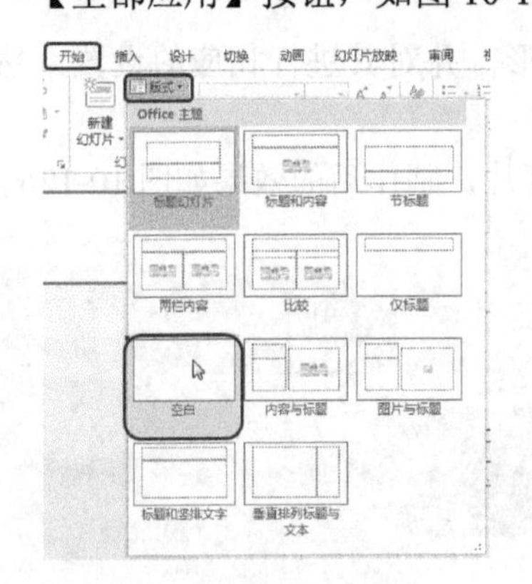

图 10-128　选择【空白】选项

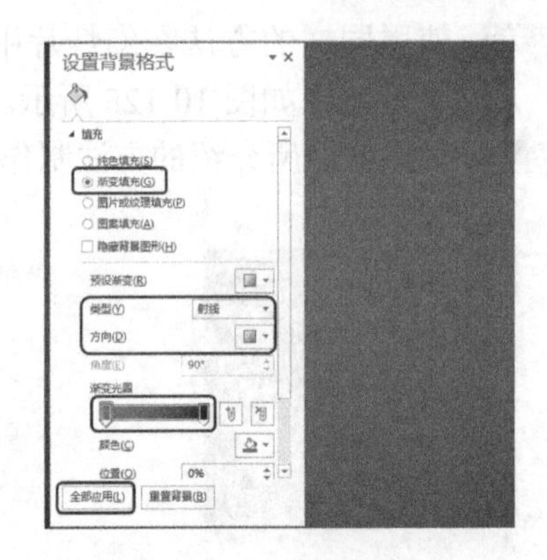

图 10-129　设置背景颜色

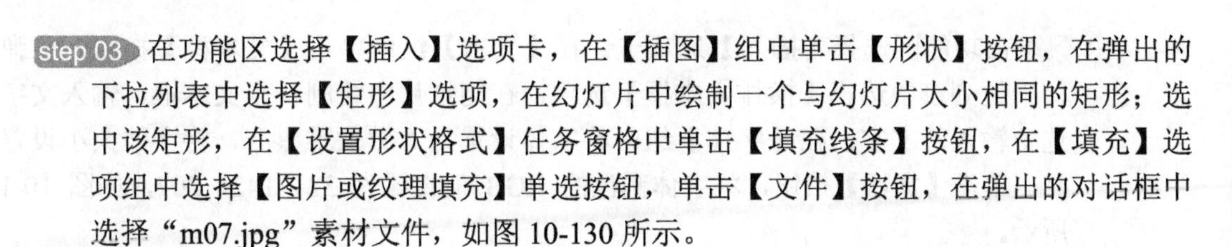

step 03 在功能区选择【插入】选项卡，在【插图】组中单击【形状】按钮，在弹出的下拉列表中选择【矩形】选项，在幻灯片中绘制一个与幻灯片大小相同的矩形；选中该矩形，在【设置形状格式】任务窗格中单击【填充线条】按钮，在【填充】选项组中选择【图片或纹理填充】单选按钮，单击【文件】按钮，在弹出的对话框中选择“m07.jpg”素材文件，如图 10-130 所示。

step 04 单击【插入】按钮，将【透明度】设置为 10%，在【线条】选项组中选择【无线条】单选按钮，如图 10-131 所示。

图 10-130　选择素材文件

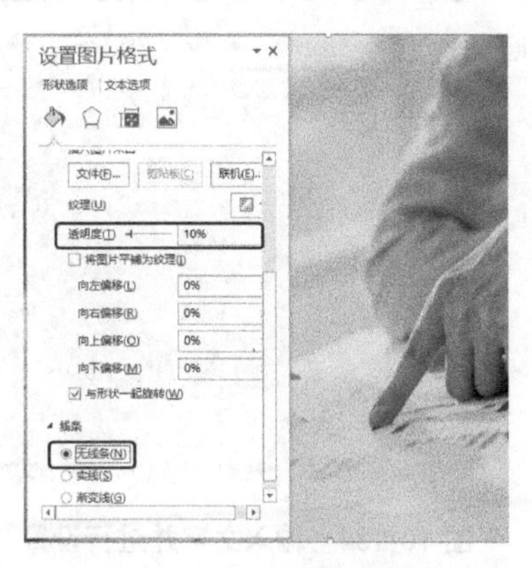

图 10-131　设置透明度参数

step 05 在功能区选择【插入】选项卡，在【插图】组中单击【形状】按钮，在弹出的下拉列表中选择【矩形】选项，在幻灯片中绘制一个矩形；选中绘制的矩形，在【设置形状格式】任务窗格中单击【填充线条】按钮，在【填充】选项组中将【颜色】设置为“白色”，将【透明度】设置为 44，在【线条】选项组中选择【无线条】单选按钮，并在幻灯片中调整其大小及位置，如图 10-132 所示。

提示　此处绘制的矩形与幻灯片的宽度相同。

step 06 选中该矩形，选择【动画】选项卡，在【动画】组中单击【其他】按钮，在弹出的下拉列表中选择【劈裂】选项，将【效果选项】设置为“中央向上下展开”，在【计时】组中将【开始】设置为“上一动画之后”，如图 10-133 所示。

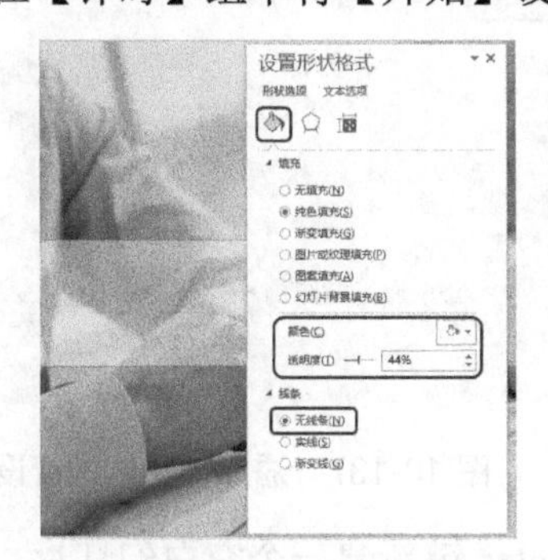

图 10-132　绘制矩形并进行设置

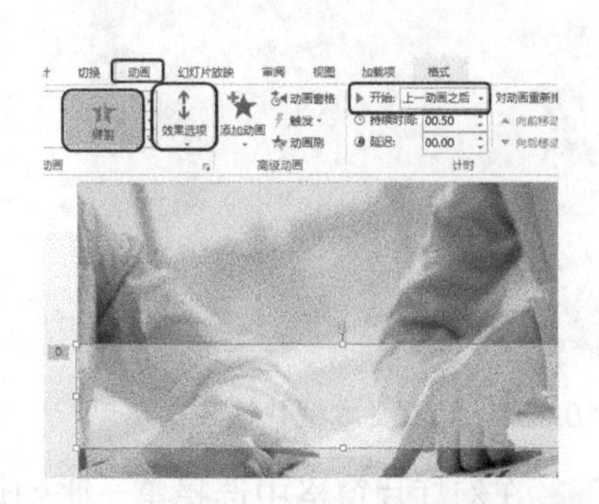

图 10-133　添加动画效果并进行设置

step 07 在功能区选择【插入】选项卡，在【文本】组中单击【文本框】按钮，在弹出的下拉列表中选择【横排文本框】选项，在幻灯片中绘制一个文本框，输入文字；选中输入的文字，在【字体】组中将字体设置为“微软雅黑”，将字体大小设置为44，单击【加粗】按钮，将字体颜色的 RGB 值设置为 32、142、207，如图 10-134 所示。

step 08 选中该文本框，选择【动画】选项卡，在【动画】组中单击【淡出】选项，在【计时】组中将【开始】设置为“上一动画之后”，如图 10-135 所示。

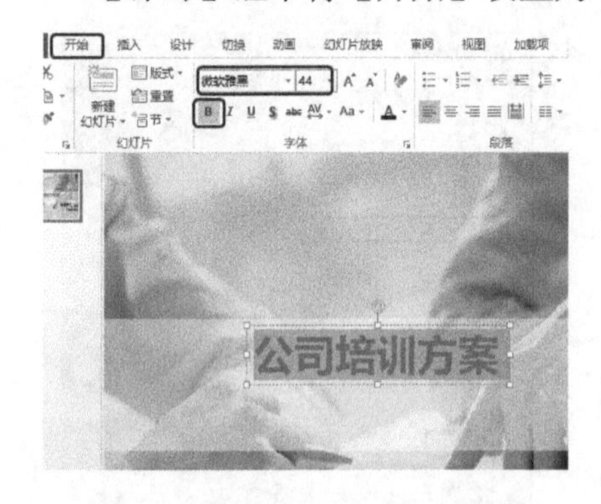

图 10-134 输入文字并进行设置

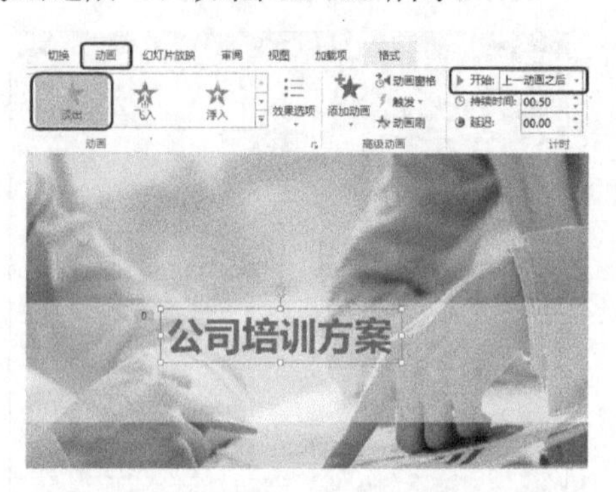

图 10-135 添加动画并设置开始选项

step 09 使用【横排文本框】工具在幻灯片中绘制一个文本框，输入文字；选中输入的文字，选择【开始】选项卡，在【字体】组中将字体设置为“宋体(正文)”，将字体大小设置为 18，单击【加粗】按钮，将字体颜色的 RGB 值设置为 127、127、127，在【段落】组中单击【居中】按钮，如图 10-136 所示。

在步骤 9 中将中文字体设置为“宋体(正文)”，将符号的字体设置为 Calibri (正文)。

step 10 选中该文本框，选择【动画】选项卡，在【动画】组中选择【淡出】选项，在【计时】组中将【开始】设置为“与上一动画同时”，如图 10-137 所示。

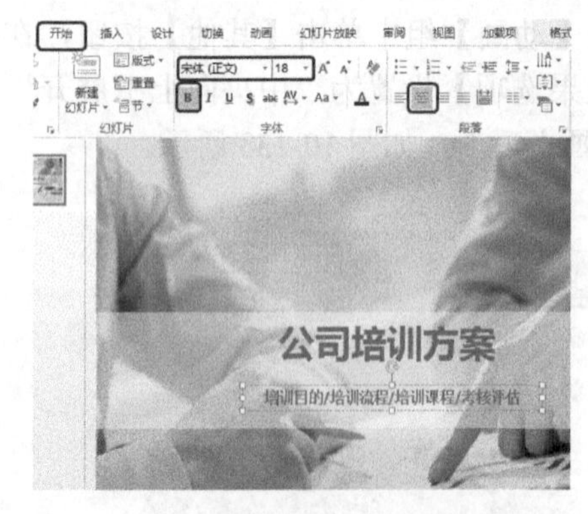

图 10-136 绘制文本框并输入文字

图 10-137 添加动画并进行设置

step 11 在幻灯片窗格中选择第一张幻灯片，按 Enter 键新建一个空白幻灯片，在功能区选择【插入】选项卡，在【插图】组中单击【形状】按钮，在弹出的下拉列表中选

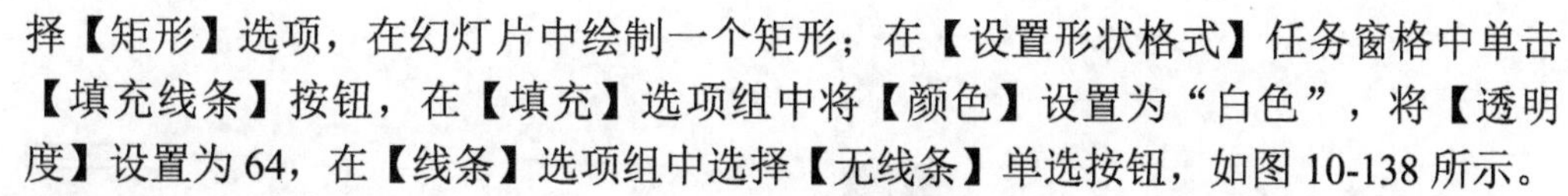

择【矩形】选项，在幻灯片中绘制一个矩形；在【设置形状格式】任务窗格中单击【填充线条】按钮，在【填充】选项组中将【颜色】设置为“白色”，将【透明度】设置为64，在【线条】选项组中选择【无线条】单选按钮，如图10-138所示。

step 12 在该任务窗格中单击【大小属性】按钮，在【大小】选项组中将【宽度】、【高度】分别设置为4.82 厘米、25.4 厘米，在【位置】选项组中将【水平位置】、【垂直位置】分别设置为0厘米、7.69 厘米，如图10-139所示。

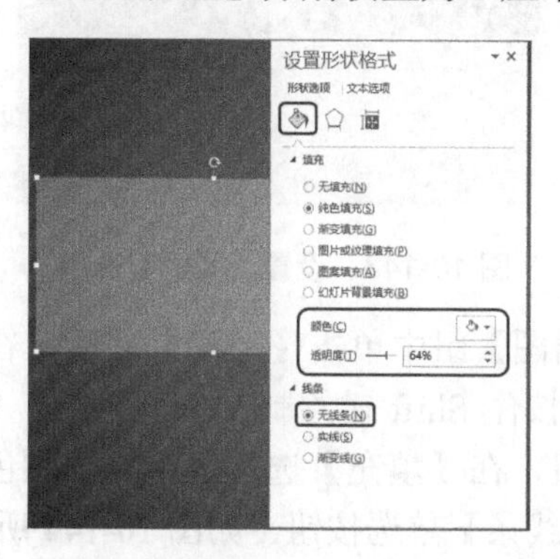

图10-138 绘制矩形并设置填充线条参数

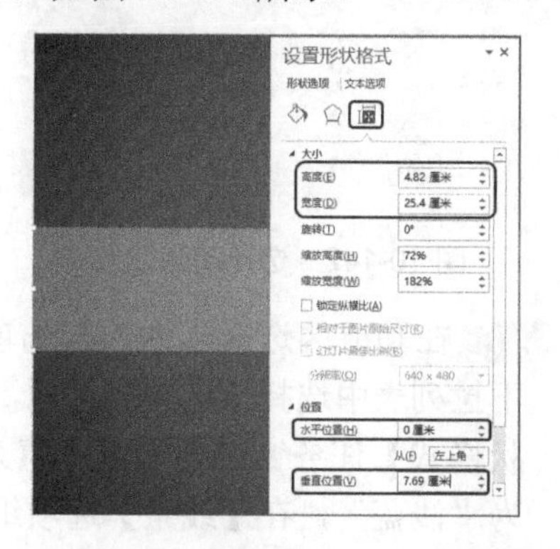

图10-139 设置图形的大小和位置

step 13 选中该图形，选择【动画】选项卡，在【动画】组中单击【其他】按钮，在弹出的下拉列表中选择【退出】选项组中的【擦除】选项，如图10-140所示。

step 14 在【计时】选项组中将【开始】设置为“与上一动画同时”，如图10-141所示。

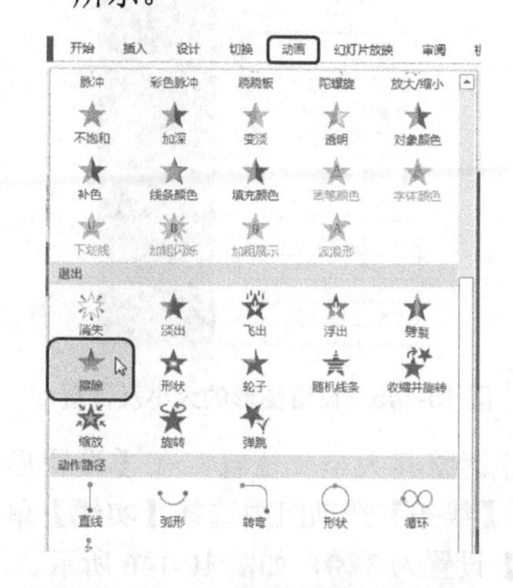

图10-140 选择【擦除】选项

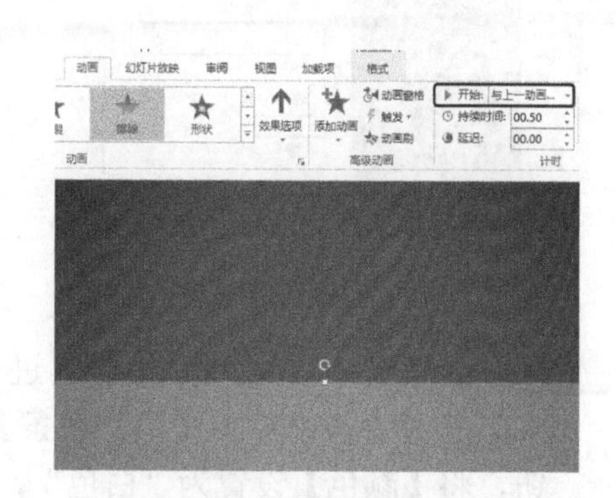

图10-141 设置开始选项

step 15 继续选中该矩形，按 Ctrl+D 组合键对其进行复制，在幻灯片中调整其位置及高度；在【动画】组中单击【其他】按钮，在弹出的下拉列表中选择【进入】选项组中的【擦除】选项，如图10-142所示。

step 16 选择完成后，在【计时】组中将【开始】设置为“与上一动画同时”，如图10-143所示。

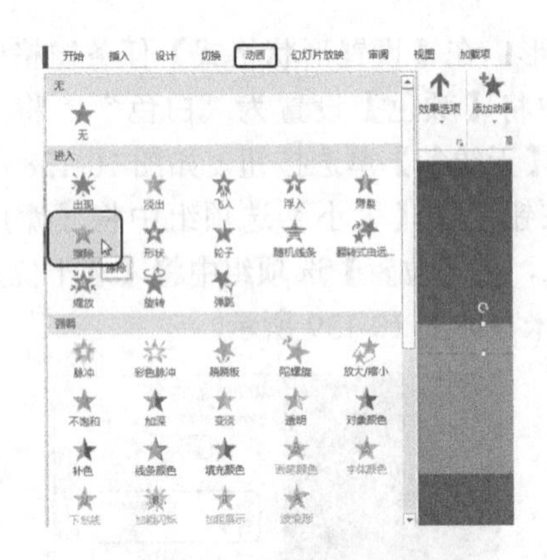

图 10-142　选择动画效果

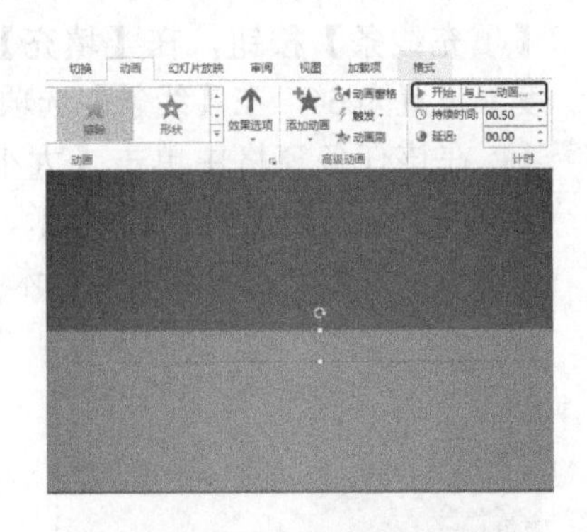

图 10-143　设置【开始】选项

step 17 在功能区选择【插入】选项卡，在【插图】组中单击【形状】按钮，在弹出的下拉列表中选择【椭圆】选项，在幻灯片中按住 Shift 键绘制一个正圆；在【设置形状格式】任务窗格中单击【填充线条】按钮，在【填充】选项组中将【颜色】设置为“浅蓝”，在【线条】选项组中选择【无线条】单选按钮，如图 10-144 所示。

step 18 在该任务窗格中单击【大小属性】按钮，在【大小】选项组中将【高度】、【宽度】都设置为 2.61 厘米；在【位置】选项组中将【水平位置】、【垂直位置】分别设置为 19.79 厘米、5.78 厘米，如图 10-145 所示。

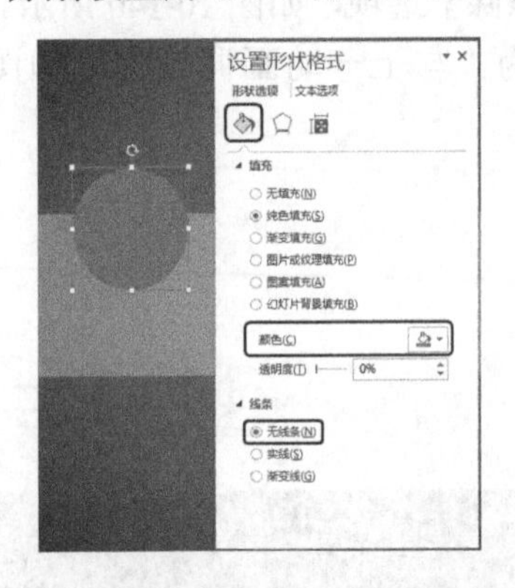

图 10-144　绘制形状并进行设置

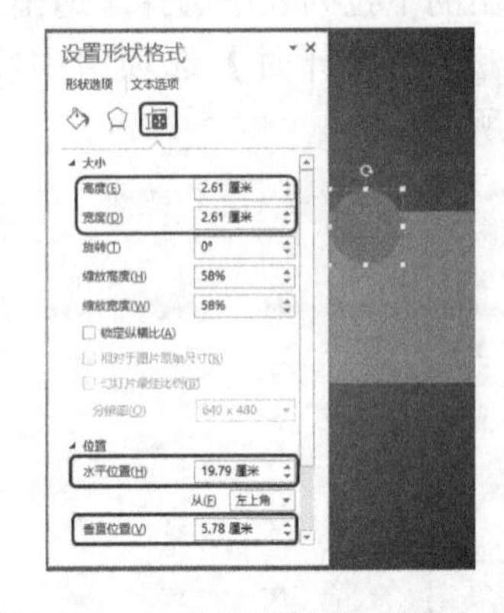

图 10-145　设置图形的大小及位置

step 19 继续选中该图形，并对其进行复制，并调整其大小及位置。在【设置形状格式】任务窗格中单击【填充线条】按钮，在【线条】选项组中选择【实线】单选按钮，将【颜色】设置为“白色”，将【宽度】设置为 3 磅，如图 10-146 所示。

step 20 继续选中该图形，输入文字；选中输入的文字，在功能区选择【开始】选项卡，在【字体】组中将字体设置为 Impact，将字体大小设置为 36，将字体颜色设置为“白色”，在【段落】组中单击【居中】按钮，如图 10-147 所示。

step 21 在幻灯片中选中绘制的两个圆形，右击，在弹出的快捷菜单中选择【组合】|【组合】命令；继续选中组合后的对象，选择【动画】选项卡，在【动画】组中选择【飞入】选项，将【效果选项】设置为“自左侧”，在【计时】组中将【开始】

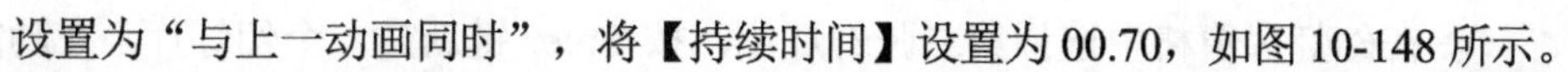

设置为“与上一动画同时”，将【持续时间】设置为00.70，如图10-148所示。

step 22 在功能区选择【插入】选项卡，在【文本】组中单击【文本框】按钮，在弹出的下拉列表中选择【横排文本框】选项，绘制一个文本框，输入文字；选中输入的文字，选择【开始】选项卡，在【字体】组中将字体设置为“微软雅黑”，将字体大小设置为20，将字体颜色设置为“白色”，在【段落】组中单击【居中】按钮，如图10-149所示。

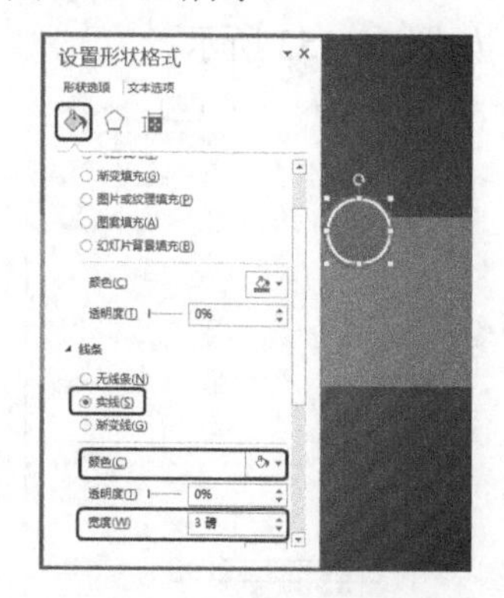

图 10-146 复制图形并进行调整

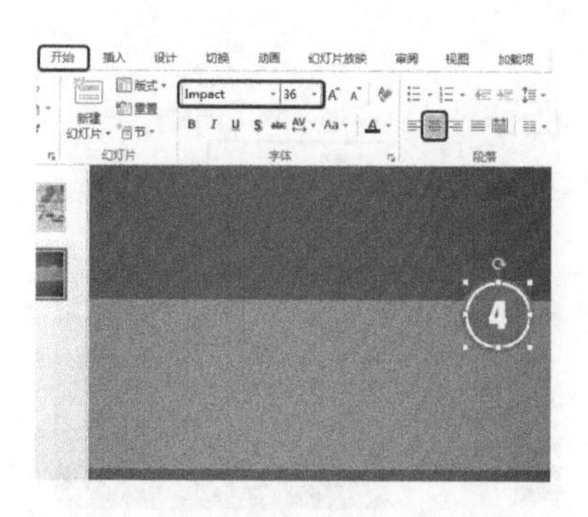

图 10-147 输入文字并进行设置

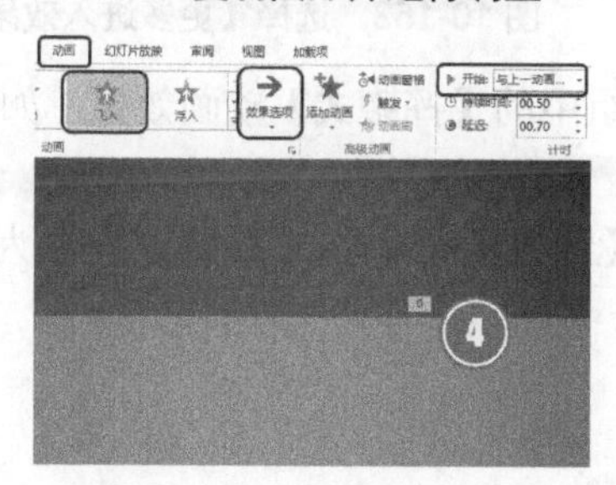

图 10-148 添加动画效果并进行设置

图 10-149 输入文字并进行设置

step 23 继续选中该文本框，选择【动画】选项卡，在【动画】组中选择【浮入】选项，在【计时】组中将【开始】设置为“与上一动画同时”，将【持续时间】设置为00.50，将【延迟】设置为01.00，如图10-150所示。

step 24 根据相同的方法在该幻灯片中添加其他图形及文字，并为其添加动画效果。效果如图10-151所示。

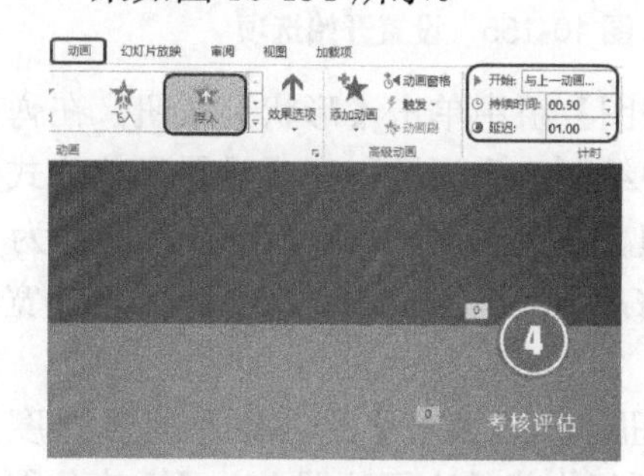

图 10-150 添加动画并进行设置

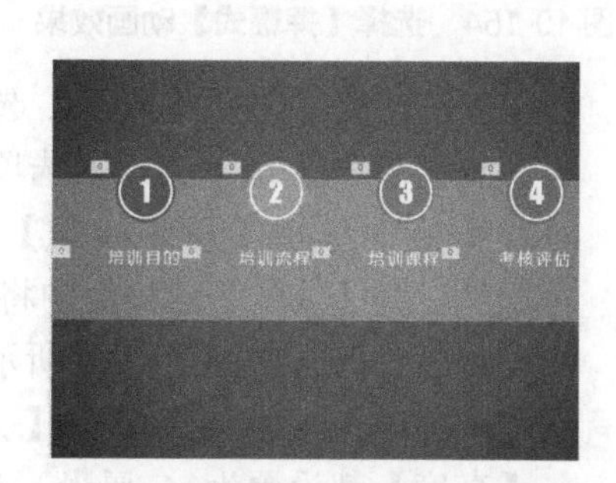

图 10-151 添加其他图形及文字后的效果

step 25 在幻灯片窗格中选择第二张幻灯片，按 Enter 键新建一个幻灯片，在功能区选择【插入】选项卡，在【文本】组中单击【文本框】按钮，在弹出的下拉列表中选择【横排文本框】选项，绘制一个文本框，输入文字。选中输入的文字，选择【开始】选项卡，在【字体】组中将字体设置为“微软雅黑”，将字体大小设置为 35，单击【加粗】按钮，将字体颜色设置为“白色”，如图 10-152 所示。

step 26 选中该文本框，选择【动画】选项卡，在【动画】组中单击【其他】按钮，在弹出的下拉列表中选择【更多进入效果】选项，如图 10-153 所示。

图 10-152　输入文字并进行设置

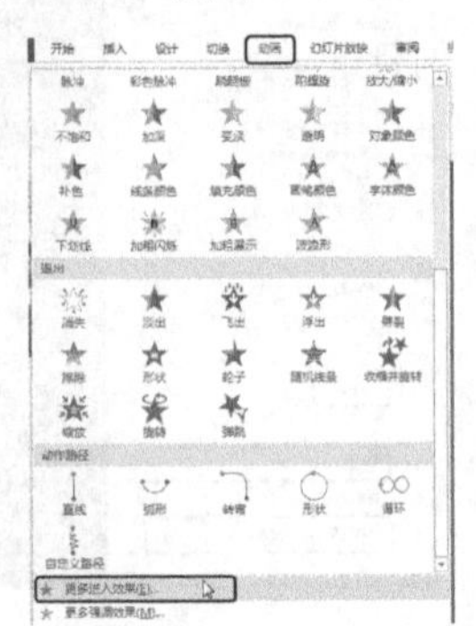

图 10-153　选择【更多进入效果】选项

step 27 在弹出的对话框中选择【华丽型】选项组中的【挥鞭式】动画效果，如图 10-154 所示。

step 28 选择完成后，单击【确定】按钮，在【计时】组中将【开始】设置为“上一动画之后”，如图 10-155 所示。

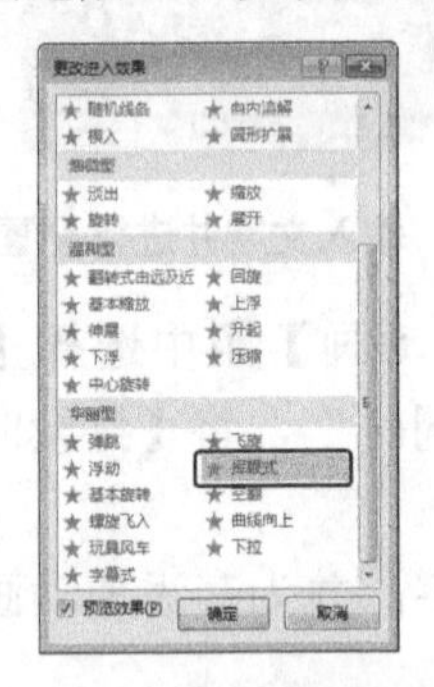

图 10-154　选择【挥鞭式】动画效果

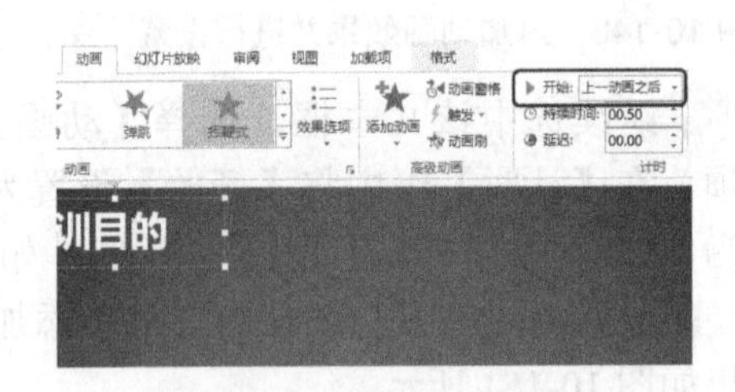

图 10-155　设置开始选项

step 29 在功能区选择【插入】选项卡，在【插图】组中单击【形状】按钮，在弹出的下拉列表中选择【椭圆】选项，在幻灯片中绘制一个正圆；在【设置形状格式】任务窗格中单击【填充线条】按钮，在【填充】选项组中将【颜色】设置为“白色”，在【线条】选项组中将【颜色】的 RGB 值设置为 255、255、0，将【宽度】设置为 6 磅，如图 10-156 所示。

step 30 在该任务窗格中单击【大小属性】按钮，在【大小】选项组中将【宽度】、【高度】都设置为 4 厘米，在【位置】选项组中将【水平位置】、【垂直位置】分别设置为 10.55 厘米、9.11 厘米，如图 10-157 所示。

图 10-156　绘制圆形并设置填充线条参数

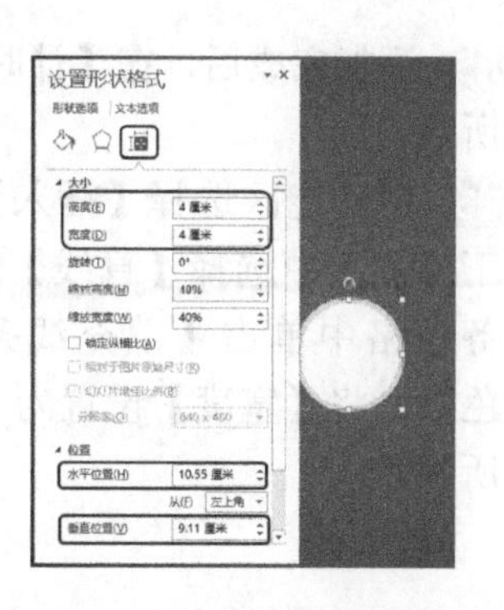

图 10-157　设置图形的大小和位置

step 31 在功能区选择【插入】选项卡，在【图像】组中单击【图片】按钮，在弹出的对话框中选择“m08.png”素材文件，如图 10-158 所示。

step 32 单击【插入】按钮，选中该素材文件，在【设置图片格式】任务窗格中单击【大小属性】按钮，在【大小】选项组中将【宽度】、【高度】都设置为 3.4 厘米，在【位置】选项组中将【水平位置】、【垂直位置】分别设置为 10.9 厘米、9.36 厘米，如图 10-159 所示。

图 10-158　选择素材文件

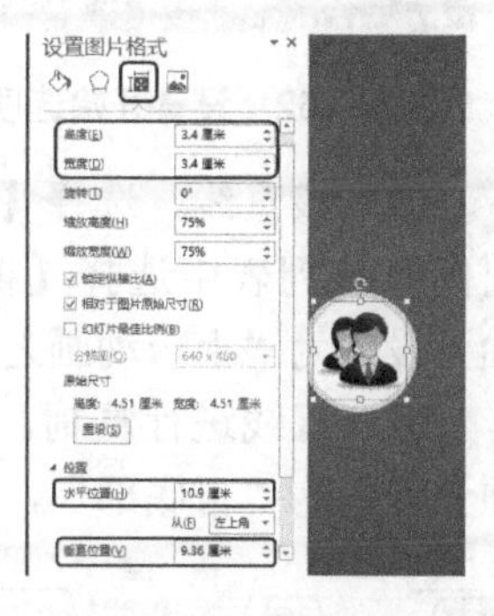

图 10-159　设置图片的大小和位置

step 33 在幻灯片中选择绘制的图形及插入的图像，右击，在弹出的快捷菜单中选择【组合】|【组合】命令，如图 10-160 所示。

step 34 选中成组后的对象，选择【动画】选项卡，在【动画】组中单击【其他】按钮，在弹出的下拉列表中选择【翻转式由远及近】选项，如图 10-161 所示。

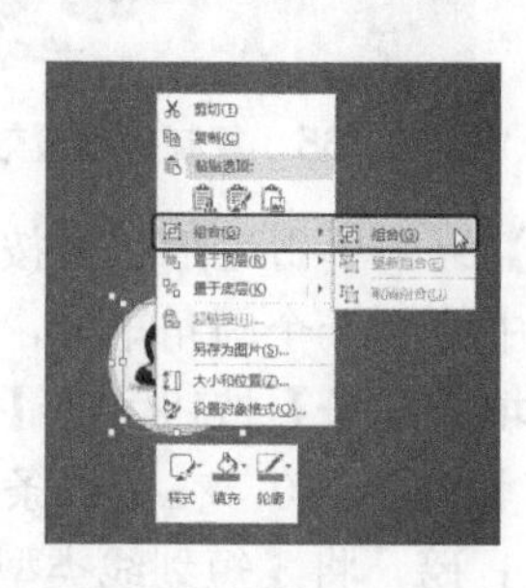

图 10-160　选择【组合】命令

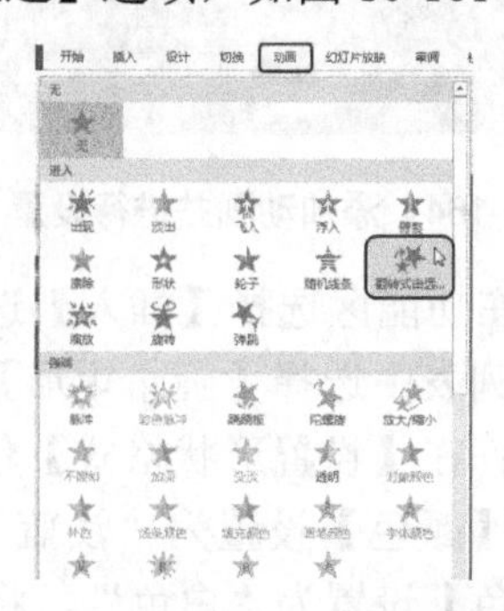

图 10-161　选择【翻转式由远及近】选项

step 35 添加完成后，在【计时】组中将【开始】设置为“上一动画之后”，如图 10-162 所示。

step 36 在功能区选择【插入】选项卡，在【插图】组中单击【形状】按钮，在弹出的下拉列表中选择【直线】选项，在幻灯片中绘制一条直线；在【设置形状格式】任务窗格中单击【填充线条】按钮，在【线条】选项组中将【颜色】设置为“白色”，将【宽度】设置为 2.25 磅，将【短划线类型】设置为“圆点”，如图 10-163 所示。

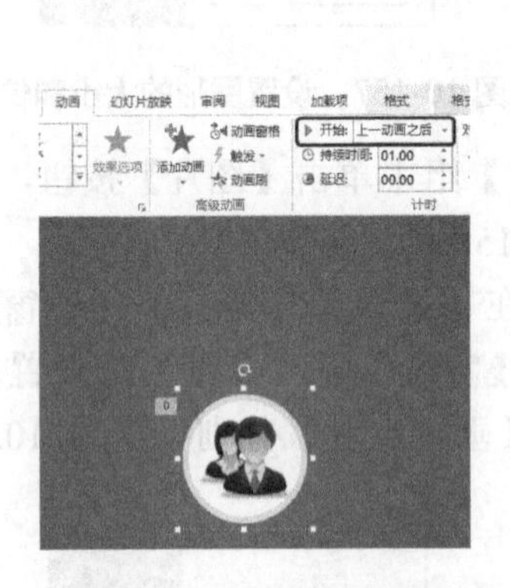

图 10-162　设置开始选项

图 10-163　绘制直线并进行设置

step 37 选中该直线，选择【动画】选项卡，在【动画】组中单击【其他】按钮，在弹出的下拉列表中选择【擦除】选项，将【动画效果】设置为“自右侧”，将【开始】设置为“上一动画之后”，将【持续时间】设置为 00.75，如图 10-164 所示。

step 38 对该直线进行复制，并对复制后的对象进行调整，在【动画】组中将【效果选项】设置为“自底部”，效果如图 10-165 所示。

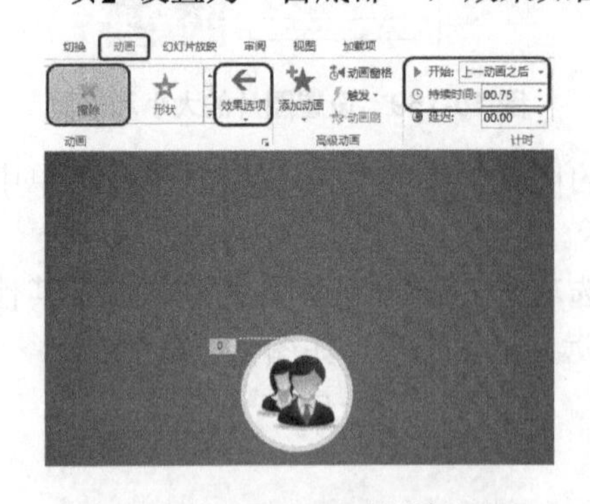

图 10-164　添加动画并进行设置

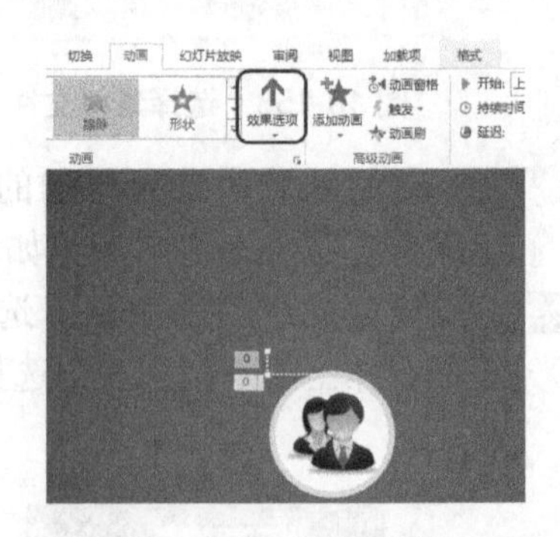

图 10-165　复制并设置效果选项

step 39 在功能区选择【插入】选项卡，在【插图】组中单击【形状】按钮，在弹出的下拉列表中选择【圆角矩形】选项，在幻灯片中绘制一个圆角矩形，并调整圆角的大小；在【设置形状格式】任务窗格中单击【填充线条】按钮，在【填充】选项组中将【颜色】设置为“浅蓝”，将【透明度】设置为 70，在【线条】选项组中将【颜色】设置为“白色”，将【宽度】设置为 1 磅，将【短划线类型】设置为“长划线”，如图 10-166 所示。

step 40 在功能区选择【插入】选项卡，单击【插图】组中的【形状】按钮，在弹出的下拉列表中选择【椭圆】选项，在幻灯片中按住 Shift 键绘制一个正圆，在【设置形状格式】任务窗格中单击【填充线条】按钮，在【填充】选项组中将【颜色】的 RGB 值设置为 255、255、0，在【线条】选项组中选择【无线条】单选按钮，如图 10-167 所示。

图 10-166　绘制形状并设置填充线条

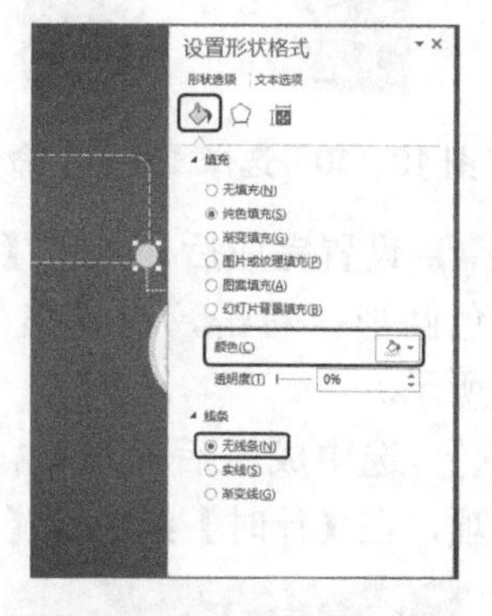

图 10-167　绘制正圆并设置填充线条

step 41 继续选中该图形，输入文字。选中输入的文字，选择【开始】选项卡，在【字体】组中将字体设置为 Calibri(正文)，将字体大小设置为 18，将字体颜色的 RGB 值设置为 76、76、76，在【段落】组中单击【居中】按钮，如图 10-168 所示。

step 42 在功能区选择【插入】选项卡，在【文本】组中单击【文本框】按钮，在弹出的下拉列表中选择【横排文本框】选项，在幻灯片中绘制一个文本框，输入文字；选中输入的文字，选择【开始】选项卡，在【字体】组中将字体设置为“微软雅黑”，将字体大小设置为 18，将字体颜色值设置为“白色”，在【段落】组中单击【两端对齐】按钮，如图 10-169 所示。

图 10-168　输入文字并进行设置

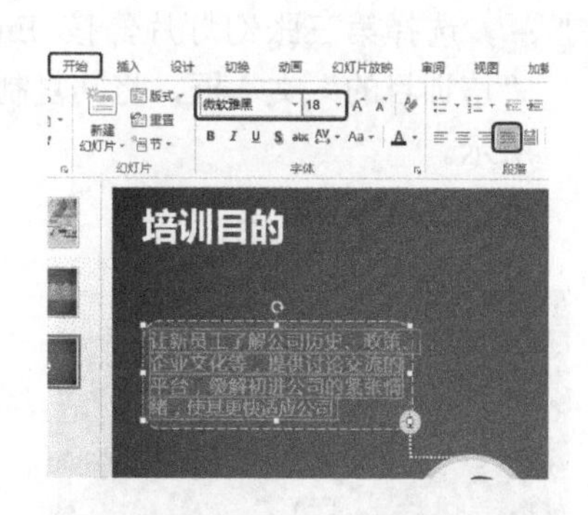

图 10-169　绘制文本框并输入文字

step 43 继续选中该文字，右击，在弹出的快捷菜单中选择【段落】命令，如图 10-170 所示。

step 44 在弹出的对话框中选择【缩进和间距】选项卡，在【缩进】选项组中将【特殊格式】设置为“首行缩进”，在【间距】选项组中将【段后】设置为 12 磅，如图 10-171 所示。

图 10-170　选择【段落】命令

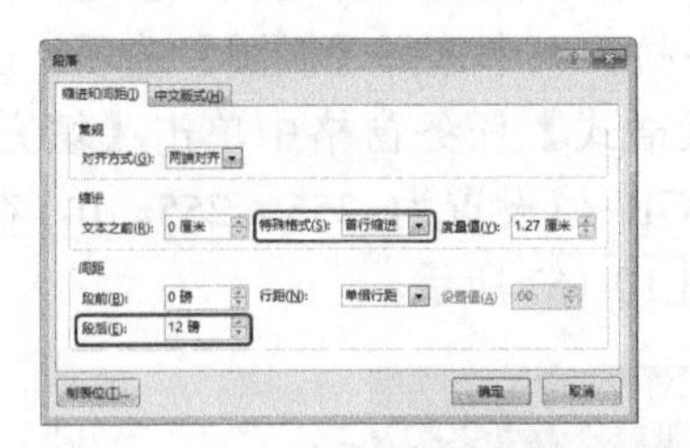

图 10-171　设置缩进和间距

step 45 设置完成后，单击【确定】按钮。在幻灯片中选中该文本框、圆角矩形以及黄色圆形，右击，在弹出的快捷菜单中选择【组合】|【组合】命令，如图 10-172 所示。

step 46 选中成组后的对象，选择【动画】选项卡，在【动画】组中单击【淡出】选项，在【计时】组中将【开始】设置为“上一动画之后”，如图 10-173 所示。

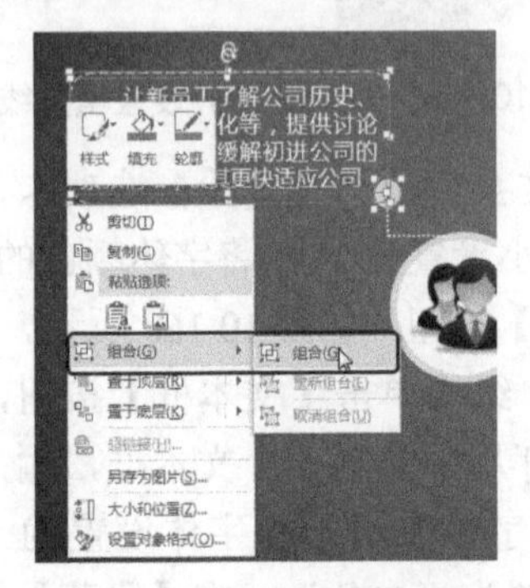

图 10-172　选择【组合】命令

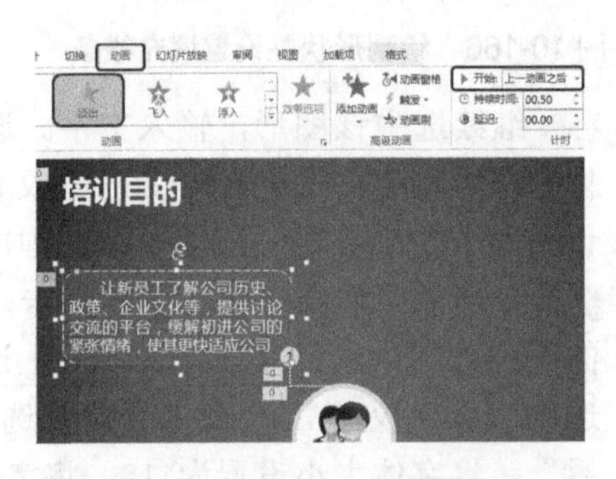

图 10-173　添加动画并设置开始选项

step 47 使用同样的方法添加其他图形和文字，并为其添加动画效果，如图 10-174 所示。

step 48 选择第三张幻灯片，按 Enter 键新建一个空白幻灯片。在第三张幻灯片中选择“培训目的”文本框，将其复制至第四张幻灯片中，并修改其内容，效果如图 10-175 所示。

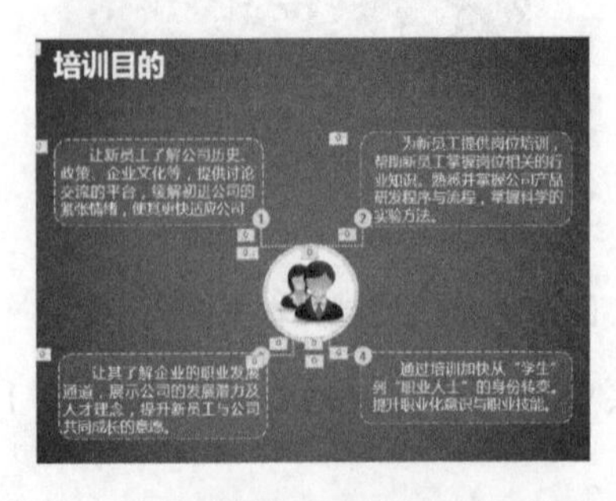

图 10-174　添加其他图形和文字后的效果

图 10-175　新建幻灯片并修改文字

step 49 在功能区选择【插入】选项卡，在【插图】组中单击【形状】按钮，在弹出的下拉列表中选择【圆角矩形】选项，在幻灯片中绘制一个圆角矩形，并调整其圆角的大小；在【设置形状格式】任务窗格中单击【填充线条】按钮，在【填充】选项组中将【颜色】的 RGB 值设置为 51、153、255，在【线条】选项组中将【颜色】的 RGB 值设置为 192、192、192，将【宽度】设置为 0.5 磅，如图 10-176 所示。

step 50 在该任务窗格中单击【大小属性】按钮，在【大小】选项组中将【高度】、【宽度】分别设置为 2.21 厘米、8.61 厘米，在【位置】选项组中将【水平位置】、【垂直位置】分别设置为 1.76 厘米、4.74 厘米，如图 10-177 所示。

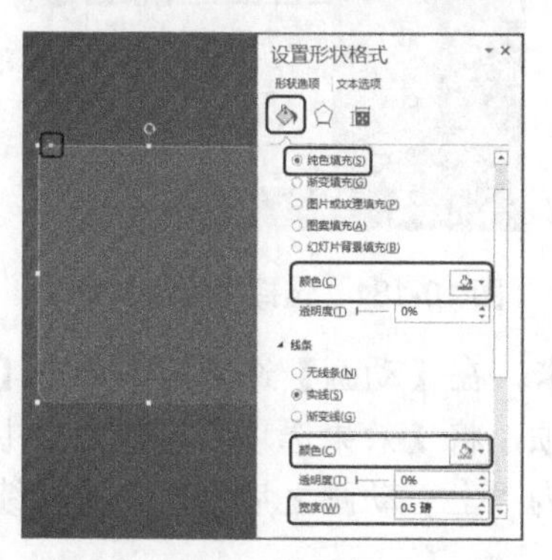

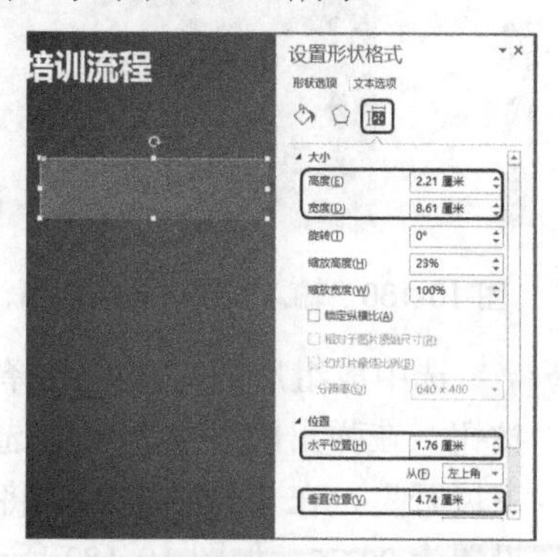

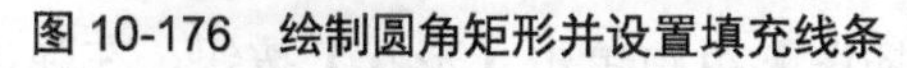
图 10-176　绘制圆角矩形并设置填充线条

图 10-177　设置图形的大小及位置

step 51 在功能区选择【插入】选项卡，在【插图】选项组中单击【形状】按钮，在弹出的下拉列表中选择【矩形】选项，在幻灯片中绘制一个矩形；在【设置形状格式】任务窗格中单击【填充线条】按钮，在【填充】选项组中选择【渐变填充】单选按钮，将【类型】设置为“射线”，将【方向】设置为“中心辐射”，将位置 0 处和位置 100 处的渐变光圈的颜色都设置为“黑色”，将位置 100 处的渐变光圈的【透明度】设置为 100，将其他渐变光圈删除，在【线条】选项组中选择【无线条】单选按钮，如图 10-178 所示。

step 52 选中该图形，右击，在弹出的快捷菜单中选择【置于底层】|【下移一层】命令，如图 10-179 所示。

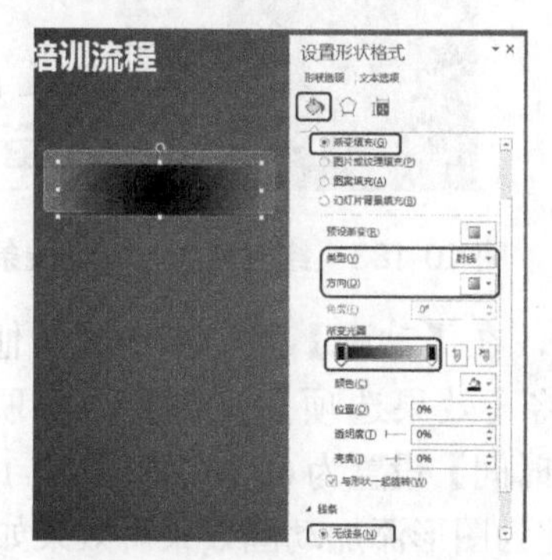

图 10-178　绘制矩形并设置

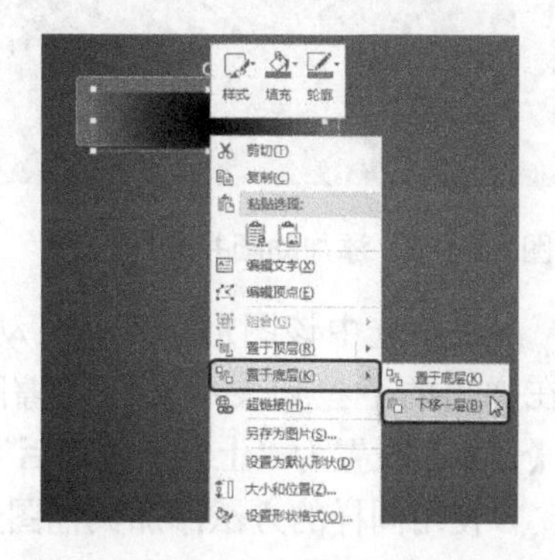
图 10-179　选择【下移一层】命令

step 53 在幻灯片中选中蓝色矩形，输入文字。选中输入的文字，选择【开始】选项卡，在【字体】组中将字体设置为“微软雅黑”，将字体大小设置为 24，单击【加粗】按钮，将字体颜色设置为“白色”，如图 10-180 所示。

step 54 在幻灯片中选择绘制的圆角矩形和矩形，右击，在弹出的快捷菜单中选择【组合】|【组合】命令，如图 10-181 所示。

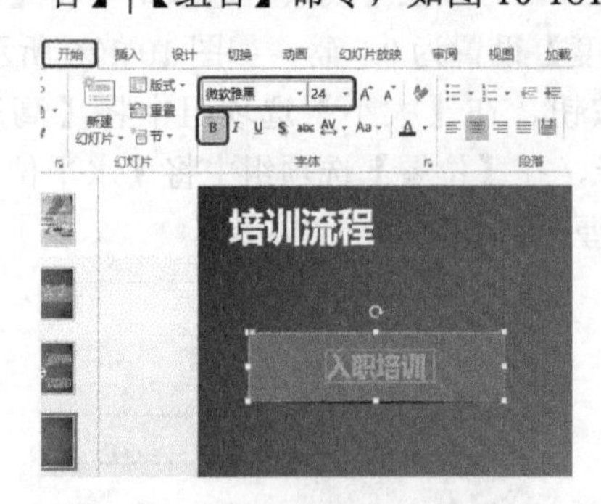

图 10-180　输入文字并进行设置

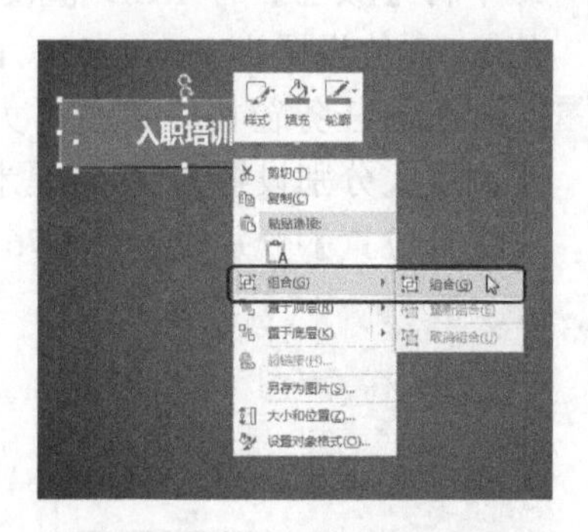

图 10-181　选择【组合】命令

step 55 选中成组后的对象，选择【动画】选项卡，在【动画】选项组中单击【其他】按钮，在弹出的下拉列表中选择【劈裂】选项，将【效果选项】设置为“中央向上下展开”，在【计时】组中将【开始】设置为“上一动画之后”，将【持续时间】设置为 00.75，如图 10-182 所示。

step 56 在功能区选择【插入】选项卡，在【插图】组中单击【形状】按钮，在弹出的下拉列表中选择【直线】选项，在幻灯片中绘制一条直线；在【设置形状格式】任务窗格中单击【填充线条】按钮，在【线条】选项组中将【颜色】的 RGB 值设置为 255、255、0，将【宽度】设置为 4.5 磅，将【箭头末端类型】设置为“开放型箭头”，如图 10-183 所示。

图 10-182　添加动画并进行设置

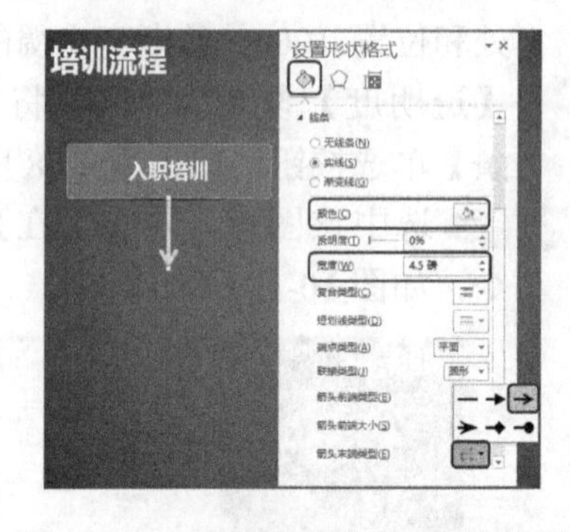

图 10-183　绘制直线并设置线条参数

step 57 继续选中该图形，选择【动画】选项卡，在【动画】组中单击【其他】按钮，在弹出的下拉列表中选择【擦除】选项，将【效果选项】设置为“自顶部”，将【开始】设置为“上一动画之后”，将【持续时间】设置为 00.75，如图 10-184 所示。

step 58 使用同样的方法添加其他图形及文字，并为图形添加动画效果。效果如图 10-185 所示。

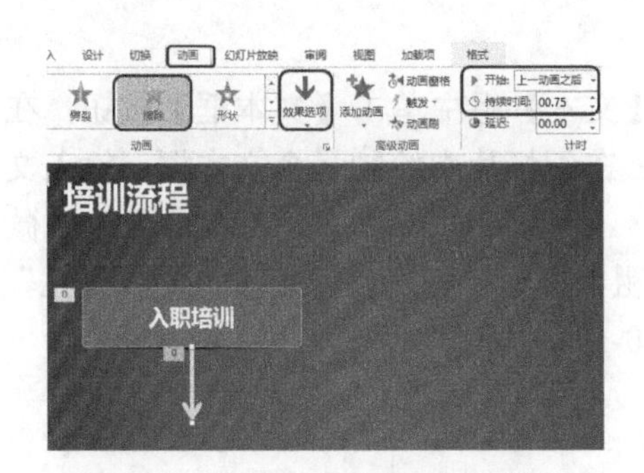

图 10-184 添加动画并进行设置

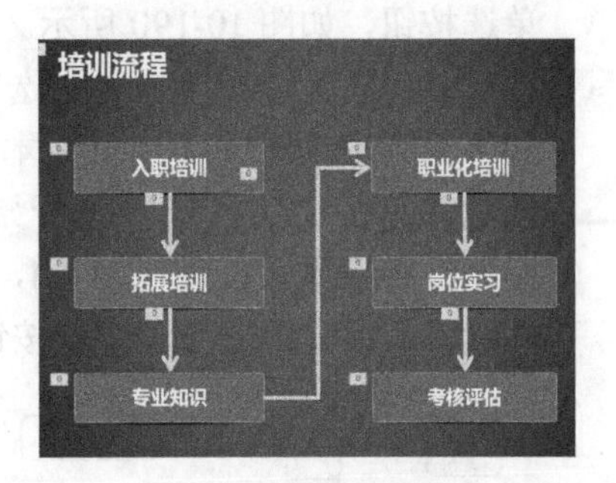

图 10-185 添加图形及文字

step 59 选中第四张幻灯片，按 Enter 键新建一个空白幻灯片，在第四张幻灯片中选择“培训流程”文本框，将其复制至第五张幻灯片中，并修改其内容，如图 10-186 所示。

step 60 在功能区选择【插入】选项卡，在【插图】组中单击【形状】按钮，在弹出的下拉列表中选择【直线】选项，在幻灯片中绘制一条直线；选中该直线，在【设置形状格式】任务窗格中单击【填充线条】按钮，在【线条】选项组中将【颜色】设置为“白色”，将【宽度】设置为 3，将【箭头末端类型】设置为“箭头”，如图 10-187 所示。

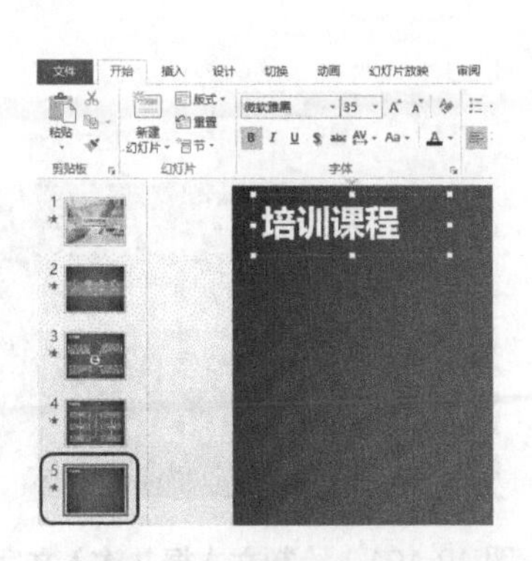

图 10-186 新建幻灯片并复制文字

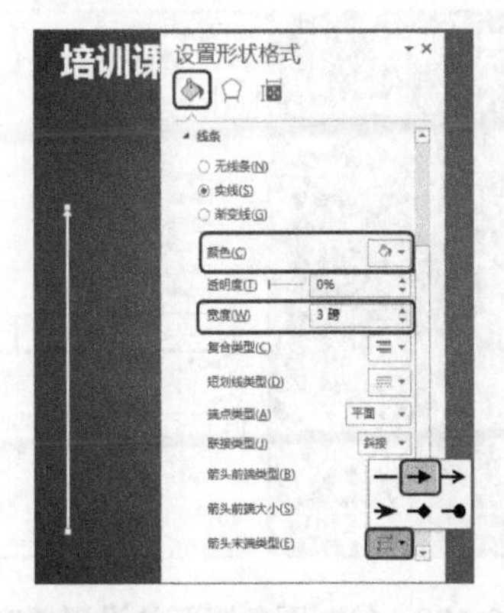

图 10-187 绘制直线并进行设置

step 61 继续选中该直线，选择【动画】选项卡，在【动画】组中单击【其他】按钮，在弹出的下拉列表中选择【擦除】选项，将【效果选项】设置为“自底部”，在【计时】组中将【开始】设置为“上一动画之后”，将【持续时间】设置为 00.50，如图 10-188 所示。

step 62 对该图形进行复制，并调整其角度，在【动画】组中将【效果选项】设置为“自左侧”，在【计时】组中将【开始】设置为“与上一动画同时”，如图 10-189 所示。

step 63 在功能区选择【插入】选项卡，在【插图】组中单击【形状】按钮，在弹出的下拉列表中选择【圆角矩形】选项，在幻灯片中绘制一个圆角矩形，并调整其圆角的大小；在【设置形状格式】任务窗格中单击【填充线条】按钮，在【填充】选项组中将【颜色】的 RGB 值设置为 192、0、0，在【线条】选项组中选择【无线条】

单选按钮，如图 10-190 所示。

step 64 在功能区选择【插入】选项卡，在【文本】组中单击【文本框】按钮，在弹出的下拉列表中选择【横排文本框】选项，在幻灯片中绘制一个文本框，输入文字；选中输入的文字，选择【开始】选项卡，在【字体】组中将字体设置为“微软雅黑”，将字体大小设置为 24，单击【加粗】按钮，将字体颜色设置为“白色”，在【段落】组中单击【居中】按钮，如图 10-191 所示。

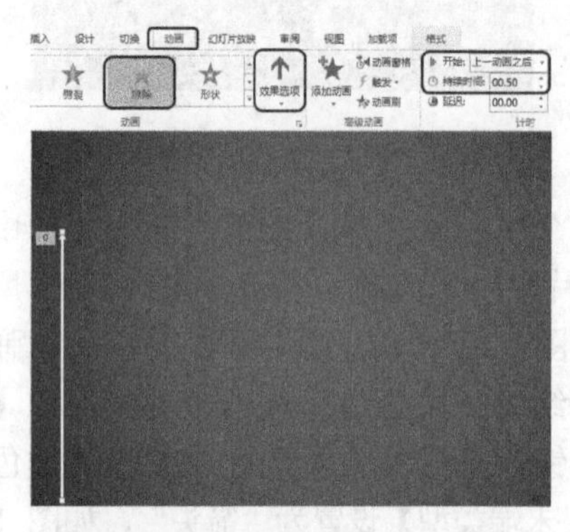
图 10-188　添加动画并进行设置

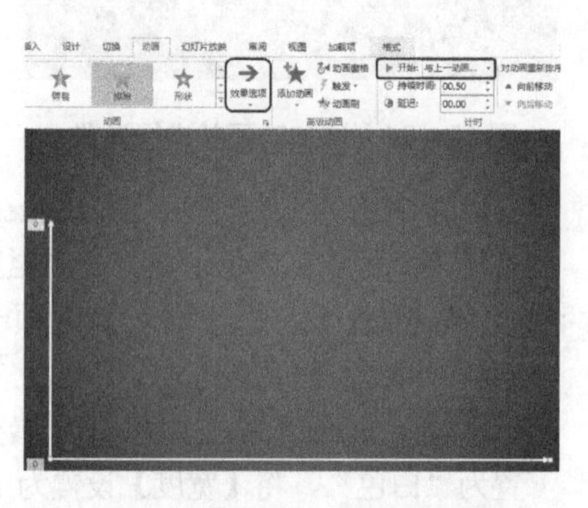
图 10-189　复制图形并设置动画效果

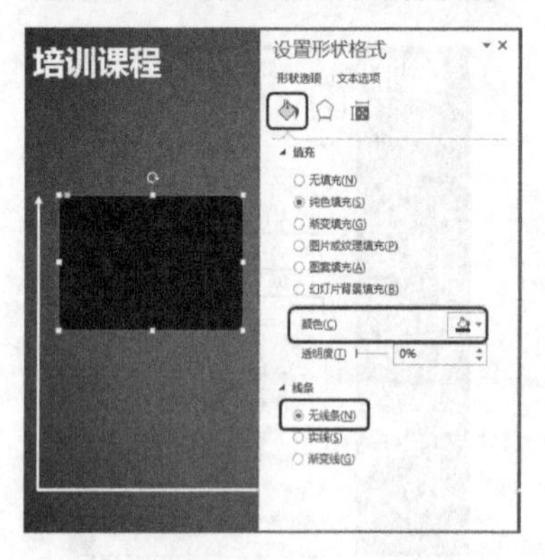

图 10-190　绘制圆角矩形并设置填充线条

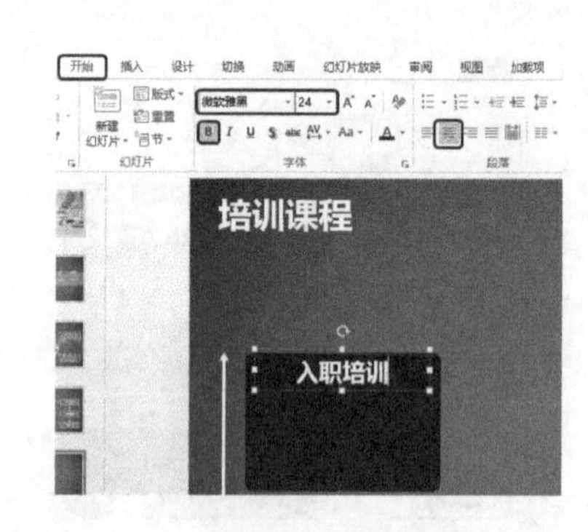

图 10-191　绘制文本框并输入文字

step 65 使用【横排文本框】工具在幻灯片中绘制一个文本框，输入文字；选中输入的文字，选择【开始】选项卡，在【字体】组中将字体设置为“微软雅黑”，将字体大小设置为 16，将字体颜色设置为“白色”，在【段落】组中单击【居中】按钮，单击【项目符号】右侧的下三角按钮，在弹出的下拉列表中选择【箭头项目符号】选项，如图 10-192 所示。

step 66 在该文字上右击，在弹出的快捷菜单中选择【段落】命令，在弹出的对话框中切换到【缩进和间距】选项卡，在【间距】选项组中将【行距】设置为“多倍行距”，将【设置值】设置为 1.3，如图 10-193 所示。设置完成后，单击【确定】按钮。

step 67 选中绘制的圆角矩形与其上方的两个文本框，右击，在弹出的快捷菜单中选择【组合】|【组合】命令，如图 10-194 所示。

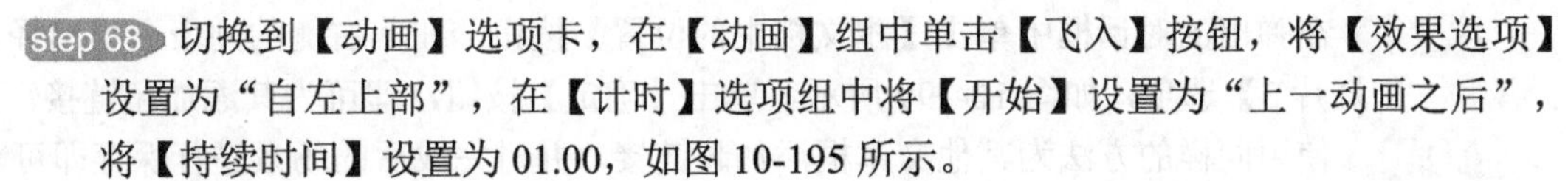

step 68 切换到【动画】选项卡，在【动画】组中单击【飞入】按钮，将【效果选项】设置为“自左上部”，在【计时】选项组中将【开始】设置为“上一动画之后”，将【持续时间】设置为 01.00，如图 10-195 所示。

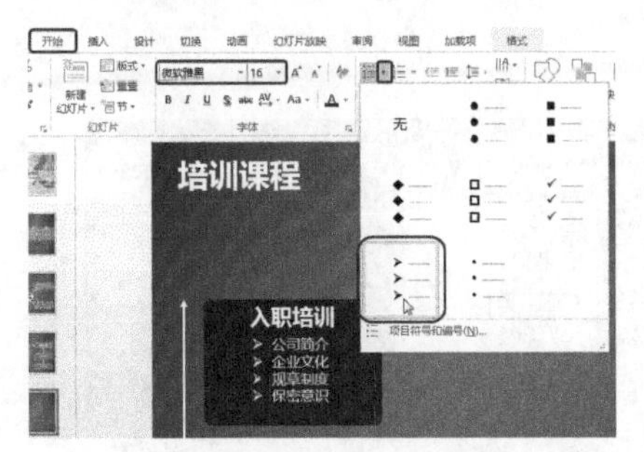

图 10-192　输入文字并进行设置

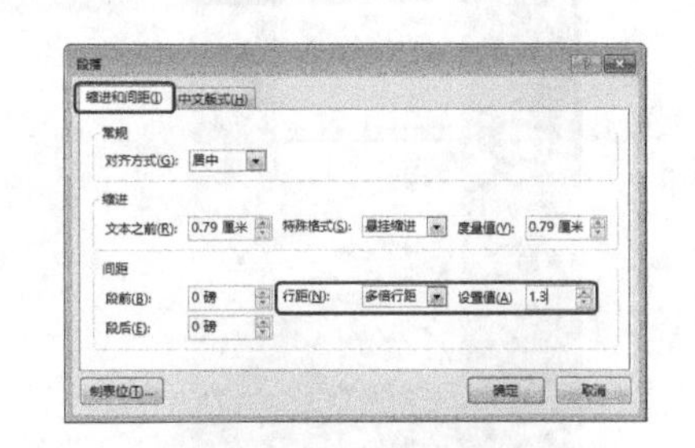

图 10-193　设置行距

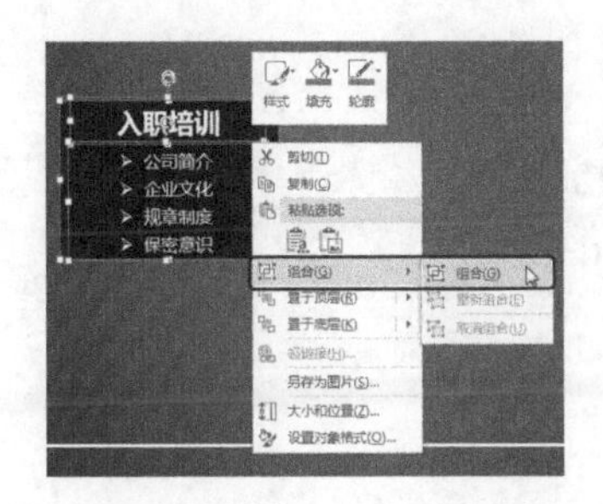

图 10-194　选择【组合】命令

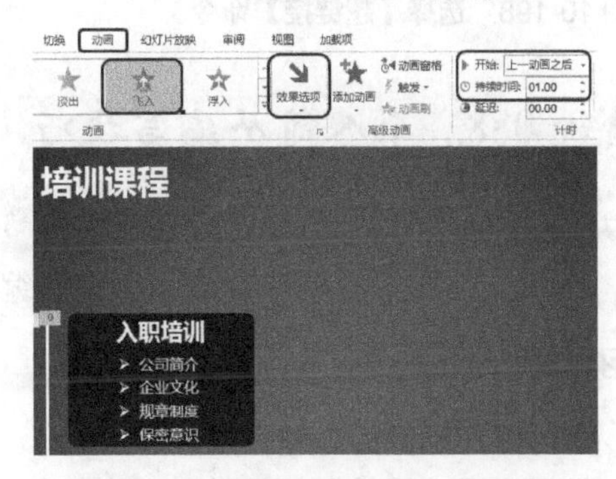

图 10-195　添加动画并进行设置

step 69 使用同样的方法在该幻灯片中添加其他图形及文字，并为其添加动画效果。效果如图 10-196 所示。

step 70 根据前面所介绍的方法创建“考核评估”幻灯片，效果如图 10-197 所示。

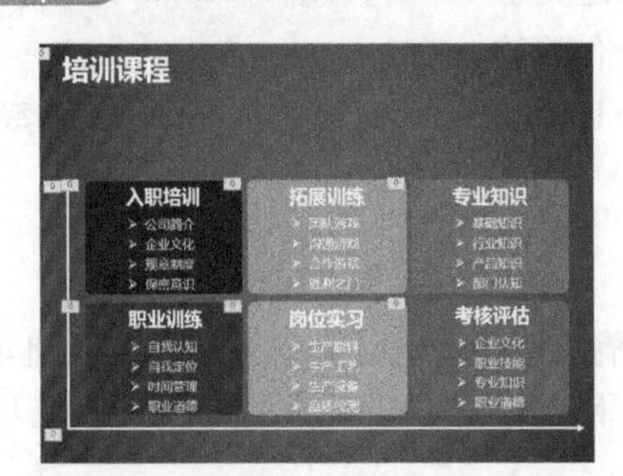

图 10-196　添加其他图形及文字后的效果

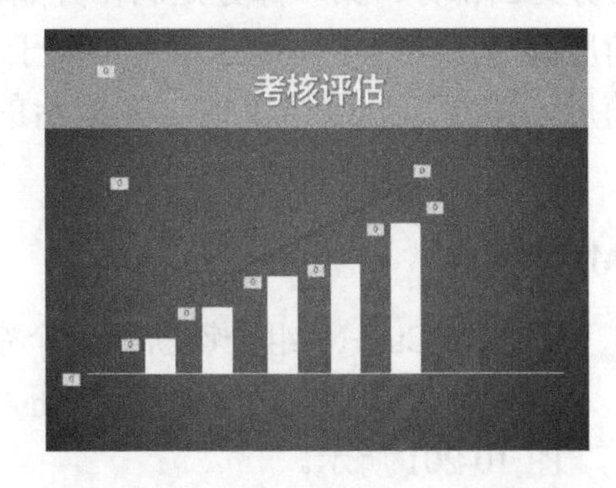

图 10-197　创建其他幻灯片后的效果

step 71 选择第二张幻灯片，在该幻灯片中选择“培训目的”文本框，右击，在弹出的快捷菜单中选择【超链接】命令，如图 10-198 所示。

提示

在为文字添加超链接时，直接选择文本框不会出现下划线；如果选中文字添加超链接，则文字会变为蓝色，并出现下划线。

step 72 在弹出的对话框中单击【本文档中的位置】按钮，在其右侧的列表框中选择【3. 幻灯片 3】选项，如图 10-199 所示。单击【确定】按钮，即可为其添加超链接。

step 73 使用同样的方法为其他文本框添加超链接，并对完成后的场景进行保存即可。

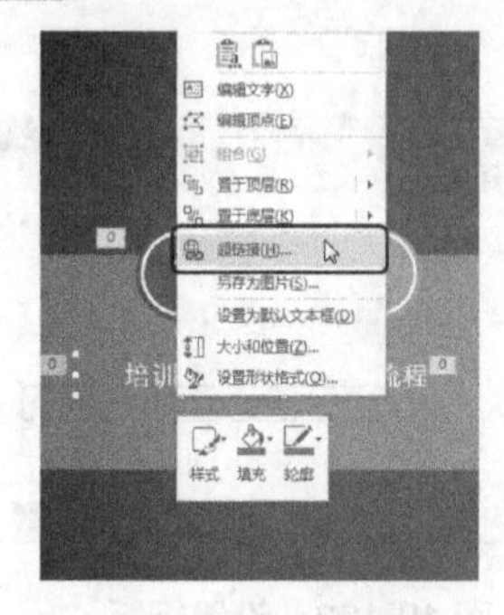

图 10-198 选择【超链接】命令

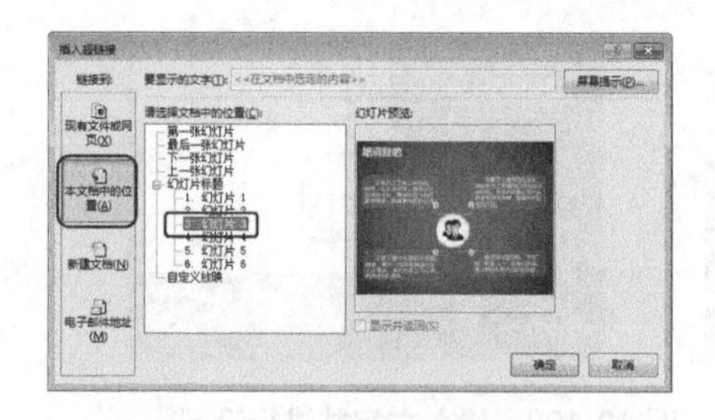

图 10-199 选择要链接的幻灯片

案例精讲 088 个人简历编写技巧

案例文件：CDROM\场景\Cha10\个人简历编写技巧. pptx

视频文件：视频教学\Cha10\个人简历编写技巧.avi

学习目标

- 学习添加动画的方法。
- 掌握设置动画效果的方法。

制作概述

本例将介绍个人简历编写技巧幻灯片动画的制作。该动画主要分为四部分：第一部分是制作开始，第二部分是关于个人简历编写八大误区，第三部分是关于如何编写一份好的个人简历，第四部分是结束语。完成后的效果如图 10-200 所示。

图 10-200 个人简历编写技巧

操作步骤

step 01 按 Ctrl+N 组合键新建一个空白演示文稿，选择【设计】选项卡，在【自定义】组中单击【幻灯片大小】按钮，在弹出的下拉列表中选择【标准(4:3)】选项，如图 10-201 所示。

step 02 在功能区选择【插入】选项卡，在【图像】组中单击【图片】按钮，弹出【插入图片】对话框，在该对话框中选择素材图片“个人简历背景.jpg”，如图 10-202 所示。

提示

如果需要预览素材图片，可以单击对话框中右上角的【显示预览窗格】按钮。

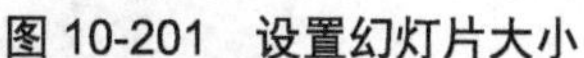

图 10-201 设置幻灯片大小

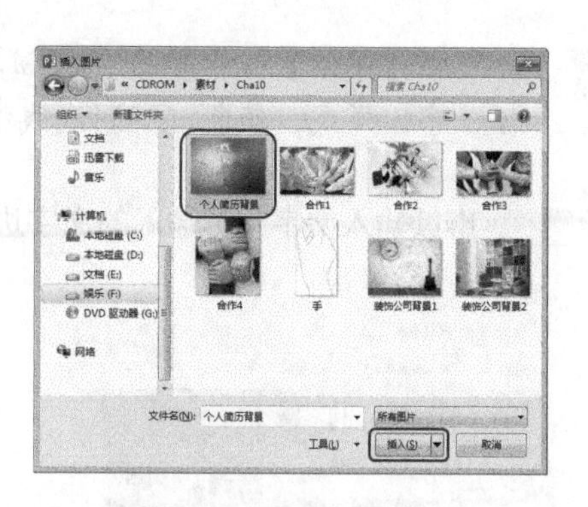

图 10-202 选择素材图片

step 03 单击【插入】按钮，即可将选择的素材图片插入至幻灯片中，然后在【插入】选项卡的【插图】组中单击【形状】按钮，在弹出的下拉列表框中选择【直线】选项，如图 10-203 所示。

step 04 在幻灯片中绘制直线，然后选择【绘图工具】下的【格式】选项卡，在【形状样式】组中单击【形状轮廓】按钮，在弹出的下拉列表中选择【白色，背景 1】选项，如图 10-204 所示。

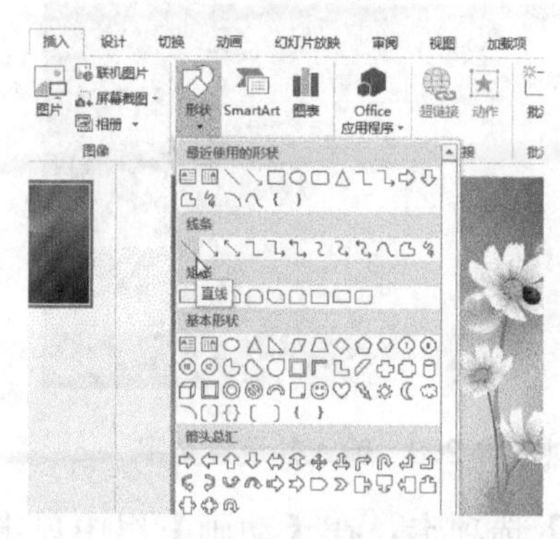

图 10-203 选择【直线】选项

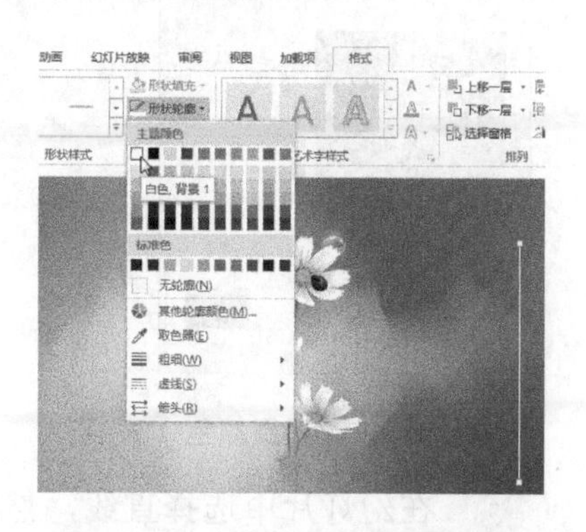

图 10-204 绘制直线并更改颜色

step 05 单击【形状轮廓】按钮，在弹出的下拉列表中选择【虚线】|【方点】选项，如图 10-205 所示。

step 06 在功能区选择【插入】选项卡，在【文本】组中单击按钮，在弹出的下拉列表中选择【垂直文本框】选项，在幻灯片中绘制文本框并输入文字；输入文字后选择文本框，在【开始】选项卡的【字体】组中将【字体】设置为“方正大黑简体”，将【字号】设置为 48，并单击【加粗】按钮，然后单击【字符间距】按钮，在弹出的下拉列表中选择【很松】选项，如图 10-206 所示。

step 07 单击【字体颜色】按钮右侧的按钮，在弹出的下拉列表中选择【其他颜色】选项，弹出【颜色】对话框，切换到【自定义】选项卡，将【红色】、【绿色】和【蓝色】的值分别设置为 125、236、133，单击【确定】按钮，即可为文字填充该颜色，如图 10-207 所示。

在【字体】组中单击按钮，弹出【字体】对话框，在该对话框中可以对字体、字体样式、颜色、下划线线型和文字效果等进行设置。

step 08 继续输入文字并对输入的文字进行设置，效果如图 10-208 所示。

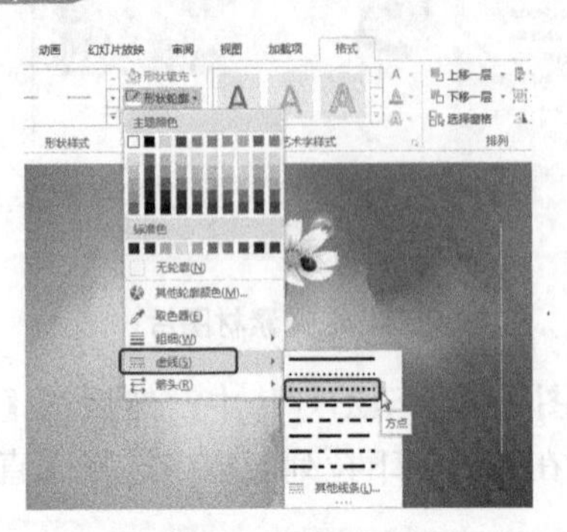

图 10-205 设置直线样式

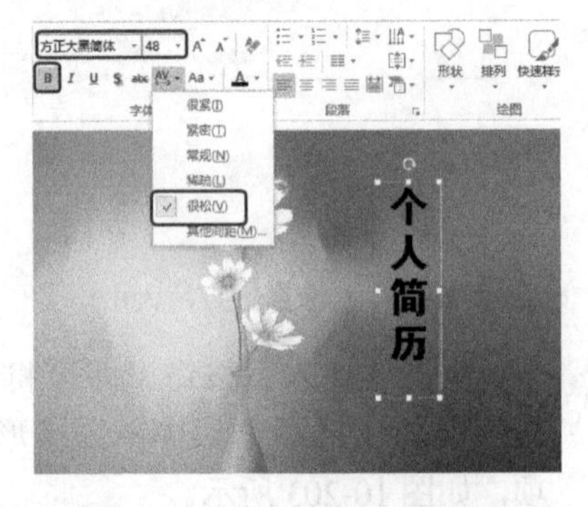

图 10-206 输入并设置文字

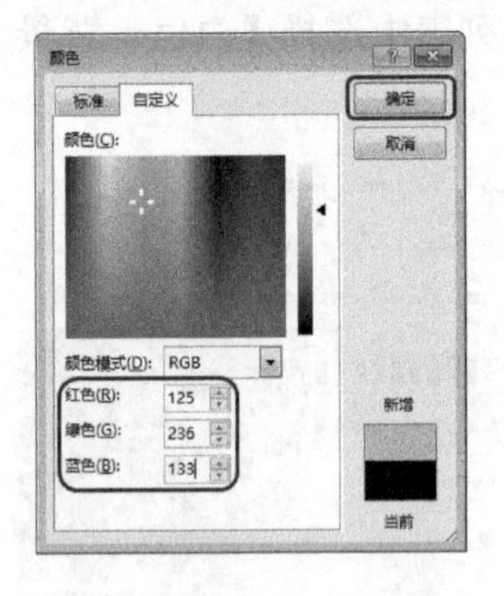

图 10-207 设置颜色

图 10-208 输入并设置文字

step 09 在幻灯片中选择直线，然后选择【动画】选项卡，在【动画】组中单击【其他】按钮，在弹出的下拉列表框中选择【擦除】选项，即可为直线添加该动画，如图 10-209 所示。

step 10 在【动画】组中单击【效果选项】按钮，在弹出的下拉列表中选择【自顶部】选项，如图 10-210 所示。

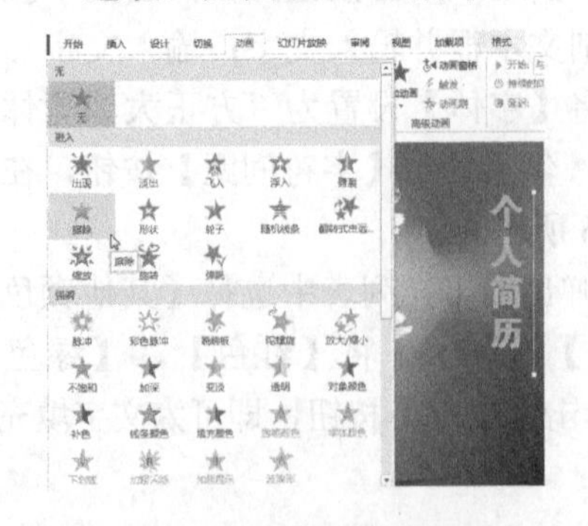

图 10-209 添加动画

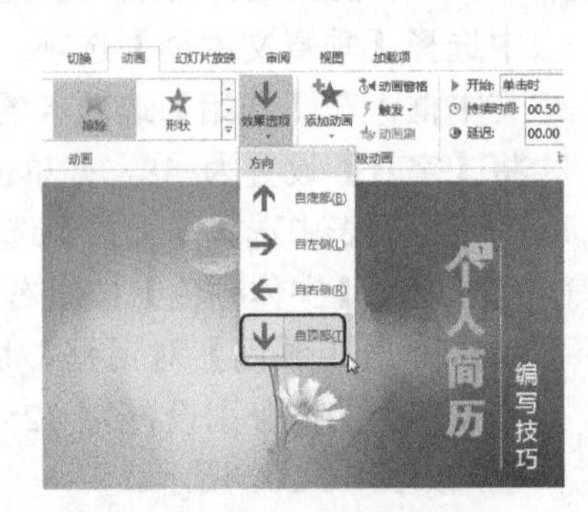

图 10-210 设置效果选项

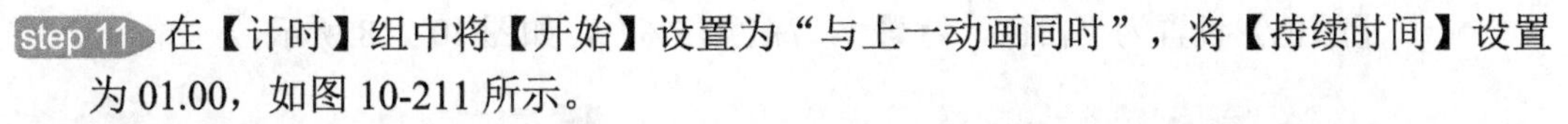

step 11 在【计时】组中将【开始】设置为“与上一动画同时”，将【持续时间】设置为01.00，如图10-211所示。

step 12 选择“个人简历”文本框，在【动画】组中为其添加【擦除】动画效果，然后单击【效果选项】按钮，在弹出的下拉列表中选择【自右侧】选项，如图10-212所示。

图10-211 设置动画时间

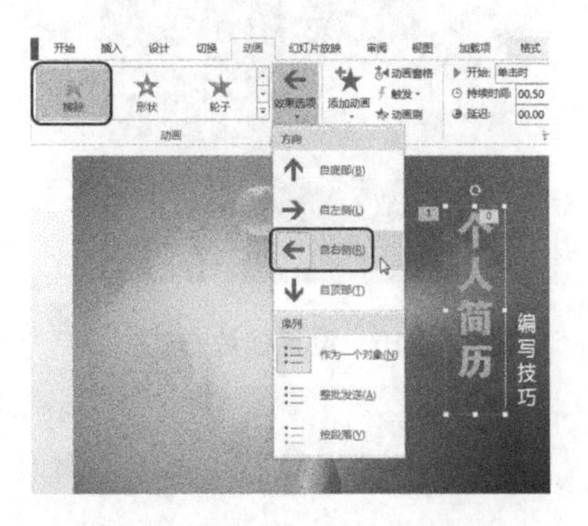

图10-212 添加动画

step 13 在【计时】组中将【开始】设置为“与上一动画同时”，将【持续时间】设置为01.00，将【延迟】设置为00.20，如图10-213所示。

step 14 结合前面介绍的方法，为“编写技巧”文本框添加动画，并对动画进行设置，效果如图10-214所示。

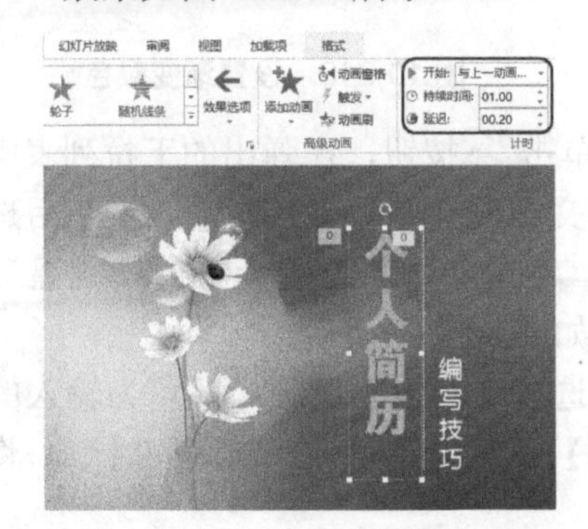

图10-213 设置动画时间

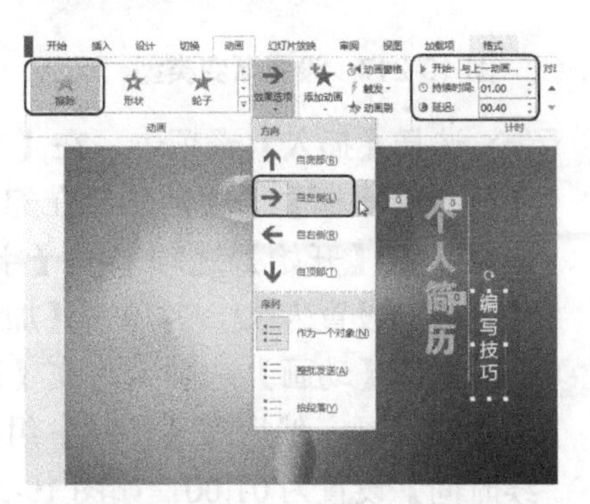

图10-214 添加并设置动画

step 15 选择【切换】选项卡，在【计时】组中取消选中【单击鼠标时】复选框，选中【设置自动换片时间】复选框，将时间设置为00:02.00，如图10-215所示。

step 16 选择【开始】选项卡，在【幻灯片】组中单击新建幻灯片按钮，在弹出的下拉列表中选择【空白】选项，即可新建一个空白幻灯片，如图10-216所示。

step 17 选择【设计】选项卡，在【自定义】组中单击【设置背景格式】按钮，弹出【设置背景格式】任务窗格，在【填充】选项组中选择【渐变填充】单选按钮，将【类型】设置为“射线”，将【方向】设置为“中心辐射”，如图10-217所示。

step 18 将74%和83%位置处的渐变光圈删除，将左侧渐变光圈移动至44%位置处，将【颜色】设置为“白色，背景1，深色5%”，将右侧渐变光圈移至90%位置处，将

【颜色】设置为“白色，背景 1，深色 15%”，如图 10-218 所示。

图 10-215　设置换片方式

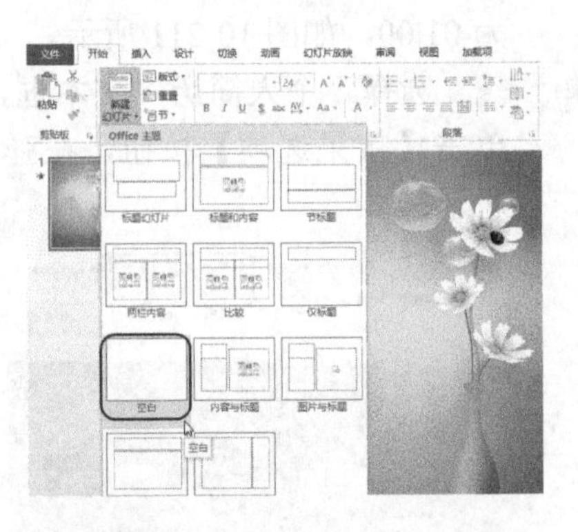

图 10-216　选择【空白】选项

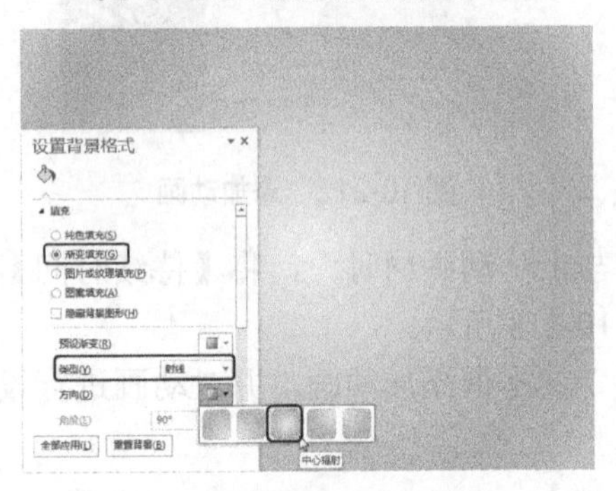

图 10-217　设置渐变类型

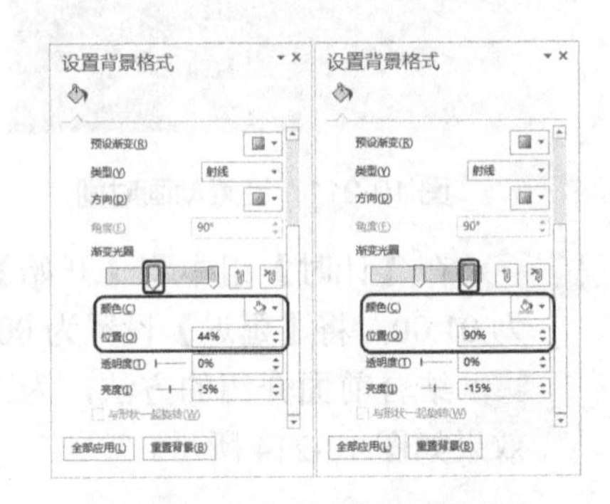

图 10-218　设置渐变颜色

step 19 选择【插入】选项卡，在【文本】组中单击文本框按钮，在弹出的下拉列表中选择【横排文本框】选项，然后在幻灯片中绘制文本框并输入文字；输入文字后选择文本框，在【开始】选项卡的【字体】组中，将【字体】设置为“微软雅黑”，将【字号】设置为 32，并单击【加粗】按钮，如图 10-219 所示。

step 20 选择【动画】选项卡，在【动画】组中选择【淡出】选项，即可为输入的文字添加该动画，然后在【计时】组中将【开始】设置为“与上一动画同时”，将【持续时间】设置为 01.00，如图 10-220 所示。

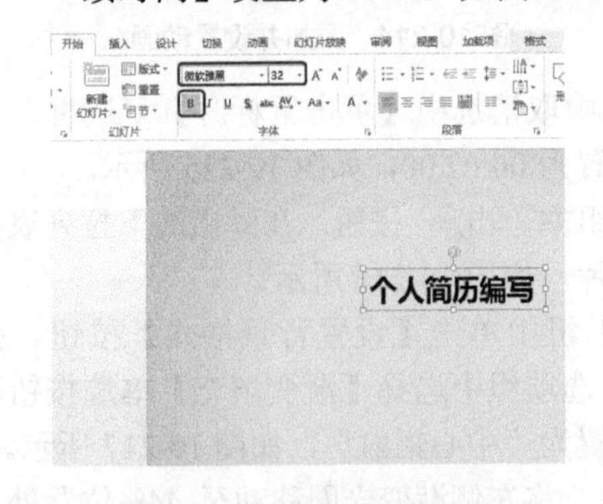

图 10-219　输入并设置文字

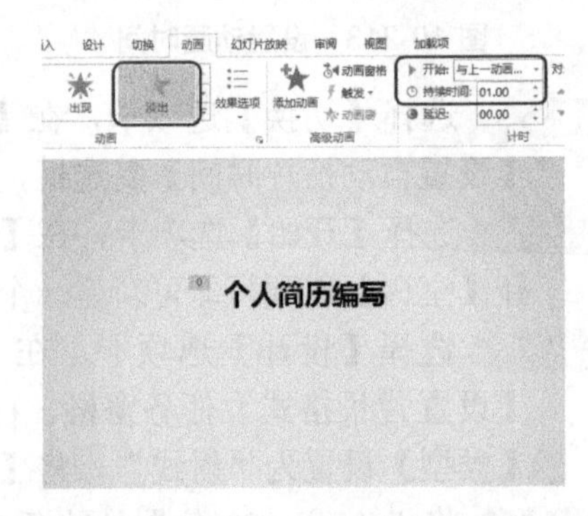

图 10-220　添加并设置动画

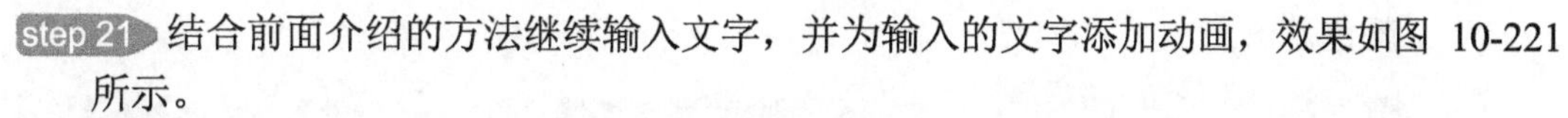

step 21 结合前面介绍的方法继续输入文字，并为输入的文字添加动画，效果如图 10-221 所示。

step 22 选择【开始】选项卡，在【绘图】组中单击【形状】按钮，在弹出的下拉列表中选择【矩形】选项，如图 10-222 所示。

图 10-221　输入文字并添加动画

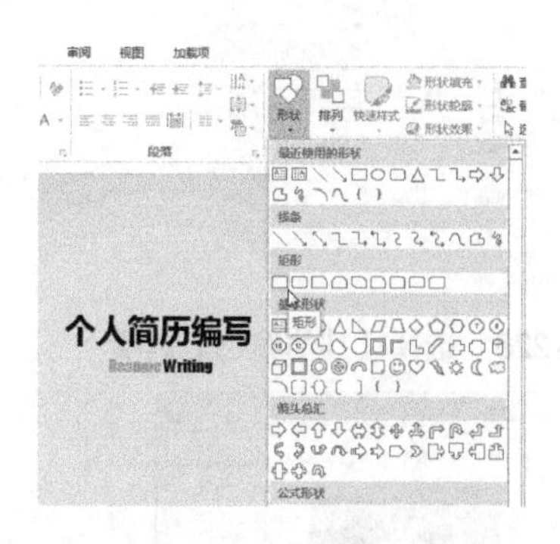

图 10-222　选择【矩形】选项

step 23 在幻灯片中绘制矩形，如图 10-223 所示。

step 24 选择【绘图工具】下的【格式】选项卡，在【形状样式】组中单击按钮，弹出【设置形状格式】任务窗格，在【填充】选项组中选择【渐变填充】单选按钮，将【预设渐变】设置为“浅色渐变-着色 1”，将【类型】设置为“线性”，将【角度】设置为 0°，如图 10-224 所示。

图 10-223　绘制矩形

图 10-224　设置渐变类型

step 25 将左侧渐变光圈移至 9%位置处，然后单击【颜色】右侧的按钮，在弹出的下拉列表中选择【其他颜色】选项，如图 10-225 所示

step 26 弹出【颜色】对话框，切换到【自定义】选项卡，将【红色】、【绿色】和【蓝色】的值分别设置为 9、39、149，单击【确定】按钮，如图 10-226 所示。

step 27 将 74%位置处的渐变光圈移至 48%位置处，然后单击【颜色】右侧的按钮，在弹出的下拉列表中选择【其他颜色】选项，如图 10-227 所示。

step 28 弹出【颜色】对话框，切换到【自定义】选项卡，将【红色】、【绿色】和【蓝色】的值分别设置为 43、123、194，单击【确定】按钮，如图 10-228 所示。

step 29 将 83%位置处的渐变光圈移至 75%位置处，将【红色】、【绿色】和【蓝色】的值分别设置为 93、206、236，选择右侧渐变光圈，为其填充如图 10-229 所示的颜色。

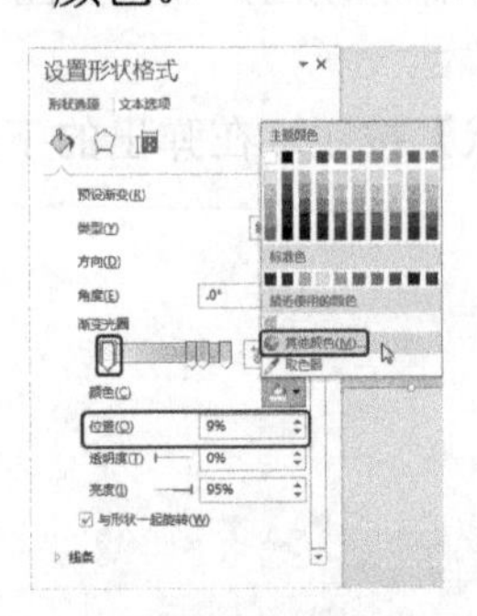

图 10-225　选择【其他颜色】选项

图 10-226　设置颜色

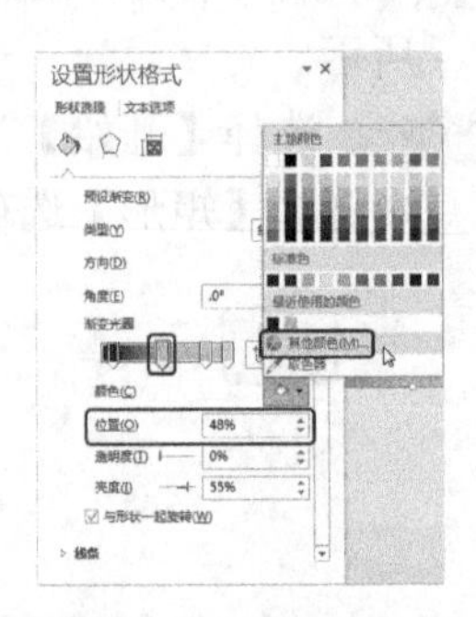

图 10-227　移动渐变光圈位置

图 10-228　设置颜色

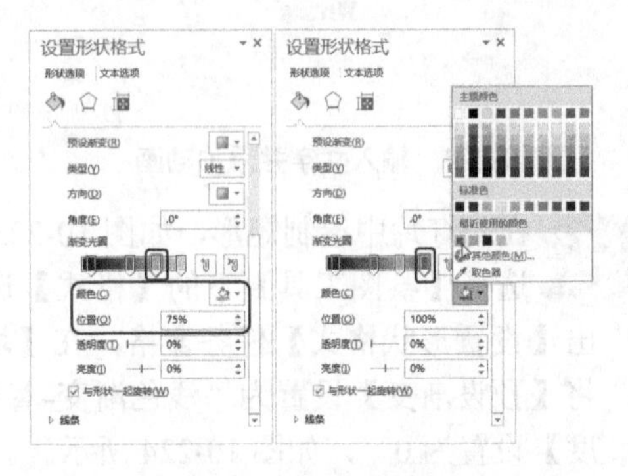

图 10-229　设置渐变颜色

step 30 在【线条】选项组中选择【无线条】单选按钮，如图 10-230 所示。

step 31 选择【动画】选项卡，在【动画】组中为矩形添加【擦除】动画效果，然后单击【效果选项】按钮，在弹出的下拉列表中选择【自左侧】选项，在【计时】组中将【开始】设置为“上一动画之后”，将【持续时间】设置为 00.40，如图 10-231 所示。

图 10-230　取消轮廓线填充

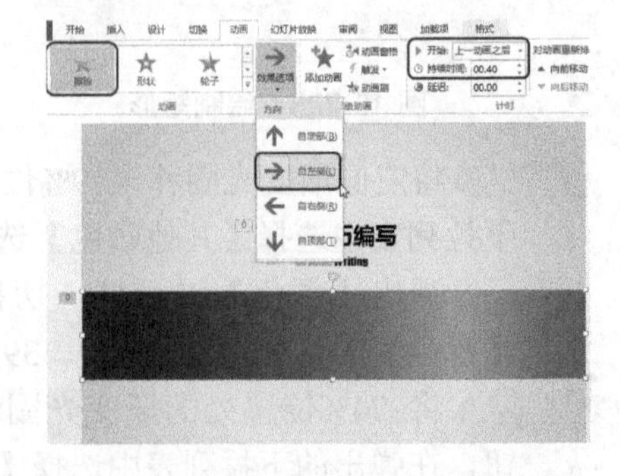

图 10-231　添加并设置动画

step 32 选择【插入】选项卡，在【文本】组中单击【绘制横排文本框】按钮，在幻灯片中绘制文本框并输入文字；输入文字后选择文本框，在【开始】选项卡的【字体】组中将【字体】设置为“微软雅黑”，将【字号】设置为 65，将【字体颜色】

设置为“白色”，并单击【加粗】按钮，如图 10-232 所示。

step 33 选择【动画】选项卡，在【动画】组中单击【其他】按钮，在弹出的下拉列表中选择【更多进入效果】选项，如图 10-233 所示。

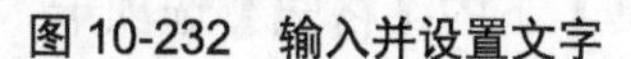

图 10-232　输入并设置文字

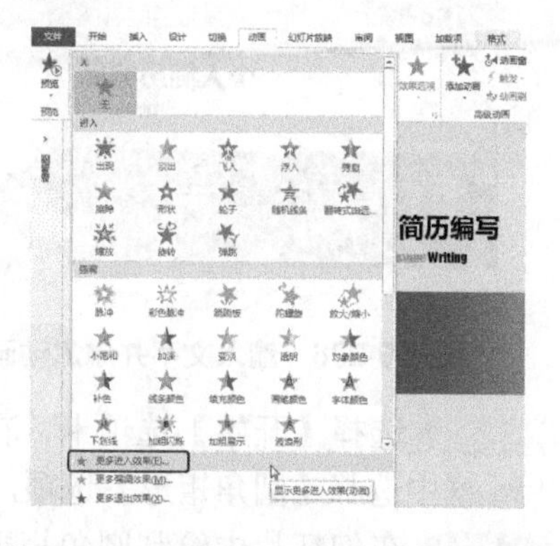

图 10-233　选择【更多进入效果】选项

step 34 弹出【更多进入效果】对话框，在该对话框中选择【基本旋转】动画，单击【确定】按钮，即可为文字添加该动画，如图 10-234 所示。

step 35 在【计时】组中将【开始】设置为“上一动画之后”，将【持续时间】设置为 00.50，将【延迟】设置为 00.10，如图 10-235 所示。

知识链接

单击【计时】组中的【开始】下拉列表框右侧的下三角按钮，在弹出的下拉列表中选择一种方式。

单击时：选择此选项，则当幻灯片放映到动画效果序列中的该动画时，单击鼠标才开始显示动画效果，否则将一直停在此位置以等待用户单击鼠标来激活。

与上一动画同时：选择此选项，则该动画效果和前一个动画效果同时发生。

上一动画之后：选择此选项，则该动画效果将在前一个动画效果播放完时发生。

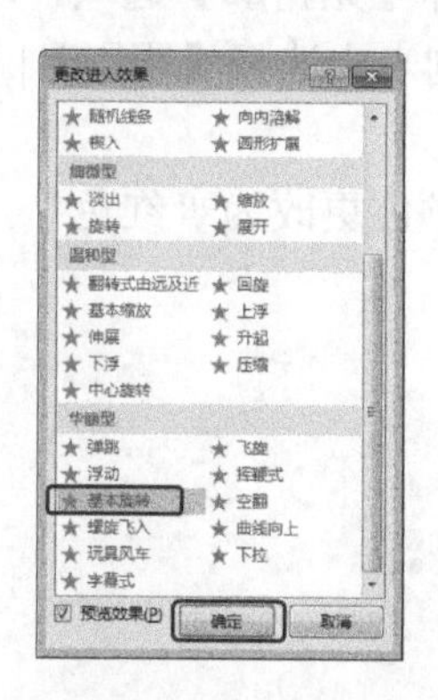

图 10-234　选择动画

图 10-235　设置动画时间

step 36 继续输入文字，并为输入的文字添加动画，效果如图 10-236 所示。

step 37 结合前面介绍的方法，制作其他内容，并添加动画，效果如图 10-237 所示。

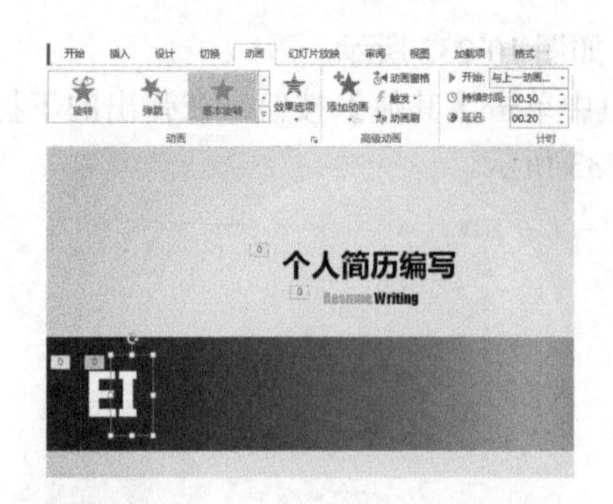

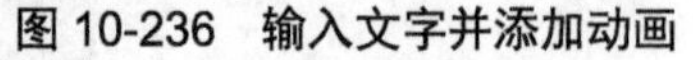

图 10-236 输入文字并添加动画

图 10-237 制作其他内容

step 38 选择【开始】选项卡，在【绘图】组中单击【形状】按钮，在弹出的下拉列表框中选择【圆角矩形】选项，如图 10-238 所示。

step 39 在幻灯片中绘制圆角矩形，选择【绘图工具】下的【格式】选项卡，在【形状样式】组中单击【形状填充】按钮，在弹出的下拉列表中选择【深红】选项，如图 10-239 所示。

图 10-238 选择【圆角矩形】选项

图 10-239 绘制圆角矩形并设置填充颜色

step 40 单击【形状轮廓】按钮，在弹出的下拉列表中选择【无轮廓】选项，取消轮廓线填充。然后单击【形状效果】按钮，在弹出的下拉列表中选择【阴影】|【右下斜偏移】选项，如图 10-240 所示。

step 41 复制一个圆角矩形，将复制后的圆角矩形的填充颜色更改为“红色”，并移至原图形的上方，如图 10-241 所示。

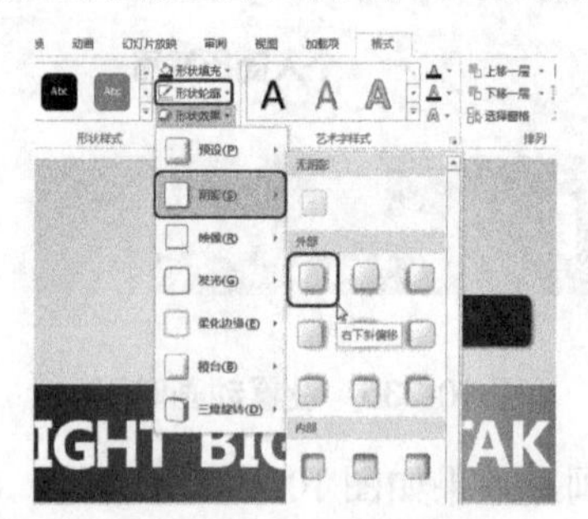

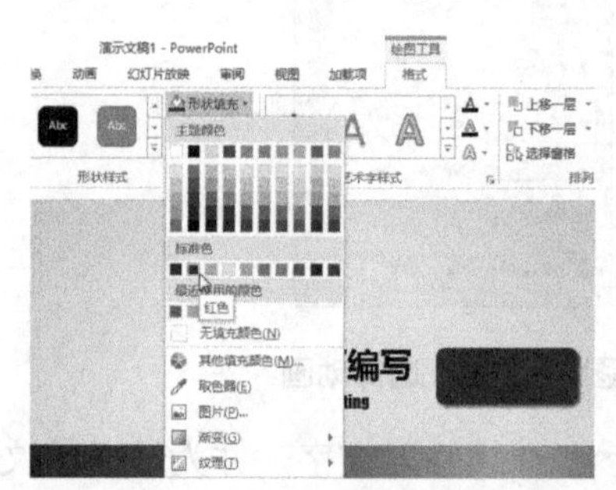

图 10-240 添加阴影

图 10-241 复制并调整圆角矩形

step 42 确认复制后的圆角矩形处于选择状态，在【形状样式】组中单击【形状效果】按钮，在弹出的下拉列表中选择【阴影】|【无阴影】选项，取消阴影效果，如图 10-242 所示。

step 43 在【插入形状】组中单击【编辑形状】按钮，在弹出的下拉列表中选择【编辑顶点】选项，如图 10-243 所示。

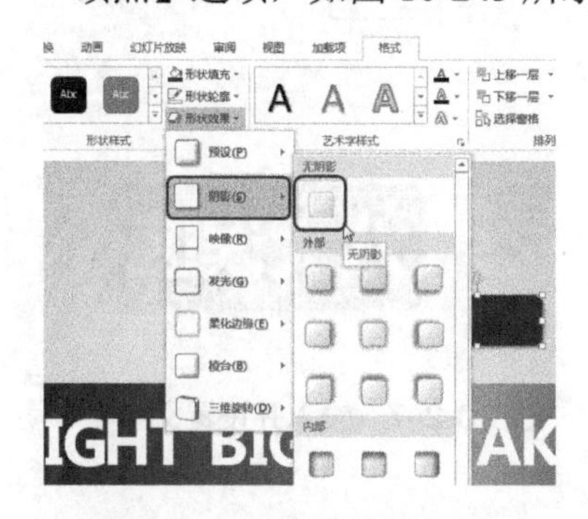

图 10-242 取消阴影效果

图 10-243 选择【编辑顶点】选项

step 44 在图 10-244 所示的顶点上右击，在弹出的快捷菜单中选择【删除顶点】命令，即可将顶点删除。

提示 在按住 Ctrl 键的同时，在顶点上单击，同样可以删除顶点。

step 45 使用同样的方法，将右侧的顶点删除，效果如图 10-245 所示。

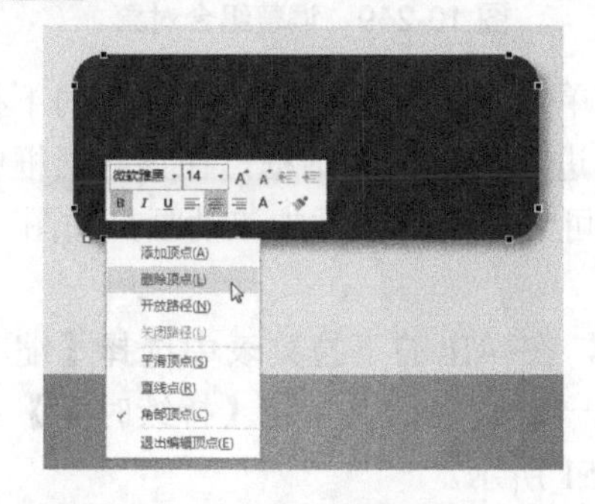

图 10-244 选择【删除顶点】命令

图 10-245 删除顶点

step 46 在幻灯片中调整其他顶点，效果如图 10-246 所示。

step 47 调整完成后按 Esc 键即可。切换到【插入】选项卡，在【文本】组中单击【绘制横排文本框】按钮，在幻灯片中绘制文本框并输入文字；输入文字后选择文本框，在【开始】选项卡的【字体】组中将【字体】设置为“微软雅黑”，将【字号】设置为 30，将【字体颜色】设置为“白色”，并单击【加粗】按钮，如图 10-247 所示。

step 48 选择圆角矩形和输入的文字，并右击，在弹出的快捷菜单中选择【组合】|【组合】命令，如图 10-248 所示。

step 49 确认组合对象处于选择状态，选择【绘图工具】下的【格式】选项卡，在【大小】组中单击 按钮，弹出【设置形状格式】任务窗格，在【大小】选项组中将【旋转】设置为 348°，在【位置】选项组中将【水平位置】设置为 17.2 厘米，将【垂直位置】设置为 11.04 厘米，如图 10-249 所示。

图 10-246　调整顶点

图 10-247　输入并设置文字

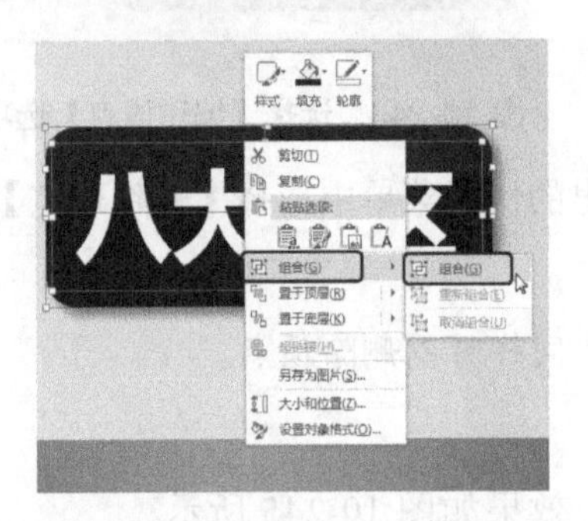

图 10-248　选择【组合】命令

图 10-249　调整组合对象

step 50 选择【动画】选项卡，在【动画】组中单击【其他】按钮，在弹出的下拉列表中选择【更多进入效果】选项，弹出【更多进入效果】对话框，在该对话框中选择【基本缩放】动画，单击【确定】按钮，即可为组合对象添加该动画，如图 10-250 所示。

step 51 在【动画】组中单击【效果选项】按钮，在弹出的下拉列表中选择【缩小】选项，在【计时】组中将【开始】设置为“上一动画之后”，将【持续时间】设置为 00.50，将【延迟】设置为 00.40，如图 10-251 所示。

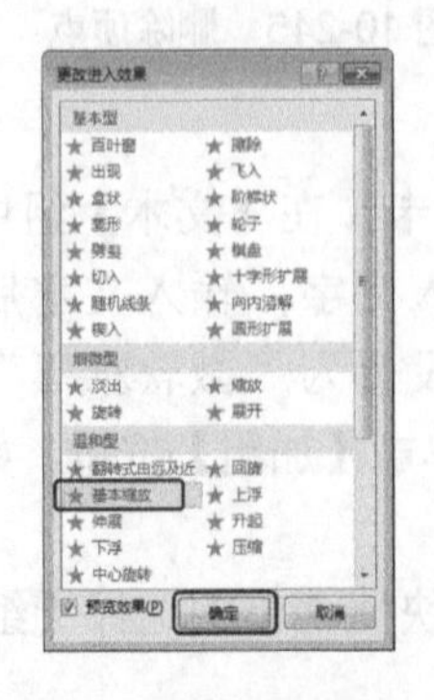

图 10-250　选择动画

图 10-251　设置动画

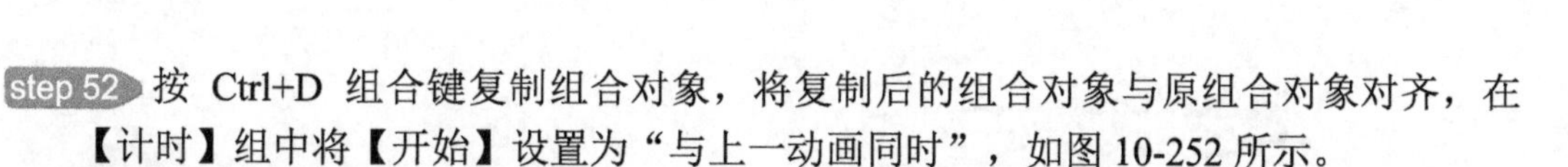

step 52 按 Ctrl+D 组合键复制组合对象，将复制后的组合对象与原组合对象对齐，在【计时】组中将【开始】设置为“与上一动画同时”，如图 10-252 所示。

step 53 确认复制后的组合对象处于选择状态并右击，在弹出的快捷菜单中选择【置于底层】|【下移一层】命令，即可将复制后的组合对象下移一层，如图 10-253 所示。

图 10-252 复制并设置组合对象

图 10-253 选择【下移一层】命令

step 54 在幻灯片中选择原组合对象，在【高级动画】组中单击【添加动画】按钮，在弹出的下拉列表中选择【退出】下的【淡出】动画，如图 10-254 所示。

step 55 在【计时】组中将【开始】设置为“上一动画之后”，将【持续时间】设置为 00.20，如图 10-255 所示。

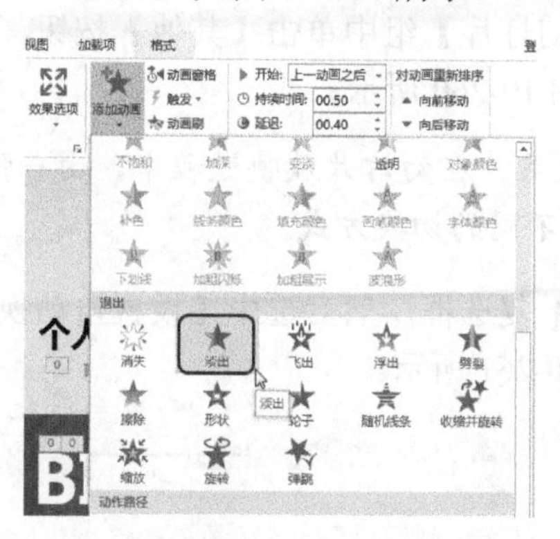

图 10-254 添加动画

图 10-255 设置动画

step 56 单击【添加动画】按钮，在弹出的下拉列表中选择【强调】下的【放大/缩小】动画，如图 10-256 所示。

step 57 在【高级动画】组中单击【动画窗格】按钮，在弹出的【动画窗格】任务窗格中选择新添加的【放大/缩小】动画，并单击其右侧的 ▾ 按钮，在弹出的下拉列表中选择【效果选项】选项，如图 10-257 所示。

step 58 弹出【放大/缩小】对话框，将【尺寸】设置为 180%，如图 10-258 所示。

step 59 切换到【计时】选项卡，将【开始】设置为“与上一动画同时”，将【期间】设置为 0.2 秒，单击【确定】按钮，如图 10-259 所示。

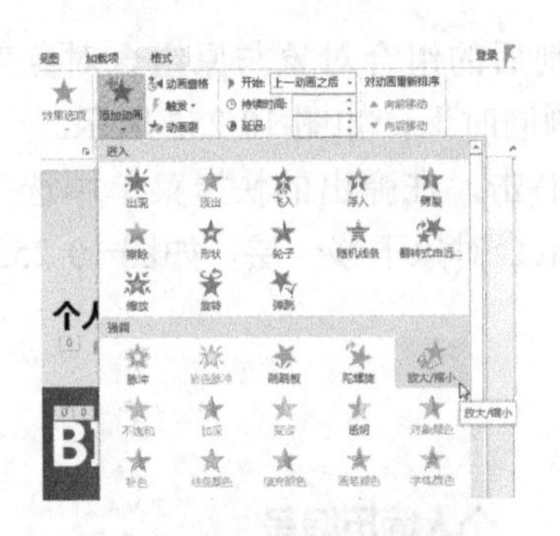

图 10-256 添加动画

图 10-257 选择【效果选项】选项

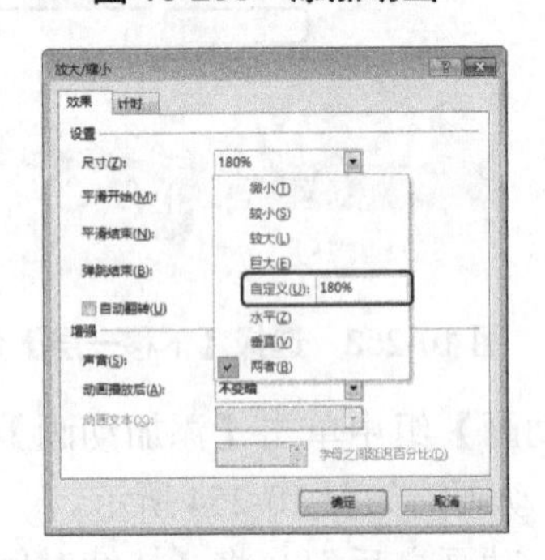

图 10-258 设置尺寸

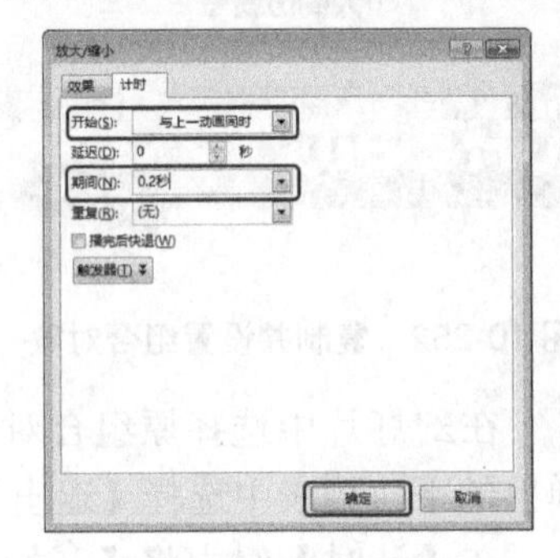

图 10-259 设置动画时间

step 60 切换到【切换】选项卡，在【切换到此幻灯片】组中单击【其他】按钮，在弹出的下拉列表中选择【平移】切换效果，如图 10-260 所示。

切换效果是指幻灯片之间衔接的特殊效果。在幻灯片放映过程中，由一张幻灯片转换到另一张幻灯片时，可以设置多种不同的切换方式。

step 61 在【计时】组中取消选中【单击鼠标时】复选框，然后选中【设置自动换片时间】复选框，将时间设置为 00:06.00，如图 10-261 所示。

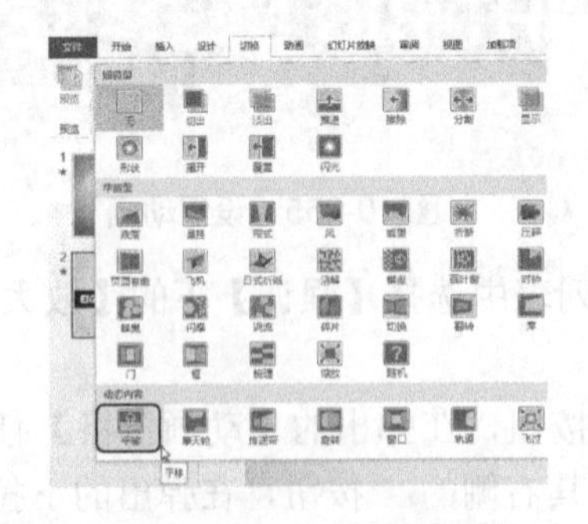

图 10-260 选择切换效果

图 10-261 设置换片方式

step 62 选择【开始】选项卡，在【幻灯片】组中单击新建幻灯片按钮，在弹出的下拉列表中选择【空白】选项，即可新建一个空白幻灯片，如图 10-262 所示。

step 63 选择【设计】选项卡，在【自定义】组中单击【设置背景格式】按钮，弹出【设置背景格式】任务窗格，在【填充】选项组中选择【图片或纹理填充】单选按钮，然后单击【文件】按钮，如图 10-263 所示。

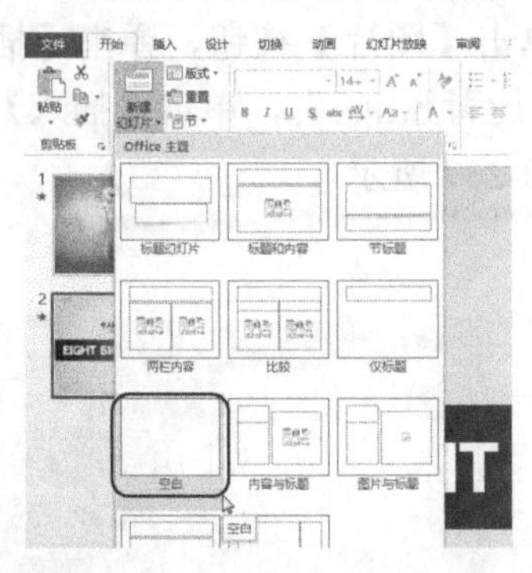

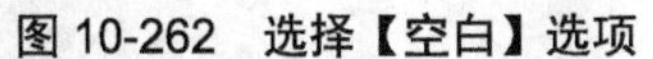

图 10-262 选择【空白】选项

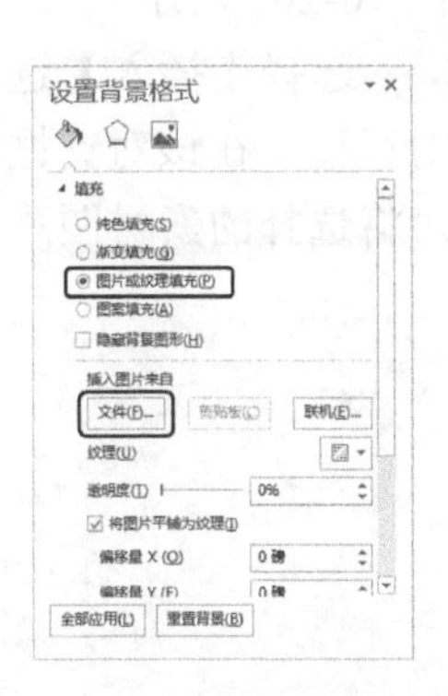

图 10-263 单击【文件】按钮

step 64 弹出【插入图片】对话框，在该对话框中选择素材图片“个人简历背景.jpg”，单击【插入】按钮，即可将素材图片设置为幻灯片背景，如图 10-264 所示。

知识链接

单击【插入】按钮右侧的下三角按钮，在弹出的下拉列表中包含三个选项。

插入：可将选定的图形文件直接插入到演示文稿的幻灯片中，成为演示文稿的一部分。当图形文件发生变化时，演示文稿不会自动更新。

链接到文件：可以将图形文件以链接的方式插入到演示文稿中。当图形文件发生变化时，演示文稿会自动更新。保存演示文稿时，图形文件仍然保存在原来保存的位置。

插入和链接：图形文件插入到演示文稿的幻灯片中，成为演示文稿的一部分，当图形文件发生变化时，演示文稿会自动更新。

step 65 选择【开始】选项卡，在【绘图】组中单击【形状】按钮，在弹出的下拉列表中选择【矩形】选项，然后绘制一个与幻灯片大小相同的矩形，如图 10-265 所示。

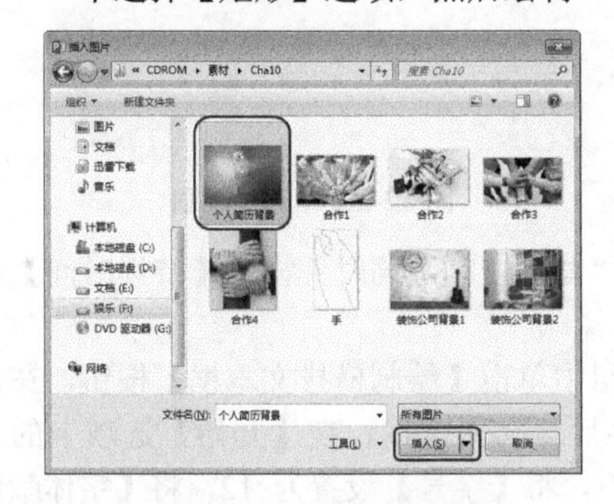

图 10-264 选择素材图片

图 10-265 绘制矩形

step 66 选择【绘图工具】下的【格式】选项卡，在【形状样式】组中单击按钮，弹出【设置形状格式】任务窗格，在【填充】选项组中将【颜色】设置为“白色”，将【透明度】设置为 33%，在【线条】选项组中选择【无线条】单选按钮，如

图 10-266 所示。

step 67 选择【插入】选项卡，在【图像】组中单击【图片】按钮，弹出【插入图片】对话框，在该对话框中选择素材图片“个人简历背景.jpg”，单击【插入】按钮，即可将选择的素材图片插入至幻灯片中，如图 10-267 所示。

图 10-266　填充颜色

图 10-267　插入素材图片

step 68 选择【图片工具】下的【格式】选项卡，在【大小】组中单击裁剪按钮，在弹出的下拉列表中选择【裁剪】选项，此时，会在图片的周围出现裁剪控点，然后在幻灯片中调整裁剪区域，效果如图 10-268 所示。调整完成后按 Esc 键即可。

step 69 切换到【动画】选项卡，在【动画】组中单击【其他】按钮，在弹出的下拉列表中选择【劈裂】动画，即可为裁剪后的图片添加该动画，如图 10-269 所示。

图 10-268　调整裁剪区域

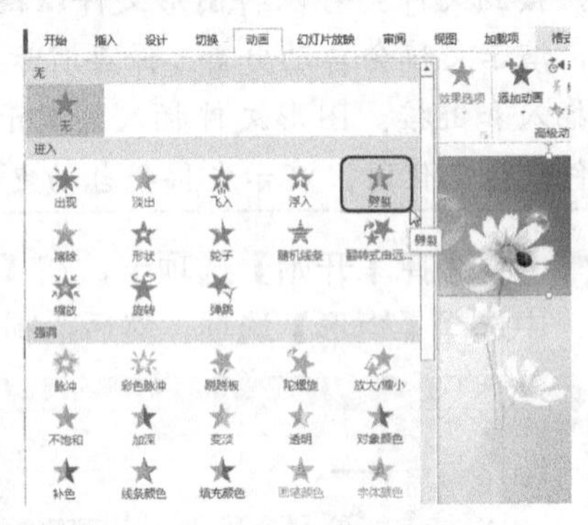

图 10-269　添加动画

step 70 在【计时】组中将【开始】设置为“与上一动画同时”，将【持续时间】设置为 00.50，如图 10-270 所示。

step 71 选择【插入】选项卡，在【文本】组中单击【绘制横排文本框】按钮，在幻灯片中绘制文本框并输入文字；输入文字后选择文本框，在【开始】选项卡的【字体】组中将【字体】设置为“微软雅黑”，将【字号】设置为 12，将【字体颜色】设置为“蓝色”，如图 10-271 所示。

step 72 单击【字符间距】按钮，在弹出的下拉列表中选择【其他间距】选项，弹出【字体】对话框，在【字符间距】选项卡中将【间距】设置为“加宽”，将【度量值】设置为 2 磅，单击【确定】按钮，如图 10-272 所示。

step 73 在【段落】组中单击【编号】按钮，即可为输入的文字添加编号，效果如图 10-273 所示。

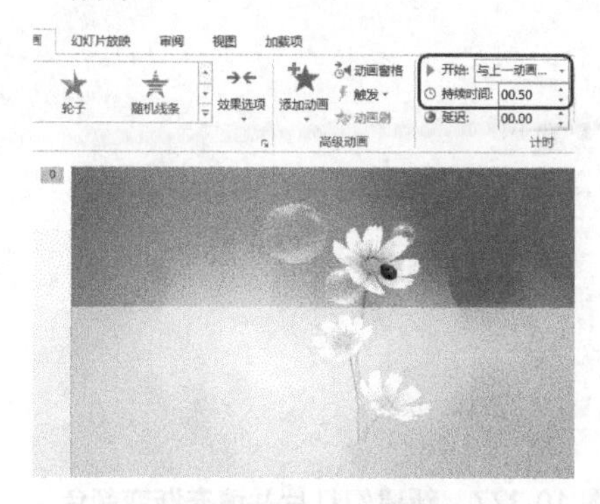

图 10-270　设置动画

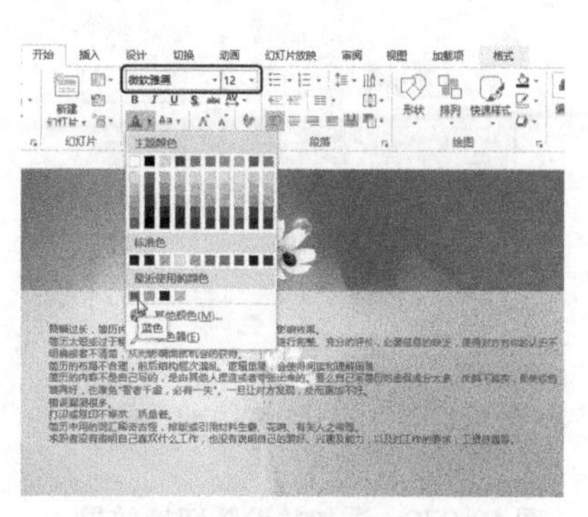

图 10-271　输入并设置文字

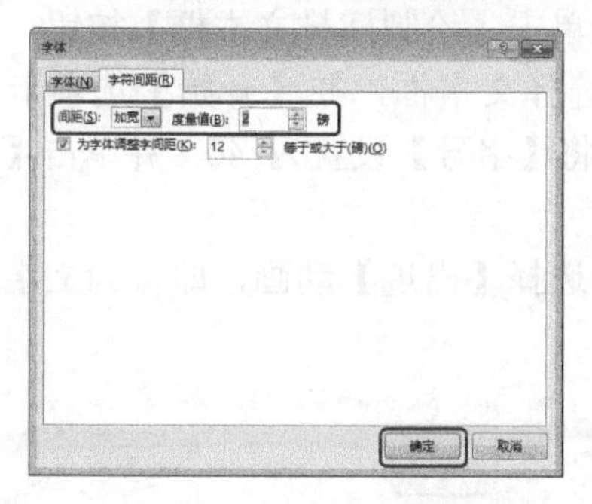

图 10-272　设置字符间距

图 10-273　添加编号

step 74 在【段落】组中单击【行距】按钮，在弹出的下拉列表中选择 2，如图 10-274 所示。

step 75 选择【动画】选项卡，在【动画】组中为文字添加【浮入】动画效果，然后在【计时】组中将【开始】设置为“上一动画之后”，将【持续时间】设置为 01.00，如图 10-275 所示。

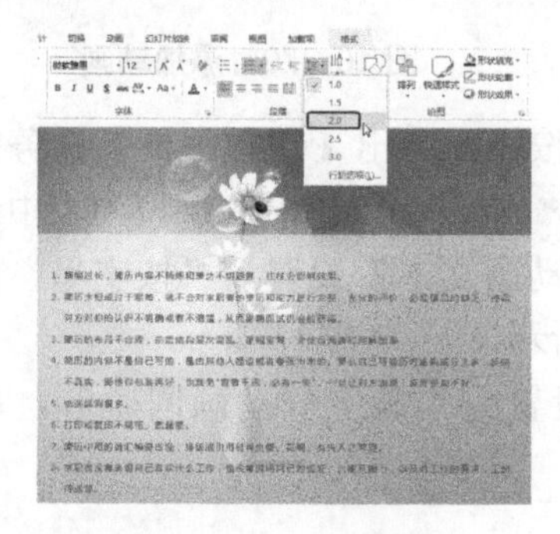

图 10-274　设置行距

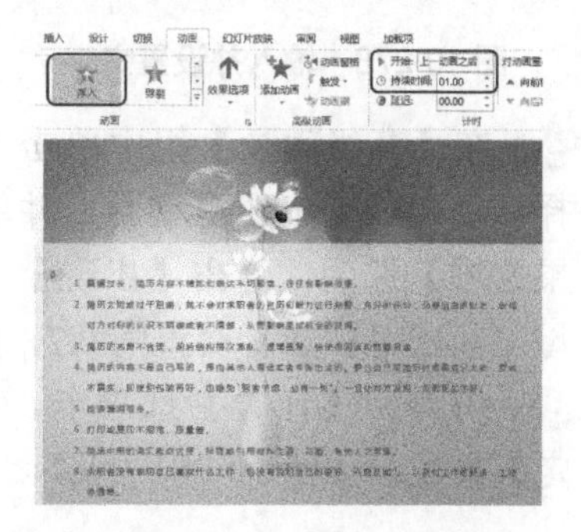

图 10-275　添加并设置动画

step 76 选择【切换】选项卡，在【切换到此幻灯片】组中为幻灯片添加【淡出】切换效果，然后在【计时】组中取消勾选【单击鼠标时】复选框，勾选【设置自动换片时间】复选框，将时间设置为 00:05.00，如图 10-276 所示。

step 77 新建一个空白幻灯片，然后为其填充与幻灯片 2 相同的渐变颜色，如图 10-277 所示。

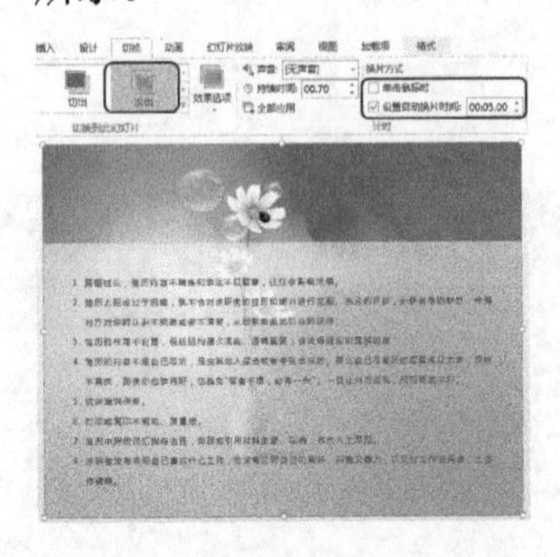

图 10-276 添加并设置切换效果

图 10-277 新建幻灯片并填充渐变颜色

step 78 选择【插入】选项卡，在【文本】组中单击【绘制横排文本框】按钮，在幻灯片中绘制文本框并输入文字。输入文字后选择文本框，在【开始】选项卡的【字体】组中将【字体】设置为“微软雅黑”，将【字号】设置为 40，并单击【加粗】按钮，如图 10-278 所示。

step 79 选择【动画】选项卡，在【动画】组中选择【出现】动画，即可为文字添加该动画效果，如图 10-279 所示。

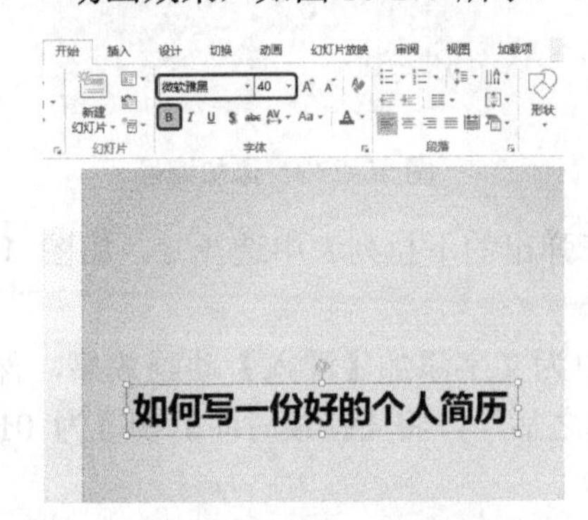

图 10-278 输入并设置文字

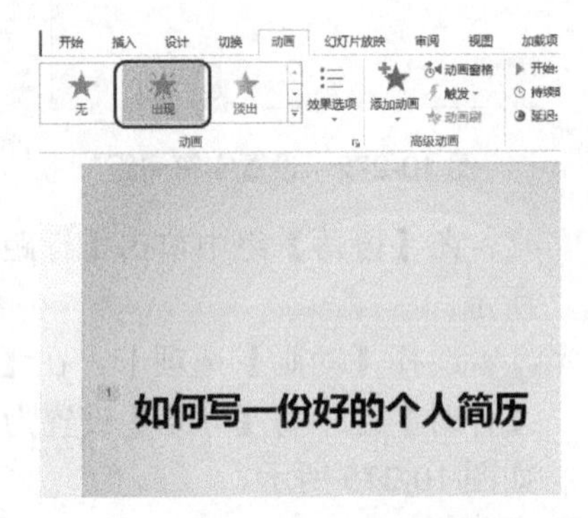

图 10-279 添加动画

step 80 在【高级动画】组中单击【动画窗格】按钮，弹出【动画窗格】任务窗格，选择新添加的【出现】动画，并单击其右侧的▼按钮，在弹出的下拉列表中选择【效果选项】选项，弹出【出现】对话框，将【动画文本】设置为“按字母”，将【字母之间延迟秒数】设置为 0.2，如图 10-280 所示。

step 81 切换到【计时】选项卡，将【开始】设置为“与上一动画同时”，单击【确定】按钮，如图 10-281 所示。

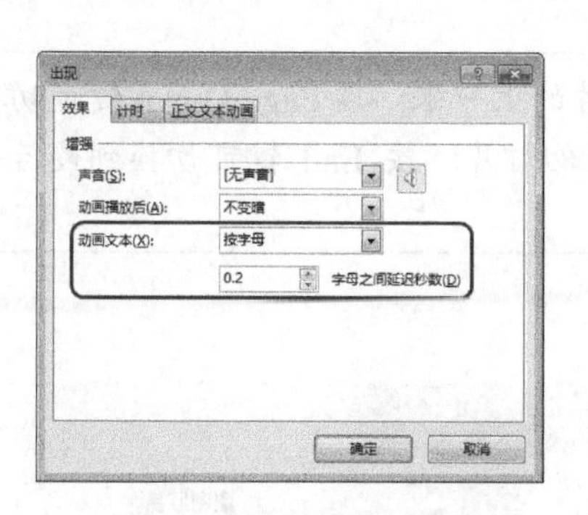

图 10-280　设置动画效果

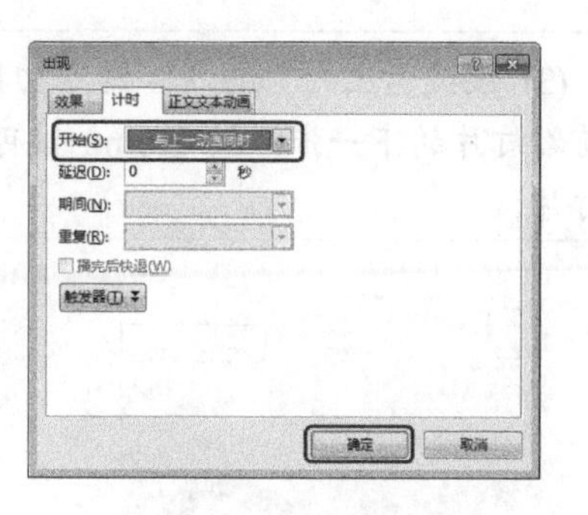

图 10-281　设置开始时间

step 82 继续绘制文本框并输入“？”，然后选择文本框，在【开始】选项卡的【字体】组中，将【字体】设置为 DFPOP1-W9，将【字号】设置为 300，将【字体颜色】设置为“深红”，然后单击【加粗】按钮和【文字阴影】按钮，如图 10-282 所示。

step 83 切换到【动画】选项卡，在【动画】组中为“？”添加【弹跳】动画效果，在【计时】组中将【开始】设置为“上一动画之后”，将【持续时间】设置为 02.00，如图 10-283 所示。

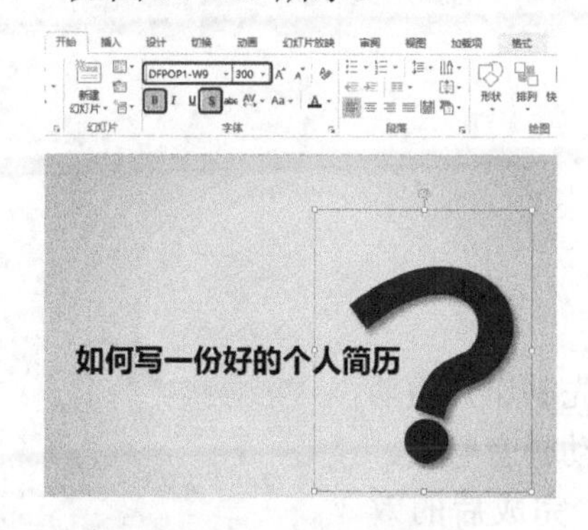

图 10-282　输入并设置“？”

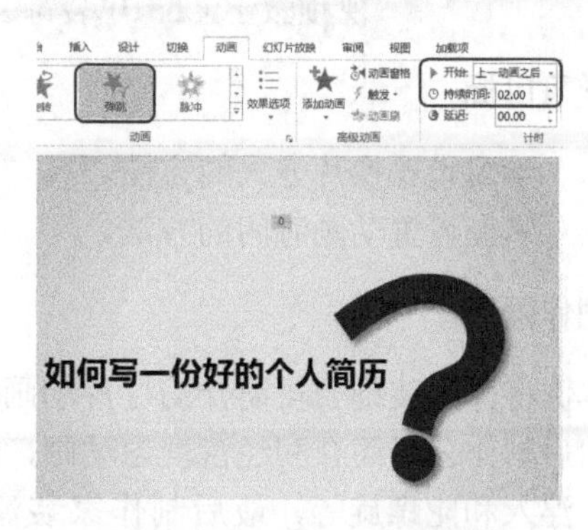

图 10-283　添加并设置动画

step 84 切换到【切换】选项卡，在【切换到此幻灯片】组中为幻灯片添加【擦除】切换效果，然后在【计时】组中取消勾选【单击鼠标时】复选框，勾选【设置自动换片时间】复选框，将时间设置为 00:04.00，如图 10-284 所示。

step 85 结合前面的制作方法，制作第 5 张和第 6 张幻灯片，效果如图 10-285 所示。

知识链接

在普通视图中，只可以看到一张幻灯片，如果需要转到其他幻灯片，可以使用以下方法。

(1) 直接拖动垂直滚动条上的滚动块，系统会提示切换的幻灯片编号和标题，如果已经指到所要的幻灯片时释放鼠标左键，即可切换到该幻灯片中。

(2) 单击垂直滚动条中的【上一张幻灯片】按钮，可以切换到当前幻灯片的上一张；单击【下一张幻灯片】按钮，可以切换到当前幻灯片的下一张。

(3) 按键盘上的 Page Up 键可切换到当前幻灯片的上一张；按 Page Down 键可切换到当前幻灯片的下一张；按 Home 键可切换到第一张幻灯片；按 End 键可切换到最后一张幻灯片。

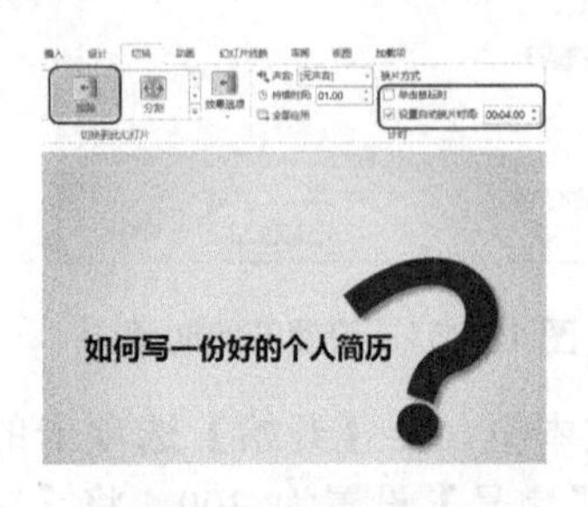

图 10-284　添加并设置切换效果

图 10-285　制作其他幻灯片

案例精讲 089　装饰公司简介

案例文件：CDROM\场景\Cha10\装饰公司简介. pptx
视频文件：视频教学\Cha10\装饰公司简介.avi

学习目标

- 学习设置换片方式的方法。
- 掌握设置动画时间的方法。

制作概述

本例将介绍装饰公司简介幻灯片动画的制作。首先制作开始动画，然后制作公司简介和经营理念动画，主要用到的动画有劈裂、擦除、浮入和陀螺旋等，最后制作家装流程图动画。完成后的效果如图 10-286 所示。

图 10-286　装饰公司简介

操作步骤

step 01 按 Ctrl+N 组合键新建一个空白演示文稿，选择【设计】选项卡，在【自定义】组中单击【幻灯片大小】按钮，在弹出的下拉列表中选择【标准(4:3)】选项，如图 10-287 所示。

step 02 选择【插入】选项卡，在【图像】组中单击【图片】按钮，弹出【插入图片】对话框，在该对话框中选择素材图片“装饰公司背景 1.jpg”，单击【插入】按钮，即可将选择的素材图片插入至幻灯片中，如图 10-288 所示。

step 03 在【插入】选项卡的【插图】组中单击【形状】按钮，在弹出的下拉列表中选择【矩形】选项，如图 10-289 所示。

step 04 绘制一个与幻灯片大小相同的矩形，如图 10-290 所示。

图 10-287 设置幻灯片大小

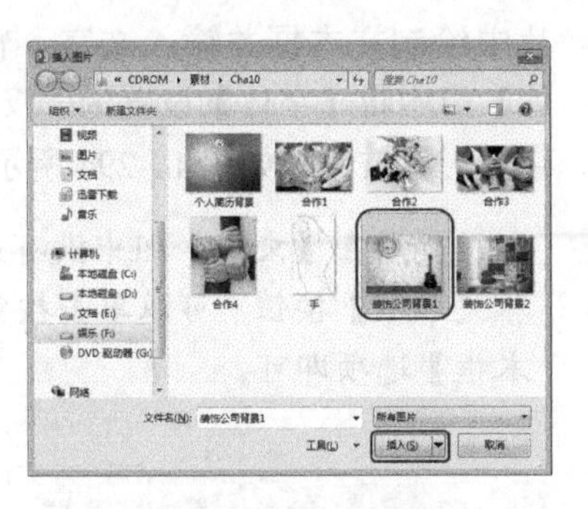

图 10-288 选择素材图片

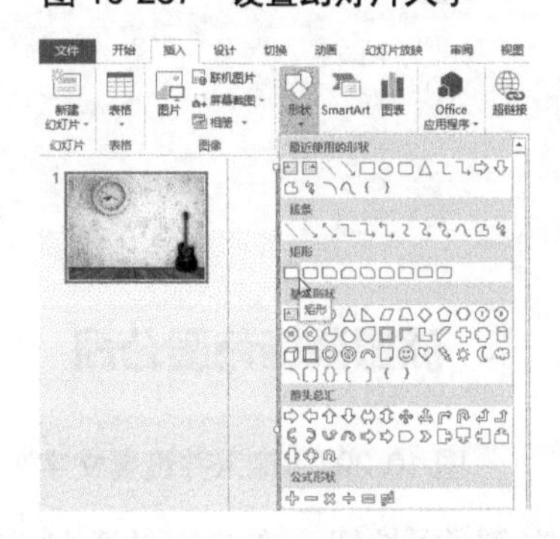

图 10-289 选择【矩形】选项

图 10-290 绘制矩形

step 05 选择【绘图工具】下的【格式】选项卡，在【形状样式】组中单击 按钮，弹出【设置形状格式】任务窗格，在【填充】选项组中将【颜色】设置为“白色”，将【透明度】设置为30%，在【线条】选项组中选择【无线条】单选按钮，如图 10-291 所示。

step 06 切换到【动画】选项卡，在【动画】组中单击【其他】按钮，在弹出的下拉列表框中选择【退出】下的【淡出】动画效果，即可为绘制的矩形添加该动画，如图 10-292 所示。

图 10-291 设置填充颜色

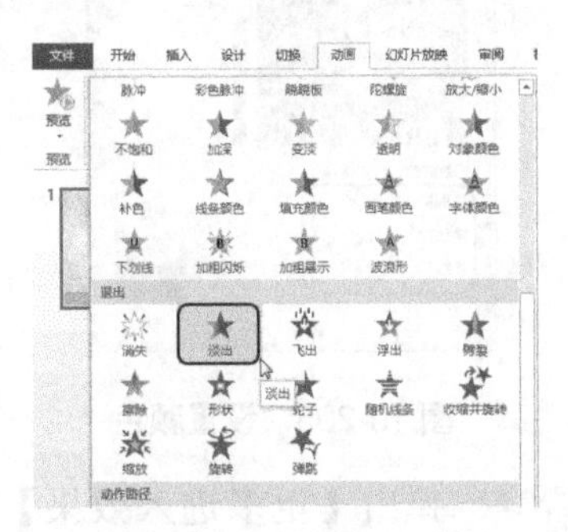

图 10-292 添加动画

step 07 在【计时】组中将【开始】设置为“上一动画之后”，将【持续时间】设置为 00.50，将【延迟】设置为 00.50，如图 10-293 所示。

step 08 选择【插入】选项卡，在【文本】组中单击【绘制横排文本框】按钮，在幻灯片中绘制文本框并输入文字；输入文字后选择文本框，在【开始】选项卡的【字体】组中将【字体】设置为“汉仪综艺体简”，将【字号】设置为 48，并单击【文字阴影】按钮，如图 10-294 所示。

如果在【文本】组中没有显示【绘制横排文本框】按钮，而是显示【绘制竖排文本框】按钮，可以单击按钮下的按钮，在弹出的下拉列表中选择【横排文本框】选项即可。

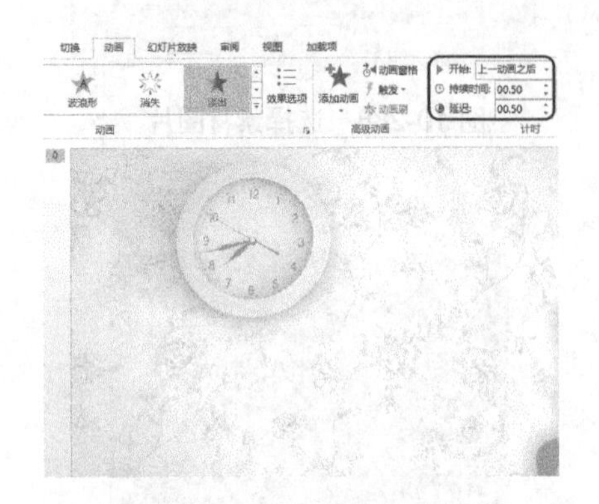

图 10-293　设置动画时间

图 10-294　输入并设置文字

step 09 在【字体】组中单击【字体颜色】按钮右侧的按钮，在弹出的下拉列表中选择【其他颜色】选项，弹出【颜色】对话框，切换到【自定义】选项卡，将【红色】、【绿色】和【蓝色】的值分别设置为 191、78 和 59，单击【确定】按钮，即可为输入的文字填充该颜色，如图 10-295 所示。

step 10 切换到【动画】选项卡，在【动画】组中单击【其他】按钮，在弹出的下拉列表中选择【更多进入效果】选项，如图 10-296 所示。

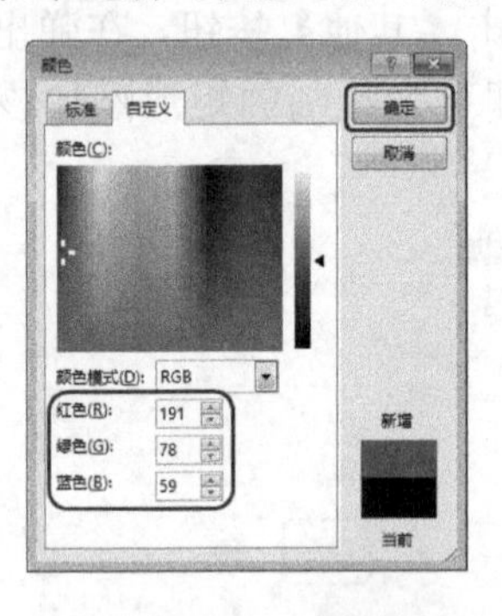

图 10-295　设置颜色

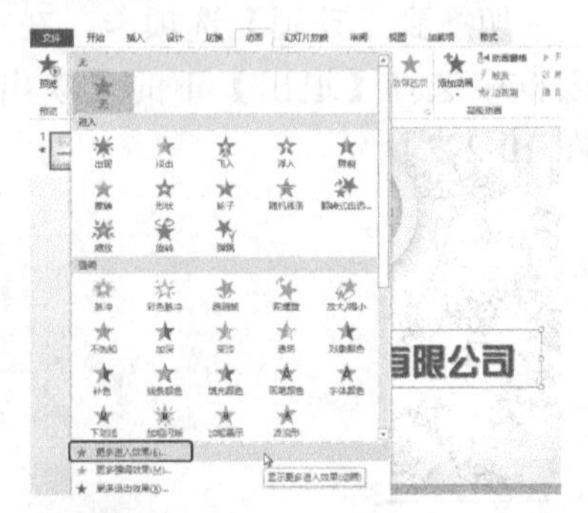

图 10-296　选择【更多进入效果】选项

step 11 弹出【更多进入效果】对话框，在该对话框中选择【展开】动画效果，单击【确定】按钮，如图 10-297 所示。

step 12 在【计时】组中将【开始】设置为“与上一动画同时”，将【持续时间】设置为 01.00，将【延迟】设置为 00.50，如图 10-298 所示。

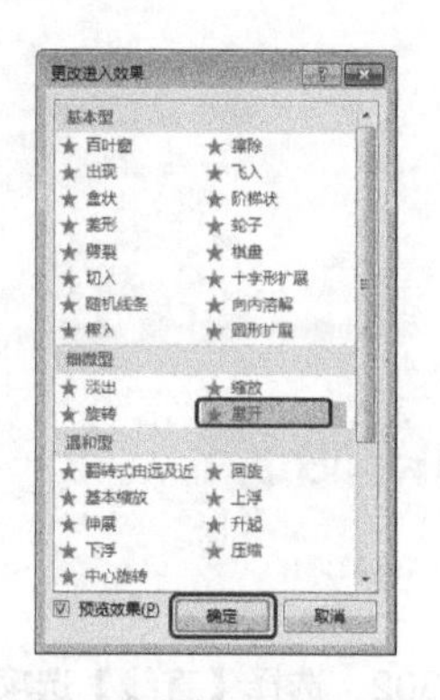

图 10-297 选择动画

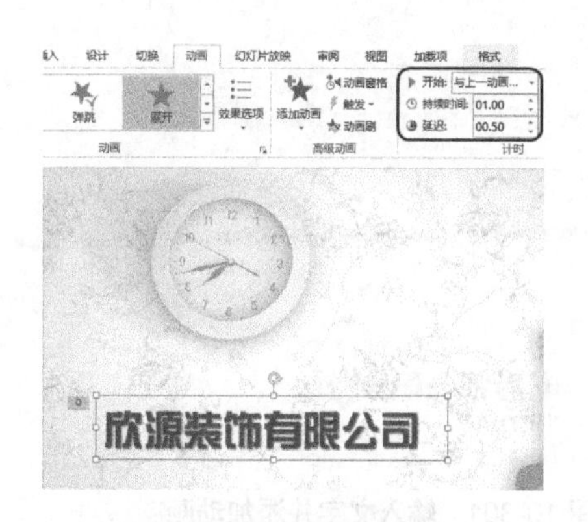

图 10-298 设置动画时间

step 13 继续输入文字并选择文本框。在【开始】选项卡的【字体】组中，将【字体】设置为 Arial，将【字号】设置为 32，并设置字体颜色，然后单击【加粗】按钮，如图 10-299 所示。

step 14 选择【动画】选项卡，在【动画】组中为文字添加【浮入】动画效果，在【计时】组中将【开始】设置为“上一动画之后”，将【持续时间】设置为 01.00，如图 10-300 所示。

图 10-299 输入并设置文字

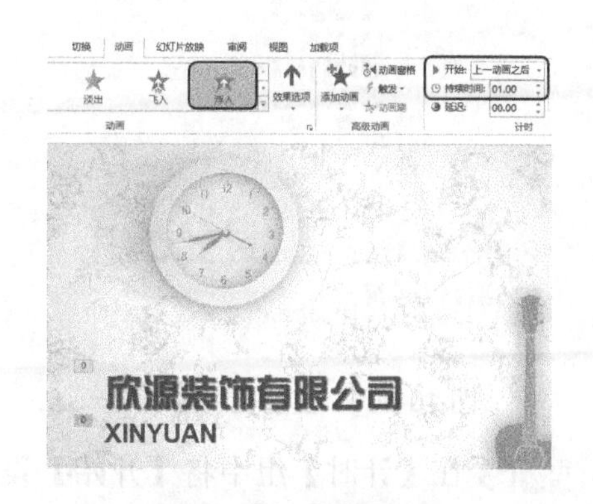

图 10-300 设置动画

step 15 使用同样的方法，继续输入文字并添加动画，效果如图 10-301 所示。

知识链接

输入每张幻灯片的大标题时，如果一行不够用，不要使用 Enter 键，PowerPoint 会自动换行。如果使用 Enter 键，则 PowerPoint 会将其看成是另外的大标题。同样，在输入小标题时，也不要使用 Enter 键，否则 PowerPoint 会将其看成是另外的小标题。

在输入文字时，标题的等级具有继承性，即在输入完一个标题，按 Enter 键之后，光标自动移动到与刚才标题对齐的位置，即为同一级。

step 16 选择【开始】选项卡，在【绘图】组中单击【形状】按钮，在弹出的下拉列表中选择【直线】选项，如图 10-302 所示。

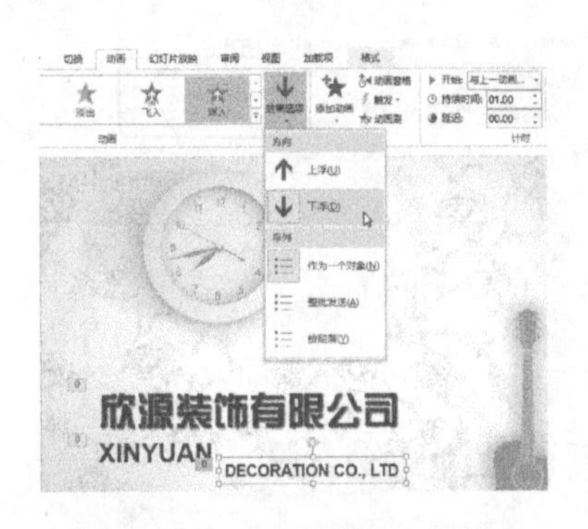

图 10-301 输入文字并添加动画

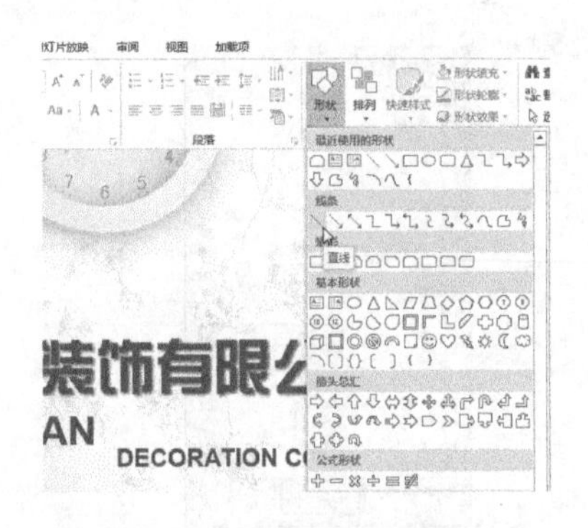

图 10-302 选择【直线】选项

step 17 在幻灯片中绘制直线，选择【绘图工具】下的【格式】选项卡，在【形状样式】组中单击【形状轮廓】按钮，在弹出的下拉列表中选择图 10-303 所示的颜色。

step 18 选择【动画】选项卡，在【动画】组中为绘制的直线添加【擦除】动画效果，然后单击【效果选项】按钮，在弹出的下拉列表中选择【自顶部】选项，如图 10-304 所示。

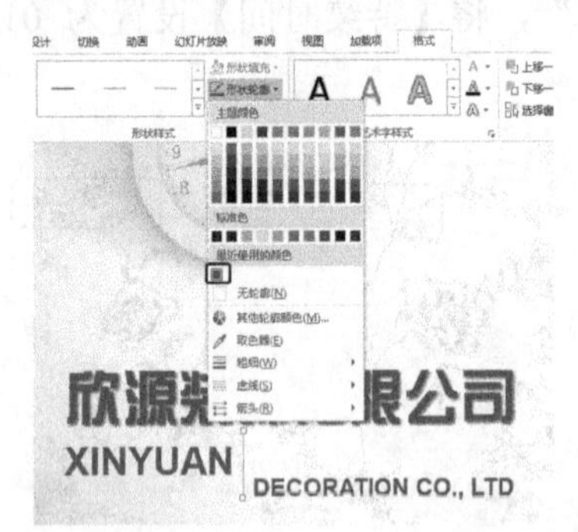

图 10-303 更改直线颜色

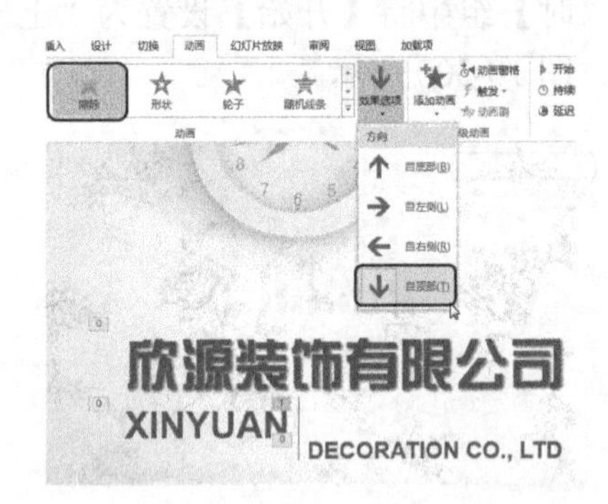

图 10-304 选择【自顶部】选项

step 19 在【计时】组中将【开始】设置为“上一动画之后”，将【持续时间】设置为 00.50，如图 10-305 所示。

step 20 选择【切换】选项卡，在【计时】组中取消勾选【单击鼠标时】复选框，勾选【设置自动换片时间】复选框，如图 10-306 所示。

图 10-305 设置动画时间

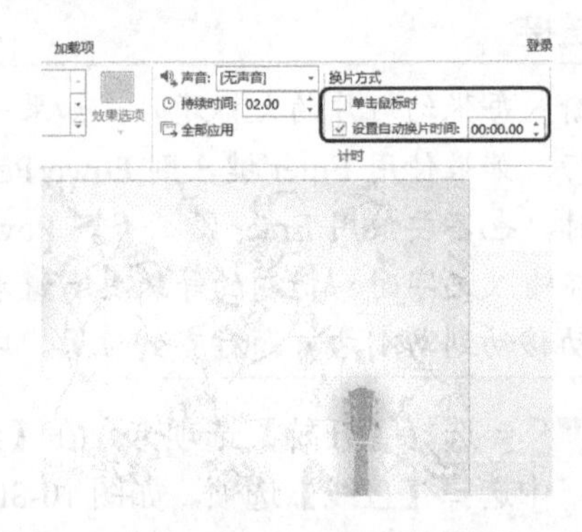

图 10-306 设置换片方式

step 21 选择【开始】选项卡，在【幻灯片】组中单击新建幻灯片按钮，在弹出的下拉列表中选择【空白】选项，即可新建一个空白幻灯片，如图 10-307 所示。

step 22 选择【插入】选项卡，在【图像】组中单击【图片】按钮，弹出【插入图片】对话框，在该对话框中选择素材图片“装饰公司背景 2.jpg”，单击【插入】按钮，即可将选择的素材图片插入至幻灯片中，如图 10-308 所示。

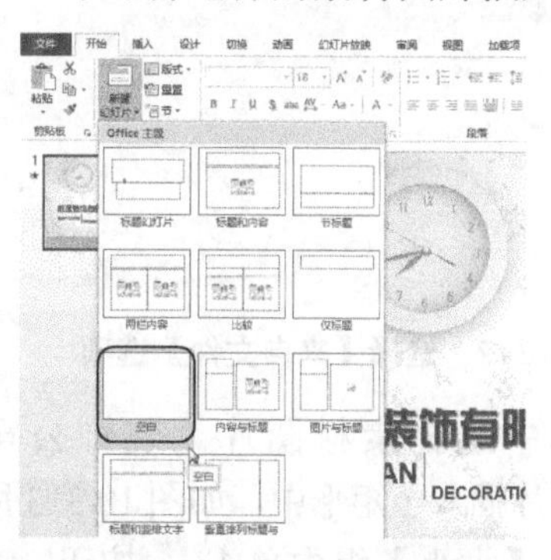

图 10-307 选择【空白】选项

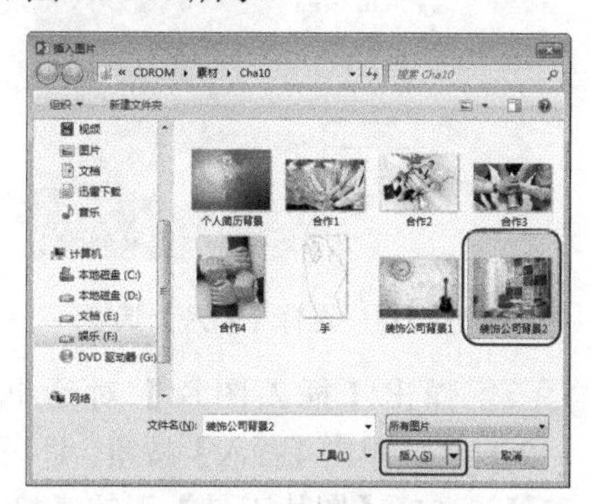

图 10-308 选择素材图片

知识链接

若要删除幻灯片，在动画窗格中选择需要删除的幻灯片，按 Delete 键即可；或者在幻灯片窗格中右击需要删除的幻灯片，在弹出的快捷菜单中选择【删除幻灯片】命令。

要删除多个连续的幻灯片，单击第一张幻灯片，然后在按 Shift 键的同时单击要选择的最后一张幻灯片，按 Delete 键删除选择的幻灯片；要选择多个不连续的幻灯片，先按 Ctrl 键，再单击每个要选择的幻灯片，选择幻灯片后删除即可。

step 23 选择【图片工具】下的【格式】选项卡，在【调整】组中单击【颜色】按钮，在弹出的下拉列表中选择【灰色-25%，背景颜色 2 浅色】选项，如图 10-309 所示。

step 24 选择【开始】选项卡，在【绘图】组中单击【形状】按钮，在弹出的下拉列表中选择【矩形】选项，然后在幻灯片中绘制矩形，如图 10-310 所示。

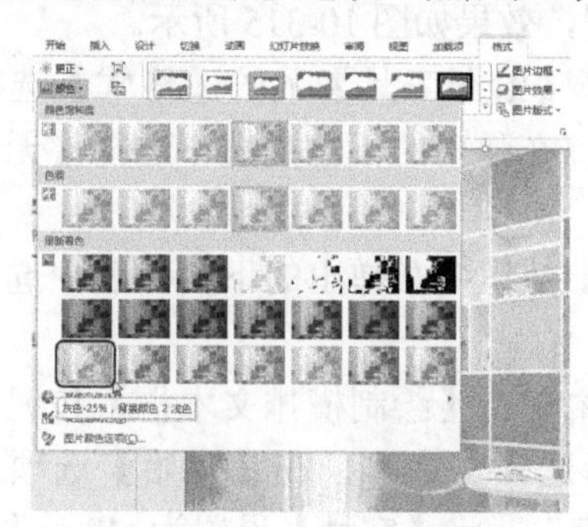

图 10-309 更改图片颜色

图 10-310 绘制矩形

step 25 选择【绘图工具】下的【格式】选项卡，在【形状样式】组中单击【形状填充】按钮，在弹出的下拉列表中选择【图片】选项，如图 10-311 所示。

step 26 在弹出的对话框中选择【来自文件】选项，如图 10-312 所示。

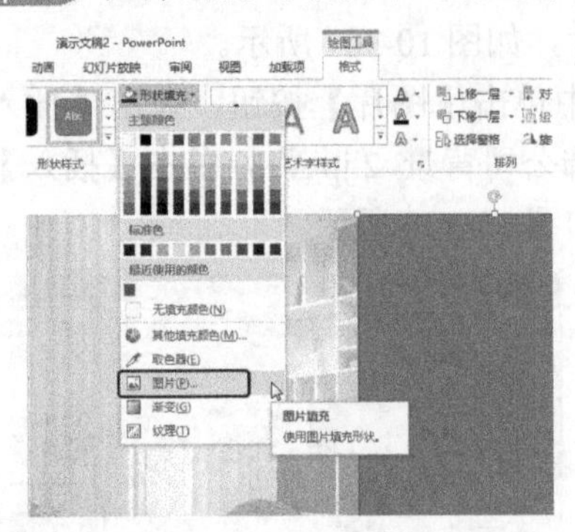

图 10-311　选择【图片】选项

图 10-312　选择【来自文件】选项

step 27 弹出【插入图片】对话框，在该对话框中选择素材图片“装饰公司背景 2.jpg”，单击【插入】按钮，即可将选择的素材图片插入至矩形中，如图 10-313 所示。

step 28 选择【图片工具】下的【格式】选项卡，在【大小】组中单击 裁剪 按钮，在弹出的下拉列表中选择【调整】选项，如图 10-314 所示。

图 10-313　插入素材图片

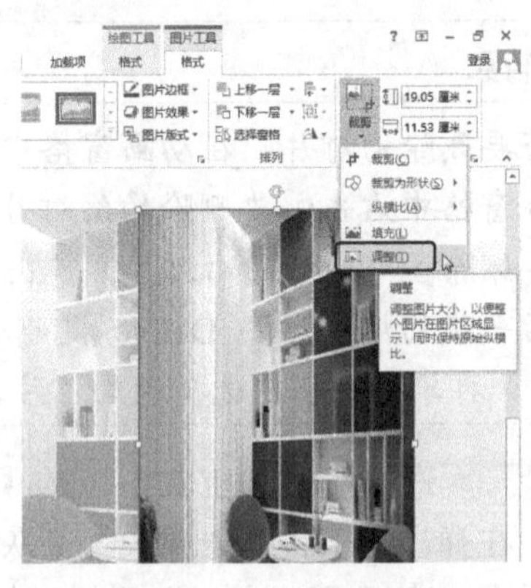

图 10-314　选择【调整】选项

step 29 在幻灯片中调整素材图片的大小和位置，效果如图 10-315 所示。

step 30 调整完成后按 Esc 键即可。然后选择【绘图工具】下的【格式】选项卡，在【形状样式】组中单击【形状轮廓】按钮，在弹出的下拉列表中选择【无轮廓】选项，如图 10-316 所示。

step 31 在【形状样式】组中单击【形状效果】按钮，在弹出的下拉列表中选择【柔化边缘】|【50 磅】选项，如图 10-317 所示。

step 32 选择【插入】选项卡，在【文本】组中单击【绘制横排文本框】按钮，在幻灯片中绘制文本框并输入文字；输入文字后选择文本框，在【开始】选项卡的【字体】组中将【字体】设置为“汉仪综艺体简”，将【字号】设置为 48，并设置字体颜色，如图 10-318 所示。

图 10-315　调整素材图片

图 10-316　取消轮廓线填充

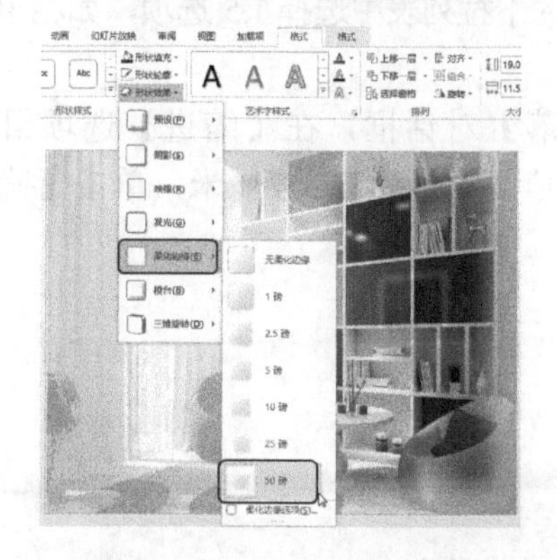

图 10-317　添加柔化边缘效果

图 10-318　输入并设置文字

step 33 选择【动画】选项卡，在【动画】组中单击【其他】按钮，在弹出的下拉列表中选择【劈裂】动画，即可为文字添加该动画，如图 10-319 所示。

step 34 在【计时】组中将【开始】设置为“与上一动画同时”，将【持续时间】设置为 00.50，如图 10-320 所示。

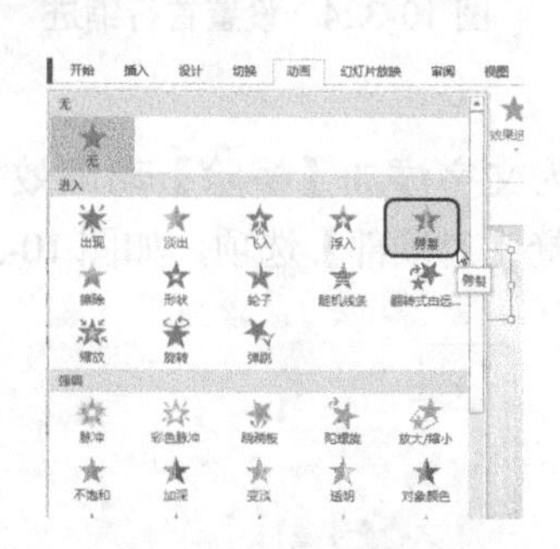

图 10-319　添加动画

图 10-320　设置动画时间

step 35 继续输入文字并为输入的文字添加动画，效果如图 10-321 所示。

step 36 在幻灯片中绘制文本框并输入段落文字。输入文字后选择文本框，在【开始】选项卡的【字体】组中将【字体】设置为“微软雅黑”，将【字号】设置为 15，单击【字符间距】按钮，在弹出的下拉列表中选择【稀松】选项，如图 10-322 所示。

图 10-321　输入文字并添加动画

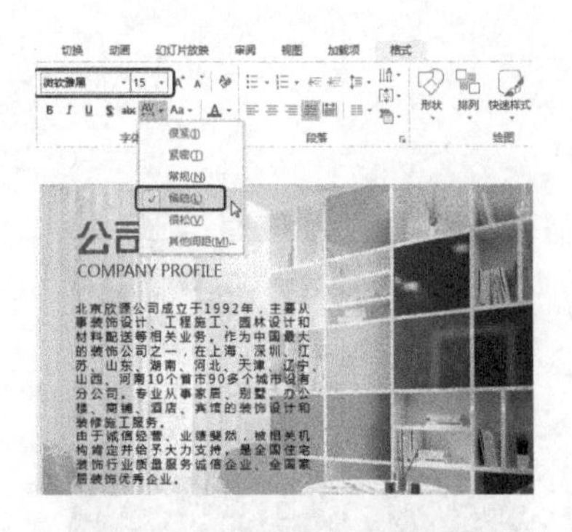

图 10-322　输入并设置段落文字

step 37 在【段落】组中单击【行距】按钮，在弹出的下拉列表中选择 1.5 选项，如图 10-323 所示。

step 38 在【段落】组中单击 按钮，弹出【段落】对话框，在【缩进】选项组中将【特殊格式】设置为“首行缩进”，将【度量值】设置为 1.35 厘米，单击【确定】按钮，如图 10-324 所示。

图 10-323　设置行距

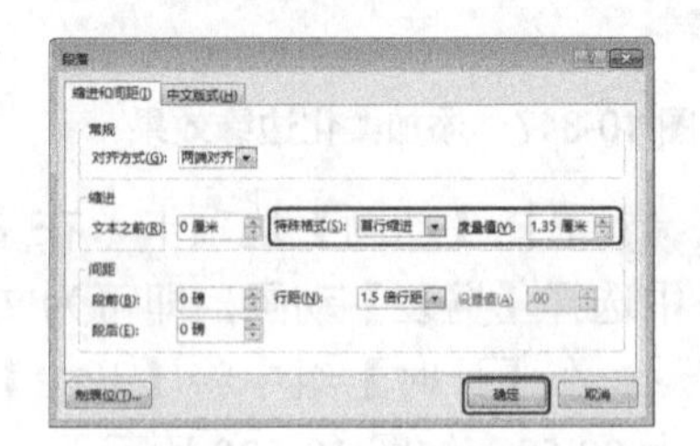

图 10-324　设置首行缩进

step 39 设置首行缩进后的效果如图 10-325 所示。

step 40 选择【动画】选项卡，在【动画】组中为文字添加【擦除】动画效果，然后单击【效果选项】按钮，在弹出的下拉列表中选择【自顶部】选项，如图 10-326 所示。

图 10-325　设置首行缩进后的效果

图 10-326　添加并设置动画

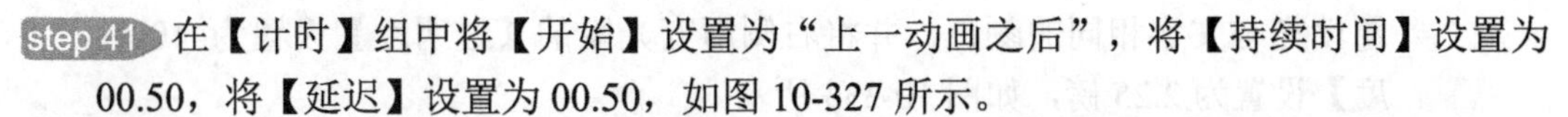

step 41 在【计时】组中将【开始】设置为“上一动画之后”，将【持续时间】设置为00.50，将【延迟】设置为00.50，如图10-327所示。

step 42 选择【切换】选项卡，在【切换到此幻灯片】组中为幻灯片添加【分割】切换效果，然后在【计时】组中取消勾选【单击鼠标时】复选框，勾选【设置自动换片时间】复选框，将时间设置为00:03.00，如图10-328所示。

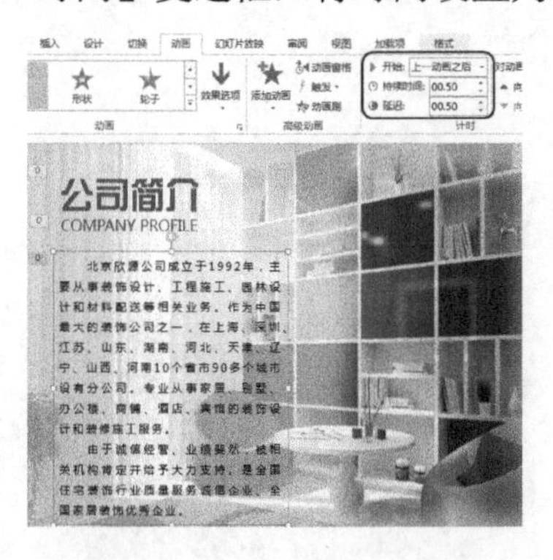

图 10-327　设置动画时间

图 10-328　添加并设置切换效果

step 43 新建一个空白幻灯片，并插入素材图片“装饰公司背景 2.jpg”，然后对插入的素材图片进行设置，如图10-329所示。

step 44 选择【插入】选项卡，在【文本】组中单击【绘制横排文本框】按钮，在幻灯片中绘制文本框并输入文字；输入文字后选择文本框，在【开始】选项卡的【字体】组中将【字体】设置为“汉仪综艺体简”，将【字号】设置为48，并设置文字颜色，如图10-330所示。

图 10-329　插入并设置素材图片

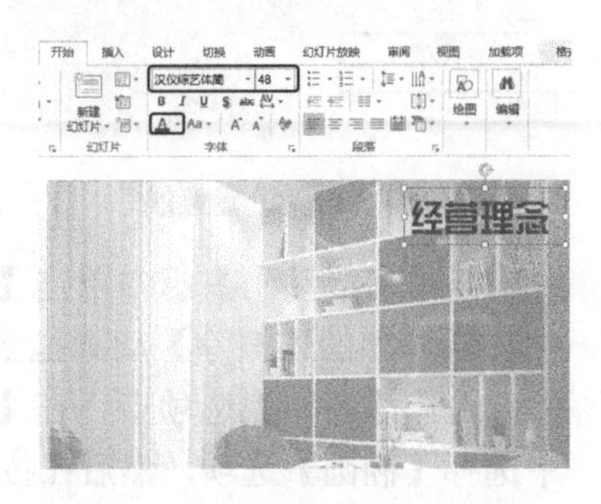

图 10-330　输入并设置文字

step 45 选择【动画】选项卡，在【动画】组中为文字添加【浮入】动画，在【计时】组中将【开始】设置为“上一动画之后”，将【持续时间】设置为01.00，如图10-331所示。

step 46 选择【开始】选项卡，在【绘图】组中单击【形状】按钮，在弹出的下拉列表中选择【直线】选项，然后在幻灯片中绘制直线，如图10-332所示。

step 47 选择【绘图工具】下的【格式】选项卡，在【形状样式】组中单击按钮，弹出【设置形状格式】任务窗格，在【线条】选项组中选择【渐变线】单选按钮，将【角度】设置为180°，将中间的两个渐变光圈删除，然后为左侧和右侧的渐变光圈填充与文字相同的颜色，并将右侧渐变光圈的【透明度】设置为 100%，将【宽度】设置为 2.25 磅，如图 10-333 所示。

step 48 选择【动画】选项卡，在【动画】组中为直线添加【擦除】动画效果，然后单击【效果选项】按钮，在弹出的下拉列表中选择【自右侧】选项，在【计时】组中将【开始】设置为“上一动画之后”，将【持续时间】设置为 00.50，如图 10-334 所示。

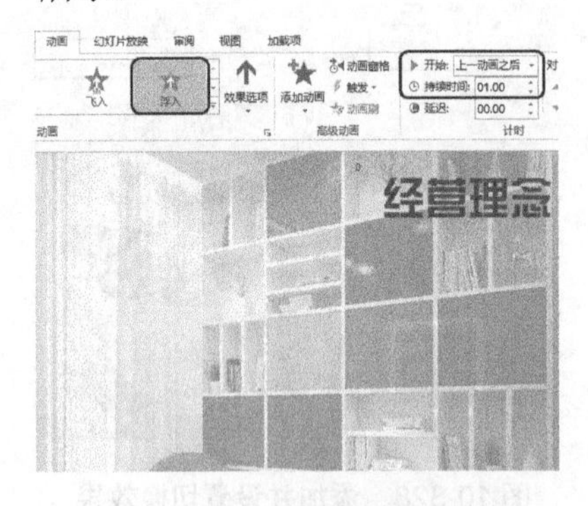

图 10-331 添加并设置动画

图 10-332 绘制直线

图 10-333 设置直线

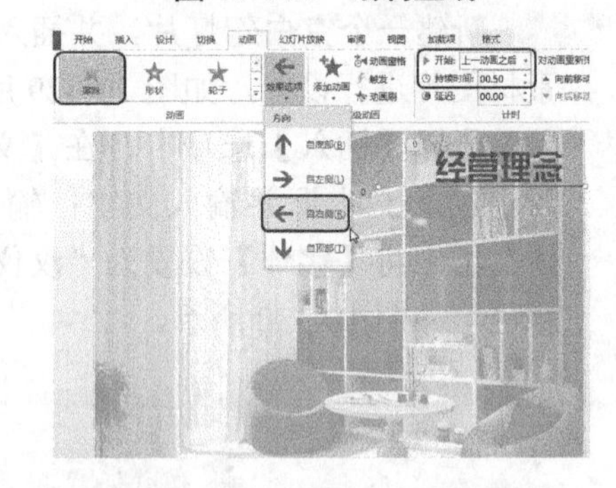

图 10-334 添加并设置动画

step 49 在【高级动画】组中单击【动画窗格】按钮，在弹出的【动画窗格】任务窗格中将新添加的【擦除】动画拖至【上浮】动画的上面，效果如图 10-335 所示。

step 50 选择【开始】选项卡，在【绘图】组中单击【形状】按钮，在弹出的下拉列表中选择【椭圆】选项，然后在按住 Shift 键的同时绘制正圆，如图 10-336 所示。

图 10-335 调整动画排列顺序

图 10-336 绘制正圆

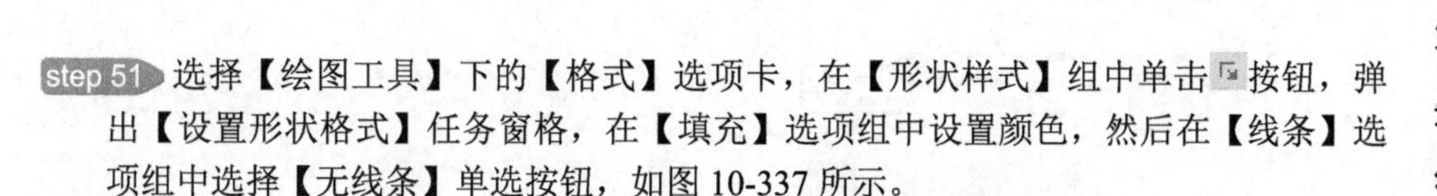

step 51 选择【绘图工具】下的【格式】选项卡，在【形状样式】组中单击 按钮，弹出【设置形状格式】任务窗格，在【填充】选项组中设置颜色，然后在【线条】选项组中选择【无线条】单选按钮，如图 10-337 所示。

step 52 单击【效果】按钮，在【发光】选项组中为其设置与正圆相同的颜色，然后将【大小】设置为 16 磅，将【透明度】设置为 40%，如图 10-338 所示。

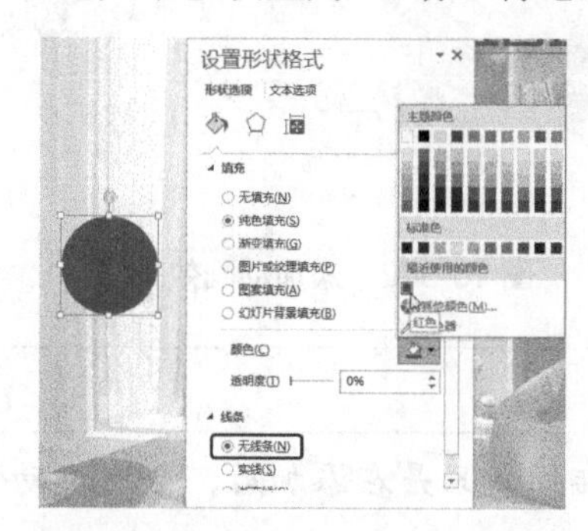

图 10-337　选择【无线条】单选按钮

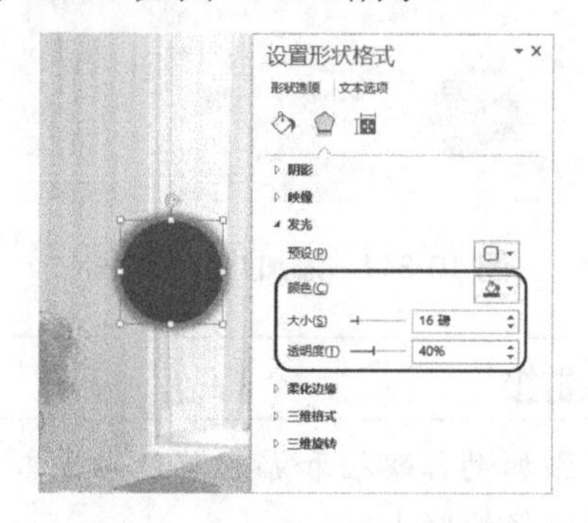

图 10-338　添加发光效果

step 53 选择【插入】选项卡，在【文本】组中单击【绘制横排文本框】按钮，在幻灯片中绘制文本框并输入文字；输入文字后选择文本框，在【开始】选项卡的【字体】组中将【字体】设置为“微软雅黑”，将【字号】设置为 20，将【文字颜色】设置为“白色”，并单击【加粗】按钮，如图 10-339 所示。

step 54 选择绘制的正圆和输入的文字，然后右击，在弹出的快捷菜单中选择【组合】|【组合】命令，如图 10-340 所示。

图 10-339　输入并设置文字

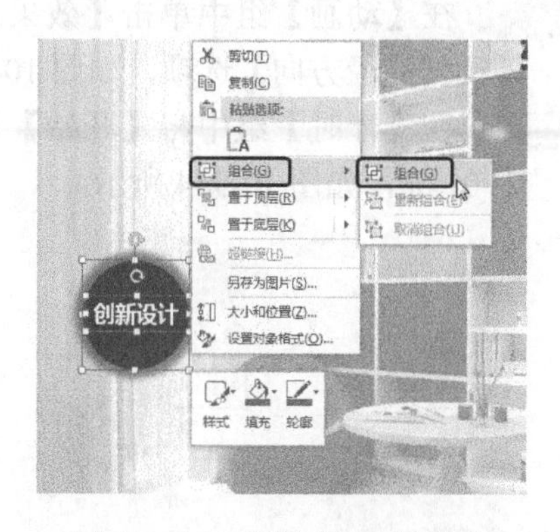

图 10-340　选择【组合】命令

step 55 切换到【动画】选项卡，在【动画】组中为组合对象添加【淡出】动画效果，在【计时】组中将【开始】设置为“上一动画之后”，将【持续时间】设置为 00.50，如图 10-341 所示。

step 56 在【高级动画】组中单击【添加动画】按钮，在弹出的下拉列表中选择【直线】动作路径，如图 10-342 所示。

图 10-341　添加并设置动画

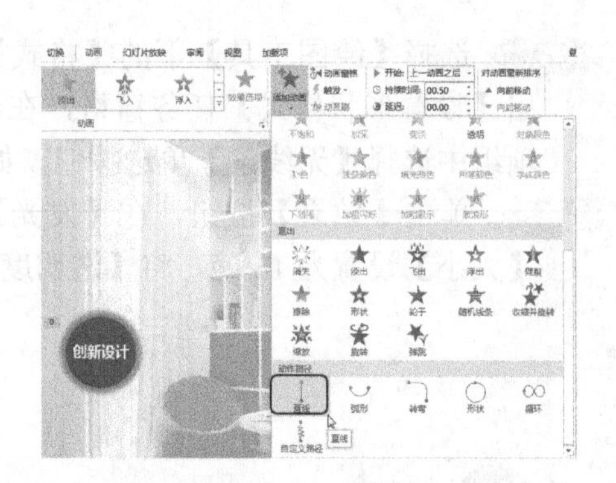

图 10-342　添加动画效果

知识链接

添加动作路径和添加其他动画效果的方法基本相同。只是在添加后，会出现动作路径的路径控制点。

如果要改变路径的长短，拖动尺寸控制点即可；如果要改变路径的旋转角度，向左或向右拖动方向控制点即可；如果要改变路径的位置，移动鼠标指针到路径上，当鼠标指针变成十字形箭头时，按住鼠标左键并拖动到合适的位置后释放即可。

如果要改变路径的形状，移动鼠标指针到路径上，当鼠标指针变成十字形箭头时，右击，在弹出的快捷菜单中选择【编辑顶点】命令进入路径顶点编辑状态，这时就可以开始编辑路径了。

step 57 在【动画】组中单击【效果选项】按钮，在弹出的下拉列表中选择【靠左】和【反转路径方向】选项，如图 10-343 所示。

step 58 在【计时】组中将【开始】设置为“与上一动画同时”，将【持续时间】设置为 01.00，如图 10-344 所示。

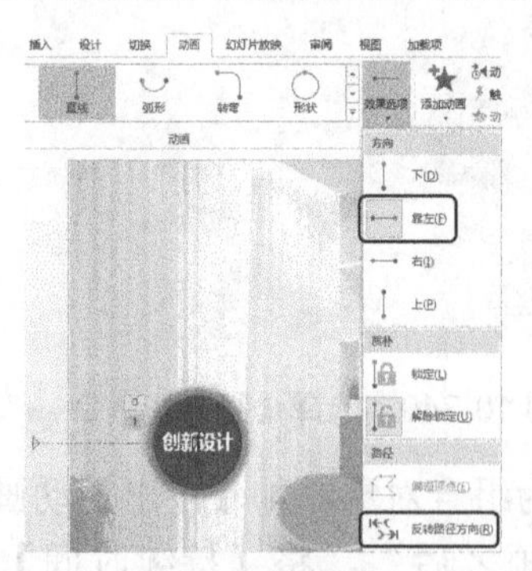

图 10-343　设置动画效果

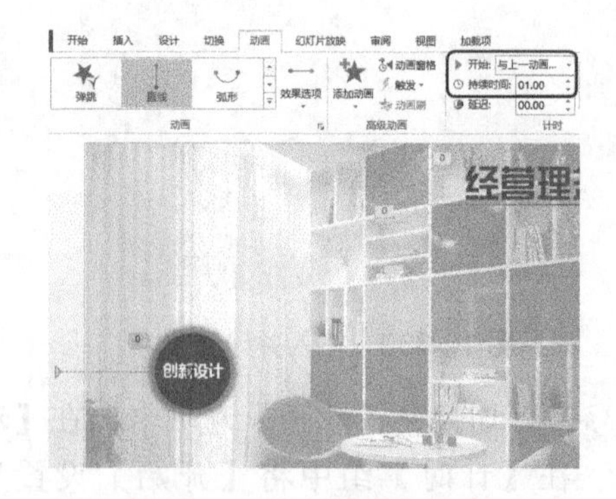

图 10-344　设置动画时间

step 59 在【高级动画】组中单击【添加动画】按钮，在弹出的下拉列表中选择【强调】下的【陀螺旋】动画，如图 10-345 所示。

step 60 在【计时】组中将【开始】设置为“与上一动画同时”，将【持续时间】设置为 01.00，如图 10-346 所示。

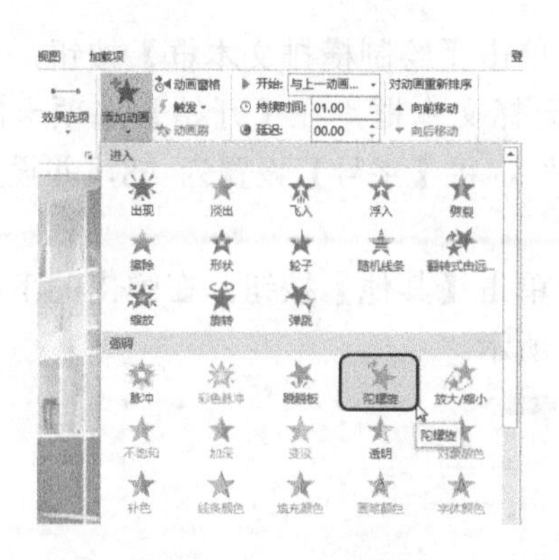

图 10-345 添加动画

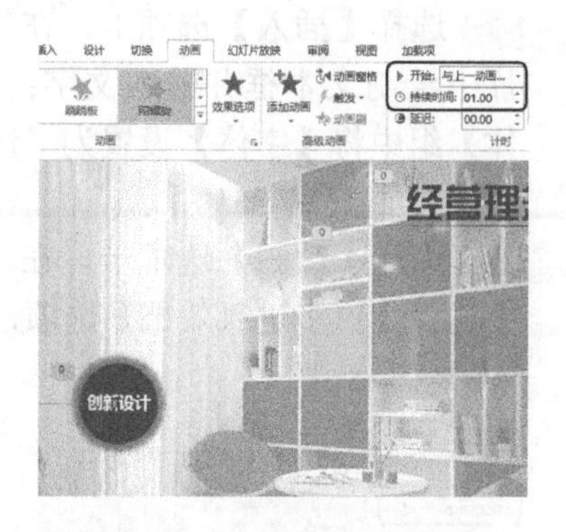

图 10-346 设置动画时间

step 61 使用同样的方法，制作其他内容并添加动画，如图 10-347 所示。

step 62 选择【切换】选项卡，在【切换到此幻灯片】组中单击【其他】按钮，在弹出的下拉列表中选择【梳理】切换效果，如图 10-348 所示。

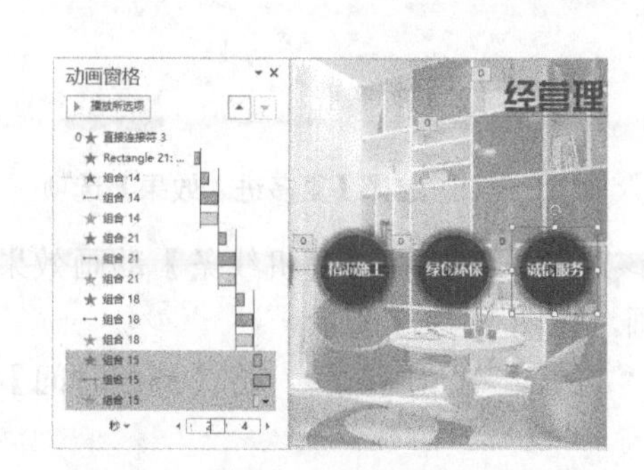

图 10-347 制作其他内容并添加动画

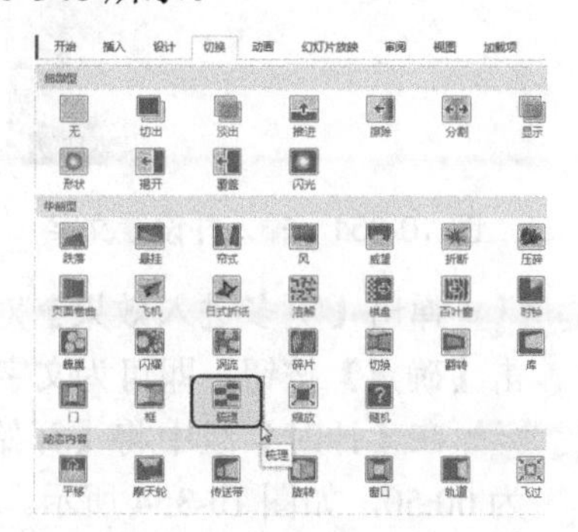

图 10-348 选择【梳理】切换效果

step 63 在【计时】组中取消选中【单击鼠标时】复选框，选中【设置自动换片时间】复选框，将时间设置为 00:07.00，如图 10-349 所示。

step 64 新建一个空白幻灯片，并插入素材图片“装饰公司背景 1.jpg”，效果如图 10-350 所示。

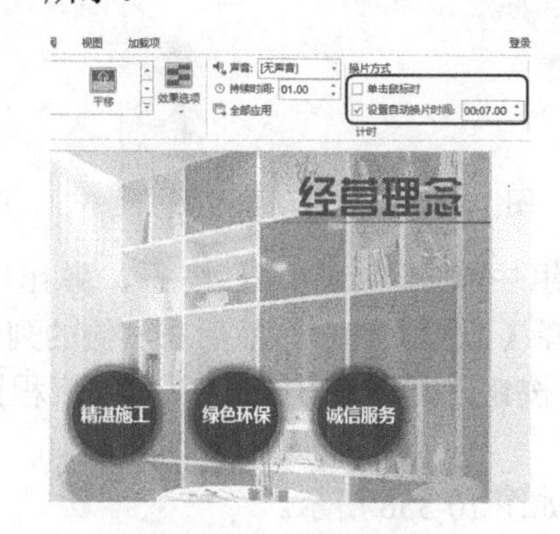

图 10-349 设置换片方式

图 10-350 新建幻灯片并插入素材图片

step 65 选择【插入】选项卡，在【文本】组中单击【绘制横排文本框】按钮，在幻灯片中绘制文本框并输入文字；输入文字后选择文本框，在【开始】选项卡的【字体】组中将【字体】设置为“汉仪综艺体简”，将【字号】设置为 48，并设置文字颜色，如图 10-351 所示。

step 66 选择【动画】选项卡，在【动画】组中单击【其他】按钮，在弹出的下拉列表中选择【更多进入效果】选项，如图 10-352 所示。

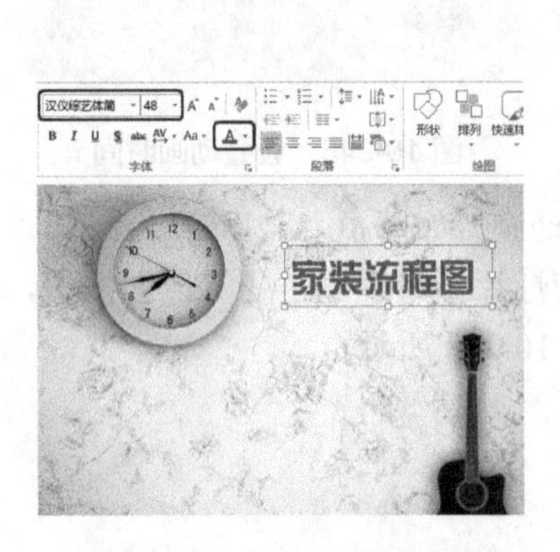

图 10-351 输入并设置文字

图 10-352 选择【更多进入效果】选项

step 67 弹出【更多进入效果】对话框，在该对话框中选择【随机线条】动画效果，单击【确定】按钮，即可为文字添加该动画，如图 10-353 所示。

step 68 在【计时】组中将【开始】设置为“与上一动画同时”，将【持续时间】设置为 00.50，如图 10-354 所示。

图 10-353 选择动画

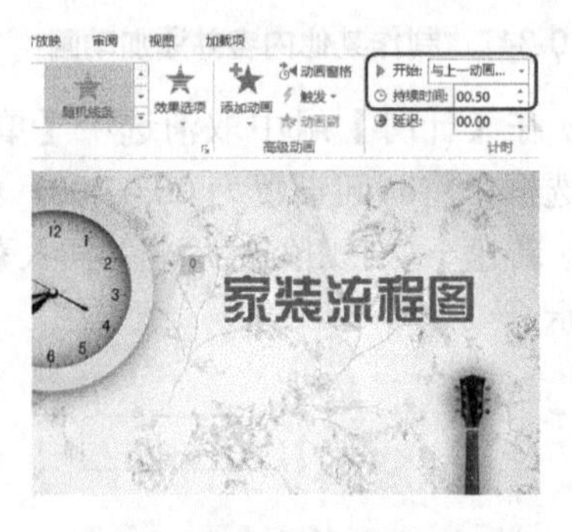

图 10-354 设置动画时间

step 69 选择【插入】选项卡，在【插图】组中单击 SmartArt 按钮，弹出【选择 SmartArt 图形】对话框，在左侧列表中选择【流程】选项，然后在右侧的列表中选择【重复蛇形流程】选项，单击【确定】按钮，即可在幻灯片中插入流程图，如图 10-355 所示。

step 70 插入的流程图默认选择是第一个矩形，如图 10-356 所示。

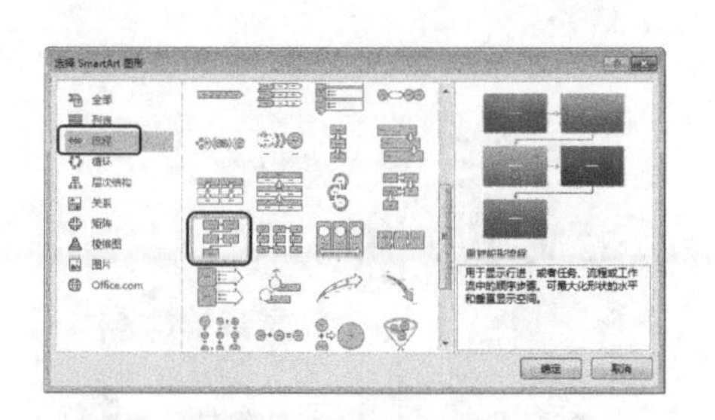

图 10-355　选择流程图

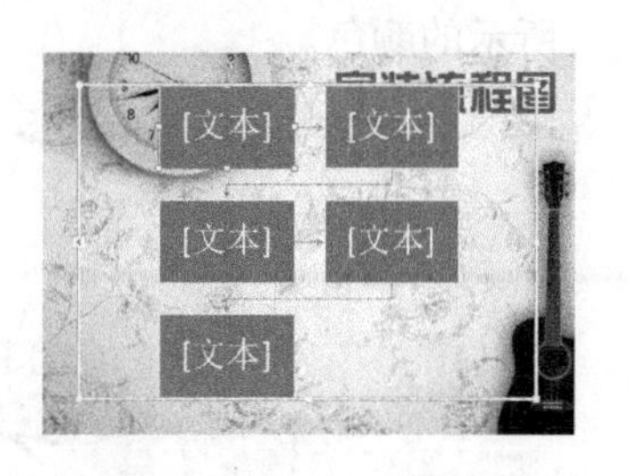

图 10-356　插入流程图

step 71 切换到【SmartArt 工具】下的【设计】选项卡，在【创建图形】组中单击 7 次【添加形状】按钮，即可在流程图中插入 7 个矩形，如图 10-357 所示。

step 72 选择整个流程图，然后切换到【SmartArt 工具】下的【格式】选项卡，在【大小】组中将【高度】设置为 9.9 厘米，将【宽度】设置为 23.1 厘米，并在幻灯片中调整流程图位置，效果如图 10-358 所示。

图 10-357　添加矩形

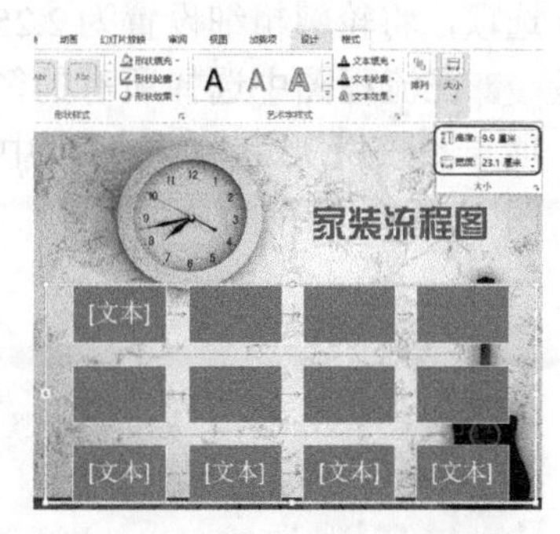

图 10-358　设置流程图大小

step 73 单击流程图左侧的图标，在弹出的窗口中输入内容，如图 10-359 所示。

step 74 在流程图中选择所有的矩形，然后在【大小】组中将【高度】设置为 1.7 厘米，将【宽度】设置为 4.5 厘米，如图 10-360 所示。

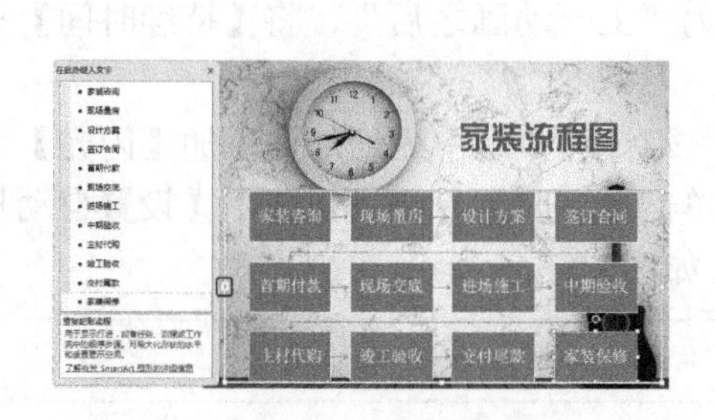

图 10-359　输入内容

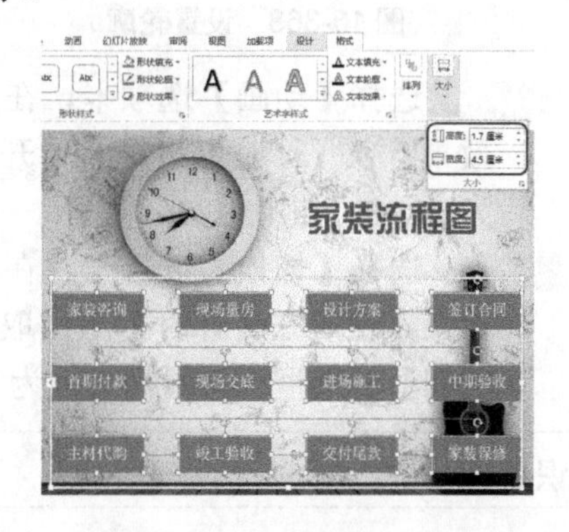

图 10-360　设置矩形大小

step 75 在【形状】组中单击【更改形状】按钮，在弹出的下拉列表中选择【圆角矩形】选项，即可将矩形更改为圆角矩形，如图 10-361 所示。

step 76 在【形状样式】组中单击【形状填充】按钮，在弹出的下拉列表中选择图 10-362

所示的颜色。

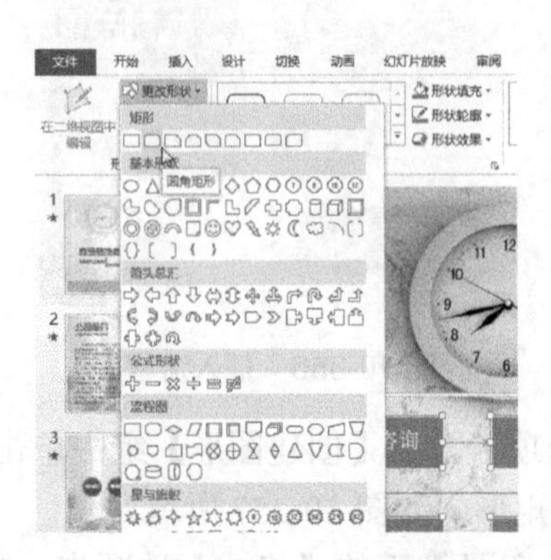

图 10-361 更改形状

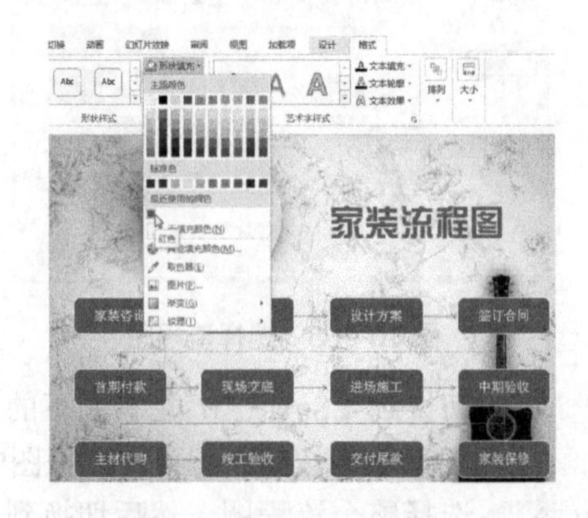

图 10-362 更改形状颜色

step 77 单击【形状轮廓】按钮，在弹出的下拉列表中选择【白色，背景 1，深色 15%】选项，将轮廓粗细设置为 2.25 磅，如图 10-363 所示。

step 78 在流程图中选择所有的箭头对象，然后切换到【SmartArt 工具】下【格式】选项卡，在【形状样式】组中单击【形状轮廓】按钮，在弹出的下拉列表中选择图 10-364 所示的颜色。

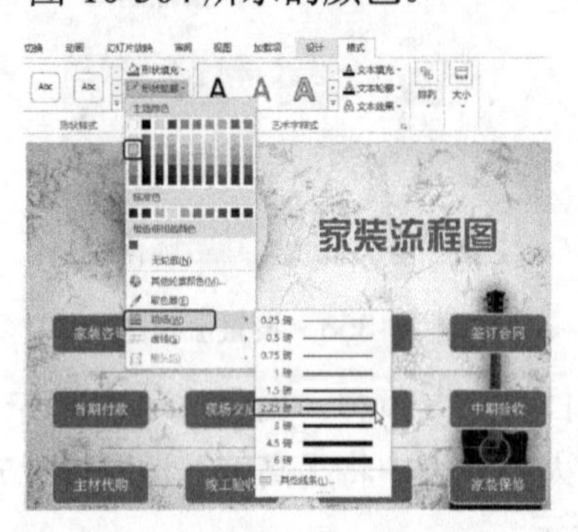

图 10-363 设置轮廓

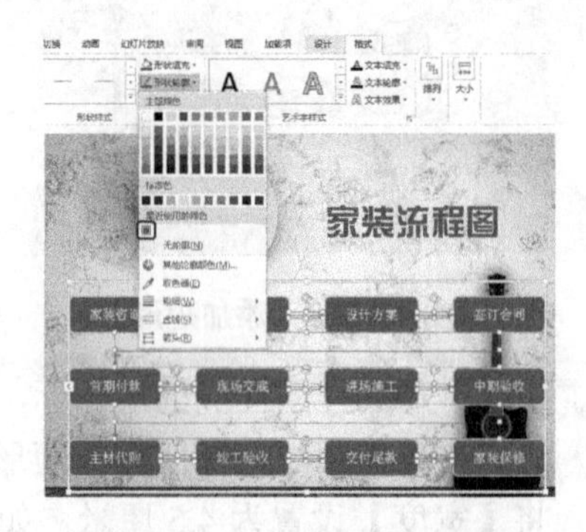

图 10-364 设置箭头颜色

step 79 选择【动画】选项卡，在【动画】组中为流程图添加【翻转式由远及近】动画效果，在【计时】组中将【开始】设置为“上一动画之后”，将【持续时间】设置为 01.00，如图 10-365 所示。

step 80 选择【切换】选项卡，在【切换到此幻灯片】组中为幻灯片添加【闪光】切换效果，然后在【计时】组中取消选中【单击鼠标时】复选框，选中【设置自动换片时间】复选框，将时间设置为 00:05.00，如图 10-366 所示。

知识链接

当演示文稿中幻灯片制作完成后，如果发现其顺序不合适，可以对其顺序进行调整。在幻灯片窗格中或切换到【幻灯片浏览视图】状态下，即可实现幻灯片顺序的自由调整，具体方法是：选择需要移动的幻灯片，按住鼠标左键将幻灯片移动到合适的位置，释放鼠标左键，幻灯片就按照新的顺序排列好了。

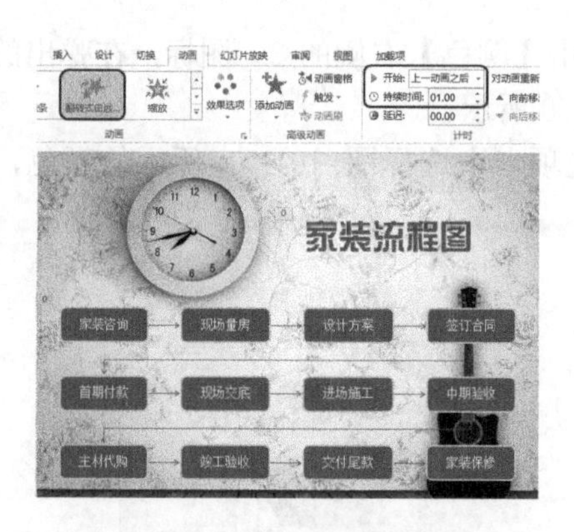

图 10-365 添加并设置动画

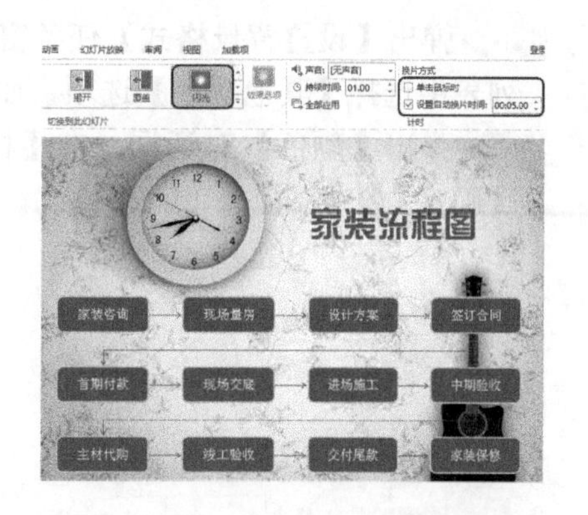

图 10-366 添加并设置切换效果

案例精讲 090 团队精神

案例文件：CDROM\场景\Cha10\团队精神. pptx

视频文件：视频教学\Cha10\团队精神.avi

学习目标

- 学习为幻灯片添加切换效果的方法。
- 掌握设置超链接的方法。

制作概述

本例将介绍一个关于团队精神的幻灯片动画的制作方法。首先制作开始动画和目录页，然后制作主要内容动画，最后制作结束动画，主要用到的动画效果有擦除、棋盘、飞入、上浮和出现等。完成后的效果如图 10-367 所示。

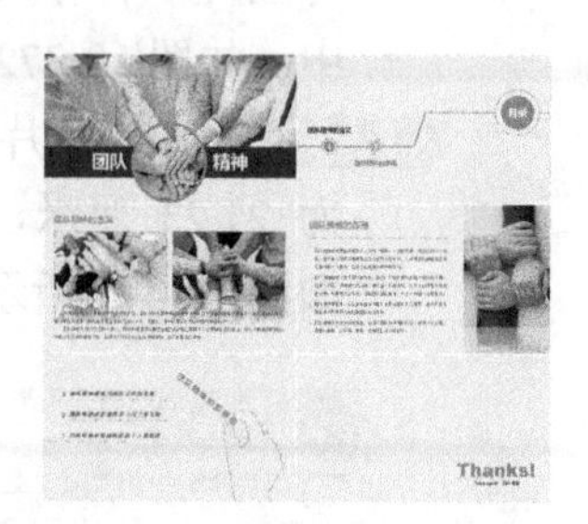

图 10-367 团队精神

操作步骤

step 01 按 Ctrl+N 组合键新建一个空白演示文稿，选择【视图】选项卡，在【母版视图】组中单击【幻灯片母版】按钮，如图 10-368 所示。

step 02 在幻灯片窗格中选择母版幻灯片，然后在【幻灯片母版】选项卡的【背景】组中单击 按钮，如图 10-369 所示。

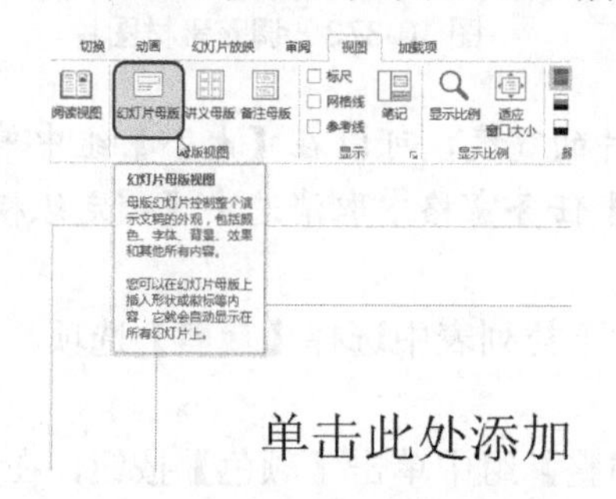

图 10-368 单击【幻灯片母版】按钮

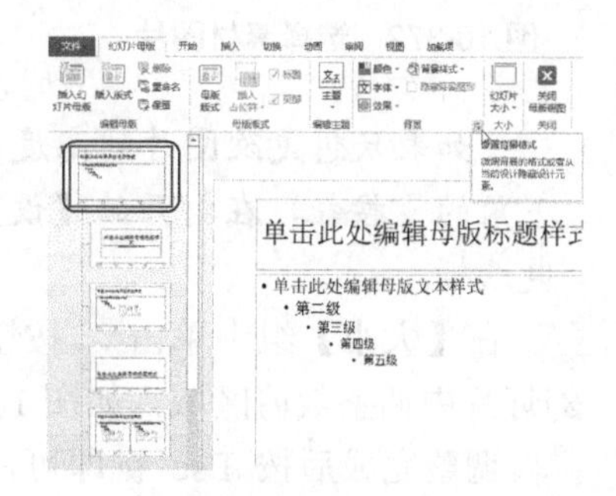

图 10-369 设置背景

step 03 弹出【设置背景格式】任务窗格，单击【颜色】右侧的图标，在弹出的下拉列表中选择【其他颜色】选项，如图 10-370 所示。

step 04 弹出【颜色】对话框，在【标准】选项卡中选择图 10-371 所示的颜色，单击【确定】按钮。

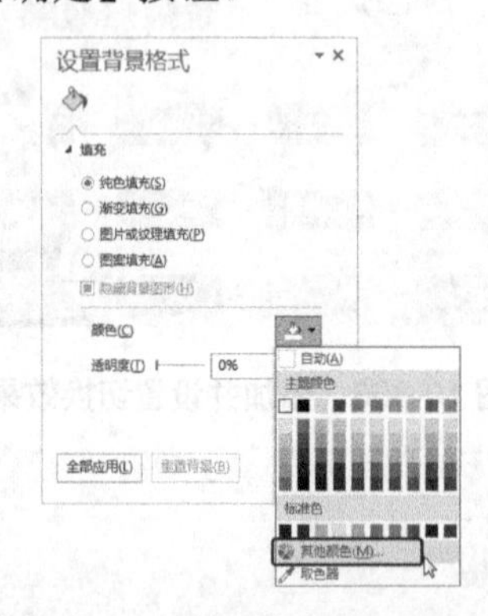

图 10-370　选择【其他颜色】选项

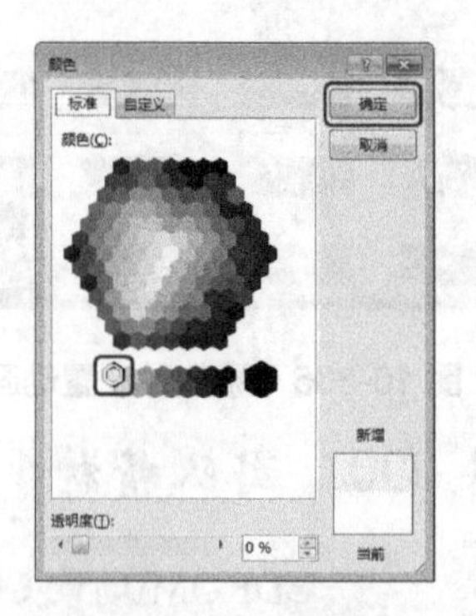

图 10-371　选择颜色

step 05 在【关闭】组中单击【关闭母版视图】按钮即可。选择【插入】选项卡，在【图像】组中单击【图片】按钮，弹出【插入图片】对话框，在该对话框中选择素材图片“合作 1.jpg”，单击【插入】按钮，即可将选择的素材图片插入至幻灯片中，如图 10-372 所示。

step 06 选择【图片工具】下的【格式】选项卡，在【大小】组中将【形状高度】设置为 21.23 厘米，将【形状宽度】设置为 33.87 厘米，并调整素材图片的位置，效果如图 10-373 所示。

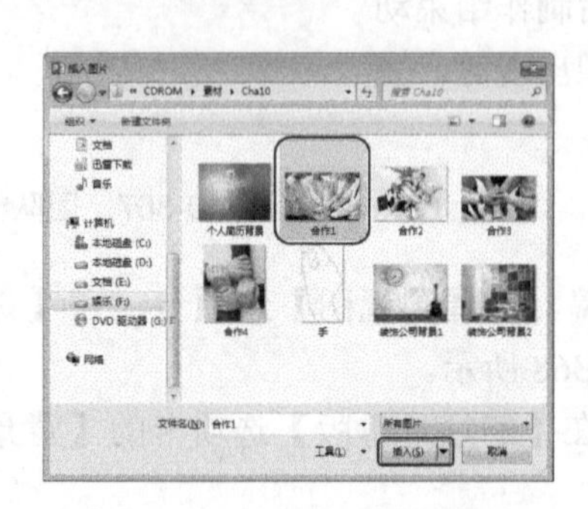

图 10-372　选择素材图片

图 10-373　调整素材图片

如果只想更改图片的高度而不更改图片的宽度，可以在【大小】组中单击右下角的按钮，在打开的【设置图片格式】任务窗格中取消选中【锁定纵横比】复选框。

step 07 在【大小】组中单击按钮，在弹出的下拉列表中选择【裁剪】选项，然后在幻灯片中调整裁剪区域，如图 10-374 所示。

step 08 调整完成后按 Esc 键即可，然后在【调整】组中单击【颜色】按钮，在弹出的下拉列表中选择【色温：11200 K】选项，如图 10-375 所示。

图 10-374 调整裁剪区域

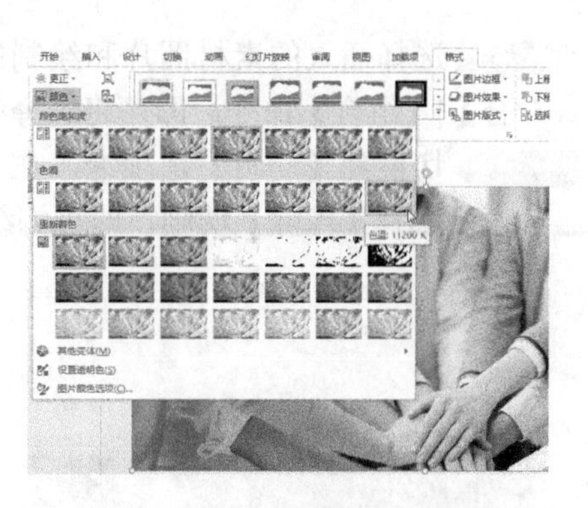

图 10-375 调整图片色调

step 09 选择【插入】选项卡，在【插图】组中单击【形状】按钮，在弹出的下拉列表中选择【矩形】选项，如图 10-376 所示。

step 10 在幻灯片中绘制矩形，选择【绘图工具】下【格式】选项卡，在【形状样式】组中单击【形状填充】按钮，在弹出的下拉列表中选择【其他填充颜色】选项，如图 10-377 所示。

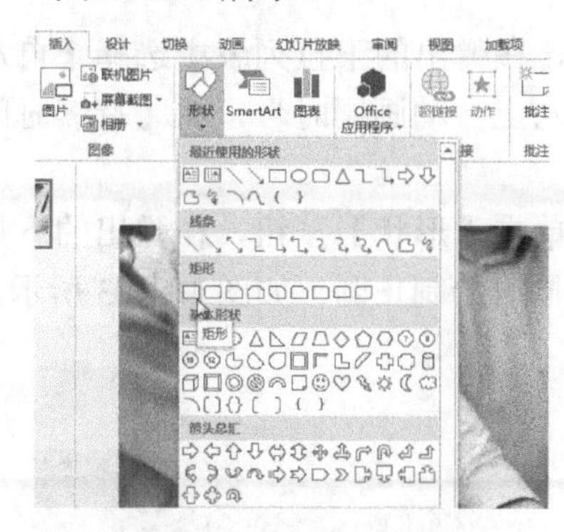

图 10-376 选择【矩形】选项

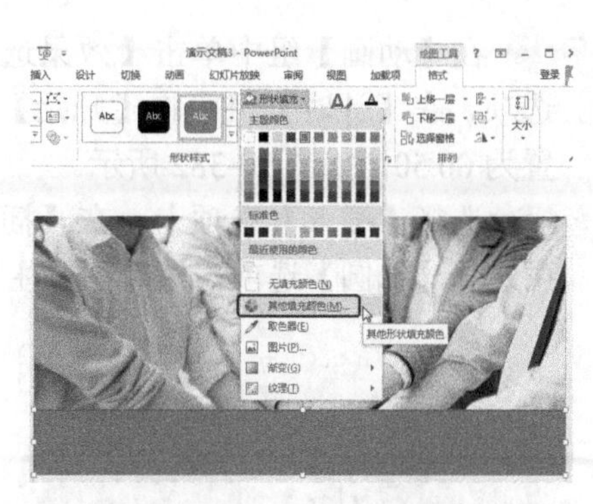

图 10-377 选择【其他填充颜色】选项

step 11 弹出【颜色】对话框，切换到【自定义】选项卡，将【红色】、【绿色】和【蓝色】的值分别设置为 54、52、55，单击【确定】按钮，如图 10-378 所示。

step 12 单击【形状轮廓】按钮，在弹出的下拉列表中选择【无轮廓】选项，如图 10-379 所示。

图 10-378 设置颜色

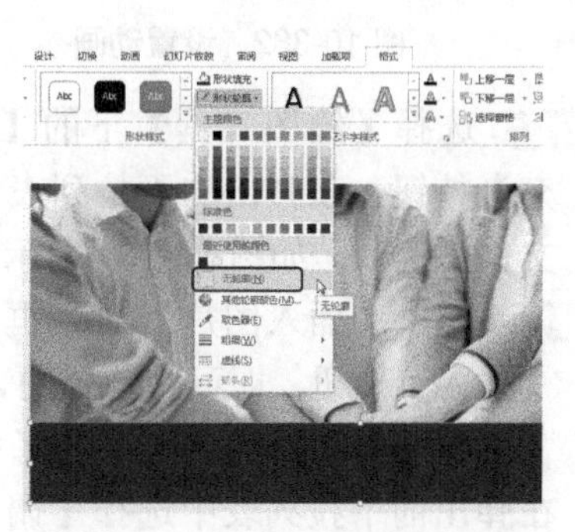

图 10-379 选择【无轮廓】选项

step 13 选择插入的素材图片和绘制的矩形，然后右击，在弹出的快捷菜单中选择【组合】|【组合】命令，即可将选择的对象组合在一起，如图 10-380 所示。

step 14 切换到【动画】选项卡，在【动画】组中单击【其他】按钮，在弹出的下拉列表中选择【擦除】动画，即可为组合对象添加该动画，效果如图 10-381 所示。

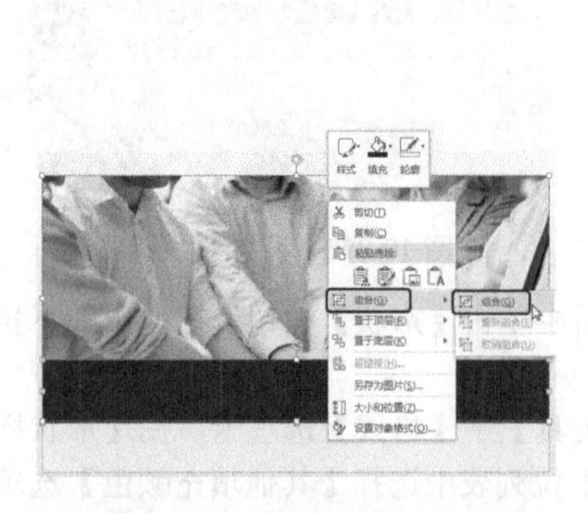

图 10-380　选择【组合】命令

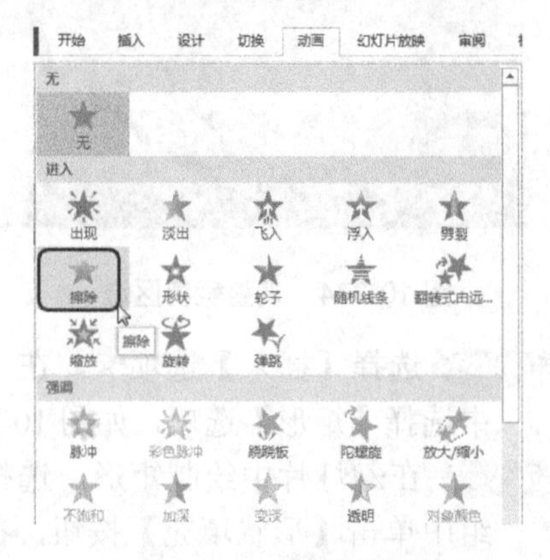

图 10-381　添加动画

step 15 在【动画】组中单击【效果选项】按钮，在弹出的下拉列表中选择【自左侧】选项，在【计时】组中将【开始】设置为“与上一动画同时”，将【持续时间】设置为 00.50，如图 10-382 所示。

step 16 选择【插入】选项卡，在【插图】组中单击【形状】按钮，在弹出的下拉列表中选择【椭圆】选项，然后在按住 Shift 键的同时绘制正圆，如图 10-383 所示。

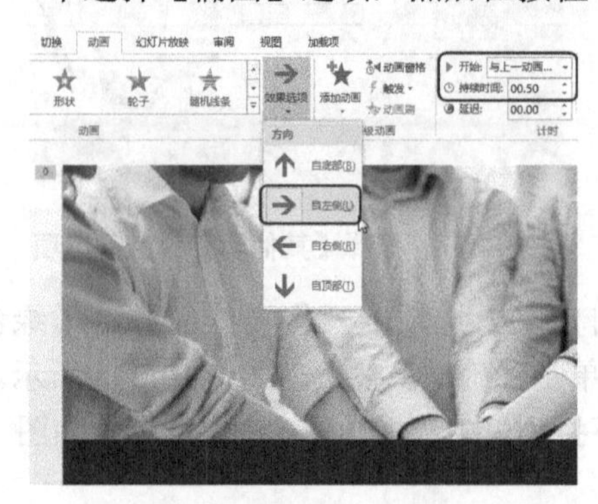

图 10-382　设置动画

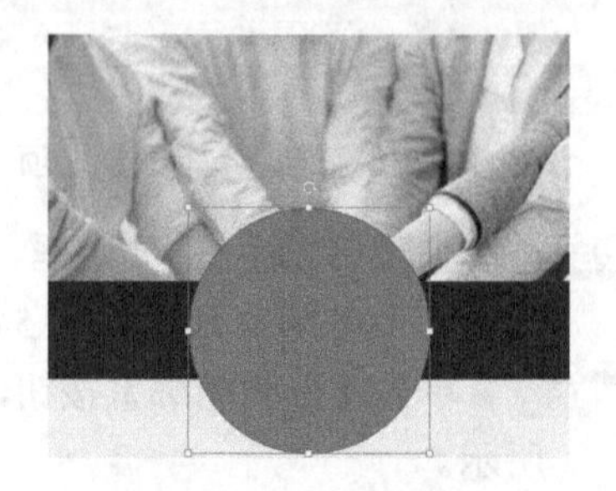

图 10-383　绘制正圆

step 17 选择【绘图工具】下的【格式】选项卡，在【形状样式】组中单击【形状填充】按钮，在弹出的下拉列表中选择【图片】选项，在弹出的对话框中选择【来自文件】选项，如图 10-384 所示。

step 18 弹出【插入图片】对话框，在该对话框中选择素材图片“合作 1.jpg”，单击【插入】按钮，即可将选择的素材图片插入至正圆中，如图 10-385 所示。

step 19 选择【图片工具】下的【格式】选项卡，在【大小】组中单击【裁剪】按钮，在弹出的下拉列表中选择【调整】选项，然后在幻灯片中调整素材图片的大小和位置，效果如图 10-386 所示。

step 20 调整完成后按 Esc 键即可，然后在【调整】组中单击【颜色】按钮，在弹出的下拉列表中选择【色温：8800 K】选项，如图 10-387 所示。

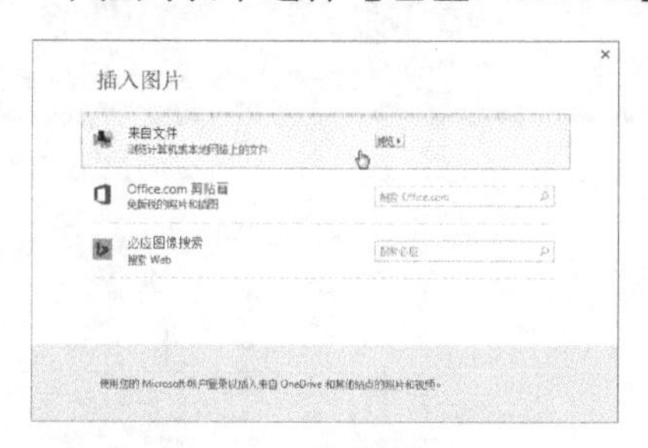

图 10-384 选择【来自文件】选项

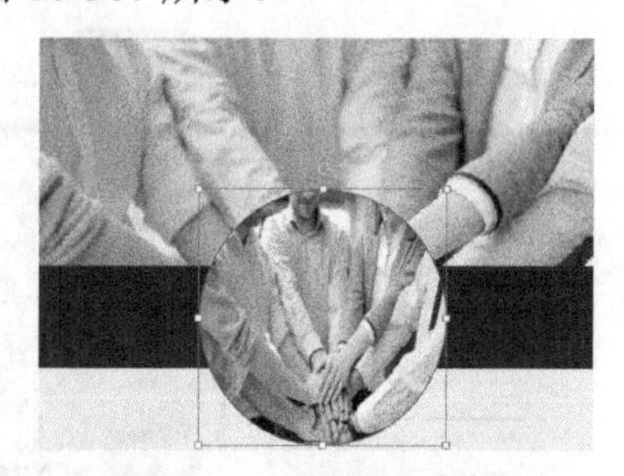

图 10-385 插入素材图片

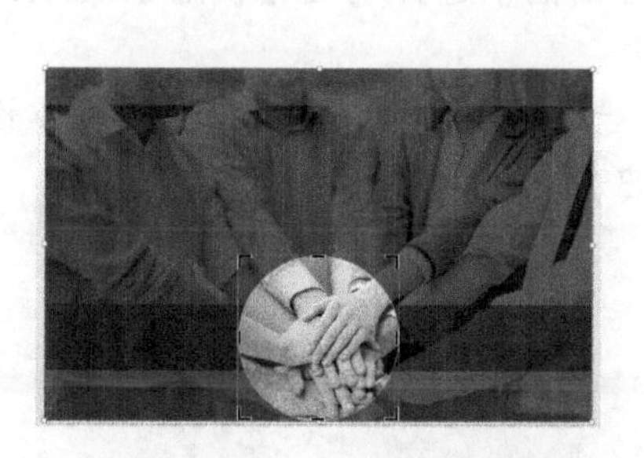

图 10-386 调整素材图片

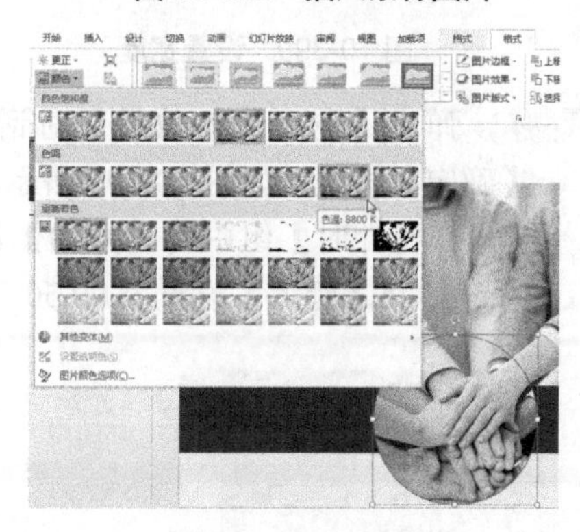

图 10-387 调整色调

step 21 选择【绘图工具】下的【格式】选项卡，在【形状样式】组中单击按钮，弹出【设置图片格式】任务窗格，单击【填充线条】按钮，在【线条】选项组中单击【颜色】右侧的图标，在弹出的下拉列表中选择【其他颜色】选项，如图 10-388 所示。

step 22 弹出【颜色】对话框，在【自定义】选项卡中将【红色】、【绿色】和【蓝色】分别设置为 255、147、0，单击【确定】按钮，如图 10-389 所示。

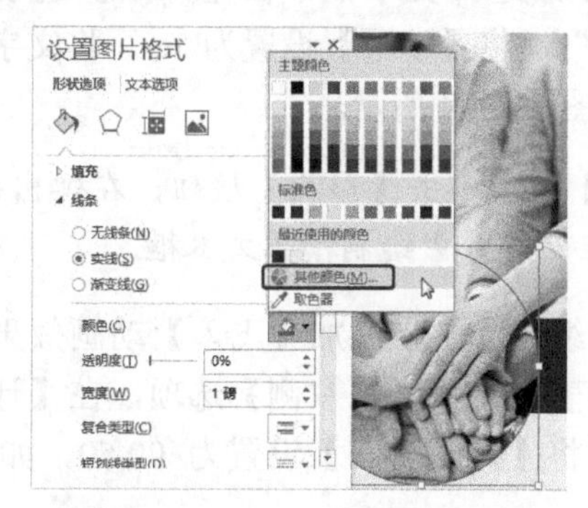

图 10-388 选择【其他颜色】选项

图 10-389 设置颜色

step 23 将【宽度】设置为 10 磅，如图 10-390 所示。

step 24 选择【动画】选项卡，在【动画】组中单击【其他】按钮，在弹出的下拉列表中选择【更多进入效果】选项，如图 10-391 所示。

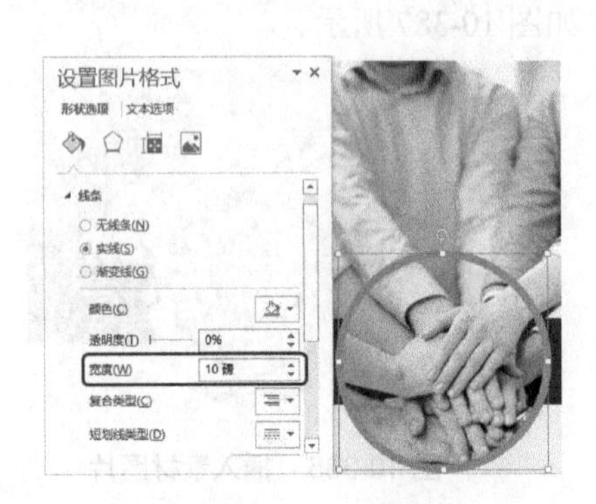
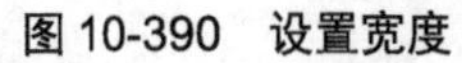

图 10-390　设置宽度

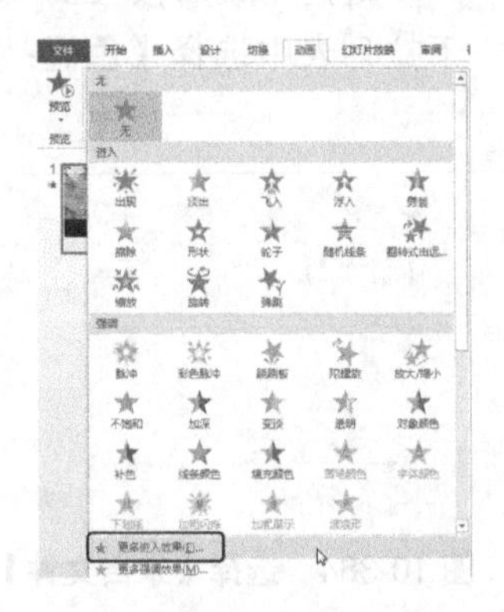

图 10-391　选择【更多进入效果】选项

step 25 弹出【更多进入效果】对话框，在该对话框中选择动画【棋盘】选项，单击【确定】按钮，如图 10-392 所示。

step 26 在【计时】组中将【开始】设置为“上一动画之后”，将【持续时间】设置为 00.50，将【延迟】设置为 00.50，如图 10-393 所示。

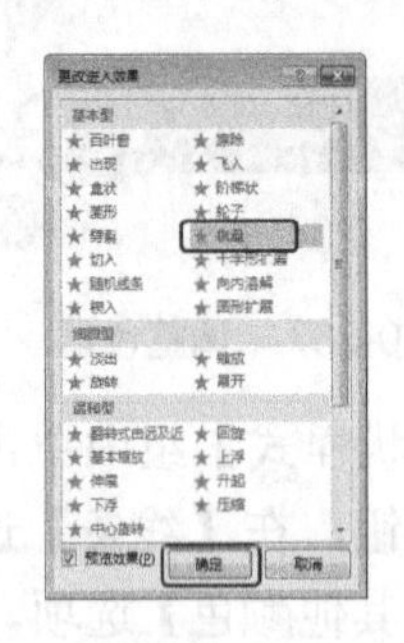

图 10-392　选择动画

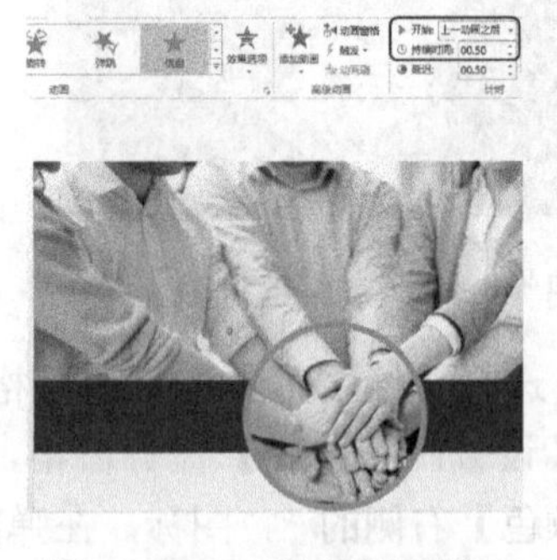

图 10-393　设置动画时间

step 27 选择【插入】选项卡，在【文本】组中单击【绘制横排文本框】按钮，在幻灯片中绘制文本框并输入文字；输入文字后选择文本框，在【开始】选项卡的【字体】组中将【字体】设置为“微软雅黑”，将【字号】设置为 66，将文字颜色设置为“白色”，并单击【加粗】按钮，如图 10-394 所示。

选择【插入】选项卡，在【插图】组中单击【形状】按钮，在弹出的下拉列表中选择【文本框】选项，同样可以在幻灯片中绘制横排文本框。

step 28 选择【动画】选项卡，在【动画】组中为文字添加【飞入】动画效果，然后单击【效果选项】按钮，在弹出的下拉列表中选择【自左侧】选项，在【计时】组中将【开始】设置为“上一动画之后”，将【持续时间】设置为 00.50，如图 10-395 所示。

step 29 继续输入文字“精神”，并为输入的文字添加动画，效果如图 10-396 所示。

step 30 选择【切换】选项卡，在【计时】组中取消勾选【单击鼠标时】复选框，勾选【设置自动换片时间】复选框，将时间设置为 00:03.00，如图 10-397 所示。

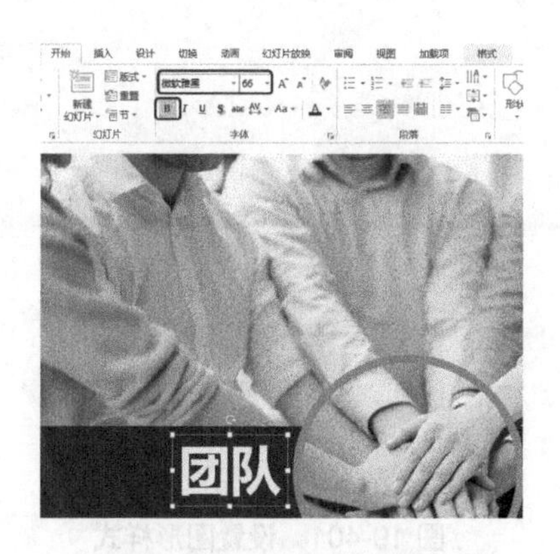

图 10-394 输入并设置文字

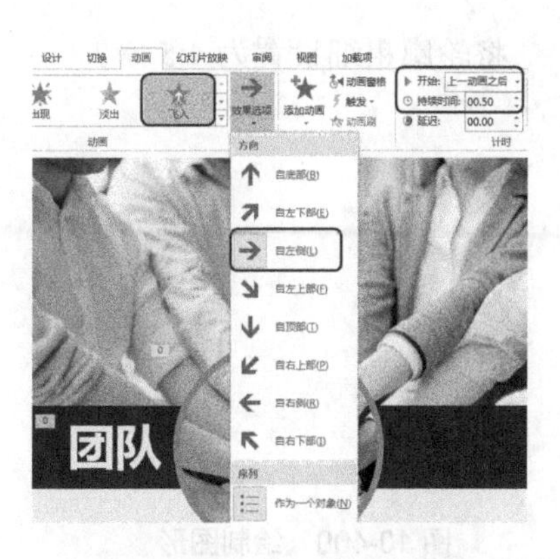

图 10-395 添加并设置动画

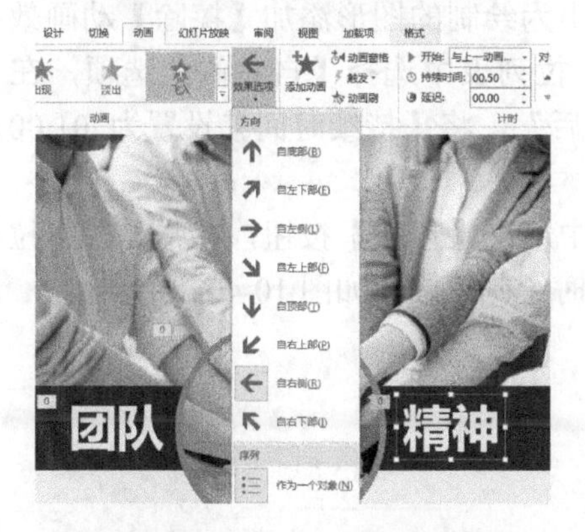

图 10-396 输入文字并添加动画

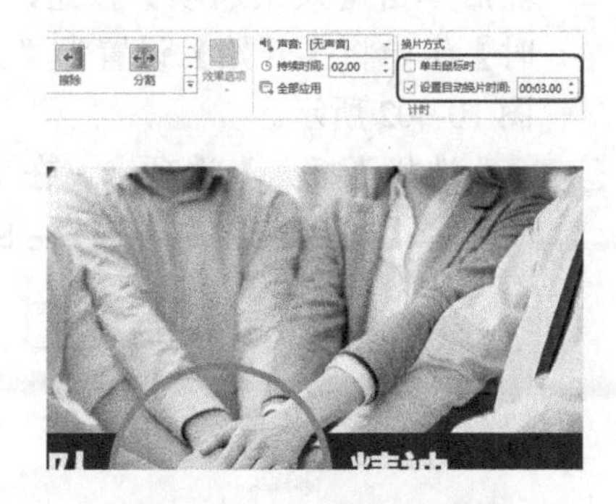

图 10-397 设置换片方式

step 31 选择【开始】选项卡，在【幻灯片】组中单击新建幻灯片按钮，在弹出的下拉列表中选择【空白】选项，即可新建一个空白幻灯片，如图 10-398 所示。

step 32 选择【插入】选项卡，在【插图】组中单击【形状】按钮，在弹出的下拉列表中选择【任意多边形】选项，如图 10-399 所示。

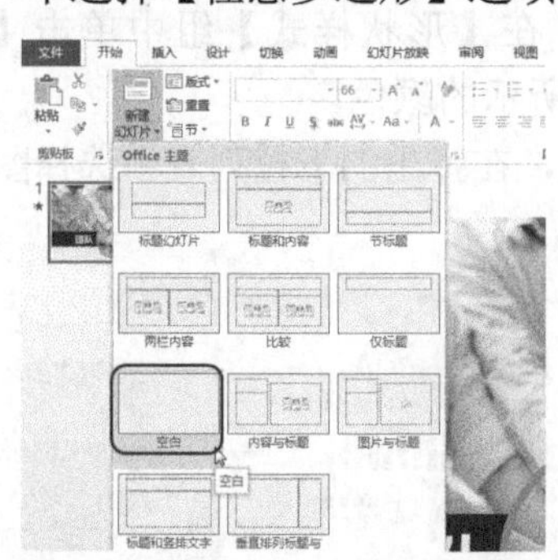

图 10-398 选择【空白】选项

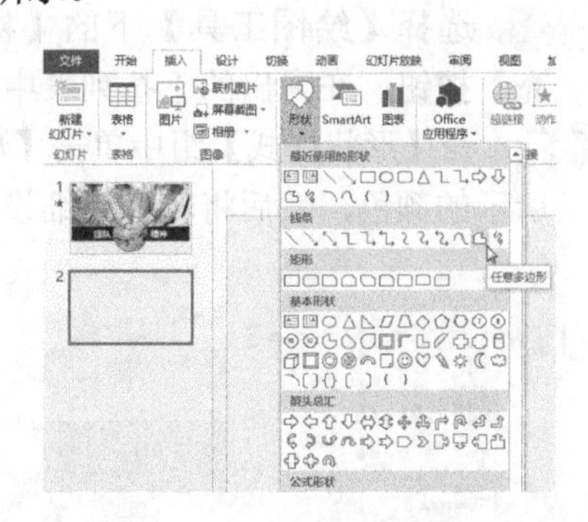

图 10-399 选择【任意多边形】选项

step 33 在幻灯片中绘制图形，如图 10-400 所示。

step 34 选择绘制的图形，然后选择【绘图工具】下的【格式】选项卡，在【形状样式】组中单击【形状轮廓】按钮，在弹出的下拉列表中选择图 10-401 所示的颜色，将轮廓粗细设置为 4.5 磅。

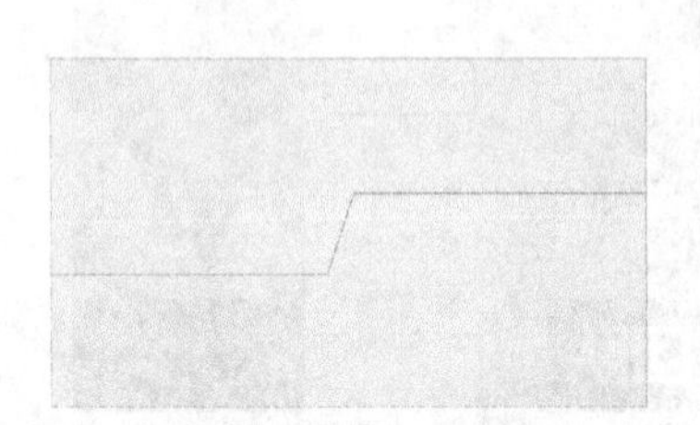

图 10-400　绘制图形

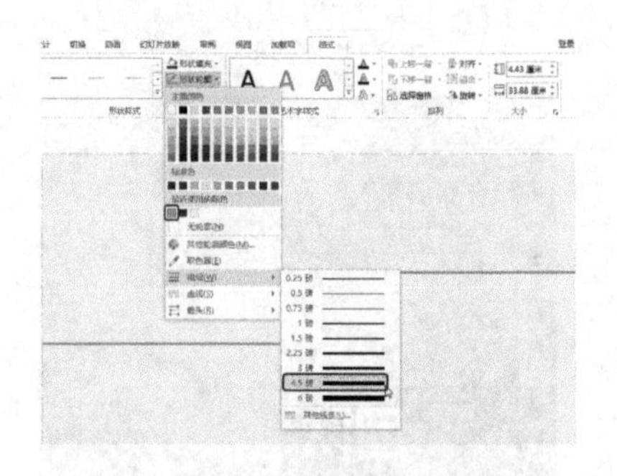

图 10-401　设置图形样式

step 35 选择【动画】选项卡，在【动画】组中为绘制的图形添加【擦除】动画效果，然后单击【效果选项】按钮，在弹出的下拉列表中选择【自左侧】选项，在【计时】组中将【开始】设置为“上一动画之后”，将【持续时间】设置为 01.00，如图 10-402 所示。

step 36 选择【插入】选项卡，在【插图】组中单击【形状】按钮，在弹出的下拉列表中选择【椭圆】选项，在按住 Shift 键的同时绘制正圆，如图 10-403 所示。

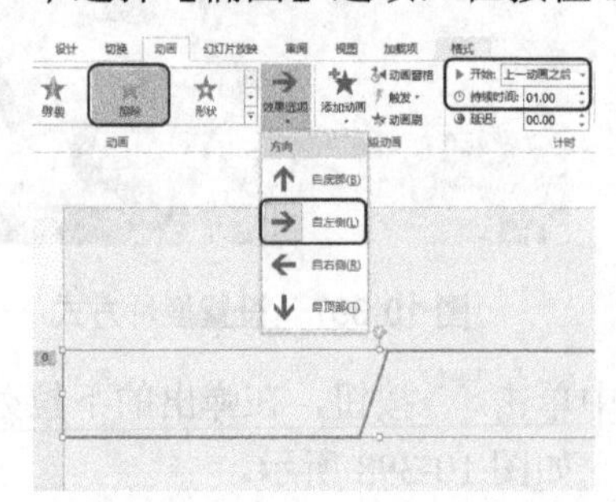

图 10-402　添加并设置动画

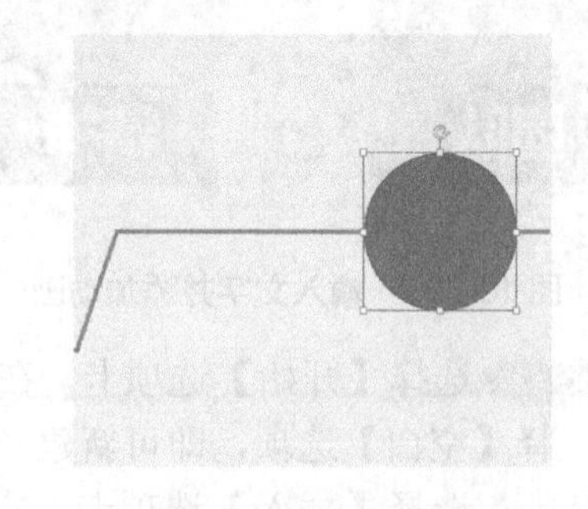

图 10-403　绘制正圆

step 37 选择【绘图工具】下的【格式】选项卡，在【形状样式】组中单击【形状填充】按钮，在弹出的下拉列表中选择图 10-404 所示的颜色。

step 38 在【形状样式】组中单击【形状轮廓】按钮，在弹出的下拉列表中选择图 10-405 所示的颜色，然后将轮廓粗细设置为 2.25 磅。

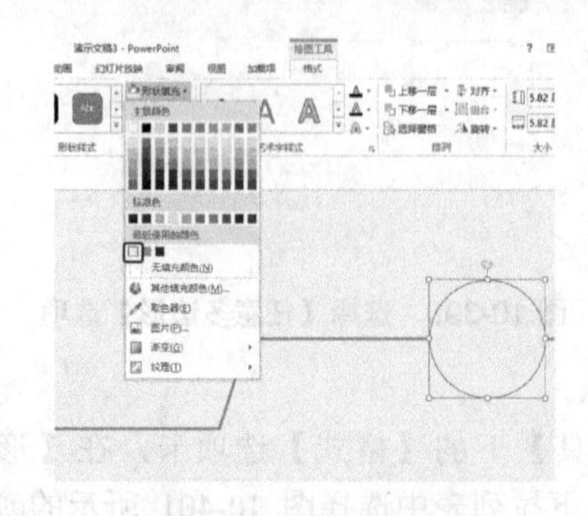

图 10-404　设置填充颜色

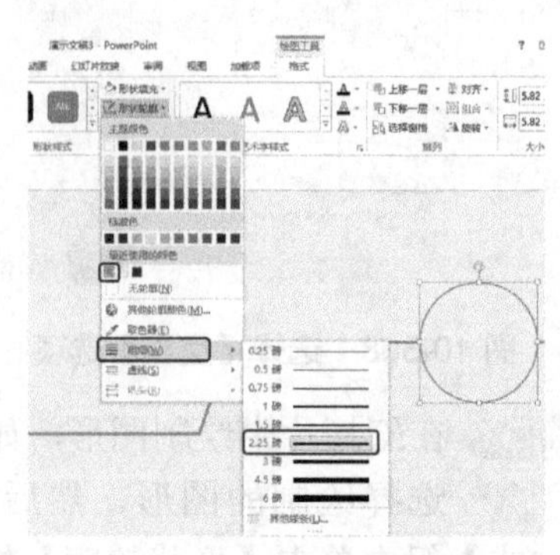

图 10-405　设置轮廓

step 39 继续绘制正圆并设置填充颜色，然后取消轮廓线填充，效果如图 10-406 所示。

step 40 右击新绘制的正圆，在弹出的快捷菜单中单击【编辑文字】命令，然后在正圆中输入文字；输入文字后选择正圆，在【开始】选项卡的【字体】组中，将【字体】设置为“微软雅黑”，将【字号】设置为 36，将字体颜色设置为“白色”，并单击【加粗】按钮，如图 10-407 所示。

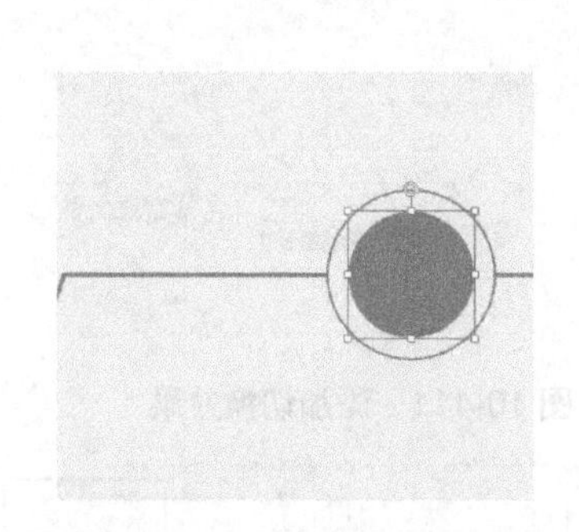

图 10-406　绘制并设置正圆

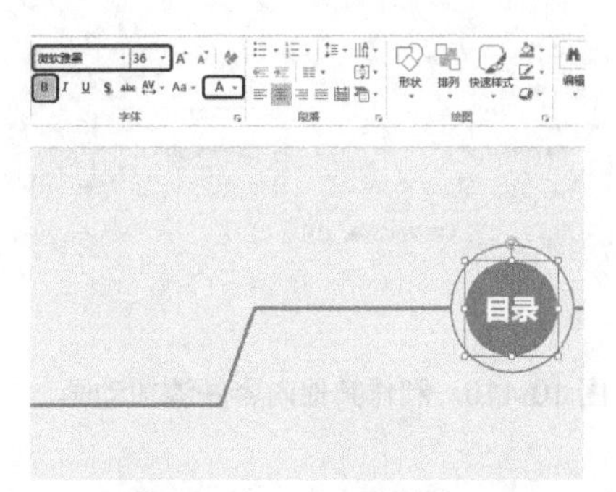

图 10-407　输入并设置文字

step 41 选择绘制的两个正圆，并右击，在弹出的快捷菜单中选择【组合】|【组合】命令，如图 10-408 所示。

step 42 切换到【动画】选项卡，在【动画】组中为组合对象添加【弹跳】动画效果，在【计时】组中将【开始】设置为“上一动画之后”，如图 10-409 所示。

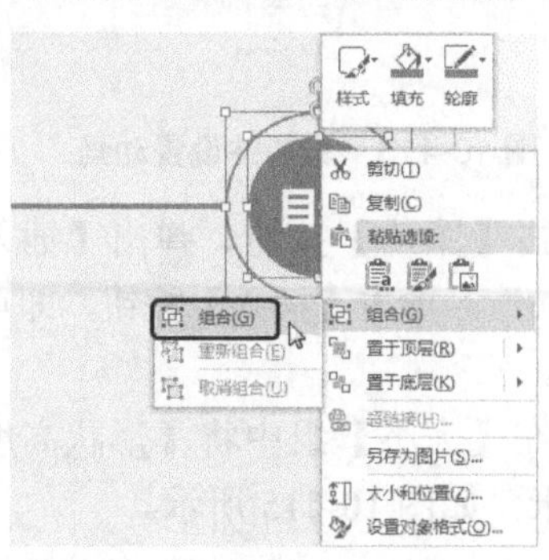

图 10-408　选择【组合】命令

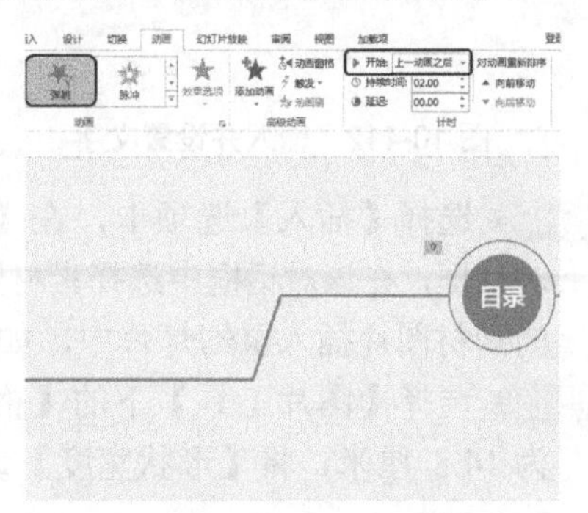

图 10-409　添加并设置动画

step 43 结合前面介绍的方法，制作其他内容并添加动画，如图 10-410 所示。

step 44 切换到【切换】选项卡，在【切换到此幻灯片】组中为幻灯片添加【分割】切换效果，然后在【计时】组中取消选中【单击鼠标时】复选框，选中【设置自动换片时间】复选框，将时间设置为 00:06.00，如图 10-411 所示。

step 45 新建一个空白幻灯片，选择【插入】选项卡，在【文本】组中单击【绘制横排文本框】按钮，在幻灯片中绘制文本框并输入文字；输入文字后选择文本框，在【开始】选项卡的【字体】组中将【字体】设置为“微软雅黑”，将【字号】设置为 32，设置文字颜色，并单击【加粗】按钮，如图 10-412 所示。

step 46 选择【动画】选项卡，在【动画】组中为输入的文字添加【擦除】动画效果，然后单击【效果选项】按钮，在弹出的下拉列表中选择【自左侧】选项，在【计时】组中将【开始】设置为“与上一动画同时”，将【持续时间】设置为 00.50，如图 10-413 所示。

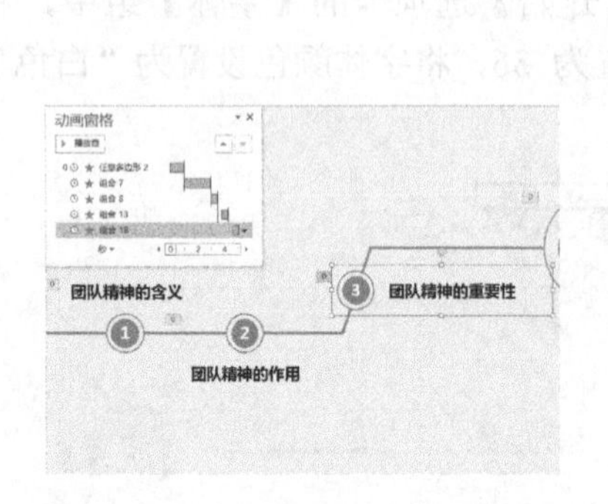

图 10-410　制作其他内容并添加动画

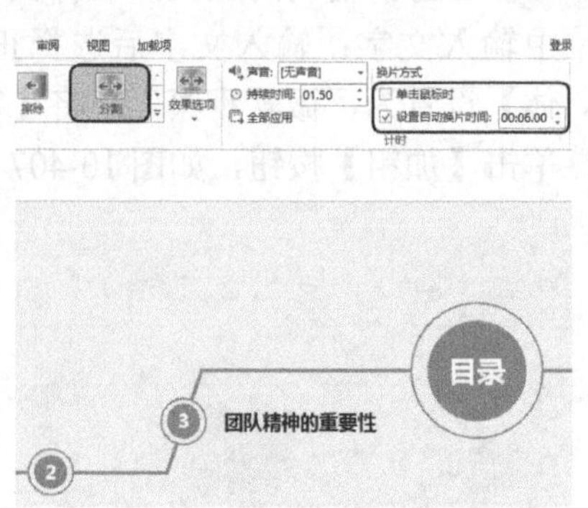

图 10-411　添加切换效果

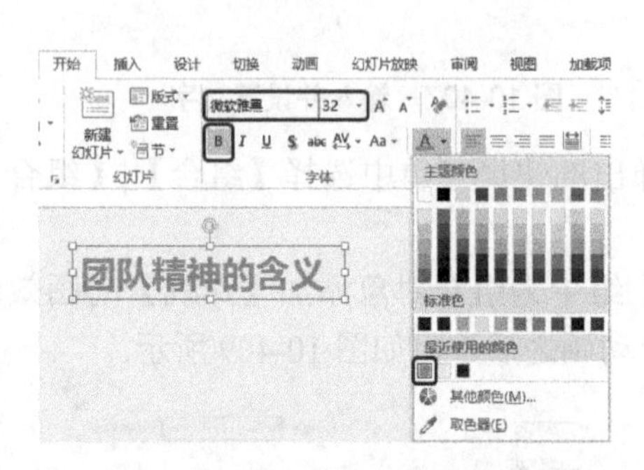

图 10-412　输入并设置文字

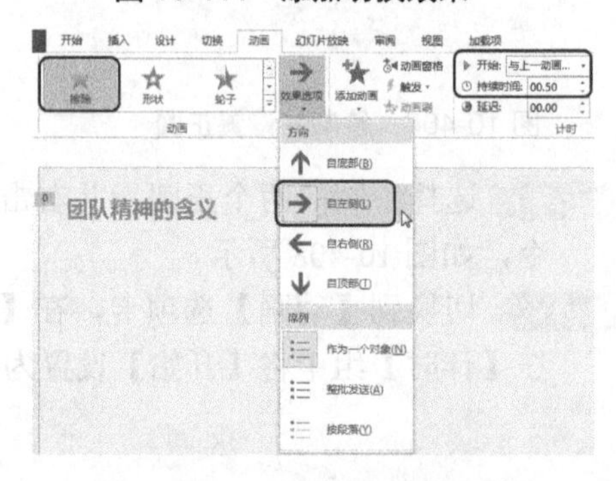

图 10-413　添加并设置动画

step 47 选择【插入】选项卡，在【图像】组中单击【图片】按钮，弹出【插入图片】对话框，在该对话框中选择素材图片“合作 2.jpg”，单击【插入】按钮，即可将选择的素材图片插入至幻灯片中，如图 10-414 所示。

step 48 选择【图片工具】下的【格式】选项卡，在【大小】组中将【形状高度】设置为 14.8 厘米，将【形状宽度】设置为 21.3 厘米，如图 10-415 所示。

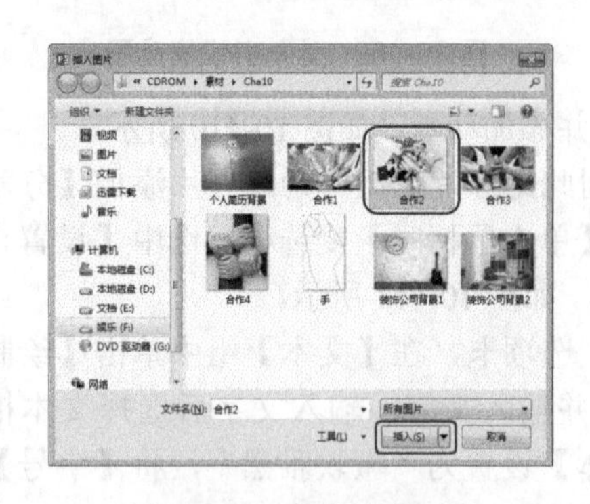

图 10-414　选择素材图片

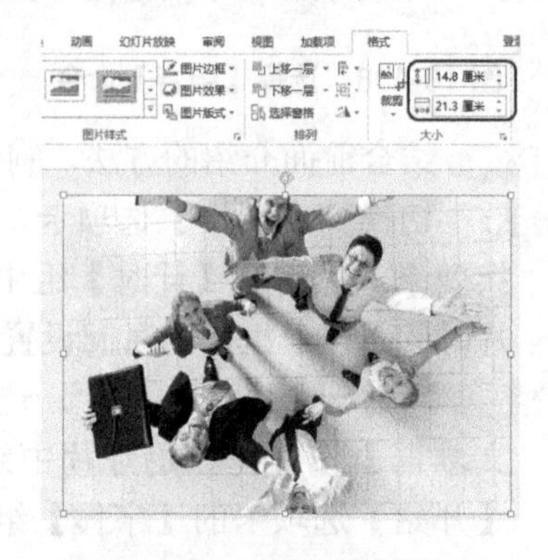

图 10-415　设置素材图片

step 49 在【大小】组中单击 裁剪 按钮，在弹出的下拉列表中选择【裁剪】选项，然后在幻灯片中调整裁剪区域，如图 10-416 所示。

知识链接

若要裁剪某一侧，请将该侧的中心裁剪控点向里拖动。

若要同时均匀地裁剪两侧，请在按住 Ctrl 键的同时将任意一侧的中心裁剪控点向里拖动。

若要同时均匀地裁剪四侧，请在按住 Ctrl 键的同时将一个角部裁剪控点向里拖动。

step 50 调整完成后按 Esc 键即可，并在幻灯片中调整图片位置。然后在【图片样式】组中单击【图片边框】按钮，在弹出的下拉列表中选择图 10-417 所示的颜色。

图 10-416 调整裁剪区域

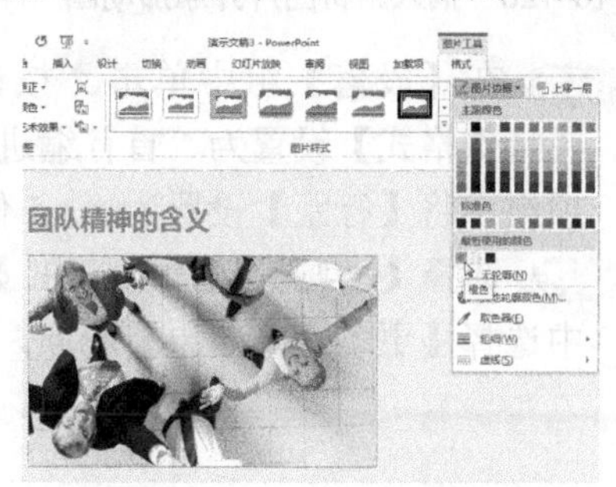

图 10-417 设置边框颜色

step 51 在【图片样式】组中单击【图片效果】按钮，在弹出的下拉列表中选择【映像】|【紧密映像，接触】选项，如图 10-418 所示。

step 52 选择【动画】选项卡，在【动画】组中为素材图片添加【浮入】动画效果，在【计时】组中将【开始】设置为“上一动画之后”，将【持续时间】设置为 01.00，如图 10-419 所示。

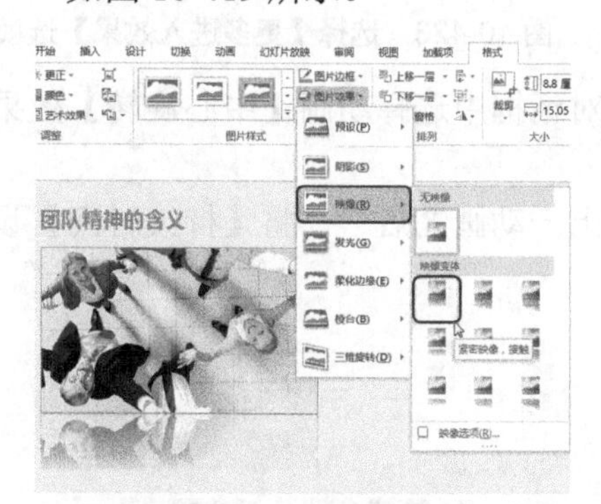

图 10-418 添加映像

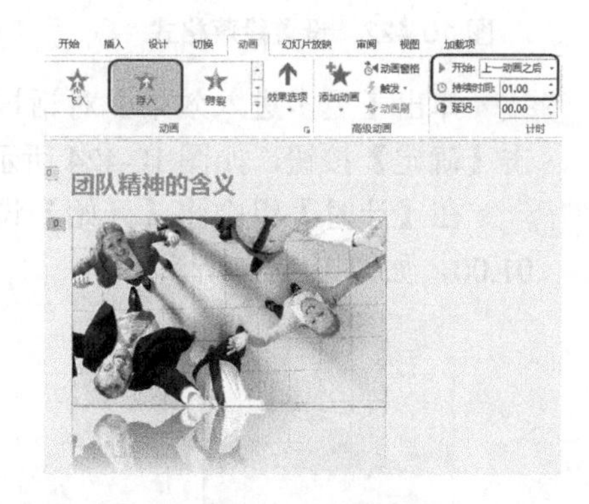

图 10-419 设置动画

step 53 使用同样的方法，继续插入素材图片并添加动画，效果如图 10-420 所示。

step 54 选择【插入】选项卡，在【文本】组中单击【绘制横排文本框】按钮，在幻灯片中绘制文本框并输入段落文字；输入文字后选择文本框，在【开始】选项卡的【字体】组中将【字号】设置为 16，将文字颜色设为图 10-421 所示的颜色。

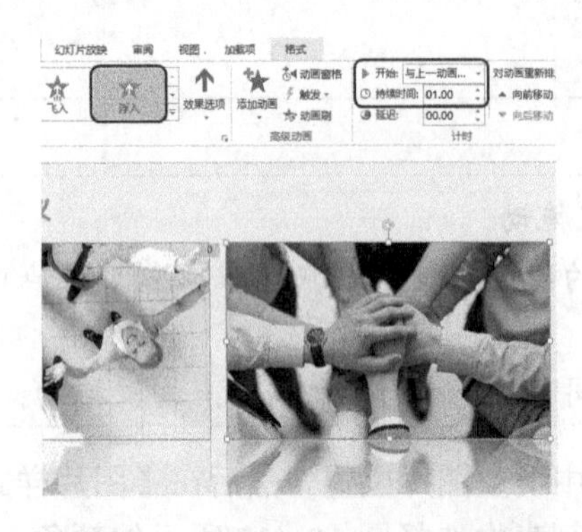

图 10-420　插入素材图片并添加动画

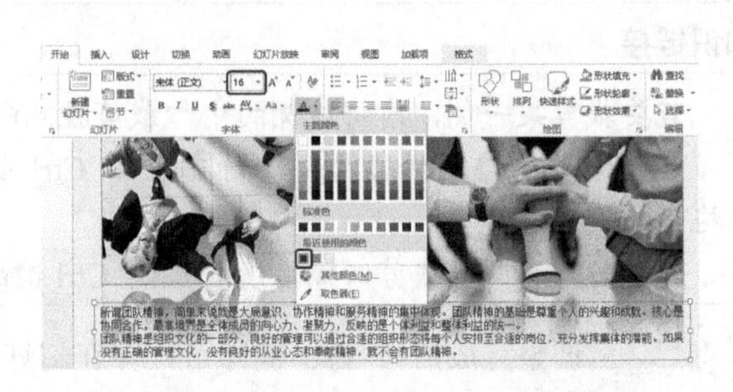

图 10-421　输入并设置文字

step 55 在【段落】组中单击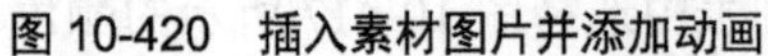按钮，弹出【段落】对话框，在【缩进】选项组中将【特殊格式】设置为“首行缩进”，将【度量值】设置为 1.25 厘米；在【间距】选项组中将【行距】设置为“1.5 倍行距”，单击【确定】按钮，如图 10-422 所示。

step 56 选择【动画】选项卡，在【动画】组中单击【其他】按钮，在弹出的下拉列表中选择【更多进入效果】选项，如图 10-423 所示。

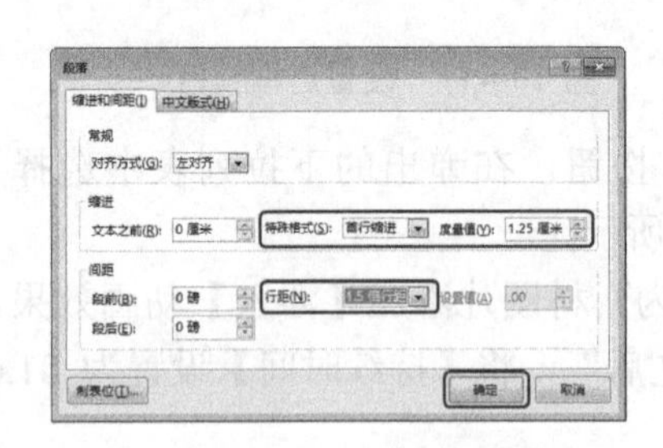

图 10-422　设置段落格式

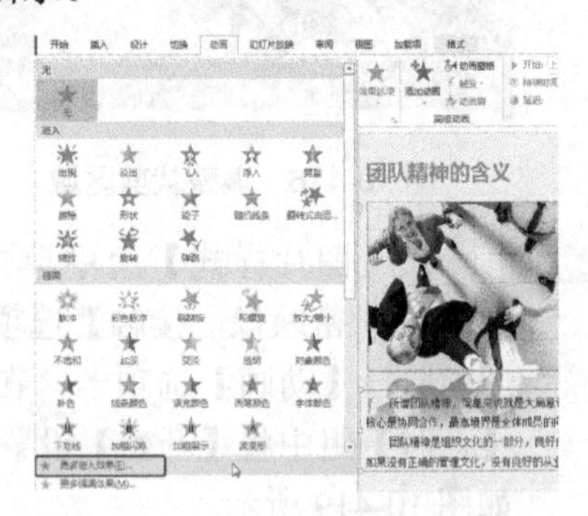

图 10-423　选择【更多进入效果】选项

step 57 弹出【更多进入效果】对话框，在该对话框中选择动画【中心旋转】效果，单击【确定】按钮，如图 10-424 所示。

step 58 在【计时】组中将【开始】设置为“上一动画之后”，将【持续时间】设置为 01.00，如图 10-425 所示。

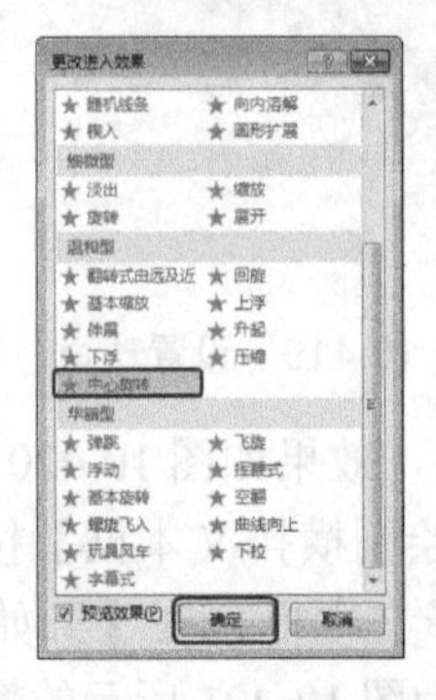

图 10-424　选择动画效果

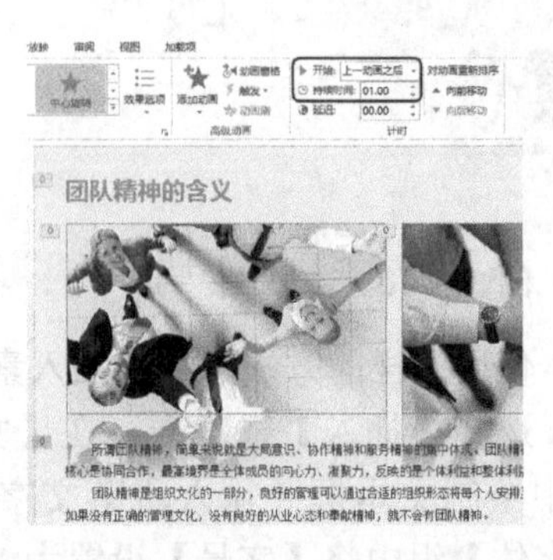

图 10-425　设置动画

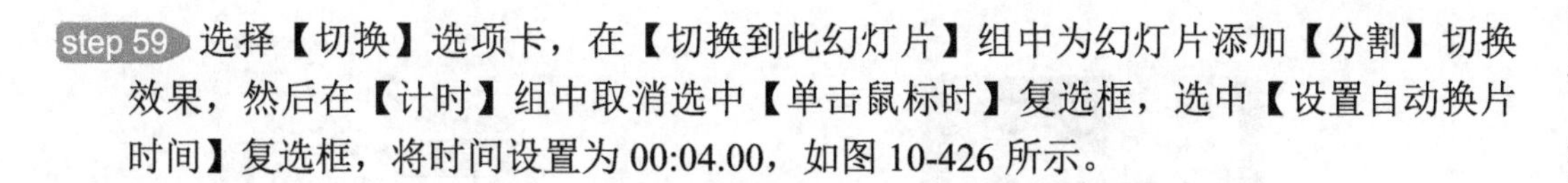

step 59 选择【切换】选项卡，在【切换到此幻灯片】组中为幻灯片添加【分割】切换效果，然后在【计时】组中取消选中【单击鼠标时】复选框，选中【设置自动换片时间】复选框，将时间设置为00:04.00，如图10-426所示。

知识链接

换片方式通过指定在切换到下一张幻灯片开始之前幻灯片在视图中停留的时间长度来设置切换计时。如果未选择计时，则在单击鼠标时幻灯片切换。

选择要为其设置计时的幻灯片。选择【切换】选项卡，在【计时】组中的【换片方式】下，执行下列操作之一。

(1) 若要手动切换幻灯片，请勾选【单击鼠标时】复选框。

(2) 若要使幻灯片自动切换，请勾选【设置自动换片时间】复选框，然后输入所需的分钟数或秒数。幻灯片上的最后一个动画或其他效果结束时计时器启动。

(3) 若要手动启动自动切换，请勾选【单击鼠标时】复选框和【设置自动换片时间】复选框，然后在【设置自动换片时间】中输入所需的分钟数或秒数。幻灯片上的所有动画或其他效果完成之后，当单击鼠标时幻灯片切换、计时器启动。

---

step 60 新建一个空白幻灯片，选择【插入】选项卡，在【图像】组中单击【图片】按钮，弹出【插入图片】对话框，在该对话框中选择素材图片“合作 4.jpg”，单击【插入】按钮，即可将选择的素材图片插入至幻灯片中，如图10-427所示。

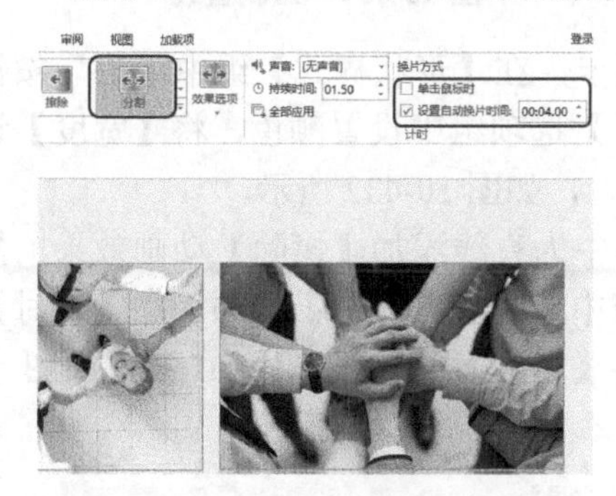

图10-426　添加并设置切换效果

图10-427　选择素材图片

step 61 选择【图片工具】下的【格式】选项卡，在【大小】组中单击 裁剪 按钮，在弹出的下拉列表中选择【裁剪】选项，然后在幻灯片中调整裁剪区域，如图10-428所示。

step 62 调整完成后按 Esc 键即可，并在幻灯片中调整图片位置。然后在【图片样式】组中单击【图片效果】按钮，在弹出的下拉列表中选择【映像】|【紧密映像，接触】选项，如图10-429所示。

step 63 结合前面介绍的方法输入文字并添加动画，效果如图10-430所示。

step 64 选择【插入】选项卡，在【插图】组中单击【形状】按钮，在弹出的下拉列表中选择【直线】选项，然后在幻灯片中绘制直线，如图10-431所示。

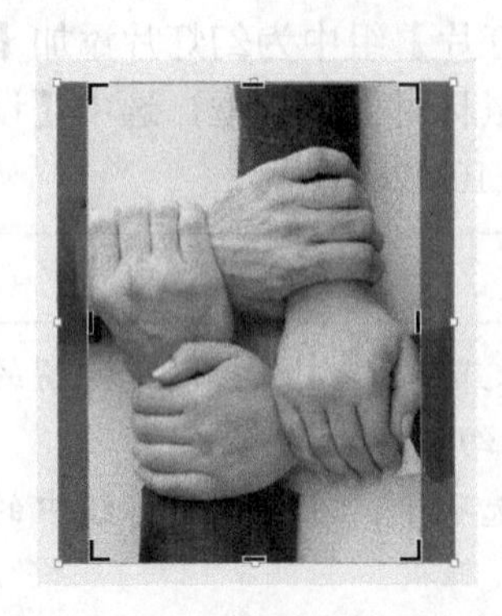

图 10-428　调整裁剪区域

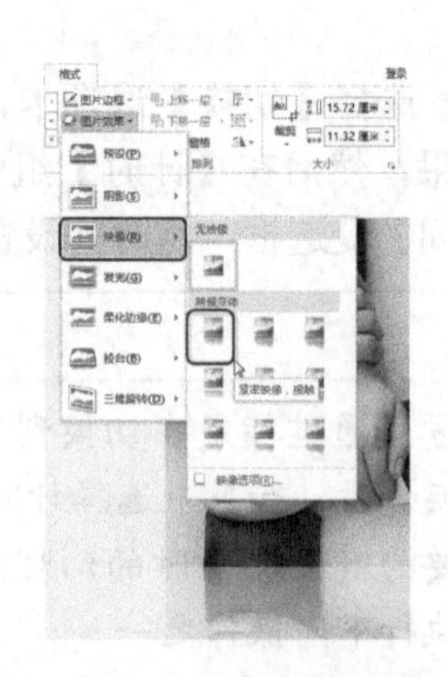

图 10-429　添加映像效果

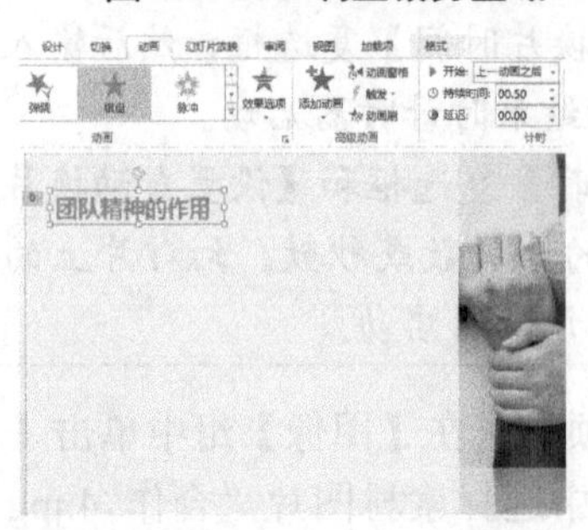

图 10-430　输入文字并添加动画

图 10-431　绘制直线

step 65 选择【绘图工具】下的【格式】选项卡，在【形状样式】组中单击按钮，弹出【设置形状格式】任务窗格，在【线条】选项组中设置颜色，将【宽度】设置为 2.25 磅，将【短划线类型】设置为“圆点”，如图 10-432 所示。

step 66 选择【动画】选项卡，在【动画】组中为直线添加【擦除】动画效果，然后单击【效果选项】按钮，在弹出的下拉列表中选择【自左侧】选项，在【计时】组中将【开始】设置为“上一动画之后”，将【持续时间】设置为 01.00，如图 10-433 所示。

图 10-432　设置直线

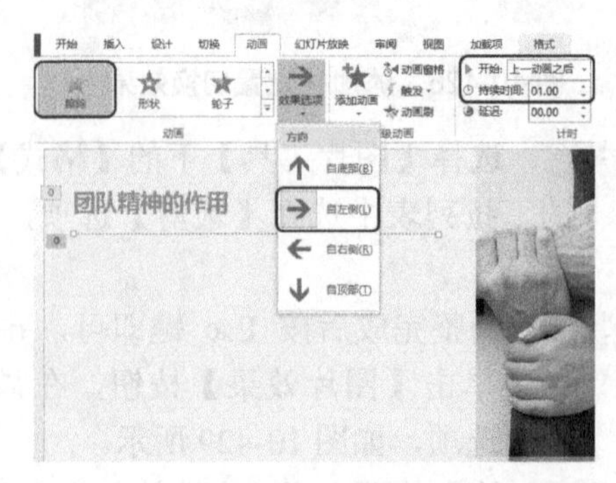

图 10-433　添加并设置动画

step 67 选择【插入】选项卡，在【文本】组中单击【绘制横排文本框】按钮，在幻灯片中绘制文本框并输入段落文字；输入文字后选择文本框，在【开始】选项卡的

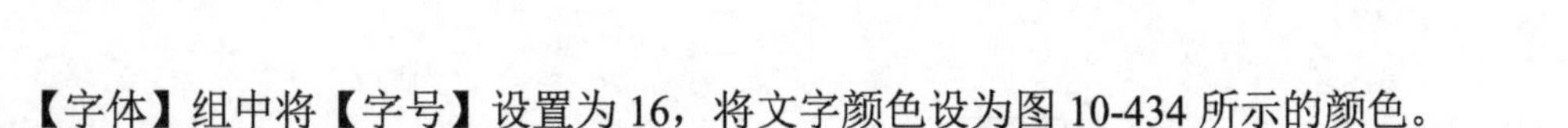

【字体】组中将【字号】设置为16，将文字颜色设为图10-434所示的颜色。

step 68 在【段落】组中单击【段落】按钮，弹出【段落】对话框，在【间距】选项组中将【段前】设置为10磅，将【行距】设置为1.5倍行距，单击【确定】按钮，如图10-435所示。

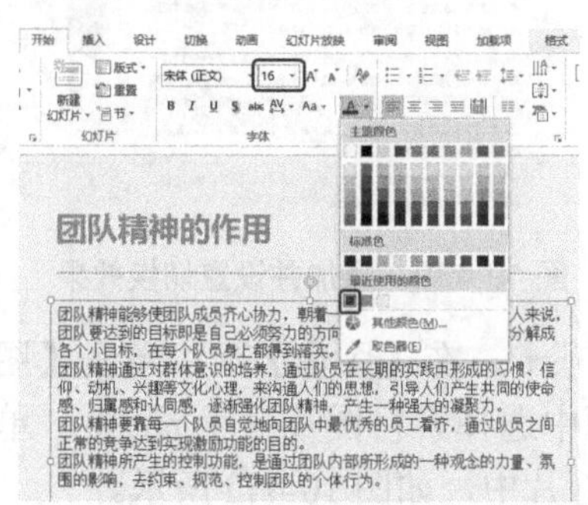

图10-434　输入并设置文字

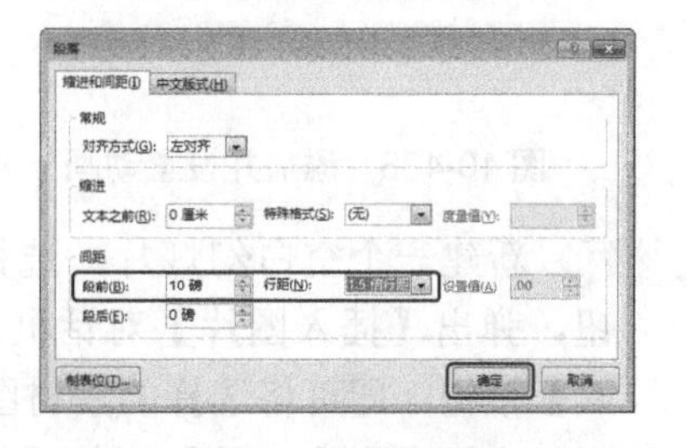

图10-435　设置段落间距

step 69 在【段落】组中单击【项目符号】按钮右侧的 按钮，在弹出的下拉列表中选择【项目符号和编号】选项，如图10-436所示。

项目符号和编号是放在文本前的点或其他符号，起到强调作用。合理使用项目符号和编号，可以使文档的层次结构更清晰、更有条理。

step 70 弹出【项目符号和编号】对话框，选择图10-437所示的项目符号样式，然后设置颜色，设置完成后单击【确定】按钮即可。

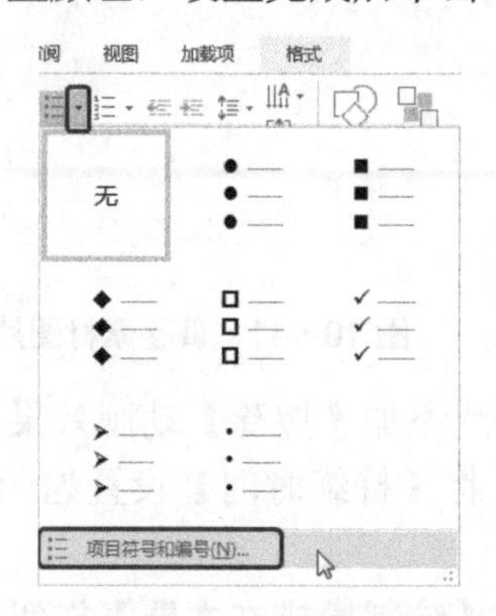

图10-436　选择【项目符号和编号】选项

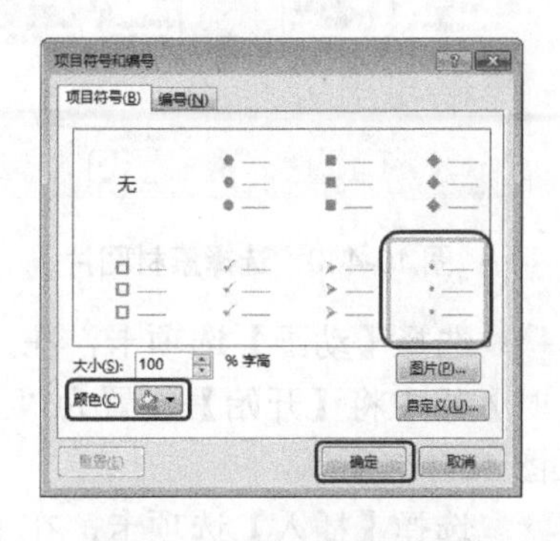

图10-437　设置项目符号

step 71 选择【动画】选项卡，在【动画】组中为文字添加【棋盘】动画效果，在【计时】组中将【开始】设置为“上一动画之后”，将【持续时间】设置为00.50，如图10-438所示。

step 72 选择【切换】选项卡，在【切换到此幻灯片】组中为幻灯片添加【随机线条】切换效果，然后在【计时】组中取消勾选【单击鼠标时】复选框，勾选【设置自动换片时间】复选框，将时间设置为00:04.00，如图10-439所示。

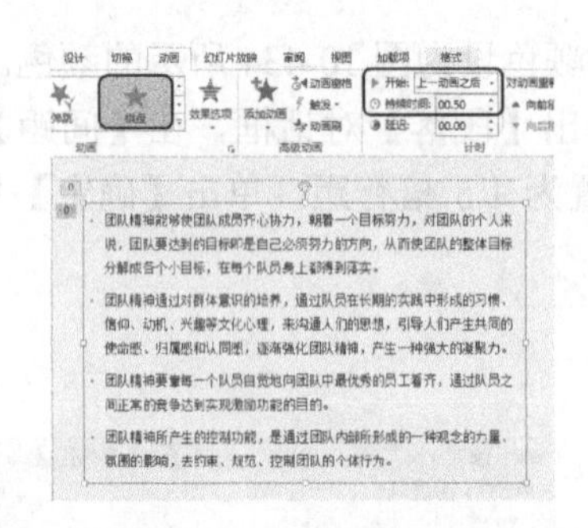

图 10-438　添加并设置动画

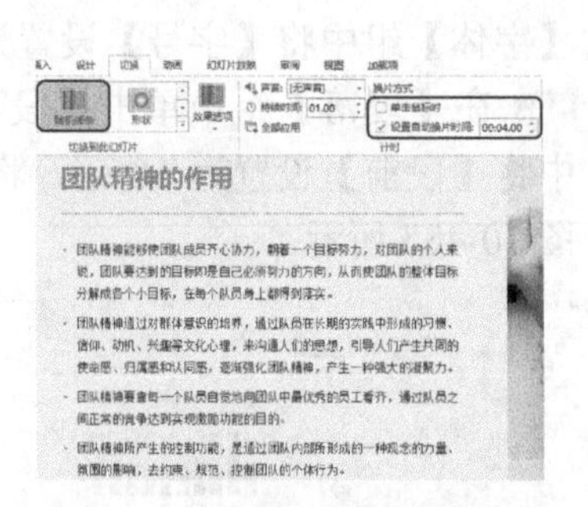

图 10-439　添加并设置切换效果

step 73 新建一个空白幻灯片，选择【插入】选项卡，在【图像】组中单击【图片】按钮，弹出【插入图片】对话框，在该对话框中选择素材图片“手.png”，单击【插入】按钮，即可将选择的素材图片插入至幻灯片中，如图 10-440 所示。

step 74 选择【图片工具】下的【格式】选项卡，在【大小】组中将【形状高度】设置为 14.6 厘米，将【形状宽度】设置为 8.12 厘米，并在幻灯片中调整其位置，如图 10-441 所示。

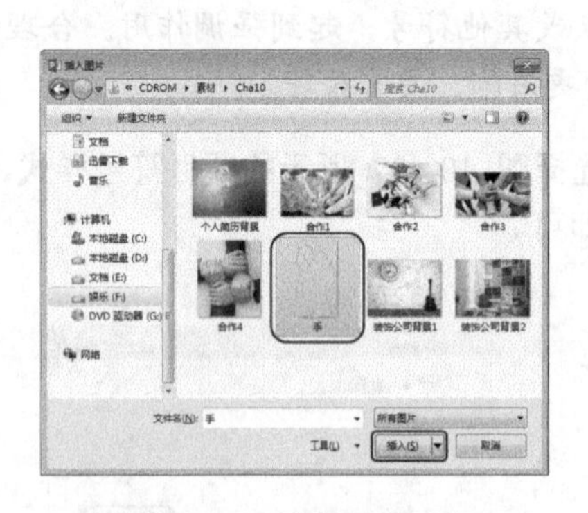

图 10-440　选择素材图片

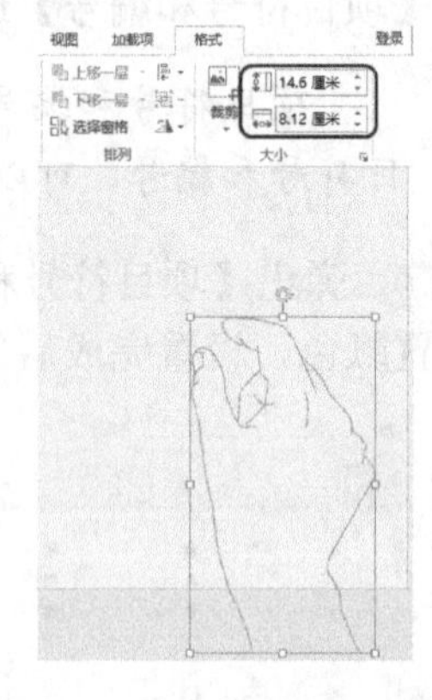

图 10-441　调整素材图片

step 75 选择【动画】选项卡，在【动画】组中为图片添加【擦除】动画效果，在【计时】组中将【开始】设置为“上一动画之后”，将【持续时间】设置为 00.50，如图 10-442 所示。

step 76 选择【插入】选项卡，在【文本】组中单击【绘制横排文本框】按钮，在幻灯片中绘制文本框并输入文字；输入文字后选择文本框，在【开始】选项卡的【字体】组中将【字体】设置为“微软雅黑”，将【字号】设置为 30，设置文字颜色并单击【加粗】按钮，然后单击【字符间距】按钮，在弹出的下拉列表中选择【很松】选项，如图 10-443 所示。

step 77 选择【绘图工具】下的【格式】选项卡，在【排列】组中单击【旋转】按钮，在弹出的下拉列表中选择【其他旋转选项】选项，弹出【设置形状格式】任务窗格，在【大小】组中将【旋转】设置为 38°，并在幻灯片中调整文字的位置，如图 10-444 所示。

step 78 选择【动画】选项卡，在【动画】组中为文字添加【擦除】动画效果，在【计时】组中将【开始】设置为“上一动画之后”，将【持续时间】设置为 00.50，如图 10-445 所示。

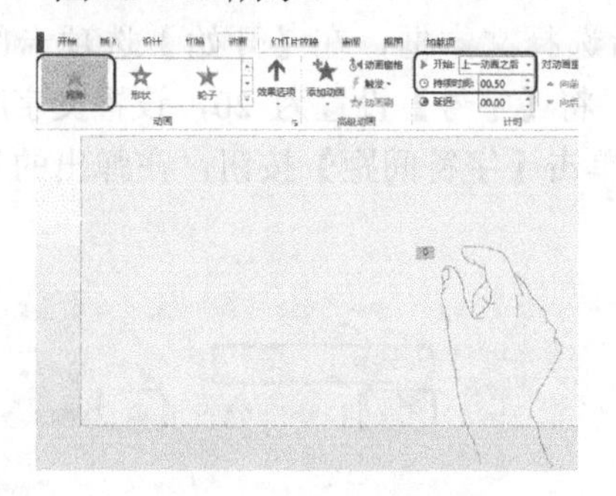

图 10-442　添加并设置动画

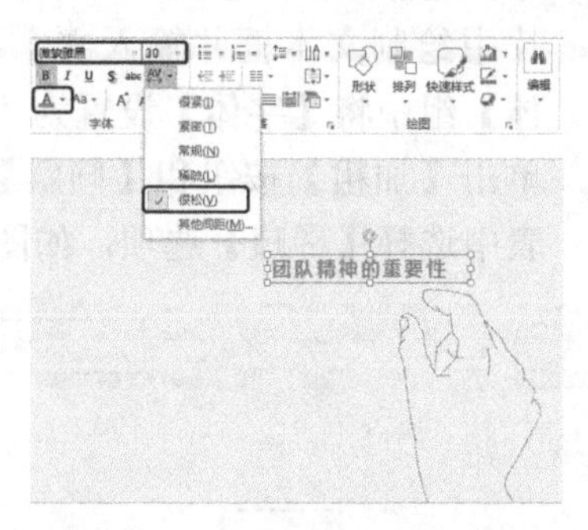

图 10-443　输入并设置文字

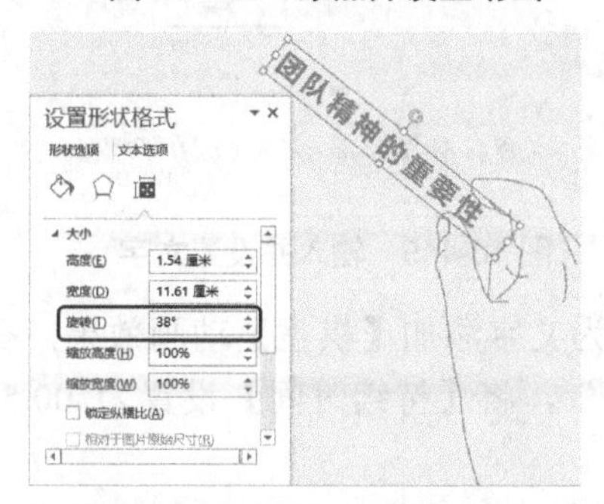

图 10-444　设置文字旋转角度

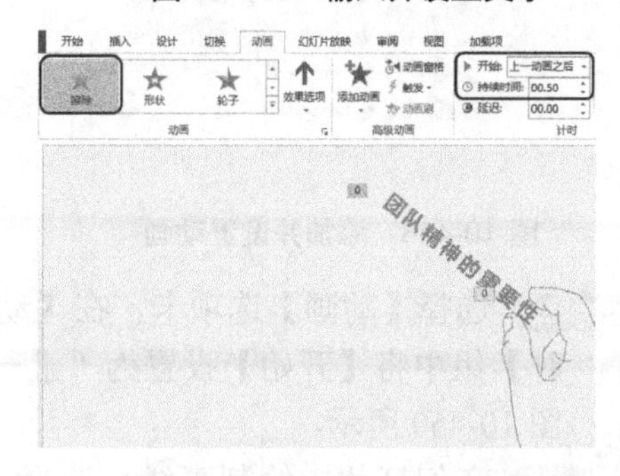

图 10-445　添加并设置动画

step 79 选择【开始】选项卡，在【绘图】组中单击【形状】按钮，在弹出的下拉列表中选择【燕尾形】选项，如图 10-446 所示。

step 80 在幻灯片中绘制图形，选择【绘图工具】下的【格式】选项卡，在【形状样式】组中设置填充颜色，将轮廓颜色设置为无，如图 10-447 所示。

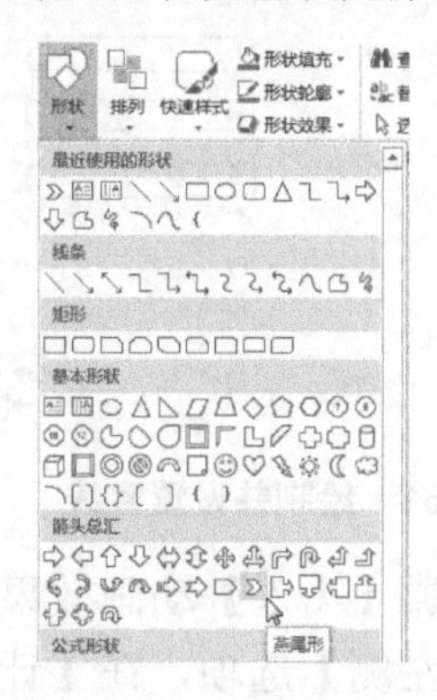

图 10-446　选择【燕尾形】选项

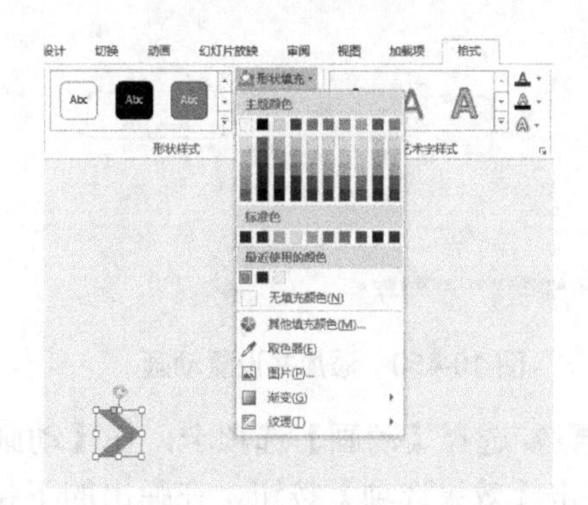

图 10-447　设置填充颜色

step 81 选择【动画】选项卡，在【动画】组中为图形添加【飞入】动画效果，然后单击【效果选项】按钮，在弹出的下拉列表中选择【自左侧】选项，在【计时】组中将【开始】设置为“上一动画之后”，将【持续时间】设置为 00.50，如图 10-448 所示。

step 82 选择【插入】选项卡，在【文本】组中单击【绘制横排文本框】按钮，在幻灯片中绘制文本框并输入文字；输入文字后选择文本框，在【开始】选项卡的【字体】组中将【字体】设置为“华文细黑”，将【字号】设置为 20，设置文字颜色并单击【加粗】按钮和【倾斜】按钮，然后单击【字符间距】按钮，在弹出的下拉列表中选择【稀疏】选项，如图 10-449 所示。

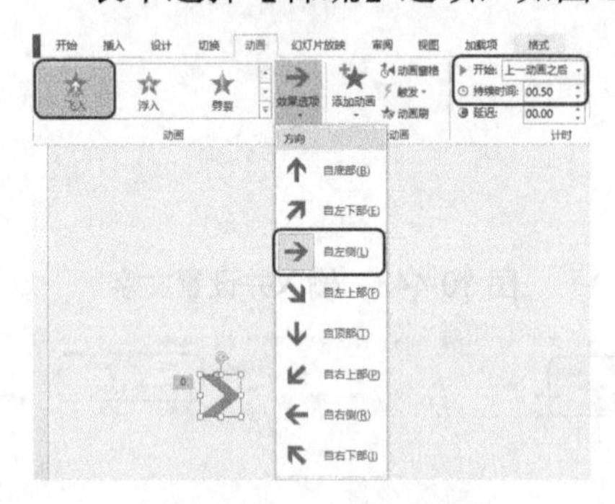

图 10-448 添加并设置动画

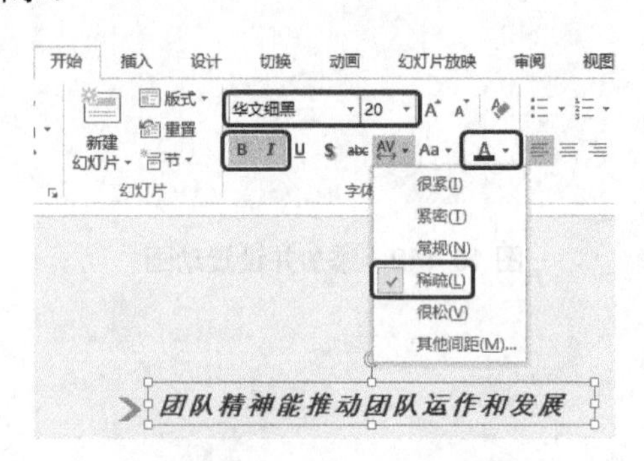

图 10-449 输入并设置文字

step 83 选择【动画】选项卡，在【动画】组中为文字添加【棋盘】动画效果，在【计时】组中将【开始】设置为“上一动画之后”，将【持续时间】设置为 00.50，如图 10-450 所示。

step 84 在幻灯片中绘制直线，选择【绘图工具】下的【格式】选项卡，在【形状样式】组中单击 按钮，弹出【设置形状格式】任务窗格，在【线条】选项组中设置颜色，将【宽度】设置为 2.25 磅，将【短划线类型】设置为“圆点”，将【箭头末端类型】设置为“圆型箭头”，如图 10-451 所示。

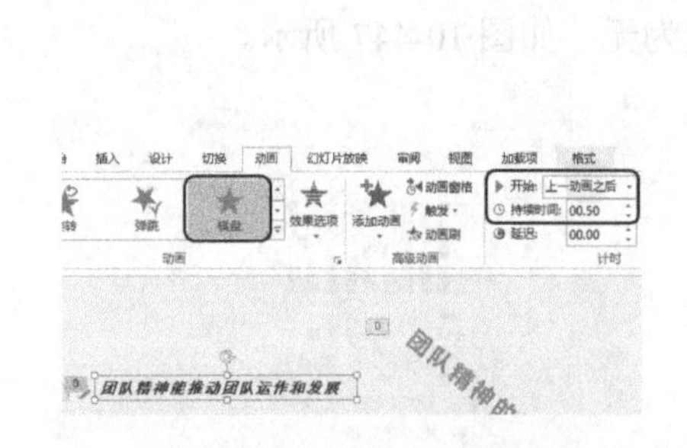

图 10-450 添加并设置动画

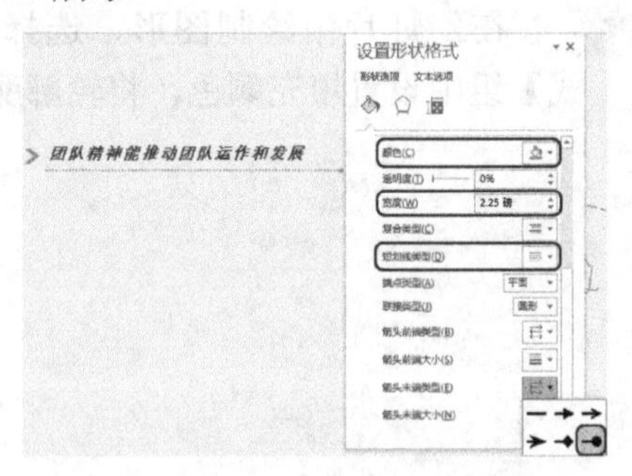

图 10-451 绘制并设置直线

step 85 选择【动画】选项卡，在【动画】组中为直线添加【飞入】动画效果，然后单击【效果选项】按钮，在弹出的下拉列表中选择【自左侧】选项，在【计时】组中将【开始】设置为“上一动画之后”，将【持续时间】设置为 00.50，如图 10-452 所示。

step 86 结合前面介绍的方法，制作其他内容，效果如图 10-453 所示。

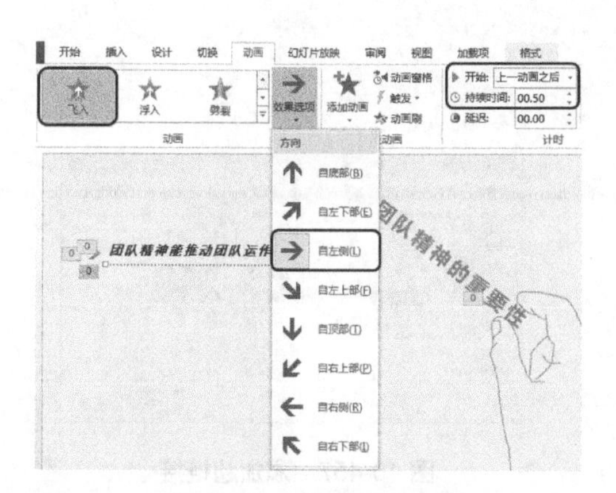

图 10-452　添加并设置动画

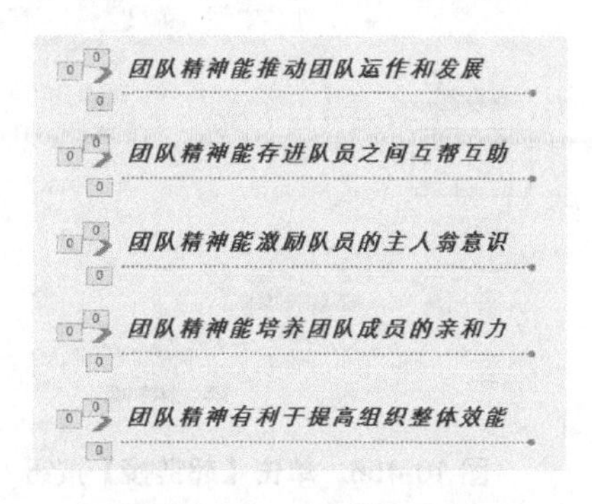

图 10-453　制作其他内容

step 87 选择【切换】选项卡，在【切换到此幻灯片】组中为幻灯片添加【推进】切换效果，然后在【计时】组中取消选中【单击鼠标时】复选框，选中【设置自动换片时间】复选框，将时间设置为 00:10.00，如图 10-454 所示。

step 88 新建一个空白幻灯片，结合前面介绍的方法，输入文字并绘制直线，然后为其添加动画，效果如图 10-455 所示。

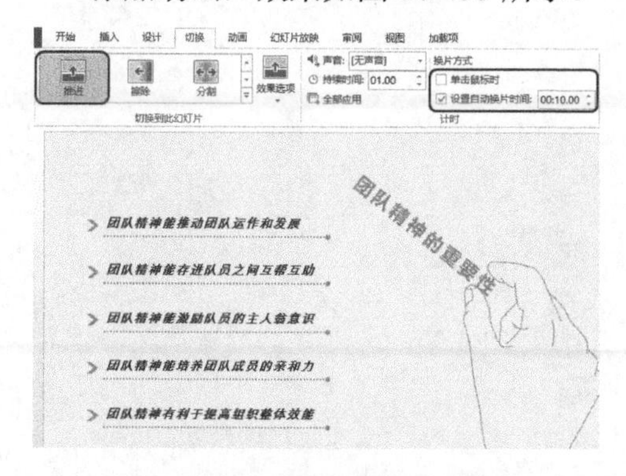

图 10-454　添加并设置切换效果

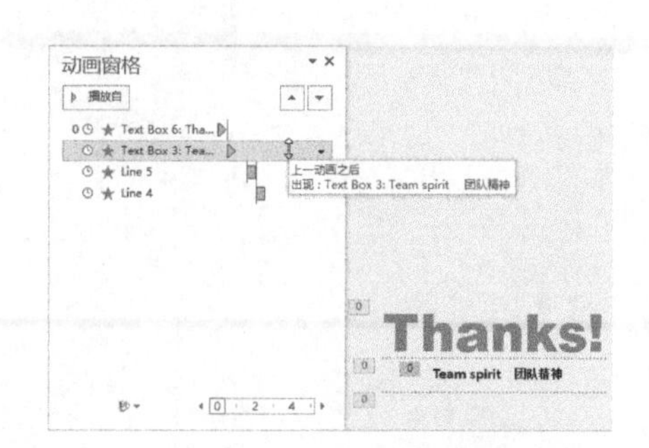

图 10-455　制作新幻灯片

step 89 在幻灯片窗格中选择第 2 张幻灯片，然后在幻灯片中选择图 10-456 所示的图形，选择【插入】选项卡，在【链接】组中单击【超链接】按钮。

知识链接

在幻灯片窗格中，演示文稿中的每张幻灯片都将以缩略图方式整齐地排列，从而呈现演示文稿的总体效果。编辑时使用缩略图，可以方便地观看设计、更改的效果，也可以重新排列、添加或删除幻灯片。

step 90 弹出【插入超链接】对话框，在【链接到】列表中选择【本文档中的位置】选项，然后在【请选择文档中的位置】列表框中选择【3.幻灯片 3】选项，单击【确定】按钮，如图 10-457 所示。使用同样的方法，为其他对象添加超链接。

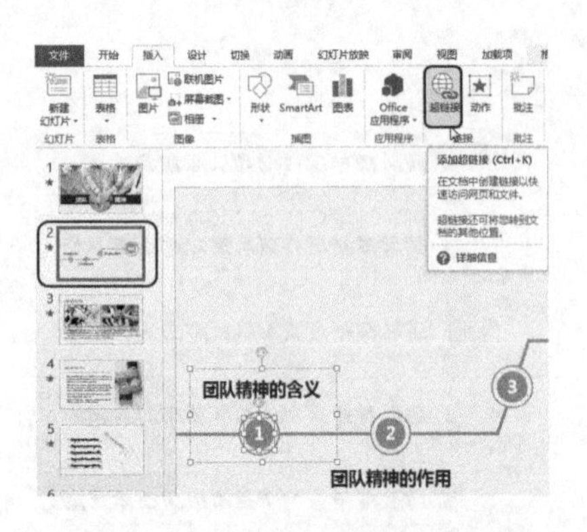

图 10-456　单击【超链接】按钮

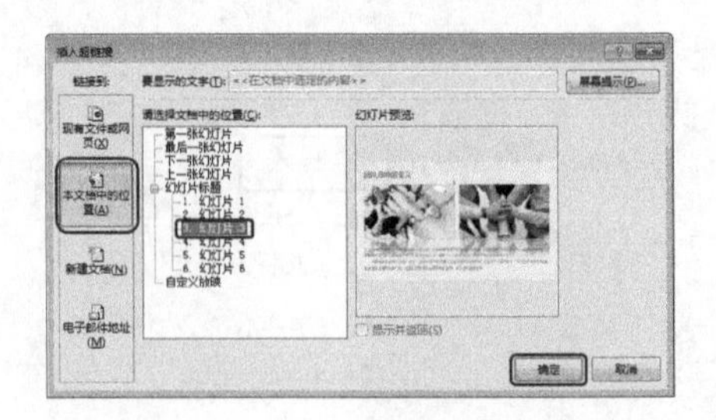

图 10-457　添加超链接